Zhuce Gongyong Shebei Gongchengshi（Nuantong Kongtiao）Zhiye Zige Kaoshi
Zhuanye Kaoshi Linian Zhenti Xiangjie

注册公用设备工程师（暖通空调）执业资格考试
专业考试历年真题详解

（2006~2016）

《注册公用设备工程师（暖通空调）执业资格考试
专业考试历年真题详解（2006~2016）》编委会 编

人民交通出版社股份有限公司
China Communications Press Co.,Ltd.

内 容 提 要

本书收录2006~2016年注册公用设备工程师(暖通空调)执业资格考试专业考试历年真题,含专业知识和案例分析各20套,合计40套,配详细解析及参考答案。相信本书能帮助考生巩固复习效果,提高解题准确率和解题速度,以顺利通过考试。

本书可供参加注册公用设备工程师(暖通空调)执业资格考试专业考试的考生考前模拟练习。

图书在版编目(CIP)数据

注册公用设备工程师(暖通空调)执业资格考试专业考试历年真题详解. 2006~2016 / 《注册公用设备工程师(暖通空调)执业资格考试专业考试历年真题详解(2006~2016)》编委会编. —北京 : 人民交通出版社股份有限公司, 2017.3

ISBN 978-7-114-13618-4

Ⅰ. ①注… Ⅱ. ①注… Ⅲ. ①建筑工程—供热系统—资格考试—题解②建筑工程—通风系统—资格考试—题解③建筑工程—空气调节系统—资格考试—题解 Ⅳ. ①TU83-44

中国版本图书馆CIP数据核字(2017)第008792号

书　　名: 注册公用设备工程师(暖通空调)执业资格考试专业考试历年真题详解(2006~2016)
著 作 者:《注册公用设备工程师(暖通空调)执业资格考试专业考试历年真题详解(2006~2016)》编委会
责任编辑: 刘彩云　谢海龙
出版发行: 人民交通出版社股份有限公司
地　　址: (100011)北京市朝阳区安定门外外馆斜街3号
网　　址: http://www.ccpress.com.cn
销售电话: (010)59757973
总 经 销: 人民交通出版社股份有限公司发行部
经　　销: 各地新华书店
印　　刷: 北京盈盛恒通印刷有限公司
开　　本: 787×1092　1/16
印　　张: 49.5
字　　数: 1108千
版　　次: 2017年3月　第1版
印　　次: 2017年3月　第1次印刷
书　　号: ISBN 978-7-114-13618-4
定　　价: 158.00元

前　　言

根据"关于贯彻执行《注册公用设备工程师执业资格制度暂行规定》和《注册公用设备工程师执业资格考试实施办法》的通知"，从 2003 年 5 月 1 日起，国家对从事暖通空调专业工程设计活动的专业技术人员实行执业资格注册管理制度，纳入全国专业技术人员执业资格制度统一规划。

注册公用设备工程师（暖通空调），是指取得《中华人民共和国注册公用设备工程师执业资格证书（暖通空调）》和《中华人民共和国注册公用设备工程师执业资格注册证书（暖通空调）》，从事暖通专业工程设计及相关业务的专业技术人员。适用于暖通空调工程设计及相关业务的专业技术人员。

截至 2016 年 9 月，注册公用设备工程师执业资格考试已经举办了 10 次。我们通过汇总 2006～2014 年及 2016 年共十年的完整真题，发现考试的难度逐渐增大，但却有一些出题思路和脉络可循。为此，我们特意在本书开篇，为读者呈现一篇"复习指南"，总结了部分考试亲历者的复习经验和教训，分析了考试大纲中规定的各种规范和手册的参考价值，希望抛砖引玉，为初涉此道的考友提供一定指引，节省大家初期入门时间。复习过程中，除了大纲规定的手册和规范外，历年真题及解析也是非常珍贵的复习资料，但此前并无完整规范的出版物，网络上流传的各种版本均不完整，且质量鱼龙混杂，不够理想，容易误人子弟。本书的历年真题均为完整版，包括专业知识和案例分析两部分，并力争做到答案准确，每一题不仅给出参考答案，还进行了十分详细的解析。其中，专业知识标明了引用规范的条目和出处，案例分析阐述了依据的公式及计算过程，个别有争议的题目还列举了不同的解题方式，便于考生了解往年考试的范围和出题脉络，把握解题思路、方法和步骤。

由于此考试内容涉及面广、题目难度不一，编辑完成的时间紧迫，编者水平也有局限，难免存在疏漏和不足，真诚的希望读者批评指正，提出宝贵意见，我们会根据最新一年的考题及反馈对本书内容进行修订和完善。

"为复习助力，给考试加分"，愿每一位考生都能顺利通过考试。

编者

2017 年 2 月

复 习 指 导

——致即将开始艰辛备考历程的考友

首先,介绍下考试时间及分值。

注册公用设备工程师(暖通空调)执业资格考试专业考试一般在9月第二个周末开考,考试分为2天,每天上、下午各3小时。第一天为专业知识考试,总分为200分;第二天为案例分析考试,总分为100分。第一天专业知识题上、下午各70道题(必答),其中单选题40题,每题1分,多选题30题,每题2分,上、下午分值合计200分。第二天案例分析题上午25道(必答),下午40道题(选答25道题、多选无效),每题2分,上、下午分值合计为100分。(合格标准:第一天120分;第二天60分。)

本考试为开卷考试,大纲中要求掌握的各种知识及参考资料,内容浩如烟海,考题一般是针对规范或手册中的某个公式或某个条文,因此本考试实际考查的是对暖通规范和设计手册的应用能力,即考查对某个知识点的快速定位能力。因此,复习的首要任务是熟知考试大纲要求的各本手册、规范中的知识架构以及计算方法。

综合近年考试情况,除2012年的考试题目计算量较大、2013年的考试题目相对简单外,其他年份的考试题目难度在基本持平的基础上逐年增加,再加上历年考试考查的知识点推陈出新,题目计算量加大,迷惑条件增多,考试中很难答满50道题。一般的,2017年考试仍应延续现有出题思路,建议大家把复习重点放在案例分析上。

如上所述,2012~2016年的趋势,案例分析题目的难度加大是不可避免的,命题组为了避免频繁考核相同知识点,往往会找一些比较偏的知识点,以求拉开档次。因此建议大家在复习时一定要脚踏实地,按照考试大纲要求内容步步深入,以便掌握完整的知识框架,才可达到融会贯通的运用,尤其不可急功近利仅研究真题。

大家开始复习前,有几句逆耳忠言与大家共勉:不要以"太忙没时间看书"为借口而懈怠复习,因为每年通过考试的上千考友中,一定有比你更忙的人;不要以"侥幸过关"的心态进行复习,因为只有案例分析机读及格的试卷才会进入人工阅卷过程,其中解题过程、引用依据等不详者均会扣分;不要"买书时信心满满、看书时三心二意",大家基础考试通过后,容易信心爆棚,冲动购买大量专业考试复习资料,但是书到手里后却不翻动,一直等到9月开考,依然茫然无措。因此,如果阁下决心参加本考试,而自己又不属于"最强大脑"中那种过目不忘、天资聪颖的人,建议端正态度,认真的复习准备。

时间是比金钱还要宝贵的资源,对任何人来说,时间都是有限的。你能算清楚你的时间是怎么用掉的吗?很多时候,一天下来,你都不知道自己是怎么过来的。如果你会因为购书多花了几十元而气恼不已,却从不为虚度一天而心痛,那么你就应该反思自己对待时间的态度了。

你可以把自己的时间明码标价的卖给你的客户和公司，却在不清不楚中虚度了光阴，“太忙的人”应该学会提高你单位时间的价值，避免去做那些浪费时间却回报甚微的事情。其实，通过本考试就是你提高自己单位时间价值最为直接和有效的手段！

言归正传，下面介绍如何准备考试。首先需要声明，下面的复习方法仅是一家之言，并不适合所有人，大家可根据自身条件进行取舍，本文仅为抛砖引玉，希望给大家准备复习计划时提供一些启发。

第一步：信息收集

此阶段多数时间比较迷茫，初来乍到，自己对考试的来龙去脉完全不了解。比如：如何报名、如何开证明、如何复习、如何购买复习资料等，到处询问也未必能找到适合自己的答案。

在这个阶段，建议充分利用各种论坛、群共享或其他网络资源，搜集网站上一些前辈们留下的复习经验，可以多找几个版本，汇总整理出一个适合自己的复习方式。本阶段不建议盲目购买资料，尽管个别考生肯定能通过基础考试，但由于此时大部分的资料仍为旧版，尤其是考试规范和当年真题还未更新，因此不必着急购买。

另一个重要的事情是加入 QQ 群。我们知道，复习考试除了最开始的兴奋外，整个过程都是极其枯燥乏味的，个人能力有限，孤掌难鸣，单靠精神意志难以支撑，而且解题的困惑也会伴随整个复习过程，因此，我们非常需要一些并肩奋战的考友，可以一起讨论、交流以及共勉。QQ 群需精心挑选，找较为活跃的，或有几个经验丰富且愿意帮助别人的前辈，少数群甚至会规划自己的复习计划，然后由群主带领大家一起执行，这不但能为自己营造最佳的学习气氛，复习效率也会大大提高。群号不做推荐，大家自己搜索一下，总会找到适合自己的。

此阶段大约需要花 1 ~ 3 个月的时间，把论坛或其他网站上搜集的信息及资料尽可能的整合和消化，了解报名资格、复习方法、考试规则、考题题型、出题方向等信息。

第二步：考试资料购买及收集

1. 主要复习教材：全国勘察设计注册工程师公用设备专业管理委员会秘书处编写的《全国勘察设计注册公用设备工程师暖通空调专业考试复习教材》（第三版）。

2. 考试复习题集，建议购买评价较好的复习模拟题集，另外历年考试真题是重要的必备资料。

3. 大学期间本专业的专业教材，可供复习基础的理论知识。

4. 2017 年注册公用设备工程师（暖通空调）专业考试主要规范、标准如下。

★《民用建筑供暖通风与空气调节设计规范》（GB 50736—2012）

★《工业建筑采暖通风与空气调节设计规范》（GB 50019—2015）

★《建筑设计防火规范》（GB 50016—2014）

★《建筑设计防火规范》(GB 50016—2006)(防排烟内容参考本规范)

★《高层民用建筑设计防火规范》(GB 50045—95)(2005 年版)(防排烟内容参考本规范)

☆《汽车库、修车库、停车场设计防火规范》(GB 50067—2014)

☆《人民防空工程设计防火规范》(GB 50098—2009)

☆《人民防空地下室设计规范》(GB 50038—2005)

☆《住宅设计规范》(GB 50096—2011)

☆《住宅建筑规范》(GB 50368—2005)

☆《严寒和寒冷地区居住建筑节能设计标准》(JGJ 26—2010)

☆《夏热冬冷地区居住建筑节能设计标准》(JGJ 134—2010)

☆《夏热冬暖地区居住建筑节能设计标准》(JGJ 75—2012)

★《公共建筑节能设计标准》(GB 50189—2015)

☆《民用建筑热工设计规范》(GB 50176—93)(2016 年版,2017 年 4 月 1 日执行)

★《辐射供暖供冷技术规程》(JGJ 142—2012)

☆《供热计量技术规程》(JGJ 173—2009)

☆《工业设备及管道绝热工程设计规范》(GB 50264—2013)

☆《既有居住建筑节能改造技术规程》(JGJ/T 129—2012)

☆《公共建筑节能改造技术规范》(JGJ 176—2009)

◇《环境空气质量标准》(GB 3095—2012)

◇《声环境质量标准》(GB 3096—2008)

◇《工业企业厂界环境噪声排放标准》(GB 12348—2008)

◇《工业企业噪声控制设计规范》(GB/T 50087—2013)

◇《大气污染物综合排放标准》(GB 16297—1996)

◇《工业企业设计卫生标准》(GBZ 1—2010)

◇《工作场所有害因素职业接触限值 第一部分:化学有害因素》(GBZ 2.1—2007)

◇《工作场所有害因素职业接触限值 第二部分:物理因素》(GBZ 2.2—2007)

★《洁净厂房设计规范》(GB 50073—2013)

★《热泵系统工程技术规范》(GB 50368—2005)(2009 年版)

☆《燃气冷热电三联供技术规程》(CJJ 145—2010)

☆《蓄冷空调工程技术规程》(JGJ 158—2008)

☆《多联机空调系统工程技术规范》(JGJ 174—2010)

☆《冷库设计规范》(GB 50072—2010)

☆《锅炉房设计规范》(GB 50041—2008)

◇《锅炉大气污染物排放标准》(GB 13271—2014)

★《城镇供热管网设计规范》(CJJ 34—2010)

☆《城镇燃气设计规范》(GB 50028—2006)

☆《城镇燃气技术规范》(GB 50454－2009)

☆《建筑给水排水设计规范》(GB 50015—2003)(2009年版)

☆《建筑给水及采暖工程施工质量验收规范》(GB 50842—2002)

★《通风与空调工程施工规范》(GB 50738—2011)

☆《通风与空调工程施工质量验收规范》(GB 50243—2002)(2016年版,2017年7月1日执行)

◇《制冷设备、空气分离设备安装工程施工及验收规范》(GB 50274—2010)

◇《建筑节能工程施工质量验收规范》(GB 50411—2007)

☆《绿色建筑评价标准》(GB/T 50378—2014)

☆《绿色工业建筑评价标准》(GB/T50878—2013)

◇《民用建筑绿色设计规范》(JGJ/T 229—2010)

◇《空气调节系统经济运行》(GB/T 17981—2007)

◇《冷水机组能效限定值及能源效率等级》(GB 19577—2004)

◇《单元式空气调调节机能效限定值及能源效率等级》(GB 19576—2004)

◇《房间空气调节器能效限定值及能源效率等级》(GB 12631.3—2010)

◇《多联式空调(热泵)机组能效限定值及能源效率等级》(GB 21454—2008)

◇《蒸气压缩循环冷水(热泵)机组 工商业用和类似用途的冷水(热泵)机组》(GB/T 18430.1—2007)

◇《蒸气压缩循环冷水(热泵)机组 户用和类似用途的冷水(热泵)机组》(GB/T 18430.2—2008)

◇《溴化锂吸收式冷(温)水机组安全要求》(GB 18361—2001)

◇《直燃型溴化锂吸收式冷(温)水机组》(GB/T 18362—2008)

◇《蒸气和热水型溴化锂吸收式冷水机组》(GB/T 18431—2014)

◇《水(地)源热泵机组》(GB/T 11409—2013)

◇《商业或工业用及类似用途的热泵热水机》(GB/T 21362—2008)

◇《组合式空调机组》(GB/T 14254—2008)

◇《柜式风机盘管机组》(JB/T 9066—1999)

◇《风机盘管机组》(GB/T 19232—2003)

◇《通风机能效限定值及节能评价值》(GB/T 19761—2009)

◇《清水离心泵能效限定值及节能评价值》(GB/T 19762—2007)

◇《离心式除尘器》(JB/T 9054—2015)

◇《回转反吹类袋式除尘器》(JB/T 8533—2010)

◇《脉冲喷吹类袋式除尘器》(JB/T 8532—2008)

◇《内滤分式反吹类袋式除尘器》(JB/T 834—2010)

◇《多联式空调热泵机组》(GB/T 18837—2015)

◇《多联式空调(热泵)机组能效限定值及能源效率等级》(GB 21454—2008)

◇《空调通风系统运行管理规范》(GB 50365—2005)

◇《饮食业油烟排放标准》(GB 18483—2001)

☆《建筑通风和排烟系统用防火阀门》(GB 15030—2007)

★《全国民用建筑工程设计技术措施 暖通空调·动力》(2009 年版)

☆《全国民用建筑工程设计技术措施 节能专篇 暖通空调·动力》(2007 年版)

☆《实用供热空调设计手册》(上、下册)(第二版)

☆《民用建筑供暖通风与空气调节设计规范宣贯辅导教材》(2012 年版)

☆ 大学教材《供热工程》(第 4 版)

☆ 大学教材《工业通风》(第 4 版)

☆ 大学教材《空气调节》(第 4 版)

☆ 大学教材《空气调节用制冷技术》(第 4 版)

编者说明:

1. 规范重要性分类:

★ 类:重要规范,建议以单行本形式专门安排时间复习,并在复习教材和做题过程中强化,需熟练掌握;

☆ 类:一般规范,建议以规范汇编或单行本的形式在复习教材和做题过程中配合查找复习熟悉;

◇ 类:其他规范,建议不用复习仅熟悉目录即可,可在做题过程和正式考试中直接查找答案。

2. 上述规范重要性分类为考生总结,非官方信息,仅供参考指导复习。

3. 上述规范中“更新”部分,建议与规范汇编核对,补充单行本。

4. 2017 年注册公用设备工程师(暖通空调)专业考试主要规范、标准、规程目录需以住房和城乡建设部执业资格注册中心正式颁布的为准。往年曾经列入但现已去除的规范有:《电子工业洁净厂房设计规范》(GB 50472—2008)、《工业锅炉能效限定值及能效等级》(GB 24500—2009)、《自动喷水灭火系统设计规范》(GB 50084—2001)(2005 年版)。

5. 执业资格考试适用的规范、规程及标准按时间划分原则:考试年度的试题中所采用的规范、规程及标准均以前一年 10 月 1 日前发布生效的规范、规程及标准为准。

以上资料可根据个人需要购买。所有资料建议在 2 ~ 3 月购买完毕,避免到 5 ~ 6 月复习中期时,市场中可能出现资料或手册缺货的情况,影响复习进度。

第三步:正式复习阶段(时间:3～8月份)

首先,建议搜集观看网上的相关视频或音频讲座,理解讲座的内容,把握复习的节奏,每章学习完成后可把《注册公用设备工程师执业资格考试专业考试习题集(暖通空调专业)》(简称《习题集》)的相关内容完成,需要注意的是:完成《习题集》的题目时,建议直接查阅规范汇编、单行本或考试手册的内容条文,因为考试真题基本都是出自规范和手册原文,做题的过程也是熟悉规范和手册内容最好的方法,考试最终考查的是考生对规范或公式的快速定位能力,对规范和手册熟知程度是成败的关键。重点的部分可以标注不同的颜色,以加深印象、强化记忆。其次,也可跟随QQ群中组织的复习计划,与群友一起复习讨论。

按《习题集》的章节将案例分析和专业知识的题目全部完成,此过程一般耗时4～5个月。这个阶段最易烦躁,或伴有焦虑,很多考友在这个阶段容易偏离方向难以坚持,其实这些都属于正常反应,只是千万不可懈怠或放弃,考友应能适时的调整情绪,克服焦躁心理,QQ群与各种论坛是一个很好的释放空间,大家可以在里面找找知音与同道。

第四步:考试冲刺(时间:8～9月份)

最后约6周的时间对自己进行模拟测试。平均每周一套真题,完全按考试时间(上午8:00～11:00,下午14:00～17:00)对自己进行考试模拟。周末两天模拟考试,周一至周五核对、讨论,将所有题目研究明白。

真正考试的时候,气氛与平时复习是完全不一样的。因为案例需要写出答题依据、公式及计算过程,时间常常不够用,心情紧张,易忙中出错,而且连考两天,休息时间有限,脑力使用达到极限,所以需要提前适应节奏,以免到时候头晕目眩、手足无措。需要强调的是,对每道真题都务必理解与掌握,尽量分析了解出题人用意、考查的知识点等要素。

此阶段复习结束,大局即定。

第五步:临战准备(时间:考前一周,每天坚持适当的温习时间,保持一定紧张度)

为了便于快速查找相关条文及公式,建议在资料中自己认为重要的地方做上标签,标签数量一定要少而精,考场中很多人做的标签密密麻麻,那其实和没做一样了。总之,以方便自己使用与查找为宜。最后,有条件的朋友可以对考场事先踩踩点,判断一下当日的交通情况等细节,个别交通不便的考友建议提前预订酒店。

需要特别提示的是,每年6月考试报名结束后,考生均会收到大量售卖当年考题的诈骗短信,9月考试结束后还会收到协助内部改分的诈骗短信,2014年某则新闻中曝光一团伙利用此诈骗方式,在几个月内即敛财超过50万元,可见上当人群之巨大。因此,编者特别提醒广大考生,若阁下的智商不足以剖析如此简单之骗局,也就难以解答注册考试如此繁难之案例,若想仅凭侥幸不如干脆放弃,以免落人口实,贻笑大方,切记切记!

最后,希望天道酬勤,愿大家在年底都能收获一个欢喜凯旋的心情!

目　录

2009 年注册公用设备工程师(暖通空调)执业资格考试专业考试试题及答案

2010 年注册公用设备工程师(暖通空调)执业资格考试专业考试试题及答案

2011 年注册公用设备工程师(暖通空调)执业资格考试专业考试试题及答案

2012 年注册公用设备工程师(暖通空调)执业资格考试专业考试试题及答案

2013 年注册公用设备工程师(暖通空调)执业资格考试专业考试试题及答案

2014 年注册公用设备工程师(暖通空调)执业资格考试专业考试试题及答案

2016 年注册公用设备工程师(暖通空调)执业资格考试专业考试试题及答案

2006年注册公用设备工程师(暖通空调)执业资格考试

专业考试试题及答案

2006 年专业知识试题(上午卷)

一、单项选择题(共 40 题,每题 1 分。每题的备选项中只有一个符合题意)

1. 下列哪一项低温热水地面辐射采暖系统对管材的技术要求是错误的? ( )

(A)埋设在填充层内的加热管不应有接头
(B)埋地热水塑料加热管材应按使用条件为 4 级选择
(C)塑料加热管的厚度不得小于 1.8mm
(D)铜管的下游管段不宜使用钢管

2. 构成围护结构的热惰性指标 D 的参数中,不包括以下哪个参数? ( )

(A)λ-导热系数
(B)δ-围护结构厚度
(C)S-材料蓄热系数
(D)α-内外表面换热系数

3. 计算低温热水地面辐射采暖的热负荷时,下列哪一项是错误的? ( )

(A)比对流采暖系统的室内计算温度低 2℃
(B)对寒冷地区,取对流采暖系统计算总负荷的 0.9 倍
(C)可以不考虑高度附加
(D)局部地面辐射采暖的面积为房间总面积 70%,则需要计入附加系数

4. 下列哪一项采暖建筑的热负荷计算方法是错误的? ( )

(A)风力附加只对不避风的垂直外围护结构基本耗热量上作附加,但对其斜屋面则也应在垂直投影面的基本热耗量上作附加
(B)工业建筑渗透冷空气耗热量附加率是指占全部围护结构基本耗热量的百分率
(C)多层建筑的渗透冷空气耗热量,当无相关数据时,可按规定的换气次数计算
(D)外门附加率只适用于短时间开启的、无热风幕的外门

5. 下列哪一项蒸汽采暖系统中疏水器作用的说法是正确的? ( )

(A)排出用热设备及管道中的凝结水,阻止蒸汽和空气通过
(B)排出用热设备及管道中的蒸汽和空气,阻止凝结水通过
(C)排出用热设备及管道中的空气,阻止蒸汽和凝结水通过
(D)排出用热设备及管道中的凝结水和空气,阻止蒸汽通过

6. 设计采暖系统时,下列哪一项是错误的? ( )

(A)热水系统水质的溶解氧应小于或等于0.1mg/L
(B)蒸汽采暖系统中不应采用钢制散热器
(C)在同一热水系统中,钢制与铝制散热器可同时使用
(D)热水系统管道内水流速不小于0.25m/s,可无坡度敷设

7. 室内蒸汽采暖系统均应设排气装置,下列做法中哪一项是错误的? ( )

(A)蒸汽采暖系统散热器的1/3高处排气
(B)采用干式回水的蒸汽采暖系统在凝结水管末端排气
(C)采用湿式回水的蒸汽采暖系统在散热器和蒸汽干管末端排气
(D)无论采用干、湿回水的蒸汽采暖系统,均在系统的最高点排气

8. 提高热水网络水力稳定性的主要方法,应选择下列哪一项? ( )

(A)网络水力计算时选用较小的比摩阻值,用户水力计算时选用较大的比摩阻值
(B)网络水力计算时选用较大的比摩阻值
(C)网络水力计算时选用较小的比摩阻值
(D)网络水力计算时选用较大的比摩阻值,用户水力计算时选用较小的比摩阻值

9. 热力站内的热交换器装置,下列哪一项是错误的? ( )

(A)换热器可以不设备用
(B)采用2台或2台以上换热器时,当其中一台停止运行时,其余换热器宜满足75%总计算负荷的需要
(C)换热器为汽—水加热时,当热负荷较大,可采用汽水混合加热装置
(D)当加热介质为蒸汽时,不宜采用汽—水换热器和热水换热器两级串联

10. 现行《建筑设计防火规范》(GB 50016)不适用于下列哪一类别的建筑物?
( )

(A)多层工业建筑　　(B)地下民用建筑
(C)花炮仓库　　(D)无窗厂房

11. 视为比空气轻的气体,是指相对密度要小于或等于下列哪一项数值? ( )

(A)0.75　　(B)0.80
(C)1.10　　(D)1.20

12. 单跨工业厂房的自然通风,如进、排风窗的流量系数相等,且厂房外空气密度与上部排风的空气密度不变时,下列哪一项是正确的? ( )

(A)中和面位置向上移,排风窗计算面积减小
(B)中和面位置向上移,进风窗计算面积不变
(C)中和面位置向下移,排风窗计算面积减小
(D)中和面位置向下移,进风窗计算面积减小

13. 某工业厂房内的粉尘浓度为 $6mg/m^3$,该种粉尘的接触限制为 $8mg/m^3$。当该厂房的机械送风系统采用部分循环空气时,该系统送入工作场所的空气中粉尘浓度应不大于下列哪一项值? ( )

(A) $4mg/m^3$　　(B) $3mg/m^3$
(C) $2.5mg/m^3$　　(D) $2mg/m^3$

14. 某住宅楼地下车库面积 $1750m^2$,高 4m,按相关规范要求,下列哪一项正确? ( )

(A)应设机械排烟,排烟风量不小于 $42000m^3/h$
(B)应设机械排烟,排烟风量不小于 $31500m^3/h$
(C)应设机械排烟,排烟风量不小于 $105000m^3/h$
(D)可不设机械排烟

15. 影响袋式除尘器压力损失大小的因素中,下列哪一项是错误的? ( )

(A)除尘器在风机的负压段工作　　(B)过滤风速
(C)滤料特性　　(D)清灰方式

16. 下列哪一项有关除尘器效率、阻力的变化关系的论述是错误的? ( )

(A)除尘器的全效率越大,其穿透率就越小
(B)旋风除尘器能处理粉尘的分割粒径大,其除尘总效率高
(C)袋式除尘器的阻力随处理风量的增加而增加
(D)粉尘的比电阻过大或过小,都会降低电除尘滤的效率

17. 下列哪一项旋风除尘器的结构机理及特性的论述是错误的? ( )

(A)把传统的单进口改为多进口,可改进旋转气流偏心
(B)旋风除尘器可适用于温度或压力较高含尘气体的除尘
(C)同一型的旋风除尘器的几何尺寸,做相似放大时,除尘效率随之提高
(D)随入口含尘浓度的增高,其压力损失明显下降

18. 用活性炭净化有害气体,下列哪一项论点是错误的? ( )

(A)活性炭适用于有机溶剂蒸汽的吸附
(B)活性炭不适用于处理漆雾
(C)活性炭的再生方法均可采用水蒸气法

(D)吸附物质的浓度低,吸附量也低

19. 公共建筑热工设计有关要求中,下列哪一项是错误的? ( )

(A)寒冷地区,建筑窗(包括透明幕墙)墙面积比小于0.4,体型系数小于0.3时,玻璃或其他透明材料的太阳得热系数小于0.48
(B)屋顶透明部分的面积不应大于屋顶总面积的20%
(C)夏热冬冷地区,热惰性指标小于2.5时,屋面传热系数$K \leqslant 0.4\mathrm{W/(m^2 \cdot K)}$
(D)寒冷地区建筑体型系数不应大于0.4,不能满足要求时,必须进行围护结构热工性能的权衡判断

20. 某办公室有工作人员、照明灯具、办公设备及外墙,室内保持40Pa正压,试问计算该办公室的得热量时,不应计入下列哪一项? ( )

(A)围护结构的传热量
(B)人体散热量
(C)照明灯具、办公设备的散热量
(D)空气渗透得热量

21. 空调房间夏季送风量计算公式为:$G = Q/(h_n - h_s)$,式中h_n、h_s分别是室内空气和送风状态点的比焓,试问热量Q为下列哪一项? ( )

(A)通过围护结构传入的热量
(B)室内人员的显热量与照明、设备散热量之和
(C)室内的余热量
(D)室内的余热量与新风耗冷量之和

22. 变风量空调系统的主要特点是下列哪一项? ( )

(A)可分区进行温湿度控制、减小空调机组容量、运行节能、维护工作量小
(B)可分区进行温度控制、减小空气机组容量、运行节能、房间分隔灵活
(C)可分区进行温度控制、减小空调机组容量、降低初投资、运行节能
(D)可分区进行温湿度控制、减少空调机组容量,运行节能、房间分隔灵活

23. 相同的表面式空气冷却器,在风量不变的情况下,湿工况的空气阻力与干工况的空气阻力相比,下列哪一项是正确的? ( )

(A)湿工况空气阻力大于干工况空气阻力
(B)湿工况空气阻力等于干工况空气阻力
(C)湿工况空气阻力小于干工况空气阻力
(D)湿工况空气阻力大于或小于干工况空气阻力均有可能

24. 某空调系统在调试时,发生离心式风机电动机的电流超值,试问下列哪一项原因引起的? ( )

(A)空气过滤阻塞,阻力增大,致使所需电动机功率增大

(B)系统阻力小于设计值,致使风量增大

(C)空调区出口风阀未开启,致使风机压力上升,电流增大

(D)风机的风压偏小,导致风量增加

25. 空调冷冻水系统的补水泵设计小时流量,宜为下列何值? ( )

(A)冷冻水系统容量的1%

(B)冷冻水系统循环水量的1%

(C)冷冻水系统容量的5%~10%

(D)冷冻水系统循环水量的5%~10%

26. 空调水系统设计中,下列哪一项做法是错误的? ( )

(A)循环水泵出口管道加平衡阀

(B)主要设备与控制阀门前安装水过滤器

(C)并联工作的冷却塔加装平衡管

(D)设置必要的固定点与补偿装置

27. 适用于冷热水系统的调节阀,一般应选用下列哪一种流量特性? ( )

(A)直线型流量特性

(B)等百分比型流量特性

(C)抛物线型流量特性

(D)快开型流量特性

28. 在相同冷热源温度下,逆卡诺制冷循环、有传热温差的逆卡诺制冷循环、理论制冷循环和实际制冷循环的制冷系数分别是a、b、c、d,试问制冷系数按照大小顺序排列,下列哪一项是正确的? ( )

(A)c、b、a、d

(B)a、b、c、d

(C)b、c、a、d

(D)a、c、d、b

29. 对于一台给定的制冷压缩机,在运行过程中冷凝温度保持一致,蒸发温度逐渐下降,请问制冷量和耗功率的变化,下列哪一项是正确的? ( )

(A)制冷量增大,耗功率增大

(B)制冷量减小,耗功率减小

(C)制冷量增大,耗功率逐渐减小

(D)制冷量减小,耗功率先增大后减小

30. 分体式空调在室外环境温度比较低的条件下,不能进行制热工况运行,其主要原因应是下列哪一项? ( )

(A)润滑油黏稠度太大,致使压缩机不能正常运行

(B)压缩机排气温度过高,致使压缩机不能正常运行

(C)不能保证室内空气温度要求

(D)制热效率太低,经济不合算

31. 直燃溴化锂吸收式冷热水机组属于低压容器，在设计机房时应考虑下列哪一项？（　）

(A) 不需要考虑安全、防火问题
(B) 需要考虑安全、防火问题
(C) 虽有安全、防火问题，但无规范可循，无法考虑
(D) 安全、防火问题不太重要，可以不考虑

32. 在制冷系统运行工况基本不变的情况下，当制冷量增加时，采用毛细管或采用热力膨胀阀的制冷系统过热度变化应为下列哪一项？（　）

(A) 二者的过热度均要增大
(B) 采用毛细管的过热度加大
(C) 采用热力膨胀阀的过热度加大
(D) 采用热力膨胀阀的过热度基本不变

33. 某 16 层建筑，屋面高度 64m，原设计空调冷却水系统的逆流式冷却塔放置在室外地面，现要求将其放置在屋面，冷却水管沿程阻力为 76Pa/m，局部阻力为沿程阻力的 50%，试问所选用的冷却水泵所增加的扬程应为下列哪一项？（　）

(A) 冷却水泵扬程增加约 640kPa　(B) 冷却水泵扬程增加约 320kPa
(C) 冷却水泵扬程增加约 15kPa　(D) 冷却水泵扬程维持不变

34. 冷藏库建筑墙体围护结构组成的设置，由室外到库内的排列次序，下列哪一项是正确的？（　）

(A) 墙体、隔热层、隔汽层、面层
(B) 墙体、隔热层、防潮层、面层
(C) 墙体、隔汽层、隔热层、面层
(D) 隔热层、墙体、隔汽层、面层

35. 冷库冷负荷的计算内容，下列哪一项是正确的？（　）

(A) 围护结构热流、食品及其包装和输运工具的热流、通风换气热流、照明热流
(B) 围护结构热流、食品热流、通风换气热流、照明以及人员形成的操作热流
(C) 围护结构热流、食品及其包装和运输工具的热流、通风换气热流、人员热流
(D) 围护结构热流、照明以及人员形成的操作热流、通风换热热流、食品及其包装和运输工具的热流

36. 某非单向洁净室，静态下测试室内空气含尘浓度（对 0.5μm）为 10000pc/m^3，如果人员密度为 0.3 人/m^3，预计动态下室内空气含尘浓度（对 0.5μm）约为下列哪一项？（　）

(A) $10000pc/m^3$　　(B) $20000pc/m^3$

(C) $30000pc/m^3$　　(D) $50000pc/m^3$

37. 按中国标准,A、B、C 类高效空气过滤器的测试,应采用下列哪一种方法?（　　）

(A)DOP 法　　(B)油雾法

(C)钠焰法　　(D)大气尘法

38. 对于混凝土外墙、无窗洁净厂房、计算渗漏风量时,一般可取换气次数为下列哪一项?（　　）

(A)0.3 次/h　　(B)0.5 次/h

(C)1 次/h　　(D)2 次/h

39. 确定建筑生活热水系统加热器的热水设计水温时,应从节能、防结垢、使用管道和设备规格等因素考虑,一般适宜的热水温度为下列哪一项?（　　）

(A)30 ~ 39℃　　(B)40 ~ 49℃

(C)50 ~ 60℃　　(D)61 ~ 70℃

40. 下列四种燃气输送管道,不应敷设在地下室内的是下列哪一项?（　　）

(A)天然气管道　　(B)液化石油气管道

(C)固体燃料干馏煤气管道　　(D)固体燃料汽化煤气管道

二、多项选择题(共 30 题,每题 2 分。每题的备选项中有两个或两个以上符合题意。错选、少选、多选均不得分)

41. 采暖管道安装中,管道弯曲半径的确定,下列哪几项是错误的?（　　）

(A)钢制焊接弯头,应不小于管道外径的 3.0 倍

(B)钢制焊接热弯,应不小于管道外径的 3.5 倍

(C)钢制焊接冷弯,应不小于管道外径的 4.0 倍

(D)塑料管道弯头,应不小于管道外径的 4.5 倍

42. 确定冬季采暖系统的热负荷应包含下列哪些因素?（　　）

(A)围护结构的耗热量　　(B)室内照明设备的散热量

(C)外窗的辐射得热量　　(D)渗透冷风耗热量

43. 选择采暖散热器时,应符合下列哪几项规定?（　　）

(A)散热器的工作压力应满足系统的工作压力,并应符合国家现行有关产品标准规定

(B)蒸汽采暖系统不应采用铸铁散热器
(C)采用钢制散热器时,应采用闭式系统
(D)相对湿度较大的房间应采用耐腐蚀的散热器

44. 采暖系统干管安装坡度为0.003时的应用范围,是下列哪几项? ( )

(A)供回水管道
(B)汽、水同向流动管道
(C)汽、水逆向流动管道
(D)凝结水管道

45. 下列哪几项高压蒸汽采暖系统凝结水管的设计是正确的? ( )

(A)凝结水管不应向上抬升
(B)疏水器后的凝结水管向上抬升的高度应当计算确定
(C)本身无止回功能的疏水器后的凝结水管上抬时,应设置止回阀
(D)凝结水管必须设在散热设备下部

46. 布置锅炉设备时,锅炉与建筑物的合理间距,下列哪几项是正确的? ( )

(A)锅炉操作地点和通道的净空高度不应小于2m
(B)产热量为0.7~2.8MW的锅炉,炉前净距不宜小于3m
(C)产热量为4.27~14MW的锅炉,炉前净距不宜小于4m
(D)产热量为29~58MW的锅炉,炉前净距不宜小于6m

47. 某小区内现有建筑均为多层,各采暖系统静水压力均不大于0.3MPa,现拟建一幢高层建筑,其采暖系统最高点静水压力为0.5MPa,试问该建筑与外网的连接方式下列哪几项是正确的?(散热设备为铸铁散热器) ( )

(A)设换热器与外网间接连接
(B)建筑内分高低区采暖系统,低区与外网连接,高区设换热器与外网连接
(C)建筑内分高低区采暖系统,低区与外网连接,高区采用双水箱分层式系统与外网连接
(D)设混水泵与外网直接连接

48. 各种通风系统排风口风帽的选择,不宜采用下列哪几项? ( )

(A)利用热压和风压联合作用的自然通风系统——筒形风帽
(B)一般的机械排风系统——筒形风帽
(C)除尘系统——伞形风帽
(D)排除有害气体的通风系统——锥形风帽

49. 关于密闭罩的论述,下列哪几项是正确的? ( )

(A)局部密闭罩适用于含尘气流速度低,瞬时增压不大的扬尘点
(B)密闭罩的排风量为物料下落时带入罩内的诱导空气量

(C)密闭罩的排风口应设在压力较低的部位
(D)密闭罩的吸风口风速不宜过高

50. 在机械通风系统中,只要涉及下列哪几项情况就不应采用循环空气? ( )

(A)含有难闻气味
(B)丙类厂房,如空气中含有燃烧或爆炸危险的粉尘、纤维,含尘浓度大于或等于其爆炸下限的30%时
(C)局部排风系统用于排除含尘空气时,若排风经净化后,其含尘浓度仍大于或等于工作区容许浓度的30%时
(D)含有甲、乙类物质的厂房

51. 以下哪几项高层建筑加压送风系统的设计要求是正确的? ( )

(A)防烟楼梯间的正压力应为40~50Pa,加压风口宜每隔2~3层设置一个
(B)一个剪刀楼梯间应分别设置二个加压送风系统
(C)层数超过32层的防烟楼梯间,其送风系统和送风量应分段设计
(D)设加压送风的防烟楼梯间,其无外窗的前室应设加压送风系统

52. 下列哪几项改变风机特性的方法是正确的? ( )

(A)袋式除尘器的过滤风速是指气体通过滤袋的风速,常用单位是m/s
(B)袋式除尘器的过滤风速是指气体通过滤袋的平均风速,常用单位是m/min
(C)袋式除尘器的过滤风速是指气体通过袋式除尘器的断面风速,常用单位是m/min
(D)袋式除尘器的过滤风速,在工程上也用比负荷的概念,即指每平方米滤料每小时所过滤的气体量(m^3),常用单位是$m^3/(m^2 \cdot h)$

53. 下列哪几项改变风机特性的方法是正确的? ( )

(A)改变通风机转速
(B)改变通风机进口导流叶片角度
(C)调节通风机吸入口阀门
(D)改变管网特性曲线

54. 建筑物夏季防热设计的有关要求,下列哪几项是正确的? ( )

(A)建筑物单体平、剖面设计应尽量避免主要房间受东、西向日晒
(B)建筑物的向阳面应采取有效的遮阳措施
(C)居室地面的面层不宜采用微孔吸湿材料
(D)有条件时,建筑物的屋面应绿化

55. 对于净深较大(超过10m)的办公室空调设计时,关于内、外区的说法,下列哪几项是错误的? ( )

(A)采用变风量全空气系统时,应考虑空调内、外区分区

(B)采用定风量全空气系统时,不应考虑空调内、外区分区
(C)采用风机盘管加新风系统时,不应考虑空调内、外区分区
(D)内、外区是否考虑分区,与上述系统形式无关

56. 下列哪几项空调系统空气加湿方法为等焓加湿? ( )

(A)电极式加湿器加湿 (B)高压喷雾加湿器加湿
(C)超声波加湿器加湿 (D)湿膜加湿器加湿

57. 直流式全新风空调系统应用于下列哪几种情况? ( )

(A)室内散发余热、余湿较多时
(B)空调区换气次数较高时
(C)夏季空调系统的回风比焓高于室外空气比焓时
(D)空调区排风量大于按负荷计算的送风量时

58. 在生物安全实验室空调净化系统设计中,下列哪几项是错误的? ( )

(A)一级至四级生物安全实验室不应采用有循环风的空调系统
(B)一级至四级生物安全实验室可以采用有循环风的空调系统
(C)一级至二级生物安全实验室应采用全新风空调系统
(D)三级至四级生物安全实验室应采用全新风空调系统

59. 空调系统采用加湿器加湿过程的表述,下列哪几项是正确的? ( )

(A)湿膜加湿器加湿为等焓过程
(B)低压干蒸汽加湿器加湿为等温过程
(C)高压喷雾加湿器加湿为等温过程
(D)电极式加湿器加湿为等焓过程

60. 对照国家标准,高静压(出口静压30Pa或50Pa)风机盘管额定风量试验工况,下列哪几项是错误的? ( )

(A)风机转速高档,不带风口和过滤器,不供水
(B)风机转速高档,带风口和过滤器,供水
(C)风机转速中档,不带风口和过滤器,不供水
(D)风机转速中档,带风口和过滤器,供水

61. 采用二次泵的空调冷水系统主要特点,下列哪几项是正确的? ( )

(A)可实现变流量运行,二级泵采用台数控制即可,初投资高、运行能耗低
(B)可实现变流量运行,冷源侧需设旁通管,初投资高、运行能耗低
(C)可实现变流量运行,冷源侧需设旁通管,初投资高、各支路阻力差异大时可实现运行节能

(D)可实现变流量运行,一级泵可采用台数控制,末端装置需采用二通阀,在一些情况下并不能实现运行节能

62. 带节能器的二次吸气制冷循环可增加制冷量、减少功耗和提高制冷系数,试问下列哪几种制冷压缩机易于实现该种制冷循环? ( )

(A)离心式制冷压缩机　(B)涡旋式制冷压缩机
(C)活塞式制冷压缩机　(D)螺杆式制冷压缩机

63. 关于制冷剂 R410A,下列哪几种说法是正确的? ( )

(A)与 R22 相比,需要提高设备耐压强度
(B)与 R22 相比,可以减少设备耐压强度
(C)与 R22 相比,制冷效率可以提高
(D)与 R22 相比,制冷效率降低

64. 冷水机组能源效率等级分为几级,以及达到何级为节能产品的表述中,下列哪几项是错误的? ( )

(A)分为 5 级,1、2 级为节能产品　(B)分为 5 级,2 级为节能产品
(C)分为 3 级,1 级为节能产品　(D)分为 4 级,1、2 级为节能产品

65. 在各类冷水机组和热泵机组的产品样本中,均给出水侧污垢系数供用户参考,下列哪几项考虑是正确的? ( )

(A)水侧污垢系数小于要求者,制冷量和性能系数应折减
(B)水侧污垢系数虽对机组性能有影响,但无法考虑
(C)水侧污垢系数机组对机组性能影响不大,可不考虑
(D)要求厂家按所要求的水侧污垢系数进行出厂试验

66. 大型水冷冷凝器应设置的安全保护装置有下列哪几项? ( )

(A)缺水报警　(B)液位计
(C)压力表　(D)安全阀

67. 水果、蔬菜在气调储藏时,应保证下列哪几项措施? ( )

(A)抑制食品的呼吸作用　(B)增加食品的呼吸强度
(C)加大冷库的自然换气量　(D)控制冷库的气体成分

68. 我国《高效空气过滤器》,进行分类的主要参数为下列哪几项? ( )

(A)阻力　(B)容尘量
(C)过滤效率　(D)风速

69. 按照我国《空气过滤器》,中效空气过滤器效率测试中,不采用下列哪几种粒径?
( )

(A) ≥10μm (B) 5μm≤粒径<10μm
(C) 1μm≤粒径<5μm (D) 0.5μm≤粒径<1μm

70. 建筑室内给水系统根据运行机理应设置止回阀,关于设置的目的和部位,下列哪几项是正确的? ( )

(A) 水泵出水管,防止停泵水倒流
(B) 密闭的水加热器进水管,防止热水进入给水系统
(C) 高位水箱,当进出水干管合一时,安装在出水直管上,保证进出水的正确流程
(D) 供水管接到便器冲洗管处,防止水倒流污染给水系统

2006 年专业知识试题答案(上午卷)

1. **答案:**C

依据:《辐射供暖供冷技术规程》(JGJ 142—2012) 第5.4.5 条、第4.4.1 条、附录C1.3 条。

注:《地面辐射供暖技术规程》(JGJ 142—2004) 第 B.3.3 条,新规程已取消此内容。

2. **答案:**D

依据:《民用建筑热工设计规范》(GB 50176—1993) 附录二式(附 2.5):

$$D = RS$$

式中,R 为围护结构的热阻;S 为蓄热系数,与内外表面换热系数无关。

3. **答案:**C

依据:《辐射供暖供冷技术规程》(JGJ 142—2012) 第 3.3.2 条、第 3.3.6 条、第 3.3.3 条。

注:原题考查《地面辐射供暖技术规程》(JGJ 142—2004),新规程已修改。选项 B 内容新规程已取消。

4. **答案:**B

依据:《注册设备工程师暖通空调考试复习教材》(第三版) P17 ~20 相关内容。

5. **答案:**D

依据:《供热工程》(第三版) P129 疏水器的三大作用是阻蒸汽、排凝水及排空气和其他不凝性气体 。

6. **答案:**C

依据:《城镇供热管网设计规范》(CJJ 34—2010) 第 4.3.1 条、《工业建筑采暖通风与空气调节设计规范》(GB 50019—2015) 第 5.3.1 条及条文说明、《民用建筑供暖通风与空气调节设计规范》(GB 50736—2012) 第 5.9.6 条。

7. **答案:**A

依据:《注册设备工程师暖通空调考试复习教材》(第三版) P84。

低压蒸汽采暖系统应在散热器的 1/3 高处排气,高压蒸汽应为散热器上部排气。

干式回水时,可由凝结水箱集中排除,湿式回水时,可在各立管上装排气阀。

8. **答案:**A

依据:《注册设备工程师暖通空调考试复习教材》(第三版) P136。

提高热水网络水力稳定性的主要方法:相对减小网络干管的阻力即水力计算时选

用较小的比摩阻;相对增大用户的阻力即水力计算时选用较大的比摩阻。

9. **答案:**D

依据:《锅炉房设计规范》(GB 50041—2008)第 10.2.1 条、第 10.2.4 条、第 10.2.3.2 条。

10. **答案:**C

依据:《建筑设计防火规范》(GB 50016—2014)第 1.0.3 条。

11. **答案:**A

依据:《注册设备工程师暖通空调考试复习教材》(第三版)P171,《采暖通风与空气调节设计规范》(GB 50019—2003)第 5.3.11.3 条。

12. **答案:**C

依据:《注册设备工程师暖通空调考试复习教材》(第三版)P180 式(2.3-16)及 P177 图 2.3-2。

13. **答案:**D

依据:《工业建筑采暖通风与空气调节设计规范》(GB 50019—2015)第 6.3.2 条。

排风经净化处理后再送至室内,净化后空气的含尘浓度应小于工作区允许浓度的 30%。

14. **答案:**B

依据:《汽车库、修车库、停车场设计防火规范》(GB 50067—2014)第 8.2.4 条。

15. **答案:**A

依据:《注册设备工程师暖通空调考试复习教材》(第三版)P216。

16. **答案:**B

依据:《注册设备工程师暖通空调考试复习教材》(第三版)P204、P209、P216、P221 相关内容。

P209:出口管井变小时,除尘效率提高(即分割粒径减小);

P221:粉尘比电阻在 $10^4 \sim 10^{11}\Omega \cdot cm$ 时,能获得较好的除尘效率。

17. **答案:**C

依据:《注册设备工程师暖通空调考试复习教材》(第三版)P208。

同一形式旋风除尘器几何相似放大或缩小,压力损失基本不变。

18. **答案:**C

依据:《注册设备工程师暖通空调考试复习教材》(第三版)P232 ~ 235。

亲水性(水溶性)溶剂的活性炭吸附装置,不宜采用水蒸气脱附的再生法。

19. **答案:**D

依据:《公共建筑节能设计标准》(GB 50189—2015)第 3.3.1 条、第 3.2.7 条,选项

ABC 正确，第 3.2.1 条可知体型系数必须满足标准，选项 D 错误。

20. **答案**：D

依据：无，正压房间无渗透风量，不计算空气渗透的热量。

21. **答案**：C

依据：《注册设备工程师暖通空调考试复习教材》（第三版）P377 式（3.4-1）。

注：Q_0 为室内冷负荷，不包括新风负荷。

22. **答案**：B

依据：《注册设备工程师暖通空调考试复习教材》（第三版）P381。

23. **答案**：A

依据：《注册设备工程师暖通空调考试复习教材》（第三版）P406。

24. **答案**：B

依据：无。

注：风机和水泵选型扬程过大或系统阻力小于设计值，易造成电动机电流超标或烧毁，建议分析风机或水泵性能曲线，当系统阻力小于设计值时，管网特性曲线变缓，与性能曲线交叉点右侧移动，流量变大，造成电动机超负荷运行，电动机电流值超标。

25. **答案**：C

依据：《采暖通风与空气调节设计规范》（GB 50019—2003）第 6.4.11 条、《民用建筑供暖通风与空气调节设计规范》（GB 50736—2012）第 8.5.16.2 条。

26. **答案**：A

依据：《民用建筑供暖通风与空气调节设计规范》（GB 50736—2012）第 8.5.13.1 条及条文说明。

泵与冷机一一对应时可以取消为保证流量分配均匀而设置的定流量阀。

27. **答案**：B

依据：《采暖通风与空气调节设计规范》（GB 50019—2003）第 8.2.6.1 条、《民用建筑供暖通风与空气调节设计规范》（GB 50736—2012）第 9.2.5.2 条、《注册设备工程师暖通空调考试复习教材》（第三版）P525。

28. **答案**：B

依据：《注册设备工程师暖通空调考试复习教材》（第三版）P568 ~ 571。

逆卡诺循环是制冷循环中制冷系数最大的循环，逆卡诺循环与有传热温差的逆卡诺循环存在温差损失，有传热温差的逆卡诺循环与理性制冷循环存在节流损失和过热损失，理论制冷循环与实际制冷循环存在摩擦、压降和换热等损失。

29. **答案**：D

依据：《制冷技术》P63 。

当冷凝温度一定时，压缩机的轴功率首先蒸发温度的升高而增大，当达到最大功率后，再随蒸发温度的升高而减小。

注：《注册设备工程师暖通空调考试复习教材》(第三版)P609～610 的表述有误。对于常用制冷剂，压比约等于 3 时压缩机功率损耗达到极大值，压比小于 3，随着压缩比变大，压缩机功率损耗逐渐变大，如果压比大于 3，随着压比变大，压缩机功率损耗逐渐变小。

30. **答案：**B

依据：无。

选项 A，润滑油黏稠度高会引起流动阻力变大，压缩机耗功率变大，但不会导致压缩机无法运行；

选项 B，压缩机排气温度过高，压缩比过大，会造成容积效率降低，导致压缩机输气量减少，进入蒸发器制冷剂的流量变小，当达到一定程度后压缩机就不能正常运行；

选项 C，室内温度达不到要求是结果，而不是原因，实际上室内温度低于设计值，冷凝温度降低，是有利于制热循环的；

选项 D，制热效率低，虽然经济不合算，但并非是不能制热的原因。

31. **答案：**B

依据：《民用建筑供暖通风与空气调节设计规范》(GB 50736—2012) 第 8.10.4 条。

32. **答案：**A

依据：《制冷技术》P124～126 和 P132 相关内容。

热力膨胀阀是通过蒸发器出口气态制冷剂过热度控制膨胀阀开度的，当制冷量增大，蒸发器负荷增加，蒸发器出口过热度增加，此时膨胀阀阀门开大，制冷剂流量增加，缓解了过热度增加的趋势，但由于热力膨胀阀内弹簧被压缩，使得蒸发器出口过热度仍然会大于负荷增加前，即热力膨胀阀并不能完全消除或热度增加的趋势；毛细管调节性能较差，供液量不能随工况变化而任意调节，因此蒸发器出口过热度增大时，不能有效加大制冷剂流量来缓解过热度的增大，因此，当制冷量增加时，两者过热度均增大，且采用毛细管的过热度要大于采用热力膨胀阀。

注：热力膨胀阀的调节方式属于反馈调节，电子膨胀阀对制冷剂流量和过热度的调节动作响应更快。

33. **答案：**C

依据：《注册设备工程师暖通空调考试复习教材》(第三版) P491～492，增加的水泵扬程为系统增加的总阻力，即增加的水泵扬程：$\Delta P = 64 \times 2 \times 76 \times (1 + 0.5) = 14592\text{Pa} = 14.592\text{kPa}$。

注：闭式水系统水泵扬程不需计算重力水头。

34. **答案：**C

依据:《注册设备工程师暖通空调考试复习教材》(第三版) P712 图 4.8-2 。

冷库温度低,当冷库外墙表面温度低于室外露点温度时,会出现结露现象,由于隔热材料受潮后热阻会明显下降,因此需要将隔汽层置于隔热层外侧(即高温侧),避免环境空气中的水蒸气的渗透造成隔热层受潮。

35. **答案:**D

依据:《注册设备工程师暖通空调考试复习教材》(第三版) P712 相关内容。

36. **答案:**D

依据:人员密度为 0.3 人/m^3,动静比接近于 5。

37. **答案:**C

依据:《注册设备工程师暖通空调考试复习教材》(第三版) P452 表 3.6-2 注 2。

38. **答案:**B

依据:《注册设备工程师暖通空调考试复习教材》(第三版) P463 相关内容。

39. **答案:**C

依据:《注册设备工程师暖通空调考试复习教材》(第三版) P802 相关内容。

40. **答案:**B

依据:《城镇燃气设计规范》(GB 50028—2007) 第 10.2.22 条。

---

41. **答案:**AD

依据:《建筑给水排水及采暖工程施工质量验收规范》(GB 50242—2002) 第 3.3.14 条、《辐射供暖供冷技术规程》(JGJ 142—2012) 第 5.4.3 条

42. **答案:**AD

依据:《民用建筑供暖通风与空气调节设计规范》(GB 50736—2012) 第 5.2.2 条及条文说明。

43. **答案:**ACD

依据:《注册设备工程师暖通空调考试复习教材》(第三版) P84 相关内容。

44. **答案:**ABD

依据:《注册设备工程师暖通空调考试复习教材》(第三版) P81 相关内容、《民用建筑供暖通风与空气调节设计规范》(GB 50736—2012) 第 5.9.6 条。

45. **答案:**BC

依据:《民用建筑供暖通风与空气调节设计规范》(GB 50736—2012) 第 5.9.20 条、《工业建筑采暖通风与空气调节设计规范》(GB 50019—2015) 第 5.8.12 条。

46. **答案**:ABC

依据:《锅炉房设计规范》(GB 50041—2008) 第4.4.5条、第4.4.6条。

注:本题不严谨,未明确锅炉燃料类型,考虑其为多选,默认为燃煤锅炉。

47. **答案**:BC

依据:《注册设备工程师暖通空调考试复习教材》(第三版)P129 相关内容。

当热水网路与热用户的压力状况不适应时,则考虑采用间接连接方式。如热网回水管在用户入口处的压力超过该用户散热器的承受能力,或高层建筑采用直接连接影响到整个热水网路压力水平升高时,宜采用间接连接方式。

48. **答案**:BC

依据:《注册设备工程师暖通空调考试复习教材》(第三版)P184 相关内容注:筒形风帽适用于自然通风系统;伞形风帽适用于机械排风系统;锥形风帽适用于除尘或排放非腐蚀性但有毒的通风系统。

49. **答案**:AD

依据:《注册设备工程师暖通空调考试复习教材》(第三版)P188~189 相关内容。

50. **答案**:ABCD

依据:《工业建筑采暖通风与空气调节设计规范》(GB 50019—2015) 第6.3.2条、第6.9.2条。

51. **答案**:AC

依据:《高层建筑设计防火规范》(GB 50045—1995) 第8.3.7条、第8.3.8条、第8.3.4条、第8.3.3条和第8.3.1条及其条文说明表17。

注:按公消〔2015〕98号文件规定,因《建筑防烟排烟系统技术规范》尚未批准发布,防烟排烟的设计与审核暂按旧规范内容执行。

52. **答案**:BD

依据:《注册设备工程师暖通空调考试复习教材》(第三版)P215 相关内容。

53. **答案**:AB

依据:《注册设备工程师暖通空调考试复习教材》(第三版)P274~275 相关内容。

注:选项C有争议,根据《流体力学泵与风机》(第四版)P320,当关小风机吸入管上阀门时,不仅使管路性能虚线发生改变,实际上也改变了风机的性能曲线。

54. **答案**:ABD

依据:《民用建筑热工设计规范》(GB 50176—1993) 第三章第三节。

55. **答案**:BC

依据:《注册设备工程师暖通空调考试复习教材》(第三版)P379~383 相关内容。

选项 A，变风量系统的内、外分区；

选项 B，定风量系统也可采取空调内、外分区；

选项 C，风机盘管加新风系统也常采用内、外分区系统，如常采用的分区两管制，内区常年供冷。

56. **答案：**BCD

依据：《注册设备工程师暖通空调考试复习教材》(第三版)P373 相关内容。

57. **答案：**CD

依据：《民用建筑供暖通风与空气调节设计规范》(GB 50736—2012)第 7.3.18 条 。

58. **答案：**ABC

依据：《生物安全实验室建筑设计规范》(GB 50346—2011) 第 5.1.4 条、第 5.1.5 条。

59. **答案：**AB

依据：《注册设备工程师暖通空调考试复习教材》(第三版)P372 相关内容。

高压喷雾加湿应为等焓加湿方式；电热、电极加湿为等温加湿方式。

60. **答案：**BCD

依据：《风机盘管机组标准》(GB/T 19232—2003) 第 5.1.3 条及表 3 额定风量和输入功率的试验参数。

61. **答案：**CD

依据：《公共建筑节能设计标准》(GB 50189—2015) 第 4.3.5 条及条义说明、《民用建筑供暖通风与空气调节设计规范》(GB 50736—2012) 第 8.5.4.3 条及条文说明。

注：也可参阅《注册设备工程师暖通空调考试复习教材》(第三版)P474 ~ 475 相关内容。

62. **答案：**ABD

依据：《注册设备工程师暖通空调考试复习教材》(第三版)P598 ~ 601 相关内容。

注：带有节能器(经济器)的机组，可以降低节流损失和压缩过程的过热损失，减少了压缩机耗功率，蒸发温度越低，节能效果越好，可以降低压缩机排气温度。

63. **答案：**AC

依据：《注册设备工程师暖通空调考试复习教材》(第三版)P582 ~ 589 相关内容。

选项 AB，R410A 的冷凝压力比 R22 增大近 50%，属于高压制冷剂，需要提高设备及系统的耐压强度；

选项 CD，表 4.2-1，R410A 的单位容积制冷量是 R22 的 1.5 倍，因此在同样的压缩机输入功率条件下，采用 R410A 的系统制冷量大于 R22，故制冷效率大于 R22。

64. **答案：**BCD

依据：《注册设备工程师暖通空调考试复习教材》(第三版)P624 相关内容。

能效等级按照机组名义工况制冷性能的大小，依次分为 1 ~ 5 五个等级，1 级表示的能源效率最高，而能效等级 2 级表示为机组的节能评价值。

65. **答案**：AD

依据：无。

选项 A 表述不严谨，应理解为：机组样本给出的额定水侧污垢系数小于实际工程应用时的污垢系数，即实际水侧污垢系数大于产品样本额定值，由于污垢系数变大，热阻变大，冷凝温度升高，制冷量降低，压缩机功率变大，制冷系数降低。

66. **答案**：ACD

依据：无。

选项 A，缺水报警装置一般为水流开关，其主要作用为防止水流过小或断流造成冷凝压力高，当超过设定压力，压缩机停机保护，其安装位置在冷凝器的水管路上；

选项 B，液位计通常设置在储液器处，并不属于冷凝器的安装位置；

选项 CD，作为压力容器，冷凝器需设置压力表和安全阀。

67. **答案**：AD

依据：《注册设备工程师暖通空调考试复习教材》（第三版）P710 相关内容。

气调储藏目前主要用于果蔬保鲜，普遍采用降低氧气和升高二氧化碳，因此抑制呼吸会减少水分蒸发，控制冷库气体成为降低储藏环境的含氧量可以抑制果蔬的呼吸作用和微生物的生长繁殖，因此气调储藏的关键就是调节和控制储藏环境中的各种气体含量。

68. **答案**：AC

依据：《高效空气过滤器》（GB/T 13554—2008）第 4.1 条 ~ 第 4.3 条。

高效过滤器分类依据：按结构分类、按阻力与效率分类、按耐火程度分类。

注：《注册设备工程师暖通空调考试复习教材》（第三版）P455 容尘量是过滤器主要性能指标之一，但不作为分类依据。

69. **答案**：AD

依据：《空气过滤器》（GB/T 14295—2008）、《注册设备工程师暖通空调考试复习教材》（第三版）P403。

70. **答案**：ABC

依据：《建筑给排水设计规范》（GB 50015—2010）第 3.4.7 条。

2006年专业知识试题(下午卷)

一、单项选择题(共40题,每题1分。每题的备选项中只有一个符合题意)

1. 下列室内采暖系统主干管中,哪一项是不需要保温的? ( )

(A)不通行地沟内的供水、回水管道　　(B)高低压蒸汽管道

(C)车间内蒸汽凝结水管道　　(D)通过非采暖房间的管道

2. 沈阳市设置采暖系统的公共建筑和工业建筑,在非工作时间室内必须保持的温度为下列哪一项? ( )

(A)必须为5℃　　(B)必须保持在0℃以上

(C)10℃　　(D)冬季室内计算温度

3. 在相同建筑条件下采用热风采暖和散热器采暖的建筑结构总计算耗热量大小,下列哪一项叙述是正确的? ( )

(A)热风采暖相比散热器采暖,建筑围护结构总耗热量要增大

(B)热风采暖相比散热器采暖,建筑围护结构总耗热量要减小

(C)两者的围护结构总耗热量相等

(D)两者无法比较

4. 为保证热水管网水力平衡,所用平衡阀的安装及使用要求,下列哪一项是错误的? ( )

(A)建议安装在建筑物入口的回水管道上

(B)室内采暖系统环路间也可安装

(C)不必再安装截止阀

(D)可随便变动平衡阀的开度

5. 房高10m、跨度18m的单跨工业厂房,采用集中热风采暖系统,在厂房长度方向设一喷嘴送风,为一般平行射流,其射流的作用半径为以下哪一项? ( )

(A)80m　　(B)100m　　(C)110m　　(D)120m

6. 热水采暖系统设计中有关水的自然作用压力的表述,下列哪一项是错误的? ( )

(A)分层布置的水平单管系统,可忽略水在管道中的冷却而产生的自然作用压力影响

(B)机械循环双管系统,对水在散热器中冷却而产生的自然作用压力的影响,应采取相应的技术措施

(C)机械循环双管系统,对水在管道中冷却而产生的自然作用压力的影响,应采取相应的技术措施

(D)机械循环双管系统,如建筑物各部分层数不同,则各立管产生的自然作用压力应计算

7. 某95℃热水供热系统,下图中哪一种膨胀水箱与系统连接形式不宜采用? ( )

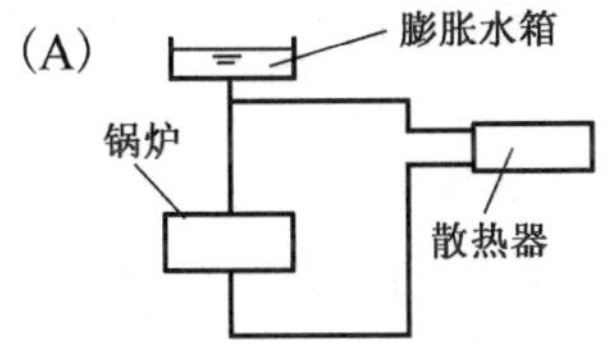

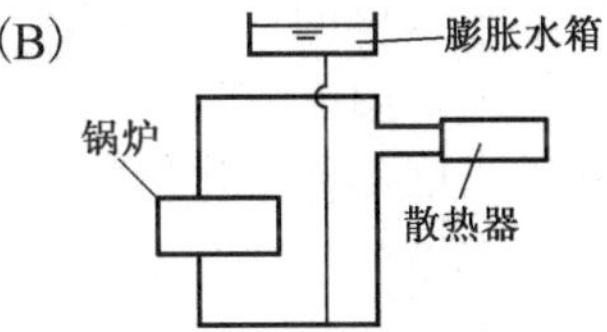

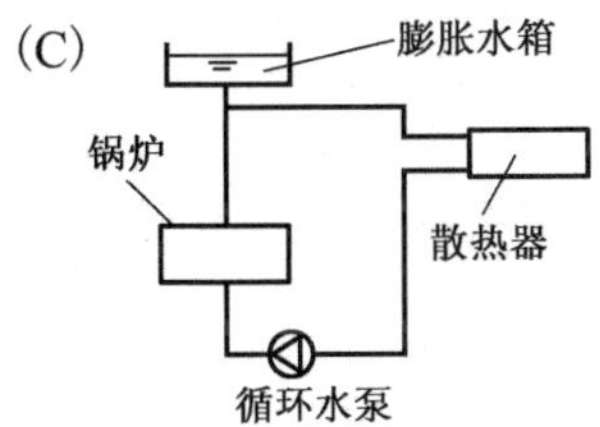

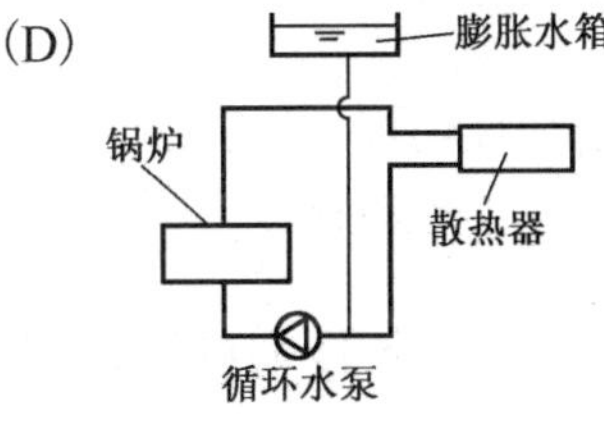

8. 室外高压过热蒸汽管道同一坡向的直线管段上,在顺坡情况下设疏水装置的间距 L(m),应为下列哪一项? ( )

(A) $200 < L \leqslant 300$　　(B) $300 < L \leqslant 400$

(C) $400 < L \leqslant 500$　　(D) $500 < L \leqslant 1000$

9. 下列哪一项小区锅炉房的设计方案是错误的? ( )

(A)热水系统的循环水泵进口干管上,装设高于系统静压的泄压放气管

(B)补给水泵的扬程不应小于补水点压力加30~50kPa富裕量

(C)高位膨胀水箱与热水系统连接的位置,宜设在循环水泵进口干管处,高位膨胀水箱的最低水位,应高于热水系统最高点1m以上

(D)补给水泵不宜少于2台,其中1台备用

10. 关于建筑物通风设施的下列设置原则,哪一项是错误的? ( )

(A)以自然通风为主的建筑物的主进风面宜在冬季主导风向侧

(B)屋顶处于正压区时应避免设排风天窗

(C)夏季自然通风室外进风口,下沿离室内地面高度为1.0m

(D)沈阳地区工厂自然通风的冬季室外进风口,下沿离室内地面高度为4.2m

11. 某车间同时放散余热、余湿和 SO_2、CO 气体。分别计算稀释上述有害物质所需的通风量时，风量分别为 $L_{热}$、$L_{湿}$、L_{SO_2}、L_{CO}(m^3/s)，其风量大小顺序为 $L_{热} > L_{SO_2} > L_{湿} > L_{CO}$，问全面通风量的选定为下列哪一项？（ ）

(A) $L_{热} + L_{湿} + L_{SO_2} + L_{CO}$　　(B) $L_{热}$

(C) $L_{热} + L_{湿}$　　(D) $L_{SO_2} + L_{CO}$

12. 有关局部排风罩的选择和机理，下列哪一项是错误的？（ ）

(A)密闭罩的排风口应设在罩内压力较高的部位

(B)外部吸气罩的控制点风速大小与控制点距外部吸气罩吸气口距离方成正比

(C)当排风柜内的发热量大，可以采用自然通风，排气时其最小排风量需要按中和界高度不低于排风柜的工作孔上缘来确定

(D)当伞形罩的扩张角 a 为 30°～60°，其局部阻力系数最小

13. 高层建筑中安装吊顶内的排烟管道隔热层，应选用下列哪一种材料？（ ）

(A)超细玻璃棉　　(B)发泡橡塑

(C)聚苯乙烯塑料板　　(D)聚氨酯泡沫塑料

14. 某排烟系统，各排烟口编号和负责防烟分区面积如下图所示，按 B—2、2—C、C—1 管段顺序计算多组排烟量，其中哪一组为正确？（ ）

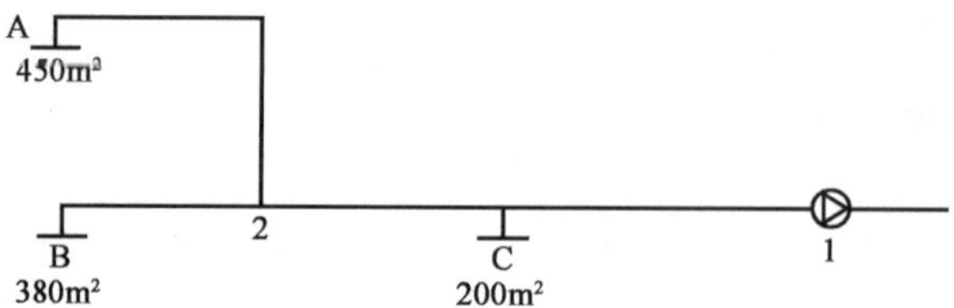

(A) 22800m^3/h，54000m^3/h，54000m^3/h

(B) 45600m^3/h，99600m^3/h，123600m^3/h

(C) 22800m^3/h，49800m^3/h，54000m^3/h

(D) 45600m^3/h，99600m^3/h，99600m^3/h

15. 在静电除尘器正常运行情况下，对除尘效率影响最小的为下列哪一项？（ ）

(A)粉尘比电阻　　(B)粉尘滑动角

(C)粉尘浓度与粒径　　(D)粉尘的黏附力

16. 下列有关影响除尘设备性能的粉尘特征的论述中，哪一项是错误的？（ ）

(A)粉尘的密度分为真密度和容积密度

(B)计算除尘设备分级效率时，采用按粒数计的颗粒粒径分布

(C)分割粒径 d_{c50} 是指旋风除尘器分级效率为 50% 时，对应的粉尘粒径

(D)易于被水润湿的粉尘称为亲水性粉尘，而一般为 $d_c < 5\mu m$ 时，粉尘很难被水润湿

17. 为使吸收塔中的吸收液有效净化有害气体，需要确定合适的液气比，下列哪一项不是影响液气比大小的主要因素？（　）

(A)气相进口浓度　(B)相平衡常数
(C)吸附剂动活性　(D)液相进口浓度

18. 关于通风机，下列哪一项是错误的？（　）

(A)定转速通风机的风压在系统计算压力损失上附加10%～15%
(B)通风机的工况效率不应低于90%
(C)变频通风机的风压应以系统计算的总压力损失作为额定风压
(D)通风机的风量应附加风管和设备的漏风量，但正压除尘系统不计除尘器的漏风量

19. 评价人体热舒适的国际标准ISO 7730中，"预期平均评价PMV"和"预期不满意百分率PPD"的推荐值为下列哪一项？（　）

(A)PPD<10%，-0.5≤PMV≤0.5　(B)PPD=0，PMV=0
(C)PPD=5%，PMV=0　(D)PPD<10%，-1.0≤PMV≤1.0

20. 舒适性空调的空调区与室外的压差以及空调区时间的压差，应为下列哪一项？（　）

(A)0.5～1.0Pa　(B)5～10Pa
(C)50～100Pa　(D)>100Pa

21. 在焓湿图上，某室内空气状态点的等焓线与100%相对湿度线的交点应为下列哪一项温度？（　）

(A)该空气状态点的干球温度　(B)该空气状态点的湿球温度
(C)该空气状态点的露点温度　(D)该空气状态点的机器露点温度

22. 空调房间内回风口的位置，对气流组织影响比较小的根本原因为下列哪一项？（　）

(A)回风口常处于房间不重要的位置
(B)回风口的数量一般较送风口少
(C)随着离开回风口距离的增加，吸风速度呈距离的四次方衰减
(D)随着离开回风口距离的增加，吸风速度呈距离的二次方衰减

23. 夏季空气处理机组采用表冷器冷却空气时，"机器露点"通常选择相对湿度为

90% ~95%,而不是100%,试问其原因为下列哪一项? ( )

(A)空气冷却到90%以上时就会发生结露
(B)空调系统只需处理到90% ~95%
(C)采用90% ~95%比采用100%更加节能
(D)受表冷器接触系数的影响,无法达到100%

24. 采用表面式换热器处理空气时,不能实现下列哪一项空气状态变化? ( )

(A)减湿冷却 (B)等湿加热
(C)减湿加热 (D)等湿冷却

25. 空调冷冻水管道敷设时,管道支架常用防腐木制瓦型管套支垫,其主要作用是下列哪一项? ( )

(A)减弱振动的传递
(B)减少管道在支吊架处的磨损
(C)防止管道在支吊架处的冷桥效应
(D)有利管道胀缩时,在支吊架处的位移

26. 新风机组实行集中监控,其中送风温度、冷却盘管水量调节、送风机运行状态和送风机启停控制的信号类型,依次为下列哪一项? ( )

(A)AI、AO、DI、DO (B)DI、DO、AI、AO
(C)AI、DO、DI、AO (D)AI、DI、AO、DO

27. 无论选择弹簧隔振器还是选择橡胶隔振器,下列哪一项要求是错误的? ( )

(A)隔振器与基础之间宜设置一定厚度的弹性隔振垫
(B)隔振器承受的荷载,不应超过允许工作荷载
(C)应计入环境温度对隔振器压缩变形量的影响
(D)设备的运转频率与隔振器垂直方向的固有频率之比,宜为4 ~5

28. 使用制冷剂R134a的制冷机组,采用的润滑油应是下列哪一项? ( )

(A)矿物性润滑油
(B)醇类(PAG)润滑油
(C)脂类(POE)润滑油
(D)醇类(PAG)润滑油或脂类(POE)润滑油

29. 在采用风冷热泵冷热水机组应考虑的主要因素是下列哪一项? ( )

(A)冬夏季室外温度和所需冷热量的大小
(B)夏季室外温度、冬季室外温湿度和所需冷热量的大小

(C)冬夏季室外温度和价格
(D)所需冷热量的大小

30. 电动压缩式冷水机组的冷却水进口温度一般不宜低于下列哪一项数值? ( )

(A)20℃ (B)15.5℃
(C)18℃ (D)18.5℃

31. 采用直燃式溴化锂吸收式冷热水机组制冷、制热时,与电动制冷机相比,其能源利用和能源转化效率为下列哪一项? ( )

(A)一般 (B)较好
(C)较差 (D)无法比较

32. 制冷压缩机采用高低压旁通阀进行能量调节时,下列哪一项说法是正确的? ( )

(A)简单可行 (B)可行,但要注意回油问题
(C)可行,但要注意排气温度过高问题 (D)高低压差太大,不易调节

33. 蓄冰空调系统的特点,下列哪一项说法是正确的? ( )

(A)电力可以削峰填谷和减少运行费
(B)电力可以削峰填谷和减少初投资
(C)电力可以削峰填谷和节能
(D)电力可以削峰填谷、节能和减少运行费

34. 大中型和多层冷藏库多采用下列哪一项制冷系统? ( )

(A)盐水供冷系统 (B)液泵供液系统
(C)直接膨胀式供液系统 (D)重力式供液系统

35. 某冷库采用上进下出式氨泵供液制冷系统,氨液的蒸发量为838kg/h,蒸发温度-24℃,饱和氨液的比容$1.49\times10^{-3}m^3/kg$,试问所需氨泵的体积流量约为下列哪一项? ( )

(A)$4\sim5m^3/h$ (B)$8\sim10m^3/h$
(C)$6\sim7.5m^3/h$ (D)$1.25m^3/h$

36. 高效空气过滤器出厂前对效率和阻力的检漏要求,下列哪一项是正确的? ( )

(A)每台产品必须检漏 (B)根据订货合同要求进行检漏
(C)抽检 (D)不检验

37. 设计某洁净室,经计算保证空气洁净度所需风量为 5 万 m^3/h,保持室内正压风量为 1 万 m^3/h,供给工作人员的新风量为 1.5 万 m^3/h,室内排风量为 2 万 m^3/h,试问需要向室内补充的新风量为下列哪一项? ( )

(A)2 万 m^3/h (B)2.5 万 m^3/h
(C)3 万 m^3/h (D)5 万 m^3/h

38. 洁净室空调系统设计中,对于过滤器的安全位置,下列哪一项做法是错误的? ( )

(A)超高效过滤器必须设置在净化空调系统的末端
(B)高效过滤器作为末端过滤器时,宜设置在净化空调系统的末端
(C)中效过滤器宜集中设置在净化空调系统的负压端
(D)初效过滤器可设置在净化空调系统的负压端

39. 两栋普通办公楼,其中一栋为高层建筑,另一栋为非高层建筑,两者相比,试判断建筑物室外消火栓的用水量的大小? ( )

(A)高层的用水量较大 (B)非高层的用水量较大
(C)无法判断 (D)二者用水量相同

40. 设有一台燃气锅炉的锅炉房,采用一套独立水喷雾灭火系统,包括加压水泵、报警阀组、配水管网和水雾喷头等,可不在此系统中设置的组件是下列哪一项? ( )

(A)信号阀 (B)压力开关
(C)水流指示器 (D)水力警铃

二、多项选择题(共 30 题,每题 2 分。每题的备选项中有两个或两个以上符合题意。错选、少选、多选均不得分)

41. 当供热、供冷管道系统选用保温、保冷绝热材料时,下列哪几项对材料性能要求是正确的? ( )

(A)导热系数:保温不得大于 0.12W/(m·℃),保冷不得大于 0.064W/(m·℃)
(B)密度:保温不得大于 300kg/m^3(硬质材料),保冷不得大于 200kg/m^3(软质及半硬质材料)
(C)抗压强度:保温不得小于 0.4MPa(硬质材料),保冷(硬质材料)不得小于 0.15MPa
(D)含水率:保温不得大于 7.5%,保冷不得大于 6%

42. 采暖冷风渗透耗热量计算,应包括的内容中下列哪几项是正确的? ( )

(A)当房间仅有一面或相邻两面外围护结构时,全部计入其外门、窗的缝隙

(B)当房间有相对两面外围护物时，仅计入较大的一面缝隙
(C)当房间有三面外围护物时，仅计入风量较大的两面的缝隙
(D)当房间有四面外围护物时，仅计入风量较大的三面的缝隙

43. 下列哪几项有关低温热水地板辐射采暖系统设计要求是正确的？ （ ）

(A)民用建筑的供水温度不应大于60℃
(B)加热管内水的流速不应小于0.15m/s
(C)采暖系统的工作压力不宜大于0.8MPa
(D)在卫生间敷设时，加热管覆盖层应做防水层

44. 热空气幕设计的一些技术原则中，下列哪几项是错误的？ （ ）

(A)商场大门宽度为5m，采用由上向下送风方式
(B)机加工车间大门宽度5m，可采用单侧、双侧或由上向下送风
(C)送风温度不宜高于75℃
(D)公共建筑的送风速度不宜高于8m/s

45. 蒸汽采暖系统中疏水器的作用，下列哪几项是正确的？ （ ）

(A)阻止蒸汽逸漏 (B)定压
(C)排出设备管道中凝结水 (D)排除空气

46. 如下图所示一热水网络示意，当关闭用户3阀门，则系统将发生的流量变化状况为下列哪几项？ （ ）

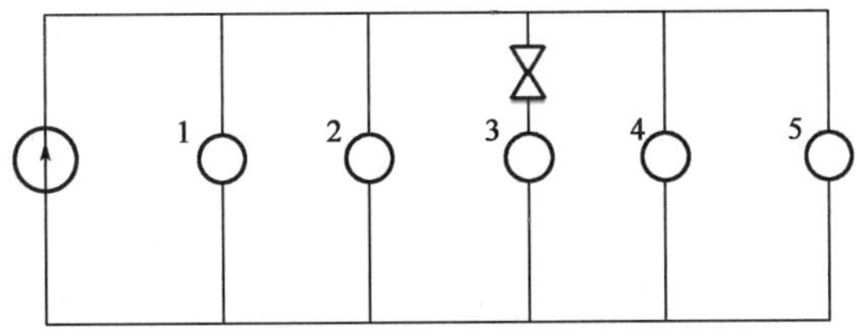

(A)用户1、2流量增大，用户1流量增加的更多
(B)用户1、2流量增大，用户2流量增加的更多
(C)用户4、5流量增大，用户4流量增加的更多
(D)用户4、5流量等比一致增加

47. 回转反吹类袋式除尘器的性能指标符合国家行业产品标准的是下列哪几项？ （ ）

(A)除尘效率>99% (B)过滤风速≤2m/min
(C)阻力<2000Pa (D)漏风率<5%

48. 采用自然通风的车间，其天窗所起的作用下列哪几项是错误的？ （ ）

(A)总是起排风作用
(B)在多跨车间可能用来进风
(C)避风天窗处于迎风状态时宜自动关闭,防止倒灌
(D)避风天窗不受风向影响,自然通风计算时只考虑热压

49. 某厂房高 10m,当排除的有害物质需经大气扩散稀释时,通风系统的排风口应高出屋面多少米,下列哪几项为正确的? ( )

(A)0.5m (B)2.0m
(C)3.0m (D)4.0m

50. 在选择和布置通风设备时,下列哪几项是正确的? ( )

(A)空气中含有易燃易爆物质的房间中送风系统应采用防爆设备
(B)甲、乙类厂房的排风设备,不应与其他房间的排风设备布置在同一通风机房内
(C)排除有爆炸危险的粉尘的局部排风系统分组布置
(D)甲、乙类生产厂房全面排风系统的设备可布置在有外窗的半地下室内

51. 以下有关于旋风除尘器、袋式除尘器和静电除尘器有关性能的叙述,下列哪几项是正确的? ( )

(A)旋风除尘器的分割粒径越大,旋风除尘器的效率越高
(B)旋风除尘器的压力损失与其进口速度的平方成正比
(C)袋式除尘器过滤层的压力损失与过滤速度成正比
(D)粉尘的比电阻超过 $10^{11} \sim 10^{12}\Omega \cdot cm$ 时,静电除尘器的除尘效率增高

52. 对于以合成纤维非织造滤料制成的脉冲吹清灰的滤筒式除尘器,其性能或过滤机理的表述,下列哪些项是错误的? ( )

(A)入口含尘浓度≤30g/m^3(标态) (B)过滤风速 >1.2m/min
(C)属于表面过滤类型 (D)设备阻力≤1300Pa

53. 下列不同叶片形式的离心通风机,哪几种适用于空调系统? ( )

(A)单板后向式叶片风机 (B)直板径向式叶片风机
(C)多叶前向式叶片风机 (D)前弯径向式叶片风机

54. 影响墙体热工性能的参数,下列哪几项是正确的? ( )

(A)各材料层及内外表面热阻
(B)各层材料蓄热系数
(C)由内向外,各材料层的内表面蓄热系数、空气夹层内表面蓄热系数
(D)由内向外,各材料层的外表面蓄热系数、空气夹层外表面蓄热系数

55. 空调冷负荷的计算，下列哪些说法是正确的？（ ）

（A）方案设计可使用冷负荷指标估算
（B）初步设计可使用冷负荷指标估算
（C）施工图设计可使用冷负荷指标估算，但需要考虑同时使用系数
（D）施工图设计 应逐项逐时计算

56. 水表面自然蒸发使空气状态发生变化，下列哪几项是正确的？（ ）

（A）空气温度降低、湿度增加
（B）空气温度升高、湿度增加
（C）空气温度不变、湿度增加
（D）空气比焓不变、湿度增加

57. 空调系统采用风机盘管加新风系统时，新风不宜经过风机管道再送入房间，其原因为下列哪几项？（ ）

（A）风机盘管不运行时可能造成新风量不足
（B）风机盘管制冷能力会降低
（C）会导致房间换气次数下降
（D）室温不易控制

58. 某大型体育馆采用全空气空调系统，试问宜选用下列哪几种送风口？（ ）

（A）百叶风口
（B）喷射风口
（C）旋流风口
（D）散流器

59. 下列哪几项是溶液除湿空调系统的主要特点？（ ）

（A）空气可达到低含湿量，系统复杂、初投资高、可实行运行节能
（B）空气难达到低含湿量，系统复杂、初投资高、运行耗能高
（C）空气可达到低含湿量，可利用低品位热能，可实现热回收，可实现运行节能
（D）空气可达到低含湿量，可利用低品位热能，可实现热回收，无法实现运行节能

60. 从美国进口一台按照美国制冷协会（ARI）标准制造的冷水机组，在我国使用后发现其实际制冷量低于铭牌值，试问下列哪几项原因是正确的？（ ）

（A）按中国水质，ARI 标准中水污垢系数偏低
（B）按中国水质，ARI 标准中水污垢系数偏高
（C）按中国多数城市的夏季气温，ARI 标准中冷却水温度偏低
（D）按中国多数城市的夏季气温，ARI 标准中冷却水温度偏高

61. 保冷（冷保温）材料应具备下列哪几项特性？（ ）

（A）导热系数小
（B）材料中的气孔为开孔

(C)氧指数大于30　　　　(D)密度较小

62. 双级蒸汽压缩式制冷循环的合理中间压力 P,可以根据不同情况采用下列哪几项方法计算?　(　　)

(A)$P=0.5(P_{冷}+P_{热})^{0.5}$
(B)温度 t 所对应的饱和压力,$t=0.4t_{冷}+0.6t_{热}+3$(℃)
(C)按现有双机制冷压缩机的高、低压压缩机的容积比确定
(D)$P=0.5(P_{冷}+P_{热})$

63. 单级蒸汽压缩式制冷循环,压缩机吸入管道存在的压力降,对制冷循环性能有下列哪几项影响?　(　　)

(A)致使吸气比容增加　　　　(B)压缩机的压缩比增加
(C)单位容积制冷量增加　　　　(D)系统制冷系数增加

64. 关于满液式蒸发器,下列哪几项说法是正确的?　(　　)

(A)满液式蒸发器具有较大的传热系数,但制冷剂充注量大
(B)不能用水作为载冷剂
(C)使用润滑油互溶的制冷剂时,回油困难
(D)只能适用于空调工况

65. 关于双效溴化锂吸收式制冷机说法,下列哪几项是正确的?　(　　)

(A)采用双效循环的溴化锂吸收式制冷机可充分利用低品位热源
(B)双效溴化锂吸收式制冷机的能效比(COP)比单效机组高
(C)双效溴化锂吸收式制冷机的能源利用率低于电动水冷制冷机
(D)双效溴化锂吸收式制冷机与单效循环相比,可获得更低的制冷温度

66. 直燃式溴化锂吸收式制冷机房设计的核心问题是保证满足消防与安全要求,下列哪几项是正确的?　(　　)

(A)多台机组不应共用烟道
(B)机房应设置可靠的通风装置和事故排风装置
(C)机房不宜布置在地下室
(D)保证燃气管道严密,与电气设备和其他管道必要的净距,以及放散管管径≥20mm

67. 氨制冷系统中,通过管路与自动放气装置连接的设备有下列哪几项?　(　　)

(A)高压储油桶和冷凝器　　　　(B)压缩机的排气侧
(C)低压储油桶和压缩机的吸气侧　　　　(D)水封槽

68. 影响室内空气洁净度计算的尘源有下列哪几项? ( )

(A)人员 (B)设备

(C)风道 (D)室外大气含尘浓度

69. 设计建筑室内排水系统时,可选用的管材是下列哪几项? ( )

(A)硬聚氯乙烯塑料排水管 (B)聚氯乙烯塑料排水管

(C)砂模铸造铸铁排水管 (D)柔性接口机制铸铁排水管

70. 自动喷水灭火系统的各组件中,火灾时能起报警作用的是下列哪些装置? ( )

(A)水流指示器 (B)末端试水装置

(C)报警阀组 (D)止回阀

2006 年专业知识试题答案(下午卷)

1. **答案:**C

依据:《城镇供热管网设计规范》(CJJ 34—2010)第 11.1.2 条、《民用建筑供暖通风与空气调节设计规范》(GB 50736—2012)第 11.1.3 条。

2. **答案:**B

依据:《民用建筑供暖通风与空气调节设计规范》(GB 50736—2012)第5.1.5条。

注:也可参考《民用建筑供暖通风与空气调节设计规范》(GB 50736—2012)第5.1.5条。

3. **答案:**C

依据:《注册设备工程师暖通空调考试复习教材》(第三版)P14 ~ 17 相关内容 。

围护结构总耗热量与采暖方式无关,故两者的围护结构总耗热量相等。

注:也可参考《民用建筑供暖通风与空气调节设计规范》(GB 50736—2012)第5.2.2条 ~ 第 5.2.9 条。

4. **答案:**D

依据:《注册设备工程师暖通空调考试复习教材》(第三版)P103 相关内容。

平衡阀安装使用要点:建议安装在回水管道上;尽可能安装在直管段上;注意新系统与原有系统水流量的平衡;不应随意变动平衡阀开度;不必再安装截止阀;系统增设(或取消)环路时应重新调试整定。

5. **答案:**A

依据:《注册设备工程师暖通空调考试复习教材》(第三版)P62 相关内容。

平行射流作用半径为:$L \leqslant 9H = 90\text{m}$。

6. **答案:**A

依据:《民用建筑供暖通风与空气调节设计规范》(GB 50736—2012)第 5.9.14 条。

注:考虑自然循环压力的系统有:自然循环、双管机械循环、建筑物层数不同的单管系统、分层布置的水平单管(类似于双管系统,只不过一个水平支路连接一串散热器)。

7. **答案:**C

依据:《锅炉房设计规范》(GB 50041—2008)第 10.1.12.1 条。

8. **答案:**C

依据:《城镇供热管网设计规范》(CJJ 34—2010)第 8.5.6 条。

蒸汽管道的低点和垂直升高的管段前应设启动疏水和经常疏水装置,同一坡向的管段,顺坡每隔 400 ~ 500m。逆坡每隔 200 ~ 300m 应设启动疏水和经常疏水装置。

9. **答案**:C

依据:《锅炉房设计规范》(GB 50041—2008) 第 10.1.3 条、第 10.1.7 条、第 10.1.12 条。

10. **答案**:D

依据:《注册设备工程师暖通空调考试复习教材》(第三版) P279 ~ 283 。

流量需要计算出管道内流速并且结合管道断面尺寸才能计算得到。

11. **答案**:B

依据:《注册设备工程师暖通空调考试复习教材》(第三版) P172。

溶剂蒸汽或刺激性气体需要叠加,一般粉尘、CO 这类不刺激的物质不需叠加。

12. **答案**:B

依据:《注册设备工程师暖通空调考试复习教材》(第三版) P188 ~ 193 相关内容。

13. **答案**:A

依据:《建筑设计防火规范》(GB 50016—2014) 第 9.2.10 条。

隔热层应采用不燃材料制作,只有选项 A 为不燃材料。

14. **答案**:A

依据:《高层建筑设计防火规范》(GB 50045—1995) 第 8.4.2.2 条。

注:可参考 P204 表 19 的计算例题,可知 $V_{B\text{-}2} = 380 \times 60 = 22800\text{m}^3/\text{h}$, $V_{2\text{-}C} = V_{C\text{-}1} = 450 \times 120 = 54000\text{m}^3/\text{h}$。

注:按公消〔2015〕98 号文件规定,因《建筑防烟排烟系统技术规范》尚未批准发布,防烟排烟的设计与审核暂按旧规范内容执行。

15. **答案**:B

依据:《注册设备工程师暖通空调考试复习教材》(第三版) P221。

静电除尘器的主要技术指标:粉尘比电阻、粉尘的浓度与粒径、粉尘的黏附力、烟气温度与压力、烟气湿度。

16. **答案**:B

依据:《注册设备工程师暖通空调考试复习教材》(第三版) P199 ~ 208 相关内容。

17. **答案**:C

依据:《注册设备工程师暖通空调考试复习教材》(第三版) P241 式 (2.6-7) 和式 (2.6-8)。

18. **答案**:B

依据:《民用建筑供暖通风与空气调节设计规范》(GB 50736—2012) 第 6.5.1 条。

注:也可参考《注册设备工程师暖通空调考试复习教材》(第三版)P269 相关内容。

19. **答案:**A

依据:《注册设备工程师暖通空调考试复习教材》(第三版)P347 相关内容。

注:《民用建筑供暖通风与空气调节设计规范》(GB 50736—2012) 第 3.0.4 条表 3.0.4 已将热舒适等级分为两级。

20. **答案:**B

依据:《民用建筑供暖通风与空气调节设计规范》(GB 50736—2012) 第 7.1.5.1 条 。

21. **答案:**B

依据:《注册设备工程师暖通空调考试复习教材》(第三版)P342 相关内容。

22. **答案:**D

依据:《注册设备工程师暖通空调考试复习教材》(第三版)P428 相关内容。

23. **答案:**D

依据:《注册设备工程师暖通空调考试复习教材》(第三版)P372。

机器露点相对湿度确定为 90% ~95% 的主要原因在于表冷器翅片间有间距,且空气与表冷器盘管接触的时间有限,只有部分空气能被冷却到露点(一般可用"旁通系数"表示),最终空气相对湿度通常在 90% ~95% 范围内。

24. **答案:**C

依据:《注册设备工程师暖通空调考试复习教材》(第三版)P401 ~403。

表面式换热器在制冷工况可实现减湿冷却或等湿冷却,供热工况可实现等湿加热。

注:减湿加热过程可通过固体吸湿剂(等焓)或高温盐溶液喷淋来实现。

25. **答案:**C

依据:《注册设备工程师暖通空调考试复习教材》(第三版)P549。

如果需要设置固定支架,为了防止冷凝水通过固定支架而产生传热,宜将固定支架与管道施工完成后整体进行保温。

26. **答案:**A

依据:《注册设备工程师暖通空调考试复习教材》(第三版)P530 。

AI 为模拟量输入,一般用于对连续变化的参数监测。AO 为模拟量输出,一般用于调节与控制相应的设备和器件。

27. **答案:**C

依据:《民用建筑供暖通风与空气调节设计规范》(GB 50736—2012) 第 10.3.3 条、第 10.3.4 条。

28. **答案:**D

依据:《注册设备工程师暖通空调考试复习教材》(第三版)P588 。

R134a 采用醇类(PAG)润滑油或脂类(POE)润滑油。

29. **答案:**B

依据:《注册设备工程师暖通空调考试复习教材》(第三版)P612 。

夏季,当室外气温较高时,机组冷凝温度高,制冷量会下降,耗功量增加;冬季,随着室外空气温度的降低,机组蒸发温度降低,机组的热产量也减少。此外,制热工况还与冬季室外湿度有关,当室外机表面温度低于空气露点温度,且低于0℃时,表面就会结霜,必须定期除霜,这不仅会增加机组电耗,还会引起供热量的波动。

30. **答案:**B

依据:《注册设备工程师暖通空调考试复习教材》(第三版)P486 表3.7-4 或第8.6.3 条。

冷却水最低温度的要求,电制冷为15.5℃,溴化锂为24℃。

31. **答案:**C

依据:一般认为溴化锂与电制冷在一次能源消耗量上比较,是"稍有不及",当时认为其效率高于活塞式,低于螺杆式和离心式,因此本题在2006 年考试时应选选项A。

32. **答案:**C

依据:《制冷技术》P175 。

压差旁通是将压缩机排气口或冷凝器中间部分,部分制冷剂直接旁通到压缩机,减少了进入蒸发器制冷剂的流量,从而调整输出的制冷量,但只要能保证蒸发器内流速≥4m/s,就可以保证回油的问题;由于旁通后压缩机吸气口的温度升高,压缩比不变,导致压缩机排气温度过高,同时由于压缩机吸气温度高,如果采用吸气冷却的电动机,会导致电动机线圈散热不好;旁通以后压缩比无变化。

33. **答案:**A

依据:《注册设备工程师暖通空调考试复习教材》(第三版)P667 。

蓄冷空调系统不节能,但通过峰谷电价的差异,可以达到节省运行费用的目的。

34. **答案:**B

依据:《注册设备工程师暖通空调考试复习教材》(第三版)P729 表4.9-11。

液泵供液系统用于大、中型氨制冷系统。

注:采用液泵供液系统加大了进入蒸发器的制冷剂的循环流量,满足了大、中型冷库较大的制冷量需求。

35. **答案:**B

依据:《注册设备工程师暖通空调考试复习教材》(第三版) P738 式(4.9-15)。

上进下出式循环倍率取7~8,则

$$Q_v = n_x Q_z V_z = (7 \sim 8) \times 838 \times 1.49 \times 10^{-3} = 8.7 \sim 10\text{m}^3/\text{h}$$

36. **答案:**B

依据:《高效空气过滤器》(GB/T 13554—2008) 第6.3条。

CDEF类以及用于生物工程的AB类过滤器应在额定风量下检漏。可见用于非生物工程的AB类过滤器不需要检漏。

37. **答案:**C

依据:《洁净厂房设计规范》(GB 50073—2013) 第6.1.5条。

补偿室内排风量和保持室内正压所需的新风量为:$10000+20000=30000m^3/h$。

人员所需新风量为$25000m^3/h$,则取两者最大值即可。

38. **答案:**D

依据:《洁净厂房设计规范》(GB 50073—2013) 第6.4.1条。

39. **答案:**C

依据:《消防给水及消火栓系统技术规范》(GB 50974—2014) 第3.3.2条及表3.2.2,当体积小于$5000m^3$时,多层与高层的室外消火栓用水量不同,当体积大于$5000m^3$时,水量相同。

对比以上规范要求可知,室外消火栓的用水量与建筑体积、高度、耐火等级以及是否设置自动喷淋系统均有关系,因此不能根据题干简单判断室外消火栓用水量。

40. **答案:**C

依据:《自动喷淋灭火系统设计规范》(GB 50084—2001)(2005年版) 第6.3.1条。

注:新大纲已取消对自动喷淋灭火系统的考查内容。

---

41. **答案:**BC

依据:《工业设备及管道绝热工程设计规范》(GB 50264—1997) 第3.1.2条~第3.1.5条。

注:旧规范内容,新规范GB 50264—2013已删除此内容。

42. **答案:**ABC

依据:《注册设备工程师暖通空调考试复习教材》(第三版)P20相关内容。

43. **答案:**ACD

依据:《辐射供暖供冷技术规程》(JGJ 142—2012) 第3.1.1条、第3.5.11条,《民用建筑供暖通风与空气调节设计规范》(GB 50736—2012) 第5.4.5条、第5.4.3.3条。

44. **答案:**CD

依据:《民用建筑供暖通风与空气调节设计规范》(GB 50736—2012) 第5.8.3条~第5.8.5条。

注:热空气幕送风方式:公共建筑宜采用由上向下送风;工业建筑:外门宽度小于3m时,宜单侧送风;外门宽度为3~18m时,可采用单侧、双侧或由上向下送风;外门宽度超过18m时,应采用由上向下送风。

45. **答案:**ACD

依据:《供热工程》(第四版) P129 。

疏水器的三大作用是阻蒸汽、排凝水及排空气和其他不凝性气体。

46. **答案:**BD

依据:《注册设备工程师暖通空调考试复习教材》(第三版)P138 图 1.10-8d。

用户 4、5 的流量呈等比一致增加,用户 3 以后的供水和回水管水压线变陡。用户 3 前的热用户 1、2 流量呈不等比一致增加,用户 2 比用户 1 流量增加得更多。

注:闭式管网水力工况定性分析的步骤:

①判定工况变化后总阻力数的变化方向;

②假定水泵杨程不变,可根据阻力特性方程 $\Delta P = SV^2$ 或 P-G 图分析系统总流量的变化方向(变大或变小);

③沿流向分析动作阀门前干管的压降变化(干管的阻力数不变,随总流量同方向变化);

④最后分析动作阀门后的压降变化。

47. **答案:**无

依据:《回转反吹类袋式除尘器》(JB/T 8533—2010) 表 1 以及《注册设备工程师暖通空调考试复习教材》(第三版)P215 图 2.5-14。

注:JB/T 8533—2010 中未对除尘效率的限制作出规定。

48. **答案:**AC

依据:《注册设备工程师暖通空调考试复习教材》(第三版)P183 有关避风天窗计算内容,《工业通风》P196 和 P199 有关多跨车间天窗部分内容。

49. **答案:**CD

依据:《注册设备工程师暖通空调考试复习教材》(第三版)P254 ~ 255 图 2.7-3。

最低高度:$1.3H = 1.3 \times 10 = 13$m,故排风口应高出厂房至少 3m。

50. **答案:**ABC

依据:《民用建筑采暖通风与空气调节设计规范》(GB 50736—2012) 第 6.5.10 条、第 6.9.15 条。

51. **答案:**BC

依据:《注册设备工程师暖通空调考试复习教材》(第三版)P209、P216、P222 相关内容,选项 B 根据 P208 式(2.5-15)。

52. **答案:**ABCD

依据:《注册设备工程师暖通空调考试复习教材》(第三版)P217 表 2.5-6 及 P214 和 P219 相关内容

选项 A,过滤风速一栏并没有入口含尘浓度≤30g/m^3 的规定;

选项 B,过滤风速在 0.3 ~ 1.2m/min;

选项 C,非织物滤料除尘效果同于一般织物滤料,而一般传统滤料的工作状况是表面过滤与深层过滤共同作用;

选项 D,设备阻力为 1300 ~ 1900Pa。

53. **答案**:AC

依据:《注册设备工程师暖通空调考试复习教材》(第三版)P262 表 2.8.1。

54. **答案**:AB

依据:《注册设备工程师暖通空调考试复习教材》(第三版)P352 。

墙体热阻和热惰性指标与内外表面蓄热系数无关。

55. **答案**:ABD

依据:《民用建筑供暖通风与空气调节设计规范》(GB 50736—2012) 第 7.2.1 条。

56. **答案**:AD

依据:《空气调节》P63 ~ 64 相关内容。

自然蒸发不受外部冷热源影响,为等焓过程。

57. **答案**:ABC

依据:《公共建筑节能设计标准》(GB 50189—2015) 第 4.3.16 条及条文说明。

58. **答案**:BC

依据:《注册设备工程师暖通空调考试复习教材》(第三版)P429 ~ 430。

喷射风口和旋流风口较合适高大空间建筑。

59. **答案**:AC

依据:《注册设备工程师暖通空调考试复习教材》(第三版)P394 。

当存在如废热等低品味热能用于再生时,溶液除湿空调可以实现节能运行。

60. **答案**:AC

依据:《注册设备工程师暖通空调考试复习教材》(第三版)P623 。

注:现在我国的污垢系数标准已与 ARI 统一。

61. **答案**:AD

依据:《采暖通风与空气调节设计规范》(GB 50019—2003) 第 7.9.3 条,《民用建筑供暖通风与空气调节设计规范》(GB 50736—2012) 第 11.1.3 条。

62. **答案**:AC

依据:《注册设备工程师暖通空调考试复习教材》(第三版)P579 。

中间压力根据三中方法确定:制冷系数最大原则、高低压级压缩比相等原则和高低压级压缩机容积比优化原则。

63. **答案**:AB

依据:无。

压缩机吸入管道存在压力降,导致吸气压力降低,压缩机吸气比容变大。冷凝压力不变,即压缩比增大,单位质量压力降,导致单位压缩功增加,因此制冷系数降低。

注:由于本题强调的是压缩机吸气管道存在压力降,还将引起压缩机排气口排气温度上升;压缩机吸气口比容增大的原因:蒸发温度降低、蒸发器出口过热度变大、蒸发器阻力增大或吸气管道存在压力降、压缩机吸气口有阀门等;本题考查知识点即是各量之间的相互关系以及压焓图,因此应能够熟练掌握压焓图,并能够进行分析。

64. **答案**:AC

依据:《制冷技术》P102。

①由于满液式蒸发器的冷冻水管浸泡在制冷剂液面下,相对于干式蒸发器而言,传热系数高;

②满液式蒸发器一般采用有限溶于润滑油的佛利昂制冷剂,这样进入蒸发器的润滑油由于密度的差异,会形成富油层和贫油层,通过在富油层的油孔将润滑油引射回压缩机,若是制冷剂与润滑油无线溶解,制冷剂和润滑油的混合物形成均匀的混合物,无法将润滑油分离,难以回到压缩机;

③蒸发器使用的工况只和蒸发温度有关,与蒸发器的形式无关;

65. **答案**:BC

依据:《注册设备工程师暖通空调考试复习教材》(第三版)P638~641 相关内容。

66. **答案**:BD

依据:《注册设备工程师暖通空调考试复习教材》(第三版)P652~656 相关内容。

67. **答案**:AD

依据:《制冷技术》P159 图 6-2。

与自动放气装置(不凝气体分离器)连接的设备有高压储液桶、冷凝器、压缩机的吸气侧、蒸发器、压缩机的吸气侧和水封槽。

68. **答案**:ABD

依据:《注册设备工程师暖通空调考试复习教材》(第三版)P458~459 相关内容。

69. **答案**:ABD

依据:《建筑给排水设计规范》(GB 50015—2010) 第 4.5.1-2 条。

70. **答案**:AC

依据:《自动喷淋灭火系统设计规范》(GB 50084—2001)(2005 年版) 第 6.2 条、第 6.3 条。

2006年案例分析试题(上午卷)

[案例题是4选1的方式,共25道小题,每题分值为2分,上午卷50分,下午卷50分,试卷满分100分。案例题一定要有分析(步骤和过程)、计算(要列出相应的公式)、依据(主要是规程、规范、手册),如果是论述题要列出论点。]

1. 北京地区某办公楼的外墙内加气泡沫混凝土的厚度,按《公共建筑节能设计标准》(GB 50189—2015)计算比按《民用建筑采暖通风与空气调节设计规范》(GB 50736—2012)计算需要加量,为下列哪一项?

已知:建筑体型系数为0.3,墙体其他材料的热阻为0.1m^2·℃/W,$D>6$,北京地区采暖室外计算温度为-9℃,加气泡沫混凝土的导热系数$\lambda=0.22$W/(m·℃)。

(A)210~240mm　　(B)300~350mm

(C)180~200mm　　(D)280~300mm

答案:[　]

主要解答过程:

2. 某建筑采用低温地板辐射采暖,按60/50℃热水设计,计算阻力损失为70kPa(其中最不利环路阻力损失为30kPa),由于热源条件不变,热水温度需调整为50/43℃,系统和辐射地板加热管的管径不变,但需要增加辐射地板的布管密度,使最不利环路阻力损失增加为40kPa,热力入口的供、回水压差为下列哪一项?

(A)应增加为90~110kPa　　(B)应增加为120~140kPa

(C)应增加为150~170kPa　　(D)应增加为180~200kPa

答案:[　]

主要解答过程:

3. 厂房热风采暖,长80m、宽18m、高10m,两侧各设一普通圆喷嘴沿长度方向对送风,喷嘴离地高度$h=5$m,工作地带最大平均回流速度$v_1=0.4$m/s,求每股射流空气量L(m^3/h)为下列哪一项?

(A)$9000<L\leqslant10000$　　(B)$10000<L\leqslant11000$

(C)$11000<L\leqslant12000$　　(D)$12000<L\leqslant13000$

答案:[　]
主要解答过程:

4. 某集中供热系统采暖热负荷为 50MW,供暖期天数为 100 天,室内计算温度为 18℃,冬季室外计算温度为 -5℃,供暖期室外平均温度为 1℃,则采暖期耗热量(GJ)约为下列哪一项?

(A) 3.2×10^5　　(B) 8.8×10^5　　(C) 5.8×10^5　　(D) 5.8×10^7

答案:[　]
主要解答过程:

5. 某热水供热管网供回水温度为 110/70℃,定压水箱液面在水压图中的标高为 30m,该热网末端直接连接到普通铸铁散热器,建筑底部标高为 -5m,顶部标高为 21m,内部阻力为 $6mH_2O$,网路供回水干管分别为 $6mH_2O$,循环水泵能满足要求,当铸铁管散热器的安全工作压力为 $40mH_2O$,下列哪一项是正确的? 并说明原因。

(A)水泵停止运行,底部散热器实际受压超过 $40mH_2O$,不安全
(B)水泵停止运行,散热器实际受压 $35mH_2O$,系统顶部压力满足不倒空,但有汽化,不安全
(C)水泵停止运行,底部散热器受压为 $41mH_2O$,不安全
(D)水泵停止运行,底部散热器受压为 $47mH_2O$,不安全

答案:[　]
主要解答过程:

6. 风道中空气压力测定如图所示, $a=300Pa$, $b=135Pa$, $c=165Pa$,以上压力值是在大气压力 $B=101.3Pa$、温度 $t=20℃$ 时的测定值,求 A 点空气流速应为下列哪一项?(计算或查表去小数点后一位即可)

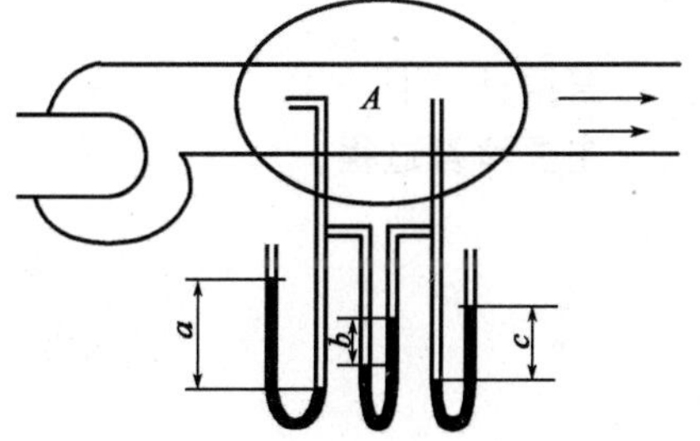

(A) 21.5 ~ 22.5m/s
(B) 16.5 ~ 17.5m/s
(C) 14.5 ~ 15.5m/s
(D) 10 ~ 11m/s

答案:[　]
主要解答过程:

7. 某工业厂房设筒形风帽排风,该风帽直径 $d=800\text{mm}$,风管长度 $l=4\text{m}$,风管局部阻力系数之和 $\sum\xi\approx0.5$,室外计算风速 $v_w=3\text{m/s}$ 时,仅有风压作用,该风帽排风量为下列哪一项?

(A) $2700\sim2800\text{m}^3/\text{h}$　　(B) $2500\sim2600\text{m}^3/\text{h}$
(C) $>2800\text{m}^3/\text{h}$　　(D) $<2500\text{m}^3/\text{h}$

答案:[　]
主要解答过程:

8. 工作台设置一侧吸罩,其罩口尺寸为 400mm × 800mm,罩口至污染源的最大距离为 800mm,控制点吸入速度 $v_x=0.5\text{m/s}$,该排风罩的排风量为下列哪一项?

注:$a/b=1.0$,$x/b=2.0$ 时,$v_x/v_0=0.035$;$a/b=2.0$,$x/b=2.0$ 时,$v_x/v_0=0.06$;$a/b=2.0$,$x/b=1.0$ 时,$v_x/v_0=0.15$;$a/b=1.0$,$x/b=1.0$ 时,$v_x/v_0=0.095$。其中,a-罩高、b-罩宽。

(A) $16000\sim17000\text{m}^3/\text{h}$　　(B) $9500\sim9700\text{m}^3/\text{h}$
(C) $3800\sim3900\text{m}^3/\text{h}$　　(D) $6000\sim6100\text{m}^3/\text{h}$

答案:[　]
主要解答过程:

9. 某一高层建筑需在一、二层的 6 个防烟分区设置如图所示的机械排烟系统,求管段 1 和管段 2 通过的最小风量为下列哪一项?

(A) $22800\text{m}^3/\text{h}$, $49800\text{m}^3/\text{h}$　　(B) $45600\text{m}^3/\text{h}$, $54000\text{m}^3/\text{h}$
(C) $45600\text{m}^3/\text{h}$, $72600\text{m}^3/\text{h}$　　(D) $22800\text{m}^3/\text{h}$, $76800\text{m}^3/\text{h}$

答案:[　]
主要解答过程:

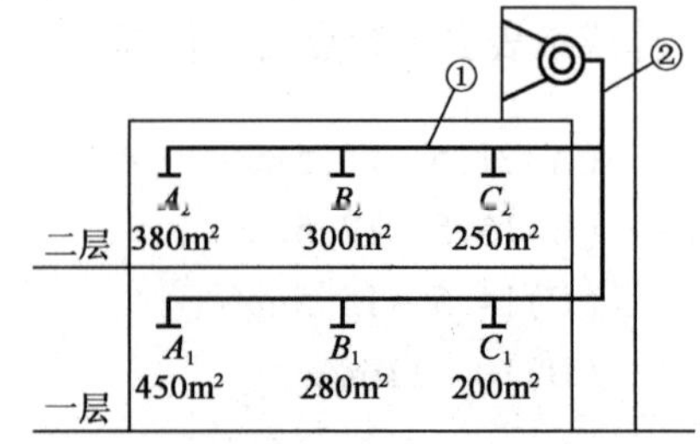

10. 经测定某除尘器入口粉尘的质量粒径分布及其效率见下表,问该除尘器的全效率为下列哪一项?

粒径范围(μm)	0~5	5~10	10~20	20~40	>40
粒径分布(%)	20	10	20	20	30
除尘器分级效率(%)	40	80	90	95	100

(A)78%~81%　(B)82%~84%

(C)86%~88%　(D)88.5%~90.5%

答案:[　]

主要解答过程:

11. 某锅炉房烧掉500kg煤时,共产生的烟气量为5000m^3,1kg煤散发的SO_2量为16g,问燃煤烟气中SO_2的体积浓度为下列哪一项?(SO_2的分子量为64)

(A)550~570ppm　(B)0.5~0.6ppm

(C)800~900ppm　(D)440~460ppm

答案:[　]

主要解答过程:

12. 某空调冷冻水系统,供回水温度为7/12℃,设计流量$G=100m^3/h$,水泵扬程$H=32m$,水泵效率$\eta=0.73$,设计热负荷为650kW。试问该系统的输送能效比(ER)为下列哪一项?

(A)0.0145~0.0155　(B)0.02~0.021

(C)0.022~0.023　(D)0.024~0.025

答案:[　]

主要解答过程:

13. 某成品库库房体积为75m^3,对室温无特殊要求,其围护结构内表面散湿量与设备等散湿量之和为0.9kg/h,人员散湿量为0.1kg/h,自然渗透换气量为每个小时1次,采用风量为600m^3/h的除湿机进行除湿,试问除湿机出口空气的含湿量应为下列哪一项?

已知:室内空气干球温度为32℃,湿球温度为28℃;室内空气温度约为28℃,相对湿度不大于70%。

(A)12 ~ 12.9g/kg　　(B)13 ~ 13.9g/kg
(C)14 ~ 14.9g/kg　　(D)15 ~ 15.9g/kg

答案:[　]
主要解答过程:

14. 某空调房间夏季总余热量 $\sum q = 3300W$,总余湿量 $\sum W = 0.25g/s$,室内空气全年保持温度 $t = 22℃$,$\varphi = 55\%$,含湿量 $d = 9.3g/kg_{干空气}$。如送风温差取8℃,送风量应为下列哪一项?

(A)0.3 ~ 0.32kg/s　　(B)0.325 ~ 0.34kg/s
(C)0.345 ~ 0.36kg/s　　(D) >0.36kg/s

答案:[　]
主要解答过程:

15. 条件同14题,如果送风量为0.33kg/s,试问送风含湿量为下列哪一项?

(A)8.5 ~ 8.6$g/kg_{干空气}$　　(B)8.7 ~ 8.8$g/kg_{干空气}$
(C)8.9 ~ 9.0$g/kg_{干空气}$　　(D) >9.2$g/kg_{干空气}$

答案:[　]
主要解答过程:

16. 条件同14题,如果送风量为0.4kg/s,新风量为10%,新风温度为34℃,含湿量为20$g/kg_{干空气}$,试计算(不使用湿空气焓湿图)该空调系统总冷负荷为下列哪一项?

(A) <4000W　　(B)约4400W
(C)约4600W　　(D) >4800W

答案:[　]
主要解答过程:

17. 某空调箱的回风与新风混合段的压力为 -30Pa，过滤器阻力为100Pa，空气冷却器的阻力为150Pa，见下图，试问在 A 点排放冷凝水应有的水封最小高度为下列哪一项？

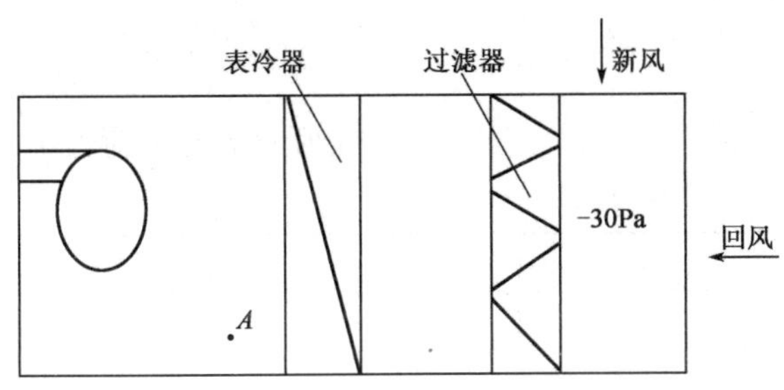

(A)10.1 ~ 11mm　　(B)15.1 ~ 16mm

(C)27.1 ~ 28mm　　(D)28.1 ~ 29mm

答案：[　]

主要解答过程：

18. 某机房同时运行3台风机，风机的声功率级分别为83dB，85dB和85dB，试问机房内总声功率级约为下列哪一项？

(A)88dB　　(B)248dB

(C)89dB　　(D)85dB

答案：[　]

主要解答过程：

19. 某制冷系统供A、B两个冷藏室使用，其制冷量分别为12kW和9kW，两室蒸发器出口均为饱和状态，而且至压缩机入口无热损失，试问该系统制冷剂质量循环量应为下列哪一项？

注：各状态点参数见下表。

状态点	温度(℃)	绝对压力(MPa)	比焓(kJ/kg)	比熵[kJ/(kg·K)]	比容(m^3/kg)
A室蒸发器出口	-30	0.164	392.65	1.8016	0.136
B室蒸发器出口	0	0.498	404.93	1.7502	0.4718
冷凝出口	38	1.454	246.69	1.1572	

(A)470 ~ 480kg/h　　(B)495 ~ 505kg/h

(C)510 ~ 520kg/h　　(D)525 ~ 535kg/h

答案:[　]
主要解答过程:

20. 部分负荷权重系数见下表,试问冷水机组的部分负荷性能系数 IPLV 应为下列哪一项? 并说明式中符号含义

负荷百分比(%)	100	75	50	25
权重系数(%)	1.2	32.8	39.7	26.3

(A) $0.012 \times COP_{100} + 0.328 \times COP_{75} + 0.397 \times COP_{50} + 0.263 \times COP_{25}$

(B) $1/(0.012/COP_{100} + 0.328/COP_{75} + 0.397/COP_{50} + 0.263/COP_{25})$

(C) $1/(0.012 \times COP_{100} + 0.328 \times COP_{75} + 0.397 \times COP_{50} + 0.263 \times COP_{25})$

(D) $1/[(COP_{100} + COP_{75} + COP_{50} + COP_{25}) \times 0.25]$

答案:[　]
主要解答过程:

21. 下图给出冷凝器污垢系数对冷水机组性能影响的相对百分比,美国标准污垢系数为0.044m² · K/kW,我国标准为 0.086m² · K/kW,问要求按我国标准选用一台制冷量 1000kW 按美国标准生产的冷水机组,其性能系数应乘以下列哪一项?

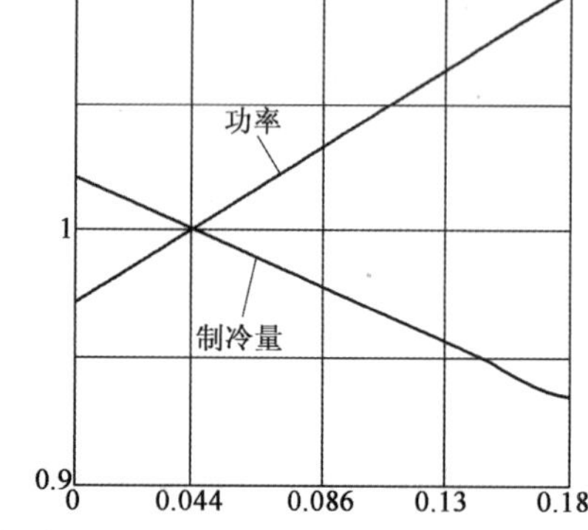

(A)1

(B)0.98

(C)0.95

(D)0.90

答案:[　]
主要解答过程:

22. 一台理论排气量为 0.1m³/s 的半封闭式双螺旋压缩机,其压缩过程的指示效率为 0.9,摩擦效率为 0.95,容积效率为 0.8,电机效率为 0.85,当吸气比容为 0.1m²/kg,单位质量制冷量为 150kJ/kg,理论耗功率为 20kJ/kg 时,该工况下压缩机的制冷性能系数为下列哪一项?

(A)5.0 ~5.1　　(B)5.2 ~5.3

(C)5.4 ~5.5　　(D)5.6 ~5.7

答案:[　]

主要解答过程:

23. 某冷库,外墙自外至内的组成材料见下表:

材　料	厚度(mm)	导湿系数[g/(m · h · mmHg)]
钢筋混凝土	1	0.0014
聚乙烯薄膜	0.2	0.22×10^6
聚氨酯泡沫塑料	125	0.0014
木板	10	0.001

室外空气水蒸气分压力 $P_1 = 26.1$mmHg,室内 $P_2 = 0.379$mmHg,聚氨酯泡沫塑料与木板之间的温度为 -21.86℃,空气饱和水蒸气分压力为 0.647mmHg,如果忽略墙体内外表面的湿阻,试问聚氨酯泡沫塑料与木板之间应为下列哪种状态?

(A)不结露　　(B)结露

(C)结霜　　(D)不结霜

答案:[　]

主要解答过程:

24. 4000m^2 的洁净室,高效空气过滤器的布满率为 64.8%,如果过滤器的尺寸为 1200mm × 1200mm,试问需要的过滤器数量为下列哪一项?

(A)750 台　　(B)1500 台

(C)1800 台　　(D)2160 台

答案:[　]

主要解答过程:

25. 小区建五栋普通住宅塔楼,均为 21 层,每层 8 户,每户平均 4 人,该小区生活给水总管最大平均秒流量应为下列哪一项? 计算采用如下数据:用水定额 $q_0 = 130$L/(人 · d);用水时间 $T = 24$h;小时变化系数 $k_h = 130$。

(A)7 ~ 8L/s　　(B)9 ~ 10L/s

(C)11 ~ 12L/s　　(D)13 ~ 14L/s

答案:[　]

主要解答过程:

2006 年案例分析试题答案(上午卷)

1. **答案**:B

主要解题过程:

(1)《公共建筑节能设计标准》(GB 50189—2015)表4.2.2-3:查得体型系数为0.3时,外墙的传热系数限制为 $K \leqslant 0.5\text{W}/(\text{m}^2 \cdot \text{K})$,即所需最小总热阻为:$R = 1/K = 1/0.6 = 1.67\text{m}^2 \cdot \text{K/W}$。

(2)《民用建筑采暖通风与空气调节设计规范》(GB 50736—2012)第5.1.8条,

$K = 1/R = 1/(1/a_n + R_1 + C_2/\lambda_2 + 1/a_w)$

所以 $R = 1/a_n + R_1 + \delta_2/\lambda_2 + 1/a_w = 1/8.7 + 0.1 + \delta_2/0.22 + 1/23) \geqslant 1/0.6$

解得 $\delta_2 = 0.383\text{m}$

最小热阻:$R_{0.\min} = a(t_n - t_w)/(\Delta t_y \cdot a_n)$

因为外墙 $a = 1$,室内设计温度 $t_n = 18℃$,$t_w = t_{wn} = -9.6℃$,$\Delta t_y = 6℃$,$a_n = 8.7\text{W}/(\text{m}^2 \cdot ℃)$

所以,$R_{0.\min} = 1 \times [18 - (-9)]/(6 \times 8.7) = 0.517\text{m}^2 \cdot ℃/\text{W}$,那么

$R' = 1/a_n + R_1 + \delta_2'/\lambda_2 + 1/a_w = 1/8.7 + 0.1 + \delta_2'/0.22 + 1/23 \geqslant 1/0.517$

解得 $\delta_2' = 0.057\text{m}$

所以,$\Delta\delta = \delta_2 - \delta_2' = 0.383 - 0.057 = 0.326\text{m} = 326\text{mm}$。

2. **答案**:C

主要解题过程:

原设计工况,系统干管的总阻力损失为:$\Delta P_g = 70 - 30 = 40\text{kPa}$

能量平衡关系式为:$Q = c \cdot G \cdot \Delta t$,压力损失与流量的关系式为:$\Delta P = S \cdot G^2$

现将供热温度调整为50/43℃,根据变化前后供热量 Q 值不变,则有:$G \cdot \Delta t = G' \cdot \Delta t'$

$$\Delta P'_{\text{干管}} = S \cdot G'^2 = S \cdot G^2 \cdot (\Delta t/\Delta t')^2 = P_{\text{干管}} \cdot (\Delta t/\Delta t')^2$$

$$= 40 \times [(60 - 50)/(50 - 43)]^2 = 81.63\text{kPa}$$

所以,$\Delta P' = \Delta P'_{\text{干管}} + \Delta P'_{\text{最不利}} = 81.63 + 30 + 40 = 151.63\text{kPa}$

3. **答案**:B

主要解题过程:

《注册设备工程师暖通空调考试复习教材》(第三版)P62~63式(1.5-2)~式(1.5-5),由于送风口高度 $h = 0.5H = 5\text{m}$,查表1.5-2得 $X = 0.35$,圆形喷嘴的紊流系数为0.08,则:

$A_h = 18 \times 10 = 180\text{m}^2$

$V = 80 \times 18 \times 10 = 14400\text{m}^3$

$l_x = 0.7 \cdot X \cdot (A_h)^{0.5}/a = 0.7 \times 0.35 \times 180^{0.5}/0.08 = 41$

$n = 380 \times V_1^2/l_x = 380 \times 0.4^2/41 = 1.48$

$$L=n\cdot V/(m_p\cdot m_c)=1.48\times14400/(1\times2)=10654\text{m}^3/\text{h}$$

4. **答案**:A

主要解题过程:《城镇供热管网设计规范》(CJJ 34—2010)第3.2.1条公式(3.2.1-1)。采暖期耗热量为:

$$Q_h^a=0.0864NQ_h\frac{t_i-t_a}{t_i-t_{o.h}}=0.0864\times100\times50\times10^3\times\frac{18-1}{18-(-5)}=319304\text{GJ}$$

5. **答案**:C

主要解题过程:

设系统的定压点设置在水泵的吸入口处,系统水泵停止运行时,底部散热器的承压为:$30-(-5)=35\text{mH}_2\text{O}$。

系统水泵运行时,水泵吸入口的压力为系统定压压力,即$30\text{mH}_2\text{O}$,散热器承受的压力按回水管的压力考虑,则底部散热器承受压力为:$30+6-(-5)=41\text{mH}_2\text{O}>40\text{mH}_2\text{O}$,故选C。

6. **答案**:C

主要解题过程:

《注册设备工程师暖通空调考试复习教材》(第三版)P279图2.9-4和P281式(2.9-3),可知A点的动压为$P_{da}=135\text{Pa}$,因此A点的空气流速为:

$$v_a=\sqrt{\frac{2P_{da}}{\rho}}=\sqrt{\frac{2\times135}{1.2}}=15\text{m/s}$$

7. **答案**:B

主要解题过程:

《注册设备工程师暖通空调考试复习教材》(第三版)P185式(2.3-22)、式(2.3-23):

$$A=\sqrt{0.4V_w^2+1.63(\Delta P_g+\Delta P_{ch})}=\sqrt{0.4\times3^2+1.63\times(0+0)}=1.897$$

$$L=2827d^2\cdot\frac{A}{\sqrt{1.2+\sum\xi+0.02\times\frac{1}{d}}}=2827\times0.8^2\times\frac{1.897}{\sqrt{1.2+0.5+0.02\times4/0.8}}$$

$$=2558\text{m}^3/\text{h}$$

8. **答案**:D

主要解题过程:

《注册设备工程师暖通空调考试复习教材》(第三版)P192,假想罩尺寸为800mm×800mm,则$a/b=1.0$,$x/b=1.0$,查得$v_x/v_0=0.095$,罩口平均风速为$v_0=v_x/0.095=0.5/0.095=5.263\text{m/s}$

排风罩的实际排风量:$L=3600v_0F=3600\times5.263\times0.4\times0.8=6063.2\text{m}^3/\text{h}$

9. **答案**:B

主要解题过程:

《高层民用建筑设计防火规范》(GB 50045—2005)第8.4.2条条文说明及例题,管段①负担防烟分区 A_2、B_2，其中面积最大的为 $A_2=380\ m^2$，通过风量为：$G=A_2\times120=380\times120=45600m^3/h$。

管段②负担所有防烟分区，其中最大面积为 $A_1=450m^2$。

通过风量：$G=450\times120=450\times120=54000m^3/h$

注：按公消〔2015〕98 号文件规定，因《建筑防烟排烟系统技术规范》尚未批准发布，防烟排烟的设计与审核暂按旧规范内容执行。

10. **答案：**B

主要解题过程：

《注册设备工程师暖通空调考试复习教材》(第三版) P205，全效率及分级效率公式(2.5-6)：

$$\eta=\frac{G_2}{G_1}=\frac{0.2G_1\times0.4+0.1G_1\times0.8+0.2G_1\times0.9+0.2G_1\times0.95+0.3G_1\times1}{G_1}=83\%$$

11. **答案：**A

主要解题过程：

燃烧 500kg 煤，SO_2 散发量：$16\times500=8000g$

SO_2 烟气的质量浓度：$8000/5000=1.6g/m^3=1600mg/m^3$

根据《注册设备工程师暖通空调考试复习教材》(第三版) P229 公式(2.6-1)。

换算为标准状态下的体积浓度：$C=22.4Y/M=22.4\times1600/64=560ppm$。

12. **答案：**B

主要解题过程：

《公共建筑节能设计标准》(GB 50189—2015) 第 4.3.3 条：

$EHR-h=0.003096\times\sum(G\cdot H/\eta)/Q=0.003096\times(100\times32/0.73)/650=0.0208$

13. **答案：**C

主要解题过程：

湿负荷 = 室内产湿量 + 渗透空气带入的湿量为：

$W_h=(0.9+0.1)\times1000+G_w\times\rho_w\times(d_w-d_n)$

查焓湿图，室外空气含湿量为 $d_w=22.4g/kg$，室内空气含湿量为 $d_n=16.7g/kg$，由《注册设备工程师暖通空调考试复习教材》(第三版) P270 公式(2.8-6)，计算得室内外空气密度 $\rho_w=1.1574kg/m^3$；$\rho_n=1.1728kg/m^3$，$G_w=75\times1\times1.1574=86.805kg$

室内总的湿负荷为：室内产湿量 + 渗透空气带入的湿量为：

$$W_h=(0.9+0.1)\times1000+G_w\times\rho_w\times(d_w-d_n)=1513g/h$$

为满足室内湿度要求，除湿量 = 湿负荷，除湿量为：$W=(d_n-d_0)\times G_0\times\rho_n=W_n$

$$d_0=d_n-\frac{W_h}{G}=16.7-\frac{1513}{600\times1.2}=14.53g/kg$$

14. **答案：**B

主要解题过程：

查焓湿图,先确定热湿比线 $\varepsilon = \sum q/\sum W = 3300/0.25 = 13200$。室内状态点焓值 $h_n = 45.19$kJ/kg,送风温差 $\Delta t = 8$℃,送风点的温度为 $t_0 = 22 - 8 = 14$℃,可知过室内状态点的热湿比线与14℃等温线交于点O的状态参数为 $h_0 = 35$kJ/kg。送风量 $G = \sum q/(h_n - h_0) = 3.3/(45.19 - 35.04) = 0.325$kg/s。

15. **答案**:A

主要解题过程:

查焓湿图,室内含湿量 $d_n = 9.3$g/kg,根据《注册设备工程师暖通空调考试复习教材》(第三版)P363式(3.2-18),按消除余湿计算送风量 $d_0 = d_n - \sum W/G = 9.3 - 0.25/0.33 = 8.54g/kg_{干空气}$。

16. **答案**:D

主要解题过程:

根据《注册设备工程师暖通空调考试复习教材》(第三版)P377,空调系统总冷负荷 $Q_s = Q_n + Q_w$,其中室内冷负荷:$Q_n = G_s \times (h_n - h_0)$,新风冷负荷:$Q_w = G_x \times (h_w - h_n)$

室内送风的含湿量为:$d_0 = d_n - \sum W/G = 9.3 - 0.25/0.4 = 8.675$g/kg

室内空气的焓值为:$h_n = 1.01 \times t_n + d_n \times (2500 + 1.84 \times t_n)$
$= 1.01 \times 22 + 9.3/1000 \times (2500 + 1.84 \times 22) = 45.85$kJ/kg

室内送风的焓值为:$h_0 = 1.01 \times t_0 + d_0 \times (2500 + 1.84 \times t_0)$
$= 1.01 \times 14 + 8.675/1000 \times (2500 + 1.84 \times 14) = 36.05$kJ/kg

室外空气的焓值为:$h_w = 1.01 \times t_w + d_w \times (2500 + 1.84 \times t_w)$
$= 1.01 \times 34 + 20/1000 \times (2500 + 1.84 \times 34) = 85.59$kJ/kg

空调系统的总冷负荷为:$Q_w = Q_n + Q_w = G_s \times (h_n - h_0) + G_x \times (h_w - h_n)$
$= 0.4 \times (45.85 - 36.05) + 0.4 \times 0.1 \times (85.59 - 45.85)$
$= 5.51$kW > 4.8kW,应选D选项。

17. **答案**:D

主要解题过程:

《民用建筑供暖通风与空气调节设计规范》(GB 50736—2012)第8.5.23.1条,冷凝水排水管应设置水封,高度不小于该点的正压或负压。排水点为负压,当水封高度不够,就会造成室内向机组漏风,气水逆向,导致冷凝水无法排除。从图中可知,表冷段、过滤段、新回风混合段的压力损失都由风机段 A 点的负压来提供,因此 A 点的负压值 $P_A = 100 + 150 + 30 = 280$Pa $= 1000 \times 9.8 \times h$,解得 $h = 0.02857$m $= 28.6$mm。

18. **答案**:A

主要解题过程:

《注册设备工程师暖通空调考试复习教材》(第三版)P537表3.9-6,不同声功率级噪声叠加法计算:由85和83叠加后为 $85 + 2.1 = 87.1$dB,然后87.1dB和80dB叠加后为 $87.1 + 0.8 = 87.9$dB。

19. **答案**:B

主要解题过程:

根据题意可知蒸发器入口焓值与冷凝器出口焓值相等，AB 两个冷藏室所需的制冷剂质量流量为：

$m_A \times (392.65 - 246.69) = 12$，解得 $m_A = 0.0822\text{kg/s} = 296\text{kg/h}$

$m_B \times (404.93 - 246.69) = 9$，解得 $m_B = 0.05687\ \text{kg/s} = 205\text{kg/h}$

系统制冷剂质量流量为：$m = m_A + m_B = 501\text{kg/h}$。

20. **答案：**A

主要解题过程：

《公共建筑节能设计标准》(GB 50189—2015)第 4.2.13 条 IPLV 的计算方法：

$$IPLV = 1.2\% \times COP_{100} + 32.8\% \times COP_{75} + 39.7\% \times COP_{50} + 26.3\% \times COP_{25}$$

式中：0.012、0.328、0.397、0.263 分别为在 100%、75%、50%、25% 负荷状态时的性能系数(W/W)。

21. **答案：**C

主要解题过程：

《注册设备工程师暖通空调考试复习教材》(第三版)P623 图 4.3-16，当污垢系数为 0.086 时，功率和制冷量的修正系数分别为：$\eta_w = 1.03$，$\eta_q = 0.98$，因此性能系数的修正系数应为 $\eta_{COP} = \eta_q/\eta_w = 0.98/1.03 = 0.95$。

22. **答案：**C

主要解题过程：

根据题意 $\Phi_0 = 150\text{kJ/kg}$，对于封闭式(半封闭式)压缩机，根据《注册设备工程师暖通空调考试复习教材》(第三版)P607～609，单位质量制冷剂电动机的输入功率为：

$$P_{in} = P_{th}/(\eta_i \eta_m \eta_e) = 20/(0.9 \times 0.95 \times 0.85) = 27.52\text{kJ/kg}$$

制冷性能系数为：$COP = \Phi_0/P_{in} = 150/27.52 = 5.45$

23. **答案：**A

主要解题过程：

《注册设备工程师暖通空调考试复习教材》(第三版)P714 公式 4.8-14，计算围护结构的渗透强度 ω，多层材料的蒸汽渗透强度为材料两侧的水蒸气分压力与蒸汽渗透阻的比值，设聚氨酯泡沫塑料与木板之间的蒸汽分压力为 P_3，则有：

$$\omega = \frac{P_1 - P_2}{\frac{\delta_1}{\mu_1} + \frac{\delta_2}{\mu_2} + \frac{\delta_3}{\mu_3} + \frac{\delta_4}{\mu_4}} = \frac{P_1 - P_3}{\frac{\delta_1}{\mu_1} + \frac{\delta_2}{\mu_2} + \frac{\delta_3}{\mu_3}} \Rightarrow$$

$$\frac{26.1 - 0.379}{\frac{0.18}{0.014} + \frac{0.002}{0.22 \times 10^6} + \frac{0.125}{0.0014} + \frac{0.01}{0.001}} = \frac{26.1 - P_3}{\frac{0.18}{0.0014} + \frac{0.002}{0.22 \times 10^6} + \frac{0.125}{0.0014}} \Rightarrow$$

$P_3 = 0.605\text{mmHg} < 0.647\text{mmHg}$

空气未达到饱和状态，故两层材料之间不结露。

24. **答案：**C

主要解题过程：

计算过滤器面积为：4000 × 64.8% = 2592m^2，计算台数为：2592/(1.2 × 1.2) = 1800台。

25. **答案：**C

主要解题过程：

《注册设备工程师暖通空调考试复习教材》(第三版) P800，生活给水最大用水时平均秒流量为：

$$Q_s = Q_h/3600 = m \times q_0 \times k_h/(3600 \times T)$$
$$= (5 \times 21 \times 8 \times 4) \times 130 \times 2.3/(3600 \times 24) = 11.63\text{L/s}$$

2006 年案例分析试题(下午卷)

[专业案例题(共 25 题,每题 2 分)]

1. 如图所示的散热器系统,每个散热器的散热量均为 1500W,散热器为铸铁 640 型,传热系数 $K=3.663\Delta t^{0.16}$,单片面积为 $0.2m^2$,散热器为明装,计算第一组散热器比第五组散热器片数相差多少?

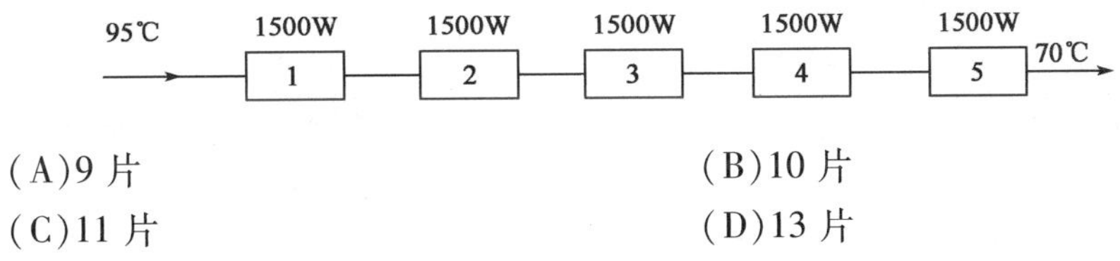

(A)9 片　　(B)10 片

(C)11 片　　(D)13 片

答案:[　]

主要解答过程:

2. 某散发有害气体的车间,冬季室内采暖温度 15℃,室内围护结构耗热量 90.9kW,室内一局部机械排风量为 4.4kg/s,当地冬季通风室外计算干球温度 -5℃,冬季采暖室外计算于温度 -10℃,空气定压比热 1.01kJ/(kg·K),采用全新风集中供热系统,为维持室内一定的负压,取送风量为 4kg/s(风量不足部分由门窗外缝隙补入),送风温度 t,下列哪一项是正确的?

(A)36℃ $<t\leq$39℃　　(B)39℃ $\leq t\leq$41℃

(C)41℃ $\leq t\leq$43℃　　(D)43℃ $\leq t\leq$45℃

答案:[　]

主要解答过程:

3. 验算由分气缸送出的供气压力 P_0 能否使凝结水回到闭式水箱中,见下图,求最小供气压力 P_0 的正确值为下列哪一项?

已知:(1)蒸汽管道长度 $L=500m$,平均比摩阻 $\Delta P_m=200Pa/m$ 局部阻力按总阻力的 20% 计;

(2)凝结水管道总阻力为 0.01MPa;

(3)疏水器背压 $P_2=0.5P_1$;

(4)闭式水箱内压力 $P_4=0.02MPa$。

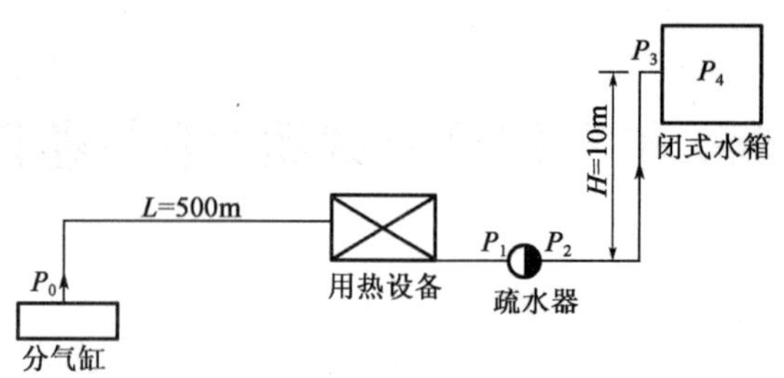

(A)0.49 ~0.5MPa　　(B)0.45 ~0.47MPa

(C)0.37 ~0.4MPa　　(D)3.4 ~3.5MPa

答案:[　]

主要解答过程:

4. 某热水网络各用户的流量均为 100m³/h,热网在正常使用时的水压图如下图所示,如水泵扬程保持不变,试求同时关闭用户 1 和用户 2 后,用户 3、4 的流量各为多少?

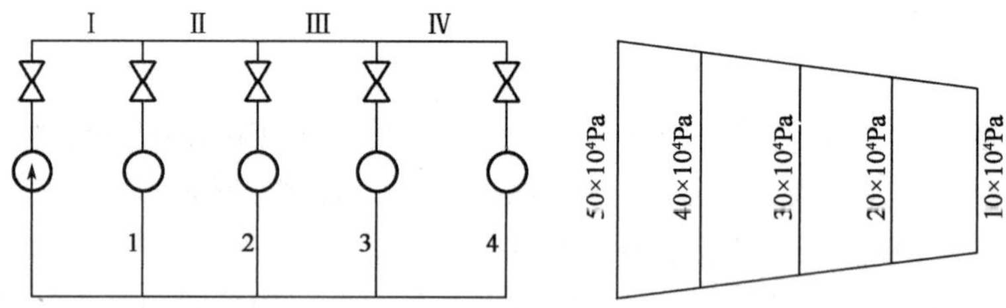

(A)用户 3 为 250 ~260m³/h,用户 4 为 100³/h

(B)均为 110 ~120m³/h

(C)均为 250 ~260m³/h

(D)均为 100m³/h

答案:[　]

主要解答过程:

5. 计算汽水换热器的传热面积 F(m²)为下列哪一项?

已知:换热量 $Q=15\times10^5$W;传热系数 $K=2000$W/(m²·℃);水垢系数 $\beta=0.9$;一次热媒为 0.4MPa 蒸汽温度(143.6℃);二次热媒 70 ~95℃。

(A)$11<F\leqslant12$　　(B)$12<F\leqslant13$

(C)$13<F\leqslant14$　　(D)$14<F\leqslant15$

答案:[ ]

主要解答过程:

6. 某车间局部机械排风系统的排风量 $G_{jp}=0.6\text{kg/s}$,设带有空气加热器的机械进风系统作补风和采暖,机械进风量 $G_{jj}=0.54\text{kg/s}$,该车间采暖需热量 $Q=5.8\text{kW}$,冬季采暖室外计算温度 $t_w=-15℃$,室内采暖计算温度 $t_n=15℃$,求机械进风系统的送风温度 t_s 为下列哪一项?

(A)31 ~33℃　　(B)28 ~30℃

(C)34 ~36℃　　(D) >36℃

答案:[ ]

主要解答过程:

7. 夏季室外通风计算温度为28℃,室内工作区设计温度为32℃,计算排风温度为36.9℃,设计的排风量为66.7kg/s,计算排风排出的总热量为下列哪一项?

(A)2400 ~2500kW　　(B)590 ~610kW

(C)420 ~440kW　　(D)320 ~340kW

答案:[ ]

主要解答过程:

8. 某工厂通风系统,采用矩形薄钢板风管(管壁粗糙度为0.15mm)尺寸 $a\times b$ 为2100mm×190mm,在夏季测得管内空气流速 $v=12\text{m/s}$,温度 $t=100℃$,计算出该风管的单位长度摩擦压力损失为下列哪一项?(已知:当地大气压力为80.80kPa,要求按流速查相关表计算,不需要进行空气密度和黏度修正)

(A)7.4 ~7.6Pa/m　　(B)7.1 ~7.3Pa/m

(C)5.7 ~6.0Pa/m　　(D)5.3 ~5.6Pa/m

答案:[ ]

主要解答过程:

9. 某负压运行的袋式除尘器，在除尘器进口测得风量为5000m^3/h，相应含尘浓度为3120mg/s，除尘器的全效率为99%，漏风率为4%，该除尘器出口空气的含尘浓度为下列哪一项？

(A) 29 ~ 31mg/m^3　　(B) 32 ~ 34mg/m^3
(C) 35 ~ 37mg/m^3　　(D) 38 ~ 40mg/m^3

答案:[　]
主要解答过程:

10. 某除尘系统采用两级除尘，测得第一级旋风除尘器的效率 $\eta_1 = 80\%$，第二级电除尘器的效率 $\eta_2 = 99\%$，除尘系统出口粉尘浓度 $C_2 = 50mg/m^3$ 达标排放，试问该除尘系统入口允许的最高粉尘浓度为下列哪一项？

(A) 24500 ~ 25500mg/m^3　　(B) 2450 ~ 2550mg/m^3
(C) 21000 ~ 22000mg/m^3　　(D) 2100 ~ 2200mg/m^3

答案:[　]
主要解答过程:

11. 要求一通风机风量 $L = 48600m^3/h$，风机入口气流全压 $P_1 = -1800Pa$，出口气流全压 $P_2 = 200Pa$，风机全压效率 $\eta = 0.9$，电动机与风机直联，电动机容量安全系数 $K = 1.15$，问电动机功率为下列哪一项？

(A) 27.6 ~ 28kW　　(B) 3.4 ~ 3.5kW　　(C) 34 ~ 35kW　　(D) 30 ~ 31kW

答案:[　]
主要解答过程:

12. 某体育馆有3000人，每人散热量为：显热65W，潜热69W，人员群集系数取0.92，试问该体育馆人员的空调冷负荷约为下列哪一项？

(A) 440kW　　(B) 370kW　　(C) 210kW　　(D) 200kW

答案:[　]
主要解答过程:

13. 某地夏季计算大气压力为580mmHg，车间总余热量为25.7kW，标准工况下空调系统送风焓差为6.28kJ/kg$_{干空气}$，系统总阻力为800Pa，试问此空调系统实际送风量和系统总阻力为下列哪一项？

(A) 14500 ~ 15000m^3/h，600 ~ 620Pa　　(B) 14500 ~ 15000m^3/h，790 ~ 810Pa
(C) 15700 ~ 16200m^3/h，600 ~ 620Pa　　(D) 15700 ~ 16200m^3/h，790 ~ 810Pa

答案：[　]
主要解答过程：

14. 某空调车间，要求冬季室内干球温度为20℃，相对湿度为50%，该车间冬季总余热量为－12.5kW，总余湿量为15kg/h，若冬季送风量为5000kg/h，不用焓湿图，试计算送风温度约为下列哪一项？

(A) 52℃　　(B) 45℃　　(C) 36℃　　(D) 21℃

答案：[　]
主要解答过程：

15. 某空调车间要求夏季室内空气温度为25℃，相对湿度为50%，车间总余热量为500kW，产湿量忽略不计。拟采用20%的新风，室外空气状态为：标准大气压力、干球温度为34℃、相对湿度为75%、若送风相对湿度为90%，试问系统所需制冷量约为下列哪一项？

(A) 3060kW　　(B) 2560kW　　(C) 1020kW　　(D) 500kW

答案：[　]
主要解答过程：

16. 某工程采用喷口进行等温射流送风，射程 $x = 12$m，射流末端平均风速≤0.25m/s，喷口紊流系数 $\alpha = 0.07$，送风温度为5m/s，试问喷口直径最大为下列哪一项？

已知：射流计算公式 $v_x = v_0 \times \dfrac{0.48}{\alpha \cdot x/d + 0.147}$

式中：v_x——射程 x 处的射流轴心速度(m/s)；
v_0——喷口送风速度(m/s)；
d——喷口直径(m)。

(A)0.08 ~0.09m　　(B)0.17 ~0.185m
(C)0.24 ~0.25m　　(D)已知条件不足,无法求解

答案:[　]
主要解答过程:

17. 某风冷热泵冷水就,仅白天运行,每小时融霜两次,从其样本查得:制冷量修正系数为0.979,制热量修正系数为0.93,额定制热量为331.3kW,试问机组制热量约为下列哪一项?

(A)292kW　　(B)277kW
(C)260kW　　(D)247kW

答案:[　]
主要解答过程:

18. 某双速离心风机,转速由 n_1 =960r/min 转换为 n_2 =1450r/min,试估算该风机声功率的增加为下列哪一项?

(A)8.5 ~9.5dB　　(B)9.6 ~10.5dB
(C)10.6 ~11.5dB　　(D)11.6 ~12.5dB

答案:[　]
主要解答过程:

19. 某 R134a 制冷循环,蒸发温度 4℃,冷凝温度 40℃,采用膨胀机代替膨胀阀,试问理论循环制冷系数为下列哪一项?

注:各状态点参数见下表。

状态点	温度(℃)	绝对压力(MPa)	比焓(kJ/kg)	比熵[kJ/(kg·K)]	比容(m^3/kg)
压缩机入口蒸发器出口	4	0.33755	401.0	1.7252	0.6042
压缩机出口冷凝器入口	44.1	1.0165	423.8	1.7352	
冷凝器出口	40	1.0165	256.36	1.190	
膨胀机出口	4	0.33755	252.66		

(A)7.5 ~7.6　　(B)7.7 ~7.8　　(C)7.9 ~8.0　　(D) >8.0

答案:[　]
主要解答过程:

20. 氨卧式冷凝器,冷却管为 $\phi32\times3\text{mm}$ 钢管,氨侧冷凝放热系数 $\alpha_A=9300\text{W/}(\text{m}^2\cdot℃)$,水侧放热系数 $\alpha_w=6000\text{W/}(\text{m}^2\cdot℃)$,油膜热阻 $R_{oil}=0.5\times10^{-3}(\text{m}^2\cdot℃)/\text{W}$,污垢热阻 $R_f=0.086\times10^{-3}(\text{m}^2\cdot℃)/\text{W}$,试问对管外侧表面而言,冷凝器的传热系数为下列哪一项?

(A)1210 ~1250W/(m² · ℃)　　(B)1160 ~1200W/(m² · ℃)
(C)1110 ~1150W/(m² · ℃)　　(D)1060 ~1100W/(m² · ℃)

答案:[　]
主要解答过程:

21. 某变制冷剂流量(VRV)系统,标准工况及配管情况下系统性能参数 COP =2.7,而此系统最远末端超出额定配管长度 120m,吸气管平均阻力相当于 0.06℃/m,液管平均阻力相当于 0.03℃/m,问该系统满负荷时,系统的实际性能系数应为下列哪一项?注:蒸发温度增/降 1℃,COP 约增/降 3%;冷凝温度增/降 1℃,COP 约降/增 1.5%。

(A) <1.9　　(B)1.9 ~2.0
(C)2.1 ~2.2　　(D) >2.2

答案:[　]
主要解答过程:

22. 某办公室建筑空调工程,采用部分负荷蓄冰供冷系统,主机为螺杆式冷水机组,制冰工况制冷能力变化率 $c_F=0.7$,设计日平均小时冷负荷为 850kW,设计日空调运行小时数 $n_2=10\text{h}$,该地区 23 时至 7 时执行低谷电价,试问冷水机组空调工况制冷量和蓄冰装置有效容量应为下列哪一项?

(A)2600 ~2700kW · h,560 ~570kW
(B)2400 ~2500kW · h,430 ~440kW
(C)3000 ~3100kW · h,540 ~550kW
(D)8450 ~8550kW · h,800 ~900kW

答案:[ ]

主要解答过程:

23. 某两级压缩氨制冷系统,试问为了保证正常经济运行,中间压力(绝对压力)应为下列哪一项?

注:各状态点参数见下表。

状态点	温度(℃)	绝对压力(MPa)	比焓(kJ/kg)	比熵[kJ/(kg·K)]	比容(m^3/kg)
低压级压缩机入口	-30	0.1193	1427	6.079	0.9658
高压级压缩机出口		1.473			
冷凝器出口	38	1.473	385.4		

(A)0.30~0.32MPa (B)0.38~0.40MPa

(C)0.41~0.43MPa (D)0.45~0.47MPa

答案:[ ]

主要解答过程:

24. 额定风量为1000m^3/h的高效空气过滤器初阻力为250Pa,如果设计选用的风量为800m^3/h,使用终阻力达到设计风量初阻力的两倍时更换,试问更换时的终阻力约为下列哪一项?

(A)300Pa (B)400Pa (C)500Pa (D)600Pa

答案:[ ]

主要解答过程:

25. 拟建700床的高级宾馆,当地天然气低热值为35.8MJ/m^3,试估算该工程天然气最大总用气量为下列哪一项?

(A) <80m^3/h (B)80~100m^3/h (C)101~120m^3/h (D) >120m^3/h

答案:[ ]

主要解答过程:

2006 年案例分析试题答案(下午卷)

1. **答案:** C

主要解题过程:

本系统采用单管串联系统,设第 1 组的出口温度为 t_1,设第 5 组的出口温度为 t_5,流经每组散热器的流量相等,即:$G=\dfrac{1500\times5}{95-70}=\dfrac{1500}{95-t_1}=\dfrac{1500}{t_5-70}$

解得 $t_1=90℃$,$t_5=75℃$,根据《注册设备工程师暖通空调考试复习教材》(第三版)P86 式(1.8-1),查表 1.8-2 选取修正系数。

对于第 1 组散热器,查得 $\beta_2=1.0$、$\beta_3=1.0$、$\beta_4=0.83$,先假设 $\beta_1=1.0$,则散热器的面积为:

$$F_1=\frac{Q}{K\Delta t_p}\beta_1\times\beta_2\times\beta_3\times\beta_4=\frac{1500}{3.663\times\left(\dfrac{95+90}{2}-18\right)^{1.16}}\times1.0\times1.0\times1.0\times0.83$$

$$=2.289\text{m}^2$$

所需散热器片数为:$n_1=2.289/0.2=11.445$ 片,β_1 修正系数应修改为 1.05,

重新计算所需片数为 $n_1=11.445\times1.05=12.017$ 片,取 12 片。

对于第 5 组散热器,查得 $\beta_2=1.251$、$\beta_3=1.0$、$\beta_4=0.83$,先假设 $\beta_1=1.0$,则散热器的面积为:

$$F_5=\frac{Q}{K\Delta t_p}\beta_1\times\beta_2\times\beta_3\times\beta_4=\frac{1500}{3.663\times\left(\dfrac{75+70}{2}-18\right)^{1.16}}\times1.0\times1.251\times1.0\times0.83$$

$$=4.115\text{m}^2$$

所需散热器片数为:$n_5=4.115/0.2=20.575$ 片

β_1 修正系数应修改为 1.1,

重新计算所需片数为 $n_1=20.575\times1.1=22.63$ 片,取 23 片。

因此第 1 组与第 5 组散热器相差 23 − 12 = 11 片。

2. **答案:** B

主要解题过程:

《注册设备工程师暖通空调考试复习教材》(第三版)P173 式(2.2-6),根据质量守恒原理,门窗渗透风量 $G_{zj}=4.4-4.0=0.4\text{kg/s}$

室内无散热量、无循环风,根据能量守恒原理有:

$Q+c\cdot G_{jp}\cdot t_n=c\cdot G_{jj}\cdot t_{jj}+c\cdot G_{zj}\cdot t_w$(局部排风的补风温度采用采暖室外计算温度,$t_w=-10℃$)

代入数值为:$90.9+1.01\times4.4\times15=0+1.01\times4\times t_{jj}+1.01\times0.4\times(-10)$,解得

$t_{jj}=40℃$。

3. **答案**:C

主要解题过程:

《注册设备工程师暖通空调考试复习教材》(第三版)P92 式(1.8-19)可知,疏水器后压力应为:

$P_2=P_3+P_4+P_Z=0.02+0.01+1000\times9.8\times10\times10^{-6}=0.128\text{MPa}$

因为 $P_1=2P_2$,

所以蒸汽的最小供气压力为:

$P_0=500\times200\times(1+20\%)/10^6+2\times0.128=0.376\text{MPa}$

4. **答案**:B

主要解题过程:

《注册设备工程师暖通空调考试复习教材》(第三版)P137 并联管段的相关计算内容。

水力工况改变前有:

$S_{\text{I}}=P_{\text{I}}/Q_{\text{I}}^2=(50-40)\times10^4/400^2=0.625\text{Pa}/(\text{m}^3/\text{h})^2$

$S_{\text{II}}=P_{\text{II}}/Q_{\text{II}}^2=(40-30)\times10^4/300^2==1.111\text{Pa}/(\text{m}^3/\text{h})^2$

用户 2 之后的管段阻力系数为:$S_{\text{III}-4}=30\times10^4/200^2=7.50\text{Pa}/(\text{m}^3/\text{h})^2$

关闭用户 1、2 之后,系统的总阻力数为 S':

$S'=S_{\text{I}}+S_{\text{II}}+S_{\text{III}-4}=0.625+1.111+7.50=9.236\text{Pa}/(\text{m}^3/\text{h})^2$

系统的总流量 G' 为:$G'=(50\times10^4/9.236)^{0.5}=232.67\text{m}^3/\text{h}$

水力失调度为:$x=V_s/V_g=232.67/200=1.16$

因为各用户成比例一致失调,故用户 3 和 4 的流量呈等比例一致增加,均为 $G_{3,4}=100\times1.16=116\text{m}^3/\text{h}$。

5. **答案**:C

主要解题过程:

《注册设备工程师暖通空调考试复习教材》(第三版)P105。

$\Delta a=143.6-70=73.6℃,\Delta b=143.6-95=48.6℃$

对数平均温差为:$\Delta t_{pj}=(\Delta t_a-\Delta t_b)/\ln(\Delta t_a/\Delta t_b)=[(143.6-70)-(143.6-95)]/\ln[(143.6-70)/(143.6-95)]=60.24℃$

换热器的传热面积为:$F=Q/(K\times\beta\times\Delta t_{pj})=15\times10^5/(2000\times0.9\times60.24)=13.83\text{m}^2$

6. **答案**:B

主要解题过程:

《注册设备工程师暖通空调考试复习教材》(第三版)P173,根据质量平衡 $G_{jp}+G_{zp}=G_{jj}+G_{zj}$

得 $G_{zj}=G_{jp}-G_{zj}=0.6-0.54=0.06\text{kg/s}$

根据能量守恒有:$c\cdot G_{jj}\cdot t_{jj}+c\cdot G_{zj}\cdot t_w=Q+C\cdot G_{jp}\cdot t_n$(局部排风的补风温度采

用采暖室外计算温度，$t_w=-15$℃)

代入数值有：$1.01\times0.54\times t_s+1.01\times0.06\times(-15)=5.8+1.01\times0.6\times15$，$t_s=29$℃。

7. **答案：**B

主要解题过程：

排风系统排出的总热量 Q 为：

$Q=cG\Delta t=1.01\times66.7\times(36.9-28)=599.6\text{kW}$

8. **答案：**C

主要解题过程：

《注册设备工程师暖通空调考试复习教材》(第三版)P248～250 式(2.7-7)：

此风管的流速当量直径为：$D_v=2ab/(a+b)=(2\times210\times190)/(210+190)=199.5\approx200\text{mm}$

查 P249 图 2.7-1，$D_v=200\text{mm}$，$v=12\text{m/s}$，得单位长度风管的摩擦压力损失为：$R_{m0}=9\text{Pa/m}$

根据题意，考虑空气温度和大气压的修正，不考虑空气密度和黏度的修正，有此风管的单位长度计算摩擦阻力为：$R_m=K_tK_BR_{m0}=[(273+20)/(273+100)]^{0.825}\times(80.80/101.3)^{0.9}\times9=5.924\text{Pa}$。

9. **答案：**A

主要解题过程：

除尘器效率的定义可知：

$\eta=(L_1y_1-L_2y_2)/L_1y_1=(5000\times3120-5000\times1.04\times y_2)/(5000\times3120)=0.99$

解得 $y_2=30\text{mg/m}^3$

10. **答案：**A

主要解题过程：

串联除尘器的总效率为：$\eta=1-(1-\eta_1)(1-\eta_2)=1-(1-80\%)\times(1-99\%)=99.8\%$

入口允许的最高粉尘浓度 $C_1=C_2/(1-\eta)=50/(1-99.8\%)=25000\text{mg/m}^3$。

11. **答案：**C

主要解题过程：

《注册设备工程师暖通空调考试复习教材》(第三版)P266 式(2.8-3)有：

$N=(L\times P)\times K/(3600\eta\times\eta_m)=48600\times[200-(-1800)]\times1.15/(3600\times0.9\times1.0)=34.5\text{kW}$

12. **答案：**B

主要解题过程：

《注册设备工程师暖通空调考试复习教材》(第三版)P360，体育馆属于人员密集场所，人体冷负荷系数按 1 计算，则人员的空调冷负荷为：

$3000\times(65+69)\times0.92/1000=369.84kW$

13. **答案:**C

主要解题过程:

《注册设备工程师暖通空调考试复习教材》(第三版)P362 公式(3.2-15)、P270 公式(2.8-5)(注意汞柱气压与标准大气压的换算),P266 表 2.8-6。

送风气流质量流量为:$G=Q_0/\Delta h=25.75/6.28=4.0924kg/s$;

送风气流密度为:$\rho_2=1.293\times[273/(273+20)]\times(580/760)=0.9194kg/m^3$

送风气流体积流量为:$L=4.0924\times3600/0.9194=16024m^3/h$

系统阻力:$P_2=P_1\times(\rho_2/\rho_1)=800\times(0.9194/1.2)=612.93Pa$

14. **答案:**C

主要解题过程:

由焓值计算公式有:

$H=Q/G=1.01\times\Delta t+2500\times\Delta W/(3600\times G)$

$12.5/(5000/3600)=1.01\times(20-t_s)+2500\times15/5000$

解得送风温度 $t_s=36.5℃$。

15. **答案:**C

主要解题过程:

题意已知条件,查焓湿图有,$h_n=50.36kJ/kg$;$h_w=99.63kJ/kg$;送风相对湿度 90%,为露点送风,因室内产湿量不计,所以送风点的含湿量与室内点的含湿量相等,由此可查得 $h_L=h_0=40.59kJ/kg$

系统的送风量为:$G_s=Q_0/(h_n-h_0)=500/(50.63-40.59)=51.2kg/s$

新风量为:$G_x=20\%\times G_s=10.2kg/s$

$Q_s=Q_n+Q_w=500+G_x(h_w-h_n)=500+10.2354\times(99.63-50.36)=1004.3kW$

式中:Q_n 为室内冷负荷;Q_w 为新风冷负荷。

16. **答案:** B

主要解题过程:

题目中给出的是射流末端的平均速度 $v_x=0.25m/s$,而给出的计算公式为射流末端的轴心速度,目前考试教材中并未给出轴心速度与平均速度的关系,考试时很难解答。如果将题干改为射流的轴心速度为 0.25m/s,则根据题目给出的公式计算:$v_x=5\times0.48/(0.07\times12/d+0.147)\leqslant0.25$,解得 $d\leqslant0.089m$,选 A。

根据流体力学有关管内流动的有关理论,考虑射流末端的速度分布曲线,可以近似认为末端的轴心速度等于末端平均速度的 2 倍,即轴心速度 $v_x=0.5m/s$,根据题意给出的公式进行计算,$d\leqslant0.178m$,选 B。

17. **答案:**D

主要解题过程:

《民用建筑供暖通风与空气调节设计规范》(GB 50736—2012)第8.3.2条条文说明,

每小时融霜两次，修正系数取 $K_2=0.8$，因此机组的制热量为：$\Phi_h=qK_1K_2=331.3\times0.93\times0.8=246.5\mathrm{kW}$。

18. 答案：A

主要解题过程：

《注册设备工程师暖通空调考试复习教材》（第三版）P266 表 2.8-6，风机转速提高后，风机的流量和风压的变化为：

风量变化：$L_2=L_1\times(n_2/n_1)=(1450/960)\times L_1=1.51L_1$

风压变化：$H_2=H_1\times(n_2/n_1)^2=(1450/960)^2\times H_1=2.28H_1$

根据 P536 公式（3.9-7），风机的声功率级为：

$$
\begin{aligned}
L_{w2}&=5+10\lg(1.51\times L_1)+20\lg(2.28\times H_1)\\
&=5+10\lg1.51+10\lg L_1+20\lg2.28+20\lg H_1\\
&=5+10\lg L_1+20\lg H_1+(10\lg1.51+20\lg2.28)=L_{w1}+8.94
\end{aligned}
$$

即声功率级增加量为 8.94dB，选 A。

19. 答案：B

主要解题过程：

采用膨胀机代替膨胀阀，可以回收膨胀机的对外做功，提高制冷循环的制冷系数，根据《注册设备工程师暖通空调考试复习教材》（第三版）P578 公式（4.1-34）：

$$
\begin{aligned}
\varepsilon_{th}&=\Phi/p_{th}=q_0/w_{th}=(h_1-h_4)/[(h_2-h_1)-(h_3-h_4)]\\
&=(401.0-252.66)/[(423.8-401.0)-(256.36-252.66)]=7.77
\end{aligned}
$$

20. 答案：D

主要解题过程：

采用圆管传热系数计算公式有：

$K=1/R,R=1/a_n+(R_{oil}+R_f)\times(d_{外}/d_{平})+(d_{外}/d_{内})/a_w$

对于计算管道有：

$d_{外}=32\mathrm{mm},d_{内}=32-6=26\mathrm{mm},d_{平}=(d_{外}+d_{内})/2=(32+26)/2=29\mathrm{mm}$

$$
\begin{aligned}
R&=1/9300+(0.5\times10^{-3}+0.086\times10^{-3})\times(32/29)+(32/26)/6000\\
&=9.593\times10^{-4}\mathrm{m^2\cdot ℃/W}
\end{aligned}
$$

$K=1/R=1042.43\mathrm{W/(m^2\cdot ℃)}$

21. 答案：A

主要解题过程：

当末端的配管长度超出额定值时，气管和液管的阻力增加均会造成蒸发温度的下降，从而影响机组的制冷性能。根据题意，蒸发温度升高为：

$\Delta t_0=120\times(0.03+0.06)=10.8℃$

冷凝温度无变化，则机组实际性能系数为：

$\mathrm{COP}'=\mathrm{COP}\times(1-\Delta t_0\times3\%)=2.7\times(1-10.8\times3\%)=1.83$。

22. **答案**:C

主要解题过程:

《注册设备工程师暖通空调考试复习教材》(第三版)P685 公式(4.7-6)、公式(4.7-7)。

制冷机的标定容量为:$q_c = \sum q_i/(n_2 + n_1 \times C_f) = n \times q_p/(n_2 + n_1 \times C_f) = 10 \times 850/(10 + 8 \times 0.7) = 544.87\text{kW}$

蓄冰装置容量:$Q_s = n_1 \times c_f \times q_c = 8 \times 0.7 \times 544.87 = 3051\text{kW} \cdot \text{h}$

23. **答案**:C

主要解题过程:

《注册设备工程师暖通空调考试复习教材》(第三版)P730 式(4-9-7),中间压力为:

$P_{zj} = (P_c \times P_z)^{0.5} = (1.473 \times 0.1193)^{0.5} = 0.419\text{MPa}$

24. **答案**:A

主要解题过程:

阻力计算公式:$\Delta P = SQ^2$,可知当风量改为 $800\text{m}^3/\text{h}$ 时,过滤器的阻力为:

$\Delta P_{初} = 250 \times (800/1000)^2 = 160\text{Pa}$

空气过滤器的使用终阻力达到设计风量初阻力两倍更换,则 $160 \times 2 = 320\text{Pa}$。

25. **答案**:D

主要解题过程:

《城镇燃气设计规范》(GB 50028—2006)第 10.2.9 条。

$Q_j = \sum k \cdot N \cdot Q_n = 0.134 \times 700 \times (0.8 + 2) = 262.64\text{m}^3/\text{h}$

2007年注册公用设备工程师(暖通空调)执业资格考试

专业考试试题及答案

2007年专业知识试题(上午卷)

一、单项选择题(共40题,每题1分。每题的备选项中只有一个符合题意)

1. 为防止可燃粉尘、纤维与采暖散热器接触引起自燃,应控制热媒温度,下列哪一项是正确的? ( )

(A)0.2MPa蒸汽　　(B)供回水温度95/70℃

(C)0.3MPa蒸汽　　(D)供回水温度130/70℃

2. 对住宅小区既有采暖系统节能改造的判定原则是下列哪一条? ( )

(A)燃煤锅炉,管网供水温度低,并且室温不能达到要求

(B)锅炉年运行效率<0.68,管网输送效率<0.90,并且室温不能达到要求

(C)锅炉单台容量<4.2MW

(D)住宅小区供热面积<10万m^2

3. 围护结构的空气间层由"密闭"改为"通风"时,下列哪一项对冬夏季负荷有影响? ( )

(A)冬季采暖负荷和夏季供冷负荷均减少

(B)冬季采暖负荷和夏季供冷负荷均增加

(C)冬季采暖负荷增加,夏季供冷负荷减少

(D)冬季采暖负荷减少,夏季供冷负荷增减不定

4. 计算低温热水地板辐射采暖热负荷时,下列哪一项是错误的? ( )

(A)按正常热负荷乘以0.9~0.95或将室内计算温度取值降低2℃

(B)房间接触土壤设地板辐射采暖时,不计入地板热损失

(C)局部地面辐射采暖面积为房间总面积的70%时,需计入附加系数

(D)采用分户计量地板辐射采暖时其负荷计算可不计算户与户之间的传热负荷

5. 在机械循环双管上供下回式热水采暖系统的表述中,下列哪一项是正确的? ( )

(A)系统循环动力主要是重力作用力,此外,还包括水泵作用力

(B)系统的作用半径有限,一般总压力损失不得超过10kPa

(C)由于水在各层散热器中冷却形成的重力作用力不同,一般会存在竖向失调

(D)即使没有良好的调节装置,也可以放心地用于三层以上建筑物

6.“同程式热水采暖系统比异程式热水采暖系统易于平衡”的说法，哪项是正确的？（　　）

(A)只有干管阻力大时，方为正确
(B)只有支路阻力比较小时，方为正确
(C)因为同程式系统各并联环路段长度基本相等，所以说法正确
(D)只有支路阻力比较大时，方为正确

7. B 点为铸铁散热器，工作压力为600kPa，循环水泵的扬程为 $28mH_2O$，锅炉阻力为 $8mH_2O$，求由水泵出口至 B 点的压力降至少为下列哪一项时，才能安全运行？（　　）

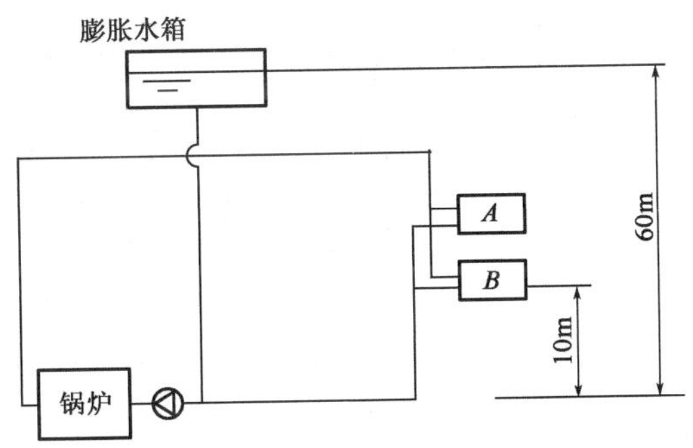

(A)70kPa　　(B)80kPa　　(C)90kPa　　(D)100kPa

8. 提高热水网路水力稳定性的主要方法，应为下列哪一项？（　　）

(A)保证管网在并联节点处压降相等
(B)在各热用户入口处设置静态压差平衡阀
(C)相对增大网路干管压降或相对增大用户系统压降
(D)相对减少网路干管压降或相对增大用户系统压降

9. 热力站内热交换器的设置，下列哪一项是错误的？（　　）

(A)当一次热源稳定性差时，换热器的换热面积应乘以1.1～1.2的系数
(B)采用两台或两台以上换热器时，当其中一台停止运行时，其余换热器应满足70%系统负荷的需求
(C)换热器为汽—水加热时，当热负荷较小，可采用汽—水混合加热装置
(D)采用汽水换热器和热水换热器两级串联时，水—水换热器排出的凝结水温度不宜超过80℃

10. 排除有爆炸危险的气体、蒸汽和粉尘的局部排风系统，其风量应保证在正常运行和事故情况下，风管内这些物质浓度不大于下列哪一项数值？（　　）

(A)爆炸下限的90%　　(B)爆炸下限的50%
(C)爆炸下限的60%　　(D)爆炸下限的70%

11. 厨房、卫生间、浴室设垂直排风系统在屋顶排放，下列哪一项做法是错误的？（　　）

(A)直接接入有止回措施的竖风道
(B)水平支风管上设70℃的止回阀
(C)通风器自配塑料止回阀
(D)水平支风管上配金属止回阀

12. 确定工业建筑全面通风的热负荷，下列哪一项是错误的？（　　）

(A)冬季按最小负荷班的工艺设备散热量计入得热
(B)夏季按最大负荷班的工艺设备散热量计入得热
(C)冬季经常而不稳定的散热量，可不计算
(D)夏季经常而不稳定的散热量，按最大值考虑得热

13. 一需在前面操作的工作台，采用伞形排风罩，但排风效果不好，准备改造，当没有任何条件限制时，最不可取的方案是下列哪一项？（　　）

(A)改成侧吸排风罩
(B)改成带百叶窗外部吸气罩
(C)更换排风机，加大排风量
(D)降低伞形排风罩距工作台的高度

14. 某乙类单层生产厂房，建筑面积4000m^2，通风、空气调节系统的风管上应设防火阀的地方，下列哪一项为错误？（　　）

(A)风管穿越防火分区处
(B)风管穿越防烟分区处
(C)风管穿越防火分隔处的变形缝的两侧
(D)风管穿越通风、空气调节机房的隔墙和楼板处

15. 旋风除尘器的"分割粒径"即d_{c50}，其正确的含义是下列哪一项？（　　）

(A)粉尘粒径分布中，累计质量占全部粒径范围总质量50%所对应的粒径
(B)分级效率为50%所对应的粒径
(C)粉尘粒径分布中，累计粒子个数占全部粒径范围粒子总个数50%所对应的粒径
(D)某小的粒径区间的代表粒径，该小区间恰好处在将全部粒径范围的粉尘分为质量相等两部分的分界处

16. 关于活性炭特性，下列哪一项叙述是错误的？（　　）

(A)空气湿度增大，可吸附的负荷降低
(B)被吸附物质浓度越高，吸附量也越高
(C)吸附量随温度升高而上升
(D)对环乙烷的吸附效果不如对苯的吸附效果

17. 有关除尘器效率、阻力的变化规律的关系，下列哪一项是错误的？（　　）

(A)除尘器的全效率越大,其穿透率就越小
(B)旋风除尘器的效率随粉尘的分割粒径增大而提高
(C)袋式除尘器的阻力随处理风量的增加而增大
(D)粉尘的比电阻过大或过小,都会降低电除尘器的效率

18. 有关通风机的论述,下列哪一种说法是错误的? ( )

(A)通风机的全压等于出口气流全压与进口气流全压之差
(B)通风机的全压等于出口气流全压
(C)通风机的轴功率大于有效功率
(D)通风机的风压系指全压,它为动压与静压之和

19. 地源热泵的地埋管换热系数的水压试验次数为下列哪一项? ( )

(A)1 次 (B)2 次
(C)3 次 (D)4 次

20. 大型商场设计全空气空调系统,下列哪一项作为主要节能措施是错误的? ( )

(A)空气处理机组的风机采用变频调节
(B)过渡季充分利用新风
(C)合理匹配新、排风机,维持室内正压
(D)减少新风量

21. 以下对变风量空调系统主要节能机理的描述中,哪一项是正确的? ( )

(A)房间负荷变小后,房间需冷量减小,只有采用变风量系统能够节省冷源设备的能耗
(B)房间负荷变小后,需要冷水流量减小,因此采用变风量系统能够节省水泵的能耗
(C)房间负荷变小后,送风温度可提高,因此采用变风量系统能够节省空气处理的能耗
(D)房间负荷变小后,送风量可降低,因此采用变风量系统能够节省空气输送的能耗

22. 某夏季空调的外区办公房间,每天空调系统及人员办公的使用时间为 8:00 ~ 18:00,对于同一天来说,以下哪一项为正确? ( )

(A)照明得热量与其对室内形成的同时刻冷负荷总是相等
(B)围护结构得热量总是大于其对室内形成的同时刻冷负荷
(C)人员潜热得热量总是大于其对室内形成的同时刻冷负荷
(D)房间得热量峰值总是大于房间冷负荷的峰值

23. 某空调实验室,面积 200m^2,高 3m,内有 10 人,新风量按每人 30m^3/h 计,室内要求正压风量为房间的 1 次/时换气量,同时室内还有 500m^3/h 排风量,试问该实验室的新风量应为下列哪一项数值? ( )

(A)300m^3/h (B)500m^3/h
(C)800m^3/h (D)1000m^3/h

24. 下列空调系统的加湿方法,哪一种不属于等焓加湿? ( )

(A)电极式加湿器加湿 (B)高压喷雾加湿器加湿
(C)超声波加湿器加湿 (D)湿膜加湿器加湿

25. 某电视演播室,面积 400m^2,高 10m。设置集中空调定风量系统,气流组织为侧送上回,如下图所示,冬季供热运行时,距风口较近的天桥区域温度高达 28 ~ 32℃,而距离地面 2m 以下的温度达不到 18℃,以下哪一项是产生问题的主要原因? ( )

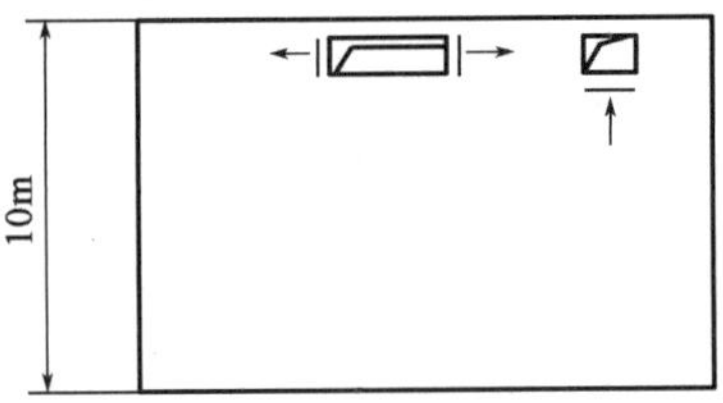

(A)送风口选型与设置不当 (B)送风温度太高
(C)送风温度过低 (D)热负荷太小

26. 水源热泵机组如采用地下水为水源时,下列哪一项表述是错误的? ( )

(A)采用地下水水源热泵机组必然经济合理
(B)应考虑水资源条件
(C)地下水应采取可靠的回灌措施,回灌水不得对地下水资源造成污染
(D)采用水分散小型单元式机组,应设板式换热器间接换热

27. 逆卡诺循环是在两个不同的热源之间进行的理想制冷循环,此两个热源为下列哪一项? ( )

(A)温度可任意变化的热源 (B)定温热源
(C)必须有一个是定温热源 (D)温度按一定规律变化的热源

28. 蒸汽压缩式制冷系统的四大部件,不包括下列哪一项? ( )

(A)压缩机 (B)冷凝器
(C)蒸发器 (D)冷却塔

29. 一台采用地下水的水源热泵,冷热水机组额定(名义)制冷、热量为 150kW,根据国家标准,该机组的技术参数,下列哪一项为正确? ( )

(A)制冷时的能效比≥4.3
(B)制冷时的性能系数≥3.5
(C)名义制冷是热源侧的进水/出水温度为30/35℃时测得
(D)该机组在制冷制热正常工作时,地下水的水温不应低于15.5℃

30. 蒸汽溴化锂吸收式制冷系统中,以下哪种说法是正确的? (　　)

(A)蒸汽是制冷剂,水为吸收剂
(B)蒸汽是吸收剂,溴化锂溶液为制冷剂
(C)溴化锂溶液是吸收剂,水为制冷剂
(D)溴化锂溶液是制冷剂,水为吸收剂

31. 制冷装置冷凝器的排热量近似下列哪一项? (　　)

(A)制冷量 (B)制冷量+压缩机轴功率
(C)制冷量+压缩机指示功率 (D)制冷量+压缩机摩擦功率

32. 在冰蓄冷空调系统中,对于同一建筑而言,以下哪一种说法是正确的? (　　)

(A)如果要降低空调冷水的供水温度,应优先采用并联系统
(B)全负荷蓄冷系统的年用电量高于部分负荷蓄冷系统的年用电量
(C)夜间不使用的建筑应设置基载制冷机
(D)60%部分负荷蓄冷的意义是:蓄冷系统的瞬时最大供冷能力能满足空调设计负荷的60%

33. 北京某公共建筑空调冷源方案选定了水蓄冷系统,其设置的主要作用是下列中哪一项? (　　)

(A)节约建筑能耗 (B)节水
(C)节省运行费 (D)环保

34. 采用冷风机冷藏库的融霜,最好是下列哪一项? (　　)

(A)热气融霜 (B)电热融霜
(C)热气融霜+水融霜 (D)水融霜

35. 洁净室事故排风系统的手动开关设置位置最正确的是下列哪一项? (　　)

(A)控制室内 (B)洁净室内任一位置
(C)洁净室外任一位置 (D)洁净室内及室外便于操作处

36. 有关空气洁净室等级的表述,下列哪一项是正确的? (　　)

(A)100级标准是英制单位洁净度等级的表示方式
(B)按照我国现行《洁净规范》,洁净度等级数值越大,技术要求越严

(C)洁净度等级是指单位容积空气中小于某规定粒径的粒子的最大数目

(D)洁净室工程竣工后,在各种室内环境状态下,室内空气洁净度的测试值都应该是相同的

37. 第一个过滤器效率为99%,第二个过滤器效率为98%,问第二个过滤器的穿透率是第一个过滤器的穿透率的多少倍?（　　）

(A)1　　(B)2

(C)5　　(D)10

38. 设计压力为B级的中压燃气管道其压力(MPa)范围是下列中哪一项?（　　）

(A)$0.2 < P \leqslant 0.4$　　(B)$0.1 \leqslant P \leqslant 0.2$

(C)$0.01 \leqslant P \leqslant 0.2$　　(D)$0.1 < P \leqslant 0.4$

39. 建筑内消防水系统设计水泵接合器正确作用是下列哪一项?（　　）

(A)室内消防水泵通过水泵接合器向消防车供水

(B)室内消防水泵通过水泵接合器向室内消火栓供水

(C)消防水车通过水泵接合器向室内消防管网供水

(D)消防水泵通过水泵接合器向室外消火栓供水

40. 多层住宅建筑设计时确定设置室内消防给水的原则是下列哪一项?（　　）

(A)住宅楼密度较大　　(B)住宅装修复杂、标准高

(C)根据住宅楼的层高　　(D)根据住宅楼的层数

二、多项选择题(共30题,每题2分。每题的备选项中有两个或两个以上符合题意。错选、少选、多选均不得分)

41. 民用建筑和工业企业辅助建筑(楼梯间除外)的高度附加率,其附加于下列哪些项上是错误的?（　　）

(A)附加于建筑总耗热量上

(B)附加于冷风渗透耗能热量上

(C)附加于围护结构耗热量上

(D)附加于围护结构的基本耗热量和其他附加耗热量上

42. 设计低温热水地板辐射采暖,下列哪几项是正确的?（　　）

(A)热水供水温度不超过60℃,供、回水温差≤10℃

(B)某房间采用局部辐射采暖,该房间全面辐射采暖负荷为1500kW,采暖区域面积与房间总面积比值为0.4,则该房间热负荷为600W

(C)加热管内水流速不宜小于0.25m/s,每个环路阻力不宜超过30kPa

(D)某房间净深为8m,开间为4.5m,该房间应采用单独一支环路设计

43. 在地面辐射采暖系统中,使用发泡水泥[导热系数为0.09W/(m·K)]代替聚苯乙烯泡沫板[导热系数≤0.041W/(m·K)]作为楼层间楼板的绝热层时,其合理的厚度(mm)约为下列哪几项? ( )

(A)80~90mm (B)66mm
(C)44mm (D)20~30mm

44. 计算设备及管道保温层厚度时,环境温度 T_a 的取值下列哪些为正确选项? ( )

(A)室内经济保温层厚度:T_a 取20℃
(B)地沟内经济保温层厚度:T_a 取20℃(当管内温度为110℃)
(C)防止人身烫伤的厚度:T_a 应取历年最热月平均温度
(D)防止管道内介质冻结:T_a 应取冬季历年极端平均最低温度

45. 在分户计量采暖系统设计中,户间传热负荷的处理,下列哪几项是正确的? ( )

(A)应计入采暖系统的总热负荷,用于室外管网的设计
(B)应计入各房间的总热负荷,用于其采暖设备的计算
(C)应计入户内系统各管段的总热负荷,用于其管径的设计计算
(D)应计入户外系统各管段的总热负荷,用于其管径的设计计算

46. 某小区内现有建筑均为多层,各采暖系统静水压力均大于0.3MPa,现拟建一栋高层建筑,其采暖系统最高点静水压力为0.6MPa,试问该系统与外网连接方式最好采用下列哪几项? ( )

(A)设换热器与外网间接连接
(B)建筑内分高、低区采暖系统,低区与外网连接,高区设换热器与外网连接
(C)建筑内分高、低区采暖系统,低区与外网连接,高区采用双水箱分层式系统与外网连接
(D)设混水泵与外网直接连接

47. 对锅炉房设置备用锅炉,下列哪几项做法是错误的? ( )

(A)住宅小区采暖锅炉房可不设备用锅炉
(B)机械加工车间采暖锅炉房应设备用锅炉
(C)以生产负荷为主的锅炉房,当非采暖期至少停用一台锅炉进行检修时,应设备用锅炉
(D)药厂发酵车间供发酵使用的应设备用锅炉

48. 设计防烟楼梯间及其前室机械加压送风系统时,防烟楼梯间及其前室两者余压值的搭配以下哪几项是合理的? ( )

(A)防烟楼梯间 40Pa,前室 25Pa (B)防烟楼梯间 40Pa,前室 30Pa

(C)防烟楼梯间 50Pa,前室 25Pa (D)防烟楼梯间 50Pa,前室 30Pa

49. 有关除尘器的性能机理,下列哪几项是错误的? ( )

(A)袋式除尘器中清洁的机织滤料除尘效率较低

(B)袋式除尘器提高过滤风速,可以提高除尘效率

(C)粉尘的分割粒径不能衡量不同旋风除尘器除尘效率的优劣

(D)金属钙、锌粉尘,因其粒径较细,可采用湿法除尘

50. 通风机安装应符合有关规定,下列哪几项为正确? ( )

(A)型号规格应符合设计规定,其出口方向应正确

(B)叶轮旋转应平稳,停转后应每次停留在同一位置

(C)固定通风机的地脚螺栓应拧紧,并有防松动措施

(D)通风机传动装置的外露部位以及直通大气的进出口,必须装设防护罩(网)或采取其他安全措施

51. 对自然通风的表述,下列哪几项是正确的? ( )

(A)建筑迎风面为正压区,原因在于滞留区的静压高于大气压

(B)建筑物中和余压为零,中和面以上气流由内向外流动,中和面以下气流由外向内流动

(C)工作区设置机械排风,造成建筑物中和面上移

(D)设置机械送风,造成建筑物中和面下降

52. 在用天然气为燃料的锅炉房事故排风系统设计时,下列哪几项为正确? ( )

(A)排风机应采用防爆风机

(B)排出室外的排风口应低于室外进风口 2m

(C)排出室外的排风口应高于室外进风口 6m

(D)室内排风口应高于房间地面 2m 以上

53. 多层建筑的通风空调风管经过下列哪些房间的隔墙时应设防火阀? ( )

(A)面积为 100m^2 的多功能厅

(B)地下一层面积 <200m^2 的水泵房

(C)人民防空工程中设防火门的房间

(D)地下一层面积为 500m^2 的戊类仓库

54. 某安装柜式空调机组(配带变频调速装置)的空调系统,在供电频率为 50Hz 时,

测得机组出口风量为20000m³/h、余压500Pa，当供电频率调至40Hz时，下列哪几项为正确？（　　）

(A)出口风量约为16000m³/h
(B)出口余压约320Pa
(C)系统的阻力约下降了36%
(D)机组风机的轴功率约下降了48.8%

55. 下列哪几项不宜采用低温送风空气调节系统？（　　）

(A)采用冰蓄冷空调冷源　(B)有低温冷源
(C)需要较大换气量　(D)要求保持较高空气湿度

56. 关于采用天然冷源供冷，以下哪几项为错误？（　　）

(A)风机盘管加定新风量新风空调系统可用冷却塔供冷
(B)风机盘管加定新风量新风空调系统可用焓值控制方式
(C)用于全空气系统时，冷却塔供冷方式比焓值控制方式更为节能
(D)用于全空气系统时，焓值控制方式比冷却塔供冷方式更为节能

57. 关于风机盘管加新风系统的下列表述中，下列哪几项是正确的？（　　）

(A)新风处理到室内等温线时，风机盘管需要承担部分新风的湿负荷
(B)新风处理到室内等湿线时，风机盘管承担全部室内显热冷负荷
(C)新风处理到室内等焓线时，风机盘管承担全部室内冷负荷
(D)新风处理到小于室内等温线时，风机盘管承担部分室内显热冷负荷

58. 直接蒸发冷却空调系统的热点，下列哪几项为正确？（　　）

(A)除湿功能差
(B)送风量较传统空调系统大
(C)在同等舒适时，室内干球温度可比传统空调系统高
(D)具有良好的除湿功能

59. 洁净室送、回风力的确定，下列表述中哪几项是错误的？（　　）

(A)回风量为送风量减去排风量和渗出量之和
(B)送风量为根据热湿负荷确定的送风量
(C)送风量为保证洁净度等级的送风量
(D)送风量取B和C中的大者

60. 大型计算机房使用普通柜式商用空调机可能会有缺陷，下列哪几项为正确？（　　）

(A)风量不足且过滤效果差
(B)机房湿度过低,造成有破坏性的静电
(C)机房湿度过高,造成计算机元器件无法正常
(D)局部环境可能过热,导致电子设备突然关机

61. 某空调变流量水系统的某端采用两通电动阀来自动控制水流量,当各末端盘管的设计水流阻力相差较大时,以下哪几项措施为错误的? ( )

(A)配置两通阀时,在调节要求范围内考虑不同末端的水阻力差的因素
(B)电动阀之前设置自力式定流量平衡阀
(C)电动阀之前设置手动调节式流量平衡阀
(D)将各电动阀的尺寸尽可能加大,减少各末端支路的不平衡率

62. 对于自动控制用的两通电动调节阀,以下哪几项为正确? ( )

(A)控制空气湿度时,表冷器通常应配置理想特性为等百分比的阀门
(B)变流量空调水系统供回水总管之间的压差控制阀应配置理想特性为等百分比的阀门
(C)表冷器所配置的阀门口径与表冷器的设计水阻力及设计水流量有关
(D)理想特性为等百分比特性的阀门的含义是:阀门流量与阀门开度成正比

63. 北京某建筑面积约 15000m^2 的旧有办公楼,拟增设置夏季空调装置,但本建筑自来水供应量较紧张,且难以增容,空调的选择方案中下列哪几项是错误的? ( )

(A)装设分体式空调机
(B)选用直燃式溴化锂吸收制冷机组
(C)装设 VRV 空调机组
(D)选用离心式电制冷机组

64. 关于满液式蒸发器的说法,下列哪几项是正确的? ( )

(A)满液式蒸发器具有较大的传热系数,但制冷剂充注量大
(B)不能用水作为载冷剂
(C)使用润滑油互溶的制冷剂时,回油困难
(D)只能适用于空调工况

65. 风冷热泵组冬季制热时,当室外机发生结霜,导致室外盘管传热系数下降的因素中,下列哪几项为正确? ( )

(A)翅片干表面传热系数下降 (B)霜层的厚度增加
(C)霜层的导热系数增加 (D)管内制冷剂放热系数下降

66. 我国《公共建筑节能设计标准》中给出的部分负荷综合性能系数的计算式:IPLV = $0.023A + 0.415B + 0.461C + 0.101D$,而美国空调制冷协会 ARI550/590—1998 给出的

是 IPLV $=0.01A+0.42B+0.45C+0.12D$，二者不尽相同的原因，下列哪几项为正确？（ ）

（A）气候条件不同

（B）式中 A、B、C、D 所表示的含义不一样

（C）测试条件不同

（D）处于市场保护的需要

67. 防止溴化锂吸收式制冷机内产生不凝性气体，应采取的措施是下列哪几项？（ ）

（A）采用铜镍合金传热管

（B）经常维持机内高度真空

（C）在溶液中加入有效的缓蚀剂

（D）在机组长期不运行时充入氮气

68. 安装制冷系统制冷剂管路时，管路应保持一定坡度，下列哪几项说法是正确的？（ ）

（A）氨压缩机至油分离器的排气管，应坡向油分离器

（B）氟利昂压缩机吸气管应坡向压缩机

（C）液体分配站至蒸发器（排管）的供液管，应坡向蒸发器（排管）

（D）氟利昂蒸发器（排管）至回气管，应坡向蒸发器（排管）

69. 国标 GB 13554 中规定，下列哪几类高效过滤器出厂前应进行检漏试验？（ ）

（A）A 类过滤器

（B）B 类过滤器

（C）C 类过滤器

（D）D 类过滤器

70. 室内自动喷水灭火系统各种类型中，下列哪些系统中是不设空气维护装置的？（ ）

（A）水喷雾系统

（B）预作用系统

（C）干式系统

（D）雨淋灭火系统

2007 年专业知识试题答案(上午卷)

1. **答案**:B

依据:《建筑设计防火规范》(GB 50016—2014)第 9.2.1 条。

2. **答案**:B

依据:《既有采暖居住建筑节能改造设计标准》(JGJ 129—2000)第 2.1.2 条。

注:也可参考新规《既有采暖居住建筑节能改造设计标准》(JGJ 129—2012)第 4.2.4 条。

3. **答案**:C

依据:《民用建筑热工设计规范》(GB 50176—1993)第 5.2.1 条及附录二 第 5.2 条。

密闭空气间层由于其保温效果,无论是冬季还是夏季,间层内温度均高于室外空气温度,当改为通风间层后,间层温度可取进气温度(即室外气温)。因此冬季间层内温度降低,采暖负荷增加;夏季间层温度同样降低,空调负荷减小。

4. **答案**:D

依据:《辐射供暖供冷技术规程》(JGJ 142—2012)第 3.3.2 条。

注:旧规范题目,新规范中已取消 0.9 ~ 0.95 的规定。

5. **答案**:C

依据:无。

选项 A,机械循环动力主要由水泵提供;

选项 B,《注册设备工程师暖通空调考试复习教材》(第三版)P28 机械循环适用范围较大;

选项 D,双管系统在没有良好调节装置时,易产生垂直失调,一般用于 4 层以下。

6. **答案**:B

依据:无。

同程式相比于异程式的主要优势在于各支路的干管的长度相同,因此只有当干管的阻力相比于支管阻力不可忽略时,同程式相比于异程式才更易于平衡,否则同程异程没有区别。选项 B 相比于选项 A 多了"比较"两字,因此作为单选题,选项 B 更合理。

7. **答案**:C

依据:无。

保证工作压力不大于 600kPa,工作压力 = 静压 + 扬程 - 压损,

$600\text{kPa} \geqslant \rho g(60-10) + \rho g \times 28 - (\rho g \times 8 + \Delta P)$,可求得 $\Delta P \geqslant 86\text{kPa}$

注:g 应取 9.8,若取 10,得到结果为 100kPa。

8. **答案**:D

依据:《注册设备工程师暖通空调考试复习教材》(第三版)P136 相关内容。

9. **答案**:B

依据:《锅炉房设计规范》(GB 50041—2008) 第 10.2.1 条、第 10.2.4 条、第 10.2.3-2 条。

10. **答案**:B

依据:《工业建筑采暖通风与空气调节设计规范》(GB 50019—2015) 第 6.9.5 条。

11. **答案**:C

依据:《建筑设计防火规范》(GB 50016—2014) 第 9.3.12 条。

12. **答案**:C

依据:《工业建筑采暖通风与空气调节设计规范》(GB 50019—2015) 第 5.2.1 条。

冬季经常而不稳定的散热量,采用小时平均值。

注:《注册设备工程师暖通空调考试复习教材》(第三版)P170 相关内容。

13. **答案**:B

依据:改成带百叶的吸气罩进一步减小吸气口有效面积,排风效果更差。

14. **答案**:B

依据:《建筑设计防火规范》(GB 50016—2014) 第 9.3.11 条。

15. **答案**:B

依据:《注册设备工程师暖通空调考试复习教材》(第三版)P208 相关内容。

16. **答案**:C

依据:《注册设备工程师暖通空调考试复习教材》(第三版) P231 ~232。

活性炭吸附主要是由于空气中的水蒸气分压力差的作用;吸附过程,空气的理论上等焓升温的过程,由于采用加热脱附,里面蓄存的热量起到了增焓减湿的作用;吸附量随着物质浓度的含量变大而变大,随着温度升高而降低;吸附过程具有选择性。

17. **答案**:B

依据:《注册设备工程师暖通空调考试复习教材》(第三版)相关内容。

选项 A,P205。

选项 B,P209 例如出口管径变小时,除尘效率提高(即分割粒径减小)。

选项 C,P216 压力损失与过滤速度成正比。

选项 D,P222。

注:本题与 2006 年专业知识上午第 16 题一致。

18. **答案**:B

依据:《注册设备工程师暖通空调考试复习教材》(第三版)P265 。

通风机的风压是指全压,它为动压和静压之和,通风机的全压等于出口气流全压和进口气流全压之差。

19. **答案**:D

依据:《地源热泵系统工程技术规范》(GB 50366—2009) 第4.5.2条。

20. **答案**:D

依据:空调系统的新风量是卫生舒适性和经济性的权衡,必须满足规范要求的最低值,也不能任意加大,可参考《公共建筑节能设计标准》(GB 50189—2015) 第4.3.13条、第4.3.14条,表B.0.4-9。

21. **答案**:D

依据:无。

选项A,房间所需冷量减小,并不是只有变风量系统才节约冷源设备能耗,如提高冷水的供水温度,可以相应提高制冷剂的COP(或供回水旁通调节以降低冷水回水温度),冷机在低负荷率下运行,多机头冷机还可以卸载部分机头,以节约能耗。

选项B,变风量系统的主要优势在于节约风系统输送能耗。

选项C,变风量系统中的某个房间负荷变小后,可以降低送风量以匹配房间负荷,但不能提高送风温度,因为影响到系统内其他房间。

选项D,正确。

22. **答案**:D

依据:《注册设备工程师暖通空调考试复习教材》(第三版)P355 相关内容。

23. **答案**:D

依据:《民用建筑采暖通风与空气调节设计规范》(GB 50736—2012) 第7.3.19条。

按人员计算:$30 \times 10 = 300m^3/h$,考虑排风$500m^3/h$,应取$500m^3/h$;

按压差计算:$200 \times 3 \times 1 = 600m^3/h$,考虑排风$500m^3/h$,应取$600 + 500 = 1100m^3/h$;

取两者较大值,为$1100m^3/h$。

24. **答案**:D

依据:《注册设备工程师暖通空调考试复习教材》(第三版)P373 。

等焓加湿包括高压喷雾、超声波、湿膜、循环水等。等湿加湿包括喷蒸汽、电极等。

25. **答案**:A

依据:《注册设备工程师暖通空调考试复习教材》(第三版)P432 表3.5.5中双侧侧面送风,回风应采用下回风方式。

26. **答案**:A

依据:《民用建筑供暖通风与空气调节设计规范》(GB 50736—2012) 第8.3.5条。

27. **答案**:B

依据:《注册设备工程师暖通空调考试复习教材》(第三版)P568 相关内容。

注：逆卡诺循环是制冷系数最大的循环，由两个等温过程和等熵过程组成，可以采用单一制冷剂或共沸制冷剂实现等温过程；洛伦兹循环由两个变温过程和两个等熵过程组成，采用非共沸制冷剂满足其变温过程。

28. **答案**：D

依据：《注册设备工程师暖通空调考试复习教材》（第三版）P567 图 4.1.1。

29. **答案**：B

依据：《注册设备工程师暖通空调考试复习教材》（第三版）P620 相关内容。

30. **答案**：C

依据：《注册设备工程师暖通空调考试复习教材》（第三版）P636 相关内容。

吸收式制冷采用工质对来实现制冷，常用工质对包括氨—水、溴化锂—水两种，其中氨—水工质对，氨为制冷剂，水为吸收剂，溴化锂—水工质对，溴化锂溶液为吸收剂，水为制冷剂。

注：溴化锂—水工质对，只能用于空调工况，而氨—水工质对可以用于低温工况。

31. **答案**：B

依据：《制冷技术》P28。

冷凝器的散热量和压缩机的形式有关，对于开启式压缩机，冷凝器排热量 = 制冷量 + 轴功率，对于封闭式压缩机，冷凝器排热量 = 制冷量 + 电动机输入功率。因此本题不严谨。

32. **答案**：B

依据：无明确出处。

选项 A，应优先采用串联方式，而且制冷机下游，串联系统就是连续接力降温，可以得到更低的供水温度。

选项 B，蓄冷工况机组蒸发温度较低，机组效率较低，再考虑到蓄冷的冷损失，故全负荷蓄冷年耗电量高于部分负荷工况。

选项 C，设置基载制冷机的条件：较大的空调系统制冰的同时，如有一定量的连续空调负荷（超过 350kW 或超过单台制冷主机空调工况制冷量的 20% 时）存在，宜专门设置基载制冷机。

选项 D，部分负荷蓄冷，是占建筑逐时负荷累加值的比例，而不是瞬时最大值。

33. **答案**：C

依据：蓄冷系统一般仅节约运行费用，但并不节能。

34. **答案**：C

依据：《注册设备工程师暖通空调考试复习教材》（第三版）P741 相关内容。

光排管以扫霜为主，结合热氨融霜；空气冷却盘管用热气融霜，再用水冲霜。热气融霜实际上就是冷凝器出口的高温液体直接引入冷风机，利用高温制冷剂融化霜层。

35. **答案**:D

依据:《洁净厂房设计规范》(GB 50073—2013) 第6.5.6条。

36. **答案**:A

依据:《注册设备工程师暖通空调考试复习教材》(第三版)已取消对于英制单位洁净等级的介绍。

注:可参考《注册设备工程师暖通空调考试复习教材》(第三版) P405 表3.6-1。

37. **答案**:B

依据:《注册设备工程师暖通空调考试复习教材》(第三版)P456 穿透率定义。

过滤效率 =100%,故第一个过滤器穿透率为1%,第二个过滤器穿透率为2%,2倍关系。

38. **答案**:C

依据:《注册设备工程师暖通空调考试复习教材》(第三版)P810 相关内容。

中压B:$0.01\text{MPa} \leqslant P \leqslant 0.2\text{MPa}$

注:可参考《城镇燃气设计规范》(GB 50028—2006) 表7.2.1。

39. **答案**:C

依据:《建筑设计防火规范》(GB 50016—2014) 第8.1.3条及条文说明。

当发生火灾时,消防车的水泵可迅速方便地通过该接合器的接口与建筑物内的消防设备相连接,并送水加压,从而使室内的消防设备得到充足的压力水源,以扑灭不同楼层的火灾,有效解决了建筑物发生火灾后,消防车灭火困难或因室内的消防设备得不到充足的压力水源无法灭火的情况。

40. **答案**:D

依据:《建筑设计防火规范》(GB 50016—2014) 第8.2.1条及条文说明。

---

41. **答案**:ABC

依据:《民用建筑供暖通风与空气调节设计规范》(GB 50736—2012) 第8.3.5条。

高度附加率应附加于围护结构的基本耗热量和其他附加耗热量上。围护结构热量计算公式:

$$Q=(1+x_5)(1+x_4)\sum[\alpha kF(t_n-t'_W)(1+x_1+x_2+x_3+x_6+x_7)]$$

式中,x_1 为朝向修正率;x_2 为风力附加率;x_3 为外门附加率;x_4 为高度附加率;x_5 为间歇附加率;x_6 为两面以上外墙附加率;x_7 为窗墙比过大时窗的附加率。

注:仅高度附加和间歇附加是附加于围护结构的基本耗热量和其他附加耗热量上的,其余附加都是附加于相对应的基本耗热量之上,因此,各附加系数为相加关系,而不是相乘。

42. **答案**:AC

依据:《辐射供暖供冷技术规程》(JGJ 142—2012) 第3.1.1条、第3.3.3条、第3.5.6条、第3.7.5条、第3.3.4条。

注:选项A考查旧规程JGJ 142—2004第3.1.1条,新规程已修改。

43. **答案**:BC

依据:《辐射供暖供冷技术规程》(JGJ 142—2012) 第3.2.5条之条文说明表1。

44. **答案**:ACD

依据:《工业设备及管道绝热工程设计规范》(GB 50264—2013) 第5.8.2条。

45. **答案**:BC

依据:《民用建筑供暖通风与空气调节设计规范》(GB 50736—2012) 第5.2.10条。

46. **答案**:BC

依据:无明确出处。管网的设计应充分利用现有管网压力并保证系统不超压,因此分高低区的方法最为合适。

47. **答案**:BC

依据:《锅炉房设计规范》(GB 50041—2008)第3.0.12条及条文说明。

48. **答案**:BC

依据:《高层建筑设计防火规范》(GB 50045—1995) 第8.3.7条及条文说明。

注:按公消[2015]98号文件规定,因《建筑防烟排烟系统技术规范》尚未批准发布,防烟排烟的设计与审核暂按旧规范内容执行。

49. **答案**:BCD

依据:《注册设备工程师暖通空调考试复习教材》(第三版)相关内容。

选项A,P210同滤料相比,多孔的粉尘初层具有更高的除尘效率,因而对尘粒的搜集起着主要作用;

选项B,P215较小的过滤风速有助于建立孔径小而空隙率高的粉尘层,从而提高除尘效率;

选项C,P209出口管径变小时,除尘效率提高(即分割粒径减小);

选项D,《采暖通风与空气调节设计规范》(GB 50019—2003) 第5.6.18条及条文说明。

50. **答案**:ACD

依据:《通风与空调工程施工质量验收规范》(GB 50243—2002) 第7.2.1条、第7.2.2条。

51. **答案**:ABCD

依据:《注册设备工程师暖通空调考试复习教材》(第三版)相关内容。

52. **答案**:AD

依据:《民用建筑供暖通风与空气调节设计规范》(GB 50736—2012)第6.3.9条。

53. **答案**:AC

依据:《建筑设计防火规范》(GB 50016—2014)第9.3.11条及条文说明。

54. **答案**:ABCD

依据:《注册设备工程师暖通空调考试复习教材》(第三版)P266 表2.8-6。

由于风机 Hz = r/s(转/秒),因此变频后转速 $n_2 = 0.8n_1$

$$\frac{L_2}{L_1} = \frac{n_2}{n_1} \Rightarrow L_2 = 0.8L_1;\frac{P_2}{P_1} = \left(\frac{n_2}{n_1}\right)^2 \Rightarrow P_2 = 0.64P_1;\frac{N_2}{N_1} = \left(\frac{n_2}{n_1}\right)^3 \Rightarrow N_2 = 0.512N_1$$

55. **答案**:CD

依据:《民用建筑供暖通风与空气调节设计规范》(GB 50736—2012)第7.3.11条。

56. **答案**:BC

依据:《公共建筑节能设计标准》(GB 50189—2015)第4.3.14条、第4.5.8条,第4.2.20条。

采用定风量全空气调节系统时,宜采用变新风比焓值控制方式。风机盘管系统新风量较小,过渡季节宜采用冷却塔直接供冷。

57. **答案**:ACD

依据:《注册设备工程师暖通空调考试复习教材》(第三版)P289 表3.4-3。

选项A,新风处理到室内等温线,风机盘管要承担全部室内显热冷负荷、全部室内湿负荷、部分新风湿负荷。

选项B,新风处理到室内等湿线,风机盘管承担室内全部湿负荷,只承担部分室内显热冷负荷。

选项C,新风处理到室内等焓线,风机盘管承担全部室内冷负荷。

选项D,新风处理到小于室内等温线,风机盘管承担部分室内显热冷负荷。

58. **答案**:ABC

依据:关于直接及间接蒸发冷却相关内容建议仔细阅读《全国民用建筑工程设计技术措施 暖通空调·动力》(2009年版)或《全国民用建筑工程设计技术措施 节能专篇 暖通空调·动力》(2007年版)相关内容。

注:《注册设备工程师暖通空调考试复习教材》(第三版)P564 受限于室外空气湿球温度,直接蒸发冷却空调的送风焓值较高,与室内空气之间等焓较小,送风量大,除湿能力较差。

59. **答案**:BCD

依据:《洁净厂房设计规范》(GB 50073—2013)第6.3.2条。

60. **答案**:ABD

依据:《注册设备工程师暖通空调考试复习教材》(第三版)相关内容。

选项 AD,P417～420,机房空调要求较高的空气洁净度,标准配置为中效过滤器,气流组织形式多为下送上回,按一定的换气次数要求确保风量,以满足温度波动范围的要求。而普通商用柜机风量较小,滤网过滤效果差,气流形式为上送下回,不能保证温度场均匀,易导致局部空气温度过高。

选项 B,机房设备发热量大,全年供冷,在过渡季节可利用新风降温,但需确保机房的洁净度,同时还需控制其相对湿度。因普通商用柜机不带加湿器,冬季使用时无法维持需要的湿度,造成湿度过低。

选项 C,P415,机房环境最佳湿度范围为 45%～50%,湿度过小会产生静电,干扰设备正常运行和损坏电子元件,湿度过大会导致线路腐蚀,功能失效等,通信机房和数据机房只有检修和维护保养的时候有人员进入,新风需求量小,湿负荷小,不存在夏季湿度过高的问题。

61. **答案**:BD

依据:无。

选项 B 设置定流量平衡阀造成无法调节水量;选项 D 电动阀尺寸应合理选择,不能任意加大。

62. **答案**:AC

依据:《注册设备工程师暖通空调考试复习教材》(第三版)相关内容。

选项 AB,P525,水换热器控制阀(含表冷器控制阀)采用等百分比阀门更合理,而压差旁通阀宜采用直线特性阀门。

选项 C,《民用建筑供暖通风与空气调节设计规范》(GB 50736—2012)第 9.2.5.3 条。

选项 D,P522,等百分比特性定义为阀门相对开度的变化所引起的阀门相对流量的变化,与该开度时的相对流量成正比。

63. **答案**:BD

依据:无。

本题考点是自来水供应紧张,因此不能选择增加建筑用水量的空调系统,使用离心机组一般搭配冷却塔系统,需增加用水量;而直燃式溴化锂机组的冷却塔补水量比常规水系统更大,因此更不合适。

64. **答案**:AC

依据:《注册设备工程师暖通空调考试复习教材》(第三版)P734 。

由于冷冻水管浸泡在制冷剂液面下,因此传热系数高;制冷剂与润滑油互溶,多采用引射回油。也可参考《制冷技术》P102 蒸发器种类和工作原理中对满液式蒸发器特点的描述。

选项 D,蒸发器适用的工况和蒸发温度有关,与蒸发器的形式无关。

65. **答案**:ABD

依据:无。

室外机结霜,会导致室外机风的流道变窄,风量减小,风侧热阻增加,换热量减小,则管内侧制冷剂流量减小,蒸发温度降低,盘管中流速会降低,管内制冷剂放热系数下降。

选项 C,霜层自身的导热系数不会变化,导热系数和霜层厚度无关。

66. **答案:**AC

依据:《公共建筑节能设计标准》(GB 50189—2015) 第 4.2.13 条及条文说明。

蒸汽压缩循环冷水(热泵)机组综合部分负荷性能系数计算的修订:针对我国 5 个气候区 21 个城市 6 类公共建筑进行 126 次计算,对 IPLV 的计算公式进行修订。

67. **答案:**ABCD

依据:《注册设备工程师暖通空调考试复习教材》(第三版) P628 ~ 629。

产生不凝性气体主要有两个原因:少量空气渗入;腐蚀产生不凝性气体。

68. **答案:**ABC

依据:《注册设备工程师暖通空调考试复习教材》(第三版) P628 ~ 629、P652 表 4.8-26、P629 图 4.4-1。

69. **答案:**CD

依据:《高效空气过滤器》(GB/T 13554—2008) 第 6.3 条,CDEF 类以及用于生物工程的 AB 类过滤器应在额定风量下检漏。

注:原题考查旧规范内容,新规范内容已修改。

70. **答案:**AD

依据:《自动喷水灭火系统设计规范》(GB 50084—2005) 第 4.2.1 条 ~ 第 4.2.4 条。

水喷雾系统和雨淋灭火系统与湿式喷洒系统原理相似,系统需充水;而预作用系统和干式系统在喷水之前系统充气,所以需设置空气维护装置。

2007年专业知识试题(下午卷)

一、单项选择题(共40题,每题1分。每题的备选项中只有一个符合题意)

1. 安装在采暖系统主干管的起切断作用的阀门,在安装前应逐个进行强度和严密性试验,试问两者的试验压力 P_1 和 P_2 应为下列哪项数值?　　(　　)

(A) P_1 =1.5倍工作压力, P_2 =1.5倍工作压力
(B) P_1 =1.5倍公称压力, P_2 =1.5倍工作压力
(C) P_1 =1.5倍公称压力, P_2 =1.1倍工作压力
(D) P_1 =1.5倍公称压力, P_2 =1.1倍公称压力

2. 新建居住建筑的集中供暖系统中,目前不必须做的下列哪一项?　　(　　)

(A)建筑物热力入口设热量表和调节装置
(B)每个房间设室温控制装置
(C)每户安装分户热计量表
(D)住宅的公用房间和公用空间应单独设置供暖系统

3. 关于围护结构附加耗热量的各种修正,下列哪一项是错误的?　　(　　)

(A)朝向修正:考虑日射影响,针对垂直外围护结构基本耗热量的修正率
(B)风力附加:考虑风速变化,针对垂直外围护结构基本耗热量的修正率
(C)高度附加:考虑房屋高度影响,针对垂直外围护结构基本耗热量的修正率
(D)冷风渗透:考虑风压、热压作用,外门、外窗渗透风量确定后,根据室内外空气温度差计算的耗热量

4. 采用钢制、铝制散热器时,下列哪一种方法是正确的?　　(　　)

(A)采用钢制散热器,应采用闭式热水采暖系统
(B)采用钢制散热器的热水采暖系统,应采用开式高位膨胀水箱定压方式
(C)钢制和铝制散热器在同一热水采暖系统应用时,铝制散热器与管道应采用等电位连接
(D)加厚型的钢制散热器可在蒸汽采暖系统中应用

5. 室内空气温度梯度的大小与所采用的采暖系统有关,温度梯度由大到小与所采用系统的排列顺序应为下列哪一项?　　(　　)

(A)热风采暖、散热器采暖、顶板辐射、地板辐射
(B)顶板辐射、地板辐射、热风采暖、散热器采暖

(C)散热器采暖、热风采暖、顶板辐射、地板辐射
(D)地板辐射、散热器采暖、顶板辐射、热风采暖

6. 下列哪一项级别的洁净室可以设计散热器采暖系统? ( )

(A)5 级以上 (B)6 ~7 级
(C)8 ~9 级 (D)都不能

7. 热水采暖系统中的重力作用水头与下列哪一项无关? ( )

(A)锅炉的安装高度 (B)散热器的安装高度
(C)膨胀水箱的安装高度 (D)室内干管的安装高度

8. 在建筑物或单元热力入口处安装热量计的合理位置与主要理由是下列哪一项? ( )

(A)安装在供水管路上,避免户内系统中的杂质损坏热量计
(B)安装在供水管路上,可准确测得供水量
(C)安装在回水管路上,水温较低,利于延长仪表寿命
(D)安装在回水管路上,仪表在低压下工作,读数准确

9. 在燃气锅炉房烟气排除系统设计中,以下哪一项为错误? ( )

(A)公共建筑用气设备的水平烟道不宜超过 6m
(B)水平烟道的坡度应有 0.003 坡向用气设备
(C)烟囱出口的排烟温度应高于烟气露点 15℃以上
(D)烟囱出口应设置风帽或其他防倒风装置

10. 关于"大气污染物最高允许排放浓度"的叙述,下列哪一项为错误? ( )

(A)指无处理设施排气筒中污染物任何 1h 浓度平均值不得超过的限值
(B)指无处理设施排气筒中污染物任何 1h 浓度平均值不得超过的最大值
(C)指处理设施后排气筒中污染物任何时刻浓度平均值不得超过的限值
(D)指处理设施后排气筒中污染物任何 1h 浓度平均值不得超过的限值

11. 低压(450Pa)系统矩形金属风道的最大允许漏风量为 $5.6m^3/(m^2 \cdot h)$,下列哪一种风道在 450Pa 时的允许漏风量是错误的? ( )

(A)圆形金属风道:$2.8m^3/(m^2 \cdot h)$
(B)砖、混凝土风道:$10.2m^3/(m^2 \cdot h)$
(C)复合材料风道:$2.8m^3/(m^2 \cdot h)$
(D)非法兰形式的非金属风道:$2.8m^3/(m^2 \cdot h)$

12. 对每一种有害设计排风量为:尘,$5m^3/s$;SO_2,$3m^3/s$;HCl,$3m^3/s$;CO,$4m^3/s$。选

择最少全面排风量应为下列哪一项？ (　　)

(A)15m³/s　　(B)9m³/s

(C)6m³/s　　(D)5m³/s

13. 当有数种溶剂的蒸汽，或数种刺激性气体同时在室内放散时，计算全面通风量，下列哪一项方法为正确？ (　　)

(A)规定的房间换气次数

(B)将毒性最大的有害物稀释到允许浓度所需要的空气量

(C)将各种气体分别稀释到允许浓度所需要空气量的总和

(D)将各种气体分别稀释到允许浓度，按其中所需最大的通风量

14. 某排烟系统共负担 A、B、C 三个房间的机械排烟，房间面积分别为 500m²、200m²、100m²，排风风机的排烟量(L_f)和各房间的排烟量(L_a、L_b、L_c)应为下列哪一项(单位 m³/h)？ (　　)

(A)$L_f=30000$，$L_a=30000$，$L_b=12000$，$L_c=6000$

(B)$L_f=48000$，$L_a=30000$，$L_b=12000$，$L_c=6000$

(C)$L_f=60000$，$L_a=30000$，$L_b=12000$，$L_c=6000$

(D)$L_f=60000$，$L_a=30000$，$L_b=12000$，$L_c=7200$

15. 袋式除尘器从开始投入运行便连续记录得到的阻力随时间变化曲线，如下图所示，由此可以判断出滤袋上粉尘层的初阻力，下列哪一项是正确的？ (　　)

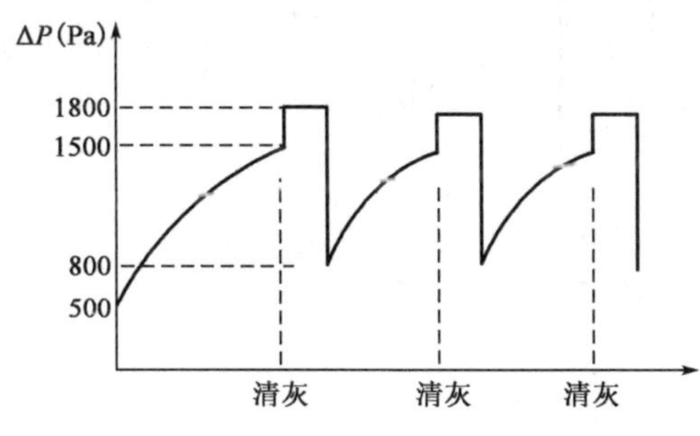

(A)500Pa　　(B)700Pa

(C)300Pa　　(D)800Pa

16. 当静电除尘器进口含尘浓度高时，会产生下列哪一种现象？ (　　)

(A)反电晕放电

(B)电晕闭塞

(C)扩散荷电速度大于碰撞荷电速度

(D)二次飞扬现场加剧，使除尘效率下降

17. 为使吸收塔中的吸收液有效地净化有害气体，需要确定合适的液气比，影响液

气比大小的主要因素中下列哪一项是错误的？（ ）

(A)气相进口浓度 (B)相平衡常数
(C)吸附剂动活性 (D)液相进口浓度

18. 选择通风机时，下列哪一项是错误的？（ ）

(A)定转速通风机的压力应在系统计算压力损失上附加10%～15%
(B)通风机的工况效率不应低于通风机最高效率的90%
(C)变频通风机的压力应以系统计算的总压力损失作为额定风压
(D)通风机的风量应附加风管和设备的漏风量，但正压除尘系统计入除尘器的漏风量

19. 某空调水系统为两管制系统，夏季空调冷水供回水温度为7/12℃，冬季空调热水供回水温度为60/50℃，供、回水主管的直径均为DN100，采用离心玻璃棉保温，问：该管道要求的经济绝热厚度为下列哪一项？（ ）

(A)30mm (B)35mm
(C)40mm (D)45mm

20. 内区的全年空调房间安装了对排风进行能量回收的空气换热器，如图所示，以下哪一项说法是错误的？（ ）

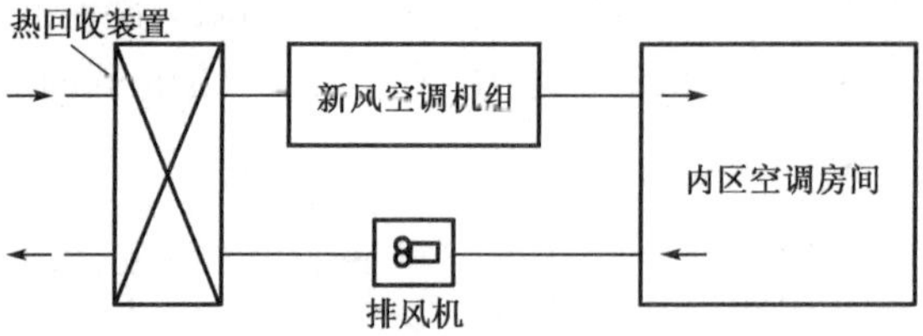

(A)全年任何时候都可以使用热回收装置
(B)过渡季节可以有条件地使用热回收装置
(C)夏季可以使用热回收装置
(D)冬季可以使用热回收装置

21. 关于玻璃的热工性能，下列哪一项为错误？（ ）

(A)普通玻璃对长辐射的吸收率高于对短波辐射的吸收率
(B)当玻璃面积和反射率一定时，如果吸收率越大，则房间的计算得热量越大
(C)当玻璃面积和透射率一定时，如果反射率越大，则房间的计算得热量越小
(D)当玻璃面积和吸收率一定时，如果透射率越大，则房间的计算得热量越小

22. 一次回风集中式空调系统，在夏季由于新风的进入所引起的新风冷负荷应在新风质量流量与下列哪项的乘积？（ ）

(A)室内状态点与送风状态点的焓差
(B)室内状态点与混合状态点的焓差
(C)新风状态点与送风状态点的焓差
(D)室外状态点与室内状态点的焓差

23. 某高大车间，采用分层空调，工作区域高度是4m，已计算出空调冷负荷如下：围护结构300kW(其中工作区域150kW)，内部设备30kW，非空调区向空调区转移40kW。试问该车间空调区的空调冷负荷应为下列哪一项数值？　　(　　)

(A)40kW　　(B)220kW
(C)370kW　　(D)520kW

24. 某新风空调机组的功能段及组合流程如图所示，以下哪一焓湿图定性表示了该机组在冬季的空气处理过程？（O点：送风点，N点：室内点，W点：室外点）

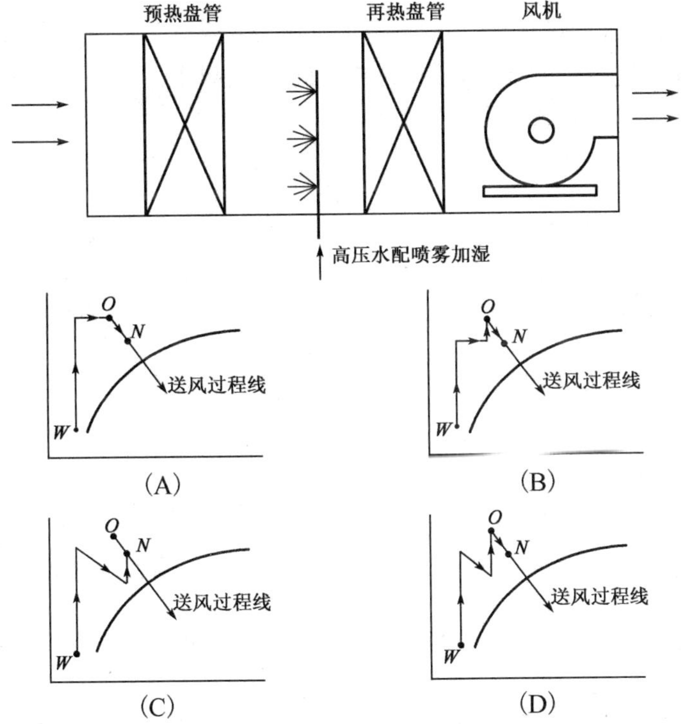

25. 空调设备的保冷做法，隔汽层的位置下列哪一项为正确？　　(　　)

(A)内侧　　(B)外侧
(C)中间层　　(D)内侧、外侧均可

26. 某风机盘管在水系统中承受的实际工作压力为1.0MPa，在对其配置电动二通调节阀时，以下哪一项是电动二通阀关阀压差ΔP的选择依据之一？　　(　　)

(A)$\Delta P \geq 1.5 \times 1.0$MPa　　(B)$\Delta P \geq 1.0$MPa

(C)二通阀两侧的压差　　(D)二通阀阀体的承压值

27. 二台风冷热泵型冷水机组的水系统如图所示，两台机组前点 1 处的压力表的读数均为 0.3MPa，如果 B 机组的水侧换热器完全被堵塞，流量为零，但前后管路未被堵，正常运行 A 机组的出水口 2 处的压力为 0.24MPa，试问：B 机组出水点 3 处压力值为下列哪一项？（注：两台机组所连接的支管阻力以及供、回水干管阻力均忽略不计）（　　）

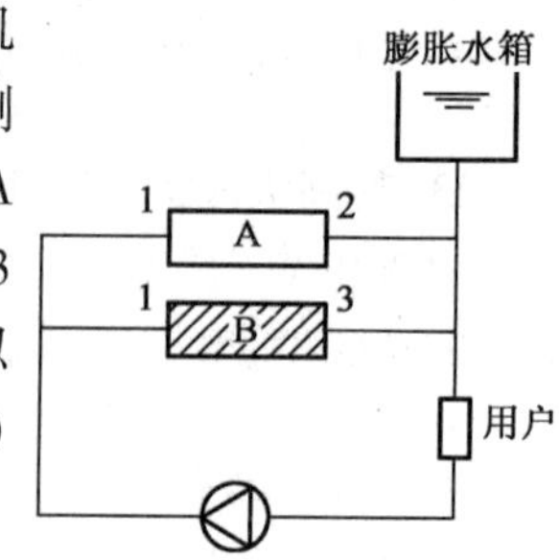

(A)0MPa　　(B)0.24MPa

(C)0.3MPa　　(D)0.06MPa

28. 某工程制冷系统的冷却塔安装在约 30m 高的屋顶上，地下室中设有一水池，制冷机、冷却水泵均在地下室中。如下图所示，冷却水泵的扬程为 60m，水量为 300m^3/h 水泵的电机容量为 75kW，共三台，运行后觉得耗电量太大，要求改造。以下哪一种改造方案最有利节能？（　　）

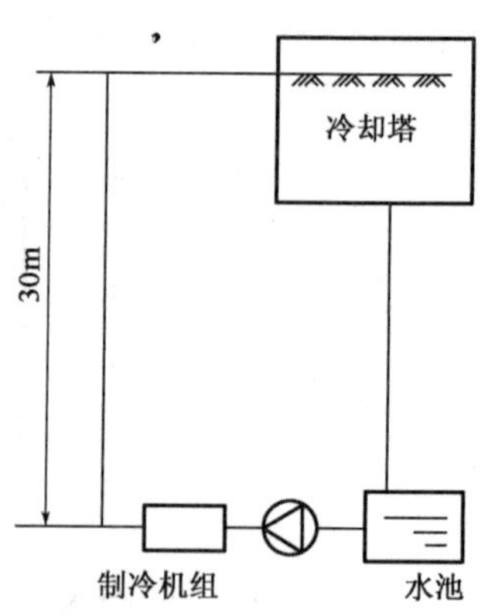

(A)取消水池

(B)改造水管

(C)将冷却水泵改在屋顶

(D)换冷却塔

29. R134a 不破坏臭氧层的原因是下列哪一项？（　　）

(A)不含氢　　(B)不含氟

(C)不含氯　　(D)在大气中可分解

30. 水源热泵机组的性能参数(COP)的定义，下列哪一项是正确的？（　　）

(A)根据国家标准 GB/T 19409—2003 的方法实测制热量和实测制热消耗功率之比

(B)根据国家标准 GB/T 19409—2003 的方法实测制热量和实测制冷消耗功率之比

(C)产品铭牌的制热量与额定制热输入功率之比

(D)产品铭牌的制冷量与额定制冷输入功率之比

31. 地源热泵系统存在的下列主要问题和特点中哪一项是错误的？（　　）

(A)运行费用高

(B)土壤温度场恢复问题

(C)一旦泄露，维修不便

(D)当土壤 λ 值小时,埋地换热器面积大

32. 为了防止制冷系统产生冰塞,在以下哪一个位置设置干燥的说法正确? ( )

(A)压缩机的排出端　　(B)冷凝器进口管上
(C)压缩机吸气端　　(D)供液管中

33. 因制冷剂 R22 与润滑油有一定相溶性,在设计制冷管路系统时应注意下列哪一项问题? ( )

(A)不必考虑润滑油问题
(B)应考虑满液式蒸发器回油和压缩机出口润滑油分离问题
(C)应考虑压缩机吸气管回油问题
(D)应考虑蒸发器、压缩机吸气管回油和压缩机出口润滑油分离问题

34. 对同一建筑而言,在水蓄冷和冰蓄冷空调系统中,以下哪一种说法是不正确的? ( )

(A)水蓄冷系统的年制冷用电量高于冰蓄冷系统
(B)水蓄冷系统需要的蓄冷装置体积大于冰蓄冷系统
(C)水蓄冷系统的供水温度高于冰蓄冷系统
(D)水蓄冷系统比冰蓄冷系统适合于利用已有消防水池的已有建筑

35. 确定冷库冷负荷的计算内容时,下列哪一项是正确合理的? ( )

(A)围护结构、食品及其包装和运输工具、通风换气、照明灯形成的热流量
(B)围护结构、食品、通风换气、照明以及人员形成的操作等热流量
(C)围护结构、食品及其包装和运输工具、通风换气、人员形成的热流量
(D)围护结构、照明以及操作人员工作、通风换气、食品及其包装和运输工具等形成的热流量

36. 装配式冷库实际采用隔热层材料的导热系数数值应为以下哪一项数值? ( )

(A)≤0.018W/(m·K)　　(B)≤0.023W/(m·K)
(C)≤0.040W/(m·K)　　(D)≤0.045W/(m·K)

37. 10000m^2 洁净室测试洁净度等级时,采样点最少应选择下列哪一项? ( )

(A)1000 个　　(B)500 个
(C)400 个　　(D)100 个

38. 洁净室空调系统设计中,对于过滤器的安装位置,下列哪一项做法是错误的? ( )

(A)超高效过滤器必须设置在净化空调系统的末端
(B)高效过滤器作为末端过滤器时,宜设置在净化空调系统的末端
(C)中效过滤器宜集中设置在净化空调系统的负压端
(D)粗效过滤器可设置在净化空调系统的负压端

39. 为了节水设中水系统,中水处理的水源从下列几项中应优先选用哪一项? ( )

(A)生活污水 (B)饮食业厨房排水
(C)生活洗涤排水 (D)空调冷凝水

40. 住宅建筑中竖井的设置应符合规定要求,下列哪一项错误? ( )

(A)电梯井应独立设置 (B)电梯井内严禁敷设燃气管道
(C)电缆井、管道井宜分别设置 (D)电缆井、排烟井应分别设置

二、多项选择题(共30题,每题2分。每题的备选项中有两个或两个以上符合题意。错选、少选、多选均不得分)

41. 居住建筑采暖设计计算建筑物内部得热时,下列哪几项是正确的? ( )

(A)从建筑热负荷中扣除
(B)不从建筑热负荷中扣除
(C)对严寒、寒冷地区的住宅,应从建筑耗热量中扣除
(D)均不从建筑耗热量中扣除

42. 热水采暖系统膨胀水箱的有效容积与热媒的供回水温差有关,以下哪几项叙述是错误的? ( )

(A)供回水温差越大,膨胀水箱的有效容积越大
(B)供回水温差越小,膨胀水箱的有效容积越大
(C)回水温度一定时,供水温度越高,膨胀水箱的有效容积越大
(D)回水温度一定时,供水温度越低,膨胀水箱的有效容积越大

43. 在上分式热水采暖系统中,下列的系统排气措施中哪几项是正确的? ( )

(A)当膨胀水箱连在供水干管上时,可不单独设排气装置
(B)水平供水干管宜顺水流方向上坡敷设,且坡度≥0.003
(C)当水平供水干管无坡敷设时,管中水流速不得小于0.25m/s
(D)集气罐安装高度应高于膨胀水箱

44. 某热水采暖系统的一并联环路,由A环和B环组成,其设计计算参数为:A环,流量$G_A = 250$kg/h,阻力损失$\Delta P_A = 625$Pa;B环,流量$G_B = 220$kg/h,阻力损失$\Delta P_B = 484$Pa,当实际运行时,下列哪几项是正确的? ( )

(A) $\Delta P_A > \Delta P_B$　　(B) $\Delta P_A = \Delta P_B$

(C) $G_A > G_B$　　(D) $G_A = G_B$

45. 在小区锅炉房的设计原则中，下列哪些说法是正确的？（　　）

(A)锅炉房设计总容量应考虑室外管网的热损失

(B)锅炉房进行改扩建时，其总台数不宜超过5台

(C)每个新建锅炉房（燃煤、燃气、燃油）只能设一个烟囱，其高度应符合烟尘排放浓度要求

(D)燃煤锅炉房总容量为2.8~7MW（不含7MW）时，其烟囱的最低高度>35m

46. 采用加压系统回收凝结水时要符合一定条件，下列哪几项要求是正确的？（　　）

(A)凝结水泵应设置自动启停装置

(B)水泵宜设置2台，其中一台备用

(C)泵的扬程应能克服凝结水系统的压力损失，泵站至凝结水箱的提升高度和凝结水箱压力

(D)用疏水加压器代替凝结水泵，可直接连接到各用汽设备的凝结水管道上

47. 下述对大气污染物"最高允许排放浓度"的说明哪几项是错误的？（　　）

(A)是指在温度293K，大气压力101325Pa状态下干空气的浓度值

(B)是指任何时间都不允许超过的限值

(C)是指较低的排气口（如15m高）和较高的排气口（如60m高）都必须遵守的限值

(D)是指城市居民区、农村地区和工矿地区都不允许超过的限值

48. 某排烟系统工作压力为450Pa，采用矩形排风管，下列哪几项风管漏风量[$m^3/(m^2 \cdot h)$]值是错误的？（　　）

(A)5.50~5.70　　(B)1.86~1.88

(C)0.61~0.63　　(D)0.52~0.54

49. 冬季建筑室内温度20℃，室外温度-10℃，室内排风量$10m^3/s$，其中机械送风量占80%，送风温度40℃，其他为室外自然风，要保证排风效果下列哪几项是正确的？（　　）

(A)机械送风量约为$8.0m^3/s$，室外自然补风量$2.0m^3/s$

(B)机械送风量约为$8.5m^3/s$，室外自然补风量$1.8m^3/s$

(C)机械送风量约为$9.1m^3/s$，室外自然补风量$1.9m^3/s$

(D)机械送风量约为$9.6m^3/s$，室外自然补风量$2.4m^3/s$

50. 在有强热源的车间内，有效热量系数m值的表述中下列哪些项是正确的？（　　）

(A)随着热源的辐射散热量和总热量比值变大,m 值变小
(B)随着热源高度变大,m 值变小
(C)随着热源占地面积和地板面积比值变小,m 值变大
(D)在其他条件相同时,随着热源布置的分散,m 值变大

51. 在防火阀和排烟阀(口)选择应用中,下列哪几项为正确? ( )

(A)防烟防火阀 70℃常开 (B)排烟防火阀为 280℃常闭
(C)防火风口为 70℃常开 (D)排烟阀(口)为 280℃常闭

52. 在处理有爆炸危险粉尘的排风系统中,下列哪几项是正确的? ( )

(A)干式除尘器布置在系统负压段上
(B)除尘器设置泄爆装置
(C)采用防爆风机
(D)当采用纤维织物作滤料时应有导除静电措施

53. 北京某办公楼的集中空调设计,下列哪些措施方案有利于夏季空调系统节能? ( )

(A)装设排风全热回收装置 (B)设置空调自动控制系统
(C)采用溶液除湿空调方案 (D)西、南向窗外装遮阳窗

54. 已知:管路 A—B 的阻力为 150kPa;管路 B—C 的阻力为 250kPa;管路 B—D 的阻力为 100kPa;管路 E—F 的阻力为 130kPa;在不考虑房间相对于室外的正压值的情况下,选择排风机所需要静压值时,下列哪几项是错误的? ( )

(A)400Pa (B)380Pa
(C)230Pa (D)700Pa

55. 某办公建筑内的某层有数个室内使用温度需求不一致的办公室,确定空调系统时,以下哪几项是正确的? ( )

(A)可采用风机盘管加新风系统
(B)可采用全空气定风量系统
(C)可采用全空气变风量系统
(D)可采用可变制冷剂流量多联分体式系统

56. 在公共建筑中,对于人员密度相对较大且变化较大的房间,空调系统宜采用新风需求控制实现节能,下列哪些做法是正确的? ( )

(A)根据人员同时在室系数减少总新风量
(B)在室内布置 CO_2 传感器,根据 CO_2 浓度检测值增加或减少新风量
(C)在室内布置人体传感器,根据室内人员密度的变化增加或减少新风量

(D)在中午等在室人数较少的时段,短时间关闭新风系统

57. 当风量、进风参数及冷冻水供回水温度不变时,以下哪些说法是正确的? (　　)

(A)表冷器的析湿系数越大,表明表冷器的机器露点温度越低
(B)表冷器的析湿系数越大,表明表冷器的机器露点温度越高
(C)表冷器的析湿系数越大,表明表冷器的除湿能力越小
(D)表冷器的析湿系数越大,表明表冷器的除湿能力越大

58. 空气加湿设备中,属于等焓加湿原理的加湿设备有下列哪几项? (　　)

(A)喷循环水的喷淋室　　(B)高压喷雾加湿器
(C)湿膜加湿器　　(D)超声波加湿器

59. 某高层建筑的空调冷却水系统如图所示,其冷却塔设于屋顶,单台水泵在设计点的参数是:流量 G,扬程 H。单台水泵运行时,选配每台冷却水塔的电机时,以下哪几项是正确的? (　　)

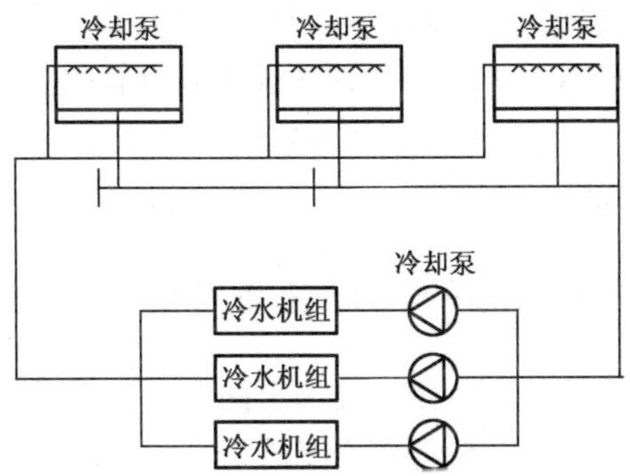

(A)电机功率等于水泵设计参数时所对应的配电机功率
(B)电机功率小于水泵设计参数时所对应的配电机功率
(C)电机功率大于水泵设计参数时所对应的配电机功率
(D)电机功率的配置与水泵的性能曲线有关

60. 下述有关消声器性能与分类的叙述,哪几项是正确的? (　　)

(A)阻性消声器对中、高频噪声有较好的消声性能
(B)抗性消声器对低频和低中频噪声有较好的消声性能
(C)管式消声器属于阻性消声器
(D)片式消声器属于抗性消声器

61. 对制冷剂的主要热力学性能的要求有下列哪几项? (　　)

(A)标准大气压沸点要低于所要求达到的制冷温度
(B)冷凝压力越低越好

(C)单位容积的气化潜热要大
(D)临界点要高

62. 热泵机组制冷循环系统低压报警，经分析出下列的几种可能性，请问其中哪几项是对的？ (　　)

(A)膨胀阀故障　　(B)系统制冷剂充灌不足
(C)蒸发器结冰　　(D)低压开关故障

63. 离心式压缩机运行过程发生"喘振"现象的原因，可能是下列哪几项？ (　　)

(A)气体流量过大　　(B)气体流量过小
(C)冷却水温过高　　(D)冷却水温过低

64. 变制冷剂流量多联式空调(热泵)机组在大型建筑中应用，选用时其配管长度的限制下列哪几项是错误的？ (　　)

(A)只要根据厂家样本，一般在150m以下就可以
(B)变制冷剂流量多联式空调(热泵)机组可以超频运行，完全适合长距离输送
(C)最好在100m以下，配管加长使压缩机吸气管阻力增加，系统能耗增加
(D)应在30m以下，配管加长使压缩机吸气管阻力增加，过热增加，系统远端机组除湿能力降低

65. 关于双效溴化锂吸收式制冷机的原理，下列哪些说法是正确的？ (　　)

(A)溶液在高压和低压发生器中经历了两次发生过程
(B)高压发生器产生的冷剂蒸汽不能成为冷剂水进入蒸发器制冷
(C)在双效溴化锂吸收式制冷循环中，高压和低压发生器热源温度不相同
(D)双效溴化锂吸收式制冷机与双级溴化锂吸收式制冷机在原理上是不相同的

66. 制冷装置冷凝器工作时进出水温差偏低，而冷凝温度与水的温差大，其原因是下列哪几项？ (　　)

(A)冷却水流量太大　　(B)冷却水流量太小
(C)传热效果差　　(D)传热效果好

67. 对洁净室或洁净区进行测试时，以下哪些项是正确的？ (　　)

(A)洁净室静压差的测定应在所有的门关闭时进行
(B)洁净区静压差测定的最长时间间隔为12个月
(C)测试洁净度时，如洁净室后洁净区仅有一个采样点，则读点应至少采样3次
(D)生物洁净室应进行浮游菌、沉降菌的测试

68. 亲水性过滤器不宜设在下列哪些组件后面？（　　）

(A)淋水室　　(B)加湿室

(C)加热室　　(D)中间室

69. 高层建筑给水系统在使用中，下列哪些情况不会发生水锤现象？（　　）

(A)水泵启动瞬间　　(B)阀门突然打开

(C)水泵供电突然中断　　(D)存水池被水泵抽空

70. 为了节约用水，建筑给水系统采用一些节水措施，下列哪几项措施是正确的？（　　）

(A)选用每次用水量少的卫生洁具

(B)分户设置水表

(C)选用具有“无效时自动停水”功能沐浴器

(D)选用手控冲洗流量的大便器

2007 年专业知识试题答案(下午卷)

1. **答案:**D

依据:《建筑给水排水及采暖工程施工质量验收规范》(GB 50242—2002)第 3.2.5 条。

2. **答案:**C

依据:《民用建筑供暖通风与空气调节设计规范》(GB 50736—2012)第 5.10.2 条。

注意分户热计量装置与热计量表的区别,热计量表只是热计量装置的一种。热计量方法主要包括散热器热分配计法、户用热量表法、流量温度法和通断时间面积法。

3. **答案:**C

依据:《注册设备工程师暖通空调考试复习教材》(第三版)P17 相关内容及《民用建筑供暖通风与空气调节设计规范》(GB 50736—2012)第 5.2.7 条。

高度附加率应附加于围护结构的基本耗热量和其他附加耗热量上,围护结构耗热量计算公式:

$$Q = (1 + x_5)(1 + x_4)\sum[\alpha kF(t_n - t'_w)(1 + x_1 + x_2 + x_3 + x_6 + x_7)]$$

式中:x_1 为朝向修正率;x_2 为风力附加率;x_3 为外门附加率;x_4 为高度附加率;x_5 为间歇附加率;x_6 为两面以上外墙附加率;x_7 为窗墙比过大时窗的附加率。

注:仅高度附加和间歇附加是附加于围护结构的基本耗热量和其他附加耗热量上的,其余附加都是附加于相对应的基本耗热量之上,因此,各附加系数为相加关系,而不是相乘。

4. **答案:**A

依据:《注册设备工程师暖通空调考试复习教材》(第三版)P84 相关内容。

5. **答案:**A

依据:《暖通空调》P96 图 5-8 及相关描述。

热风采暖温度梯度最大,而地板辐射采暖系统房间上方温度低于工作区,因此其温度梯度为负值。

6. **答案:**C

依据:《洁净厂房设计规范》(GB 50073—2013)第 6.5.1 条。

注:8 级以上应包括 8 级。

7. **答案:**C

依据:《供热工程》P67 ~ 71 相关内容。

注:热水采暖系统中的重力作用包括热水在散热器中冷却的重力作用和沿管道冷却的重力作用两部分。从公式(3.1)和公式(3.5)可以看出,在散热器中冷却的重力作用与锅炉及散热器的高差有关,所以选项A、B正确;沿管道冷却的作用力又称为附加作用力,与管道长度有关,而干管的安装高度决定了管道的长度,所以选项C也正确。两部分重力作用都与膨胀水箱的高度无关。

8. **答案:**C

依据:《供热计量技术规程》(JGJ 173—2009)第3.0.6.2条及条文说明,认为防止偷水的观念是错误的,热量表应装在回水管上,有利于降低仪表所处环境温度,延长电池寿命和改善仪表使用工况。

9. **答案:**B

依据:《锅炉房设计规范》(GB 50041—2008)第8.0.5条。

水平烟道宜有0.01坡向锅炉或排水点的坡度。

10. **答案:**C

依据:《大气污染物综合排放标准》(GB 16297—1996)第3.2条。

11. **答案:**B

依据:《通风与空调工程施工质量验收规范》(GB 50243—2002)第4.2.5.4条。

12. **答案:**C

依据:《民用建筑供暖通风与空气调节设计规范》(GB 50736—2012)第6.1.10条。

当数种溶剂(苯及其同系物、醇类或醋酸酯类)蒸汽或数种刺激性气体同时放散于空气中时,应按各种气体分别稀释至规定的接触限制所需要的空气量的总和计算全面通风换气量。除上述有害气体及蒸汽外,其他有害物质同时放散于空气中时,通风量仅按需要空气量最大的有害物质计算。题中仅SO_2和HCl是刺激性气体。

13. **答案:**C

依据:《民用建筑供暖通风与空气调节设计规范》(GB 50736—2012)第6.1.1条。

14. **答案:**C

依据:《高层建筑设计防火规范》(GB 50045—1995)第8.4.2条及条文说明。

注1:若要求计算排烟风机的设计排风量时需乘以1.1的附加系数。

注2:按公消〔2015〕98号文件规定,因《建筑防烟排烟系统技术规范》尚未批准发布,防烟排烟的设计与审核暂按旧规范内容执行。

15. **答案:**C

依据:《注册设备工程师暖通空调考试复习教材》(第三版)P216相关内容。

500Pa为除尘器未使用时的阻力,800Pa为包括初层在内的除尘器的阻力,两者之差即为初层阻力。

16. **答案**:B

依据:《注册设备工程师暖通空调考试复习教材》(第三版)P222 相关内容。

17. **答案**:C

依据:《注册设备工程师暖通空调考试复习教材》(第三版)P224 公式(2.6-8)。

18. **答案**:D

依据:《注册设备工程师暖通空调考试复习教材》(第三版)P269 相关内容、《民用建筑采暖通风与空气调节设计规范》(GB 50736—2012) 第 6.5.1 条及条文说明。

19. **答案**:C

依据:《公共建筑节能设计标准》(GB 50189—2015) 附录 D 表 D.0.1 及表 D.0.1。

20. **答案**:A

依据:《民用建筑供暖通风与空气调节设计规范》(GB 50736—2012) 第 7.3.23 条、第 7.3.24 条及条文说明。

21. **答案**:BD

依据:《注册设备工程师暖通空调考试复习教材》(第三版)P350 ~351 相关内容。

吸收率 + 透射率 + 反射率 = 1,选项 AC 正确;选项 B,反射率一定,吸收率越大,则玻璃吸收后传给室外的热量就越大,室内的热量越小;选项 D,吸收率一定时,透射率越大,房间的计算得热量越大。

注:本题不严谨,单选题出现两个答案。

22. **答案**:D

依据:《注册设备工程师暖通空调考试复习教材》(第三版)P377 。

新风负荷一般是指将新风由室外状态点处理到室内状态点等焓线所需要的冷量。

23. **答案**:B

依据:无。

工作区域负荷 + 设备负荷 + 转移负荷 = 150 + 30 + 40 = 220kW。对于围护结构只考虑其工作区域部分的冷负荷,非空调区向空调区转移的 40kW 冷负荷中其实也包含有部分围护结构的冷负荷。

24. **答案**:D

依据:无。

根据图示空调机组的部件组成,可知空气经过该空调机组的处理过程为:等湿加热过程 + 等焓等湿过程 + 等湿加热过程 + 送风过程。可参考《空气调节》P15。

25. **答案**:B

依据:《民用建筑供暖通风与空气调节设计规范》(GB 50736—2012) 第 11.1.7.3 条,空气条件保冷管道的绝热层外,应设置隔汽层和保护层。

26. **答案**:C

依据:《全国民用建筑工程设计技术措施》(2009 年版) 第 11.3.2.3 条。

关阀压差 ΔP 的选择依据应按阀门两端的计算压差值确定,与风盘实际承压无关。

27. **答案**:B

依据:无。

支管以及供、回水干管阻力均忽略不计的情况下,3 点与 2 点压强相等。

28. **答案**:A

依据:《注册设备工程师暖通空调考试复习教材》(第二版) P377。

开式系统与闭式系统中扬程的不同计算方法:

开式系统扬程 = 制冷机阻力 + 末端阻力(风机盘管、空调箱、换热器、冷却塔等) + 自控阀门 + 管道阻力(沿程 + 局部) + 系统水位差(如图所示即水池表面到冷却塔布水电的高差)

闭式系统扬程 = 上述开式系统扬程 - 系统水位差

因此,当采用闭式系统时,可以减小的扬程相当于水池表面到冷却塔布水点的高差(如图所示约 30m),原水泵扬程由 60m 降为 30m,水泵功耗可大幅下降。

29. **答案**:C

依据:《注册设备工程师暖通空调考试复习教材》(第三版) P583 。

R134a($C_2H_2F_4$) 不含氯,氯和溴原子才会和臭氧结合发生化学反应,而不是氟。

30. **答案**:A

依据:《水(地)源热泵机组》(GB/T 19409—2013) 第 5.3.17 条。

COP 标准定义:根据国家标准 GB/T 19409 - 2013 的方法实测制热量和实测制热消耗功率之比。选项 C 也无错误,但不是标准定义。

注:也可参考《注册设备工程师暖通空调考试复习教材》(第三版) P620 表 4.3-15 之注解。

31. **答案**:A

依据:无 。

地源热泵在一般情况下,制冷机组性能系数较高,运行费用较低。

32. **答案**:D

依据:无 。

在蒸发温度低于 0℃ 的情况下,膨胀阀的节流孔口处可能出现"冰塞"的现象,同时,水与氟利昂会发生化学反应,分解出 HCl,腐蚀金属,还会使润滑油乳化,因此氟利昂制冷系统的供液管装设干燥器吸附氟利昂中的水分,供液管介于冷凝器和节流阀之间,因此干燥过滤器应该设置在节流阀前,以保证干燥和过滤的作用。

注:干燥剂常采用硅胶和分子筛,以保证吸附效果,经过一段时间运行以后要定期更换干燥剂以保证持续的干燥能力;一旦制冷系统有"冰塞"现象,冷凝压力升高,蒸发压力会降低;制冷系统中水分的来源为制冷剂中含有的水分和润滑油含有的水分。

33. **答案**:D

依据:《注册设备工程师暖通空调考试复习教材》(第三版)P628 。

题目给出有一定的相溶性,制冷剂是有限溶油,满液式蒸发器制冷剂的液面会形成贫油层和富油层,润滑油密度比制冷剂密度大,因此会漂浮在液面,可以采用引射或其他方式回油,因此满液式蒸发器回油不是问题;如果是制冷剂和润滑油完全互溶,那么满液式蒸发器,制冷剂和润滑油很难分离。针对干式蒸发器而言,只要保证压缩机吸气口的流速就可以解决回油的问题。

注:容积式压缩机制冷剂和润滑油混合,而离心压缩机的分开;尽量避免润滑油进入换热器形成热阻,加油分离器;干式蒸发器通过压缩机吸气速度保证回油;满液式多采用引射回油的方式;无限溶油制冷剂,难分离,不会形成油膜;有限溶油容易分层易于分离,易于形成油膜,阻碍传热;制冷剂中含油多,会造成蒸发温度升高,制冷量减小。

34. **答案**:A

依据:《注册设备工程师暖通空调考试复习教材》(第三版)P678 ~679。

选项 BCD,蓄冷的相关描述都正确;选项 A:水蓄冷系统的年制冷用电量低于冰蓄冷系统,可参考《实用供热空调设计手册》P2120,冰蓄冷耗能 0.479,水蓄冷 0.34。

35. **答案**:D

依据:《注册设备工程师暖通空调考试复习教材》(第三版)P721 相关内容。

36. **答案**:B

依据:《注册设备工程师暖通空调考试复习教材》(第三版)P749。

装配式冷库隔热层为聚氨酯时,导热系数为 0.023W/(m·K);隔热层为聚苯乙烯时,导热系数为 0.040W/(m·K)。但根据 P750,目前市场上销售的装配式冷库,生产厂家在制作时均采用聚氨酯保温预制板。因此选 B。

37. **答案**:D

依据:《洁净厂房设计规范》(GB 50073—2013) 附录 A3.5 条。

$N_L = A^{0.5} = 10000^{0.5} = 100$

38. **答案**:C

依据:《洁净厂房设计规范》(GB 50073—2013) 第 6.4.1.3 条 。

中效过滤器宜集中设置在净化空调系统的正压段。

注:也可根据《注册设备工程师暖通空调考试复习教材》(第三版)P458 相关内容。

39. **答案**:C

依据:《建筑中水设计规范》(GB 50336—2002) 第 3.1.3 条。

40. **答案**:C

依据:《建筑设计防火规范》(GB 50016—2014)第6.2.9条。

---

41. **答案**:BC

依据:《民用建筑采暖通风与空气调节设计规范》(GB 50736—2012)第5.2.2条及条文说明。

住宅内部得热(包括炊事、照明、家电和人体散热)是间歇性的,这部分自由热可作为安全量,在确定热负荷时可不予考虑。

《住宅建筑规范》(GB 50368—2005)第10.3.3.1条。

严寒、寒冷地区的住宅应以建筑物耗热量指标为控制目标,计算包含维护结构的传热耗热量、空气渗透耗热量和建筑物内部得热量三个部分。本题要注意区别建筑热负荷与建筑耗热量两个概念。建筑热负荷是指在采暖室外计算温度 t_w 下,为了达到要求的室内温度,供暖系统在单位时间内向建筑物供给的热量,建筑耗热量是指在采暖期间平均温度 t_p 下,为保护室内计算温度,单位建筑面积在单位时间内消耗的、需由室内采暖供给的热量,两者是不同概念,两者是在设计室内外条件下的能耗量,其值是按设计规范计算得到的为确定最不利工况时达到室内温度所必须设计的采暖设备的依据,后者是在全年采暖期间平均温度下算出的耗热量,是一个平均值,其值是按节能标准计算得到的,可用以计算全年采暖能耗量。综上,计算居住建筑的建筑热负荷时,得热量不扣除;计算建筑耗热量时,严寒、寒冷地区的住宅,得热量要从中扣除。

42. **答案**:BD

依据:《注册设备工程师暖通空调考试复习教材》(第三版)P94。

不同温度下膨胀水箱容积的计算公式分析可得(大温差系统水箱计算系数更大)。

43. **答案**:BC

依据:《民用建筑供暖通风与空气调节设计规范》(GB 50736—2012)第5.9.6条、《注册设备工程师暖通空调考试复习教材》(第三版)P100。

只有顺坡布置时才可不设排气装置,集气罐一般应设于系统的末端最高处,但并不是高于膨胀水箱。

44. **答案**:BD

依据:由 $\Delta P = SQ^2$ 可知 $S_A = S_B$,并联环路实际运行时,压差相等,$\Delta P_A = \Delta P_B$,则 $G_A = G_B$。

45. **答案**:AC

依据:《注册设备工程师暖通空调考试复习教材》(第三版)相关内容。

选项A,P154式(1.11-4)。

选项B,P145锅炉房的总台数要求,新建锅炉房不宜超过5台,扩建和改建时不宜超过7台,非独立锅炉房不宜超过4台。

选项C,P150。

选项D,P150表1.11-7最低高度>135m。

46. **答案:**ABC

依据:《锅炉房设计规范》(GB 50041—2008) 第18.2.12条、第18.2.13条。

采用疏水加压器作为加压泵时,在各用气设备的凝结水管道上应设疏水阀。

47. **答案:**AB

依据:《大气污染物综合排放标准》(GB 16297—1996) 第3.1条、第3.2条。

标准状态是指温度为273K,压力为101325Pa时的状态。本标准规定的各项标准值,均以标准状态下的干空气为基准。

最高允许排放浓度是指处理设施后排气筒中污染物任何1h浓度平均值不得超过的限值;或是指无处理设施排气筒中污染物任何1h浓度平均值不得超过的限值。

48. **答案:**ACD

依据:《通风与空调工程施工质量验收规范》(GB 50243—2002) 第4.2.5.5条。

排烟风管均按中压系统风管计算(普通风管按照表4.1.5查出450Pa为低压风管),根据第4.2.5.5条按中压计算。

49. **答案:**BD

依据:无明确出处。

风量平衡是质量流量平衡,$\rho = 353/(273+t)$,则$\rho_{-10} = 1.342\text{kg/m}^3$,$\rho_{20} = 1.2\text{kg/m}^3$,$\rho_{40} = 1.128\text{kg/m}^3$。

室内排风质量流量:$10.0\text{m}^3/\text{s} \times \rho_{20} = 12\text{kg/s}$

机械排风质量流量:$12\text{kg/s} \times 80\% = 9.6\text{kg/s}$

体积流量:$\dfrac{9.6}{\rho_{40}} = 8.5\text{m}^3/\text{s}$

自然补风质量流量:$12 - 9.6 = 2.4\text{kg/s}$

体积流量:$\dfrac{2.4}{\rho_{40}} = 1.8\text{m}^3/\text{s}$

50. **答案:**BD

依据:《注册设备工程师暖通空调考试复习教材》(第三版)P181 式(2.3-20)。

根据图2.3-5选取m;表2.3-4选取m^2;表2.3-5选取m^3。

51. **答案:**AC

依据:《建筑通风和排烟系统用防火阀门》(GB 15930—2007) 第3.1条、第3.2条、第3.3条。

52. **答案:**ABCD

依据:《建筑设计防火规范》(GB 50016—2014) 第9.3.8条、第9.3.4条、第9.3.9条。

53. **答案:**ABD

依据:无明确出处。

选项ABD均有利于系统节能,而选项C,溶液除湿虽然可以节省在常规空调箱系统中用于除湿的那部分冷量，但是溶液需要热源再生，因此在没有有效热源的情况下，系统不一定不节能。

注：目前有厂家推出冷凝热回收的溶液除湿机组，使用冷凝热作为溶液再生的资源，可以有效降低系统能耗。

54. **答案：**ACD

依据：$P = P_{AB} + P_{BD} + P_{EF} = 380Pa$

55. **答案：**ACD

依据：无明确出处。

选项 ACD 均可以实现分室温度控制；选项 B，全空气定风量系统统一调节，不能分室控制，适合在大空间或各房间温湿度需求基本一致的场所使用。

56. **答案：**ABC

依据：《公共建筑节能设计标准》(GB 50189—2015) 第 4.3.13 条。

虽然人数较少，但依然有新风要求，不能完全关闭新风系统。

注：也可参考《注册设备工程师暖通空调考试复习教材》(第三版) P556 相关内容。

57. **答案：**AD

依据：《注册设备工程师暖通空调考试复习教材》(第三版) P401 相关内容。

析湿系数的定义，析湿系数越大表明表冷器潜热交换程度越强，析出水分越多，因此其及其露点越低，除湿能力越强。

58. **答案：**ABCD

依据：《注册设备工程师暖通空调考试复习教材》(第三版) P373 相关内容。

59. **答案：**CD

依据：《注册设备工程师暖通空调考试复习教材》(第三版) P493 相关内容。

多台水泵并联连接系统，当只有单台水泵运行时流量会超过原设计流量，可能会造成电动机过载，所以电动机功率应大于水泵设计参数时所对应的配电机功率。

60. **答案：**ABC

依据：《注册设备工程师暖通空调考试复习教材》(第三版) P540 相关内容。

管片式消声器和片式消声器都属于阻性消声器。

61. **答案：**CD

依据：《注册设备工程师暖通空调考试复习教材》(第三版) P582 相关内容。

选项 A，“标准大气压”的说法错误，应该为“该制冷剂在工作压力下”。

选项 B，冷凝温度并非越低越好，冷凝温度过低，将无法排热，对于电制冷冷却水有低温限制，对于溴化锂制冷冷凝温度过低还容易结晶。

选项 C，制冷剂主要是靠制冷剂的液体汽化来实现制冷，因此如果其汽化潜热大，制冷量会增大，同样冷量所需的制冷剂的体积流量就小。

选项D，临界温度高，节流损失小，另外制冷循环越远离临界点，越接近逆卡诺循环，制冷系数较高。

62. **答案：**ABD

依据：无

低压报警一定是发生在蒸发器侧，低压的原因是：压缩机吸气量一定，蒸发器换热面积一定，制冷剂充灌不足可导致低压；蒸发器侧换热不好（污垢、风量或水量过小）；膨胀阀开度过小或膨胀阀感温包破裂；低压开关压力设置大小有误或发生故障；低压报警就是防止温度过低造成蒸发器结冰，因此蒸发器结冰属于低压事故产生的现象，而不是原因。

63. **答案：**BC

依据：无。

喘振的产生主要是：当压缩机低流量运行时，由于气体的可压缩性，产生了一个不稳定状态。当流量逐渐减小的喘振线时，一旦压缩比下降，使流量进一步减小，由于输出管线中气体压力高于压缩机出口压力，被压缩了的气体很快倒流入压缩机，待管线中压力下降后，气体流动方向又反过来，周而复始便产生了喘振。喘振时压缩机机体发生振动并波及相邻的管网，喘振强烈时，能使压缩机严重破坏。因此，当气体流量过小或冷凝压力过大（如冷却水量减小、室外气温升高、冷却水温过高、冷凝器换热效果降低等）时，有可能造成喘振现象。

注：离心机喘振的三个因素：冷凝压力高，蒸发压力低，制冷剂流量偏小。

64. **答案：**ABD

依据：《注册设备工程师暖通空调考试复习教材》（第三版）P614相关内容。

最大允许距离为100m，随着技术进步，近年来多联机配管长度限制早已突破100m，具体可参考各厂家样本。

注：也可参考《民用建筑供暖通风与空气调节设计规范》（GB 50736—2012）第7.3.11条。

65. **答案：**ACD

依据：《注册设备工程师暖通空调考试复习教材》（第三版）P641相关内容。

在高压发生器中汽化时产生的冷剂水蒸气，先去低压发生器作为加热溶液用的内热源，再与低压发生器中溶液汽化时产生的冷剂水蒸气汇合在一起，作为制冷剂；双效是水蒸气分别进入高压发生器和低压发生器，而双级类似于“接力”原理不同。

66. **答案：**AC

依据：无。

冷凝器的散热量一定，冷却水流量变大，会造成进出水温差变小；冷凝器的散热量一定，冷凝温度与水的温差大，表明对数传热平均温差大，传热系数小，传热效果差。

67. **答案**:ACD

依据:《洁净厂房设计规范》(GB 50073—2013) C.2.1 条、第 C.3 条。

其中表 A.2.4 未收录洁净区静压差测试的方法。

68. **答案**:AB

依据:《注册设备工程师暖通空调考试复习教材》(第二版) P414 相关内容。

亲水的过滤器不能放在有水的设备后面。

69. **答案**:AD

依据:无

引起水锤的原因:当压力管道的阀门突然关闭或开启时,当水泵突然停止或启动时,因瞬时流速发生急剧变化,引起液体动量迅速改变,而使压力显著变化。注意:只有阀门、水泵"突然"开启或停止,造成短时间内管路流量变化过大,压强变化过快,才会造成水锤现象。

70. **答案**:ABCD

依据:《注册设备工程师暖通空调考试复习教材》(第二版) P680 相关内容。

2007 年案例分析试题(上午卷)

[案例题是4选1的方式,共25道小题,每题分值为2分,上午卷50分,下午卷50分,试卷满分100分。案例题一定要有分析(步骤和过程)、计算(要列出相应的公式)、依据(主要是规程、规范、手册),如果是论述题要列出论点。]

1. 按节能标准设计的集中热水采暖系统,设计供回水温差为25℃,室外供回水主干线总长度为1000m,循环水泵采用联轴器连接,水泵设计工况点的轴功率为12kW,该系统的建筑供热负荷约为下列哪一项?

(A)2900kW　　(B)3000kW

(C)3100kW　　(D)3200kW

答案:[　]

主要解答过程:

2. 某商住楼,首层和二层是三班制工场,采暖室内计算温度16℃,三层及以上是住宅,每层6户,每户145m^2,采暖室内计算温度为18℃,每户住宅计算采暖热负荷约为4kW,二、三层间楼板传热系数为2W/(m^2·K),房间楼板传热的处理方法按有关设计规范下列哪一项是正确的?

(A)计算三层向二层传热量,但三层房间采暖热负荷不增加

(B)计算三层向二层传热量,计入三层采暖热负荷中

(C)不需要计算二、三层之间楼板的传热量

(D)计算三层向二层传热量,但二层房间的采暖负荷可不减少

答案:[　]

主要解答过程:

3. 某展览馆建筑面积3296m^2,采用红外线燃气辐射采暖,已知辐射管安装高度离人体头部为10m,室内设计温度t_{sh} = 16℃,室外采暖计算温度 -9℃,围护结构热负荷750kW,辐射采暖系统效率0.9,计算辐射管总散热量?

(A)550~590kW　　(B)600~640kW

(C)650~690kW　　(D)700~750kW

答案:[ ]

主要解答过程:

4. 某建筑物,设计计算冬季采暖热负荷为250kW,热媒为95/70℃热水,室内采暖系统计算阻力损失为43kPa,而实际运行时测得:供回水温度为90/70℃热力入口处供回水压差为52.03kPa,如管道计算阻力损失无误,系统实际供热量为下列哪一项?

(A)165 ~ 185kW (B)215 ~ 225kW
(C)240 ~ 245kW (D)248 ~ 252kW

答案:[ ]

主要解答过程:

5. 某低温热水地面辐射供暖,供回水温度60/50℃,热用户与热水供热管网采用板式换热器连接,热网供回水温度为110/70℃,该用户供暖热负荷为3000kW,供水温度及供回水温差均采用最高值,换热器传热系数为3100W/(m·℃),采用逆流换热时,所需换热器的最小面积是下列哪一项?

(A)23 ~ $25m^2$ (B)30 ~ $32m^2$
(C)36 ~ $38m^2$ (D)40 ~ $42m^2$

答案:[ ]

主要解答过程:

6. 某车间有毒物质实测的时间加权浓度为:苯(皮)$3mg/m^3$、二甲苯(皮)$2mg/m^3$、甲醇(皮)$15mg/m^3$、甲苯(皮)$20mg/m^3$,问此车间有毒物质的容许浓度是否符合卫生要求并说明理由?

(A)符合 (B)不符合
(C)无法确定 (D)基本符合

答案:[ ]

主要解答过程:

7. 某地冬季室外通风计算温度为0℃，采暖室外计算温度为-5℃，当地一散发有害气体的车间，冬季工作区采暖温度为15℃，围护结构耗热量为181.8kW。车间屋顶（高12m）设有屋顶风机进行全面通风，排风量为8.8kg/s，当采用全新风集中热风采暖系统，送风量为8kg/s，车间屋顶梯度为0.5℃/m时，热风系统的送风温度为下列哪一项？

(A)44.1~44.6℃　　(B)44.8~45.2℃

(C)45.8~46.2℃　　(D)46.8~47.2℃

答案：[　]

主要解答过程：

8. 某车间如图所示，侧窗进风温度 $t_w=31$℃，车间工作区温度 $t_n=35$℃，散热有效系数 $m=0.4$，侧窗进风口面积 $F_j=50m^2$，天窗排风口面积 $F_p=36m^2$，天窗和侧窗流量系数 $\mu_p=\mu_j=0.6$，该车间自然通风量为下列哪一项？空气密度 $\rho_t=353/(273+t)kg/m^3$。

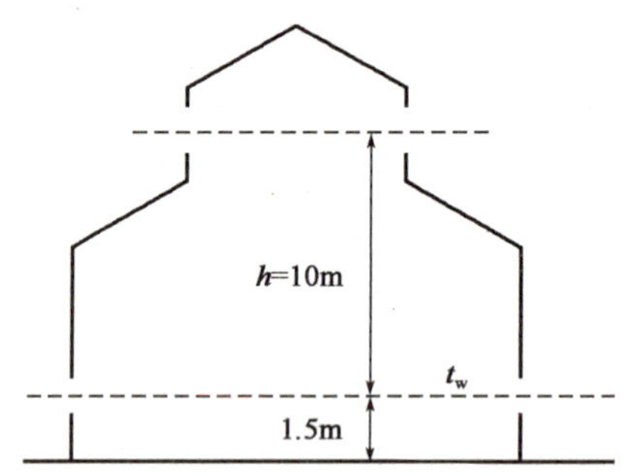

(A)30~32kg/s　　(B)42~44kg/s

(C)50~52kg/s　　(D)72~74kg/s

答案：[　]

主要解答过程：

9. 某除尘系统设计排风量 $L=30000m^3/h$，空气温度 $t=180$℃，入口含尘浓度 $y_1=2.0g/m^3$，除尘效率 $\eta=95\%$，试问下列哪一项为错误？

(A)排风浓度为100mg/m³（标态）

(B)排尘量为3kg/h

(C)设计工况空气密度约为0.78kg/m³

(D)标准工况下排风量约为18100m³/h（标态）

答案：[ ]

主要解答过程：

10. 实测某台袋式除尘器的数据如下：进口：气体温度40℃，风量10000m^3/h；出口：气体温度38℃，风量10574m^3/h（测试时大气压力为101325Pa），当进口粉尘浓度为4641mg/m^3，除尘器的效率为99%时，求在标准状态下除尘器出口的粉尘浓度为下列哪一项？

(A)38～40mg/m^3 (B)46～47mg/m^3
(C)49～51mg/m^3 (D)52～53mg/m^3

答案：[ ]

主要解答过程：

11. 以下四台同一系列的后向机翼型离心通风机，均在高效率运行情况时，比较其噪声性能哪一台为最好？

(A)风量50000m^3/h，全压900Pa，声功率级105dB
(B)风量100000m^3/h，全压800Pa，声功率级110dB
(C)风量80000m^3/h，全压700Pa，声功率级110dB
(D)风量20000m^3/h，全压500Pa，声功率级100dB

答案：[ ]

主要解答过程：

12. 一个空气空调系统向下表中的四个房间送风，试计算空调系统的设计新风量约为下列哪一项？

房间名称	在室人数	新风量(m^3/h)	送风量(m^3/h)
办公室1	15	450	3000
办公室2	5	150	2000
会议室	40	1360	4200
接待室	8	200	2800
合计	68	2160	12000

(A)2160m^3/h (B)2520m^3/h
(C)3000m^3/h (D)3870m^3/h

答案:[ ]

主要解答过程:

13. 某空调房间冷负荷为 142kW,采用全空气空调,空调系统配有新风从排风中回收显热的装置(热交换效率 $\eta = 0.65$,且新风量与排风量相等,均为送风量的 15%)。已知:室外空气计算参数:干球温度为 33℃,比焓为 90kJ/$kg_{干空气}$;室内空气计算参数:干球温度为 26℃,比焓为 58.1kJ/$kg_{干空气}$,当采用室内空气状态下的机器露点(干球温度为 19℃,比焓为 51kJ/$kg_{干空气}$)送风时,空调设备的冷量(不计过程的冷量损失)为下列哪一项?

(A)170 ~ 180kW　　(B)215 ~ 232kW

(C)233 ~ 240kW　　(D)241 ~ 250kW

答案:[ ]

主要解答过程:

14. 某空调的独立新风系统,新风机组在冬季依次用热水盘管和清洁自来水湿膜加湿器来加热和加湿空气。已知:风量为 6000m^3/h;室外空气参数:大气压力为101.3kPa,$t_1 = -5$℃,$d_1 = 2g/kg_{干空气}$,机组出口送风参数:$t_2 = 20$℃,$d_2 = 2g/kg_{干空气}$,不查焓湿图,试计算热水盘管后的空气温度约为下列哪一项?

(A)25 ~ 28℃　　(B)29 ~ 32℃

(C)33 ~ 36℃　　(D)37 ~ 40℃

答案:[ ]

主要解答过程:

15. 某地大气压力 $B = 101325$Pa,某车间工艺性空调设带水冷式表冷器的一次回风系统,取送风温差 6℃,冷负荷为 170kW,湿负荷为 0.017kg/s,室内空气设计参数为:温度 $t = (23 \pm 1)$℃、相对湿度为 55%,已知新回风混合点 C 的 $h = 53.21$kJ/kg,取表冷器的出口相对湿度为 90%。试问表冷器的冷凝水管的管径应为下列哪一项?(管道坡度按 0.03 计算)

(A)DN32　　(B)DN40

(C)DN50　　(D)DN80

答案:[ ]
主要解答过程:

16. 在标准大气压力下,某空调房间的余热量为120kW,余湿量为零,其室内空气参数干球温度为25℃、相对湿度为60%。空调采用带循环水喷淋室的一次回风系统,当室外空气参数干球温度为15℃、相对湿度为50%时,送风相对湿度为95%,试问此时新风比约为下列哪些数值?

(A)10% ~15%　　(B)25% ~30%
(C)35% ~40%　　(D)45% ~50%

答案:[ ]
主要解答过程:

17. 某大楼内无人值班的通讯房,计算显热冷负荷为30kW。室内空气参数为干球温度为27℃、相对湿度为60%,采用专用空调机组,其送风相对湿度为90%。试问该机房的计算送风量为下列哪项数值?(注:当地大气压力为101325Pa,空气密度为1.2kg/m^3。)

(A)11000 ~12000m^3/h　　(B)12500 ~13500m^3/h
(C)14000 ~15000m^3/h　　(D)15500 ~16500m^3/h

答案:[ ]
主要解答过程:

18. 某空调系统三个相同的机组,末端采用手动阀调节,如右图所示。设计状态为:每个空调箱的水流量均为100kg/h,每个末端支路的水阻力均为90kPa(含阀门、盘管及支管和附件等);总供、回水管的水流阻力合计为$\Delta P_{AC}+\Delta P_{DB}=30$kPa,如果$A$、$B$两点的供、回水压差始终保持不变,问:当其中一个末端的阀门全关后,系统的水流量为多少?

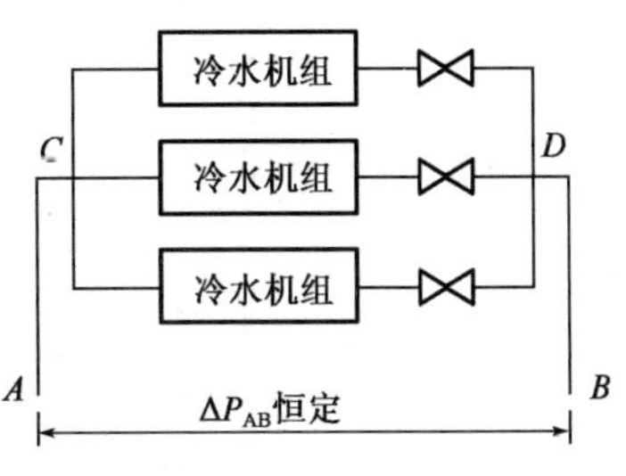

(A)190 ~200kg/h　　(B)201 ~210kg/h
(C)211 ~220kg/h　　(D)221 ~230kg/h

答案:[　]
主要解答过程:

19. 下图为闪发分离器的 R134a 双极压缩制冷循环,问流经蒸发器与流经冷凝器制剂质量流量之比,应为下列哪一项? 该循环主要状态点制冷剂的比焓为:$h_3=410.25$kJ/kg,$h_6=256.41$kJ/kg,$h_7=228.50$kJ/kg。

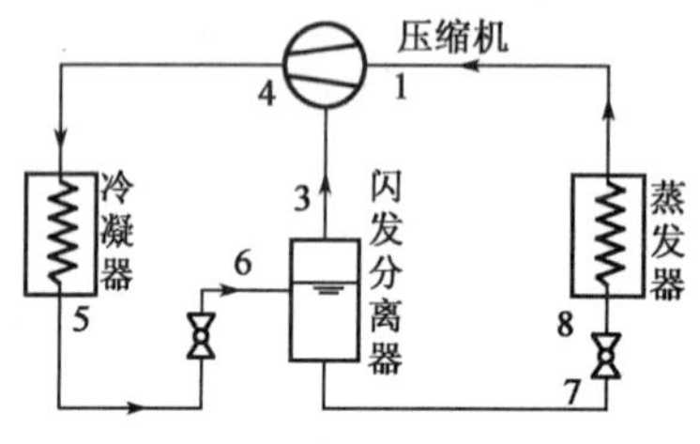

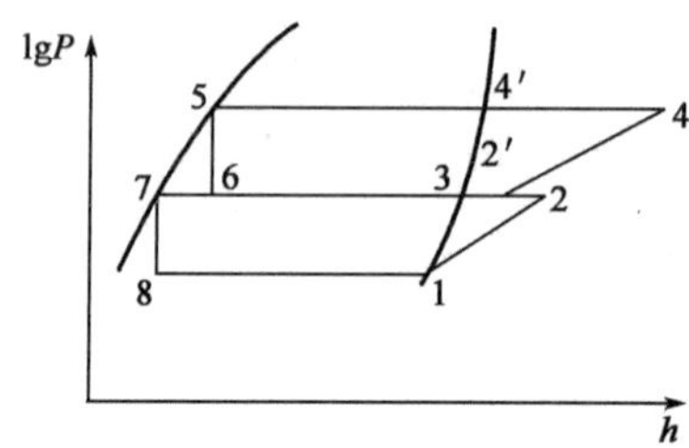

(A)0.80 ~0.81　　(B)0.84 ~0.85
(C)0.82 ~0.83　　(D) >0.87

答案:[　]
主要解答过程:

20. 某 R134a 制冷循环,蒸发温度为 4℃,冷凝温度为 40℃,采用膨胀涡轮代替膨胀阀,试问理论循环可收回的功量为下列哪项数值(kJ/kg)?

注:各状态点参数见下表

状　态　点	温度(℃)	绝对压力(MPa)	比焓(kJ/kg)	比容(m^3/kg)
压缩机入口蒸发器出口	4	0.33755	401.0	0.06042
压缩机出口冷凝器入口	44.1	1.0165	423.8	
冷凝器出口	40	1.0165	256.36	
蒸发器入口	4	0.33755	252.66	

(A)3.65 ~3.75　　(B)3.55 ~3.64
(C)3.76 ~3.85　　(D)3.45 ~3.54

答案:[　]
主要解答过程:

21. 使用电热水器和热泵热水器将520kg的水从15℃加热到55℃，如果电热水器电效率为90%，热泵COP=3，试问热泵热水器耗电量与电热水器耗电量之比为下列哪项数值？

(A)20%左右　　(B)30%左右

(C)45%左右　　(D)60%左右

答案：[　]

主要解答过程：

22. 某住宅选用空气源热泵冷水机组用于辐射供冷和供暖，有两款机型的部分负荷能效比见下表。部分负荷综合性能系数的计算式：$IPLV=0.023A+0.415B+0.461C+0.101D$，哪一款机型更适合应用？为什么？

机　　型	100%	75%	50%	25%
甲	2.4	3.2	3.7	3.0
乙	2.8	3.4	3.2	2.6

(A)乙款机型更适合，额定工况下能效高

(B)甲款机型更适合，负荷综合性能系数高

(C)乙款机型更适合，部分负荷综合性能系数高

(D)两款机型都适合

答案：[　]

主要解答过程：

23. 下图为采用热力膨胀阀的回热式制冷循环，点2蒸发器出口状态，2—3和6—7为气液在回热器的换热过程，试问该循环制冷剂的单位质量制冷能力为下列哪一项？(各点比焓见下表)

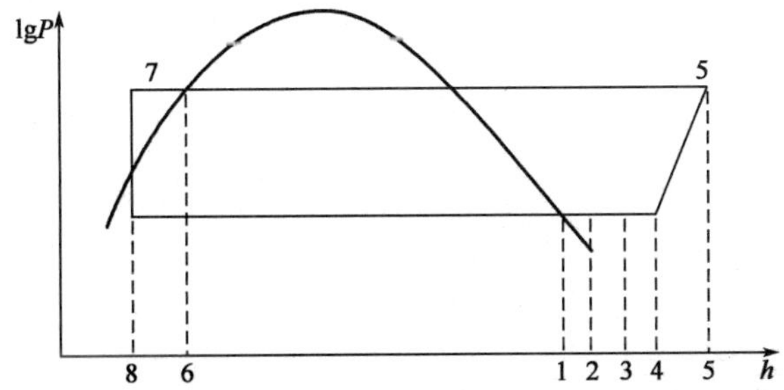

状 态 点	1	2	3	4	5	6	7
比焓(kJ/kg)	406	410	416.3	418.5	442.5	249.2	242.9

(A)166.5 ~ 167.5　　(B)163 ~ 164
(C)165 ~ 166　　(D) >166

答案:[　]
主要解答过程:

24. 第一个过滤器过滤效率为99.8%,第二个过滤器过滤效率为99.9%,问两个过滤器串联的总效率最接近下列哪一项?

(A)99.98%　　(B)99.99%
(C)99.998%　　(D)99.9998%

答案:[　]
主要解答过程:

25. 某住宅楼16层、每层6户,每层房间设备为低水箱冲落式大便器、沐浴器、洗涤盆、洗脸盆、家用洗衣机各1个,本楼排水为1个出口,计算其排水设计秒流量为下列哪一项?

(A)4.5 ~ 5.4L/s　　(B)5.5 ~ 6.4L/s
(C)6.5 ~ 7.4L/s　　(D)7.5 ~ 8.5L/s

答案:[　]
主要解答过程:

2007 年案例分析试题答案(上午卷)

1. **答案**:C

主要解题过程:

《公共建筑节能设计标准》(GB 50189—2005)第 5.2.8 条:$EHR = N/(Q \cdot \eta) \leqslant 0.0056 \cdot (14 + a \cdot \sum L)/\Delta t$,将 $\Delta t = 25℃$,$\sum L = 1000\text{m}$,$a = 0.0069$,$N = 12\text{kW}$,$\eta = 0.83$ 代入公式,解得 $Q = 3080\text{kW}$。

2. **答案**:B

主要解题过程:

《民用建筑采暖通风与空气调节设计规范》(GB 50736—2012)第 5.2.5 条,与相邻房间的温差大于或等于 5 ℃,或通过隔墙和楼板等的传热量大于该房间热负荷的 10% 时,应计算通过隔墙或楼板等的传热量。本题目相邻房间的温差为 2℃ <5℃,需分别计算总热负荷及通过楼板的热负荷。

采暖总热负荷为:$Q = 6 \times 4000 = 24000\text{W}$

通过楼板的传热量为:$Q_1 = KF\Delta t = 2 \times 6 \times 145 \times 2 = 3480\text{W} > 10\% Q = 2400\text{W}$,故三层采暖的热负荷中需要计算三层向二层的传热量。

3. **答案**:A

主要解题过程:

《注册设备工程师暖通空调考试复习教材》(第三版)P51 式(1.4-14)~式(1.4-16),假设人身高 1.8m,则有:$h^2/A = 11.8^2/3296 = 0.0422$,查图 1.4-19,$\varepsilon = 0.43$,查表 1.4-19,$\eta_2 = 0.84$,则有:

$$\eta = 0.43 \times 0.9 \times 0.84 = 0.325$$

$$R = \frac{Q}{\frac{CA}{\eta}(t_{sh} - t_w)} = \frac{750000}{\frac{11 \times 3296}{0.325} \times [16 - (-9)]} = 0.269$$

辐射管总散热量为:$Q_f = \frac{Q}{1 + R} = \frac{750}{1 + 0.269} = 591\text{kW}$

4. **答案**:B

主要解题过程:

设计工况系统的流量为:$G_0 = \frac{Q_0}{c \times \Delta t} = \frac{250}{4.187 \times 25} = 2.388\text{kg/s}$

管道系统的总阻力系数为:$S = \frac{\Delta P_0}{G_0^2} = \frac{43}{2.388^2} = 7.54$

在实际运行工况时的系统流量为:$G = \sqrt{\frac{\Delta P_0}{S}} = \sqrt{\frac{52.03}{7.54}} = 2.627\text{kg/s}$

系统的实际供热量为:$Q = G \cdot c \cdot \Delta t = 2.627 \times 4.187 \times 20 = 220\text{kW}$

5. **答案**:C

主要解题过程:

《注册设备工程师暖通空调考试复习教材》(第三版)P105 式(1.8-19),对于逆流换热器,计算对数平均温差 Δt_p 为:

$$\Delta t_p = \frac{(110-60)-(70-50)}{\ln[(110-60)/(70-50)]} = 32.7℃$$

题目要求计算最小换热面积,取系数 $\beta = 0.8$,计算换热器的面积 F 为:

$$F = \frac{Q}{K\beta\Delta t_p} = \frac{3000000}{3100 \times 0.8 \times 32.7} = 37\text{m}^2$$

6. **答案**:B

主要解题过程:

《工作场所有害因素职业接触限值(第一部分:化学有害因素)》(GBZ 2.1—2007)表1,查得各有害物质容许浓度分别为:苯(皮),6mg/m^3,;二甲苯胺(皮),5mg/m^3;甲醇(皮),25mg/m^3;甲苯(皮),50mg/m^3。按第 A.12 条:3/6 + 2/5 + 15/25 + 20/50 = 1.9 > 1,超过接触限值,不符合卫生要求。

7. **答案**:B

主要解题过程:

设工作区高度 2m,则根据温度梯度计算屋顶的排风温度为:$t_p = 15 + (12-2) \times 0.5 = 20℃$

题目给出围护结构耗热量为:$Q_1 = 181.8\text{kW}$

排风带走热量为:$Q_{jp} = c \cdot G_{jj} \cdot t_p = 1.01 \times 8.8 \times 20 = 177.76\text{kW}$

自然渗透室内的风量为:$G_{zj} = G_{jp} - G_{jj} = 8.8 - 8 = 0.8\text{kg/s}$

渗透风的热量 $Q_{zj} = c \cdot G_{zj} \cdot t_{zj} = 1.01 \times 0.8 \times (-5) = -4.04\text{kW}$(稀释有害气体的全面通风,采用冬季采暖室外计算温度)

根据室内热量平衡有:$Q_1 + Q_{jp} = Q_{zj} + c \cdot G_{jj} t_{jj}$

$181.8 + 177.76 = -4.04 + 1.01 \times 8 \times t_{jj}$

解得 $t_{jj} = 45℃$

8. **答案**:B

主要解题过程:

《注册设备工程师暖通空调考试复习教材》(第三版)P181。

室内天窗的排风温度为:$t_p = t_w + (t_n - t_w)/m = 31 + (35-31)/0.4 = 41℃$

车间平均温度为:$t_{np} = (t_n + t_p)/2 = (35+41)/2 = 38℃$

根据 $h_1/h_2 = (F_1/F_2)^2$,以及 $h_1 + h_2 = 10$,解得 $h_1 = 3.34\text{m}$

车间的自然通风量为:

$$G = \mu_1 F_1 \sqrt{2h_1 g\rho_w(\rho_w - \rho_{np})}$$

$$= 0.6 \times 50 \times \sqrt{2 \times 3.34 \times 9.81 \times 1.163 \times (1.163 - 1.135)} = 42.4\text{kg/s}$$

不同温度时空气的密度按如下公式计算:$\rho_t = 353/(273+t)$

计算结果分别为:

$\rho_w = 1.163 kg/m^3$;$\rho_{np} = 1.135 kg/m^3$;$\rho_p = 1.124 kg/m^3$

9. **答案:**A

主要解题过程:

除尘系统的排尘量为:$30000 \times 2.0 \times (1 - 0.95) = 3 kg/h$

设计工况空气密度为:$353/(273 + 180) = 0.78 kg/m^3$

标准状态下的排风量为:$30000 \times (273 + 0)/(273 + 180) = 18100 m^3/h$

标准状态下的排风浓度为:$3 \times 10^6/18100 = 165 mg/m^3$,故选项 A 错误。

10. **答案:**C

主要解题过程:

出口气体排尘量为: $10000 \times 4641 \times (1 - 99\%) = 464100 mg/h$

出口气体在工况(38℃)下浓度为:$464100/10574 = 43.9 mg/m^3$

换算到标准状态(0℃)下浓度为:$43.9 \times (273 + 38)/273 = 50 mg/m^3$

11. **答案:**B

主要解题过程:

《实用供热空调设计手册》P1359,"风机最佳工况点就是其最高效率点,即比声功率级的最低点",即风机的效率越高,其转化为噪声的功率越低,其噪声性能就越好。

比声功率级计算公式为:$L_{wc} = L_w - 10\lg(QH^2) + 20$

分别计算四个选项的比声功率级为:

选项 A,$L_{wca} = 105 - 10\lg(50000 \times 600^2) + 20 = 22.44 dB$

选项 B,$L_{wcb} = 110 - 10\lg(100000 \times 700^2) + 20 = 21.94 dB$

选项 C,$L_{wcc} = 110 - 10\lg(80000 \times 700^2) + 20 = 24.07 dB$

选项 D,$L_{wcd} = 100 - 101g(20000 \times 500^2) + 20 = 23.01 dB$

12. **答案:**B

主要解题过程:

《公共建筑节能设计标准》(GB 50189—2005)第 5.3.7 条,

未修正的系统新风量在送风量中的比例为:$X = 2160/12000 = 0.18$

需求最大的房间的新风比为:$Z = 1360/4200 = 0.324$

由式(5.3.7-1):$Y = X/(1 + X - Z) = 0.18/(1 + 0.18 - 0.324) = 0.21$

空调系统的新风量为:$G = 0.21 \times 12000 = 2520 m^3/h$。

13. **答案:**B

主要解题过程:

计算系统的送风量为:$G = Q/\Delta h = 142/(58.1 - 51) = 20 kg/s$

空调设备冷量 = 室内冷负荷 + 新风冷负荷-回收显热量

计算不进行热回收时,空调系统的送风焓值:

$h_c = h_n + 15\%(h_w - h_n) = 58.1 + 15\%(90 - 58.1) = 62.9 kJ/kg$

空调设备冷量 $Q_0 = G \times (h_c - h_L) = 20 \times (62.9 - 51) = 237.7 kW$

根据题意:室内冷负荷 + 新风冷负荷 = 142kW

采用显热回收,其回收的热量为:$Q_{回} = \eta \times 15\% \times Gc\Delta t = 0.65 \times 15\% \times 20 \times 1.01 \times (33 - 26) = 13.79\text{kW}$

采用热回收时,机组的实际冷量为:$Q = Q_0 - Q_{回} = 237.7 - 13.79 = 223.91\text{kW}$

14. **答案**:C

主要解题过程:

热水盘管加热过程为等湿加热过程,湿膜加湿过程为等焓加湿过程。

空气处理过程如图所示。

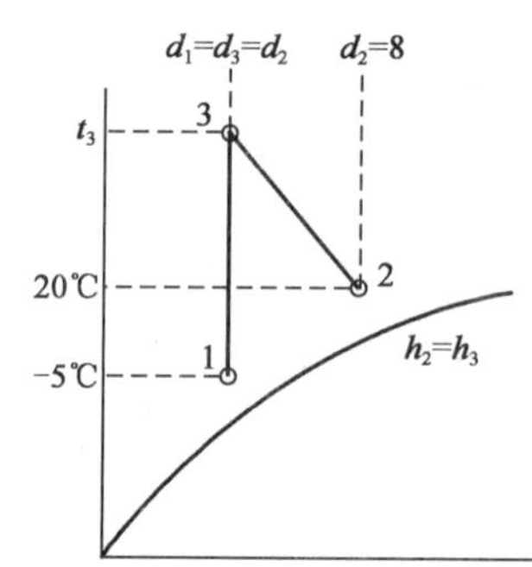

根据焓的计算公式进行计算:

$h_2 = 1.01t_2 + d_2(2500 + 1.84t_2) = 1.01 \times 20 + 0.008 \times (2500 + 1.84 \times 20) = 40.49\text{kJ/kg}$

$h_3 = 1.01t_3 + d_3(2500 + 1.84t_3) = 1.01t_3 + d_3(2500 + 1.84t_3) = 1.01t_3 + 0.002 \times (2500 + 1.84t_3)$

因 $h_2 = h_3$,解得 $t_3 = 35.1℃$。

15. **答案**:B

主要解题过程:

室内的热湿比:$\varepsilon = 170/0.017 = 10000$

查 $h\text{-}d$ 图得:$h_n = 48.1\text{kJ/kg}$,$d_n = 9.6\text{g/kg}_{干空气}$,送风温度 $t_0 = 23 - 6 = 17℃$

过室内点 N 做热湿比为 10000 的热湿比线与 17℃ 等温线交点即为送风点 O,其焓值为 $h_0 = 39.1\text{kJ/kg}$

则机组的送风量:$G = 170/(48.1 - 39.1) = 18.89\text{kg/s}$

过送风点 O 点做等湿线与 90% 相对湿度线交点即为机器露点 L。

查 $h\text{-}d$ 图即可得到露点的焓值为:$h_L = 35.35\text{kJ/kg}$

表冷器冷负荷为:$Q_L = G \times (h_c - h_L) = 18.89 \times (53.21 - 35.52) = 334.14\text{kW}$

由《民用建筑采暖通风与空气调节设计规范》(GB 50736—2012)第 8.5.23 条条文说明表 10,根据冷量选择冷凝水管管径为 DN40。

16. **答案**:B

主要解题过程:

查 $h\text{-}d$ 图得室内空气焓值为:$h_n = 55.2\text{kJ/kg}$,室外空气焓值为:$h_w = 28.4\text{kJ/kg}$。

由于采用喷循环水加湿处理,加湿过程为等焓加湿,即 $h_C = h_L$,室内湿负荷为 0,过室内点 N 作等含湿量线与 95% 相对湿度线到机器露点 L,查 $h\text{-}d$ 图的 $h_L = 48\text{kJ/kg}$。

$h_C = h_L = (1 - m)h_n + mh_w$,带入数值有:$48 = (1 - m) \times 55.2 + m \times 28.4$,解得 $m = 27\%$。

17. **答案**:B

主要解题过程:

室内无人,其湿负荷为 0,室内热湿比无穷大,即送风点的含湿量等于室内点的含湿量,即 $d_0 = d_n$,过室内状态点沿等湿度线与相对湿度 90% 交点即为送风状态点 O,查焓湿图得送风温度为 $t_0 = 20.4℃$,室内的显热冷负荷为 $Q = 30\text{kW}$,计算送风量 $L = 30 \times$

$3600/[c\rho(t_n-t_0)]=13501m^3/h$。

18. **答案**:C

主要解题过程:

根据《注册设备工程师暖通空调考试复习教材》(第三版)P136 公式(1.10-23),$\Delta P=SG^2$

单台机组的阻力系数为:$S_{单}=\Delta P_{单}/G_{单}^2=90/100^2=9\times10^{-3}kPa/(kg/h)^2$

干管的总阻力系数为:$S_{(AC+DB)}=\Delta P_{(AC+DB)}/(3\times G_{单})^2=30/300^2$

$=3.33\times10^{-4}kPa/(kg/h)^2$

关闭一台机组后,两台机组并联的阻力系数为:

$$\frac{1}{\sqrt{S_{并}}}=\frac{1}{\sqrt{S_{单}}}+\frac{1}{\sqrt{S_{单}}}\Rightarrow S_{并}=0.25S_{单}=0.25\times9\times10^{-3}=2.25\times10^{-3}kPa/(kg/h)^2$$

则关闭一台机组后,系统的总阻力系数为:

$S_{总}=S_{(AC+DB)}+S_{并}=3.33\times10^{-4}+2.25\times10^{-3}=2.58\times10^{-3}kPa/(kg/h)^2$

系统的总流量为:$G=(\Delta P/S)^{0.5}=[(30+90)/(2.58\times10^{-3})]^{0.5}=215.7kg/h$

19. **答案**:B

主要解题过程:

题目要求计算的质量流量比为:m_7/m_6

以系统中的闪发分离器为分析对象,根据质量守恒方程有:$m_6=m_3+m_7$

根据能量守恒方程有:$m_6h_6=m_3h_3+m_7h_7$

代入题目中的相关数值有:即 $256.41m_6=410.25m_3+228.50m_7$,即:$m_3=0.625m_6-0.557m_7$

将其代入质量守恒方程有:$m_6=0.625m_6-0.557m_7+m_7$,解得 $m_7/m_6=0.846$。

20. **答案**:A

主要解题过程:

膨胀涡轮理论循环可收回的功量(膨胀机做的膨胀功)即相当于冷凝器出口蒸发器入口之间的比焓差,即:$W=256.36-252.66=3.7kJ/kg$。

21. **答案**:B

主要解题过程:

热泵热水器耗电量为:$W_{热泵}=Q/COP=520/3$

电热水器的耗电量为:$W_{电热水器}=Q/\eta=520/0.9$

$W_{热泵}/W_{电热水器}=0.9/3=0.3$。

22. **答案**:B

主要解题过程:

《公共建筑节能设计标准》(GB 50189—2015)第 4.2.13 条,计算两款机型的 IPLV 值:

甲：LPLV = 0.012 × 2.4 + 0.328 × 3.2 + 0.397 × 3.7 + 0.263 × 3.0 = 3.3363

乙：LPLV = 0.012 × 2.8 + 0.328 × 3.4 + 0.397 × 3.2 + 0.263 × 2.6 = 3.103

$IPLV_{甲} > IPLV_{乙}$，所以甲机型更适合。

23. **答案：**A

主要解题过程：

从压焓图可以看出，蒸发器中蒸发过程为8—2，则该循环制冷剂的单位质量制冷能力 q 为：$q = h_2 - h_8 = h_3 - h_7 = 416.3 - 249.2 = 167.1\text{kJ/kg}$。

24. **答案：**D

主要解题过程：

根据《注册设备工程师暖通空调考试复习教材》（第三版）P205 公式（2.5-4），过滤器串联的总效率为：

$\eta = 1 - (1 - 99.8\%)(1 - 99.9\%) = 99.9998\%$

25. **答案：**C

主要解题过程：

根据《建筑给水排水设计规范》（GB 50015—2003）（2009年版）第4.4.5条进行计算：

各个卫生器具的排水当量及排水秒流量见下表：

	排水量（L/s）	当量
坐便器	1.5	4.5
沐浴器	0.15	0.45
洗涤盆	0.33	1
洗脸盆	0.25	0.75
洗衣机	0.5	1.5
总计	2.73	8.2

排水系统的总排水当量为：$N_p = 16 \times 6 \times (4.5 + 0.45 + 1 + 0.75 + 1.5) = 787.2$

排水设计秒流量为：$q = 0.12 \times 1.5 \times 787.2^{0.5} + 1.5 = 6.55\text{L/s}$

2007 年案例分析试题(下午卷)

[专业案例题(共 25 题,每题 2 分)]

1. 供热面积约为 30 万 m^2 小区的热网进行节能改造,用玻璃棉管壳[保温层平均使用温度 $t_m = 60℃$ 时,导热系数 0.034W/(m·K)]代替原来用的 150mm 厚的水泥膨胀珍珠岩[导热系数 0.16W/(m·K)],且供回水温由 95/70℃变为 130/70℃,地沟内温度 40℃,那么改造后的 D325×8 管道的保温材料厚度应为多少?

(A)30mm　　(B)40mm

(C)50mm　　(D)60mm

答案:[ ]

主要解答过程:

2. 某高度为 6m,面积为 1000m^2 的机加工车间,室内设计温度 18℃,采暖计算总负荷 94kW,热媒为 95/70℃热水,设置暖风机采暖,并配以散热量为 30kW 的散热器,若采用每台标准热量为 6kW、风量 500m^3/h 的暖风机,应至少布置多少台?

(A)16　　(B)17

(C)18　　(D)19

答案:[ ]

主要解答过程:

3. 某热水供暖系统流量为 32t/h 时锅炉产热量为 0.7MW,锅炉回水温度 65℃,热网供回水温降分别为 1.6℃和 0.6℃,在室温 18℃时,钢制柱形散热器的 K_2 值与 95/70℃时的 K_1 值相比约为下列哪项?[钢柱式散热器 $K = 2.489\Delta T^{0.8069}$ W/(m^2·K)]

(A)0.90　　(B)0.89

(C)0.88　　(D)0.87

答案:[ ]

主要解答过程:

4. 某热水采暖系统运行时实测流量为9000kg/h，系统总压力损失为10kPa，现将流量减小为8000kg/h，系统总压力损失为下列哪项？

(A)0.78～0.80kPa　　(B)5.5～5.8kPa

(C)7.8～8.0kPa　　(D)8.1～8.3kPa

答案：[　]

主要解答过程：

5. 某热水锅炉，进水温度为60℃（比焓251.5kJ/kg），出水温度为80℃（比焓335.5kJ/kg），测定的循环流量为120t/h，压力为4MPa，锅炉每个小时燃煤量为0.66t，燃煤的低位发热量是19000kJ/kg，求锅炉热效率？（t = 80℃，比焓 h = 335.5kJ/kg；t = 60℃，h = 251.5kJ/kg）

(A)75.6%～76.6%　　(B)66.8%～68.8%

(C)84.7%～85.2%　　(D)79.0%～80.8%

答案：[　]

主要解答过程：

6. 经过某电厂锅炉除尘器的测定已知：烟气进口含尘浓度 y_1 = 3000mg/m^3，出口含尘浓度 y_2 = 75mg/m^3，烟尘粒径分布（质量百分比）为：

粒径范围(μm)	0～5	5～10	10～20	20～40	>40
进口粉尘(%)	10.4	14.0	19.6	22.4	33.6
出口粉尘(%)	78.0	14.0	7.4	0.6	0.0

试计算0～5μm及20～40μm的分级效率约为下列哪项值？

(A)86.8%、99.3%　　(B)81.3%、99.9%

(C)86.6%、99%　　(D)81.3%、97.5%

答案：[　]

主要解答过程：

7. 某办公楼体积200m^3，新风量为每小时换气两次，初始室内空气中CO_2含量与室外相同，为0.05%，每个工作人员呼出CO_2量为19.8g/h，当CO_2含量始终≯0.1%时，室内最多容纳人数为下列哪一项?

(A)18　　(B)19
(C)20　　(D)21

答案:[　]
主要解答过程:

8. 某局部排风系统,由总管通过三根直管(管径均为 ϕ220)分别与 A、B、C 三个局部排风罩(局部阻力系数均相等)连接。已知:总管流量 7020m^3/h,在各支管与局部排风罩连接处的管中平均静压分别为:A 罩, -196Pa;B 罩, -169Pa;C 罩, -144Pa,A 罩的排风量为下列何值?

(A)2160 ~ 2180m^3/h　　(B)2320 ~ 2370m^3/h
(C)2500 ~ 2540m^3/h　　(D)2680 ~ 2720m^3/h

答案:[　]
主要解答过程:

9. 某新建车间治理污染装有一台除尘器,污染源为含石英粉尘的气体(最高排放浓度 Y_2 = 60mg/m^3),其起始浓度 Y_1 = 600mg/m^3,经测定含尘气体达标排放,除尘器进口及灰斗中粉尘的粒径分布如表所示:

粒径范围(μm)	0 ~ 5	5 ~ 10	10 ~ 20	20 ~ 40	>40
进口粉尘(%)	16	12	20	21	31
出口粉尘(%)	13	11	18	23	35

问除尘器全效率 η 和对 10 ~ 20μm 范围内粉尘的除尘效率 η_d 分级效率约为下列哪项值?

(A)95%,85%　　(B)90%,83%
(C)90%,81%　　(D)86%,77%

答案:[　]
主要解答过程:

10. 在 101325Pa 大气压情况下,对某电厂锅炉除尘器的测定已知:烟气温度 t =

180℃时，烟气进口含尘浓度 $y_1 = 3000\text{mg/m}^3$，出口含尘浓度 $y_2 = 75\text{mg/m}^3$，据《锅炉大气污染物排放标准》(GB 13271—2001)为一类地区：100mg/m^3、二类地区：250mg/m^3、三类地区：350mg/m^3，则该除尘器的全效率及其排放浓度达到几类地区的排放标准？

(A)约 97.5%、一类地区　　(B)约 99%、一类地区
(C)约 97.5%、二类地区　　(D)约 99%、二类地区

答案：[　]
主要解答过程：

11. 一台通风兼排烟两用双速离心风机，低速时风机铭牌风量 $L_1 = 12450\text{m}^3$，风机风压为 $P_1 = 431\text{Pa}$，已知当地的大气压力 $B = 101.3\text{kPa}$，现要求高温时排风量为 $L_2 = 17430\text{m}^3$，排气温度为 270℃，若风机、电机及传动效率在内的风机总效率为 52%，问该配套风机的电机功率至少应为多少？

(A) ≥4.0kW　　(B) ≥5.5kW
(C) ≥11kW　　(D) ≥18.5kW

答案：[　]
主要解答过程：

12. 某空调房间总余热量为 4kW，总余湿为 1.089kg/h，要求室内温度 18℃，相对温度 55%，若送风温差取 6℃，则该空调系统的送风量约为下列哪项数值？

(A) 1635kg/h　　(B) 1925kg/h
(C) 2375kg/h　　(D) >2500kg/h

答案：[　]
主要解答过程：

13. 在标准大气压的条件下，某风机盘管的风量为 $680\text{m}^3/\text{h}$，其运行时的进风干球温度 $t_1 = 26℃$，湿球温度 $t_{sh1} = 20.5℃$，出风干球温度为 $t_2 = 13℃$，湿球温度 $t_{sh2} = 12℃$，该风机盘管在此工况下的除湿量 W 与供冷量 Q 约为下列哪项？

(A) $W = 3.68\text{kg/h}$, $Q = 1.95\text{kW}$　　(B) $W = 6.95\text{kg/h}$, $Q = 2.98\text{kW}$
(C) $W = 3.68\text{kg/h}$, $Q = 5.65\text{kW}$　　(D) $W = 6.95\text{kg/h}$, $Q = 5.65\text{kW}$

答案:[　]

主要解答过程:

14. 某房间冬季空调室内设计参数为:室温 20℃,相对湿度 35%。空调热负荷为 $Q=1\text{kW}$,室内冬季余湿为 $W=0.005\text{kg/s}$,空调系统为直流式系统,采用湿膜加湿(按等焓加湿计算)方式,要求冬季送风温度为 25℃,室内空气状态为:干球温度 -6℃,相对湿度 40%,大气压力 101325Pa,计算所要求的加湿器的饱和效率为下列哪项?

(A)23% ~32%　　(B)33% ~42%

(C)43% ~52%　　(D)53% ~62%

答案:[　]

主要解答过程:

15. 在标准大气压条件下,某全新风定风量空调系统的风量为 $G=4\text{kg/s}$,冬季时房间的散湿量为 6g/s,房间需维持 $t_N=20$℃,相对湿度 $\Phi_N=30\%$,室外空气计算参数为:$t_w=-7$℃,$\Phi_w=70\%$,问:以下哪项蒸汽加湿量是正确的?

(A)24g/s　　(B)17 ~18g/s

(C)11 ~12g/s　　(D)5 ~8g/s

答案:[　]

主要解答过程:

16. 如图所示,某高层建筑空调水系统,已知:(1)管路单位长度阻力损失(含局部阻力)为 400Pa/m;(2)冷水机组的压力降 0.1MPa;(3)水泵扬程为 30m,试问系统运行时 A 点处的压力约为下列哪项值?

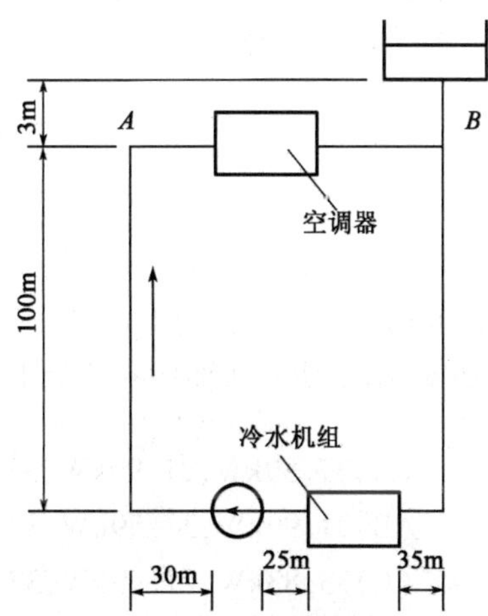

(A)$11\text{mH}_2\text{O}$

(B)$25\text{mH}_2\text{O}$

(C)$16\text{mH}_2\text{O}$

(D)$8\text{mH}_2\text{O}$

答案:[　]

主要解答过程：

17. 某土壤源热泵机组冬季空调供热量为823kW，机组性能系数为4.58，蒸发器进出口水温度为15/8℃，循环水泵释热18.7kW，该机组的地埋管换热系统从土壤中得到的最大吸热量和循环水量最接近下列哪项？

(A)823kW，101t/h　　(B)662kW，81.3t/h

(C)643.3kW，79t/h　　(D)624.6kW，79t/h

答案：[　]

主要解答过程：

18. 某圆形大厅，直径10m、高5m，室内平均吸声系数 $\alpha_M = 0.2$，空调送风位于四周、贴顶布置，指向性因素 Q 可取5，如果从送风口进入室内的声功率级为50dB，试问该大厅中央就座的观众感受到的声压级(dB)为下列哪项数值？

已知：$L_p = L_w + 10\lg\left(\dfrac{Q}{4\pi r^2} + \dfrac{1-\alpha_M}{S \cdot \alpha_M}\right)$

式中：L_p——距送风口 r 处的声压级，dB；

L_w——从送风口进入室内的声功率级，dB；

S——房间总表面积，m^2。

(A)30～31　　(B)31.1～32

(C)32.1～33　　(D)33.1～34

答案：[　]

主要解答过程：

19. 某单级压缩蒸汽理论制冷循环，工质为R22，机械效率 $\eta_m = 0.9$，理论比功 $W_0 = 43.698$kJ/kg，指示比功 $W_1 = 67.77$kJ/kg，制冷剂质量流量 $q_m = 0.5$kg/s，求压缩机的理论功率、指示功率和轴功率约为下列哪一项？

(A)37.59kW，21.99kW，33.93kW

(B)21.99kW，37.59kW，33.83kW

(C)33.83kW，21.99kW，37.59kW

(D)21.99kW，33.83kW，37.59kW

答案：[ ]
主要解答过程：

20. 某全封闭制冷压缩机，其制冷量 $Q_0=128.7\text{W}$，理论功率 $P_{ts}=44.8\text{W}$，指示功率 $P_i=65.5\text{W}$，轴功率率 $P_e=79.81\text{W}$，电动机功率 $\eta_{m0}=0.8$，问这台压缩机的实际 EER 为下列何值？

(A)0.8～1.0　　(B)2.2～2.4
(C)1.2～1.5　　(D)3.0～3.2

答案：[ ]
主要解答过程：

21. 一台带节能器的螺杆压缩机的二次吸气制冷循环，工质为 R22，已知：冷凝温度 40℃，绝对压强 1.5336MPa，蒸发温度 4℃，绝对压强 0.56605MPa，按理论循环，不考虑制冷剂的吸气过热，试求节能器中的压强。

(A)0.50～0.57MPa　　(B)0.90～0.95MPa
(C)1.00～1.05MPa　　(D)1.40～1.55MPa

答案：[ ]
主要解答过程：

22. 某溴化锂吸收式制冷机中，进入发生器的稀溶液流量为 10.9kg/s，浓度为 0.591，产生 0.753kg/s，剩下 10.147kg/s，试问该制冷机的循环倍率和放气范围约为下列哪项值？

(A)14.5，0.064　　(B)13.5，0.044
(C)14.5，0.044　　(D)13.5，0.064

答案：[ ]
主要解答过程：

23. 某办公建筑设计日总负荷为 400000kW · h，空调运行时段为 9:00—19:00，制冷站设计日附加系数为1.0,电费的谷价时段为22:00—6:00,采用螺杆式制冷机(制冰时冷量变化率为0.64),试比较采用全负荷蓄冷和部分负荷蓄冷,系统蓄冷装置有效容量的前、后二者的差值?

(A)243900kW·h　　(B)−264550kW·h
(C)264550kW·h　　(D)270270kW·h

答案:[　]
主要解答过程:

24. 设计空气洁净度等级为6级的洁净室,对于0.5μm粒子而言,其室内单位容积发尘量为$G=1\times10^4 pc/m^3\cdot min$,新风比为10%,其含尘浓度为$C_1=100\times10^4 pc/L$,预过滤器总效率为50%,高效空气过滤器效率为99.999%,如果室内粒子呈均匀分布状态,试问该洁净所需换气次数为下列哪项?

(A)35~54次/h　　(B)100~110次/h
(C)65.8~84次/h　　(D)112~150次/h

答案:[　]
主要解答过程:

25. 某住宅楼18层,1~4层生活给水由市政直供,5~18层由楼顶水箱供给,水泵从贮水池向水箱供水,该楼每层6户,每户按3口人计,每户设大便器、洗脸盆、洗涤盆、洗衣机、热水器和沐浴器,用水定额和小时变化系数均取最小值,计算高位水箱最小调节水量应为下列哪项值?

(A)1.0~1.3m^3　　(B)1.5~1.8m^3
(C)2.0~2.3m^3　　(D)2.4~2.9m^3

答案:[　]
主要解答过程:

2007 年案例分析试题答案(下午卷)

1. **答案**:C

主要解题过程:

《民用建筑节能设计标准》(JGJ 26—1995),查表 5.3.3,管道安装在地沟内,D325×8 管道玻璃棉保温的最小保温厚度为 40mm。

第 5.3.4 条,系统供热面积大于 5 万 m^2,最小保温厚度应增加 10mm,为 40 + 10 = 50mm。

注意:本题考点已过期,现行规范《严寒和寒冷地区居住建筑节能设计标准》(JGJ 26—2010)已代替《民用建筑节能设计标准》(JGJ 26—1995),相关保温层选取方法已做出修改,详见(JGJ 26—2010)第 5.2.18 条。

2. **答案**:C

主要解题过程:

《注册设备工程师暖通空调考试复习教材》(第三版)P67 公式(1.5-19),暖风机进口温度的标准参数为 15℃,当进口温度不同时,需要对散热量进行修正。

$\frac{Q_d}{Q_0}=\frac{t_{pj}-t_n}{t_{pj}-15}=\frac{[(95+70)/2]-18}{[(95+70)/2]-15}$,则 $Q_d=5.73\text{kW}$

则按热负荷计算需要台数为:$n=\frac{Q}{Q_d\times\eta}=\frac{94-30}{5.73\times0.8}=14$ 台

按照换气次数算所需台数为:$n=\frac{1.5\times6\times1000}{500}=18$ 台

应按最大值选取,即应布置 18 台。

3. **答案**:B

主要解题过程:

95/70℃时,计算温差为:$\Delta t_1=[(95+70)/2]-18=64.5$℃

根据锅炉的供热量和水流量计算锅炉的供水温度,公式为:$Q=G\cdot c\cdot(t_g-t_h)$

代入数值为:

$0.7\times1000000=32000/3600\times4187\times(t_g-65)$,解得锅炉的供水温度为 $t_g=83.8$℃,

根据题意,到用户散热器处供水温度:$t_{sg}=83.8-1.6=82.2$℃,

散热器处回水温度为:$t_{sh}=65+0.6=65.6$℃

实际的计算温差为:$\Delta t_2=[(82.2+65.6)/2]-18=55.9$℃

散热器的 K 值之比为:$K_2/K_1=(\Delta t_2/\Delta t_1)^{0.8069}=(55.9/65.6)^{0.8069}=0.89$

4. **答案**:C

主要解题过程:

管网的阻力计算公式:$P=SQ^2$,管网没有改变,则其阻力系数 S 不变,流量减小后,系统的压力损失为：

$$\Delta P_2 = \Delta P_1 \times (Q_2/Q_1)^2 = 10 \times (8000/9000)^2 = 7.9\text{kPa}$$

5. **答案：**D

主要解题过程：

锅炉的热效率等于锅炉的有效供热量与燃煤发热量之比，即：

$$\eta = \frac{Q_g}{Q_{煤}} = \frac{120 \times 1000 \times (335.5 - 251.5)}{19000 \times 0.66 \times 1000} = 80.4\%$$

6. **答案：**B

主要解题过程：

《注册设备工程师暖通空调考试复习教材》（第三版）P205 公式（2.5-6）计算：

$$\eta_{c(0\sim5\mu m)} = \frac{\Delta S_c}{\Delta S_j} = \frac{10.4\% \times 3000 - 78\% \times 75}{10.4\% \times 3000} = 81.3\%$$

$$\eta_{c(20\sim40\mu m)} = \frac{\Delta S_c}{\Delta S_j} = \frac{22.4\% \times 3000 - 0.6\% \times 75}{22.4\% \times 3000} = 99.9\%$$

7. **答案：**B

主要解题过程：

室内新风量 $L = 200 \times 2 = 400\text{m}^3/\text{h}$，根据《注册设备工程师暖通空调考试复习教材》（第三版）P229 式（2.6-1），室外 CO_2 浓度：$y_0 = CM/22.4 = 0.05\% \times 1000 \times 44/22.4 = 0.982\text{g/m}^3$

室内 CO_2 浓度为（按不大于 0.1% 计算），即 $y_2 = 1.964\text{g/m}^3$。

根据 CO_2 的质量平衡有：$19.8 \times n = L \times (Y_2 - Y_1) = 400 \times (1.964 - 0.982)$，解得 $n = 19.8$人，取 19 人。

8. **答案：**C

主要解题过程：

并联管路的阻力特性有：$\Delta P = SG^2$，$S_A = S_B = S_C = S$，

则有 $\Delta P_A = S_A G_A^2$，$\Delta P_B = S_B G_B^2$，$\Delta P_C = S_C G_C^2$，

可得 $G_A : G_B : G_C = 196^{0.5} : 169^{0.5} : 144^{0.5} = 14:13:12$

由题意 $G_A + G_B + G_C = 7020$，解得 $G_A = 2520\text{m}^3/\text{h}$

9. **答案：**C

主要解题过程：

注意本题题干表述与表格数据不符，题干中为“进口机灰斗中粉尘的粒径分布”，因此要将表中“出口粉尘”理解为“灰斗中粉尘”的数据才可正确计算。

全效率：$\eta = 1 - Y_2/Y_1 = 1 - 60/600 = 90\%$

根据《注册设备工程师暖通空调考试复习教材》（第三版）P205 式（2.5-6）计算分级效率：

$$\eta_c = \Delta S_C/\Delta S_j = (18 \times 600 \times 90\%)/(20 \times 600) = 81\%$$

10. **答案**:C

主要解题过程:

除尘器的全效率:$\eta = (3000 - 75)/3000 = 97.5\%$

标准状况下排放浓度 $Y_2' = 75 \times (180 + 273)/273 = 124.5\text{mg/m}^3$,属于二类地区。

11. **答案**:B

主要解题过程:

《注册设备工程师暖通空调考试复习教材》(第三版)P266 式(2.8-3)和表 2.8-6 计算。

低速运行时,$N_1 = (L_1 \times P_1 \times K)/3000\eta_{总}$

$= 12450 \times 431 \times K/(3000 \times 0.52) = 2.866K\text{kW}$

高速与低速运行时风机转速之比为:$n_2/n_1 = L_2/L_1 = 17430/12450 = 1.4$

高温与标准状态空气密度之比为:$\rho_2/\rho_1 = (273 + 20)/(273 + 270) = 0.54$

则高速运转时,风机的功率为:$N_2 = N_1 \times (\rho_2/\rho_1) \times (n_2/n_1)^3 = 2.866K \times 0.54 \times (1.4)^3 = 4.247K\text{kW}$

查表 2.8-5,取 $K = 1.2$,$N_2 = 4.247 \times 1.2 = 5.1\text{kW}$

12. **答案**:B

主要解题过程:

室内热湿比为:$\varepsilon = 4 \times 3600/1.08 = 13333$,送风温度为:$t_0 = 18 - 6 = 12℃$,

查焓湿图室内状态点:$h_n = 37.5\text{kJ/kg}$,送风状态点:$h_0 = 30\text{kJ/kg}$

则送风量为:$G = Q/(h_n - h_0) = 3600 \times 4/(37.5 - 30) = 1920\text{kg/h}$

13. **答案**:C

主要解题过程:

查焓湿图,回风点比焓 $h_N = 59.6\text{kJ/kg}$,含湿量 $d_N = 13.1\text{g/kg}$

送风点比熔 $h_0 = 34.4\text{kJ/kg}$,含湿量 $d_0 = 8.4\text{g/kg}$

除湿量 $W = 680 \times 1.2 \times (13.1 - 8.4)/1000 = 3.68\text{kg/h}$

供冷量 $Q = 680 \times 1.2 \times (59.6 - 34.4)/3600 = 5.65\text{kW}$

14. **答案**:A

主要解题过程:

先计算热湿比 $\varepsilon = -1/0.005 = -200$,找到室内状态点 N,并绘制热湿比线与 25℃ 等温线相交于 O 点,线 $N\text{-}O$ 即为热湿比线 $\varepsilon = -200$。由室外状态点加热新风,是一个等湿过程,由室外状态点 W 等湿度做垂线向上延伸。由 O 点绘制等焓线向左上侧延伸,与 W 点向上延伸的等湿度线相交于 L 点,查图知该点干球温度为 31.2℃,$O\text{-}L$ 即为 O 点的等焓线。L 点即新风加热后状态点,在 L 点状态下等焓加湿即可使送风状态点 O 的空气满足题目所需的要求。

查《注册设备工程师暖通空调考试复习教材》(第三版)P408,加湿器饱和效率 $= (31.2 - 25)/(31.2 - 11.5) = 31.5\%$。

15. **答案**:D

主要解题过程:

蒸汽加湿过程为等温加湿过程,查焓湿图室内空气的含湿量为:$d_n = 4.4\text{g/kg}$

室外点的空气含湿量为:$d_w = 1.5\text{g/kg}$,室内的余湿为 6g/s

计算空气的加湿量为:$W = 4 \times (4.4 - 1.5) - 6 = 5.6\text{g/s}$

16. **答案**:A

主要解题过程:

系统的定压点 B,其压力为 $3\text{mH}_2\text{O}$,计算从 B 点至 A 点的沿程阻力损失为:

$\Delta P_y = (100 + 35 + 25 + 30 + 100) \times 400/10000 = 11.6\text{mH}_2\text{O}$

A 点的压力为:$P_A = H + 3 - \Delta P_y - \Delta P_J = 30 + 3 - 10 - 11.6 = 11.4\text{mH}_2\text{O}$

17. **答案**:D

主要解题过程:

《地源热泵系统工程技术规程》(GB 50366—2005)(2009 年版)第 4.3.3 条条文说明。

蒸发器热负荷:$Q_1 = 823/(1 - 1/4.58) = 643.3\text{kW}$

自土壤吸热量:$Q = Q_1 - 18.7 = 624.6\text{kW}$

则循环水量 $G = 0.86Q_1/\Delta t = 0.86 \times 624.6/7 = 79.1\text{t/h}$

18. **答案**:D

主要解题过程:

题目已给出计算公式,可直接代入数值进行计算,

房间的总表面积 $S = \pi dh + 2 \times \pi d^2/4$

$= 3.14 \times 10 \times 5 + 3.14 \times 100/2 = 314\text{m}^2$

根据公式计算观众感受到的声功率级:

$L_P = L_w + 10 \times \lg[Q/4\pi r^2 + (1 - a_M)/S \times a_M]$

$= 50 + 10 \times \lg[5/4 \times \pi \times (5^2 + 5^2) + (1 - 0.2)/(314 \times 0.2)]$

$= 33.2\text{dB}$

19. **答案**:D

主要解题过程:

《注册设备工程师暖通空调考试复习教材》(第三版)P608。

理论功率为:$P_0 = w_0 q_m = 43.98 \times 0.5 = 21.99\text{kW}$

指示功率为:$P_i = w_i q_m = 67.77 \times 0.5 = 33.89\text{kW}$

轴功率为:$P_e = P_i/n_m = 33.89/0.9 = 37.66\text{kW}$

20. **答案**:C

主要解题过程:

《注册设备工程师暖通空调考试复习教材》(第三版)P608 公式(4.3-19),对于封闭式电机:

电机输入功率：$P_{in}=P_{th}/(\eta_i\eta_m\eta_{mo})$

$=P_i/(\eta_m\eta_{mo})=P_e/\eta_{mo}$

$=79.81/0.8=99.76W$

机组的 $EER=Q_0/P_{in}=128.7/99.76=1.29$

21. **答案**：B

主要解题过程：

《注册设备工程师暖通空调考试复习教材》（第三版）P575 中间压力的近似计算公式：

$P=(P_k\times P_0)^{0.5}=0.93MPa$

22. **答案**：C

主要解题过程：

《注册设备工程师暖通空调考试复习教材》（第三版）P640 式（4.5-14）～式（4.5-16）：

循环倍率 $f=m_3/m_7=10.9/0.753=14.5$

f＝浓溶液浓度 ε_s/（浓溶液浓度 ε_s-稀溶液浓度 ε_w）$=\varepsilon_s/(\varepsilon_s-0.591)$，得 $\varepsilon_s=0.634$

则放气范围 $\Delta\varepsilon=\varepsilon_s-\varepsilon_w=0.634-0.591=0.044$

23. **答案**：C

主要解题过程：

《注册设备工程师暖通空调考试复习教材》（第三版）P685 式（4.7-3）和式（4.7-6）。

全负荷蓄冷的有效容量为：$Q_{全}=400000kW\cdot h$

部分负荷蓄冷的有效容量为：

$Q_{部}=n_ic_f\sum q/(n_2+n_1C_f)$

$=400000\times8\times0.64/(10+8\times0.64)=135450kW\cdot h$

$\Delta Q=Q_{全}-Q_{部}=400000-134450=264550kW\cdot h$

24. **答案**：A

主要解题过程：

《注册设备工程师暖通空调考试复习教材》（第三版）P451 表 3.6-1，6 级洁净室 0.55m 粒径对应的含尘浓度限值 $N=35200pc/m^3=35.2pc/L$。

从 P461 式（3.6-8），可知计算房间的换气次数，需选取安全系数 a（查表 3.6-13 知 a 取 0.4）。

由 P460 式（3.6-6），计算经过过滤器后的送风含尘浓度。

送风含尘浓度：

$N_s=100\times10^4\times10\%\times(1-50\%)\times(1-99.999\%)+35.2\times0.9\times(1-99.999\%)$

$=0.5pc/L$

房间的换气次数：$n=60G\times10^{-3}/(aN-N_s)$

$=60\times10^4\times10^{-3}/(0.4\times35.2-0.5)=44$ 次/h

25. **答案**:B

主要解题过程:

《建筑给水排水设计规范》(GB 50015—2003)(2009 年版)第 3.7.5 条"……水箱的生活用水调节容量,不宜小于最大用水时水量的 50%",再查表 3.1.9 有:

$$V = 0.5 \times 14 \times 6 \times 3 \times 130 \times 2.3 = 1.57\text{m}^3$$

2008 年注册公用设备工程师（暖通空调）执业资格考试

专业考试试题及答案

2008年专业知识试题(上午卷)

一、单项选择题(共40题,每题1分。每题的备选项中只有一个符合题意)

1. 某车间采用热风采暖,热媒为30kPa的蒸汽,加热器的理论排水量为200kg/h,所配疏水器设计排水量应是下列哪一项? (　　)

(A)200kg/h　　(B)400kg/h

(C)600kg/h　　(D)800kg/h

2. 低温热水地面辐射采暖系统的工作压力,应是下列哪一项? (　　)

(A)≤0.4MPa　　(B)≤0.6MPa

(C)≤0.8MPa　　(D)≤1.0MPa

3. 燃气红外辐射器的安装高度,不应低于下列哪一项? (　　)

(A)2.8m　　(B)3.0m

(C)3.6m　　(D)4.0m

4. 以采暖系统为主要用热的工厂厂区,采用热媒时,下列选项中哪一个为宜? (　　)

(A)60/50℃温水　　(B)95/70℃热水

(C)130/80℃高温热水　　(D)蒸汽

5. 供暖散热器的构造因素中,对散热器的散热效果无影响的应是下列哪一项? (　　)

(A)散热器的材料性质　　(B)散热器的外形尺寸

(C)散热器的表面装饰　　(D)散热器的承压大小

6. 某热水采暖系统顶点工作压力为0.15MPa,该采暖系统顶点的试验压力应是下列哪一项? (　　)

(A)不应小于0.2MPa　　(B)不应小于0.25MPa

(C)不应小于0.3MPa　　(D)不应小于0.35MPa

7. 当利用管道的自然弯曲来吸收热力管道的温度变形时,自然补偿每段最大臂长的合理数值,应是下列哪一项? (　　)

(A)10 ~ 15m　　(B)15 ~ 20m
(C)20 ~ 30m　　(D)30 ~ 40m

8. PE-X 管按照交联方式的不同,可分为 PE-Xa、PE-Xb、PE-Xc、PE-Xd 种管材,四种管材的交联度不同,试问 PE-Xc 管(辐照交联聚乙烯)交联度的要求应为下列哪一项?（　　）

(A)≥55%　　(B)≥60%
(C)≥65%　　(D)≥70%

9. 采暖工程中应用阀门的做法,下列哪一项是错误的?（　　）

(A)软密封蝶阀用于高压蒸汽管路的关闭
(B)平衡阀用于管路流量调节
(C)闸阀用于低压蒸汽网络和热水管路的关闭
(D)旋塞、闸阀用于放水

10. 锅炉房的油箱间、油加热间、油泵间的火灾危险性分类应是下列哪一项?（　　）

(A)甲类　　(B)乙类
(C)丙类　　(D)丁类

11. 对图示的通风系统在风管上设置测量孔时,正确的位置应是下列哪一项?（　　）

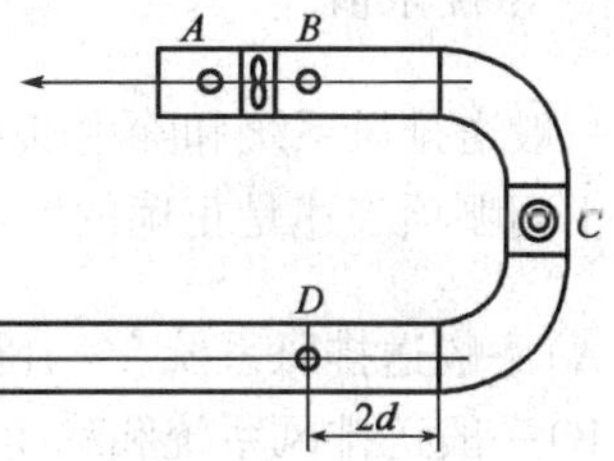

(A)A 点
(B)B 点
(C)C 点
(D)D 点

12. 在锅炉房的油泵间设置机械通风装置,其换气次数应是下列哪一项?（　　）

(A)6 次/h　　(B)8 次/h
(C)10 次/h　　(D)12 次/h

13. 根据消防设计规范,以下关于机械排烟系统排烟风机设置的叙述,哪一项是正确的?（　　）

(A)排烟风机的全压应满足排烟系统最不利换路的要求
(B)排烟风机的风量应考虑 25% 的漏风量
(C)排烟风机必须采用钢制离心风机
(D)排烟风机应设在风机房内

14. 采用内表面光滑的非金属风管进行机械排烟时,现行国家标准规定的最高排烟

风速为下列哪一项？（　　）

(A)10m/s　　(B)15m/s
(C)18m/s　　(D)20m/s

15. 按规范要求，采暖、通风和空气调节系统在一定条件下应采用防爆型设备，下列哪一项叙述是错误的？（　　）

(A)直接布置在有甲、乙类物质的通风、空气调节和热风采暖设备
(B)排除有甲类物质的通风设备
(C)排除有乙类物质的通风设备
(D)排除含有燃烧或爆炸危险的粉尘、纤维等丙类物质，其含尘浓度高于或等于其爆炸下限的50%时的设备

16. 以下关于大气污染物排放规定的叙述，哪项不符合现行国家标准的要求？（　　）

(A)污染物的排放浓度数值，是指温度293K、压力101325Pa状态下的干空气为基准下的数值
(B)通过排气筒排放的污染物，不得超过该污染物最高允许排放浓度
(C)通过排气筒排放的污染物，不得超过该污染物按排气筒高度规定的最高允许排放速率
(D)以无组织方式排放的污染物，必须按规定的监控点且不得超过相应的监控浓度限值

17. 一般送排风系统和除尘通风系统的各个并联环路压力损失的相对差额有一定的要求，下列哪项表述是正确的？（　　）

(A)一般送排风系统5%，除尘通风系统10%
(B)一般送排风系统和除尘通风系统均为10%
(C)一般送排风系统10%，除尘通风系统15%
(D)一般送排风系统15%，除尘通风系统10%

18. 设置于宾馆、饭店地下室、半地下室的厨房，当使用天然气时，宜设CO浓度探测器，检测器的报警标准数值，应是下列哪项数值？（　　）

(A)0.05%　　(B)0.03%
(C)0.02%　　(D)0.01%

19. 5级洁净室风管严密性检验的要求，应是下列哪一项？（　　）

(A)漏光法
(B)漏风量测试，抽检率20%
(C)漏风量测试，不得少于1个系统

(D)按高压系统进行漏风量测试,全数进行

20. 针对公共建筑空调系统室内运行参数,有的城市主管部门明确规定夏季的室内温度一律不允许低于26℃,其根本原因应是下列哪一项? ( )

(A)为了保证达到健康空调效果
(B)为了培养人们的节能意识
(C)为了度过电能紧缺的时期
(D)为了修改空调设计规范打下基础

21. 空调房间的冬季热负荷计算,应该按照下列哪一项进行? ( )

(A)按不稳定传热简化计算
(B)按夏季的冷负荷加以修正
(C)按谐波反应法计算
(D)按稳定传热方法计算

22. 当空气达到饱和状态时,下列哪一项是错误的? ( )

(A)空气的干球温度等于其湿球温度
(B)空气的湿球温度等于其露点温度
(C)空气的干球温度高于其露点温度
(D)空气的相对湿度达到100%

23. 风机盘管,宜按机组额定风量的比例设置高、中、低三挡风量,下列哪一项符合现行国家标准? ( )

(A)1:0.75:0.5　　(B)1:0.75:0.45
(C)1:0.6:0.4　　(D)1:0.5:0.3

24. 公共建筑节能设计标准中规定了空调热水系统的输送能效比限制,所规定的两管制热水管道数值不适用的热水系统应是下列选项的哪一项? ( )

(A)风冷热泵热水系统　　(B)水源热泵热水系统
(C)燃气锅炉热水系统　　(D)燃气直燃机热水系统

25. 空调系统安装完毕后,因进行测定与调整,试问:实测各风口的风量与设计风量的允许偏差值应是下列选项的哪一个? ( )

(A)≤10%　　(B)≤15%
(C)≤20%　　(D)≤25%

26. 某办公楼采用集中式空气调节系统,系统配置粗、中效过滤器,为两管制的变风量系统,为使其符合节能标准,系统的余压应选下列哪一项? ( )

(A)不大于 1300Pa (B)不大于 535Pa
(C)不大于 1000Pa (D)不大于 900Pa

27. 更容易发挥变冷媒流量多联机节能效果的空调系统,是下列哪一项? ( )

(A)宾馆连续运行的系统
(B)办公楼间歇运行的系统
(C)频繁启停的系统
(D)需要较长输送距离的大型建筑的空调系统

28. 非单向流洁净室的室内噪声级(空态)不应大于下列哪一项值? ( )

(A)60dB(A) (B)62dB(A)
(C)65dB(A) (D)70dB(A)

29. 现行国家标准对不同等级的洁净室以及洁净区与非洁净区之间的压差,规定的数值应是下列哪一项? ( )

(A)不同等级的洁净室之间为 0Pa,洁净室与非洁净室区之间为 5Pa
(B)不同等级的洁净室之间不小于 5Pa,洁净室与非洁净室区之间不小于 5Pa
(C)不同等级的洁净室之间不小于 5Pa,洁净室与非洁净室区之间不小于 10Pa
(D)不同等级的洁净室之间不小于 10Pa,洁净室与非洁净室区之间不小于 15Pa

30. 缩写术语 IPLV,其含义表述正确的,应是下列选项的哪一个? ( )

(A)蒸汽压缩循环冷水(热泵)机组的季节能效比
(B)蒸汽压缩循环冷水(热泵)机组的能效比
(C)蒸汽压缩循环冷水(热泵)机组的综合部分负荷性能系数
(D)蒸汽压缩循环冷水(热泵)机组的制冷性能系数

31. 溴化锂吸收式冷水机组设备内,低压部分的压力很低,处于低压部分的蒸发器和吸收器的压力与绝对大气压力的比值,应是下列哪一项? ( )

(A)约为 1/25 (B)约为 1/75
(C)约为 1/125 (D)约为 1/200

32. 水源热泵机组采用地下水为水源时,以下措施中哪一项是不正确的? ( )

(A)应采用开式系统
(B)应采用闭式系统
(C)应采用可靠的地下水回灌措施
(D)采用地下水回灌时,不得污染地下水资源

33. 下列对于电机驱动制冷压缩机的冷凝器和蒸发器的相关温度的表述中哪一项

是不正确的？（　　）

(A)蒸发式冷凝器的冷凝温度宜比夏季空调室外计算湿球温度高 8～10℃
(B)直立管式蒸发器和蒸发温度宜比冷水出口温度低 4～6℃
(C)水冷卧式壳管式冷凝器的冷却水进出口温差宜为 4～8℃
(D)风冷式冷凝器空气进出口温差不应小于 8℃

34. 下列冰蓄冷系统中乙烯乙二醇载冷剂的管道材料，哪种不应使用？（　　）

(A)镀锌钢管　　(B)焊接钢管
(C)无缝钢管　　(D)铜管

35. 同一台冷水机组，按中国标准监测得到的能效比，与按国家 ARI 标准监测得到的能效比比较，其结果应是下列的哪一个？（　　）

(A)偏高　　(B)相等
(C)偏低　　(D)高 10%

36. 对于同一台冷水机组，如果其他条件不变，机组冷凝器的冷却水侧污垢系数增加后，导致的结果是下列哪一项？（　　）

(A)冷凝器的换热能力加大
(B)冷水机组的耗电量加大
(C)冷水机组的制冷系数加大
(D)冷水机组的冷凝温度降低

37. 关于采用蒸发冷却空调系统的原则，下列哪一项是错误的？（　　）

(A)在满足使用要求的前提下，夏季空调调节室外计算湿球温度较低的地区宜采用蒸发冷却空调系统
(B)在新疆宜采用蒸发冷却空调系统
(C)西北地区宜采用蒸发冷却空调系统，理论计算送风温度绝大多数在 16～20℃之间
(D)贵州地区宜采用三级蒸发冷却空调系统

38. 在水蓄冷空调系统中对于蓄冷水的温度，其正确取值应是下列哪一项数值？
（　　）

(A)1～3℃　　(B)2～4℃
(C)3～5℃　　(D)4～6℃

39. 下列哪项对排水系统结合通气管的定义是正确的？（　　）

(A)连接数根通气立管的通气管段

(B)为使排水横支管内空气流通而设置的通气立管
(C)排水立管与通气立管的连接管段
(D)为使排水立管内空气流通而设置的垂直通气管道

40. 自动喷水灭火系统中，快速响应喷头的响应时间指数规定值为何项值？（　　）

(A) $\leqslant 40(m \cdot s)^{0.5}$　　(B) $\leqslant 50(m \cdot s)^{0.5}$
(C) $\leqslant 60(m \cdot s)^{0.5}$　　(D) $\leqslant 70(m \cdot s)^{0.5}$

二、多项选择题(共 30 题，每题 2 分。每题的备选项中有两个或两个以上符合题意，错选、少选、多选均不得分)

41. 采用蒸汽采暖系统的工业厂房，其散热器的选用，下列哪些选项是错误的？（　　）

(A)采用铝制散热器
(B)采用水流通道内含砂的铸铁散热器
(C)采用钢制板型散热器
(D)采用钢制扁管散热器

42. 城市热网为高温水系统(供水温度 150℃)，住宅小区用户与热网连接的方案应是下列选项哪几个？（　　）

(A)装水喷射的直接连接
(B)无混合装置的直接连接
(C)装混合水泵的直接连接
(D)间接连接

43. 采暖系统的阀门强度和严密性试验，正确的做法应是下列选项中的哪几个？（　　）

(A)安装在主干管上的阀门，应逐个进行试验
(B)阀门的强度试验压力为公称压力的 1.2 倍
(C)阀门的严密性试验压力为公称压力的 1.1 倍
(D)最短试验持续时间，随阀门公称直径的增大而延长

44. 在地板辐射采暖设计中，应采用相应的技术措施，下列哪些选项是正确的？（　　）

(A)系统的工作压力不应大于 0.8MPa
(B)民用建筑供水温度宜采用 35 ~ 50℃
(C)民用建筑供水温度宜采用 50 ~ 60℃
(D)当建筑物高度超过 32m 时，宜竖向分区设置

45. 某多层住宅采用集中热水采暖系统,下列哪些系统适用于采用分户计量的集中热水采暖? (　　)

(A)单管水平跨越式系统　　(B)单管垂直串联系统
(C)双管上供下回系统　　(D)双管水平并联式系统

46. 下列各采暖系统热力入口装置的示意图中哪些是错误的? (　　)

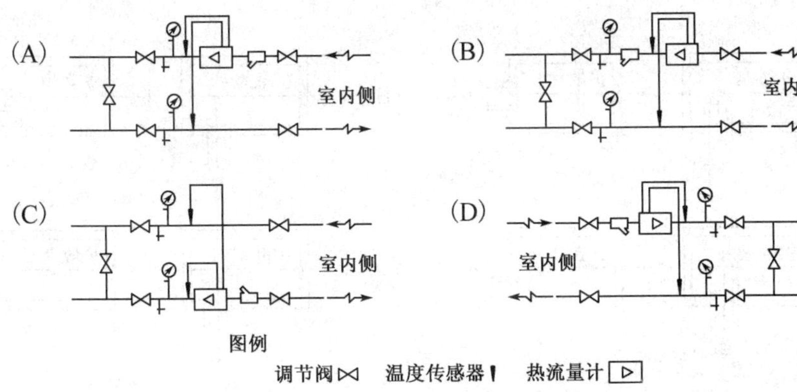

47. 热力网管道的热补偿设计,下列哪几个做法是正确的? (　　)

(A)采用铰接波纹管补偿器,且补偿管段较长时,采取减少管道摩擦力的措施
(B)采用套筒补偿时,补偿器应留有不小于 10mm 的补偿余量
(C)采用弯管补偿时,应考虑安装时的冷紧
(D)采用球形补偿器,且补偿管段过长时,在适当地点设导向支座

48. 对于有 CO_2 产生的会议室,采用通风措施保证该房间内环境空气达到卫生标准,以下哪些做法是正确的? (　　)

(A)房间门窗关闭,排气扇向室外排风
(B)房间门窗打开,排气扇向室外排风(气流组织不短路)
(C)房间门窗关闭,排气扇向室内送风
(D)房间门窗打开,排气扇向室内送风(气流组织不短路)

49. 根据检修要求,必须在竖向管道井的井壁上设置检修门,按现行消防设计规范对检修门设计的要求,下列哪些设置是错误的? (　　)

(A)甲级防火门　　(B)乙级防火门
(C)丙级防火门　　(D)普通门

50. 一栋 25 层建筑,防烟楼梯间及合用前室分别设有机械加压送风系统,所选用的风机全压在满足最不利换路管道的压力损失以外,防烟楼梯间的余压为 A,合用前室的

余压为 B,符合现行国家标准规定的正确余压数值是下列哪几项? ( )

(A) $A=50\text{Pa}, B=30\text{Pa}$　　(B) $A=40\text{Pa}, B=25\text{Pa}$

(C) $A=45\text{Pa}, B=27.5\text{Pa}$　　(D) $A=50\text{Pa}, B=25\text{Pa}$

51.《人民防空地下室设计规范》中规定了进风口部的管道连接的正确设计要求,设计中进风口部的通风管由扩散室侧墙穿入和由扩散室后墙穿入的四组做法,管道连接方式不符合规定的应是下列选项的哪几个? ( )

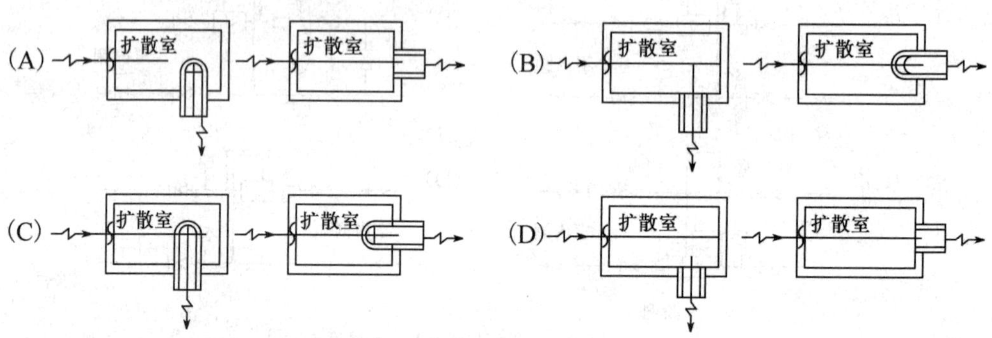

52. 某除尘系统带有一个吸尘口,风机的全压为 2800Pa,系统调试时,发现在吸尘口处无空气流动,可能形成该问题的原因,应是下列选项的哪几个? ( )

(A)除尘系统管路风速过高

(B)风机电机的电源相线接反

(C)风机的叶轮装反

(D)除尘系统管路上的斜插板阀处于关闭状态

53. 根据消防设计规范,对通风、空调系统的风管上应设置防火阀的要求,下列选项中哪几项是正确的? ( )

(A)发电机房储油间的排风管穿越储油间的隔墙处,应设置 280℃的排烟防火阀

(B)发电机房储油间的排风管穿越储油间的隔墙处,应设置 70℃的防火阀

(C)连接排风竖井的卫生间排风支管上,应设置 70℃的防火阀

(D)连接戊类库房的排风支管上,应设置 70℃的防火阀

54. 高层建筑采用液化石油气作燃料的负压锅炉,允许布置在下列哪些位置? ( )

(A)建筑物的地下二层

(B)高层建筑外的专用房间内

(C)建筑物的地下一层

(D)处于地上非人员密集场所的上一层、下一层或贴邻建筑

55. 风管穿越需要封闭的防火墙体时,应设预埋管或防护套管,以下所选钢板厚度

的数值哪些是正确的？ （ ）

(A)1.00mm (B)1.20mm
(C)1.75mm (D)2.00mm

56. 关于空调风系统控制器输送能耗的主要措施，应是下列哪几项？ （ ）

(A)控制合理的作用半径
(B)控制合理的管道系统的流速
(C)风机采用三角皮带传动方式
(D)定期清理过滤设备

57. 建筑物夏季空调冷负荷计算，建筑围护结构通过传热形成的逐时冷负荷的计算中，有关计算温度取值错误的是下列哪些选项？ （ ）

(A)外窗：夏季空调室外计算逐时温度
(B)屋面：夏季空调室外计算逐时综合温度
(C)外墙：夏季空调室外计算日平均综合温度
(D)邻室为非空调区的楼板：夏季空调室外计算日平均综合温度

58. 下列关于风机盘管机组静压的表述，哪些是符合现行国家标准？ （ ）

(A)风机盘管机组的静压是指在额定风量时，送风克服机组自身阻力后，在出风口处的静压
(B)低静压机组是指机组在额定风量时，在出风口的静压为0或12Pa的机组
(C)高静压机组是指机组在额定风量时，在出风口的静压不小于30Pa的机组
(D)高静压机组是指机组在额定风量时，在出风口的静压不小于50Pa的机组

59. 冬季空调采用喷口送热风时，气流会向上弯曲，下列哪些叙述是错误的？
（ ）

(A)送风温差越小，则弯曲程度越大
(B)送风速度越大，则弯曲程度越大
(C)送风口直径越小，则弯曲程度越大
(D)送风速度越小，则弯曲程度越大

60. 关于空调水系统的说法汇总，下列哪些是正确的？ （ ）

(A)二次泵变流量系统的盈亏管上不能设置任何阀门
(B)带有开式膨胀水箱的水系统均为开式系统
(C)一次泵变流量系统须设置压差控制的旁通电动阀
(D)内区的空调房间应采用四管制系统

61. 某严寒A地区办公建筑选用若干空调制冷设备，下列哪些表述不符合现行国家

标准规定？（　　）

（A）一台螺杆式风冷热泵冷（热）水机组，名义工况的制冷量为400kW，输入功率为146kW

（B）一台离心式冷水机组，名义工况的制冷量为1250kW，输入功率为250kW

（C）一台风冷式接风管的屋顶式空调机组，能效比（EER）为4级

（D）一台组合式空调机组，额定风量为1000000m^3/h，实测机组的噪声声压级为92dB（A）

62. 设置在同一洁净区的高效空气过滤器，其正确的做法应是下列哪几项？（　　）

（A）风量宜相近　　（B）阻力宜相近

（C）效率宜相近　　（D）尺寸宜相近

63. 洁净厂房中易燃易爆气体贮存、使用场所，采用措施正确的是下列哪几项？（　　）

（A）设置可燃气体报警装置

（B）应设自动和手动控制的事故排风系统

（C）报警装置应与相应的事故排风机连锁

（D）报警信号接至门外值班室

64. 下列哪些蒸汽压缩式制冷机组，运行中不易发生喘振现象？（　　）

（A）活塞式压缩机　　（B）涡旋式压缩机

（C）螺杆式压缩机　　（D）单级离心式压缩机

65. 下列哪些空调用水冷式冷水机组的冷却水温表述是正确的？（　　）

（A）机组的冷却水进水温度越高越好

（B）机组的冷却水进出口水温差越小越好

（C）溴化锂吸收式冷水机组的冷却水进口温度最低不宜低于24℃

（D）电动压缩式冷水机组的冷却水进口温度最低不宜低于15.5℃

66.《公共建筑节能设计标准》中，对水冷式冷水机组制冷性能系数的规定限制，下列哪些表述是正确的？（　　）

（A）不同地区对机组能效要求相同

（B）水冷定频机组及风冷或蒸发冷却机组的性能系数不应低于标准要求

（C）水冷变频离心式机组的性能系数（COP）不应低于规范中数值的0.93倍

（D）水冷变频螺杆式机组的性能系数（COP）不应低于规范中数值的0.95倍

67. 目前工程中利用的水源热泵机组作为空调冷（热）源，其冷（热）介质的各种取用形式，正确的应是下列选项的哪几个？（　　）

(A)直接从水井中抽取地下水
(B)从江河、湖泊中抽取水
(C)采用置于江河、湖泊中的水下盘管环路中的循环水
(D)采用地下埋管中的循环水

68. 关于多联式空调(热泵)机组的制冷综合性能系数,正确表述概念或特性的是下列选项中的哪几个? ( )

(A)制冷综合性能系数随机组制冷量自 70% 负荷率增加至 100% 负荷率而提高
(B)制冷综合性能系数随机组制冷量自 70% 负荷率增加至 100% 负荷率而减小
(C)制冷综合性能系数是反映机组部分负荷的制冷效率
(D)制冷综合性能系数是反映机组全负荷的制冷效率

69. 关于蓄冷系统的说法正确的,应是下列选项中的哪几个? ( )

(A)冰蓄冷系统通常能够节约运行费用但不能节约能耗
(B)蓄冷系统不适用于有夜间负荷的建筑
(C)水蓄冷系统的投资回收期通常比冰蓄冷系统短
(D)冰蓄冷系统采用冷机优先策略可最大幅度节约运行费用

70. 设计建筑室内排水系统时,设置通气系统的主要作用应是下列选项中的哪几个? ( )

(A)保护存水弯的水封
(B)排水管堵塞时清通的通道
(C)排除污水产生的有害气体
(D)建筑火灾时的安全措施

2008 年专业知识试题答案(上午卷)

1. **答案**:CD

依据:《注册公用设备工程师暖通空调考试复习教材》(第三版)P91,疏水器的选择倍率 $K \geq 3$,疏水器的设计排水量。选项 CD 均可满足要求。

2. **答案**:C

依据:《民用建筑供暖通风与空气调节设计规范》(GB 50736—2012)第 5.4.5 条,热水地面辐射供暖系统的工作压力不宜大于 0.8MPa。

3. **答案**:B

依据:《民用建筑供暖通风与空气调节设计规范》(GB 50736—2012)第 5.6.3 条,不宜低于 3m。

4. **答案**:C

依据:《注册公用设备工程师暖通空调考试复习教材》(第三版)P22,高温水供暖系统一般宜在生产厂房中应用,设计高温水热媒的供、回水温度多采用(110 ~ 130℃)/(70 ~ 90℃)。

5. **答案**:D

依据:《注册公用设备工程师暖通空调考试复习教材》(第三版)P86 ~ 88。

6. **答案**:C

依据:《建筑给水排水及采暖工程施工质量验收规范》(GB 50242—2002)第 8.6.1 条,"应以系统顶点工作压力加 0.1MPa 做水压试验,同时系统顶点的试验压力应不小于 0.3MPa",选 C。

7. **答案**:C

依据:《注册公用设备工程师暖通空调考试复习教材》(第三版)P101,"自然补偿每段臂长一般不宜大于 20 ~ 30m",选 C。

8. **答案**:B

依据:《辐射供暖供冷技术规程》(JGJ 142—2012)附录 E 注:PE-Xa 的交联度≥70%,PE-Xb 的交联度≥65%,PE-Xc 的交联度≥60%。

9. **答案**:A

依据:《注册公用设备工程师暖通空调考试复习教材》(第三版)P83,高压蒸汽管路关闭用采用截止阀。

10. **答案**:C

依据:《锅炉房设计规范》(GB 50041—2008)第15.1.1条。

11. 答案:D

依据:《注册公用设备工程师暖通空调考试复习教材》(第三版)P278。

12. 答案:D

依据:《锅炉房设计规范》(GB 50041—2008)第15.3.9条。

13. 答案:A

依据:《建筑设计防火规范》(GB 50016—2006)第9.4.8条、第9.4.9条,选项A正确,应考虑10%~20%的漏风量,排烟风机宜设在风机房内,排烟风机满足使用要求即可,不是必须为钢制离心风机。

注:按公消〔2015〕98号文件规定,因《建筑防烟排烟系统技术规范》尚未批准发布,防烟排烟的设计与审核暂按旧规范内容执行。

14. 答案:B

依据:《注册公用设备工程师暖通空调考试复习教材》(第三版)P303。

15. 答案:D

依据:《民用建筑供暖通风与空气调节设计规范》(GB 50736—2012)第6.5.10条。

16. 答案:A

依据:《大气污染物综合排放标准》(GB 16297—1996)第3.1条,标况温度应为273K,其他选项见第4.1条、第4.2条、第4.3条。

17. 答案:D

依据:《注册公用设备工程师暖通空调考试复习教材》(第三版)P252。

18. 答案:C

依据:《城镇燃气设计规范》(GB 50028—2006)第3.2.3条。

19. 答案:D

依据:《通风与空调工程施工质量验收规范》(GB 50243—2002)第6.2.8条。

20. 答案:B

依据:城市主管部门规定此数据主要是针对使用人群,其目的在于培养人们的节能意识。其他几个选项主要应由暖通专业的人员来解决。

21. 答案:D

依据:《民用建筑供暖通风与空气调节设计规范》(GB 50736—2012)第7.2.13条。

22. 答案:C

依据:在焓湿图上空气状态位于饱和线上(相对湿度100%)时,其干球温度、湿球温度、露点温度相同。

23. **答案**:A

依据:《风机盘管机组》(GB/T 19232—2003)第5.1.5条。

24. **答案**:C

依据:《公共建筑节能设计标准》(GB 50189—2015)第4.3.9条。

25. **答案**:B

依据:《通风与空调工程施工质量验收规范》(GB 50243—2002)第11.3.2.2条。

26. **答案**:B

依据:《公共建筑节能设计标准》(GB 50189—2015)第4.3.22条。

27. **答案**:A

依据:《注册公用设备工程师暖通空调考试复习教材》(第三版) P614"多联机在负荷率50% ~75%时,能效比较满负荷时可提高15% ~30%"。因此多联机最适合用于平时使用时同时使用率较低,负荷率处于上述范围的场合,四个选项中只有选项A中的宾馆,全天都有空调需求,但受入住率的影响,经常保持在部分负荷下运行,选用多联机比较合适;办公楼一到工作时间,几乎所有的房间空调都开,满负荷运行,同时使用率高;选项C中系统是否频繁启停与其同时使用率的高低没有必然联系;选项D中多联机冷媒管有长度限值的要求,《民用建筑供暖通风与空气调节设计规范》(GB 50736—2012)第7.3.11.3条,冷媒管配管的等效长度一般不宜超过70m,因此有较长输送距离要求的大型建筑中不能体现其优势。

28. **答案**:A

依据:《洁净厂房设计规范》(GB 50073—2013)第4.4.1条。

29. **答案**:B

依据:《洁净厂房设计规范》(GB 50073—2013)第6.2.2条。

30. **答案**:C

依据:《公共建筑节能设计标准》(GB 50189—2015)第2.0.8条。

31. **答案**:C

依据:《注册公用设备工程师暖通空调考试复习教材》(第三版) P647:"蒸发器和吸收器约为0.008MPa(绝对大气压),低温发生器和冷凝器约为0.075MPa(绝对大气压力)"。

32. **答案**:A

依据:《民用建筑供暖通风与空气调节设计规范》(GB 50736—2012)第8.3.5条。

33. **答案**:D

依据:《注册公用设备工程师暖通空调考试复习教材》(第三版) P634,选项D应为"不应大于8℃",选项C4 ~8℃与教材中4 ~6℃稍有出入,需要注意。

34. **答案**:A

依据:《注册公用设备工程师暖通空调考试复习教材》(第三版) P694,"采用普通钢管,不应采用镀锌钢管"。

35. **答案**:B

依据:《注册公用设备工程师暖通空调考试复习教材》(第三版) P623,中国标准与美国 ARI 标准相同。

36. **答案**:B

依据:《注册公用设备工程师暖通空调考试复习教材》(第三版) P623,图 4.3-16。

37. **答案**:A

依据:有关蒸发冷却空调系统的内容见《全国民用建筑工程设计技术措施　暖通空调・动力》(2009 年版)5.15 章节。本题有关内容见第 5.15.1.1 条、第 5.15.1.4 条、第 5.15.1.5 ~6 条。

38. **答案**:D

依据:《民用建筑供暖通风与空气调节设计规范》(GB 50736—2012)第 8.7.7 条,蓄冷水温不宜低于 4℃。《注册公用设备工程师暖通空调考试复习教材》(第三版) P679 表 4.7-4,蓄冷水温度 4 ~6℃。

39. **答案**:C

依据:《建筑给水排水设计规范》(GB 50015—2003)(2009 年版)第 2.1.53 条。

40. **答案**:B

依据:根据《自动喷水灭火系统设计规范》(GB 50084—2001)(2005 年版)第 2.1.9 条。

---

41. **答案**:ACD

依据:《注册公用设备工程师暖通空调考试复习教材》(第三版) P84,"蒸汽采暖系统不应采用钢制柱型、板型和扁管等散热器";对于铝制散热器,教材和规范都说的是铝制散热器对水质有要求,没提蒸汽系统,参照《建筑采暖与空调节能设计与实践》P68 明确规定"铝制散热器只能用于热水系统不能用于蒸汽系统",所以选项 A 也错误。

42. **答案**:ACD

依据:《民用建筑供暖通风与空气调节设计规范》(GB 50736—2012)第 5.3.1 条和第 5.4.1 条,散热器供暖系统供水温度不宜大于 85℃,热水地面辐射供暖系统供水温度不应大于 60℃,因此应将高温水转换为住宅小区的低温供水供给用户;《注册公用设备工程师暖通空调考试复习教材》(第三版) P127 ~129 热用户与热网的连接分直接连接与间接连接两种。直接连接中能降温供应的有装水喷射器、混合水泵两种,间接连接是通过换热器来连接热网和用户系统的,也能降温供水。无混合装置的直接连接方式,供给用户的水温不能满足温度要求。

43. **答案**:CD

依据:《建筑给水排水及采暖工程施工质量验收规范》(GB 50242—2002)第3.2.4、第3.2.5条。

44. **答案**:AB或无

依据:《民用建筑供暖通风与空气调节设计规范》(GB 50736—2012)第5.4.5条,工作压力不宜大于0.8MPa,选项A错。

《辐射供冷供暖技术规程》(JGJ 142—2012)第3.1.1条“民用建筑供水温度宜采用35~45℃”,选项BC错;第3.1.9条,有关系统竖向分区的规定,可知选项D错误。

本题如不严格执行规范条文内容,选项AB应为正确;如果严格执行规范条文内容,则无正确答案。

45. **答案**:ACD

依据:《注册公用设备工程师暖通空调考试复习教材》(第三版)P110,选项ACD适用;《民用建筑供暖通风与空气调节设计规范》(GB 50736—2012)第5.3.3条,“垂直单管顺序式系统不宜采用分户独立循环系统”。

46. **答案**:BC

依据:《民用建筑供暖通风与空气调节设计规范》(GB 50736—2012)第5.10.3条,“热量表的流量传感器安装在回水管上”,第5.9.3条及条文说明,“进入流量计前的回水管上应设置滤网规格不宜小于60目的过滤器”,同时满足以上两个条件的为选项AD。

47. **答案**:ACD

依据:参见《城镇供热管网设计规范》(CJJ 34—2010)第8.4.6条、第8.4.3条、第8.4.5条,可知选项ACD正确;根据8.4.4条,选项B中应为“不小于20mm的补偿余量”。

48. **答案**:BD

依据:必须保证房间有进出风条件,才能保证有良好的气流组织,选项AC不具备进风或排风出路的条件。

49. **答案**:ABD

依据:《建筑设计防火规范》(GB 50016—2014)第6.2.9条,“检查门应采用丙级防火门”。

50. **答案**:CD

依据:《高层民用建筑设计防火规范》(GB 50045—1995)(2005年版)第8.3.7条及条文说明。

注:按公消〔2015〕98号文件规定,因《建筑防烟排烟系统技术规范》尚未批准发布,防烟排烟的设计与审核暂按旧规范内容执行。

51. **答案**:AD

依据:《人民放空地下室设计规范》(GB 50038—2005)第 3.4.7.2 条。

52. **答案**:BCD

依据:选项 A 风管内风速高,吸尘口处不会产生无风的情况;选项 BC 均会造成风机叶轮的反转,一般风机叶片反转并不会造成风量反吹,而是风量很小,因此选项 BC 均会造成吸尘口基本无风;管路上斜插板阀空气不流动,选项 D 正确。

53. **答案**:BC

依据:《建筑设计防火规范》(GB 50016—2014)第 9.3.11 条,选项 ABC 处应设置防火阀,而选项 D 处不需要设置防火阀。排风系统上防火阀的动作温度均为 70℃,选项 A 错误。

54. **答案**:BD

依据:《建筑设计防火规范》(GB 50016—2014)第 5.4.12 条,液化石油气相对密度大于 0.75,以此作为燃料的锅炉,不得设在建筑物的地下室或半地下室。

55. **答案**:CD

依据:《通风与空调工程施工质量验收规范》(GB 50243—2002)第 6.2.1 条,不应小于 1.6mm。

56. **答案**:ABD

依据:《2009 全国工程设计技术措施》第 5.6.5 条,风机优先采用直联驱动的电机。

57. **答案**:CD

依据:《民用建筑供暖通风与空气调节设计规范》(GB 50736—2012)第 7.2.7.1 条、第 7.2.8.2 条。

58. **答案**:ABC

依据:《风机盘管机组》(GB/T 19232—2003)第 3.6 条、第 3.7 条、第 3.8 条。

59. **答案**:ABC

依据:《注册公用设备工程师暖通空调考试复习教材》(第三版) P425 公式 3.5-5。

60. **答案**:AC

依据:《注册公用设备工程师暖通空调考试复习教材》(第三版) P476,选项 AC 正确;P470 图 3.7-3,选项 B 错误;内区房间全年需要制冷,不需要采用四管制。

61. **答案**:ABD

依据:选项 A 机组的 EER = 2.74,《公共建筑节能设计标准》(GB 50189—2015)第 5.4.5 条要求为 2.8;选项 B 机组的 EER = 5,第 5.4.5 条要求 5.1;选项 C 机组的 EER = 2.3,第 5.4.8 条要求为 2.3;《组合式空调机组》(GB/T 14294—2008)要求空调机组噪声声压级不超过 90dB(A)。

62. **答案**:BC

依据:《洁净厂房设计规范》(GB 50073—2013)第6.4.1.5条。

63. **答案**:ABC

依据:《洁净厂房设计规范》(GB 50073—2013)第8.4.1条,可知,选项ABC正确;第9.3.6条,报警信号接至消防控制室。

64. **答案**:ABC

依据:喘振是离心机特有的现象,一般在低负荷下(一般在额定负荷的25%以下)运行时,容易发生喘振。引起喘振的原因有冷凝压力升高,蒸发压力降低,或制冷剂流量变小。

65. **答案**:CD

依据:机组冷却水进水温度越高,将导致冷凝温度升高,制冷量下降,压缩机耗功率变大;机组冷却水温差越小,那么需要很大的冷凝器的换热面积来实现;冷却水水温的规定详见《民用建筑供暖通风与空气调节设计规范》(GB 50736—2012)第8.6.3条。

66. **答案**:BCD

依据:《公共建筑节能设计标准》(GB 50189—2015)第4.2.10条及条文解释。

67. **答案**:ABCD

依据:《水(地)源热泵机组》(GB/T 19409—2013)第3.1条,"水源热泵机组:一种采用循环流动于共用管路中的水、从水井、湖泊或河流中抽取的水或在地下盘管中循环流动的水为冷(热)源,制取冷(热)风或冷(热)水的设备"。

68. **答案**:AC

依据:《多联式空调(热泵)机组》(GB/T 18837—2015)第A.3.1.4条。

69. **答案**:AC

依据:选项A,冰蓄冷的制冷机蓄冷工况的COP值很低,低于传统冷机,所以并不能节约能耗,选项A正确;

选项B,较大的空调系统制冰的同时,如有少量的连续空调负荷存在,可在系统中单设循环泵取冷,选项B错误;

选项C,水蓄冷制冷机均采用标准单工况制冷机,冰蓄冷采用双工况制冷机,附属设备投资,冰蓄冷都远远要高于水蓄冷,选项C正确;

冰蓄冷如果采用主机优先策略就失去了冰蓄冷的意义,尽量利用蓄冷设备释放冷量,以降低运行费用,选项D错误。

有关蓄冷系统的设计可详见《全国民用建筑工程设计技术措施　暖通空调·动力》(2009年版)第6.4节蓄冷蓄热系统设计。

70. **答案**:AC

依据:《建筑给水排水设计规范》(GB 50015—2003)(2009年版)第2.1.45条通气管的概念。

2008 年专业知识试题(下午卷)

一、单项选择题(共 40 题,每题 1 分。每题的备选项中只有一个符合题意)

1. 下列哪一项不属于制定围护结构最小传热阻计算公式的原则? ( )

(A)对围护结构的耗热量加以限制
(B)对围护结构的投资加以限制
(C)防止围护结构的内表面结露
(D)防止人体产生不适感

2. 低温热水地板辐射耗热量应经计算确定,以下关于辐射采暖的耗热量计算的表述,下列哪一选项不符合现行国家规范? ( )

(A)在严寒地区,按对流采暖计算出的耗热量乘以 0.95 的修正系数
(B)在寒冷地区,按对流采暖计算出的耗热量乘以 0.90 的修正系数
(C)将室内计算温度取值降低 2℃,再按对流采暖计算耗热量
(D)敷设加热管的建筑地面,应计算地面的传热损失

3. 设置热风采暖的民用建筑及工业企业辅助建筑,冬季室内活动区的平均风速应为下列选项的哪一个? ( )

(A)不宜大于 0.50m/s (B)不宜大于 0.35m/s
(C)不宜大于 0.30m/s (D)不宜大于 0.25m/s

4. 设置全面采暖的民用建筑,下列哪一项是确定围护结构传热阻的正确表述?
( )

(A)应保证围护结构不结露的最小热阻
(B)应根据技术经济比较确定
(C)应根据建筑的功能确定
(D)应根据技术经济比较确定,且符合国家现行有关节能标准的规定

5. 围护结构最小传热阻的计算公式,该计算公式不能适用于下列选项中的哪一个?
( )

(A)外墙 (B)外窗
(C)屋顶 (D)地面

6. 设置集中采暖的建筑物中,安装在有冻结危险的楼梯间的散热器,下列哪一项是

正确的连接方式?　　( )

(A)由散热器前设置调节阀的单独立、支管采暖
(B)由散热器前不设置调节阀的单独立、支管采暖
(C)楼梯间与相邻房间共用立管、支管,立管、支管均设置调节阀
(D)楼梯间与相邻房间共用立管,仅相邻房间的支管设置调节阀

7. 按照《公共建筑节能设计标准》,集中热水采暖系统设计时采用的节能措施,下列哪项是错误的说法?　　( )

(A)散热器宜明装
(B)应设置室温调控装置
(C)采用垂直单管串联式系统
(D)散热器及辐射供暖系统应安装自动温度控制阀

8. 热水采暖系统采用高位膨胀水箱做恒压装置时,下列哪项做法是错误的?
( )

(A)高位膨胀水箱与热水系统连接的位置,宜设置在循环水泵的进水母管上
(B)高位膨胀水箱的最低水位应高于热水系统最高点的0.5m以上
(C)设置在露天的高位膨胀水箱及其管道应有防冻胀措施
(D)高位膨胀水箱与热水系统的连接管上,不应装设阀门

9. 住宅建筑采暖系统设计时,下列哪一个计算方法是错误的?　　( )

(A)户内采暖设备容量计入向邻室传热引起的耗热量
(B)计算户内管道时,计入向邻室传热引起的耗热量
(C)计算采暖系统总管道时,不计入向邻室传热引起的耗热量
(D)采暖系统总热负荷计入向邻室传热引起的耗热量

10. 关于通风和空调系统的矩形钢板风管截面尺寸的规定,应为下列哪一项?
( )

(A)风管长、短边之比不宜大于3,最大长、短边之比不应超过6
(B)风管长、短边之比不宜大于4,最大长、短边之比不应超过8
(C)风管长、短边之比不宜大于4,最大长、短边之比不应超过10
(D)风管长、短边之比不宜大于5,最大长、短边之比不应超过10

11. 对放散热量的工业厂房采用自然通风时,下列哪一项表述是错误的?　　( )

(A)主要考虑热压作用
(B)充分利用穿堂风
(C)利用穿堂风时,厂房迎风面与夏季最多风向宜成60°~90°角
(D)计算自然通风时,考虑热压和风压的联合作用

12. 地下汽车库内无直接通向室外的汽车疏散出口的防火分区，设计中设置机械排烟系统时，应同时设置进风系统，送风量与排风量的比值应为下列哪一项？（　　）

(A) ≥20%　　(B) ≥30%

(C) ≥40%　　(D) ≥50%

13. 某高层建筑有地面面积为800m^2、净空高度为11.5m的中庭，设计采用自然排烟方式，该中庭可开启的天窗或高侧窗的面积数值哪一项是错误的？（　　）

(A) 16m^2　　(B) 40m^2

(C) 80m^2　　(D) 120m^2

14. 袋式除尘器过滤速度的高低与清灰方式、清灰制度、粉尘特性、入口含尘浓度等因素有关，下列哪项不宜选用较高的过滤速度？（　　）

(A) 强烈清灰方式　　(B) 清灰周期较短

(C) 入口含尘浓度较高　　(D) 粉尘的颗粒较大，黏性小

15. 布置在民用建筑内的地下室、半地下室、第一层或顶层的热水锅炉房，其额定出口热水温度不应大于下列哪一项？（　　）

(A) 80℃　　(B) 95℃

(C) 110℃　　(D) 120℃

16. 矩形风管弯管制作必须设导流片的弯管，应是下列选项的哪一个？（　　）

(A) 平面边长为500mm的内斜线外直角形

(B) 平面边长为500mm的内外直角形

(C) 平面边长为800mm的内外同心弧形

(D) 平面边长为800mm的内弧形外直角形

17. 对污染源产生的工业有害物进行源控通风设计，经计算对每一种有害物设计的全面排风量分别为：粉尘，5m^3/s；SO_2气体，3m^3/s；余热，6m^3/s；余湿，4m^3/s，以下所列最低的全面排风量，哪一项值是正确的？（　　）

(A) 18m^3/s　　(B) 10m^3/s

(C) 8m^3/s　　(D) 6m^3/s

18. 适合静电除尘器的使用环境，是下列哪一项？（　　）

(A) 有爆炸性气体产生的环境

(B) 有在常温条件下产生易燃的油雾

(C) 高温（<400℃）含尘气体除尘

(D) 相对湿度大于80%的含尘气体除尘

19. 某宾馆的会议区有多个会议室，其中一间100人会议室采用了一台3000m^3/h的新风空调箱供应新风，但室内与会人员仍感气闷，反映新风不足，分析引起新风量不足首选的因素，是下列选项的哪一个？（　）

（A）新风系统用了中效过滤器
（B）新风送风道过长
（C）室内未设置排风系统
（D）室外气温过高

20. 舒适性空调房间的夏季空调冷负荷计算中，下列哪一个说法是正确的？（　）

（A）可不计算人员形成的冷负荷
（B）可不计算通过地面传热形成的冷负荷
（C）可不计算通过内墙传热形成的冷负荷
（D）可不计算通过屋面传热形成的冷负荷

21. 将低压饱和蒸汽喷入空气中，并控制喷入蒸汽量，不使空气含湿量超过饱和状态时，空气状态的变化过程应是下列选项的哪一个？（　）

（A）等焓加湿　（B）等焓加热
（C）等温加湿　（D）等湿加热

22. 判断一栋建筑是否节能，采用的判断依据应是下列选项的哪一个？（　）

（A）该建筑是否应用了地源热泵
（B）该建筑全年单位面积平均能耗
（C）该建筑空调采暖负荷大小
（D）该建筑围护结构传热系数是否达到节能设计标准的要求

23. 公共建筑空调冷、热水系统采用二次泵系统的条件，应为各环路压力损失相差悬殊，当采用二次泵系统时，对各环路压力损失相差数值的具体判据是下列哪项？（　）

（A）各环路压力损失相差数值大于90kPa
（B）各环路压力损失相差数值大于70kPa
（C）各环路压力损失相差数值大于50kPa
（D）各环路压力损失相差数值大于30kPa

24. 设计离心式制冷机机房，以下设计要求中，哪一项是不正确的？（　）

（A）应考虑机房设备安装孔与运输通道的预留
（B）应设置给水、排水设施
（C）应有良好的室内通风设施
（D）机房的隔墙应为防爆墙

25. 某工程空调系统的组合式空调器构造如图所示，投入使用后，风量、风压均满足要求，但排水管中的凝结水不能有效排除进入了风机段，其原因是下列哪项？（　　）

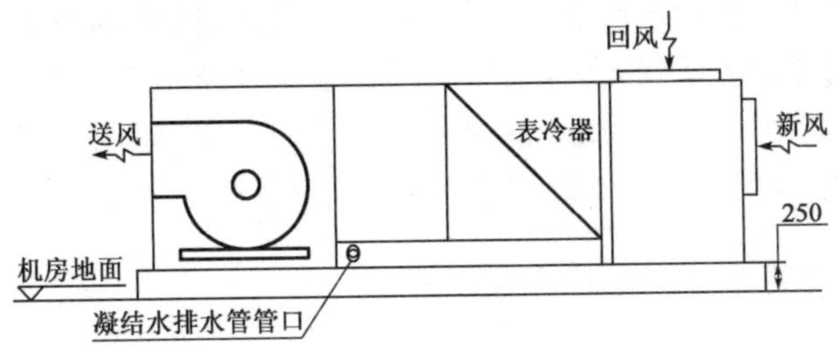

(A)排水管直径太小

(B)排水口位置偏高

(C)风机的负压偏小

(D)机组排水管管口直通机房

26. 某23层办公大楼的空调水系统为闭式系统，冷水机组、冷水循环泵和膨胀水箱均置于建筑的最高屋面处，系统调试时，冷水循环泵和供回水管路的振动很大，分析产生问题的原因，是下列选项的哪一个？（　　）

(A)冷水循环泵的扬程选择过高

(B)冷水循环泵的流量过大

(C)冷水循环泵与膨胀水箱的距离过大

(D)冷水供回水管路有空气

27. 某新风处理机组的额定参数满足国家标准的要求，现将该机组用于成都市某建筑空调系统，该市的冬季和夏季室外空气计算温度为1℃和31.6℃，当机组风量、冬季空调热水和夏季空调冷水的供水温度和流量都符合该机组额定值时，哪项说法是错误的？（　　）

(A)机组的供冷量小于额定供冷量

(B)机组的供热量小于额定供热量

(C)机组的夏季出风温度低于额定参数时的出风温度

(D)机组的冬季出风温度低于额定参数时的出风温度

28. 下列关于洁净等级的说法哪一项是错误的？（　　）

(A)目前我国使用的空气洁净度标准均采用计数浓度

(B)根据国际标准ISO/TC 209，室内大于或等于0.5μm的粒子个数为30pc/m^3，则其空气洁净等级为N3级

(C)根据美国联邦标准FS 209E，室内大于或等于0.5μm的粒子个数为30pc/m^3，则其空气洁净等级为M3级

(D)传统的100级是指每立方英尺中大于或等于0.5μm的粒子个数不多于100个

29. 现行国家标准对空气过滤器的选用、布置和安装方式做出若干强制性规定，以下对有关强制性规定理解错误的是哪一项？（　　）

(A)空气净化处理应根据空气洁净度等级合理选用空气过滤器
(B)空气过滤器的处理风量应小于或等于额定风量
(C)中效(高中效)空气过滤器宜集中设置在空调系统的正压段
(D)亚高效、高效和超高效空气过滤器必须设置在净化空调系统的末端

30. 下列哪一项关于制冷剂说法是错误的？（　　）

(A)R123 的 GWP 在目前常用制冷剂中属最低范围
(B)R134a 的 ODP = 0，GWP 却较高
(C)R22 的 ODP 和 GWP 值均很小，在我国可以长期使用
(D)CO_2 属于可长期使用的制冷剂

31. 下列哪一项关于溴化锂吸收式制冷剂的热力系数的表述是不正确的？（　　）

(A)热水系数作为制冷机经济性的评价指标
(B)热力系数是制冷机获得的冷量与消耗的热量之比
(C)热力系数随热媒温度升高而增大
(D)和压缩式制冷机中卡诺循环的制冷系数是理论上最大的制冷系数相对应，热力系数也有理论上最大热力系数的概念

32. 仅选用单台冷水机组且连续运行的建筑物空调系统，应优先选用哪类机组？（　　）

(A)能效比(EER)低的机组
(B)额定工况和高负荷下能效比(EER)高的机组
(C)部分负荷综合性能系数(IPLT)低的机组
(D)部分负荷综合性能系数(IPLV)高的机组

33. 我国已建成的冰蓄冷工程最常用的双工况制冷剂是下列选项的哪一个？（　　）

(A)活塞式　　(B)涡旋式
(C)螺杆式　　(D)离心式

34. 采用冻结设备冻结食品，属于中速冻结的冻结速度应是下列哪一项值？（　　）

(A)20 ~ 50cm/h　　(B)12 ~ 18cm/h
(C)5 ~ 10cm/h　　(D)0.5 ~ 3cm/h

35. 某家用风冷壁挂式分体空调机的铭牌上标明制冷量 3300W，制冷额定耗功率为 1240W，下列哪一项对其能效等级判断是正确的？（　　）

(A)达到相关国家标准规定的能源效率第5级
(B)达到相关国家标准作为节能评价值的第2级
(C)达到满足相关国家标准能效限定值的第1级
(D)不满足相关国家标准的最低能效等级的要求

36. 空气调节系统采用制冷剂直接膨胀式空气冷却器时,不应采用下列哪种冷媒? ( )

(A)R22 (B)R134a
(C)R717 (D)R744

37. 有三种容积型单级制冷压缩机,当实际工况压缩比≥4时,压缩机的等熵效率由低到高的排序应是下列选项的哪一个? ( )

(A)活塞式压缩机、滚动转子式压缩机、涡旋式压缩机
(B)滚动转子式压缩机、涡旋式压缩机、活塞式压缩机
(C)涡旋式压缩机、滚动转子式压缩机、活塞式压缩机
(D)活塞式压缩机、涡旋式压缩机、滚动转子式压缩机

38. 设计建筑生活热水系统时,应综合节能、防垢、安全和使用等方面因素确定热水供水温度,适宜的热水温度是下列何项值? ( )

(A)50~54℃ (B)55~60℃
(C)61~65℃ (D)66~70℃

39. 某高层住宅的浴室净高2.6m,有外窗,需布置热水器于室内,下列哪项选型是错误的? ( )

(A)密闭型燃气热水器 (B)直排型燃气热水器
(C)半密闭性燃气热水器 (D)电热水器

40. 住宅的地下室、半地下室内严禁设置的用气设备是下列哪一项? ( )

(A)天然气用气设备
(B)人工煤气用气设备
(C)液化石油气用气设备
(D)压力低于0.2MPa的天然气用气设备

二、多项选择题(共30题,每题2分。每题的备选项中有两个或两个以上符合题意,错选、少选、多选均不得分)

41. 下列哪些关于公共建筑热水采暖系统散热器设计选型、安装的表述是正确的? ( )

(A)确定散热器需散热量时,应扣除室内明装管道的散热量
(B)散热器宜明装
(C)散热器的外表面应刷非金属性涂料
(D)钢制柱形散热器的片数不应超过 20 片

42. 在地面采暖系统设计中,选用辐射采暖塑料加热管的材质和壁厚时,主要考虑的条件是下列哪几项? ( )

(A)系统运行的水温、工作压力
(B)腐蚀速度
(C)管材的性能
(D)管材的累计使用时间

43. 某四层办公楼,冬季采暖系统维护结构耗热量计算,所包括的内容是哪几项? ( )

(A)维护结构的基本耗热量
(B)朝向修正
(C)风力附加
(D)外门修正

44. 住宅建筑集中采暖系统节能,要求调节、计量装置的做法,是下列哪几项? ( )

(A)设置分户温度调节装置
(B)设置分室温度调节装置
(C)设置分户(单元)计量装置
(D)预留分户(单元)计量装置的位置

45. 热水热力网支干线的设计中,正确的设计应是下列选项的哪几个? ( )

(A)热力网支干线管径应按经济比摩阻确定
(B)热力网支干线管径应按允许压力降确定
(C)DN400 以上管道的允许比摩阻不应大于 300Pa/m
(D)DN400 以下管道的管内水流速不应小于 3.5m/s

46. 供热系统中安全阀正确的安装方式,是下列选项的哪几个? ( )

(A)蒸汽管道和设备上的安全阀应有通向室外的排气管
(B)热水管道和设备上的安全阀应有接到安全地点的排水管
(C)在排气管和排水管上不得设置阀门
(D)安全阀必须垂直安装

47. 某装配车间有 28 名工人同时工作,设有全面机械通风系统,以保证工人对新风量的需求,试问,该车间符合卫生设计标准的全面通风换气量的合理数值可选下列哪几个? ( )

(A)$600m^3/h$ (B)$850m^3/h$

(C)$950m^3/h$ (D)$1050m^3/h$

48. 一高精度空调系统，其送风支管上设置了1kW的电加热器，风管采用橡塑材料保温，沿气流方向，电加热器的前后一定的长度范围内的风管上则采用铝箔离心玻璃棉保温，根据现行消防设计规范，该长度范围正确的应是下列选项的哪几个？ （　）

(A)前0.8m，后0.5m (B)前0.5m，后0.8m

(C)前0.8m，后0.8m (D)前0.8m，后1.0m

49. 公共建筑本专业施工图的设备表中，需注明所选用风机性能参数的应是哪几项？ （　）

(A)风机全压 (B)风机最低总效率

(C)风机风量 (D)风机的配套电机功率

50. 战时为戊类物资库的防空地下室，必须设置的通风设施是下列哪些？ （　）

(A)清洁通风 (B)隔绝通风

(C)滤毒通风 (D)排烟通风

51. 排除有爆炸危险的粉尘的局部排风系统，正常运行和事故情况下，风管内粉尘的浓度应有限制，下列哪几个数值是错误的？ （　）

(A)粉尘的浓度应不大于爆炸下限的50%

(B)粉尘的浓度应不大于爆炸下限

(C)粉尘的浓度应不大于爆炸下限的40%

(D)粉尘的浓度应不大于爆炸下限的25%

52. 根据消防设计规范，阀门动作的温度，下列哪些提法是正确的？ （　）

(A)厨房排油烟管上的防火阀的关阀动作温度是150℃

(B)卫生间排风支管上的防火阀的关阀动作温度为70℃

(C)排烟风机前设置的排烟防火阀的关阀动作温度是280℃

(D)加压送风系统中的加压送风口的关闭动作温度为70℃

53. 冬季建筑室内温度20℃（空气密度为$1.2kg/m^3$），室外温度-10℃，室内排风$10m^3/s$，送风量中机械送风量占80%、送风温度40℃，其余为室外自然补风，要保证排风效果的做法是下列哪几个选项？ （　）

(A)机械送风量$8.0m^3/s$

(B)室外自然补风量$2.0m^3/s$

(C)机械送风量$9.6m^3/s$

(D)机械送风量$8.55m^3/s$

54. 对空调工程水系统的阀门进行强度和严密性试验，正确的做法是下列哪几项？（ ）

(A)对在主干管上起切断作用的阀，全部检查
(B)对工作压力大于1.0MPa的阀，按总数的20%检查
(C)对不在主干管上起切断作用的阀和工作压力≤1.0MPa的阀，按总数的10%检查
(D)对不在主干管上起切断作用的阀和工作压力≤1.0MPa的阀，不做检查，在系统试压中检查

55. 关于夏季空调房间的计算散湿量的组成描述，正确的应是下列哪几项？（ ）

(A)空调房间的计算散湿量的组成包括了室内设备散湿量
(B)空调房间的计算散湿量的组成包括了室内人员所需新风的散湿量
(C)空调房间的计算散湿量的组成包括了室内人员的散湿量
(D)空调房间的计算散湿量的组成包括了室内各种液面的散湿量

56. 一般全空气空调系统不宜采用冬夏季能耗较大的直流（全新风）空调系统，但是在“个别情况”下应采用直流（全新风）空调系统，“个别情况”是下列哪几项？（ ）

(A)室内散发有害物质，以及防火防爆等要求不允许空气循环使用
(B)夏季空调系统的回风焓值高于室外空气焓值
(C)系统服务的各空气调节区排风量大于按负荷计算出的送风量
(D)各空调区采用风机盘管，集中送新风的系统

57. 当风量、进风参数及冷水供回水温度保持不变时，下列哪些说法是正确的？（ ）

(A)表冷器的析湿系数越大，表明表冷器的热交换效率系数越大
(B)表冷器的析湿系数越大，表明表冷器的接触系数越大
(C)表冷器的析湿系数越大，表明表冷器的热交换效率越小
(D)表冷器的析湿系数越大，表明表冷器的接触系数越小

58. 严寒地区冬季使用的空气加热器，哪些防冻措施是正确的？（ ）

(A)设置空气预热器，其水路上不设置自动调节阀
(B)新风入口设密闭多叶阀或保温风阀，其启闭与风机的开停连锁
(C)设置热水调节阀与风机同时启闭的连锁装置
(D)热水调节阀设最小开度控制，并在必要时加大开度

59. 公共建筑空调水系统设计时，正确的设计应是下列选项的哪几个？（ ）

(A)空调冷、热水系统各环路之间的阻力相差大于50kPa时，应采用二次泵系统
(B)空调水系统的定压和膨胀，宜优先采用膨胀水箱定压补水
(C)空调冷水泵的扬程一般不超过36m，效率不低于70%

(D)严寒及寒冷地区的空调热水系统的热水补水泵,宜设置备用泵

60. 某空调房间,恒温精度为(20 ±1)℃,房间的长、宽、高分别为5m、4m、3.6m,采用单侧上送风,同侧下回风方式,送风射流相对贴附长度 x/d_0 为40,下列哪几个气流组织设计是错误的? ( )

(A)送风射流的阿基米德数 $A_r = 0.003$
(B)送风射流的轴心温差 $\Delta t_x = 0.8$℃
(C)送风温差7℃
(D)空气调节换气次数为3次/h

61. 公共建筑设计风机盘管加新风系统时,新风不宜经过风机盘管机组后再送出,其原因应是下列选项中哪几个? ( )

(A)风机盘管不运行时,易造成该房间的新风不足
(B)风机盘管低转速运行时,易造成该房间的新风不足
(C)会降低房间的换气次数(与新风直接送入房间相比)
(D)会降低风机盘管的制冷(制热)能力

62. 某三层办公建筑的空调水系统为闭式系统,系统调试时,每次开机前必须事先补水,否则无法正常运行,分析可能形成该问题的原因应是下列选项的哪几个? ( )

(A)空调水系统有漏点
(B)空调水系统管路中含有较多空气
(C)水泵的流量不足
(D)膨胀水箱的底部高出水系统最高点的高差过大

63. 洁净空调系统除风管应采用不燃材料外,允许采用难燃材料的应是哪几项? ( )

(A)保温材料　　(B)消声材料
(C)黏结剂　　(D)各类附件

64. 关于制冷机组的说法表述正确的,应是下列选项中的哪几个? ( )

(A)容量为1000kW的水冷式冷水机组的COP为5时,其能源效率等级为3级
(B)GB 50189规定2000kW水冷式离心冷水机组的COP不应低于5.1
(C)GB 50189规定容量为900kW水冷式螺杆式冷水机组的IPLV不宜低于4.81
(D)容量为100kW的风冷式冷水机组的COP为3.3时,其能源效率等级为3级

65. 选择离心式制冷压缩机的供电方式时,下列哪些表述是正确的? ( )

(A)额定电压可为380V、6kV、10kV
(B)采用高压供电会增加投资

(C)采用高压供电会减少维护费用

(D)在供电可靠和能保证安全的前提下,大型离心机制冷站宜采用高压供电方式

66. 水源热泵机组采用地下水为水源时,所采取各种措施中哪些是正确的? (   )

(A)当水质较差时,地下水使用后,可就近地面排放

(B)主机应采用闭式系统

(C)应采用可靠的地下水回灌措施

(D)采用地下水回灌时,不得污染地下水资源

67. 水源热泵机组采用地下水为水源时,哪些是不符合运行要求的水质指标? (   )

(A)含沙量等于1/10000　　(B)pH值为8.8

(C)CaO为100mg/L　　(D)Cl^-为0.5mg/L

68. 对于相同蓄冷负荷条件下,冰蓄冷系统与水蓄冷系统的特性有以下比较,哪些表述是正确的? (   )

(A)冰蓄冷系统蓄冷槽的冷损耗小于水蓄冷系统蓄冷槽的冷损耗

(B)冰蓄冷系统制冷机的性能系数高于水蓄冷系统制冷机的性能系数

(C)冰蓄冷系统可以实现低温送风

(D)水蓄冷系统属于显热蓄冷方式

69. 关于制冷剂的采用,下列哪些选项是正确的? (   )

(A)R22在中国已经是淘汰的制冷剂

(B)R134a的工作压力为正压

(C)R407c最适合于变制冷剂流量的分体式空气调节系统

(D)R410a可用于变制冷剂流量的分体式空气调节系统

70. 建筑物室内排水立管仅设置伸顶通气管时,最低排水横支管与立管连接处距排水立管管底垂直距离,符合规范规定的应是下列选项中的哪几个? (   )

(A)立管连接3层卫生器具,垂直距离>0.45m

(B)立管连接4层卫生器具,垂直距离>0.45m

(C)立管连接13层卫生器具,垂直距离>1.2m

(D)立管连接15层卫生器具,垂直距离>3.00m

2008 年专业知识试题答案(下午卷)

1. **答案**:B

依据:《注册公用设备工程师暖通空调考试复习教材》(第三版) P4 围护结构最小传热阻的介绍,可知选项 B 不属于确定最小传热阻的原则。

2. **答案**:ABD

依据:2008 年时执行《地板辐射采暖技术规程》第 3.3.5 条,选项 D 错误。但按照现行国家标准《辐射供冷供暖技术规程》(JGJ 142—2012) 第 3.3.2 条,则此题 ABD 均为错误选项。

3. **答案**:C

依据:《民用建筑供暖通风与空气调节设计规范》(GB 50736—2012) 第 3.0.3 条。

4. **答案**:D

依据:《注册公用设备工程师暖通空调考试复习教材》(第三版) P2,"传热阻要满足冬季供暖节能要求,同时保证围护结构内表面温度符合卫生标准",选项 D 正确。

5. **答案**:B

依据:《注册公用设备工程师暖通空调考试复习教材》(第三版) P5 注 1,"有关最小传热阻的计算不适用于窗、阳台门和天窗"。

6. **答案**:B

依据:《民用建筑供暖通风与空气调节设计规范》(GB 50736—2012) 第 5.3.5 条。

7. **答案**:C

依据:《公共建筑节能设计标准》(GB 50189—2015) 第 4.4.1 条、第 4.5.6 条。

8. **答案**:D

依据:《民用建筑供暖通风与空气调节设计规范》(GB 50736—2012) 第 8.5.18 条,"当水系统设置独立的定压设施时,膨胀管上不应设置阀门;当各系统合用定压设置且需要分别检修时,膨胀管上应设置带电信号的检修阀,且各空调水系统应设置安全阀"。可知选项 D 错误。

9. **答案**:D

依据:《民用建筑供暖通风与空气调节设计规范》(GB 50736—2012) 第 5.2.10 条。

10. **答案**:C

依据:《注册公用设备工程师暖通空调考试复习教材》(第三版) P248。

11. **答案**:D

依据:《注册公用设备工程师暖通空调考试复习教材》(第三版) P175~176。

12. **答案**:D

依据:《汽车库、修车库、停车场设计防火规范》(GB 50067—2014)第8.2.9条。

13. **答案**:A

依据:《高层民用建筑设计防火规范》(GB 50045—1995) (2005年版)第8.2.2.5条,自然排烟可开启窗面积应不小于地面面积的5%。

注:按公消〔2015〕98号文件规定,因《建筑防烟排烟系统技术规范》尚未批准发布,防烟排烟的设计与审核暂按旧规范内容执行。

14. **答案**:C

依据:《注册公用设备工程师暖通空调考试复习教材》(第三版) P215。

15. **答案**:B

依据:《建筑设计防火规范》(GB 50016—2015)第5.4.12条条文说明。

16. **答案**:D

依据:《通风与空调工程施工质量验收规范》(GB 50243—2002)第4.2.12条。

17. **答案**:D

依据:《注册公用设备工程师暖通空调考试复习教材》(第三版) P172。

18. **答案**:C

依据:《注册公用设备工程师暖通空调考试复习教材》(第三版) P221为350℃以下。

19. **答案**:C

依据:《民用建筑供暖通风与空气调节设计规范》(GB 50736—2012)表3.0.6条,办公室人员新风量标准为30m³/人,可知该会议室所配的新风机风量满足设计要求,但室内人员仍感觉新风不足,主要原因是室内没有排风,致使新风送不进房间,选C。

20. **答案**:B

依据:《民用建筑供暖通风与空气调节设计规范》(GB 50736—2012)第7.2.6.1条。

21. **答案**:C

依据:《注册公用设备工程师暖通空调考试复习教材》(第三版) P372。

22. **答案**:B

依据:《公共建筑节能设计标准》(GB 50189—2015)第3.4.2条,判断选项B正确。

23. **答案**:C

依据:《公共建筑节能设计标准》(GB 50189—2015)第4.3.15条及条文说明:0.05MPa。

24. **答案**:D

依据:《民用建筑供暖通风与空气调节设计规范》(GB 50736—2012)第8.10.1条,选项ABC正确,对制冷机房的墙没有特殊要求。

25. **答案**:D

依据:在空调机组中,凝结水排放口位于风机的负压段。当风机负压较大时,凝水处于负压区,会被吸入风机段,所以一般凝结水排水管上应安装水封。见《民用建筑供暖通风与空气调节设计规范》(GB 50736—2012)第8.5.23.1条及条文说明。

26. **答案**:D

依据:引起水管和泵振动的直接原因是管路中有空气。造成管路内有空气的原因有:①系统定压不够,导致局部管路进入空气;②定压点到水泵入口处阻力过大。

27. **答案**:B

依据:《组合式空调机组》(GB/T 14294—2008)中规定,机组的额定工况为,冬季新风进风温度为7℃,夏季新风进风温度为35℃。

机组实际制冷量 = 进出风口空气焓差 × 空气质量流量

由题意,进水流量和进水温度均为额定工况数据,当室外空气温度为31.6℃时,与额定工况进风温度35℃相比,此时空调箱的进出风焓差减小,而风量不变,空调箱实际冷量减小,选项A正确。冬季室外温度为1℃时,与额定工况的7℃相比,空调箱的进出风焓差增大,而风量不变,空调箱实际供热量增大,选项B错误。

夏季空调箱出风温度的高低,与盘管的回水温度有关,夏季由于盘管的供冷量减少,冷源的流量不变,则供回水温差将会减少,又由于供水温度不变,其回水温度将会降低。所以出风温度也会降低,选项C正确。

冬季工况,由于盘管的供热量增加,热源的流量不变,则供回水温差将会增大,又由于供水温度不变,其回水温度将会降低。所以出风温度也会降低,选项D正确。

28. **答案**:C

依据:《洁净厂房设计规范》(GB 50073—2013)第3.0.1条,可知选项AB正确,选项C错误;英制单位的描述在《注册公用设备工程师暖通空调考试复习教材》(第三版)中没有相关内容,英制单位100级,对应于表3.6-1中的M3.5级,查表可知其概念与选项D的描述一致。下表空气洁净度等级来源于网络。

级别名称		级别限制									
		0.1μm		0.2μm		0.3μm		0.5μm		5.0μm	
		容积单位		容积单位		容积单位		容积单位		容积单位	
国际单位	英制单位	m^3	η^3	m^3	η^3	m^3	η^3	m^3	η^3	m^3	η^3
M1		350	9.91	75.5	2.14	30.9	0.875	10.0	0.283	—	—
M1.5	1	1240	35.0	265	7.50	106	3.00	35.3	1.00	—	—
M2		3500	99.1	757	21.4	30.9	8.75	100	2.83	—	—
M2.5	10	12400	350	2650	75.0	106	30.0	353	10.0	—	—

续上表

级别名称		级别限制									
		0.1μm		0.2μm		0.3μm		0.5μm		5.0μm	
		容积单位		容积单位		容积单位		容积单位		容积单位	
M3		35000	991	7570	214	3090	87.5	1000	28.3	—	—
M3.5	100	—	—	26500	750	10600	300	3530	100	—	—
M4		—	—	75700	2140	30900	875	10000	283	—	—
M4.5	1000	—	—	—	—	—	—	35300	1000	247	7.00
M5		—	—	—	—	—	—	100000	2830	618	17.5
M5.5	10000	—	—	—	—	—	—	353000	1000	2470	70.0
M6		—	—	—	—	—	—	1000000	23800	6180	175
M6.5	100000	—	—	—	—	—	—	3530000	100000	24700	700
M7	—	—	—	—	—	—	—	10000000	238000	61800	1750

29. **答案**:D

依据:《洁净厂房设计规范》(GB 50073—2013)第6.4.1条,可知选项ABC正确,选项D错误。

30. **答案**:C

依据:《注册公用设备工程师暖通空调考试复习教材》(第三版) P587 ~ P588,R22的GWP = 1700,并且不可以长期使用, 2030—2040年允许保留年均2.5%的维修用量。

31. **答案**:C

依据:《注册公用设备工程师暖通空调考试复习教材》(第三版) P637,热力系数随热媒温度升高而减少,随着冷凝温度升高或蒸发温度的降低而减小。

32. **答案**:B

依据:题目中给定仅选用一台冷水机组,则对机组在额定工况和部分负荷工况的性能系数均要求较高。

33. **答案**:C

依据:《全国民用建筑工程设计技术措施　节能专篇—暖通空调·动力》(2007年版)第7.2.3.3条,"目前我国冰蓄冷工程中最常选用的是螺杆式制冷机,当制冷量较大时可选用多级离心式制冷机,工程规模不大,制冷量较小时,也可用活塞式制冷机"。

34. **答案**:D

依据:《注册公用设备工程师暖通空调考试复习教材》(第三版) P702,表4.8-6。

35. **答案**:D

依据:此空调器的能效值为3300/1240 = 2.66,根据《房间空气调节器能效限定值及能效等级》(GB 12021—2010)表2,此空调器不满足节能要求。

36. **答案**:C

依据:《民用建筑供暖通风与空气调节设计规范》(GB 50736—2012)第7.5.6条。

37. **答案:**A

依据:《注册公用设备工程师暖通空调考试复习教材》(第三版) P597 图4.3-5。

38. **答案:**B

依据:《建筑给水排水设计规范》(GB 50015—2003)(2009年版)第5.1.5条及条文说明。

39. **答案:**B.

依据:《城镇燃气设计规范》(GB 50028—2006)第10.4.5.2条,可安装密闭式热水器,但不得安装其他类型热水器,可知选项B错。

40. **答案:**C

依据:《城镇燃气设计规范》(GB 50028—2006)第10.2.22条。

---

41. **答案:**ABC

依据:《公共建筑节能设计标准》(GB 50189—2015)第4.4.1条选项B正确;《民用建筑供暖通风与空气调节设计规范》(GB 50736—2012)第5.3.8条,规定铸铁散热器的片数,对钢制散热器没有规定,选项D错误,由第5.3.12条、第5.3.9条,可知选项AC正确。

42. **答案:**ACD

依据:《民用建筑供暖通风与空气调节设计规范》(GB 50736—2012)第5.4.6条。

43. **答案:**ABD

依据:《民用建筑供暖通风与空气调节设计规范》(GB 50736—2012)第5.2.3~5.2.6条,需要考虑的有:基本耗热量、朝向修正、外门修正,风力附加是针对设在不避风的高地、河边、海岸、旷野上的建筑物,以及城镇中明显高出周围其他建筑物的建筑物。本题四层办公楼,没有特别说明,所以不考虑风力附加。

44. **答案:**ABCD

依据:《住宅建筑规范》(GB 50368—2005)第8.3.1条。

45. **答案:**BC

依据:《城镇供热管网设计规范》(CJJ 34—2010)第7.3.2条、第7.3.3条及条文说明。

46. **答案:**ABC

依据:《注册公用设备工程师暖通空调考试复习教材》(第三版) P90,选项ABC均正确。选项D应为直立安装。

47. **答案**:BCD

依据:《工业企业设计卫生标准》(GBZ1-2010)第6.6.1条,题目没有给出每个人所占用的容积,按高标准的计算,每人不小于30m³/h的新风量,28×30=840m³/h。

48. **答案**:CD

依据:《建筑设计防火规范》(GB 50016—2014)第9.3.15条。

49. **答案**:ABCD

依据:《注册公用设备工程师暖通空调考试复习教材》(第三版) P265,通风机的性能采用主要包括风量、风压、电机功率、风机效率,这些参数在施工图设备表中都应注明。

50. **答案**:AB

依据:《人民防空地下室设计规范》(GB 50038--2005)第5.2.1.2条。

51. **答案**:BCD

依据:《工业建筑采暖通风与空气调节设计规范》(GB 50019—2015)第6.9.5条。

52. **答案**:ABC

依据:《建筑设计防火规范》(GB 50016—2014)第9.3.12条,选项AB正确;第9.4.8条,选项C正确;加压送风管道防火阀的动作温度为280℃更合理。

53. **答案**:CD

依据:-10℃空气密度为$\rho_{-10}=\frac{353}{273-10}=1.34\text{kg/m}^3$,40℃空气密度为

$\rho_{40}=\frac{353}{273+40}=1.13\text{kg/m}^3$,

根据室内热风平衡有:$10\times1.2=10\times1.2\times0.8\times G_{ZJ}\times1.34$

解得自然进风量为$G_{ZJ}=1.79\text{m}^3/\text{s}$,机械送风量为

$G_{JJ}=10\times1.2\times0.8=9.6\text{kg/s}=8.5\text{m}^3/\text{s}$

54. **答案**:AD

依据:《通风与空调工程施工质量验收规范》(GB 50243—2002)第9.2.4条。

55. **答案**:ACD

依据:《民用建筑供暖通风与空气调节设计规范》(GB 50736—2012)第7.2.9条。

56. **答案**:ABCD

依据:《民用建筑供暖通风与空气调节设计规范》(GB 50736—2012)第7.3.18条。

57. **答案**:CD

依据:析湿系数、热交换效率系数、接触系数的概念见《注册公用设备工程师暖通空调考试复习教材》(第三版) P401公式(3.4-11)、P405公式(3.4-14)及公式(3.4-15)。根据《注册公用设备工程师暖通空调考试复习教材》(第三版) P404~405内容及

图 3.4-25，分析如下：①当空气终状态点由 2 水平向左平移至 A 点。对比 1—2 与 1—A 过程可知，温差不变，焓差加大，析湿系数变大。连接 1 点和 A 点，延长线相交于 φ = 100% 线，其交点落在 3 点以下，t_{w1} 点以上。由公式 3.4-15 可知接触系数减小。②当空气终状态点由 2 沿等焓线向左平移至 B 点。对比 1-2 与 1-B 过程可知，温差减小，焓差不变，析湿系数变大。冷水初温不变，由公式（3.4-14）可知热交换效率系数减小。依此分析，本题应选 CD。

58. **答案：**ABD

依据：《全国民用建筑工程设计技术措施　暖通空调·动力》（2009 年版）第 5.5.4 条。

59. **答案：**AC

依据：《公共建筑节能设计标准》（GB 50189—2015）第 4.3.5 条及条文说明，选项 A 正确。

《民用建筑供暖通风与空气调节设计规范》（GB 50736—2012）第 8.5.16 条，当仅设置 1 台补水泵时，宜设置备用泵，一般补水泵均设置两台，一用一备，初期上水及事故时两台同时启动，选项 D 错误；第 8.5.18 条，应优先采用膨胀水箱定压，选项 B 正确；第 8.5.12 条，可知选项 C 错误。

60. **答案：**AD

依据：《民用建筑采暖通风与空气调节设计规范》（GB 50736—2012）第 7.4.10 条，可知选项 C 正确、选项 D 错误。

《注册公用设备工程师暖通空调考试复习教材》（第三版） P424 公式（3.5-3），风口的紊流系数 a 在 0.066 ~ 0.16 范围内，送风温差按 7℃，计算轴心温差 = 0.69 ~ 1.67℃ 范围内，选项 B 正确；根据公式（3.5-5），阿基米德数的计算条件不完善，根据排除法，可知本题应选 AD。

61. **答案：**ABCD

依据：《民用建筑供暖通风与空气调节设计规范》（GB 50736—2012）第 7.3.10 条及条文说明。

62. **答案：**AB

依据：每次开机时必须补水，说明系统中水量在停机后有所减少，选项 AB 均可造成此原因；补完水后能系统能正常运行，说明水泵的流量没有问题，选项 C 不是形成该问题的原因；膨胀水箱底部与水系统最高点高差过大，说明定压点压力值大，系统不易产生负压倒吸空气。

63. **答案：**ABCD

依据：《洁净厂房设计规范》（GB 50073—2013）第 6.6.6 条。

64. **答案：**AB

依据：《公共建筑节能设计标准》（GB 50189—2015）第 4.2.10 条，《蒸汽压缩循环冷水（热泵）机组　第 1 部分》（GB/T 18430.1—2007）表 4。

65. **答案**:ACD

依据:《注册公用设备工程师暖通空调考试复习教材》(第三版)P602。

66. **答案**:BCD

依据:《地源热泵系统工程技术规范》(GB 50366—2005)(2009 年版)第 5.1.1 条,可知选项 BCD 正确;地下水必须全部回灌,选项 A 错误。

67. **答案**:AB

依据:《地源热泵系统工程技术规范》(GB 50366—2005)(2009 年版)第 5.2.8 条条文说明。

68. **答案**:ACD

依据:《注册公用设备工程师暖通空调考试复习教材》(第三版)P679,水蓄冷比冰蓄冷节省电能,但水蓄冷冷损耗大(5% ~10%),冰蓄冷冷损耗(1% ~3%);冰蓄冷由于蒸发温度比水蓄冷的蒸发温度低,导致制冷系数降低,制冷量变小;冰蓄冷由于融冰可以得到更低的温度,可以实现低温送风;水蓄冷系统由于水显热变化,实现冷量的储存,而冰蓄冷则是相态发生改变来实现冷量的储存。

69. **答案**:BD

依据:《注册公用设备工程师暖通空调考试复习教材》(第三版)P587 ~ P589,R22 在发展中国家 2030 年完全淘汰生产与消费,但是 2030—2040 年间允许保留年均 2.5% 的维修用差,R407c 不适合变制冷剂流量的分体空调系统。

70. **答案**:ABD

依据:《建筑给水排水设计规范》(GB 50015—2003)(2009 年版)第 4.3.12 条。

2008 年案例分析试题(上午卷)

[案例题是 **4** 选 **1** 的方式,共 **25** 道小题,每题分值为 **2** 分,上午卷 **50** 分,下午卷 **50** 分,试卷满分 **100** 分。案例题一定要有分析(步骤和过程)、计算(要列出相应的公式)、依据(主要是规程、规范、手册),如果是论述题要列出论点。]

1. 某小区采暖热负荷为 1200kW,采暖一次热水由市政热力管网提供,供回水温度为 110/70℃,采用水—水换热器换热后供小区采暖,换热器的传热系数为 2500W/(m^2·℃),采暖供回水温度为 80/60℃,水垢系数 $B = 0.75$,该换热器的换热面积应是下列哪项?

(A)16 ~ 22m^2　　(B)24 ~ 30m^2

(C)32 ~ 38m^2　　(D)40 ~ 46m^2

答案:[　]

主要解答过程:

2. 某车间围护结构耗热量 $Q_1 = 110$kW,加热由门窗缝隙渗入室内的冷空气耗热量 $Q_2 = 27$kW,加热由门孔洞侵入室内的冷空气耗热量 $Q_3 = 10$kW,有组织的新风耗热量 $Q_4 = 150$kW,热物料进入室内的散热量 $Q_5 = 32$kW(每班一次,一班 8h)。该车间的冬季采暖通风系统的热负荷是下列哪一项?

(A)304kW　　(B)297kW

(C)292kW　　(D)271kW

答案:[　]

主要解答过程:

3. 某建筑采用低温热水地面辐射采暖系统,设计采暖供回水温度为 60/50℃,计算阻力损失为 50kPa(其中最不利环路阻力损失为 25kPa)。现采暖供回水温度调整为 50/42℃,系统和辐射地板加热管的管径均不变,但需要调整辐射地板的布管,形成最不利的环路阻力损失为 30kPa,热力入口的供回水压差应为下列哪项?

(A)45 ~ 50kPa　　(B)51 ~ 60kPa

(C)61 ~ 70kPa　　(D)71 ~ 80kPa

答案:[ ]

主要解答过程:

4. 某办公楼的会议室($t_n = 18℃$),计算采暖热负荷为2200W,设计选用铸铁四柱640型散热器,散热器装在罩内,上部和下部均开口,开口高度为150mm,采用系统为双管上供下回系统,热媒85/60℃热水,散热器为异侧上进下出,该会议室选用散热器的片数,应是下列选项的哪一个?

[已知:铸铁四柱640型散热器单片散热面积$f = 0.205m^2$;当$\Delta t = 64.5℃$时,散热器的传热系数$K = 9.3W/(m^2 \cdot ℃)$;10片的散热器传热系数计算式$K = 2.442\Delta t^{1.321}$]

(A)25片 (B)23片

(C)22片 (D)20片

答案:[ ]

主要解答过程:

5. 某热水网路,各用户的流量:用户1和用户3均为$60m^3/h$,用户2为$80m^3/h$,热网示意图如下图所示,压力测点的压力数值见下表。若管网供回水接口的压差保持不变,求关闭用户1后,用户2、3的流量应是下列哪一项?

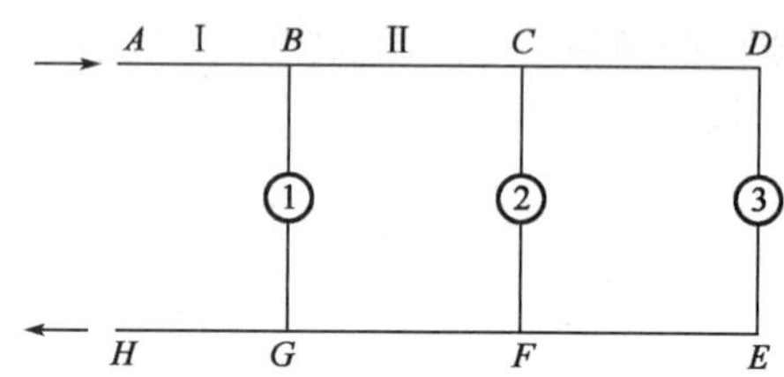

压力测点	A	B	C	F	G	H
压力数值(mH_2O)	25	23	21	14	12	10

(A)用户2为$80m^3/h$,用户3为$60m^3/h$

(B)用户2为$84 \sim 88m^3/h$,用户3为$62 \sim 66m^3/h$

(C)用户2为$94 \sim 98m^3/h$,用户3为$70 \sim 74m^3/h$

(D)用户2为$112 \sim 116m^3/h$,用户3为$84 \sim 88m^3/h$

答案:[ ]

主要解答过程:

6. 某车间生产过程中,工作场所空气中所含有毒物质为丙醇,劳动者的接触状况见下表。试问,该状况下 8 小时的时间加权平均浓度值以及是否超过国家标准容许值的判断,应是下列哪一项?

接触时间(h)	相应浓度(mg/m^3)	接触时间(h)	相应浓度(mg/m^3)
$T_1=2$	$C_1=220$	$T_3=2$	$C_3=180$
$T_2=2$	$C_2=200$	$T_4=2$	$C_4=120$

(A)1440mg/m^3,未超过国家标准容许值
(B)1440mg/m^3,超过国家标准容许值
(C)180mg/m^3,未超过国家标准容许值
(D)180mg/m^3,超过国家标准容许值

答案:[ ]
主要解答过程:

7. 某变配电间(所处地区大气压为 101325Pa)的余热量为 40kW,室外计算通风温度为 32℃,计算相对湿度为 72%,现要求室内温度不超过 40℃,试问机械通风系统排除余热的最小风量是下列哪项值?

(A)12000 ~ 13400kg/h　(B)13560 ~ 14300kg/h
(C)14600 ~ 15300kg/h　(D)16500 ~ 18000kg/h

答案:[ ]
主要解答过程:

8. 已知:某静电除尘器的处理风量 40m^3/s,长度 10m,电场风速 0.8m/s,求静电除尘器的体积应是下列哪项值?

(A)50m^3　(B)200m^3　(C)500m^3　(D)2000m^3

答案:[ ]
主要解答过程:

9. 某人防工程为二等人员掩蔽体,掩蔽人数 1000 人,清洁区的面积为 1000m^2,高

3m,防毒通道的净空尺寸为6m×3m×3m,人员的新风量为$2m^3/(h·人)$,试问,该工程的滤毒通风量应是下列哪一项值?

(A)$1900\sim2100m^3/h$　　(B)$2150\sim2350m^3/h$

(C)$2400\sim2600m^3/h$　　(D)$2650\sim2850m^3/h$

答案:[　]

主要解答过程:

10. 某新建化验室排放有害气体苯,其排气筒的高度为12m,试问其符合国家二级排放标准的最高允许速率应是哪一项?

(A)约0.78kg/h　　(B)约0.5kg/h

(C)约0.4kg/h　　(D)约0.32kg/h

答案:[　]

主要解答过程:

11. 某车间为治理石英粉尘的污染,在除尘系统风机入口处新装一台除尘器,经测定:除尘器的入口处理风量$L_1=5m^3/s$,除尘器的漏风率$c=2\%$,达标排放(排放浓度为$60mg/m^3$)。试问,每分钟该除尘器收集的粉尘量G,应是下列哪一项?

(A)1620~1630g/min　　(B)1750~1760g/min

(C)1810~1820g/min　　(D)1910~1920g/min

答案:[　]

主要解答过程:

12. 一空气调节系统的两管制冷水管道,当供回水温度为7/12℃,所采用水泵的设计流量为$262m^3/h$,共3台,设计热负荷为5500kW,在设计工作点的效率为68%,$a=0.02$,$A=0.003749$,$B=28$,$\sum L=400m$,下列符合节能设计标准的水泵设计扬程,最接近的应是哪项?

(A)29m　　(B)32m

(C)35m　　(D)38m

答案:[ ]
主要解答过程:

13. 某建筑的空调系统采用全空气系统,冬季房间的空调热负荷为100kW(冬季不加湿),室内计算温度为20℃,冬季室外空调计算温度为-10℃,空调热源为60/50℃的热水,热水量为10000kg/h,冬季大气压力为标准大气压,空气密度为1.2kg/m^3,定压比热为1.01kJ/(kg·℃)。试问,该系统的新风量应为哪项值?

(A)1400~1500m^3/h (B)1520~1620m^3/h
(C)1650~1750m^3/h (D)1770~1870m^3/h

答案:[ ]
主要解答过程:

14. 组合式空调机组的壁板采用聚氨酯泡沫塑料保温($\lambda = 0.0275 + 0.0009T_m$),机组外部环境温度按12℃考虑,满足标准规定的保温层最小厚度应选哪项?

(A)最小为30mm (B)最小为40mm
(C)最小为50mm (D)最小为60mm

答案:[ ]
主要解答过程:

15. 某仓库容积为1000m^3,梅雨季节时,所在地的室外计算干球温度为34℃,相对湿度80%。现要求库内空气温度为30℃,相对湿度50%,选用总风量2000m^3/h的除湿机除湿。已知,建筑和设备的散湿量为0.2kg/h,库内人员的散湿量为0.8kg/h,库房自然渗透的换气量为每小时一次,按标准大气压考虑,空气密度取1.2kg/m^{3}时,除湿机出口空气的含湿量,应是下列哪一项值?

(A)4.5~5.5g/kg$_{干空气}$ (B)5.6~6.5g/kg$_{干空气}$
(C)6.6~7.5g/kg$_{干空气}$ (D)7.6~8.5g/kg$_{干空气}$

答案:[ ]
主要解答过程:

16. 已知:(1)某空调房间夏季室内设计温度为26℃,设计相对湿度为55%,房间的热湿比为5000kJ/kg;(2)空调器的表面冷却器的出风干球温度为14℃,相对湿度为90%,送风过程中的温升为2℃。当大气压力为101325Pa,房间的温度达到设计值,请绘制 h-d 图中的过程线,该房间实际达到的相对湿度(查 h-d 图),应为下列选项哪一个?

(A)76% ~85%　　(B)66% ~75%

(C)56% ~65%　　(D)45% ~55%

答案:[ ]

主要解答过程:

17. 一空调建筑空调水系统的供冷量为1000kW,冷水供回水温差为5℃,水的比热为4.18kJ/(kg·K),设计工况的水泵扬程为27m,对应的效率为70%,在设计工况下,水泵的轴功率应为哪项值?

(A)10 ~13kW　　(B)13.1 ~15kW

(C)15.1 ~17kW　　(D)17.1 ~19kW

答案:[ ]

主要解答过程:

18. 某大楼的中间楼层有两个功能相同的房间,冬季使用同一个组合式空调器送风,A房间(仅有外墙)位于外区,B房间位于内区。已知:设计室外温度为-12℃,设计室内温度为18℃,A房间外墙计算损失为9kW,两房间送风量均为3000m^3/h,送风温度为30℃,空气密度采用1.2kg/m^3,定压比热为1.01kJ/(kg·K)。试计算当两房间内均存在2kW发热量时,AB两个房间的温度(取整数)应是哪一个选项?

(A)A房间22℃,B房间32℃　　(B)A房间21℃,B房间30℃

(C)A房间19℃,B房间32℃　　(D)A房间19℃,B房间33℃

答案:[ ]

主要解答过程:

19. 某洁净室在新风上安装了粗效、中效和亚高效过滤器,对0.5μm以上粒子的总效率为99%,回风部分安装的亚高效过滤器对0.5μm以上粒子的效率为97%,新风和回风混合后经过高效过滤器,过滤器对0.5μm以上粒子的效率为99.9%,已知室外新风中大于0.5μm以上粒子总数为10^6pc/L,回风中大于0.5μm以上粒子总数为3.5pc/L,新回风比为1∶4,求高效过滤器出口大于0.5μm以上粒子浓度为哪项?

(A)9～15pc/L　　(B)4～8pc/L

(C)1～3pc/L　　(D)<1pc/L

答案:[　]

主要解答过程:

20. 现设定火力发电+电力输配系统的一次能源的转换效率为30%(到用户),且往复式、螺杆式、离心式和直燃式冷水机组的制冷性能系数分别为4.0、4.3、4.7和1.25。问:在屋顶状态下产生相同冷量,以消耗一次能源量计算,按照从小到大依次排列的顺序应是下列选项的哪一个?并说明理由。

(A)直燃式、离心式、螺杆式、往复式

(B)离心式、螺杆式、往复式、直燃式

(C)螺杆式、往复式、直燃式、离心式

(D)离心式、螺杆式、直燃式、往复式

答案:[　]

主要解答过程:

21. 南方某办公建筑拟建冰蓄冷空调工程,该大楼设计日的日总负荷为12045kW·h,当地电费的谷价时段为23:00—7:00,采用双工况螺杆式制冷机夜间低谷电价时段制冰蓄冷(制冰时制冷能力变化率为0.70),白天机组在空调工况下运行9h,制冷站设计日附加系数为1.0,试问,在部分负荷蓄冷的条件下,该项目蓄冷装置的最低有效容量Q_s应是下列哪项值?

(A)4450～4650kW　　(B)4700～4850kW

(C)4950～5150kW　　(D)5250～5450kW

答案:[　]

主要解答过程:

22. 图示为采用热力膨胀阀的回热式制冷循环,点1为蒸发器出口状态,1—2和5—6为气液在回热器的换热过程,该循环的制冷能效比应是下列哪项值?(注:各点比

2008年案例分析试题(上午卷)

焓见下表）

状 态 点 号	1	2	3	4	5
比焓(kJ/kg)	340	346.3	349.3	376.5	235.6

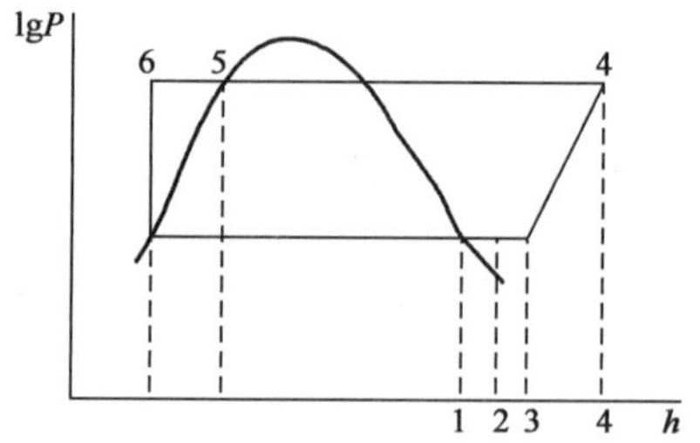

(A)3.71～3.90

(B)3.91～4.10

(C)4.11～4.30

(D)4.31～4.50

答案:[ ]

主要解答过程:

23. 北京地区某冷库底层的冷却间，设计温度为 -2℃，一面邻外墙，外墙的热惰性指标为3.5℃。已知，北京地区的夏季空调室外计算温度为33.2℃，夏季空调室外日平均计算温度为28.6℃，夏季空调最热月14h的平均湿度为64%（对应露点温度为21.1℃），夏季空调最热月的平均湿度为78%（对应露点温度为24.4℃），试问，该外墙的最小总热阻是下列哪一项？

(A)0.20～0.23m^2·℃/W　　(B)0.30～0.33m^2·℃/W

(C)0.36～0.39m^2·℃/W　　(D)0.40～0.43m^2·℃/W

答案:[ ]

主要解答过程:

24. 对于单级氨压缩制冷循环，可采用冷负荷系数法计算冷凝器的热负荷，一氨压缩机在标准工况下的制冷量为122kW，按冷负荷系数法计算，该氨压缩机在标准工况下配套冷凝器的热负荷应是下列哪项值？

(A)151～154kW　　(B)148～150kW

(C)144～147kW　　(D)140～143kW

答案:[ ]

主要解答过程:

25. 某居民区住宅楼 18 层，每层 6 户，每户一厨房，内设一台双眼灶和一台快速燃气热水器（燃气用量分别为 0.3Nm^3/h 和 1.4Nm^3/h），试问，该楼燃气入口处的设计流量，应为下列哪项值？

(A) 26.5 ~ 30Nm^3/h

(B) 30.5 ~ 34Nm^3/h

(C) 34.5 ~ 38Nm^3/h

(D) 60.5 ~ 64Nm^3/h

答案：[ ]

主要解答过程：

2008 年案例分析试题答案(上午卷)

1. 答案:C

主要解题过程:

计算换热器面积的温差应采用对数温差,即:

$$\Delta t=\frac{\Delta t_{max}-\Delta t_{min}}{\ln(\Delta t_{max}/\Delta t_{min})}=\frac{30-10}{\ln(30/10)}=18.2℃$$

换热器的换热面积为:$F=\frac{Q}{BK\Delta t}=\frac{1200\times1000}{0.75\times2500\times18.2}=35.2m^2$

计算参见《注册公用设备工程师暖通空调专业考试复习教材》(第三版)P105 式(1.8-29)和式(1.8-30)。

2. 答案:B

主要解题过程:

《民用建筑供暖通风与空气调节设计规范》(GB 50736—2012)第 5.2.2 条及条文说明:不经常的散热量,可不计算。

则该车间的冬季热负荷为:$Q=Q_1+Q_2+Q_3+Q_4=110+27+10+150=297kW$

3. 答案:C

主要解题过程:

调整前公共管段的阻力损失为:$P_{前}=50-25=25kPa$,

系统水温差由 10℃调整为 8℃后,系统的流量将会改变,则调整后的流量为:$G_{前}\times(60-50)=G_{后}\times(50-42)\Rightarrow G_{后}=1.25G_{前}$

根据管段阻力特性,则:$P_{后}=SG_{后}^2=S1.25G_{前}^2=1.25^2\times P_{前}=1.25^2\times25=39.06kPa$

热力入口的供回水压差为:$P_{入口}=39.06+30=69.06kPa$

4. 答案:A

主要解题过程:

初步计算散热器的散热片数为:$N=\frac{Q}{K(t_{pj}+t_n)f}\times\beta_1\beta_2\beta_3\beta_4$

式中各项修正系数为 $\beta_2=1,\beta_3=1.04,\beta_3=1,\beta_1$ 暂时无法确定,先取 $\beta_1=1$ 进行计算。

$$t_{pj}=\frac{85+60}{2}=72.5℃,\Delta t=72.5-18=54.5℃$$

$$N=\frac{2200}{2.442\times54.5^{0.321}\times54.5\times0.205}\times1\times1.04\times1\times1=23.24\text{ 片}$$

校核修正系数取 $\beta_1=1.1$

修正后的片数为 $N=23.24\times1.1=25.6$ 片,取 25 片。

5. **答案**:B

主要解题过程:

系统的总阻力数为:$S=\frac{\Delta P}{G^2}=\frac{25-10}{(60+80+60)^2}=3.75\times10^{-4}$

干管阻力数为:$S_{\text{I}}=\frac{(25-23)+(12-10)}{200^2}=1\times10^{-4}$

用户1后管路的总阻力数为:$S_{\text{II}-3}=\frac{\Delta P}{G^2}=\frac{23-12}{(80+60)^2}=5.61\times10^{-4}$

网后的总阻力系数为:$S_Z=1\times10^{-4}+5.61\times10^{-4}=6.61\times10^{-4}$

关闭用户1后管网的流量为:$G=\sqrt{\frac{\Delta P}{S^2}}=\sqrt{\frac{25-10}{6.61\times10^{-4}}}=150.6\text{m}^3/\text{h}$

用户2、3等比例失调,其失调率 $=150.6/140=1.076$

用户2的流量为:$G_2=80\times1.076=86.08\text{m}^3/\text{h}$

用户3的流量为:$G_3=60\times1.076=64.56\text{m}^3/\text{h}$

6. **答案**:C

主要解题过程:

《工作场所有害因素职业接触限值　第一部分:化学有害因素》(GBZ 2.1—2007)第A.3条:

$$C_{\text{TWA}}=\frac{C_1T_1+C_2T_2+C_3T_3+C_4T_4}{8}=\frac{220\times2+200\times2+180\times2+120\times2}{8}=180\text{mg/m}^3$$

查表1第19项得:丙醇的时间加权平均容许浓度为200 mg/m^3,故未超过国家标准容许值。

7. **答案**:D

主要解题过程:

变电所无湿负荷,余热应为显热负荷,因此:

$$G=\frac{Q}{C\times(t_n-t_w)}=\frac{40}{1.01\times(40-32)}=4.95\text{kg/s}=17822\text{kg/h}$$

计算参见《注册公用设备工程师暖通空调专业考试复习教材》(第三版)P172式(2.2-2)。

8. **答案**:C

主要解题过程:

静电除尘器的有效通风面积 F 为:$F=\frac{G}{V}=\frac{40}{0.8}=50\text{m}^2$

体积 V 为:$V=F\times L=50\times10=500\text{m}^3$

9. **答案**:B

主要解题过程:

《人民防空地下室设计规范》(GB 50038—2005)第5.2.7条,

$L_R=L_2\times n=2\times1000=2000\text{m}^3/\text{h}$

$L_H = V_K \times K_H + L_F = (6\times3\times3)\times40 + (1000\times3)\times4\% = 2280\text{m}^3/\text{h}$

取两者的最大值作为滤毒通风量，即 $2280\text{m}^3/\text{h}$。

10. 答案：无

主要解题过程：

《大气污染物综合排放标准》（GB 16297—1996）表 2 查得新污染源苯的二级排放标准的最高排放速率（排气筒为 15m）为 0.5kg/h。根据第 B3 条，当排气筒高度为 12m 时，最高排放速率为：

$$Q = Q_c \times \left(\frac{h}{h_c}\right)^2 = 0.5 \times \left(\frac{12}{15}\right)^2 = 0.32\text{kg/h}$$

根据第 7.4 条要求："新污染源的排气筒一般不应低于 15m。若新污染源的排气筒必须低于 15m 时，其排放速率标准值按第 7.3 条的外推计算结果再严格 50% 执行"。

因此允许的排放速率应为 $Q = 0.32 \times 50\% = 0.16\text{kg/h}$，题目选项中无正确答案。

注：此题为出题时出现的错误，考生们知道正确解法即可，不必深究。

11. 答案：C

主要解题过程：

本题应给出除尘效率数值，假定除尘效率为 99%。

除尘器出口风量：$L_2 = L_1 \times (1 + c) = 5 \times 1.02 = 5.1\text{m}^3/\text{s}$

除尘器的排尘量：$G_{排} = L_2 + c_2 = 5.1 \times 60 = 306\text{mg/s} = 18.36\text{g/min}$

除尘器收集的粉尘量：$G_{收} = G_{排}\dfrac{99\%}{1-99\%} = 18.36 \times \dfrac{99\%}{1-99\%} = 1817.64\text{g/min}$

12. 答案：C

主要解题过程：

《公共建筑节能设计标准》（GB 50189—2015）第 4.3.9 条：

$EC(H)R\text{-}\alpha = 0.003096 \cdot \sum(G \cdot H/\eta_b)/Q \leqslant A \times (B + \alpha\sum L)/\Delta T$

代入已知数据：

$0.003096 \times (3 \times 262 \times H/0.68)/5500 \leqslant 0.003749 \times (28 + 0.002 \times 400)/5$

解得 $H = 33.2\text{m}$

考虑选用水泵扬程有一定余量，选 C。

13. 答案：B

主要解题过程：

空调热水的热量一部分用于承担房间的热负荷，一部分用于承担新风热负荷，根据能量平衡原理有：

$G_{水} \times C_{水} \times \Delta t_{水} = Q_{室内} + G_{风} \times C_{风} \times \Delta t_{风} \times \rho \Rightarrow$

$(10000/3600) \times 4.187 \times 10 = 100 + G_{风} \times 1.2 \times 1.01 \times [20 - (-10)]$

解得新风量 $G_{风} = 1614\text{m}^3/\text{h}$

14. 答案：B

主要解题过程：

要确定保温材料的导热系数，需要首先确定，需要知道空调箱内空气的温度值。冬季空调热水供回水温度一般为60/50℃，冬季送热风时，换热极充分的情况下，送风温度接近回水温度50℃。取冬季空调箱内最高温度为50℃。$T_m=(50+12)/2=31$℃，$\lambda=0.0275+0.0009\times T_m=0.0554$；

《组合式空调机组》(GB/T 14294—2008)第6.1.2.a条：组合式空气调节机组机箱板壁绝热的热阻不小于$0.74m^2\cdot K/W$。

热阻 $R=\dfrac{\delta}{\lambda}$，则 $\delta=R\cdot\lambda=0.74\times0.0554=0.041m$

15. **答案**：B

主要解题过程：

查焓湿图，空气温度为30℃，相对湿度为50%，空气含湿量 $d=13.3g/kg$，干球温度为34℃，相对湿度为80%，$d=27.3g/kg$，室内总余湿量 $0.2+0.8=1.0kg/h$。

根据湿平衡渗透公式：

$1000\times1.2\times(27.3-13.3)+1000=2000\times1.2\times(13.31-d_{出})$

解得 $d_{出}=5.9g/kg$

16. **答案**：C

主要解题过程：

在焓湿图上找到室内状态点 N(26℃，26℃)，表冷器出风状态点 L(14℃，90%，9.0g/kg)，根据题意送风管路温升2℃，过 L 点沿等含湿量线向上升温2℃，即为空调系统的送风点 O(16℃，9.0g/kg)，过 O 点绘制的热湿比线与 $t=26$℃线交点 N'，即为室内的实际状态点，查得相对湿度为62.3%。

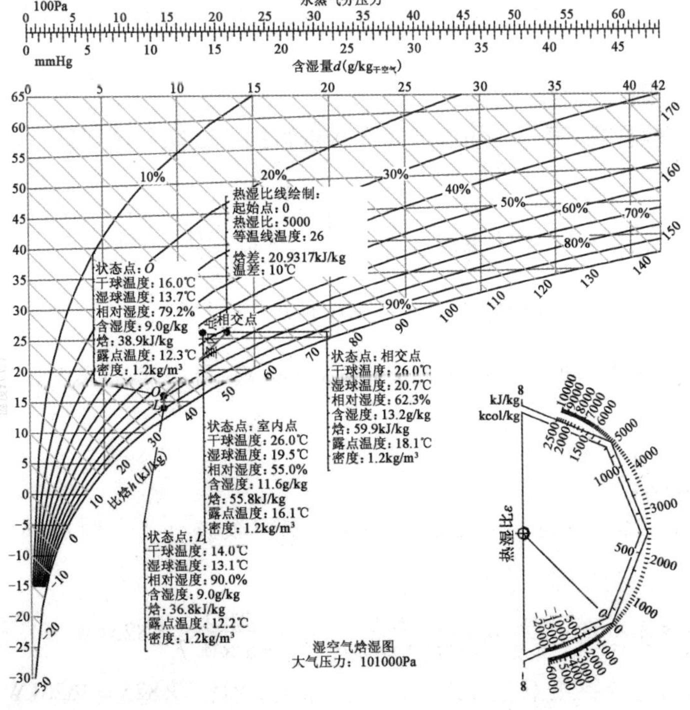

17. **答案**:D

主要解题过程:

计算系统的水流量:$G=\dfrac{Q}{c\rho\Delta t}=\dfrac{1000}{4.18\times1000\times5}\times3600=172.3\text{m}^3/\text{h}$

水泵的轴功率为:$N=\dfrac{G\cdot\rho\cdot g\cdot H}{\eta}=\dfrac{172.3\times1000\times9.8\times27}{0.7\times3600}=18091\text{W}=18.1\text{kW}$

18. **答案**:A

主要解题过程:

A 房间为外区房间,其室内的总热损失:$Q_A=\text{KF}(18+12)=9\text{kW}$;推出 KF=0.3

B 房间为内区房间,其室内有散热量:$Q_B=2\text{kW}$

A 房间送入 30℃的风,因房间有热损失,其室内温度将会低于 30℃,假设室内温度为 t_A,则根据热量平衡原理有:$\text{KF}(t_A+12)-2=3000\times1.2\times1.01\times\dfrac{30-t_A}{3600}$,解得 $t_A=22℃$

B 房间送热 30℃的风,另加上房间本身的散热量,其室内温度将会升高,假设室内温度为 t_B,则根据热量平衡原理有:$2=3000\times1.2\times1.01\times\dfrac{t_B-30}{3600}$,解得 $t_B=32℃$

19. **答案**:C

主要解题过程:

设室外新风量为 G,则回风量为 $4G$,

$$C=\frac{G\times10^6\times(1-99\%)+4G\times3.5\times(1-97\%)}{G+4G}=2.0\text{pc/L}$$

20. **答案**:D

主要解题过程:

设往复式、螺杆式、离心式和直燃式冷水机组的一次能源消耗量分别为 M_1、M_2、M_3、M_4,则

$$M_1=\frac{Q}{4.0}\times\frac{1}{30\%}=0.833Q;M_2=\frac{Q}{4.3}\times\frac{1}{30\%}=0.775Q$$

$$M_3=\frac{Q}{4.7}\times\frac{1}{30\%}=0.709Q;M_4=\frac{Q}{1.25}=0.8Q$$

一次能源从小到大的排列顺序为离心式、螺杆式、直燃式、往复式。

21. **答案**:A

主要解题过程:

《注册公用设备工程师暖通空调专业考试复习教材》(第三版) P685 式(4.7-6)、式(4.7-7)。

制冷机标定制冷量 q_c 为:$q_c=\dfrac{\Sigma q_i}{n_2+n_i\times c_F}=\dfrac{12045}{9+8\times0.7}=825\text{kW}$

蓄冰装置的有效容量 Q_s 为:$Q_s=n_i\cdot c_f\cdot q_c=8\times0.7\times825=4620\text{kW}$

22. **答案**:B

主要解题过程:

回热器能量守恒:$h_2 - h_1 = h_5 - h_6 \Rightarrow 346.3 - 340 = 235.6 - h_6 \Rightarrow h_6 = 229.3$kJ/kg

单位质量制冷剂的制冷量:$q = h_1 - h_6 = 340 - 229.3 = 110.7$kJ/kg;

单位质量制冷剂的耗功:$w = h_4 - h_3 = 376.5 - 349.3 = 27.2$kJ/kg

能效比 110.7/27.2 =4.06。

23. **答案**:C

主要解题过程:

外墙的最小热阻应保证夏季最热月时,外墙内表面不结露,即高于 24.4℃。根据《注册公用设备工程师暖通空调专业考试复习教材》(第三版) P624 ~625,查得 R_w = 0.043m²·℃/W;求得最小总热阻为

$$R_{min} = \frac{28.6 + 2}{(28.2 - 24.4) \times 1.2 \times 0.043} = 0.376\text{m}^2 \cdot ℃/\text{W}$$

注:《冷库设计规范》(GB 50072—2010)取消了最小热阻值的规定。

24. **答案**:C

主要解题过程:

《注册公用设备工程师暖通空调专业考试复习教材》(第三版)P604,表 4.3-2 查得无机制冷剂(氨)压缩机标准工况为:蒸发温度为 -15℃,冷凝温度为 30℃。

根据 P733 图 4.9-3,冷凝器负荷系数约为 1.19,则 $Q_c = \varphi \cdot Q_e = 1.19 \times 122 = 145.18$kW。

25. **答案**:B

主要解题过程:

《注册公用设备工程师暖通空调专业考试复习教材》(第三版)P815:

$Q_h = 0.17 \times 18 \times 6 \times (0.3 + 1.4) = 31.212\text{Nm}^3/\text{h}$

2008 年案例分析试题(下午卷)

[专业案例题(共 25 题,每题 2 分)]

1. 某公共建筑的集中热水采暖的二次水系统,总热负荷为 3200kW,供回水温度为 95/70℃,室外主干线供回水总长 1600m,计算该水泵的耗电输热比 EHR-h 不应大于多少?

(A)0.004205kW　　(B)0.004944kW

(C)0.004327kW　　(D)0.004805kW

答案:[　]

主要解答过程:

2. 拟对车间采用单股平行射流集中送风方式采暖,每股射流作用的宽度范围均为 24m,已知:车间的高度均为 6m,送风口采用收缩的圆喷口,送风口高度为 4.5m,工作地点的最大平均回流速度 v_1 为 0.3m/s,射流末端最小平均回流速度 v_2 为 0.15m/s,该方案能够覆盖车间的最大长度为下列哪项值?

(A)90m　　(B)84m

(C)72m　　(D)54m

答案:[　]

主要解答过程:

3. 某六层办公楼层高均为 3.3m,其中位于二层的一个办公室的开间、进深和窗的尺寸如下图所示,该办公室的南外墙基本耗热量为 142W,南外窗的基本耗热量为 545W,南外窗缝隙渗透入室内的冷空气的耗热量为 205W。该办公室选用散热器时,采用的耗热量应是下列哪项数值?

(A)740 ~ 790W

(B)800 ~ 850W

(C)860 ~ 910W

(D)920 ~ 960W

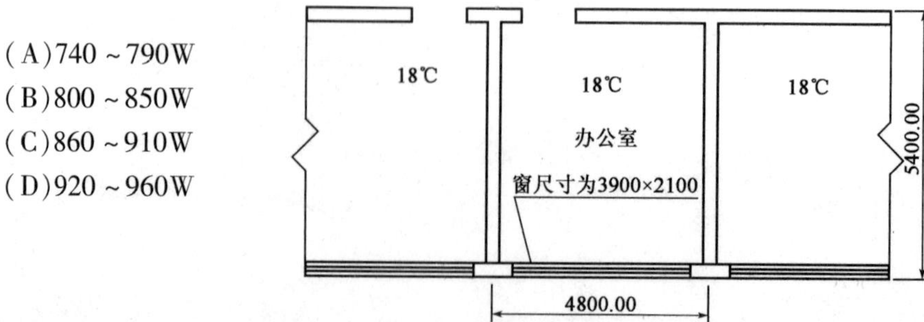

答案：[ ]

主要解答过程：

4. 兰州某办公楼（体型系数为0.28）的外墙，按照《公共建筑节能设计标准》的规定进行改造，加贴膨胀聚苯板，原外墙为360mm，黏土多孔砖[$\lambda=0.58W/(m\cdot K)$]，内抹灰20mm[$\lambda=0.87W/(m\cdot K)$]，则外墙所贴的膨胀聚苯板[$\lambda=0.05W/(m\cdot K)$]的厚度至少应选下列哪项值？

(A)40mm (B)50mm (C)60mm (D)70mm

答案：[ ]

主要解答过程：

5. 某超市采用单体式燃气红外线辐射采暖，超市面积 $A=1000m^2$，辐射器安装高度 $h=4m$（辐射器与人体头部距离按2.5m计，$\eta_f=0.9$）室内舒适温度 $t_{sn}=15℃$，室外采暖计算温度 $t_w=12℃$，采暖围护结构耗热量 $Q=100kW$，试计算辐射器的总热负荷 Q_f 是下列哪一项？

(A)95000～100000W (B)85000～88000W

(C)82000～84000W (D)79000～81000W

答案：[ ]

主要解答过程：

6. 某车间工艺生产过程散发的主要有害物质包括有苯胺、丙烯醇和氟化物，已知将上述三种有害物稀释至国家标准规定的接触限值所需空气量分别为 $8.2m^3/s$、$5.6m^3/s$ 和 $2.1m^3/s$，试问，该车间的全面通风换气量应是下列哪一项值？

(A)$8.2m^3/s$ (B)$10.3m^3/s$ (C)$7.7m^3/s$ (D)$15.9m^3/s$

答案：[ ]

主要解答过程：

7. 高层建筑内的二层为商场，周边均为固定窗和墙体，该层的防烟分区划分为 6 个，6 个防烟分区的面积分别为 250m^2、320m^2、450m^2、280m^2、490m^2、390m^2。当设计为一个排烟系统，采用一台排烟风机时，问：当正确按照《全国民用建筑工程设计技术措施 暖通·空调动力》的规定进行排烟风机风量选择时，其排烟风量的数值应是下列哪一选项？

(A)16500 ~ 18000m^3/h (B)32340 ~ 35280m^3/h

(C)42240 ~ 46080m^3/h (D)64680 ~ 70568m^3/h

答案：[ ]

主要解答过程：

8. 已知：一台双速风机（n_1 = 1450rpm，n_2 = 2900rpm）的通风系统，风机低速运行时，测得系统风量 L_1 = 60000m^3/h，系统的压力损失 P_1 = 148Pa。试问，设风机的全压效率 η = 0.8，当风机高速运行的（大气压力和温度不变），风机的轴功率应是下列选项的哪一个？

(A)24 ~ 25kW (B)26 ~ 27kW

(C)28 ~ 29kW (D)30 ~ 31kW

答案：[ ]

主要解答过程：

9. 一建筑高度 20m 的商贸楼，某不具备自然排烟条件的防烟楼梯间及其前室各设置有一道 1.6m × 2m(h) 的双扇防火门，若考虑加压房间密封程度的背压系数 a = 0.8，漏风附加率为 b = 0.15，开启门洞出口的平均风速为 1.0m/s。试问：当仅防烟楼梯间送风，前室不送风时，采用门洞流速法计算的机械加压送风系统的送风量应是下列选项的哪一项？

(A)14000 ~ 18000m^3/h (B)20000 ~ 24000m^3/h

(C)25000 ~ 29000m^3/h (D)30000 ~ 35000m^3/h

答案：[ ]

主要解答过程：

10. 含有剧毒物质或难闻气味物质的局部排风系统，或含有浓度较高的爆炸危险性物质的局部排风系统，排风系统排风口部设计的正确做法，应是下列选项的哪一个？（已知建筑物正面为迎风面，迎风面长 60m、高 10m）

(A)排至建筑物迎风面
(B)排至建筑物背风面 3m 高处
(C)排至建筑物两侧面 3m 高处
(D)排至建筑物背风面 8m 高处

答案：[ ]
主要解答过程：

11. 对某负压运行的袋式除尘器测定得如下数据，入口风量 $L = 10000m^3/h$，入口粉尘浓度为 $4680mg/m^3$，出口含尘空气的温度为 27.3℃，大气压为 101325Pa，设除尘器全效率为 99%，除尘器漏风率为 4%，在标准状态下，该除尘器出口的粉尘浓度应为下列哪个选项？

(A)40 ~ 43mg/m³ (B)44 ~ 47mg/m³
(C)48 ~ 51mg/m³ (D)52 ~ 55mg/m³

答案：[ ]
主要解答过程：

12. 某三星级宾馆的餐厅高 5m，面积 $300m^2$，用餐人数为 100 人，餐厅内有 $2000m^3/h$ 的机械排风量，餐厅要求维持正压，正压风量按 0.5 次/h 计算，该餐厅空调系统的新风量（取整数）应是下列选项的哪一个？

(A)2000m³/h (B)2750m³/h
(C)3000m³/h (D)5000m³/h

答案：[ ]
主要解答过程：

13. 某全空气空调系统系统服务的三个房间的设计送风量和新风量分别见下表，表内的新风量和送风量是根据各房间的人员和负荷计算所得，问该空调系统按照节能设计所确定的系统新风比应是下列选项的哪一个？

房 间 用 途	商场 1	商场 2	商场 3
新风量(m^3/h)	1920	1500	1080
送风量(m^3/h)	8000	10000	6000

(A)23.5% ~24.5%　　(B)20.5% ~21.5%

(C)19.0% ~20.0%　　(D)17.5% ~18.5%

答案:[　]

主要解答过程:

14. 空调风管材质为镀锌钢板,尺寸 1000mm × 500mm,长度 26m,风管始端送风温度为 16℃,环境温度为 28℃,送风量为 10000m^3/h,绝热材料采用 25mm 厚泡沫橡塑板,λ = 0.035W/(m · K),风管内表面的放热系数为 30W/(m^2 · K),风管外表面的放热系数为 8.7W/(m^2 · K),空气密度为 1.2kg/m^3,定压比热为 1.01kJ/(kg · K),试问,该段管路因传热所产生的空气温升,应是下列哪一项?

(A)0.1 ~0.2℃　　(B)0.25 ~0.4℃

(C)0.45 ~0.6℃　　(D)0.65 ~0.75℃

答案:[　]

主要解答过程:

15. 已知:(1)某报告厅夏季室内设计为 25℃,相对湿度为 60%,房间的冷负荷 ΣQ = 100kW,热湿比为 10000kJ/kg,采用一次回风系统;(2)空调器的出风相对湿度为 90%,送风过程中温升为 1℃;当大气压力为 101325Pa,且房间的温度达到设计值,请绘制 h-d 图中的过程线,该报告厅的夏季设计送风量(查 h-d 图计算),应为下列哪个选项?

(A)32900 ~33900kg/h　　(B)34300 ~35300kg/h

(C)35900 ~36900kg/h　　(D)38400 ~39400kg/h

答案:[　]

主要解答过程:

16. 某型手动平衡阀的全开阻力均为 30kPa,在所示的空调水系统图中(未加平衡阀),各支路的计算水阻力分别为:P_{AB} = 90kPa,P_{CD} = 50kPa,P_{EF} = 40kPa,如果主干管的水阻力忽略不计,问:设置静态平衡阀时,合理的设置方法应是下列选项的哪一个?

(A)在1、2、3、4点均设置静态平衡阀
(B)只在2、3、4点设置静态平衡阀
(C)只在2、3点设置静态平衡阀
(D)只在2点设置静态平衡阀

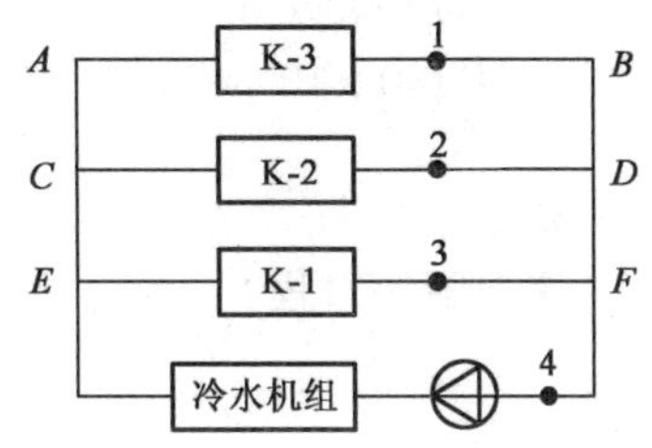

答案:[ ]
主要解答过程:

17. 空调机房内设置有四套组合式空调机组,各系统对应风机的声功率级分别为:K-1,85dB;K-2,80dB;K-3,75dB;K-4,70dB。该空调机房内的最大声功率级应是下列选项的哪一个?

(A)85 ~ 85.9dB　　(B)86 ~ 86.9dB
(C)87 ~ 87.9dB　　(D)88 ~ 88.9dB

答案:[ ]
主要解答过程:

18. 某办公室设计为风机盘管加新风空调系统,并设有"排风—新风热回收装置",室内全热冷负荷为10kW,配置的风机盘管全热供冷量为9kW,新风空调机组的送风量为1000m^3/h,排风量为新风量的80%,以排风侧为基准的"排风—新风热回收装置"的显热回收效率为62.5%。已知新风参数为:干球温度$t_w=35℃$、比焓$h_w=86kJ/kg_{干空气}$;室内设计参数为:干球温度$t_n=25℃$,比焓$h_n=50.7kJ/kg_{干空气}$。问:新风空调机组的表冷器的设计供冷量应是下列选项的哪一个(大气压力按标准大气压考虑,空气密度取1.2kg/m^3)?

(A)6.5 ~ 8.0kW　　(B)8.5 ~ 10.0kW
(C)10.5 ~ 12.0kW　　(D)12.5 ~ 14.0kW

答案:[ ]
主要解答过程:

19. 室外大气含尘浓度为30×10^4pc/L(≥0.5μm),预过滤器效率(≥0.5μm)为10%,终过滤器效率为99.9%(≥0.5μm),室外空气经过该组合过滤器后出口处的空气含尘浓度,约为下列选项的哪一个?

(A)300pc/m^3　　(B)270pc/m^3

(C)30×10^4pc/m^3　　(D)27×10^4pc/m^3

答案:[　]

主要解答过程:

20. 一台离心式冷水机组,运行中由于蒸发器内传热面污垢的形成,导致其传热系数下降,已知,该机组的额定值和实际运行条件下产冷量 Q、蒸发器的对数传热温差 $\Delta\theta_m$ 和传热系数与传热面积的乘积 $K\cdot A$,具体见下表。试问:机组蒸发器的污垢系数增加,导致蒸发器传热系数下降幅度的百分比,下列哪一项数据是正确的?

参　数	冷水机组额定值	实际运行数值
Q(kW)	2460	1636.8
$\Delta\theta_m$(℃)	4	4.4
$K\cdot A$(W/K)	615	372

(A)10% ~20%　　(B)25% ~30%　　(C)35% ~40%　　(D)45% ~50%

答案:[　]

主要解答过程:

21. 对某空调冷却水系统改造,采用逆流式玻璃钢冷却塔,冷水机组的冷凝器水阻力为0.1MPa,冷却塔的进水压力要求为0.03MPa,冷却塔水池面至布水器喷头高差为2.5m,利用原有冷却水水泵,水泵扬程为25m。试问,该冷却水系统允许的管路最大总阻力为下列哪项?

(A)0.068 ~0.078MPa　　(B)0.079 ~0.089MPa

(C)0.09 ~0.109MPa　　(D)0.110 ~0.129MPa

答案:[　]

主要解答过程:

22. 某直燃型溴化锂吸收式冷水机组,出厂时按照现行国家标准规定的方法测得机组名义工况的制冷量为1125kW,天然气消耗量为88.5Nm^3/h(标准状态下天然气的低位热值为36000kJ/Nm^3),电力消耗量为15kW。试问,根据该机组的测定的能源消耗量,该冷水机组制冷时的性能系数应是下列选项的哪一个?

(A)1.10～1.15　　(B)1.16～1.21
(C)1.22～1.27　　(D)1.28～1.33

答案:[　]
主要解答过程:

23. 某水源热泵机组系统的冷负荷为356kW,该热泵机组供冷时的EER值为6.5,供热时的COP值为4.7,试问,该机组供热时,从水源中获得的热量应是下列哪项值?

(A)250～260kW　　(B)220～230kW
(C)190～210kW　　(D)160～180kW

答案:[　]
主要解答过程:

24. 一台冷水机组,当蒸发温度为0℃,冷水进、出水温度分别为12℃和7℃时,制冷量为800kW,如果蒸发器的传热系数$K=1000W/(m^2\cdot K)$,该蒸发器的传热面积A和冷水流量G_w(取整数)应是下列哪项值?

(A)$91m^2$,$152m^3/h$　　(B)$86m^2$,$138m^3/h$
(C)$79m^2$,$138m^3/h$　　(D)$86m^2$,$152m^3/h$

答案:[　]
主要解答过程:

25. 某居民住宅楼20层,每层6户,每户平均4人,设有全日供应的热水系统,冷水温度为10℃,供应热水的温度为60℃,每个用水定额为$q_L=85L/d$,该楼设计热水小时耗热量,应是下列哪项值?

(A)275～309kW　　(D)310～344kW
(C)245～279kW　　(D)380～414kW

答案:[　]
主要解答过程:

2008年案例分析试题答案(下午卷)

1. 答案:C

主要解题过程:

根据《公共建筑节能设计标准》(GB 50189—2015)第4.3.3条。

根据供回水温差为95/70℃和设计热负荷 Q 为3200kW,计算水泵的流量 G:

$$G=\frac{Q}{c\cdot\rho\cdot\Delta t}\times3600=\frac{3200}{4.187\times1000\times25}\times3600=110\text{m}^3/\text{h}$$,查得 $A=0.003858$

本系统按一级泵系统计算,$B=17$,$\sum L=1600\text{m}$,查得 $\alpha=0.0069$

$\text{EHR-h}\leqslant A(B+\alpha\cdot\sum L)/\Delta t=0.003858\times(17+0.0069\times1600)\div25=0.004327$

2. 答案:D

主要解题过程:

送风口高度:$h=4.5m>0.7\times6$

射流的有效作用长度 l_x 为:

$$l_x=\frac{x}{a}\times\sqrt{A_h}=\frac{0.33}{0.07}\times\sqrt{24\times6}=56.57\text{m}$$

计算参见《注册公用设备工程师暖通空调专业考试复习教材》(第三版)P62式(1.5-1)。

3. 答案:B

主要解题过程:

办公室的南向窗墙面积比为,根据《注册公用设备工程师暖通空调专业考试复习教材》(第三版)P17,窗墙面积比超过1:1时,对窗的基本耗热附加10%。

房间的总耗热量为:$Q=142\times(1-15\%)+545\times(1-15\%+10\%)+205=843.15\text{W}$

4. 答案:C

主要解题过程:

查《公共建筑节能设计标准》(GB 50189—2015),兰州属于寒冷地区,体型系数0.28的外墙传热系数限制为:$K=0.50\text{W}/(\text{m}^2\cdot\text{K})$;

$$\frac{1}{K}=\frac{1}{\alpha_n}+\frac{\delta_1}{\lambda_1}+\frac{\delta_2}{\lambda_2}+\frac{\delta_3}{\lambda_3}+\frac{1}{\alpha_w}\Rightarrow\frac{1}{0.5}=\frac{1}{8.7}+\frac{0.36}{0.58}+\frac{0.02}{0.87}+\frac{\delta_3}{0.05}+\frac{1}{23}$$

解得 $\delta_3=60\text{mm}$

计算参见《注册公用设备工程师暖通空调专业考试复习教材》(第三版)P2式(1.1-3)。

5. 答案:B

主要解题过程:

《注册公用设备工程师暖通空调专业考试复习教材》(第三版)P51。

$$\frac{h^2}{A}=\frac{4^2}{1000}=0.016$$，查图 4.1-19，$\varepsilon=0.53$

$$\eta=\varepsilon\eta_1\eta_2=0.53\times0.9\times0.9=0.43,\ \frac{CA}{\eta}=\frac{11\times1000}{0.43}=25581$$

$$R=\frac{Q}{(CA/\eta)(t_{sh}-t_w)}=\frac{100\times1000}{25581\times(15+12)}=0.1448$$

$$Q_f=\frac{Q}{1+R}=\frac{100\times1000}{1+0.1448}=87351\text{W}$$

6. **答案：**D

主要解题过程：

《注册公用设备工程师暖通空调专业考试复习教材》(第三版)P172，该几种有害物质对人体的作用是叠加的，其稀释数种有害物通风量也叠加计算：

$$G=8.2+5.6+2.1=15.9\text{m}^3/\text{s}$$

7. **答案：**D

主要解题过程：

《高层民用建筑设计防火规范》(GB 50045—1995)(2005 年版)第 8.4.2.2 条，排烟系统设计排烟量：

$$G=490\times120=58800\text{m}^3/\text{h}$$

《民用建筑供暖通风与空气调节设计规范》(GB 50736—2012)第 6.5.1.1 条，排烟系统风机风量应附加 10% ~ 20%，风机风量为 $58800\times(1.1\sim1.2)=64680\sim70560\text{m}^3/\text{h}$

注：按公消〔2015〕98 号文件规定，因《建筑防烟排烟系统技术规范》尚未批准发布，防烟排烟的设计与审核暂按旧规范内容执行。

8. **答案：**A

主要解题过程：

《注册公用设备工程师暖通空调专业考试复习教材》(第三版)P265 公式(2.8-1)、公式(2.8-2)可知：

低速运行时功率：$N_1=\frac{LP}{\eta\times3600}=\frac{60000\times148}{0.8\times3600}=3.083\text{kW}$

根据功率与转速的关系有高速运行时功率：$N_2=\left(\frac{n_1}{n_2}\right)^3\times N_2=\left(\frac{2900}{1450}\right)^3\times3.083=24.664\text{kW}$

9. **答案：**D

主要解题过程：

《2009 全国工程设计技术措施》第 4.10.3 条，小于 20 层同时开启门的数量 $n=2$；

$$L_v=\frac{nFv(1+b)}{a}=\frac{2\times1.6\times2\times1\times(1+0.15)}{0.8}=9.2\text{m}^3/\text{s}=33120\text{m}^3/\text{h}$$

10. **答案**:D

主要解题过程:

《注册公用设备工程师暖通空调专业考试复习教材》(第三版)P254,通风排气中的有害物必须经过大气稀释时,排风口应位于建筑物空气动力阴影区和正压区以上。

空气动力阴影区的最大高度为:$H_c = 0.3\sqrt{A} = 0.3 \times \sqrt{60 \times 10} = 7.4\text{m}$

屋顶上方受建筑影响的气流最大高度为:$H_k = \sqrt{A} = \sqrt{60 \times 10} = 24.5\text{m}$

综合比较只有选项 D 满足要求。

计算参见《注册公用设备工程师暖通空调专业考试复习教材》(第三版)P178 式(2.3-7)、式(2.3-8)。

11. **答案**:C

主要解题过程:

除尘器入口含尘量:$m_{入} = 10000 \times 4680 = 46.8\text{kg/h}$

除尘器出口含尘量:$m_{出} = m_{入} \times (1 - \eta) = 46.8 \times (1 - 99\%) = 0.468\text{kg/h}$

考虑除尘器的漏风量,其出口风量(27.3℃工况):$L_{出} = L_{入} \times (1 + 4\%) = 10400\text{m}^3/\text{h}$

转换为标准状态的风量:$L_{出标} = L_{入} \times \dfrac{273}{273 + 27.3} = 10400 \times \dfrac{273}{273 + 27.3} = 9455\text{m}^3/\text{h}$

出口粉尘浓度:$C = \dfrac{m_{出}}{L_{出标}} = \dfrac{0.468}{9455} = 49.5\text{mg/m}^3$

12. **答案**:C

主要解题过程:

该餐厅的人员密度为 100/300 = 0.33 人/m²,以及三星级宾馆餐厅新风量为 20m³/(h·人),查《民用建筑供暖通风与空气调节设计规范》(GB 50736—2012)表 3.0.6-4,高密人群建筑人员新风量标准表,该餐厅的新风量应取 30m³/(人·h)。

该餐厅的人员新风量:$G_{人} = 30 \times 100 = 3000\text{m}^3/\text{h}$;

该餐厅维持正压所需新风量:$G_{正} = 2000 + 300 \times 5 \times 0.5 = 2750\text{m}^3/\text{h}$;

两者取大值作为该餐厅的新风量,即 3000m³/h。

13. **答案**:C

主要解题过程:

《公共建筑节能设计标准》(GB 50189—2015)第 4.3.12 条。

其中,$X = \dfrac{4500}{24000} = 0.1875$,$Z = \dfrac{1920}{8000} = 0.24$

$$Y = \frac{X}{1 + X - Z} = \frac{0.1875}{1 + 0.1875 - 0.24} = 0.1979$$

14. **答案**:B

主要解题过程:

该保温风管的传热系数:$K = \dfrac{1}{\dfrac{1}{\alpha_n} + \dfrac{\delta}{\lambda} + \dfrac{1}{\alpha_w}} = \dfrac{1}{\dfrac{1}{8.7} + \dfrac{0.025}{0.035} + \dfrac{1}{30}} = 1.16\text{W/(m}^2 \cdot \text{K)}$

经过风管表面传热量：

$$Q = KF(t_w - t_n) = 1.16 \times (1 + 0.5) \times 2 \times 26 \times (28 - 16) = 1085.76\text{W}$$

根据热量平衡计算空气的温升 Δt：

$$Q = G \cdot \rho \cdot C \cdot \Delta t = \frac{10000}{3600} \times 1.2 \times 1010 \times \Delta t = 1085.76$$

解得 $\Delta t = 0.323℃$

15. **答案**：B

主要解题过程：

空气处理过程如图所示，在焓湿图上找到室内状态点 N，过 N 点作 $\varepsilon = 10000$ 的热湿比线，与 $\varphi = 90\%$ 线交于 L 点，过 L 点沿等含湿量线升温 1℃，即为系统的送风状态点 O，查得 $h_o = 45.3\text{kJ/kg}$，$h_n = 55.6\text{kJ/kg}$

则设计送风量：$G = \dfrac{Q}{h_n - h_o} = \dfrac{100}{55.6 - 45.3} = 9.71\text{kg/s} = 34951\text{kg/h}$

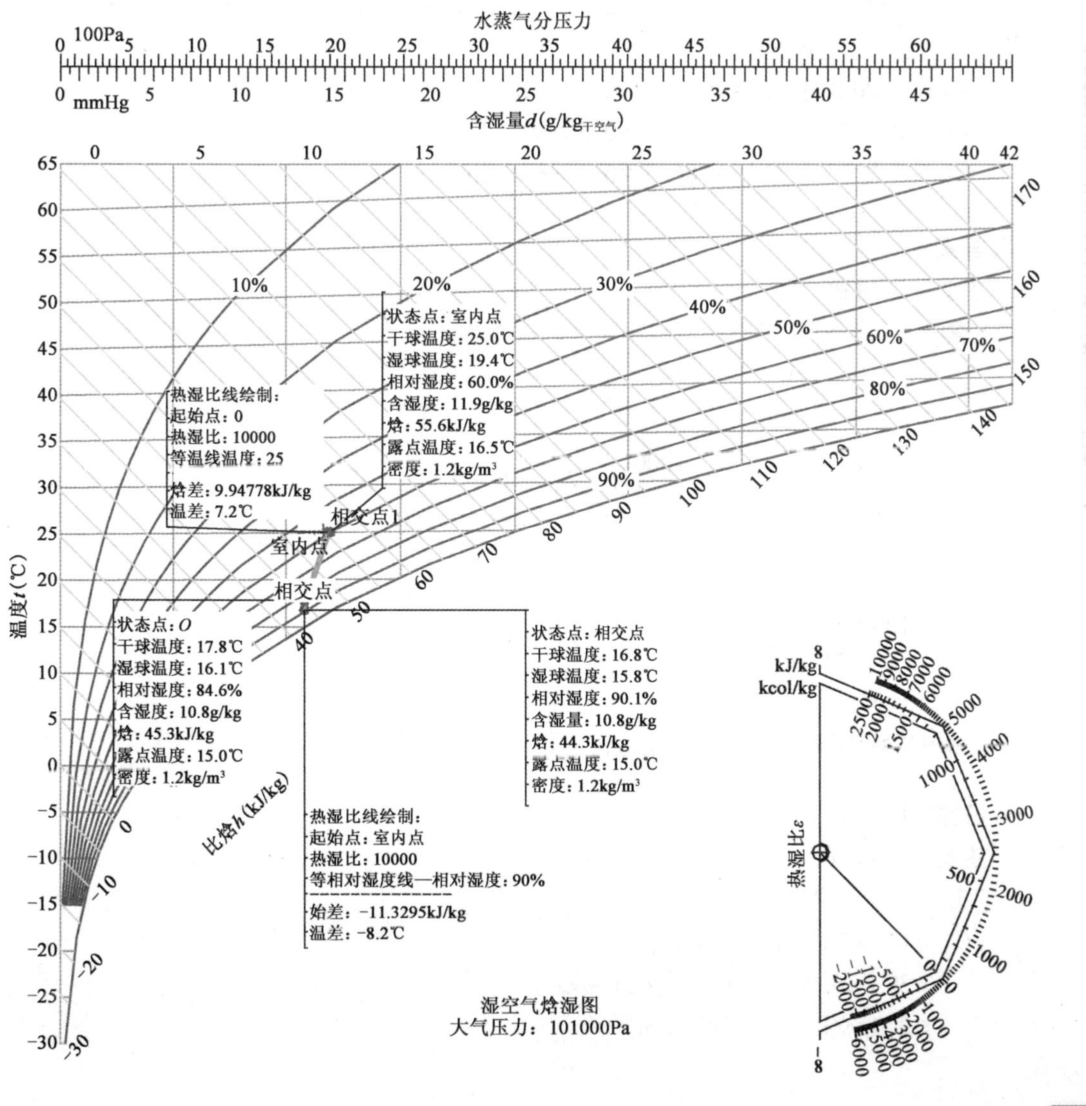

16. **答案**:C

主要解题过程:

AB 环路为最不利环路,不应设置平衡阀;4 点在总管上,不应设置平衡阀。

CD 和 EF 环路不平衡率分别为 $\varphi_{CD}=\dfrac{90-50}{90}=44\%$,$\varphi_{EF}=\dfrac{90-40}{90}=56\%$,均大于 15% 的要求,所以 2 和 3 点均需要设置平衡阀。

设置平衡阀后,$\Delta P_{CD}=50+30=80\text{kPa}$,不平衡率为 $\varphi_{CD}=\dfrac{90-80}{90}=11\%$;

$\Delta P_{EF}=40+30=70\text{kPa}$,不平衡率为 $\varphi_{EF}=\dfrac{90-70}{90}=22\%>15\%$,平衡阀需要调节以满足要求。

17. **答案**:B

主要解题过程:

《注册公用设备工程师暖通空调专业考试复习教材》(第三版)P537:不同声功率级噪声源叠加时,按照由大到小的顺序,逐个叠加。

85dB 与 80dB 叠加后为 85+1.2=86.2dB,

86.2dB 与 75dB 叠加为 86.2+0.3=86.5dB,

86.5dB 与 70dB 叠加为 86.5+0.1=86.6dB。

18. **答案**:C

主要解题过程:

室内冷负荷中需要由新风机组承担的冷量为:

$Q_1=10-9=1\text{kW}$

新风冷负荷为:

$$Q_2=G_x\times\rho\times(h_w-h_n)=\frac{1000}{3600}\times1.2\times(86-50.7)=11.77\text{kW}$$

显热回收的冷量:

$$\begin{aligned}Q_3&=G_h\times\rho\times C\times(t_w-t_n)\times\eta\\&=\frac{1000\times0.8}{3600}\times1.2\times1.01\times(35-25)\times62.5\%\\&=1.68\text{kW}\end{aligned}$$

新风机组表冷器的冷量为:$Q=Q_1+Q_2-Q_3=1+11.77-1.68=11.09\text{kW}$

19. **答案**:D

主要解题过程:

出口空气含尘浓度为:

$$\begin{aligned}C_{出}&=C_{入}\times(1-\eta_1)\times(1-\eta_2)\\&=30\times10^4\times(1-10\%)\times(1-99.9\%)\\&=270\text{pc/L}=27\times10^4\text{pc/m}^3\end{aligned}$$

20. **答案**:C

主要解题过程:

传热量公式 $KA\Delta t=Q$,污垢系数对换热面积 A 影响忽略不计,则传热系数下降幅度的百分比:

$$\varphi=\frac{K_{额}-K_{实}}{K_{额}}=\frac{K_{额}A-K_{实}A}{K_{额}A}$$

$$=\frac{615-372}{615}=39.5\%$$

21. **答案**:C

主要解题过程:

$25mH_2O=0.25MPa=1.1(H_{管路}+0.1+0.03)MPa$

解得 $H_{管路}=0.097MPa$

此处需注意进塔水压已包含提升高度。

计算参考《注册公用设备工程师暖通空调专业考试复习教材》(第三版)P492 公式(3.7-7)。

22. **答案**:C

主要解题过程:

燃气的总发热量:$\varphi_g=\dfrac{88.5\times36000}{3600}=885kW$

冷水机组的制冷性能系数:$COP_o=\dfrac{\varphi_o}{\varphi_o+P}=\dfrac{1125}{885+15}=1.25$

计算参考《注册公用设备工程师暖通空调专业考试复习教材》(第三版)P646 公式(4.5-17)。

23. **答案**:C

主要解题过程:

机组的额定输入功率:$P=\dfrac{Q}{EER}=\dfrac{356}{6.5}=54.77kW$

冬季热负荷:$Q_{冬}=P\cdot COP=54.77\times4.7=257.4kW$

机组从水中获取的热量:$Q_{水}=Q_{冬}-P=257.4-54.77=202.63kW$

24. **答案**:B

主要解题过程:

冷水流量为:$G=\dfrac{Q}{PC\Delta t}=\dfrac{800}{1000\times4.187\times(12-7)}\times3600=137.6m^3/h$

蒸发器水侧与制冷剂侧的传热温差为(按对数温差计算):

$$\Delta t_m=\frac{\Delta t_{max}-\Delta t_{min}}{\ln(\Delta t_{max}/\Delta t_{min})}=\frac{(12-0)-(7-0)}{\ln(12/7)}=9.28℃$$

根据传热量平衡有:$Q=KA\Delta t_m\Rightarrow A=\dfrac{Q}{K\times\Delta t_m}=\dfrac{800\times1000}{1000\times9.28}=86m^2$

25. **答案:**无

主要解题过程:

《建筑给水排水设计规范》(GB 50015—2003)(2009年版)第5.3.1条:

$$Q_h = K_h \cdot \frac{mq_r C(t_r - t_l)\rho_r}{T}$$

$$= 4.67 \times \frac{20 \times 6 \times 4 \times 85 \times 4.187 \times (60 - 10) \times 1000}{24 \times 3600}$$

$$= 461674\text{W}$$

$$= 462\text{kW}$$

同时使用系数 K_h 利用内插法计算。

注:本题按新规范计算,因规范内容的修改,四个选项中没有正确答案。

2009年注册公用设备工程师(暖通空调)执业资格考试

专业考试试题及答案

2009年专业知识试题(上午卷)

一、单项选择题(共40题,每题1分。每题的备选项中只有一个符合题意)

1. 不同传热系数和遮阳系数的外窗作为公共建筑外围护结构时,更适合于严寒地区的外窗应是下列哪一项? ( )

(A)传热系数小且遮阳系数大 (B)传热系数大且遮阳系数小
(C)传热系数小且遮阳系数小 (D)传热系数大且遮阳系数大

2. 采暖管道穿过有严格防水要求的建筑物的地下室外墙时,下列哪一项是正确的? ( )

(A)采用刚性防火套管
(B)采用柔性防水套管
(C)墙上预留洞安装完毕后,将管道与预留洞之间的间隙用防水材料封堵
(D)墙上预埋管道与采暖管道直接连接

3. 我国强调太阳能采暖系统应做到全年综合利用,为此根据实际情况采取若干措施,下列措施哪一项错误的? ( )

(A)合理确定系统的太阳能全年保证率
(B)冬季供暖,春、夏、秋三季提供生活热水
(C)夏季大型公共建筑采用太阳能制冷
(D)建筑围护结构的传热系数取值低于节能设计标准规定的限值

4. 下列哪一项不属于围护结构的热桥部位? ( )

(A)嵌入墙体的混凝土梁、柱、墙 (B)嵌入屋面板中的混凝土肋
(C)装配式建筑中的板材接缝及墙角 (D)装配式建筑中的女儿墙

5. 采暖系统设置平衡阀、控制阀的说法,下列哪一项正确? ( )

(A)自力式压差控制阀特别适合分户计量供暖系统
(B)静态平衡阀应装设在锅炉房集水器干管上
(C)供暖系统的每一个环路的供、回水管道上均安装平衡阀
(D)管路上安装平衡阀之处,不必再安装截止阀

6. 采用燃气红外线辐射采暖,辐射器安装错误的应是下列哪一项? ( )

(A)采用全面辐射采暖,辐射器应安装得高一些

(B)用于局部区域辐射采暖时,辐射器应安装得低一些
(C)辐射器安装高度不应低于3m
(D)辐射器安装高度不应低于4m

7. 进行热水供暖系统地上敷设的管道应力计算时,管道工作循环的最低温度取值应是下列哪一项? ( )

(A)15℃ (B)10℃
(C)5℃ (D)当地全年室外平均气温

8. 热水供暖系统中,当其恒压点位于水泵吸入口时,有关其他各点的压力描述,正确的应是下列哪一项? ( )

(A)系统各点的静压相等
(B)系统各点的工作压力相等
(C)系统各点的工作压力均高于静压
(D)系统各点的工作压力高于水泵扬程

9. 地下、半地下、地下室和半地下室锅炉房严禁选用的气体燃料,其判断的依据是气体燃料的相对密度,该相对密度数值应是下列哪一项? ( )

(A)相对密度小于0.60的气体燃料
(B)相对密度大于或等于0.60的气体燃料
(C)相对密度小于0.75的气体燃料
(D)相对密度大于或等于0.75的气体燃料

10. 风道中安装的消声器,当要求消声频谱范围覆盖低、中、高频带时,正确选择的消声器应是下列哪一项? ( )

(A)阻性消声器 (B)抗性消声器
(C)阻抗复合消声器 (D)共振型消声器

11. 地下停车库的通风系统节能运行,宜根据车库内的某种气体浓度进行自动运行控制,该种气体应是下列哪一项? ( )

(A)O_2 (B)CO (C)CO_2 (D)NO_x

12. 关于全面通风的说法,下列哪项是错误的? ( )

(A)当采用全面排风消除余热时,应从建筑物内温度最高的区域排风
(B)送入房间的清洁空气应选经操作地点,再经污染区域排除室外
(C)全面通风时,进出房间的体积风量相等
(D)气流组织不好的全面通风,即使风量足够大也可能达不到需要的通风效果

13. 位于广州市的某建筑物采用通风屋顶隔热，其通风层长度、空气层高度设置正确的应是下列哪一项？ (　　)

(A)通风层长度 8m，空气层高度 10cm
(B)通风层长度 8m，空气层高度 20cm
(C)通风层长度 12m，空气层高度 10cm
(D)通风层长度 12m，空气层高度 20cm

14. 某三层建筑，热回收型换气机的新风进风口、排风口布置方式最合理的应是下列哪项？ (　　)

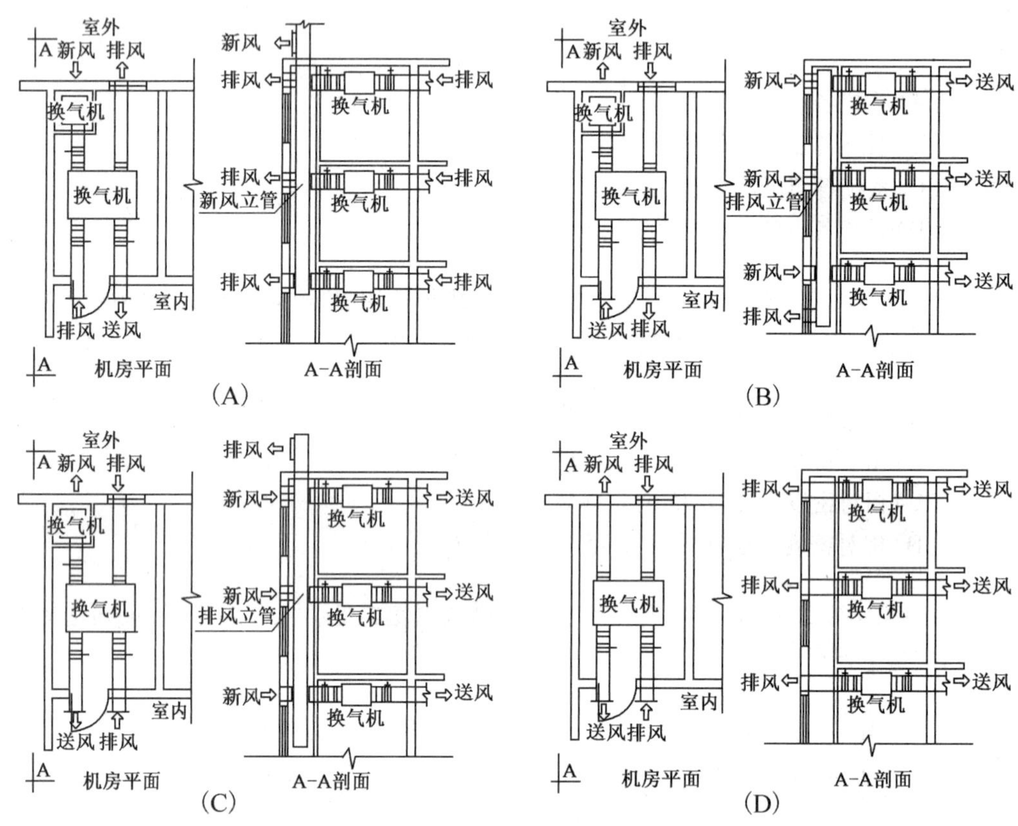

15. 某物料输送过程采用密闭罩，有关吸风口的设计，错误应是下列哪项？ (　　)

(A)斗式提升机输送冷物料，于上部设置吸风口
(B)粉状物料下落时，物料的飞溅区不设置吸风口
(C)皮带运输机上吸风口至卸料溜槽距离至少应保持 300 ~ 500mm
(D)粉碎物料时，吸风口风速不宜大于 2.0m/s

16. 某车间对污染源产生的工业有害物进行通风设计，对同时放散于空气中的每个种有害物设计计算的全面排风量为：粉尘，$5m^2/s$；SO_2 气体，$3m^2/s$；余热，$6m^2/s$；余湿，$4m^2/s$。选择最少全面排风量应是下列哪项？ (　　)

(A)19m^3/s　　(B)10m^3/s　　(C)8m^3/s　　(D)6m^3/s

17. 设置于地下室、半地下室使用燃气的厨房,其独立的机械送排风系统所选取的通风换气量,下列哪项是错误的?　　(　　)

(A)正常工作时,换气次数大应小于 6 次/h
(B)事故通风时,换气次数不应小于 10 次/h
(C)不工作时,换气次数不应小于 3 次/h
(D)当燃烧所需的空气由室内吸取时,同时应满足燃烧所需的空气量

18. 某高层建筑的封闭避难层需设置加压送风系统,避难层的净面积为 800m^2,设计的加压送风量下列哪项不符合要求?　　(　　)

(A)23000m^2/h　　(B)24000m^2/h
(C)26000m^2/h　　(D)27000m^2/h

19. 一般通风系统厂用的 4-72 系列离心风机的叶片基本形式,应是下列哪项?　　(　　)

(A)机翼型叶片　　(B)径向式叶片
(C)轴向式叶片　　(D)后向板型叶片

20. 某宾馆进行建筑节能分部工程验收,空调系统为风机盘管 + 新风系统,该宾馆安装有 40 台风机盘管和 2 台新风机组,正确的检查数量应是下列哪项?　　(　　)

(A)风机盘管抽查 4 台、新风机组抽查 1 台
(B)风机盘管抽查 4 台、新风机组抽查 2 台
(C)风机盘管抽查 5 台、新风机组抽查 1 台
(D)风机盘管抽查 5 台、新风机组抽查 2 台

21. 人体所处热环境在其他条件不变的情况下,下列因素改变,不能增加人体冷感的应是哪项?　　(　　)

(A)室内空气温度降低
(B)室内围护结构内表面温度降低
(C)增人新风量
(D)夏季高温时减少室内相对湿度

22. 为了使水系统中的冷热盘管调节阀的相对开度与盘管的相对换热量之间呈直线关系,表述正确的应是下列哪项?　　(　　)

(A)调节阀的相对开度与相对流量应呈直接关系
(B)调节阀的相对开度与相对流量应呈快开关系
(C)调节阀的相对开度与相对流量应呈等百分比关系

(D)调节阀的相对开度与相对流量应呈抛物线关系

23. 生产厂房的空调系统在无生产负荷的联合试运转及调试中，不符合规定的调试要求应是下列哪项？（ ）

(A)系统总风量测试结果与设计风量偏差不应大于10%
(B)系统冷热水、冷却水总流量测试结果与设计流量的偏差不应大于10%
(C)空调室内噪声应符合设计规定要求
(D)系统平衡调整后，各空调机组的水流量应符合设计要求，允许偏差为15%

24. 辐射顶板供冷时，保证辐射顶板正常运行的水温控制，应为下列何项？（ ）

(A)应控制出水温度　(B)应控制进水温度
(C)应控制进出水温差　(D)不控制水温

25. 舒适性空调房间夏季室内风速，规范规定的数值应是下列哪项？（ ）

(A)≤0.25m/s　(B)≤0.30m/s　(C)≤0.35m/s　(D)≤0.40m/s

26. 计算某全室空调的工业车间的最小新风量，已求出室内人员所需最小新风量为M_1，工艺燃烧过程所需新风量为M_2，补充设备局部排风所需新风量为M_3，保持室内正压所需新风量为M_4，则该车间空调设计的最小新风量应为下列哪项？（ ）

(A)M_1、M_2、M_3、M_4四者中的最大值
(B)M_1、M_2、M_3、M_4四者之和值
(C)(M_1+M_2)、(M_3+M_4)两者中的较大值
(D)M_1、$(M_2+M_3+M_4)$两者中的较大值

27. 关于组合空调机组的表冷器的说法，下列哪项是错误的？（ ）

(A)可实现等湿冷却
(B)可实现减湿冷却
(C)干式冷却热交换强度高于减湿冷却
(D)冷水进水温度应比空气出口干球温度至少低3.5℃

28. 面风速不大的情况下，高效空气过滤器风量为800m³/h，初阻力为200Pa，同一过滤器当风量为400m³/h时，其初阻力近似值应是下列哪项？（ ）

(A)50Pa　(B)80Pa　(C)100Pa　(D)120Pa

29. 关于洁净室流型和压差的说法，下列哪项是错误的？（ ）

(A)非单向流洁净室一般应用于洁净要求较低的洁净室中
(B)洁净室中的压力总高于外部压力
(C)不均匀分布计算理论将洁净室中的气流分为主流区，涡流区和回风口区

(D)不同等级的洁净室间的压差应不小于 5Pa,洁净室与室外的压差应不小于 10Pa

30. 最能发挥低温送风空气调节系统优点的场合,应是下列哪项? (　　)

(A)要求保持温湿度恒定的空气调节区
(B)要求保持更高空气湿度的空气调节区
(C)采用冰蓄冷为空调冷源的空气调节区
(D)需要较大送风量的空气调节区

31. 舒适性空调当冬季需要供冷时,通常可以采用下列三种方式:①运行冷水机组供冷;②运行冷却塔供冷;③采用新风直接供冷。问:按节能效益从高到低排列的顺序,以下哪项是正确的? (　　)

(A)①、②、③　　(B)②、③、①　　(C)③、②、①、　　(D)②、①、③

32. 关于冷水机组的说法,下列哪项是错误的? (　　)

(A)我国标准规定的蒸发冷却冷水机组额定工况的湿球温度为 24℃,干球温度不限制
(B)根据 GB 19577—2004 的规定,容量为 1500kW 的水冷式冷水机组 COP =6,此产品能源效率等级为 1 级
(C)选择冷水机组时不仅要考虑额定工况下的性能,更要考虑使用频率高的时段内机组的性能
(D)COP 完全相同的冷水机组,当蒸发器和冷凝器的阻力不同时,供冷期系统的运行能耗也会不同

33. 关于制冷剂的说法,下列哪项是错误的? (　　)

(A)制冷剂的 ODP 值越大,表明对臭氧层的破坏潜力越大;GWP 越小,表明对全球气候变暖的贡献越小
(B)CO_2 是一种天然工质制冷剂,对臭氧层无破坏,对全球变暖也几乎无影响
(C)R134a 对臭氧层无破坏,且全球变暖潜质低于 R22
(D)R22 在我国可以原生产量维持到 2040 年,到 2040 年后将禁止使用

34. 采用地埋管换热器的地源热泵系统,机组制冷能效比为 EER,地源热泵系统向土壤的最大释热量 Q_c 表述正确的应是下列哪项? (　　)

(A)$Q_c=(1-1/\text{EER})\times$系统最大冷负荷
(B)$Q_c=(1+1/\text{EER})\times$系统最大冷负荷
(C)$Q_c=(1+1/\text{EER})\times$系统最大冷负荷 $+\sum$水泵释热量
(D)$Q_c=(1+1/\text{EER})\times$系统最大冷负荷 $+\sum$水泵释热量 $+\sum$输送系统得热量

35. 下列关于溴化锂吸收式冷水机组的说法,哪项是错误的? (　　)

(A)溴化锂冷水机组采用的是溴化锂—水工质对,制冷剂是水

(B)与蒸汽压缩式制冷机组相比,名义工况相同冷量的溴化锂冷水机组排到冷却塔的热量要多

(C)溴化锂冷水机组系统真空运行,不属于压力容器

(D)溴化锂冷水机组的冷却水温越低,COP 越高,但冷却水温度过低时,可能出现溶液结晶现象

36. 夏季使用的冷却塔,气象条件中决定冷却塔冷却性能的主要参数是以下哪项?（　　）

(A)室外风速　　(B)室外太阳辐射强度

(C)室外空气干球温度　　(D)室外空气湿球温度

37. 冰蓄冷系统中乙烯乙二醇管路中阀门及附件的设置符合要求者,应是下列哪项?（　　）

(A)设置安全阀、电子膨胀阀和自动排气阀

(B)设置安全阀、电子膨胀阀和动态流量平衡阀(多个蓄冷槽并联,管路异程布置时)

(C)设置安全阀和电子膨胀阀,管路系统最低点设置排液管和阀门

(D)设置安全阀、自动排风阀,管路系统最低点设置排液管和阀门

38. 图示氨制冷压缩机组的吸气管、排气管与总管正确的连接设计,应是下列哪项?（　　）

(A) 排气总管 吸气总管 排气管 吸气管

(B) 排气总管 吸气总管 排气管 吸气管

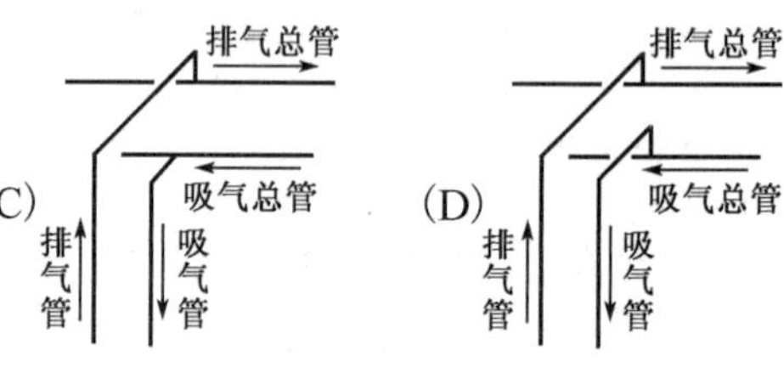

39. 某液化天然气气化站设有两个储罐,每个储罐容积均为 15m^3,其符合现行国家标准的消防用水量计算,应为下列哪项?（　　）

(A)按其储罐固定喷淋装置用水量计算

(B)按其设置水枪用水量计算

(C)按其储罐固定喷淋装置用水量和水枪用水量大者计算

(D)按其储罐固定喷淋装置用水量和水枪用水量之和计算

40. 室内的明设燃气管道采用铝塑复合管时,其最高环境温度应为下列哪项?（　　）

(A)50℃　　(B)55℃　　(C)60℃　　(D)65℃

二、多项选择题(共 30 题,每题 2 分。每题的备选项中有两个或两个以上符合题意,错选、少选、多选均不得分)

41. 围护结构传热计算时采用的室外设计计算温度,下列哪些项是错误的?(　　)

(A)计算围护结构的最小传热阻时,冬季围护结构的室外计算温度应采用历年平均不保证 5 天的日平均温度

(B)计算夏季空调外窗的传热量时,室外计算温度应采用室外计算逐时温度

(C)计算夏季空调外墙的传热量时,室外计算温度应采用室外逐时综合温度

(D)计算夏季空调屋面的传热量时,室外计算温度应采用室外计算日平均综合温度

42. 某办公楼设计的集中采暖系统分室能实现温度调节,下列哪些做法是正确的?(　　)

(A)采用上分式全带跨越管的垂直单管

(B)管路按南北向分环布置

(C)系统采用分区热量计量

(D)散热器外表面应刷金属性涂料

43. 对于采暖系统和设备进行水压试验的试验压力,下列哪些项是错误的?(　　)

(A)散热器安装前应进行 0.5MPa 的压力试验

(B)低温热水地板辐射采暖系统的盘管试验压力不小于 0.6MPa

(C)室内热水采暖系统(钢管)顶点的试验压力应不小于该点工作压力的1.5倍

(D)换热站内的热交换器的试验压力为最大工作压力的 1.5 倍

44. 建筑耗热量简化计算时,采取近似处理,表述正确的应是下列哪些项?(　　)

(A)计算房间与相邻房间温差小于 5℃时,不计算耗热量

(B)伸缩缝或沉降缝墙按外墙基本耗热量的 30% 计算

(C)内门的传热系数按隔墙的传热系数考虑

(D)按外墙的外包尺寸计算围护结构的面积

45. 有关冬季采暖系统围护结构计算耗热量修正的说法,下列哪些项是错误的?(　　)

(A)低温热水地板辐射采暖系统的热负荷,可不作高度附加

(B)间歇性使用的礼堂的热负荷,可不作附加

(C)燃气红外线辐射采暖,不考虑辐射器安装高度的影响

(D)教学楼有两面外墙时,对墙、窗、门的基本耗热量不作附加

46. 冬季采用蒸汽采暖系统的工业厂房,下列说法哪些项错误?(　　)

(A)选择钢制型散热器,因为传热系数大
(B)选择钢制扁管散热器,因为金属热强度高
(C)选择内防腐型铝制散热器,因为传热系数大
(D)不选择铸铁散热器,因为金属热强度小

47. 某工业建筑外门为双扇向内平开门,外门宽度为 3m,设置空气幕时不合理的做法是下列哪些项? ( )

(A)单侧侧面送风 (B)双侧侧面送风
(C)由上向下送风 (D)由下向上送风

48. 不得穿过风管的内腔,也不得沿风管的外壁敷设的管线,应是下列哪些项? ( )

(A)可燃气体管道 (B)可燃液体管道
(C)电线 (D)排水管道

49. 关于在有爆炸危险场合布置通风空调设备的规定,下列哪些项是正确的? ( )

(A)用于甲、乙类场所的送风设备,不应与排风设备布置在同一通风机房内
(B)空气中含有铝粉的房间应采用防爆型分体空调器
(C)布置在有甲、乙、丙类物质场所中的通风设备应采用防爆型设备
(D)净化有爆炸危险粉尘的干式除尘器,应布置在系统的负压段上

50. 有关公共建筑应设机械防烟设施的规定,正确的应是下列哪些项? ( )

(A)不具备自然排烟条件的消防电梯间合用前室
(B)设置自然排烟设施的防排烟楼梯间,其不具备自然排烟条件的前室
(C)不具备自然排烟条件的消防电梯间前室
(D)不具备自然排烟条件的防烟楼梯间

51. 通风工程安装完成后,应进行系统节能性能的检测,对各风口进行风量检测,正确的检测要求应是下列哪些项? ( )

(A)按风管系统数量抽查 8%
(B)按风管系统数量抽查 10%,且不得少于 1 个系统
(C)风口的风量与设计风量的允许偏差≤15%
(D)风口的风量与设计风量的允许偏差≤18%

52. 对于侧壁采用多个面积相同的孔口的均匀送风管道,实现风管均匀送风的基本条件,正确的应是下列哪些项? ( )

(A)保持各侧静压相等

(B)保持各侧孔流量系数相等
(C)管内的静压与动压之比尽量加大
(D)沿送风方向,孔口前后的风管截面平均风速降低

53. 自然通风可以进行建筑物的通风,表述正确的应为下列哪些项? ( )

(A)建筑迎风面正压区,原因在于滞留区气流动压转变为静压
(B)建筑物中和面余压为零,中和面以上气流由内向外流动,中和面以下气流由外向内流动
(C)建筑物中和面的位置可以人为调整
(D)送风窗孔面积减小,排风窗孔面积增大,造成建筑物中和面上移

54. 某氨制冷机房的事故排风口与机械送风系统的进风口的水平距离为12m,事故排风口设置正确的应是下列哪些项? ( )

(A)事故排风口与进风口等高
(B)事故排风口高于进风口5m
(C)事故排风口高于进风口6m
(D)事故排风口高于进风口8m

55. 处理尘粒粒径为1~2μm的含尘气流,要求达到98%~99%的除尘效率,且采用一级除尘器,除尘器合理的形式应是下列哪些项? ( )

(A)重力沉降室 (B)水浴式除尘器
(C)袋式除尘器 (D)静电除尘器

56. 对于冬、夏季均采用空调系统供热、供冷的建筑,采用冷却塔供冷的说法,正确的应是下列哪项? ( )

(A)当楼层的内区在冬季有一定供冷需求时,可以采用冷却塔供冷
(B)采用冷却塔供冷时,末端的供冷能力,应根据冷却塔所能提供的空调冷水的参数来确定
(C)当采用开式冷却塔时应设置换热器
(D)当采用闭式冷却塔时可直接供水

57. 在计算空调系统夏季(冷却工况)空调房间的热湿比时,应该包括在计算之列的为下列哪些项? ( )

(A)室内人员散湿 (B)室内人员的潜热
(C)新风带入的湿热 (D)与非空调区相邻隔墙传热

58. 常用的空气处理系统中,可视为等焓加湿方式的应是下列哪些项? ( )

(A)水喷雾加湿 (B)喷干蒸汽加湿

(C)循环水喷淋加湿　　　　　　　　　　(D)湿膜加湿

59. 关于房间气流组织的说法,下列哪些是正确的?　　(　)

(A)在射流主体段内,射流断面的最大速度随距离增加而减少
(B)回风口的速度距离增加迅速衰减,因此回风口对室内气流组织的影响比送风口小
(C)座椅下送风的出口风速为0.2m/s,可以避免吹风感
(D)用CFD方法可以模拟设计工况的流场、温度场、湿度场和污染物浓度场,但是仍需要以经验参数为主

60. 夏季采用空气处理机组的表冷器冷却空气时,通常采用的做法是:将"机器露点"相对湿度确定为90%~95%左右,而不是100%的相对湿度,采用该做法的原因表述,下列哪些项是错误的?　　(　)

(A)因空气冷却到相对湿度为90%以上时,会发生结露
(B)空调系统只需要处理到相对湿度为90%~95%
(C)相对湿度采用90%~95%比采用100%更加节能
(D)由于受到表冷器旁通系数的影响,"机器露点"无法实现100%

61. 关于中央空调水系统的说法,下列哪些是正确的?　　(　)

(A)冷却效果相同时,多台冷却塔同步变频调节风机转速比冷却塔台数控制更节能
(B)水源热泵机组采用地下水或地面水,作为分散小型单元式机组的水源时,应采用板式换热器的间接供水方式
(C)在空调水系统中,定压点的最低压力应保证水系统最高点的压力高于大气压力4kPa
(D)水环热泵空调系统使用开式冷却塔时,应设置中间换热器

62. 合理运行的系统中,终阻力达到初阻力的倍数为下列哪项,需及时更换高效空气过滤器?　　(　)

(A)1.5倍　　(B)2倍　　(C)2.5倍　　(D)3倍

63. 关于洁净室空气过滤器,下列哪些说法是正确的?　　(　)

(A)空气过滤器按效率可分为粗效、中效(高中效)、亚高效、高效
(B)空气过滤器的效率有计重效率,计数效率,比色效率
(C)两个效率为90%的过滤器串联使用后的效率为99%
(D)实测受检高效空气过滤器的穿透率,不应大于出厂合格穿透率的3倍

64. 螺杆式、离心式冷水机组,名义制冷工况条件下进行性能试验时,关于性能的最大偏差数值,正确的应是下列哪些项?　　(　)

(A)比采用常规电制冷系统 + 常规全空气空调系统初投资要节约
(B)比采用常规电制冷系统 + 常规全空气空调系统运行能耗节约
(C)适用于电力增容受到限制和风管安装控件受到限制的工程
(D)比采用常规全空气空调系统,空调风系统的风机和风管尺寸减小

70. 敷设在住宅汽车库内的燃气管道,用材为无缝钢管时,对固定焊口焊缝进行射线照相检验,焊缝检验数量不符合规定的是下列哪些项? ( )

(A)10% (B)50% (C)90% (D)100%

2009 年专业知识试题答案(上午卷)

1. **答案**:A

依据:《公共建筑节能设计标准》(GB 50189—2015)第 3.1.1 条,严寒地区对遮阳系数没有限值要求。对严寒地区冬季太阳辐射对室内是有利因素,透过的辐射热多越有利,所以遮阳系数要大。

2. **答案**:B

依据:《建筑给水排水及采暖工程施工质量验收规范》(GB 50242—2002)第 3.3.3 条,对有严格防水要求的建筑物,必须采用柔性防水套管。

3. **答案**:C

依据:《2007 全国民用建筑工程设计技术措施节能专篇—暖通空调动力》P69,太阳能供暖系统章节。

4. **答案**:D

依据:《民用建筑热工设计规范》(GB 50176—1993)第 4.3 节,热桥是建筑物外围护结构中保温性能大大低于其余构件的部位,如外墙板的接缝、外挑阳台板、圈梁、地梁、防震柱、墙角和底层勒脚等。女儿墙属于建筑围护结构以外的部分,其保温性能好坏对室内没影响,所以不属于热桥部位。

5. **答案**:AD

依据:《民用建筑供暖通风与空气调节设计规范》(GB 50736—2012)第 5.10.6 条,由"是否设置自力式压差控制阀,应通过计算热力入口的压差变化幅度确定",可知选项 A "特别适合"的说法不正确;

平衡阀主要起调节各并联支路水力平衡的作用,一般安装在回水管上,安装在锅炉房总管上起不到调节平衡的作用,选项 B 错误;

是否安装平衡阀需要经过平衡计算,不是所有环路都需要装,选项 C 错误;

《注册公用设备工程师暖通空调考试复习教材》(第三版)P102,选项 D 正确。

6. **答案**:D

依据:《注册公用设备工程师暖通空调考试复习教材》(第三版)P56 ~ 58,以及《民用建筑供暖通风与空气调节设计规范》(GB 50736—2012)第 5.6.3 条。

7. **答案**:C

依据:根据《城镇供热管网设计规范》(CJJ 34—2010)第 9.0.2.4 条。

8. **答案**:C

依据:水泵吸入口为系统压力最低点,当定压点位于水泵吸入口时,系统各点的工作

31. **答案**:C

依据:直接采用新风供冷只需要为风机运行提供必要的电力。用冷却塔供冷,是通过冷却塔制备冷水,再将冷水输送到各个末端,比直接新风供冷增加了冷却塔和冷水输送系统的能耗。开冷水机组供冷,未节省能耗。

32. **答案**:B

依据:《蒸汽压缩循环冷水(热泵)机组 第1部分》(GB/T 18430.1—2007)表2,可知选项A正确;

《冷水机组能效限定值及能源效率等级》(GB 19577—2004)规定,1级能效的COP≥6.1,选项B错误;

《全国民用建筑工程设计技术措施 节能专篇 暖通空调·动力》(2007年版)第6.1.1条"选择制冷机时,不仅需考虑满负荷的COP的值,还要考虑部分负荷的COP的值",选项C正确;

蒸发器和冷凝器阻力发生变化,管网的特性曲线发生变化而引起流量变化,流量变化相应引起了蒸发温度和冷凝温度的变化,从而影响制冷机组的耗功率,选项D正确。

33. **答案**:D

依据:《注册公用设备工程师暖通空调考试复习教材》(第三版)P584~587,我国2030年完全淘汰HCFSc的生产和销售,但2030—2040年保留年均2.5%维修用量。

34. **答案**:D

依据:《地源热泵工程技术规范》(GB 50366—2005)第4.3.3条条文解释。

35. **答案**:C

依据:《注册公用设备工程师暖通空调考试复习教材》(第三版)P636,溴化锂—水工质对,溴化锂是吸收剂,水是制冷剂;氨—水工质对,水是吸收剂,氨是制冷剂;P637图4.5-1,吸收式制冷系统,冷却水先通过吸收器再进人冷凝器的串联方式,因此与蒸气压缩式比较,相同冷量排放到冷却塔的热量多;P653,溴化锂机组真空运行,应属于负压锅炉范围,因此属于压力容器;P648,冷却水温度过低会引起结晶。

36. **答案**:D

依据:湿式冷却塔冷却效果与空气的干球温度、湿球温度、风速有关,冷却水冷却的最低温度就是空气的湿球温度。

有关空气冷却的内容建议查阅《空气调节》P63,空气与水直接接触时的状态变化过程。

37. **答案**:D

依据:《注册公用设备工程师暖通空调考试复习教材》(第三版)P694表4.7-16。

38. **答案**:D

依据:《注册公用设备工程师暖通空调考试复习教材》(第三版)P629,R717制冷剂管道系统设计。

39. **答案**:B

依据:《建筑设计防火规范》(GB 50016—2014)第 8.1.5 条。

40. **答案**:C

依据:《城镇燃气设计规范》(GB 50028—2006)第 10.2.7 条。

---

41. **答案**:AD

依据:计算围护结构最小传热阻时,室外计算温度与围护结构的形式有关,具体可参照《注册公用设备工程师暖通空调考试复习教材》(第三版)P4 及表 1.1-11 进行选择;根据《民用建筑供暖通风与空气调节设计规范》(GB 50736—2012)第 7.2.7 条及附录 H,外墙及屋面采用室外计算逐时综合温度,外窗采用室外计算逐时温度。

42. **答案**:ABC

依据:《公共建筑节能设计标准》(GB 50189—2005)第 5.2.3 条、第 5.2.4 条。

43. **答案**:AC

依据:《建筑给水排水及采暖工程施工质量验收规范》(GB 50242—2002)第 8.3.1 条、第 8.5.1 条、第 8.6.1 条、第 13.6.1 条。

44. **答案**:BC

依据:《注册公用设备工程师暖通空调考试复习教材》(第三版)P16 ~ 17,选项 A 错误,选项 BC 正确;选项 D 外墙的面积计算式应根据轴线尺寸计算。

45. **答案**:ABCD

依据:《民用建筑供暖通风与空气调节设计规范》(GB 50736—2012)第 5.2.7 条,选项 A 错误;

是否做高度附加与房间间歇供暖没有关系,层高大于 4m 时需要计算高度附加,选项 B 说法错误;根据《注册公用设备工程师暖通空调考试复习教材》(第三版)P51 公式(1.4-14) ~ 公式(1.4-16),以及图 1.4-19、表 1.4-12 可知:辐射器安装高度对散热量有影响,C 错误;《注册公用设备工程师暖通空调考试复习教材》(第三版)P17,有两面外墙需要附加,D 错误。

46. **答案**:ABCD

依据:《注册公用设备工程师暖通空调考试复习教材》(第三版)P84,蒸汽系统不应采用钢制柱型、板型和扁管型等散热器,选项 AB 错误;现有考试大纲范围内的资料都没有铝制散热器能否在蒸汽供暖系统中使用的相关介绍,但《建筑采暖与空调节能设计与实践》P68 有明确说"铝制散热器只能用于热水系统不能用于蒸汽系统",选项 C 错误;蒸汽系统可以使用铸铁散热器,选项 D 错误。

47. **答案**:ABD

依据:《注册公用设备工程师暖通空调考试复习教材》(第三版)P68 ~ 69,题意给出

依据：根据单位容积制冷量公式可知，制冷量相同，容积制冷量大的制冷剂需要输气量就小；

从表中可以看出两者的蒸发压力相差很大，如不考虑冷水侧的承压，两机组的承压能力要求不同，选项B错误；

2844.5/578.3=4.9，选项C正确；从蒸发压力的数值可以看出，选项D正确。

67. **答案：**ABCD

依据：《注册公用设备工程师暖通空调考试复习教材》（第三版）P603。

68. **答案：**BC

依据：《地源热泵系统工程技术规范》（GB 50366—2009）第4.3.2条，设计时要满足计算周期内释热量和吸热量的平衡，而不是自动平衡，选项A错误，选项B正确；第4.3.5A规定了进口的最低水温要求，选项C正确；第4.3.6条，选项D错误。

注：机组低压停机保护的因素：蒸发温度过低，节流阀处冰堵或脏堵，制冷剂充注量变小，压力开关故障。

69. **答案：**CD

依据：《注册公用设备工程师暖通空调考试复习教材》（第三版）P697。

70. **答案：**ABC

依据：《城镇燃气设计规范》（GB 50028—2006）第10.2.23条。

2009年专业知识试题(下午卷)

一、单项选择题(共40题,每题1分。每题的备选项中只有一个符合题意)

1. 某热水采暖系统的采暖管道施工说明,下列哪一项是错误的? ( )

(A)气、水在水平管道内逆向流动时,管道坡度为5‰
(B)气、水在水平管道内逆向流动时,管道坡度为3‰
(C)连接散热器的支管的管道坡度为1%
(D)公称直径为80mm的镀锌钢管应采用焊接

2. 采暖燃气炉独立采暖的某些用户,在寒冷的冬季出现了房间内壁凝水的现象,试问下列哪项因素与壁面产生凝水无关? ( )

(A)墙体保温性能未达到要求
(B)墙体局部存在热桥
(C)室内机械排风量过大
(D)室内人员密度过大

3. 工业建筑采用燃气红外线全面辐射采暖,计算其总耗热量时,错误的应是下列哪项? ( )

(A)不计算因温度梯度引起的耗热量附加值
(B)按规范中关于热负荷的规定计算对流采暖耗热量(不计入温度梯度的影响)乘以0.8~0.9的系数确定总耗热量
(C)辐射器的安装高度过高时,需对总耗热量进行修正
(D)按室内设计温度降低2~3℃,采用规范中关于热负荷的规定计算对流采暖耗热量

4. 设置集中热风采暖的工业建筑,送风系统的送风口安装高度为4.5m,其冬季的送风温度t_s应是下列哪项? ( )

(A)45℃≤t_s≤60℃
(B)35℃≤t_s≤60℃
(C)45℃≤t_s≤70℃
(D)35℃≤t_s≤70℃

5. 两个热水采暖系统的并联环路(不包括共同段),根据各个环路压力损失大小,需要采取平衡措施的应是下列哪项? ( )

(A)18kPa和16.5kPa
(B)18kPa和17.5kPa
(C)18kPa和20.5kPa
(D)18kPa和21.5kPa

6. 热水采暖系统的循环水泵吸入口和出口的压力差值,应为下列何值? ( )

20. 高静压风机盘管机组额定风量试验工况,符合国家标准的应是下列哪项?（　　）

(A)风机转速高挡,带风口和过滤器,供水

(B)风机转速高挡,不带风口和过滤器,不供水

(C)风机转速中挡,不带风口和过滤器,不供水

(D)风机转速中挡,带风口和过滤器,供水

21. 空调闭式水系统的循环水泵扬程的计算与下列哪项无关?（　　）

(A)系统管道流速　　(B)系统管道长度

(C)系统的高度　　(D)系统的局部阻力

22. 空调一次泵冷水系统(水泵定转速运行)的压差控制旁通电动阀的四种连接方式如下图A、B、C、D所示,哪种连接方式是错误的?（　　）

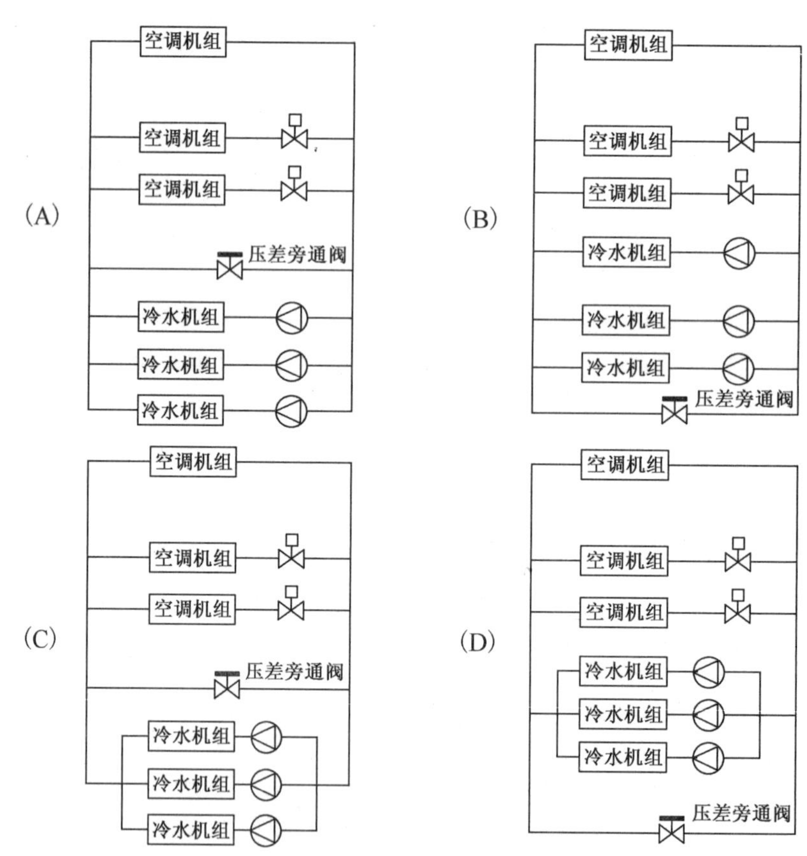

23. 关于维持正压房间的空调冷负荷,表述正确的应是下列哪项?（　　）

(A)空调房间的夏季冷负荷中包括了新风负荷,故房间的冷负荷比房间得热量大

(B)空调系统的冷负荷就是空调房间的得热量

(C)空调房间的冷负荷最终是由对流换热量组成的

(D)空调房间的瞬时辐射得热量与对流得热量之和为房间的冷负荷

24. 图中：W 为室外状态点、N 为室内状态点，S 为送风状态点、C 为混合状态点，以下含有直接循环喷水冷却空气处理过程的，应是下列哪项？（　　）

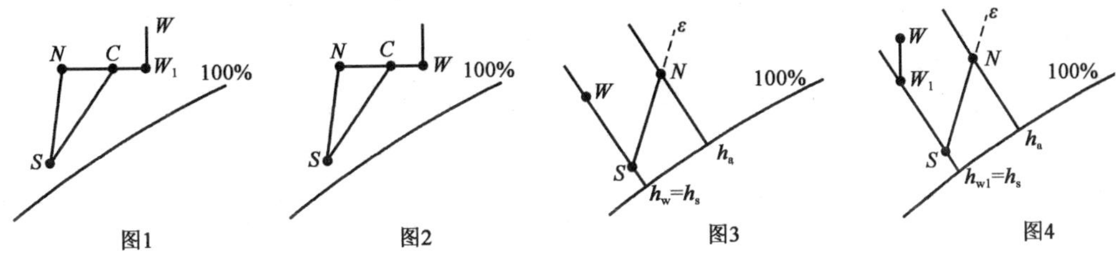

(A)图1、图2、图3、图4　　(B)图1、图2、图3

(C)图2、图3、图4　　(D)图3、图4

25. 喷水室根据喷水温度的不同，可以实现空气状态变化的不同处理过程，其处理过程数应是下列哪项？（　　）

(A)实现4种不同过程　　(B)实现5种不同过程

(C)实现6种不同过程　　(D)实现7种不同过程

26. 某办公建筑（吊顶高3.6m）设计空调系统时，于吊顶上布置送风口，合理的设计选项应是下列哪项？（　　）

(A)采用方形散流器送风口，送风温差可为15℃

(B)采用方形散流器送风口，送风温差可为10℃

(C)采用旋流送风口，送风温差为15℃

(D)采用旋流送风口，送风温差为10℃

27. 关于二次泵变流量水系统的说法，下列哪项是错误的？（　　）

(A)冷源侧总流量利用旁通管（平衡管）保持平衡

(B)用户测流量利用二次泵运行调节，保持流量平衡

(C)旁通管管径应小于总管管径

(D)旁通管上不应设置阀门

28. 某办公楼集中空调的冷源采用三台电制冷机组并联工作，冷水循环泵和冷水机组为共用集管连接方式，当楼内风机盘管的电动水阀自动关闭较多时，机组运行采用停止一台或两台进行调节，正确的控制程序应是下列哪项？（　　）

(A)仅关闭应停止运行的制冷剂的电路开关

(D)pH 值 8.0 ~ 10.0、Cl^- < 100mg/L、含沙量 < 1/200000、CaO < 300mg/L

35. 某大型超市采用接风管的屋顶式风冷空调(热泵)机组,机组的名义制冷量为200kW,试问,对该机组的要求,不符合有关国家标准的应是下列哪项? ( )

(A)机组能效比(EER)的等级应不低于 4 级
(B)机组的最小机外静压值应不低于 500Pa
(C)机组的噪声值由制造厂确定,并在产品样品中提供
(D)机组的名义工况下,其制冷量、制热量不小于名义规定值的 95%

36. 下列关于蓄冷的说法,哪项是错误的? ( )

(A)采用地下室水池进行水蓄冷时,大楼的水有可能倒灌回水池中,连接水池和水系统的阀门会承受很大的压力
(B)在均为一层建筑的工业厂房采用高架立罐式蓄冷槽时,冷冻水系统可采用蓄冷水罐定压
(C)在蓄冰系统中,冷机优先的控制策略可以保证全天供冷的可靠性,也可较好的节约运行费用
(D)蓄冷系统的冷机容量不仅与尖峰负荷有关,也与整个设计日逐时负荷分布有关,其值可能小于尖峰负荷,也可能大于尖峰负荷

37. 计算冷库库房夏季围护结构的热流量时,室外空气计算温度应是下列哪项? ( )

(A)夏季空气调节室外计算逐时综合温度
(B)夏季空气调节室外计算日平均温度
(C)夏季空气调节室外计算日平均综合温度
(D)夏季空气调节室外计算干球温度

38. 某旅馆的燃气管道有部分敷设于管道井内,其允许的燃气管道的最高压力为下列哪项? ( )

(A)不应大于 0.1MPa (B)不应大于 0.2MPa
(C)不应大于 0.4MPa (D)不应大于 0.8MPa

39. 房屋排水系统的排水管径为 125mm,所接通气立管的最小管径,正确的应为下列哪项? ( )

(A)125mm (B)100mm (C)75mm (D)50mm

40. 房屋排水系统设置通气管的作用,下列表述哪项是错误的? ( )

(A)保障排水系统内空气流通 (B)保障排水系统内压力稳定
(C)防止排水系统内水封破坏 (D)排除排水系统内产生的异味

二、多项选择题（共30题，每题2分。每题的备选项中有两个或两个以上符合题意，错选、少选、多选均不得分）

41. 某海边三层住宅，冬季采暖系统围护结构耗热量计算时，应计算下列哪些项？（　　）

(A)围护结构的基本耗热量

(B)朝向修正、高度附加、风力附加

(C)朝向修正、高度附加、外门附加

(D)朝向修正、外门附加、风力附加

42. 关于燃气红外线辐射采暖设计说法正确的，应是下列哪些项？（　　）

(A)燃气红外线辐射采暖适用于高大空间的建筑物采暖

(B)由室内供应空气的房间，当燃烧器所需空气量超过房间每小时1次的换气次数时，应由室外供应空气

(C)燃气红外线辐射器的安装高度，不应低于3m

(D)在蔬菜花卉温室内采用燃气红外线辐射采暖时，燃气燃烧后的尾气应外排

43. 热水采暖系统集气罐中水的流速，符合要求的应是下列哪些项？（　　）

(A)0.03m/s　　(B)0.04m/s

(C)0.06m/s　　(D)0.10m/s

44. 采暖热水管网地沟的设置，正确做法应是下哪些项？（　　）

(A)地沟的地面应有0.003的坡度，坡向集水坑

(B)通行地沟检查井的间距，不宜大于50m

(C)地沟检查井应设置便于上下的铁爬梯

(D)沿建筑外墙敷设的通行地沟应每隔15m，设通风口

45. 开式热水热力网补给水的水质，应执行的标准是下列哪些项？（　　）

(A)《生活杂用水水质标准》(CJ/T 48)

(B)《工业锅炉水质》(GB 1576)

(C)《生活饮用水卫生标准》(GB 5749)

(D)《工业循环冷却水处理设计规范》(GB 50050)

46. 关于热泵采暖的说法，下列哪些是错误的？（　　）

(A)土壤源热泵采用双U管布置方式时所需管井数量是单U管布管方式的一半

(B)对于寒冷地区的高密度建筑区域，采用地下井水的水源热泵可以大量安全使用

(C)采暖时,空气源热泵系统的性能一定比土壤源热泵系统的性能差

(D)采用垂直埋管的土壤源热泵须保证全面从土壤中取用与排放的热量基本平衡

47. 工业建筑物内有害物质产生于控制等说法,正确的是下列哪些项? ( )

(A)有害物质产生由生产工艺决定,生产工艺可以通过实行清洁生产方式,以根本解决污染物问题

(B)粉尘依靠自身的能量可以长期悬浮在车间的空气中

(C)控制污染物扩散最有效的措施就是控制气流组织

(D)排风系统抽吸的污染物越多,排风量越大,废气处理的代价就越大

48. 某住宅小区设置有 4 个地下车库,面积分别为:1 号车库 1500m^2、2 号车库 2030m^2、3 号车库 1960m^2、4 号车库 2080m^2,可采用自然排烟的地下车库应是哪几项? ( )

(A)1 号车库　　(B)2 号车库

(C)3 号车库　　(D)4 号车库

49. 体育馆、展览馆等大空间建筑内的通风、空调调节系统,当其风管按照防火分区设置,且设置防火阀时,以下风管材料的选择哪些项是正确的? ( )

(A)不燃材料

(B)可燃材料

(C)燃烧物产生毒性较小、烟密度不大于 30 的难燃材料

(D)燃烧物产生毒性较小、烟密度不大于 25 的难燃材料

50. 一类高层建筑中必须设置机械排烟设施的部位,应是下列哪些项? ( )

(A)不具备自然排烟条件的防烟楼梯间

(B)设于 4 层的会议厅,其面积为 300m^2、且可开启外窗为 10m^2

(C)净空高度为 15m 的中庭

(D)面积为 60m^2 且设于地下二层的物业办公室

51. 以下对静电除尘器尘粒荷电机制的表述,正确的应是下列哪些项? ( )

(A)部分尘粒在电场力作用下离子碰撞荷电,称为电场荷电

(B)部分尘粒是依靠离子扩散使尘粒荷电,称为扩散荷电

(C)大于 0.5μm 的尘粒是以扩散荷电为主

(D)小于 0.2μm 的尘粒是以电场荷电为主

52. 当通风机输送的空气密度减小时,下列说法哪些是正确的? ( )

(A)风机消耗的功率减小　　(B)风机的效率减小

(C)风机的全压减小　　(D)风机的风量减小

53. 选择通风空调用风机时,依据的主要技术参数为下列哪些项?　　(　　)

(A)系统阻力　　(B)风机全压
(C)系统风量　　(D)风机的电机功率

54. 可以实现空气处理后含湿量减少的空气处理设备,应是下列哪些项?　　(　　)

(A)电加热器　　(B)表面式空气冷却器
(C)喷水室　　(D)表面式空气加热器

55. 空调冷水系统应采用二次泵系统的情况,应是下列哪些项?　　(　　)

(A)各环路压力损失相差悬殊
(B)各环路负荷特性相差悬殊
(C)系统阻力较高
(D)冷水系统采用变速变流量调节方式

56. 某办公室空调系统为风机盘管+新风系统,调试时发现有的房间风机盘管处于高风量挡运行时,出风口气流风速甚微,房间空调效果差,该问题发生的原因可能会是下列哪些项?　　(　　)

(A)风机盘管的风机反转
(B)风机盘管的空气凝结水排除受阻
(C)风机盘管的滤网严重堵塞
(D)风机盘管的翅片严重堵塞

57. 对常用的有关外墙的外保温技术和内保温技术同等条件下进行比较,说法正确的应是下列哪些项?　　(　　)

(A)内保温更易避免热桥
(B)外保温更易提高室内的热稳定性
(C)外保温的隔热效果更佳
(D)主体结构和保温材料相同,外保温与内保温的外墙平均传热系数相同

58. 空调系统采用置换送风方式,表述正确的应是下列哪些项?　　(　　)

(A)系统的送风温度较常规送风系统低、风量小,故送风机选型容量小
(B)置换通风散流器尽可能布置于室内中心处或冷负荷较集中的区域
(C)该系统应采用可变新风比的方案
(D)该系统可利用的"免费供冷"时间较常规空调送风系统长

59. 某空气源热泵型冷热水机组用于洛阳市,当地室外气象条件分别为夏季设计条

件(室外空调干球温度 35.9℃)和冬季设计条件(室外空调干球温度 -7℃)时,说法正确的是下列哪些项? ( )

(A)夏季设计条件时,机组的供冷量高于额定供冷量
(B)夏季设计条件时,机组的供冷量低于额定供冷量
(C)冬季设计条件时,机组的供热量高于额定供热量
(D)冬季设计条件时,机组的供热量低于额定供热量

60. 位于冬季室外计算干球温度为 -22℃的严寒地区,确定处于城市人口密集区的居住建筑暖通空调系统,合理的是下列哪些项? ( )

(A)冬、夏均采用土壤源热泵式冷热水机组
(B)冬、夏均采用风冷热泵式冷热水机组
(C)夏季采用可变冷媒流量分体式空调系统,冬季采用散热器采暖系统
(D)夏季采用分体式空调器,冬季采用散热器

61. 某空调闭式水系统,调试时发现系统中的空气不能完全排除干净,导致系统无法正常运行,不是引起该问题发生的原因是下列哪些项? ( )

(A)膨胀水箱的水位与系统管道的最高点的高差过大
(B)膨胀水箱的水位与系统管道的最高点的高差过小
(C)水泵的扬程过小
(D)水泵的流量过小

62. 组合式空调器内风机的隔震装置的类型与风机转速有关,宜选用弹簧隔振器的风机,其转速可以是下列哪些项? ( )

(A)720r/min (B)960r/min
(C)1450r/min (D)2900r/min

63. 关于中国标准规定的 D 类高效过滤器,下列哪些是错误的? ( )

(A)规定无隔板高效过滤器的额定风量对应的面风速为 0.45 ~0.75m/s
(B)按规定产品出厂前应检漏
(C)对粒径大于等于 0.1μm 微粒的计数透过率不高于 0.001%
(D)过滤器全部材料应是不燃或难燃性的

64. 公共建筑空调选用空气源热泵冷、热水机组的原则,正确的应是下列哪些项? ( )

(A)较适用于夏热冬冷地区的中、小型公共建筑
(B)夏热冬暖地区采用时,应以冷负荷选型
(C)寒冷地区冬季运行性能系数低于 1.8 时,不宜选用
(D)寒冷地区当有集中热源时,不宜选用

65. 大型螺杆机压缩式制冷机组采用的冷媒,说法正确的应是下列哪些项?(　　)

(A)制冷剂 R134a、R407c、R410a 不破坏臭氧层,但会产生温室效应
(B)采用新技术,减少制冷剂氨的充注量并加强安全防护,可使氨制冷机组得到推广
(C)在名义工况下,当压缩机排量相同时,R22 为制冷剂的制冷机组的效率高于氨为制冷剂的制冷机组
(D)在名义工况下,当压缩机排量相同时,氨为制冷剂的制冷机组的效率高于 R134a 为制冷剂的制冷机组

66. 关于热泵机组和系统的说法,下列哪些是错误的?(　　)

(A)空气源热泵系统由于从空气中取热,其系统的 EER 一定低于地下水水源热泵系统
(B)土壤埋管式热泵系统间歇供热时的能效系数小于连续供热方式
(C)利用湖水的水源热泵系统,利用 PE 管与湖水间接换热,可以解决湖水水质对水源热泵机组的影响
(D)污水源热泵机组供热时,如果取用的是生活污水处理前的热量,则应综合污水处理的用能变化判定其是否节能

67. 蒸汽压缩循环冷水机组,蒸发器的冷水管路上设置有水流开关,水流开关作用表述正确的,应是下列哪些项?(　　)

(A)防止蒸发器的进入水量超过允许的最大流量
(B)防止蒸发器的进入数量低于允许的最小流量
(C)水流开关感知水流达到某值后,冷水机组的压缩机启动
(D)水流开关感知水流低于某值后,冷水机组的压缩机停机

68. 地势平坦区域中的高层民用建筑,其制冷设备机房设于地下室时的正确做法,应是下列哪些项?(　　)

(A)在设计时应考虑设备运输与就位的通道
(B)预留垂直的设备吊装孔
(C)避免设备或材料荷载集中到楼板上
(D)利用梁柱起吊设备时,必须复核梁柱的强度

69. 冰蓄冷系统的表述,正确的应是下列哪些项?(　　)

(A)串联系统中的制冷机位于冰槽上游方式,制冷机组进水温度较低
(B)串联系统中的制冷机位于冰槽下游方式,机组效率较低
(C)共晶盐冰球式蓄冷装置,只能采用双工况冷水机组作为冷源
(D)冰球式蓄冷装置属于封装冰蓄冷方式,需要中间冷媒

70. 建筑屋面雨水管道设计流态,正确的应为下列哪些项? (　　)

(A)长天沟外排水宜按重力流设计
(B)高层建筑屋面雨水排水宜按重力流设计
(C)工业厂房大型屋面雨水排水宜按重力流设计
(D)檐沟外排水宜按重力流设计

2009 年专业知识试题答案(下午卷)

1. **答案**:D

依据:《建筑给水排水及采暖工程施工质量验收规范》(GB 50242—2002)第 8.2.1 条,选项 ABC 正确;第 4.1.3 条"管径小于或等于 100mm 的镀锌钢管应采用螺纹连接;管径大于 100mm 的镀锌钢管应改用法兰或卡套式专用管件连接"。

2. **答案**:C

依据:产生凝水的原因是内壁的温度低于室内的露点温度或者室内的相对湿度加大,造成露点温度降低。选项 AB 会造成内壁温度降低,选项 D 会导致房间的相对湿度加大。选项 C 通风量加大,室内的相对湿度会下降,不会结露。

3. **答案**:D

依据:《工业建筑采暖通风与空气调节设计规范》(GB 50019—2015)第 5.5.4 条,燃气红外线辐射器全面采暖的耗热量应接本规范第 4.2 节的有关规定进行计算,可不计高度附加。并应对总耗热量乘以 0.8 ~0.9 的修正系数。辐射器安装高度过高时,应对总耗热量进行必要的高度修正。

4. **答案**:D

依据:《注册公用设备工程师暖通空调考试复习教材》(第三版)P61,送风温度范围为 30 ~70℃,《工业建筑采暖通风与空气调节设计规范》(GB 50019—2015)第 5.6.6 条,送风温度范围为 35 ~70℃,《民用建筑供暖通风与空气调节设计规范》(GB 50736—2012)对热风采暖没有介绍。

5. **答案**:D

依据:《民用建筑供暖通风与空气调节设计规范》(GB 50736—2012)第 5.9.11 条,各环路的压力损失差额不大于 15%。经计算选项 D 为:$(21.5-18)/21.5=16.3\%>15\%$。

6. **答案**:C

依据:在闭式系统中,水泵的作用是来克服系统阻力的,选项 C 正确。

7. **答案**:B

依据:当系统水泵停止运行时,系统呈静止状态,两个水箱高度相同,当水泵运行时,应 *ABCD* 点的压力各不相同,会导致水箱底部的压力 P_1、P_2 不相等,在系统中水泵吸入口的压力最低,水流自 *D* 点流向 *A* 点,*D* 点压力大于对应于 *A* 点的压力,所以判断 P_2 的水位高于 P_1 的水位。

8. **答案**:D

依据:《城镇供热管网设计规范》(CJJ 34—2010)第 4.3.1 条,pH(25℃)=7.0 ~11.0。

9. 答案:C

依据:《锅炉房设计规范》(GB 50041—2008)第6.1.7条。

10. 答案:B

依据:《注册公用设备工程师暖通空调考试复习教材》(第三版)P254,选项B与水平面的夹角应大于45°。

11. 答案:B

依据:《建筑设计防火规范》(GB 50016—2014)第3.1.3条及条文说明。

12. 答案:C

依据:《注册公用设备工程师暖通空调考试复习教材》(第三版)P194。

13. 答案:D

依据:选项ABC均正确,选项D因加压送风系统的送风一般为不受影响的室外冷风,为保证加压送风的正常运行,一般设280℃防火阀。

14. 答案:D

依据:《建筑设计防火规范》(GB 50016—2006)第9.4.5条:净高大于6m不划分防烟分区,排烟量按$60m^3/(m^2 \cdot h)$计算,$1200 \times 60 = 72000m^3/h$。

注:按公消〔2015〕98号文件规定,因《建筑防烟排烟系统技术规范》尚未批准发布,防烟排烟的设计与审核暂按旧规范内容执行。

15. 答案:C

依据:《注册公用设备工程师暖通空调考试复习教材》(第三版)P217,选项A正确;P216式(2.5-22),选项B正确;P214,针刺滤料具有深层过滤作用,机械振动清灰方式适用于表面过滤为主的滤料,对深度过滤的粉尘清灰几乎没有效果,选项C错误。有关涤纶的适用温度在《注册公用设备工程师暖通空调考试复习教材》(第三版)做了调整,在前版教材中选项D正确,但第三版教材中做了修正,则选项D错误。

16. 答案:B

依据:《注册公用设备工程师暖通空调考试复习教材》(第三版)P231表2.6-3,沥青烟由白云石粉吸附。

17. 答案:A

依据:《工业建筑采暖通风与空气调节设计规范》(GB 50019—2015)第6.9.5条。

18. 答案:D

依据:《民用建筑供暖通风与空气调节设计规范》(GB 50736—2012)第6.5.1条,对于变频风机,风量需要附加15%~20%,风压可不附加,根据风量和风压计算电机功率,则电机功率附加15%~20%。

19. 答案:D

依据:《民用建筑供暖通风与空气调节设计规范》(GB 50736—2012)6.5.1条,可知选项ABC正确,漏风量在选风机风量时考虑,管网计算中不考虑漏风量,选项D错误。

20. 答案:B

依据:《风机盘管机组》(GB/T 19232—2003),表3。

21. 答案:C

依据:闭式系统水泵扬程=系统的阻力,根据阻力计算公式,可知选项C无关。

22. 答案:B

依据:《民用建筑供暖通风与空气调节设计规范》(GB 50736—2012)第8.5.8条,压差旁通应接到供回水总管之间。

23. 答案:C

依据:《注册公用设备工程师暖通空调考试复习教材》(第三版)P355冷负荷形成机理。

24. 答案:D

依据:根据题意,没有混风过程,直接循环喷水的处理过程是等焓加湿,空气状态沿等焓线变化。

25. 答案:D

解析:《注册公用设备工程师暖通空调考试复习教材》(第三版)P371~372。

26. 答案:B

依据:《民用建筑供暖通风与空气调节设计规范》(GB 50736—2012)表7.4.10-1,高度≤5m,送风温差为5~10℃,《注册公用设备工程师暖通空调考试复习教材》(第三版)P432表3.5-4和表3.5-5,旋流风口适合高大空间的送风,在办公室采用散流器即可。

27. 答案:C

依据:旁通管根据运行的不同状态,可能存在三种流量状态:

(1)一次泵的流量与二次泵的流量相同时,旁通管流量为0;

(2)二次泵流量小于一次泵流量时,旁通管旁通掉部分流量;

(3)二次泵的流量大于一次泵的流量时,系统回水将于一次供水混合,旁通管内水逆向流动。

经以上分析可知旁通管的管径应与供回水总管管径相同,选项C错误。其他有关二次泵变流量的内容可参考《实用供热空调设计手册》。

28. 答案:C

依据:《民用建筑供暖通风与空气调节设计规范》(GB 50736—2012)第8.6.9.3条。选项C是选项B的补充完善。制冷系统启停顺序可另见《注册公用设备工程师暖通空调考试复习教材》(第三版)P632,另需注意水泵需闭阀启动,见《注册公用设备工程师暖通空调考试复习教材》(第三版)P476。

29. 答案:C

依据:《洁净厂房设计规范》(GB 50073—2013)第6.6.6条,应采用不燃或难燃材料,选项ABD的保温材料容易散发细碎粉尘,不适合用在洁净室内,选项C属于难燃材料,可用。

注:常见保温材料中为不燃材料的有玻璃棉、玻璃纤维、岩棉、矿渣棉、硅酸铝棉。常见保温材料中为难燃材料的有聚氨醋泡沫塑料、聚苯乙烯泡沫塑料、柔性泡沫橡塑。

30. 答案:C

依据:融霜修正是制热工况的修正,在制冷工况不需要考虑融霜修正。其他相关内容参考《注册公用设备工程师暖通空调考试复习教材》(第三版)P392。

31. 答案:C

依据:《民用建筑供暖通风与空气调节设计规范》(GB 50736—2012)第8.3.5条:地下水换热系统必须采取可靠的回灌措施,确保全部回灌到同一含水层,并不得对地下水资源造成浪费及污染。

32. 答案:C

解析:《注册公用设备工程师暖通空调考试复习教材》(第三版)P575,R502和R22可采用回热循环,R717不能采用回热循环。

33. 答案:D

依据:《注册公用设备工程师暖通空调考试复习教材》(第三版)P580,无机化合物制冷剂用R700表示。

34. 答案:C

依据:《地源热泵系统工程技术规范》(GB 50366—2009)第5.2.8条条文说明。

35. 答案:B

依据:《注册公用设备工程师暖通空调考试复习教材》(第三版)P415,屋顶机组名义工况120~320kW时制冷性能系数COP=2.55;屋顶热泵机组制冷制热性能系数不应低于规定值的95%;机外最小静压值为550Pa。

36. 答案:C

依据:选项C采用蓄冷系统冷机优先控制策略,无法体现峰谷电价带来节省的运行费用;其他内容见《注册公用设备工程师暖通空调考试复习教材》(第三版)4.7蓄冷技术及其应用章节。

37. 答案:B

依据:《注册公用设备工程师暖通空调考试复习教材》(第三版)P716。

38. 答案:B

依据：《城镇燃气设计规范》(GB 50028—2006)第10.2.1条注2。

39. 答案：B

依据：《建筑给水排水设计规范》(GB 50015—2003)(2009年版)第4.6.11条。

40. 答案：A

依据：《建筑给水排水设计规范》(GB 50015—2003)(2009年版)第4.6.1条条文说明。

---

41. 答案：AD

依据：《民用建筑供暖通风与空气调节设计规范》(GB 50736—2012)第5.2.6条，需要考虑朝向修正；第5.2.7条，房间高度大于4m时，考虑高度附加，对于住宅建筑，层高一般不大于4m，不需考虑高度附加；第5.6.2.2条，海边建筑，应考虑风力附加。所以选项AD正确。

42. 答案：AC

依据：《民用建筑供暖通风与空气调节设计规范》(GB 50736—2012)第5.6.3条及条文说明，可知选项AC正确；第5.6.6条，选项B错误；第5.6.8条条文说明，选项D错误。

43. 答案：AB

依据：《注册公用设备工程师暖通空调考试复习教材》(第三版)P100，集气罐内水流速度不超过0.05m/s。

44. 答案：AC

依据：《注册公用设备工程师暖通空调考试复习教材》(第三版)P82，检查井的间距，蒸汽管为100m，热水管为400m，每隔20m设通风口。选项AC正确。

45. 答案：BC

依据：《城镇供热管网设计规范》(CJJ 34—2010)第4.3.1条及条文说明、第4.3.2条。

46. 答案：ABC

依据：《实用供热空调设计手册》P2397，双U型管比单U型管的换热性能提高15%～30%，故选项A错；对于选项B的情况，一般热泵的供热量不能满足要求，需要增加辅助热源，因此不能确保安全使用；选项C要根据使用环境工况，不能绝对地说哪个性能差；吸热量与释热量平衡是地源热泵系统的基本要求，选项D正确。

47. 答案：CD

依据：《民用建筑供暖通风与空气调节设计规范》(GB 50736—2012)第6.1.1条、第6.1.2条及条文说明。

48. 答案:ABCD

依据:《汽车库、修车库、停车场设计防火规范》(GB 50067—2014)第8.2.1条及条文说明、第8.2.2条及条文说明，与旧规范的区别是面积大于2000m^2，也可采用自然排烟。

49. 答案:AD

依据:《建筑设计防火规范》(GB 50016—2014)第9.3.15条。

50. 答案:CD

依据:《建筑设计防火规范》(GB 50016—2014)第8.5.1条、第8.5.2条，选项CD需要设机械排烟;选项A需设正压送风机械防烟，选项B满足自然排烟的要求。

51. 答案:AB

依据:《注册公用设备工程师暖通空调考试复习教材》(第三版)P222。

52. 答案:AC

依据:《注册公用设备工程师暖通空调考试复习教材》(第三版)P266，表2.8-6。

53. 答案:AC

依据:《注册公用设备工程师暖通空调考试复习教材》(第三版)P265。根据系统的风量和阻力确定风机的风量和全压，电机功率根据风量和全压计算确定。

54. 答案:BC

依据:电加热器和表面式加热器只能实现等湿加热过程;表面式冷却器可以实现减湿过程;喷水室可以实现减湿冷却的过程，见《注册公用设备工程师暖通空调考试复习教材》(第三版)P371~375。

55. 答案:ABC

依据:《民用建筑供暖通风与空气调节设计规范》(GB 50736—2012)第8.5.4.3条，选项ABC的情况应采用二次泵系统，一次泵变流量系统常采用变速变流量调节方式。

56. 答案:ACD

依据:选项ACD都有可能造成风口的出风效果差，选项B与出风效果没有关系。

57. 答案:BC

依据:《民用建筑热工设计规范》(GB 50176—1993)，第四章有关热桥内容的介绍，可知当采用外保温时，有利于消除热桥的影响，室内温度比较稳定，选项A错误，选项BC正确;保温材料的传热系数与温度有关，所以内外保温的平均传热系数不同，选项D错误。

注:外墙内保温主要存在如下缺点:①保温隔热效果差，外墙平均传热系数高。②热桥保温处理困难，易出现结露现象。③占用室内使用面积。④不利于室内装修，包括重物钉挂困难等:在安装空调、电话及其他装饰物等设施时尤其不便。⑤不利于既有建筑的节能改造。⑥保温层易出现裂缝。

外墙外保温主要存在的优点:①有利于室温保持稳定。②基本消除"热桥"的影响。在厚度为240mm砖墙内保温条件下,周边"热桥"使平均传热系数比主体部位传热系数约增加51%~59%,而在厚度为240mm砖墙内保温条件下,这种影响仅2%~5%,可见外保温做法更有效地减少了室内的热负荷。

58. 答案:BCD

依据:《注册公用设备工程师暖通空调考试复习教材》(第三版)P435,采用下送风时,送风温差较小,所以其送风量会大,选项A错误,送风一般都是用空气分布器直接送到工作区,选项B正确;在过渡季考虑尽量多的利用空气冷源,应采用可加大新风比的方式,选项C正确;应送风温差较小,可以利用温度不太低的冷源,如深井水、地道风等,选项D正确。

59. 答案:BD

依据:(1)《蒸气压缩循环冷水(热泵)机组》(GB/T 18430.1—2007),第4.3.2.1条表2,见下表。

名义工况时的温度/流量条件

项目	使用侧		热源侧(或放热侧)					
	冷、热水		水冷式		风冷式		蒸发冷却式	
	水流量[m^3/(h·kW)]	出口水温(℃)	进口水温(℃)	水流量[m^3/(h·kW)]	干球温度	湿球温度	干球温度	湿球温度
					(℃)		(℃)	
制冷	0.172	7	30	0.215	35	—	—	24
热泵制热		45	15	0.134	7	6		—

洛阳地区夏季空调室外计算干球温度为35.9℃,高于名义工况干球温度,相当于提高了冷凝温度,因此供冷量少于额定供冷量;冬季室外计算干球温度为-7℃,低于名义工况,相当于降低了蒸发温度,供热量低于额定供热量。

60. 答案:CD

依据:冬季室外-22℃的严寒地区,冬季热负荷大、供暖时间长,夏季冷负荷小、制冷时间短,采用地源热泵基本不能满足在计算周期内总释热量与总吸热量宜基本平衡的要求,所以选项A不合适;《注册公用设备工程师暖通空调考试复习教材》(第三版)P618,风冷热泵中低温型的工作环境温度不应低于-20℃,所以选项B风冷热泵不适合;严寒地区不适合采用空调采暖,所以冬夏季分设冷热源的设计比较合理,选项CD正确。

61. 答案:BD

依据:空气无法完全排除,说明定压点的设置有问题,定压值太小,可能造成系统负压倒吸空气;流量过小,则流速过小,不能带走系统中的空气(无坡度敷设时,水流速大于0.25m/s)。所以选BD。

62. 答案:ABC

依据:《民用建筑供暖通风与空气调节设计规范》(GB 50736—2012)第10.3.2条。

63. 答案:AD

依据:《注册公用设备工程师暖通空调考试复习教材》(第三版)455 表 3.6-8,根据风量及规格各验证迎面风速,选项 A 给定的速度数值范围错误;P452 表 3.6-2,出厂前应检漏,其效率应大于 99.999%,相应的穿透率大不于 0.001%,可知选项 BC 正确;P454 过滤器的耐火等级分为 1、2、3 三个等级,只有 1 级防火过滤器的全部采用不燃材料。

64. 答案:ACD

依据:《公共建筑节能设计标准》(GB 50189—2005)第 5.4.10 条。

65. 答案:ABD

依据:R134a、R407c、R410a 均属于 HFC 类,ODP = 0;大型螺杆机可以采用制冷剂直接膨胀式空气冷却器不得采用氨制冷剂;《注册公用设备工程师暖通空调考试复习教材》(第三版)P590 可知,氨制冷效率比 R134a 和 R22 分别高出 19% 和 22%,因此选项 C 错误、选项 D 正确。

66. 答案:AB

依据:两种热泵系统的 EER 大小要根据机组具体的运行工况确定,不能绝对地说哪个高哪个低,选项 A 错误;间歇供热时能效系数要高于连续供热,选项 B 错误。选项 CD 详见《全国民用建筑工程设计技术措施　暖通空调・动力》(2009 年版)第 7 章热泵系统章节。

67. 答案:BCD

依据:冷水机组冷冻水的出水端,都会安装水流开关。常闭水流开关(空调系统正常运行时,水流开关控制电路是闭合的)工作过程为:当水流量达到一定值是,水流开关闭合,压缩机启动,空调系统开始运行。如果空调系统水流量减少,当减少到一定值时,水流开关断开,同时压缩机停机;如水流量过小,会造成蒸发压力降低,机组会低压保护;水流量过小可导致蒸发压力过低,造成的蒸发温度低于 0℃,可能造成的结冰;水流开关起到避免流量过小引起的蒸发压力降低。

68. 答案:ABD

依据:《民用建筑供暖通风与空气调节设计规范》(GB 50736—2012)第 8.10.1 条。

69. 答案:BD

依据:根据《注册公用设备工程师暖通空调考试复习教材》(第三版)P681,制冷机组位于上游因为进水温度高,蒸发温度高,制冷系数相对于下游来讲大一点;制冷机组位于冰槽下游,由于进水温度低导致蒸发温度低,制冷系数降低,选项 A 错误、选项 B 正确;P678 表 4.7-2,选项 D 正确;P679 表 4.7-4,共晶盐蓄冷装置,采用标准单工测制冷机,C 错误。

70. 答案:BD

依据:《建筑给水排水设计规范》(GB 50015—2003)(2009 年版)第 4.9.10 条。

2009 年案例分析试题(上午卷)

[案例题是4选1的方式,共25道小题,每题分值为2分,上午卷50分,下午卷50分,试卷满分100分。案例题一定要有分析(步骤和过程)、计算(要列出相应的公式)、依据(主要是规程、规范、手册),如果是论述题要列出论点。]

1. 试对某建筑卷材屋面保温材料内部冷凝受潮进行验算,已经,在一个供暖期中,由室内空气渗入到保温材料中的水蒸气为60kg/m³,从保温材料向室外空气渗出的水蒸气量为30kg/m³,保温材料干密度为400kg/m³,厚度为200mm,保温材料重量湿度的允许增量为6%,下列结论正确的是哪一项?

(A)保温材料的允许重量湿度增量为30kg/m³,会受潮
(B)保温材料的允许重量湿度增量为30kg/m³,不会受潮
(C)保温材料的允许重量湿度增量为48kg/m³,会受潮
(D)保温材料的允许重量湿度增量为48kg/m³,不会受潮

答案:[ ]
主要解答过程:

2. 某五层办公楼冬季采用散热器采暖,层高均为3.6m,二层有一个办公室的南向外墙宽4.5m,房间进深5.4m,南向外窗3.9m×2.1m,该办公室的南外墙基本耗热量243W,南外墙的基本耗热量为490W,南外窗缝渗入室内的冷空气的耗热量为205W,不计与邻户之间的传热,南向的朝向修正按-15%计算,该室选用散热器时,其耗热量应是下列哪一项?

(A)920~940W　(B)890~910W　(C)860~880W　(D)810~830W

答案:[ ]
主要解答过程:

3. 某工业厂房,采用暖风机热风采暖,已知:室内设计温度 t_n =18℃,选用热水型暖风机,暖风机标准参数条件的散热量为6kW,热水供回水温度为95/70℃热水,该暖风机的实际散热量应是下列哪项?

(A)5.3~5.5kW　(B)5.6~5.8kW　(C)5.9~6.1kW　(D)6.2~6.4kW

答案:[　]
主要解答过程:

4. 严寒地区某住宅西北角单元有一两面外墙的卫生间($t_n=25℃$),开间2.7m,进深2.4m,其中卫生间洁具占地1.5m^2,位于中间楼层卫生间的对流采暖计算热负荷为680W。整栋楼设计地面热水辐射采暖系统,热媒为50/40℃热水,加热管采用PE-X管,中间层卫生间室采暖系统的合理方案应是下列哪一项?

(A)设置加热管间距为250mm的地面辐射供暖系统
(B)设置加热管间距为200mm的地面辐射供暖系统
(C)设置加热管间距为150mm的地面辐射供暖系统
(D)设置地面辐射供暖系统+散热器采暖系统

答案:[　]
主要解答过程:

5. 某带有混水装置直接连接的热水供暖系统,热力网的设计供回水温度为150/70℃,供暖用户的设计供回水温度为95/70℃,承担用户负荷的热力网的热水流量为200t/h,则混水装置的设计流量为下列哪一项?

(A)120t/h　(B)200t/h　(C)440t/h　(D)620t/h

答案:[　]
主要解答过程:

6. 某工厂现存理化楼的化验室排放有害气体,其排气筒的高度为12m,试问,符合国家二级排放标准的最高允许排放速率,接近下列哪项?

(A)1.98kg/h　(B)2.3kg/h　(C)3.11kg/h　(D)3.6kg/h

答案:[　]
主要解答过程:

7. 某车间采用自然通风降温,已知车间总余热量$Q=300$kW,有效热量系数$m=$

$0.5, F_1 = F_2 = 10\text{m}^2, F_3 = 30\text{m}^2$,侧窗与天窗中心距 $h = 10\text{m}, \mu_1 = \mu_2 = 0.4, \mu_3 = 0.5$,室外风速为 0m/s,空气温度 $t_w = 25℃$,通风换气量为 18kg/s,室内工作区温度应为下列哪一项?

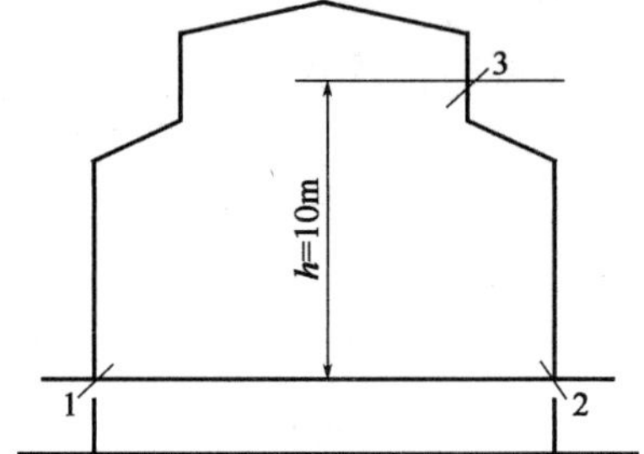

(A)28 ~ 29.5℃　　(B)30 ~ 31.5℃
(C)32 ~ 33.5℃　　(D)34 ~ 35.5℃

答案:[　]
主要解答过程:

8. 某工厂化验室采用通风柜排放产生的有毒气体甲苯,通风柜开孔为 1000mm × 600mm,柜内甲苯发生量为 $0.05\text{m}^3/\text{s}$,若安全系数 $\beta = 1.2$,则通风柜符合控制风速要求的计算排风量应是下列哪项?

(A)$864 \sim 980\text{m}^3/\text{h}$　　(B)$1044 \sim 1200\text{m}^3/\text{h}$
(C)$1217 \sim 1467\text{m}^3/\text{h}$　　(D)$1520 \sim 1735\text{m}^3/\text{h}$

答案:[　]
主要解答过程:

9. 某 10 层办公楼的多功能厅高度为 7.2m,面积为 100m^2,现要设置一个排烟系统,则选择排烟风机的最小风量应是下列哪项?

(A)$4320\text{m}^3/\text{h}$　　(B)$6600\text{m}^3/\text{h}$
(C)$7200\text{m}^3/\text{h}$　　(D)$12000\text{m}^3/\text{h}$

答案:[　]
主要解答过程:

10. 某袋式除尘器位于风机的吸入段,实测数据如下:除尘器的漏风率为 4%,除尘器的入口风量为 $10000\text{m}^3/\text{h}$,入口粉尘浓度为 4680mg/m^3,除尘器的出口粉尘浓度为 45mg/m^3,该除尘器实测的除尘效率应是下列哪一项?

(A)98.5% ~ 98.8%　　(B)98.9% ~ 99.2%
(C)99.3% ~ 99.6%　　(D)99.7% ~ 99.9%

答案：[　]
主要解答过程：

11. 根据产品样本，某风机的铭牌功率为 40kW，现该风机安装于一山区（当地大气压 $B=91.17\text{kPa}$，气温 $t=20℃$），风机有效功率的变化应是下列哪一项？

(A) 增加 1.6～2.0kW　　(B) 增加 3.8～4.2kW
(C) 减少 1.6～2.0kW　　(D) 减少 3.8～4.2kW

答案：[　]
主要解答过程：

12. 已知风管内空气温度 $t_1=14℃$，环境的空气温度 $t_w=32℃$，相对湿度 80%，露点温度 $t_p=28℃$，采用的保温材料导热系数 $=0.04\text{W}/(\text{m}\cdot\text{K})$，风管外部的对流换热系数 $=8\text{W}/(\text{m}^2\cdot\text{K})$，为防止保温材料外表面结露，风管的保温层厚度应是下列哪项？（风管内表面的对流换热系数和风管壁热阻忽略不计）

(A) 18mm　　(B) 16mm　　(C) 14mm　　(D) 12mm

答案：[　]
主要解答过程：

13. 某空调房间冬季室内设计温度 $t_n=20℃$，相对湿度 50%，室内无湿负荷，采用一次回风系统（新风比为 50%），新回风混合后经绝热加湿和加热后送入房间，因此当室外空气焓值小于某一数值时，就应设新风空气预加热器，试问，该数值处于下列哪个范围？（大气压力为 101325Pa）

(A) 14～19kJ/kg　　(B) 20～25kJ/kg
(C) 26～30kJ/kg　　(D) 31～35kJ/kg

答案：[　]
主要解答过程：

14. 冬季某空调房间 $G=120000\text{kg/h}$，室内空气设计参数 $t_n=23℃$，$\varphi_n=85\%$，室内

无余湿，当地大气压力 $B=101.3\text{kPa}$，室外空气设计参数 $t_w=2℃$，$\varphi_w=70\%$，采用组合式空调机组一次回风系统（回风参数与室内空气参数相同），新风比为 10%，干蒸汽加湿，计算加湿的干蒸汽耗量是下列哪项数值？并以 $h\text{-}d$ 图绘制出空气处理过程。

(A)130 ~ 200kg/h　　(B)380 ~ 400kg/h

(C)800 ~ 840kg/h　　(D)1140 ~ 1200kg/h

答案:[　]

主要解答过程:

15. 某空调系统风量 18000m³/h，空气初参数：干球温度 $t_1=25℃$，湿球温度 $t_{s1}=20.2℃$，水量为 20t/h，冷水初温为 7℃；经表冷器处理后的空气温度 $t_2=10.5℃$，湿球温度 $t_{s2}=10.2℃$，已知该地为标准大气压，水的比热为 4.19kJ/(kg·℃)，空气密度为 1.2kg/m³，该系统冷水终温和表冷器交换效率系数应是下列哪项？

(A)11.7 ~ 12.8℃，0.80 ~ 0.81　　(B)12.9 ~ 13.9℃，0.82 ~ 0.83

(C)14 ~ 14.8℃，0.80 ~ 0.81　　(D)14.9 ~ 15.5℃，0.78 ~ 0.79

答案:[　]

主要解答过程:

16. 某全年需要供冷的空调建筑，最小需求的供冷量为 120kW，夏季设计工况的需冷量为 4800kW，现有螺杆式冷水机组（单机最小负荷率为 15%）和离心式冷水机组（单机最小负荷率为 25%）两类产品可供选配，合理的冷水机组配置应为下列哪项？并给出判断过程。

(A)选择 2 台制冷量均为 2400kW 的离心式冷水机组

(B)选择 3 台制冷量均为 1600kW 的离心式冷水机组

(C)选择 1 台制冷量为 480kW 的螺杆式冷水机组和 2 台制冷量均为 2160kW 的离心式冷水机组

(D)选择 1 台制冷量为 800kW 的螺杆式冷水机组和 2 台制冷量均为 2000kW 的离心式冷水机组

答案:[　]

主要解答过程:

17. 某大楼空调水系统等高安装两个相同的膨胀水箱，如图所示。系统未运行时，两个膨胀水箱水面均处于溢水位，溢水口比空调箱高20m，比冷水机组高40m，水泵扬程为20m，冷水机组的阻力为10mH_2O，空调箱的阻力为10mH_2O(忽略管路和其他部分的阻力)，问系统稳定运行后再停下来时，A、B两个膨胀水箱的液面到冷水机组的高差与下列哪项最接近？(设膨胀水箱为圆柱形，内部足够深，且水系统无补水)

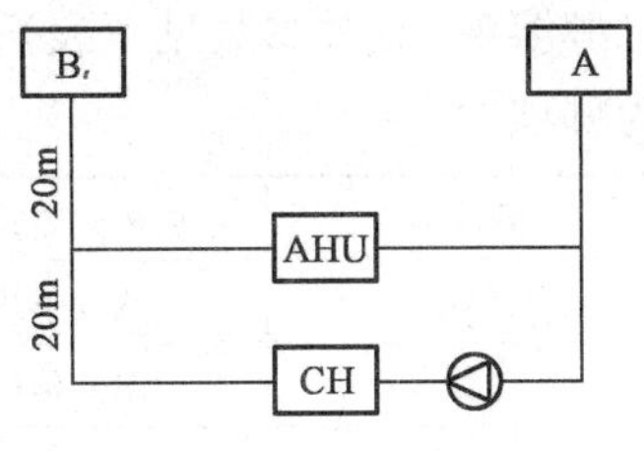

(A)40m (B)35m (C)30m (D)25m

答案：[ ]

主要解答过程：

18. 某图书馆报告厅的空调系统夏季采用冷水机组供冷，已知冷水供回水温差为5℃，设计冷负荷为875kW，水泵设计流量为150m^3/h，扬程为32m，经计算该空调水系统的耗电输热比不应大于0.00241，该水泵符合节能设计要求的设计工作点的最低效率应为下列哪项？

(A)60% (B)65% (C)70% (D)72%

答案：[ ]

主要解答过程：

19. 某办公室有40人，采用风机盘管加新风空调系统，设“排风—新风热回收装置”。室内全热冷负荷为22kW，新风空调机组的送风量为1200m^3/h，以排风侧为基准的热回收装置全热回收效率为60%，排风量为新风量的80%。已知新风参数：干球温度t_w=36℃，湿球温度t_{ws}=27℃，室内设计温度26℃，相对湿度50%，问：经热回收后，房间空调设备总冷负荷应为下列哪一项？(空气密度按标准大气压下考虑)

(A)28.3~29kW (B)27.6~28.2kW

(C)26.9~27.5kW (D)26.2~26.8kW

答案：[ ]

主要解答过程：

20. CO_2作为载冷剂采用蒸发吸热，具有环保、节能的优点，其食品冷藏间(t_n =

-20℃)的空气冷却器采用载冷剂,已知冷负荷为210kW,现比较选用载冷剂 CO_2 或乙二醇溶液(有关参数见下表),理论计算的乙二醇溶液质量流量与 CO_2 质量流量之比值为哪项?

载冷剂	传热方式	传热计算温差 Δt(℃)	比热容[kJ/(kg·K)]	汽化潜热(J/g)
CO_2	蒸发吸热	—		282
乙二醇溶液	温差传热	5	3.3	

(A)16~18　　(B)13~15　　(C)10~12　　(D)7~9

答案:[　]

主要解答过程:

21.某地源热泵系统,夏季的总供冷量为900000kW·h,冬季的总供热量为540000kW·h,设热泵机组的EER=5.5(制冷),COP=4.7(制热),如仅计算系统中热泵机组的热量转移,则以一年计算,土壤增加热量应是下列哪项?

(A)350000~370000kW·h　　(B)460000~480000kW·h

(C)520000~540000kW·h　　(D)620000~640000kW·h

答案:[　]

主要解答过程:

22.某氨压缩式制冷机组,采用带辅助压缩机的过冷器以提高制冷系数,冷凝温度为40℃,蒸发温度为-15℃,过冷器蒸发温度为-5℃。图示为系统组成和理论循环,点2为蒸发器出口状态,该循环的理论制冷系数应是下列哪项?(注:各点比焓见下表)

状态点	2	3	5	6	7	8
比焓(kJ/kg)	1441	2040	686	616	1500	1900

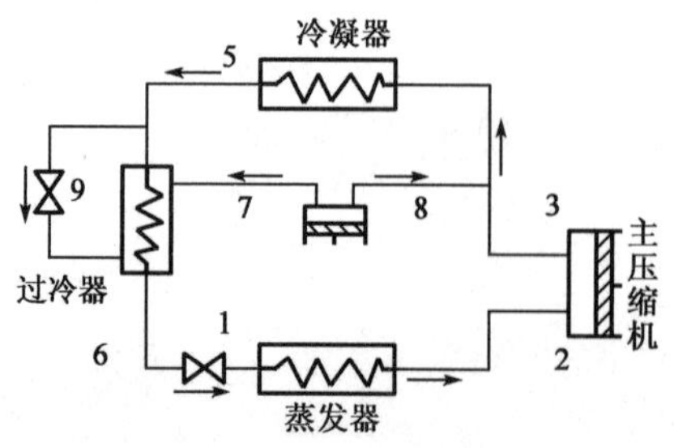

(A)2.10~2.30　　(B)1.75~1.95

(C)1.36~1.46　　(D)1.15~1.35

答案:[ ]

主要解答过程:

23. 某中高温水源热泵机组,采用 R123 工质,蒸发温度为 20℃,冷凝温度为 75℃,容积制冷量为 578.3kJ/m^3,若某机组制冷量为 50kW 时,采用活塞压缩机。问:理论输气量满足要求,且富裕最小的机组应是下列哪项?

(A)机组 A:4 缸(缸径 100mm,活塞行程 100mm),转速为 960r/min
(B)机组 B:4 缸(缸径 100mm,活塞行程 100mm),转速为 1440r/min
(C)机组 C:8 缸(缸径 100mm,活塞行程 100mm),转速为 960r/min
(D)机组 D:8 缸(缸径 100mm,活塞行程 100mm),转速为 1440r/min

答案:[ ]

主要解答过程:

24. 某装配式冷库用于储藏新鲜蔬菜,若已知该冷库的公称容积为 500m^3,冷库计算吨位按规范计算,体积利用系数为 0.4,其每天蔬菜的最大进货量应是哪项数值?

(A)2500 ~ 2800kg
(B)2850 ~ 3150kg
(C)3500 ~ 3800kg
(D)4500 ~ 4800kg

答案:[ ]

主要解答过程:

25. 某 4 层办公建筑有 4 根污水立管,其管径分别为 150mm、125mm、125mm 和 100mm,现设置汇合通气管,该通气管的计算管径应是哪一项?

(A)140 ~ 160mm
(B)165 ~ 185mm
(C)190 ~ 210mm
(D)220 ~ 240mm

答案:[ ]

主要解答过程:

2009年案例分析试题答案(上午卷)

1. 答案:D

主要解题过程:

保温材料的允许重量湿度增量 C 为:

$$C = 10 \cdot \rho \cdot \sigma_n \cdot \Delta\omega = 10 \times 400 \times 0.2 \times 0.06 = 48\text{kg/m}^3$$

保温材料内湿度的增量为 $60-30=30\text{kg/m}^3$,小于允许重量湿度增量,不会受潮。

计算公式见《注册公用设备工程师暖通空调考试复习教材》(第三版)P8。

2. 答案:C

主要解题过程:

《注册公用设备工程师暖通空调考试复习教材》(第三版)P17,"窗墙面积比超过1:1时,对窗的基本耗热附加10%。"

窗墙面积比:$k=\dfrac{3.9\times2.1}{4.5\times3.6-3.9\times2.1}=1.022$,需对窗户的基本耗热量增加10%。

该房间的总耗热量 Q 为:

$$Q=(243+490\times1.1)\times(1-15\%)+205=869.7\text{W}$$

3. 答案:B

主要解题过程:

暖风机标准参数为进风温度15℃。热媒的平均温度:$t_{pj}=\dfrac{95+70}{2}=82.5℃$

$$\frac{Q_d}{Q_o}=\frac{t_{pj}-t_n}{t_{pj}-15}=0.956$$

暖风机的实际散热量:$Q_d=0.956\times Q_0=0.956\times6=5.73\text{kW}$

计算参见《注册公用设备工程师暖通空调考试复习教材》(第三版)P67公式(1.5-19)。

4. 答案:D

主要解题过程:

《辐射供暖供冷技术规程》(JGJ 142—2012),采用地板辐射采暖时,其热负荷可取对流采暖热负荷的90%~95%计算。

单位面积散热量:$Q_x=\dfrac{680\times(90\%\sim95\%)}{2.7\times2.5-1.5}=123\sim130\text{W/m}^2$

地表面平均温度:$t_{pj}=t_n+9.82\times\left(\dfrac{Q_x}{100}\right)^{0.969}=25+9.82\times\left(\dfrac{123\sim130}{100}\right)^{0.969}=37.0\sim37.7℃$

地表面温度大于人员短期停留区最高限值温度28~30℃,应改善建筑热工性能或设置其他辅助供暖设备,减少地面辅助供暖系统的热负荷。

5. 答案:C

主要解题过程：

混水装置的混合比：$u=\dfrac{t_1-\theta_1}{\theta_1-t_2}=\dfrac{150-95}{95-70}=2.2$

混水装置的设计流量：$G_h'=u\cdot G_h=2.2\times200=440\text{t/h}$

计算参见《城镇热力管网设计规范》(CJJ 34—2010)第10.3.6条公式。

6. **答案：**B

主要解题过程：

《大气污染物综合排放标准》(GB 16297—1996)，现有污染源，查表1，排放筒高度15m，排放浓度限制为3.6kg/h。

根据附录B3，当排放筒高度低于表中所列最低值时，排放浓度按外推法计算。

$$Q=Q_c\times\left(\frac{h}{h_c}\right)^2=3.6\times\left(\frac{12}{15}\right)^2=2.304\text{kg/h}$$

7. **答案：**C

主要解题过程：

首先根据通风量、室内余热量计算天窗的排风温度 t_p：

$G=\dfrac{Q}{c\cdot(t_p-t_w)}=\dfrac{300}{1.01\times(t_p-25)}=18$，解得 $t_p=41.5$℃

根据有效热量系数计算室内工作区的温度 t_n：

$t_p=t_w+\dfrac{t_n-t_w}{m}=25+\dfrac{t_n-25}{0.5}=41.5$，解得 $t_n=33.25$℃

计算参见《注册公用设备工程师暖通空调考试复习教材》(第三版)P172公式(2.2-2)，P181公式(2.3-19)。

8. **答案：**C

主要解题过程：

通风柜有毒气体的控制风速为0.4~0.5m/s，通风柜的通风量 L：

$$\begin{aligned}L&=L_1+v\cdot F\cdot\beta=0.05+(0.4\sim0.5)\times(1\times0.6)\times1.2\\&=0.338\sim0.41\text{m}^3/\text{s}=1217\sim1476\text{m}^3/\text{h}\end{aligned}$$

计算参见《注册公用设备工程师暖通空调考试复习教材》(第三版)P189公式(2.4.3)。

9. **答案：**C

主要解题过程：

《高层民用建筑设计防火规范》(GB 50045—1995)(2005年版)第8.4.2.1条，排烟量为 $L=100\times60=6000\text{m}^3/\text{h}$，且排烟风机的风量不应小于7200m³/h。

注：按公消〔2015〕98号文件规定，因《建筑防烟排烟系统技术规范》尚未批准发布，防烟排烟的设计与审核暂按旧规范内容执行。

10. **答案：**B

主要解题过程：

根据《注册公用设备工程师暖通空调考试复习教材》(第三版)P204公式(2.5-3)：

$$\eta = \frac{L_1Y_1 - L_2Y_2}{L_1Y_1} = \frac{10000 \times 4860 - 10000 \times 1.04 \times 45}{10000 \times 4860} = 99.04\%$$

11. **答案**:D

主要解题过程:

大气压力与标准压力不同时,需要对空气的密度进行修正,标况 20℃时空气密度为 1.2kg/m^3,则 $\rho = 1.2 \times \frac{91.7}{101.3} = 1.086\text{kg/m}^3$

根据《注册公用设备工程师暖通空调考试复习教材》(第三版)P266 表 2.8-6:

$$N_2 = N_1 \times \frac{\rho_2}{\rho_1} = 40 \times \frac{1.086}{1.2} = 36.2\text{kW}$$

风机的功率变化为:减少 40 − 36.2 = 3.8kW

12. **答案**:A

主要解题过程:

根据经保温材料热传导的热量与外表面对流对流传热量相等的原则,有:$\frac{t_p - t_n}{\delta/\lambda} = \alpha(t_w - t_p)$,则 $\delta = \frac{\lambda \cdot (t_p - t_n)}{\alpha \cdot (t_w - t_p)} = \frac{0.04 \times (28 - 14)}{8 \times (32 - 28)} = 0.0175\text{m} = 17.5\text{mm}$,取 18mm。

13. **答案**:A

主要解题过程:

在焓湿图上绘出空气状态点和过程线,如图所示。

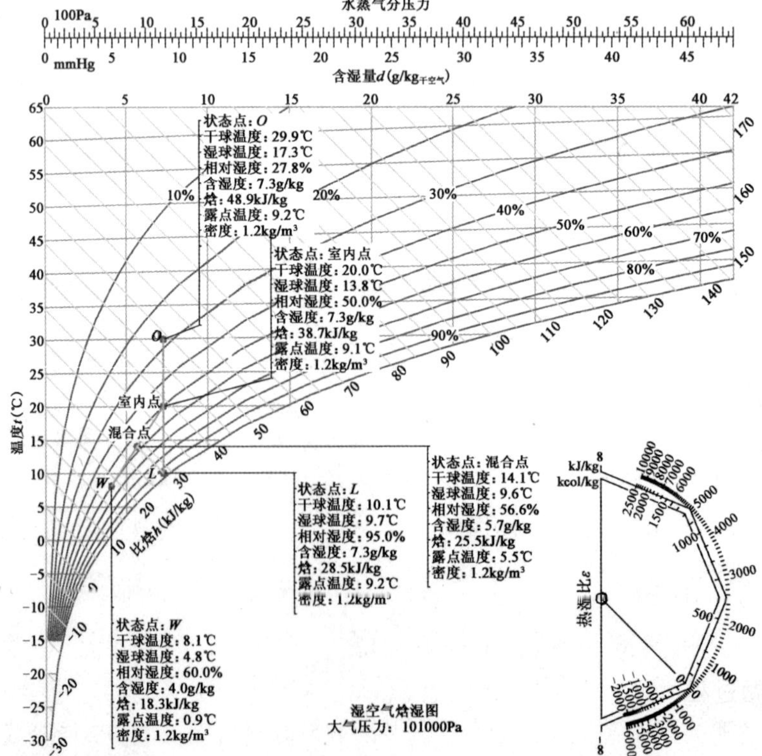

在焓湿图上查得 $h_n=38.7\text{kJ/kg}$，$d_n=7.3\text{g/kg}$，因室内湿负荷为 0，则 $d_n=7.3\text{g/kg}$，相对湿度为 95% 的点即为绝热加湿后的状态点 L，查得 $h_L=28.5\text{kJ/kg}$。根据一次回风的新风比可列式求解不需预热的室外空气最小焓值。

$$h_w = h_n - \frac{h_n - h_l}{m} = 38.7 - \frac{38.7 - 28.5}{0.5} = 18.3\ \text{kJ/kg}$$

14. **答案：**A

主要解题过程：

在焓湿图上绘出空气状态点和过程线，如图所示。

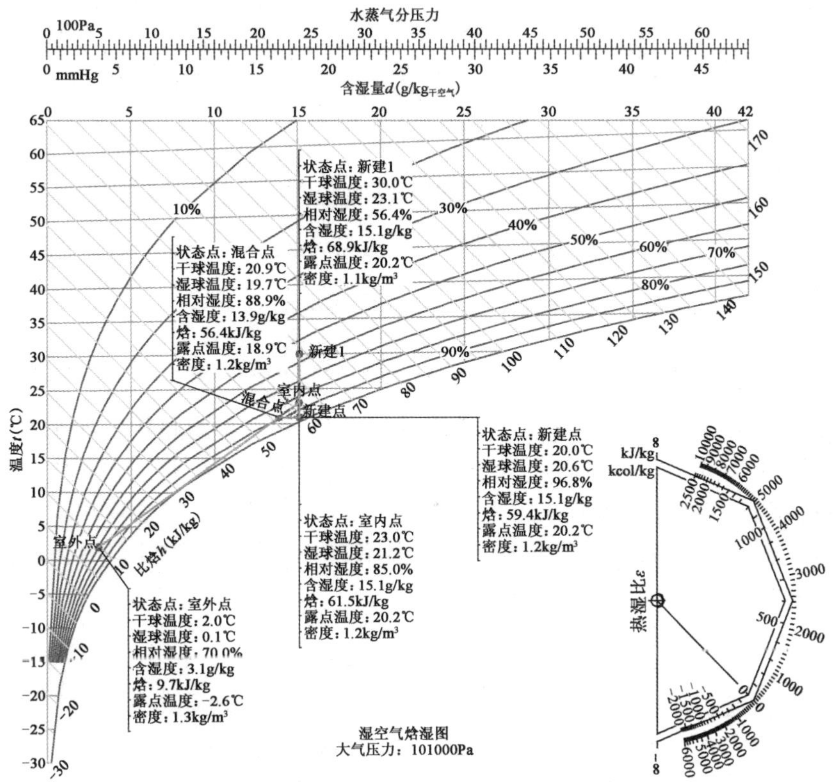

查得 $d_n=15.1\text{g/kg}$，$d_w=3.1\text{g/kg}$，新风比 10% 可得混合点的含湿量：$d_c=0.9d_n+0.1d_w=13.9\text{g/kg}$。

干蒸汽加湿过程为等温过程，新回风混合后等温加湿到室内状态点：

$$D = G\cdot(d_n - d_c) = 120000\times\frac{15.1-13.9}{1000} = 144\ \text{kg/h}$$

15. **答案：**C

主要解题过程：

在焓湿图上查得进口空气的焓值 $h_1=58\text{kJ/kg}$，出口空气的焓值 $h_2=30\text{kJ/kg}$

空气冷却放出的热量等于水升温所得到的热量，有：

$G\cdot\rho\cdot(h_1-h_2)=Q\cdot\rho_{水}\cdot c\cdot(t_{w1}-t_{w2})$

$\Rightarrow 18000\times1.2\times(58-30)=20\times1000\times4.2\times(t_{w2}-7)$

解得 $t_{w2}=14.2℃$。

表冷器热交换换热系数 ε_1：

$$\varepsilon_1=\frac{t_1-t_2}{t_1-t_{w1}}=\frac{25-10.5}{25-7}=0.806=80.6\%$$

计算参考《注册公用设备工程师暖通空调考试复习教材》(第三版)P405 公式(3.4-14)。

16. 答案：D

主要解题过程：

机组选配时，最小冷机最小负荷率时应满足最小供冷量的需求，小冷机的制冷量为：

采用螺杆机组时，$\frac{120}{0.15}=800\text{kW}$

采用离心机组时，$\frac{120}{0.25}=480\text{kW}$(小冷量时，不应采用离心机)

所以，应采用小冷机应采用 800kW 的螺杆机组。

大冷机配置 2 台，每台的冷量为$\frac{4800-800}{2}=2000\text{kW}$

17. **答案：**B

主要解题过程：

水箱初始状态液面位于溢流水位，当系统运行时，由于 B 水箱所在处压力大于净水压 10m，所以 B 水箱的水溢流出来，根据题意，水箱内部足够深，那么水箱内的水对多溢流出 10m 高度。A 水箱处在系统运行和停止时压力相等，不会发生变化。当系统运行稳定后再停止下来，根据 U 形管连通器的原理，两个水箱液面将持平，AB 水箱液面均下降 5m，到冷水机组的高差为 40－5＝35m。

18. **答案：**C

主要解题过程：

《公共建筑节能设计标准》(GB 50189—2015)第 4.3.9 条

$$\text{EC(H)R}-\alpha=0.003096\times(G\times H/\eta)/Q\leqslant 0.0241$$

代入已知数据

$$0.003096\times(150\times 32/\eta)/875\leqslant 0.0241$$

解得

$$\eta\geqslant 0.003096\times 150\times 32/875/0.0241=70.47\%$$

19. **答案：**A

主要解题过程：

在焓湿图上查得室外点焓值 $h_w=85\text{kJ/kg}$，室内点空气的焓值为 $h_n=53.1\text{kJ/kg}$。

新风冷负荷：$Q_x=G\cdot\rho\cdot(h_w-h_n)=1200\times1.2\times(85-53.1)/3600=12.76\text{kW}$

经过热回收机组回收的冷量：

$Q_h=1.2G_h\cdot\eta\cdot(h_w-h_n)=1.2\times1200\times80\%\times60\%\times(85-53.1)=6.12\text{kW}$

则空调设备冷负荷：

$$Q = Q_n + Q_x - Q_h = 22 + 12.76 - 6.12 = 28.64\text{kW}$$

20. **答案:**A

主要解题过程:

乙二醇的质量流量: $V_1 = \dfrac{Q}{c\Delta t} = \dfrac{210}{3.3 \times 5} = 12.7\text{kg/s}$

CO_2 的质量流量为: $V_2 = \dfrac{Q}{\Delta r} = \dfrac{210}{282} = 0.745$

质量流量的比值为: $\dfrac{V_1}{V_2} = \dfrac{12.7}{0.745} = 17.05$

21. **答案:**D

主要解题过程:

《地源热泵系统工程技术规范》(GB 50366—2005)(2009 版)第 4.3.3 条:

制冷工况热泵机组转移的热量为:

$$Q_1 = 900000 \times \left(1 + \frac{1}{5.5}\right) = 1063636\text{kW} \cdot \text{h}$$

制热工况热泵机组转移的热量为:

$$Q_2 = 540000 \times (1 - \frac{1}{4.7}) = 425106\text{kW} \cdot \text{h}$$

以一年为周期,土壤增加的热量为:

$$\Delta Q = Q_1 - Q_2 = 1063636 - 425106 = 638530\text{kW} \cdot \text{h}$$

22. **答案:**D

主要解题过程:

过冷器内热平衡关系有:

$$(\text{MR}_1 + \text{MR}_2) \times h_9 = \text{MR}_1 \times h_6 + \text{MR}_2 \times h_7, \text{其中 } h_9 - h_5$$

$$\frac{\text{MR}_1}{\text{MR}_1 + \text{MR}_2} = \frac{h_7 - h_5}{h_7 - h_6} = \frac{1500 - 686}{1500 - 616} = 0.921$$

理论制冷系数 ε:

$$\varepsilon = \frac{q}{w} = \frac{\text{MR}_1 \times (h_1 - h_2)}{\text{MR}_1 \times (h_3 - h_2) + \text{MR}_2 \times (h_8 - h_7)}$$

$$= \frac{0.921 \times (1441 - 616)}{0.921 \times (2040 - 1441) + 0.079 \times (1900 - 1500)} = 1.30$$

23. **答案:**C

主要解题过程:

制冷压缩机的实际输气量为: $V_R = \dfrac{50}{578.3} = 0.0865\text{m}^3/\text{s}$

理论输气量 $V_h = \dfrac{\pi}{240} \times D^2 SnZ$,分别计算 ABCD 各选项的理论输气量为:

$$V_{h1} = \frac{\pi}{240} \times D^2 SnZ = \frac{3.14}{240} \times 0.1^2 \times 0.1 \times 960 \times 4 = 0.05024\text{m}^3/\text{s}$$

$$V_{h2}=\frac{\pi}{240}\times D^2SnZ=\frac{3.14}{240}\times 0.1^2\times 0.1\times 1440\times 4=0.07536\mathrm{m^3/s}$$

$$V_{h3}=\frac{\pi}{240}\times D^2SnZ=\frac{3.14}{240}\times 0.1^2\times 0.1\times 960\times 8=0.10048\mathrm{m^3/s}$$

$$V_{h4}=\frac{\pi}{240}\times D^2SnZ=\frac{3.14}{240}\times 0.1^2\times 0.1\times 1440\times 8=0.15072\mathrm{m^3/s}$$

理论输气量满足要求且富裕最小的机组应为选项 C。

计算参考《注册公用设备工程师暖通空调考试复习教材》(第三版) P605 公式。

24. **答案**:C

主要解题过程:

《冷库设计规范》(GB 50072—2010) 第 3.0.2 条及第 3.0.3 条注，蔬菜的容积利用系数要考虑 0.8 的修正。

$$G=\frac{V\cdot\rho\cdot\eta}{1000}=\frac{500\times 230\times 0.4\times 0.8}{1000}=36.8\mathrm{t}$$

再根据第 6.1.5.2 条，最大进货量 $M=10\%\times G=3680\mathrm{kg}$。

25. **答案**:B

主要解题过程:

《建筑给水排水设计规范》(GB 50015—2003)(2009 年版) 第 4.6.16 条：当两根或两根以上污水立管的通气管汇合连接时，汇合通气管的断面积应为最大一根通气管的断面积加其余通气管断面积之和的 0.25 倍。

汇合通气管的管径：$\mathrm{DN}\geqslant\sqrt{\mathrm{DN}_{\max}^2+0.25\sum d_i^2}=\sqrt{150^2+0.25\times(125^2+125^2+100^2)}=$ 181mm

2009 年案例分析试题(下午卷)

[专业案例题(共 25 题,每题 2 分)]

1. 某热湿作业车间冬季的室内温度为 23℃,相对湿度为 70%,采暖室外计算温度为 -8℃,R_n = 0.115m² · K/W,当地大气压力为标准大气压,现要求外窗的内表面不结露,且选用造价低的窗玻璃应为下列哪一项?

(A) K = 1.2W/(m² · K)　　(B) K = 1.65W/(m² · K)

(C) K = 1.7W/(m² · K)　　(D) K = 2.0W/(m² · K)

答案:[　]

主要解答过程:

2. 某建筑的设计采暖负荷为 200kW,供回水温度为 80/60℃,计算阻力损失为 50kPa,其入口处外网的实际供回水压差为 40kPa,该建筑采暖系统的实际热水循环量应是下列哪一项?

(A) 6550 ~ 6950kg/h　　(B) 7000 ~ 7450kg/h

(C) 7500 ~ 8000kg/h　　(D) 8050 ~ 8550kg/h

答案:[　]

主要解答过程:

3. 某生活小区总建筑面积 156000m²,设计的采暖热负荷指标为 44.1W/m²(已含管网损失),室内设计温度为 18℃,该地区的室外设计温度为 -7.5℃,采暖期的室外平均温度为 -1.6℃,采暖期为 122 天,该小区采暖的全年耗热量应是下列哪项数值?

(A) 58500 ~ 59000GJ　　(B) 55500 ~ 56000GJ

(C) 52700 ~ 53200GJ　　(D) 50000 ~ 50500GJ

答案:[　]

主要解答过程:

4. 某热水网路，已知总流量为 200m³/h，各用户的流量：用户 1 和用户 3 均为 60m³/h，用户 2 为 80m³/h，热网示意图如图所示，压力测点的压力数值见下表，试求关闭用户 2 后，用户 1 和用户 3 并联管段的总阻力数应是下列哪项？

状态点	A	B	C	F	G	H
压力数值(Pa)	25000	23000	21000	14000	12000	10000

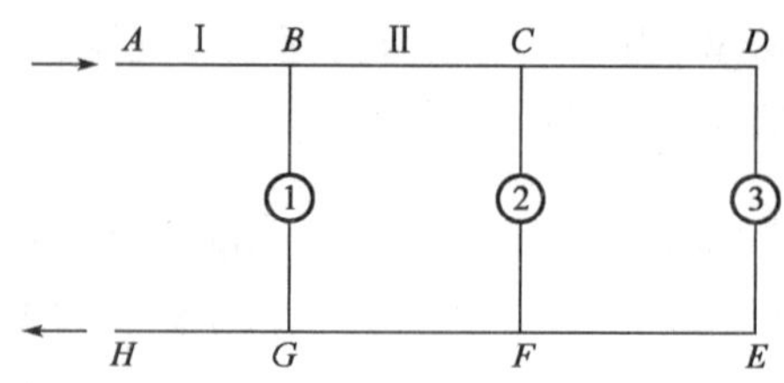

(A)0.5 ~ 1.0Pa/(m³/h)²　　(B)1.2 ~ 1.7Pa/(m³/h)²

(C)2.0 ~ 2.5Pa/(m³/h)²　　(D)2.8 ~ 3.3Pa/(m³/h)²

答案：[　]

主要解答过程：

5. 接上题，若管网供回水的压差保持不变，试求关闭用户 2 后，用户 1 和用户 3 的流量应是下列哪项？（测点数值为关闭用户 2 之前工况）

(A)用户 1 为 90m³/h，用户 3 为 60m³/h

(B)用户 1 为 68 ~ 71.5m³/h，用户 3 为 75 ~ 79m³/h

(C)用户 1 为 64 ~ 67.5m³/h，用户 3 为 75 ~ 79m³/h

(D)用户 1 为 60 ~ 63.5m³/h，用户 3 为 75 ~ 79m³/h

答案：[　]

主要解答过程：

6. 某防空地下室为二等人员掩蔽所，掩蔽人数 N = 415 人，清洁新风量为 5m³/(p·h)，滤毒新风量为 2m³/(p·h)（滤毒设备额定风量 1000m³/h），最小防毒通道有效容积为 20m³，清洁区有效统计为 1725m³，滤毒通风时的新风量应是下列哪项？

(A)2000 ~ 2100m³/h　　(B)950 ~ 1050m³/h

(C)850 ~ 900m³/h　　(D)780 ~ 840m³/h

答案：[　]

主要解答过程:

7. 某配电间(所在地区大气压为101325Pa)的余热量为40.4kW,通风室外计算温度为32℃,计算相对湿度为70%,要求室内温度不超过40℃,试问机械通风系统排除余热的最小风量应是下列哪项?

(A)13000~14000kg/h　　(B)14500~15500kg/h
(C)16000~17000kg/h　　(D)17500~18500kg/h

答案:[　]
主要解答过程:

8. 某空调系统的夏季新风供给量为10m^3/s(室外空气计算温度为35℃),若要求供氧量保持不变,已知0℃时空气密度为1.293kg/m^3,冬季(室外空气计算温度为-10℃)的最小新风供给量应是下列哪项(全年均为标准大气压)?

(A)约8.57m^3/s　　(B)约10.01m^3/s
(C)约11.46m^3/s　　(D)约12.50m^3/s

答案:[　]
主要解答过程:

9. 某层高为4.2m的4层建筑内设置有中庭,中庭的尺寸为64m×18m×16m(h),其设计计算排烟量应是下列哪项?

(A)69120m^3/h　　(B)73728m^3/h
(C)102000m^3/h　　(D)110592m^3/h

答案:[　]
主要解答过程:

10. 某旋风除尘器气体进口截面面积$F=0.24\text{m}^2$,除尘器的局部阻力系数$\xi=9$,在大气压$B=101.3\text{kPa}$,气体温度$t=20℃$的工况下,测得的压差$\Delta P=1215\text{Pa}$,则该工况除尘器处理的风量应是下列哪项?

(A)2.4 ~ 2.8m^3/s　　(B)2.9 ~ 3.3m^3/s

(C)3.4 ~ 3.8m^3/s　　(D)3.9 ~ 4.2m^3/s

答案:[　]

主要解答过程:

11. 设计沈阳市某车站大厅补风系统,若风机效率为65%,按照普通机械通风系统的节能要求,所选风机的最大全压值不应超过下列哪项数值?

(A)500Pa　　(B)540Pa　　(C)630Pa　　(D)650Pa

答案:[　]

主要解答过程:

12. 某房间冬季采暖采用散热器,房间净面积20m^2,净高2.8m,室内温度t_n = 20℃,相对湿度φ_n = 50%,经窗户的自然换气量为1次/h,计算的散热器散热量为Q,如采用喷雾加湿且维持室内空气参数不变,加湿量和计算散热器散热量的变化应是下列哪项?已知:室内散湿量可以忽略不计,该地区为标准大气压,空气密度取1.2kg/m^3,计算室外温度 -6℃,相对湿度50%。

(A)加湿量200 ~ 220g/h,散热器散热量不变

(B)加湿量400 ~ 420g/h,散热器散热量不变

(C)加湿量200 ~ 220g/h,散热器散热量需增加

(D)加湿量400 ~ 420g/h,散热器散热量需增加

答案:[　]

主要解答过程:

13. 某四星级宾馆的宴会厅,餐厅面积为300㎡,设计最大用餐人数为120人,平均用餐人数为50人,用餐时间为2h,宴会厅总排风量为2000m^3/h,该宴会厅空调系统的新风量应是下列哪项?

(A)1000m^3/h　　(B)1250m^3/h

(C)1500m^3/h　　(D)3000m^3/h

答案:[　]

主要解答过程:

14. 某房间室内温度为32℃,相对湿度为70%,房间内有明敷无保温的钢质给水管,大气压力为标准大气压,给水管表面不产生结露的给水温度应为下列哪项?(给水管壁的热阻忽略不计)并说明取值理由。

(A)23℃　　(B)24℃　　(C)25℃　　(D)26℃

答案:[　]
主要解答过程:

15. 某8人的办公室为风机盘管加新风空调系统,房间的全热冷负荷为7.35kW,拟选风机盘管对应工况的制冷量为3.55kW/台,并控制新风机组的出风露点温度(新风处理到相对湿度90%)等于室内空气设计点的露点温度。已知新风参数:干球温度 t_w = 35℃,相对湿度为65%,室内设计参数:干球温度 t_n = 26℃,相对湿度为60%,请查 h-d 图,求满足要求的风机盘管的台数应是下列哪项数值?(大气压力为标准大气压,空气密度取1.2kg/m^3)

(A)1台　　(B)2台　　(C)3台　　(D)4台

答案:[　]
主要解答过程:

16. 某办公室的集中空调采用不带新风的风机盘管系统,其负荷计算结果为:夏季冷负荷1000kW,冬季热负荷1200kW。夏季冷水系统的设计供回水温度为7/12℃,冬季热水系统的设计供回水温度为60/50℃。若夏季工况下用户侧管道的计算水阻力为0.26MPa,冬季用户侧管道的计算水阻力等于(或最接近)下列哪项?(计算时,冷热水的水热容视为相同)

(A)0.0936MPa　　(B)0.156MPa　　(C)0.312MPa　　(D)0.374MPa

答案:[　]
主要解答过程:

17. 某商场空调系统采用两管制定风量系统，粗效和中效过滤，采用湿膜加湿，风机机组的余压500Pa，风机效率72%，电机及传动效率85.5%，该风道系统单位风量耗功率是否满足节能设计标准以及风道系统单位风量耗功率数值最接近下列哪项数值？

(A)不符合节能设计标准相关限制要求，0.321W/(m^3/h)
(B)不符合节能设计标准相关限制要求，0.350W/(m^3/h)
(C)符合节能设计标准相关限制要求，0.226W/(m^3/h)
(D)符合节能设计标准相关限制要求，0.280W/(m^3/h)

答案：[ ]
主要解答过程：

18. 某大楼安装一台额定冷量为500kW的冷水机组(COP=5)，系统冷冻水水泵功率为25kW，冷却水水泵功率为20kW，冷却塔风机功率为4kW，设水系统按定水量方式运行，且水泵和风机均处于额定工况运行，冷机的COP在部分负荷时维持不变。已知大楼整个供冷季100%、75%、50%、25%负荷的时间份额依次为0.1、0.2、0.4和0.3，该空调系统在整个供冷季的系统能效比(不考虑末端能耗)为哪项？

(A)4.5~5.0　　(B)3.2~3.5
(C)2.4~2.7　　(D)1.6~1.9

答案：[ ]
主要解答过程：

19. 设置于室外的某空气源热泵冷(热)水机组的产品样本标注的噪声值为70dB(A)(距机组1m，距地面1.5m的实测值)，距机组的距离10m处的噪声值应是下列哪项？

(A)49~51dB(A)　　(B)52~54dB(A)
(C)55~57dB(A)　　(D)58~60dB(A)

答案：[ ]
主要解答过程：

20. 某洁净房间空气含尘浓度为0.5μm粒子3600个/m^3,其空气洁净等级按国际标准规定的是下列哪项? 并列出判定过程。

(A)4.6级　　(B)4.8级　　(C)5.0级　　(D)5.2级

答案:[　]

主要解答过程:

21. 两幢办公建筑夏季合用一个集中空调水系统,各幢建筑典型设计的日耗冷量逐时计算值(单位:kW)见下表,冷水系统设计供回水温差为4℃,经计算冷水循环泵的扬程为35m,水泵效率为50%,水管道和设备由于传热引起的冷负荷为50kW。正确的冷水机组的总制冷量等于(或最接近)下列哪项数值?

时刻	8:00	9:00	10:00	11:00	12:00	13:00	14:00	15:00	16:00	17:00
建筑1	200	250	300	350	450	550	700	800	750	700
建筑2	500	600	700	750	800	750	550	400	300	200

(A)1300kW　　(B)1350kW　　(C)1400kW　　(D)1650kW

答案:[　]

主要解答过程:

22. 假设制冷机组以逆卡诺循环工作,当外界环境温度为35℃,冷水机组可分别制取7℃和18℃的冷水,已知室内冷负荷为20kW,可全部采用7℃冷水处理,也可分别用7℃和18℃冷水处理(各承担10kW),试问全部由7℃冷水处理需要的冷机电耗与分别用7℃和18℃的冷水处理需要冷机电耗的比值为下列哪项数值?

(A)>2.0　　(B)1.6~2.0　　(C)1.1~1.5　　(D)0.6~1.0

答案:[　]

主要解答过程:

23. 北京某建筑的空调系统夏季冷源采用电驱动蒸汽压缩循环冷水机组,有下表所示的四种冷水机组可供选择,从运行节能的角度出发,选择的应是下列哪项? 并列出判断计算过程。

负荷率(%)	25	50	75	100
A 机组的 COP	3.4	4.8	4.9	4.7
B 机组的 COP	4.8	5.2	5.0	4.4
C 机组的 COP	4.9	5.2	5.1	4.2
D 机组的 COP	3.6	4.7	4.8	4.8

(A)A 机组　　(B)B 机组　　(C)C 机组　　(D)D 机组

答案:[　]

主要解答过程:

24. 某活塞式二级氨压缩式机组,若已知机组冷凝压力为 1.16MPa,机组的中间压力为 0.43MPa,按经验公式计算,机组的蒸发压力应是下列哪项?

(A)0.31 ~0.36MPa　　(B)0.25 ~0.30MPa

(C)0.19 ~0.24MPa　　(D)0.13 ~0.18MPa

答案:[　]

主要解答过程:

25. 某小区采用低压天然气管道供气,已知:小区住户的低压燃具的额定压力为 2500Pa,从调压站到最远燃具的管道允许阻力损失应是下列哪项?

(A)2500Pa　　(B)2025Pa　　(C)1875Pa　　(D)1500Pa

答案:[　]

主要解答过程:

2009 年案例分析试题答案(下午卷)

1. 答案:B

主要解题过程:

查焓湿图,室内空气露点温度为 17.1℃;

根据自室内空气至室外空气的传热量与室内空气至内表面的换热量相等,建立下列平衡式:

$$K\cdot(t_n-t_w)=\frac{1}{R_n}(t_n-t_1)$$

外窗内表面不结露,传热系数最大值为:

$$K=\frac{1}{R_n}\times\frac{t_n-t_1}{t_n-t_w}=\frac{1}{0.115}\times\frac{23-17.1}{23-(-8)}=1.65\text{W/(m}^2\cdot\text{K)}$$,选 B。

2. 答案:C

主要解题过程:

该采暖系统的设计流量:$G_1=\frac{Q}{c\Delta t}=\frac{200\times3600}{4.187\times(80-60)}=8598\text{kg/h}$

实际运行时,整个环路的阻力特性 S 不变,根据 $P=SG^2$,有:

$$\frac{P_1}{P_2}=\frac{G_1^2}{G_2^2}=\frac{8598^2}{G_2^2}=\frac{50}{40}$$

解得:$G_2=7690\text{kg/h}$

3. 答案:B

主要解题过程:

将设计采暖热负荷指标换算为建筑物耗热量指标:

$$q=44.1\times\frac{18-(-1.6)}{18-(-7.5)}=33.9\text{W/m}^2$$

小区的全年耗热量 Q 为:

$$Q=156000\times122\times24\times33.9\times3600=5.574\times10^{13}=55740\text{GJ}$$

4. 答案:A

主要解题过程:

根据阻力损失与流量的关系式 $P=SG^2$,有:

用户①支路的阻力系数:$S_1=\frac{P_{BG}}{G_1^2}=\frac{23000-12000}{60^2}=3.056$

用户③支路的阻力系数:$S_3=\frac{P_{CF}}{G_3^2}=\frac{21000-14000}{60^2}=1.944$

管段Ⅱ的阻力系数:$S_{II}=\frac{P_{BG}-P_{CF}}{(G_2+G_3)^2}=\frac{11000-7000}{140^2}=0.204$

关闭 2 用户后,用户 1、3 的并联总阻力系数:

$$\frac{1}{\sqrt{S_{13}}}=\frac{1}{\sqrt{S_1}}+\frac{1}{\sqrt{S_{\mathrm{II}}+S_3}}=\frac{1}{\sqrt{3.056}}+\frac{1}{\sqrt{0.204+1.944}}=1.254$$

解得:$S_{13}=0.636$

5. **答案**:C

主要解题过程:

计算关闭 2 用户后,系统的总阻力系数,先计算 I 管段的阻力系数:

$$S_{\mathrm{I}}=\frac{P_{\mathrm{AH}}-P_{\mathrm{BG}}}{G^2}=\frac{15000-11000}{200^2}=0.1$$

系统总阻力系数:$S=S_{\mathrm{I}}+S_{13}=0.1+0.636=0.736$

系统的总流量:$G=\sqrt{\frac{P}{S}}=\sqrt{\frac{15000}{0.736}}=142.76\mathrm{m^3/h}$

即:$G_1+G_3=142.76\mathrm{m^3/h}$

用户 1、3 并联,各用户的阻力损失相同,有:

$$S_1G_1^2=(S_{\mathrm{II}}+S_3)G_3^2\Rightarrow\frac{G_1}{G_3}=\sqrt{\frac{S_1}{S_{\mathrm{II}}+S_3}}=\sqrt{\frac{3.056}{0.204+1.944}}=1.193$$

即 $G_1=1.193G_3$

解得:$G_3=65.1\mathrm{m^3/h}$,$G_1=77.7\mathrm{m^3/h}$

6. **答案**:C

主要解题过程:

《人民防空地下室设计规范》(GB 50038—2005)第 5.2.7 条。

$$L_{\mathrm{R}}=L_2\cdot n=2\times415=830\mathrm{m^3/h}$$

$$L_{\mathrm{H}}=L_{\mathrm{F}}\cdot K_{\mathrm{H}}+L_{\mathrm{f}}=20\times40+1725\times4\%=869\mathrm{m^3/h}$$

滤毒通风量按大值选取,即 $L=869\mathrm{m^3/h}$,滤毒设备额定风量 $1000\mathrm{m^3/h}$ 大于 $869\mathrm{m^3/h}$,满足要求。

7. **答案**:D

主要解题过程:

消除余热的通风量为 $G=\frac{Q}{c\Delta t}=\frac{40.4}{1.01\times(40-32)}=5\mathrm{kg/s}=18000\mathrm{kg/h}$

计算参见《注册公用设备工程师暖通空调考试复习教材》(第三版)P172 公式(2.2-2)。

8. **答案**:A

主要解题过程:

要求最小新风供给量不变,即为空气的质量流量相同,当空气的温度发生变化时,其密度按下式计算:

$$\rho_{\mathrm{t}}=\frac{353}{273+t}$$

$$\rho_{35}=\frac{353}{273+35}=1.146\text{kg/m}^3$$

$$\rho_{-10}=\frac{353}{273-10}=1.342\text{kg/m}^3$$

$$10\times\rho_{35}=G\cdot\rho_{-10}\text{，解得 }G=8.54\text{m}^3/\text{s}$$

计算参见《注册公用设备工程师暖通空调考试复习教材》(第三版)P270 公式(2.8-6)。

9. **答案**:C

主要解题过程:

《建筑设计防火规范》(GB 50016—2006)第 9.4.5 条:

中庭体积 $V=64\times18\times16=18432\text{m}^3>17000\text{m}^3$,排烟换气次数取 4 次/h,

排烟量 $W=18432\times4=73728\text{m}^3/\text{h}<102000\text{m}^3/\text{h}$,因此排烟量应为 $102000\text{m}^3/\text{h}$。

注:按公消〔2015〕98 号文件规定,因《建筑防烟排烟系统技术规范》尚未批准发布,防烟排烟的设计与审核暂按旧规范内容执行。

10. **答案**:C

主要解题过程:

除尘器阻力损失的计算公式有:

$$\Delta P=\xi\cdot\frac{\rho_g\cdot v^2}{2}=9\times\frac{1.2\times v^2}{2}=1215\text{，解得 }v=15\text{m/s}$$

除尘器的处理风量为:$G=v\times F=15\times0.24=3.6\text{m}^3/\text{s}$

计算参见《注册公用设备工程师暖通空调考试复习教材》(第三版)P205 公式(2.5-7)。

11. **答案**:B

主要解题过程:

《公共建筑节能设计标准》(GB 50189—2015)第 4.3.27 条,查表得普通机械通风系统的耗功率限值为 $0.27\text{W}/(\text{m}^3/\text{h})$,

$$W_S=\frac{P}{3600\eta_{CD}\eta_F}\leqslant0.27$$

解得 $P\leqslant0.27\times3600\times\eta_{CD}\times\eta_F=0.27\times3600\times0.855\times0.65=540\text{Pa}$

12. **答案**:D

主要解题过程:

一次通风换气量 $G=20\times2.8=56\text{m}^3/\text{h}$

查 h-d 图,$d_n=7.3\text{g/kg}$,$d_w=1.2\text{g/kg}$

则加湿量 $W=56\text{m}^3/\text{h}\times1.2\text{kg/m}^3\times(7.3-1.2)\text{g/kg}=410\text{g/h}$

未进行加湿时散热器散热量为 Q,喷雾加湿后,要维持室内空气温度不变,散热器需补偿水分蒸发吸收的汽化潜热量,所以散热器的散热量需要变大。

13. **答案**:D

主要解题过程：

《民用建筑供暖通风与空气调节设计规范》(GB 50736—2012)第3.0.6条及条文说明：

最大用餐时的人员密度为120/200=0.6，新风量指标应为25m³/(h·人)，计算新风量为120×25=3000m³/h；

平均用餐时的人员密度为50/200=0.4，新风量指标应为30m³/(h·人)，计算新风量为50×30=1500m³/h。

则房间的新风量应取3000m³/h。

校核：新风量大于餐厅的排风量，房间保持正压，满足要求。

14. **答案**：D

主要解题过程：

查焓湿图，室内空气露点温度=25.8℃，由于给水管壁的热阻忽略不计，因此可认为给水温度等于管壁温度，不产生结露要求管壁温度高于室内空气露点温度，因此最低给水温度应为25.8℃，取26℃。

15. **答案**：B

主要解题过程：

办公室人员新风量标准为30m³/人，则办公室的新风量为：$L=8\times30=240\text{m}^3/\text{h}$。

《公共建筑节能设计标准》(GB 50189—2015)办公室的室内设计参数可取25℃，$\varphi=55\%$，在焓湿图上查得：

室内的露点温度为$t_L=15.2$℃，室内空气焓值$h_n=53.1$kJ/kg。

新风机组出风参数为，$t_L=15.2$℃，$\varphi=90\%$，$h_1=39.9$kJ/kg。

由于新风处理到室内状态的露点温度$h_l<h_n$，新风承担了一部分室内冷负荷Q_1：

$$Q_1=240\times1.2\times\frac{53.1-39.9}{3600}=1.056\text{kW}$$

则风机盘管所需承担的负荷：

$$Q_P=7.35-1.056=6.294\text{kW}$$

所需风盘数量n：

$$n=\frac{Q_P}{3.55}=\frac{6.294}{3.55}=1.8\text{，取整数 2 台。}$$

16. **答案**：A

主要解题过程：

管路水力计算基本公式$\Delta P=SG^2=S\times\left(\frac{Q}{c\Delta t}\right)$，管路的阻力系数在两种工况下未发生变化，则：

$$\frac{\Delta P_1}{\Delta P_2}=\frac{S_1\times(Q_1/c\Delta t_1)^2}{S_2\times(Q_2/c\Delta t_2)^2}=\left(\frac{Q_1}{Q_2}\cdot\frac{\Delta t_1}{\Delta t_2}\right)^2=\left(\frac{1000}{1200}\times\frac{10}{5}\right)^2=2.78$$

$$\Delta P_2=\frac{\Delta P_1}{2.78}=\frac{0.26}{2.78}=0.0935\text{MPa}$$

计算参见《注册公用设备工程师暖通空调考试复习教材》(第三版)P136 公式(1.10-23)。

17. **答案**:C

主要解题过程:

《公共建筑节能设计标准》(GB 50189—2015)第4.3.22条。

题意给定条件的风机单位风量耗功率限值为0.3W/(m^3/h),

单位风量耗功率:$W_S = \frac{P}{3600\eta_{CD}\eta_F} = \frac{500}{3600 \times 0.72 \times 0.855} = 0.226 < 0.3$,满足节能要求。

18. **答案**:C

主要解题过程:

设冷机运行总时间为 t,则整个供冷季系统能效比 EER 为:

$$EER = \frac{\sum Q}{\sum W}$$
$$= \frac{0.1t \times 500 \times 1 + 0.2t \times 500 \times 0.72 + 0.4t \times 500 \times 0.5 + 0.3t \times 500 \times 0.25}{(0.1t \times 500 \times 1 + 0.2t \times 500 \times 0.72 + 0.4t \times 500 \times 0.5 + 0.3t \times 500 \times 0.25)/5 + (25 + 20 + 4)t}$$
$$= 2.59$$

19. **答案**:B

主要解题过程:

$$L = L_0 - 20 \times \lg\left(\frac{r}{r_0}\right) + 3 = 70 - 20 \times \lg\left(\frac{10}{1}\right) + 3 = 53\text{dB}$$

20. **答案**:C

主要解题过程:

《注册公用设备工程师暖通空调考试复习教材》(第三版)P451 公式(3.6-1)。

$$C_n = 10^N \times \left(\frac{0.1}{D}\right)^{2.08} = 10^N \times \left(\frac{0.1}{0.5}\right)^{2.08} = 3600$$

解得 $N = 5.01$,取 $N = 5.0$。

21. **答案**:C

主要解题过程:

根据题意两个楼合用一个制冷系统,其冷负荷按各空气调节区逐时冷负荷的综合最大值确定,即13时的综合冷负荷最大为 $Q = 550 + 750 = 1300$kW,水管道和设备的附加冷负荷为50kW,水泵引起的冷负荷 Q_B 为:

通过水泵由于水温升而形成的冷负荷附加率 $a = \frac{0.0023H}{\eta\Delta t} = \frac{0.0023 \times 35}{0.5 \times 4} = 0.04025$,则通过水泵附加 Q_B 的冷负荷为:$Q_B = 1300 \times 0.04025 = 52$kW

冷水机组总制冷量:$Q = 1300 + 50 + 52 = 1402$kW

计算参见《实用供暖空调设计手册》P1499 公式。

22. **答案**:C

主要解题过程:

制取7℃冷水的理想制冷系数:$\varepsilon_7 = \dfrac{273+7}{(273+35)-(273+7)} = 10$

制取18℃冷水的理想制冷系数:$\varepsilon_7 = \dfrac{273+18}{(273+35)-(273+18)} = 17.12$

完全制取7℃水的耗电量为:$W_7 = 20/10 = 2\text{kW}$

制取7℃和18℃水各10kW的耗电量:$W_{7+18} = \dfrac{10}{10} + \dfrac{10}{17.12} = 1.58\text{kW}$

耗电量比值为:$\dfrac{2}{1.58} = 1.26$。

23. **答案**:C

主要解题过程:

《公共建筑节能设计标准》(GB 50189—2015)第4.2.13条:

$\text{IPLV}_A = 1.2\% \times 4.7 + 32.8\% \times 4.9 + 39.7\% \times 4.8 + 26.3\% \times 3.4 = 4.46$

$\text{IPLV}_B = 1.2\% \times 4.4 + 32.8\% \times 5.0 + 39.7\% \times 5.2 + 26.3\% \times 4.8 = 5.02$

$\text{IPLV}_C = 1.2\% \times 4.2 + 32.8\% \times 5.1 + 39.7\% \times 5.2 + 26.3\% \times 4.9 = 5.08$

$\text{IPLV}_D = 1.2\% \times 4.8 + 32.8\% \times 4.8 + 39.7\% \times 4.7 + 26.3\% \times 3.6 = 4.45$

考虑节能运行,需要选择机组IPLV大的机组,即选C机组。

24. **答案**:D

主要解题过程:

《注册公用设备工程师暖通空调考试复习教材》(第三版)P579页,中间压力P的公式:

$$P = (P_k \cdot P_0)^{0.5} \Rightarrow P_0 = \frac{P^2}{P_k} = \frac{0.43^2}{1.16} = 0.16\text{MPa}$$

25. **答案**:B

主要解题过程:

《城镇燃气设计规范》(GB 50028—2006)第6.2.8条:

$$\Delta P_d = 0.75 P_n + 150 = 0.75 \times 2500 + 150 = 2025\text{Pa}$$

2010 年注册公用设备工程师(暖通空调)执业资格考试

专业考试试题及答案

2010 年专业知识试题(上午卷)

一、单项选择题(共 40 题,每题 1 分。每题的备选项中只有一个符合题意)

1.《公共建筑节能设计标准》中集中热水采暖系统热水循环水泵的耗电输热比(EHR)的计算公式有关取值,较 1996 年推出的行业标准的计算公式有所不同,下列说法哪一项是错误的? ( )

(A)耗电输热比改为由流量、扬程、设计热负荷及水泵效率来计算
(B)耗电输热比的限值改为计算值
(C)对于室外主干线不同长度范围,对应的 α 值发生变化
(D)一级泵和二级泵的计算相同

2. 公共建筑的空调冷热水管绝缘计算的基本原则,应是下列哪一项? ( )

(A)每 500m 冷水管道的平均温升不超过 0.25℃
(B)每 500m 热水管道的平均温降不超过 0.30℃
(C)超过 500m 空调管道的能量损失不大于 5%
(D)超过 500m 空调管道的能量损失不大于 6%

3. 设置集中采暖的民用建筑物,其室内空气与围护结构内表面之间的允许温差与下列哪一项无关? ( )

(A)围护结构的最小传热阻　　(B)室内空气温度
(C)围护结构内表面换热组　　(D)围护结构外表面换热组

4. 冬季车间机械送风系统设置空气加热器,在热负荷计算中,下列哪一项做法正确? ( )

(A)车间设局部排风系统每班运行时间不超过 1h,可不计算其热损失
(B)车间设全面通风系统稀释有害气体,采用冬季通风室外计算温度
(C)车间设全面通风系统排除余湿,采用冬季采暖室外计算温度
(D)车间设全面通风系统稀释低毒性有害物质,冬季采用通风室外计算温度

5. 以下关于热水采暖系统设计的做法,哪一项是错误的? ( )

(A)建筑物的热水采暖系统高度超过 50m 时,宜竖向分区设置
(B)新建建筑散热器的数量计算时,应考虑户间传热对供暖负荷的影响,计算负荷可附加不超过 50% 的系数
(C)热水采暖系统的各并联环路之间(包括公共段)的计算压力损失相对差额,

应不大于15%

(D)用散热器采暖的居住建筑和公共建筑,应安装自动温度控制阀进行室温调控

6. 某六层住宅建筑,设计热水集中采暖系统时,正确的做法是下列哪一项?(　　)

(A)采暖系统的总热负荷应计入向邻户传热引起的耗热量附加
(B)计算户内管道时,应计入向邻户传热引起的耗热量附加
(C)户用热量表的流量传感器应安装在回水管上,热量表前应设置过滤器
(D)户内系统应为垂直单管串联式系统,热力入口设置流量调节阀

7. 在进行集中热水供热管网水力计算时,正确的应是下列哪一项?(　　)

(A)开式热水热力网非采暖期运行时,回水压力不应低于直接配水用户热水供应系统的静水压力
(B)当热力网采用集中质—量调节时,计算采暖期热水设计流量,应采用各种热负荷在冬季室外计算温度下的热网流量曲线叠加得出的最大流量作为设计流量
(C)热水热力网任何一点的回水压力不应低于50kPa
(D)热水热力网供水管道任何一点的压力不应低于供热介质的汽化压力

8. 在计算汽—水、水—水换热器的传热面积时,以下相关的计算参数的取值,哪一项是错误的?(设热媒入口处的最大温差值为$\Delta t_{大}$、最小温差值为$\Delta t_{小}$、计算热媒对数平均温差为Δt_{pj})(　　)

(A)当$\Delta t_{大}/\Delta t_{小}\leqslant 2$时,可采用$\Delta t_{pj}=(\Delta t_{大}+\Delta t_{小})/2$
(B)$\Delta t_{pj}=(\Delta t_{大}-\Delta t_{小})/\ln(\Delta t_{大}/\Delta t_{小})$
(C)当计算水-水换热器时,应计入水垢系数0.7~0.8
(D)实际换热面积应取计算面积的1.3~1.5倍

9. 关于选择空气源热泵机组的说法,下列哪项是错误的?(　　)

(A)需考虑环境空气温度修正
(B)需考虑融霜频率修正
(C)需考虑室外相对湿度修正
(D)冬季寒冷、潮湿的地区,应根据机组最大的供热量与建筑物最大热负荷之差确定辅助加热量

10. 下列有关甲、乙类厂房采暖通风设计的说法,哪项是错误的?(　　)

(A)甲、乙类厂房的空气不应循环使用
(B)甲、乙类厂房内严禁采用电散热器采暖
(C)甲、乙类厂房用的送风设备与排风设备布置在同一通风机房内

(D)甲、乙类厂房排风设备不应和其他房间的送、排风设备布置在同一通风机房内

11. 现场组装的除尘器壳体应做漏风量检测，在设计工作压力下离心式除尘器允许的最大漏风率为下列哪一项？（　　）

(A)5%　　(B)4%　　(C)3%　　(D)2%

12. 关于防空地下室防护通风的设计，下列哪一项正确？（　　）

(A)穿墙通风管，应采取可靠的防护密闭措施
(B)战时为物资库的防空地下室，应在值班室设置测压装置
(C)防爆波活门的额定风量不应小于战时隔绝式通风量
(D)过滤吸收器的额定风量必须大于滤毒通风时的进风量

13. 下列有关风帽的设置和选用，哪一项是错误的？（　　）

(A)排放有害气体的风帽宜布置在空气正压区内
(B)除尘系统应选用锥形风帽
(C)除尘系统应选用锥形风帽
(D)自然排风系统应选用筒形风帽

14. 减少局部排风罩设计排风量的方法，下列哪项是错误的？（　　）

(A)外部吸气罩的四周加法兰
(B)冷过程通风柜将吸风口设在上部
(C)条缝式槽边罩将低矮截面改成高截面
(D)条缝式槽边罩将等高条缝改成楔形条缝

15. 关于机械全面通风的计算方法，下列哪一项正确？（　　）

(A)当数种溶剂(苯及同系物或醇类或醋酸类)的蒸汽同时在室内散发时，全面通风量应取其各项所需通风量的最大值
(B)计算风量平衡时应采用体积流量
(C)利用无组织进风，可让清洁要求高的房间保持正压
(D)同时放散热、蒸汽和有害气体的工业建筑，除局部建筑外，宜从上部区域全面排风，当房间高度大于6m时，排风量可按$6m^3/(h \cdot m^2)$

16. 某高层建筑地上共10层(无地下室)，其中裙房4层，塔楼6层，塔楼部分的一防烟楼梯间靠外墙，塔楼每层楼梯间可开启外窗面积为$2m^2$；裙房部分的同一座防烟楼梯间及防烟楼梯间的前室均无可开启外窗，排烟设计正确的应为下列哪一项？（　　）

(A)防烟楼梯间及防烟楼梯间的前室均设置加压送风系统
(B)仅防烟楼梯间的前室设置加压送风系统

(C)仅防烟楼梯间设置加压送风系统
(D)防烟楼梯间的前室设置机械排烟系统

17. 关于建筑防排烟设计,下列哪一项是错误的? ( )

(A)当一个防烟分区内设置多个排烟口并需要同时动作时,可在该防烟分区的总风道上,同一设置常闭型排烟阀
(B)平时不使用的排烟口或排烟阀应为常闭型,且应设有手动或自动开启装置
(C)排烟防火阀与通风管道上使用的防火阀构造一样,仅仅是熔断温度不同
(D)确认火情发生后,手动或自动开启该防烟分区的排烟口或排烟阀并连锁起动排烟风机,当温度超过280℃时,该排烟口或排烟阀关闭并连锁停止排烟风机

18. 某多层建筑的地下室,按设计规范应设置机械排烟系统和补风系统,设计的补风量占排风量的百分比,不正确的应是下列哪一项? ( )

(A)小于50%
(B)50%
(C)50% ~80%
(D)50% ~100%

19. 以下有关袋式除尘器性能的描述,哪一项是错误的? ( )

(A)袋式除尘器的阻力和进口空气的密度成正比
(B)袋式除尘器过滤层的阻力与过滤风速成正比
(C)对于1μm以上的粉尘,袋式除尘器的除尘效率一般可达到99.5%
(D)袋式除尘器的漏风率<5%,表明产品该项性能合格

20. 某单层厂房设计工艺性空调,采用全空气系统,冬季通过蒸汽加热,干蒸汽加湿处理空气。室内设计参数24℃,60%;运行时,冬季室内相对湿度低于设计要求,下列哪项不会造成该问题发生? ( )

(A)新风阀开度小于设计值
(B)加湿器阀门设置有误
(C)厂房外门、外窗不严密
(D)新风量超过设计值

21. 某空调系统采用地表水水源热泵机组,设该空调系统的设计工况与该机组的名义工况相同,机组名义工况条件下的有关水量的数据见下表,水源侧夏季、冬季水泵分设,水源侧的水泵设计水量正确的应是下列哪项?

工　况	蒸发器水量(m^3/h)	冷凝器水量(m^3/h)
制冷	306	362
制热	250	320

(A)夏季、冬季水源侧的水泵设计水量分别为$306m^3/h$和$362m^3/h$
(B)夏季、冬季水源侧的水泵设计水量分别为$250m^3/h$和$320m^3/h$

(C)夏季、冬季水源侧的水泵设计水量分别为306m³/h和320m³/h
(D)夏季、冬季水源侧的水泵设计水量分别为362m³/h和250m³/h

22. 进行公共建筑节能设计,有时候需要采用"围护结构热工性能的权衡判断"的方法,此方法对比的是下列哪一项? ( )

(A)设计建筑与参照建筑的外墙热阻
(B)设计建筑与参照建筑的外窗热阻
(C)设计建筑与参照建筑的空调设计负荷
(D)设计建筑与参照建筑的空调年能耗

23. 影响围护结构热稳定性的最主要因素是下列哪一项? ( )

(A)传热系数
(B)热惰性指标
(C)围护结构热工性能
(D)夏季活动区的风速度

24. 工艺性空调室内温湿度基数及其波动范围应根据有关原则确定,以下所列原则中不能作为依据的是哪一项? ( )

(A)工艺需要
(B)卫生要求
(C)围护结构热工性能
(D)夏季活动区的风速

25. 在风机盘管+新风系统中,新风机组为定风量系统,各房间的设计新风量均相同,到各房间的新风支管均无风阀,关于不同的新风接入室内方法的表述中,下列哪一项是错误的? ( )

(A)新风接入风机盘管回风口处,风机盘管高速运行房间的新风多于低速运行的房间
(B)新风接入风机盘管送风口处,风机盘管停机的房间送入的新风量最大
(C)新风单独接入室内,送入的新风量不随风机盘管的运行与否而改变
(D)三种新风接入方法送入的新风量完全一样

26. 某地的室外设计计算参数:干球温度36℃,相对湿度80%(标准大气压条件),需要设计一个直流全新系统,要求提供新风的参数为:干球温度15℃,相对湿度30%。已有的空调冷水供回水温度为7/12℃,实际工程中,该系统空气处理的正确方案应为下列哪项? ( )

(A)新风→一级冷却→二级冷却
(B)新风→一级冷却→一级转轮除湿
(C)新风→一级转轮除湿→一级冷却
(D)新风→一级冷却→一级转轮除湿→二级冷却

27. 电机驱动压缩机的蒸汽压缩循环冷水机组,额定冷量为1163kW时,符合要求,其性能系数(COP)要求最高的应为下列哪项? ( )

(A)水冷活塞式冷水机组　　(B)水冷螺杆式冷水机组
(C)水冷离心式冷水机组　　(D)风冷螺杆式冷水机组

28. 关于洁净室的气流组织,以下哪种说法是错误的?　　(　　)

(A)水平单向流沿气流方向洁净度相同
(B)垂直单向流满不过滤器顶送风、满布格栅地面回风,可达到的洁净度最高
(C)辐射式洁净室的流线近似向一个方向流动,性能接近水平单向流
(D)散流器顶送风两侧下回风的气流组织,适合有空调要求的洁净室

29. 关于电子工业洁净室的性能测试,下列哪一项说法是不正确的?　　(　　)

(A)6 级洁净室空气洁净度等级的认证测试的最长时间间隔为 1 年
(B)温度、相对湿度监测,应在净化空调系统已运转并应至少稳定运行 12 小时后进行
(C)风量和风速测试,对于单向流洁净室,其测点数不应少于 5 点
(D)洁净度监测,每一采样点最小采样时间为 1min

30. 遵照现行国家标准,对于多联式空调(热泵)机组能效的表述,下列哪一项是错误的?　　(　　)

(A)2011 年实施的机组综合性能系数限定值采用的是 4 级等级指标
(B)对于制冷量非连续可调的机组,制冷综合性能系数需要做 -7.5% 的修正
(C)制冷综合性能系数的标注值应在其额定能源效率等级对应的取值范围内
(D)机组能效限定值就是在规定制冷能力试验条件下,制冷综合性能系数的最小允许值

31. 关于制冷剂的描述,正确的是下列哪一项?　　(　　)

(A)天然制冷剂属于有机化合物类
(B)空气只能用作制冷剂
(C)制冷剂的绝缘指数越低,其压缩排气温度就越高
(D)制冷剂在相同工况下,一般的情况是:标准沸点越低,单位溶剂制冷量越大

32. 关于制冷循环与制冷剂的表述,正确的是下列哪一项?　　(　　)

(A)卡诺循环的能效水平与制冷剂种类有关
(B)GWP =0 和 ODP =0 的制冷剂均是理想的制冷剂
(C)温湿度独立控制系统节能的最主要原因是制取高温冷水的能效比高于制取低温冷水
(D)冷凝温度越低,制冷机制取冷水的能效比越高

33. 为了解决冬季低温环境下多联机供热量显著下降的问题,有厂家开发了喷气增焓技术,该技术是将中温、中压的冷媒蒸汽喷入压缩机腔体中部,即压缩机除常规的吸

气口和排气口外，增加了一个中间吸气口，关于该过程的表述，正确的是下列哪一项？（　　）

(A)增加了单位质量冷媒从外部大气的吸热能力
(B)单位质量冷媒从外部大气的吸热能力保持不变
(C)降低了冷媒从冷凝器流出的温度
(D)增了通过压缩机的冷媒循环量

34. 关于空气源热泵的表述，错误的下列哪一项？（　　）

(A)空气源热泵不存在热量堆积问题，不用考虑冬季与夏季的热量平衡
(B)大量采用风冷热泵机组会导致夏季城市热岛效应加剧
(C)低温空气源热泵采用双级压缩机循环时，可在整个冬季保持较高的能效水平
(D)空气源热泵可以作为水环热泵冬季补热的一种方式

35. 设计 R22 制冷剂管道系统时，对于压缩机的吸气管、排气管的坡度设置，正确的是下列哪一项？（　　）

(A)吸气管坡度应≥0.005，坡向蒸发器
(B)吸气管坡度应≥0.005，坡向压缩机
(C)吸气管坡度应≥0.02，坡向压缩机
(D)排气管坡度应≥0.01，坡向压缩机

36. 水蓄冷系统的温度分层型贮槽设计稳流器时，有关控制参数的说法，错误的是下列哪一项？（　　）

(A)稳流器有效单位长度的体积流量有上限要求
(B)贮槽高度增加，稳流器有效单位长度的体积流量可以加大
(C)稳流器的设计中，控制的雷诺数 Re 与贮槽高度无关
(D)稳流器的设计既要控制弗洛德数 Fr，又要控制雷诺数 Re

37. 水蓄冷空调系统中，无隔板式温度分层型蓄冷水槽的绝热处理方案，正确的是下列哪一项？（　　）

(A)水槽侧壁和底部绝缘厚度均相同
(B)水槽侧壁绝缘厚度大于底部
(C)水槽底部绝缘厚度大于侧壁
(D)水槽顶部和底部绝缘厚度大于侧壁

38. 冷库选用的围护结构的总热阻 R_c($m^2\cdot$℃/K)中，正确的是下列哪一项？（　　）

(A)一层为冻结物冷藏间，设计温度为 -18℃，二层为冷却物冷藏间，设计温度

为0℃，选楼板 $R_c=3.31$

(B)一层为冷却物冷藏间，设计温度为0℃，地面隔热层采用炉渣，选地面 $R_c=1.72$

(C)冻结物冷藏间，设计温度为−18℃，外墙热惰性指标 $D4$，冷库所在地夏季空调室外计算干球温度为33.6℃，面积热流量为11W/m²，选外墙 $R_c=6.09$

(D)冻结物冷藏间，设计温度−18℃，地面设在架空层上，选地面 $R_c=3.44$

39. 处于海拔高度为1500m的地区，消防车内消防水泵进口中心线离地面高度为1.0m，消防水池最低水位低于取水口处消防车道的最大高度，应是下列哪一项？（　　）

(A)3.6m　　(B)4.6m　　(C)4.7m　　(D)5.0m

40. 下列哪种住宅建筑应设置室内消火栓系统？（　　）

(A)居住人数超过500人的两层住宅

(B)居住人数超过500人的两层及两层以上的住宅

(C)六层及六层以上的住宅

(D)七层以上的住宅

二、多项选择题（共30题，每题2分。每题的备选项中有两个或两个以上符合题意，错选、少选、多选均不得分）

41. 采暖系统运行中，能够实现运行节能的客观因素，应是下列哪几项？（　　）

(A)热计量装置　　(B)散热器的温控阀

(C)水泵的变频装置　　(D)自动排气阀

42. 在冬季建筑热负荷计算中，下列哪几种计算方法是错误的？（　　）

(A)阳台门按其所在楼层做围护结构耗热量附加

(B)多层建筑有两面外窗房间的冷风负荷渗透量可按照房间的1.0～1.5次/h换气量计算

(C)严寒地区地面辐射采暖系统热负荷可采取对流采暖系统计算总热负荷的90%

(D)小学教学楼热负荷为其基本耗热量的120%

43. 某地采用水源热泵机组作为采暖热源，机组的热水出水温度为45～50℃，用户末端采用的采暖设备正确的选择应是下列哪几项？（　　）

(A)散热器＋风机盘管

(B)风机盘管＋低温热水地板辐射采暖

(C)低温热水地板辐射采暖＋散热器

(D)低温热水地板辐射采暖

44. 下列哪几项说法不符合有关蒸汽采暖系统设计的规定？ （ ）

(A)蒸汽采暖系统不应采用铸铁柱形散热器
(B)高压蒸汽采暖系统最不利换路的供气量，其压力损害不大于起始压力的50%
(C)高压蒸汽采暖系统，疏水器前的凝结水管不宜向上抬升
(D)疏水器至回水箱之间的蒸汽凝结水管，应按汽水乳状体进行计算

45. 关于供电厂几种供热方式的表述，哪几项是正确的？ （ ）

(A)供热汽轮机的形式和容量，应根据外部热负荷大小和特征选择
(B)凝汽式汽轮机改装为供热汽轮机，一般会使源发电厂发电功率下降25%左右
(C)背压式汽轮机排气压力等于大气压力
(D)抽汽背压式汽轮机既能供应采暖热水，又能供应工业用蒸汽

46. 某城市居民住宅区集中供热系统，热媒的合理选用应是下列选项的哪几项？ （ ）

(A)0.4MPa 低压蒸汽 (B)150/70℃热水
(C)130/70℃热水 (D)110/70℃热水

47. 采暖热水热交换站关于水－水换热器的选择，说法正确的是下列哪几项？ （ ）

(A)优先选择结构紧凑传热系数高的板式换热器
(B)当供热阀一、二次测水温相差较大时，宜采用不等流道截面的板式换热器
(C)热水器中水流速宜控制在0.2～0.5m/s
(D)热水供回水温差值不小于5℃

48. 关于设置机械排烟设施的说法，下列哪几项是错误的？ （ ）

(A)一类高层建筑的无直接自然通风，且长度为21m的内走道应设置机械排烟
(B)层高3.2m、八层的医院，无直接自然通风，且长度为21m的内走道可不设置机械排烟
(C)层高3.2m、九层的综合楼，各层建筑面积：1～6层1400m^2/层；7～9层1200m^2/层，无直接自然通风，且长度为21m的内走道可不设置机械排烟
(D)十层的五星级宾馆净高超过12m的中庭应设置机械排烟

49. 某高度25m展厅(单层)的通风空调系统，风管按防火分区设置，且设有排烟防火阀，措施正确的应是下列哪几项？ （ ）

(A)风管应采用不燃材料
(B)确有困难时，消声材料可以采用燃烧产物毒性较小的难燃材料

(C)风管可采用燃烧产物毒性较小且烟密度等级小于25的难燃材料
(D)电加热器前后各2.0m范围内的风管绝缘材料采用不燃材料

50. 关于人防工程的通风设计,过滤吸收器的额定风量的确定,哪几项是错误的? ( )

(A)不小于最大的计算新风量
(B)不小于战时清洁通风的计算新风量
(C)不小于战时滤毒通风的计算新风量
(D)不小于战时要求的隔绝通风量

51. 建筑利用自然通风,相对应的室外常年风速的哪几项可获得一定的风压作用? ( )

(A)冬季常年风速为3.5m/s的平均风速
(B)夏季常年风速为1.5m/s的平均风速
(C)夏季常年风速为3.5m/s的平均风速
(D)冬季常年风速为4.0m/s的平均风速

52. 进行某燃气锅炉房的通风设计,下列哪几项符合要求? ( )

(A)通风换气次数3次/h,事故通风换气次数6次/h
(B)通风换气次数6次/h,事故通风换气次数10次/h
(C)通风换气次数6次/h,事故通风换气次数12次/h
(D)通风换气次数8次/h,事故通风换气次数15次/h

53. 设计选用“分室低压脉冲袋式除尘器”,符合国家相关行业标准规定的要求为下列哪几项? ( )

(A)除尘效率>99.5%
(B)除尘效率>99%
(C)设备阻力<2000Pa
(D)设备阻力<1200Pa

54. 采用变频风机时,选型应符合下列哪几项规定? ( )

(A)风机的压力应在系统计算的压力损失上附加10%~15%
(B)风机的压力以系统计算的总压力损失作为额定风压
(C)风机电动机功率应在计算值上附加15%~20%
(D)风机电动机功率应在计算值上附减10%~15%

55. 设置于蒸汽加湿器上的自动调节—蒸汽两通阀,正确的选项是哪几项? ( )

(A)应采用等百分比特性的蒸汽二通阀
(B)当压力损失比小于0.6时,宜采用抛物线特性的蒸汽两通阀
(C)当压力损失比小于0.6时,宜采用线性特征的蒸汽两通阀

(D)当压力损失比小于0.6时，宜采用线性特征的蒸汽两通阀

56. 某风机盘管加新风系统设计如下：低静压型风机盘管设于吊顶内，由送回风管、格栅回风口、尼龙滤网、散流器构成，设计要求将新风处理到室内空气状态的湿球温度点，施工质量符合验收规范的要求，竣工后，夏季运行室内温度高于设计值，试分析产生问题的原因可能是下列哪几项？（　　）

(A)新风处理到室内空气状态的湿球温度，但实际新风量大于设计新风量
(B)风机盘管供回水温度均高于设计值
(C)风机盘管机外静压不够
(D)处理后新风温度高于室内空气的湿球温度

57. 某建筑一次泵空调水系统，设有3台冷水机组和3台与机组连锁的冷水泵，3台同时运行时，冷水泵的运行参数符合设计要求；当处于低负荷时，仅1台冷水机组和1台冷水泵运行时，冷水机组未处于满负荷工作状态，却发现建筑内的部分空调房间实际温度高于设计值，产生上述问题的原因分析及应采取的措施，下列哪几项是正确的？（　　）

(A)温度高的房间的末端设备的设计冷量不够，应加大末端设备容量
(B)冷水机组的制冷安装容量不足，应加大制冷机组的容量
(C)房间的末端设备无自控措施（或自控失灵），应增加（或检修）自控系统
(D)该冷水泵的水流量不能满足要求，应加大水泵流量或再投入一台泵运行

58. 地处上海的建筑，室内设计参数为干球温度28℃，相对湿度55%，房间内有较大的设备发热量，下列哪几项措施不能降低房间的夏季空调设计冷负荷？（　　）

(A)在设备发热处安放水管，并将管内循环水引到室外填料塔内喷淋后回用
(B)加强自然通风
(C)在室内喷水
(D)采用蓄冷式空调系统

59. 关于湿空气和空气处理过程表述，下列哪几项是错误的？（　　）

(A)室内显热发热量很大且无余湿的空间，冬季送风温度15℃，采用干蒸汽加湿可保证室内25℃、60%的参数
(B)北方地区的一次回风系统中，当冬季新风温度太低时，需预热新风后再与回风混合，以防止冻坏加热盘管
(C)空调箱中加设循环水喷淋段，可以在过渡季减少冷机开启时间
(D)直接蒸发冷却获得的最低水温为空气的湿球温度，间接蒸发冷却可以获得低于空气露点温度的水温

60. 设计上送风方式的空调系统时，下列哪几项选取的夏季送风温差是错误的？（　　）

(A)工艺性空调室温允许波动 > ±1.0℃的房间,采用16℃送风温差
(B)舒适性空调送风口安装高度3.6m的房间,采用12℃送风温差
(C)舒适性空调送风口安装高度6.5m的房间,采用14℃送风温差
(D)工艺性空调室温波动为±1.0℃的房间,采用8℃送风温差

61. 选择直燃性溴化锂吸收式冷热水机组时,以下哪几项是正确的? ( )

(A)按照冷负荷选型,并考虑冷、热负荷与机组供冷、供热量匹配
(B)按照热负荷选型,并考虑冷、热负荷与机组供冷、供热量匹配
(C)当热负荷大于机组供热量时,应加大极性以增加供热量
(D)当热负荷大于机组供热量时,加大高压发生器和燃烧器以增加供热量,并进行技术经济比较

62. 夏季采用冷却除湿的风机盘管+新风空调系统,下列哪几项说法是正确的? ( )

(A)当新风处理到室内空气等焓线时,风机盘管不承担新风引起的任何空调负荷
(B)新风处理到室内空气等焓湿量线时,风机盘管承担室内湿负荷和部分室内冷负荷
(C)风机盘管水侧采用电动温控阀控制
(D)影剧院观众厅的新风机组可根据室内CO_2浓度进行变速控制

63. 确定洁净室空气流型和送风量的原则,下列哪几项是正确的? ( )

(A)空气洁净度等级要求为6~9级的洁净室,应采用单向流
(B)洁净室工作区的气流分布应均匀
(C)正压洁净室的送风量应大于或等于消除热、湿负荷和保持房间正压的送风量
(D)产生污染物的设备应远离回风口布置

64. 制冷压缩机组采用的制冷剂,正确的说法应是下列哪几项? ( )

(A)制冷剂的应用和发展,经历了由天然制冷剂到大量应用合成制冷剂的阶段后,发展到研究应用合成制冷剂和天然制冷剂共存的阶段
(B)R410a不破坏臭氧层,对温室效应的作用则和R22相当
(C)相同工况的制冷机组,R22为制冷剂的压缩机的排气压力低于R410a为制冷剂的压缩机排气压力
(D)相同工况的制冷机组,R22为制冷剂的压缩机的排气管管径低于R410a为制冷剂的压缩机排气管管径

65. 关于蒸汽压缩式制冷设备的表述,下列哪几项是正确的? ( )

(A)被处理空气经过蒸发器降温除湿后又被冷凝器加热，则空气温度不变，含湿量降低
(B)活塞式压缩机和涡旋式压缩机的容积效率均受到余隙容积的影响
(C)热泵循环采用蒸汽旁通除霜时，会导致室内供热量不足
(D)微通道换热器可强化制冷剂的冷凝换热效果，减小冷凝器的体积

66. 有关蒸汽压缩循环冷水（热氨）机组的 IPLV 值的说法，正确的是下列哪几项？ (　　)

(A)IPLV 值反映了制冷机组在部分负荷下的性能
(B)同一地区、同类建筑采用同一机型机组的 IPLV 数值高，机组的用能节约
(C)同一地区、同类建筑采用同一机型机组的 IPLV 数值高，机组的用能不一定节约
(D)IPLV 值是制冷机组性能与系统负荷动态特性的匹配反映

67. 关于吸收式制冷机组的说法，正确的应是下列哪几项？ (　　)

(A)吸收式制冷机组采用制冷的工质是一种二元混合物，混合物由两种不同沸点的物质组成
(B)溴化锂—水工质对和氨—水工质对的水均为制冷剂
(C)氨吸收式制冷机组适用于低温制冷
(D)当有作用压力为 0.1MPa 的蒸汽时，溴化锂吸收式制冷机组宜选用双效型

68. 在溴化锂吸收式冷水机组的安全保护装置中，不应设置的是下列哪几项？ (　　)

(A)吸气低压保护　　(B)冷水低温保护
(C)压缩机过载保护　　(D)防结晶保护

69. 关于空调冷却水系统节能设计的观点，下列哪几项是不正确的？ (　　)

(A)电动压缩制冷设备的冷却水系统应设计为变流量系统
(B)冷却塔供冷可采用开式冷却塔直接供水
(C)冷却塔应优先选用有布水压力要求的节能型产品
(D)采暖室外计算温度在 0℃以下的地区，冬季利用冷却塔供冷，应采用必要的防冻、保温措施

70. 工业企业生产用气设备的燃气总阀门与燃烧器阀门之间设置放散管的目的，应为下列哪几项？ (　　)

(A)用气设备首次使用时，用来吹扫积存在燃气管道中的空气
(B)用气设备长时间不用再次使用时，用来吹扫积存在燃气管道中的空气
(C)用气设备停用时，利用放散管放出因总阀门关闭不严漏出的燃气
(D)用于防止供应的燃气超压引起的安全隐患发生

2010 年专业知识试题答案(上午卷)

1. **答案:**D

依据:《公共建筑节能设计标准》(GB 50189—2015)第 4.3.3 条条文说明。

2. **答案:**D

依据:《公共建筑节能设计标准》(GB 50189—2015)第 4.3.23 条条文说明。

3. **答案:**D

依据:《注册公用设备工程师暖通空调考试复习教材》(第三版)P4 公式(1.1-6),与围护结构外表面换热阻无关,选项 D 正确。

4. **答案:**D

依据:《注册公用设备工程师暖通空调考试复习教材》(第三版)P169 第 2.2.1 条第(4)条,选项 A 错;《注册公用设备工程师暖通空调考试复习教材》(第三版)P174 公式(2.2-6)注释,选项 BC 错,选项 D 正确。

5. **答案:**C

依据:《民用建筑供暖通风与空气调节设计规范》(GB 50736—2012)第 5.1.10 条条文说明:"通常,考虑散热器的承压能力,高层建筑内的散热器供暖系统宜按照 50m 进行分区设置",A 说法不准确;第 5.2.10 条,选项 B 正确;第 5.9.11 条,选项 C 错误,应为"不包括共同段";第 5.10.4 条,选项 D 正确。

6. **答案:**B

依据:《民用建筑供暖通风与空气调节设计规范》(GB 50736—2012)第 5.2.10 条,选项 A 错误、选项 B 正确;第 5.10.3 条可知,流量传感器"宜"安装在回水管上,选项 C 错误;第 5.3.2 条,选项 D 错误。

7. **答案:**C

依据:《城镇供热管网设计规范》(CJJ 34—2010)第 7.4.4 条、第 7.1.4.3 条、第 7.4.1 条,选项 ABD 错误;第 7.4.2.2 条,选项 C 正确。

8. **答案:**D

依据:《注册公用设备工程师暖通空调考试复习教材》(第三版)P105 ~ 106,选项 ABC 正确,选项 D 错误。

9. **答案:**D

依据:《民用建筑供暖通风与空气调节设计规范》(GB 50736—2012)第 8.3.2 条及条文说明,"空气源热泵机组的有效制热量应根据室外空调计算温度,分别采用温度修正系数和融霜修正系数进行修正。""每小时融霜次数可按所选机组融霜控制方式、冬季室外计算温度、温度选取,或向厂家咨询",选项ABC正确;第8.3.1.3条,应该按照空气源热泵的平衡点温度确定辅助加热量,选项D不正确。

10. **答案:**C

依据:《建筑设计防火规范》(GB 50016—2014)第9.1.2条,选项A正确;第9.2.2条,选项B正确;第9.1.3条,选项C错误,选项D正确。

11. **答案:**C

依据:《通风与空调工程施工质量验收规范》(GB 50243—2002)第7.2.4.2条。

12. **答案:**D

依据:根据《人民防空地下室设计规范》(GB 50038—2005)。

选项A,根据第5.2.13条,只有穿过防护密闭墙的通风管才应采取可靠防护密闭措施;

选项B,根据第5.2.1.2条,物资库应设清洁通风和隔绝通风,再根据第5.2.17条,只有设滤毒通风的地下室才应在值班室设置测压装置;

选项C,根据第5.2.10条,应为"清洁通风量";

选项D,第5.2.16条"严禁小于",而"严禁小于=大于或等于",选项D说法与规范原文虽有差异,但在本题中是最正确的选项。

13. **答案:**A

依据:《注册公用设备工程师暖通空调考试复习教材》(第三版)P185"禁止风帽布置在正压区或窝风地带",选项A错误、选项B正确;各种风帽的应用形式为:球形、筒形风帽用于自然通风系统;锥形风帽用于除尘系统及有害气体排放系统,有利于高空排放;伞形风帽用于一般机械通风系统,可知选项CD正确。

14. **答案:**B

依据:《注册公用设备工程师暖通空调考试复习教材》(第三版)P192,选项A正确;P188,选项B错误;P194,选项CD正确。

15. **答案:**D

依据:《注册公用设备工程师暖通空调考试复习教材》(第三版)P172,选项A错误;P173,选项B错误;保持正压的方法在于系统送风量大于排风量,无组织进风不能保证房间正压,选项C错误;P170,选项D正确。

16. **答案:**B

依据:《高层民用建筑设计防火规范》(GB 50045—1995)(2005年版)第8.4.3条:"其前室或合用前室应设置局部正压送风系统"。

注:按公消〔2015〕98号文件规定,因《建筑防烟排烟系统技术规范》尚未批准发布,防烟排烟的设计与审核暂按旧规范内容执行。

17. **答案:**B

依据:《建筑设计防火规范》(GB 50016—2006)第9.4.6.1条"排烟口或排烟阀应按防烟分区设置",选项A正确;

第9.4.6.2条,选项B中"或"应为"和",故选项B错误;

排烟管道上防火阀的熔断温度为280℃,通风管道上的防火阀的熔断温度为70℃,选项C正确;

第9.4.8条,选项D正确。

注:按公消〔2015〕98号文件规定,因《建筑防烟排烟系统技术规范》尚未批准发布,防烟排烟的设计与审核暂按旧规范内容执行。

18. **答案**:A

依据:《建筑设计防火规范》(GB 50016—2006)第9.4.4条。

注:按公消〔2015〕98号文件规定,因《建筑防烟排烟系统技术规范》尚未批准发布,防烟排烟的设计与审核暂按旧规范内容执行。

19. **答案**:AD

依据:选项AB见《注册公用设备工程师暖通空调考试复习教材》(第三版)P216,过滤层的压力损失与过滤速度和气体黏度成正比,与气体密度无关,选项A错误、选项B正确;

《注册公用设备工程师暖通空调考试复习教材》(第三版)P215,选项C正确;

根据《回转反吹袋式除尘器》(JB/T 8533—2010)或《脉冲喷吹类袋式除尘器》(JB/T 8532—2008)或《内滤分室反吹类袋式除尘器》(JB/T 8534—2010)等最新袋式除尘器相关规范,漏风率的限制均在3%~4%之间,选项D错误。

20. **答案**:A

依据:室内湿度偏低,造成的原因是可能是新风过多或者加湿器的加湿量不够。比较各选项,选项A不会产生该问题。

21. **答案**:D

依据:地表水水源热泵,夏季制冷时水源侧为冷凝器,取制冷工况冷凝器侧流量,冬季制热时水源侧为蒸发器,取制热工况蒸发器侧流量。

22. **答案**:D

依据:《公共建筑节能设计标准》(GB 50189—2015)第3.4.2条。

23. **答案**:B

依据:《民用建筑热工设计规范》(GB 50176-1993)关于"热惰性指标"和"围护结构热稳定性"的名词解释。

24. **答案**:C

依据:《民用建筑供暖通风与空气调节设计规范》(GB 50736—2012)第3.0.3条及条文说明。

25. **答案**:D

依据:本题主要需判断的是新风管接入风机的负压段(回风口处),还有接入风机的正压段(送风管处),风量的变换。根据风盘运行时对新风管压力的影响来判断风量的大小。

选项A新风接入回风口处,当风机盘管运行时,因在风机吸风段产生负压,对新风管内新风有倒吸作用,此时新风量比风机盘管不运行而单独只开新风机时的新风量要大。同理,风机盘管高速运行时的负压比低速运行时大,新风量也更大。

选项B新风接入风机盘管送风管处。设新风管接入送风管处,送风管此时为正压,会减少送入室内的新风量,或者新风送不进房间。

选项C新风与风机盘管完全独立的分别送至室内,互不干扰。

选项D三种方式送风量不同。可大致理解为"回风处接入>分别独立送入>送风处接入"。

26. **答案**:D

依据:《全国民用建筑工程设计技术措施 暖通空调·动力》(2009年版)第5.15.1条,根据本地区的室外气象参数,该系统不能单独使用蒸发冷却空调。在空调处理过程中,表冷器的相当一部分冷量被用于空气的除湿,而采用转轮除湿时没有外部热源的作用,整个过程近似等焓升温。通过转轮除湿除去的湿量越多,就越能节省表冷器的冷量。因此配合蒸发冷却和除湿机的方式适合本地区。空气处理过程可参考2012年案例下午15题。

27. **答案**:C

依据:《公共建筑节能设计标准》(GB 50189—2015)第4.2.11条。

28. **答案**:A

依据:《实用供热空调设计手册》P2072,"单向流洁净室(也称平行流或层流洁净室)装有高效过滤器的送风口和设在下部的回风口面积均等于房间断面,室内气流流线平行、流向单一,并且有一定的、均匀的断面风速。送出空气流像活塞一样置换室内产生的污染,使房间保持很高的洁净度",可知沿气流方向洁净度不同,选项A错误、选项B正确,有关"非单向流洁净室"的介绍,可知选项D正确;《注册公用设备工程师暖通空调考试复习教材》(第三版)P462,选项C正确。

29. **答案**:B

依据:《洁净厂房设计规范》(GB 50073—2013)附录A表A.2-2,选项A正确。根据第A.1.3条,选项B错误,没有规定稳定运行时间。根据第A.3.1条,选项C正确。根据第A.3.5条,选项D正确。

30. **答案**:A

依据:《多联式空调(热泵)机组能效限定值及能效等级》(GB 21454—2008)第3.3条、第7.3条、第5.2条、第3.1条。

31. **答案**:D

依据:《注册公用设备工程师暖通空调考试复习教材》(第三版)P590,一般把无机化合物和 HCs 类制冷剂均属于天然制冷剂，选项 A 错误；

P580，空气被划为无机化合物的制冷剂，选项 B 错误；

吸气温度一定情况下，压比一定，绝热指数越大，排气温度越高，选项 C 错误。

P582，选项 D 正确。

32. **答案**：C

依据：《注册公用设备工程师暖通空调考试复习教材》（第三版）P569，卡诺循环（或逆卡诺循环）的能效水平只与高温热源和低温热源温度有关，与制冷剂种类无关，选项 A 错误；

制冷剂的要求不只 GWP、ODP、TEWI，环境友好性，还需考虑制冷剂的性能、可燃性及毒性等因素，选项 B 错误；

温湿度独立控制，室内的机组采用高温水进行降温，室内没有凝结水，而用经过溶液除湿的方法处理新风来控制室内的相对湿度，选项 C 正确，见《全国民用建筑工程设计技术措施　暖通空调·动力》（2009 年版）第 5.17.1 条；

对于蒸气压缩式机组，冷凝温度在一定范围内降低，可以得到较高的制冷系数，如冷凝温度过低，将导致运行不稳定，制冷量变小；同时冷凝温度越低需要更低的冷却水才能满足其要求，因此还应考虑其经济性，选项 D 不能算正确。

33. **答案**：D

依据：喷气增焓技术是指以喷气增焓压缩机为基础，优化了中压段冷媒喷射技术。原理是过中间压力吸气孔吸入一部分中间压力的气体，与经过部分压缩的冷媒混合再压缩，实现以单台压缩机实现两级压缩，增加了冷凝器中的制冷剂流量，加大了主循环回路的焓差，从而大大提高了压缩机的效率。有关喷气增焓技术的介绍可以查阅其他一些技术资料进一步理解。选项 D 正确。

34. **答案**：D

依据：空气源热泵不同于土壤源热泵的换热方式，室外机只是通过换热器与空气换热，不存在热平衡的问题；夏季，采用空气源热泵，室外机相就是冷凝器向环境大量散热，导致热岛效应加剧；空气源热泵处于低温环境，压缩比变大，热量衰减，制热系数较低，因此采用双级压缩可以减少压缩机耗功率，增大制热系数；水环热泵多用于有内区的建筑物，可以利用用热和用冷平衡，达到能源有效利用的目的，不需要其他的热源做补热。

35. **答案**：C

依据：《注册公用设备工程师暖通空调考试复习教材》（第三版）P628，压缩机吸气管坡向压缩机，坡度≥0.01；排气管坡向油分离器或冷凝器，坡度≥0.01。此题是考查 R22 制冷剂系统与 R717 制冷剂系统的区别。

36. **答案**：C

依据：《注册公用设备工程师暖通空调考试复习教材》（第三版）P687，对稳流槽的流速有限制，选项 A 正确；

表4.7-9可以看出当稳流槽的高度增加时，允许的雷诺数增加，在外界条件相同的情况下，雷诺数加大，水的流速变大，故选项B正确，选项C错误，选项D正确。

37. **答案**：C

依据：《全国民用建筑工程设计技术措施　暖通空调·动力》(2009年版)第6.4.18.6条，"在进行绝热处理时，应注意保持由底部传入的热量必须小于从侧壁传入的热量，否则可能会形成水温分布的逆转，诱发对流，破坏水的自然分层"，所以水槽底部的绝热层厚度要大于侧壁。

38. **答案**：D

依据：《注册公用设备工程师暖通空调考试复习教材》(第三版)P718表4.8-31注2，此种情况下楼板的热阻不宜小于4.08，选项A错误；

P719表4.8-32注，总热阻按表中数据乘以0.8的修正系数计算，选项B错误；

表4.8-29，计算热阻，选项C错误；

《注册公用设备工程师暖通空调考试复习教材》(第三版)P719表4.8-33，可知选项D正确。

39. **答案**：A

依据：《消防给水及消火栓系统技术规范》(GB 50974—2014)第5.1.9条条文说明：海拔高度1500m，水泵的最大允许吸水高度为6 - (1500/305) ×0.3，约4.6m，消防水池的最低水位应为4.6 - 1 = 3.6m。

40. **答案**：D

依据：《建筑设计防火规范》(GB 50016—2014)第8.2.1条。

---

41. **答案**：BC

依据：选项BC均与运行节能有关(系统变流量运行)，而供热系统实行热计量是建筑节能、提高室内供暖质量、加强供暖系统智能化管理的一项重要措施与节能运行无关，自动排气阀的设置与系统是否能正常运行相关。

42. **答案**：ABCD

依据：《注册公用设备工程师暖通空调考试复习教材》(第三版)P17，阳台门不考虑外门附加，选项A错误；

《注册公用设备工程师暖通空调考试复习教材》(第三版)P20表1.2.6，两面外窗的换气次数为0.5～1.0次，选项B错误；由《注册公用设备工程师暖通空调考试复习教材》(第三版)P17，间歇附加是对围护结构耗热量进行的附加而不是只对基本耗热量附加，选项D错误；

有关选项C的内容在《辐射供冷供暖技术规程》(CJJ 142—2012)中已取消，参考旧规范《地板辐射采暖技术规程》(JGJ 142—2004)第3.3.2条条文说明，为95%，选项C错误。

43. **答案**：BD

依据:由《民用建筑供暖通风与空气调节设计规范》(GB 50736—2012)第5.3.1条"散热器采暖系统的供回水温差不宜小于20℃",可知该用户的末端设备不应采用散热器,选项AC错误,选项BD正确。

44. **答案**:ABC

依据:《注册公用设备工程师暖通空调考试复习教材》(第三版)P84,蒸汽采暖系统没有限制铸铁散热器的选用,选项A错误;P75"不应大于起始压力的25%",选项B错误;

《民用建筑供暖通风与空气调节设计规范》(GB 50736—2012)第5.9.20条、第5.9.21条,选项C为"不应向上抬升",选项C错误,选项D正确。

45. **答案**:ABD

依据:《注册公用设备工程师暖通空调考试复习教材》(第三版)P122,选项ABD正确、选项C错误,"排气压力高于大气压力"。

46. **答案**:BCD

依据:本题是确定合理的一次水温度,根据《城镇供热管网设计规范》(CJJ34—2010)第4.2.2.1条"设计供水温度可取110~150℃,回水温度不应高于70℃",应选BCD。

47. **答案**:ABC

依据:《全国民用建筑工程设计技术措施 节能专篇 暖通空调·动力》(2007年版)第6.2.10条,选项ABC正确、选项D错误,热水的供回水温差根据所选用系统形式确定。

48. **答案**:BC

依据:《建筑设计防火规范》(GB 50016—2006)第8.5.3条。

49. **答案**:AC

依据:《建筑设计防火规范》(GB 50016—2006)第9.3.15条。

50. **答案**:ABD

依据:《人民防空地下室设计规范》(GB 50038—2005)第5.2.16条:"设计选用的过滤吸收器,其额定风量严禁小于通过该过滤吸收器的风量",选项C正确,选项ABD错误。

51. **答案**:ACD

依据:《全国民用建筑工程设计技术措施 节能专篇 暖通空调·动力》(2007年版)第4.1.2-4条:"当室外特别是夏季常年有不小于2~3m/s的平均风速时,建筑物可获得一定的风压作用"。

52. **答案**:CD

依据:《锅炉房设计规范》(GB 50041—2008)第15.3.7条,"燃气锅炉房通风换气不应少于6次/h,事故通风不应少于12次/h",选项CD满足规范要求。

53. **答案**:BC

依据:《注册公用设备工程师暖通空调考试复习教材》(第三版)P211“袋式除尘器的除尘效率可达99%以上”,选项B正确;由P217表2.5-6判断袋式除尘器设备阻力一般小于2000Pa,选项C正确。目前我国没有针对分室低压脉冲袋式除尘器规范或标准。

54. **答案**:BC

依据:《民用建筑供暖通风与空气调节设计规范》(GB 50736—2012)第6.5.1条,变频风机的选型时风量进行附加,风压不做附加。

55. **答案**:CD

依据:《民用建筑供暖通风与空气调节设计规范》(GB 50736—2012)第9.2.5.2条“蒸汽两通阀,当阀权度大于或等于0.6时,宜采用线性特性的;当阀权度小于0.6时,宜采用等百分比特性的阀门”,选项CD正确。

56. **答案**:BCD

依据:室外新风处理到室内湿球温度,其送风焓值低于室内状态点焓值,新风承担部分室内冷负荷。

选项A新风量大于设计风量,会导致室内温度低于设计温度,所以选项A错误;

选项B会使风机盘管夏季换热量变小,室内温度上升,故选项B正确;

选项C会使风机盘管送风量变小,换热量变小,室内温度上升,故选项C正确;

选项D可能使新风送风恰值高于室内状态点焓值,造成室内温度升高,故选项D正确。

57. **答案**:AC

依据:只有部分房间的温度偏高,说明系统的供回水温度正常,冷源系统没有问题,而是部分房间的末端设备有问题,选项AC正确。

58. **答案**:BC

依据:选项A的措施可以带走室内的设备发热量,设计冷负荷可减少;

选项B室内的新风负荷会随风量加大而增减,不能使冷负荷减少;

选项C,光喷水不能降低冷负荷;

选项D,采用冰蓄冷式空调系统,可以采用低温送风空调系统,而采用低温送风时,室内设计参数宜比常规空调系统提高1℃,由此可以降低房间的夏季空调设计冷负荷,相关内容见《全国民用建筑工程设计技术措施　节能专篇　暖通空调·动力》(2007年版)第5.3.10.3条。

59. **答案**:BD

依据:干蒸汽加湿为等温加湿,室内的余热很大时,可以实现该过程,选项A正确。

根据《注册公用设备工程师暖通空调考试复习教材》(第三版)P377,预热新风是为了防止结露,防止冻裂加热盘管,应在新风入口处设电动密闭风阀,选项B错误。

过渡季采用循环水喷淋可以起到降温加湿的作用,选项C正确。

直接蒸发冷却获得的最低水温为空气的湿球温度,间接蒸发冷却可获得的最低水温为空气的露点温度，而不会比露点温度更低，选项 D 错误。

60. **答案：**AB

依据：《民用建筑供暖通风与空气调节设计规范》（GB 50736—2012）第 7.4.107 条。选项 A 错误，应为≤15℃；选项 B 错误，应为≤5～10℃。

61. **答案：**D

依据：《民用建筑供暖通风与空气调节设计规范》（GB 50736—2012）第 8.4.3 条，此题只能选 D。

（1）直燃机组选型应考虑冷、热负荷与机组供冷、供热量的匹配，宜按满足夏季冷负荷和冬季热负荷的需求中的机型较小者选择；

（2）当机组供热能力不足时，可加大高压发生器和燃烧器以增加供热量，但其高压发生器和燃烧器的最大供热能力不宜大于所选直燃式机组型号额定热量的 50%。

62. **答案：**BCD

依据：《注册公用设备工程师暖通空调考试复习教材》（第三版）P389 表 3.4-3。

选项 A，风机盘管要承担新风湿负荷，选项 B 正确；

《全国民用建筑工程设计技术措施　节能专篇　暖通空调·动力》（2007 年版）第 5.1.8 条，末端风机盘管应采用电动温控阀与三档风速结合的控制方式，选项 C 正确；

选项 D 变频控制是节能运行的一个措施，正确。

63. **答案：**BC

依据：《洁净厂房设计规范》（GB 50073—2013）第 6.3.3 条，选项 A 错误，应采用非单向流；

第 6.3.1-2 条，选项 B 正确；

第 6.3.3 条和第 6.3.4 条，选项 C 错误、选项 D 错误，洁净室的送风量应按三项中的最大值。

64. **答案：**ABC

依据：选项 A 有关制冷剂发展史的介绍正确；

《注册公用设备工程师暖通空调考试复习教材》（第三版）P589，R410a 的 ODP = 0，GWP = 1730，R22 的 GWP = 1700，选项 B 正确；

P589 对 R410 的描述，与 R22 比较，R410a 的冷凝压力增大近 50%，选项 C 正确；

P590，选项 D 错误。

65. **答案：**CD

依据：根据能量守恒，冷凝器散热量 = 蒸发器吸热量 + 压缩机耗功率，因此空气经过蒸发器降温除湿后，进入冷凝器后被加热，因此空气温度升高，含湿量经过蒸发器除湿后，含湿量降低，再被等湿加热过程，由于冷凝器散热量大于蒸发器吸热量，因此空气温度升高；《注册公用设备工程师暖通空调考试复习教材》（第三版）P600 涡旋式压缩机无余隙容积，因此不受其影响；热泵循环采用热气旁通，经过一部分制冷剂没有经过冷凝器就进入蒸发器化霜，因此导致经过冷凝器的制冷剂流量变小，导致室内供热量不足；

微通道换热器由于其传热系数大，因此同样的换热量，可以减少其换热面积。

66. **答案**：ACD

依据：详见《全国民用建筑工程设计技术措施　暖通空调・动力》第6.1.12条。

67. **答案**：AC

依据：《注册公用设备工程师暖通空调考试复习教材》（第三版）P636，吸收式机组均采用二元工质对，利用混合物的沸点不同，混合而成；溴化锂—水混合溶液，溴化锂是吸收剂，水是制冷剂，而氨—水混合溶液，水是吸收剂，氨是制冷剂；溴化锂—水混合溶液，用于空调工况，而氨—水溶液用于低温工况，可知选项AC正确、选项B错误；P641，双效机组热源蒸汽为0.4～0.8MPa表压。

68. **答案**：AC

依据：选项AC属于压缩式冷水机组的保护装置，溴化锂吸收式冷水机组无压缩机，所以错误；冷水低温保护，可以保证蒸发器侧载冷剂水不结冰，同时避免由于温度过低或浓度太高引起结晶，见《注册公用设备工程师暖通空调考试复习教材》（第三版）P648。

69. **答案**：AB

依据：蒸气压缩式冷水机组的冷却水系统，通常采用冷却塔台数，风机的台数、风机变频及冷却水旁通的方法进行控制，很少采用冷却水变流量系统。如果采用冷却水变流量导致冷凝温度升高，制冷系数降低，虽然减少了水泵的功耗，但是降低了制冷机组的制冷系数，选项A不正确；

冷却塔供冷时，开式冷却塔应间接供水，见《全国民用建筑工程设计技术措施　节能专篇　暖通空调・动力》（2007年版）第6.1.7条，选项B不正确；

有布水压力要求的冷却塔，其布水均匀，换热效率高，选项C正确；

第6.1.6条，可知D正确。

70. **答案**：ABC

依据：《注册公用设备工程师暖通空调考试复习教材》（第三版）P814"工业企业用气车间、锅炉房以及大中型用气设备的燃气管道上应设放散管，用以吹扫积存在燃气管道中的空气、杂质，或在停止使用时放散少量漏气"，选项ABC正确，选项D错误。

2010年专业知识试题(下午卷)

一、单项选择题(共40题,每题1分。每题的备选项中只有一个符合题意)

1. 下列关于供热系统与设备的检测内容,哪一项是错误的? ( )

(A)散热器在安装之前做水压试验,试验压力如无设计要求时应为工作压力的1.5倍,但不小于0.6MPa

(B)散热器背面与墙内表面的安装允许偏差为3mm

(C)低温热水地板辐射采暖敷设的盘管埋地部分采用接头时,在盘管隐蔽前必须进行水压试验,且应保证试验压力满足要求

(D)使用塑料管的热水采暖系统安装完毕,在管道保温前应进行水压试验,应以系统顶点工作压力加0.2MPa做水压试验,同时在系统顶点的试验压力不小于0.4MPa

2. 某工程采用太阳能为辅助热源的复合式能源系统进行冬季供暖,该工程的总热负荷的计算值为1000kW(其中供暖期必须保证的供热量为800kW),典型设计日太阳能集热系统的最大供热能力为300kW,下列关于热源装机容量的选择,哪一项是正确的? ( )

(A)1000kW (B)800kW (C)700kW (D)500kW

3. 沈阳市某采暖办公楼的体型系数0.3,0.3 < 窗墙面积比0.4,符合节能要求且节能效果最好的外窗选用,应为下列哪项? ( )

(A)采用透明中空玻璃塑钢窗,$K=2.4$

(B)采用透明中空玻璃塑钢窗,$K=2.3$

(C)采用镀膜中空玻璃塑钢窗,$K=2.3$,外层玻璃的内表面镀Low-E膜

(D)采用镀膜中空玻璃塑钢窗,$K=2.3$,内层玻璃的内表面镀Low-E膜

4. 采用蒸汽采暖系统的工业厂房,其散热器的选用应是下列哪项? ( )

(A)宜采用铝制散热器,因为传热系数大

(B)宜采用铸铁散热器,因为使用寿命长

(C)应采用钢制板型散热器,因为传热系数大

(D)宜采用钢制扁管散热器,因为金属热强度大

5. 中分式热水采暖系统的水平干管上,下链接钢制板型采暖器时,下图中最不好的连接方式应是哪一项? ( )

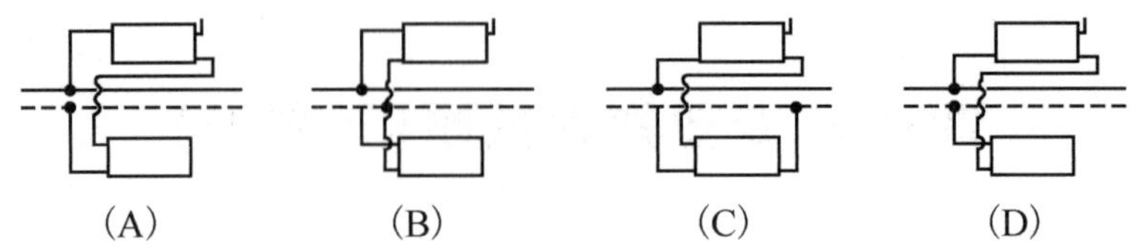

6. 某多层办公建筑，设计机械循环热水采暖系统时，合理的做法应为下列哪一项？ （ ）

（A）水平干管必须保持与水流方向相同的坡向
（B）采用同程式双管系统，作用半径控制在150mm以内
（C）采用同程单管跨越式系统，作用半径控制在120mm以内
（D）采用同程单管系统，加跨越管和恒温阀

7. 热网的热水供热参数为95/70℃，某建筑物热力入口处热网供水管的静压高度为60m，建筑物热力入口处的供回水压差大于室内采暖系统的压力损失，该建筑物顶层供水干管相对热力入口热网供水管的高差为58m，下列哪一项连接方式是正确的？ （ ）

（A）直接连接 （B）混水泵连接
（C）采用板式换热器连接 （D）采用减压阀连接

8. 关于疏水器的选用，下列哪项是错误的？ （ ）

（A）疏水器设计排水量应大于理论排水量
（B）减压装置的疏水器宜采用恒温型疏水器
（C）蒸汽管道末端可采用热动力式疏水器
（D）靠疏水器余压流动的凝水管路，ΔP_{min}值不应小于50kPa

9. 关于住宅小区锅炉房设置方法，表述正确的是下列哪项？ （ ）

（A）锅炉房属于丙类明火生产厂房
（B）燃气锅炉房应有相当于锅炉间占地面积8%的泄压面积
（C）锅炉房应置于全面最小频率风向的下风侧
（D）燃油锅炉房柴油日用油箱不超过1m^3

10. 蒸汽压缩循环（热泵）机组制热名义工况时的参数，下列哪项不符合国家标准？ （ ）

（A）使用侧：制热，进出口水温度40/45℃
（B）热源侧：水冷式（制热），进出口水温度为12/7℃
（C）热源侧：风冷式（制热），空气干球温度为7℃
（D）热源侧：风冷式（制热），空气湿球温度为6℃

11. 某医院的高层住院部大楼病房卫生间设有排风竖井，竖井的井壁上需要开设检查门，所用检查门应为下列哪项？ （　　）

(A)普通密闭门　　(B)甲级防火门

(C)乙级防火门　　(D)丙级防火门

12. 可不设置排烟设施的场所是下列哪项？ （　　）

(A)某丙类厂房中建筑面积 $500m^2$ 的地上房间

(B)某高度大于 32m 的高层厂房中，长度大于 40m 的内走道

(C)某单层建筑面积均为 $3500m^2$ 的两侧铆焊厂房

(D)某占地面积 $1500m^2$ 的电视机等电子产品仓库

13. 如下图所示为正压风管式漏风量测试装置，其中的孔板至前整流栅的直管段距离 L 应为哪项？

（　　）

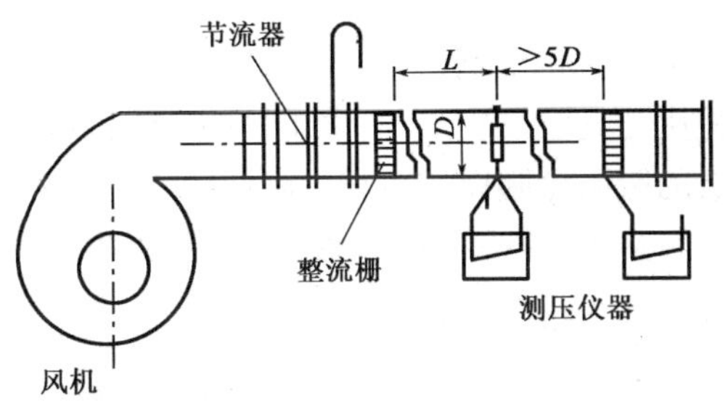

(A) $L>5D$　　(B) $L>7D$　　(C) $L>8D$　　(D) $L>10D$

14. 关于人防工程超压排风系统的概念，哪项是错误的？ （　　）

(A)超压排风系统的目的是实现洗消间和防毒通道的通风换气

(B)超压排风时必须关闭排风机，靠室内超压向室外排风

(C)超压排风量即为滤毒通风排气量＋防毒通道通风排气量

(D)防毒通道换气次数越大，滤毒排风量就越大

15. 下述有关有效热量系数的说法，哪项是错误的？ （　　）

(A)热源的高度增加，有效热量系数数值减小

(B)热源的辐射成分占总散热量百分比增加，有效热量系数数值加大

(C)热源的占地面积与房间地板面积之比增加，有效热量系数数值加大

(D)有效热量系数越大反映热源总散热量散入房间的热量越大

16. 应用于相关工艺过程，外部吸气罩控制点的最小控制风速，哪项是错误的？

（　　）

(A)铸造车间清理滚筒:2.5~10m/s

(B)焊接工作台:0.5~1.0m/s

(C)往运输器上给粉料:0.5~0.8m/s

(D)有液体蒸发的镀槽:0.25~0.5m/s

17. 某城市一公路隧道封闭段长度480m,准许各种机动车辆通行,满足设计防火规范规定,设计隧道的经济通风方式应是下列哪项? ( )

(A)自然通风　　(B)半横向通风

(C)横向通风　　(D)纵向通风

18. 某四层办公楼中无隔热防火措施的排烟管道与可燃物之间的最小距离限值应为下列哪项? ( )

(A)100mm　　(B)150mm　　(C)180mm　　(D)200mm

19. 以下关于活性炭吸附的叙述,哪项是错误的? ( )

(A)活性炭适于吸附有机溶剂蒸汽

(B)活性炭不适用对高温、高湿和高含尘量的气体的吸附

(C)一般活性炭的吸附性随摩尔容积下降而减小

(D)对于亲水性(水溶性)溶剂的活性炭吸附装置,宜采用水蒸气脱附的再生方法

20. 建筑节能分部工程验收与单位工程竣工验收的顺序,正确的应是下列哪项? ( )

(A)建筑节能分部工程验收应在单位工程竣工验收合格后进行

(B)单位工程竣工验收应与建筑节能分部工程验收同时进行

(C)单位工程竣工验收应在建筑节能分部工程验收合格后进行

(D)建筑节能分部工程验收与单位工程竣工验收的顺序由验收单位商定

21. 地处北京某大厦的空调为风机盘管+新风系统(水系统两管制),因冬季发生新风机机组表冷器冻裂,管理人员将表冷器拆除,系统其余设置维持不变,夏季供冷运行时,下列哪项不会是拆除表冷器所引起的? ( )

(A)部分房间的室内温度可能偏高

(B)室外空气闷热时段,风机盘管处凝结水可能外漏

(C)新风系统服务的房间中,仅有少数房间得到的新风量增大

(D)新风机组内的风机可能超载运行

22. 某建筑全年运行的空调冷热源装置采用地埋管地源热泵冷热水机组,土壤可实现全年热平衡,经过一个制冷期和一个供暖期的运行,反映土壤温度变化的曲线,下列哪一项是正确的?(不考虑土壤温度自然恢复情况) ( )

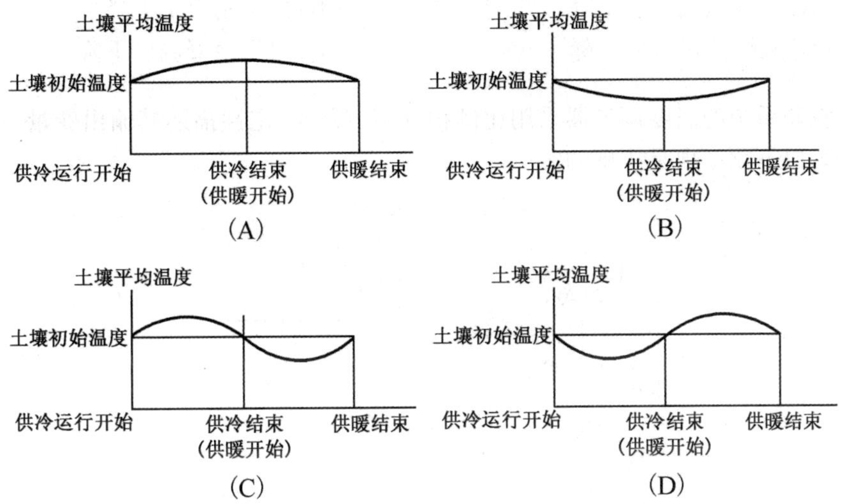

23. 关于地埋管地源热泵系统换热本质的描述,正确的说法应是下列哪项?(　　)

(A)它主要利用的是浅层地热资源
(B)它主要利用的是太阳能给予土壤的热量
(C)它主要利用的是土壤体具有吸热和放热的特性
(D)它主要利用的是地下水与土壤之间的热交换

24. 风机盘管的供冷性能试验工况,进口空气状态的参数应是下列哪项?(　　)

(A)干球温度25℃,湿球温度19.0℃
(B)干球温度25℃,湿球温度19.5℃
(C)干球温度22℃,湿球温度19.0℃
(D)干球温度27℃,湿球温度19.5℃

25. 仅夏季使用的一次回风空调系统,设计选用的组合式空调器(有检修要求的功能段均自带检修门),选择正确的组合应是下列哪项?(　　)

(A)混合段+过滤段+表冷段+加湿段+风机段
(B)混合段+过滤段+加湿段+表冷段+风机段
(C)混合段+过滤段+加热段+表冷段+风机段
(D)混合段+过滤段+表冷段+风机段

26. 水冷式电动压缩冷水机组,综合部分负荷性能系数(IPLV)的计算组成中,其最大权重百分比值所对应的负荷百分比为下列哪一项?(　　)

(A)100%　　(B)75%　　(C)50%　　(D)25%

27. 当冷水机组蒸发器和冷凝器侧的水侧污垢系数均为0.13$m^2 \cdot$℃/kW时,与该机组的名义工况相比较,下列表述哪项是错误的?(　　)

(A)机组蒸发温度下降　　(B)机组制冷量下降

(C)机组性能系数下降　　(D)机组冷凝温度下降

28. 空调系统的温度调节器采用比例积分调节器时,定性描述其输出变量与实践变量的图形,以下哪一项是正确的?　　(　　)

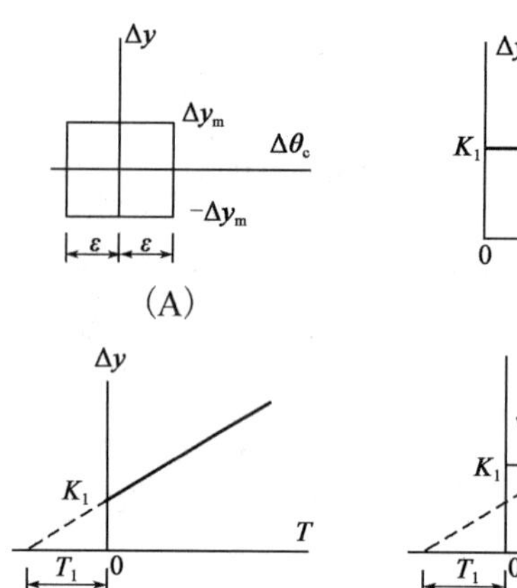

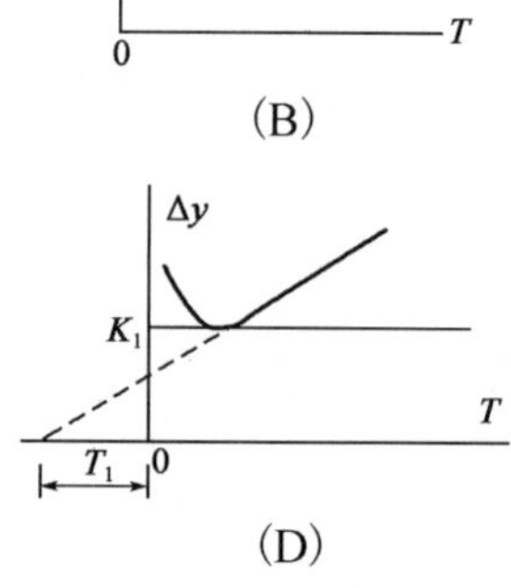

(A)　　(B)

(C)　　(D)

29. 关于洁净室室内发尘量的来源,下列哪一项是正确的?　　(　　)

(A)主要来自设备　　(B)主要来自产品、材料的运输过程

(C)主要来自建筑表面　　(D)主要来自人体

30. 分体式空调机运行时出现噪声大、振动剧烈、制冷效果很差,经分析,下列哪项不会引起该故障?　　(　　)

(A)湿压缩　　(B)75%制冷剂注入量过大

(C)制冷剂严重不足　　(D)压缩机产生液击

31. 一个正在运行的水冷螺杆式冷水机组制冷系统,发现系统制冷出力不足,达不到设计要求,经观察冷水机组蒸发压力正常,冷凝压力过高,下列哪项不会造成制冷出力不足?　　(　　)

(A)冷却水量不足或冷却塔风机转速下降

(B)换热系统换热管表面污垢增多

(C)冷却水进口水温过高

(D)冷却水水泵未采用变频调速

32. 根据规范规定,地源热泵系统地埋管换热器内管道的推荐流速应是下列哪项?　　(　　)

(A)双U形埋管不小于0.4m/s,单U形埋管不小于0.6m/s

(B)双 U 形埋管不小于 0.6m/s,单 U 形埋管不小于 0.4m/s
(C)双 U 形埋管不小于 0.6m/s,单 U 形埋管不小于 0.8m/s
(D)双 U 形埋管不小于 0.8m/s,单 U 形埋管不小于 0.6m/s

33. 关于地源热泵(地埋管换热系统)的表述,下列哪项是正确的? ( )

(A)只要所承担建筑冬季的热负荷与夏季的冷负荷基本平衡,地源热泵就能保持全年总吸热量和总释热量的平衡
(B)地源热泵的吸热强度过大时,即使全年总吸热量与总释热量平衡,也会出现冬季吸热量不够的情况
(C)在我国夏热冬冷地区采用带辅助冷却塔的地源热泵时,运行过程不用考虑全年的总吸热量和总释热量平衡
(D)在我国北方地下水流动性好的城市,大规模使用土壤源热泵不用担心全年总吸热量与总释热量平衡

34. 空调系统的冷源选用溴化锂吸收式冷水机组,所配置的冷却塔的排热量大于相同冷量、冷媒为 R22 的电动蒸汽压缩式冷水机组,以下原因表述,哪项是正确的? ( )

(A)溴化锂溶液的制冷性能不如 R22,冷却热量更大
(B)溴化锂吸收式冷水机组要求的冷却水温度相对较高
(C)溴化锂吸收式冷水机组的冷却水需要负担冷凝器和吸收器两部分的热量,冷却热量更大
(D)溴化锂吸收式冷水机组配置的冷凝器形式,要求的换热能力相对更大

35. 夏季或过渡季随着室外空气湿球温度降低,冷却水水温已经达到冷水机组的最低供水温度限制时,不应采用下列哪项控制方式? ( )

(A)多台冷却塔的风机台数控制
(B)单台冷却塔风机变速控制
(C)冷却水供回水管之间的旁通电动阀控制
(D)冷却水泵变流量控制

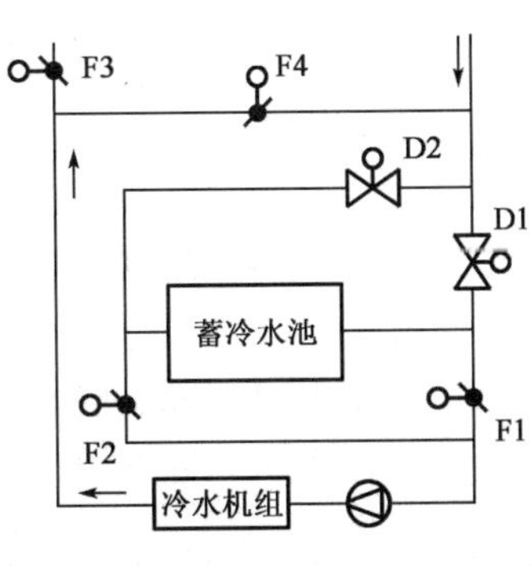

36. 如图所示为某水蓄冷系统的系统图(F 表示电动蝶阀,D 表示电动两通阀),采用机组单独供冷和蓄冷的工况,有关阀门控制的要求,正确的是下列哪项?(注:图中蓄冷水池为闭式) ( )

(A)

阀门	F1	F2	F3	F4	D1	D2
机组单独供冷	开	关	开	关	开	关
蓄冷	开	关	关	开	开	开

(B)

阀门	F1	F2	F3	F4	D1	D2
机组单独供冷	开	关	开	关	开	开
蓄冷	开	关	关	开	开	关

(C)

阀门	F1	F2	F3	F4	D1	D2
机组单独供冷	开	关	开	关	开	关
蓄冷	开	开	关	开	开	关

(D)

阀门	F1	F2	F3	F4	D1	D2
机组单独供冷	开	关	开	关	开	关
蓄冷	开	关	关	开	关	开

37. 有关蓄冷表述中,下列哪一项是错误的? (　　)

(A)冰蓄冷系统采用冰槽下游的方案时,所需冰槽的容量应大于冰槽上游的方案

(B)夜间蓄冷时,基载冷水机组的 COP 值高于白天运行时的 COP 值

(C)冰蓄冷系统的冷机总容量不大于常规系统的总冷机容量

(D)冰蓄冷系统虽然在末端用户处未节能,但对于大量使用核能发电的电网具有节能效果

38. 根据规范,住宅中的坐便器不得使用一次冲水量高的产品,所规定的冲水量要求应是下列哪项? (　　)

(A)一次冲水量不得大于 5L　　(B)一次冲水量不得大于 6L

(C)一次冲水量不得大于 7L　　(D)一次冲水量不得大于 8L

39. 敷设于某高层建筑竖井中的燃气立管,做法符合要求的应为下列哪项? (　　)

(A)竖井内燃气管道的最高工作压力可为 0.4MPa

(B)与上下水、热力管道共用竖井

(C)竖井每隔 4 层设置防火分隔

(D)竖井每隔 6 层设置一燃气浓度检测报警器

40. 设置于建筑竖井中的低压燃气管道,选择区管件的公称压力,符合规范规定的应为下列哪一项? (　　)

(A)0.01MPa　　(B)0.05MPa　　(C)0.1MPa　　(D)0.2MPa

二、多项选择题(共 30 题,每题 2 分。每题的备选项中有两个或两个以上符合题意,错选、少选、多选均不得分)

41. 寒冷地区设计采暖系统时,错误的做法是下列哪几项? ( )

(A)燃气红外线辐射器安装在地面上方 2.9m 处
(B)暖风机安装在地面上方 4.5m 处
(C)为了缓冲冷空气直接进入室内,在门斗处设置散热器
(D)低温热水地面辐射采暖系统采用 65/55℃温水

42. 关于采暖方式选用热媒的说法,哪几项是不合理的? ( )

(A)热水吊顶辐射板的热媒可采用 0.1 ~0.3MPa 的蒸汽
(B)热风采暖的热媒采用 0.1 ~0.3MPa 的蒸汽
(C)工业建筑以采暖为主时,热媒不宜采用高温热水
(D)防空地下室采暖热媒不宜采用高温热水

43. 集中热风采暖,有关设计确定的做法,下列哪几项是正确的? ( )

(A)送风口的送风速度为 3.5m/s
(B)送风口的送风温度为 40℃
(C)回风口下缘距地面高度为 1.2m
(D)工作区处于送风射流的回流区

44. 某区域写字楼采用集中热源,其供暖空调的热计量装置设计正确的有? ( )

(A)在建筑入口处应设置冷量和热量计量装置
(B)在建筑入口处宜设置冷量和热量计量装置
(C)不用使用单位或区域应分别设置冷量和热量计量装置
(D)不用使用单位或区域宜分别设置冷量和热量计量装置

45. 关于小区供热锅炉房的表述,哪几项是正确的? ( )

(A)省煤器装设在沟路尾部烟道内
(B)通常设有水软化装置、除氧装置
(C)燃油锅炉房的日用油箱,使用重油,其容积不应超过 $5m^3$
(D)燃气锅炉的调压装置不宜设在地下建筑物内

46. 某建筑采暖系统热用户与热水外网采用间接连接的原因,可能是下列哪几项?
( )

(A)用户入口处压力超过该用户散热器承压
(B)多层建筑群中的高层建筑
(C)间接连接比直接连接费用低

(D)外网水质不满足用户要求

47. 设计某城市住宅小区热锅炉房,设计 1.5t 的锅炉,正确选择锅炉的原则应是下列哪几项? ( )

(A)选用额定热效率不低于 75% 的燃煤热水锅炉
(B)选用额定热效率不低于 85% 的燃气热水锅炉
(C)选用额定热效率不低于 78% 的燃气热水锅炉
(D)不选用沸腾锅炉

48. 通风管道规格的验收标准,下列哪几项规定正确? ( )

(A)圆形风管以外径为准 (B)矩形风管以外边长为准
(C)圆形风道以内径为准 (D)矩形风道以内边长为准

49. 不宜设计采用置换通风方式的建筑,应是下列哪几项? ( )

(A)电信 114 查号台的工作机房
(B)地下购物超市
(C)火车站的候车室
(D)办公建筑需要全年送冷的空调内区

50. 关于锅炉房通风量的确定,正确的应是下列哪几项? ( )

(A)燃油锅炉房设置在首层,正常换气次数不少于 3 次/h
(B)燃气锅炉房设置在首层,正常换气次数不少于 6 次/h
(C)锅炉房设置在半地下室时,正常换气次数不少于 12 次/h
(D)以上换气量中包括锅炉燃烧所需空气量

51. 局部排风系统中,密闭罩的吸(排)风口位置设置错误的是下列哪几项? ( )

(A)吸(排)风口均应设置在密闭罩的顶部或上部
(B)吸(排)风口应设置在密闭罩内压力较高的部位
(C)吸(排)风口应设置在罩内粉尘浓度最高的部位
(D)吸(排)风口应尽量靠近罩内产生飞溅污染气流处

52. 某九层居住建筑(下部设置有商业网点),进行防火设计,不符合规范或超出规范要求的做法,应是下列哪几项? ( )

(A)靠外墙、具备自然排烟条件的防烟楼梯间设置机械加压送风系统
(B)机械加压送风的前室余压值为 20Pa
(C)净空高度为 15m 的中庭设置机械排烟
(D)设于地上二层不具备自然排烟条件的网吧(面积 $15m^2$)设置机械排烟

53. 国家相关行业标准中，对离心式除尘器的性能要求为采用冷态试验条件，下列哪几项为冷态试验条件的规定？（　　）

(A)实验粉尘为325目医用滑石粉　　(B)实验粉尘为325目的石英粉
(C)进口粉尘浓度3～5mg/m^3　　(D)环境为常温

54. 公共建筑内的空调区域，设排风热回收装置的说法，下列哪几项正确？（　　）

(A)显热回收装置应用于对室内空气品质要求很高的场所
(B)夏热冬冷地区宜选用显热回收装置
(C)寒冷地区宜选用显热回收装置
(D)夏热冬冷地区宜选用全热回收装置

55. 某空调系统的冷水机组采用大温差工况运行，设计冷水的供回水温度为6/14℃($\Delta t=8$℃)，与常规设计冷水的供回水温度为7/12℃($\Delta t=5$℃)相比较，说法正确的应是下列哪几项？（　　）

(A)整个系统能耗不一定低于常规温差工况运行的能耗
(B)冷水机组能耗一定低于常规温差工况运行的能耗
(C)采用大温差工况运行的冷水泵能耗一定低于常规温差工况运行的能耗
(D)采用大温差工况运行的空调末端风机能耗一定低于常规温差工况运行的能耗

56. 某建筑的空调冷却水系统，配置冷却水泵的铭牌参数符合设计要求，运行时发现，冷却水泵启动后，总是“跳闸”而停泵，产生该问题的原因可能是哪几项？（　　）

(A)冷却水泵的冷却塔高度过高，冷却水泵无法将水送至冷却塔
(B)冷却水系统的水流阻力过大，使得水泵的实际扬程超过设计工作点的扬程
(C)冷却水泵的电机保护开关的整定电流小于水泵设计参数的要求
(D)冷却水泵的实际运行流量超过设计工作点的流量

57. 设某室内游泳池冬季池区上部的空气参数保持不变，整个池壁和底面均为绝热，池底部安装加热装置，池水能均匀混合，问下列表述中哪几项是正确的？（　　）

(A)加热装置不加热时，稳定后池水温度约等于室内空气湿球温度
(B)加热装置开启后（加热强度恒定），池水温度一定高于室内空气干球温度
(C)当加热装置的加热量合适时，池水温度可以维持在空气湿球温度与干球温度之间
(D)池水温度取决于加热量，与空气参数无关

58. 下列有关不同类型空调系统的表述，哪几项是正确的？（　　）

(A)承担多房间的定风量全空气系统（无末端再热），各个房间热湿负荷不同步变化时，难于同时保障各个房间要求的温度和湿度

(B)无末端再热的变风量箱可通过调节风量保障承担区域的温度，但难于同时保障承担区域的湿度

(C)既有内区又有外区房间的同一楼层采用风机盘管 + 新风空调系统时，内区房间与外区房间的新风机组分设，共用供水立管，该方案可保证冬季内区房间不过热

(D)采用多联机的建筑，其直接膨胀式新风机组不宜与室内机共用室外机

59. 关于空调系统设置补水泵的做法，哪几项是正确的？ (　　)

(A)小时流量为系统循环水量的 5% ~ 10%

(B)小时流量为系统水容量的 5% ~ 10%

(C)补水泵扬程，应保证补水压力比补水点压力高 30 ~ 50kPa

(D)补水泵扬程，应保证补水压力比系统静止时补水点压力高 30 ~ 50kPa

60. 地处夏热冬冷地区的某工厂需设计工艺性空调，采用组合式空调机组（含混合、表冷、加热、加湿、送风段），下列做法哪几项是节能的？ (　　)

(A)调节相对湿度（夏季）：开冷水阀降温，同时调节表冷器旁通阀

(B)调节相对湿度（夏季）：关闭表冷器旁通阀，调节热水阀

(C)调节新回风比：冬、夏季以最小新风量运行

(D)在新、排风间增设转轮全热交换器

61. 某风机盘管 + 新风（新风量全年恒定）的空调系统，采取的新风系统自动控制设计，下列哪几项是错误的？ (　　)

(A)新风机组表冷器的电动两通水阀采用 AO 控制（连续式调节），温度传感器设置于机组送风管内

(B)新风机组进风管上的新风阀采用 AO 控制（连续式调节）

(C)新风机组的蒸汽加湿器采用 AO 控制（连续式调节），湿度传感器设置于机组送风管内

(D)新风机组上的蒸汽加湿器采用 DO 控制（On-Off 式调节），湿度传感器设置于机组送风管内

62. 对洁净室或洁净区空气洁净度的命名应包括下列哪几项？ (　　)

(A)等级级别　　(B)被控制的粒径及相应浓度

(C)分级时占用状态　　(D)洁净室的温度及湿度要求

63. 影响洁净室室内外压差风量的因素应是下列哪几项？ (　　)

(A)室外风速

(B)建筑结构的气密性

(C)建筑物方位和不同朝向的外围护面积

(D)洁净室面积

64. 采用制冷剂R502的单级压缩式制冷回热循环与不采用回热制冷循环相比较，正确的说法应是下列哪几项？ ( )

(A)可提高制冷系数
(B)单位工质的冷凝负荷仍维持不变
(C)压缩机的排气温度要升高
(D)压缩机的质量流量要下降

65. 提高蒸汽压缩螺杆式制冷机组的制冷能效比有若干措施，下列措施正确的应是哪几项？ ( )

(A)增大进入膨胀阀前的液体制冷剂的过冷度
(B)减少冷凝器和蒸发器的传热温差
(C)设置节能器
(D)提高压缩比

66. 进行制冷剂管道安装，错误的要求应是下列哪几项？ ( )

(A)供液管不应出现向上凸起的弯管
(B)弯管的弯曲半径不应小于3倍弯曲直径
(C)弯管不应使用焊接弯管机褶皱弯管
(D)压缩机吸气水平管(R22)应坡向蒸发器

67. 冷、热源及空调水系统的监测与控制，正确的应是下列哪几项？ ( )

(A)冷热源机组的能量调节一般依靠机组自身的控制系统予以完成
(B)冷水系统采用冷量来控制冷水机组及其对应的水泵、冷却塔的运行和运行台数
(C)冷却塔风机的运行台数由冷却塔出水温度控制
(D)变水量系统控制中，采用压差旁通控制，或是采用水泵变频控制，都应以水泵运行台数控制为优先

68. 水蓄冷系统的设置原则，说法错误的应是下列哪几项？ ( )

(A)根据水蓄冷箱内水分层、热力特性等要求，蓄冷水的温度以4℃为宜
(B)水蓄冷槽容积不宜小于100m^3，应充分利用建筑物的地下空间
(C)温度分层型水蓄冷槽的测温点沿高度布置，测点间距2.5~3.0m
(D)稳流器的设计应使与其相连接的干支管，规格和空间位置对称布置

69. 冷藏库建筑围护结构的设置，正确的是下列哪几项？ ( )

(A)隔热材料应采用难燃材料或不燃材料

(B)围护结构两侧设计温差≥5℃时,应在温度较低的一侧设置隔汽层

(C)冷库底层冷间设计温度≤0℃时,地面应采取防冻胀措施

(D)冷间围护结构热惰性指标 <4 时,其隔热层外侧宜设通风层

70. 可不设置自动喷水灭火系统的建筑,应是下列哪几项? ( )

(A)1000m^2 的木制家具生产厂房

(B)层高 2.80m 的二十层普通住宅楼

(C)10 层的医院

(D)总建筑面积为 4200m^2 的医院门诊楼

2010 年专业知识试题答案(下午卷)

1. **答案**:C

依据:《建筑给排水及采暖工程施工质量验收规范》(GB 50242—2002)第 8.3.1 条、第 8.3.7 条、第 8.6.1 条,选项 ABD 正确,

第 8.5.1 条,选项 C 错误。

2. **答案**:B

依据:《太阳能供热采暖工程技术规范》(GB 50495—2009)第 3.3.1、第 3.3.2 条及其条文说明,规定了由太阳能供热采暖系统负担的供暖热负荷为建筑物耗热量,即太阳能供热采暖系统所负担的只是建筑物在采暖季的平均供暖负荷,而不是建筑物的最大供暖负荷。

3. **答案**:C

依据:《公共建筑节能设计标准》(GB 50189—2015)第 4.2.1 条,沈阳属于严寒地区 B 区,查表 4.2.2-2,$K \leqslant 2.6$ 且无遮阳系数的要求,题目要求符合节能要求且节能效果最好的,应选选项 C。

4. **答案**:B

依据:《注册公用设备工程师暖通空调考试复习教材》(第三版)P84,蒸汽供暖系统不应采用钢制柱型、板型和扁管等散热器,选项 CD 错误;

选项 A,现有考试大纲范围内的资料都没有铝制散热器能否在蒸汽供暖系统中使用的相关介绍,但《建筑采暖与空调节能设计与实践》P68 明确指出"铝制散热器只能用于热水系统不能用于蒸汽系统"。

5. **答案**:D

依据:《注册公用设备工程师暖通空调考试复习教材》(第三版)P86 表 1.8.3,从散热器的连接来看,选项 D 连接方式修正系数最大,即为最不好的连接方式。

6. **答案**:D

依据:《注册公用设备工程师暖通空调考试复习教材》(第二版)P81,并没有规定坡向必须与水流方向相同,选项 B 应控制在 100m、选项 C 应控制在 50m 以内,选项 ABC 均不合理;

根据《注册公用设备工程师暖通空调考试复习教材》(第三版)P28 第 3(6)条可知选项 D 合理。

7. **答案**:A

依据:根据《城镇供热管网设计规范》(CJJ 34—2010)第 14.2.6.2 条"系统中任何一点压力不应低于 10kPa"及 14.2.7.2 条"水泵停止运行时,系统中任何一点压力,当供水

温度高于65℃时,不应低于10kPa",题干中"供回水压差大于室内采暖系统的压力损失"可以满足系统循环要求,直接连接停泵时,系统最高点压力60 - 58 = 2m水柱 = 20kPa > 10kPa,满足要求,故可以直接连接。

扩展:《城镇供热管网设计规范》(CJJ 34—2010)第7.4.3.1条的30~50kPa富余压力讨论的是市政供热管网,并且一般是针对高温水(大于100℃)系统,本题的95/70℃的供热系统一般属于小型区域锅炉房,所以本题应根据第14节"街区热水供热管网"相关内容作为依据。

8. **答案**:B

依据:《注册公用设备工程师暖通空调考试复习教材》(第三版)P90"恒温式仅用低压蒸汽系统上",选项B错误;P91~93,选项ACD正确。

9. **答案**:D

依据:《锅炉房设计规范规》(GB 50041—2008)第15.1.1条、第15.1.2条、第4.1.1.6条,选项ABC错误;第6.1.7条,选项D正确。

10. **答案**:B

依据:《蒸汽压缩循环冷水(热泵)机组　第1部分》(GB/T 18430.1—2007)表2,选项B错误,进口水温应为15℃,其余选项正确。

11. **答案**:D

依据:《建筑设计防火规范》(GB 50016—2014)第6.2.9条。

12. **答案**:C

依据:《建筑设计防火规范》(GB 50016—2014)第8.5.2条,选项AB需设排烟设施;

由第3.1.1条条文说明表1中查得,铆焊厂房为丁类厂房,由表3查得,电视机仓库为丙类仓库;

由第8.5.2条可知选项C不需设排烟设施。

13. **答案**:D

依据:《通风与空调工程施工质量验收规范》(GB 50243—2002)附录A图A.2.6-1。

14. **答案**:C

依据:《人民防空地下室设计规范》(GB 50038—2005)第5.2.7条,根据超压新风量的计算公式,超压排风量 = 超压新风量 - 超压漏风量,选项C错误。

15. **答案**:D

依据:《注册公用设备工程师暖通空调考试复习教材》(第三版)P182表2.3-4、表2.3-5、图2.3.5,选项ABC正确;选项D应为"散入工作区的热量越大"。

16. **答案**:C

依据:《注册公用设备工程师暖通空调考试复习教材》(第三版)P191表2.4-3。

17. **答案**:D

依据:《建筑设计防火规范》(GB 50016—2014)第 12.1.2 条及第 12.3.3 条,此城市封闭道路应划分为三类隧道,且应双向通行,应采用重点排烟方式。

18. **答案**:B

依据:《建筑设计防火规范》(GB 50016—2014)第 9.3.10 条。

19. **答案**:D

依据:选项 ABC 见《注册公用设备工程师暖通空调考试复习教材》(第三版)P231;P235"对于亲水性(水溶性)溶剂的活性炭吸附装置,不宜采用水蒸气脱附的再生方法",故选项 D 错误。

20. **答案**:C

依据:《建筑节能工程施工质量验收规范》(GB 50411—2007)第 1.0.5 条。

21. **答案**:C

依据:拆了表冷器后,新风直接进入室内,未经过冷处理,所以室内温度会偏高。新风的湿负荷,现在由室内风机盘管承担,风机盘管凝水增多,可能溢漏。拆去表冷器后,风系统的阻力减小,风量增大,功耗增大,风机过载运行。

22. **答案**:A

依据:供冷期间土壤接受冷凝器的热量,温度上升。供暖期间土壤向蒸发器提供热量,温度下降。土壤温度受环境温度变化的影响较小。随供冷时间的积累,土壤温度渐高,在供冷的末期,温度达最高点。此时转为供热工况,从土壤中吸热,土壤温度才开始渐渐降低,到供暖末期达到最低。

23. **答案**:C

依据:《地源热泵系统工程技术规范》(GB 50366—2009)第 4.3.2 条。

24. **答案**:D

依据:《风机盘管机组》(GB/T 19232—2003)的表 4。

25. **答案**:D

依据:空调夏季为除湿工况,冬季才需要加湿。夏季除湿一般由表冷器的减湿降温实现。仅夏季使用,不需要加湿段。夏季最大温差送风,不需要加热段。

26. **答案**:C

依据:《公共建筑节能设计标准》(GB 50189—2015)第 4.2.13 条:IPLV 的定义。

27. **答案**:D

依据:《蒸汽压缩循环冷水(热泵)机组　第 1 部分》(GB/T 18430.1—2007)第 4.3.2.2 条,机组名义工况冷凝水侧污垢系数为 0.044m^2·℃/kW,蒸发器侧污垢系数为 0.018m^2·℃/kW,实际机组的污垢系数均比名义工况的大,将会导致冷凝温度升高,蒸发温度降低,制冷量下降、性能系数下降。

28. **答案**:C

依据:根据《注册公用设备工程师暖通空调考试复习教材》(第三版)P517 图 3.8-12,选 C。选项 A 为双位式调节器的输出特性,选项 B 为比例调节器的输出特性,选项 D 为比例积分微分调节器的输出特性。

29. **答案**:D

依据:《注册公用设备工程师暖通空调考试复习教材》(第三版)P459,洁净室内发尘源主要是人员。

30. **答案**:C

依据:液态制冷剂进入压缩机现象:噪声大,振动剧烈;引起湿压缩的原因:制冷剂充注量大,节流阀开度过大导致制冷剂在蒸发器内没有完全气化,进入压缩机;蒸发器侧冷负荷小或换热不好导致制冷剂没有完全气化,进入压缩机产生液击。制冷剂严重不足会引起制冷效果差,但是不会出现噪声大,振动剧烈现象。

31. **答案**:D

依据:蒸发压力正常,冷凝压力过高,说明冷凝侧换热不好,不能够及时地将热量散发给冷却水或环境空气;影响冷凝侧换热的因素有:冷却水量不足或冷却塔风机转速下降,换热系统换热管表面污垢增多,冷却水进口水温过高均会导致冷凝温度升高,引起冷凝压力升高。

调节冷却水温度多采用冷却塔台数,冷却塔风机台数或变频,冷却水泵一般不采用变频。

32. **答案**:A

依据:《地源热泵系统工程技术规范》(GB 50366—2009)第 4.3.9 条条文说明。

33. **答案**:B

依据:《地源热泵系统工程技术规范》(GB 50366—2009)第 4.3.3 条条文说明。

34. **答案**:C

依据:溴化锂吸收式冷水机组,冷却水先后流经吸收器和冷凝器,对于电动蒸汽压缩冷水机组和溴化锂机组,其冷凝器的排热量是相同的,所以,溴化锂机组的冷却塔的排热量更多。

35. **答案**:D

依据:《民用建筑供暖通风与空气调节设计规范》(GB 50736—2012)第 8.6.3 条条文说明。冷却水泵一般不采用变频控制。

36. **答案**:D

依据:画出机组制冷工况水的流程图和蓄冷工况水的流程图,即可判断各个阀门的开关状态,也可参考《全国民用建筑工程设计技术措施　暖通空调 · 动力》(2009 年版)第 6.4 节,水蓄冷原理图。

37. **答案**:C

依据:《全国民用建筑工程设计技术措施　节能专篇　暖通空调·动力》(2007 年版)第 7.2.2.4 条,"位于下游的蓄冰装置因较低的进液、供液温度,会造成融冰速率的下降,相对于蓄冰装置在上游的系统,会增加蓄冰装置融冰换热的面积或容量,进而影响投资造价",选项 A 正确;

夜间蓄冷时,冷水机组由于夜间室外空气温度低,冷却水温度低,冷凝温度低,因此制冷系数相对白天运行的高,选项 B 正确;

冰蓄冷的冷机总容量需经计算确定,有可能大于常规系统的总冷机容量,选项 C 错误;

冰蓄冷利用夜晚低谷时的电量来制取冷量,可以减少白天对电网负荷的冲击,起到平衡用电的作用,可以认为是节能,选项 D 正确。

38. **答案**:B

依据:《住宅建筑规范》(GB 50368—2005)第 8.2.6 条。

39. **答案**:B

依据:《城镇燃气设计规范》(GB 50028—2006)第 10.2.1 条,民用燃气最高压力为 0.2MPa,选项 A 错误;

第 10.2.7 条,选项 B 正确,选项 CD 错误。

40. **答案**:D

依据:《城镇燃气设计规范》(GB 50028—2006)第 10.2.1 条注 2。

---

41. **答案**:ACD

依据:《注册公用设备工程师暖通空调考试复习教材》(第三版)P56,燃气红外线辐射器安装高度不应低于 3m,选项 A 错误;

P67,暖风机安装高度 4.5m,选项 B 正确;

P85,门斗内不应设置散热器,以防冻裂,选项 C 错误;

P36,低温热水地面辐射供暖供水温度不应超过 60℃,选项 D 错误。

42. **答案**:AC

依据:《民用建筑供暖通风与空气调节设计规范》(GB 50736—2012)第 5.4.12 条,选项 A 错;

《注册公用设备工程师暖通空调考试复习教材》(第三版)P68,Q 型工业暖风机适用于蒸汽热媒,蒸汽压力为 0.1 ~0.4MPa,选项 B 正确;

《注册公用设备工程师暖通空调考试复习教材》(第三版)P21,工业建筑以采暖为主时,宜采用高温水作热媒,选项 C 错误;

《人民防空地下室设计规范》(GB 50038—2005)第 5.4.3 条,宜采用低温热水,选项 D 正确。

43. **答案**:BD

依据:《注册公用设备工程师暖通空调考试复习教材》(第三版)P61,送风口的出口风速一般采用5~15m/s,选项A错。

送风温度宜采用30~50℃,不得高于70℃,选项B正确;

回风口底边距地面的距离宜采用0.4~0.5m,选项C错误;

应该使工作区尽可能处于送风射流的回流区,选项D正确。

44. **答案:**AD

依据:《公共建筑节能设计标准》(GB 50189—2015)第4.5.3条。

45. **答案:**ABC

依据:《注册公用设备工程师暖通空调考试复习教材》(第三版)P152,选项A正确;P153,选项B正确。

《锅炉房设计规范》(GB 50041—2008)第6.1.7条,选项C正确;第7.0.5条,选项D错误,调压装置不应设置在地下建、构筑物内。

46. **答案:**ABD

依据:《注册公用设备工程师暖通空调考试复习教材》(第三版)P129,选项ABD正确,采用间接连接的原因主要有:压力不相适应,水质不满足使用要求。

47. **答案:**CD

依据:《公共建筑节能设计标准》(GB 50189—2015)第5.2.5条,选项AB错误,选项C正确;

《注册公用设备工程师暖通空调考试复习教材》(第三版)P155"目前市场上供应的燃煤锅炉绝大部分是层燃炉",沸腾炉不常用,故不选,选项D正确。

48. **答案:**ABCD

依据:《通风与空调工程施工质量验收规范》(GB 50243—2002)第4.1.4条。

49. **答案:**ABC

依据:《民用建筑供暖通风与空气调节设计规范》(GB 50736—2012)第7.4.7条条文说明,置换通风房间的冷负荷不宜大于120,选项A属于发热量大的房间,不适合采用置换通风;

选项BC属于人员密度变化较大,会影响置换通风的气流流型,故不宜采用;

选项D常年供冷的空调区域内,适合采用。

50. **答案:**AB

依据:《锅炉房设计规范》(GB 50041—2008)第15.3.7条。

51. **答案:**ACD

依据:《注册公用设备工程师暖通空调考试复习教材》(第三版)P188~189,选项B正确,选项ACD错误。

52. **答案:**ABCD

依据:《建筑设计防火规范》(GB 50016—2006)第9.3.1条,此防烟楼梯间可采用外窗自然防烟措施,选项A错误;

第9.3.3条,前室的余压为25~30Pa,选项B错误;

第9.2.2.3条,自然排烟口面积大于地面面积5%时,可采用自然排烟,选项C错误;

第9.1.3.6条,此网吧可不设机械排烟,选项D错误。

注:按公消〔2005〕98号文件规定,因《建筑防烟排烟系统技术规范》尚未批准发布,防烟排烟的设计与审核暂按旧规范内容执行。

53. **答案**:ACD

依据:《离心式除尘器》(JB/T 9054—2000)第6.3.1条。

54. **答案**:AD

依据:《2009全国工程设计技术措施》第4.7.1.7条,对室内空气品质要求高时,考虑全热或显热热回收,选项A正确。选项BCD见第4.7.1.5条。

55. **答案**:AC

依据:采用大温差系统,需要综合考虑大温差对冷源部分、水泵部分和末端部分的影响。当供水温度降低时,制冷机的蒸发温度降低,COP降低,冷源部分不节能,冷水机组能耗高于常规温差工况下运行能耗,因此选项B错误;

供回水温差变大,则同样载冷量前提下,水系统流量减小,水泵的功耗下降,输送部分节能,因此选项C正确;

整个系统是否节能要综合比较冷源部分与输送部分的能耗增减关系,选项A正确;

一般表冷器出风温度与冷水回水温度有一差值限制,《注册公用设备工程师暖通空调考试复习教材》(第三版)P401中指出该差值一般为6℃,随表冷器排管数的不同,该差值会有变化,但可知末端出风温度是随冷水回水温度的升高而升高的。大温差下回水温度14℃,常规回水温度12℃,可知大温差下末端出风温度升高,进出风口焓差减小,制冷量不变时,风量需增大,风机能耗应增大,因此选项D错误。

56. **答案**:CD

依据:跳闸是因为水泵的电流超过其电流保护开关设定的最大限值,选项C是直接原因。

而当水泵实际流量超过工作流量时,功耗加大,电流值上升,造成跳闸,即选项D的情况。

选项A,水泵扬程选择合适水就可以送至冷却塔,并且此项与是否跳闸没有关系,选项B,水泵扬程不够,会使系统的循环水量减少,系统不能正常运行,水泵电机不会跳闸。

57. **答案**:ACD

依据:泳池内长时间后达到热平衡状态,泳池水面的温度应为空气的湿球温度,选项A正确。

选项 B 池水温度是否高于空气干球温度，取决于加热量的多少，故选项 B 错误，选项 C 正确；

根据题意泳池上部的空气参数保持不变，即忽略池水与空气之间的互相传热，选项 D 正确。

58. **答案**：ABD

依据：选项 A 是定风量全空气系统的固有问题，为解决这个矛盾，才发展出了 VAV 变风量系统。

《注册公用设备工程师暖通空调考试复习教材》（第三版）P375，VAV 变风量系统的新风量调节困难，温控精度不高，在温湿度波动范围小的场合不宜采用，选项 B 正确；

选项 C，外区供热，内区供冷。内区冬季考虑采用新风作为冷源，如果新风温度低于室内的露点温度时，在新风送风口处会产生结露现象，与外区公用立管（外区需加热），则可对新风进行预热，避免送风口结露。但是如果内区房间的冷负荷较大，新风不足以承担时，室内还是会产生过热的现象，因此选项 C 错误。

多联机的室内机和新风机的空气处理参数不同，新风机其进风为室内新风，室内机为室内的回风，其机组的冷凝、蒸发压力不一致，不能共用。选项 D 正确。

59. **答案**：BC

依据：《民用建筑供暖通风与空气调节设计规范》（GB 50736—2012）第 8.5.16 条。

60. **答案**：ACD

依据：选项 B 需对送风进行再热，浪费能源；选项 ACD 属于节能的运行调节方式。

61. **答案**：BC

依据：《民用建筑供暖通风与空气调节设计规范》（GB 50736—2012）第 9.4.5 条，可知选项 A 正确；

因新风量恒定，新风阀不需进行连续调节，选项 B 错误；

加湿器一般应该采用开关控制，选项 C 错误、选项 D 正确。

62. **答案**：ABC

依据：《洁净厂房设计规范》（GB 50073—2013）第 3.0.1 条、第 3.0.2 条及其条文说明。

63. **答案**：ABD

依据：《洁净厂房设计规范》（GB 50073—2013）第 6.2.3 条“洁净室维持不同的压差值所需的压差风量，根据洁净室特点，宜采用缝隙法或换气次数法确定”。由《民用建筑供暖通风与空气调节设计规范》（GB 50736—2012）第 5.2.9 条及附录 F 可知渗透空气量与室外风速、围护结构的气密性有关，可知选项 AB 正确；如采用换气次数法计算时，则与房间的面积有关，故选项 D 正确。

64. **答案**：ACD

依据：《注册公用设备工程师暖通空调考试复习教材》（第三版）P575，制冷剂 R502

采用回热循环是有利的,选项 A 正确;回热循环单位质量冷凝热增大,压缩机排气温度升高,但不是很高,选项 B 错误、选项 C 正确;由于采用回热循环,压缩机吸气口温度升高,压缩机吸气口比容变大,导致制冷剂质量流量变小,选项 D 正确。

65. **答案:**ABC

依据:采用过冷循环,增大了单位质量制冷量,压缩机消耗比功不变,因此制冷系数变大;减少冷凝器和蒸发器的传热温差,实际上降低冷凝温度和升高了蒸发温度,根据压焓图可以提高制冷系数;采用节能器,可以使冷凝器后过冷,同时降低了压缩机消耗功率,因此提高制冷系数;提高压比,容积效率降低,实际输气量减小,导致制冷剂流量减小,制冷量减少,同时无论是提高冷凝温度还是降低蒸发温度提高压缩机,均导致制冷系数降低。

66. **答案:**BD

依据:《注册公用设备工程师暖通空调考试复习教材》(第三版)P628,选项 A 正确、选项 D 错误;P631,选项 B 错误、选项 C 正确。

67. **答案:**ABCD

依据:冷热源机组均可根据自身特点进行能量调节,选项 A 正确;《公共建筑节能设计标准》(GB 50189—2015)第 4.5.7 条,选项 B 正确;第 5.5.6 条,选项 C 正确;选项 D 正确。

68. **答案:**AC

依据:《注册公用设备工程师暖通空调考试复习教材》(第三版)P682,水温不低于 4℃,选项 A 错误,选项 B 正确;P688 表 4.7-10,选项 C 错误;P687,选项 D 正确。

69. **答案:**AC

依据:《冷库设计规范》(GB 50072—2010)第 4.3.1.3 条,选项 A 正确;第 4.4.1 条,应该在温度较高一侧设置隔汽层,选项 B 错误;第 4.3.12 条,选项 C 正确;表 4.3.4,设通风层时,$D > 4$,选项 D 错误。

70. **答案:**AB

依据:《建筑设计防火规范》(GB 50016—2014)第 8.3.1 条,选项 A 可不设置,选项 B 没有设置要求;选项 C 说法不明确,无法判断是否设置;选项 D 需设置自动喷水灭火系统。

2010 年案例分析试题(上午卷)

[案例题是 4 选 1 的方式,共 25 道小题,每题分值为 2 分,上午卷 50 分,下午卷 50 分,试卷满分 100 分。案例题一定要有分析(步骤和过程)、计算(要列出相应的公式)、依据(主要是规程、规范、手册),如果是论述题要列出论点。]

1. 地处严寒地区 A 区的某十层矩形办公楼(正南北朝向、平屋顶),其外围护结构平面几何尺寸为 57.6m × 14.4m,每层层高均为 3.1m,屋顶天窗面积为 100m²,问该建筑天窗及屋面的传热系数[W/(m² · K)]应为下列哪一项?

(A)$K_{天窗} \leqslant 2.2$,$K_{屋面} \leqslant 0.25$　　(B)$K_{天窗} \leqslant 2.5$,$K_{屋面} \leqslant 0.28$

(C)$K_{天窗} \leqslant 2.2$,$K_{屋面} \leqslant 0.28$　　(D)应当进行权衡判断

答案:[　]

主要解答过程:

2. 某低温热水地面辐射供暖系统,设计供回水温度为 50/40℃,系统工作压力 P_0 = 0.4MPa,某一环路所承担的热负荷为 200W,说法正确的应是下列哪项?并列出判断过程。

(A)采用公称外径为 De40 的 PP - R 管,符合规范规定

(B)采用公称外径为 De32 的 PP - R 管,符合规范规定

(C)采用公称外径为 De20 的 PP - R 管,符合规范规定

(D)采用公称外径为 De20 的 PP - R 管,不符合规范规定

答案:[　]

主要解答过程:

3. 某办公建筑设计采用散热器采暖系统,总热负荷为 2100kW,供回水温度为 80/60℃,系统主干线总长 950m,如果选用直联方式的循环水泵时,与水泵设计工况点的轴功率接近的应是下列哪项值?

(A)不应大于 4.0kW　　(B)不应大于 5.5kW

(C)不应大于 7.5kW　　(D)不应大于 11kW

答案:[　]

主要解答过程:

4. 严寒地区某住宅小区,有一冬季供暖用热水锅炉房,容量为 140MW,原供热范围为 200 万 m^2 的既有住宅,经对既有住宅进行围护结构节能改造后,采暖热指标降至 $48W/m^2$。试问,既有住宅改造后,该锅炉房还可负担新建住宅供暖的面积应是下列哪项数值?(锅炉房自用负荷可忽略不计,管网为直埋,散热损失附加系数为 0.10;新建住宅采暖热指标为 $40W/m^2$)

(A)90 ~ 95(10^4m^2)　　(B)96 ~ 100(10^4m^2)
(C)101 ~ 105(10^4m^2)　　(D)106 ~ 115(10^4m^2)

答案:[　]
主要解答过程:

5. 某酒店采用太阳能 + 电辅助加热的中央热水系统,已知:全年日平均用热负荷为 2600kW·h,该地可用太阳能的天数为 290 天,同时,其日辅助电加热量为日平均用热负荷的 30%,其余天数均用电加热器加热,为了节能,拟采用热泵热水机组取代电加热器,满足使用功能的条件下,机组制热 COP = 4.60,利用太阳能时,若不计循环热水耗电量以及热损失,新方案的年节电量应是下列哪项值?

(A)322500 ~ 325000kW·h　　(B)325500 ~ 327500kW·h
(C)328000 ~ 330000kW·h　　(D)330500 ~ 332500kW·h

答案:[　]
主要解答过程:

6. 在一般工业区内(非特定工业区)新建某除尘系统,排气筒的高度为 20m,排放污染物为石英粉末,排放速率均匀,经 2h 连续测定:标准工况下,排气量 $V = 80000m^3/h$,除尘效率 $\eta = 99\%$,粉尘收集量 $G_1 = 633.6kg$。试问,以下依次列出排气筒的排放速率值、排放浓度值以及达标排放的结论,正确者应为哪项值?

(A)3.0kg/h、60mg/m^3、达标排放
(B)3.1kg/h、80mg/m^3、排放不达标
(C)3.1kg/h、40mg/m^3、达标排放
(D)3.2kg/h、40mg/m^3、排放不达标

答案:[ ]

主要解答过程:

7. 某房间采用机械通风与空调相结合的方式消除室内余热。已知:室内余热为10kW,设计室温为28℃,空调机组的 COP = 4 − 0.005(t_w − 35)(kW/kW),式中 t_w 为室外空气温度,单位为℃;机械通风系统根据室外气温调节风量以保证室温,风机功率为1.5kW/(m^3/s),问采用机械通风与空调的切换温度(室外为标准大气压,空气密度取1.2kg/m^3)应为下列哪项值?

(A)19.5 ~ 21.5℃ (B)21.6 ~ 23.5℃

(C)23.6 ~ 25.5℃ (D)25.6 ~ 27.5℃

答案:[ ]

主要解答过程:

8. 某厂房利用热压进行自然通风,厂房高度 H = 12m,排风天窗中心距地面高度 h = 10m,天窗的局部阻力系数 ξ = 4。已知:厂房内散热均匀,散热量为100W/m^3,厂房工作区的温度 t_n = 25℃,当天窗处的空气平均流速 v = 1.1m/s 时,天窗窗口压力损失为下列哪项值?(当地为标准大气压)

(A)2.50 ~ 2.60Pa (B)2.70 ~ 2.80Pa

(C)2.85 ~ 3.10Pa (D)3.20 ~ 3.30Pa

答案:[ ]

主要解答过程:

9. 某金属熔化炉,炉内金属温度为350℃,环境空气温度为30℃,炉口直径为0.65m,散热面为水平面,于炉口上方1.0m 处设圆形接收罩,接收罩的直径应为下列哪项值?

(A)0.65 ~ 1.00m (B)1.01 ~ 1.30m

(C)1.31 ~ 1.60m (D)1.61 ~ 1.90m

答案:[ ]

主要解答过程:

10. 某有害气体流量3000m^3/h，其中有害物成分的浓度5.25ppm、克摩尔数 $M=64$，采用固定床活性炭吸附装置净化该有害气体，设平衡吸附量为0.15kg/kg炭，吸附效率为95%，一次装活性炭量为80kg，则连续有效使用时间为下列哪项？

(A)200～225h　　(B)226～250h

(C)241～270h　　(D)271～290h

答案：[　]

主要解答过程：

11. 某两级除尘器串联，已知粉尘的初始浓度为15g/m^3，排放标准为30mg/m^3，第一级除尘器效率为85%，求第二级除尘器的效率至少应为下列哪项值？

(A)82.5%～85%　　(B)86.5%～90%

(C)91.5%～95.5%　　(D)96.5%～99.5%

答案：[　]

主要解答过程：

12. Ⅰ类地区的某办公楼的全空气空调系统，空调送风温度15℃，风管材料为镀锌钢板，风管处于室内非空调区（空气温度31℃），采用导热系数=0.0377W/(m·K)的离心玻璃面板保温（不计导热系数的温度修正）。问：满足空调风管绝热层最小热阻的玻璃棉板保温厚度为下列哪项？

(A)26～30mm　　(B)31～35mm

(C)36～40mm　　(D)41～45mm

答案：[　]

主要解答过程：

13. 某车间的内区室内空气设计计算参数为：干球温度20℃，相对湿度60%，湿负荷为零。交付运行后，发热设备减少了，实际室内空调冷负荷比设计时减少了30%，在送风量和送风状态不变（送风相对湿度为90%）的情况下，室内空气状态应是下列哪项值？（工程所在地为标准大气压，计算时不考虑围护结构的传热）

(A)16.5～17.5℃、相对湿度68%～70%

(B)18.0～18.9℃、相对湿度65%～68%

(C)37.5～38.5kJ/$kg_{干空气}$、含湿量8.9～9.1g/$kg_{干空气}$

(D)42.9～43.1kJ/$kg_{干空气}$、含湿量7.5～8.0g/$kg_{干空气}$

答案:[ ]

主要解答过程:

14. 某空调区域空调计算参数:室温28℃,相对湿度55%。室内仅有显热负荷为8kW,工艺要求采用直流式、送风温差为8℃的空调系统,该系统的设计冷量应为下列哪项值?(大气条件为标准大气压,室外计算温度34℃,相对湿度为75%)

(A)35～39kW　　(B)40～44kW

(C)45～49kW　　(D)50～54kW

答案:[ ]

主要解答过程:

15. 标准大气压下,空气从状态点A(t_A=5℃、φ_A=80%)依次经表面式加热器和干蒸汽加湿器处理到状态点B(h_B=80kJ/kg、φ_B=50%),要求直接查h-d图,求出该空气状态处理过程中,单位质量空气经表面加热器的加热量应接近下列哪项值并以h-d图绘制出处理过程。

(A)64.1kJ/kg　　(B)40.1kJ/kg

(C)33.8kJ/kg　　(D)30.3kJ/kg

答案:[ ]

主要解答过程:

16. 已知某地夏季室外设计计算参数:干球温度35℃、湿球温度28℃(标准大气压),需设计直流全新风系统,风量为1000m^3/h(空气密度取为1.2kg/m^3)。要求提供新风的参数为:干球温度15℃、相对湿度30%。试问,采用一级冷却除湿(处理到相对湿度95%,焓降45kJ/$kg_{干空气}$)+转轮除湿(冷凝水带走热量忽略不计)十二级冷却方案,符合要求的除湿器后空气温度最接近下列哪项值?查$h-d$图,并绘制出全部处理过程。

(A)15℃　　(B)16℃　　(C)34℃　　(D)36℃

答案:[　]

主要解答过程:

17. 已知室内设计参数为:$t_n = 23℃$,$\varphi_n = 60\%$,室外设计参数为:$t_w = 35℃$,$h_w = 92.2kJ/kg$,新风比为15%,夏季室内余热量为 $Q = 4.89kW$,余湿量为0,送风温差为4℃,采用一次回风系统,机组露点的相对湿度取90%,不计风机和管道的温升。试求:夏季所需送风量(kg/s)和系统所需的冷量(kW)应为下列哪项?(注:空气为标准大气压)

(A)1.10~1.30kg/s,11~14kW

(B)1.10~1.30kg/s,14.5~18kW

(C)0.7~0.9kg/s,7~9kW

(D)0.7~0.9kg/s,9.1~11kW

答案:[　]

主要解答过程:

18. 某采用压差旁通控制的空调冷水系统如图所示。两台冷水泵规格相同,水泵流量和扬程曲线见下图,两台冷水泵同时运行时,有关管段的流量和压力损失见下表,问:当1号泵单独运行时,测得 AB 管段,GH 管段的压力损失分别为4.27kPa,则水泵的流量和水泵扬程最接近下列哪项数值?并列出判断计算过程

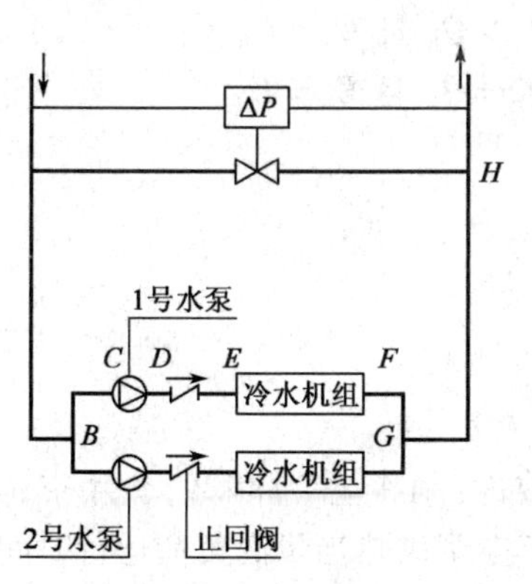

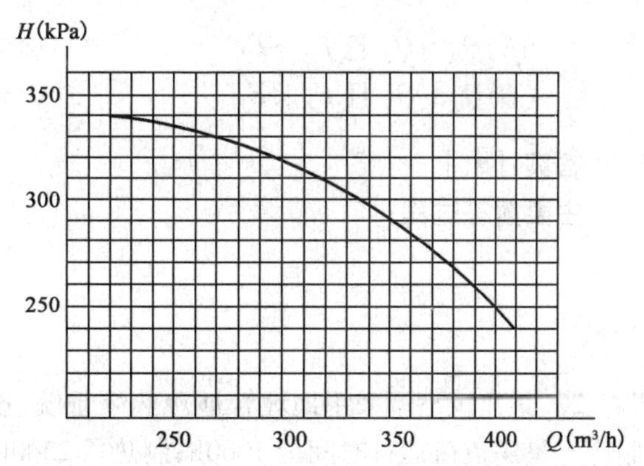

管段	AB	BC	DE	冷水机组	FG	GH
流量(m^3/h)	600	300	300	300	300	600
压力损失(kPa)	15	10	15	50	15	15

(A)流量 $300m^3/h$,扬程320kPa

(B)流量 $320m^3/h$,扬程 310kPa

(C)流量 $338m^3/h$,扬程 300kPa

(D)流量 $350m^3/h$,扬程 293kPa

答案:[ ]

主要解答过程:

19. 如图所示,分别为 A 建筑、B 建筑处于夏季典型设计日全天工作的冷负荷逐时分布图(横坐标为工作时刻,纵坐标为冷负荷/kW),设各建筑的冷水机组装机容量分别为 Q_A、Q_B,各建筑典型设计日的总耗冷量(kW·h)分别为 E_A、E_B,说法正确的应是下列哪项?并写出判断过程。

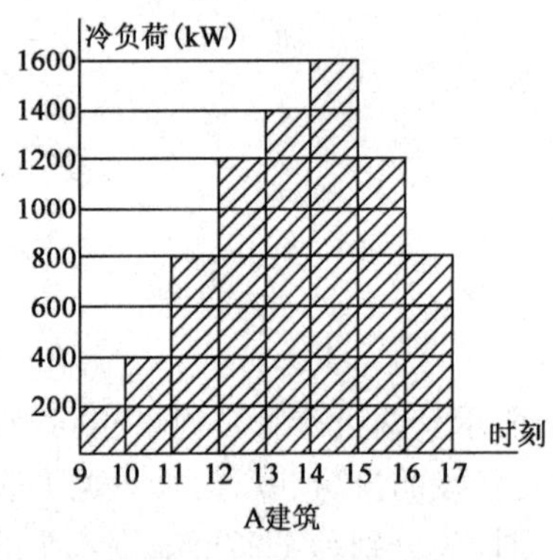

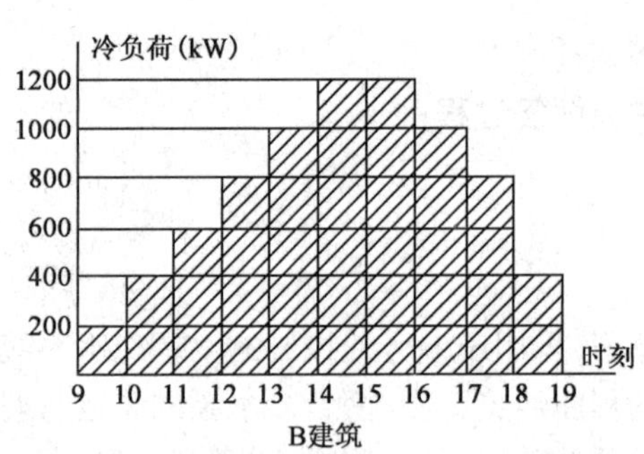

(A)$Q_A > Q_B$ 且 $E_A > E_B$　　(B)$Q_A > Q_B$ 且 $E_A = E_B$

(C)$Q_A > Q_B$ 且 $E_A < E_B$　　(D)$Q_A = Q_B$ 且 $E_A = E_B$

答案:[ ]

主要解答过程:

20. 某建筑空调采用地埋管地源热泵系统,设计参数为:制冷量 2000kW,全年空调制冷当量满负荷运行时间为 1000h;制热量 2500kW,全年空调供热当量满负荷运行时间为 800h。设热泵机组的制冷、制热的能效比全年均为 5.0,辅助冷却塔的冷却能力不随负荷变化,不计水泵等附加散热量。问:要维持土壤全年自身热平衡(不考虑土壤与外界的换热),以下措施正确的应是哪项?

(A)设置全年冷却能力为 800000kW·h 的辅助冷却塔

(B)设置全年冷却能力为 400000kW·h 的辅助冷却塔

(C)设置全年冷却能力为 400000kW·h 的辅助供热设备

(D)系统已能实现保持土壤全年热平衡,不需设置任何辅助设备

答案:[　]
主要解答过程:

21. 某带经济器的螺杆式压缩式制冷机组,制冷机为 R22,制冷剂质量流量之比值 $M_{R1}:M_{R2}=6:1$,下图为系统组成和理论循环,点 1 为蒸发器出口状态,该循环状态点 3 的焓值为下列哪项值?(注:各点比焓见下表)

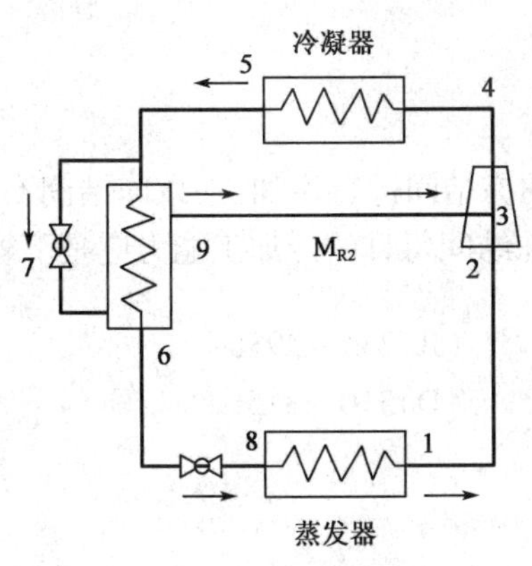

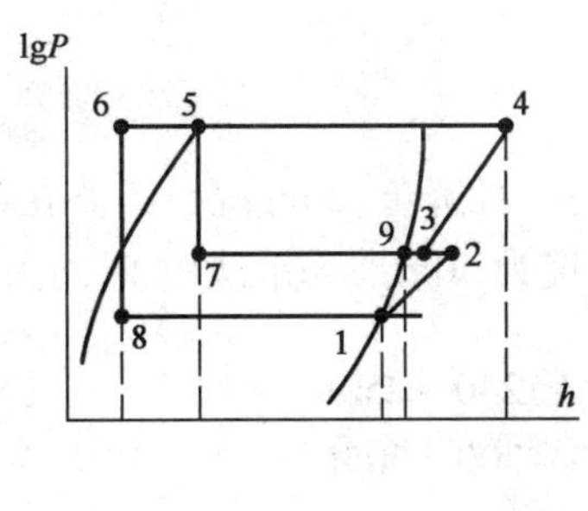

状态点	1	2	4	6	9
比焓(kJ/kg)	409.09	428.02	440.33	263.27	414.53

(A)403 ~410kJ/kg　　(B)419 ~422kJ/kg
(C)424 ~427kJ/kg　　(D)428 ~431kJ/kg

答案:[　]
主要解答过程:

22. 接上题,该系统的理论制冷系数 COP 接近下列哪项?

(A)6.34　　(B)5.48　　(C)5.16　　(D)4.83

答案:[　]
主要解答过程:

23. 某空气源热泵机组冬季室外换热器进风干球温度为7℃，焓值18.09kJ/kg，出风干球温度为2℃，焓值9.74kJ/kg。当室外进风干球温度为－5℃，焓值－0.91kJ/kg，出风干球温度为－10℃，焓值－7.43kJ/kg时，略去融霜因素，且设环境为标准大气压(0℃的空气密度1.293kg/m^3)，室外换热器空气体积流量保持不变，冷凝器放热变化比例与蒸发器吸热变化比例相同，试求机组制热量的降低比例接近哪项值？

(A)10%　　(B)15%　　(C)18%　　(D)22%

答案：[　]
主要解答过程：

24. 有一批鲜鱼(20kg/盘)需要在某冷库的冻结间进行冷加工，该冻结间有吊轨，吊轨有效长度为50m，货物的加工时间为2h，该冻结间每日的冷加工能力应是下列哪项？

(A)240～250t　　(B)285～295t
(C)300～305t　　(D)310～315t

答案：[　]
主要解答过程：

25. 某一单层丙类厂房设置有室内消火栓，该厂房层高为12m，当水枪的上倾角为45°时，满足规范规定的水枪的充实水柱长度应为下列哪项数值？

(A)6～8m　　(B)9～11m
(C)12～14m　　(D)15～17m

答案：[　]
主要解答过程：

2010 年案例分析试题答案(上午卷)

1. 答案:C

主要解题过程:

建筑体积 V:$V=57.6\times14.4\times(10\times3.1)=25712.64(m^3)$

建筑表面积 F:$F=(57.6+14.4)\times2\times(10\times3.1)+57.6\times14.4=5293.44(m^2)$

体型系数:$5293.44/25712.64=0.206<0.4$,满足标准要求

屋面天窗所占面积比:$m=100/(57.6\times14.4)=0.12$,小于 20%

根据《公共建筑节能设计标准》(GB 50189—2015)第 3.3.1 条和第 3.2.7 条,不需要进行权衡判定,

由表 3.3.1-1,查得:$K_{屋面}\leqslant0.28$,$K_{天窗}\leqslant2.2$。

2. 答案:D

主要解题过程:

$Q=cm\Delta t$,得 $m=2000/(4.18\times10)=172.25kg/h$,根据《辐射供冷供暖技术规程》(JGJ 142—2012)附录 C 表 C.1.3 可知,工作压力为 0.4MPa 时 De20 的 PPR 管壁厚为 2mm,即内径为 16mm。

管内流速:$v=0.238m/s<0.25m/s$

根据《辐射供冷供暖技术规程》(JGJ 142—2012)第 3.5.11 条,结论为不符合规范要求。

3. 答案:D

主要解题过程:

《公共建筑节能设计标准》(GB 50189—2005)第 5.2.8 条。

$$EHR=\frac{N}{Q\cdot\eta}\leqslant\frac{0.056(14+\alpha\Sigma L)}{\Delta t}=0.0056\times\frac{14+0.0092\times950}{20}=0.0063672$$

$$N\leqslant0.063672\cdot Q\cdot\eta=0.063672\times2100\times0.85=11.37kW$$

4. 答案:B

主要解题过程:

既有住宅改造后所需总负荷:$Q_0=200\times10^4\times48=96MW$

锅炉供热余量:$Q=140-96=44MW$

可负担新建住宅面积:$44\times10^6/(40\times1.1)=100\times10^4m^2$

5. 答案:C

主要解题过程:

全年电热器的总热负荷为:

$$Q_{电}=2600\times30\%\times290+2600\times(365-290)=421200kW\cdot h$$

若采用热泵机组提供同样热量,所需耗电量:

$$Q_{热泵电}=\frac{Q_{电}}{COP}=\frac{421200}{4.60}=91565\text{kW}\cdot\text{h}$$

节约电量为 $Q_{电}-Q_{热泵电}=421200-91565=329635\ \text{kW}\cdot\text{h}$

6. **答案:**D

主要解题过程:

《环境空气质量标准》(GB 3095—2012),非特定工业区属于二类区,按二级浓度限值。

《大气污染物综合排放标准》(GB 16297—1996)表 2 第 3 项,石英粉允许排放浓度为 60mg/m^3,二级区排放筒高度要求 20m,排放量 3.1kg/h。

排放速度为:$$v=\frac{633.6\times0.01}{0.99\times2}=3.2\text{kg/h}$$

排放浓度为:$$C=\frac{3.2}{80000}=40\text{mg/m}^3$$

以上可以看出排放速度超标,属于超标排放。

7. **答案:**B

主要解题过程:

当采用通风机降温的耗电量大于空调的耗电量时,应切换为空调运行。

消除室内余热的通风量:$G=\dfrac{Q}{c\cdot\rho\cdot\Delta t}=\dfrac{Q}{1.01\times1.2\times(t_n-t_w)}$

通风机的耗电量:$W_1=G\times1.5=\dfrac{10}{1.01\times1.2\times(28-t_w)}\times1.5$

空调耗电量:$W_2=\dfrac{10}{4-0.005\times(t_w-35)}$

$$W_1=\frac{10}{1.01\times1.2\times(28-t_w)}\times1.5=\frac{10}{4-0.005\times(t_w-35)}=W_2$$

解得 $t_w=22.26℃$

8. **答案:**B

主要解题过程:

《注册公用设备工程师暖通空调考试复习教材》(第三版) P181 表 2.3-3,查该厂房内的温度梯度 $\alpha=1.5$。

天窗处的排风温度:$t_p=t_n+\alpha\times(h-2)=25+1.5\times(10-2)=37℃$

排风的密度:$\rho_P=1.2\times\dfrac{293}{273+37}=1.134\text{kg/m}^3$

天窗的压力损失:$P_t=K\cdot\dfrac{v_w^2}{2}\cdot\rho_P=4\times\dfrac{1.1^2}{2}\times1.134=2.744\text{Pa}$

计算根据《注册公用设备工程师暖通空调考试复习教材》(第三版) 公式(2.3-9)、公式(2.3-17)。

9. **答案:**D

主要解题过程:

《注册公用设备工程师暖通空调考试复习教材》(第三版) P198 接收式排风罩相关

内容，首先判断接收罩的种类：

$$1.5\sqrt{A_P}=1.5\times\sqrt{\frac{3.14\times0.65^2}{4}}=0.864<1=H\text{，该罩为高悬罩}$$

$$D_Z=0.36H+B=0.36\times1+0.65=1.01\text{m}$$

接收罩的直径 D：$D=D_z+0.8H=1.01+0.8\times1=1.81\text{m}$

计算根据《注册公用设备工程师暖通空调考试复习教材》（第三版）公式（2.4-23）、公式（2.4-30）。

10. **答案**：D

主要解题过程：

《注册公用设备工程师暖通空调考试复习教材》（第三版）P22 公式（2.6-1），将摩尔浓度转化为质量浓度：

$$Y=C\times M/22.4=5.25\times64/22.4=15\text{mg/m}^3$$

$$T=\frac{W\cdot q_0}{V\cdot Y\cdot\eta}=\frac{80\times0.15\times10^6}{3000\times15\times0.95}=280.7\text{h}$$

11. **答案**：D

主要解题过程：

计算除尘器的除尘效率：

$$\eta=\frac{y_1-y_2}{y_1}=\frac{15-0.03}{15}=0.998=99.8\%$$

串联除尘器的总效率 $\eta=1-(1-\eta_1)\times(1-\eta_2)=1-(1-0.85)\times(1-\eta_2)=0.998$

解得 $\eta_2=0.987$

除尘效率计算根据《注册公用设备工程师暖通空调考试复习教材》（第三版）P205 公式（2.5-3）和公式（2.5-4）。

12. **答案**：B

主要解题过程：

《民用建筑供暖通风与空气调节设计规范》（GB 50736—2012）表 K.0.4-1 一般空调风管绝热层的最小热阻为 $0.81\text{m}^2\cdot\text{K/W}$

采用离心玻璃棉，导热系数为 0.0377 W/(m·K)

$$R_0=\frac{\delta}{\lambda}=\frac{\delta}{0.0377}=0.81\text{，解得 }\delta=0.031\text{m}=31\text{mm}$$

注意题目中给出不计导热系数的温度修正。

13. **答案**：B

主要解题过程：

在焓湿图上做出室内状态点，干球温度为 20℃，相对湿度为 60%，室内焓值 $h_{n1}=42.4$ kJ/kg

沿等湿线与 90% 相交求得送风状态点的焓值 $h_0=36$ kJ/kg

$$\frac{Q}{h_{n1}-h_0}=\frac{0.7Q}{h_n-h_0}, h_n=0.7(h_{n1}-h_0)+h_0=0.7\times(42.4-36)+36=40.5\text{kJ/kg}$$

查 h-d 图，$t_n = 18℃$，$\varphi = 68.1\%$

14. **答案**：C

主要解题过程：

在焓湿图上绘制室内点 N 和室外点 W，查得 $h_w = 100\text{kJ/kg}$，$h_n = 61.7\text{kJ/kg}$

室内仅有显热冷负荷，送风量：$G = \dfrac{Q}{1.01 \times \Delta t} = \dfrac{8}{1.01 \times 8} = 0.99\text{kg/s}$

过室内点 N 作等含湿量线交送风温度 $t_s = 28 - 8 = 20℃$ 线，得送风点 S，查 $h_s = 53.4$ kJ/kg

设计冷量：$Q_L = G \cdot (h_w - h_s) = 0.99 \times (100 - 53.4) = 46.13\text{kW}$

15. **答案**：D

主要解题过程：

干蒸汽加湿过程为等温过程，A 点经加热器沿等相对湿度线加热至 C 点，C 点的温度等于 B 点，再干等温蒸汽加湿至 B 点，过程 $h-d$ 图如图所示。查得 $d_A = 5.4\text{g/kg}_{干空气}$，$t_C = t_B = 34.7℃$。

加热器：$Q = 1.01 \times (34.7 - 5) = 30\text{kJ/kg}$

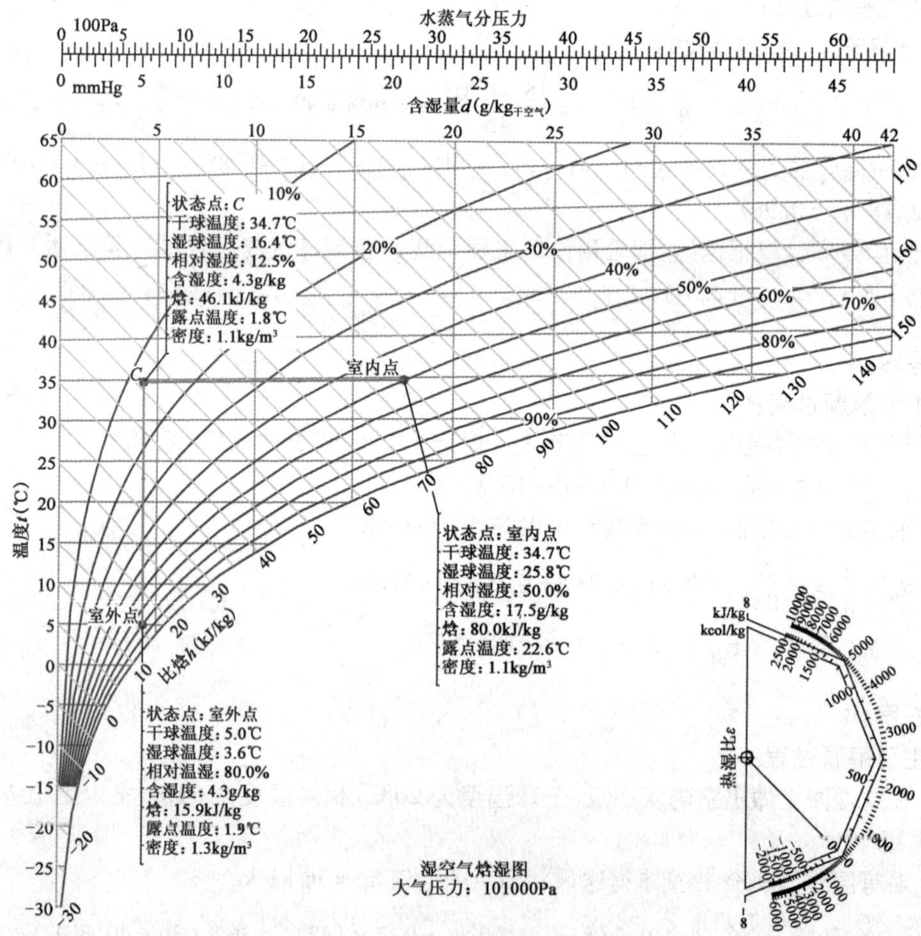

16. 答案：D

主要解题过程：

根据题意除湿过程为等焓过程，二级冷却为干式冷却，所以除湿机处理后空气的含湿量应等于送风点空气的含湿量，由题意的已知条件绘制焓湿图如下，除湿机出口空气温度约为 36.1℃。

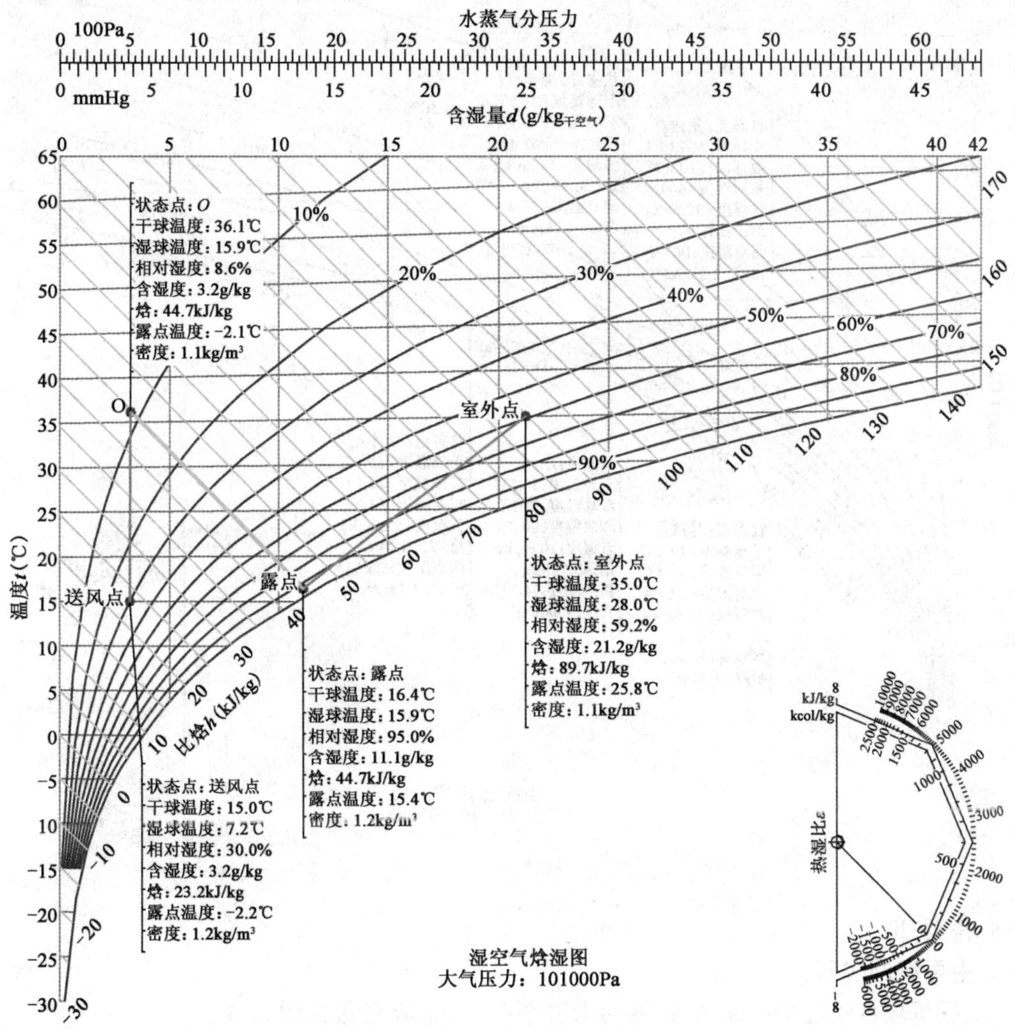

17. 答案：B

主要解题过程：

在焓湿图上绘制空气处理过程线，根据新风比，可以确定混风点的参数，$h_n = 50.1$ kJ/kg，$h_w = 92.2$kJ/kg，混风点的焓值 $h_{混} = 56.4$kJ/kg

因室内湿负荷为 0，所以机器露点及送风点均位于室内的等含湿量线上，$d_L = d_S = d_n = 10.6$g/kg$_{干空气}$，根据 $\varphi_L = 90\%$ 和送风温差 $\Delta t = 4$℃ 可以在焓湿图上确定 L 和 S 点，查得 $h_L = 43.5$，$h_s = 46.1$

夏季送风量： $G = \dfrac{Q}{h_n - h_s} = \dfrac{4.89}{50.1 - 46.1} = 1.2225$kg/s

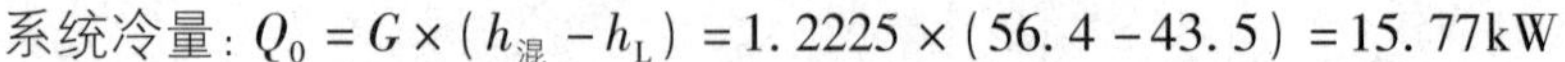

系统冷量：$Q_0 = G \times (h_{混} - h_L) = 1.2225 \times (56.4 - 43.5) = 15.77\text{kW}$

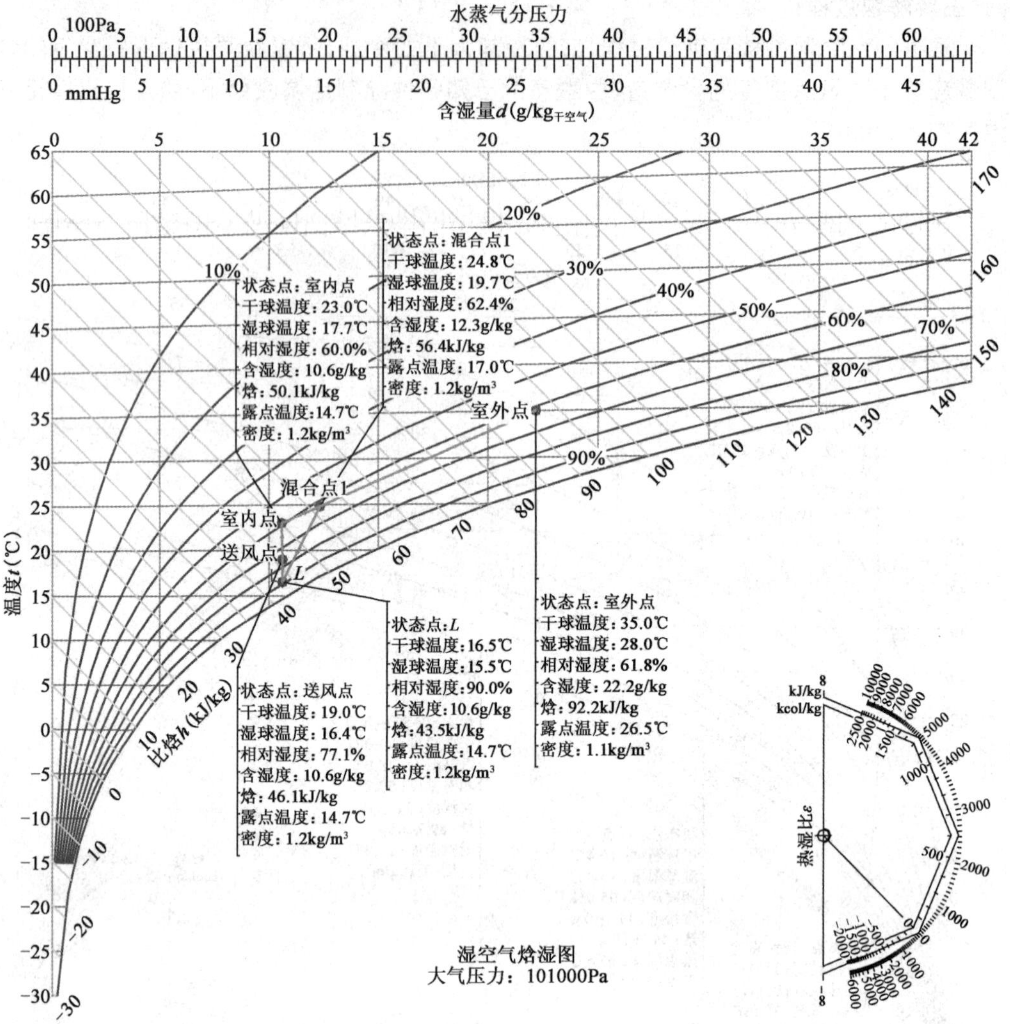

水蒸气分压力
100Pa
mmHg
含湿量d(g/kg干空气)
温度t(℃)
比焓h(kJ/kg)
状态点：混合点1
干球温度：24.8℃
湿球温度：19.7℃
相对湿度：62.4%
含湿度：12.3g/kg
焓：56.4kJ/kg
露点温度：17.0℃
密度：1.2kg/m³
状态点：室内点
干球温度：23.0℃
湿球温度：17.7℃
相对湿度：60.0%
含湿度：10.6g/kg
焓：50.1kJ/kg
露点温度：14.7℃
密度：1.2kg/m³
混合点1
室内点
送风点
L
室外点
状态点：L
干球温度：16.5℃
湿球温度：15.5℃
相对湿度：90.0%
含湿度：10.6g/kg
焓：43.5kJ/kg
露点温度：14.7℃
密度：1.2kg/m³
状态点：室外点
干球温度：35.0℃
湿球温度：28.0℃
相对湿度：61.8%
含湿度：22.2g/kg
焓：92.2kJ/kg
露点温度：26.5℃
密度：1.1kg/m³
状态点：送风点
干球温度：19.0℃
湿球温度：16.4℃
相对湿度：77.1%
含湿度：10.6g/kg
焓：46.1kJ/kg
露点温度：14.7℃
密度：1.2kg/m³
热湿比ε
kJ/kg
kcol/kg
湿空气焓湿图
大气压力：101000Pa

18. **答案**：B

主要解题过程：

根据题目给出的已知条件，两台泵并联时，AB、GH 管段的阻力数：

$$S_{AB} = S_{GH} = \frac{P}{Q^2} = \frac{15}{600^2}$$

水泵单台运行时，AB、GH 管段的压力损失为 4.27kPa，此时对应的流量 Q 为：

$$Q = \sqrt{\frac{P}{S}} = \sqrt{\frac{4.27}{15/600^2}} = 320\text{m}^3/\text{h}$$

19. **答案**：B

主要解题过程：

计算系统的装机容量，需按冷负荷峰值考虑，$Q_A = 1600\text{kW}$，$Q_B = 1200\text{kW}$，$Q_A > Q_B$。设计日的总耗冷量 E 分别为：

$$E_A = 200 + 400 + 800 + 1200 + 1400 + 1600 + 1200 + 800 = 7600\text{kW}\cdot\text{h}$$

$$E_B = 200 + 400 + 600 + 800 + 1000 + 1200 + 1200 + 1000 + 800 + 400 = 7600\text{kW}\cdot\text{h}$$

A 建筑和 B 建筑全天冷负荷的逐时累加值相等,故 $E_A = E_B$。

20. **答案:**A

主要解题过程:

夏季向土壤散发的热量为:

$$Q_{夏} = Q_{设计} \times \left(1 + \frac{1}{\text{COP}}\right) \times h = 2000 \times \left(1 + \frac{1}{5}\right) \times 1000 = 2400000\text{kW}\cdot\text{h}$$

冬季从土壤吸收的热量为:

$$Q_{冬} = Q_{设计} \times \left(1 - \frac{1}{\text{COP}}\right) \times h = 2500 \times \left(1 - \frac{1}{5}\right) \times 800 = 1600000\text{kW}\cdot\text{h}$$

$$Q_{夏} - Q_{冬} = 2400000 - 1600000 = 800000\text{kW}\cdot\text{h}$$

夏季需考虑采用其他散热措施散出 800000kW·h 的热量。

21. **答案:**C

主要解题过程:

根据压缩机出入口的能量平衡有:

$$(M_{R1} + M_{R2}) \cdot h_3 = M_{R1} \cdot h_2 + M_{R2} \cdot h_9$$

等式两边除以 M_{R2} 得:

$(6+1) \times h_3 = 6 \times h_2 + 1 \times h_9$

$\Rightarrow (6+1) \times h_3 = 6 \times 428.02 + 1 \times 414.53$

$\Rightarrow h_3 = 426.09\text{kJ/kg}$

22. **答案:**D

主要解题过程:

列出经济器出入口能量平衡式:

$$M_{R1} \times (h_5 - h_6) = M_{R2} \times (h_9 - h_7)$$

两边除以 M_{R2},得:$6 \times (h_5 - h_6) = 1 \times (h_9 - h_7)$

根据压焓图,有:$h_5 = h_7$

$$H_6 = \frac{7}{6} \times h_5 - \frac{1}{6} \times h_9 = \frac{7}{6} \times 263.27 - \frac{1}{6} \times 414.53 = 238.06\text{kJ/kg}$$

$$\text{COP} = \frac{M_{R1} \cdot (h_1 - h_8)}{(M_{R1} + M_{R2}) \cdot (h_4 - h_3) + M_{R1}(h_2 - h_1)}$$

$$= \frac{6 \times (409 - 239)}{7 \times (440.33 - 426) + 6 \times (428 - 409)} = 4.76$$

23. **答案:**B

主要解题过程:

题意给出体积流量不变,因密度发生变化,所以质量流量 M 发生变化,因此,要进行密度修正:

变化前:$M_1 \cdot h_1 = M_2 \cdot h_2$;

变化后：$M_3 \cdot h_3 = M_4 \cdot h_4$；

变化率为：

$$\frac{(M_1 \cdot h_1 - M_2 \cdot h_2) - (M_3 \cdot h_3 - M_4 \cdot h_4)}{M_1 \cdot h_1 - M_2 \cdot h_2}$$

$$= \frac{(\rho_1 \cdot h_1 - \rho_2 \cdot h_2) - (\rho_3 \cdot h_3 - \rho_4 \cdot h_4)}{\rho_1 \cdot h_1 - \rho_2 \cdot h_2}$$

$$= \frac{(1.261 \times 18.05 - 1.284 \times 9.74) - (1.342 \times 7.4 - 1.317 \times 0.91)}{1.261 \times 18.05 - 1.284 \times 9.74} = 15\%$$

注：不同温度下空气的密度 $\rho = 1.2 \times \frac{293}{273 + t}$。

24. **答案**：B

主要解题过程：

《冷库设计规范》(GB 50072—2010) 第 6.2.1 条，冷加工能力 G_d 为：

$$G_d = \frac{l \cdot g}{1000} \times \frac{24}{T} = \frac{50 \times 486}{1000} \times \frac{24}{2} = 291.6\text{t}$$

吊轨单位长度净载重量 g 按《注册公用设备工程师暖通空调考试复习教材》(第二版) 表 4.7-17，查得 20kg/盘的 $m'_d = 486\text{kg/m}$。此数据在该教材第三版中没有表述，可在复习时将相关数据抄录在自己的复习资料中备用。

25. **答案**：D

主要解题过程：

《消防给水及消火栓系统技术规范》(GB 50974—2014) 第 7.4.12 条，消火栓的充实水柱长度不小于 13m；

当消火栓的上倾角为 45°时，计算水枪的充实水柱长度为：

$$H = \frac{h - 1}{\sin 45^\circ} = \frac{12 - 1}{\sin 45^\circ} = 15.6\text{m}$$

选项 D 满足要求。

2010 年案例分析试题(下午卷)

[专业案例题(共 25 题,每题 2 分)]

1. 某地冬季通风室外计算温度 0℃,冬季采暖室外计算温度 -5℃,一散发有害气体的生产车间,冬季工作区采暖计算温度 15℃,车间围护结构耗热量 Q = 242.4kW,车间工作区设全面机械通风系统排除有害气体,排风量 G_p = 9kg/s;设计采用全新风集中热风系统,设送风量 G_s = 8.0kg/s,则该系统冬季的设计送风温度 t_s 应为下列哪项值?[空气比热容 C_p = 1.01kJ/(kg·℃)]

(A)40.5 ~42.4℃　　(B)42.5 ~44.4℃

(C)44.5 ~47.0℃　　(D)47.1 ~49.5℃

答案:[ ]

主要解答过程:

2. 某厂房设计采用 60kPa 蒸汽供暖,供汽管道最大长度都为 500m,选择供汽管道管径时,平均单位长度摩擦压力损失值以及供汽水平干管末端的管径应是下列哪项?

(A)$\Delta P_m \leqslant$ 30Pa/m,DN $\geqslant$ 20mm

(B)$\Delta P_m \leqslant$ 30Pa/m,DN $\geqslant$ 25mm

(C)$\Delta P_m \leqslant$ 70Pa/m,DN $\geqslant$ 20mm

(D)$\Delta P_m \leqslant$ 70Pa/m,DN $\geqslant$ 25mm

答案:[ ]

主要解答过程:

3. 某办公楼会议室计算采暖热负荷为 4500W,采用铸铁四柱 640 型散热器,采暖热媒为热水,供回水温度为 80/60℃,会议室为独立环路。办公楼围护结构节能改造后,该会议室的采暖热负荷降至 3100W,若原设计的散热器片数与有关修正系数不变,要保持室内温度为 18℃(不超过 21℃),供回水温度应是下列哪项?(已知散热器的传热系数计算公式 $K = 2.442\Delta t^{0.321}$,供回水温差为 20℃)

(A)供回水温度为 75/55℃　　(B)供回水温度为 70/50℃

(C)供回水温度为 65/45℃　　(D)供回水温度为 60/40℃

答案:[ ]

主要解答过程:

4. 某住宅小区热力管网有四个热用户,管网在正常工况时的水压图和各热用户的水流量如下图所示,如果关闭用户 2,管网的总阻力数应是下列哪一项?(假设循环水泵扬程保持不变)

(A) 2 ~ 5.5 $Pa/(m^3/h)^2$

(B) 6 ~ 9.5 $Pa/(m^3/h)^2$

(C) 10 ~ 13.5 $Pa/(m^3/h)^2$

(D) 14 ~ 17.5 $Pa/(m^3/h)^2$

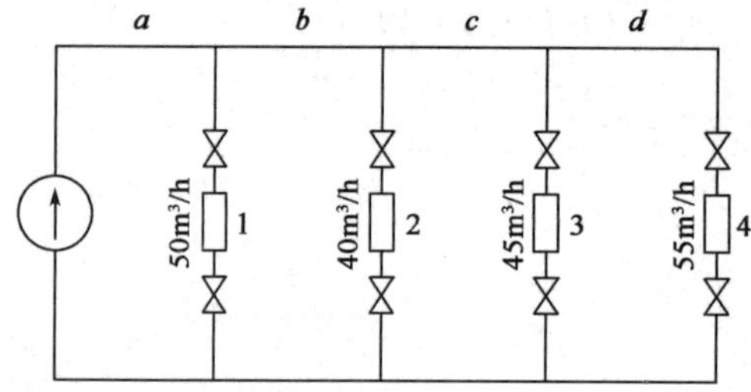

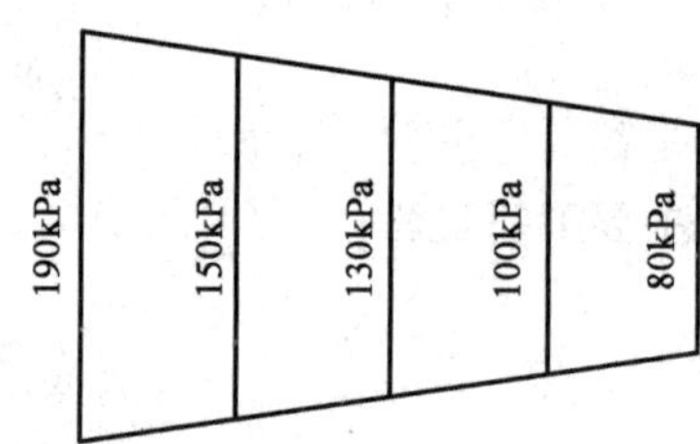

答案:[ ]

主要解答过程:

5. 接上题,如果关闭热用户 2,热用户 4 的水流量应是下列哪项?

(A) 28 ~ 33.5 m^3/h

(B) 53.6 ~ 58.5 m^3/h

(C) 58.6 ~ 63.8 m^3/h

(D) 67 ~ 72.8 m^3/h

答案:[ ]

主要解答过程:

6. 一容积式水—水换热器,一次水进出口水温度为 110/70℃,二次水进出口水温度为 60/50℃,所需换热量为 0.15MW,传热系统为 300W/(m^2·℃),水垢系数 0.8,设计计算的换热面积应是下列哪项?

(A) 15.8 ~ 16.8 m^2

(B) 17.8 ~ 18.8 m^2

(C)19.0 ~ 19.8m^2　　　　(D)21.2 ~ 22.0m^2

答案:[　]

主要解答过程:

7. 某通风系统的过滤器,可选择静电过滤器或袋式过滤器。已知:大气压为 101.3kPa,空气温度为 20℃,处理风量 3000m^3/h,静电过滤器阻力 20Pa,耗电功率 20W;袋式过滤器阻力 120Pa,风机的全压效率 0.80,风机采用三角皮带传动(滚动轴承),系统每年运行 180 天,每天运行 10h,若不计电机的功率损耗,试从节能角度比较,静电过滤器较袋式过滤器年节电数值应是下列哪项?

(A)110 ~ 125kW · h　　　　(B)140 ~ 155kW · h

(C)160 ~ 185kW · h　　　　(D)195 ~ 210kW · h

答案:[　]

主要解答过程:

8. 某会议室有 105 人,每人每小时呼出 CO_2 为 22.6L,设室外空气中 CO_2 的体积浓度为 400ppm,会议室内空气 CO_2 允许的体积浓度为 0.1%;用全面通风方式稀释室内 CO_2 浓度,则满足室内 CO_2 的允许浓度的最小新风量是下列哪项?

(A)3700 ~ 3800m^3/h

(B)3900 ~ 4000m^3/h

(C)4100 ~ 4200m^3/h

(D)4300 ~ 4400m^3/h

答案:[　]

主要解答过程:

9. 某厂房利用热压进行自然通风,进风口面积 $F_j = 36m^2$,排风口面积 $F_p = 30m^2$,进排风口中心室外的高度差 $H = 12.2m$,设进、排风口的流量系数相同,且近似认为 $\rho_w = \rho_p$,则厂房内部空间中余压值为零的界面与进风口中心的距离 h_2,为下列哪项?

(A)4.7 ~ 5.2m

(B)5.3 ~ 5.8m

(C)5.9 ~ 6.4m

(D)6.8 ~ 7.3m

答案:[ ]
主要解答过程:

10. 某实验室为空调房间,为节约能耗,采用送风式通风柜,补风取自相邻房间,通风柜内进行有毒污染物实验,柜内有毒污染物气体发生量为 0.2m^3/s,通风柜工作孔面积 0.2m^2,则通风柜的最小补风量应为下列哪项数值?

(A)500 ~ 600m^3/h (B)680 ~ 740m^3/h
(C)750 ~ 850m^3/h (D)1000 ~ 1080m^3/h

答案:[ ]
主要解答过程:

11. 某严寒地区办公建筑,采用普通机械排风系统,风机与电机采用直联方式,设计工况下的风机效率为 60%,电机效率为 90%,风道单位长度的平均阻力为 3Pa/m(包括局部阻力和摩擦阻力),该系统符合节能要求,允许的最大风管长度为哪项?

(A)195 ~ 201m (B)204 ~ 210m
(C)220 ~ 240m (D)300 ~ 350m

答案:[ ]
主要解答过程:

12. 某五星级宾馆的宴会厅面积为 400m^2,净高 6m,最大用餐人数为 200 人(实际用餐人数为 90 人),持续用餐时间为 2.5h,宴会厅排风量为 1300m^3/h,房间要求维持正压,正压风量按换气次数 0.5 次计算,该宴会厅的新风量应为下列哪项?

(A)2500m^3/h (B)3000m^3/h
(C)4300m^3/h (D)6000m^3/h

答案:[ ]
主要解答过程:

13. 某工艺用空调房间采用冷却降温除湿的空调方式，室内设计状态：干球温度25℃，相对湿度55%，室温允许波动范围为±0.5℃，房间的计算冷负荷为$\sum Q=21000W$，总余湿量为$\sum W=3g/s$。问：满足空调要求的空调机组，其经表冷器后的空气温度（即"机器露点"）的最低允许值，用$h-d$图求解应为下列哪项？并写出过程（当地为标准大气压，去"机器露点"的相对湿度为90%）

(A)9～10℃　　(B)11.5～13℃

(C)14～16.5℃　　(D)19～22℃

答案：[　]

主要解答过程：

14. 标准大气压下，某房间采用温、湿度独立控制的空调系统，房间末端装置的空气处理过程为干工况。已知：(1)室内空气设计参数$t_N=26$、$\varphi_N=55\%$；(2)送入处理后新风参数$t_c=20$、$\varphi_c=55\%$；(3)新风与末端装置处理后空气混合后送入室内，混合后的空气温度为18.6℃；(4)室内热湿比$\varepsilon=10000$。要求以h-d图绘制出处理过程，直接查h-d图，求出送入房间新风量与末端装置处理风量之比应为下列哪项？

(A)0.21～0.30　　(B)0.31～0.40

(C)0.41～0.50　　(D)0.51～0.60

答案：[　]

主要解答过程：

15. 某空调房间的计算参数：室温28℃，相对湿度55%，室内仅有显热负荷为8kW，采用一次回风系统、新风比为20%，送风的相对湿度90%，该系统的冷量应为下列哪项？（大气条件为标准大气压，室外计算温度34℃，相对湿度为75%，不考虑风机与风道引起的温升）

(A)6.5～12.4kW　　(B)12.5～14.4kW

(C)14.5～16.4kW　　(D)16.5～18.4kW

答案：[　]

主要解答过程：

16. 某空调办公室夏季设计室温为25℃，采用1.0m×0.15m的活动百叶风口送风，风口紊流系数取0.16,送风口的出风温度为15℃,问:距离送风口1.0m处的送风射流轴心温度为下列哪项?

(A)18.0~18.4℃　　(B)18.5~18.9℃
(C)19.0~19.8℃　　(D)20.0~20.8℃

答案:[ ]
主要解答过程:

17. 某空调系统采用表冷器对空气进行冷却除湿处理,空气的初始状态参数为:h_1 = 53kJ/kg,t_1 =30℃;空气的终状态参数为:h_2 =30.2kJ/kg,t_2 =11.5℃。空气为标准大气压,空气的比热容1.01kJ/(kg·℃),试求处理过程的析湿系数应是下列哪项?

(A)1.05~1.09　　(B)1.10~1.14
(C)1.15~1.19　　(D)1.20~1.25

答案:[ ]
主要解答过程:

18. 某型风机盘管的冷量计算公式 $Q = A(t_s - t_g)e^{0.02t_s} \times e^{0.01671t_g}$,式中:$A$ 为常数,t_s 为进风湿球温度(℃),t_g 为供水温度(℃)。若风机盘管的实际进口空气状态符合国家标准规定的试验工况参数,实际供水温度 t_{g1} =12℃,该风机盘管实际冷量与额定冷量之比值应为下列哪一项?

(A)0.60~0.70　　(B)0.75~0.85
(C)1.15~1.25　　(D)1.50~1.60

答案:[ ]
主要解答过程:

19. 某风机转速为2900r/min,若风机减震器选用金属弹簧型,减震器固有频率宜为下列哪项?

(A)4~5Hz　　(B)9~13Hz
(C)18~21Hz　　(D)45~50Hz

答案:[ ]

主要解答过程：

20. 沿海某地为标准大气压，冬季的室外平均风速为4.5m/s，室外温度为0℃，空气密度为1.29kg/m^3，该地洁净室与室外合理的设计正压值应是下列哪项？

(A)5Pa　　(B)10Pa　　(C)15Pa　　(D)25Pa

答案：[　]

主要解答过程：

21. 某风冷热泵机组工质为R22，冬季工况：冷凝温度40℃、蒸发温度-5℃，进出蒸发器的空气参数（标准大气压）分别为：温度6℃，$\varphi=90\%$（含湿量$d_R=5.2g/kg_{干空气}$）和温度0℃，$\varphi=100\%$（含湿量$d_R=3.8g/kg_{干空气}$）。若采用凝结后冷媒热液化霜，图示为其理论循环，点3为冷凝器出口状态，请判断热量是否满足化霜需求，1kg制冷剂成霜后，化霜需求的热量应是下列哪项？（注：各点比焓见下表）

状态点	1	3	5
比焓(kJ/kg)	415.13	239.35	224.29

(A)化霜需求的热量8.30~8.80kJ，可化霜
(B)化霜需求的热量8.30~8.80kJ，不可化霜
(C)化霜需求的热量9.10~9.60kJ，可化霜
(D)化霜需求的热量9.10~9.60kJ，不可化霜

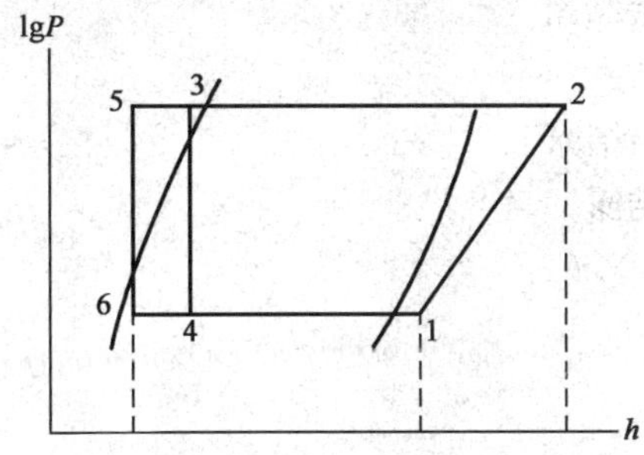

答案：[　]

主要解答过程：

22. 某溴化锂吸收冷水机组，其发生器出口溶液浓度为57%，吸收器出口溶液浓度为53%，则循环倍率应为下列哪项值?

(A)13.0 ~ 13.15　　(B)13.2 ~ 13.3
(C)13.9 ~ 14.1　　(D)14.2 ~ 14.3

答案:[ ]
主要解答过程:

23. 某吸收式溴化锂制冷机组的热力系数为1.1，冷却水进出水温差为6℃，若制冷量为1200kW，则计算的冷却水量为多少?

(A)165 ~ 195m³/h　　(B)310 ~ 345m³/h
(C)350 ~ 385m³/h　　(D)390 ~ 425m³/h

答案:[ ]
主要解答过程:

24. 某冷库地处标准大气压，其一内走廊与 -15℃冷藏间相邻，已知:冷藏间隔墙走廊侧空气参数:16℃、$\varphi = 85\%$。冷藏间与走廊之间传热系数 $K_0 = 0.371\text{W}/(\text{m}^2 \cdot \text{K})$，隔墙走廊侧外表面换热热阻 $R_w = 0.125\text{m}^2 \cdot ℃/\text{K}$，求走廊隔墙外表面温度，并判断隔墙表面是否会结露?

(A)14 ~ 15℃，不会结露
(B)14 ~ 15℃，会结露
(C)12 ~ 13℃，不会结露
(D)12 ~ 13℃，会结露

答案:[ ]
主要解答过程:

25. 山地城市口高层使用人工煤气，顶层的民用燃具的燃气管道重点比调压箱出口管道高出300m，已知:煤气的密度为0.71kg/m³，空气的密度为1.20kg/m³，调压箱出口压力为1500Pa，调压箱至用户燃气具的压力降为500Pa，计算用户燃气具前压力并判断是否满足燃具要求，正确的应为下列哪项?

(A)用户燃气具前压力 2400 ~ 2500Pa,满足用户燃气具前额定压力的要求

(B)用户燃气具前压力 2400 ~ 2500Pa,不符合用户燃气具前额定压力的要求

(C)用户燃气具前压力 2900 ~ 3000Pa,满足用户燃气具前额定压力的要求

(D)用户燃气具前压力 2900 ~ 3000Pa,不符合用户燃气具前额定压力的要求

答案:[　]

主要解答过程:

2010 年案例分析试题答案(下午卷)

1. **答案**:D

主要解题过程:

根据风量平衡:$G_{jj}+G_{zj}=G_{jp}$

求得自然进风量:$G_{zj}=G_{jp}-G_{jj}=9-8=1\text{kg/s}$

根据热量平衡:$Q+C\cdot G_{jp}\cdot t_n=C\cdot G_{zj}\cdot t_w+C\cdot G_{jj}\cdot t_s$

其中 t_w 取 -5℃,将各已知参数代入公式:

$$242.4+1.01\times9\times15=1.01\times1\times(-5)+1.01\times8\times t_s$$

解得 $t_s=47.5℃$

计算公式参考《注册公用设备工程师暖通空调考试复习教材》(第三版) P173。

2. **答案**:D

主要解题过程:

60kPa 为低压蒸汽,由《注册公用设备工程师暖通空调考试复习教材》(第三版) P78 页公式(1.6-4)得:

$$\Delta P_m=\frac{(P-2000)\times a}{l}=\frac{(60000-2000)\times0.6}{500}=69.6\text{Pa/m}$$

由《民用建筑供暖通风与空气调节设计规范》(GB 50736—2012)第 5.9.15 条可知低压蒸汽干管的始端管径 DN≥25mm。

3. **答案**:B

主要解题过程:

根据题意,

$$改造前:Q_0=F\cdot K_0\cdot\frac{t_{pj}-t_n}{\beta}=\frac{F}{\beta}\times2.442\times(t_{pj0}-t_n)^{0.321+1}$$

$$=\frac{F}{\beta}\times2.442\times\left(\frac{80+60}{2}-18\right)^{1.321}=4500\text{W}$$

$$改造后:Q=F\cdot K\cdot\frac{t_{pj}-t_n}{\beta}=\frac{F}{\beta}\times2.442\times(t_{pj}-t_n)^{0.321+1}$$

$$=\frac{F}{\beta}\times2.442\times(t_{pj}-18)^{1.321}=3100\text{W}$$

以上两式联立求得 $t_{pj}=\frac{t_g+t_n}{2}=57.2℃$,供回水温差 $t_g-t_n=20℃$,解得供回水温度为 70/50℃。

计算参考《注册公用设备工程师暖通空调考试复习教材》(第三版) P86 公式(1.8-1)。

4. **答案**:B

主要解题过程:

如图,设 *abcd* 管段下方对应管段为 *efgh*,

2 用户以后的管网压头为 $P_{2后}=130\text{kPa}, Q_{2后}=45+55=100\text{m}^3/\text{h}$

$$S_{2后}=\frac{P_{2后}}{Q_{2后}^2}=\frac{130\times1000}{100^2}=13\ \text{Pa}/(\text{m}^3/\text{h})^2$$

$$S_{b+f}=\frac{P_{b+g}}{Q_{b+g}^2}=\frac{20\times1000}{140^2}=1.02\text{Pa}/(\text{m}^3/\text{h})^2$$

$$S_1=\frac{P_1}{Q_1^2}=\frac{150\times1000}{50^2}=60\text{Pa}/(\text{m}^3/\text{h})^2$$

$$S_{a+e}=\frac{P_{a+e}}{Q_{a+e}^2}=\frac{40\times1000}{190^2}=1.108\text{Pa}/(\text{m}^3/\text{h})^2$$

关闭 2 用户后,根据并联公式:

$$\frac{1}{\sqrt{S_{并}}}=\frac{1}{\sqrt{S_1}}+\frac{1}{\sqrt{S_2}}=\frac{1}{\sqrt{S_1}}+\frac{1}{\sqrt{S_{2后}+S_{b+f}}}=\frac{1}{\sqrt{60}}+\frac{1}{\sqrt{13+1.02}}=0.3962$$

解得 $S_{并}=6.37\ \text{Pa}/(\text{m}^3/\text{h})^2$

则总阻力数:$S=S_{并}+S_{a+e}=6.37+1.108=7.478\text{Pa}/(\text{m}^3/\text{h})^2$

5. **答案**:C

主要解题过程:

关闭 2 用户后,系统总流量:

$$Q'=\sqrt{\frac{P}{S}}=\sqrt{\frac{190\times1000}{7.478}}=159.4\text{m}^3/\text{h}$$

$$190\times1000-S_{a+e}\cdot Q'^2=(S_{s+f}+S_{2后})\cdot(Q_3+Q_4)^2$$

代入已知数据:$190\times1000-1.108\times159.4^2=(1.02+13)\cdot(Q_3+Q_4)^2$

解得: $Q_3+Q_4=107.44\text{m}^3/\text{h}$

3、4 用户等比例失调,失调度为 $107.44/(45+55)=1.0744$

因此,用户 4 的流量为 $1.0744\times55=59.1\text{m}^3/\text{h}$。

6. **答案**:B

主要解题过程:

《建筑给水排水设计规范》(GB 50015—2003)(2009 年版)第 5.4.7 条,容积式水加热器计算温差应取算术平均温差。

$$\Delta t_j=\frac{t_{mc}+t_{mz}}{2}-\frac{t_c+t_z}{2}=\frac{110+70}{2}-\frac{70+60}{2}=35℃$$

换热面积 F 为:

$$F=\frac{Q}{K\cdot\Delta t_j\cdot\beta}=\frac{0.15\times10^6}{300\times35\times0.8}=17.86\text{m}^2$$

7. **答案**:C

主要解题过程:

《注册公用设备工程师暖通空调考试复习教材》(第三版) P266 公式(2.8-3)(不考

虑电机容量安全系数)，查表 2.8-4，三角皮带传动时 $\eta_m=0.95$，

静电除尘器总耗电量：$W_{电}=\frac{L\cdot P_{电}}{\eta\cdot 3600\cdot\eta_m}+20=\frac{3000\times 20}{0.8\times 3600\times 0.95}+20=41.93\text{W}$

袋式除尘器总耗电量：$W_{袋}=\frac{L\cdot P_{袋}}{\eta\cdot 3600\cdot\eta_m}=\frac{3000\times 120}{0.8\times 3600\times 0.95}=131.58\text{W}$

使用静电过滤器年总节电量：$\Delta W=180\times 10\times(131.58-41.39)=162.3\text{kW}\cdot\text{h}$

8. **答案：**B

主要解题过程：

室内 CO_2 的产生浓度：$x=\frac{22.6\times 44\times 105}{22.4}=4661\text{g/h}$

室内 CO_2 的浓度：$Y_2=0.1\%=1000\text{ppm}=\frac{1000\times 44}{22.4}=1.964\text{g/m}^3$

室外 CO_2 的浓度：$Y_1=400\text{ppm}=\frac{400\times 44}{22.4}=0.786\text{g/m}^3$

最小新风量：$L=\frac{k\cdot x}{Y_2-Y_1}=\frac{1\times 4661}{1.964-0.786}=3957\text{m}^3/\text{h}$

计算参考《注册公用设备工程师暖通空调考试复习教材》(第三版) P171 公式(2.2-1)，P229 公式(2.6-1)。

9. **答案：**B

主要解题过程：

根据题意，$\rho_w=\rho_P$，$\mu_w=\mu_P$，根据《注册公用设备工程师暖通空调考试复习教材》(第三版) P180 公式(2.3-16)有：

$$\left(\frac{F_j}{F_p}\right)^2=\frac{h_p}{h_j}=\left(\frac{36}{30}\right)^2=1.44,h_j+h_p=12.2$$

解得 $h_j=5\text{m}$，$h_p=7.2\text{m}$

10. **答案：**B

主要解题过程：

《注册公用设备工程师暖通空调考试复习教材》(第三版) P189 式(2.4-3)，通风柜的排风量 L 为：

$$L=L_1+v\cdot F\cdot\beta=0.2+0.4\times 0.2\times 1.1=0.288\text{m}^3/\text{s}$$

送风量约为排风量的 70% ~75%，

$$L_s=0.288\times 0.7=0.2016\text{m}^3/\text{s}=726\text{m}^3/\text{h}$$

本题要求最小的补风量，注意参数的取值。

11. **答案：**B

主要解题过程：

电机直联，总效率 $\eta_t=0.6\times 0.9=0.54$

根据《公共建筑节能设计标准》(GB 50189—2005) 第 5.3.26 条，普通机械排风系统，$W_s=0.32\text{W}/(\text{m}^3/\text{h})$

计算得 $P=622.08\mathrm{Pa/m}$，最大的风管长度 $L=622.08/3=207.36\mathrm{m}$。

12. **答案**：B

主要解题过程：

《公共建筑节能设计标准》(GB 50189—2005)第3.0.2条条文说明：对于出现最多人数的持续时间少于3h的房间，所需新风量可按室内的平均人数确定，该平均人数不应少于最多人数的1/2，因此本题平均人数应按100人。

查表3.0.2得：五星级餐厅人均新风量为 $30\mathrm{m^3/(h\cdot 人)}$

人员所需新风量：$V_{人}=100\times 30=3000\mathrm{m^3/h}$

保持正压新风量：$V_{正}=400\times 6\times 0.5=1200\mathrm{m^3/h}$

$V_{人}>V_{正}+V_{排}$，因此新风量取 $3000\mathrm{m^3/h}$。

13. **答案**：B

主要解题过程：

《注册公用设备工程师暖通空调考试复习教材》(第三版)P363表3.2-2，此房间的最大送风温差为6℃。

热湿比线 $\varepsilon=21000/3=7000$；过 N 点作 ε 线，交送风温度 $t_s=25-6=19$℃线，得送风点 S(如图)。

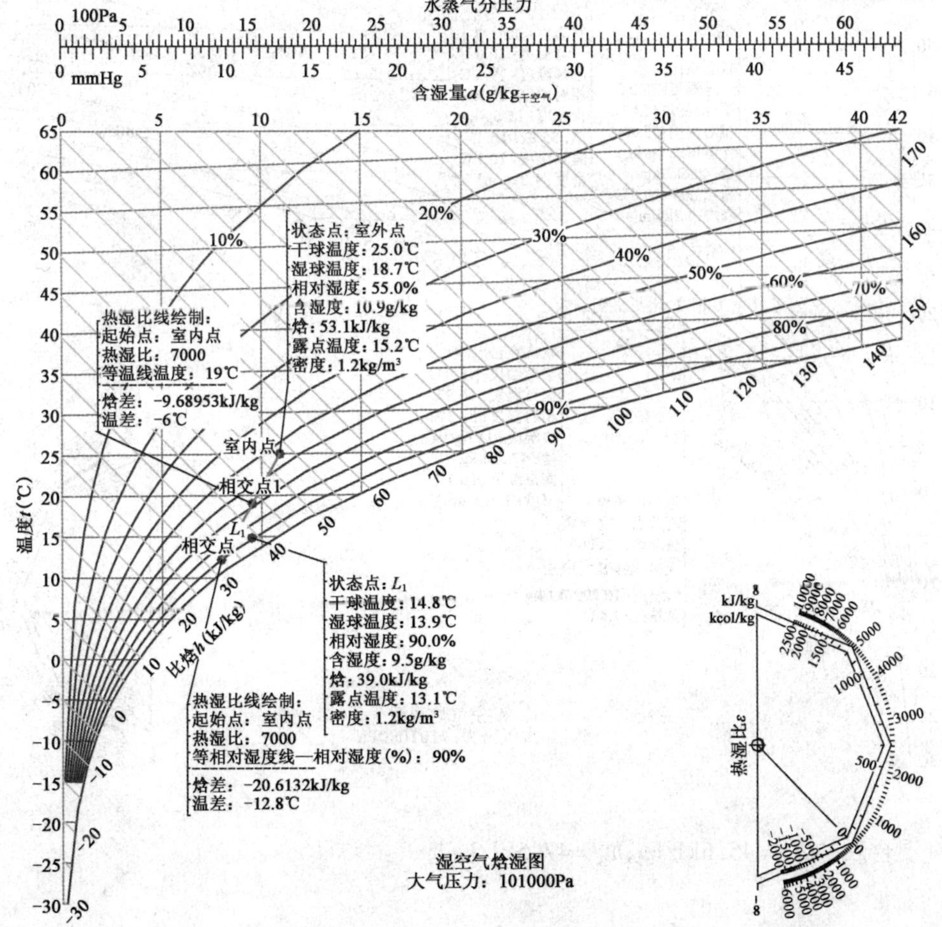

如采用一次回风加再热的方式，则机器露点为过 S 点做等含湿量线与相对湿度 90% 的交点 L_1，L_1 点的空气温度为 14.8℃。

如采用二次回风系统，二次回风系统的机器露点温度由于不存在再热因此比一次回风系统的机器露点温度 L_1 低。二次回风系统的机器露点为延长线交相对湿度 90% 线于 L_2 点，L_2 点的温度为 12.2℃。

题目要求的是最低允许温度，所以应为 L_2 点的温度。

14. 答案：B

主要解题过程：

过 N 点作 $\varepsilon=10000$ 的热湿比线与 $t=18.6$℃ 的等温线交于 O 点。延长 CO 连线与 N 点的等含湿量线相交于 B 点。

查 $h-d$ 图，新风送风的 $h_c=40.6$kJ/kg

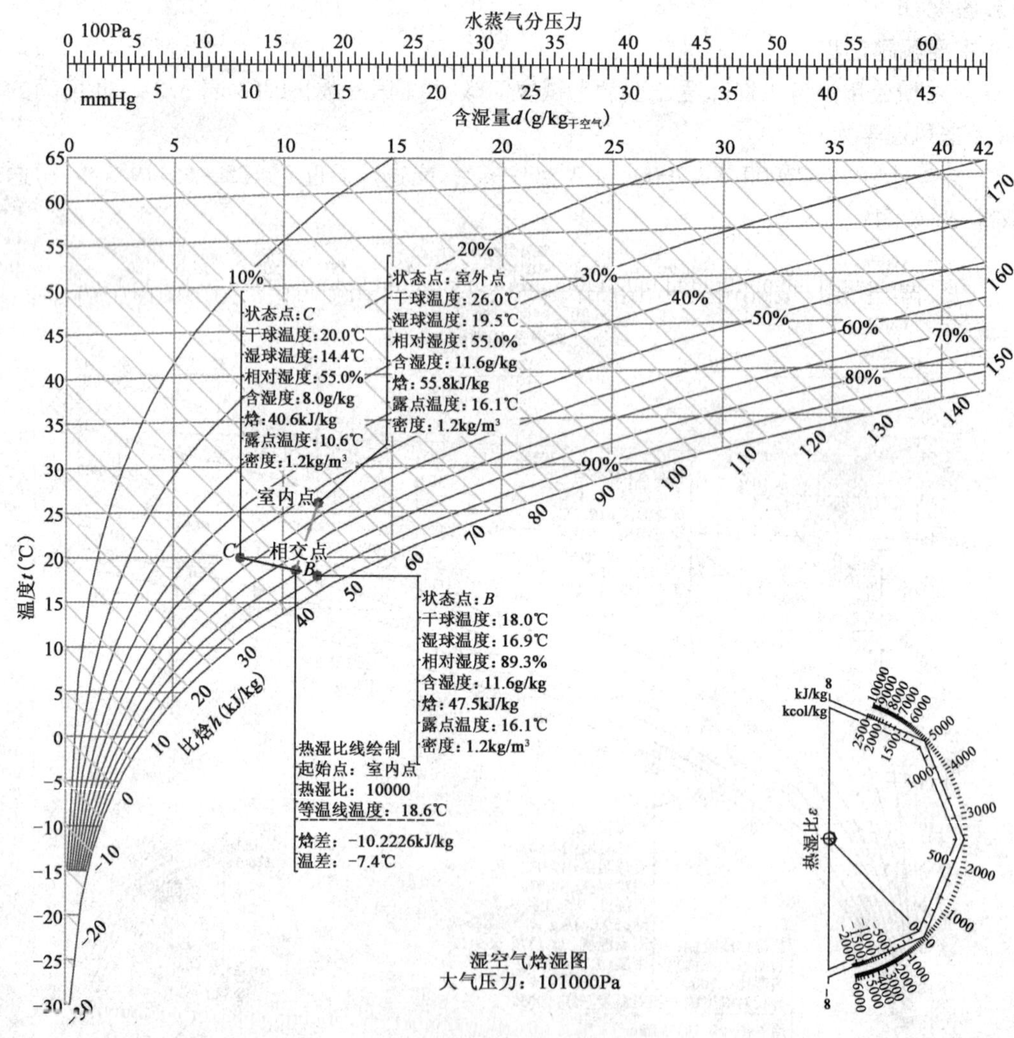

混合后的 $h_O=45.6$kJ/kg，$h_B=47.5$kJ/kg

新风量与室内装置风量之比：$\dfrac{G_x}{G_h}=\dfrac{h_O-h_B}{h_C-h_O}=\dfrac{45.6-47.5}{40.6-45.6}=0.38$

15. **答案：**C

主要解题过程：

在焓湿图上绘制室内点和室外点，查得：$h_w=99.9\text{kJ/kg}$，$h_n=61.7\text{kJ/kg}$

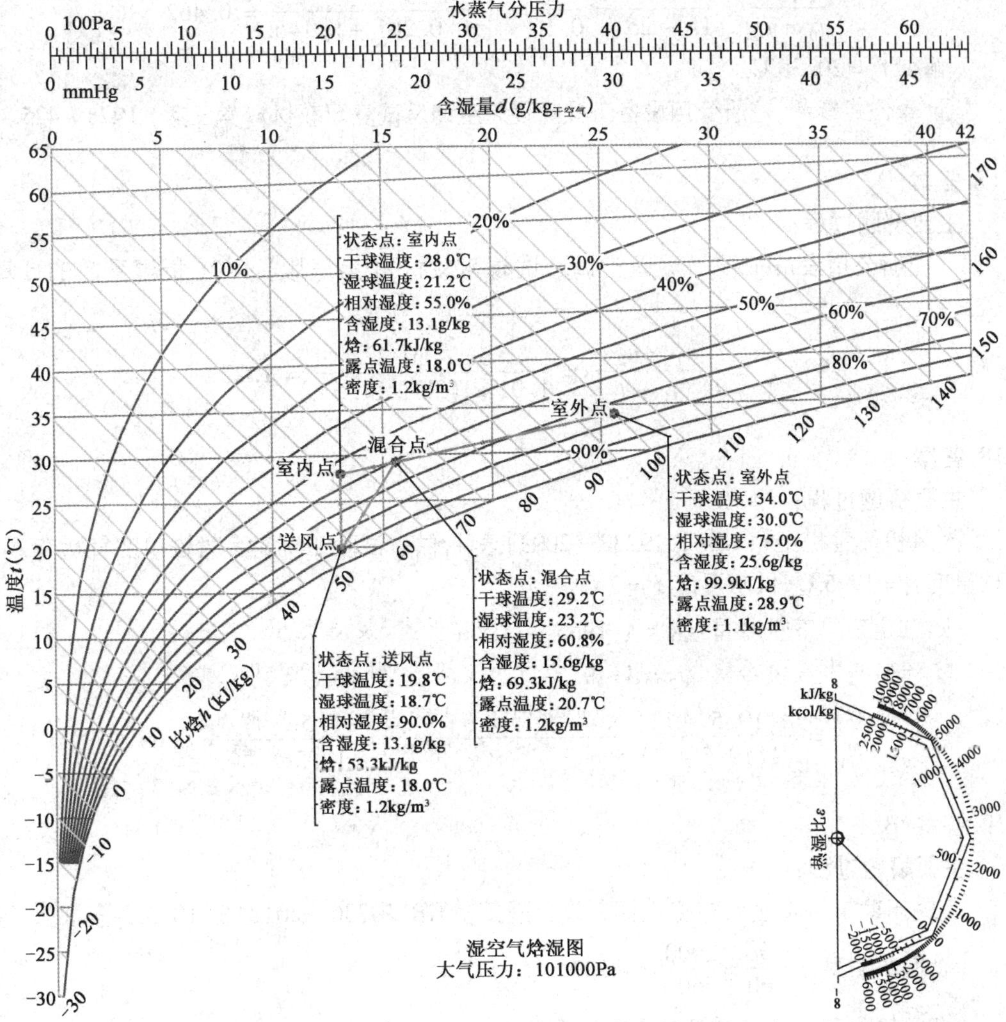

混合状态点 $h_c=0.2h_w+0.8h_n=69.34\text{kJ/kg}$

由于仅有显热负荷，过室内点做等含湿量线与90%相对湿度线交点即为送风状态点 O，查得：$h_O=53.3\ \text{kJ/kg}$，$t_O=19.8℃$

因此根据室内显热负荷计算总风量：$G=\dfrac{Q}{c\cdot(t_N-t_O)}=\dfrac{8}{1.01\times(28-19.8)}=0.97$ kg/s

系统设计冷量为：$Q_L=G\cdot(h_c-h_O)=0.97\times(69.34-53.3)=15.56\text{kW}$

16. **答案**:D

主要解题过程:

送风口的直径:$d_0=\dfrac{4AB}{2(A+B)}=\dfrac{4\times1\times0.5}{2\times(1+0.15)}=0.261\text{m}$

根据轴心温度公式:$\dfrac{\Delta T_x}{\Delta T_0}=\dfrac{0.35}{(a_x/d_0)+0.145}$,代入已知数据:

$$\frac{t_x-t_n}{t_0-t_n}=\frac{t_x-25}{15-25}=\frac{0.35}{0.16\times1.0/0.261+0.145}=0.462$$

解得 $t_x=20.38℃$

计算公式参考《注册公用设备工程师暖通空调考试复习教材》(第三版) P424 ~425。

17. **答案**:D

主要解题过程:

《注册公用设备工程师暖通空调考试复习教材》(第三版) P401 析湿系数的计算公式:

$$\zeta=\frac{h_1-h_2}{C_p(t_1-t_2)}=\frac{53-30.2}{1.01\times(30-11.5)}=1.22$$

18. **答案**:A

主要解题过程:

《风机盘管机组》(GB/T 19232—2003)表4,供冷试验工况时盘管进口空气状态:湿球温度 $t_s=19.5℃$,供水温度 $t_g=7℃$,

则额定工况下供冷量:$Q_1=A(19.5-7)\times e^{0.02\times19.5}\times e^{0.0167\times7}$

实际运行工况供冷量:$Q_2=A(19.5-12)\times e^{0.02\times19.5}\times e^{0.0167\times12}$

$$\frac{Q_2}{Q_1}=\frac{A(19.5-12)\times e^{0.02\times19.5}\times e^{0.0167\times12}}{A(19.5-7)\times e^{0.02\times19.5}\times e^{0.0167\times7}}=\frac{7.5e^{0.5904}}{12.5e^{0.5069}}=0.65$$

19. **答案**:B

主要解题过程:

《民用建筑供暖通风与空气调节设计规范》(GB 50736—2012)第10.3.3条。

设备的频率:$f=\dfrac{n}{60}=\dfrac{2900}{60}=48.33$

设备的固有频率与弹簧减震器的频率之比为4 ~5,

则弹簧的频率:$f_0=\dfrac{f}{4\sim5}=\dfrac{48.33}{4\sim5}=9.67\sim12.08$

20. **答案**:C

主要解题过程:

《注册公用设备工程师暖通空调考试复习教材》(第三版) P463 公式(3.6-11),迎风面风压 P:

$P=C\times\dfrac{\rho v^2}{2}=0.9\times\dfrac{1.29\times4.5^2}{2}=11.76$,取15Pa。

21. **答案**:C

主要解题过程:

(1)根据进出口空气状态参数,查得进口空气的焓:$i_R=19\text{kJ/kg}_{干空气}$,出口空气的焓:$i_R=9.5\text{kJ/kg}_{干空气}$,进出口空气的焓差:$\Delta i=i_R-i_C=19-9.5=9.5\text{kJ/kg}_{干空气}$。

(2)1kg 干空气流过蒸发器后,含湿量减少:$\Delta d=5.29-3.8=1.49\text{g/kg}_{干空气}$,也就是$1\text{kg}_{干空气}$的结霜量。

(3)每千克制冷剂流过蒸发器的获得的热量为:

$$\Delta h=h_1-h_3=415.13-239.35=175.78\text{kJ/kg}_{干空气}$$

根据能量守恒可知,每千克制冷剂流过蒸发器时的干空气循环量为:

$$\frac{\Delta h}{\Delta i}=\frac{175.78}{9.5}=18.5\text{kg}_{干空气}/\text{kg}_{制冷剂}$$

(4)每千克制冷剂流过蒸发器时的结霜量为:

$$18.5\times1.49=27.6\text{g/kg}_{制冷剂}=0.0276\text{kg/kg}_{制冷剂}$$

(5)融化掉 0.0276kg/kg 制冷剂的霜(按冰计算),需要的热量为:

$$Q_1=m\times r(潜热)=0.0276\times335=9.24\text{kJ/kg}_{制冷剂}$$

(6)采用凝结后冷媒热液化霜时,高压液体的热量为:

$Q_2=h_3-h_5=239.33-224.29=15.04>9.24$,故能够“化霜”。

22. **答案**:D

主要解题过程:

《注册公用设备工程师暖通空调考试复习教材》(第三版)P640 公式(4.5-15),循环倍率f为:

$$f=\frac{\varepsilon_s}{\varepsilon_s-\varepsilon_w}=\frac{0.57}{0.57-0.53}=14.25$$

23. **答案**:B

主要解题过程:

溴化锂制冷机消耗的热量:$\varphi_g=\frac{\varphi_0}{\xi}=\frac{1200}{1.1}=1091\text{kW}$

根据吸收式制冷系统的原理,需要冷却水冷却的部分为冷凝器的散热量和吸收器的散热量,

根据热量平衡:$\varphi_g+\varphi_0=\varphi_k+\varphi_a$

冷却热量:$Q=\varphi_g+\varphi_0=\varphi_k+\varphi_a=1091+1200=2291\text{kW}$

冷却水量:$G=\frac{Q}{c\cdot\Delta t}=\frac{2291}{4.187\times6}=91.2\text{kg/s}=328\text{m}^3/\text{h}$

计算原理及公式参考《注册公用设备工程师暖通空调考试复习教材》(第三版)P637。

24. **答案**:A

主要解题过程:

根据$t_n=16℃$,$\varphi=85\%$,查得露点温度$t_1=13.5℃$。

根据传热量平衡列方程:

$$[16-(-15)]\times 0.371=(16-t)/0.125$$

解得:$t=14.6>13.5$℃,隔墙外表面不会结露。

25. **答案:**B

主要解题过程:

《城镇燃气设计规范》(GB 50028—2006)第10.2.1条,用户室内燃气管道的允许最高压力:10000Pa。

第10.2.2条,人工煤气用气设备燃烧器的额定压力为1000Pa,允许燃气压力在±50%范围内波动,即工作压力应在750~1500Pa范围内。

燃气的附加压力:$9.81\times(\rho_a-\rho_g)\times\Delta H=9.81\times(1.2-0.71)\times 300=1442$Pa

当管网负荷最大时,用户燃气具压力:$1500+1442-500=2442$Pa

当管网负荷最小时,用户燃气具压力:$1500+1442=2942$Pa

均超出了燃气压力的允许范围。

2011年注册公用设备工程师（暖通空调）执业资格考试

专业考试试题及答案

2011 年专业知识试题(上午卷)

一、单项选择题(共 40 题,每题 1 分,每题的备选项中只有一个最符合题意)

1. 某住宅小区中的一栋三层会馆采用重力循环热水供暖系统,每层的散热器均并联在供回水立管间,热水直接被分配到各层散热器,冷却后的水由回水支、立管及干管回流至锅炉,该系统形式属于下列哪项? ( )

(A)单管下供上回跨越式系统 (B)单管上供下回系统
(C)双管上供下回系统 (D)水平跨越式系统

2. 北方某厂的厂区采用低压蒸汽采暖,设有凝结水回收管网,一新建 $1000m^2$ 车间设计为暖风机热风采暖,系统调试时,发现暖风机供暖能力严重不足,但设计的暖风机选型均满足负荷计算和相关规范规定,下列分析的原因中,哪条不会导致该问题发生? ( )

(A)蒸汽干管或凝结水管严重堵塞
(B)热力入口低压蒸汽的供气量严重不足
(C)每个暖风机换路的疏水回路总管上设置了疏水器,未在每一台暖风机的凝结水支管上设置疏水器
(D)车间的凝结水总管的凝结水压力低于连接厂区凝结水管网处的凝结水压力

3. 北方某厂房高 $H=12m$ 拟采用集中送热风供暖,要求工作地带全部处于回流区,不属于该要求的做法是下列哪项? ( )

(A)送风口安装高度约为 6m (B)每股射流宽度≤3.5H
(C)平行送风时每股射流作用半径≤9H (D)送风温度取为 45℃

4. 采用红外线燃气敷设采暖的厂房,燃气燃烧时耗用厂房内的空气,试问该燃烧器耗用空气量(若以厂房的换气次数计)超过下列哪项时,就应该从室外补充供应空气? ( )

(A)0.2 次/h (B)0.5 次/h
(C)1.0 次/h (D)2.0 次/h

5. 关于居住建筑共用立管的分户独立的集中热水采暖系统,哪项做法是错误的? ( )

(A)每组共用立管连接户数一般不宜超过 40 户
(B)共用立管的设计流速为 1.20m/s

(C)共用立管的比摩阻宜保持在 30～60Pa/m

(D)户内系统的计算压力损失(包括调节阀,户用热量表)不大于 20kPa

6. 某栋六层住宅建筑,设计分户热计量热水采暖系统,正确的做法是下列哪项? ( )

(A)采暖系统的总热负荷应计入向邻户传热引起的耗热量

(B)计算系统供、回水管道时应计入向邻户传热引起的耗热量

(C)户内散热器片数计算时不计入向邻户传热引起的耗热量

(D)户内系统为双管系统,且热力入口设置流量调节阀

7. 根据规范规定燃气锅炉房的锅炉间火灾危险性分类是哪项? ( )

(A)属于甲类生产厂房 (B)属于乙类生产厂房

(C)属于丙类生产厂房 (D)属于丁类生产厂房

8. 设计燃气锅炉房,下列做法哪项是正确的? ( )

(A)当采用双管供气时,每条管道的通过能力按锅炉房总耗气量的 65% 计算

(B)燃气配管系统适用的阀门选用明杆阀

(C)燃气放散管出口高出屋脊 1.5m

(D)燃气管道穿越基础时,有条件时需设置套管

9. 设计居民小区的锅炉房时,下列哪项是错误的? ( )

(A)单台 2.8MW 的燃气锅炉炉前净距为 2.5m

(B)锅筒上方不需要操作和通行时,净空高度为 0.7m

(C)操作平台的宽度为 0.85m

(D)集水器前通道宽度为 1.0m

10. 下列哪项管道为严禁穿过厂房中防火墙的管道? ( )

(A)热水采暖干管

(B)蒸汽采暖管道

(C)有爆炸危险厂房内的排风管道

(D)有爆炸危险厂房内的送风管道

11. 用漏光法检测系统风管严密程度时,下列哪项不符合规范规定? ( )

(A)光源可置于风管内侧或外侧,但其对应侧应为黑暗环境

(B)若采用手持一定光源,可采用 220V 不低于 100W 带保护罩的照明灯

(C)漏光检测中,对发现的条形漏光应做密闭处理

(D)应采用具有一定强度的安全光源

12. 防空地下室平时和战时合用一个通风系统时，关于选用防护设备的规定，下列哪项是错误的？（ ）

(A) 按最大计算新风量选用清洁通风管管径、粗过滤器、密闭阀门
(B) 按战时清洁通风的计算新风量选用门式防爆波活门，并按门前开启时的平时通风量进行校核
(C) 应按战时工况计算新风量
(D) 过滤吸收器的额定风量必须大于滤毒通风时的进风量

13. 关于风帽的选用说法，下列哪项是错误的？（ ）

(A) 筒形风帽适用自然通风系统
(B) 避风风帽适用在室外空气正压区内的自然排风口上安装
(C) 锥形风帽适用于除尘系统
(D) 圆伞形风帽适用于一般的机械通风系统

14. 下列设备所采用的排气罩，哪项是错误的？（ ）

(A) 粉状物料在皮带运输机卸料处采用外部吸气罩
(B) 油漆车间大件喷漆采用大型通风柜
(C) 砂轮机采用接受式排气罩
(D) 大型电镀槽采用吹吸式排气罩

15. 燃气锅炉房设事故排风系统，其排风量按照换气次数计算，规范规定事故排风的最小排风量应为下列哪项？（ ）

(A) ≮6 次/h　(B) ≮10 次/h
(C) ≮12 次/h　(D) ≮15 次/h

16. 某高层公共建筑内不具备自然排风的中庭，体积为 20000m^3，设计选取合理的机械排烟量应是下列哪项？（ ）

(A) ≥80000m^3/h　(B) ≥91000m^3/h
(C) ≥102000m^3/h　(D) ≥120000m^3/h

17. 某高度为 30m 的医院有较长的内走道（宽度 2.4m），内走道的两端及中部的外墙上部各开一扇 1.8m×1.2m 的外窗（平开窗），拟采用自然排烟方式，内走道的最大允许长度是下列哪项？（ ）

(A) 42m　(B) 54m　(C) 66m　(D) 72m

18. 以下有关静电除尘器性能的描述，哪项是错误的？（ ）

(A) 和其他高效除尘器相比，静电除尘器的阻力较低

(B)可处理400℃以下的高温含尘气体

(C)对于粒径1 ~2μm以上的粉尘,静电除尘器的效率可达98% ~99%

(D)静电除尘器最适宜的粉尘比电阻范围是10^{11} ~10^{12}Ω·cm

19. 固定床活性炭吸附装置的设计参数选取,哪项是错误的? ( )

(A)空塔速度一般取0.3 ~0.5m/s

(B)吸附剂和气体接触时间取0.5 ~2.0s

(C)吸附层压力损失应小于1kPa

(D)采用热空气再生冻结时,脱附再生温度宜为130 ~150℃

20. 地源热泵系统作为一种利用可再生能源的空调冷热源系统,有多种形式,试问下列哪项系统不属于地源热泵系统范畴? ( )

(A)地埋管热泵系统

(B)地下水热泵系统

(C)江水源热泵系统

(D)水环热泵系统

21. 进行公共建筑节能设计时,以下哪项不是采用"围护结构热工性能权衡判断"方法的必要条件? ( )

(A)应先对设计建筑的热工性能进行核查

(B)屋顶透明部分的面积大于屋顶总面积的20%

(C)建筑体型系数需满足标准要求

(D)夏热冬冷地区的建筑,地面热阻超过1.2(m^2·K)/W

22. 采用低温送风时,防止送风口结露的条件应是下列哪项? ( )

(A)降低送风的相对湿度

(B)增加送风管的壁厚

(C)送风口表面温度高于室内露点温度1 ~2℃

(D)提高送风的相对湿度

23. 空气处理机组(AHU)常用的离心风机有前向式和后向式两种,下列哪项说法是正确的? ( )

(A)前向式比后向式效率高,应优先用于风量大、机外余压高的空气处理机组

(B)前向式比后向式噪声低,应优先用于风量小、机外余压低、噪声要求高的空气处理机组

(C)后向式比前向式的风机性能曲线平滑,有利于变风量空气处理机的风量调节

(D)后向式比前向式结构紧凑,适用于小型空气处理机组

24. 采用喷水室处理空气，不能实现的处理过程应是哪项？（ ）

（A）实现等焓加湿过程　　（B）实现等温加湿过程
（C）实现降温减湿过程　　（D）实现等湿加热过程

25. 关于地源热泵系统，下列说法哪项是错误的？（ ）

（A）采用地面管系统应用面积为2000m^{2}时，必须做岩土热响应试验
（B）采用地埋管系统应进行全年空调动态负荷计算
（C）当地埋管最大释热量和最大吸热量相差不大时，换热器取供冷和供热计算长度的较大值
（D）当地埋管最大释热量和最大吸热量相差较大时，换热器取供冷和供热计算长度较小值，并增加辅助冷热源

26. 关于空调循环水系统的补水、定压的说法，正确的是下列哪项？（ ）

（A）补水泵扬程应保证补水压力比系统静止时补水点压力高30～50kPa
（B）补水泵小时流量不得小于系统水容量的10%
（C）闭式循环水系统的定压宜设在循环水泵的吸入侧，定压点最低压力应使系统最高点的压力高于大气压力2kPa以上
（D）系统定压点不得设于冷水机组的出口处

27. 空调水系统为闭式系统时，调试时常发生因水系统中的空气不能完全排除，而造成无法正常运行的情况，试问引起该问题的原因是下列哪项？（ ）

（A）水泵的设计扬程太小
（B）水泵的设计流量不足
（C）膨胀水箱的底部与系统最高点的高差过大
（D）膨胀水箱的底部与系统最高点的高差不够

28. 以下哪种材料不应作为洁净室金属壁板的夹芯材料？（ ）

（A）矿棉板　　（B）聚苯板
（C）岩棉板　　（D）玻璃纤维板

29. 某洁净室要求的相对负压，下列哪一种控制方法是正确的？（ ）

（A）送风量大于回风量　　（B）送风量等于回风量
（C）送风量小于回风量　　（D）安装余压阀

30. 夏热冬冷地区某城市的不同建筑采用多联式空调（热泵）机组，说法正确的应为下列哪项？（ ）

（A）同一型号、规格的多联式空调（热泵）机组应用于办公楼比应用于商场的实

际能效比更高

(B)同一型号、规格的多联式空调(热泵)机组应用于商场比应用于办公楼的实际能效比更高

(C)多联式空调(热泵)机组需要设置专门的运行管理人员

(D)多联式空调(热泵)机组可实现分室计量

31. 关于制冷设置及系统的自控,下列哪项说法是错误的? ( )

(A)制冷机组的能量调节由自身的控制系统完成

(B)制冷机组运行时,需对一些主要参数进行定时监测

(C)水泵变频控制可利用最不利换路末端的支路两端压差作为信号

(D)多台机组运行的系统,其能量调节除每台机组自身调节外,还需要对台数进行控制

32. 热泵机组的说法,错误的应是下列哪项? ( )

(A)地埋管热泵机组的地埋管换热系统宜采用变流量设计

(B)地埋管热泵机组的地埋管换热系统,夏季是向土壤释热

(C)热泵热水机所供应的热水温度越高,机组制热能效比就越低

(D)热泵机组空调系统的节能效果与效益大小仅取决于地区气候特性的因素

33. 某地表水水源热泵机组,河水侧采用闭式盘管换热器,运行一年后,发现机组效果严重下降,经检查发现机组盘管换热器的管束内侧堵塞,观察到焊接的闭式盘管出现众多腐蚀,烂穿的细小孔洞,造成了河水进入盘管,试判断引起该故障的原因是下列哪项? ( )

(A)施工时盘管管材的焊缝未实现满焊

(B)施工时盘管收到外部物体的碰撞引起破裂

(C)盘管的弯管部分因疲劳出现断裂

(D)盘管管材采用镀锌钢管

34. 下列应用地埋管地源热泵系统的建筑,可不进行岩土热响应实验的是下列哪项? ( )

(A)应用建筑面积≥4000m^2

(B)应用建筑面积≥500m^2

(C)应用建筑面积≥8000m^2

(D)应用建筑面积≥10000m^2

35. 在 R22、R134a、R123 三种工质下,对大气臭氧层破坏程度由大至小排列,正确的是下列哪项? ( )

(A)R22、R123、R134a　　(B)R134a、R22、R123

(C)R123、R134a、R22　　(D)R22、R134a、R123

36. 关于空气源热泵的说法,下列哪项是错误的? ( )

(A)空气源热泵可在 -20℃外界环境下制取地板辐射采暖所需的 30℃热水
(B)制取同样参数和数量的热水,空气源热泵消耗的电能多于水源热泵消耗的电能
(C)空气源热泵的室外换热器有沙尘覆盖时会降低制热效率
(D)空气源热泵工作的室外温度越低,结霜不一定越严重

37. 在国家标准《多联机空调(热泵)机组能效限定值及能源效率等级》(GB 21454—2008)中,关于多联机能效等级的分级,正确的是下列哪项? ( )

(A)能效等级共分为 3 级,其中 1 级为能效最高级
(B)能效等级共分为 4 级,其中 1 级为能效最高级
(C)能效等级共分为 5 级,其中 1 级为能效最高级
(D)能效等级共分为 5 级,其中 5 级为能效最高级

38. 在冷库围护结构设计中,下列哪项做法是错误的? ( )

(A)隔气层设于隔热层的高温侧
(B)地面隔热层采用硬质聚氨酯泡沫塑料,其抗压强度≥0.2MPa
(C)对硬质聚氨酯泡沫塑料隔热层的热导率进行修正
(D)底层未冷却间,对地面不采取防冻胀措施时,仍需设隔热层

39. 有关生活排水管道设置检查口和清扫口的做法,符合规范的应是下列哪项? ( )

(A)某居室的卫生间设有大便器、洗脸盆和淋浴器,于塑料排水横管上设置清扫口
(B)某居室的卫生间设有大便器、洗脸盆和淋浴器,铸铁排水横管上不设置清扫口
(C)某普通住宅铸铁排水立管每五层设置一个检查口
(D)某住宅 DN75 的排水立管底部至室外检查井中心的长度为 15m,在排出管上设清扫口

40. 暗埋的用户燃气管道的设计使用年限,应为下列哪项? ( )

(A)不应小于 20 年　　(B)不应小于 30 年
(C)不应小于 40 年　　(D)不应小于 50 年

二、多项选择题(共 30 题,每题 2 分。每题的备选项中有两个或两个以上符合题意。错选、少选、多选均不得分)

41. 有关重力式循环系统的说法,正确的应是下列哪几项? ( )

(A)重力循环系统采用双管系统比采用单管系统更易克服垂直水力失调现象
(B)楼层散热器相对于热水锅炉的高度减小，提供的循环作用压力相应减小
(C)重力循环系统是以不同温度的水的密度差为动力进行循环的系统
(D)重力循环系统作用半径不宜超过 50m

42. 某居住建筑设置独立的散热器热水供暖系统，采用哪些措施能够实现运行节能？（　　）

(A)采用水泵变频装置
(B)采用散热器的温控阀
(C)采用热计量装置
(D)采用自动排气装置

43. 对严寒和寒冷地区居住建筑供暖计算的做法中，正确的是哪几项？（　　）

(A)建筑物耗热量指标由供暖热负荷计算后得出
(B)外墙传热系数计算是考虑了热桥影响后计算得到的平均传热系数
(C)在对外门窗的耗热量计算中，应减去采暖期平均太阳辐射热
(D)负荷计算中，考虑相当建筑物体积 0.5 次/h 的换气耗热量

44. 某栋六层住宅建筑，设计热水集中供暖系统，错误的设计做法是下列哪几项？（　　）

(A)为保证户内双管系统的流量，热力入口设置定流量调节阀
(B)为保证供暖系统的供暖能力，供暖系统的供回水干管计算，计入向邻户传热引起的耗热量
(C)为延长热计量表使用寿命，将户用热计量表安装在回水管上
(D)为保证热计量表不被堵塞，户用热计量表前设置过滤器

45. 关于热电厂集中供热方式的说法，正确的是哪几项？（　　）

(A)带高、中压可调蒸汽口的机组称作双抽式供热汽轮机
(B)蒸汽式汽轮机改装为供热汽轮机，会使供热管网建筑投资加大
(C)背压式汽轮机只适用于承担供暖季节基本热负荷的供热量
(D)抽气背压式机组与背压式机组相比，供热负荷可不受供电负荷的制约

46. 蒸汽供热管网中，分气缸上应装设的附件，应是下列哪几项？（　　）

(A)压力表
(B)温度计
(C)安全阀
(D)疏水阀

47. 选择热网的管道设备附件，正确的是下列哪几项？（　　）

(A)热力网蒸汽管道应采用钢制阀门及附件
(B)室外采暖计算温度低于 −10℃ 地区热水管道地下敷设，其检查室设备附件不得采用灰铸铁制品

(C)热力管道连接应采用焊接

(D)热力管道公称直径不应小于32mm

48. 某建筑高度为23m的旅馆,应设机械防烟措施的是下列哪几项? ( )

(A)不能天然采光和自然通风的封闭楼梯间

(B)设置自然排烟设施的防烟楼梯间,其不具备自然排烟条件的前室

(C)不具备自然排烟条件的消防电梯间前室

(D)不具备自然排烟条件的防烟楼梯间

49. 现场组装的静电除尘器,其阴阳极板之间的间距允许偏差,下列哪几项符合相关规定? ( )

(A)阳极极板高度>7m,为5mm

(B)阳极极板高度>7m,为10mm

(C)阳极极板高度≤7m,为5mm

(D)阳极极板高度≤7m,为10mm

50. 天津某商场的排风系统拟采用显热热回收装置,设计选用时,下列哪几项额定热回收效率是符合规定的? ( )

(A)≥50% (B)≥60%

(C)≥65% (D)≥70%

51. 人防地下室应具备通风换气条件的部位,应是下列哪几项? ( )

(A)染毒通道 (B)防毒通道

(C)简易洗消间 (D)人员掩蔽部

52. 下述关于除尘系统设计的规定,哪几项是错误的? ( )

(A)除尘系统的排风量,应按其全部同时工作的吸风点计算

(B)风管的支管宜从主管的下面接出

(C)风管的漏风率宜采用10%~15%

(D)各并联环路压力损失的相对差额不宜超过15%

53. 某高层建筑的中庭面积850m^2,平均净高度为25m,设计选取合理的机械排烟量时,错误的应是下列哪几项? ( )

(A)51000m^3/h (B)85000m^3/h

(C)102000m^3/h (D)127500m^3/h

54. 有关除尘设备的设计选用原则和相关规定,哪几项是错误的? ( )

(A)处理有爆炸危险粉末的除尘器、排风机应与其他普通型的风机、除尘器分

开设置

(B)含有燃烧和爆炸危险粉尘的空气,在进入排风机前采用干式或湿式除尘器进行处理

(C)净化有爆炸危险粉尘的干式除尘器,应布置在除尘系统的正压段

(D)水硬性或疏水性粉末不宜采用湿法除尘

55. 有关空调系统的调节阀门,说法错误的应是下列哪几项? ( )

(A)通常空调系统的调节阀门均采用等百分比特性的阀门

(B)空调系统的表冷器采用三通调节阀,可实现该回路的变流量调节

(C)空调系统加湿器的控制阀门应采用等百分比特性

(D)对开叶片的控制风阀的压力损失比平行叶片的风阀压力损失大

56. 根据供回水干管末端压差,变频调速控制空调冷水二级泵,系统环路常出现大流量小温差的现象,不利于空调系统节能,下列哪些分析判断是正确的? ( )

(A)干管末端压差设定值偏大

(B)大部分自控水量调节阀故障,无法关闭

(C)空调箱盘管选型偏小

(D)二次供水温度偏低

57. 如图所示为两台同型号水泵并联运行的性能曲线图,说法正确的是哪几项?图中: ( )

$G—H_1$:单台泵运行特性曲线;

$G—H_2$:2 台泵并联运行特性曲线;

P:管路特性曲线;

$G—N$:单台水泵功率曲线;

$G_{总}$:2 台泵并联运行的总流量;

G_2:2 台泵并联运行单台泵流量,$G_2=0.5G_{总}$;

N_2:2 台泵并联运行时单台泵功率。

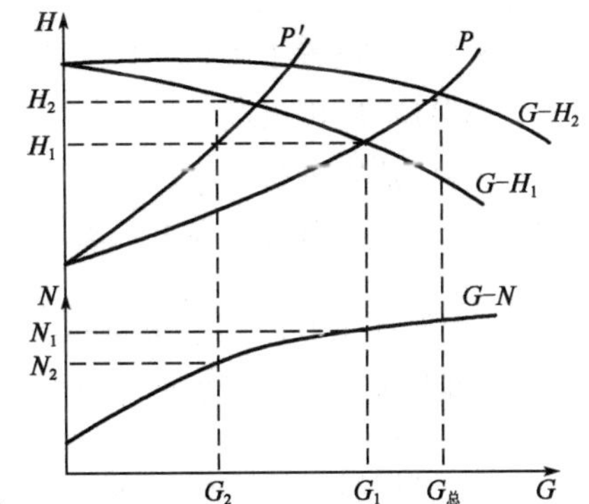

(A)系统阻力系数不变时,单台泵运行水泵流量 $G_1>G_2$

(B)系统阻力系数不变时,单台泵二星功率 $N_1>N_2$

(C)水泵单台运行时有可能发生电机过载

(D)多台水泵并联运行的单台泵流量应考虑并联衰减,可加大水泵选型规格

58. 某空调水系统为闭式循环系统,采用膨胀水箱定压,其膨胀水箱的底部高出水泵进口 20m,膨胀水箱的底部高出系统最高处的水平管道 500mm,高出最高处水平管道上的自动放气阀顶部 150mm,水泵的扬程为 35m,系统在调试初期发现水泵喘振、不能正常工作,试问以下哪几项措施不可能解决该问题? ( )

(A)更换扬程更大的水泵

(B)更换流量更大的水泵

(C)进一步降低膨胀水箱底部与系统最高处水平管道上的自动放气阀顶部的高差

(D)加大膨胀水箱的底部与系统最高出水平管道上的自动放气阀顶部的高差

59. 夏热冬暖地区某高层办公楼仅设夏季空调，冷冻机房位于地下室，送到空调末端的供回水温度分别为7℃、12℃，哪几项标准层空调方式的选择是错误的？　(　　)

(A)风机盘管加新风空调系统，每层采用一套带喷水室的新风空气处理机组

(B)变风量空调系统，每层采用一套带表冷器的空气处理机组

(C)送风温度9℃的低温送风空调系统

(D)风机盘管加新风空调系统，每层采用一套带表冷器的新风空气处理机组

60. 某空调冷水系统两根管径不同的管道，当管内流速相同时，关于单位长度管道沿程阻力 R 的说法错误的应是下列哪几项？　(　　)

(A)小管径的 R 值小　(B)大管径的 R 值小

(C)两种管径的 R 值相同　(D)小管径的 R 值大

61. 在风机盘管加新风(新风量全年恒定)的空调系统中，对于新风系统的自动控制设计，正确的选择是以下哪几项？　(　　)

(A)新风机组的表冷器电动二通阀采用AO控制(连续式调节)时，温度传感器可设置于机组送风管内

(B)新风机组进风管上的新风阀应采用DO(On-Off调节)控制

(C)新风机组的风机应根据室内 CO_2 浓度来控制风机转速

(D)新风机组的蒸汽加湿器采用DO控制时，温度传感器设置于机组送风管内

62. 为保证工业厂房中车间办公室的工效，当风机出口至房间的气流噪声视作不变时，下列哪几项空调系统的送风机出口应设置消声器？　(　　)

(A)送风机的噪声为54dB(A)

(B)送风机的噪声为57dB(A)

(C)送风机的噪声为60dB(A)

(D)送风机的噪声为62dB(A)

63. 哪几项是确定洁净空气流流型和送风量的正确设计、布置原则？　(　　)

(A)空气洁净度等级要求为6~9的洁净室，宜采用非单向流

(B)洁净室的气流分布应均匀

(C)房间送风量应总是大于房间排风量

(D)需排风的工艺设备布置在洁净室下风侧

64.《地源热泵系统工程技术规范》(GB 50036—2005)(2009 年版),进行了重要修订的是下列哪几项? ( )

(A)统一规范岩土热响应试验方法
(B)明确提出对于地埋管地源热泵系统的建筑,当应用建筑面积≥3000m^2 时,应进行热响应试验
(C)明确提出岩土热响应试验应符合附录 C 的规定
(D)提出地埋管换热器计算时,换路集管不应包括在地埋管换热器长度内

65. 有关回热循环压缩制冷的描述,下列哪几项是正确的? ( )

(A)采用回热循环,总会提高制冷系数
(B)采用回热循环,单位质量制冷剂的制冷量总会增加
(C)采用回热循环,单位质量制冷剂的压缩功耗总会增加
(D)采用回热循环,压缩机的排气温度比不采用回热循环的压缩机排气温度高

66. 关于风冷热泵机组的说法正确的是下列哪项? ( )

(A)机组的实际制热量总是小于机组的名义制冷量
(B)热泵机组供热比直接采用电加热方式供热节能
(C)冬季运行时,风冷热泵机组的室外机的盘管表面温度低于 0℃,会结霜
(D)风冷热泵机组的室外机应布置在室外通风良好处

67. 活塞式压缩机级数的选择是根据制冷剂和设计工况的冷凝压力与蒸发压力之比来确定的,下列陈述正确的是哪几项? ( )

(A)以 R717 为制冷剂时,当压缩比≤6 时,应采用单级压缩
(B)以 R717 为制冷剂时,当压缩比 >8 时,应采用双级压缩
(C)以 R22 为制冷剂时,当压缩比≤10 时,应采用单级压缩
(D)以 R134a 为制冷剂时,只能采用单级压缩

68. 有关蒸汽压缩循环冷水(热泵)机组的 IPLV 值的说法,正确的是下列哪项?
( )

(A)IPLV 值是制冷机组在部分负荷下的性能表现
(B)同一地区、同类建筑采用 IPLV 数值高的机组,有利于节能
(C)同一地区、同类建筑采用 IPLV 数值高的机组,不利于节能
(D)IPLV 值是制冷机组性能与系统负荷动态特性的匹配反映

69. 冰蓄冷的制冷机组选型,不能采用的机组是下列哪几项? ( )

(A)螺杆式制冷压缩机组
(B)离心式制冷压缩机组
(C)单效溴化锂吸收式制冷机组

(D)双效溴化锂吸收式制冷机组

70. 燃气管道选用和连接,错误的做法是下列哪几项? ( )

(A)选用符合标准的焊接钢管时,低压、中压燃气管道宜采用普通管
(B)燃气管道的引入管选用无缝钢管时,其壁厚不得小于3mm
(C)室内燃气管道宜选用钢管,也可选用符合标准规定和其他管道
(D)位于地下车库中的低压燃气管道,可采用螺纹连接

2011 年专业知识试题答案(上午卷)

1. **答案**:C

依据:《注册公用设备工程师暖通空调考试复习教材》(第三版) P25"重力循环热水供暖系统宜采用上供下回式,锅炉位置尽可能低,以增大系统的作用压力",由题意散热器内水流方式可知此系统为垂直双管系统,综合分析可知系统形式为双管上供下回系统,选项 C 正确。

2. **答案**:C

依据:选项 ABD 均会造成蒸汽供气量不足,从而导致暖风机供暖能力严重不足;《注册公用设备工程师暖通空调考试复习教材》(第三版) P67"热媒为蒸汽时,每台暖风机应单独设置阀门和疏水装置",如果不设疏水器,会造成暖风机效果稍差,不至于严重不足。

3. **答案**:D

依据:根据已知参数查《注册公用设备工程师暖通空调考试复习教材》(第三版) P62 表 1.5-1,可知选项 AB 正确;P62"每股射流用半径,平行送风时 $L \leqslant 9H$",可知选项 C 正确;送风温度的大小不会影响气流分布,但其会影响舒适性。

4. **答案**:B

依据:《民用建筑供暖通风与空气调节设计规范》(GB 50736—2012)第 5.6.6 条"当燃烧器所需要的空气量超过该房间每小时 0.5 次的换气次数时,应由室外供应空气。"

5. **答案**:D

依据:《2009 全国工程设计技术措施》第 2.5.9 条,"每组共用立管连接的用户数不应过多,一般不宜超过 40 户""室内共用立管的比摩阻保持为 30~60Pa/m""户内系统的计算压力损失(包括调节阀、户用热量表)不大于 30kPa",选项 AC 正确、选项 D 错误;《民用建筑供暖通风与空气调节设计规范》(GB 50736—2012)第 5.9.13 条,"民用建筑热水采暖系统最大允许流速为 2.0m/s",选项 B 正确。

6. **答案**:D

依据:《民用建筑供暖通风与空气调节设计规范》(GB 50736—2012)第 5.2.10 条,"在确定分户热计量采暖系统的户内采暖设备容量和计算户内管道时,应考虑户间传热对供暖负荷的附加,但附加量不应超过 50%,且不应统计在供暖系统的总热负荷中",可知选项 ABC 错误;第 5.3.2 条及条文说明,可知选项 D 正确。

7. **答案**:D

依据:《锅炉房设计规范》(GB 50041—2008)第 15.1.1.1 条"锅炉间应属于丁类生产

厂房。"

8. **答案**:B

依据:此知识点出现在第二版复习教材 P151,应按 75% 计算,选项 A 错误、选项 B 正确;有《锅炉房设计规范》(GB 50041—2008)第 13.3.4 条,放散管应高出屋脊 2m 以上,选项 C 错误;第 13.2.17 条,应设置套管,选项 D 错误。

9. **答案**:D

依据:《锅炉房设计规范》(GB 50041—2008)表 4.4.5 和第 4.4.6 条,选项 AB 正确;由《注册公用设备工程师暖通空调考试复习教材》(第三版)P154,选项 C 正确、选项 D 错误。

10. **答案**:C

依据:《建筑设计防火规范》(GB 50016—2014)第 9.3.2 条"有爆炸危险的厂房内的排风管道,严禁穿过防火墙和由爆炸危险的车间隔墙",选项 C 正确。

11. **答案**:B

依据:《通风与空调工程施工质量验收规范》(GB 50243—2002)附录 A,选项 ACD 均有原文依据,A.1.2 条"检测应采用具有一定强度的安全光源,手持移动光源可采用不低于 100W 带保护罩的低压照明等,或其他低压光源",选项 B220V 为高压电,不属于安全光源,一般 36V 以下为安全电源。

12. **答案**:C

依据:《人民防空地下室设计规范》(GB 50038—2005)第 5.3.3 条,可知选项 ABD 正确,"应按战时和平时工况分别计算系统的新风量",选项 C 错误。

13. **答案**:B

依据:《注册公用设备工程师暖通空调考试复习教材》(第三版)P184,"筒形风帽适用于自然通风",选项 A 正确;P185 页,"禁止风帽布置在正压区内或窝风地带,以防风帽产生倒灌或影响出力",选项 B 错误;

《民用建筑供暖通风与空气调节设计规范》(GB 50736—2012)第 6.6.18 条条文说明,锥形风帽有利于稀释有害物质,判断其可使用于除尘系统,选项 C、D 正确。

14. **答案**:A

依据:《注册公用设备工程师暖通空调考试复习教材》(第三版)P18,可知此处应采用局部密闭罩,选项 A 错误。P189"油漆车间的大件喷漆、面粉和制药车间的粉料装袋等采用大型通风柜,操作人员在柜内工作",选项 B 正确。P197 接受式排风罩的介绍可知选项 C 正确。P195～196 介绍可知大型电镀槽适宜采用吹吸式排风罩。

15. **答案**:C

依据:《锅炉房设计规范》(GB 50041—2008)第 15.3.7.1 条,可知事故通风换气次数每小时不少于 12 次。

16. **答案**:C

依据:《高层民用建筑设计防火规范》(GB 50045—1995)(2005 年版)第 8.4.2.3 条:"中庭体积大于 17000m^3,其排烟量按 4 次换气计算,且不小于 102000m^3"。

4 次换气的排烟量为 20000 ×4 =80000m^3/h,小于 102000m^3/h,取 102000 m^3/h。

注:按公消〔2015〕98 号文件规定,因《建筑防烟排烟系统技术规范》尚未批准发布,防烟排烟的设计与审核暂按旧规范内容执行。

17. **答案**:B

依据:《高层民用建筑设计防火规范》(GB 50045—1995)(2005 年版)第 3.0.1 条,医院建筑为一类公共建筑,第 8.4.1.1 条,采用自然排烟方式,其走道的长度不可超过 60m。自然排烟口的面积为 1.8 ×1.2 ×3 =6.48m^2,由第 8.2.2.3 条可知此排烟口的面积可满足 6.28/0.02/2.4 =135m 长走道的排烟。综合分析选 B。

注:按公消〔2015〕98 号文件规定,因《建筑防烟排烟系统技术规范》尚未批准发布,防烟排烟的设计与审核暂按旧规范内容执行。

18. **答案**:D

依据:《注册公用设备工程师暖通空调考试复习教材》(第三版)P219 ~221。选项 AC 正确;选项 B 可处理气体的温度在 350℃以下;最适宜的范围是 10^4 ~10^{11}Ω · cm。

19. **答案**:D

依据:ABC 选项见《注册公用设备工程师暖通空调考试复习教材》(第三版)P232 ~233,《注册公用设备工程师暖通空调考试复习教材》(第三版)P236"再生温度宜控制在 125℃以下",选项 D 错误。

20. **答案**:D

依据:《地源热泵系统工程技术规范》(GB 50366——2009)第 2.0.1 条,"地源热泵系统分为地埋管地源热泵系统、地下水地源热泵系统和地表水地源热泵系统",可知选项 ABC 均为地源热泵的范畴。《注册公用设备工程师暖通空调考试复习教材》(第三版)P494 有关水环热泵系统的介绍,它是一种小型的水—空气热泵机组的一种应用方式。

21. **答案**:D

依据:《公共建筑节能设计标准》(GB 50189—2015)第 3.2.1 条、第 3.2.7 条、第 3.4.1 条,可知选项 D 不是进行权衡判定计算的必要条件。

22. **答案**:C

依据:《注册公用设备工程师暖通空调考试复习教材》(第三版)P429"选择低温送风口时,应使送风口表面温度高于室内露点温度 1 ~2℃"。

23. **答案**:C

依据:《2009 全国工程设计技术措施》第 5.11.7.7 条,风机曲线应平滑,应采用后倾式离心风机，选项C正确。由于选项B后向式风机主要优先用于大风量的，如大风量的风机一般走势后向式离心风机。《注册公用设备工程师暖通空调考试复习教材》(第三版)P262和P408，可判定选项AD错误。大型风机，对效率与噪声有较高要求时，多采用后向式、机翼式中小型风机，特别是风压要求高时，多采用前向式。

24. **答案**:D

依据:《注册公用设备工程师暖通空调考试复习教材》(第三版)P372，"喷水室可以根据水温的不同，实现升温加湿、等温加湿、降温生焓、绝热加湿、减焓加湿、等湿冷却和减湿冷却7种典型的空气状态变化过程"不能实现等湿加热的过程。

25. **答案**:A

依据:根据《地源热泵系统工程技术规范》(GB 50366—2009)第3.2.2条，面积大于$5000m^2$，必须做岩土热响应试验。

26. **答案**:A

依据:《民用建筑供暖通风与空气调节设计规范》(GB 50736—2012)第8.5.16条，可知选项A正确、选项B错误;第8.5.18条，可知选项C错误;第8.5.16条"空调水系统的补水点，宜设在循环水泵的吸入口。"在系统压力满足要求的情况下，定压点也可设在冷机的出口处，选项D错误。

27. **答案**:D

依据:水系统中空气无法排除，说明在某些管段存在负压倒吸空气的现象，这和系统的定压方式不当有关。根据《民用建筑供暖通风与空气调节设计规范》(GB 50736—2012)第8.5.18.1条可知，选项D有可能会产生此种情况。

28. **答案**:B

依据:《洁净厂房设计规范》(GB 50073—2013)第5.2.4条:要求为不燃，不得为有机复合材料。

29. **答案**:C

依据:《注册公用设备工程师暖通空调考试复习教材》(第三版)P464"维持洁净室负压的措施:①调节洁净室送风量和回风量;②调节洁净室排风量"，可知选项C正确。

30. **答案**:D

依据:《多联机空调系统工程技术规程》(JGJ 174—2010)第3.1.5条可知选项D正确;多联式空调(热泵)机组的"实际能效比"与很多因素有关，不仅仅是建筑物使用性质有关;多联机空调系统不需要专门的运行管理人员。

31. **答案**:B

依据:《注册公用设备工程师暖通空调考试复习教材》(第三版)P593~603对各种冷机进行了介绍，可知制冷机组本身可以根据负荷的变化，调整所输出的制冷量，选项A正确;

制冷机组运行时需要对压力、温度进行实时监测，油压进行实时监测，以确保机组

的安全稳定运行,选项B“进行定时控制”,错误;

水泵变频控制策略要区分一次泵系统和二次泵系统,根据不同系统采用不同的信号作为变频控制策略,选项C为二次泵变频的压差信号;

多机组可以采用开启机组的数量和自身能量调节系统,调节输出的冷量,选项D正确。

不同机组冷量调节的方式不同,如:①活塞式压缩机可以采用气缸的数量,调整输出的冷量;②多压缩机的制冷机组可以采用逐渐投入工作的压缩机的数量,调整输出的冷量;③采用变频机组,可以通过改变转速调整输出的冷量,但是要确保最低的冷冻水的流量,以保证蒸发器的不结冰;④螺杆式压缩机可以采用滑阀调整输出的冷量;⑤离心式冷水机组可以采用变频,进口导叶开度,扩压管的大小及旁通的方法,调整输出的冷量。

32. **答案:**D

依据:《地源热泵系统工程技术规范》(GB 50366—2009)第4.3.15条“地埋管换热系统宜采用变流量设计”,选项A正确。

地埋管热泵机组,夏天制冷,机组将室内的热量通过冷凝器散给土壤。冬天用于制热,从土壤中吸收热量,选项B正确;

热泵热水机的供应热水温度升高,实质上就是冷凝温度升高,制冷系数下降,选项C正确;

热泵机组的运行节能效果,取决于热泵机组的种类,如水源热泵机组换热器与水源或土壤换热,与地区特性无关,若是空气源热泵,夏季工况则与室外温度有关,冬季不仅与温度有关还与结霜情况有关,选项D错误。

33. **答案:**D

依据:运行一年才出现机组效果严重下降,说明刚安装好时水系统没有破损漏水的情况。因此排除施工时的问题,即选项AB。观察到闭式盘管出现众多腐蚀,说明管材或水质出了问题,因此排除选项C。根据《地源热泵系统工程技术规范》(GB 50366—2009)第4.2.2.1条可知,换热盘管应选用塑料管材及管件,因此选项D错误。

34. **答案:**A

依据:《地源热泵系统工程技术规范》(GB 50366—2009)第3.2.2A条,可知选项A可不做热响应试验。

35. **答案:**A

依据:《注册公用设备工程师暖通空调考试复习教材》(第三版)P588~591,R22的ODP=0.055,R134a的ODP=0,R123的ODP=0.02。

36. **答案:**B

依据:①空气源热泵在低温下可以采用双级压缩或补气增焓的技术实现提供所需热水,现在新型产品双压缩机的空气源热泵均可在-20℃环境下工作;②室外空气温度不同的地域,空气源热泵消耗电能就未必会多于水源热泵;③空气源热泵机组室外换热器的污垢会引起蒸发温度降低,从而减少了供热量,引起了制热系数降低;④空气源热泵结霜的条件其室外换热器表面的温度低于空气的露点温度，同时低于0℃，同时结霜程度大小还与含湿量有关，因此温度越低结霜不一定严重。

37. **答案**：C

依据：根据规范第3.3条，选项C正确。

38. **答案**：B

依据：根据《冷库设计规范》（GB 50072—2010）第4.4.1条，选项A正确；第4.3.1条，抗压强度应大于0.25MPa，选项B错误；第4.3.3条，选项C正确；第4.3.13条，选项D正确。

39. **答案**：D

依据：根据《建筑给水排水设计规范》（GB 50015—2003）（2009年版）第4.5.12-2条，选项AB错误。第4.5.12.1条，要求立管检查口距离不宜大于10m，五层楼的高度大于10m，故选项C错误。根据4.5.12.4条，选项D正确。

40. **答案**：D

依据：《城镇燃气技术规范》（GB 50494—2009）第6.4.2条。

---

41. **答案**：BCD

依据：《注册公用设备工程师暖通空调考试复习教材》（第三版）P24～25有关重力循环的介绍可知：对于重力式供暖系统，双管系统由于上层重力循环作用压力比底层大，容易出现垂直水力失调现象，而单管系统的重力循环作用压力同一立管相等，因此单管系统比双管系统可靠的多，选项A错误；由P25公式（1.3-7）、公式（1.3-8）可知在散热器中冷却所产生的重力作用与高差和密度差成正比，故选项BC正确；P25"一般情况下，重力循环系统的作用半径不宜超过50m"，选项D正确。

42. **答案**：AB

依据：选项AB均是系统变流量运行，根据温度进行调节，属于节能措施。而供热系统实行热计量是建筑节能、提高室内供暖质量、加强供暖系统智能化管理的一项重要措施与节能运行无关。自动排气阀的设置关系到系统能否正常运行，与是否节能无关。

43. **答案**：BC

依据：由《严寒和寒冷地区居住建筑节能设计标准》（JGJ 26—2010）第2.1.6条"建筑物耗热量指标是指在计算采暖期室外平均温度条件下，为维持室内设计温度，单位建筑面积在单位时间内消耗的需由室内采暖设备供给的热量"及《民用建筑供暖通风与空气调节设计规范》（GB 50736—2012）第5.2.2条可知供暖热负荷由5部分组成，且计算热负荷时室外的计算温度取值为供暖室外计算温度，由此可知耗热量与热负荷是两个不同的概念，选项A错误。由第4.2.3.1、第4.3.8条可知选项BC正确。第4.3.10条及附录F.0.2和F.0.3，对建筑体积和换气次数做了说明，选项D错误。

44. **答案**:AB

依据:(1)由《供热计量技术规程》(JGJ 173—2009)第5.2.3条和《民用建筑供暖通风与空气调节设计规范》(GB 50736—2012)第5.9.3-3条、第5.10.6条及其条文说明可知,为保证变流量系统内某一用户的流量恒定不应设自力式流量控制阀,是否需要设置自力式压差控制阀应通过计算热力入口的压差变化幅度确定,即为了保证户内双管系统流量不受其余用户流量变化的影响应根据需要设置自力式压差控制阀而不是定流量调节阀,选项A错误。

(2)《民用建筑供暖通风与空气调节设计规范》(GB 50736—2012)第5.2.10条可知"在确定分户热计量采暖系统的户内采暖设备容量和计算户内管道时,应计入向邻户传热引起的耗热量附加,但附加的耗热量不应统计在采暖系统的总热负荷内",选项B错误。

(3)《民用建筑供暖通风与空气调节设计规范》(GB 50736—2012)第5.10.3条及条文说明,说明热量表安装在回水管上,选项C正确。

(4)《供热计量技术规程》(JGJ 173—2009)第6.3.3条规定热表前需设过滤器,选项D正确。

45. **答案**:BC

依据:《注册公用设备工程师暖通空调考试复习教材》(第三版)P122有关热电厂集中供热部分的说明,可知选项BC正确。

46. **答案**:ABD

依据:《注册公用设备工程师暖通空调考试复习教材》(第三版)P104,可知分气缸上应装设压力表、温度计、疏水阀。系统的安全阀不应定安装在分气缸上。

47. **答案**:AC

依据:根据《城镇供热管网设计规范》(CJJ 34—2010)第8.3.4条及条文说明可知"蒸汽管道在任何条件下均应采用钢制阀门及附件",且"室外采暖计算温度低于-10℃地区露天敷设的热水管道设备附件均不得采用灰铸铁制品",而对检查室内的没有规定,可知选项A正确、选项B错误。第8.3.3条"热力网管道的连接应采用焊接",选项C正确。由《锅炉房设计规范》(GB 50041—2008)第18.4.2条,不应小于25mm,选项D错误。

48. **答案**:ABCD

依据:《建筑设计防火规范》(GB 50016—2014)第6.4.2条"封闭楼梯间,当不能自然采光和自然通风时,应按防烟楼梯间的要求设置",由第8.5.1条可知选项ABCD均需设置机械防烟措施。

49. **答案**:BC

依据:《通风与空调工程施工质量验收规范》(GB 50243—2002)第7.3.6条,可知选项BC正确。

注意:题干有"现场组装"的字眼,一般从各种验收规范或施工规范寻找依据。

50. **答案**:BCD

依据:《公共建筑节能设计标准》(GB 50189—2015)对热回收效率无明确要求,旧版规范第5.3.14条"排风热回收装置(全热和显热)的额定热回收效率不应低于60%",可知选项BCD符合。

51. **答案**:BCD

依据:《人民防空地下室设计规范》(GB 50038—2005)图5.2.9可知,染毒通道不进行通风换气。

52. **答案**:AB

依据:《注册公用设备工程师暖通空调考试复习教材》(第三版)P253,如果各排风点不是同时工作,还应计算不同时工作的吸风口排风量的15%~20%,选项A错误;为避免积尘,支管应接自主管的侧面,选项B错误;《注册公用设备工程师暖通空调考试复习教材》(第三版)P269,可知选项C正确;《民用建筑供暖通风与空气调节设计规范》(GB 50736—2012)第6.6.6条,可知选项D正确。

53. **答案**:AB

依据:中庭的体积为 $850\times25=21250\text{m}^3$,《高层民用建筑设计防火规范》(GB 50045—1995)(2005年版)第8.4.2.3条,体积 $>17000\text{m}^3$,采用4次换气计算,且排烟量不小于 $102000\ \text{m}^3/\text{h}$,$21250\times4=85000\text{m}^3/\text{h}<10200\text{m}^3/\text{h}$。

注:按公消〔2015〕98号文件规定,因《建筑防烟排烟系统技术规范》尚未批准发布,防烟排烟的设计与审核暂按旧规范内容执行。

54. **答案**:BC

依据:《建筑设计防火规范》(GB 50016—2014)第9.1.3条,选项A正确;第9.3.5条可知选项B错误;第9.3.8条,应在"负压段上",选项C错误;《注册公用设备工程师暖通空调考试复习教材》(第三版)P200可知选项D正确。

55. **答案**:ABCD

依据:阀门的相关内容见《注册公用设备工程师暖通空调考试复习教材》(第三版)P519~525。

56. **答案**:ABC

依据:(1)管路的流量和阻力的关系为 $\Delta P=SV^2$;可知水系统阀门未调节时,系统阻力特性 S 值不变,末端压差设定较大,则水系统流量相应增大,公式可参考《注册公用设备工程师暖通空调考试复习教材》(第三版)P136公式(1.10-23),选项A正确。

(2)末端大部分自控流量阀因故障不能关闭,说明系统阻力特性 S 值不能调节,为定值,要靠流量增大到一定值后才会达到预设的末端压差值,系统调节能力差,选项B正确。

(3)风机风量不变,换热盘管面积偏小,则换热量下降,为维持原有的换热量,盘管进出风温差将加大。供水温度不变时,回水温度将降低,供回水温差减小,水流量增大,选项C正确。

(4)若末端出风温度未做调整,则末端回水温度不变,而二次侧供水温度偏低,供回水温差加大,流量应减小,故选项 D 错误。

57. **答案**:ABC

依据:有关水泵并联运行的内容可参考《实用供热空调设计手册》P1178~1181。并联系统单台或部分水泵运行时,因循环管网没变、总流量变小导致系统的总阻力变小、管路的特性曲线发生变化,使单台水泵工作点向流量增大,扬程减小的方向移动,其结果表现为单台或部分运行的水泵流量,要比同时运行时对总流量做的"贡献"大。如果反过来说,多台水泵并联的单泵流量就该去考虑"并联衰减",而去采用流量大一些的型号是错误的。

58. **答案**:ABC

依据:发生喘振是由于定压不够,水系统负压倒抽空气,水管中空气不能及时排放。更换大扬程或大流量的水泵都不能从根本上解决定压不够这个问题。应当注意的是流量加大虽然可以使流速相应加大,使得水流裹挟空气,有利于空气的排放,但定压不够是喘振的主要原因,一边排气一边倒抽空气不能从根本上解决该问题。只有选项 D,加大了定压值,是正确的方法。

59. **答案**:AC

依据:选项 A,喷水室是开式系统,每层设置,系统阻力不平衡率太大,水泵扬程增大太多,不合理。选项 C,见《民用建筑供暖通风与空气调节设计规范》(GB 50736—2012)第 7.3.13.1 条,虽然 9℃的出风温度满足要求,但出风温度与冷媒进口温度之间的温差为 2℃,不符合规范"不宜小于 3℃"的要求。选项 BD 为空调系统的常规方式。

60. **答案**:AC

依据:根据沿程阻力公式 $\Delta P=\lambda\ \dfrac{l}{d}\cdot\dfrac{\rho v^2}{2}$,可知大管径的 R 小,小管径的 R 大,选项 AC 错误。沿程阻力公式见《注册公用设备工程师暖通空调考试复习教材》(第三版)P45 公式(1.4-7)。

61. **答案**:AB

依据:温度传感器设在送风管道内是可以准确反应送风温度的测点,选项 A 正确;因机组的新风量全年恒定,不需调节,因此可采用 DO 控制,选项 B 正确;新风量全年恒定则风机转速不会发生变化,选项 C 错误;湿度传感器安装在回风管内,见《注册公用设备工程师暖通空调考试复习教材》(第三版) P514:"应当尽量将传感器安装在气流速度较大的地方。如测量室内相对湿度时,往往不是将湿度传感器直接安装在室内。而是安装在回风风道内;而在测量室外空气的相对湿度时,则将湿度传感器安装在新风风道内",选项 D 错误。

62. **答案**:BCD

依据:《工业企业设计卫生标准》(GBZ 1—2010)第 6.3.1.7 条:工效限值 55dB(A)。题目给出了工效的说法,所以采用工效限值。

63. **答案**:ABD

依据:《洁净厂房设计规范》(GB 50073—2013)第6.3.3条,第6.3.1条,第6.3.4条,可知选项ABD正确。根据洁净室与室外的压差确定房间的送风量和排风量大小。

64. **答案**:AC

依据:《地源热泵系统工程技术规范》(GB 50366—2009)附录C为新增内容。

65. **答案**:BCD

依据:《注册公用设备工程师暖通空调考试复习教材》(第三版) P574表4.1-1, R22和R717制冷剂的制冷系数下降,排气温度均升高,选项A错误、选项D正确;根据图4.1-11的压焓图和温熵图可知,回热循环单位质量制冷量变大,压缩机排气温度升高,压缩机所消耗功增加,选项BC正确。

66. **答案**:BD

依据:根据热力学定律可知,冷凝器的散热量=制冷量+压缩机耗功率,因此实际制热量应该大于机组的制冷量,选项A错误;热泵机组由于其制热系数永远大于1,因此比电加热供热节能,选项B正确;《注册公用设备工程师暖通空调考试复习教材》(第三版) P612风冷热泵室外机结霜的条件盘管表面的温度低于空气的露点温度,同时低于0℃,就会结霜;风冷热泵机组为了保证换热器的换热良好,应保证通风良好。

67. **答案**:BC

依据:《注册公用设备工程师暖通空调考试复习教材》(第三版) P730表4.9-13,可知选项A错误,选项BC正确,R134a是目前使用最广泛的一种制冷剂,以R134a为制冷剂的冷机由单级也有双极的,选项D错误。

68. **答案**:ABD

依据:《蒸汽压缩循环冷水(热泵)机组　第1部分》(GB/T 18430.1—2007)第3.2.1条可知IPLV反映了单台冷水机组在部分负荷的性能,选项A正确。《民用建筑供暖通风与空气调节设计规范》(GB 50736—2012)第8.2.3条条文说明,单台机组IPLV高,其全年能耗不一定低,但是有利于节能,选项B正确、选项C错误。根据IPLV的定义及计算方法,可知选项D的说法正确。

69. **答案**:CD

依据:《注册公用设备工程师暖通空调考试复习教材》(第三版) P676,冰蓄冷主要用于电力的峰谷调配,受电价政策影响或许省钱,但不节能。溴化锂机型耗热不耗电,不能体现冰蓄冷技术的优势,另外由于采用了溴化锂—水工质对,水作为制冷剂不能低于0℃,因此不能用于冰蓄冷;

螺杆式制冷机组和离心式制冷机组,可以采用乙二醇溶液或盐溶液作为载冷剂,可以得到更低的温度用于冰蓄冷的载冷剂。

70. **答案**:ABD

依据:《城镇燃气设计规范》(GB 50028—2006)第10.2.4.1条,中压要求无缝钢管。第10.2.5.2条:用于引入管时不得小于3.5mm。第10.2.3条,宜选用钢管,也可选用铜管、不锈钢管、铝塑复合管和连接软管,选项C正确。第10.2.23.3条"应采用焊接或法兰连接",选项D错误。

2011年专业知识试题(下午卷)

一、单项选择题(共40题,每题1分,每题的备选项中只有一个最符合题意)

1. 有一工厂厂区采用蒸汽供暖系统,正确的设计应是下列哪项? ( )

(A)设计低压蒸汽采暖系统,采用双管下供下回系统,可避免汽水撞击声
(B)设计低压蒸汽机械回水供暖系统时,锅炉高于底层散热器,则凝水箱需要安装在低于底层散热气和凝水管的位置
(C)设计高压蒸汽开式余压回水系统时,锅炉房的闭式凝水箱顶标高应低于室外凝水干管最低点标高
(D)设计高压蒸汽闭式余压回水系统时,锅炉房的闭式凝水箱顶标高应低于室外凝水干管最低点标高

2. 在室内供暖系统中能够实现运行节能的方法,应是下列哪项? ( )

(A)随着房间热负荷的降低,减小送回水温差
(B)随着房间热负荷的降低,提高供水温度
(C)随着房间热负荷的降低,减少送风水流量
(D)随着房间热负荷的降低,降低回水温度

3. 公共建筑围护结构建筑热工设计中,当窗户的传热系数满足节能标准的情况下,下列玻璃窗的选择哪项是错误的?

(A)同一窗墙比情况下,在夏热冬冷地区玻璃窗的遮阳系数限值应小于寒冷地区
(B)在严寒地区,应选用遮阳系数大的玻璃
(C)对寒冷地区窗墙比较小的情况,应选择遮阳系数大的玻璃
(D)对寒冷地区北向窗户,应选遮阳系数小的玻璃

4. 在设计供暖系统时,正确布置散热设备与选择附件的做法是下列哪项?

(A)采用活塞式减压阀,减压后的压力0.08MPa
(B)某蒸汽系统的安全阀通向室外的排气管管径为4.5cm
(C)为了缓冲空气直接进入室内,在门斗处设置散热器
(D)采用气压罐定压时,系统补水量可取总容水量的2%

5. 某工厂一车间采暖热媒为高压蒸汽,蒸汽压力为0.7MPa,温度200℃,下图中哪项管道连接布置方式不会产生严重水击现象?

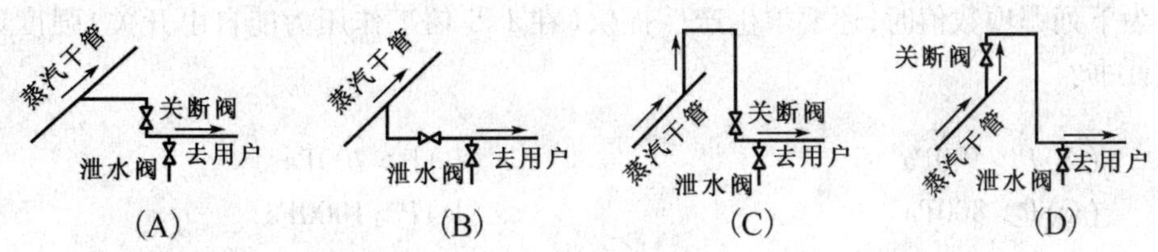

6. 在设计某办公楼机械循环热水供暖系统时，下列哪项措施符合节能要求？（　　）

(A)系统南北分环布置，采用单管系统并加恒温阀
(B)系统南北分环布置，采用单管系统并加跨越管
(C)系统南北分环布置，采用双管系统并加恒温阀
(D)系统南北分环布置，根据水力平衡要求在分环回水支管上设置水力平衡阀

7. 对既有采暖居住建筑供热系统节能改造的技术措施中，下列哪项技术措施是实行其他技术的前提？（　　）

(A)在热力站安装气候补偿器　　(B)在热网实现水力平衡
(C)在室内安装温控装置　　(D)对户用安装分户热计量装置

8. 某严寒地区城市集中供暖，以热电厂作为冬季供暖基本热负荷，区域锅炉房作为调峰供暖，热电厂采用热能利用效率最高的汽轮机应是下列哪项（　　）

(A)凝汽式汽轮机改装为供热汽轮机　　(B)单抽式供热汽轮机
(C)双抽式供热汽轮机　　(D)背压式供热汽轮机

9. 关于热水供暖系统设计水力计算中的一些概念，正确的应该是下列哪项？（　　）

(A)所谓当量局部阻力系数就是将管道沿程阻力折合成与之相当的局部阻力
(B)不等温降计算法最适用于垂直单管系统
(C)当系统压力损失有限制时，应先计算出平均的单位长度摩擦损失后，再选取管径
(D)热水供暖系统中，由于管道内水冷却产生的自然循环压力可以忽略不计

10. 关于关泽空气源热泵机组的说法，下列哪项是错误的？（　　）

(A)冬季设计工况机组性能系数 <1.8 的地区，不宜采用
(B)对于室内温度稳定有较高要求的系统，应设置辅助热源
(C)对于有同时供冷供暖要求的建筑，宜优先选用热回收式机组
(D)采用风冷冷凝器，与大型水冷式机组相比，能效比更高

11. 调节风阀除需要设计文件和制作要求后外购产品质量进行质量检验外，当工作

压力为下列哪项数值时，还要求生产厂提供（在1.5倍工作压力能自由开关）强度试验合格证书？（　　）

(A) $P>500\text{Pa}$　　(B) $P>700\text{Pa}$
(C) $P>800\text{Pa}$　　(D) $P>1000\text{Pa}$

12. 重庆市某建筑采用管道风降温，正确的应为下列哪项？（　　）

(A)影响地道降温效果的因素只有地道长度
(B)相同的地道，空气流速增加，降温效果越好
(C)相同的空气流速，断面大的地道，降温效果越好
(D)相同的空气流速，相同断面的地道越长，降温效果越好

13. 利用天窗排风的工业建筑，下述哪项应设置避风天窗？（　　）

(A)夏季室外平均风速小于1m/s的工业建筑
(B)寒冷地区，室内散热量大于23W/m^{3}的工业建筑
(C)室内散热量大于35W/m^{3}的工业建筑
(D)多跨厂房处于动力阴影区的厂房天窗

14. 外部吸气罩应用于下述工艺过程时，所采用的最小控制风速，哪项是错误的？（　　）

(A)磨削:2.5~10m/s
(B)喷漆室内喷漆:0.5~1.0m/s
(C)快速装袋:0.5~0.8m/s
(D)槽内液面液体蒸发:0.25~0.5m/s

15. 某车间生产过程散发大量粉尘，为改善工作环境，同时减少热损耗，拟在设置局部通风除尘系统中回用一定量的循环空气，试问除尘系统的排风含尘浓度为下列哪项时，可以采用部分循环空气？（　　）

(A)小于工区允许浓度的50%
(B)小于工区允许浓度的45%
(C)小于工区允许浓度的40%
(D)小于工区允许浓度的30%

16. 某房间机械送风量为1800m^3/h，机械排风量为2000m^3/h，说法正确的是哪项？（　　）

(A)房间形成正压，自然排风量为200m^3/h
(B)房间形成负压，自然进风量为200m^3/h
(C)房间形成正压，自然进风量为200m^3/h
(D)条件不明确，正负压及相应的自然通风量无法确定

17. 在对某建筑工程进行机械防烟系统设计时,若以"＋＋"、"＋"、"－"表示静压由大到小的顺序,其压力控制不正确的是下列哪项? (　　)

(A)对防烟楼梯间及其前室分别加压送风时,楼梯间"＋＋",前室"＋"
(B)前室和合用前室加压送风时,前室"＋",走廊"－"
(C)防烟楼梯间及其前室分别加压送风时,楼梯间"＋",合用前室"＋＋"
(D)防烟楼梯间及其消防电梯间的合用前室分别加压送风时,楼梯间"＋＋",前室"＋",走廊"－"

18. 某六层楼的厂房需设排烟系统,该系统承担6个楼层火灾时的排烟量分别为:45600m^3/h、57600m^3/h、30000m^3/h、35000m^3/h、45600m^3/h,选择排烟风机的排烟量应是下列哪项? (　　)

(A)57600m^3/h (B)103200m^3/h
(C)178800m^3/h (D)245800m^3/h

19. 关于除尘设备的说法,正确的应是下列哪项? (　　)

(A)随着入口含尘浓度的提高,旋风除尘器的压力损失相应增加
(B)脉冲吹袋式除尘器的最低过滤风速一般在1.0m/s左右
(C)静电除尘器适用于含有比电阻较高的粉尘的气体除尘
(D)几何相似的旋风除尘器,压力损失基本不变

20. 某空调热水系统如图所示,热水供回水设计温差为10℃,在设计工况下系统运行时发现:空调末端能按要求正常控制室内温度,但两台热水泵同时运行时,热水供回水温差为2℃,一台泵起动则总是"电机过载保护",而无法启动,以下哪项措施不能解决该问题? (　　)

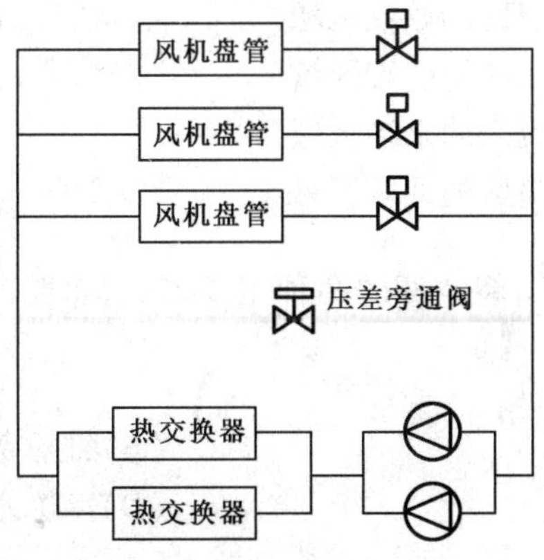

(A)将热水泵出口的手动阀门开度关小
(B)检修供回水管的压差旁通控制环节
(C)将原来的热水泵更换为小扬程的水泵

(D)加大热交换器的面积

21. 关于严寒地区空调建筑热工设计,正确的是下列哪项? (　　)

(A)外窗玻璃的遮阳系数越大越好
(B)外窗玻璃的遮阳系数宜小于0.8
(C)外窗玻璃的遮阳系数宜小于0.65
(D)采用外遮阳措施

22. 室内温度允许波动范围为1℃的恒温恒湿空调区,设计确定送风温差时,下列取值最合适的应是哪项? (　　)

(A)12℃　　(B)8℃
(C)4℃　　(D)2℃

23. 某办公楼采用低温送风的空调方式,要求有良好的气流组织,且风口不能结露,但不考虑采用低温送风口,应选用何种空调系统? (　　)

(A)内外区为单冷型单风道变风量系统,外区加设风机盘管
(B)串联式风机动力型变风量系统(内区为单冷串联式风机动力型末端,外区为再热串联式风机动力型末端)
(C)并联式风机动力型变风量系统(内区为单冷型单风道末端,外区为再热并联式风机动力型末端)
(D)内外区均为风机盘管

24. 某展览馆的展厅室内空调设计为集中送风,采用分层空调,送风口为喷口,下列设计方法正确的应是哪项? (　　)

(A)工作区处于射流区的始端区域
(B)工作区处于射流区的中端区域
(C)工作区处于射流区的末端区域
(D)工作区处于射流区的回端区域

25. 冰蓄冷与水蓄冷式蓄能空调的两种主要形式,水蓄冷与冰蓄冷相比,水蓄冷的优势为下列哪项? (　　)

(A)蓄冷密度更大　　(B)维护费用更低
(C)冷损耗更小　　(D)冷冻水温度更低

26. 某空调系统的末端装置设计的供回水温度为7/12℃,末端装置的回水支管上均设有电动两通调节阀,冷水系统为一次泵定流量系统(在总供回水管之间设有旁通管及压差控制的旁通阀),当压差旁通阀开启进行旁通时,与旁通阀关闭时相比较,正确的变化应为哪项? (　　)

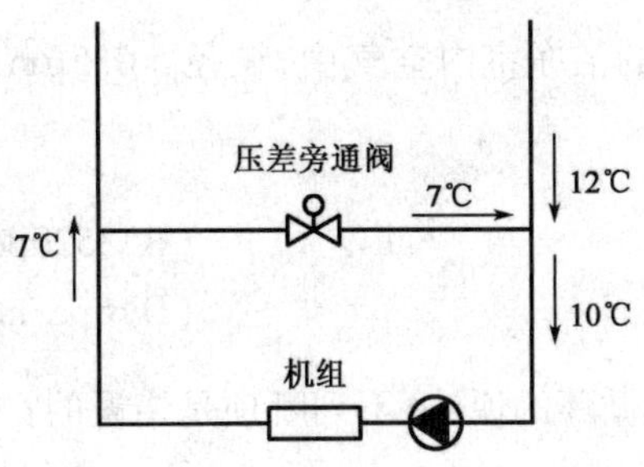

(A)冷水机组冷水的进出水温差不变
(B)冷水机组冷水的进出水温差加大
(C)冷水机组冷水的进出水温差减小
(D)冷水机组冷水的进水温度升高

27. 某空调建筑要求控制空调热水系统供水温度恒定,采用热交换器与区域热网间接连接,热水温度传感器的设定位置,正确是下列哪一项? ( )

(A)设置于换热器一次水的进水管 (B)设置于换热器一次水的出水管
(C)设置于换热器二次水的进水管 (D)设置于换热器二次水的出水管

28. 空调一次泵冷水系统(水泵定转速运行)的压差控制旁通电动阀的四种连接方式如图所示,哪种连接方式是错误的?

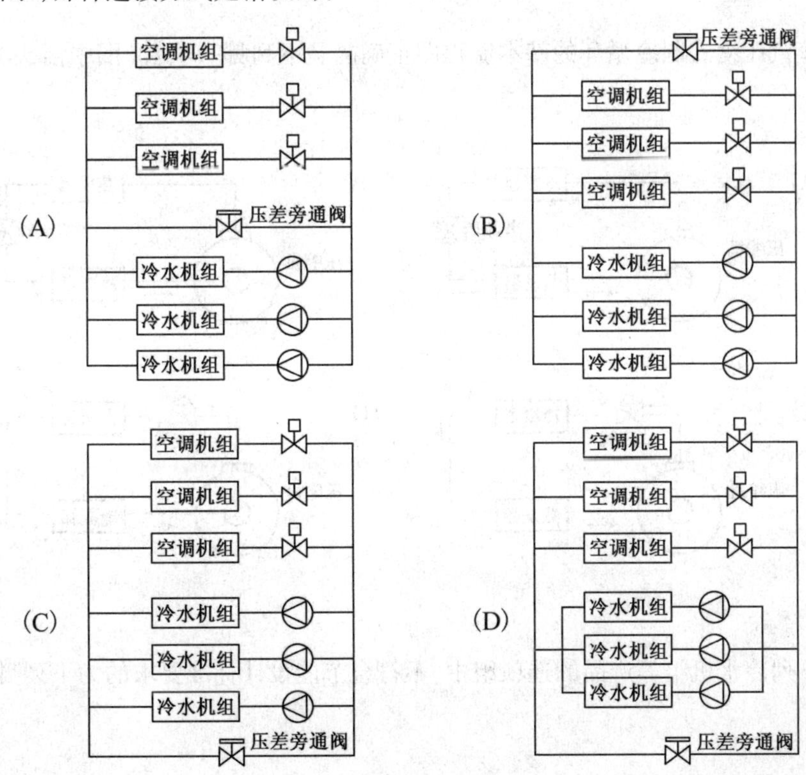

29. 洁净度等级 $N=6$ 的洁净室内空气中，粒径 ≥0.5μm 的悬浮粒子的最大允许浓度值为下列哪项？（　　）

(A) 35200pc/m^3　　(B) 3520pc/m^3

(C) 1000000pc/m^3　　(D) 6pc/m^3

30. 关于蒸汽压缩制冷循环的说法，下列哪项是错误的？（　　）

(A) 蒸汽压缩制冷性能系数与蒸发温度和冷凝温度有关，也与制冷剂种类有关

(B) 在冷凝器后增加再冷却器的再冷循环可以提高制冷系数的性能系数

(C) 制冷剂蒸汽被压缩冷凝为液体后，再用制冷剂液体泵提升压力，与直接用压缩机压缩到该压力的电动消耗量相同

(D) 相同蒸发温度和冷凝温度的一次节流完全中间冷却的双级压缩制冷循环较单级制冷循环的性能系数大

31. 制冷剂的 GWP 值是制冷剂安全、环境特性的指标之一，GWP 的正确描述为下列哪一项？（　　）

(A) GWP 的大小表示制冷剂对大气臭氧层破坏的大小

(B) GWP 的大小表示制冷剂毒性的大小

(C) GWP 的大小表示制冷剂在大气中存留时间的长短

(D) GWP 的大小表示制冷剂对全球气候变暖程度影响的大小

32. 蒸汽压缩式制冷循环的基本流程图正确的是下列哪一项？（图中箭头为制冷剂流向）

(A)

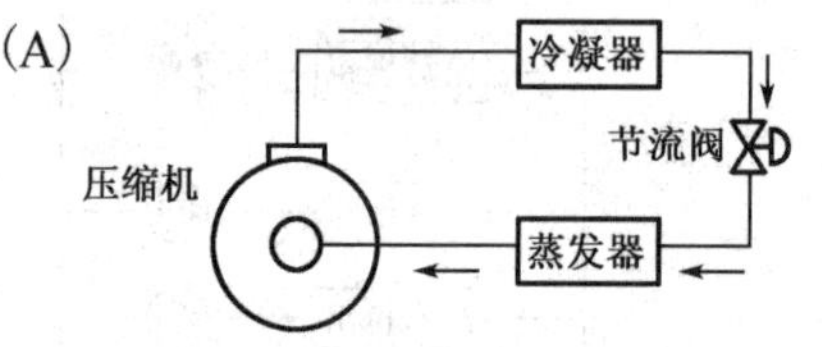

(B)

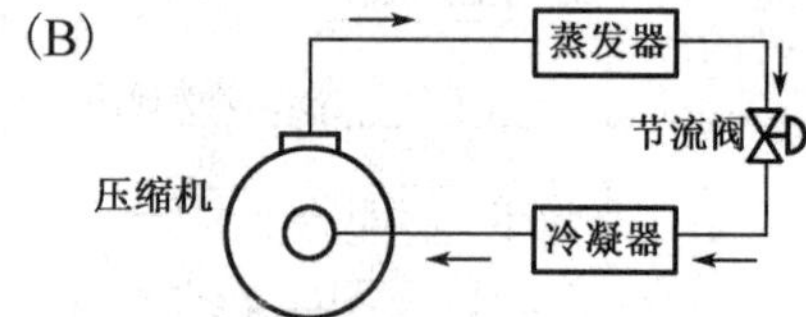

(C)

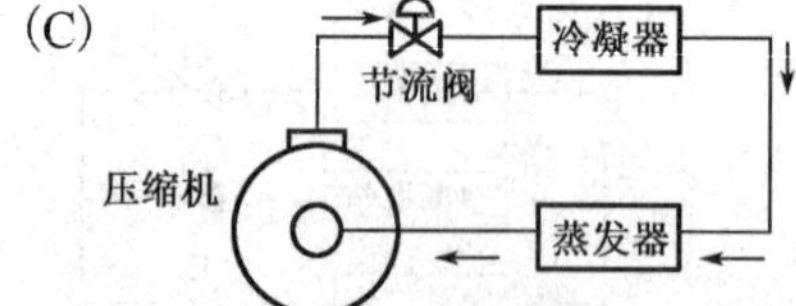

(D)

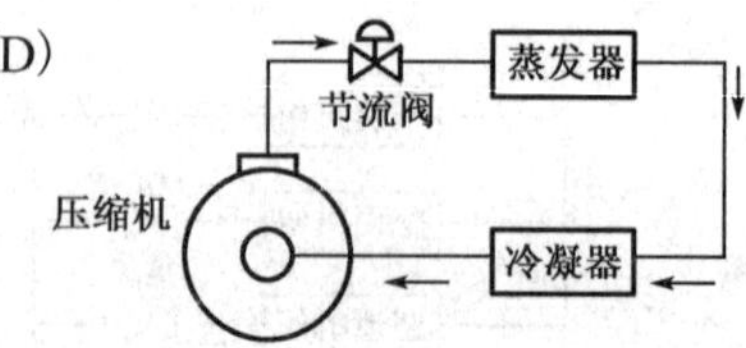

33. 下列冷水机组等产品的选项组中，不符合节能设计标准要求的为下列哪项？（　　）

(A) 严寒 C 区，选用能效比为 2.7 的 10kW 不接风管风冷单元式空调机

(B)严寒 C 区,选用能效比为 5.4 的 1500kW 水冷式离心冷水机组

(C)严寒 C 区,选用能效比为 3.3 的 40kW 风冷活塞/涡旋式冷水机组

(D)严寒 C 区,选用能效比为 5.8 的 1000kW 水冷螺杆式冷水机组

34. 关于溴化锂吸收式机组的说法,下列哪项是错误的? ( )

(A)制冷量相同时,溴化锂吸收式机组比离心式冷水机组冷却水量大

(B)冷水出口温度上升时,机组热力系数增加

(C)当有足够电力供应时,宜采用专配锅炉为驱动热源的溴化锂吸收式机组

(D)冷却水温度过低时,机组中浓溶液可能产生结晶

35. 设计 R22 制冷剂管道系统的压缩机吸气管和排气管的坡度,哪项是错误的?

( )

(A)排气管坡度应≥0.01,坡向冷凝器

(B)排气管坡度应≥0.01,坡向油分离器

(C)吸气管坡度应≥0.02,坡向压缩机

(D)排气管坡度应≥0.01,坡向压缩机

36. 压缩式制冷机组膨胀阀的感温包安装位置,哪项是正确的? ( )

(A)冷凝器进口的制冷剂管路上 (B)冷凝器出口的制冷剂管路上

(C)蒸发器进口的制冷剂管路上 (D)蒸发器出路的制冷剂管路上

37. 以下关于冰蓄冷的看法,哪项是错误的? ( )

(A)冰蓄冷系统节能量的计算方法和其他制冷节能技术的计算方法相同

(B)冰蓄冷系统节能量的计算方法和其他制冷节能技术的计算方法不同

(C)采用冰蓄冷系统的而用户侧的实际用电量会增加

(D)采用冰蓄冷系统能够移峰填谷,可以减少电场的发电设备增加,同时有发电厂已有发电设备处于高效运行,广义上属于节能减排技术

38. 某住宅小区道路的浇洒面积为 1200m²,设计浇洒用水量符合规范规定的应是下列哪项? ( )

(A)2000L/d (B)3000L/d

(C)4000L/d (D)5000L/d

39. 燃气引入管正确的设计,应为下列哪项? ( )

(A)燃气引入管穿越住宅的暖气沟

(B)燃气引入管从建筑物的楼梯间引入

(C)穿墙管与其中的燃气管之间的间隙采用柔性防腐、防水材料填实

(D)燃气引入管均采取防止变形的补偿措施

40. 使用温度低于 -20℃的燃气管道,其材质选择正确的应为下列哪项? ( )

(A)焊接钢管 (B)无缝钢管
(C)不锈钢管 (D)奥氏体不锈钢管

二、多项选择题(共 30 题,每题 2 分。每题的备选项中有两个或两个以上符合题意。错选、少选、多选均不得分)

41. 采暖系统设置平衡阀、控制阀的说法,下列哪几项正确? ( )

(A)自力式压差控制阀特别适合分户计量采暖系统
(B)静态平衡阀应装设在区域采暖锅炉房集水器的干管上
(C)夏暖系统宜于回水管上安装平衡阀
(D)管路上安装平衡阀后,不必再安装截止阀

42. 太阳能供暖系统设计,下列说法哪几项正确? ( )

(A)太阳能集热器采用并联方式
(B)为了减小系统规模和初投资,应设其他辅助热源
(C)太阳能供暖系统采用的设备,应符合国家相关产品标准的规定
(D)建筑的热工设计可不执行节能设计标准

43. 未满足室内卫生条件和生产工业要求,下列车间的通风设计中,正确的做法是哪几项? ( )

(A)设机械排风系统、机械送风系统、风量平衡、在冬季补热
(B)设机械排风系统、自然补风、在冬季补热
(C)设机械排风系统、机械送风系统、风量平衡、每班只运行 1h、在冬季不补热
(D)设机械排风系统、自然补风、风量平衡、每班只运行 1h、在冬季补热

44. 与疏水器的设计排水量有关的参数,是下列哪几项? ( )

(A)疏水器阀孔直径 (B)疏水器前后压表
(C)疏水器选择倍率 (D)疏水器的背压

45. 某城市建筑住宅区集中供热系统,选用下列哪几项热媒的温度范围最合理? ( )

(A)150/70℃热水 (B)130/70℃热水
(C)110/70℃热水 (D)95/70℃热水

46. 如图所示的热水管网系统和水压图,当用户 2 关闭停止使用时,维持进出口压差不变,则关于系统水压图变化,说法正确的应为下列哪项? ( )

(A)用户 2 关闭,用户 2 之前的水压线会变得更陡(斜率加大)

(B)用户2关闭,用户2之前的水压线会变得更平缓(斜率减小)
(C)用户2关闭,用户2之后的水压线会变得更陡(斜率加大)
(D)用户2关闭,用户2之后的水压线会变得更平缓(斜率减小)

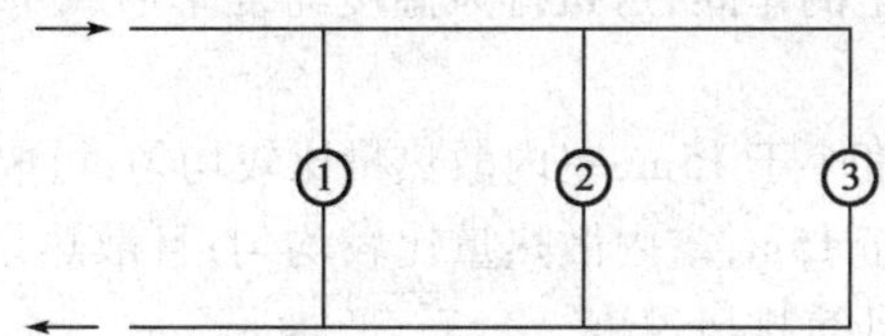

47. 燃油、燃气锅炉房布置在某多层商场建筑物内时,位置正确的是哪几项? (　　)

(A)首层靠外墙部位　　(B)地下一层外墙部位
(C)地下二层　　(D)屋面层

48. 某居住建筑为复式住宅层高5.1m,共16层,有关防烟设施的设计错误的是哪几项? (　　)

(A)靠外墙的防烟楼梯间及其前室采用自然排烟设施
(B)不靠外墙的防烟楼梯间及其前室分别采用机械加压防烟设施的加压送风系统
(C)不靠外墙的防烟楼梯间及其前室分别采用机械加压防烟设施各自为两个独立的加压送风系统
(D)确定加压送风量时,按其实际负担的层数的计算值与规范标列值的大者确定

49. 夏热冬冷地区某建筑设有地下阶梯式报告厅,报告厅分别由楼梯间直接通室内和室外地坪。雨季时节,室内地坪的围护结构的内表面产生严重结露返潮现象,甚至出现大量积水,试提出若干解决措施,正确的应是下列哪几项? (　　)

(A)增设机械通风,雨季加强报告厅的全面通风
(B)雨季加强密闭措施,关闭与室外连接的楼梯间门,最大限制减小室外空气进入
(C)结露的围护结构部分,增设保温板
(D)增设除湿器

50. 进行人防通风系统设计时,下列哪几项是错误的? (　　)

(A)战时进风系统均应设增压管
(B)经过加固的油网滤尘器空气冲击波允许压力值小于0.05MPa
(C)战时电源无保障的防空地下室应采用人力通风机
(D)人员掩护工程应有随时了解人防工程内外染毒和超压情况的装置

51. 计算工业厂房的自然通风，确定厂房上部窗孔排风温度时，哪几项是错误的？（　　）

(A)对于某些特定的车间，可按排风温度与夏季通风室外计算温度的允许温差确定

(B)对于厂房高度小于15m，室内散热量比较均匀，可取室内空气的平均温度

(C)厂房高度大于15m，室内散热量比较均匀，且散热量不大于116W/m^2，可按温度梯度法计算排风温度

(D)有强烈热源的车间，可按有效散热系数法计算确定

52. 物料输送过程采用密闭罩，吸风口的位置选择，正确的应该是下列哪几项？（　　）

(A)斗式提升机输送50～150℃物料时，需于上部、下部均设置吸风口同时吸风

(B)粉状物料下落时，物料的飞溅区不设置吸风口

(C)带式运输机上部吸风口至卸料槽距离至少为100m

(D)粉碎物料时，吸风口风速不宜大于2.0m/s

53. 大量余热散发的某车间设置了全面通风系统，其吸风口的上缘离顶棚平面距离为下列哪几项时是错误的？（　　）

(A) <0.4m　　(B) <0.5m　　(C) <0.6m　　(D) <0.8m

54. 关于通风系统设计，正确的为下列哪几项？（　　）

(A)一般通风系统设计计算要求两并联支管压力损失的相对差额不宜超过15%

(B)采用一台除尘器的除尘系统，除尘器阻力越大，各支管的阻力越容易平衡

(C)合理布置风管可以减少风道阻力

(D)输送潮湿空气时，管道应进行保温，以保证管壁温度高于露点温度10℃以上

55. 关于公共建筑空调系统节能的说法正确的应是下列哪几项？（　　）

(A)公共建筑空调系统只要采用了各种先进的技术设备，就能实现节能领先水平

(B)公共建筑空调系统的能耗高低仅由设计确定

(C)公共建筑空调系统的精细运行管理能够降低运行能耗

(D)公共建筑设置基于物联网的能耗监测系统是实现降低空调系统能耗的重要手段之一

56. 冷却塔的冷却水出水温度高于设计值时，会影响冷水机组的效率，下列原因分析与改善措施，正确的是哪几项？（　　）

(A)冷却水量不够,应加大冷却水泵的流量

(B)冷却塔通风不好,应改善通风环境,避免热气旁通

(C)冷却塔风机风量不够,应加大风量

(D)冷却塔出水管在室外暴露部分过长,应加强保温

57. 某建筑的空调为一次泵水系统,夏季投入运行后发现,冷水泵的运行参数达到设计要求,且冷水机组并没有满负荷运行,但存在一些房间的实际温度高于设计值的现象,下列选项中,哪几项不是出现该现象的原因? ( )

(A)温度过高的房间的末端设置设计冷量不够

(B)冷水机组的制冷安装容量不够

(C)末端设备没有采取自动控制措施(或自控失灵)

(D)冷水泵的总水流量不足

58. 下列计算方法中,哪几项不属于空调系统全年耗能量计算方法? ( )

(A)谐波反应法 (B)负荷频率法

(C)冷负荷系数法 (D)满负荷当量运行时间法

59. 下列关于湿空气参数与处理过程的说法,哪几项是错误的? ( )

(A)闭式冷却塔夏季工作时的出风温度一定高于进塔的风温

(B)高温热水时空气进行喷淋处理可以实现任意热湿比

(C)游泳池对底部进行加热,则稳定时表面水温应不高于上部空气温度

(D)间接蒸发冷却不仅可以产生低于湿球温度的冷水,也可产生低于湿球温度的风

60. 建筑大空间采用分层空气调节系统的说法,错误的应是下列哪几项? ( )

(A)分层空调用于夏季和冬季均有明显的节能效果

(B)空间高度大于10m 宜采用分层空调系统

(C)分层空调采用喷口时,其射程为该喷口服务区域的最远水平距离

(D)分层空调采用喷口时,其出口风速应不大于8m/s

61. 新风系统设计时,下列理念和做法中,哪几项是错误的? ( )

(A)在商场空调系统中采用新风需求控制,设置定风量排风系统

(B)以 CO_2 浓度控制空调房间的新风量时,CO_2 浓度应小于0.1%

(C)对办公室空调系统,必须采用新风需求控制

(D)过渡季节利用新风作为空调的自然冷源,“过渡季”是指一年中的春、秋季节

62. 关于净化空调系统空气过滤器的安装位置,正确的是下列哪几项? ( )

(A)中效(高中效)空气过滤器宜集中设置在空调系统的正压段

(B)亚高效和高效过滤器作为末端过滤器时,宜设置在净化空调系统的末端

(C)超高效过滤器必须设置在净化空调系统的末端

(D)空气过滤器避免直接安装在淋水室、加湿器的下风侧,确实无法避开时,应采取有效措施

63. 关于洁净室系统过滤器的选择、安装原则,正确的是下列哪几项? ( )

(A)空气过滤器的处理风量小于或等于额定风量

(B)高效过滤器必须安装在净化空调系统的末端

(C)同一洁净空调系统的高效过滤器的风量-阻力特性应相近

(D)高效过滤器出厂检验合格后,现场安装可以不重复检漏

64. 关于空气源热泵热水机组与空气源蒸汽压缩式制冷(热泵)机组的比较,下列哪几项是正确的? ( )

(A)两者的压缩机设计参数基本相同

(B)两者的压缩机设计参数区别较大

(C)热泵热水机的压缩机的压缩比大于热泵机组供热时压缩机的压缩比

(D)热泵热水机的压缩机排气温度高于热泵机组供热时压缩机的排气温度

65. 关于蒸汽压缩式制冷(热泵)机组和冷水机组的说法,正确的是下列哪几项? ( )

(A)蒸汽压缩式制冷循环是制冷效率最高的循环

(B)相同外界环境条件下,蒸发冷凝式机组制冷性能系数显著大于风冷机组

(C)风冷热泵机组结霜后,蒸发温度会下降,制热量会降低

(D)三台水冷式冷水机组并联,配置三台冷却塔,单台机组运行,冷却塔依旧全部运行,会显著降低冷却水温度,必然提高制冷系统的能效比

66. 某空调冷水系统采用两台蒸汽压缩式冷水机组,配置的一次定流量循环水泵,冷却水泵与冷却塔并联运行,当因气候变化,部分负荷运行时,仅有一台机组与其相匹配的水泵等运行,实现节能,并保障运行合理的做法应是下列哪几项? ( )

(A)关闭不运行冷水机组的冷却水进机组管路阀门

(B)关闭不运行冷水机组的冷水进机组管路阀门

(C)始终使冷却水通过两台冷却塔实现冷却

(D)两台冷却塔的风机保持全部运行

67. 关于空调制冷机房的设备布置,正确的是下列哪几项? ( )

(A)机组与墙之间的净距离不小于1m,与配电柜的距离不小于1.5m

(B)机组与机组或其他设备之间的净距离不小于1.2m

(C)留有 0.8 倍蒸发器或冷凝器长度的维修距离

(D)机房主要通道的宽度不小于 1.5m

68. 水蓄冷系统中钢筋混凝土水蓄冷储槽的设置,说法正确的应是下列哪几项? ( )

(A)确定水蓄冷槽的容积时,对蓄冷槽的类型不进行修正

(B)同一储槽采用内保温做法与采用外保温做法相比较,前者可避免冷桥产生

(C)同一储槽采用内保温做法与采用外保温做法相比较,前者的蓄冷量利用率更高

(D)同一储槽采用内保温做法与采用外保温做法相比较,前者与外界环境接触传热面积要小

69. 冷库外围护结构隔热材料厚度的计算与下列哪几项有关? ( )

(A)室内外温差

(B)围护结构总热阻

(C)围护结构隔热层外各层材料的厚度

(D)隔热材料的热导率

70. 下列哪几项消防给水设计不符合规范规定? ( )

(A)某 20 层普通住宅楼室内外消火栓的设计用水量相同

(B)某 20 层普通住宅楼室内外消火栓的设计用水量不同

(C)10 层的普通住宅楼与 18 层普通住宅楼的室外消火栓用水量不同

(D)体积 20000m^3 医院住院楼与体积 20000m^3 医院住院楼的室内消火栓用水量相同

2011 年专业知识试题答案(下午卷)

1. 答案:B

依据:《注册公用设备工程师暖通空调考试复习教材》(第三版) P31,双管下供下回系统,立管中凝结水与蒸汽逆向流动,运行时会产生汽水撞击声,选项 A 错误;

P31,在机械回水系统中,锅炉可以不安装在底层散热器以下,只需将凝水箱安装在低于底层散热器和凝结水管的位置即可,选项 B 正确;

P33,余压回水系统的凝结水管道对坡度和坡向无严格要求,可以向上也可以向下甚至可以抬高到加热设备上部,而且锅炉房的闭式凝结水箱的标高不一定要在室外凝结水干管最低点标高之下,选项 CD 说法错误。

2. 答案:C

依据:供热管网运行节能主要是节约水泵的能耗,水泵的耗功率与流量的三次方成正比,比较各选项,选项 C 是减小流量的调节方式。相关内容参考《城镇供热管网设计规范》(CJJ 34—2010)第 6.0.3 条及条文说明。

3. 答案:D

依据:《公共建筑节能设计标准》(GB 50189—2015)第 3.3.1 条、第 3.3.2 条可知选项 ABC 正确,选项 D 错误。

4. 答案:B

依据:由《注册公用设备工程师暖通空调考试复习教材》(第三版) P89,可知活塞式减压阀减压后的压力不应小于 0.15MPa,选项 A 错误;P90"排气管直径不应小于 4cm",选项 B 正确。《民用建筑供暖通风与空气调节设计规范》(GB 50736—2012)第 5.3.7.2 条"两道外门之间的门斗内,不应设置散热器",可知选项 C 错误。P96"气压罐的选用应以系统补水量为主要参数选取,一般系统的补水量可取总容水量的 4%",选项 D 错误。

5. 答案:C

依据:蒸汽在蒸汽干管中流动时,由于与外界环境的热交换,沿途产生凝结水,凝结水将沿管底流动,用户为避免引入已产生的凝结水,需从蒸汽干管上方或斜上方接入,所以选项 AB 错;选项 C 关断阀关闭后,凝水积存在关断阀上部管段中,重新打开关断阀后,汽水同向流动,可避免水击,而选项 D 汽水将逆向流动,易产生水击现象。综合考虑,正确答案应为选项 C。

6. 答案:C

依据:《民用建筑供暖通风与空气调节设计规范》(GB 50736—2012)第 5.10.4 条"双管系统应在每组散热器的供水支管上安装高祖恒温控制阀",可知选项 C 正确。单管系统无法实现室温调控,选项 A 错误。单管系统加跨越管需加设恒温控制阀,才可实现室温调控;分环路设置水力平衡装置是系统正常运行的基本要求,不属于节能要求。

7. **答案**:B

依据:《供热计量技术规程》(JGJ 173—2009)第3.0.5条及其条文说明可知,只有在水力平衡条件具备的条件下,其余措施才能起到节能作用。

8. **答案**:D

依据:《注册公用设备工程师暖通空调考试复习教材》(第三版)P122,背压式汽轮机的热能利用效率最高,但由于热电负荷互相制约,它只适用于承担全年或供暖季基本热负荷的供热量。

9. **答案**:C

依据:由《注册公用设备工程师暖通空调考试复习教材》(第三版)P71可知,应折合成局部阻力系数,选项A错。P77"不等温降法适用于异程式垂直单管系统",选项B错误;P77等压降法计算原理可知C正确;P75"在计算中也应考虑自然循环压力",选项D错误。

10. **答案**:D

依据:《民用建筑供暖通风与空气调节设计规范》(GB 50736—2012)第8.3.1条可知选项ABC正确,《公共建筑节能设计标准》(GB 50189—2015)第4.2.11条,可知水冷机组的性能系数明显高于风冷的,选项D错误。

11. **答案**:D

依据:《通风与空调工程施工质量验收规范》(GB 50243—2002)第5.2.6条,可知选项D正确。

12. **答案**:D

依据:影响地道风降温效果的因素有:地道的长度,地道的埋深,地道内的风速,运行方式。可知选项A错误。选项B,空气流速增加,换气时间减少,效果差。选项C,断面大的地道,相同风量与地道的接触面积较小,换热效果较差。选项D,地道越长,换热时间越长,降温效果越好。

13. **答案**:A

依据:《注册公用设备工程师暖通空调考试复习教材》(第三版)P175、P176、P182,可判断选项A应设进风天窗。

14. **答案**:C

依据:《注册公用设备工程师暖通空调考试复习教材》(第三版)P191表2.4-3。

15. **答案**:D

依据:《注册公用设备工程师暖通空调考试复习教材》(第三版)P170。

16. **答案**:D

依据:《注册公用设备工程师暖通空调考试复习教材》(第三版)P173公式(2.2-5),通风的风量平衡为质量流量平衡,题目只给出体积流量无法判断。

17. **答案**:C

依据:《注册公用设备工程师暖通空调考试复习教材》(第三版) P301,消防时,各区域压力应为:楼梯间 > 前室(合用前室) > 走廊,可知选项 C 错误。

18. **答案**:A

依据:《注册公用设备工程师暖通空调考试复习教材》(第三版) P307,担负 3 个及 3 个以上防烟分区的排烟时,排烟风机的风量应为所负担的最大防烟分区的面积乘以 $120m^3/(h \cdot m^2)$。

19. **答案**:AD

依据:《注册公用设备工程师暖通空调考试复习教材》(第三版) P207"旋风除尘器是使含尘气流做旋转运动,借助离心力作用将尘粒从气流中分离捕集的装置",由此可知当入口的含尘浓度提高,其压力损失必然增加,选项 A 正确; P217 表(2.4-6),过滤速度为 1.0 ~2.0m/s,1.0 为最小速度,选项 B 错误;P221,静电除尘器适合处理比电阻 10^4 ~ $10^{11}\Omega \cdot cm$ 的含尘气体。P207"一般来讲,同类型直径大小不同的旋风器压力损失相同",选项 D 正确。

20. **答案**:D

依据:水泵出现过载,说明实际运行中水系统阻力小于水泵设计扬程,水泵的流量大于其设计流量。选项 A 关小水泵出口阀门,增大了水系统的管网阻力,管网特性曲线与水泵性能曲线交叉点向左移动,流量减小,功率降低。选项 B 中压差旁通控制是旁通系统水量,本质上也是对系统的阻力进行调节。选项 C 更换小扬程水泵,水泵性能曲线和管网特性曲线交点向左移动,流量减小,功率降低,比选项 A 阀门节流的方法更节能。选项 D 增大换热器面积,对系统阻力由减小作用或者没多大影响,所以此项不能解决问题。

21. **答案**:A

依据:《公共建筑节能设计标准》(GB 50189—2005)和《严寒和寒冷地区居住建筑节能设计标准》(JGJ 26—2010)对严寒地区的遮阳系数没有具体要求,两标准均没有提到设计外遮阳措施。

22. **答案**:B

依据:《民用建筑供暖通风与空气调节设计规范》(GB 50736—2012)表 7.4.10.3 条,送风温差 6 ~9℃。

23. **答案**:B

依据:《2009 全国工程设计技术措施》第 5.12.3.1 条。

24. **答案**:D

依据:《民用建筑供暖通风与空气调节设计规范》(GB 50736—2012)第 7.4.5.1 条。

25. **答案**:B

依据:《注册公用设备工程师暖通空调考试复习教材》(第三版) P679。

26. **答案**:C

依据:旁通阀两侧的压差达到一定数值时,其旁通阀开启,以减小水系统管路阻力,旁通部分出水流量至回水管,致使供回水温差减小。

27. **答案**:D

依据:题目给出要求控制供水温度恒定,空调热水为二次水,所以选项 D 正确。

28. **答案**:B

依据:《民用建筑供暖通风与空气调节设计规范》(GB 50736—2012)第 8.5.8 条规定,“应在系统总供回水管间设置压差控制的旁通阀”。

29. **答案**:A

依据:《洁净厂房设计规范》(GB 50073—2013)表 3.0.1。

30. **答案**:C

依据:蒸汽压缩制冷的原理可见《注册公用设备工程师暖通空调考试复习教材》(第三版)P567 ~ 580。蒸汽压缩式理论循环制冷系数不仅与冷凝温度和蒸发温度有关,制冷剂种类不同相应各点查的熔值也不同;采用过冷循环,可以减少节流损失,增大单位质量制冷量,提高制冷系数;采用双级压缩与单级压缩比较,可以降低压缩机排气温度,得到更低的蒸发温度,同时可以降低压缩机的耗功率,因此可以较单级压缩式制冷系数大;压缩机的压缩过程为等熵压缩,液体提升泵的增压过程不是等熵过程,两者的耗功不同,选项 C 错误。

31. **答案**:D

依据:《注册公用设备工程师暖通空调考试复习教材》(第三版)P585,全球变暖潜值 GWP,是衡量制冷剂对全球气候变暖影响程度大小的指标值。

32. **答案**:A

依据:《注册公用设备工程师暖通空调考试复习教材》(第三版)P567 图 4.1-1,实际中多用节流阀代替膨胀机。

33. **答案**:B

依据:《公共建筑节能设计标准》(GB 50189—2015)第 4.2.11 条、第 4.2.14 条。

34. **答案**:C

依据:《注册公用设备工程师暖通空调考试复习教材》(第三版)P637 图 4.5-1,溴化锂吸收式制冷机组冷却水系统,吸收器和冷凝器串联,冷却水的散热量远大于蒸气压缩式冷水机组,冷却水温差相同时,其冷却水的流量要大于蒸汽压缩式冷水机组,选项 A 正确。

吸收式机组的供冷量随着冷水出口温度升高,其热力系数相应增大,选项 B 正确;机组供冷量也随着冷却水入口温度升高而降低。

有足够电力供应,采用一次能源效率更好的蒸气压缩式冷水机组更加合理,减少能源转化的损耗,选项 C 错误。

冷却水温度降低,或者浓溶液浓度升高均会导致溶液结晶,选项 D 正确。

35. **答案**:D

依据:《注册公用设备工程师暖通空调考试复习教材》(第三版) P628。同时比较氟利昂和氨制冷剂的管路设计的不同。

36. **答案**:D

依据:《通风与空调工程施工质量验收规范》(GB 50243—2002)第 8.3.5.4 条"感温包应装在蒸发器末端的回气管上,与管道接触良好,绑扎紧密"。

37. **答案**:A

依据:《注册公用设备工程师暖通空调考试复习教材》(第三版) P684 表 4.7-6,采用蓄冷方式主要是利用晚间低电价时段进行制冷蓄冷,节约运行费用,其节能主要体现在"节钱"上,由于蓄冰融冰会有冷量损失,所以实际的能耗更多。

38. **答案**:B

依据:《建筑给水排水设计规范》(GB 50015—2003)(2009 年版)第 3.1.5 条,浇洒用水量标准为 2.0 ~ 3.0L/(m^2 · d),浇洒用水量为 1200 × (2 ~ 3) = 2400 ~ 3600L/d。

39. **答案**:C

依据:《城镇燃气设计规范》(GB 50028—2006)第 10.2.14-1 条,选项 A 错误。第 10.2.14.2 条,选项 B 错误,从楼梯间条件,要求金属管道,阀门在室外。第 10.2.16 条,选项 C 正确。第 10.2.16 条,选项 D 错误,必要时才进行补偿。

40. **答案**:D

依据:《城镇燃气设计规范》(GB 50028—2006)第 9.4.2 条。

---

41. **答案**:ACD

依据:由《注册公用设备工程师暖通空调考试复习教材》(第三版) P102 ~ 103 可知选项 ACD 正确;"安装在水泵总管上的平衡阀,宜安装在水泵出口段下游,不宜安装在水泵吸入段,以防止压力过低,可能发生水泵气蚀现象",选项 B 错误。

42. **答案**:ABC

依据:由《全国民用建筑工程设计技术措施节能专篇》(2007 年版)第 9.2.1.8 条、第 9.2.3 条、第 9.1.8 条可知选项 ABC 正确,由第 9.1.1 条可知选项 D 错误。

43. **答案**:AD

依据:由《注册公用设备工程师暖通空调考试复习教材》(第三版) P173,风量平衡及热量平衡计算公式可知,选项 B 应设置循环风加热; P169,由 2.2.1-(4)可知,每班运行不足 2h,可不设置机械送风系统。选项 AD 正确。

44. **答案**:ABC

依据:《注册公用设备工程师暖通空调考试复习教材》(第三版) P90 ~ 91,选择输水阀时,不能仅考虑最大的凝结水排放量,或简单按管径选用。而是应按实际工况的凝结水排放量与疏水阀前后的压差,并结合疏水阀的技术性能参数进行计算,确定疏水阀的规格和数量。选 ABC。

45. **答案**:ABC

依据:住宅区集中供暖系统一般为城市供热管网,热源为热电厂或大型区域锅炉房。《城镇供热管网设计规范》(CJJ 34—2010) 第 4.2.2.1 条,设计供水温度可取 110 ~ 150℃,回水温度不应高于 70℃,选项 D 温度范围不合理。

46. **答案**:BC

依据:《注册公用设备工程师暖通空调考试复习教材》(第三版) P138 图 1.10-8 及相关说明可知选项 BC 正确。相关的阀门开度改变对水压图的影响均要熟练掌握。

47. **答案**:AB

依据:《建筑设计防火规范》(GB 50016—2014) 第 5.4.12 条,燃油、燃气锅炉房、变压器室应设置在首层或地下一层靠外墙部位,但常(负)压锅炉可以放置在地下二层,当常(负)压燃气锅炉距安全出口的距离大于 6m 时,可设置在屋面上。本题目没有给出更多的条件,只能选 AB。

48. **答案**:BCD

依据:建筑高度 $5.1 \times 16 = 81.6\text{m} < 100\text{m}$,根据《高层民用建筑设计防火规范》(GB 50045—1995)(2005 年版)第 8.2.1 条,不超 100m 的住宅可采用自然排烟方式,选项 A 正确;根据第 8.3.1 条条文说明表 17 及相关说明,只需在楼梯间设防烟即可,选项 B 错误;第 8.3.3 条,层数超过 32 层的高层建筑,需要分段设计,本建筑可不分段。根据《住宅建筑规范》(GB 50368—2005) 第 9.1.6 条注 2,应对楼层进行折算,不能使用实际楼层计算,选项 D 错误。

注:本题出题不很合理,楼梯间与其前室是可以分别加压送风的,而且效果较好,但考虑到成本问题,规范才推荐楼梯间送风,前室不送风,因此选项 B 严格上说不能算是设计错误。选项 C 不超 32 层设分段送风也不是设计错误。按公消〔2015〕98 号文件规定,因《建筑防烟排烟系统技术规范》尚未批准发布,防烟排烟的设计与审核暂按旧规范内容执行。

49. **答案**:BCD

依据:内表面结露产生的原因有两项,一是室内湿度过大,二是围护结构内表面温度低于室内空气露点温度,因此可以从两方面采取措施防止结露。雨季室外湿度极大,加强自然通风会导致结露更为严重,选项 A 错误;选项 B 措施可最大限度减小无组织自然渗透风,避免室外湿度大的空气进入;选项 C 增设保温板提高围护结构内表面温度;选项 D 除湿机直接除湿减小室内含湿量,防止结露。

50. **答案**:AC

依据:由《人民防空地下室设计规范》(GB 50038—2005)图 5.2.8 可知,只有清洁通风与滤毒通风合用风机时才设置增压管,选项 A 错误。由第 5.2.11 条可知选项 B 正确。第 5.5.4 条,应设置电力、人力两用通风机,选项 C 错误。由第 5.2.17 条、第 5.2.18 条可知选项 D 正确。

51. **答案**:BC

依据:《注册公用设备工程师暖通空调考试复习教材》(第三版) P181,可知选项 AD 正确,选项 BC 说法错误。

52. **答案**:ABD

依据:《注册公用设备工程师暖通空调考试复习教材》(第三版) P188 ~ 189,选项 C 的距离应为 300 ~ 500mm。

53. **答案**:BCD

依据:《注册公用设备工程师暖通空调考试复习教材》(第三版) P171"位于房间上部区域的排风口,用于排除余热、余湿和有害气体时,吸气口上缘至顶棚平面或屋顶的距离不大于 0.4m"。

54. **答案**:AC

依据:《民用建筑供暖通风与空气调节设计规范》(GB 50736—2012)第 6.6.6 条可知选项 A 正确;选项 B 只有一台除尘器的系统,除尘器的阻力对于各支管阻力的平衡没有关系。选项 C 正确。《注册公用设备工程师暖通空调考试复习教材》(第三版) P254,高于露点温度 10 ~ 20℃,选项 D 说法错误。

55. **答案**:CD

依据:《注册公用设备工程师暖通空调考试复习教材》(第三版) P553 ~ 555,可知空调系统的能耗不但与所采用的技术设备和设计有关,还与合理的管理、科学的自控、运行时间的长短有关。

56. **答案**:BCD

依据:冷却水温高,即冷凝温度高,会使得制冷机 COP 下降。题目指出冷却塔的出水温度高于设计值,所以假定其进水温度不变为 37℃,若加大冷却水量,则换热量不变情况下,出水温度将会继续上升,机组的冷凝温度继续升高,更不利于节能,因此选项 A 错误。选项 BCD 均可改善冷却塔的冷却效果,降低出水温度。因此选项 BCD 正确。

57. **答案**:BD

依据:部分房间的温度高于设计值,且机组未满负荷运行,说明不是机组的安装容量不够或水量不足,出现问题的原因应该是个别房间末端设备出现故障或末端设备设计选型偏小,选 BD。

58. **答案**:AC

依据:《注册公用设备工程师暖通空调考试复习教材》(第三版) P364,全年或季节总能耗的计算方法有:满负荷当量运行时间法、负荷频率表法、电子计算机模拟计算法。

59. **答案**:AB

依据:当水温高于空气干球温度时,空气被加热和加湿,选项A错误。高温热水喷淋不能实现除湿升温、等湿升温过程,选项B错误。

为防止出水后因人体表面水分蒸发而造成的冷感,国际游泳池设计标准提出“池厅设计温度应高于池水温度2℃”,选项C正确。

间接蒸发冷却极限温度为露点温度,实际处理过程中会产生低于空气湿球温度但高于露点温度的水或者风,选项D正确。

60. **答案**:ABCD

依据:《公共建筑节能设计标准》(GB 50189—2015)第4.4.4条及条文说明,分层空调夏季节能30%,冬季运行时并不节能,选项A错误,选项B错误,还有空间体积的限制条件。《注册公用设备工程师暖通空调考试复习教材》(第三版)P446“射程长度一般为送风口到最远距离的0.7~0.8倍”,选项C错误;《注册公用设备工程师暖通空调考试复习教材》(第三版)P445出口风速4~10m/s为宜。

61. **答案**:ACD

依据:空调系统的新风比可调,排风系统也要做相应调整,选项A错误;人员密度相对较大且变化较大的房间,宜采用新风需求控制,如会议室等,选项C错误。第5.3.6条条文说明“过渡季指的是室内外空气参数相关的一个空调工况分区范围,其确定的依据是通过室内、室外空气参数的比较而定的”,选项D错误。选项B,CO_2浓度限值正确。

62. **答案**:ABCD

依据:《洁净厂房设计规范》(GB 50073—2013)第6.4.1条,选项ABC正确,选项D是对过滤器施工安装的要求。

63. **答案**:AC

依据:《洁净厂房设计规范》(GB 50073—2013)第6.4.1条,选项AC正确,选项B应为“超高效过滤器必须……”,选项D参考《通风与空调工程施工质量验收规范》(GB 50243—2002)第7.2.5条,安装前还需检漏测试。

64. **答案**:BCD

依据:两机组的用途不同,其参数如供水温度等也不同,所以选项A错误、选项B正确。热泵热水机的由于提供热水,冷凝温度高,导致压缩比相对于空气源热冷(热泵机组)大,选项C正确。冬季运行工作,由于室外环境相同,蒸发温度接近相同,而热泵热水机的冷凝温度高于空气源热泵机组,因此热泵热水机的排气温度更高。具体内容可参考《注册公用设备工程师暖通空调考试复习教材》(第三版)P602。

65. **答案**:BC

依据:逆卡诺循环制冷系数最高;蒸发式冷凝器的冷凝温度低于风冷机组,因此制冷系数高于风冷机组;风冷热泵结霜表面,蒸发温度降低,必然导致制热量降低;当单台机组运行时,单台机组的水流量会有所增加但会小于3台冷水机组并联时的总流量。3台冷却塔并联运行,由于冷却水的极限温度即是空气的湿球温度,因此冷却水温度未必会显著降低，这与室外湿球温度等均有关系。

66. **答案**:AB

依据:关闭不运行冷水机组的冷却水，避免冷却水被分流后，引起运行机组的冷凝温度升高，导致高压报警，机组停机；关闭不运行冷水机组的冷水，避免冷水被分流后，引起运行机组的蒸发温度降低，导致低压报警，机组停机；当气候变化，部分负荷运行时，冷却塔没有必要全部开启，不利于节能。

67. **答案**:ABD

依据:《注册公用设备工程师暖通空调考试复习教材》(第三版) P653，选项C应留有蒸发器或冷凝器长度的维修距离。

68. **答案**:BD

依据:选项A见《注册公用设备工程师暖通空调考试复习教材》(第三版) P686公式(4.7-11)，需要进行蓄冷效率修正。选项BCD可结合建筑外墙内外保温的做法进行理解判断。内外保温的特点见下表(参考网络资料)：

序号	外保温	内保温
1	无法防止水槽结构中的冷桥	不会因结构梁、柱形成冷桥
2	因水槽内水温温度频繁变化产生的应力而使水池结构的破坏	不会因水槽内水温温度变化而破坏水槽结构
3	水槽壁混凝土材料蓄热系数大，使部分冷量储存在槽壁内，导致蓄冷水槽FOM值降低	能提高FOM值
4	加大了与外部环境的接触面积，使水槽冷量损失加大	与外环境接触面积就是水槽混凝土结构面积
5	保温材料房水保护取决于混凝土结构的防水(因混凝土结构渗水的可能性)	保温材料的防水、保护与混凝土结构防水无关，而是与里面保温层的防水保护层相关
6	施工简单	施工复杂
7	保温材料不占用水槽内部结构空间	保温材料占用，水槽内部结构空间

69. **答案**:ABCD

依据:《冷库设计规范》(GB 50072—2010)第4.3.2条、第4.3.5条。

70. **答案**:ACD

依据:《消防给水及消火栓系统技术规范》(GB 50974—2014)第3.2.2条、第5.5.2条。

2011 年案例分析试题(上午卷)

[案例题是 4 选 1 的方式,共 25 道小题,每题分值为 2 分,上午卷 50 分,下午卷 50 分,试卷满分 100 分。案例题一定要有分析(步骤和过程)、计算(要列出相应的公式)、依据(主要是规程、规范、手册),如果是论述题要列出论点。]

1. 某地一厂房冬季室内设计参数为 $T_n=18℃$、$\varphi=50\%$,采暖室内计算温度为 $t_w=-12℃$,室内空气干燥,厂房的外门的最小热阻不应低于下列哪一项?

(A)0.21m² · ℃/W
(B)0.26m² · ℃/W
(C)0.31m² · ℃/W
(D)0.35m² · ℃/W

答案:[　]
主要解答过程:

2. 某办公楼会议室采暖负荷为 5500W,采样铸铁四柱 640 型散热器,供暖热水为 84/60℃,会议室为独立环路。办公室进行围护结构节能改造后,该会议室的供暖负荷降至 3800W,若原设计的散热器片数不变,要保持室内温度为 18℃(不超过 21℃),热水供回水温度应该是哪项?(已知散热器传热系数计算公式 $K=2.442\Delta t^{0.321}$,采暖热媒实际温差取 20℃)

(A)75/55℃
(B)70/50℃
(C)65/45℃
(D)60/40℃

答案:[　]
主要解答过程:

3. 某热水网路如下图,已知总流量为 220m³/h,各用户流量,用户 1 和用户 3 均为 80m³/h,用户 2 为 60m³/h,压力测点的数值见下表,试求关闭用户 1 后,改热水管网 $B-G$ 管段的总阻力数应该是下列哪项?

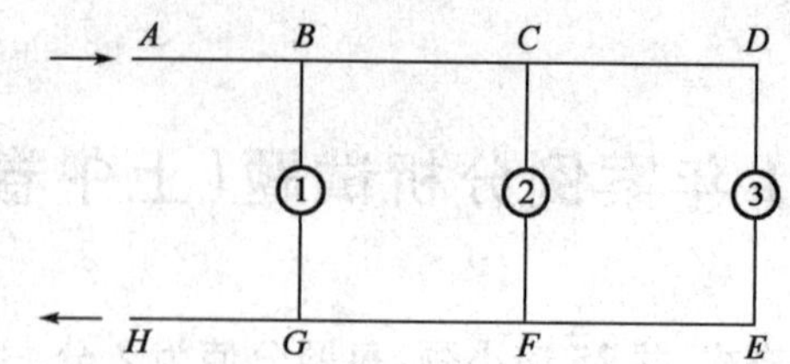

压力测点	A	B	C	F	G	H
压力数值(Pa)	25000	23000	21000	14000	12000	10000

(A)0.5 ~ 1.0Pa/(m^3/h)^2　　(B)1.2 ~ 1.7Pa/(m^3/h)^2

(C)1.8 ~ 2.3Pa/(m^3/h)^2　　(D)3.0 ~ 3.3Pa/(m^3/h)^2

答案:[　]

主要解答过程:

4. 接上题(表、图相同),若管网供回水结构的压差保持不变,试求关闭用户 1 后,用户 2 和用户 3 的流量失调度应是下列哪一项?

(A)0.98 ~ 1.02　　(B)1.06 ~ 1.10

(C)1.11 ~ 1.15　　(D)1.16 ~ 1.20

答案:[　]

主要解答过程:

5. 某小区锅炉房为燃煤粉锅炉,煤粉仓几何容积 60m^3,煤粉仓设置的防爆门的面积应是下列的哪一项?

(A)0.1 ~ 0.19m^2　　(B)0.2 ~ 0.29m^2

(C)0.3 ~ 0.39m^2　　(D)0.4 ~ 0.59m^2

答案:[　]

主要解答过程:

6. 某工厂焊机车间散发的有害物质主要为电焊烟尘,劳动者接触状况见下表,试问,此状况下该物质的时间加权平均允许浓度值和是否符合国家相关标准规定的判断是下列的哪一项？

接触时间(h)	接触焊尘对应浓度(mg/m^3)
1.5	3.4
2.5	4
2.5	5
1.5	0(等同不接触)

(A)3.20mg/m^3，未超标　　(B)3.45mg/m^3，未超标

(C)4.24mg/m^3，未超标　　(D)4.42mg/m^3，未超标

答案：[　]

主要解答过程：

7. 某防空地下室为二等人员隐蔽所(一个防护单元)，掩蔽人数为 $N=415$ 人，清洁新风量为 $5m^3/(p \cdot h)$，滤毒新风量为 $2m^3/(p \cdot h)$(滤毒风机风量为 $1000m^3/h$)，最小防毒通道面积有效容积为 $10m^3$，清洁区域有效容积为 $1725m^3$，该掩蔽所设计的防毒通道最小换气次数为下列哪一项？

(A)200 次/h　　(B)93 次/h　　(C)76 次/h　　(D)40 次/h

答案：[　]

主要解答过程：

8. 地处标准大气压的某车库利用热压自然通风，已知车间的侧窗 a 的开启面积 $F_a=27m^2$，侧窗 a 与天窗 b 距地面的高度分别是 $h_a=2.14m$，$h_b=13m$，设室外空气密度与排风密度近似相等，侧窗与天窗的流量系数相同，现拟维持车间距离地面 $h=8.14m$，出余压为 0，问：天窗的开启面积 F_b 为多少？

(A)26.5 ~ 27.5m^2

(B)28.0 ~ 29.0m^2

(C)29.5 ~ 30.5m^2

(D)31.0 ~ 32.0m^2

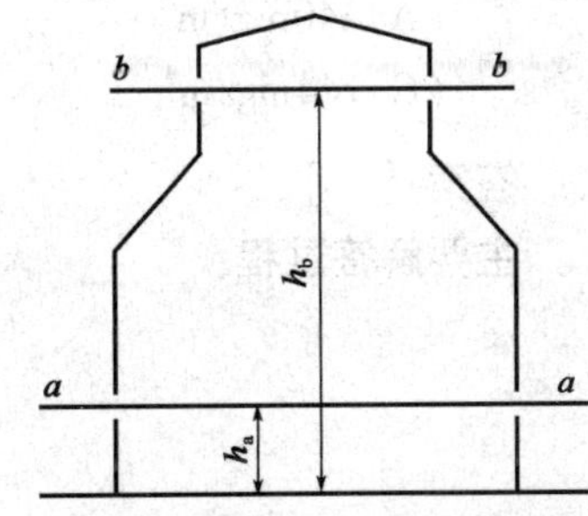

答案：[　]

主要解答过程：

9. 如图示排风罩,某连接风管直径 $D=200\text{mm}$,已知该排风罩的局部阻力系数 $\xi_{FK1}=0.04$(对应管内风速),蝶阀全开 =0.2,风管 $A-A$ 断面处测得静压 $P_n=-120\text{Pa}$,当蝶阀开度关小,蝶阀的 $\xi_{FK2}=4.0$,风管 $A-A$ 断面处测得的静压 $P_{j2}=-220\text{Pa}$,设空气密度 $\rho=1.2\text{kg/m}^3$,蝶阀开度关小后排风罩的排风量与蝶阀全开的排风量之比为哪一项?(沿程阻力忽略不计)

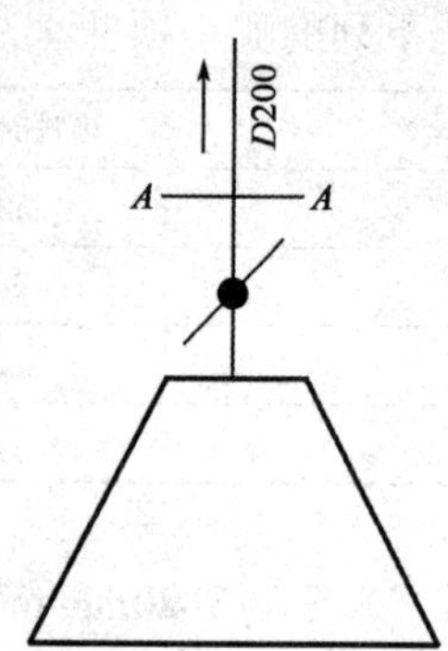

(A)48% ~53%
(B)54% ~59%
(C)65% ~70%
(D)71% ~76%

答案:[ ]
主要解答过程:

10. 拟设计一用于"粗颗粒物料的破碎"的局部排风密闭罩,已知:物料下落时带入罩内的诱导空气量为 $0.35\text{m}^3/\text{s}$,从孔口或缝隙处吸入的空气量 $0.50\text{m}^3/\text{s}$,则连续密闭罩"圆形吸风口"的最小直径最接近下列哪一项?

(A)0.5m (B)0.6m (C)0.7m (D)0.8m

答案:[ ]
主要解答过程:

11. 采用静电除尘器处理某种含尘烟气,烟气量 $L=50\text{m}^3/\text{s}$,含尘浓度 $y_1=12\text{g/m}^3$,已知该除尘器的极板面积 $F=2300\text{m}^2$,尘粒的有效驱进速度 $W_e=0.1\text{m/s}$,计算的排放浓度 y_2 接近下列哪一项?

(A)240mg/m^3 (B)180mg/m^3
(C)144mg/m^3 (D)120mg/m^3

答案:[ ]
主要解答过程:

12. 二管制空调水系统,夏季测得如下数据:空调冷水量 $G=108\text{m}^3/\text{h}$,供回水温度分别为 11.5℃、7.5℃,水泵轴功率 $N=10\text{kW}$,水泵效率为 75%,本空调系统的设计冷负荷为500kW。问：系统的输送能效比（ER）为多少？［水的密度：1000kg/m^3，比热为4.187kJ/(kg·K)］

（A）0.0171～0.0190　　（B）0.0191～0.0210

（C）0.0211～0.0230　　（D）0.0236～0.0270

答案：［　］

主要解答过程：

13. 某一次回风定风量系统夏季设计参数如下表：计算该空调系统组合式空调器表冷器的设计冷量，接近下列哪一项？

	干球温度（℃）	含湿量（g/kg$_{干空气}$）	焓值（kJ/kg）	风量（kg/h）
送风	15	9.7	39.7	8000
回风	26	10.7	53.4	6500
新风	33	22.7	91.5	1500

（A）24.7kW　　（B）30.4kW　　（C）37.6kW　　（D）46.3kW

答案：［　］

主要解答过程：

14. 某剧院空调采用二次回风系统和座椅送风方式，夏季室内设计温度为25℃，座椅送风口出风温度20℃，一次回风与新风混合后经表冷器处理到出风温度13℃，风机和送风管考虑1℃温升，如一次回风量和新风量均为10000m^3/h，要求采用计算方式求空气处理机的送风机风量，应接近下列哪一项值？（空气的密度视为不变）

（A）20000m^3/h　　（B）40000m^3/h

（C）44000m^3/h　　（D）48000m^3/h

答案：［　］

主要解答过程：

15. 某地一宾馆空调采用风机盘管＋新风系统，设计参数：室内干球温度26℃，相对湿度为60%，室外干球温度36℃，相对湿度为65%（标准大气压），某健身房夏季室内冷负荷4.8kW，湿负荷0.6g/s，新风处理到室内状态的等焓线，因管路温升新风的温度为

23℃，风机盘管的出口干球温度16℃，新风机组和风机盘管的表冷器和机器露点均为90%，设空气密度为1.2kg/m³，风机盘管和风量为下列哪一项？查$h-d$图计算，并绘制出处理过程。

(A)751～800m³/h　　(B)801～805m³/h
(C)851～1000m³/h　　(D)1001～1200m³/h

答案：[　]
主要解答过程：

16. 因新风管路温升，产生的附件冷负荷应为下列哪一项？

(A)0.105～0.168　　(B)0.331～0.348
(C)0.231～0.248　　(D)0.441～0.488

答案：[　]
主要解答过程：

17. 某空调房间设计室温为27℃，送风量为2160m³/h，采用尺寸为1000mm×150mm的矩形风口进行送风(不考虑风口有效面积系数)，送风口出风温度为17℃，问：该送风气流的阿基米德数接近以下哪一项？

(A)0.0992　　(B)0.0081　　(C)0.0089　　(D)0.0053

答案：[　]
主要解答过程：

18. 某集中空调系统需供冷量$Q=2000\text{kW}$，供回水温差$\Delta t=6℃$，在设计状态点，水泵的扬程为$H=28\text{m}$，效率$\eta=75\%$，选择两台同规格水泵，单台水泵轴功率是下列哪一项？[$C_p=4.187\text{kJ/(kg·K)}$]

(A)20～21kW　　(B)11～12kW
(C)14～15kW　　(D)17～18kW

答案：[　]
主要解答过程：

19. 在同一排风机房内，设有三台排风机，其声功率依次为 62dB、65dB、70dB，该机房的最大声功率级为下列哪一项？

(A)69.5 ~70.5dB　　(B)70.8 ~71.8dB
(C)71.9 ~72.9dB　　(D)73.5 ~74.5dB

答案：[　]
主要解答过程：

20. 某风冷制冷机的冷凝器放热量为 50kW，风量 14000m^3/h，在空气密度为 1.15kg/m^3 和比热为 1.005kJ/(kg·K)条件下运行，若要求控制冷凝器温度不超过 50℃，冷凝器内侧制冷剂和空气间平均对数温差 Δt =9.19℃，则冷凝器空气入口最高允许温度应该是下列哪一项？

(A)34 ~35℃　　(B)37 ~38℃　　(C)40 ~41℃　　(D)43 ~44℃

答案：[　]
主要解答过程：

21. 某地建筑 A 和建筑 B 完全相同，冷水机组的额定制冷量均为 3000kW，COP =6，冷却水进水温度为 30℃，机组消耗功率为 500kW，仅采用冷却塔类型不同，冷却水系统间下表，则两个建筑冷站的冷却水泵流量为多少？[设机组冷却水进水水温每升高 1℃冷机 COP 下降 1.5%，取 C_p =4.2kJ/(kg·K)]

	冷却类型	运行进出水温差(℃)	冷却水泵扬程(mH_2O)	冷却塔风机功率(kW)	喷淋水泵功率(kW)	出水温度(℃)
建筑 A	开式	4	25	18.5	—	30
建筑 B	闭式	5	15	28.2	15	32

(A)A 建筑 550 ~650m^3/h，B 建筑 440 ~540m^3/h
(B)A 建筑 550 ~650m^3/h，B 建筑 550 ~650m^3/h
(C)A 建筑 700 ~800m^3/h，B 建筑 550 ~650m^3/h
(D)A 建筑 700 ~800m^3/h，B 建筑 700 ~800m^3/h

答案:[　]
主要解答过程:

22. 某建筑采用土壤源热泵冷热水机组作为空调热源,在夏季向建筑供冷时,空调系统各设备的总和冷负荷总计为1000kW,热泵制冷工况下的性能系数为COP=5,空调冷水循环泵的功率为50kW,空调冷水管道系统的冷损失为50kW,问上述条件下热泵向土壤的总释放量Q为下列哪项值?

(A)1100kW　　(B)1200kW
(C)1300kW　　(D)1320kW

答案:[　]
主要解答过程:

23. 某办公楼空调制冷系统拟采用水蓄冷方式,空调日总负荷为54000kW·h,峰值冷负荷8000kW,分层型蓄冷槽进出水温差8℃,容积率1.08,若采用全负荷蓄冷,计算蓄冷槽的容积为下列哪项值?

(A)1050~1200m^3　　(B)1300~1400m^3
(C)7300~8000m^3　　(D)8500~9500m^3

答案:[　]
主要解答过程:

24. 某一次节流完全中间冷却的氨双级压缩制冷理论循环,冷凝温度为38℃,蒸发温度为-35℃,按制冷系数最大为原则确定中间压力,对应的中间温度接近下列哪一项?

(A)1.5℃　　(B)0℃
(C)-2.8℃　　(D)-5.8℃

答案:[　]
主要解答过程:

25. 某 28 层的塔式住宅,每户 8 层,每户一个厨房,气源为天然气,厨房内设一双眼灶(燃气额定流量为 0.3m^3/h)和一燃气快速热水器(燃气额定流量为 1.4m^3/h),该住宅天然气入口管道的燃气计算流量应为下列哪一项?

(A)50.1 ~54.0m^3/h (B)54.1 ~57.0m^3/h
(C)57.1 ~61.0m^3/h (D)61.1 ~65.0m^3/h

答案:[ ]
主要解答过程:

2011 年案例分析试题答案(上午卷)

1. 答案:A

主要解题过程:

围护结构最小传热组:$R_{0\cdot\min}=\dfrac{\alpha(t_n-t_w)}{\Delta t_y\cdot\alpha_n}$

查表得:$a=1.0$,$\Delta t_y=10.0℃$,$a_n=8.7W/(m^2\cdot℃)$,题意已知 $t_n=18℃$,$t_w=-12℃$,代入公式得:

$$R_{0\cdot\min}=\frac{1.0\times[18-(-12)]}{10\times 8.7}=0.35$$

外门的最小传热阻不应小于外墙传热阻的 60%,所以外门的最小传热阻为 $0.6\times 0.35=0.21m^2\cdot℃/W$。

参考《注册公用设备工程师暖通空调考试复习教材》(第三版) P4~5。

2. 答案:B

主要解题过程:

改造前散热器的散热量为:$Q_0=FK_0(t_{pj0}-t_n)$

改造后散热器的散热量为:$Q=FK_0(t_{pj}-t_n)/\beta$

根据题意:$\dfrac{Q_0}{Q}=\dfrac{K_0(t_{pj0}-t_n)}{K(t_{pj}-t_n)}=\dfrac{2.442\times[(85-60)/2-18]^{1.321}}{2.442\times(t_{pj}-60)^{1.321}}=\dfrac{5500}{3800}$

解得 $t_{pj}=\dfrac{t_g+t_h}{2}=59.2$,又因 $t_g-t_h=20$,求得 $t_g=69.2℃$,$t_g=49.2℃$。

3. 答案:A

主要解题过程:

根据管路系统阻力与流量的关系式:$P=SQ^2$,得:

$$S_{B-G}=\frac{P_{B-G}}{Q_{B-G}^2}=\frac{23000-12000}{(80+60)^2}=0.56Pa/(m^3/h)^2$$

4. 答案:B

主要解题过程:

计算 AB 和 HG 管段的阻力数:

$$S_{A-B}+S_{H-G}=\frac{P_A-P_B}{Q_Z^2}+\frac{P_H-P_G}{Q_Z^2}=\frac{25000-23000}{220^2}+\frac{12000-10000}{220^2}$$
$$=0.083Pa/(m^3/h)^2$$

1 号用户关闭后,系统的总阻力数:$S=S_{B-G}+S_{A-B}+S_{H-G}=0.083+0.56=0.643Pa/(m^3/h)^2$

1 号用户关闭后,2、3 号用户的流量:$G_2'+G_3'=\sqrt{\dfrac{P_{A-H}}{S}}=\sqrt{\dfrac{25000-10000}{0.643}}=152.8m^3/h$

流量失调度：$x=\dfrac{G'_2+G'_3}{G_2+G_3}=\dfrac{152.8}{140}=1.09$

5. **答案**：D

主要解题过程：

《锅炉房设计规范》(GB 50041—2008)第5.1.8.4条，$S=60\times0.0025=0.15\text{m}^2<0.50\text{m}^2$，防爆门面积取$0.5\text{m}^2$。

6. **答案**：B

主要解题过程：

平均浓度值：$G_{TVA}=\dfrac{3.4\times1.5+4\times2.5+5\times2.5+0}{1.5+2.5+2.5+1.5}=3.45\text{mg/m}^3$

根据《注册公用设备工程师暖通空调考试复习教材》(第三版) P167 表2.1-9，电焊烟尘时间加权平均允许浓度PC－TWA值为4mg/m^3，本题工作场所符合国家标准的要求。

7. **答案**：C

主要解题过程：

《人民防空地下室设计规范》(GB 50038—2005)式(5.2.7-1,2)：

$$L_R=L_2\cdot n=415\times2=830\text{m}^3/\text{h}$$

$$L_H=V_F\times K_H+L_f=10\times40+1725\times0.04=469\text{m}^3/\text{h}$$

两者取大值为滤毒通风的新风量，计算防毒通道换气次数，$V_F\times K_H+L_f=830$，计算得$K_H=76$次/h

8. **答案**：C

主要解题过程：

《注册公用设备工程师暖通空调考试复习教材》(第三版) P180 式(2.3-16)，$\dfrac{F_a}{F_b}=\sqrt{\dfrac{h_2}{h_1}}$，$F_b=F_a\cdot\sqrt{\dfrac{h_2}{h_1}}=27\times\sqrt{\dfrac{8.14-2.14}{13-8.14}}=30\text{m}^2$

9. **答案**：C

主要解题过程：

《注册公用设备工程师暖通空调考试复习教材》(第三版) P283 式(2.9-9)，$L=\dfrac{1}{\sqrt{1+\zeta}}\times F\times\sqrt{\dfrac{2}{\rho}}\times\sqrt{|P'_j|}$

$$L_1=\frac{1}{\sqrt{1+0.01+0.2}}\times F\times\sqrt{\frac{2}{\rho}}\times\sqrt{120}$$

$$L_2=\frac{1}{\sqrt{1+0.01+0.4}}\times F\times\sqrt{\frac{2}{\rho}}\times\sqrt{220}$$

$$\frac{L_2}{L_1}=0.67$$

10. **答案**:B

主要解题过程:

根据《注册公用设备工程师暖通空调考试复习教材》(第三版) P188 式(2.4-1)密闭罩的排风量可以根据进排风量平衡确定:

$$L=L_1+L_2+L_3+L_4=0.35+0.5+0+0=0.85\text{m}^3/\text{h}$$

粗颗粒物料的破碎的吸气口风速不宜大于3m/s,计算最小直径D:

$$L=v\times\frac{\pi\cdot D^2}{4},$$

代入已知数值,$0.85=3\times\frac{3.14\cdot D^2}{4}$,解得$D=0.6\text{m}$

11. **答案**:D

主要解题过程:

根据《注册公用设备工程师暖通空调考试复习教材》(第三版)P223 式(2.5-27)电除尘器的除尘效率计算公式为:

$$\eta=1.0-e^{\left(-\frac{A}{L}\omega_e\right)}=1.0-e^{\left(-\frac{2300}{50}\times0.1\right)}=98.99\%$$

$$y_2=y_1\times(1-\eta)=12\times(1-0.9899)=0.1212\text{g/m}^3$$

12. **答案**:D

主要解题过程:

《公共建筑节能设计标准》(GB 50189—2015)第4.3.9条。

$$\text{EC(H)R}-\alpha=0.003096\cdot\sum(G\times H/\eta_b)/Q$$
$$=0.003096\times(108\times30/0.75)/500=0.02675$$

13. **答案**:D

主要解题过程:

表冷器的设计冷负荷包括新风冷负荷和室内冷负荷两部分,分别为:

室内冷负荷:$Q_n=G_h(h_h-h_n)=\frac{6500}{3600}\times(53.4-39.7)=24.74\text{kW}$

新风冷负荷:$Q_x=G_x(h_x-h_n)=\frac{1500}{3600}\times(91.5-39.7)=21.58\text{kW}$

表冷器设计冷量:$Q=Q_n+Q_x=24.74+21.58=46.32\text{kW}$

14. **答案**:B

主要解题过程:

一次回风混合后的总风量:$L_{混1}=10000+10000=20000\text{m}^3/\text{h}$

设二次回风的风量为,根据题意二次混合后的出风温度为20-1=19℃

$$L_{回2}\times25+L_{混1}\times13=(L_{回2}+L_{混1})\times19$$

$$L_{回2}\times25+20000\times13=(L_{回2}+20000)\times19$$

解得,$L_{回2}=20000\text{m}^3/\text{h}$,$L_{混2}=20000+20000=40000\text{m}^3/\text{h}$

15. 答案:C

主要解题过程:

在焓湿图上绘制空气处理过程图及状态点,见焓湿图。

室内点焓值为 $h_n = 58.6\text{kJ/(kg·℃)}$,风机盘管出口干球温度16℃,露点温度为90%,查得风盘送风状态点的焓值为 $h_L = 42.1\text{kJ/(kg·℃)}$,根据题意可知室内冷负荷由风机盘管负担,因此可计算风机盘管的送风量 L:

$$L = \frac{Q}{\rho(h_n - h_L)} = \frac{4.8 \times 3600}{1.2 \times (58.6 - 42.1)} = 872.7\text{m}^3/\text{h}$$

空气处理过程如图所示。

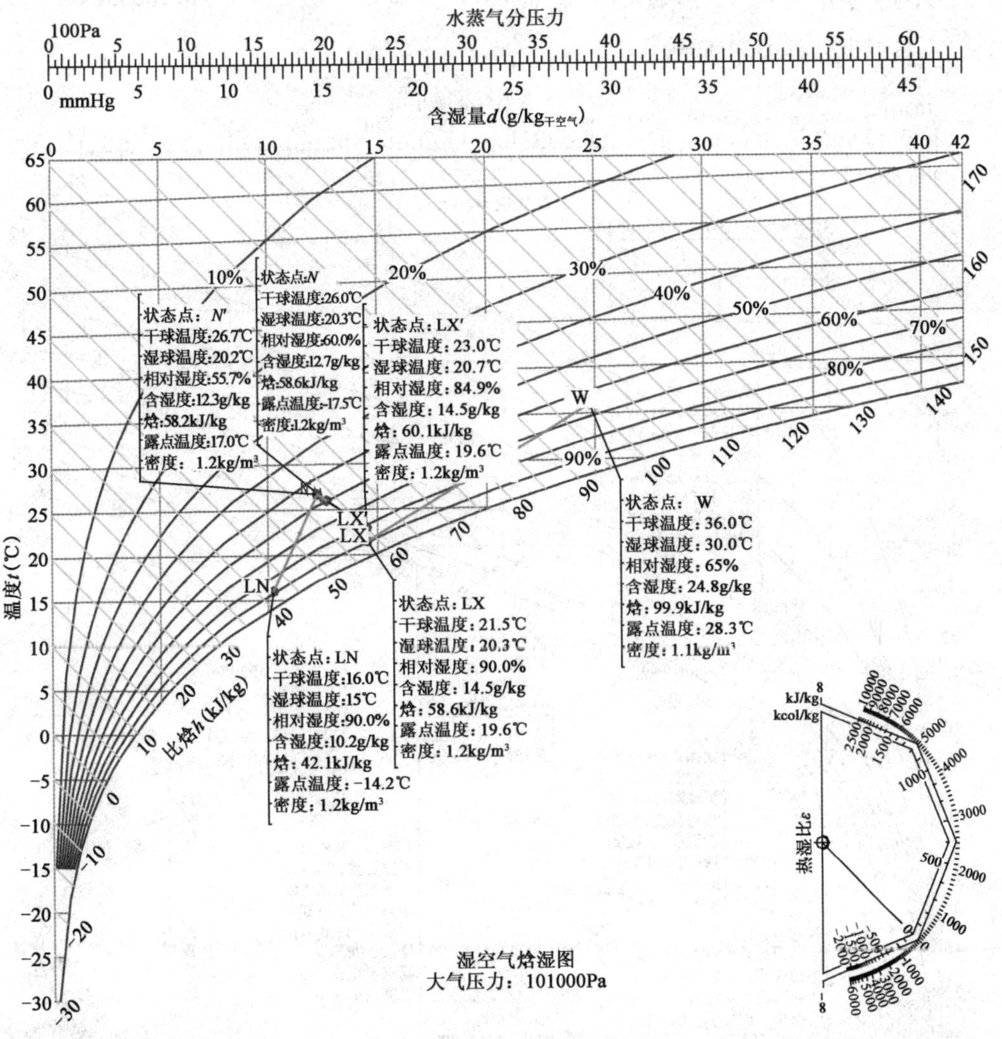

16. 答案:A

主要解题过程:

根据题意,新风处理后的焓值与室内焓值相等,即 $h_x = h_n = 58.6\text{kJ/kg·℃}$,相对湿度90%,查得新风露点的含湿量为 $d_x = 14.5\text{g/kg}_{\text{干空气}}$,管路温升其空气处理过程为等湿加热过程，因此可查到新风实际送风点的焓值为 $h_x' = 60.1\text{kJ/kg}\cdot℃$。

通过点绘制室内热湿比线(8000)，与通过 N 与 L_x' 的直线相交与 N' 点，即为风机盘管送到室内的状态点，查得 $t_N' = 26.7℃$，状态点 L_x' 与 t_n' 混合后即为室内状态点，新风和风盘风量的比值为：

$$\frac{G_x}{G_n} = \frac{t_n - t_n'}{t_x' - t_n} = \frac{26 - 26.7}{23 - 26} = 0.23$$

上一题中已计算出风机盘管的送风量：$G_n = 872.7\text{m}^3/\text{h}$

新风送风量：$G_x = 872.7 \times 0.23 = 200.7\text{m}^3/\text{h}$

因管道温升引起的冷负荷附加：$Q' = 200.7 \times 1.2 \times \dfrac{60.1 - 58.6}{3600} = 0.10035\text{kW}$

空气处理过程如图所示。

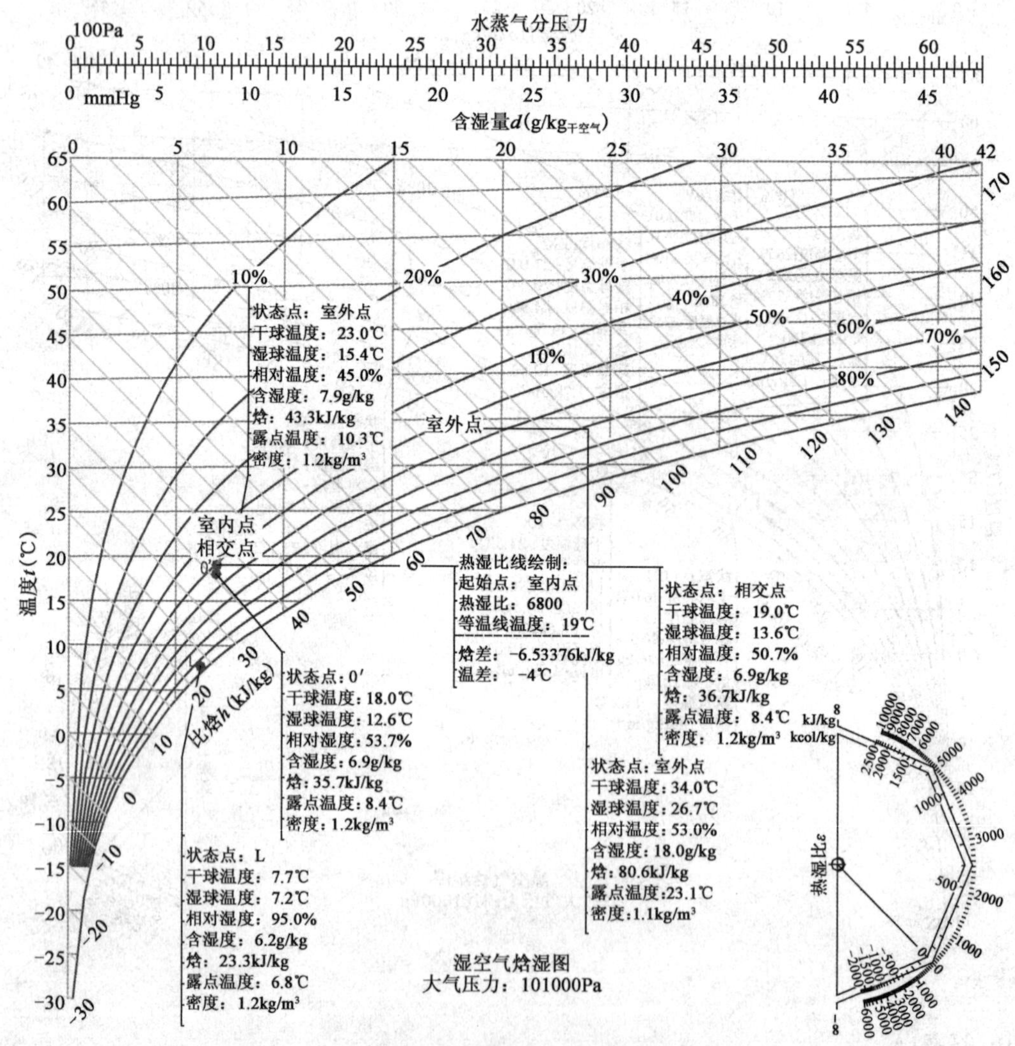

17. 答案：D

主要解题过程：

根据《注册公用设备工程师暖通空调考试复习教材》(第三版) P425，阿基米德数

Ar 为：$Ar=\dfrac{gd_0(t_0-t_n)}{v_0^2\cdot T_n}$

其中 $v_0=\dfrac{G}{F}=\dfrac{2160}{3600\times1\times0.15}=4\text{m/s}$

$$d_0=\frac{4AB}{2(A+B)}=\frac{4\times1\times0.15}{2\times(1+0.15)}=0.26\text{m}$$

代入阿基米德数计算式，$Ar=\dfrac{9.81\times0.26\times(27-17)}{4^2\times(27+273)}=0.0053$

18. **答案：**C

主要解题过程：

系统的总的水流量：$G=\dfrac{0.86Q}{\Delta t}=\dfrac{0.86\times2000}{6}=286.7\text{m}^3/\text{h}$

单台水泵的轴功率：$N=\dfrac{GH}{2\times367.3\eta}=\dfrac{286.7\times28}{2\times367.3\times0.75}=14.57\text{kW}$

19. **答案：**B

主要解题过程：

由《注册公用设备工程师暖通空调考试复习教材》（第三版）P537，当几个不同声功率级叠加时，则按照由大到小依次排列，逐个进行叠加，叠加时根据两个声功率级的差值在其中较高的声功率级上增加附加值。

70dB/65dB = 70 + 1.2 = 71.2dB；71.2dB/62dB = 71.2 + 0.5 = 71.7dB。

20. **答案：**A

主要解题过程：

风冷冷凝器进出口温差：$\rho\cdot c\cdot\Delta t\cdot G=Q$

得 $\Delta t=\dfrac{Q}{\rho\cdot c\cdot G}=\dfrac{3600\times50}{1.15\times1.005\times14000}=11.12℃$，在冷机的冷凝器内其冷凝温度为一个定值 t_1，此值也为空气入口的最高允许温度。

则根据对数温差的定义有：$\Delta t_m=\dfrac{\Delta t}{\ln\left(\dfrac{t_k-t_1}{t_k-(t_1+11.12)}\right)}=\dfrac{11.12}{\ln\left(\dfrac{50-t_1}{38.88-t_1}\right)}=9.19$

解得 $t_1=34.2℃$。

21. **答案：**C

主要解题过程：

A 建筑：机组放热量：$Q_A=3000+500=3500\text{kW}$

冷却水量：$G_A=\dfrac{3500+3600}{1000\times4.2\times4}=750\text{m}^3/\text{h}$

B 建筑：冷却塔出水温度 32℃，机组 COP 下降 2 × 1.5% = 3%，COP′ = 6 × 0.97 = 5.82

放热量：$Q_B=3000(1+1/5.82)=3515\text{kW}$

冷却水量：$G_B = \dfrac{3515 \times 3600}{1000 \times 4.2 \times 5} = 603\text{m}^3/\text{h}$

22. **答案**：D

主要解题过程：

向土壤的总放热量为建筑的冷负荷、机组的耗电量、水泵输送的耗功率及总的冷损失，

$$Q = (Q_1 + Q_2 + Q_3)(1 + \frac{1}{\text{COP}}) = (1000 + 50 + 50) \times (1 + \frac{1}{5}) = 1320\text{kW}$$

而本题中空调冷水循环泵和冷水管道系统冷损失描述的是冷冻水侧的情况，计算冷却水侧的散热量时，需要考虑机组的性能系数影响。

23. **答案**：C

主要解题过程：

《注册公用设备工程师暖通空调考试复习教材》（第三版）P686 式（4.7-11）：

$$V = \frac{Q_S \times P}{1.163 \cdot \eta \cdot \Delta t} = \frac{54000 \times 1.08}{1.163 \times (0.8 \sim 0.9) \times 8} = 6964 \sim 7834\text{m}^3$$

24. **答案**：C

主要解题过程：

《注册公用设备工程师暖通空调考试复习教材》（第三版）P579 式（4.1－35）：

$$t_{佳} = 0.4 \cdot t_K + 0.6 \cdot t_0 + 3 = 0.4 \times 38 + 0.6 \times (-35) + 3 = -2.8℃$$

25. **答案**：C

主要解题过程：

《注册公用设备工程师暖通空调考试复习教材》（第三版）P815 式（6.3-2）：

$$Q_h = \sum kNQ_n$$

居民总户数为 $28 \times 8 = 224$ 户，查表燃气具同时使用系数 k 为：

$$k = 0.16 - \frac{0.16 - 0.15}{300 - 200} \times (224 - 200) = 0.1576$$

$$Q_h = 0.1576 \times 224 \times (0.3 + 1.4) = 60\text{m}^3/\text{h}$$

2011年案例分析试题答案（上午卷）

2011 年案例分析试题(下午卷)

[专业案例题(共 25 题,每题 2 分)]

1. 严寒地区 A 区拟建十层办公楼建筑(正南北向,平屋面),矩形平面,其外轮廓平面为 40000mm × 14400mm,一层和顶层层高位 5.4m,中间层层高为 3.0m,顶层为多功能厅,多功能厅开设一天窗,尺寸为 12000mm × 6000mm,该建筑的屋面及天窗的传热系数,应是下列哪项值?

(A) $K_{天窗} \leqslant 2.2$, $K_{屋面} \leqslant 0.25$　　(B) $K_{天窗} \leqslant 2.2$, $K_{屋面} \leqslant 0.28$

(C) $K_{天窗} \leqslant 2.7$, $K_{屋面} \leqslant 0.28$　　(D) 应当进行权衡判断确定

答案:[　]

主要解答过程:

2. 某办公楼的办公室($t_n = 18$℃)计算采暖热负荷为 850W,选择铸铁四柱 640 型散热器,散热器罩内暗装,上部和下部开口高度为 150mm,采暖系统热媒为 80/60℃,双管上供下回,散热器为异侧上进下出,问:该办公楼计算选用散热器片数(已知:铸铁四柱 640 型散热器单片散热器面积 $f = 0.205\text{m}^2$,10 片的散热器传热系数计算公式 $K = 2.442\Delta t^{0.321}$)?

(A) 8 片　　(B) 9 片　　(C) 10 片　　(D) 11 片

答案:[　]

主要解答过程:

3. 某热水集中采暖系统的设计参数为:采暖热负荷 750W,供回水温度为 95/70℃。系统计算阻力损失为 30kPa,实际运行时于系统的热力入口处测得:供回水压差为 34.7kPa,供回水温度为 80/60℃,系统实际运行的热负荷,应为下列哪一项?

(A) 530 ~ 560kW　　(B) 570 ~ 600kW　　(C) 605 ~ 653kW　　(D) 640 ~ 670kW

答案:[　]

主要解答过程:

4. 某空调系统供热负荷为1500kW，系统热媒为60/50℃的热水，外网热媒为95/70℃的热水，拟采用板式换热器进行换热，其传热系数为4000W/(m^2·℃)，污垢系数为0.7，计算换热器面积应是下列哪一项？

(A)18～19m^2　　(B)19.5～20.5m^2

(C)21～22m^2　　(D)22.5～23.5m^2

答案：[　]

主要解答过程：

5. 某天然气锅炉房位于地下室，锅炉额定产热量为4.2MW，效率91%，天然气的低位热值 Q_{DW}=35000kJ/m^3，燃烧理论空气量 $V=0.268Q_{DW}/1000$(m^3/m^3)，燃烧装置空气过剩系数为1.1，锅炉间空气体积为1300m^3，该锅炉房平时总送风量和室内压力状态应为下列哪一项？（保留到小数点后一位）

(A)略大于15600m^3/h，维护锅炉间微正压

(B)略大于20053m^3/h，维护锅炉间微正压

(C)小于20500m^3/h，维护锅炉间负压

(D)略大于20500m^3/h，维护锅炉间微正压

答案：[　]

主要解答过程：

6. 某工程选择风冷螺杆式冷热水机组参数如下：名义制热量为462kW，输入功率为114kW，该地室外空调计算干球温度为－10℃，空调设计供水温度为45℃，该机组冬季制热工况修正系数见下表，机组每小时化霜2次，该机组在设计工况下的制热量及输入功率正确值为下列哪一项？

环境温度(℃)	机组出口温度(℃)					
	40		45		50	
	制热量	输入功率	制热量	输入功率	制热量	输入功率
－10	0.695	0.822	0.711	0.915	—	—
0	0.840	0.854	0.863	0.961	0.891	1.084
7	0.976	0.887	1	1	1.028	1.130

(A)320～330kW，100～105kW　　(B)260～265kW，100～105kW

(C)290～300kW，100～105kW　　(D)260～265kW，110～120kW

答案:[　]

主要解答过程:

7. 某工厂新建理化楼的化验室排放有害气体甲苯,排气筒的高度为12m,试问符合国家二级排放标准的最高允许排放速率接近下列哪一项?

(A)3.49kg/h　　(B)2.30kg/h

(C)1.98kg/h　　(D)0.99kg/h

答案:[　]

主要解答过程:

8. 某地下车库面积为500m^2,平均净高3m,设置全面机械通风系统,已知车库内汽车的CO散发量为40g/h,室外空气的CO浓度为1.0mg/m^3,为了保证车库内空气的CO浓度不超过5.0mg/m^3,所需的最小机械通风量应接近下列哪一项?

(A)7500m^3/h　　(B)8000m^3/h

(C)9000m^3/h　　(D)10000m^3/h

答案:[　]

主要解答过程:

9. 某车间同时散发苯、乙酸乙酯溶剂蒸汽和余热,设稀释苯、乙酸乙酯溶剂蒸汽的散发量所需的室外新风量为200000m^3/h、50000m^3/h,满足排除余热的室外新风量为220000m^3/h,问同时满足苯、乙酸乙酯溶剂蒸汽和余热的最小新风量是下列哪项值?

(A)220000m^3/h　　(B)250000m^3/h

(C)270000m^3/h　　(D)470000m^3/h

答案:[　]

主要解答过程:

10. 某金属熔化炉炉内温度为650℃,环境温度为30℃,炉口直径为0.65m,散热器面为水平面,于炉口上方1m处设接收罩,热源的热射流收缩断面上的流量为下列哪项?

(A)0.10～0.14m^3/h　　(B)0.16～0.20m^3/h

(C)0.40～0.44m^3/h　　(D)1.10～1.30m^3/h

答案:[　]

主要解答过程:

11. 含有 SO_2 有害气体的流量为3000m^3/h,其中 SO_2 的浓度为5.25mL/m^3,采用固定床活性炭吸附装置净化该有害气体,设平衡吸附量为0.15kg/kg,吸附效率为96%,如有效使用时间(穿透时间)为250h,所需装炭量为下列哪一项?

(A)71.5～72.5kg　　(B)72.6～73.6kg

(C)73.7～74.7kg　　(D)74.8～78.8kg

答案:[　]

主要解答过程:

12. 某地夏季空调室外计算干球温度 $t_w=35℃$,累计最热月平均相对湿度为80%,设计一矩形钢制冷水箱(冷水温度为7℃),采用导热系数 $\lambda=0.0407W/(m\cdot K)$ 软质聚氨酯制品保温,不计水箱壁热阻和水箱内表面放热系数,按防结露要求计算的最小保温层厚度 δ,应是下列哪一项?[注:当地为标准大气压,保温层外表面换热系数 $\alpha_m=8.14W/(m^2\cdot K)$]

(A)23.5～26.4mm　　(B)26.5～29.0mm

(C)29.5～32.4mm　　(D)32.5～35.4mm

答案:[　]

主要解答过程:

13. 某高层酒店采用集中空调系统,冷水机组设在地下室,采用单台离心式水泵输送冷水,水泵设计工况:流量为400m^3/h,扬程为50m水柱,配套电机功率为75kW,系统运行后水泵发生停泵,经核查,系统运行时的实际阻力为30m水柱,水泵性能有关数据见下表,实际运行工况下,水泵功率接近下列哪一项?并解释引起故障的原因。

流量(m^3/h)	扬程(m)	备注	流量(m^3/h)	扬程(m)	备注
280	54.5		480	39	
400	50	效率75%	540	30	效率50%

(A)90kW　　(B)75kW

(C)55kW　　(D)110kW

答案:[　]

主要解答过程:

14. 某地源热泵系统所处岩土的导热系数为1.65W/(m·K),采用竖直单U形地埋管,管外径为32mm,钻孔灌浆回填材料是混凝土+细河沙,导热系数为2.20W/(m·K),钻孔的直径为130mm,计算回填材料的热阻应为下列哪一项?

(A)0.048~0.052m·K/W

(B)0.060~0.070m·K/W

(C)0.072~0.082m·K/W

(D)0.092~0.112m·K/W

答案:[　]

主要解答过程:

15. 某全新风空调系统设全热交换器,新风量与排风量相等,夏季显热回收效率为60%,全热回收效率为55%。已知:新风进风干球温度为34℃,进风焓值为90kJ/$kg_{干空气}$,排风温度为27℃,排风焓值为55kJ/$kg_{干空气}$,试计算其新风出口的干球温度和焓值应是下列哪一项?

(A)31.2℃,74.25kJ/$kg_{干空气}$

(B)22.3℃,64.4kJ/$kg_{干空气}$

(C)38.7℃,118.26kJ/$kg_{干空气}$

(D)29.8℃,70.75kJ/$kg_{干空气}$

答案:[　]

主要解答过程:

16. 在标准大气压力下,将干球温度为34℃、相对湿度为70%、流量为5000m^3/h的室外空气处理到干球温度为24℃、相对湿度为55%的送风状态,试问处理过程中空气的除湿量为下列哪一项?(查h-d图计算,空气密度取1.2kg/m^3)

(A)60 ~ 65kg/h　　(B)70 ~ 75kg/h
(C)76 ~ 85kg/h　　(D)100 ~ 105kg/h

答案:[　]
主要解答过程:

17. 某餐厅(高 6m)空调夏季室内设计参数为:$t_n = 25℃$、$\varphi = 50\%$。计算室内冷负荷为$\sum Q = 24250\text{W}$,总余湿量$\sum W = 5\text{g/s}$,该房间采用冷却降温除湿、机器露点最大送风温差送风方式(注:无再热热源,不计风机和送风管温升)。空调机组的表冷器进水温度为7.5℃,当地标准大气压。问,空调时段,房间的实际相对湿度接近以下哪一项?(取"机组露点"的相对湿度为95%)绘制焓湿图,图上应绘制过程线。

(A)50%　　(B)60%　　(C)70%　　(D)80%

答案:[　]
主要解答过程:

18. 某严寒地区办公楼,采用两管制定风量空调系统,空调机组内设置了预热盘管,空气经粗、中效两级过滤后送入房间,其空调机组机外余压为450Pa,风机效率为70%,此风道系统的单位风量耗功率数值和是否满足节能设计标准的判断,下列正确的是哪一项?

(A)0.27W/(m^3/h),满足节能设计标准
(B)0.28W/(m^3/h),满足节能设计标准
(C)0.21W/(m^3/h),满足节能设计标准
(D)0.21W/(m^3/h),不满足节能设计标准

答案:[　]
主要解答过程:

19. 某办公楼的一全空气空调系统为四个房间送风,下表内新风量和送风量是根据各房间的人员和负荷计算所得,问该空调设计的总设计风量应是下列哪一项?

房间用途	办公室1	办公室2	会议室	接待室	合计
新风量(m^3/h)	500	180	1360	200	2240
送风量(m^3/h)	3000	2000	4200	2800	12000

(A)2200～2300m³/h　　(B)2350～2450m³/h

(C)2500～2650m³/h　　(D)2700～2850m³/h

答案:[　]

主要解答过程:

20. 某空气处理机设有两级过滤器,按计重效率,粗效过滤器的过滤效率为70%,中效过滤器的过滤效率为90%,若粗效过滤器入口空气含尘浓度为50mg/m³,中效过滤器出口空气含尘浓度为下列哪一项?

(A)1.0mg/m³　(B)1.5mg/m³　(C)2.0mg/m³　(D)2.5mg/m³

答案:[　]

主要解答过程:

21. 某氨压缩式制冷机组,冷凝温度为40℃、蒸发温度为-15℃,如图所示为其理论循环,点2为蒸发器制冷剂蒸汽出口状态,该循环的理论制冷系数应是下列哪一项?(注:各点比焓见下表)

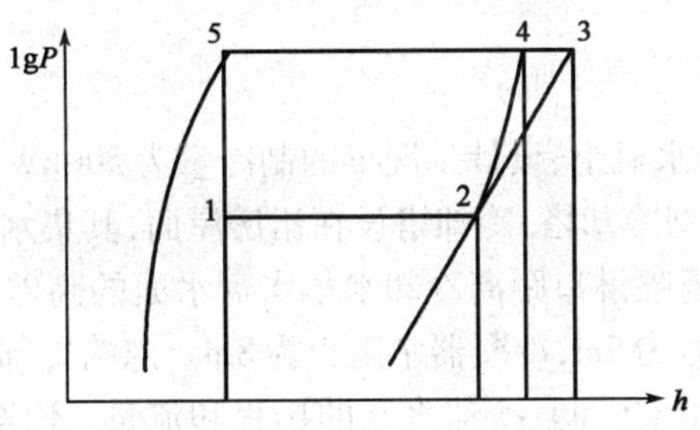

状态点	1	2	3	4
比焓(kJ/kg)	686	1441	2040	1650

(A)2.10～2.30　　(B)1.75～1.95

(C)1.45～1.65　　(D)1.15～1.35

答案:[　]

主要解答过程:

22. 某热回收型地源热泵机组，采用 R502 制冷剂，冷凝温度为 40℃、蒸发温度为 −5℃，如图所示为其理论循环，采用冷凝热回收，回收蒸汽的显热。点 4 为冷凝器制冷剂蒸汽进口状态，该机组回收的热量占循环中总的冷凝热的比例为下列哪一项？（注：各点比焓见下表）

状态点	1	2	3	4	5
比焓(kJ/kg)	241.5	344.7	385.7	359.6	247.9

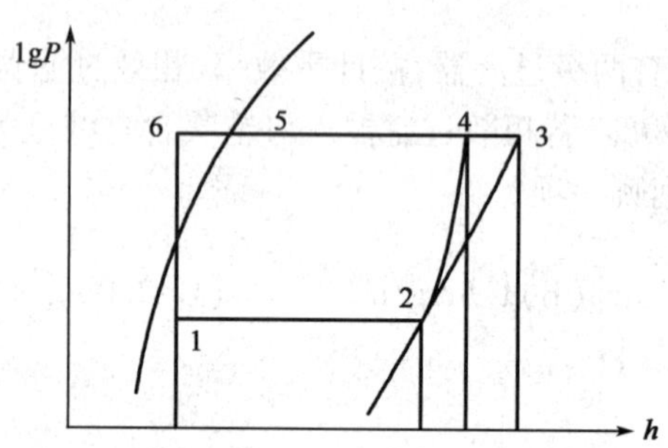

(A)26.5% ~29.0%　　(B)21.0% ~23.5%

(C)18.6% ~20.1%　　(D)17.0% ~18.5%

答案：[　]

主要解答过程：

23. 某水冷离心式冷水机组，设计工况下的制冷量为500kW、COP = 5.0，冷却水进出水温差为5℃，采用横流型冷却塔，冷却塔设在裙房屋面，其集水盘水面与机房内冷却水泵的高差为18m。冷却塔喷淋口距离冷却水集水盘水面的高差为5m，喷淋口出水压力为2m，冷却水管路总阻力为5m，冷凝器水阻力为8m。忽略冷却水水泵及冷凝水管与环境热交换对冷凝负荷的影响。问：冷却水泵的扬程和流量（不考虑安全系数）接近以下哪一项？

(A)扬程为 38m，流量为 86m^3/h

(B)扬程为 38m，流量为 103.2m^3/h

(C)扬程为 20m，流量为 86m^3/h

(D)扬程为 20m，流量为 103.2m^3/h

答案：[　]

主要解答过程：

24. 北京地区某大型冷库冷间面积 $1000m^3$，冷间地面传热系数为 $0.6W/(m^2 \cdot ℃)$，土壤传热系数为 $0.4W/(m^2 \cdot ℃)$，冷间空气温度 -30℃，采用机械通风地面防冻方式，设地面加热层温度为 1℃，若通风加热系统每天运行 8h，系统防冻加热负荷应是下列哪一项？（计算修正值取为 1.15，土壤温度 t_r 取为 9.4℃）

(A)50 ~ 55kW　　(B)43 ~ 48kW
(C)39 ~ 41kW　　(D)36 ~ 37kW

答案：[　]
主要解答过程：

25. 某大剧院的化妆间有 5 间（均附设卫生间），由同一给水管供冷水，每间的用水设备相同，每间的卫生器具数量和额定流量见下表（注：洗脸盆和洗手盆均供应冷热水），当卫生器具采用额定流量计算时，化妆间的冷水给水管道的设计秒流量应为下列哪一项？

名称	洗脸盆（混合水嘴）	大便器（延时自闭式冲洗阀）	洗手盆（感应水嘴）	小便器（自闭式冲下阀）
数量	2	1	1	1
额定流量(L/s)	0.10	1.2	0.1	0.1

(A)1.90 ~ 2.10L/s　　(B)2.14 ~ 2.30L/s
(C)2.31 ~ 2.40L/s　　(D)2.41 ~ 2.50L/s

答案：[　]
主要解答过程：

2011 年案例分析试题答案(下午卷)

1. 答案:B

主要解题过程:

建筑的体型系数为:

[40 ×14.4 +2 ×(14.4 +40) ×(5.4 ×2 +3 ×8)]/[14.4 ×40 ×(5.4 ×2 +3 ×8)] =0.218 <0.4,满足《公共建筑节能设计标准》(GB 50189—2015)第 3.2.1 条的要求。

天窗占屋面面积的比例为:

(12 ×6)/(14.4 ×40) =0.125 <0.2 ,满足第 3.2.7 条的要求。

此建筑不需进行权衡判定,查表 3.3.1 -1,$K_{天窗} \leqslant 2.2$,$K_{屋面} \leqslant 0.28$。

2. 答案:C

主要解题过程:

由《注册公用设备工程师暖通空调考试复习教材》(第三版) P86 表查得各修正系数分别为:$\beta_2 = 1$,$\beta_3 = 1.04$,$\beta_4 = 0.975$。

按公式(1.8-1)计算散热器的面积 F:

$$F = \frac{Q}{K(t_{pj} - t_n)}\beta_1\beta_2\beta_3\beta_4 = \frac{850}{2.442 \times [(80 + 60)/2 - 18]^{1.31}} \beta_1 \times 1 \times 1.04 \times 0.975 = 1.91\beta_1$$

散热器的片数为:$n = \dfrac{1.98\beta_1}{0.205} = 9.3\beta_1$,查表 $\beta_1 = 1.0$,暖气片数 n 取 10 片。

3. 答案:D

主要解题过程:

实际运行时管路没有做调节,其阻力系数 S 未变。根据设计参数计算管路的阻力系数 S。

设计工况管路的流量 $G_1 = \dfrac{0.86Q}{\Delta t} = \dfrac{0.86 \times 750}{25} = 25.8$

$$S = \frac{P}{G^2} = \frac{30}{25.8^2} = 0.045$$

计算实际工况的流量:$G_2 = \sqrt{\dfrac{P}{S}} = \sqrt{\dfrac{34.7}{0.045}} = 27.8$

实际运行的负荷:$Q_2 = G_2 \times \dfrac{\Delta t}{0.86} = 27.8 \times \dfrac{20}{0.86} = 646.6\text{kW}$

4. 答案:B

主要解题过程:

板式换热器热媒入口和出口的温差:$\Delta t_a = 95 - 60 = 35℃$,$\Delta t_b = 70 - 50 = 20℃$,

板式换热器的平均对数温差：$\Delta t_{pj}=\frac{\Delta t_a-\Delta t_b}{\ln(\Delta t_a/\Delta t_b)}=\frac{35-20}{\ln(35/20)}=26.8℃$

换热器的面积：$F=\frac{Q}{K\cdot\beta\cdot\Delta t_{pj}}=\frac{1500}{4\times0.7\times26.8}=20m^2$

5. **答案：**D

主要解题过程：

计算天然气的用量：$V_{天然气}=\frac{4.2\times10^3}{35000\times0.91}\times3600=474.7m^3/h$

燃烧所需空气量：

$$V_{空气}=\frac{0.286Q_{DW}}{1000}\times V_{天然气}\times1.1=\frac{0.286\times35000}{1000}\times474.7\times1.1=5227m^3/h$$

《锅炉房设计规范》(GB 50041—2008)第15.3.7条及其条文解释，室内压力状态为维持微正压且正常工作时换气次数为12次/h，则送风量为：$V=12\times1300+5227=20827m^3/h$。

6. **答案：**B

主要解题过程：

《民用建筑供暖通风与空气调节设计规范》(GB50736－2012)第8.3.2条条文说明，机组每小时化霜两次修正系数$K_2=0.8$，查表得室外干球温度修正系数：$K_2=0.711$

则机组的实际制热量：$Q=Q_0\cdot K_1\cdot K_2=462\times0.711\times0.8=263kW$

查表机组输入功率的修正系数：$K_2=0.711$

则机组的输入功率：$W=W_0\times K_3=114\times0.915=104.31kW$

7. **答案：**D

主要解题过程：

《大气污染物综合排放标准》(GB 16297—1996)表2序号16，新建污染源，甲苯3.1kg/h，排气筒的高度为12m，小于最小高度15m的要求，按第7.4条的规定，排放浓度按计算结果的50%取值。

$$Q=Q_b\times\left(\frac{h}{h_b}\right)^2=3.1\times\left(\frac{12}{15}\right)^2=1.984kg/h$$

允许的排放速率Q'为：$Q'=0.5Q=0.5\times1.984=0.992kg/h$

8. **答案：**D

主要解题过程：

根据题意，本题需要分别计算稀释CO的通风量和按通风换气次数计算的通风量。

《民用建筑供暖通风与空气调节设计规范》(GB 50736—2012)第6.3.8.3条及条文说明，当层高大于或等于3m时，按3m高度计算换气体积。

车库的通风次数为6次。

按照换气次数计算：$G=500\times3\times6=9000m^3/h$

按稀释CO计算：$G=\frac{x}{y_1-y_2}=\frac{40\times1000}{5-1}=10000m^3/h$，参考《民用建筑供暖通风与空气调节设计规范》(GB 50736—2012)P70公式(19)。

车库通风量取两者的大值。

9. **答案**:B

主要解题过程:

《注册公用设备工程师暖通空调考试复习教材》(第三版) P172,当数种溶剂(苯及其同系物,或醇类或醋酸醋类)的蒸汽,同时散发于室内空气中时,由于它们对人体的作用是叠加的,全面通风量应按各种气体分别稀释至规定的接触限值所需的空气量的总和计算。

$$L = 200000 + 50000 = 250000\text{m}^3/\text{h}$$

排除余热的室外新风量为 220000m³/h,两者取大值。

10. **答案**:A

主要解题过程:

收缩断面上的流量:$L_0 = 0.167Q^{\frac{1}{3}} \cdot Q^{\frac{3}{2}}$

热源的对流散热量:

$$Q = \alpha F\Delta t = A \cdot \Delta t^{\frac{1}{3}} \cdot F \cdot \Delta t = 1.7 \times \left(\frac{\pi \times 0.65 \times 0.65}{4}\right) \times (650 - 30)^{\frac{4}{3}}$$

$$= 2980\text{J/s} = 2.98\text{kJ/s}$$

$$L_0 = 0.167 \times 2.98^{\frac{1}{3}} \times 0.65^{\frac{3}{2}} = 0.126\text{m}^3/\text{s}$$

计算参考《注册公用设备工程师暖通空调考试复习教材》(第三版) P198 式(2.4-24)、式(2.4-25)。

11. **答案**:A

主要解题过程:

SO_2 的质量浓度:$Y = C \cdot \frac{M}{22.4} = 5.25 \times \frac{64}{22.4} = 15\text{mg/m}^3$

所需装炭量:$W = \frac{V \cdot Y \cdot \eta \cdot t}{q_0} = \frac{3000 \times 15 \times 0.96 \times 250}{150000} = 72\text{kg}$

计算参考《注册公用设备工程师暖通空调考试复习教材》(第三版) P229 式(2.6-1)。

12. **答案**:C

主要解题过程:

查焓湿图 $t_w = 35℃$、$\varphi_w = 80\%$ 查得水箱外表面露点温度为 $t_L = 31.02℃$。

$$(t_L - t_n)\frac{\lambda}{\delta} = (t_w - t_L)\alpha_w$$

$$\delta = \frac{(t_L - t_n)\lambda}{(t_w - t_L)\alpha_w} = \frac{(31.02 - 7) \times 0.0407}{(35 - 31.02) \times 8.14} = 0.0302\text{m} = 30.2\text{mm}$$

13. **答案**:A

主要解题过程:

水泵实际运行时的耗功:$N=\frac{GH}{367.3\eta}=\frac{540\times30}{367.3\times0.5}=88.2\text{kW}>$设计功率75kW。

主要原因是水泵选型不正确。实际阻力小于设计值,实际流量540m³/h>设计流量400m³/h;水泵处于超载状态,实际功率大于设计功率,导致过载停泵。

14. **答案:**C

主要解题过程:

《地源热泵系统工程技术规范》(GB 50366—2009)式(B.0.1-4):

$$R_b=\frac{1}{2\pi\lambda_b}\ln\left(\frac{d_b}{d_e}\right)=\frac{1}{2\times3.14\times2.2}\ln\left(\frac{130}{\sqrt{2}\times32}\right)=0.076\text{m}\cdot\text{K/W}$$

15. **答案:**D

主要解题过程:

《注册公用设备工程师暖通空调考试复习教材》(第三版)P559。

夏季显热回收效率:$\eta=\frac{t_1-t_2}{t_1-t_3}$,得 $t_2=t_1-\eta(t_1-t_3)=34-0.6\times(34-27)=29.8℃$。

夏季全热回收效率:$\eta=\frac{h_1-h_2}{h_1-h_3}$,得 $h_2=h_1-\eta(h_1-h_3)=90-0.55\times(90-55)=70.75\text{kJ/kg}_{干空气}$

16. **答案:**C

主要解题过程:

根据已知条件查 h-d 图:$d_w=23.75\text{g/kg}$;$d_n=10.24\text{g/kg}_{干空气}$

除湿量:$W=L\cdot\rho\cdot(d_w-d_n)=5000\times1.2\times\frac{23.75-10.24}{1000}=81.06\text{kg/h}$

17. **答案:**C

主要解题过程:

《民用建筑供暖通风与空气调节设计规范》(GB 50736—2012)第7.5.4条:室内点为 N,机器露点温度 $t_L=7.5+3.5=11℃$,相对湿度 $\varphi_L=95\%$。

热湿比 $s=24250/5=4850\text{kJ/kg}$。过机器露点 L 作热湿比 $s=4850$ 的过程线,与 $t=25℃$ 线交点的相对湿度为 $\varphi'_N=70\%$。

18. **答案:**C

主要解题过程:

《公共建筑节能设计标准》(GB 50189—2015)第4.3.22条:

$$W_s=\frac{P}{3600\eta_{CD}\eta_F}=\frac{450}{3600\times0.7\times0.855}=0.21\text{W/(m}^3\text{/h)}$$

表4.3.22规定:办公建筑定风量系统的风道系统单位风量耗功率不大于0.27W/(m³/h)。本风道系统单位风量耗功率满足标准要求。

19. **答案**:C

主要解题过程:

《公共建筑节能设计标准》(GB 50189—2015)第4.3.12条:比较各房间的新风量与送风量的比例,可知会议室的比例最高为0.32,即$Z=0.32$

($X_1=500/3000=0.17$;$X_2=180/2000=0.09$;$X_3=1360/4200=0.32$;$X_4=200/2800=0.071$)

$X=X=2240/12000=0.19$

$Y=X/(1+X-Z)=0.19/(1+0.19-0.32)=0.218$

系统最小新风量:$L=0.218\times12000=2621\text{m}^3/\text{h}$

20. **答案**:B

主要解题过程:

$$Y_2=Y_1\cdot(1-\eta_1)\cdot(1-\eta_2)=50\times(1-0.7)\times(1-0.9)=1.5\text{mg/m}^3$$

21. **答案**:D

主要解题过程:

$$\varepsilon=\frac{Q}{W}=\frac{h_2-h_1}{h_3-h_2}=\frac{1441-686}{2040-1441}=1.26$$

22. **答案**:D

主要解题过程:

根据题意,所占的比例:$\dfrac{h_3-h_4}{h_3-h_5}=\dfrac{385.7-359.6}{385.7-241.5}=0.181=18.1\%$

23. **答案**:D

主要解题过程:

冷却水系统为开始系统,水泵扬程需要考虑静水压的部分,不考虑安全系数,

冷却水泵扬程:.$H_p=2+5+5+8=20\text{m}$

冷却水泵流量:$G=\dfrac{0.86Q}{\Delta t}=\dfrac{0.86\times500\times(1+1/5)}{5}=103.2\text{m}^3/\text{h}$

24. **答案**:A

主要解题过程:

《冷库设计规范》(GB 50072—2010)附录A第A.0.2条:

防冻加热负荷:$Q_f=\alpha(Q_r-Q_{tu})\cdot\dfrac{24}{T}$

地面加热层传入冷间的热量:

$$Q_r=F_d\times(t_r-t_n)\times K_d=1000\times(1+30)\times0.6=18600\text{W}=18.6\text{kW}$$

土壤传给地面加热层的热量:

$$Q_{tu}=F_d\times(t_{tu}-t_r)\times K_{tu}=1000\times(9.4-1)\times0.4=3360W=3.36\text{kW}$$

$$Q_f=1.15\times(18.6-3.36)\times\frac{24}{8}=52.578\text{kW}$$

25. **答案**：A

主要解题过程：

《建筑给水排水设计规范》(GB 50015—2003)(2009 年版)第 3.6.6 条。

大便器自闭式冲洗阀的用水量为：

$$Q_{大} = q_0 n_0 b = 0.1 \times 10 \times 50\% = 0.5\text{L/s}$$

小于 1.2L/s，此项应单列计算：

$$Q_g = \sum q_0 n_0 b = 1.2 + 0.1 \times 10 \times 50\% + 0.1 \times 5 \times 50\% + 0.1 \times 5 \times 10\%$$
$$= 1.2 + 0.5 + 0.25 + 0.05 = 2.0\text{L/s}$$

2012年注册公用设备工程师(暖通空调)执业资格考试

专业考试试题及答案

2012年专业知识试题(上午卷)

一、单项选择题(共40题,每题1分。每题的备选项中只有一个符合题意)

1. 某五层楼的小区会所,采用散热器热水供暖系统,以整栋楼为热计量单位,比较合理的供暖系统形式应是下列哪一项? ( )

(A)双管上供下回系统　　(B)单管上供下回系统
(C)单管下供上回跨越式系统　　(D)单管水平跨越式系统

2. 散热器供暖系统的整个供暖期运行中,能够实现运行节能的主要措施是哪项? ( )

(A)外网进行量调节　　(B)外网进行质调节
(C)供暖系统的热计量装置　　(D)系统中设置平衡阀

3. 下列对围护结构(屋顶、墙)冬季供暖基本耗热量的朝向修正的论述中,哪一项是正确的? ( )

(A)北向外墙朝向附加率为1%~10%
(B)南向外墙朝向附加率为0
(C)考虑朝向修正的主要因素之一是冬季室外平均风速
(D)考虑朝向修正的主要因素之一是冬季室外最多频率风向

4. 某工业厂房的高度为15m,计算的冬季供暖围护结构总耗热量为1500kW,外窗的传热系数为3.5W/(m^2·K),冷风渗透耗热量应是下列哪一项? ( )

(A)375kW　　(B)450kW
(C)525kW　　(D)600kW

5. 纸张的生产过程是:平铺在毛毯上的纸浆,经过抄纸机烘箱的脱水、烘干、最后制取纸张成品,烘箱采用的是热风干燥,热风的热源为0.2MPa的蒸汽,蒸汽用量1500kg/h,用后的蒸汽凝结水需回收,试问该情况下疏水器的选择倍率应是下列哪一项? ( )

(A)2倍　　(B)3倍
(C)4倍　　(D)5倍

6. 下列对热量表的设计选型要求中,哪项规定是正确的? ( )

(A)按所在管道的公称管径选型　　(B)按设计流量选型
(C)按设计流量的80%选型　　(D)按设计流量的50%选型

7. 某九层住宅楼设计分户热计量热水集中供暖系统，正确的做法应是哪一项？（　　）

(A)为保证户内双管系统的流量，热力入口设置自力式压差控制阀
(B)为延长热计量表使用寿命，将户用热计量表安装在回水管上
(C)为保证热计量表不被堵塞，户用热计量表前设置过滤器
(D)为保证供暖系统的供暖能力，供暖系统的供回水管道计算应计入向邻户传热引起的耗热量

8. 某严寒地区城市集中供热采用热电厂为热源，热电厂采用的是背压式供热汽轮机，下列哪一项说法是错误的？（　　）

(A)该供热方式热能利用效率最高
(B)该供热方式能承担全年供暖热负荷
(C)该供热方式需要设置区域锅炉房作为调峰供暖
(D)该供热方式只能承担供暖季的基本热负荷

9. 在供热管网中安全阀的安装做法，哪项是不必要的？（　　）

(A)蒸汽管道和设备上的安全阀应有通向室外的排气管
(B)热水管道和设备上的安全阀应有接到安全地点的排水管
(C)安全阀后的排气管应有足够的截面积
(D)安全阀后的排气管和排水管上应设检修阀

10. 下列场所应设置排烟设施的哪一项？（　　）

(A)丙类厂房中建筑面积大于 $200m^2$ 的地上房间
(B)氧气站
(C)任一层建筑面积大于 $5000m^2$ 的生产氟利昂厂房
(D)建筑面积 $20000m^2$ 的钢铁冶炼厂房

11. 住宅室内空气污染物游离甲醛的浓度限值是下列哪一项？（　　）

(A) $\leqslant 0.5mg/m^3$　　(B) $\leqslant 0.12mg/m^3$
(C) $\leqslant 0.08mg/m^3$　　(D) $\leqslant 0.05mg/m^3$

12. 通风系统运行状况下，采用毕托管在一风管的某断面测量气流动压，下列哪一项测试状况表明该断面宜作为测试断面？（　　）

(A)动压值为0
(B)动压值为负值
(C)毕托管与风管外壁垂线的夹角为10°，动压值最大
(D)毕托管与风管外壁垂线的夹角为16°，动压值最大

13. 下列有关除尘器问题的描述,哪一项是错误的? ( )

(A)旋风除尘器灰斗的卸料阀漏风率5%,会导致除尘效率大幅下降
(B)经实测袋式除尘器壳体漏风率为3%,是导致除尘效率下降的主要原因
(C)袋式除尘器的个别滤袋破损,是导致除尘器效率大幅下降的原因
(D)袋式除尘器滤袋积灰较多,会增大滤袋的阻力,并使系统的冷量变小

14. 保障防空地下室战时功能的通风,说法正确的应为下列哪一项? ( )

(A)包括清洁通风、滤毒通风、超压排风三种方式
(B)包括清洁通风、隔绝通风、超压排风三种方式
(C)包括清洁通风、滤毒通风、平时排风三种方式
(D)包括清洁通风、滤毒通风、隔绝排风三种方式

15. 如下图所示,采用静压复得法计算的均匀送风系统中,ΔP_x 为风机吸风段的阻力,ΔP_1、ΔP_2、ΔP_3 分别为风机送风管1、2、3管段的计算阻力,ΔP_k 为送风口阻力,当计算风机所需要的全压 P 时,以下哪些计算方法是正确的? ( )

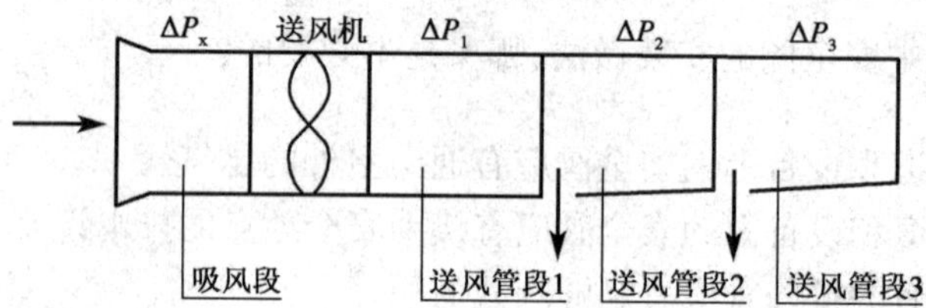

(A) $P=\Delta P_x+\Delta P_k$
(B) $P=\Delta P_x+\Delta P_1+\Delta P_k$
(C) $P=\Delta P_x+\Delta P_1+\Delta P_2+\Delta P_k$
(D) $P=\Delta P_x+\Delta P_1+\Delta P_2+\Delta P_3+\Delta P_k$

16. 某公共建筑的地下房间内设置排烟系统,房间不吊顶,排烟管明装,采用排烟口,下列哪一项的设置方式是合理的? ( )

(A)板式排烟口设置于风管顶部
(B)板式排烟口设置于风管侧面
(C)板式排烟口设置于风管底部
(D)板式排烟口可设置于风管的任何一个面

17. 某超高层建筑的一避难层净面积为800m^2,需设加压送风系统,其设置正确的送风量应为下列哪一项? ( )

(A) ≤24000m^3/h
(B) ≤20000m^3/h
(C) ≤16000m^3/h
(D) ≤12000m^3/h

18. 以下关于除尘器性能的表述,哪一项是错误的? ( )

(A)和袋式除尘器相比,静电除尘器的本体阻力较低
(B)旋风除尘器的压力损失和除尘器入口的气体密度、气流速度成正比

(C)除尘器产品国家行业标准对漏风率数值的要求,旋风除尘器要比袋式除尘器小

(D)袋式除尘器对各类性质的粉尘都有较高的除尘效率,在含尘浓度比较高的条件下也能获得好的除尘效果

19. 关于通风机的风压的说法,正确的应是下列哪一项? (　　)

(A)离心风机的全压与静压数值相同　　(B)轴流风机的全压与静压数值相同

(C)轴流风机的全压小于静压　　(D)离心风机的全压小于静压

20. 下列哪一项空调冷、热水管道绝热层厚度的计算方法是错误的? (　　)

(A)空调水系统采用四管制时,供热管道采用经济厚度方法计算

(B)空调水系统采用四管制时,供冷管道采用防结露方法计算

(C)空调水系统采用两管制时,水系统管道分别按冷管道与热管道的计算方法计算绝热层厚度,并取两者的较大者

(D)空调凝结水管道采用防止结露方法计算

21. 下列有关供暖、通风与空调节能技术措施中,哪项是错误的? (　　)

(A)高大空间冬季供暖时,采用"地板辐射 + 底部区域送风"相结合的方式

(B)冷、热源设备应采用同种规格中的高能效比设备

(C)应使开式冷却塔冷却后的出水温度低于空气的湿球温度

(D)应使风系统具有合理的作用半径

22. 下列哪一项原因不会导致某空调系统用冷却塔的出水温度过高? (　　)

(A)循环水量过大　　(B)冷却塔风机风量不足

(C)室外空气的湿球温度过低　　(D)布水不均匀

23. 某办公楼地处寒冷地区,对采用空气源热水热泵和风机盘管一水系统和多联机进行比较,当冬季热泵需除霜时,下列哪一种说法是错误的? (　　)

(A)风机盘管供热效果好于多联机

(B)空气源热水热泵除霜运行时,风机盘管仍有一定供热

(C)多联机室外机除霜运行时,室内机停止供热

(D)室外温度越低,融霜周期越短

24. 某地埋管地源热泵系统须进行岩土热响应试验,正确的做法是下列哪一项? (　　)

(A)应采用向土壤放热的方法进行试验

(B)应采用向土壤吸热的方法进行试验

(C)按照设计图对全部地埋管井做热响应试验

(D)应采用向土壤放热和自土壤吸热的两种方法进行试验

25. 某住宅空调设计采用按户独立的多联机系统,无集中新风系统,其夏季空调冷负荷计算时,新风换气次数宜取下列哪一项? ( )

(A)$0.5h^{-1}$ (B)$1.0h^{-1}$

(C)$1.5h^{-1}$ (D)$2.0h^{-1}$

26. 某办公楼建筑的非轻型外墙外表面采用光滑的水泥粉刷墙面,其外表面有多种颜色可选,会导致空调计算冷负荷最大的外墙外表面颜色的哪项? ( )

(A)白色 (B)浅灰色 (C)深灰色 (D)黑色

27. 关于空调系统采用热回收装置做法和说法,下列哪一项是不恰当的? ( )

(A)五星级宾馆的室内游泳池夏季采用转轮式全热回收装置

(B)办公建筑的会议室选用双向换气热回收装置

(C)设计状态下送、排风的温度差和过渡季节时间长短成为选择热回收装置的依据

(D)热回收装置节能与否,应综合考虑回收的能量和回收装置自身的设备用能

28. 洁净厂房的耐火等级不应低于下列哪一项? ( )

(A)一级 (B)二级 (C)三级 (D)四级

29. 目前在洁净技术中常用的大气尘浓度表示方法,正确的应是下列哪一项? ( )

(A)沉降浓度 (B)计数浓度

(C)计重浓度 (D)以上三种方都常用

30. 关于溴化锂冷水机组名义工况的表述,错误的是下列哪一项? ( )

(A)名义工况时的冷水侧污垢系数为 $0.018m^2 \cdot ℃/kW$

(B)名义工况时的冷水侧污垢系数为 $0.044m^2 \cdot ℃/kW$

(C)名义工况时的冷却水侧污垢系数为 $0.044m^2 \cdot ℃/kW$

(D)新机组测试时污垢系数应考虑为 $0m^2 \cdot ℃/kW$

31. 在制冷剂选择时,正确的表述是下列哪一项? ( )

(A)由于 R134a 的破坏臭氧潜值(ODP)低于 R123,所以 R134a 比 R123 更环保

(B)根据《蒙特利尔修正案》对 HCFC 的禁用时间规定,采用 HCFC 作为制冷剂的冷水机组在 2030 年以前仍可在我国工程设计中选用

(C)允许我国在 HCFC 类物质冻结后的一段时间可以保留 2.5% 的维修用量

(D)在中国逐步淘汰消耗 O_3 层物质的技术路线中,"选择 R134a 替代 R22"是一项重要措施

32. 下图为多联机空调(热泵)机组制冷量的测试图,问:根据产品标准进行测试时,室外机距第一个分液器(分配器)之间的冷媒管长度 L 应为下列哪一项? ( )

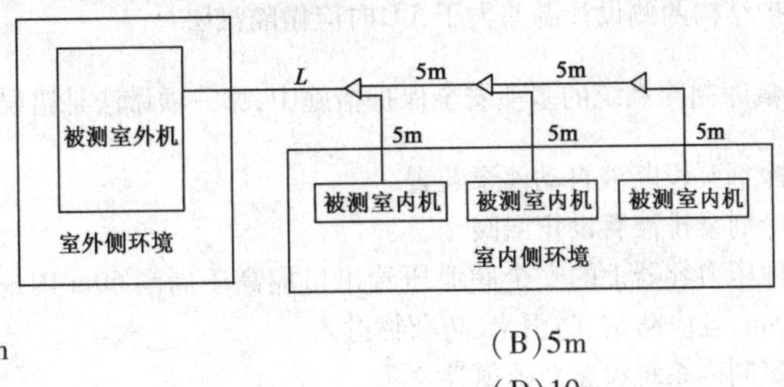

(A)3m　　(B)5m

(C)8m　　(D)10m

33. 在下列对多联机(热泵)机组能效的提法中,哪一项是错误的? ( )

(A)《公共建筑节能设计标准》对多联机(热泵)机组的能效有具体要求

(B)多联机以机组制冷综合性能系数[IPLV(C)]值划分能源效率等级

(C)寒冷地区名义制冷量为28000~84000W的多联机的能效不小于3.85W/W

(D)《公共建筑节能设计标准》规定的能效均可达到2级能效要求

34. 全年运行的空调制冷系统,对冷水机组冷却水最低进水温度进行控制(限值)的原因是什么? ( )

(A)该水温低于最低限值时,会导致冷水机组的制冷系统运行不稳定

(B)该水温低于最低限值时,会导致冷水机组的COP降低

(C)该水温低于最低限值时,会导致冷水机组的制冷量下降

(D)该水温低于最低限值时,会导致冷却塔无法工作

35. 制冷机房的设备布置要求,下列哪一项不符合规范规定? ( )

(A)与墙之间的净距不小于1m,与配电柜的距离不小于1.5m

(B)机组或其他设备之间的净距不小于1.2m

(C)其上方的电缆桥架的净距应大于1m

(D)通道的宽度应大于1.8m

36. 关于冰蓄冷内融冰和外融冰的说法,正确的是下列哪一项? ( )

(A)冰蓄冷的方式一般分成内融冰和外融冰两大类

(B)内融冰和外融冰蓄冰槽都是开式贮槽类型

(C)盘管式蓄冰系统有内融冰和外融冰两大类

(D)内融冰和外融冰的释冷流体都采用乙二醇水溶液

37. 关于冷库隔汽层和防潮层的构造设置要求与做法,下列哪一项是错误的? ( )

(A)库房外墙的隔汽层应与地面隔热层的隔汽层搭接

(B)楼面、地面的隔热层四周应做防水层或隔汽层
(C)隔墙隔热层底部应做防潮层,且应在其热侧上翻铺0.12m
(D)围护结构两侧设计温差大于5℃时应做隔汽层

38. 在对冷藏库制冷系统的多项安全保护措施中,哪一项做法是错误的? (　　)

(A)制冷剂泵设断液自动停泵装置
(B)制冷剂泵排液管设止回阀
(C)各种压力容器上的安全阀泄压管出口应高于周围60m内最高建筑物的屋脊5m,且应防雷、防雨水、防杂物进入
(D)在氨制冷系统设紧急泄氨器

39. 卫生间的地漏水封的最小深度,应是下列哪一项? (　　)

(A)40mm　　(B)50mm　　(C)60mm　　(D)80mm

40. 关于建筑室内消火栓的用水量选取的说法,正确的应是下列哪一项? (　　)

(A)高度超过24m的仓库消火栓的用水量数值取决于建筑体积大小
(B)高度21m的科研楼消火栓的用水量数值与建筑体积有关
(C)4层经济型旅馆消火栓的用水量数值取决于建筑的高度
(D)6层住宅消火栓的用水量数值取决于建筑体积大小

二、多项选择题(共30题,每题2分。每题的备选项中有两个或两个以上符合题意。错选、少选、多选均不得分)

41. 在如下图所示的四个建筑内设置的不同供暖系统中,需要在该建筑内的供暖系统设置膨胀水箱的是哪几项?

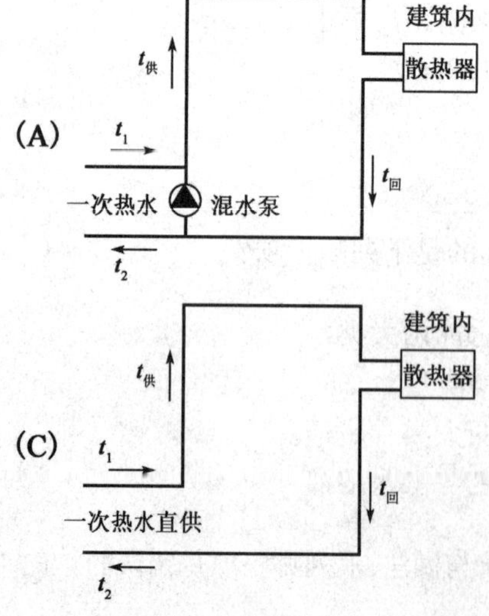

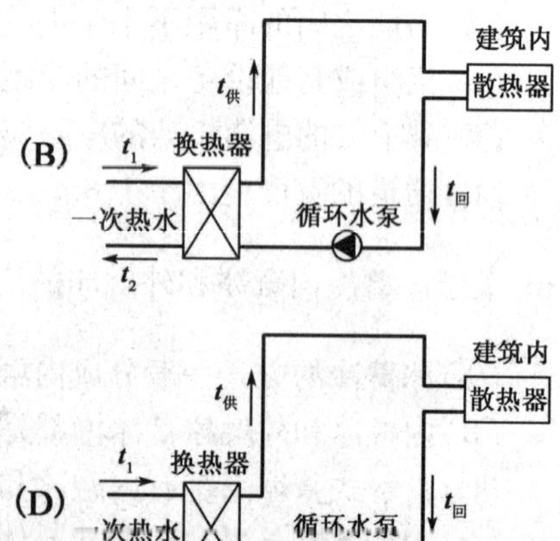

42. 锅炉房设计中,在利用锅炉产生的各种余热时,应符合下列哪几项规定? （　　）

(A)散热器供暖系统宜设烟气余热回收装置
(B)有条件时应选用冷凝式燃气锅炉
(C)选用普通锅炉时,应设烟气余热回收装置
(D)热媒热水温度不高于60℃的低温供热系统,应设烟气余热回收装置

43. 在计算有门窗缝隙渗入室内的冷空气的耗热量时,下列哪几项表述时错误的? （　　）

(A)多层民用建筑的冷风渗透量确定,可忽略室外风速沿高度递增的因素,只计算热压及风压联合作用时的渗透冷风量
(B)高层民用建筑的冷风渗透量确定,应考虑热压及风压联合作用,以及室外风压随高度递增的因素
(C)工业建筑由门窗缝隙渗入室内的冷空气的耗热量,可根据建筑高度、玻璃窗层数按围护结构总耗热量进行估算
(D)对于住宅建筑阳台门而言,除计算由缝隙渗入室内的冷空气的耗热量外,还应在计算外门附加耗热量时将其计入外门总数量内

44. 对严寒地区的某大空间展览中心进行供暖设计时,哪些不是合理的供暖方式? （　　）

(A)采用燃气红外线辐射供暖,安装标高为7.5m
(B)采用暖风机供暖,安装标高为7.5m
(C)采用卧式组合空调机组进行热风采暖,旋流送风口安装在6.5m的吊顶上
(D)采用暗装风机盘管加新风系统进行冬季供暖,将其安装在6.5m的吊顶上

45. 下述关于高压蒸汽供暖系统凝结水管道的设计方法中,正确的是哪几项? （　　）

(A)疏水器前的凝结水管不宜向上抬升
(B)疏水器后的凝结水管向上抬升的高度应经计算确定
(C)靠疏水器余压流动的凝结水管路,疏水器后的背压最小压力不应小于50kPa
(D)疏水器至回水箱的蒸汽凝结水管,应按汽水乳状体进行计算

46. 小区集中供热锅炉房的位置,正确的是下列哪几项? （　　）

(A)应靠近热负荷比较集中的地区
(B)应有利于自然通风和采光
(C)季节性运行的锅炉房应设置在小区主导风向的下风侧
(D)燃煤锅炉房有利于燃料和废渣的运输

47. 气候补偿器是根据室外温度额变化对热力站供热进行质调节，某城市热网采用定流量运行，当室外温度高于室外设计计算温度的过程中，热网的供回水温度、供回水温差的变化表述，不符合规律的是下列哪几项？（　　）

(A)供水温度下降、回水温度下降、供回水温差不变
(B)供水温度下降、回水温度不变、供回水温差下降
(C)供水温度不变，回水温度下降、供回水温差下降
(D)供水温度下降、回水温度下降、供回水温差下降

48. 某采用天然气为燃料的热水锅炉房，试问其平时通风系统和事故通风系统的设计换气能力正确的为下列哪几项？（　　）

(A)平时通风3次/h和事故通风6次/h
(B)平时通风6次/h和事故通风6次/h
(C)平时通风6次/h和事故通风12次/h
(D)平时通风9次/h和事故通风12次/h

49. 以下风管材料选择，正确的是下列哪几项？（　　）

(A)除尘系统进入除尘器前的风管采用镀锌钢板
(B)电镀车间的酸洗槽边吸风系统风管采用硬聚氯乙烯板
(C)排除温度高于500℃气体的风管采用镀锌钢板
(D)卫生间的排风管道采用玻镁复合风管

50. 有关排烟设施的设置，下列哪几项是正确的？（　　）

(A)某个地上800m^2的肉类冷库可不考虑设置排烟设施
(B)某个地下800m^2的肉类冷库应考虑设置排烟设施
(C)某个地上1200m^2的肉类冷库可不考虑设置排烟设施
(D)某个地上1200m^2的鱼类冷库应设置排烟设施

51. 复合材料风管的材料应符合有关规定，下列哪几项要求是正确的？（　　）

(A)复合材料风管的覆面材料宜为不燃材料
(B)复合材料风管的覆面材料必须为不燃材料
(C)复合材料风管的内部绝缘材料，应为难燃B1级材料
(D)复合材料风管的内部绝热材料，应为难燃B1级材料且对人体无害的材料

52. 某30层的高层公共建筑，其避难层净面积为1220m^2，需设机械加压送风系统，符合规定的加压送风量是哪几项？（　　）

(A)34200m^3/h　　(B)37500m^3/h
(C)38000m^3/h　　(D)40200m^3/h

53. 某车间生产过程有大量粉尘产生，工作区对该粉尘的容许浓度是 $8mg/m^3$，该车间除尘系统的排风量为 $25000m^3/h$，试问经除尘净化后的浓度为下列哪几项？（　　）

(A) $5mg/m^3$　　(B) $4mg/m^3$
(C) $2mg/m^3$　　(D) $1.5mg/m^3$

54. 设计选用普通离心式除尘器时，产品应符合国家的相关行业标准，问：在冷态条件下，压力损失在 1000Pa 以下测得除尘效率和漏风率，符合标准规定的是下列哪几项？（　　）

(A)除尘效率为 78.9%　　(B)除尘效率为 81.5%
(C)漏风率为 1.2%　　(D)漏风率为 2.1%

55. 有关空调系统的冷热量计量，说法正确的应是下列哪几项？（　　）

(A)公共建筑应按用户或分区域设置冷热量计量
(B)电动压缩式冷水机组处于部分负荷运行时，系统冷量的计量数值大，则机组的电功率消耗一定大
(C)电动压缩式冷水机组处于部分负荷运行时，系统冷量的计量数值大，则机组的电功率消耗不一定大
(D)采用常规面积分摊收取空调费用的方法属于简化的冷热量计量方法

56. 某空调热水系统如图所示，热水供回水设计温差为 10℃，在设计工况下系统运行时发现，各空调末端能按要求正常控制室内温度，但两台热水泵同时运行时，热水供回水温差为 2℃，一台泵启动总是“跳闸”，而无法启动，以下哪几项措施有可能解决该问题？（　　）

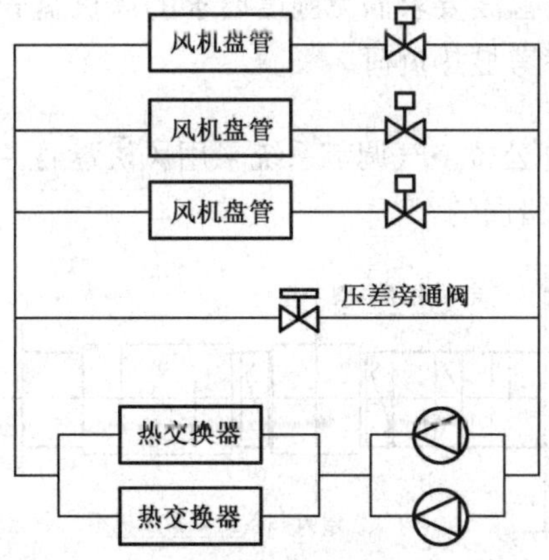

(A)将热水泵出口的手动阀门开度关小
(B)检修供回水管的压差旁通控制环节
(C)将原来的热水泵更换为小扬程的水泵
(D)加大热交换的面积

57. 武汉市某办公楼采用风机盘管+新风系统空调方式，调试合格，冬季运行一段时间后，出现房间室内温度低于设计温度的现象，问题出现的原因可能是哪几项？（　　）

(A)风机盘管的空气过滤器没有及时清洗
(B)风机盘管的水过滤器没有及时清洗
(C)排风系统未开启
(D)送入房间新风量严重不足

58. 采用蒸发冷却方式制取空调冷水的示意图中，但热交换比较充分时，空调冷水的供水温度 t_{w1}、室外空气干球温度 t_g、湿球温度 t_s、露点温度 t_L 之间的关系，以下哪几项是错误的？（　　）

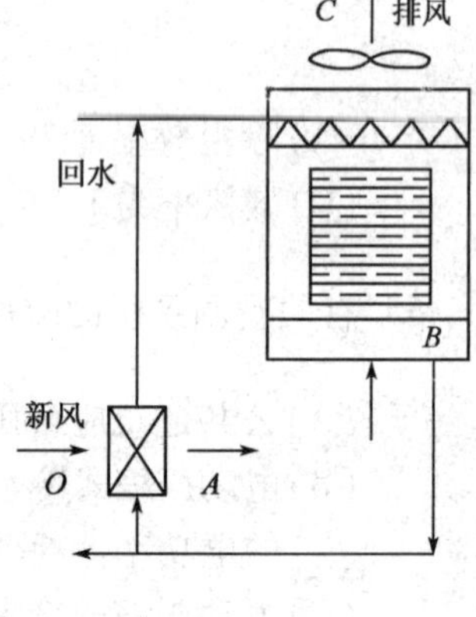

(A) $t_{w1}=t_L$
(B) $t_L<t_{w1}<t_s$
(C) $t_s=t_{w1}=t_g$
(D) $t_{w1}=t_g$

59. 下列关于热湿负荷的说法，哪几项是错误的？（　　）

(A)某商业建筑的空调设计负荷可以小于实际运行中出现的最大负荷
(B)某建筑冬季有分别需要供冷和供热的两个房间，应按两个房间冷热抵消后的冷热量来选择冷热源
(C)对于夏季需要湿度控制的工艺类空调，采用冷凝除湿后的空气与未处理的空气进行显热交换，可以显著减少再热量，但不会影响选择冷机的制冷量
(D)对于室内仅有温度要求而无湿度要求的风机盘管+新风系统，空调系统的设计负荷可参考显热负荷

60. 北京市某建筑的办公楼空气调节系统采用风机盘管+新风系统，其新风机组部分平面图设计中哪几项是错误的？

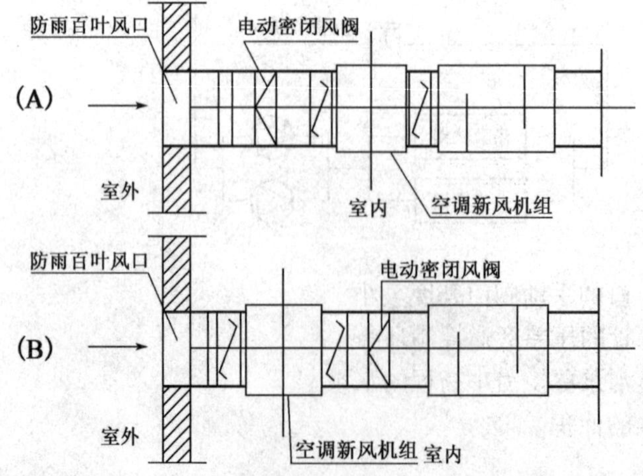

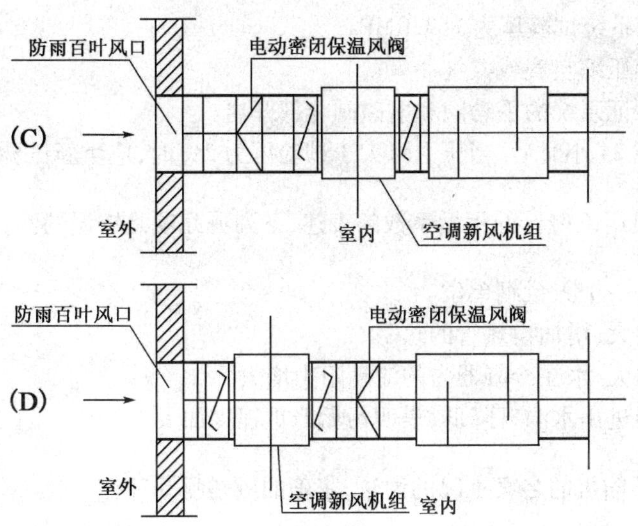

61. 某建筑面积为5000m^2 的办公楼采用变制冷剂流量多联分体式空气调节系统，其新风供应方案选择正确的是哪几项？（　　）

(A)开窗获取新风
(B)风机直接进入新风到室内机的回风处
(C)设置新风机组
(D)采用全热交换装置

62. 集中空气调节水系统，采用一次泵变频变流量系统，哪几项说法是正确的？（　　）

(A)冷水机组应设置低流量保护措施
(B)可采用干管压差控制法—保持供回水干管压差恒定
(C)可采用干管压差控制法—保持最不利换路压差恒定
(D)空调末端装置处应设自力式定流量平衡阀

63. 洁净室及洁净区空气中悬浮粒子洁净度等级的表述应包含下列哪几项？（　　）

(A)等级级别　　(B)占用状态
(C)考虑粒子的控制粒径　　(D)考虑粒子的物化性质

64. 近些年蒸汽压缩式制冷机组采用满液式蒸发器(蒸发管完全浸润在沸腾的制冷剂中)属于节能技术，对它的描述，下列哪几项是正确的？（　　）

(A)满液式蒸发器的传热性能优于干式蒸发器
(B)蒸发管外侧的换热系数得到提高
(C)位于蒸发器的蒸发管的蒸发压力低于蒸发器上部蒸发管的蒸发压力
(D)位于蒸发器的蒸发管的蒸发压力高于蒸发器上部蒸发管的蒸发压力

65. 多联机空调系统制冷剂管道的气密性试验做法，下列哪几项不符合规定？（　　）

(A)R410a 高压系统试验压力为 3.0MPa
(B)应采用干燥压缩空气或氮气
(C)试验时要保证系统的手动阀和电磁阀全部开启
(D)系统保压经 24 小时后,当压力降大于试验压力 2% 时,应重新试验

66. 对水冷式冷水机组冷凝器的污垢系数的表述,下列哪几项是错误的? ( )

(A)污垢系数是一个无量纲单位
(B)污垢系数加大,增加换热管的热阻
(C)污垢系数加大,水在冷凝器内的流动阻力增大
(D)机组冷凝器进出水温升降低,表明污垢严重程度加大

67. 下列有关制冷压缩机的名义工况的说法,正确的应是哪几项? ( )

(A)不同类型的制冷压缩机的名义工况参数与制冷剂的种类有关
(B)螺杆式单级制冷压缩机的名义工况参数与是否带经济器有关
(C)制冷压缩机的名义工况参数中都有环境温度参数
(D)采用 R22 的活塞式单级制冷压缩机的名义工况参数中,制冷剂的液体过冷度是 0℃

68. 冷库中制冷管道的敷设要求,下列哪几项是错误的? ( )

(A)低压侧制冷管的直管段超过 120m,应设置一处管道补偿装置
(B)高压侧制冷管的直管段超过 50m,应设置一处管道补偿装置
(C)当水平敷设的回气管外径大于 108mm 时,其变径管接头应保证顶部平齐
(D)制冷系统的气液管道穿过建筑楼板、墙体时,均应加套管,套管与管之间空隙均应密封

69. 有关冷库冷间设备选择,正确的说法是下列哪几项? ( )

(A)冷却间的冷却设备应采用空气冷却器
(B)冷却物冷藏间的冷却设备应采用空气冷却器
(C)冻结物冷藏间的冷却设备应采用空气冷却器
(D)包装间的冷却设备应采用空气冷却器

70. 有关室内消防用水量的说法,正确的是下列哪几项? ( )

(A)建筑物内同时设置多种消防系统,且需要同时开启时,室内消火栓的用水量可以下降,但不得小于 10L/s
(B)高度为 12m 的厂房按建筑物体积的不同区分有不同的室内消火栓的最小用水量
(C)25m 高的库房按建筑物体积的不同区分有不同的室内消火栓的最小用水量
(D)两层的经济型旅馆的室内消火栓的最小用水量仅与建筑物体积有关

2012 年专业知识试题答案(上午卷)

1. 答案:D

依据:(1)由题意可知会所整体计量,供暖系统仅需满足室温调节功能即可,根据《民用建筑供暖通风与空气调节设计规范》(GB 50736—2012)第 5.3.23 条可知选项 A 合理,又由于《全国民用建筑工程设计技术措施 暖通空调·动力》(2009 年版)P22 的表 2.4.2 垂直双管系统用于四层及四层以下建筑物,本会所为五层建筑,故选项 A 不合理。

选项 BC 的系统形式不在《民用建筑供暖通风与空气调节设计规范》(GB 50736—2012)的推荐范围内,故不选。

选项 D 为《民用建筑供暖通风与空气调节设计规范》(GB 50736—2012)推荐的公共建筑采暖形式之一,故选项 D 正确。

2. 答案:A

依据:选项 C 设热量表主要用来计量用热量,选项 D 设置平衡阀主要要来调节水力平衡,与系统节能运行无关,供暖系统运行中主要用能的部位为循环水泵用电,由《供热计量技术规程》(JGJ 75173—2009)第 4.2.3 条条文说明可知量调节节省水泵耗电有利于节能,如外网利用量调节的方式,循环流量减少,水泵耗电减少,而质调节时总的流量未变,所以选 A。

3. 答案:A

依据:《民用建筑供暖通风与空气调节设计规范》(GB 50736—2012)第 5.2.6 条,可知选项 A 正确,选项 BCD 错误。

4. 答案:B

依据:《注册公用设备工程师暖通空调考试复习教材》(第三版) P20 工业建筑的渗透冷空气耗热量节中可知冷风渗透耗热量可按围护结构的总耗热量的百分比计算,本题目中仅给出了玻璃的传热系数为 3.5W/ $(m^2 \cdot K)$,由《全国民用建筑工程设计技术措施 暖通空调·动力》(2009 年版)第 2.2.6 条可知此玻璃窗为双层窗,则总的渗透冷空气耗热量为:$1500 \times 30\% = 450kW$,选 B。

5. 答案:A

依据:疏水器的选择倍率按《注册公用设备工程师暖通空调考试复习教材》(第三版)P91 表 1.8-7 选择,题中给出的蒸汽压力为 0.2MPa 蒸汽,可知 $K \geqslant 2$,故选 A。

6. 答案:C

依据:《民用建筑供暖通风与空气调节设计规范》(GB 50736—2012)第 5.10.3 条,热量表的公称流量按设计流量的 80% 确定。

7. 答案:BC

依据:《供热计量技术规程》(JGJ 00173—2009)第5.2.2条条文说明,应设置自力式流量控制阀,选项A错误。

《民用建筑供暖通风与空气调节设计规范》(GB 50736—2012)第5.10.3条及条文说明,热量表应装在回水管上有利于改善热量表的使用环境,选项B正确。

《供热计量技术规程》(JGJ 00173—2009)第6.3.3条和第6.3.5条,选项C正确。

《民用建筑供暖通风与空气调节设计规范》(GB 50736—2012)第5.2.10条,选项D正确。

8. **答案**:B

依据:《注册公用设备工程师暖通空调考试复习教材》(第三版)P122可知,背压式供热汽轮机是指排气压力高于大气压力的供热汽轮机,背压式汽轮机的热能利用效率最高,但由于热、电负荷互相制约,它只适用于承担全年或供暖季基本热负荷的供热量,对比各选项可知选项B错误。

9. **答案**:D

依据:由《注册公用设备工程师暖通空调考试复习教材》(第三版)P90安全阀的设计选用要点,可知选项ABC正确,选项D错误。

10. **答案**:D

依据:《建筑设计防火规范》(GB 50016—2014)第8.5.2条,可知选项A可不设排烟;按P181表1可知,氧气站为乙类厂房,氟利昂厂房为戊类厂房,钢铁厂为丁类厂房;第8.5.2条,选项D应设置排烟设施。

11. **答案**:C

依据:根据《住宅建筑规范》(GB 50368—2005)第7.4.1条,限制≤0.08mg/m^3。

12. **答案**:D

依据:《注册公用设备工程师暖通空调考试复习教材》(第三版)P280,毕托管端头测量值为风管内动压,为保证测试准确,测定点应设在风速稳定的地方,因此对比各选项,选项D管内气流流线最均匀,最接近长直管段,宜作为测试断面。

13. **答案**:B

依据:《注册公用设备工程师暖通空调考试复习教材》(第三版)P208~209,对旋风器性能影响较大的因素是运行管理不善造成的灰斗漏风和排灰不及时造成的下部堵管。它不仅影响除尘效率,还会加剧旋风器磨损。灰斗的气密性对除尘效率影响较大,在运行时保证灰斗严密不漏气,否则除尘效率显著下降。知选项A正确。

《通风与空调工程施工质量验收规范》(GB 50243—2002)第7.2.4.2条,袋式除尘器壳体的漏风率在设计工作压力下允许值为5%,因此3%的漏风率不会是除尘效率下降的主要原因,选项B错误。

袋式除尘器的除尘效率一般达到99.5%,因此个别滤袋破损,也会导致除尘器效率大幅度下降,选项C正确。

选项D为基本常识,正确。

14. **答案**:D

依据:《人民防空地下室设计规范》(GB 50038—2005)第5.2.1.1条,选项D正确。

15. **答案**:D

依据:风机所需要克服的阻力包括进口段的阻力、出口段的阻力,选择风机的所需全压=空气克服的阻力+出口动压,因此选项D正确。

16. **答案**:B

依据:目前国标图集一般是板式排烟口安装于吊顶或侧墙安装,考虑风管上部空间的烟气对人没有影响,排烟口直接排走上升过程的烟气更为有利,所以认为排烟口设于风管侧面是合理的。

17. **答案**:A

依据:《高层民用建筑设计防火规范》(GB 50045—1995)(2005年版)第8.3.5条,加压送风量不小于30m³/h,则加压风量为800×30≥24000m³/h。

注:按公消〔2015〕98号文件规定,因《建筑防烟排烟系统技术规范》尚未批准发布,防烟排烟的设计与审核暂按旧规范内容执行。

18. **答案**:C

依据:《注册公用设备工程师暖通空调考试复习教材》(第三版)P221,可知选项A正确。《注册公用设备工程师暖通空调考试复习教材》P208公式(2.5-14),可知选项B正确。

旋风除尘器的漏风率限值,根据《工业锅炉旋风除尘器技术条件》(JB/T 508129—2002)表2,单、双筒旋风除尘器漏风率限值为5%,多筒为3%,而《回转反吹类袋式除尘器》(JB/T 508533—2010)漏风率限值为3%,《脉冲喷吹类袋式除尘器》(JB/T 508532—2008)漏风率限值为3%~4%,《内滤分室反吹类袋式除尘器》(JB/T 508534—2010)漏风率限值为2%~3%,因此选项C的说法错误。

《注册公用设备工程师暖通空调考试复习教材》(第三版)P211"对各类性质的粉尘都有很高的除尘效率,不受比电阻等性质的影响。在含尘浓度很高或很低的条件下,都能获得令人满意的工作效果",选项D正确。

19. **答案**:D

依据:《注册公用设备工程师暖通空调考试复习教材》(第三版)P265,全压=动压+静压。对于风机的各部位的全压、静压、动压的正负如下:

全压:出口为正,入口为负;

静压:出口可正可负,一般为正;入口为负;

动压:出入口均为正。

出口静压为负的情况举例:风机出口风管管径小、风速高,在出风管上开一小孔,管外空气可能被管内空气引射,倒吸入风管内,此处静压为负。

20. **答案**:B

依据:《注册公用设备工程师暖通空调考试复习教材》(第三版) P548,空调冷、热水管道绝热层厚度的计算应按下列原则进行:

(1)单冷管道应按防结露方法计算保冷层厚度,再按经济厚度法核算,对比后取其较大值;

(2)单热管道应采用经济厚度法计算保温层厚度;

(3)冷热合用管道,应分别按冷管道与热管道的计算方法计算绝热厚度,对比后取其较大值。

据此,选项 B 错误。

21. **答案:**C

依据:《注册公用设备工程师暖通空调考试复习教材》(第三版) P557,选项 A 正确。

《公共建筑节能设计标准》(GB 50189—2005)第 5.4.3 条、第 5.4.5 条、第 5.4.6 条,选项 B 正确。

《注册公用设备工程师暖通空调考试复习教材》(第三版) P559,开式冷却塔是依靠空气湿球温度来进行冷却的设备,因此冷却后的出水温度必定高于空气的湿球温度,可知选项 C 错误,也可参考《空气调节》(第四版) P63 中关于"空气与水直接接触时的状态变化过程"的描述。

《公共建筑节能设计标准》(GB 50189—2005)第 5.3.26 条,选项 D 正确。

22. **答案:**C

依据:冷却塔的出水温度过高主要原因是冷却塔的冷却效果不好或者循环水量大,选项 A 循环水量过大、使进出塔水温差减小,如进塔水温不变,出塔水温升高。冷却塔风机的风量不足及冷却塔的布水不均匀将导致冷却塔的冷却效果下降,换热量降低,水流量不变,进出塔水温差减小,由此选项 BD 也会使出水温度升高。《注册公用设备工程师暖通空调考试复习教材》(第三版) P559,开式冷却塔是依靠空气湿球温度来进行冷却的设备,因此冷却后的出水温度必定高于空气的湿球温度,因此湿球温度过低,结果是冷却塔出水温度降低。所以选 C。

23. **答案:**D

依据:当空气源热泵除霜运行时,由于风机盘管的水系统具有蓄热特性,当机组停止运行时,风机盘管仍有一定供热量,而多联机则是完全停止向室内供热,由此可以看出风机盘管供热效果会略好于多联机,所以选项 ABC 是正确的。多联机室外机除霜运行时,室内机停止供热,四通换向阀换向,压缩机排出的高温制冷剂排到室外机化霜;由《民用建筑供暖通风与空气调节设计规范》(GB 50736—2012)第 8.3.1 条条文说明可知,室外机的融霜周期不但和室外温度有关,还和室外空气湿度相关,选项 D 错误。

24. **答案:**A

依据:《地源热泵系统工程技术规程》(GB 50366—2005)(2009 年版)第 2.0.25 条"通过测试仪器,对项目所在场区的测试孔进行一定时间的连续加热,获得岩土综合热物性参数及岩土初始平均温度的试验",附录 C 可以明确得出,热响应实验采用电加热器向土壤连续放热的方法进行实验,可知选项 A 正确;但在实际工作中,也有土壤吸热的方法，但不必两种方式同时进行，考试应以规范为准，由此选项 D 是错误的。

25. **答案**：B

依据：《夏热冬暖地区居住建筑节能设计标准》（JGJ 75—2012）第 5.0.3 条、《夏热冬冷地区居住建筑节能设计标准》（JGJ 75134—2010）第 3.0.2 条，可知选项 B 正确。

26. **答案**：D

依据：本题根据生活常识来判断，深色系的物体较浅色系的更容易吸热，所以选择黑色时冷负荷最大。

27. **答案**：A

依据：根据《实用供暖空调设计手册》P2467，表 32.4-6 可见，泳池可用转轮热回收器，但蓄热芯体无吸湿能力，仅为显热回收，选项 A 错误。

《公共建筑节能设计标准》（GB 50189—2015）第 4.3.26 条“有人员长期停留且不设置集中新风、排风系统的空气调节区（房间），宜在各空气调节区（房间）分别安装带热回收功能的双向换气装置”，选项 B 正确。

《公共建筑节能设计标准》（GB 50189—2015）第 4.3.25 条条文说明“在满足节能标准的前提下，如果系统的回收期过长，则不宜采用能量回收系统”，选项 C 正确。

《全国民用建筑工程设计技术措施 节能专篇 暖通空调・动力》（2007 年版）第 4.3.1.3条“使用频率较低的建筑物（如体育馆）宜通过能耗与投资之间的经济分析比较来决定是否设计热回收系统”，选项 D 正确。

28. **答案**：B

依据：《洁净厂房设计规范》（GB 50073—2013）第 5.2.1 条。

29. **答案**：B

依据：根据《注册公用设备工程师暖通空调考试复习教材》（第三版）P458 及表 3.6-11，大气含尘浓度有计重浓度、计数浓度、沉降浓度三种表示方法，但最为常用的应为计数浓度，表 3.6-11 为一般工程使用的数据，其单位为计数浓度单位，故选 B。

30. **答案**：B

依据：《蒸汽和热水型溴化锂吸收式冷水机组》（GB/T 18431—2014）第 4.3.2 条。

31. **答案**：B

依据：《注册公用设备工程师暖通空调考试复习教材》（第三版）P584，制冷剂应该考虑 ODP、GWP、环境友好性、制冷性能、安全性等因素；P587，到 2030 年完全淘汰 HCFCs 的生产与消费，表明截止到 2030 年还可以使用该类型的制冷剂；2030 —2040 年允许保留年均 2.5% 的维修用量；根据《全国民用建筑工程设计技术措施 暖通空调・动力》（2009 年版）P136，R134a 替代 R12，R11 ，R500。选 B。

32. **答案**：B

依据：《多联式空调系统工程技术规程》（JGJ 174—2010）第 3.1.3 条文说明表 3 的注：“测试方法按照 GB/T 18837 的相关规定，其中，室内外机连接管道上冷媒分配器前、后的连接管长度为 5m 或按制造厂规定”。《多联式空调(热泵)机组》(GB/T 18837—2015) 第 6.3.5 条图 2、图 3。

33. **答案**:D

依据:《公共建筑节能设计标准》(GB 50189—2015) 第 4.2.7 条及条文说明。

34. **答案**:A

依据:《民用建筑供暖通风与空气调节设计规范》(GB 50736—2012) 第 8.6.3 条及条文说明“冷却水水温不稳定或过低,会造成压缩式制冷系统高低压差不够、运行不稳定、润滑系统不良运行等问题,……”,选项 A 正确。

35. **答案**:D

依据:《民用建筑供暖通风与空气调节设计规范》(GB 50736—2012) 第 8.10.2 条对机房内各部位的最小尺寸做了规定,选项 D 错误。

36. **答案**:C

依据:《注册公用设备工程师暖通空调考试复习教材》(第三版) P678 表 4.7-2,内融冰和外融冰是制冰、融冰的两种分类,不是冰蓄冷的方式,选项 A 错误;内外融冰的蓄冷方式都是盘管外结冰室,选项 B 错误,选项 C 正确;采用的流体为乙烯乙二醇水溶液,选项 D 错误。

37. **答案**:A

依据:《注册公用设备工程师暖通空调考试复习教材》(第三版) P713“外墙的隔汽层应与地面隔热层上下的隔汽层和防水层搭接”,可知选项 A 错误,选项 BC 正确;《冷库设计规范》(GB 50072—2010) 第 4.4.1 条“当围护结构两侧设计温差等于或大于 5℃时,应在隔热层温度较高的一侧设置隔汽层”,选项 D 正确。

38. **答案**:C

依据:《冷库设计规范》(GB 50072—2010)。

第 6.4 条,安全与控制章节,6.4.3 条“制冷剂泵应设置下列安全保护装置:1. 液泵断液自动停泵装置;2. 泵的排液管上应装设压力表、止逆阀;3. 泵的排液总管上应加设旁通泄压阀”,选项 AB 正确。

第 6.4.8 条“安全阀应设置泄压管。氨制冷系统的安全总泄压管出口应高于周围 50m 内最高建筑物(冷库除外)的屋脊 5m,并应采取防止雷击、防止雨水、杂物落入泄压管内的措施”,选项 C 错误。

第 6.4.15 条“对使用氨做制冷剂的冷库制冷系统,宜设紧急泄氨器,……”,选项 D 正确。

39. **答案**:B

依据:《建筑给水排水设计规范》(GB 50015—2003) (2009 年版) 第 4.2.6 条“存水弯的水封深度不得小于 50mm”,选项 B 正确。

40. **答案**:B

依据:《消防给水及消火栓系统技术规范》(GB 50974—2014) 第3.5.2条,高度超过24m的仓库消火栓的用水量数值仅取决于建筑高度的大小,与其体积无关,选项A错误,选项B正确;旅馆消火栓的用水量数值取决于建筑的体积,和高度无关,选项C错误;住宅只有21m以上时才设消火栓,选项D错误。

---

41. **答案**:BD

依据:从图中可以看出,选项AC为户内系统与外网系统直接连接,选项BD系统为间接连接。《注册公用设备工程师暖通空调考试复习教材》(第三版) P127说明及P128图可知,间接连接系统中用户系统与外网系统的水力工况互不影响,这种情况下,用户系统需另外设置定压系统,题目中的膨胀水箱是定压装置,所以选项BD需设置膨胀水箱。

42. **答案**:ABCD

依据:《严寒和寒冷地区居住建筑节能设计标准》(JGJ 26—2010) 第5.2.8条。

43. **答案**:AD

依据:《民用建筑供暖通风与空气调节设计规范》(GB 50736—2012) 附录F或《注册公用设备工程师暖通空调考试复习教材》(第三版) P18有关渗透冷空气耗热量的计算,可知选项A错误,选项B正确。

《注册公用设备工程师暖通空调考试复习教材》(第三版) P20表1.2-7,选项C正确。

《注册公用设备工程师暖通空调考试复习教材》(第三版) P17注2,阳台门不考虑外门附加,选项D错误。

44. **答案**:BD

依据:《注册公用设备工程师暖通空调考试复习教材》(第三版)。

P56"燃气红外线辐射器的安装高度,应根据人体按舒适度确定,但不应低于3m",选项A正确;

P67可知暖风机安装高度需根据出口风速或厂房的形式选择,风速范围宜在3.5~7m之间,选项B错误。

P430"旋流风口用于层高较高的空调建筑",且组合式空调机组机静压较大,选项C正确。

由于风机盘管机组静压较低,冬季供暖时热风无法送至下部工作区,选项D错误。

45. **答案**:BD

依据:《民用建筑供暖通风与空气调节设计规范》(GB 50736—2012) 第5.9.20条"疏水器前的凝结水管不应向上抬升;疏水器后的凝结水管向上抬升的高度应经计算确定",可知选项A错误、选项B正确。

《注册公用设备工程师暖通空调考试复习教材》(第三版) P93,选项C错误。

《民用建筑供暖通风与空气调节设计规范》(GB 50736—2012)第5.9.21条,选项D正确。

46. **答案**:ABD

依据:《锅炉房设计规范》(GB 50041—2008)第4.1.1条,选项ABD正确、选项C错误。

47. **答案**:ABC

依据:由题意可知供热负荷减小,且流量恒定,则供回水温差应下降,选项A错误。

就选项B本身来看,没有错误,但是在实际运行中,当供热负荷减小时,供回水温度及供回水温差均下降。

选项C供水温度不变,回水温度下降,其供回水温差应升高,内容自相矛盾,错误。

选项D正确,有关气候补偿器的内容见《民用建筑供暖通风与空气调节设计规范》(GB 50736—2012)第8.11.14条条文说明。

48. **答案**:CD

依据:《锅炉房设计规范》(GB 50041—2008)第15.3.7条对换气次数做了规定。

49. **答案**:BD

依据:《注册公用设备工程师暖通空调考试复习教材》(第三版) P257表2.7-5,用于输送含粉尘或粉屑的空气,风管的涂料做法,可知选项A直接选用镀锌钢板不正确;选项B,硬聚氯乙烯板材风管的耐腐蚀性好,适合使用;选项C,锌的熔点温度为420℃,在温度到达225℃后将会剧烈载化;选项D,由于卫生间相对潮湿选用玻镁可以保证风管的使用年限。

50. **答案**:AD

依据:《建筑设计防火规范》(GB 50016—2014) P189表3可知冷库中的鱼、肉间为丙类仓库,第8.5.2.3条可知占地面积大于1000m^2的丙类仓库应设置机械排烟设施,因此选项AD正确,选项C错误。

第8.5.4条,地下房间面积大于50m^2,且经常有人停留或可燃物较多的地下室,应设置排烟设施,因冷库人员不经常停留,因此选项B可不设置排烟设施。

51. **答案**:BD

依据:《通风与空调工程施工质量验收规范》(GB 50243—2002)第4.2.4条。

52. **答案**:BCD

依据:《高层民用建筑设计防火规范》(GB 50045—1995)(2005年版)第8.3.5条,避难层的加压送风量按不小于30m^3/(m^2·h)计算,则加压风量为1220×30 = 36600m^3/h,选项BCD符合要求。

注:按公消〔2015〕98号文件规定,因《建筑防烟排烟系统技术规范》尚未批准发布,防烟排烟的设计与审核暂按旧规范内容执行。

53. **答案**:CD

依据:《注册公用设备工程师暖通空调考试复习教材》(第三版) P170,净化后的浓度不超过允许浓度的30%,则净化后的浓度应小于$8 \times 30\% = 2.4 mg/m^3$。

54. **答案**:BC

依据:《离心式除生器》(JB/T 509054—2000) 第5.2.2条,可知选项BC正确。

55. **答案**:CD

依据:《公共建筑节能设计标准》(GB 50189—2015)第4.5.3条,应为“宜”设冷热计量,选项A错误;选项BC没有给出比较基准,根据选项的意思可知选项B错误、选项C正确;选项D正确。

56. **答案**:ABC

依据:水泵出现过载,说明实际运行中水系统阻力小于水泵设计扬程,水泵的流量大于其设计流量。选项A关小水泵出口阀门,增大了水系统的管网阻力,管网特性曲线与水泵性能曲线交叉点向左移动,流量减小,功率降低。选项B中压差旁通控制是旁通系统水量,本质上也是对系统的阻力进行调节。选项C更换小扬程水泵,水泵性能曲线和管网特性曲线交点向左移动,流量减小,功率降低,比选项A阀门节流的方法更节能。选项D增大换热器面积,对系统阻力由减小作用或者没多大影响,所以此项不能解决问题。

57. **答案**:AB

依据:空气过滤器没有及时清洗、水过滤器没有及时清洗导致风量、水量不足,导致房间温度下降。排风系统未开,新风不足,主要影响室内空气质量。此时空调系统只有室内负荷,没有新风负荷。这时要看设计的新风系统承担哪些负荷:如果新风系统不承担室内热(冷)负荷,则不影响房间温度;如果新风承担部分室内热(冷)负荷,则会影响温度。一般来讲,绝大多数办公楼采用风机盘管+新风系统空调方式,设计的新风系统不承担室内热(冷)负荷,夏季新风处理到室内等焓值,冬季加热到等于室内温度,不会影响房间温度。但湿度有可能得不到保证。选项D与选项C的意思相同。

58. **答案**:ACD

依据:在热交换比较充分的情况下,冷水的出口温度可接近进口空气的露点温度且大于露点温度,即$t_{wL} > t_L$,而空气未达到饱和状态时,空气的干球温度$t_g > t_s > t_L$,由此可判断选项ACD错误。

59. **答案**:BCD

依据:夏季空气调节室外计算温度采用历年平均不保证50h的干球温度,所以运行中运行有大于设计负荷的情况出现,选项A正确;

对于供冷和供热房间的室内设备应按冷热负荷分别设置,冷热源的选择要综合考虑,选项B错误;

经冷凝除湿后的室内空气原本有部分直接排出室外,现使用该部分排风与新风进行热回收。降低了表冷器入口的新风焓值,节约了新风制冷量,制冷机组冷量减小。但室内状态点、热湿比和送风温差不变，导致一次回风后处理到的机器露点不变，再热量不会改变，选项 C 错误；

常规工况风盘供回水温度为 7/12℃，风机盘管一般为湿工况运行，减湿冷却。虽然没有湿度要求，但依然可能存在湿负荷，风机盘管仍然有部分冷量用于除湿，只按显热负荷设计会使得空调选型偏小，选项 D 错误。

注：(1)若采用水环热泵或热回收型多联机时，可以按照"冷负荷 + 水泵功耗 + 压缩机功耗 = 热负荷"的关系式，考虑冷暖工况房间冷热负荷抵消后来选择机组，但应考虑冷暖房间不同时使用的情况，冷热源的容量选择留有必要的余量。

(2)同一房间，一次回风系统与二次回风系统的房间冷负荷与新风冷负荷均相同。二次回风系统节约了一次回风系统中因再热产生的冷负荷。

60. **答案**：ABD

依据：北京市属于寒冷 A 区，根据《民用建筑供暖通风与空气调节设计规范》(GB 50736—2012)第 7.3.21 条的条文说明，寒冷及严寒地区进风口处宜设严密关闭的保温阀门。冬季通风管路对外的阀门应进行保温，可知选项 AB 是错误的。选项 D 中保温风阀位于设备的内侧，并未起到停机时保护设备的目的，故选项 D 也错误。

注：新风入口防冻措施见《全国民用建筑工程设计技术措施 暖通空调·动力》(2009 年版)第 5.5.4 条。

61. **答案**：BCD

依据：《注册公用设备工程师暖通空调考试复习教材》(第三版) P392，多联机空调系统新风采用方式：采用热回收装置、设置新风机组、室外新风直接接至室内机的回风处，可知选项 BCD 正确。

62. **答案**：ABC

依据：根据《民用建筑供暖通风与空气调节设计规范宣贯辅导教材》P236，冷水机组通过设置水流开关控制最小流量以保护机组，防止因为流量变小导致蒸发温度降低，一旦低于 0℃就会造成结冰膨胀，导致换热器损坏，流量下限一般不低于机组额定流量的 50%，故选项 A 正确；根据《制冷技术》P221，一次泵系统控制的主要方法包括温差控制法、末端压差控制法和干管压差控制法，选项 BC 正确；选项 D，由于用户侧变流量，所以不能采用任何定流量阀门。

63. **答案**：ABC

依据：《洁净厂房设计规范》(GB 50073—2013) 第 3.0.1 条、第 3.0.2 条。

64. **答案**：ABD

依据：满液式蒸发器，冷冻水管路浸没在制冷剂液面以下进行沸腾换热，传热系数高。

65. **答案**：AD

依据：《多联式空调系统工程技术规范》(JGJ 174—2010) 第 5.4.10 条。

66. **答案**:AD

依据:污垢系数是一个有单位的参数,单位为 $m^2 \cdot ℃/W$,选项 A 错误。

选项 B 说明污垢系数对冷机的影响,正确。

冷凝器内部由于管内有污垢出现,表面粗糙度变大,导致横截面积变小,流量一定情况下,流速变大,压降变大,选项 C 正确。

选项 D 中机组冷凝器进出水温升降低并不是仅污垢的原因,也可是水流量过大等原因。

67. **答案**:ABD

依据:《注册公用设备工程师暖通空调考试复习教材》(第三版) P604 表 4.3,可知选项 ABD 正确,选项 C 错误。

68. **答案**:ACD

依据:选项 AB,根据《冷库设计规范》(GB 50072—2010) 第 6.5.7.1 条,可知选项 A 错误,选项 B 正确;第 6.5.7.6 条"应保证管道底部平齐",选项 C 错误;第 6.5.7.2 条"压缩机排气管与套管之间的空隙不应密封",选项 D 错误。

69. **答案**:AB

依据:见《冷库设计规范》(GB 50072—2010) 第 6.2.6 条"2. 冷却间和冷却物冷藏间的冷却设备应采用空气冷却器",可知选项 AB 正确;"3. 包装间的冷却设备宜采用空气冷却器;4. 冻结物冷藏间的冷却设备,宜采用空气冷却器",可知选项 CD 错误。

70. **答案**:BD

依据:《消防给水及消火栓系统技术规范》(GB 50974—2014)。

第 3.5.3 条"当建筑物室内设有自动喷水灭火系统、水喷雾灭火系统、泡沫灭火系统或固定消防炮灭火系统等一种或两种以上自动水灭火系统全保护时,室内消火栓系统设计流量可减少 50%,但不应小于 10L/s",选项 A 正确。

第 3.5.2 条可知厂房建筑按高度划分为不同的消火栓用水量,故选项 BC 是错误的。

两层的经济型旅馆的室内消火栓的最小用水量仅与建筑物的体积有关,故选项 D 是正确的。

2012 年专业知识试题(下午卷)

一、单项选择题(共 40 题,每题 1 分。每题的备选项中只有一个符合题意)

1. 某六层办公楼的散热器供暖系统,哪一个系统容易出现上热下冷垂直失调现象?( )

(A)单管下供上回跨越式系统　　(B)单管上供下回系统

(C)双管上供下回系统　　(D)水平单管串联式系统

2. 同一供暖系统中的同一型号的散热器,分别采用以下四种安装方式,散热量最大的是哪一项?

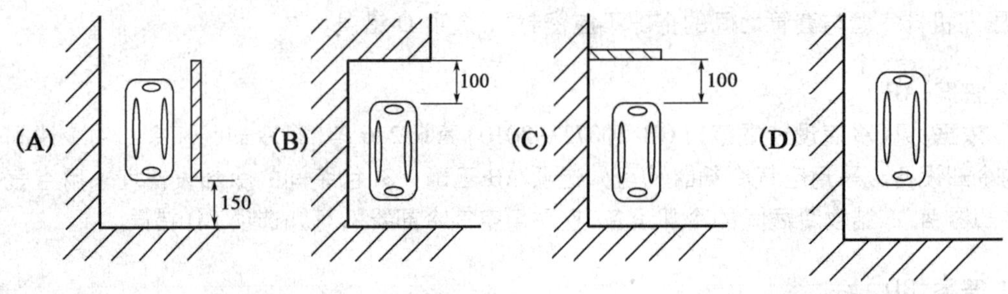

3. 在进行集中供暖系统热负荷概算时,下列关于建筑物通风热负荷的说法,哪一项是错误的?( )

(A)工业建筑可采用通风体积指标法计算

(B)工业建筑与民用建筑通风热负荷的计算方法不同

(C)民用建筑应计算加热从门窗缝隙进入的室外冷空气的负荷

(D)可按供暖设计热负荷的百分数进行概算

4. 设计供暖系统的换热设备时,传热温差相同,依据单位换热能力大小选择设备,正确的排列顺序是下列哪一项?( )

(A)汽—水换热时,波节管式 > 螺旋螺纹管式 > 螺纹扰动盘管式

(B)汽—水换热时,螺旋螺纹管式 > 螺纹扰动盘管式 > 波节管式

(C)水—水换热时,板式 > 螺纹扰动盘管式 > 波节管式

(D)水—水换热时,螺纹扰动盘管式 > 板式 > 波节管式

5. 某住宅楼设计采用地面辐射供暖系统,下列设计选项哪一个是错误的?( )

(A)集、分水汽之间设置旁通管　　(B)设置分户热计量装置

(C)过滤器设置在分水器前　　(D)过滤器设置在集水器后

6. 住宅分户热计量是计量与节能技术的综合，对下列各种共用立管分户热水供暖计量系统技术方案进行比较，哪一项效果最差？（　　）

(A)水平双管系统，每组散热器供水支管上设高阻力恒温控制阀，户用热量表法计量
(B)水平单管系统，在户内系统入口处设户温控制器，通断时间面积法计量
(C)水平单管跨越式系统，每组散热器供水支管上设低阻力三通恒温控制阀，户用热量表法计量
(D)低温热水地板辐射供暖系统，在各户系统入口处设户温控制器，在分集水器的各支路安装手动流量控制阀，通断时间面积法计量

7. 根据规范规定燃气锅炉房的火灾危险性分类，下列表述哪一项是正确的？（　　）

(A)锅炉间的燃气调压间应属于甲类生产厂房
(B)锅炉间和燃气调压间应属于乙类生产厂房
(C)锅炉间应属于丙类生产厂房，燃气调压间应属于乙类生产厂房
(D)锅炉间应属于丁类生产厂房，燃气调压间应属于甲类生产厂房

8. 蒸汽热力管网采用地下敷设时，应优先采用下列哪一种方式（　　）

(A)直埋敷设　　(B)不通行管沟敷设
(C)半通行管沟敷设　　(D)通行管沟敷设

9. 对某新建居住小区设区水—水换热站，小区内建筑均为低温热水地板辐射供暖系统，下列补水量估算和补水泵台数的确定，正确的是哪一项？（　　）

(A)每台按供暖系统水容量的1%～2%，3台(两用一备)
(B)每台按供暖系统循环水容量的1%～2%，2台
(C)每台按供暖系统水容量的2%～3%，2台
(D)每台按供暖系统循环水容量的2%～3%，3台(两用一备)

10. 同一室外气象条件，有关空气源热泵机组的说法下列 哪一项是错误的？（　　）

(A)冬季供水温度低的机组比供水温度高的机组能效比更高
(B)冬季供水温度相同，供回水温差大的机组比供回水温差小的机组能效比更低
(C)供应卫生热水的空气源热泵热水机组夏季的供热量要大于冬季的供热量
(D)向厂家订购热泵机组时，应明确项目所在地的气候条件

11. 有关厂房的排风设备设置和供暖表述中，下列哪一项是错误的？（　　）

(A)甲、乙类厂房的排风设备和送风设备不应布置在同一通风机房内
(B)甲、乙类厂房的排风设备不应和其他房间的送风设备布置在同一通风机房内
(C)甲、乙类厂房的排风设备不宜和其他房间的送风设备布置在同一通风机房内

(D)甲、乙类厂房不应采用电热散热器供暖

12. 某离心式通风机在标准大气压条件下,输送空气温度 $t=20℃$(空气密度 $\rho=1.2\text{kg/m}^3$),风量 $Q=2540\text{m}^3/\text{h}$,出口全压 $\Delta P=510\text{Pa}$,使用时出现风机全压下降现象,造成问题的原因应是下列哪一项? ( )

(A)风量不变,空气温度 >20℃

(B)风量不变,空气温度 <20℃

(C)空气温度 $t=20℃$,增加支管数量,风量加大

(D)空气密度 $\rho>1.2\text{kg/m}^3$,减少支管数量,风量减少

13. 某食品车间长 40m,宽 10m,层高 6m,车间内生产(含电热)设备总功率为 215kW,有 150 名操作工,身着薄棉质工作服且在流水线旁操作,设计采用全面通风形式消除室内余热并对进风进行两级净化处理(粗效和中效过滤)。具体为,采用无冷源的全空气低速送风系统(5 台 $60000\text{m}^3/\text{h}$ 机组送风,沿车间长度方向布置的送风管设在 4m 标高处,屋顶设有 10 台 $23795\text{m}^3/\text{h}$ 的排风机进行排风),气流组织为单侧送(送风速度为 2.5m/s),顶部排风。车间曾发生多例工人中暑(该地区夏季通风温度为 31.2℃),造成中暑的首选原因应是下列哪一项? ( )

(A)新风量不够 (B)排风量不够

(C)送风量与排风量不匹配 (D)气流组织不正确

14. 平时为汽车库,战时为人员掩蔽所的防空地下室,其通风系统做法,下列哪一项是错误的? ( )

(A)应设置清洁通风,滤毒通风和隔绝通风

(B)应设置清洁通风和隔绝防护

(C)战时应按防护单元设置独立的通风空调系统

(D)穿过防护单元隔墙的通风管道,必须在规定的临战转换时限内形成隔断

15. 一办公建筑的某层内走道需设置机械排烟,哪一项是正确的排烟口布置图? ( )

(A)

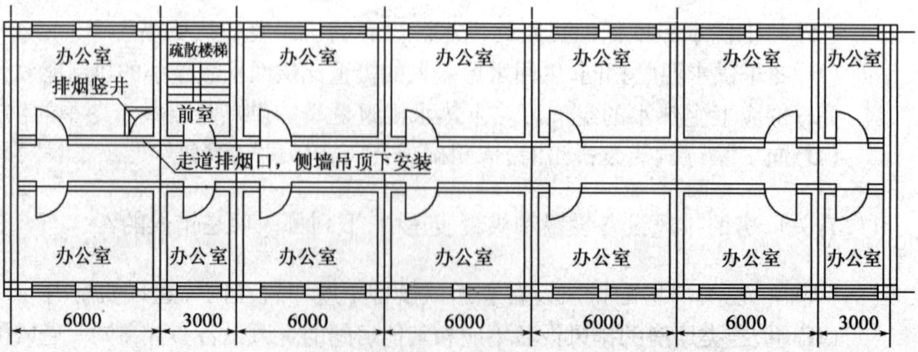

办公室 疏散楼梯 办公室 办公室 办公室 办公室 办公室

排烟竖井 前室

走道排烟口,侧墙吊顶下安装

办公室 办公室 办公室 办公室 办公室 办公室 办公室

6000 3000 6000 6000 6000 6000 3000

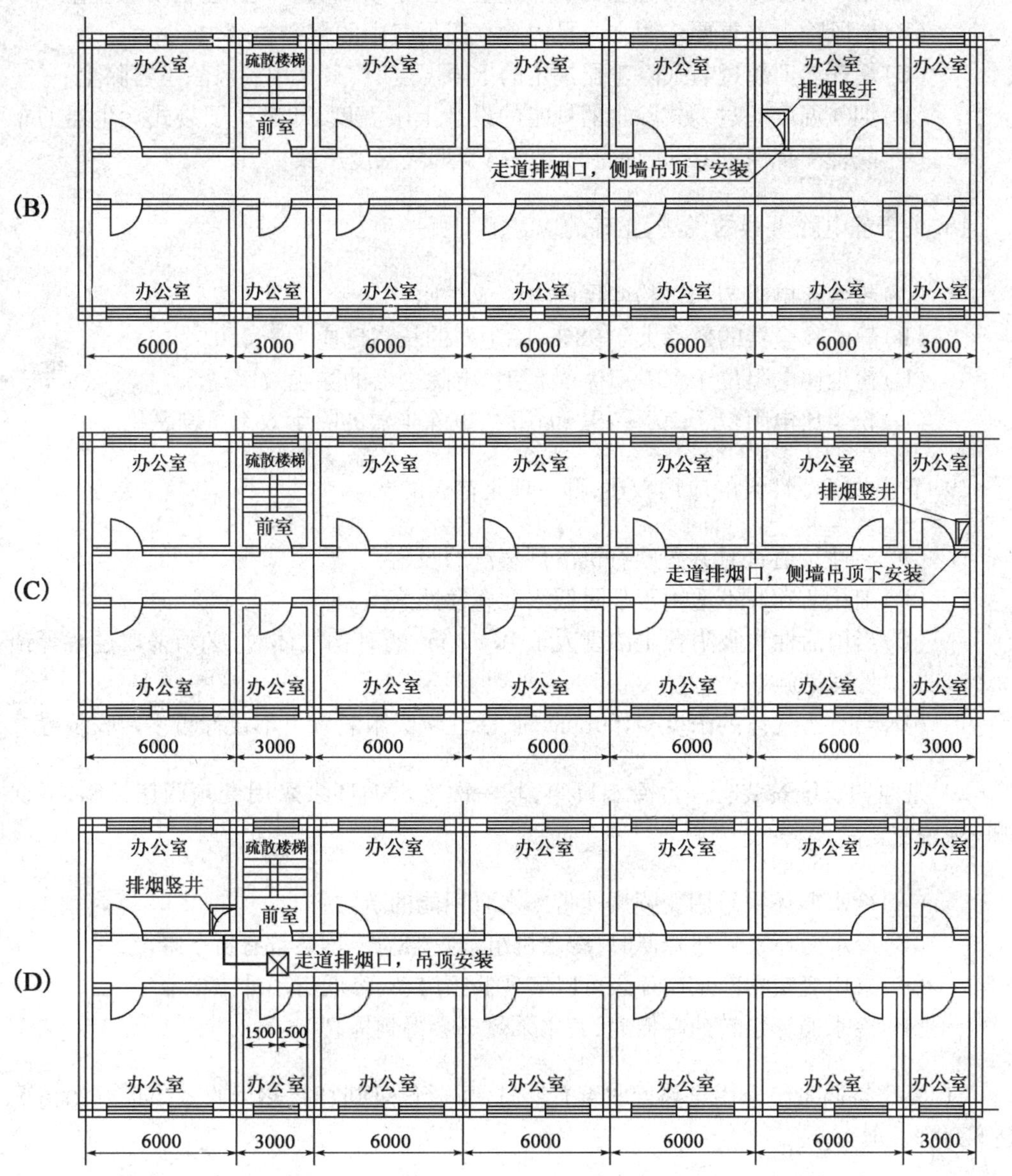

16. 某25层的办公建筑,有一靠外墙的防烟楼梯间,该防烟楼梯间共有25个1.5m×2.1m的通向前室的双扇防火门和20个1.5m×1.6m的外窗,该防烟楼梯间及前室设置防烟措施正确,且投资较少的应是下列哪一项? (　　)

(A)仅对该楼梯间加压送风　　(B)仅对该楼梯间前室加压送风

(C)该楼梯间和前室均应送风　　(D)该楼梯间和前室均不设加压送风

17. 为达到国家规定的排放标准,铸造化铁用冲天炉除尘设计采用了带高温烟气冷却装置的旋风除尘器+袋式除尘器两级除尘系统,关于该除尘系统的表述,下列哪一项是错误的? (　　)

(A)第一级除尘的旋风除尘器的收尘量要多于第二级袋式除尘器的收尘量
(B)旋风除尘器重要作用之一是去除高温烟气中的粗糙粒烟尘
(C)烟气温度超过袋式除尘器规定的上限温度时,只采用旋风除尘器除尘
(D)烟气温度超过袋式除尘器规定的设计上限温度,却出现了袋式除尘器的布袋烧损现象,原因是烟尘的温度高于烟气温度所致

18. 关于静电除尘器的说法,正确的应是下列哪一项? ( )

(A)粉尘比电阻与通过粉尘层的电流成正比
(B)静电除尘器的效率大于98%,除尘器的长高比应大于2.0
(C)粉尘比电阻位于$10^4 \sim 10^8$范围时,电除尘器的除尘效率高
(D)粉尘比电阻位于$10^8 \sim 10^{11}$范围时,电除尘器的除尘效率急剧恶化

19. 下述关于活性炭的应用叙述,哪一项是错误的? ( )

(A)活性炭适宜对芳香族有机溶剂蒸汽的吸附
(B)细孔活性炭不适用于吸附低浓度挥发性蒸汽
(C)当用活性炭吸附含尘浓度大于$10mg/m^3$的有害气体时,必须采取过滤等预处理措施
(D)当有害气体的浓度≤100ppm时,活性炭吸附装置可不设计再生回收装置

20. 某空调系统安装有一台冷水机组,其一次冷水循环泵采用变频调速控制,下列哪一项说法是错误的? ( )

(A)冷水循环泵采用变频调速带来水泵用能的节约
(B)冷水循环泵转速降低时,冷水机组蒸发器的传热系数有所下降
(C)采用变频的冷水循环泵可以实现低频启动,降低启动冲击电流
(D)冷水循环泵转速降低时,其水泵效率会得到提高

21. 夏季空调系统采用全热回收装置对排风进行热回收时,热回收效果最好的情况是下列哪一项? ( )

(A)室外新风温度比室内空气温度高5℃
(B)室外新风干球温度比排风温度高5℃
(C)室外新风湿球温度比室内空气湿球温度高5℃
(D)室外新风湿球温度比排风湿球温度高5℃

22. 水泵的电动机(联轴器连接)实际运行耗用功率过大,导致能源浪费加剧,引起问题发生的原因哪项是错误的? ( )

(A)电动机转速过高 (B)水泵的填料压得过紧
(C)水泵叶轮与涡壳发生摩擦 (D)水泵与电动机的轴处同心

23. 某高度建筑采用闭式空调水循环系统,水泵、制冷机、膨胀水箱均设置在同一标

高的屋面上，调试时水泵和管道剧烈振动且噪音很大，以至无法正常运行，试问产生该问题的原因可能是下列哪一项？（ ）

(A)水泵的压力太大
(B)水泵的水量过大
(C)膨胀水箱的底部与系统最高点的高差过大
(D)膨胀水箱的底部与系统最高点的高差不够

24. 进行公共建筑节能设计时，以下哪项不是采用“围护结构热工性能权衡判断”方法的必要条件？（ ）

(A)应先对设计建筑的热工性能进行核查
(B)严寒地区，建筑的体型系数等于0.4
(C)建筑体型系数需满足标准要求
(D)夏热冬冷地区，建筑屋面的传热系数等于1.0W/(m^2·K)

25. 某车间的集中式空调系统，由锅炉房供应1.3MPa的饱和蒸汽，冷冻站供应7℃的冷水，室内环境的要求是：夏季$t=(22\pm1)$℃，$\varphi=60\%\pm10\%$，冬季$t=(20\pm1)$℃，$\varphi=60\%\pm10\%$；空气的洁净度为：ISO7（即10000级）。系统中的组合式空调机组的功能段，除（新回风）混合段、粗效过滤段、中效过滤段、加热段、表冷段、风机段外，至少还需下列哪个基本功能段？（ ）

(A)中间段 (B)加湿段
(C)均流段 (D)高效过滤段

26. 与一次回风系统相比，全空气二次回风系统的下列说法正确的是哪一项？（ ）

(A)过渡季调节二次回风比可以加大新风量，实现新风供冷
(B)适用于室内热负荷较大、湿负荷较小的场合
(C)调节二次回风量，可以实现风机节能
(D)夏季要求较低的冷冻水温度

27. 空气处理机组的水喷淋段所能处理的空气状态表述，下列哪一项是错误的？（ ）

(A)被处理的空气可实现减湿冷却 (B)被处理的空气可实现等焓加湿
(C)被处理的空气可实现增焓减湿 (D)被处理的空气可实现增焓加湿

28. 全空气空调系统采用组合式空调机组，机组实行自动控制，有关联锁控制的要求，下列哪一项不是必需的措施？（ ）

(A)机房处防火阀与风机联锁启停
(B)粗效过滤段的压差报警装置与风机联锁启停

(C)新风风阀与回风风阀联锁

(D)蒸汽管道上的电磁阀与风机联锁启停

29. 某车间空调满足的室内环境的要求是:夏季 $t=(22\pm1)$℃,$\varphi=60\%\pm10\%$,冬季 $t=(20\pm1)$℃,$\varphi=60\%\pm10\%$;空气的洁净度为:ISO7(即 10000 级)。车间长 10m、宽 8m、层高 5m、吊顶净高 3m,为保证车间的洁净度要求,风量计算时其送风量宜选下列哪一项? ( )

(A)1920 ~ 2400m^3/h (B)2880 ~ 3360m^3/h

(C)3600 ~ 6000m^3/h (D)12000 ~ 14400m^3/h

30. 与单级蒸汽压缩制冷循环相比,关于带节能器的多级蒸汽压缩制冷循环的描述中,下列哪一项是错误的? ( )

(A)节流损失减小 (B)过热损失减少

(C)排气温度升高 (D)制冷系数提高

31. 当电制冷冷水机组 + 冷却塔系统运行出现不能制冷现象时,首先可以排除的原因是哪一项? ( )

(A)制冷剂不足 (B)室外空气干球温度过高

(C)压缩机压比下降 (D)室外空气湿球温度过高

32. 关于 R32 制冷剂的性能表述,哪项是错误的? ( )

(A)R32 的 ODP 值与 R410a 基本相等 (B)R32 的 GWP 值小于 R410a

(C)R32 的工作压力小于 R410a (D)R32 具有低度可燃性

33. 螺杆式压缩机转速不变,蒸发温度不同工况时,其理论输气量(体积流量)的变化表述,下列哪一项是正确的? ( )

(A)蒸发温度高的工况较之蒸发温度低的工况,理论输气量变大

(B)蒸发温度高的工况较之蒸发温度低的工况,理论输气量变小

(C)蒸发温度变化的工况,理论输气量变化无一定规律可循

(D)蒸发温度变化的工况,理论输气量不变

34. 关于热泵机组,下列表述正确的是哪一项? ( )

(A)国家标准《冷水机组能效限定值及能源效率等级》(GB 19577—2004)的相关规定只适合冷水机组,不适合热泵机组

(B)用于评价热泵机组制冷性能的名义工况与冷水机组的名义工况不同

(C)水源热泵机组名义工况时的蒸发器、冷凝器水侧污垢系数均为 0.086m^2 · ℃/kW

(D)具有两个以上独立制冷循环的风冷热泵机组,各独立循环融霜时间的总和

不应超过各独立循环运转时间的20%

35. 制冷工况条件下，供回水温度7/12℃，下列关于吸收式制冷机的表述中哪项是正确的？（　　）

（A）同等的制冷量、同样的室外条件，吸收式制冷剂的冷却水耗量小于电极驱动压缩式冷水机组的冷却水耗量
（B）同等的制冷量、同样的室外条件，吸收式制冷剂的冷却水耗量等于电极驱动压缩式冷水机组的冷却水耗量
（C）同等的制冷量、同样的室外条件，吸收式制冷剂的冷却水耗量大于电极驱动压缩式冷水机组的冷却水耗量
（D）吸收式制冷机的冷却水和电极驱动压缩式冷水机组一样只通过冷凝器

36. 寒冷地区的某旅馆建筑全年设置集中空调系统，拟采用直燃机，问：直燃机选型时，正确的是下列哪一项？（　　）

（A）按照建筑的空调冷负荷 Q_l 选择
（B）按照建筑的空调热负荷 Q_r 选择
（C）按照建筑的生活热水热负荷 Q_s 选择
（D）按照建筑的空调热负荷与生活热水热负荷之和"$Q_r + Q_s$"选择

37. 有关冷库冷间冷却设备，每一制冷剂通路的压力降的要求，正确的是下列哪一项？（　　）

（A）应控制在制冷剂饱和温度升高1℃的范围内
（B）应控制在制冷剂饱和温度降低1℃的范围内
（C）应控制在制冷剂饱和温度升高1.5℃的范围内
（D）应控制在制冷剂饱和温度降低1.5℃的范围内

38. 关于建筑室内消火栓设置和用水量选取的说法，正确的应是下列哪一项？（　　）

（A）高度超过24m的仓库消火栓的最大用水量数值为30L/s
（B）某900座位的体育馆可不设置室内消火栓
（C）体积为4000m^{3}的单层商业建筑可不设置室内消火栓
（D）建筑体积为12000m^{3}的某科研楼的消火栓用水量为15L/s

39. 处于建筑物内的燃气管道，下列何处属于严禁敷设的地方？（　　）

（A）居住建筑的楼梯间　　（B）电梯井
（C）建筑给水管道竖井　　（D）建筑送风竖井

40. 某高层住宅用户燃气表的安装位置，做法符合要求的应为下列哪一项？（　　）

（A）安装在更衣室内

(B)安装在高层建筑的避难层
(C)安装在防烟楼梯间内
(D)安装在有开启外窗的封闭生活阳台内

二、多项选择题(共 30 题,每题 2 分。每题的备选项中有两个或两个以上符合题意。错选、少选、多选均不得分)

41. 在供暖系统中,下列哪几项说法是错误的? ( )

(A)由于安装了热计量表,因而能实现运行节能
(B)上供下回单管系统不能分室控温,所以不能实现运行节能
(C)上供下回单管跨越式系统不能分户控制,所以不能实现运行节能
(D)双管下供上回跨越式系统不能分户控制,所以不能实现运行节能

42. 在供暖系统的下列施工做法中,有哪几项不合理,可能会产生系统运行故障? ( )

(A)单管水平串联式系统(上进下出)中,某两组散热器端部相距 2.0m,在其连接支管上可不设置管卡
(B)蒸汽干管变径应底平偏心连接
(C)供暖系统采用铝塑复合管隐蔽敷设时,其弯曲部分采用成品弯
(D)在没有特别说明的情况下,静态水力平衡阀的前后直管段长度应分别不小于 5 倍、2 倍管径

43. 太阳能供暖系统设计,下列说法哪几项正确? ( )

(A)太阳能集热器宜采用并联方式
(B)为了减少系统规模和初投资,应设置其他辅助热源
(C)太阳能供暖系统采用的设备,应符合国家相关产品标准的规定
(D)置于平屋面上的太阳能集热器在冬至的日照时间应保证不少于 3h

44. 在进行公共建筑围护结构热工性能的权衡判断时,为使实际设计的建筑能耗不大于参照建筑的能耗,可采用以下哪些手段? ( )

(A)提高围护结构的热工性能
(B)减少透明围护结构的面积
(C)改变空调、供暖室内设计参数
(D)提高空调、供暖系统的系统能效比

45. 在工业建筑中采用暖风机供暖,哪些说法是正确的? ( )

(A)暖风机可独立供暖
(B)室内空气换气次数宜大于或等于每小时 1.5 次
(C)送风温度在 35 ~70℃之间

(D)不宜于机械送风系统合并使用

46. 某九层住宅楼设计分户热计量热水供暖系统,哪些做法是错误的? ( )

(A)供暖系统的总热负荷计入向邻户传热引起的耗热量
(B)计算系统供、回水干管时计入向邻户传热引起的耗热量
(C)户内散热器片数计算时计入向邻户传热引起的耗热量
(D)户内系统为双管系统,户内入口设置流量调节阀

47. 关于选择空气源热泵机组的说法,正确的是下列哪几项? ( )

(A)严寒地区,不宜作为冬季供暖采用
(B)对于夏热冬冷和夏热冬暖地区,应根据冬季热负荷选型,不足冷量可由水冷却冷水机组提供
(C)融霜所需时间总和不应超过运行周期时间的20%
(D)供热时的允许最低室外温度,应与冬季供暖室外计算干球温度相适应

48. 建筑内电梯井设计时,下列哪几项要求的是错误的? ( )

(A)电梯井内不宜敷设可燃气体管道
(B)电梯井内严禁敷设甲、乙类液体管道
(C)电梯井内严禁敷设甲、乙、丙类液体管道
(D)电梯井内严禁敷设电线电缆

49. 下列污染物中,哪几项是属于需要控制的住宅内空气环境污染物? ( )

(A)甲烷、乙烯、乙烷
(B)氡、氮、TVOC
(C)CO、CO_2、O_3
(D)游离甲醛、苯

50. 有关排烟系统阀门的启闭状态表述,下列哪几项是错误的? ( )

(A)排烟阀平时是呈开启状态
(B)排烟防火阀平时是呈开启状态
(C)排烟阀平时是呈关闭状态
(D)排烟防火阀平时是呈关闭状态

51. 文丘里湿式除尘器主要原理是:含尘气体的尘粒经文丘里管被管喉口部细化的水滴捕集,直接进入沉淀,较少颗粒则由气流带入旋风脱水器,实现两次捕集尘粒和脱水,现有某文丘里湿式除尘器经过一段时间运行后,经测定除尘效率有所下降,产生问题的主要原因可能是哪几项? ( )

(A)水喷嘴堵塞
(B)水气比过大
(C)脱水器效率降低
(D)水气比过低

52. 某既有人防工程地下室,战时的隔绝防护时间经校核计算不能满足规范规定值,故战时必须采取有效的延长隔绝防护时间的技术措施,下列哪几项措施是正确的? ( )

(A)设置集气再生装置、高压氧气瓶
(B)适当减少战时掩蔽人数
(C)尽量减少室内人员活动量,严禁吸烟
(D)加强工程的气密性

53. 排除某种易爆气体的局部排风系统中,风管内该气体的浓度为其爆炸浓度下限的百分比为下列哪几项是符合要求? ( )

(A) <70%　　(B) <60%
(C) <50%　　(D) <40%

54. 用液体吸收法净化小于 1μm 的烟尘时,经技术经济比较后下列哪些吸收装置不宜采用? ( )

(A)文式管洗涤器　　(B)填料塔(逆流)
(C)填料塔(顺流)　　(D)旋风洗涤器

55. 某空调系统安装有一台冷水机组,其一次冷水循环泵拟进行水泵变频调速控制改造,下列哪几项说法是错误的? ( )

(A)冷水循环泵采用变频调速可使原处于低效区域运行的水泵进入高效区域运行
(B)冷水循环泵流量符合机组工况,进行变频调速改造的前提,是冷水机组允许变冷水流量运行
(C)根据部分负荷变化情况,将冷水循环泵转速大幅度降低,会带来系统显著的节能效果
(D)冷水循环泵变频运行工况,对于提高电网的功率因数没有作用

56. 某定风量空调系统采用无机玻璃钢风管,由于机房空间受限,无法安装消声器,送风管途径相邻的空气房间吊顶(没开风口)后,再设置消声器,送至使用区,使用区空调送风噪声指标正常,机房建筑隔声正常,但途经的房间噪声指标偏高,下列哪几项解决噪声的办法是不可取的? ( )

(A)加强机房与空调房间隔墙墙体的隔声
(B)途经该房间的无机玻璃钢风管加包隔声材料,吊顶增加吸声材料
(C)使用区末端送风口增加消声器
(D)途经该房间的送风管截面面积加大一倍

57. 某空调冬季热水系统的设计热负荷为 1136kW,热水设计供回水水温为 60/50℃,水泵设计参数为:扬程 $20mH_2O$、流量 $100m^3/h$,实际运行后发现房间室温未达到设计值,经检测,水泵的实际运行扬程为 $12mH_2O$,热水系统的实际供回水温为 60/30℃,问:以下哪些选项不是产生该问题的原因? ( )

(A)水泵的设计扬程不够　　　　　　(B)水泵的设计流量不够

(C)热水系统的设计阻力过小　　　　(D)水泵性能未达到要求

58. 某办公建筑采用风机盘管+新风的集中空气调节系统，冷源为离心式冷水机组，夏季室内设计温度 $t=26℃$，冷水供回水设计温度为12/17℃，下列哪几项说法是错误的？（　　）

(A)选用冷水供水温度为7/12℃的机组，在设备表中注明供回水设计温度为12/17℃的要求

(B)采用常数风机盘管，同等风量、同等水量、同等阻力条件下，其传热系数保持不变

(C)采用常规风机盘管，同等风量条件下，其输出冷量保持不变

(D)同等冷量条件下，冷水供回水设计温度为12/17℃系统较7/12℃系统，所需水泵功率明显下降

59. 有关空调系统风口的选择做法，下列哪几项是不合理的？（　　）

(A)某大型展厅60m跨度，设置射程为30m的喷口两侧对吹

(B)某会议室净高3.5m，采用旋流送风口下送风

(C)某剧场观众厅采用座椅送风口

(D)某净高4m的车间(20±2)℃采用孔板送风

60. 某写字楼建筑设计为一个集中式空调系统，房间采用风机盘管+新风方式，确定冷水机组的制冷量(不计附加因素)的做法，下列哪几项是错误的？（　　）

(A)冷水机组的制冷量=全部风机盘管(中速)的额定冷量+新风机组的冷量

(B)冷水机组的制冷量=全部风机盘管(高速)的额定冷量+新风机组的冷量

(C)冷水机组的制冷量=逐项逐时计算的最大小时总冷负荷×大于1的同时使用系数

(D)冷水机组的制冷量=逐项逐时计算的最大小时总冷负荷×小于1的同时使用系数

61. 某空调机组表冷器设计供回水温度为7/12℃，采用电动两通调节阀进行控制，安装方式如图所示，其中A、B、C为水平管，D为垂直管，请指出其中哪几项是错误的？（　　）

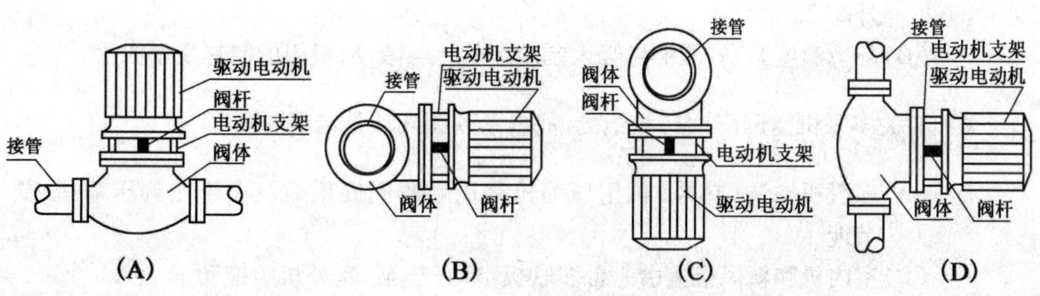

62. 下列哪几项关于过滤器的性能说法是错误的? （　　）

(A)空气过滤器的性能与面风速有关
(B)过滤器按国家标准效率分类为两个等级
(C)过滤器在工程中多采用计数效率
(D)面风速足够高,高效过滤器的阻力和风量近似地呈直线关系

63. 关于洁净室压差控制的描述,正确的为下列哪几项? （　　）

(A)洁净室与周围的空间必须维持一定的压差
(B)洁净室与周围的空间的压差必须为正压差
(C)洁净室与周围的空间的压差必须为负压差
(D)洁净室与周围的空间的压差值应按生产工艺要求决定

64. 制冷压缩机运行时,引起排风压力过高的原因,正确的应是下列哪几项? （　　）

(A)水冷冷凝器冷却水量不足或风冷冷凝器冷却风量不足
(B)冷凝器管束表面污垢过多
(C)制冷剂灌注量过多
(D)制冷剂系统内有空气

65. 有关热回收型地源热泵机组的说法,正确的是下列哪几项? （　　）

(A)热回收型地源热泵机组(地埋管方式)在制冷工况条件下,减少了系统向土壤的排热
(B)热回收型地源热泵机组(地埋管方式)在制冷工况条件下,回收了全部冷凝热,系统不向土壤传热
(C)夏热冬冷地区的全年空调宜采用热回收地源热泵机组(地埋管方式)
(D)寒冷地区的全年空调宜采用热回收型地源热泵机组(地埋管方式)

66. 空气源热泵热水机,采用涡旋式压缩机,设其热水的供回水温度不变,当环境温度发生变化时,下列表述正确的应是哪几项? （　　）

(A)环境温度升高,表示压缩机的吸气压力升高,压缩比则变小
(B)环境温度升高,表示压缩机的吸气压力升高,压缩比的制冷剂质量流量增加
(C)环境温度升高,制热量增加的幅度大于压缩机功耗的增加,机组的能效比升高
(D)环境温度升高,压缩机吸入制冷剂的比容减小,机组的制热量增大

67. 有关多联机空调(热泵)机组的说法,系列哪几项是错误的? （　　）

(A)多联机空调(热泵)机组压缩机采用数码涡旋压缩机由于变频压缩机,更节能
(B)室内机和新风机宜由一台多联机空调(热泵)室外机组拖动

(C)多联机空调(热泵)机组运行正常的关键之一,是要解决好系统的回油问题

(D)多联机空调(热泵)机组使用地域基本不受限制

68. 下列关于吸收式制冷机热力参数的说法中,哪几项是错误的? ( )

(A)吸收式制冷机的热力系数是衡量制冷机制热能力大小的参数

(B)吸收式制冷机的最大热力系数与环境温度无关

(C)吸收式制冷机的热力系数仅与发生器中的热媒温度有关

(D)吸收式制冷机的热力系数仅与发生器中的热媒温度和蒸发器中的被冷却物的温度有关

69. 有关冷库制冷剂管路设计,正确的说法是下列哪几项? ( )

(A)冷库制冷系统管道的设计压力应采用2.5MPa

(B)冷库制冷系统管道的设计压力因工作状况不同而不同

(C)冷库制冷系统管道的设计压力因制冷剂不同而不同

(D)冷库制冷系统管道高压侧是指压缩机排气口到冷凝器入口的管道

70. 有关生活排水管管道设置检查口和清扫口的做法,正确的应是下列哪几项? ( )

(A)某居室的卫生间设有大便器、洗脸盆和淋浴器,于塑料排水横管上不设置清扫口

(B)某居室的卫生间设有大便器、洗脸盆和淋浴器,于铸铁排水横管上不设置清扫口

(C)普通住宅铸铁排水立管应每五层设置一个检查口

(D)某住宅 DN75 的排水立管底部至室外检查井中心的长度为 15cm,在排出管上设清扫口

2012 年专业知识试题答案(下午卷)

1. **答案**:C

依据:《注册公用设备工程师暖通空调考试复习教材》(第三版) P25 可知,双管上供下回系统垂比单管式系统直失调严重,水平单管串联式系统不存在垂直失调的问题,故选 C。

2. **答案**:A

依据:由《注册公用设备工程师暖通空调考试复习教材》(第三版) P87 表 1.8-4 散热器安装形式修正系数,可知选项 A 的修正系数为 0.95,选项 B 的修正系数为 1.02,选项 C 的修正系数为 1.06,选项 D 的修正系数为 1(明装散热器不需修正,其系数为 1)。可知选项 A 的安装方式散热量最大。

3. **答案**:C

依据:由《注册公用设备工程师暖通空调考试复习教材》(第三版) P118 可知民用建筑计算通风热负荷时,不必另行计算加热从门窗缝隙进入的室外冷空气的热负荷,此部分负荷已计入供暖设计热负荷中。选 C。

4. **答案**:B

依据:根据《注册公用设备工程师暖通空调考试复习教材》(第三版) P106 表 1.8-13 各种换热器的传热系数,可以判断换热器的换热能力大小,即传热系数越大,则单位换热能力越大。

5. **答案**:D

依据:由《注册公用设备工程师暖通空调考试复习教材》(第三版) P40 分集水器安装示意图可知选项 D 错误。另可见《地面辐射供暖技术规程》(JGJ 142—2012) 第 3.5.14条。

6. **答案**:B

依据:《严寒和寒冷地区居住建筑节能设计标准》(JGJ 26—2010) 第 5.3.1 条 ~ 第 5.3.4条,选项 AC 符合节能要求,且有热表进行计量;由第 5.3.9 条可知选项 D 正确;选项 B 单管系统没有具体说明,不符合节能规范要求。

7. **答案**:D

依据:由《锅炉房设计规范》(GB 50041—2008) 第 15.1.1 条可知锅炉间属于丁类生产厂房,燃气调压间属于甲类生产厂房,选项 D 正确。

8. **答案**:B

依据:由《城镇供热管网设计规范》(CJJ 34—2010) 第 8.2.4 条、第 8.2.5 条及条文说明，可知应选B。蒸汽管沟敷设的优先顺序是：不通行地沟—通行地沟—半通行地沟，当管沟敷设有困难时，最好采用直埋敷设。

9. **答案**：B

依据：由于低温热水地板辐射供暖系统供水温度不应大于60℃，根据《城镇热力网设计规范》(CJJ 34—2010)第10.3.8条可知循环水量的1%～2%，且补水泵台数不少于2台，可知选项B正确。

10. **答案**：B

依据：供水温度低的机组则机组冷凝温度低，机组效率高，选项A正确；供水温度相同时，温差大的机组，平均温度低，则机组冷凝温度低机组效率高，选项B错误；夏季室外温度高，所以机组蒸发温度高，即机组效率高，选项C正确；选项D正确。

11. **答案**：C

依据：《建筑设计防火规范》(GB 50016—2006)第10.1.3条，选项AB正确、选项C错误；第10.2.2条，选项D正确。

注：按公消〔2015〕98号文件规定，因《建筑防烟排烟系统技术规范》尚未批准发布，防烟排烟的设计与审核暂按旧规范内容执行。

12. **答案**：A

依据：空气温度>20℃时，密度$\rho < 1.2kg/m^3$，空气温度<20℃时，密度$\rho > 1.2kg/m^3$。根据《注册公用设备工程师暖通空调考试复习教材》(第三版)P266表2.8-6，可以判断选项A风机全压下降、选项B风机全压增大；C选项，风量加大则风机的转速加大，相应的风机全压增大；选项D，$\rho > 1.2\ kg/m^3$时但风量减小，风机全压变化情况不能确定。

13. **答案**：D

依据：房间总新风量为$5 \times 60000 = 300000m^3/h$，人均新风量为2000 m^3/h，房间换气次数为125次，均满足要求，排风量为$10 \times 23795 = 237950m^3/h$，约为送风量的80%，风量匹配合理。气流组织方面，根据《注册公用设备工程师暖通空调考试复习教材》(第三版)P170，放散热的工业建筑，当采用上部全面排风时，送风宜送至作业地带，而本题的送风设在4m标高处，高于工作区，送排风形成短路，气流组织不合理。

14. **答案**：B

依据：根据《人民防空地下室设计规范》(GB 50038—2005)第5.2.1.1条，选项A正确、选项B错误；第5.3.2条，选项CD正确。

15. **答案**：B

依据：选项A，排烟口距右侧走道末端距离超过30m；选项B正确；选项C，排烟口距左侧走道末端距离超过30m；选项D，排烟口距安全出口距离小于1.5m。

相关的规定见《建筑设计防火规范》(GB 50016—2006)第9.4.6条。

注：按公消〔2015〕98号文件规定，因《建筑防烟排烟系统技术规范》尚未批准发布，防烟排烟的设计与审核暂按旧规范内容执行。

16. **答案**:A

依据:25 层办公楼建筑高度应超过 50m,根据《高层民用建筑设计防火规范》(GB 50045—1995)(2005 年版)第 8.2.1 条,虽然防烟楼梯间靠外墙且有外窗,但由于该建筑为超过 50m 一类高层公共建筑,防烟楼梯间不宜采用自然排烟方式。另根据第 8.3.1.1 条及条文说明 P195 表 3,并考虑到投资较少,因此采用仅对楼梯间加压送风的方式。

注:按公消〔2015〕98 号文件规定,因《建筑防烟排烟系统技术规范》尚未批准发布,防烟排烟的设计与审核暂按旧规范内容执行。

17. **答案**:C

依据:根据《注册公用设备工程师暖通空调考试复习教材》(第三版) P207,旋风除尘器一般用作高浓度除尘系统的预除尘器,适用于高温高压含尘气体。根据《离心式除尘器》(JB/T 9054—2000) 第 5.2 条,除尘效率在 80% 以上,所以其收尘量就一定大于二级除尘器,因此选项 AB 正确;若只采用旋风除尘器除尘,除尘效率无法达到设计要求,故应采取冷却措施,使烟气温度不超过袋式除尘器规定的上限温度值,选项 C 错误;选项 D 所述现象是有可能发生的,尘粒温度一般会高于烟气的温度。

18. **答案**:C

依据:根据《注册公用设备工程师暖通空调考试复习教材》(第三版) P221 公式(2.5-26),可知电阻越大,电流越小,即二者成反比关系,选项 A 错误;P224,当要求除尘效率大于99%时,除尘器的长高比应不小于 1.0 ~ 1.5, 选项 B 错误;P222,选项 C 错误、选项 D 正确。

19. **答案**:B

依据:见《注册公用设备工程师暖通空调考试复习教材》(第三版) P231,可知选项 A 正确、选项 B 错误;P232,选项 C 正确;P236,选项 D 正确。

20. **答案**:D

依据:变频水泵根据所需流量调节运行转速,节约电能,选项 A 正确;《注册公用设备工程师暖通空调考试复习教材》(第三版) P474,蒸发器的流量减少,蒸发器的流量降低,选项 B 正确;选项 C 未变频水泵运行的特点,正确;水泵的转速降低,其效率不变,选项 D 错误。

21. **答案**:A

依据:对于热回收机组,当排风温度与新风温度差值越大时,其热回收效果越好。空调系统的排风空气就是室内空气,其干球温度大于湿球温度。对于室外新风,其干球温度一般都大于其湿球温度。比较四个选项,选项 A 的室内外空气温差最大,所以其热回收效果最好。

22. **答案**:D

依据:水泵的电动机功率与转速三次方成正比,转速高,功率将增大;选项 BC 都会使电机的效率降低,运行耗用功率增大。选项 D,此种情况是直联方式,直联情况下效率最高,不会造成能源浪费。可参考《实用供热空调设计手册》P1175。

23. **答案**:D

依据:膨胀水箱的设置应高于系统最高点一定高度,本题中不满足此条件,将会导致水泵吸入口处产生负压,吸入空气,使水泵和管道剧烈震动。

24. **答案**:D

依据:《公共建筑节能设计标准》(GB 50189—2015)第 3.2.1 条、第 3.2.7 条、第 3.4.1条。

25. **答案**:B

依据:为满足冬季空气的湿度要求,需要对空气进行加湿处理,应增加加湿功能段;根据《实用供热空调设计手册》P1648,粗效过滤器,有效捕集≥5μm 直径的尘粒;中效过滤器,有效捕集≥1μm 直径的尘粒;满足空气洁净度 ISO7 级要求。

26. **答案**:D

依据:二次回风是经一次回风后的混合风与室内风再次混合送入室内,调节二次回风比,可以改变总的送风量,减少系统送风温差,不可以增加新风量,新风量在一次回风时已经确定,可知选项 A 错误。

《注册公用设备工程师暖通空调考试复习教材》(第三版)P375,室内散湿量较小,要求采用较小送风温差,换气次数要求较大时,可采用二次回风系统,但是热负荷较大时采用较小的送风温差,会导致送风量很大,不利于节能运行,可知选项 B 错误。

《注册公用设备工程师暖通空调考试复习教材》(第三版)P378,调节二次回风量,当送风温差减小时,则送风量大,风机部分的能耗增加,可知选项 C 错误。

《注册公用设备工程师暖通空调考试复习教材》(第三版)P379,二次回风空调系统所需的机器露点比一次回风空调系统低(热湿比≠0),相比一次回风,二次回风系统所需要的冷冻水水温更低,选项 D 正确。

27. **答案**:C

依据:《注册公用设备工程师暖通空调考试复习教材》(第三版)P371"喷水室可以根据水温的不同,实现升温加湿、等温加湿、降温升焓、绝热加湿、减焓加湿、等湿冷却、减湿冷却等七种典型的空气状态变化过程",可知增焓减湿的过程是不可能实现的。

28. **答案**:A

依据:《全国民用建筑工程设计技术措施 暖通空调·动力》(2009 年版)第 11.6.6 条"空气处理装置的电动风阀、电动水阀和加湿器等均应与送风机进行电气联锁",火灾时平时使用的电源断电,机组停止运行,可不设防护阀与机组的连锁控制。选 A。

29. **答案**:C

依据:《洁净厂房设计规范》(GB 50073—2013)表 6.3.3,7 级洁净等级的换气次数按 15 ~ 25 次/h 计算,吊顶高度 3m(小于 4m),其送风量为 $G = 10 \times 8 \times 3 \times (15 \sim 25) =$

3600 ~ 6000m^3/h。选 C。

30. **答案**:C

依据:《注册公用设备工程师暖通空调考试复习教材》(第三版) P576 带节能器的多级压缩制冷循环的优点"可减少压缩过程的过热损失和节流过程的节流损失,能耗少,性能系数高",可知选项 C 错误。

31. **答案**:C

依据:制冷剂不足,会导致压缩机吸气压力降低,导致低压保护;室外空气干球温度过高或湿球温度过高,将会导致冷却水的冷却效果差,机组冷却水得不到散热,机组会引起压缩机的高压侧高压保护,不能制冷。压缩机压比下降,其机组的制冷能力变差,但不会出现不能制冷的情况。

32. **答案**:C

依据:《注册公用设备工程师暖通空调考试复习教材》(第三版) P588 ~ 590。

R32 的 ODP = 0, GWP = 675, R410a 的 ODP = 0, GWP = 1730,选项 AB 正确。

制冷量想当时,R32 的压力略高于 R410a, 选项 C 错误。

R32 要解决好高排气温度和若可燃性问题, 选项 D 正确。

33. **答案**:D

依据:《注册公用设备工程师暖通空调考试复习教材》(第三版) P605 单螺杆及双螺杆压缩机理论输气量的计算式(4.3-3)及式(4.3-4),可知理论输气量与蒸发温度没有关系。理论输气量只和压缩机的类型有关,一旦压缩机制造好,压缩机的理论输气量就是固定值,但是实际输气量却随着压比的变大而减小。

34. **答案**:D

依据:《冷水机组能效限定值及能源效率等级》(GB 19577—2004)。

第 1 条,本标准适用于电机驱动压缩机的蒸汽压缩循环冷水(热泵)机组, 选项 A 错误。

第 4.3.2 条规定了制冷名义工况,没有区分热泵机组和冷水机组,其二者的名义工况相同,选项 B 错误。

第 4.3.2.2 条,"蒸发器水侧污垢系数为 0.018m^2 · ℃/kW,冷凝器水侧污垢系数为 0.044m^2 · ℃/kW", 选项 C 错误。

第 5.6.3 条, 选项 D 正确。

35. **答案**:C

依据:《实用供热空调设计手册》P2319,吸收式制冷机组冷却水温差在 5.5 ~ 8℃之间,有别于水冷螺杆式和离心式制冷剂,二者均为 5 ℃,且单位冷量的冷却水循环量约为后两者的 1.2 倍,在选用冷却水泵及冷却塔时应给了注意,选项 C 正确;吸收式制冷机组在冷凝器和吸收器中均需要冷却水,冷却水先经过吸收器再经过冷凝器。故选项 D 错误。

扩展:吸收器通过冷却水可以带走吸收过程中的热量,因为温度越低,浓度越高吸收效果越好，但是冷却水温度过低会造成溶解结晶，因此最低温度不能低于24℃。

36. **答案**:B

依据:《民用建筑供暖通风与空气调节设计规范》(GB 50736—2012)第8.4.3.1条“机组应考虑冷、热负荷与机组供冷、供热量的匹配，宜按满足夏季冷负荷和冬季热负荷的需求中的机型较小者选项”，对于旅馆建筑空调的冷负荷要大于热负荷，选B。

37. **答案**:B

依据:根据《冷库设计规范》(GB 50072—2010)第6.2.11条“冷间冷却设备每一通路的压力降，应控制在制冷剂饱和温度降低1℃的范围内”，选项B正确。

38. **答案**:C

依据:《建筑设计防火规范》(GB 50016—2014)第3.8.2条。

39. **答案**:B

依据:《城镇燃气设计规范》(GB 50028—2006)第10.2.14条，燃气引入管不得敷设在不使用燃气的进风道、垃圾道等地方(强条)；当有困难时，可从楼梯间引入(高层建筑除外)，但应采用金属管道且引入管阀门宜设在室外；第10.2.27条，燃气立管可与空气、惰性气体、上下水、热力管道等设在一个公用竖井内，但不得与电线、电气设备或氧气管、进风管、回风管、排气管、排烟管、垃圾道等共用一个竖井。

《建筑设计防火规范》(GB 50016—2014)第6.2.9条。

40. **答案**:D

依据:《城镇燃气设计规范》(GB 50028—2006)第10.3.2条规定了燃气表的安装位置，可知选项D安装位置符合要求。

---

41. **答案**:ACD

依据:《注册公用设备工程师暖通空调考试复习教材》(第三版)P10“集中供暖系统实行热计量是建筑节能、提高室内供暖质量、加强供暖系统智能化管理的一项重要措施”，室温调控等节能控制技术是热计量的重要前提条件，所以不能说安装了热量表就实现了建筑节能，选项A错误；选项B每一立管的各组散热器流量均相同，不能实现分室控温；《公共建筑节能设计标准》(GB 50189—2015)第5.9.5条，选项CD说法错误。

42. **答案**:AC

依据:《建筑给水排水及采暖工程施工质量验收规范》(GB 50242—2002)第8.2.10条、第8.2.11条、第8.2.15条，选项AC错误，选项B正确；

《民用建筑供暖通风与空气调节设计规范》(GB 50736—2012)第5.9.16条，选项D正确。

43. **答案**:ABC

依据:由《全国民用建筑工程设计技术措施 节能专篇 暖通空调·动力》(2007年版)

第9.2.1.8条、第9.2.3.1条、第9.1.8条、第9.2.1.4条可知选项ABC正确,选项D错误。

44. **答案:**AB

依据:根据《公共建筑节能设计标准》(GB 50189—2005)第4.3.2条条文说明,可知选项AB正确。

室内设计参数应按照规范规定执行,不可随意更改,选项C错误。

空调、供暖系统的系统能效比与建筑权衡判定计算无关,选项D错误。

45. **答案:**ABC

依据:《注册公用设备工程师暖通空调考试复习教材》(第三版) P60、P61、P67,选项ABC正确,选项D错误。

46. **答案:**AB

依据:《民用建筑供暖通风与空气调节设计规范》(GB 50736—2012)第5.2.10条,选项AB错误,选项C正确;在供暖期采暖系统变流量运行,因此需设置流量调节阀满足运行调节的需要,选项D正确。

47. **答案:**ABC

依据:依据:《全国民用建筑工程设计技术措施 暖通空调·动力》(2009年版)第7.1.1条,选项AB正确;由《民用建筑供暖通风与空气调节设计规范》(GB 50736—2012)第8.3.1条,选项C正确;选项D应为"冬季空调室外计算干球温度"。

48. **答案:**ABD

依据:根据《建筑设计防火规范》(GB 50016—2014)第6.2.9条可以判断选项ABD的说法错误或不完整,选项C正确。

49. **答案:**BD

依据:《住宅设计规范》(GB 50096—2011)第7.5.3条,选项BD正确。

50. **答案:**AD

依据:《注册公用设备工程师暖通空调考试复习教材》(第三版) P314~315,选项BC正确,选项AD错误。也可参考《建筑通风和排烟系统用防火阀门》(GB 15930—2007)第3.2条。

51. **答案:**ACD

依据:《注册公用设备工程师暖通空调考试复习教材》(第三版) 中没有关于文丘里湿式除尘器的介绍。根据题目给出的原理来分析,可知大部分的尘粒由水滴补集进入沉淀,选项A水喷嘴堵塞是除尘效率下降的一个主要原因;水气比大,有利于提高湿式除尘器的效率,选项B有利于提高除尘效率,选项D会使除尘效率下降;选项C脱水器效率降低,会使由气流的除尘效果降低,进而使除尘器的效率降低。

52. **答案:**ABCD

依据:《人民防空地下室设计规范》(GB 50038—2005)第2.1.51条"隔绝通风是室

内外停止空气交换,由通风机使室内空气实施内循环的通风”,第5.2.5条“当计算出的隔绝防护时间不满足要求时,应采取产生 O_2、吸收 CO_2 或减少战时掩蔽人数的措施”,由此可判断四个选项中ABC选项的措施正确。

53. **答案**:CD

依据:《工业建筑供暖通风与空气调节设计规范》(GB 50019—2015)第6.9.5条,可知最大的浓度允许为爆炸下限的50%。

54. **答案**:BCD

依据:根据《注册公用设备工程师暖通空调考试复习教材》(第三版)P243表2.6-9,除文氏管洗涤器外,其他吸收装置都不适用。

55. **答案**:ACD

依据:水泵转速降低,会导致水泵效率降低;冷水机组可变流量运行是整个系统做变流量运行的前提;水泵转速大幅降低,理论上水泵的功耗将显著降低,但冷水机组有最小流量限制,因此水泵转速将受制于冷水机组最低流量的限制。功率因数表示定量电能的传输效率,是有功功率与视在功率的比值。采用变频器可以提高电网的功率因数,不同的变频器对功率因数的影响差别很大。

56. **答案**:ACD

依据:题目已知机房隔声正常、使用区空调送风噪声指标正常,不需要在机房加隔声措施,不用在送风日处加消声器,选项AC不可取;选项B,增强通过房间的风管隔声处理,是可取方案;选项D,由于受到工程造价及空间的限制,理论上可行,但实际不可取。

57. **答案**:BC

依据:热负荷1163kW,60/50℃供回水温条件下,水流量为 $100m^3/h$。与水泵设计参数相符,因此选项B错误。本题日实际运行中出现了大温差小流量的现象,可能原因有:

(1)A 曲线不变,B 曲线滑移至 b 曲线。两线交于4点。流量减小,扬程降低。说明水泵出力不足,扬程不能满足设计要求。即答案中选项D描述的水泵性能未达到要求。另外需要注意的是对于已选定的水泵,其特性曲线是确定的,不会改变。

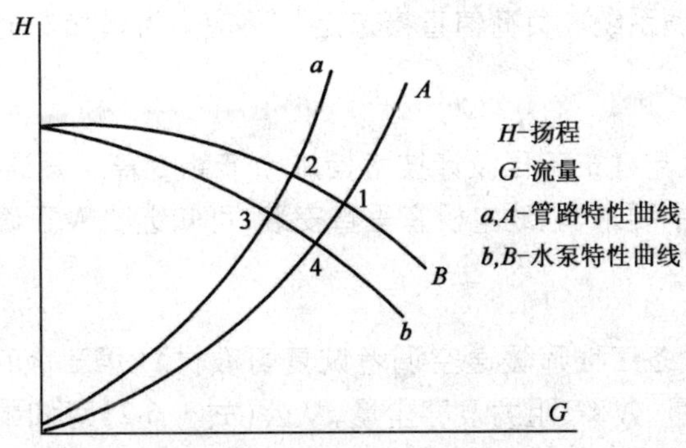

(2)B 曲线不变,A 曲线滑移至 a 曲线。两线交于2点。流量减小,扬程增大。说明管道阻力的计算值偏小,实际管道阻力较大,水泵的扬程不能满足要求。即答案中选项A的描述。由此可知选项BC的说法错误。

58. **答案**:ABCD

依据:见《注册公用设备工程师暖通空调考试复习教材》(第三版)P619,"冷水机组能否提供高温工况的冷水,不是设计者提出就可以实现的",因此选项A错误。

《注册公用设备工程师暖通空调考试复习教材》(第三版)P404,"湿工况的传热系数除与迎面风速、管内水流速度有关外,还与析湿系数有关",当水温改变引起析湿系数改变时,传热系数也将改变,因此选项BC错误。

同等冷量条件下,供回水温差保持为5℃,水流量不变,水泵功率不会下降,因此选项D错误。

59. **答案**:AD

依据:根据《民用建筑供暖通风与空气调节设计规范》(GB 50736—2012)第7.4.9条,射程可按相对中点距离的90%计算,可知选项A错误。

《注册公用设备工程师暖通空调考试复习教材》(第三版)P432~P433,"旋流风口适用于空间较大的公共建筑和室内温度运行波动范围大于或等于1℃的高大厂房",选项B设置可行。

《注册公用设备工程师暖通空调考试复习教材》(第三版)P430,可知影剧院或会场可以采用座椅送风的方式,选项C设置可行。

《注册公用设备工程师暖通空调考试复习教材》(第三版)P432"孔板送风应用于层高较低或净空建筑的一般空调,室温允许波动范围为±1℃或小于等于±0.5℃的工艺空调,多用于风速较小、温度控制较为严格的地方",可知选项D设置不合理。

60. **答案**: ABC

依据:由《全国民用建筑工程设计技术措施 节能专篇 暖通空调·动力》(2007年版)知选项D正确。

选项AB错误,冷水机组的冷量不应以末端的冷量大小来推算;选项B错误,较易理解。主要分析一下选项A。先撇开新风冷量不做考虑。

按《民用建筑供暖通风与空气调节设计规范》(GB 50736—2012)第8.2.2条,"冷水机组的制冷量按空调系统冷负荷值直接选定",不应人为增加安全系数,选项C错误。

61. **答案**:BCD

依据:根据《全国民用建筑工程设计技术措施 节能专篇 暖通空调·动力》(2007年版)第11.3.4.6条的要求,驱动电机宜垂直安装,可知选项A正确,选项BCD错误。

62. **答案**:BD

依据:《注册公用设备工程师暖通空调考试复习教材》(第三版)P455可知,空气过滤器性能包括额定风量、效率、阻力及容尘量,从公(式3.6-2)可知面风速与额定风量的关系,选项A正确;P457空气过滤器从过滤效果可分为粗效、中效、高效三个等级,每一级又有更详细的分级,可知选项B错误;《注册公用设备工程师暖通空调考试复习教材》

(第三版) P452 表下方注解通常采用的粗效、中效过滤器多采用计数效率,选项 C 正确;根据第二版教材(注:此处第三版教材已删去)P413 可知,高效过滤器的阻力在面风速不大时呈直线关系,选项 D 错误。

63. **答案:**AD

依据:《洁净厂房设计规范》(GB 50073—2013) 第 6.2.1 条。

64. **答案:**ABCD

依据:制冷压缩机的排气压力与冷凝温度的高低相对应,冷凝温度过高会导致排气压力过高,选项 ABD 均会导致冷凝器冷却效果不好,进而导致排气压力升高。机组总容积一定,那么制冷剂多,压力自然升高,冷凝压力升高,蒸发压力也升高。

65. **答案:**AC

依据:采用热回收型地源热泵机组,减少了向土壤的排热,故选项 A 正确。

回收全部冷凝热,不向土壤排热,破坏了夏季排热和冬季取热的平衡,故选项 B 错误。

《注册公用设备工程师暖通空调考试复习教材》(第三版) P467 可知,夏热冬冷地区,全年空调冷、热量相对容易协调,同时夏季工况冷凝器的释热量要多于冬季工况的吸热量,因此可以回收部分热量,故选项 C 正确。

寒冷地区由于机组向土壤夏季释热少,冬季吸热相对较多,采用热回收措施后,机组向土壤的夏季释热量将更少,对土壤热平衡不利,不适宜采用热回收机组,故选项 D 错误。

66. **答案:**ABCD

依据:空气源热泵热水机,室外机就是蒸发器,随着环境温度的升高,导致蒸发温度升高,蒸发压力升高,冷凝压力不变,压比变小;吸气压力升高,比容变小,质量流量变大;随着蒸发温度升高,冷凝温度不变,机组的能效比升高。

67. **答案:**BD

依据:变频压缩机是一个节能的趋势,数码涡旋压缩机的特点为冷机变频提供了条件,目前变频冷机已是主要机型。由于室内机和新风机处理不同的空气,两个工况不同,因此室内机和新风机不宜采用一台室外机拖动;多联机由于距离长,压降大,导致远端蒸发压力降低,压缩机吸气口比容变大,制冷剂流量变小,同时压缩比变大导致容积效率降低,实际输气量变小,如果压缩机吸气口速度小于 4m/s,很难将润滑油回到压缩机,因此要解决好回油问题;《多联机空调系统技术规程》(JGJ 174—2010) 第 3.1.2 条规定冬季供热时 COP 低于 1.8 地区不宜使用。因此错误的选项为 BD。

68. **答案:**ABCD

依据:《注册公用设备工程师暖通空调考试复习教材》(第三版) P637"热力系数是吸收式制冷机中获得冷量与消耗热量的比值",是衡量制冷能力的大小;P637 公式(4.5-7),最大热力系数与环境温度、热媒温度、被冷却物质温度有关;实际热力系数则与发生器热源温度、被冷却物的温度和冷却水的温度有关。可知选项 ABCD 说法均错误。

69. **答案**:BC

依据:《冷库设计规范》(GB 50072—2010) 第6.5.2条,选项BC正确。

70. **答案**:AD

依据:根据《建筑给水排水设计规范》(GB 50015—2003)(2009年版)第4.5.12条,选项A正确,选项B错误;检查口间距不宜大于10m,5层楼一般会超过10m,故选项C错误;由表4.5.12-1可知选项D正确。

2012 年案例分析试题(上午卷)

[案例题是 4 选 1 的方式,共 25 道小题,每题分值为 2 分,上午卷 50 分,下午卷 50 分,试卷满分 100 分。案例题一定要有分析(步骤和过程)、计算(要列出相应的公式)、依据(主要是规程、规范、手册),如果是论述题要列出论点。]

1. 设计严寒地区 A 区某正南北朝向的九层办公楼,外轮廓尺寸为 54m×15m,南外窗为 16 个通高竖向条形窗(每个窗宽 2.1m),整个顶层为多功能厅,顶部开设一天窗(24m×6m)。一层和顶层层高均为 5.4m,中间层层高均为 3.9m,问该建筑的南外窗及南外墙的传热系数[W/(m^2·K)]应当是下列哪一项?

(A)$K_{窗}$≤1.7,$K_{墙}$≤0.40　　(B)$K_{窗}$≤1.7,$K_{墙}$≤0.45

(C)$K_{窗}$≤1.5,$K_{墙}$≤0.40　　(D)$K_{窗}$≤1.5,$K_{墙}$≤0.45

答案:[ ]

主要解答过程:

2. 某办公楼供暖系统原设计热媒为 85/60℃热水,采用铸铁四柱型散热器,室内温度为 18℃,因办公室进行围护结构节能改造,其热负荷降至原来的 67%,若散热器不变,维持室内温度为 18℃(不超过 21℃),且供暖热媒温差采用 20℃,选择热媒应是下列哪一项?[已知散热器的传热系数公式 $K=2.81\Delta t^{0.276}$]

(A)75/55℃热水　　(B)70/50℃热水

(C)65/45℃热水　　(D)60/40℃热水

答案:[ ]

主要解答过程:

3. 严寒地区某 200 万 m^2 住宅小区,冬季供暖采用热水锅炉房容量为 140MW,满足供暖需求。城市规划在该区域再建 130 万 m^2,节能住宅也需该锅炉房供暖,因该锅炉房无法扩建,故对既有住宅进行围护结构节能改造,满足全部住宅正常供暖,问:既有住宅节能改造后的供暖热指标应是下列哪一项?(锅炉房自用负荷忽略不计,管网直埋附加 $K_0=1.02$;新建住宅供暖热指标 35W/m^2)

(A)≤44W/m^2　　(B)≤45W/m^2　　(C)≤46W/m^2　　(D)≤47W/m^2

答案:[ ]

主要解答过程:

4. 某居住小区的热源为燃煤锅炉,小区供暖热负荷为10MW,冬季生活热水的最大小时耗热量为4MW,夏季生活热水的最小小时耗热量为2.5MW,室外供热管的输送效率为0.92,不计锅炉房的自用热,锅炉房的总设计容量以及最小锅炉容量的设计最大值应为下列哪一项?(生活热水的同时使用率为0.8)

(A)总设计容量为11~13MW,最小锅炉容量的设计最大值为5MW
(B)总设计容量为11~13MW,最小锅炉容量的设计最大值为8MW
(C)总设计容量为13.1~14.5MW,最小锅炉容量的设计最大值为5MW
(D)总设计容量为13.1~14.5MW,最小锅炉容量的设计最大值为8MW

答案:[ ]

主要解答过程:

5. 某办公楼拟选择2台风冷螺杆式冷热水机组,已知:机组名义制热量462kW,建设地室外空调计算干球温度-5℃,室外供暖计算干球温度0℃,空调设计供水温度50℃,该机组制热量修正系数见下表,机组每小时化霜2次,该机组在设计工况下的供热量为下列哪一项?

进风温度(℃)	出水温度(℃)			
	35	40	45	50
-5	0.71	0.69	0.65	0.59
0	0.85	0.83	0.79	0.73
5	1.01	0.97	0.93	0.87

(A)210~220kW (B)240~250kW
(C)260~275kW (D)280~305kW

答案:[ ]

主要解答过程:

6. 某车间设有局部排风系统,局部排风量为0.56kg/s,冬季室内工作区温度为15℃,冬季通风室外计算温度为-15℃,采暖室外计算温度为-25℃[大气压为标准大气压,空气定压比热 1.01kJ/(kg · ℃)],围护结构耗热量为 8.8kW,室内维持负压,机械进风量为排风量的 90%,试求机械通风量和送风温度为下列哪一项?

(A)0.3 ~ 0.53kg/s,29 ~ 32℃　(B)0.54 ~ 0.65kg/s,29 ~ 32℃

(C)0.54 ~ 0.65kg/s,33 ~ 36.5℃　(D)0.3 ~ 0.53kg/s,36.6 ~ 38.5℃

答案:[　]

主要解答过程:

7. 某配电室的变压器功率为 1000kVA,变压器功率因数为 0.95,效率为 0.98,负荷率为 0.75。配电室要求夏季室内设计温度不大于 40℃,当地夏季室外通风温度为 32℃,采用机械通风,自然进风的通风方式,能消除夏季变压器发热量的风机最小排风量是下列哪一项?[风机计算风量为标准状态,空气比热容 $C_p = 1.01$kJ/(kg · ℃)]

(A)5200 ~ 5400m^3/h　(B)5500 ~ 5700m^3/h

(C)5800 ~ 6000m^3/h　(D)6100 ~ 6300m^3/h

答案:[　]

主要解答过程:

8. 某地夏季为标准大气压,室外通风计算温度为 32℃,设计车间内一高温设备的排风系统,已知:排风罩吸入口的热空气温度为 500℃,排风量 1500m^3/h,因排风机承受的温度最高为 250℃,采用风机入口段混入室外空气做法,满足要求的最小室外空气风量应是下列哪一项?[空气比热容按 1.01kJ/(kg · ℃)取值,不计风管与外界的热交换]

(A)600 ~ 700m^3/h　(B)900 ~ 1100m^3/h

(C)1400 ~ 1600m^3/h　(D)1700 ~ 1800m^3/h

答案:[　]

主要解答过程:

9. 某厂房利用风帽进行自然排风,总排风量 $L = 13842$m^3/h,室外风速 $v = 3.16$m/s,不考虑热压作用,压差修正系数 $A = 1.43$,拟选用直径 $d = 800$mm 的筒形风帽,不接风管,风帽入口的局部阻力系数 $\xi = 0.5$。问:设计配置的风帽个数为下列哪一项?(当地为标准大气压)

(A)4 个　　(B)5 个　　(C)6 个　　(D)7 个

答案:[　]

主要解答过程:

10. 某水平圆形热源(散热面直径 $B=1.0$m)得对流散热量为 $Q=5.466$kJ/s,拟在热源上部 1.0m 处设直径为 $D=1.2$m 的圆伞形接收罩排除余热。设室内有轻微的横向气流干扰,则计算排风量应是下列哪一项?(罩口扩大面积的空气吸入流速 $v=0.5$m/s)

(A)1001 ~ 1200m^3/h　　(B)1201 ~ 1400m^3/h

(C)1401 ~ 1600m^3/h　　(D)1601 ~ 1800m^3/h

答案:[　]

主要解答过程:

11. 含有 SO_2 有害气体流速 2500m^3/h,其中 SO_2 的浓度 4.48mL/m^3,采用固定床活性炭吸附装置净化该有害气体,设平衡吸附量为 0.15kg/$kg_{碳}$,吸附效率为 94.5%,如装碳量为 50kg,有效使用时间(穿透时间)t 为下列何值?

(A)216 ~ 225h　　(B)226 ~ 235h

(C)236 ~ 245h　　(D)245 ~ 255h

答案:[　]

主要解答过程:

12. 实测某空调冷水系统(水泵流量为 200m^3/h),供水温度 7.5℃,回水温度 11.5℃,系统压力损失为 325kPa,后采用变频调节技术将水泵流量调小到 160m^3/h,如加装变频器前后的水泵效率不变($\eta=0.75$),并不计变频器能量损耗,水泵轴功率减少的数值应为下列哪一项?

(A)8.0 ~ 8.9kW　　(B)9.0 ~ 9.8kW

(C)10.0 ~ 10.9kW　　(D)11.0 ~ 12.0kW

答案:[　]

主要解答过程:

13. 某地为标准大气压,有一变风量空调系统,所服务的各空调区室内逐时显热冷负荷见下表,取送风温差为10℃,该空调系统的送风量为下列哪一项?

房间 \ 时刻	逐时显热负荷(W)								
	9:00	10:00	11:00	12:00	13:00	14:00	15:00	16:00	17:00
房间1	4340	4560	4535	4410	4190	4050	4000	3960	3935
房间2	8870	9125	8655	7725	6065	6145	6130	5990	5800
房间3	2440	2600	2730	2950	3245	3630	3900	3930	3730

(A)1.40 ~ 1.50kg/s (B)1.50 ~ 1.60kg/s

(C)1.60 ~ 1.70kg/s (D)1.70 ~ 1.80kg/s

答案:[ ]

主要解答过程:

14. 某地一室内游泳池的夏季室内设计参数 $t_n = 32℃$, $n = 70\%$。室外计算参数:干球温度35℃,湿球温度28.9℃[标准大气压,空气定压比热容为1.01kJ/(kg·℃),空气密度为1.2kg/m^3]。已知:室内总散湿量为160kg/h,夏季设计总送风量为50000m^3/h,新风量为送风量的15%。问:组合式空调机组表冷器的冷量应为下列哪一项(表冷器处理后的空气相对湿度为90%)?查 h-d 图计算,有关参数见下表。

室内 d_n(g/kg$_{干空气}$)	室内 h_n(kJ/kg$_{干空气}$)	室外 d_w(g/kg$_{干空气}$)	室外 d_w(kJ/kg$_{干空气}$)
21.2	86.4	22.8	94

(A)170 ~ 185kW (B)195 ~ 210kW

(C)215 ~ 230kW (D)235 ~ 250kW

答案:[ ]

主要解答过程:

15. 接上题,为维持室内游泳池夏季设计室温32℃,设计相对湿度70%的条件。已知:计算的夏季显热冷负荷为80kW。问:空气经组合式空调机组的表冷器冷却除湿会有?空气的再热量应为哪一项?并于 $h-d$ 图绘制该游泳池空气处理的全部过程。

(A)25 ~ 40kW (B)46 ~ 56kW

(C)85 ~ 95kW (D)170 ~ 190kW

答案:[　]

主要解答过程:

16. 某空调系统新风设全热交换器,夏季显热回收效率均为60%,全热回收效率均为55%。若夏季新风进风干球温度34℃,进风焓值90kJ/$kg_{干空气}$,排风温度27%,排风焓值60kJ/$kg_{干空气}$。夏季新风进风的干球温度和焓值应为下列哪一项?

(A)33~34℃、85~90kJ/$kg_{干空气}$　　(B)31~32℃、77~83kJ/$kg_{干空气}$

(C)29~30℃、70~75kJ/$kg_{干空气}$　　(D)27~28℃、63~68kJ/$kg_{干空气}$

答案:[　]

主要解答过程:

17. 某空调系统采用全空气空调方案,冬季房间总热负荷为150kW,室内计算温度为18℃,需要的新风量为3600m^3/h,冬季室外空调计算温度为-12℃,冬季大气压力按101300Pa计算,空气的密度为1.2kg/m^3,定压比热容为1.01kJ/(kg·K),热水的平均比热容为4.18kJ/(kg·K),空调热源为80/60℃的热水,则该房间空调需要的热水量为何值?

(A)5000~5800kg/h　　(B)5900~6700kg/h

(C)6800~7600kg/h　　(D)7700~8500kg/h

答案:[　]

主要解答过程:

18. 某空调房间采用风机盘管加新风系统(新风不承担室内显热负荷)。该房间冬季设计湿负荷为零,房间设计参数为:干球温度20℃、相对湿度30%;室外新风计算参数为:干球温度0℃、相对湿度20%。房间设计新风量1000m^3/h,新风系统采用空气显热回收换热器,显热回收效率为60%,新风机组的处理流程如图所示。问:新风机组的加热盘管的加热量约为下列哪一项?(按照标准大气压力计算,空气密度为1.2kg/m^3)

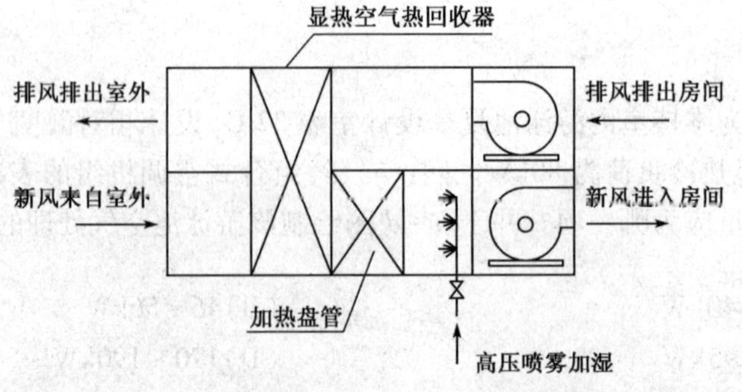

(A)2.7kW　　(B)5.4kW　　(C)6.7kW　　(D)9.4kW

答案:[　]
主要解答过程:

19. 某办公楼普通机械送风系统风机与电机采用直联方式,设计工况下的电机及传动效率85.5%,风管的长度为124m,通风系统单位长度平均风压为5Pa/m(包含摩擦阻力和局部阻力)。问:在通风系统设计时,所选择的风机在设计工况下效率的最小值应接近以下哪一项效率值,才能满足节能要求?

(A)52%　　(B)53%
(C)56%　　(D)75%

答案:[　]
主要解答过程:

20. 某高层酒店采用集中空调系统,冷水机组设在地下室,采用离心式循环水泵输送冷水,单台水泵流量400m^3/h,扬程50m水柱,系统运行后,发现水泵出现过载现象,水泵阀门要关至1/4水泵才可正常运行,且满足供冷要求。经测试,系统实际循环水泵流量300m^3/h。查该水泵样本见下表,若采用改变水泵转速的方式,则满足供冷要求时,水泵转速应接近哪一项?

型号	流量(m^3/h)	扬程(m)	转速(r/min)	功率(kW)
200/400	280	54.5	1460	75
	400	50		
	480	39		

(A)980r/min　　(B)1100r/min
(C)2960r/min　　(D)760r/min

答案:[　]
主要解答过程:

21. 有一台制冷剂为R717的8缸活塞压缩机,缸径为100mm,活塞行程为80mm,压缩机转速为720r/min,压缩比为6,压缩机的实际输气量是下列哪一项?

(A)0.04~0.042m^3/s　　(B)0.049~0.051m^3/s

(C)0.058 ~ 0.06m^3/s　　　　(D)0.067 ~ 0.069m^3/s

答案:[　]

主要解答过程:

22. 某项目采用地源热泵进行集中供冷、供热,经测量,有效换热深度为90m,敷设单U换热管,设夏、冬季单位管长的换热量均为 q = 30W/m,夏季冷负荷和冬季热负荷均为450kW,所选热泵机组夏季性能系数EER = 5,冬季性能系数COP = 4,在理想换热状态下,所需孔数应为下列哪一项?

(A)63孔　　　　(B)84孔

(C)100孔　　　　(D)167孔

答案:[　]

主要解答过程:

23. 某办公楼空调制冷系统拟采用冰蓄冷方式,制冷系统白天运行10h,低谷电价时间为23:00—7:00,计算日总冷负荷 Q = 53000kW·h,采用部分负荷蓄冷方式(制冷机制冰时制冷能力变化率 C_f = 0.7),则蓄冷装置有效容量为下列哪一项?

(A)5300 ~ 5400kW·h　　　　(B)7500 ~ 7600kW·h

(C)19000 ~ 19100kW·h　　　　(D)23700 ~ 23800kW·h

答案:[　]

主要解答过程:

24. 某水果冷藏库的总贮藏量为1300t,带包装的容积利用系数为0.75,该冷藏库的公称容积正确的应是下列哪一项?

(A)4560 ~ 4570m^3　　　　(B)4950 ~ 4960m^3

(C)6190 ~ 6200m^3　　　　(D)7530 ~ 7540m^3

答案:[　]

主要解答过程:

25. 沈阳一别墅区，消防水池的容积为450m^3，问消防水池的最小补水量应为下列哪一项？

(A)1.0L/s　　　　(B)1.3L/s

(C)2.6L/s　　　　(D)3.5L/s

答案：[　]

主要解答过程：

2012 年案例分析试题答案(上午卷)

1. **答案:**B

主要解题过程:

《公共建筑节能设计标准》(GB 50189—2005)第4.1.2条可知围护结构的传热系数与建筑的体型系数和窗墙比有关,首先计算这两项:

体型系数:

$[54\times15+2\times(54+15)\times(5.4\times2+3.9\times7)]\div[54\times15\times(5.4\times2+3.9\times7)]=0.197<0.4$

南向窗墙比:

$[16\times2.10\times(5.4\times2+3.9\times7)]\div[54\times(5.4\times2+3.9\times7)]=0.622<0.7$

屋面天窗透明部分所占比例为:$(24\times6)\div(54\times15)=17.8\%<20\%$

以上参数满足第4.1.2条、第4.2.4条、第4.2.6条的规定,因此不需要进行权衡判定,查表选取传热系数值即可,查表4.2.2-1得 $K_{窗}\leqslant1.7$, $K_{墙}\leqslant0.45$。

2. **答案:**B

主要解题过程:

根据题意,由《注册公用设备工程师暖通空调考试复习教材》(第三版) P86 公式(1.8-1)得:

改造前:$Q_0=K_0\cdot F\cdot(t_{pj0}-t_n)/\beta$

改造后:$Q_1=K_1\cdot F\cdot(t_{pj1}-t_n)/\beta=0.67Q_1=0.67K_0\cdot F\cdot(t_{pj0}-t_n)/\beta$

$$2.81\times(t_{pj1}-18)^{0.276}\times(t_{pj1}-18)=0.67\times2.81\times\left(\frac{85+60}{2}-18\right)^{0.276}\times\left(\frac{85+60}{2}-18\right)$$

整理得:$t_{pj1}=(t_g+t_h)/2=115.6℃$

由供回水温差20℃,即 $t_g-t_h=20℃$

两式联立求得 $t_g=67.8℃$,$t_h=47.8℃$

3. **答案:**C

主要解题过程:

根据热量平衡有:$140\times10^6=(35\times130\times10^4+q\times200\times10^4)\times1.02$

解得 $q=45.88\text{W/m}^2$

4. **答案:**C

主要解题过程:

根据题意,由《注册公用设备工程师暖通空调考试复习教材》(第二版) P154 公式(1.11-4)得:

$Q=(10+4\times0.8)/0.92=14.35\text{MW}$

因为夏季耗热量为 $2.5\times0.8/0.92=2.17\text{MW}<14.35\text{MW}$

所以锅炉设计容量按冬季热负荷14.35MW设计。

由《全国民用建筑工程设计技术措施暖通空调·动力》(2009年版)第8.2.10条"单台燃煤锅炉的运行负荷不应低于锅炉额定负荷的50%,"得:最小锅炉容量为2.17/0.50=4.34MW。

5. **答案:**A

主要解题过程:

根据题意,由《注册公用设备工程师暖通空调考试复习教材》(第三版)P622公式(4.3-29)得:$Q = Q_0 \cdot K_1 \cdot K_2$

查表$K_1=0.59$,每小时两次化霜,$K_2=0.8$,则$Q=462\times0.59\times0.8=218\text{kW}$。

6. **答案:**D

主要解题过程:

《注册公用设备工程师暖通空调考试复习教材》(第三版)P173式(2.2-5),列风量平衡公式为:

$G_{zj} + G_{jj} = G_{zp} + G_{jp}$

$G_{zj} + 0.9 \times 0.56 = 0 + 0.56$

求得$G_{zj}=0.056\text{kg/s}$

根据式(2.2-6)列热量平衡公式为:

$Q_h + c \cdot G_{jp} \cdot t_n = c \cdot G_{zj} \cdot t_w + c \cdot G_{jj} \cdot t_{jj}$

$8.8 + 1.01 \times 0.56 \times 15 = 1.01 \times 0.056 \times (-25) + 1.01 \times 0.56 \times 0.9 \times t_{jj}$

解得$t_{jj}=36.73℃$

7. **答案:**A

主要解题过程:

《注册公用设备工程师暖通空调考试复习教材》(第三版)P336,变压器的发热量Q为:

$Q=(1-\eta_1)\cdot\eta_2\cdot\varphi\cdot W=(1-0.98)\times0.75\times0.95\times1000=14.25\text{kW}$

消除余热的通风量L为:

$$L=\frac{Q}{0.337(t_p-t_s)}=\frac{14.25\times1000}{0.337\times(40-32)}=5286\text{m}^3/\text{h}$$

8. **答案:**A

主要解题过程:

设混入的室外空气量为G_w,室内实际需要排出的风量G_n,混风后风机实际排出风量G_p。

列风量平衡方程:$G_p = G_w + G_n$

代入已知数据为:$G_p = G_w + 1500$

列热量平衡方程:$c\rho \cdot G_p \cdot t_p = c\rho \cdot G_w \cdot t_w + c\rho \cdot G_n \cdot t_n$

代入已知数据为:

$$1.01 \times \frac{353}{273+250} \times (G_w + 1500) \times 250$$

$$= 1.01 \times \frac{353}{273+32} \times G_w \times 32 \times 1.01 \times \frac{353}{273+500} \times 1500 \times 500$$

解得 $G_w=681\text{m}^3/\text{h}$

9. **答案**:D

主要解题过程:

《注册公用设备工程师暖通空调考试复习教材》(第三版) P185 式(2.3-22)计算单个风帽的通风量:

$$L=\frac{2827d^2\cdot A}{\sqrt{1.2+\sum\zeta+0.021/d}}=\frac{2827\times0.8^2\times1.43}{\sqrt{1.2+0.5+0}}=1984\text{m}^3/\text{h}$$

所需风帽的个数为:$n=13842/1984=7$ 个

10. **答案**:D

主要解题过程:

首先需判断排风罩的类型,$H=1.0$,$1.5\sqrt{A_p}=1.5\times\sqrt{3.14\times0.5^2}=1.33$

$H<1.5\sqrt{A_p}$,属于低悬罩。对于低悬罩 $L_z=L_0$ 即为收缩断面上的热射流流量。

$L_0=0.167\times Q^{\frac{1}{3}}\times B^{\frac{3}{2}}=0.167\times5.466^{\frac{1}{3}}\times1=0.294\text{m}^3/\text{s}$

接受罩的排风量 L 为:

$L=L_0+v'\cdot F'=0.294+0.5\times(3.14\times0.6^2-3.14\times0.5^2)$

$=0.4667\text{ m}^3/\text{s}=1680\text{m}^3/\text{h}$

11. **答案**:D

主要解题过程:

《注册公用设备工程师暖通空调考试复习教材》(第三版) P229 式(2.6-1)。

体积浓度换算为质量浓度:$Y=C\times\frac{M}{22.4}=4.48\times\frac{64}{22.4}=12.8\text{ mg/m}^3$

有效使用时间可根据吸附有害气体量的平衡关系求得:

$$2500\times12.8\times10^{-6}\times T\times0.945=50\times0.15$$

解得 $T=248\text{h}$

12. **答案**:D

主要解题过程:

水系统的阻力损失与流量的关系:$H=S\times Q^2$

流量改变后系统的阻力损失 H_2 为:$H_2=H_1\times\left(\frac{Q_2}{Q_1}\right)^2=325\times\left(\frac{160}{200}\right)^2=208\text{kPa}$

水泵节省的功率:$\Delta N=\frac{G_1H_1-G_2H_2}{367.3\times0.75}=\frac{(200\times325-160\times208)/9.8}{367.3\times0.75}=11.75\text{kW}$

13. **答案**:C

主要解题过程:

变风量空调系统的冷负荷可按所服务房间的综合冷负荷最大值选取,从表中可以看出上午 10 点的冷负荷最大,为 16285W。

送风量:$G=\frac{Q}{c\cdot\Delta t}=\frac{16258}{1.01\times10}=1.61\text{kg/s}$

14. **答案**:D

主要解题过程:

根据题意,室内风 $50000\times0.85=42500\text{m}^3/\text{h}$,室外新风为 $50000\times0.15=7500\ \text{m}^3/\text{h}$

室内外风混合后的空气焓值为:$h_c=\dfrac{42500\times86.4+7500\times94}{50000}=87.54\text{kJ/kg}_{干空气}$

根据室内湿负荷、总送风量计算送风点的含湿量 d_o:

$W=\rho G(d_n-d_o)$

代入已知数据:$160\times10^3=1.2\times50000\times(21.2-d_o)$

解得 $d_o=18.53\text{g/kg}_{干空气}$。

查焓湿图,$d_o=18.53\text{g/kg}_{干空气}$,$\varphi=90\%$ 得到露点的参数,$h_l=72.8\text{kJ/kg}_{干空气}$。

机组的总制冷量为:$Q=G\cdot(h_c-h_l)=\dfrac{50000}{3600}\times1.2\times(87.54-72.8)=246\text{kW}$

15. **答案**:A

主要解题过程:

显热冷负荷:$Q_x=G\cdot\rho\cdot c\cdot(t_n-t_0)$

$\Rightarrow80=\dfrac{50000}{3600}\times1.2\times1.01\times(32-t_0)$,解得 $t_0=27.25℃$

由上题算出 $d_0=18.53\text{g/kg}(d_0=L_L)$ 及 90%,查熔湿图:$t_L=25.4℃$

机组需要的再热量为:

$Q_{再热}=G\cdot\rho\cdot c\cdot(t_o-t_1)=\dfrac{50000}{3600}\times1.2\times1.01\times(27.25-25.4)=31.1\text{kW}$

16. **答案**:C

主要解题过程:

根据题意取新风和排风风量相等,即 $L_p=L_x$

显热回收:$Q_t=c\cdot\rho\cdot L_p(t_1-t_3)\cdot\eta_t=c\cdot\rho\cdot L_x(t_1-t_2)$

$t_2=t_1-(t_1-t_3)\cdot\eta_t=34-(34-27)\times0.6=29.8℃$

全热回收:$Q_h=\rho\cdot L_p(h_1-h_3)\cdot\eta_h=\rho\cdot L_x(h_1-h_2)$

$h_2=h_1-(h_1-h_3)\cdot\eta_h=90-(90-60)\times0.55=73.5\text{kJ/kg}_{干空气}$

热回收器的原理如图所示。

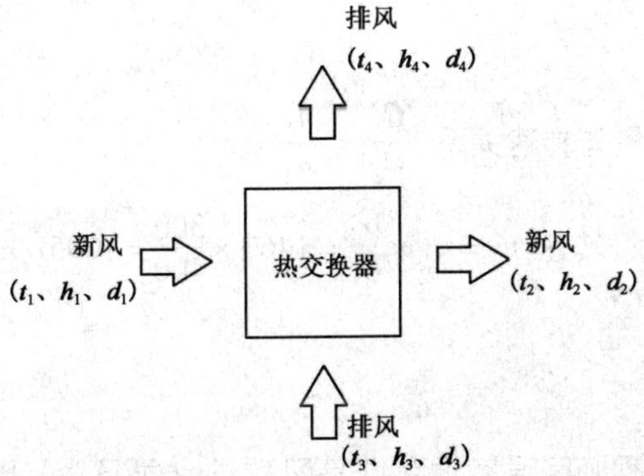

排风
(t_4、h_4、d_4)

新风
(t_1、h_1、d_1)

热交换器

新风
(t_2、h_2、d_2)

排风
(t_3、h_3、d_3)

17. **答案**:D

主要解题过程:

计算新风的热负荷:

$$Q_x = G_x \cdot c \cdot \rho \cdot (t_n - t_w) = \frac{3600}{3600} \times 1.01 \times 1.2 \times (18 + 12) = 36.3\text{kW}$$

计算热水用量:

$$G_{水} = \frac{(Q_x + Q_n)}{C_{水} \times (t_g - t_h)} = \frac{36.36 + 150}{4.187 \times (80 - 60)} = 2.22\text{kg/s} = 8025\text{kg/h}$$

18. **答案**:B

主要解题过程:

根据题意,新风不承担室内显热负荷,可知新风送风温度与室温相同,为 20 ℃。新风机组采用高压喷雾加湿,其过程为等焓加湿,因此新风经加热盘管处理后的状态点为室外状态点的等湿线与室内状态点的等焓线的交点,设该交点为:O 点,送人房间的新风经等焓加湿直接处理到室内状态点 N。查 h-d 图可知:$h_w = 1.9\text{kJ/kg}$,$h_s = 31.2\text{kJ/kg}$,S 点的送风温度为 28.9℃。

新风热负荷 Q_x:

$$Q_x = G_x \cdot c \cdot \rho \cdot (t_s - t_w) = \frac{1000}{3600} \times 1.01 \times 1.2 \times (28.9 - 0) = 9.73\text{kW}$$

显热回收的热量 Q_t 为:

$$Q_t = G_x \cdot c \cdot \rho \cdot (t_1 - t_3) \times \eta = \frac{1000}{3600} \times 1.01 \times 1.2 \times (20 - 0) \times 0.6 = 4.04\text{kW}$$

机组加热盘管的加热量 $Q = Q_x - Q_t = 9.73 - 4.04 = 5.69\text{kW}$

19. **答案**:D

主要解题过程:

根据《公共建筑节能设计标准》(GB 50189—2015)第 4.3.22 条,由表 4.3.22,机械通风系统的风道系统单位风量耗功率 W_s 限值为 0.27,即:

$$W_s = P/(3600\eta_{CD}\eta_F) = 124 \times 5/(3600 \times 0.855\eta_F) \leqslant 0.27$$

计算得风机的效率值 $\eta_F = 0.746$。

20. **答案**:B

主要解题过程:

根据水泵特性,流量与转速关系:$\dfrac{G_1}{G_2} = \dfrac{n_1}{n_2}$

当 $G_2 = 300\text{m}^3/\text{h}$ 时,转速:$n_2 = n_1 \times \dfrac{G_2}{G_1} = 1460 \times \dfrac{300}{400} = 1095\text{r/min}$

21. **答案**:A

主要解题过程:

《注册公用设备工程师暖通空调考试复习教材》(第三版)P606 式(4.3-8)计算活塞式压缩机的容积效率:

$$\eta_v = 0.94 - 0.085 \times \left[\left(\frac{P_2}{P_1}\right)^{\frac{1}{m}} - 1\right] = 0.94 - 0.085 \times (6^{\frac{1}{1.28}} - 1) = 0.68$$

理论输气量：$V_h = \frac{\pi}{240}D^2 SnZ = \frac{3.14}{240} \times 0.1^2 \times 0.08 \times 720 \times 8 = 0.0603\text{m}^3/\text{s}$

实际输气量：$V_r = V_h \times \eta_v = 0.0603 \times 0.68 = 0.041\text{m}^3/\text{s}$

22. **答案：**A

主要解题过程：

夏季释热量：$Q_x = 450 \times \left(1 + \frac{1}{5}\right) = 540\text{kW}$

冬季吸热量：$Q_d = 450 \times \left(1 - \frac{1}{4}\right) = 337.5\text{kW}$

夏季释热量与冬季吸热量的比：540/337.5 = 1.6，其热量不平衡（比例应控制在0.8 ~ 1.25）。

根据《地源热泵系统工程技术规范》（GB 50366—2009）第4.3.2条及第4.3.3条，可知地面管的打孔数应按冬季吸热量计算，夏季采用辅助冷源的形式。

采用单U管，故单个孔的换热量：30 × 2 × 90 = 5400W/个

因此需要打孔数：$n = 337.5 \times 1000 / 5400 = 63$ 个

23. **答案：**C

主要解题过程：

《注册公用设备工程师暖通空调考试复习教材》（第三版）P685 式（4.7-6）及式（4.7-7）

制冷机空调工况标定制冷量：$q_c = \frac{\sum_{i=1}^{24} q_i}{n_2 + n_i \cdot c_f} = \frac{53000}{10 + 8 \times 0.7} = 3397\text{kW}$

蓄冷装置有效容量：$Q_s = n_i \cdot c_f \cdot q_c = 8 \times 0.7 \times 3397 = 19023\text{kW} \cdot \text{h}$

24. **答案：**B

主要解题过程：

《冷库设计规范》（GB 50072—2010）第3.0.6条及《注册公用设备工程师暖通空调考试复习教材》（第三版）P708 公式（4.8-11）。

$$G = \frac{V \cdot \rho \cdot \eta}{1000}$$

水果密度取 350kg/m^3，容积利用系数为0.75，总储存量为1300t。

计算的冷库的公称容积：$V = 1300 \times 1000 / (350 \times 0.75) = 4953\text{m}^3$

25. **答案：**C

主要解题过程：

《消防给水及消火栓系统技术规范》（GB 50974—2014）第4.3.3条、第8.1.8条，消防给水管道的设计流速不宜大于2.5m/s，消防水池的补水时间不宜超过48h。

$$Q = V/t = 450 \times 1000 / (48 \times 3600) = 2.604\text{L/s}$$

2012 年案例分析试题(下午卷)

[专业案例题(共 25 题,每题 2 分]

1. 某乙类厂房,冬季工作区供暖计算温度 15℃,厂房围护结构耗热量 Q = 313.1kW,厂房全面排风量 L = 42000m^3/h;厂房采用集中热风供暖系统,设计送风量 G = 12kg/s,则该系统冬季的设计送风温度 t 应为下列哪一项?[注:当地为标准大气压力,室内外空气密度取 1.2kg/m^3,空气比热容 C_p = 1.01kJ/(kg · ℃)]

(A)40 ~ 41.9℃　　(B)42 ~ 43.9℃
(C)44 ~ 45.9℃　　(D)46 ~ 48.9℃

答案:[　]
主要解答过程:

2. 低温热水地面辐射供暖系统的单位地面面积的散热量与地面面层材料有关,当设计供回水温度为 60/50℃,室内空气温度为 16℃时,地面面层分别为陶瓷地砖与木地板,采用公称外径为 De20 的 PB 管,加热管间距 200mm,填充层厚度为 50mm,聚苯乙烯绝热层厚度为 20mm,陶瓷地砖(热阻 R = 0.02m^2 · K/W)与木地板(热阻 R = 0.1m^2 · K/W)的单位地面面积的散热量之比,应该是下列哪一项?

(A)1.70 ~ 1.79　　(B)1.60 ~ 1.69
(C)1.40 ~ 1.49　　(D)1.30 ~ 1.39

答案:[　]
主要解答过程:

3. 某五层住宅为下供下回双管热水供暖系统,设计条件下供回水温度 95/70℃,顶层某房间设计温度 20℃,设计热负荷 1148W,进入立管水温为 93℃。已知:立管的平均流量为 250kg/h,1 ~ 4 层立管高度为 10m,立管散热量为 78W/m,设定条件下,散热器散热量为 140W/片,传热系数 $K = 3.10(t_{pj} - t_n)^{0.278}$[W/(m^2 · K)],散热器散热回水温度维持 70℃,该房间散热器的片数应为下列哪一项?

(A)8 片　　(B)9 片
(C)10 片　　(D)11 片

答案:[　]

主要解答过程:

4. 某厂房设计采用 50kPa 蒸汽供暖,供气管道最大长度为 600m,选择供气管径时,平均单位长度摩擦压力损失值以及供汽水平干管的管径,应是下列哪一项?

(A) $\Delta P_m \leqslant 25$Pa/m, DN≤20mm　　(B) $\Delta P_m \leqslant 48$Pa/m, DN≥25mm

(C) $\Delta P_m \leqslant 50$Pa/m, DN≤20mm　　(D) $\Delta P_m \leqslant 58$Pa/m, DN≥25mm

答案:[　]

主要解答过程:

5. 某住宅楼设计供暖热媒为 85/60℃热水,采用四柱型散热器,住宅楼进行围护结构节能改造后,采用 70/50℃热水,仍能满足原设计的室内温度 20℃(原供暖系统未作变更),则改造后的热负荷应该是下列哪一项?(散热器传热系数 $K=2.81\Delta t^{0.297}$)

(A) 为原热负荷的 67.1% ~68.8%　　(B) 为原热负荷的 69.1% ~70.8%

(C) 为原热负荷的 71.1% ~72.8%　　(D) 为原热负荷的 73.1% ~74.8%

答案:[　]

主要解答过程:

6. 某商业综合体内办公室建筑面积 135000m^2,商业建筑面积 75000m^2,宾馆建筑面积 50000m^2,其夏季空调冷负荷建筑面积指标分别为 90W/m^2、140W/m^2、110W/m^2(已考虑各种因素的影响),冷源为蒸汽溴化锂吸收式制冷机组,市政热网供应 0.4MPa 蒸汽,市政热网的供热负荷是下列哪一项?

(A) 40220 ~46920kW　　(B) 31280 ~37530kW

(C) 23460 ~28150kW　　(D) 20110 ~21650kW

答案:[　]

主要解答过程:

7. 在一般工业区内（非特定工业区）新建某除尘系统，排气筒的高度为20m，距其190m处有一高度为18m的建筑物，排放污染物为石英粉尘，排放浓度为 $y = 50\text{mg/m}^3$，标准工况下，排气量 $V = 60000\text{m}^3/\text{h}$，试问，以下依次列出排气筒的排放速率值以及排放是否达标的结论，哪一项是正确的？

(A)3.5kg/h，排放不达标　(B)3.1kg/h，排放达标

(C)3.0kg/h，排放达标　(D)3.0kg/h，排放不达标

答案：[　]

主要解答过程：

8. 某车间同时散发苯、醋酸乙酯、松节油溶剂蒸汽和余热，为稀释苯、醋酸乙酯、松节油溶剂蒸汽的散发量，所需的室外新风量分别为 $50000\text{m}^3/\text{h}$、$10000\text{m}^3/\text{h}$、$2000\text{m}^3/\text{h}$，满足排除余热的室外新风量为 $510000\text{m}^3/\text{h}$，则能刚满足排除苯、醋酸乙酯、松节油溶剂蒸汽和余热的最小新风量是下列哪一项？

(A) $510000\text{m}^3/\text{h}$　(B) $512000\text{m}^3/\text{h}$

(C) $520000\text{m}^3/\text{h}$　(D) $522000\text{m}^3/\text{h}$

答案：[　]

主要解答过程：

9. 某生产厂房全面通风量20kg/s，采用自然通风，进风为厂房外墙 F 的侧面（$\mu_j = 0.46$，$F_j = 260\text{m}^2$），排风为顶面的矩形通风天窗（$\mu_p = 0.46$），通风天窗距进风窗之间的中心距离 $H = 15\text{m}$。夏季室内工作地点空气计算温度35℃，室内平均空气温度接近下列哪项？（注：当地大气压为101.3kPa，夏季通风室外空气计算温度32℃，厂房有效热量系数 $m = 0.4$）

(A)32.5℃　(B)35.4℃

(C)37.5℃　(D)39.5℃

答案：[　]

主要解答过程：

10. 某车间的一个工作平台上端有带法兰边的矩形吸气罩，罩口的净尺寸为 320mm × 640mm，工作距罩口的距离 640mm，要求于工作处形成 0.52m/s 的吸入速度，排气罩的排风量应为下列哪一项？

(A) 1800 ~ 2160 m^3/s　　(B) 2200 ~ 2500 m^3/s

(C) 2650 ~ 2950 m^3/s　　(D) 3000 ~ 3360 m^3/s

答案：[　]

主要解答过程：

11. 某民用建筑的全面通风系统，系统计算总风量为 10000 m^3/h，系统计算总压力损失 300Pa，当地大气压力为 101.3kPa，假设空气温度为 20℃，若选用风系统全压效率为 0.65，机械效率为 0.98，在选择确定通风机时，风机的配用电动机容量至少应为下列哪项？（风机风量按计算风量附加 5%，风压按计算阻力附加 10%）

(A) 1.25 ~ 1.4kW　　(B) 1.4 ~ 1.5kW

(C) 1.6 ~ 1.75kW　　(D) 1.8 ~ 2.0kW

答案：[　]

主要解答过程：

12. 某总风量为 40000 m^3/h 的全空气低俗空调系统服务于总人数为 180 人的多个房间，其中新风要求比最大的房间为 50 人，送风量为 7500 m^3/h，新风人均标准为 30 $m^3/(h·人)$，试问该系统的总新风量最接近下列哪项？

(A) 5050 m^3/h　　(B) 5250 m^3/h

(C) 5450 m^3/h　　(D) 5800 m^3/h

答案：[　]

主要解答过程：

13. 某医院病房区采用理想的温湿度独立控制空调系统，夏季室内设计参数，温度 27℃，湿度 60%。室外设计参数：干球温度 36℃，湿球温度 28.9℃［标准大气压、空气定压比热容为 1.01kJ/(kg·K)，空气密度为 1.2 kg/m^3］。已知：室内总散湿量为 29.16kg/h，设计总送风量为 30000 m^3/h，新风量为 4500 m^3/h，新风处理后含湿量为 8.0 $g/kg_{干空气}$，问：新风空调机组的除湿量应为下列哪一项？查 h-d 图计算。

(A)25 ~ 35kg/h　　(B)40 ~ 50kg/h

(C)55 ~ 65kg/h　　(D)70 ~ 80kg/h

答案:[　]

主要解答过程:

14. 接上题,问:系统的室内干式风机盘管承担的冷负荷应为下列哪一项(盘管处理后空气相对湿度为90%)?查 *h-d* 图计算,并绘制空气处理的全过程(新风空调机组的出风相对湿度为70%)

(A)39 ~ 49kW　　(B)50 ~ 60kW

(C)61 ~ 71kW　　(D)72 ~ 82kW

答案:[　]

主要解答过程:

15. 已知某地室外设计计算参数:干球温度35℃,湿球温度28℃(标准大气压)。需设计直流全新风系统,风量为1000m^3/h(空气密度取为1.2kg/m^3),要求提供新风的参数为:干球温度15℃,相对湿度30%。试问:采用一级冷却除湿(处理到相对湿度95%,焓降45kJ/$kg_{干空气}$)+转轮除湿(冷凝水带走热量忽略不计)+二级冷却方案,符合要求的转轮除湿器后空气温度应为下列哪一项?查 *h*-*d* 图,并绘制出全部处理过程。

(A)15℃　　(B)15.8 ~ 16.8℃

(C)35℃　　(D)35.2 ~ 36.2℃

答案:[　]

主要解答过程:

16. 某空调房间采用风机盘管(回水管上设置电动二通阀)加新风空调系统。房间空气设计参数为:干球温度26℃,相对湿度50%。房间的计算冷负荷为8kW,计算湿负荷为3.72kg/h,设计新风量为1000m^3/h,新风进入房间的温度为14℃(新风机组的机器露点95%)。风机盘管送风量为2000m^3/h。问:若运行时,除室内相对湿度外,其他参数保持不变,则该房间实际的相对湿度接近下列哪一项?[当地为标准大气压,空气密度为1.2kg/m^3,定压比热容为1.01kJ/(kg·℃)]

(A)45%　　(B)50%　　(C)55%　　(D)60%

答案:[ ]

主要解答过程:

17. 某建筑设置的集中空调系统中,采用的离心式冷水机组为国家标准《冷水机组能效限制及能源效率等级》(GB 19577—2004)规定的3级能效等级的机组,其蒸发器的制冷量为1530kW,冷凝器冷却供回水设计温差为5℃,冷却水水泵的设计参数如下:扬程为40mH$_2$O,水泵效率为70%。问:冷却塔的排热量(不考虑冷却水管路的外排热)应接近下列哪项值?

(A)1530kW (B)1580kW

(C)1830kW (D)1880kW

答案:[ ]

主要解答过程:

18. 某空调水系统的某段管道如图所示,管道内径为200mm,A、B点之间的管长为10m,管道的摩擦系数为0.02,管道上阀门的局部阻力系数(以流速计算)为2,水管弯头的局部阻力系数(以流速计算)为0.7。当输送水量为180m^3/h时,问:A、B点之间的水流阻力最接近下列哪一项?(水的密度取1000kg/m^3)

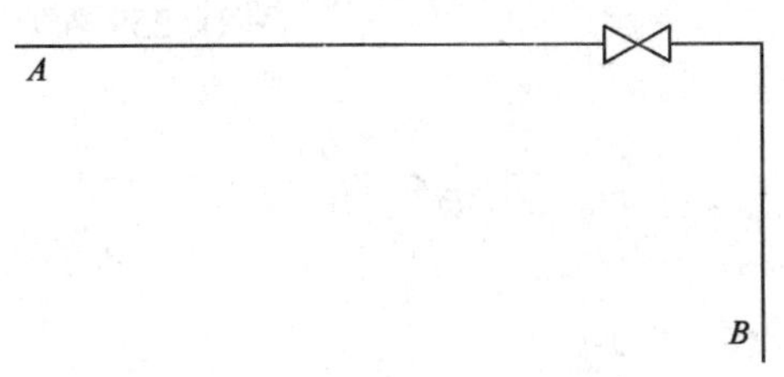

(A)2.53kPa (B)3.41kPa

(C)3.79kPa (D)4.67kPa

答案:[ ]

主要解答过程:

19. 夏热冬暖地区的某旅馆为集中空调两管制水系统,空调冷负荷为6000kW,空调热负荷为1000kW。全年当量满负荷运行时间,制冷为1000h,供热为300h。四种可供选择的制冷、制热设备方案,其数据见下表:

性能系数 \ 设备类型	风冷式冷、热水热泵	离心式冷水机组	溴化锂吸收式冷(热)水机组	燃气热水锅炉
当量满负荷制冷性能系数	4.5	6.0	1.6	
当量满负荷制热性能系数	4.0		1.0	当量满负荷平均热效率0.7

建筑所在区域的一次能源换算为用户电能耗换算系数为0.35。问:全年最节省一次能源的冷、热源组合,为下列哪项(不考虑水泵等的能耗)?

(A)配置制冷量为2000kW的离心机3台与1000kW的热水锅炉1台

(B)配置制冷量为2500kW的离心机2台与夏季制冷量和冬季供热量均为1000kW的风冷式冷、热水机组1台

(C)配置制冷量为2000kW的风冷式冷(热)水机组3台

(D)配置制冷量为2000kW的直燃式冷(热)水机组3台

答案:[ ]

主要解答过程:

20. 某净化室空调系统新风比为0.15,设置了初、中、高效过滤器,对于粒径≥0.51μm微粒的计数效率分别为20%、65%、99.9%,回风含尘浓度为500000粒/m^3,新风含尘浓度为1000000粒/m^3,高效过滤器下游的空气含尘浓度(保留整数)为下列哪一项?

(A)43粒 (B)119粒

(C)161粒 (D)259粒

答案:[ ]

主要解答过程:

21. 某项目设计采用国外进口的离心式冷水机组,机组名义制冷量1055kW,名义输入功率209kW,污垢系数0.044m^2·℃/kW。项目所在地水质较差,污垢系数为0.18m^2·℃/kW,查得设备的性能系数变化比值:冷水机组实际制冷量/冷水机组设计制冷量=0.935,压缩机实际耗功率/压缩机设计耗功率=1.095,试求机组实际COP值接近下列哪一项?

(A)4.2 (B)4.3 (C)4.5 (D)4.7

答案:[ ]

主要解答过程:

22. 某处一公共建筑,空调系统冷源选用两台离心式水冷冷水机组和一台螺杆式水冷冷水机组,其参数分别为:离心式水冷冷水机组额定制冷量为3203kW,额定输入功率605kW;螺杆式水冷冷水机组额定制冷量为1338kW,额定输入功率277kW。问:下列性能系数及能源效率等级的选项哪一项是正确的?

(A)离心式:性能系数5.4,能源效率等级为3级;螺杆式:性能系数4.8,能源效率等级为4级

(B)离心式:性能系数5.8,能源效率等级为3级;螺杆式:性能系数5.0,能源效率等级为4级

(C)离心式:性能系数5.0,能源效率等级为4级;螺杆式:性能系数4.8,能源效率等级为4级

(D)离心式:性能系数5.4,能源效率等级为2级;螺杆式:性能系数4.5,能源效率等级为3级

答案:[ ]

主要解答过程:

23. 如图所示为带闪发蒸汽分离器的(制冷剂为R134a)双级压缩制冷循环,已知:循环主要状态点制冷剂的比焓(kJ/kg)为 $h_3=410.25$,$h_7=228.50$,当流经蒸发器与流经闪分蒸发器的制冷剂质量流量之比为5.5时,h_5 应为下列何值?

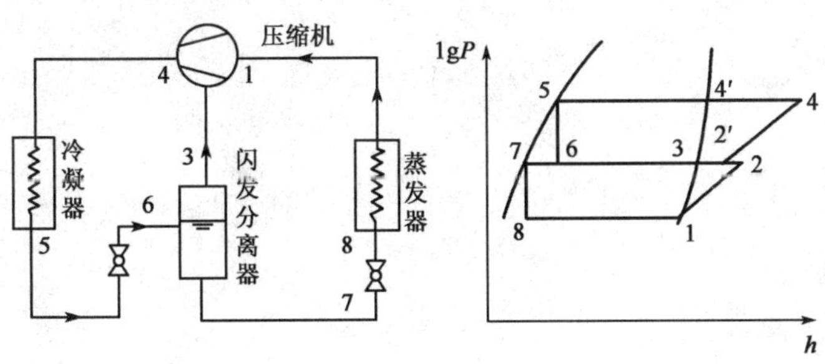

(A)231 ~256kJ/kg　　(B)251 ~270kJ/kg

(C)271 ~280kJ/kg　　(D)281 ~310kJ/kg

答案:[ ]

主要解答过程:

24. 有一冷却水系统采用逆流式玻璃钢冷却塔,冷却塔池面喷淋高差3.5m,系统管路总阻力损失45kPa。冷水机组的冷凝器阻力损失80kPa,冷却塔进水压力要求为30kPa,选用冷却水泵的扬程应为多少米水柱?

(A)16.8~19.1　　(B)19.2~21.5
(C)21.6~23.9　　(D)24.0~26.3

答案:[　]
主要解答过程:

25. 武汉市某二十层住宅(层高 2.80m)接入用户的天然气管道引入管高于一层室内地面1.8m,供气立管沿外墙敷设,立管顶端高于二十层住宅室内地坪0.8m,立管管道的热伸长量应为下列哪一项?

(A)10~18mm　　(B)20~28mm
(C)30~38mm　　(D)40~48mm

答案:[　]
主要解答过程:

2012 年案例分析试题答案(下午卷)

1. **答案**:C

主要解题过程:

列厂房内风量平衡方程:

$$G_{zj}+G_{jj}=G_{zp}+G_{jp}\Rightarrow G_{zj}+12=0+\frac{42000\times1.2}{3600},G_{zj}=2\text{kg/s}$$

列厂房内热量平衡方程:

$$Q+c\cdot G_{jp}\cdot t_n=c\times G_{jj}\times t_{jj}+c\cdot G_{zj}\cdot t_{zj}$$

$$\Rightarrow313.1+1.01\times\frac{42000\times1.2}{3600}\times15=1.01\times12\times t_{jj}+1.01\times2\times(-10)$$

解得 $t_{jj}=45℃$

见《注册公用设备工程师暖通空调考试复习教材》(第三版) P173 公式(2.2-5)和公式(2.2-6)。

2. **答案**:C

主要解题过程:

查《辐射供冷供暖技术规程》(JGJ 142—2012)附录 B 表 B.1.1-1 及表 B.1.1-3 得陶瓷地砖单位地面面积的散热量为 199.4 W/m^2,木地板单位地面面积的散热量为137.4W/m^2。

散热量之比为:199.4/137.4 = 1.45

3. **答案**:B

主要解题过程:

根据题意,由于 1~4 层立管散热,五层散热器的进水温度 t_g 需计算得到:

$4.18\times(250/3600)\times(93-t_g)=10\times78/1000$

即 $t_g=90.3℃$

标准状况下单片散热器散热量:$Q_0=KF\Delta t=3.10\times F\times\left(\frac{95+70}{2}-20\right)^{1.278}=140$

解得单片散热器的散热面积:$F=0.229\text{m}^2$

单片散热器的实际散热量:$Q=310\times0.229\times\left(\frac{90.3+70}{2}-20\right)^{1.278}=133.4\text{W/片}$

房间的散热器片数为:$n=1148/133.4=8.6$ 片,取 9 片。

4. **答案**:B

主要解题过程:

50kPa 蒸汽为低压蒸汽,由《注册公用设备工程师暖通空调考试复习教材》(第三版）P78 公式(1.6-4)得单位长度压力损失为：

$$\Delta P_m = \frac{(P-2000)\cdot a}{L} = \frac{(50000-2000)\times 0.6}{600} = 48\text{Pa/m}$$

由《民用建筑供暖通风与空气调节设计规范》(GB 50736—2012)第 5.9.15 条可知低压蒸汽干管的末端管径应采用 DN25，所以蒸汽管路水平干管的管径 DN≥25mm。

5. **答案**：B

主要解题过程：

根据题意

改造前：$Q_0 = \frac{K_0F(t_{pj0}-t_n)}{\beta} = F\times\frac{[2.81\times(85+60)/2-20]^{1.297}}{\beta} = 478.36F/\beta$

改造后：$Q_1 = \frac{K_1F(t_{pj1}-t_n)}{\beta} = F\times\frac{[2.81\times(70+50)/2-20]^{1.297}}{\beta} = 336.18F/\beta$

所以：$Q_1/Q_0 = 478.36/336.18 = 70.2\%$。

计算可参考《注册公用设备工程师暖通空调考试复习教材》(第三版) P86 公式(1.8-1)。

6. **答案**：C

主要解题过程：

综合体建筑的总冷负荷为：

$Q = 135000\times 90 + 75000\times 140 + 50000\times 110 = 28150000\text{W} = 28150\text{kW}$

由《注册公用设备工程师暖通空调考试复习教材》(第三版) P641 溴化锂制冷机的介绍，可知 0.4MPa 蒸汽采用双效溴化锂吸收式制冷机组。

P644 表 4.5-2 可知 0.4MPa 蒸汽做热源时，单位制冷量加热源耗量为 1.4。

总的蒸汽源耗量：$28150\times 1.4 = 39410\text{kg/h}$

0.4MP 蒸汽的气化潜热：2133kJ/kg

则供热负荷：$Q = 39410\times 2133/3600 = 23350\text{kW}$

7. **答案**：D

主要解题过程：

《大气污染物综合排放标准》(GB 16297—1996) 表 2-15。

新建污染源，排放筒高度 20m，一般工业区按二级标准，石英的排放浓度限值 3.1kg/h，排气筒的排放速率为 $L = (50\times 60000)/10^6 = 3\text{kg/h}$，满足要求；

第 7.1 条"排气筒的高度为 20m 大于 15m，其还应高出周围 200m 半径范围的建筑 5m 以上，否则按计算结果的 50%"。本项目应按 50% 计算，即排放浓度限值为 3.1/2 = 1.55kg/h，本建筑排放不满足要求。

8. **答案**：B

主要解题过程：

《注册公用设备工程师暖通空调考试复习教材》(第三版) P172，当数种溶剂(苯及其同系物，或醇类或醋酸醋类)的蒸汽同时散发于室内空气中时，由于它们对人体的作用是叠加的，全面通风量应按各种气体分别稀释至规定的接触限值所需的空气量的总和计算。

$L = 500000 + 10000 \ + 2000 = 512000\text{m}^3/\text{h}$

排除余热的室外新风量为 510000m³/h，最小新风量按两者取大值。

9. **答案：**C

主要解题过程：

计算厂房上部的排风温度 t_p：

$$t_p = t_w + \frac{t_n - t_w}{m} = 32 + \frac{35-32}{0.4} = 39.5℃$$

室内平均空气温度：$t_{np} = \frac{t_n + t_p}{2} = \frac{35+39.5}{2} = 37.25℃$

计算可参考《注册公用设备工程师暖通空调考试复习教材》（第三版）P181 式(2.3-19)、P179 式(2.3-12)。

10. **答案：**B

主要解题过程：

本题为工作台上的吸气罩，根据《注册公用设备工程师暖通空调考试复习教材》（第三版）P192 的内容，可以假想一个大的(640mm×640mm)排气罩。

四周带法兰边的排风罩的排风量：

$$L' = 0.75\times(10\times^2 + 2F)v_x = 0.75\times(10\times0.64^2 + 2\times0.64\times0.32)\times0.52 = 1.755\text{m}^3/\text{s}$$

实际排气罩的排风量：$L = \frac{L'}{2} = \frac{1.755}{2} = 0.8775\text{m}^3/\text{s} = 3159\text{m}^3/\text{h}$

考虑法兰边的修正系数 0.75，则：$L' = 0.75L = 0.75\times3159 = 2396.2\text{m}^3/\text{h}$

11. **答案：**D

主要解题过程：

《注册公用设备工程师暖通空调考试复习教材》（第三版）P266 公式(2.8-3)。

$$N = \frac{LP}{\eta\times3600\times\eta_m}\times K$$

本题目要求配用容量至少为多少，根据表 2.8-5 电机容量安全系数取 1.3，则：

$$N' = \frac{10000\times1.2\times300\times1.1}{0.65\times3600\times0.98}\times1.4 = 1964\text{W} = 1.964\text{kW}$$

12. **答案：**D

主要解题过程：

《公共建筑节能设计标准》(GB 50189—2015)第 4.3.12 条。

$Z = 50\times30/7500 = 0.2$

$X = 180\times30/40000 = 0.135$

$Y = X/(1+X-Z) \ = 0.135/(1+0.135-0.2) = 0.144385$

计算新风量为：$V_{ot} = Y\times40000 = 0.144385\times40000 \ = 5775\text{m}^3/\text{h}$

13. **答案**:D

主要解题过程:

在焓湿图上查室外参数可知:$d_w = 22.46\text{g/kg}_{\text{干空气}}$

新风机组的送风量为:4500 × 1.2 = 5400kg/h

新风机组除湿量应为:(22.46 − 8.0) × 5400 = 78084g/h = 78.084kg/h

14. **答案**:B

主要解题过程:

因风机盘管为干工况运行,所以在焓湿图上查室内参数的等含湿量线与相对湿度90%的交点即为风机盘管的处理工况,查得此点的温度,风机盘管处理到相对湿度为90%时,温度为20.3℃。

风机盘管承担的负荷:

$$Q = c \cdot \rho \cdot G \cdot (t_n - t_s) = 1.01 \times 1.2 \times \frac{30000 - 4500}{3600} \times (27 - 20.3) = 57.5\text{kW}$$

处理过程图为:

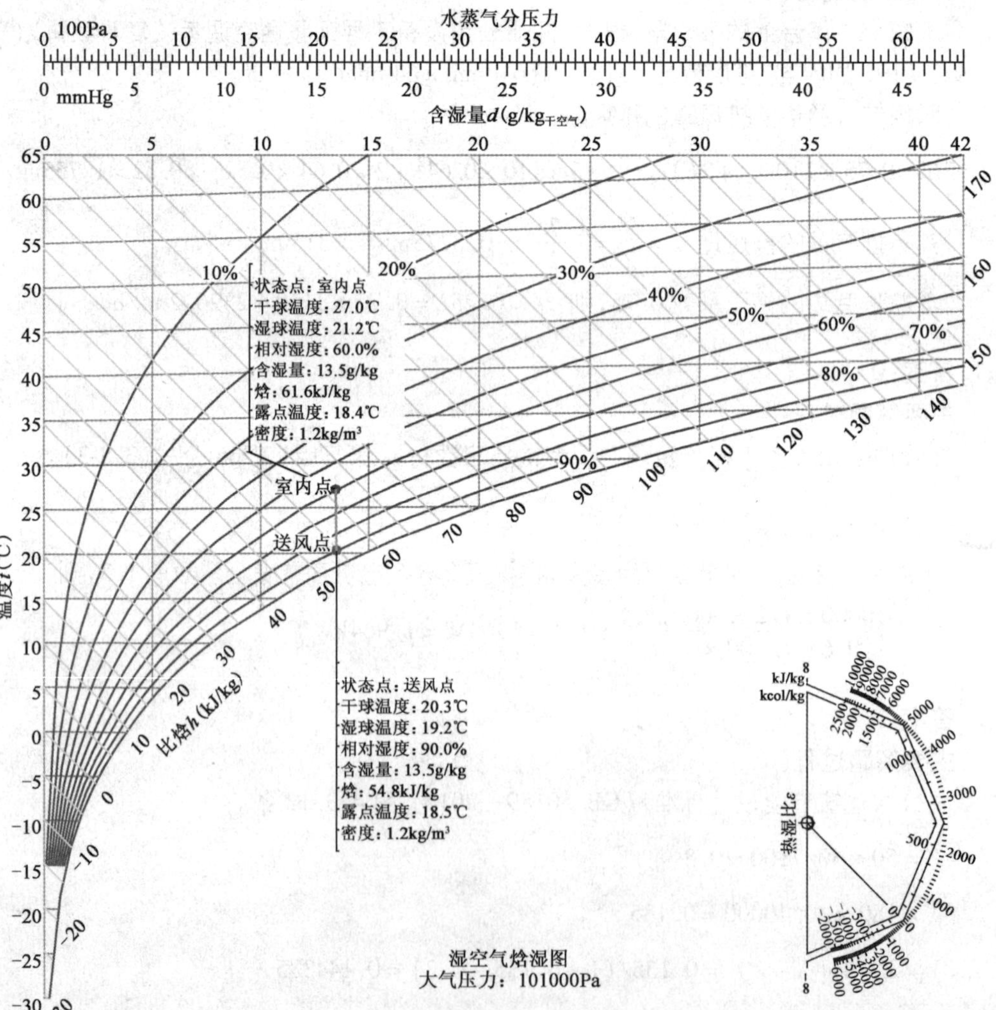

15. 答案:D

主要解题过程:

在焓湿图查室外的参数,焓值 $h_w = 89.7\text{kJ/kg}_{干空气}$,因题目给出一级冷却的焓降为 $45\text{kJ/kg}_{干空气}$,可知一级冷却后的状态参数为 $h_1 = 44.7\text{kJ/kg}_{干空气}$,相对湿度为90%;根据题意转轮除湿的过程按等焓过程处理,通过 L 点做等焓线与室内的等含湿量线相交于 O 点,O 点即为转轮除湿后的状态点,查焓湿图,O 点的送风温度为36.1℃。二级冷却为干式冷却过程。

空气处理过程如图所示。

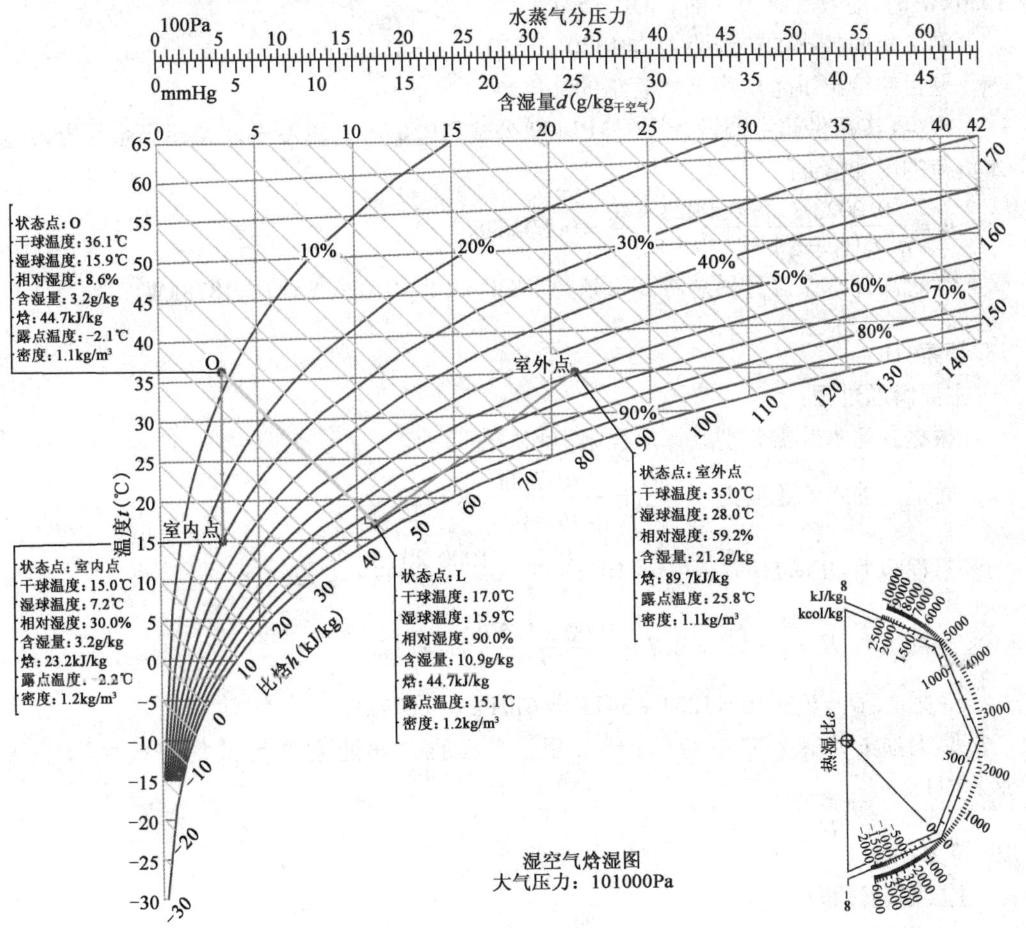

16. 答案:D

主要解题过程:

《注册公用设备工程师暖通空调考试复习教材》(第三版)P389风机盘管+新风的处理过程。

在焓湿图上标出室内点和新风送风点,查得室内点的含湿量:$d_n = 10.5\text{g/kg}_{干空气}$,送风点的含湿量:$d_l = 9.5\text{g/kg}_{干空气}$,$d_n > d_l$,新风不仅负担新风冷负荷,还负担部分室内显热冷负荷和全部潜热冷负荷,风机盘管仅负担一部分室内显热冷负荷,实现等湿冷却过程,故风机盘管处于干工况运行。

由于室内其他参数不变，仅相对湿度变化，设此时室内的含湿量为 d'_n，室内温度t'_n为 26℃。

根据公式：$d_l = d'_n - \frac{w}{q_{M,w}}$，$d'_n = d_l + \frac{w}{q_{M,w}} = 9.5 + \frac{3.72\times1000}{1000\times1.2} = 12.6\text{g/kg}$

根据 $t'_n = 26℃$，$d'_n = 12.6\text{g/kg}_{干空气}$查焓湿图得相对湿度为 59.6%。

17. **答案**：D

主要解题过程：

《冷水机组能效限制及能源效率等级》(GB 19577—2004)表 2 可知：当制冷量为 1530kW 时，能效等级为 3 时，COP = 5.1。

制冷机向外排的热量为 $Q_1 = 1530 + 1530/5.1 = 1830\text{kW}$

题目中给出不考虑冷却水管路的外排热；

根据《实用供热空调设计手册》P1499 公式(19.6-7)计算冷却水泵运行会引起冷却水负荷的附加值 a：

$$a = \frac{0.0023H}{\eta_s \times (t_h - t_g)} = \frac{0.0023\times40}{0.7\times5} = 0.002628$$

考虑冷却水泵温升后总冷却水量为：$1830\times(1+0.0262857) = 1878\text{kW}$

18. **答案**：D

主要解题过程：

根据题意本题需分别计算沿程阻力和局部阻力。

管道内的水流速度为：$v = \frac{G}{A} = \frac{180/3600}{3.14\times0.1^2} = 1.59\text{m/s}$

沿程阻力：$H_y = L\cdot\frac{\lambda}{d}\times\frac{\rho v^2}{2} = 10\times\frac{0.02}{0.2}\times\frac{1000\times1.59^2}{2} = 1264\text{Pa}$

局部阻力：$H_j = \zeta\times\frac{\rho v^2}{2} = 2.7\times\frac{1000\times1.59^2}{2} = 3413\text{Pa}$

总阻力：$H = H_y + H_j = 1264 + 3413 = 4677\text{Pa} = 4.677\text{kPa}$

阻力损失计算公式参考《注册公用设备工程师暖通空调考试复习教材》(第三版)P71。

19. **答案**：A

主要解题过程：

根据题意各系统的能耗均换算为一次能源进行比较，

当采用选项 A 方案时，一次能源耗量为：

$$\frac{3\times2000\times1000}{6\times0.35} + 1000\times300 = 3157142\text{kW}\cdot\text{h} = 3.16\times10^6\text{kW}\cdot\text{h}$$

当采用选项 B 方案时：

$$\frac{2\times2500\times1000}{4.5\times0.35} + \frac{1\times1000\times1000}{4.5\times0.35} + \frac{1000\times300}{4\times0.35} = 3230158\text{kW}\cdot\text{h} = 3.23\times10^6\text{kW}\cdot\text{h}$$

当采用选项 C 方案时：

$$\frac{3\times2000\times1000}{4.5\times0.35} + \frac{2000\times1000}{4\times0.35} = 4238095\text{kW}\cdot\text{h} = 4.24\times10^6\text{kW}\cdot\text{h}$$

当采用选项 D 方案时：

$$\frac{3\times2000\times1000}{1.1}+\frac{2000\times300}{0.7}=6311688\text{kW}\cdot\text{h}=6.31\times10^{6}\text{kW}\cdot\text{h}$$

比较四个选项，选能耗最小的选项 A。

20. **答案：**C

主要解题过程：

根据题意，设送风为 G，新风为 $0.15G$，回风为 $0.85G$：

$$\frac{0.15G\times1000000+0.85G\times500000}{G}\times(1-20\%)\times(1-65\%)\times(1-99.9\%)=161\text{ 粒}$$

21. **答案：**B

主要解题过程：

根据题目给出的已知条件，可以计算：

压缩机实际耗功率：$P_{实际}=1.095\times209\text{kW}=228.855\text{kW}$

冷水机组实际制冷量：$Q_{实际}=0.935\times1055\text{kW}=986.425\text{kW}$

机组实际 $\text{COP}=Q_{实际}/P_{实际}=986.425/228.855=4.31$

22. **答案：**A

主要解题过程：

根据性能系数的定义可知：

$\text{COP}_{离心}=3203/605=5.3$

$\text{COP}_{螺杆}=1388/277=4.8$

根据《冷水机组能效限定值及能源效率等级》（GB 19577—2004）表 2：对应制冷量和 COP 值，可知离心式冷水机组应为 3 级；螺杆式冷水机组应为 4 级。

注：表 2 内容如下。

能源效率等级指标 表 2

类型	额定制冷量（CC）（kW）	能效等级（COP）（W/W）				
		1	2	3	4	5
风冷式或蒸发冷却式	CC≤50	3.20	3.00	2.80	2.60	2.40
	CC>50	3.40	3.20	3.00	2.80	2.60
水冷式	CC≤528	5.00	4.70	4.40	4.10	3.80
	528<CC≤1163	5.50	5.10	4.70	4.30	4.00
	CC>1163	6.10	5.60	5.10	4.60	4.20

23. **答案：**B

主要解题过程：

根据闪发分离器内的质量与能量平衡有：

$m_6=m_3+m_7$

另有 $m_7/m_3=5.5$，$m_6=m_3+5.5m_3=6.5\ m_3$

$m_6h_6=m_3h_3+m_7h_7$

$6.5m_3h_6=m_3h_3+5.5m_3h_7$

$H_6=(h_3+5.5h_7)/6.5=(410.25+5.5\times228.5)/6.5=256.46\ \text{kJ/kg}$

$H_5=H_6=256.46\ \text{kJ/kg}$

24. **答案**:B

主要解题过程:

《注册公用设备工程师暖通空调考试复习教材》(第三版)P490"在开始空调水系统中,水泵的扬程除了需要克服水流阻力外,还需要满足水的相对提升高度",水泵扬程按附加0.1计算。则选用水泵的扬程为:

$H_p=1.1\times[(45+80+30)\times10^3/(9.8\times1000)+3.5]=21.2\text{mH}_2\text{O}$

25. **答案**:D

主要解题过程:

《注册公用设备工程师暖通空调考试复习教材》(第三版)P101 伸缩量的计算:$\Delta X=0.012\times(t_1-t_2)\times L$。

根据《城镇燃气设计规范》(GB 50028—2006)第10.2.29条规定:沿外墙和屋面敷设时补偿量计算温差可取70℃。又管道安装时的温度一般按-5℃计算,故:

$$\Delta X=0.012\times(t_1-t_2)\times L$$
$$=0.012\times(-5-70)\times[18\times2.8+(2.8-1.8)+0.8]=46.98\text{mm}$$

2012年案例分析试题答案(下午卷)

2013 年注册公用设备工程师(暖通空调)执业资格考试

专业考试试题及答案

2013 年专业知识试题(上午卷)

一、单项选择题(共 40 题,每题 1 分。每题的备选项中只有一个符合题意)

1. 位于严寒地区的某四层办公建筑,设计热水供暖系统,当可提供系统所要求的热水供回水温度时,下列哪一个选项是错误的? ( )

(A)办公区风机盘管供暖,内走廊、卫生间采用铸铁散热器供暖

(B)供暖场所均采用风机盘管供暖

(C)办公区采用地面辐射供暖,内走廊、卫生间采用铸铁散热器供暖

(D)办公区采用地面辐射供暖,两道外门之间的门斗内、卫生间采用铸铁散热器供暖

2. 有关城市热力网系统的参数监测与控制的说法,正确的应是下列哪一项? ( )

(A)用于供热企业与热源企业进行贸易结算的流量仪表的系统精度,热水流量仪表和蒸汽流量仪表要求相同,即不应低于 1%

(B)热源的调速循环水泵采用的控制信号应为循环水泵进出口的压差

(C)热源的调速循环水泵采用的控制信号宜为热网的最不利资用压头数值

(D)循环水泵仅在入口设置超压保护装置

3. 严寒地区某六层住宅,主立管设计为双管下供下回异程式,户内设分户热计量,采用水平跨越式散热器采暖系统,每组散热器进出支管设置手动调节阀,设计热媒供回水温度为 80/55℃,系统按设计进行初步调节时,各楼层室温均能够满足设计工况,当小区热水供水温度为 65℃时,且总干管下部和供回水压差与设计工况相同,各楼层室温工况应是下列哪一项?(调节阀未进行变动) ( )

(A)各楼层室温均能满足设计工况

(B)各楼层室温相对设计工况的变化呈同一比例

(C)六层的室温比一层的室温高

(D)六层的室温比一层的室温低

4. 某低温热水地面辐射采用系统的加热管为 PP-R 管,采用黄铜质卡套式连接件(表面无金属镀层)与分水器、集水器连接,施工操作方法符合相关要求,使用一段时间后,在连接处出现漏水现象,分析原因是连接件不符合要求,下列改进措施中正确的是哪一项? ( )

(A)更换为黄铜卡压式连接件(表面无金属镀层)

(B)更换为表面镀锌的铜质连接件

(C)更换为表面镀镍的铜质连接件
(D)更换为紫铜卡套式连接件(表面无金属镀层)

5. 关于公共建筑围护结构的传热系数限值的说法,下列哪一项是错误的? ( )

(A)外墙的传热系数采用平均传热系数
(B)围护结构的传热系数限值与建筑物体型系数相关
(C)围护结构的传热系数限值与建筑物窗墙面积比相关
(D)温和地区可以不考虑围护结构传热系数限值

6. 某五层办公建筑,设计热水供暖系统时,属于节能的设计选项应是下列哪一项? ( )

(A)水平干管坡向应与水流方向相同
(B)采用同程式双管系统,每组散热器设置手动调节阀
(C)采用同程单管跨越式系统,每组散热器设置手动调节阀
(D)采用同程式垂直单管跨越式系统,每组散热器设置恒温控制阀

7. 某十层住宅建筑,设计分户热计量散热器热水采暖系统,正确的做法是下列选项的哪一个? ( )

(A)供暖系统的总热负荷应计入各户向邻户传热引起的耗热量
(B)确定系统供、回水管道时应计入各户向邻户传热引起的耗热量
(C)户内散热器片数计算时应计入本户向邻户传热引起的耗热量
(D)四室两厅两卫的大户型户内采用下分双管异程式系统

8. 设计小区热力管网时,其生活热水设计负荷取值错误的为下列哪一项? ( )

(A)干管应采用最大热负荷
(B)干管应采用平均热负荷
(C)当用户有足够容积的储水箱时,支管应采用平均热负荷
(D)当用户无足够容积的储水箱时,支管应采用最大热负荷

9. 根据规范规定,锅炉房的外墙、楼地面或屋面应有足够的泄压面积,下列有关泄压面积的表述,哪一项是错误的? ( )

(A)应有相当于锅炉间占地面积10%的泄压面积
(B)应有相当于锅炉房占地面积的10%的泄压面积
(C)地下锅炉房的泄压竖井的净截断面积应该满足泄压面积的要求
(D)当泄压面积不能满足要求时,可采用在锅炉房的内墙和顶部敷设金属爆炸减压板作补充

10. 关于排烟设施的设置,说法正确的是下列哪一项? ( )

(A)大型卷烟厂的联合生产厂房(包括切丝、卷制和包装)应设置排烟设施
(B)工业厂房设置排烟设施时,应采用机械排烟设施
(C)单台额定出力为 1t/h 的地上独立燃气热水锅炉房应采用机械排烟设施
(D)面积为 12000m^2 铝合金发动机缸体、缸盖的单层机加工厂房应设置排烟设施

11. 对空调送风的风管进行严密性试验和强度试验,说法正确的应是下列哪一项? ( )

(A)风管严密性试验可在已经安装好的风管系统上进行
(B)从制作好的风管中,选取 2 节连接进行试验
(C)圆形金属风管的允许漏风量为矩形风管规定的 80%
(D)风管的强度试验宜在风管进行严密性试验合格的基础上进行

12. 两台相同的组合式空调机组并联运行,机组内为一台离心风机,机组自机房内回风,新风管道布置相同(回风与新风系统图中未表示,机房高度受到限制),能够保证机组并联运行时,送风量最大的组合方式为图示哪一项? ( )

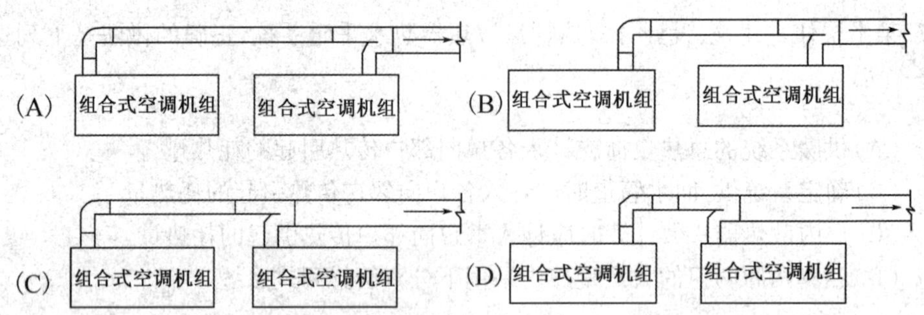

13. 图示为石英砂尘的除尘系统,其除尘器前的风管标注英文大写字母的部分中,哪一个部位应是风管内壁磨损最严重的部分? ( )

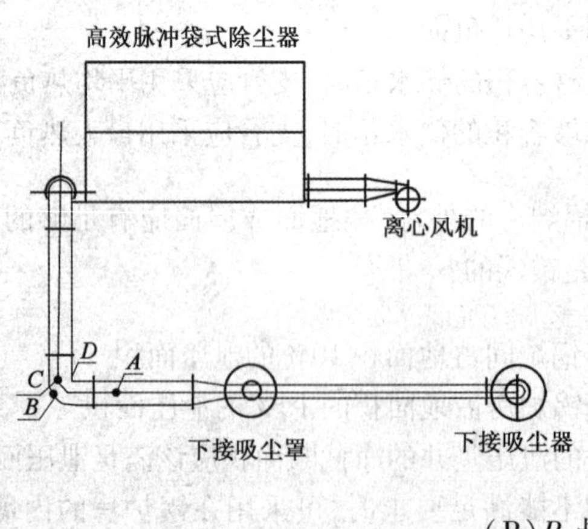

(A)A 点　　(B)B 点
(C)C 点　　(D)D 点

14. 关于人防工程防护通风设备的表述,下列哪一项是错误的? ( )

(A)防爆波活门是阻挡冲击波沿通风口进入人防工程内部的消波设施
(B)防爆波活门的选择是根据工程的抗力级别和清洁通风量等因素确定
(C)防爆超压自动排气活门可用于抗力为0.25MPa的排风消波措施
(D)密闭阀门是人防通风系统的平时与战时转换通风模式的控制部件,只能开关,不能调节风量

15. 计算冬季全新风送风系统的热负荷时,采用哪一项室外计算温度是错误的? ( )

(A)用于补偿排除室内有害气体的全面排风耗热量时,采用冬季通风室外计算温度
(B)用于补偿排除室内余热的全面排风耗热量时,采用冬季通风室外计算温度
(C)用于补偿排除室内余湿的全面排风耗热量时,采用冬季通风室外计算温度
(D)用于补偿室内局部排风耗热量时,采用冬季供暖室外计算温度

16. 下列有关局部排风罩的排风量的表述,错误的为哪一项? ( )

(A)密闭罩的排风量计算应包括从孔口处吸入的空气量
(B)通风柜的排风量计算应包括柜内污染气体的发生量
(C)工作台侧吸罩的排风量等于吸气口的面积和控制点处的吸风速度的乘积
(D)若实验相同排风效果时,四周无边的矩形吸风口的排风量较四周有边时排风量要大

17. 某车间上部用于排除余热、余湿的全面排风系统风管的侧面吸风口,其上缘至屋顶的最大距离,应为下列哪一项? ( )

(A)200mm (B)300mm
(C)400mm (D)500mm

18. 建筑高度超过32m的二类高层建筑应设机械排烟设施的部分是下列哪一项? ( )

(A)封闭避难层
(B)不具备自然排烟条件的防烟楼梯间
(C)有自然通风,长度超过60m的内走道
(D)采用自然排烟设施的防烟楼梯间,其不具备自然排烟条件的前室

19. 下列哪项改进措施,对降低空调水系统在设计工况下的耗电输冷比ECR无关? ( )

(A)加大供回水设计温差
(B)减少单台水泵流量,增加并联水泵台数,总流量不变
(C)降低空调水管管内设计流速

(D)减少末端设备的水流阻力

20. 关于空调水系统节能运行中的要求,下列哪一项是错误的? ( )

(A)水泵的电流值应在不同的负荷下检查记录,并应与水泵的额定电流值进行对比

(B)应计算空调水系统的耗电输冷(热)比并与《公共建筑节能设计标准》中空调冷热水系统最大耗电输冷(热)比进行对比

(C)对于耗电输冷(热)比偏高的水系统,应通过技术经济比较采取节能措施

(D)对于电流值偏低的系统 应采取措施提高运行电流

21. 有关地源热泵(地埋管)系统用于建筑物空调的说法正确的是下列哪一项? ( )

(A)夏热冬暖地区适合采用地源热泵(地埋管)系统

(B)严寒地区适合采用地源热泵(地埋管)系统

(C)夏热冬冷地区设计工况下计算冷、热负荷相同的建筑,适合采用地源热泵(地埋管)系统

(D)全年释热量和吸热量相同的建筑,适合采用地源热泵(地埋管)系统

22. 根据所给的条件,请指出:以下哪一个公共建筑必须进行建筑节能的权衡判断?(围护结构其他的热工性能均符合规定) ( )

(A)位于严寒A区,建筑屋面传热系统为0.25W/(m^2·K)

(B)位于寒冷地区,建筑外墙传热系数为0.45W/(m^2·K)

(C)位于夏热冬冷地区,建筑天窗传热系数为2.8W/(m^2·K)

(D)位于夏热冬暖地区,建筑的西立面窗墙面积比为0.75

23. 夏热冬冷地区的某剧场空调采用座椅送风方式,下列哪种说法从满足节能与舒适度的角度看是合理的? ( )

(A)宜采用一次回风系统,系统简单

(B)宜采用全新风空调系统,提高舒适度

(C)宜采用一次回风再热系统,提高送风温度

(D)宜采用二次回风系统,以避免再热损失

24. 以下列出的暖通空调设备的能效等级,未达到节能评价值的是哪一项? ( )

(A)冷热源机组的能效等级达到国家现行标准规定的2级及1级

(B)单元式空气调节机组的能效等级达到国家现行标准规定的2级及1级

(C)多联式空调机组的能效等级达到国家现行标准规定的3级、2级和1级

(D)房间式空调调节器的能效等级达到国家现行标准规定的2级及1级

25. 下列关于空调冷水系统设置旁通阀的哪一项说法是错误的? ( )

(A)空调冷水机组冷水系统的供回水总管路之间均应设置旁通阀

(B)在末端变流量、主机定流量的一级泵变流量系统中,供回水总管之间应设置旁通阀

(C)末端和主机均变流量的一级泵变流量系统中,供回水总管之间应设置旁通阀

(D)多台相同容量的制冷机并联使用时,供回水总管之间的旁通阀打开时的最大旁通流量不大于单台制冷机的额定流量

26. 空调自动控制系统的电动调节阀选择时,以下哪一选项是不合理的? ( )

(A)换热站中,控制汽水换热器蒸汽侧流量的调节阀,当压力损失比较大时,宜选择直线特性的阀门

(B)控制空调器中的表冷器冷水侧流量的调节阀应选择直线特性的阀门

(C)系统的输入与输出都尽可能成为一个线性系统的基本做法是:使得"调节阀+换热器"的组合尽可能接近线性调节

(D)空调水系统中,控制主干管压差的旁通阀宜采用直线特性的阀门

27. 净化空调系统所采用的空气过滤器的表述,下列哪一项是错误的? ( )

(A)粗效过滤器用于新风过滤,过滤对象主要是大于 5μm 的尘粒,也可以用油浸过滤器

(B)中效过滤器用于新风和回风,过滤对象主要是大于 1μm 的尘粒

(C)亚高效过滤器主要是过滤大于 0.5μm 的尘粒

(D)高效过滤器主要是过滤大于 0.1μm 的尘粒

28. 不同级别的正压洁净室之间的压差,应不小于下列哪一项? ( )

(A)2Pa (B)5Pa

(C)10Pa (D)50Pa

29. 下列电动压缩式制冷(热泵)机组的构成的说法,错误的应为哪一项? ( )

(A)单台离心式冷水机组(单工况)只有一个节流装置

(B)房间空调器的节流元件多为毛细管

(C)一个多联机(热泵)空调系统只有一个节流装置

(D)单机头螺杆式冷水机组(单工况)只有一个节流装置

30. 关于热回收冷水机组的说法,下列哪一项是错误的? ( )

(A)热回收冷水机组实际运行的热回收量是机组制冷量和压缩机做功量之和

(B)热水的出水温度越高(机组的蒸发温度不变),冷水机组的制冷性能 COP 越低

(C)宜采用控制热水回水温度的控制方式控制热量

(D)采用热水回水温度控制时,其控制对象是热水流量

31. 下列哪种因素不会导致水冷电动压缩式冷水机组发生停机? (　　)

(A)压缩机吸气压力过低
(B)压缩机排气压力过高
(C)油压差过低
(D)冷冻水回水温度高于设计工况值

32. 以下关于制冷剂的表述,正确的应为哪一项? (　　)

(A)二氧化碳属于具有温室气体效应的制冷剂
(B)制冷剂为碳氢化合物的编号属于 R500 序号
(C)非共沸混合物制冷剂在一定压力下冷凝或蒸发时为等温过程
(D)采用实现非等温制冷的制冷剂,对降低功耗,提高制冷系数有利

33. 关于制冷剂的 COP 和 GWP 指标(值)的说法,下列哪一项符合规定的定义? (　　)

(A)以 CO_2 的 ODP 为 1.0,作为评价各种制冷剂 ODP 的基准值
(B)以 R11 的 GWP 为 1.0,作为评价各种制冷剂 GWP 的基准值
(C)以 CO_2 的 GWP 为 1.0,作为评价各种制冷剂 GWP 的基准值
(D)以 R134a 的 ODP 为 1.0,作为评价各种制冷剂 ODP 的基准值

34. 以下哪一个选项,是实现蒸汽压缩制冷理想循环的必要条件? (　　)

(A)制冷剂和被冷却介质之间的传热无温差
(B)用膨胀阀代替膨胀机
(C)用干压缩代替湿压缩
(D)提高过冷度

35. 关于相同设计冷负荷的多联机空调系统制冷工况下的运行能效,下列说法哪一项是错误的? (　　)

(A)室内空气的干球温度越低则系统能效越高
(B)室内空气的湿球温度越低则系统能效越高
(C)室内机和室外机之间的配管长度越长则系统能效越低
(D)室内机和室外机之间的安装高度差越小则系统能效越高

36. 有关多联式空调(热泵)机组的能效与能效等级的说法,正确的为哪一项? (　　)

(A)多联式空调(热泵)机组在规定的制冷能力试验条件下,制冷的性能系数越高则机组的能效等级就越高
(B)多联机空调(热泵)机组在规定的制冷能力试验条件下,制冷的综合性能系数越高则机组的能效等级就越高

(C)多联式空调(热泵)机组在规定的制热能力试验条件下,制热能效比越高则机组的能效等级就越高

(D)多联式空调(热泵)机组在规定的制冷、制热能力试验条件下,制冷的性能系数和制热能效比的算数平均值越高则机组处于能源等级效率更高的能效等级

37. 根据国家现行绿色建筑政策,下列表述中正确的为哪一项? ( )

(A)我国绿色建筑的实施尚未提上国家建筑领域的议事日程

(B)我国绿色建筑的实施要求与美国的认证标准完全相同

(C)绿色建筑的实施是由设计师全面、全过程负责完成

(D)按每一项评价条文的要求,将目前最先进的技术全部应用于某一建筑之中,该建筑不会成为名副其实的绿色建筑

38. 在居民住宅的燃气使用中,下列做法中哪一项是错误的? ( )

(A)住宅用燃气管道的供气压力,不应高于0.2MPa

(B)住宅中不得使用瓶装液化石油气的范围是十层以上的住户

(C)浴室内不得安装半封闭式燃气热水器

(D)灶具与热水器应分设烟道排气

39. 住宅小于给水设计用水量(指正常用水量)计算中,下列哪一项不应计算在内? ( )

(A)绿化用水量　　(B)公用设施用水量

(C)管网漏失水量　　(D)消防用水量

40. 某办公、商业综合楼设置天然气供应系统,燃气管道敷设于专门的管道井内,允许的燃气管道最高压力应为下列哪一项? ( )

(A)0.8MPa　　(B)0.6MPa　　(C)0.4MPa　　(D)0.2MPa

二、多项选择题(共30题,每题2分。每题的备选项中有两个或两个以上符合题意,错选、少选、多选均不得分)

41. 寒冷地区的居住小区及小区内的公共建筑(物业办公、商店等)采用集中供暖方式,住宅与公共建筑的供暖系统分开,下列运行方式中,哪些方式可在保证室内温度的前提下,实现供暖系统的节能运行? ( )

(A)住宅连续供暖　　(B)住宅间歇供暖

(C)公共建筑连续供暖　　(D)公共建筑间歇供暖

42. 某10层住宅,设分户热计量散热器热水供暖系统,户内为单管跨越式、户间为公共立管、异程双管下供下回式,第一个供暖期运行正常,第二个供暖期运行中,有一住

户投诉室温不足14℃,问题产生的原因可能是下列哪几项? ( )

(A)该住户的户内管路系统产生堵塞
(B)该住户的个别房间散热器的排气阀失效
(C)该住户的下层住户擅自修改户内系统的管路
(D)该住户的下层住户擅自增加户内散热器的片数

43.按现行节能标准的要求,当围护结构设计的某些指标超过规范限制时应进行热工性能权衡判断,进行寒冷地区B区的某11层住宅楼设计时,下列哪几项指标导致必须进行权衡判断? ( )

(A)建筑的体型系数为0.3
(B)南向窗墙面积比为0.65
(C)外墙的传热系数为0.65W/(m^2·K)
(D)东、西向外窗的综合遮阳系数为0.48

44.下列的水处理措施中,哪几项措施是居住建筑热水供暖系统的水质保证措施? ( )

(A)在热源处设置水处理装置
(B)在供暖系统中添加染色剂
(C)在热力入口设置过滤器
(D)在热水地面辐射供暖系统中采用有阻气层的塑料管

45.关于高压蒸汽供暖系统供气管道的设计,下列哪几项规定是错误的? ( )

(A)系统最不利换路的供气管,其压力损失不应大于起始压力的25%
(B)系统供气干管的末端直径,不宜小于20mm
(C)汽水同向流动的供气管的最大允许流速为60m/s
(D)汽水同向流动的蒸汽管的坡度,不得小于0.001

46.寒冷地区某5层住宅(一梯两户)散热器热水供暖系统(采用分户热计量)为共用立管的分户独立系统形式,下列做法中哪几项是正确的? ( )

(A)计算散热器容量时,考虑户间传热对供暖负荷的影响
(B)户内系统计算压力损失(包括调节阀、用户热量表)不大于30kPa
(C)立管上固定支架位置,应保证管道分支节点因管道伸缩引起的最大位移量不大于50mm
(D)共用立管采用镀锌钢管、焊接

47.寒冷地区某节能居住小区35万m^2,采用地面辐射供暖系统供暖,供暖负荷14MW(已包括热网输送效率),冬季供热热源为燃气热水锅炉,下列关于锅炉设备选择和锅炉房设计的内容,哪几项是正确的? ( )

(A)燃气锅炉设烟气余热回收装置
(B)设置2台7MW燃气锅炉
(C)设置2台10.5MW燃气锅炉,单台运行时负担70%热负荷
(D)对锅炉房自动监控的内容为:实时监测、自动控制、按需供热、安全保障、健全档案

48. 人防地下室应具备通风换气条件的部位是哪几项? ( )

(A)染毒通道 (B)防毒通道
(C)简易洗消间 (D)人员掩蔽部

49. 某车间高12m,车间内散热均匀,平均散热量35kW/m^3,采用屋顶天窗排除室内余热,以下排风口的排风温度的确定哪几项是错误的? ( )

(A)按车间平均温度确定
(B)按排风温度与夏季室外通风计算温度允许值确定
(C)按温度梯度法计算确定
(D)按有效热量系数法计算确定

50. 下列有关局部排风罩的排风量的表述,哪几项是正确的? ( )

(A)当室内有扰动气流时,外部吸气罩控制点控制风速取最小控制风速范围的上限
(B)设计上吸式排风罩罩口至污染源的距离与设计的罩口长边尺寸有关
(C)上吸式排风罩的扩张角为65°,排风罩的局部阻力最小
(D)若实现相同排风效果时,四周无边的矩形吸风口的排风量比四周有边时的排风量要大

51. 在排除有爆炸危险粉尘的局部排风系统中,计算排风量时,所依据的风管内粉尘浓度,下列哪几项不符合规范的规定? ( )

(A)按不大于粉尘爆炸浓度上限的60%计算确定
(B)按不大于粉尘爆炸浓度上限的50%计算确定
(C)按不大于粉尘爆炸浓度下限的60%计算确定
(D)按不大于粉尘爆炸浓度下限的50%计算确定

52. 下列哪些场所可不设排烟设施? ( )

(A)某建筑面积为350m^{2}的丙类车间
(B)某31.5m高的电子厂房,长度为25m的疏散内走道
(C)某存储电子半成品的丙类仓库,占地面积为980m^2
(D)某单层建筑面积为20000m^{2}的商场,长度为54m的内走道

53. 某高层公共建筑的中庭,体积为 $18000m^3$,下列哪几项设计排烟量? ( )

(A) $7.2\times10^4m^3/h$ (B) $10.2\times10^4m^3/h$
(C) $10.8\times10^4m^3/h$ (D) $11.2\times10^4m^3/h$

54. 设计工作压力为 400Pa 的低温送风空调系统的金属风管施工安装,下列做法哪几项是正确的?(按照 GB 50738 的规定)

(A)风管的允许漏风量应按高压系统风管的要求确定
(B)矩形风管漏光检测时,所用电源电压为 24V
(C)风管的结合缝应填耐火密封缝填料
(D)矩形风管的管段长度大于 1250mm 时,管段应采取加固措施

55. 夏热冬暖地区某宾馆的空调系统为风机盘管 + 新风系统,设计合理。夏天调试时,发现同一个新风系统所服务的区域,有少数房间的温度偏高,经测定出现问题的房间内风机盘管和新风的风量均满足要求,考虑采取的检查项目,哪几项不属于合理解决问题的范畴? ( )

(A)问题房间风机盘管送风的温度
(B)问题房间新风的送风温度
(C)问题房间风机盘管的风机
(D)问题房间风机盘管的电极输入功率

56. 寒冷地区某公共建筑的实际体型系数大于现行《公共建筑节能设计标准》规定的体型系数,该建筑的节能设计采用权衡判断时,以下哪几项说法是正确的? ( )

(A)修改建筑形式满足体型系数的要求
(B)改变参照建筑的实际形状,保证实际体型系数负荷标准规定
(C)参照建筑的体型系数与围护结构热工性能必须符合标准中的规定的前提下才可进行权衡判断
(D)当所计算的实际建筑能耗大于参照建筑能耗时,可判断为符合标准

57. 位于成都市的某玻璃纤维工厂的拉丝车间(全年不间断连续运行)采用全新风系统,要求全年送风温度为 22℃,相对湿度 95%,对新风处理仅采用喷水室,进行喷水室设计时,以下哪几项措施是正确的? ( )

(A)冬季采用循环水喷淋处理新风
(B)夏季采用循环水喷淋处理新风
(C)冬季采用热水喷淋处理新风
(D)夏季采用冷水喷淋处理新风

58. 某办公室建筑设计温、湿度独立控制系统,以下哪几项说法是正确的? ( )

(A)控制湿度的系统主要用于处理室内的回风

(B)控制湿度的系统,若采用冷却除湿,采用的供水宜用高温冷水,以利于节能

(C)溶液除湿系统是控制湿度的一种可选方案

(D)溶液除湿系统的溶液回路有再生回路

59. 某展览馆的展厅为高大空间,拟采用分层空调送风方式,下列哪几项设计选择及表述是正确的? ( )

(A)于空间顶部采用散流器下送风

(B)于空间侧部采用喷口侧送风,使人员处于射流区

(C)于空间侧部采用喷口侧送风,使人员处于回流区

(D)采用喷口侧送风,设计的射流出口温度与射流周围温度差值增大时,阿基米德数会增大

60. 关于离心式冷水机组的正确说法,应是下列哪几项? ( )

(A)当单台制冷量大于1758kW时,相同冷量的离心式冷水机组的COP值一般高于螺杆式冷水机组

(B)离心式机组有开启式、半封闭式和封闭式三种

(C)离心式机组的电源只有380V一种

(D)离心式冷水机组的制冷剂流量过小时,易发生喘振

61. 某办公建筑的舒适性空调采用风机盘管+新风系统,设计方案对比时,若夏季将空调冷冻水供回水温度从7/12℃调整为7/17℃,调整后与调整前相比,以下说法哪几项是正确的? ( )

(A)空调系统的总能耗一定会减少

(B)空调系统的总能耗并不一定会减少

(C)空调系统的投资将增加

(D)空调系统的投资将减少

62. 关于洁净室内空气洁净度等级的监测,下列哪几项的表述是正确的? ( )

(A)测量仪表应在标定合格证书的有效使用期内

(B)采样点位置应按照业主要求确定

(C)采样时采样口处气流速度尽可能接近室内设计气流速度

(D)采样量很大时,可采用顺序采样法

63. 关于单级压缩开启式与单级压缩半封闭式离心式冷水机组的说法,哪几项是正确的? ( )

(A)开启式机组电机采用空气或水冷却

(B)半封闭机组电机采用制冷剂冷却

(C)开启式机组没有轴封,不存在制冷剂与润滑油的泄漏
(D)轴封需定期更换,以防止制冷剂与润滑油的泄漏

64. 关于多联机空调系统工程的施工技术要求描述,下列哪几项是正确的?(　　)

(A)制冷剂铜管的焊接采用充氮焊接,焊接的部位保持清洁
(B)制冷剂为 R410a 的管道的气密性试验采用水进行
(C)设计文件和设备技术文件未规定时,R410a 制冷剂的高压管道的气密性试验压力为 4.0MPa
(D)气密性试验的保压时间为 24h,判断试验结束时的压降百分比是否符合要求,应考虑试验开始、结束的环境温度因素修正

65. 地源热泵采用地下水换热系统时,热源井的说法下列哪几项是正确的?(　　)

(A)热源井设计采取减少空气入侵的措施主要原因是为了防止水泵汽蚀现象发生
(B)热源井设计采取减少空气入侵的措施主要原因是为了防止回灌井堵塞现象发生
(C)回灌井数量应大于抽水井数量
(D)回灌井堵塞失效是地下水换热系统运行的最大问题

66. 有关制冷剂和替代技术的表述,下列哪几项是错误的?(　　)

(A)以 R290 为制冷剂的房间空调器属于我国的制冷剂替代行动
(B)R22 和 R134a 的检漏装置类型相同
(C)名义工况下,R290 的 COP 值略低于 R134a
(D)R410a 不属于 HCFCs 制冷剂,因而长期都不会淘汰

67. 空气源热泵热水机,采用涡旋式压缩机,当环境温度不变,机组的供回水温差不变,供水温度提高时,下列哪几项表述是正确的?(　　)

(A)压缩机的耗功增加　　(B)压缩机的耗功减小
(C)压缩机的能效比增加　　(D)压缩机的能效比减少

68. 制冷工况条件下,供回水温度 7/12℃,下列关于吸收式制冷机的说法中,哪几项是错误的?(　　)

(A)同等的制冷量,同样的室外条件,吸收式制冷机的冷却水耗量小于电机驱动压缩式冷水机组的冷却水耗量
(B)同等的制冷量,同样的室外条件,吸收式制冷机的冷却水耗量等于电机驱动压缩式冷水机组的冷却水耗量
(C)吸收式制冷机内部冷却水系统均为并联式系统
(D)吸收式制冷机的冷却水先流经冷凝器再流到吸收器

69. 下列关于绿色建筑表述中，哪几项不符合国家标准中的正确定义？（　　）

(A)建筑物全寿命期是指建筑从规划设计到施工，再到运行使用及最终拆除的全过程

(B)绿色建筑一定是能耗指标最先进的建筑

(C)绿色建筑运行评价重点是评价设计采用的“绿色措施”所产生的实际性能和运行效果

(D)符合节约资源（节能、节地、节水、节材）的建筑就是绿色建筑

70. 某超高层住宅其底层为架空层，住户的用户燃气表的安装位置，下列哪几项不符合要求？（　　）

(A)安装于疏散楼梯间内

(B)安装于底层架空层专设的表计室（围护结构为不燃材料、有通风措施）内

(C)小户型安装于其卫生间内

(D)安装于周边均有百叶窗的避难层中

2013 年专业知识试题答案(上午卷)

1. **答案**:D

依据:由《注册公用设备工程师暖通空调考试复习教材》(第三版) P85 或《民用建筑供暖通风与空气调节设计规范》(GB 50736—2012) 第 5.3.7-2 条可知在严寒地区两道外门之间的门斗内不应设置散热器,以防冻裂;选项 ABC 均为热水采暖系统的采暖形式。

2. **答案**:C

依据:《城镇供热管网设计规范》(CJJ 34—2010) 第 13.2.4 条:用于供热企业与热源企业进行贸易结算的流量仪表的系统精度,热水流量仪表不应低于 1%;蒸汽流量仪表不应低于 2%。

第 13.2.5 条:热源的调速循环水泵宜采用维持供热管网最不利资用压头为给定值的自动或手动控制泵转速的方式运行。所热源联网运行的基本热源满负荷后,其调速循环水泵应采用保持满负荷的调节方式,此时调峰热源的循环水泵应按供热管网最不利资用压头控制泵转速的方式运行。循环水泵的入口和出口应具有超压保护装置。

对照题目各选项可知选项 ABD 错误,选项 C 正确。

3. **答案**:D

依据:根据题意可知新的工况只是系统的水温改变,管网的阻力系数及总干管的供回水压差均与设计工况相同,则根据 $\Delta P = SQ^2$ 可知系统的总流量保持不变;《民用建筑供暖通风与空气调节设计规范》(GB 50736—2012) 第 5.9.14 条"热水垂直双管供暖系统和垂直分层布置的水平单管串联跨越式供暖系统,应对热水在散热器和管道中冷却而产生自然作用压力的影响采取相应的技术措施",根据规范的规定可知需考虑自然作用压力的影响,则一层的作用力为 $\Delta P_1 = \Delta P_6 - (\rho_h - \rho_g) H_{6\text{-}1}$,由于系统的流量不变,供回水温度从 80/55℃降至 65/45℃,密度差由(985.7 - 971.8) = 13.8kg/m^3 变为(992.2 - 980.6) = 11.6 kg/m^3,密度差变小,相应的一层的作用压差 ΔP_1 变大,由 $\Delta P = SQ^2$ 可知,一层的流量将会增加;由与一层与上面二至六层为并联关系,在总流量不变的情况下,六层的流量将会减少,相应的六层的散热量也减少,所以六层的室温将会比一层的室温低。

4. **答案**:C

依据:《辐射供冷供暖技术规程》(JGJ 142—2012) 第 5.3.10 条"加热管与分水器、集水器连接,应采用卡套式、卡压式挤压夹紧连接;连接件材料宜为铜质;铜质连接件与 PP-R 或 PP-B 直接接触的表面必须镀镍",由此可知选项 C 正确。

5. **答案**:D

依据: 《公共建筑节能设计标准》(GB 50189—2015)。

第 3.3.1 条"外墙的传热系数是包括结构性冷桥在内的平均值",可知选项 A 正确;

第3.3.1-1条条文说明，可知围护结构的传热系数与建筑物的体型系数、建筑物的窗墙面积比有关，选项BC正确。

根据表3.3.1-1～表3.3.1-6，可知选项C正确，选项D错误。

6. 答案：D

依据：《民用建筑供暖通风与空气调节设计规范》(GB 50736—2012)第5.10.1条规定"集中供暖的新建建筑和既有建筑节能改造必须设置热量计量装置，并具备室温调控功能"。题目中4个选项中只有选项D设置恒温控制阀能满足这一要求。另第5.10.4条是有关恒温控制阀的说明。

7. 答案：C

依据：《民用建筑供暖通风与空气调节设计规范》(GB 50736—2012)第5.2.10条规定"在确定分户计量供暖系统的户内采暖设备容量和户内管道时，应考虑户间传热对供暖负荷的附加，但附加量不应超过50%，且不应统计在供暖系统的总热负荷内"，由此可知选项C正确，选项AB内容均不应考虑户间传热的影响，第5.3.4条规定水平单管跨越式系统的散热器组数不宜超过6组，而本题的散热器至少需要8组，所以选项D错误。

8. 答案：A

依据：《城镇供热管网设计规范》(CJJ 34—2010)。

第7.1.6条"计算热水热力网干线设计流量时，生活热水设计热负荷应取生活热水平均热负荷；计算热水热力网直线设计流量时，生活热水设计热负荷应根据生活热水用户有无储水箱按本规范第3.1.6条规定取生活热水平均热负荷或生活热水最大热负荷"。

第3.1.6条"计算热力网设计热负荷时，生活热水设计热负荷按下列规定取用：①对热力网干线应采用生活热水平均热负荷；②对热力网直线，当用户有足够容积的储水箱时，应采用生活热水平均热负荷；当用户无足够容积的储水箱时，应采用生活热水最大热负荷，最大热负荷叠加时应考虑同时使用系数"。

可知选项A错误。

9. 答案：B

依据：《锅炉房设计规范》(GB 50041—2008)第15.1.2条"锅炉房的外墙、楼地面或屋面，应有相应的防爆措施，并应有相当于锅炉间占地面积10%的泄压面积，泄压方向不得朝向人员聚集的场所。房间和人行通道，泄压处也不得与这些地方相邻。地下锅炉房采用竖井泄爆方式时，竖井的净横断面积，应满足泄压面积的要求。当泄压面积不能满足上述要求时，可采用在锅炉房的内墙和顶部(顶棚)辐射金属爆炸减压板做补充。注：泄压面积可将玻璃窗、天窗、质量小于等于120kg/m^{2}的轻质屋顶和薄弱墙等面积包括在内"。可知选项B错误。

10. 答案：D

依据：《建筑设计防火规范》(GB 50016—2014)表1可知，选项A的生产厂房为丙类厂房,第8.5.2-1条对丙类厂房的排烟做了规定,其中包括面积等参数,选项A没有对厂房的面积进行规定,所以选项A错误。

根据《建筑设计防火规范》(GB 50016—2014)第8.5.2条条文说明,可知工业厂房也可采用自然排烟的方式,未规定必须设机械排烟,所以选项B错误。

由《锅炉房设计规范》(GB 50041—2008)第15.1.1条可知锅炉房属于丁类生产厂房,由于选项C未提及面积数据,所以无法确定是否需要考虑排烟措施,所以选项C错误。

根据《建筑设计防火规范》(GB 50016—2014)表1可知选项D的厂房为丁类生产厂房,按第8.5.2条"任一层的建筑面积大于1500m^2的丁类厂房需设置排烟设施",本选项的厂房建筑面积为12000m^2,故需设置排烟设施,所以选项D正确。

11. **答案:**D

依据:《通风与空调工程施工质量验收规范》(GB 50243—2002)。

第15.1.1-1条,风管批量制作前,对风管制作工艺进行验证试验时,应进行风管强度与严密性试验。

第15.2.1条,风管强度与严密性试验应按风管系统的类别和材质分别制作试验风管,均不应小于3节,并且不应小于15m^2。制作好的风管应连接成管段,两端口进行封堵密封,其中一端预留试验接口。

第15.2.3条,风管的允许漏风量应符合下列规定:

1. 矩形风管的允许漏风量可按下式计算:

低压系统:$Q_L \leqslant 0.1056P^{0.65}$

中压系统:$Q_M \leqslant 0.0352P^{0.65}$

高压系统:$Q_H \leqslant 0.0117P^{0.65}$

式中:Q_L、Q_M、Q_H为在相应设计工作压力下,单位面积风管单位时间内的允许漏风量[$m^3/(h \cdot m^2)$];P为风管系统的设计工作压力(Pa)。

2. 圆形金属风管、复合风管及采用非法兰连接的非金属风管的允许漏风量,应为矩形风管规定值的50%。

3. 排烟、低温送风系统的允许漏风量应按中压系统风管确定,1~5级洁净空调系统的允许漏风量应按高压系统风管确定。

第15.2.4条,风管强度试验宜在漏风量测试合格的基础上,继续升压至设计工作压力的1.5倍进行试验。在试验压力下接缝应无开裂,弹性变形量在压力消失后恢复原状为合格。

根据以上内容可知选项D正确。

12. **答案:**D

依据:本题目要求机组并联运行时,送风量最大,根据《注册公用设备工程师暖通空调考试复习教材》(第三版)P272,两台风机型号相同时,因为经过分支管路空气汇合后风速下降,所以要保证送风量最大,就要使机组出风至汇合管处的长度接近,总阻力越小。选项中只有选项D符合以上的要求,故选项D正确。

13. **答案**:B

依据:本题可根据离心力的原理进行判断,离心力的大小在角速度一定时,与作用半径大小成正比,图中 B 点的作用半径最大,所以气流中所带的石英石在 B 点所受的离心力最大,故 B 点风管的内壁磨损最为严重。

14. **答案**:D

依据:《注册公用设备工程师暖通空调考试复习教材》(第三版) P331,选项 A 正确;

《人民防空地下室设计规范》(GB 50038—2005)第 5.2.10 条,防爆波活门的选择,应根据工程的抗力级别和清洁通风量等因素确定,所选用的防爆波活门的额定风量不得小于战时清洁通风量,故选项 B 正确。

《人民防空地下室设计规范》(GB 50038—2005)第 5.2.11 条、第 5.2.14 条,选项 C 正确。

《人民防空地下室设计规范》(GB 50038—2005)第 2.1.53 条,密闭阀门是保证通风系统密闭防毒的专用阀门,包括手动式和手、电动两用式密闭阀门。此条并未说明是否可调(根据阀门配置的调节器是双位还是连续,阀门可开关和调节控制),故 D 选项错误。

15. **答案**:A

依据:《注册公用设备工程师暖通空调考试复习教材》(第三版) P174,有关室外空气计算温度的取值,规定"在冬季,对于局部排风及稀释有害气体的全面通风,采用冬季采暖室外计算温度;对稀释低毒性有害物质的全面排风,采用冬季通风室外计算温度;冬季通风室外计算温度是指历年最冷月平均温度的平均值",对照选项 A 错误。

16. **答案**:C

依据:由《注册公用设备工程师暖通空调考试复习教材》(第三版) P188"(2)排风量的计算"可知选项 A 止确;

由 P189 通风柜的排风量计算公式(2.4-3)可知选项 B 正确;

由 P192 侧吸罩的排风量计算公式(2.4-8)可知选项 C 错误;

由 P192 公式(2.4-6)和公式(2.4-7)可知选项 D 正确。

17. **答案**:C

依据:《民用建筑供暖通风与空气调节设计规范》(GB 50736—2012)第 6.3.2-1 条"位于房间上部区域的吸风口,除用于排除氢气与空气混合物时,吸风口上缘至顶棚平面或屋顶的距离不大于 0.4m"。

18. **答案**:C

依据:《高层民用建筑设计防火规范》(GB 50045—1995)(2005 年版)第 8.4.1.1 条"无直接自然通风,且长度超过 20m 的内走道或虽有直接自然通风,但长度超过 60m 的内走道,应设机械排烟设施"。

注:按公消〔2015〕98 号文件规定,因《建筑防烟排烟系统技术规范》尚未批准发布,防烟排烟的设计与审核暂按旧规范内容执行。

19. **答案**:B

依据: 由《民用建筑供暖通风与空气调节设计规范》(GB 50736—2012) 第 8.5.12 条内容及公式可知耗电输冷比 ECR 与水泵的台数无关。

20. **答案**:D

依据: 由《空调通风系统运行管理规范》(GB 50365—2005) 第 4.2.23 条,可知选项 ABC 正确;提高运行电流,会造成设备耗能增加不利于系统节能,选项 D 错误。

21. **答案**:D

依据:《民用建筑供暖通风与空气调节设计规范》(GB 50736—2012) 第 8.3.4.4 条"埋地管换热系统设计应进行全年供暖空调动态负荷计算,最小计算周期宜为 1 年。计算周期内地源热泵系统总释热力量和总吸热量宜基本平衡。两者比值在 0.8 ~ 1.25 之间"。

选项 A 的夏热冬暖地区和选项 B 的严寒地区其建筑的冷热负荷相差较大,按规范的内容,属于不适合采用地源热泵的地区;全年的总释热量和总吸热量基本平衡是指土壤的全年吸热和释热达到平衡,仅设计工况相同,不能确定土壤能够达到热平衡,所以选项 C 错误;选项 D 正确。

22. **答案**:D

依据:《公建节能设计标准》(GB 50189—2005)。

由表 4.2.2-1、表 4.2.2-3、表 4.2.2-4,可知选项 ABC 的围护结构传热系数均在限值范围内,满足规范要求。

按表 4.2.2-5 可知选项 D 的窗墙面积比不符合要求,依据第 4.2.2 条的规定,对于选项 D,必须进行建筑节能的权衡判定。

23. **答案**:D

依据: 剧场的空调座椅送风系统要达到节能,就需要利用回风中的能量,采用一次回风或二次回风系统,而不能采用全新风系统,因为一次回风系统一般为露点送风,风温较低,人的舒适感觉较差,为了提高人的舒适感觉,一般利用二次回风来提高送风温度,故应选择 D。一次回风再热系统不满足节能的要求,在舒适性空调设计中很少采用。

24. **答案**:C

依据:根据《注册公用设备工程师暖通空调考试复习教材》(第三版) P625 第 2 条可知,多联机空调机组 3 级未达到节能评价值,故选项 C 错误。

25. **答案**:A

依据:《注册公用设备工程师暖通空调考试复习教材》(第三版) P472 图 3.7-5 ~ 图 3.7-7,空调水系统中,一次泵定流量当末端采用电动三通阀时,总供回水管之间可不设置旁通阀,而末端如果不采用三通阀时,则总供回水管之间应设置旁通阀,因此选项 A 错误。

《民用建筑供暖通风与空气调节设计规范》(GB 50736—2012) 第 8.5.8 条,变流量一级泵系统采用冷水机组定流量方式时,应在系统的供回水管之间设置电动旁通调节阀,旁通调节阀的设计流量宜取容量最大的单台冷水机组的额定流量;第 8.5.9.2 条,在总供、回水管之间应设旁通管和电动旁通调节阀,旁通调节阀的设计流量应取各台冷水机组允许的最小流量中的最大值。可知选项 BCD 正确。

26. **答案**:B

依据:《注册公用设备工程师暖通空调考试复习教材》(第三版) P525,“通过对阀门特性与阀权度的分析,当阀权度小于 0.6 时,其控制阀宜采用等百分比型阀门,当阀权度较大时,宜采用直线型阀门”, 选项 A 给出压力损失比较大,故应选用直线特性阀门,故选项 A 正确;P525,“水换热器(包括水水换热器和水空气换热器)的特性为非线性,因此所选择性的阀门工作特性应具有补偿水换热器特性的能力,使其组合接近线性,从四种主要特性的阀门来看,采用等百分比型阀门更合理”,可知选项 B 错误,选项 C 正确,;P525,“压差旁通控制阀宜采用直线特性的阀门”,选项 D 正确。

《民用建筑供暖通风与空气调节设计规范》(GB 50736—2012)9.2 节也有相关阀门的说明,可对照复习。

27. **答案**:A

依据:《注册公用设备工程师暖通空调考试复习教材》(第三版) P457 粗效过滤器“为防止空气中带油,不应选用浸油式过滤器”,故选项 A 错误。

《注册公用设备工程师暖通空调考试复习教材》(第三版) P201 表 2.5-4,选项 BCD 正确。

28. **答案**:B

依据:《洁净厂房设计规范》(GB 50073-2013) 第 6.2.2 条“不同等级的洁净室以及洁净区与非洁净区之间的压差,应不小于 5Pa,洁净区与室外的压差,应不小于 10Pa”,选项 B 正确。

29. **答案**:C

依据:《注册公用设备工程师暖通空调考试复习教材》(第三版) P594 图 4.3-2 可知,单冷机组只需一个节流装置,热泵机组需要分别设置制冷和供热工况两个节流阀,房间用分体空调机一般采用毛细管作为节流装置。故选项 C 错误。

30. **答案**:A

依据:《全国民用建筑工程设计技术措施 节能专篇 暖通空调・动力》(2007 年版) P40,“热回收冷水机组的热回收量,理论上是冷水机组制冷量与压缩机做功量之和,热回收量随冷水机组的制冷量减少而减少”,“宜采用热水回水温度的方式控制热量”,可知选项 A 错误,选项 C 正确。

保证机组的蒸发温度不变的情况下提高热水的出水温度,则机组的冷凝温度升高,因此制冷性能系数 COP 越低,选项 B 正确。

选项 C 采用热水回水温度控制时,原因是热回收机组需保证冷凝温度的稳定,即热回收热水所带走的热量稳定,即应确保热水流量稳定。

31. **答案**:D

依据:冷水机组停机保护的因素包括排气压力保护,吸气压力保护,油压差保护,冷却水或冷冻水水流开关保护,冷冻水供水温度保护等。排气压力高于设定压力,吸气压力低于设定压力,采用油泵供油的机组,油压差低于设定压力,均会停机保护;选项 D 错误,冷水机组供水温度低于设定工况才会保护,因此应避免由于蒸发温度降低,导致冷冻水温度低的现象,蒸发温度低于 0 ℃时,冷冻水侧结冰,导致蒸发器受到破坏。

32. **答案**:D

依据:(1)《注册公用设备工程师暖通空调考试复习教材》(第三版) P586,CO_2、HCFCs等 6 种气体为受管制的温室气体,可知选项 A 错误。P590 碳氢化合物用作制冷剂的主要有 R290 和 R600a,可知选项 B 错误;P581 非共沸混合物制冷剂是由沸点不同的制冷剂混合而成,在蒸发和冷凝时是变温过程,如果要取得等温过程则需采用单一制冷剂或共沸制冷剂;P581 非共沸制冷剂的特性"非共沸混合物制冷剂在一定压力下的冷凝或蒸发时为非等温过程,故可实现非等温制冷,对降低功耗,提高制冷系数有利",可知选项 C 错误,选项 D 正确。

33. **答案**:C

依据:《注册公用设备工程师暖通空调考试复习教材》(第三版) P584 ~ P585,消耗臭氧层潜值 ODP 的大小表示消耗臭氧层物质 ODS 排放大气,对大气臭氧层的消耗程度,即反映对大气臭氧层破坏的大小,其数值是相对于 CFC 11 排放所产生的臭氧层消耗的比较指标;全球变暖潜值 GWP 是衡量制冷剂对全球气候变暖影响程度大小的指标值,它是一种温室气体排放相当于排放等量 CO_2 所产生的气候影响的比较指标,对照各选项的说明可知选项 C 正确。

34. **答案**:A

依据:《注册公用设备工程师暖通空调考试复习教材》(第三版) P568,卡诺循环分为正卡诺循环和逆卡诺循环,均是由两个等温过程和两个绝热(等熵)过程组成,它们是理想循环;P570,理想制冷循环—逆卡诺循环的一个重要条件是制冷剂与被冷却物(低温冷源)和冷却剂(高温热源)之间必须在无温差情况下互相传热,可知选项 A 正确;P571,选项 BC 是蒸汽压缩式制冷的理论循环过程;提高过冷度有利于提高压缩机的制冷系数。

35. **答案**:B

依据:多联机在制冷工况,制冷系数只与室外干球温度有关,当室外干球温度越低(机组的冷凝温度越低),则制冷系数越高,选项 A 正确;在制热工况,室外机结霜与否只与湿球温度有关;《注册公用设备工程师暖通空调考试复习教材》(第三版) P392,系统设置节对室外机和室内机之间配管长度,安装高差提出要求,以提高机组的能效比。

36. **答案**:B

依据:根据《多联式空调(热泵)机组能效限定值及能效等级》(GB 21454—2008)第 3.3 条"多联式空调(热泵)机组能源效率等级是表示机组制冷综合性能系数高低的一个分级方法,分成 1、2、3、4、5 五个等级,1 级表示能源效率最高",由此可知选项 B 正确。

37. **答案**:D

依据:《注册公用设备工程师暖通空调考试复习教材》(第三版) P755,我国绿色建筑从2006—2010年的第一阶段计划已经完成,选项A错误;P790《绿色建筑评价体系》和P792美国LEED评价体系对比,可知要求不完全相同,选项B错误;《绿色建筑评价标准》(GB/T 50378—2014)第3.1.3条,"绿色建筑的建设应对规划、设计、施工与竣工阶段进行过程控制",可知选项C错误;《注册公用设备工程师暖通空调考试复习教材》(第三版) P754可知,应根据不同地区的特点选用不同的技术,选项D错误。

38. **答案**:B

依据:《住宅设计规范》(GB 50096—2011)第8.4.1"住宅管道燃气的供气压力不应高于0.2MPa",第8.4.3条"严禁在浴室内安装直接排气式、半密闭式燃气热水器等在使用空间内积聚有害气体的加热设备",第8.4.4条"户内的燃气热水器、分户设置的采暖或制冷燃气设备的排气管不得与燃气灶排油烟机的排气管合并接入同一管道",可知选项ACD正确;

《住宅建筑规范》(GB 50368—2005)第8.4.5条"十层及十层以上住宅内不得使用瓶装液化石油气",选项B错误。

39. **答案**:D

依据:由《建筑给水排水设计规范》(GB 50015—2003)(2009年版)第3.1.1条注"消防用水量仅用于校核管网计算,不计入正常用水量"知选项D正确。

40. **答案**:D

依据:《城镇燃气设计规范》(GB 50028—2006)第10.2.1条注2"管道井内的燃气管道的最高压力不应大于0.2MPa",选项D正确。

---

41. **答案**:AD

依据:《民用建筑供暖通风与空气调节设计规范》(GB 50736—2012)第5.1.6条"居住建筑的集中供暖系统应按连续供暖进行设计",相应的条文解释中提到"间歇供暖是指建筑物在使用时间内供暖,使室内温度达到设计要求,而在非使用时间,允许室温自然降低,如办公楼、教学楼的使用时间基本是固定的时间段,可以采用间歇供暖",故选项AD正确。

42. **答案**:AB

依据:选项AB很明显,当此种情况发生时,均会造成该户的供暖系统无法正常运行,室温低;单管跨越式系统的阻力大于双管系统,下层用户修改户内系统的管路使该用户的阻力下降,使流过该户的流量增加,相应上面楼层的流量减少会导致室温偏低,但是应不止一户有问题,所以不是造成本题问题的原因;下层用户增加散热器对户内系统的阻力影响不大(由影响也是使上层的流量增加),即对上一层的影响很小,不会造成上层住户的室温下降,由此可知选项CD错误。

43. **答案**:BD

依据:对照《严寒和寒冷地区居住建筑节能设计标准》(JGJ 26—2010) 第4.1.3和第4.1.4条限值,可知选项BD需要进行权衡判定。

44. **答案**:ACD

依据:选项A是水质处理措施;选项B增加染色剂,染色剂一般用来防止"偷水",不是水质处理的措施;选项C设置过滤器去除水中的杂物,是水质物理处理措施;采用有阻气层的塑料管可以防止水对金属管道的氧化腐蚀,有利于水质的保护,有关条文见《辐射供暖供冷规程》(JGJ 142—2012)第4.4.1.4条及其条文说明,可知选项D正确。

45. **答案**:BCD

依据:《民用建筑供暖通风与空气调节设计规范》(GB 50736—2012)第5.9.18条"高压蒸汽供暖系统最不利环路的供气管,其压力损失不应大于其实压力的25%",可知选项A正确;第5.9.15条"供暖系统供水、供汽干管的末端和回水干管始端的管径不应小于DN20,低压蒸汽的供汽干管可适当放大",可知选项B错误;第5.9.13条有关最大流速的规定,可知选项C错误;第5.9.6条有关坡度的规定,可知选项D错误。

46. **答案**:AB

依据:《民用建筑供暖通风与空气调节设计规范》(GB 50736—2012)第5.2.10条"在确定分户计量供暖系统的户内供热设备容量和户内管道时,应考虑户间传热对供暖负荷的附加",可知选项A正确;户内的计算压力损失应满足室内采暖系统水力平衡的要求,而且不应大于室外热力管网给定的资用压力降,选项B给出一个具体数值明显错误;《2009全国工程设计技术措施》第2.4.11.1条"应保证分支点的最大位移量不大于40mm。",可知选项C错误;由《建筑给水排水及采暖工程施工质量验收规范》(GB 50242—2002)第4.1.3条"镀锌钢管与法兰的焊接处应二次镀锌",可知选项D错误。

47. **答案**:ACD

依据:小区采用地面辐射供暖系统,由《辐射供冷供暖技术规程》(JGJ 142—2012)第3.1.1条"低温热水地面辐射供暖系统的供回水温度应由计算确定,供水温度不应大于60℃",《严寒和寒冷地区居住建筑节能设计标准》(JGJ 26—2010)第5.2.8条"1.热媒供水温度不高于60℃的低温供暖系统,应设烟气余热回收装置",可知选项A正确;《民用建筑供暖通风与空气调节设计规范》(GB 50736—2012)第8.11.8条"5.其中一台因故停止工作时,剩余锅炉的设计换热量应符合业主保障供热量的要求,且对于寒冷地区和严寒地区(包括供暖和空调供热),剩余锅炉的总供热量分别不低于设计供热量的65%和70%",可知选项B 2台7MW锅炉不满足单台65%的要求,选项C可满足规范的要求,故选项B错误,选项C正确;《注册公用设备工程师暖通空调考试复习教材》(第三版) P158提高运行管理水平小节的内容可知选项D正确。

48. **答案**:BCD

依据:《人民防空地下室设计规范》(GB 50038—2005)第5.2.9条可知,除染毒通道无须通风换气,其余三个选项均需要一定的通风换气要求,选项BCD正确。

49. **答案**:ABD

依据:《注册公用设备工程师暖通空调考试复习教材》(第三版) P179 车间的平均空气温度等于室内工作区温度与上部窗孔的排风温度的平均值,可知选项 A 错误;P181 (1) 对于某些特定的车间,可按排风温度与夏季通风计算温差的允许值确定,选项B 给出的是温度的允许值,所以选项 B 错误;由 P181 (2)的内容和题目给出的车间高度和散热量值可知本车间满足温度梯度法计算的要求,选项 C 正确;由 P181 (3)的内容可知本车间不满足按有效热量系数法计算排风温度的条件,因此选 ABD。

50. **答案**:ABD

依据:《注册公用设备工程师暖通空调考试复习教材》(第三版) P191 表2.4-4,可知选项 A 正确;由 P193 第(2)条可知选项 B 正确;扩张角为 30°~60°时的阻力最小,选项 C 错误;由 P192 公式(2.4-6)及公式(2.4-7)可知选项 D 正确。故选项 ABD 正确。

51. **答案**:ABC

依据:《工业建筑供暖通风与空气调节设计规范》(GB 50019—2015) 第6.9.5 条。

52. **答案**:BC

依据:《建筑设计防火规范》(GB 50016—2014) 第 8.5.2 条,可知选项 A 不是必须设排烟设施,选项 BC 无须设置排烟设施,选项 D 需设排烟设施。

53. **答案**:BCD

依据:《高层民用建筑设计防火规范》(GB 50045—1995) (2005 年版)第 8.4.2.3 条可知中庭体积大于 17000m^3,按 4 次换气计算排烟量,经计算选项 BCD 的排烟量均符合规范要求。

注:按公消〔2015〕98 号文件规定,因《建筑防烟排烟系统技术规范》尚未批准发布,防烟排烟的设计与审核暂按旧规范内容执行。

54. **答案**:BC

依据:《通风与空调工程施工规范》(GB 50738—2011)第 15.2.3.3“排烟、低温送风系统的允许漏风量应按中压系统风管确定”, 选项 A 错误;第 5.1.7.1“漏光检测时,所用电源应为安全电压”, 选项 B 给出的24V 为安全电压(36V 以下),故正确;第 8.1.3.4 “风管与风道连接时,应采取风道预埋法兰或安装连接件的形式接口,结合缝应填耐火密封填料,风道接口应牢固”,可知选项 C 正确;第 4.2.15.2 条“矩形风管边长大于或等于 630mm、保温风管边长大于或等于 800mm,其管段长度大于 1250mm ,均应采取加固措施”, 选项 D 没有给出风管的边长条件,故选项 D 错误。

55. **答案**:BCD

依据:由题意风机盘管和新风的风量均满足要求,可知风机盘管的风机没有问题,说明相应的电机输入功率也没有问题,问题原因可能是风机盘管的冷却量和新风的冷却量不够,直接的问题就是选项 AB 的送风温度,而题目又说明同一新风系统所带的系统中部分房间有问题,所以只有选项 A 是应该解决的问题,而选项 BCD 属于不需解决的问题。

56. **答案**:AC

依据:《公共建筑节能设计标准》(GB 50189—2015)第3.2.1条及条文说明,第3.4.1条及条文说明:规定建筑的体型系数必须满足标准要求,此条为强制性要求。

57. **答案**:CD

依据:《民用建筑供暖通风与空气调节设计规范》(GB 50736—2012)P151可知,成都夏季室外空调湿球温度为26.4℃,冬季的空调计算温度为5.0℃,夏季用循环水处理新风,能得到的极限的最低空气温度为26.4℃(湿球温度),冬季用循环水处理新风对新风的作用是冷却,不能加热新风,故选项AB错误;选项CD采用夏季用冷水、冬季用热水则可使新风温度达到设计要求。

58. **答案**:CD

依据:《注册公用设备工程师暖通空调考试复习教材》(第三版)P370"在温湿度独立控制空调系统中,采用处理新风系统来控制室内湿度",可知选项A错误;如果采用高温冷水,导致壁面温度高于空气露点温度,并不能实现冷却减湿的过程,故选项B错误,在温湿度独立控制系统中,通常采用溶液除湿的方式处理新风,选项C正确;P374"……需要一套盐水溶液的再生设备……"溶液除湿系统由于吸收了新风中的水蒸气,导致溶液浓度变小,需要再生才可以继续处理新风,选项D正确。

59. **答案**:CD

依据:《民用建筑供暖通风与空气调节设计规范》(GB 50736—2012)第7.4.2.3条"高大空间宜采用喷口送风、旋流风口送风或下部送风",可知选项A错误;第7.4.5.1条"人员活动区宜位于回流区",可知选项B错误,选项C正确;《注册公用设备工程师暖通空调考试复习教材》(第三版)P425公式(3.5-5),"阿基米德数随着送风温差的提高而加大,随着出口流速的增加而减小",可知选项D正确。

60. **答案**:ABD

依据:《公共建筑节能设计标准》(GB 50189—2015)表4.2.10可知选项A正确;《注册公用设备工程师暖通空调考试复习教材》(第三版)P601可知选项B正确;《注册公用设备工程师暖通空调考试复习教材》(第三版)P602可知额定电压可为380V、6kV、10kV三种;低负荷运行时容易发生喘振,选项C错误,选项D正确。

61. **答案**:AC

依据:(1)由《全国民用建筑工程设计技术措施 节能专篇 暖通空调·动力》(2007年版)P137表格可知,冷冻水温度由7/12℃调整为7/17℃,总冷量不变,温差变大,导致流量变小,同时进入冷水机组的水温升高,蒸发温度升高。冷冻水温度提高1℃,蒸发温度提升0.1℃,冷冻水温度提高5℃,蒸发温度提高0.5℃左右。但是由于流量减少为原来一半,会导致蒸发温度的降低,流量的影响要大于水温的影响,压缩机耗功率反而会升高;但是由于将17℃的水降低到7℃,水泵的流量变小,也减少了水泵的能耗,系统总能耗逐渐减少。

(2)由于流量变小导致冷水进入换热器后,对流换热系数变小,引起总传热系数变小,因此冷却除湿能力都减少,需要加大末端换热面积才能保证房间的温湿度,末端投资将增加。

(3)既要核算管径变小和水泵容量变小节省的投资费用,又要考虑末端设备换热面积增加带来的投资增加。相对于管道和水泵,换热器面积的投资更大,因此总投资应增加,选项 AC 正确。

62. **答案**:ACD

依据:《通风与空调工程施工质量验收规范》(GB 50243—2002)第 B.4.2"……仪表应有有效的标定合格证书";第 B.4.3"采样点应均匀分布在整个面积内,并位于工作区的高度(距地坪 0.8m 的水平面),或设计单位、业主特指的位置";第 B.4.5"采样时采样口处的气流速度,应尽可能接近室内的设计气流速度";第 B.4.4"对预期空气洁净度等级达到 4 级或更洁净的环境,采样量很大,可采用 ISO 14644-1 附录 F 规定的顺序采样法",可知选项 ACD 正确,选项 B 的说法不全面,此外《洁净厂房设计规范》(GB 50073—2013)附录第 A3.5.2 条,没有采样点由业主指定的说法,故选项 B 错误。

63. **答案**:ABD

依据:《注册公用设备工程师暖通空调考试复习教材》(第三版) P601"离心式制冷压缩机有开启式、半封闭式、全封闭式之分",《全国民用建筑工程设计技术措施 暖通空调·动力》(2009 年版)P133 表 6.1.15(离心式冷水机组的比较表)可知,开启式压缩机多采用空气或水冷却,而半封闭式压缩机多采用喷油或喷制冷剂液体冷却电机;开启式压缩机通过轴封密封,会造成制冷剂或润滑油的泄露,需要经常更换轴封,比较各选项可知选项 ABD 正确。

64. **答案**:ACD

依据:《多联机空调系统工程技术规程》(JGJ 174—2010)第 5.4.5 条"……焊接应采用充氮焊接,焊接的部位应清洁、脱脂",可知选项 A 正确;第 5.4.10.1"气密性试验应采用干燥压缩空气或氮气进行;当设计或设备技术文件无规定时,高压系统的试验压力应符合表 5.4.10 的要求",可知选项 B 错误,由表查得 R410a 的试验压力为 4.0MPa,可知选项 C 正确;由第 5.4.10.4 可知选项 D 正确。

65. **答案**:BCD

依据:《地源热泵系统工程技术规范》(GB 50366—2009)第 5.2.3 条及条文说明"热源井设计时应采取减少空气侵入的措施","氧气会与水井内存在的低价铁离子反应形成铁的氧化物,也能产生气体黏合物,引起回灌井堵塞,为此,热源井设计时应采取有效措施消除空气侵入现象",可知选项 A 错误,选项 B 正确;第 5.2.5 条及条文说明"热源井数目应满足持续出水量和完全回灌的需要","一般为了保证回灌效果,抽水井与回灌井的比例不小于 1:2",可知选项 C 正确;根据《民用建筑供暖通风与空气调节设计规范宣贯辅导教材》P218,选项 D 正确。

66. **答案**:BCD

依据:《注册公用设备工程师暖通空调考试复习教材》(第三版) P587 表 4.2-5,可知选项 A 正确,选项 D 错误;P588 ~ 589,R22 可采用电子检漏仪,R134a 采用专用的检漏仪,可知选项 B 错误;P590"R290 的主要特点是:(4)其 COP 值比 R134a 高 10% ~

15%",可知选项 C 错误。

67. **答案**:AD

依据:从热泵机组的工作原理可知:

(1)空气源热泵热水机组,室外机是蒸发器,当蒸发温度(环境温度)不变,供水温度提高,表明冷凝温度升高,压缩机吸气口比容不变,制冷剂质量流量不变;

(2)冷凝温度升高,压缩机所消耗比功增大,耗功率增加,能效比减小。

故选项 AD 正确。

68. **答案**:ABCD

依据:《注册公用设备工程师暖通空调考试复习教材》(第三版) P637 图 4.5.1 可知,吸收式制冷机组的冷却水为串联系统,先经过吸收器再经过冷凝器,将产生的热量带走;根据《实用供热空调设计手册》P2319,机组进出口温差在 5.5~8℃,同样冷量,冷却水循环流量为螺杆机组或离心机组的 1.2 倍,由此选项 ABCD 均是错误的。

69. **答案**:BD

依据:《绿色建筑评价标准》(GB/T 50378—2006)第 1.0.3 条及条文说明,建筑从最初的规划设计到随后的施工、运营及最终的拆除,形成一个全寿命周期,选项 A 正确;为达到节能单项指标而过多地消耗材料,这些都是不符合绿色建筑要求的,选项 B 错误;绿色建筑需满足"四节一环保",并满足建筑功能等要求,才能称为绿色建筑,选项 D 错误;选项 C 正确。

70. **答案**:ACD

依据:《城镇燃气设计规范》(GB 50028—2006)第 10.3.2 条,选项 ACD 不符合要求。

2013 年专业知识试题(下午卷)

一、单项选择题(共 40 题,每题 1 分。每题的备选项中只有一个符合题意)

1. 在设置集中供暖系统住宅中,下列各项室内供暖计算温度中哪一项是错误的?( )

(A)卧室:20℃　　(B)起居室(厅):18~20℃

(C)卫生间(不设洗浴):18℃　　(D)厨房:14~16℃

2. 某多层办公楼采用散热器(支管上未安装温控阀)双管上供下回热水供暖系统,设计工况下工作正常,当供水流量与回水温度保持不变时,以下关于产生垂直失调现象的论述,正确的应是下列哪一项?( )

(A)热水供回水温差增大,底层室温会高于顶层室温

(B)热水供回水温差增大,顶层室温会高于底层室温

(C)热水供回水温差减小,底层室温会低于顶层高温

(D)热水供回水温差的变化,不会导致发生垂直失调现象

3. 关于窗的综合遮阳系数,下列表述正确的为下列哪一项?( )

(A)窗的综合遮阳系数只与玻璃本身的遮阳系数有关

(B)窗的综合遮阳系数只与玻璃本身的遮阳系数和窗框的材质有关

(C)窗的综合遮阳系数只与玻璃本身的遮阳系数、窗框的面积和外遮阳形式有关

(D)窗的综合遮阳系数只与玻璃本身的遮阳系数、窗框的面积和内遮阳形式有关

4. 有关严寒地区的工业建筑通风耗热量计算的说法,下列哪一项是错误的?( )

(A)人员停留区域和不允许冻结的房间,机械送风系统的空气,冬季宜进行加热,并应满足室内风量和热量的平衡要求

(B)计算补充局部排风的机械送风系统的耗热量时,室外新风的计算温度一般采用冬季供暖室外计算温度

(C)计算补充局部排风的机械送风系统的耗热量时,室外新风的计算温度一般采用冬季通风室外计算温度

(D)计算用于补偿消除余热、余湿的全面排风耗热量时,室外新风的计算温度一般采用冬季通风室外计算温度

5. 关于室内供暖系统的水力计算方法的表述,下列哪一项是正确的?( )

(A)机械循环热水双管系统的水力计算可以忽略热水在散热器和管道内冷却而产生的重力作用压力
(B)热水供暖系统水力计算的变温降法适用于异程式垂直单管系统
(C)低压蒸汽系统的水力计算一般采用当量长度法计算
(D)高压蒸汽系统的水力计算一般采用单位长度摩擦压力损失方法计算

6. 在下列对不同散热器的对比,哪一项结论是错误的? ( )

(A)制造铸铁散热器比制造钢制散热器耗金属量大
(B)采用钢制散热器、铸铁散热器的供暖系统都应采用闭式循环系统
(C)在相同供水量、供回水温度和室温条件下,钢制单板扁管散热器的板面温度高于钢制单板带对流片扁管散热器
(D)在供暖系统的补水含氧量多的情况下,钢制散热器的寿命低于铸铁散热器

7. 某住宅小区的住宅供暖系统均为共用立管独立分户散热器双管热水供暖系统,对其进行热计量改造,为减少对住户的干扰,热计量采用通断时间面积法,在下列改造技术措施中哪一项是错误的? ( )

(A)对楼栋、户间进行水力平衡调节,消除水力失调
(B)对各户的供水管上安装室温通断控制阀
(C)室温控制器安装于住户房间中不受日照和其他热源影响的位置
(D)对有分室温控要求的住户,在户内主要房间的散热器供水管上设高阻力恒温控制阀

8. 对蒸汽供热管网的凝结水应尽量回收,对不宜回收利用的凝结水直接排放至城市下水道时,其排放温度符合规范规定的应是下列哪一项? ( )

(A)≤35℃ (B)≤50℃
(C)≤55℃ (D)≤80℃

9. 关于热水供热管网的设计,下列哪一项是错误的? ( )

(A)供热管网沿程阻力损失与流量、管径、比摩阻有关
(B)供热管网沿程阻力损失与当量绝对粗糙度无关
(C)供热管网沿程阻力损失可采用当量长度法进行计算
(D)确定主干线管径,宜采用经济比摩阻

10. 某成衣缝纫加工厂房工人接触时间率为100%,所处地点的夏季通风室外计算温度为29℃,室内工作地点的最高允许湿球黑球温度应为下列哪一项? ( )

(A)32℃ (B)31℃
(C)30℃ (D)29℃

11. 某人防地下室二等人员掩蔽所，已知战时清洁通风量为 $8m^3/(人 \cdot h)$，其战时的隔绝防护时间应≥3h，在校核验算隔绝防护时间时，其隔绝防护前的室内 CO_2 初始浓度宜为下列哪一项？（　）

(A)0.72% ~0.46%　　(B)0.45% ~0.34%
(C)0.34% ~0.25%　　(D)0.25% ~0.18%

12. 关于城市交通隧道的排烟与通风设计，说法正确的是下列哪一项？（　）

(A) $L=500m$ 通行危险化学品等机动车的城市隧道可采取自然排烟方式
(B)只有 $L>500m$ 通行危险化学品等机动车的城市隧道才采取机械排烟方式
(C)城市长隧道的通风方式采用横向通风方式时，是利用隧道内的活塞风
(D)城市长隧道的通风方式需采用横向和半横向的通风方式

13. 下列哪种情况，室内可以采用循环空气？（　）

(A)压缩空气站站房
(B)乙炔站站房
(C)木工厂房，当空气中含有燃烧或爆炸危险粉尘且含尘浓度为其爆炸下限的25%时
(D)水泥厂轮窑车间排除含尘空气的局部排风系统，排风经过净化后，含尘浓度为工作区允许浓度30%的排风

14. 当人防地下室平时和战时合用通风系统时，哪一项是错误的？（　）

(A)应按平时和战时工况分别计算系统的新风量
(B)应按最大计算新风量选择清洁通风管管径、粗过滤器和通风机等设备
(C)应按战时清洁通风计算的新风量选择门式防爆波活门，并按门扇开启时，校核该风量下的门洞风速
(D)应按战时滤毒通风计算的新风量选择过滤吸收器

15. 下列哪一项关于屋顶通风器的描述是错误的？（　）

(A)是一种全避风型自然通风装置
(B)适用于高大工业建筑
(C)需要电机驱动
(D)通风器局部阻力小

16. 剧场观众厅的排烟量可按换气数（次/h）乘以观众厅容积或单位排烟量 $[m^3/(h \cdot m^2)]$ 乘以观众厅地面面积计算，取其中大值，以下换气次数的选择哪一项是正确的？（　）

(A)换气6次/h　　(B)换气8次/h
(C)换气10次/h　　(D)换气13次/h

17. 下述哪一项所列出的有害气体，不适合采用活性炭吸附去除？（　　）

(A)苯、甲苯、二甲苯　　(B)丙酮、乙醇

(C)甲醛、SO_2、NO_x　　(D)沥青烟

18. 下述有关两种除尘器性能的描述，哪一项是错误的？（　　）

(A)重力沉降室的压力损失较小，一般为 50～150Pa

(B)旋风除尘器一般不宜采用同种旋风除尘器串联使用

(C)旋风除尘器的压力损失随入口含尘浓度增高而明显上升

(D)重力沉降室能有效捕集 50μm 以上的尘粒

19. 某空调水系统如图所示，其中的水泵扬程 30m，问：按相关规定进行水压（强度）试验时，示图中的压力表哪一个读数是正确的？（按 10m 水柱为 0.1MPa）（　　）

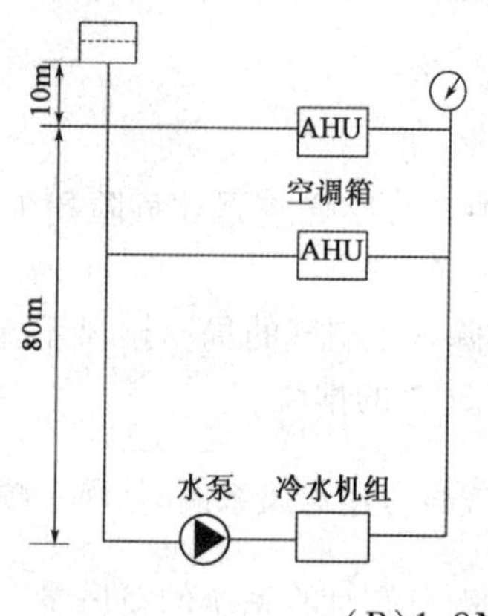

(A)1.35MPa　　(B)1.8MPa

(C)0.9MPa　　(D)1.7MPa

20. 某体育馆比赛大厅的集中式空调系统采用风冷热泵机组，循环水泵设置在一层的水泵房内，组合式空调机组分别布置在二层看台两侧的机房内，膨胀水箱设置在屋面，调试时，循环水泵显著发热且噪声很大，无法正常运行，试问产生该问题的原因是哪一项？（　　）

(A)所选水泵的扬程小于设计值

(B)所选水泵的水量小于设计值

(C)膨胀水箱的底部与系统最高点的高差过大

(D)空调循环水系统内管道中存有过量空气

21. 关于空调冷水管管道的绝热材料，下列哪一项说法是错误的？（　　）

(A)绝热材料的导热系数与绝热层的平均温度相关

(B)采用柔性泡沫橡塑保冷应进行防露校核

(C)绝热材料的厚度选择与环境温度相关

(D)热水管道保温应进行防露校核

22. 某空调水系统(末端为组合式空调器 + 少量风机盘管)供冷运行在设计工况时,用户侧的实际供回水温差小于设计温差,下列哪项原因分析是正确的? ( )

(A)组合式空调器水管上的两通电动调节阀口经选择过大
(B)组合式空调器实际送风量过高
(C)风机盘管的电动两通阀采用了比例控制方式
(D)组合式空调器两通电动调节阀失效,开度过小

23. 河北省某地一办公建筑空调设计拟采用风冷热泵机组作为热源,从节能的角度,本工程空调系统的热源应选用下列哪一项机组? ( )

(A)A 机组:供暖日平均计算温度时,COP = 2.0
(B)B 机组:冬季室外空调计算温度时,COP = 1.8
(C)C 机组:冬季室外供暖计算温度时,COP = 1.8
(D)B 机组:冬季室外通风计算温度时,COP = 1.8

24. 夏热冬冷地区某办公楼的空调系统为风机盘管(吊顶内安装且吊顶内无房间隔墙,吊顶外墙设有通风格栅) + 新风系统(新风单独送入室内)、夏季调试时,发现所有房间内风机盘管的送风口风量均高出其回风量 10% 以上,以下哪一项不是产生该问题的原因? ( )

(A)送风口风量包含有新风风量
(B)室内回风口与风机盘管回风箱未进行连接
(C)室内回风口与风机盘管回风箱连接短管不严密
(D)风机盘管回风箱的箱体不严密

25. 某多层办公楼考虑将风机盘管 + 新风系统改造为变风量空调系统,下列哪一项改造理由是合理的? ( )

(A)各层建筑平面进行重新布置,风机盘管方式无法实现空调内、外分区的设计要求
(B)办公楼各层配电容量不够,采用变风量空调方式可以减少楼层配电容量
(C)改造方案要求过渡季增大利用新风供冷的能力
(D)改造方案利用原有的新风机房作为变风量空调机房,可以缓解原有机房的拥挤情况

26. 某建筑的集中空调系统,末端均采用室内温度控制表冷器回水管上的两通电动阀(正常工作),空调冷水系统采用压差旁通阀控制一级泵定流量系统,全部系统均能有效地进行自动控制,如图所示。问:当末端 AHU1 所负担的房间冷负荷由小变大、末端 AHU2 所负担的房间冷负荷不变时,各控制阀的开度变化情况,哪一项是正确的?(供回水温度保持不变)

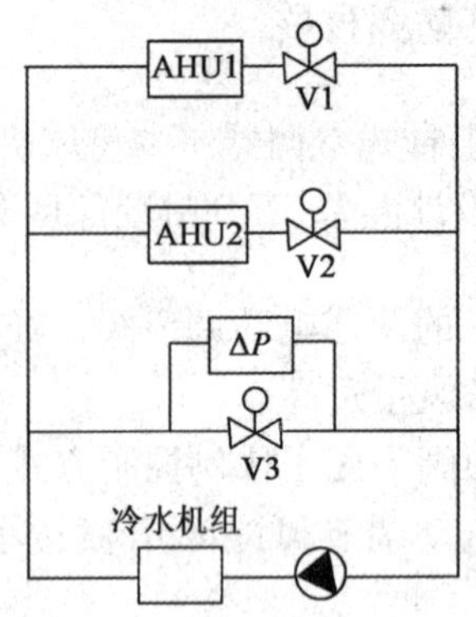

(A)V1 阀开大、V2 阀开大、V3 关小
(B)V1 阀开大、V2 阀关小、V3 关小
(C)V1 阀关小、V2 阀开大、V3 关小
(D)V1 阀关小、V2 阀关小、V3 开大

27. 对于噪声控制标准≤NR25 的剧场,空调系统消声器选择合理的为下列哪一项? ( )

(A)选用阻性消声装置
(B)选用抗性消声装置
(C)选用微穿孔板消声装置
(D)选用阻抗复合消声装置

28. 下列关于洁净室压差的说法,错误的应是下列哪一项? ( )

(A)洁净室应该按工艺要求决定维持正压差或负压差
(B)正压洁净室是指与相邻洁净室或室外保持相对正压的洁净室
(C)负压洁净室是指与相邻洁净室或室外均保持相对负压的洁净室
(D)不同等级的洁净室之间的压差不应小于 5Pa

29. 关于 R32 制冷剂的性能表述,错误的应为下列哪一项? ( )

(A)R32 与 R410a 都是属于混合物制冷剂
(B)R32 的室温效应影响低于 R410a
(C)R32 具有低度可燃性
(D)同样额定冷量的制冷压缩机,R32 的充注量较 R410a 要少

30. 根据我国现行标准,以下关于制冷剂环境好友的表述,哪一项是错误的? ( )

(A)丙烷属于环境友好的制冷剂
(B)氨不属于环境友好的制冷剂
(C)R134a 属于环境友好的制冷剂

(D)R410a 不属于环境友好的制冷剂

31. 某螺杆式冷水机组,在制冷运行过程中制冷剂流量与蒸发温度保持不变,冷却水温度降低,其水量保持不变,若用户负荷侧可适应机组制冷量的变化,下列哪项结果是正确的? ( )

(A)冷水机组的制冷量减小,耗功率减小
(B)冷水机组的制冷量增大,能效比增大
(C)冷水机组的制冷量不变,耗功率减少
(D)冷水机组的制冷量不变,耗功率增加

32. 对以岩土体为冷(热)源的地埋管地源热泵系统的下列表述,哪一项是错误的? ( )

(A)同样工程条件,双 U 管与单 U 管相比较,前者单位长度埋管的换热性能为后者的 2 倍
(B)当预计工程的地埋管系统最大释热量与最大吸热量相差不大时,仍应进行系统的全年动态负荷计算
(C)夏季运行期间,地埋管换热器的出水温度宜低于 33℃
(D)竖直地埋管换热器的孔间距宜为 3 ~6m

33. 现行国家标准关于工业或商业用蒸汽压缩式冷水机组的名义工况,所规定的水冷式冷水机组的冷却水进口水温,下列哪一项是正确的? ( )

(A)28℃　　(B)30℃
(C)32℃　　(D)35℃

34. 当建筑内采用了两台或者多台冷水机组时,关于冷水机组的综合部分负荷性能系数 IPLV,以下哪种说法是正确的? ( )

(A)IPLV 用于评价规定工况下冷水机组的能效
(B)IPLV 用于评价全面空调系统的实际能耗
(C)IPLV 用于评价全年冷水机组的实际能耗
(D)IPLV 用于评价规定工况下的空调系统全年能耗

35. 关于燃气冷热电三联供系统设计,下列哪一项结论是错误的? ( )

(A)系统设计应根据燃气供应条件和能源价格进行技术经济比较
(B)系统宜采用并网的运行方式
(C)系统应用的燃气轮发电机的总容量不宜小于 15MW
(D)系统能源站应靠近冷热电的负荷区

36. 有关冰蓄冷系统设计的表述,下列哪一项是错误的? ( )

(A)串联系统中多采用“制冷机上游”的蓄冰流程
(B)采用“制冷机上游”较“制冷机下游”进制冷机乙二醇液的温度要高
(C)当冷凝温度相同时,进制冷机的乙二醇液温度高,则制冷机能耗比更高
(D)内融冰蓄冷系统的蓄冰流程只有串联形式

37. 装配式冷库与土建冷库比较,下列哪一项说法是不正确的? ( )

(A)装配式冷库比土建冷库组合灵活,安装方便
(B)装配式冷库比土建冷库建设周期短
(C)装配式冷库比土建冷库的运行耗能显著降低
(D)制作过程中,装配式冷库的绝热材料比土建冷库的绝热材料隔热、防潮性能更易得到控制

38. 根据国家现行绿色建筑评价标准,下列表述中错误的为哪一项? ( )

(A)绿色建筑评价等级为一星级、二星级、三星级三个等级,其中一星级要求最高,二星级次之,三星级最低
(B)绿色建筑建设选址时,场地内不应存在超标的污染物(源)
(C)一般不得采用电热锅炉、电热水器作为直接供暖和空调调节系统的热源
(D)夏热冬冷地区的住宅,自然通风的开口面积不应小于房间地板面积的8%

39. 有关热水供应的说法,正确的是下列哪一项? ( )

(A)军团菌在50℃以上的温水中可被杀灭
(B)规范中所列热水用水定额和卫生器具小时热水用水定额的热水温度不同
(C)规范中所列热水用水定额和卫生器具小时热水用水定额的热水温度相同
(D)建筑内加热设备的出口水温与供到热水用水点水温相同

40. 关于室内燃气管道的材质选用,下列哪一项说法是正确的? ( )

(A)室内燃气管道均可采用焊接钢管
(B)室内低压燃气管道采用钢管时,允许采用螺纹连接
(C)室内燃气管道均可采用符合国家标准的无缝铜水管和铜气管
(D)室内燃气管道宜选用钢管

二、多项选择题(共30题,每题2分。每题的备选项中有两个或两个以上符合题意,错选、少选、多选均不得分)

41. 有关重力式循环系统的说法(将热水锅炉与散热器视为系统某一标高位置的点),正确的应是下列哪几项? ( )

(A)位于热水锅炉的标高位置下方的散热器阻碍重力循环
(B)位于热水锅炉的标高位置上方的散热器阻碍重力循环
(C)位于热水锅炉的标高位置上方的散热器有利重力循环

(D)位于热水锅炉同一标高位置的散热器不产生重力循环

42. 严寒地区多层住宅,设分户热计量,采用地面辐射热水供暖系统,共用主立管,为下供下回双管异程式,与外网直接连接,运行后,仅顶层住户的室温不能达到设计工况,问题发生的原因可能是下列哪几项? ( )

(A)该住宅外网供水流量和温度都明显低于设计参数
(B)顶层住户的户内系统堵塞,水流量不足
(C)外网供水静压不够
(D)顶层住户的户内系统的自动排气阀损坏,不能正常排气

43. 某建筑采用低温热水地面辐射供暖系统(独立热源),运行中出现有个别业主家中的房间温度一部分合适,一部分偏低的现象,分析问题时,引起上述问题的原因可能是下列哪几项? ( )

(A)室内加热管采用PE-RT耐热聚乙烯管
(B)循环水泵选型导致系统流量远低于设计值
(C)偏低温度房间的地板辐射供暖盘管弯曲处出现死折
(D)偏低温度房间的加热管长度明显低于设计值

44. 进行工业建筑物冬季的全面换气的热风平衡计算时,应充分考虑哪几项做法? ( )

(A)在允许的范围内,适当提高集中送风的温度
(B)合理选择设计计算温度
(C)利用已计入供暖热负荷的冷风渗透量
(D)按最小负荷班的工艺设备散热量计入得热

45. 设计机械循环热水供暖系统时,为了使系统达到压力平衡和运行节能的目的,正确的做法应该是下列哪几项? ( )

(A)对5层垂直双管系统每组散热器供水支管上设置高阻力两通恒温控制阀
(B)对垂直单管跨越式系统每组散热器前设置低阻力三通恒温控制阀
(C)地面辐射供暖系统分环路设置温度控制装置
(D)系统按南北分环布置,必要时,在分环回路支管上设置水力平衡装置

46. 某城市一热水供热管道,对应建筑1、建筑2的回水干管上设置有两个膨胀水箱1和2,如图所示,下列哪几项说法是错误的?

(A)管网运行时两个膨胀水箱的水面高度相同
(B)管网运行时两个膨胀水箱的水面高度不相同
(C)管网运行时膨胀水箱1的水面高度要高于膨胀水箱2的水面高度
(D)管网运行停止时两个膨胀水箱的水面高度相同

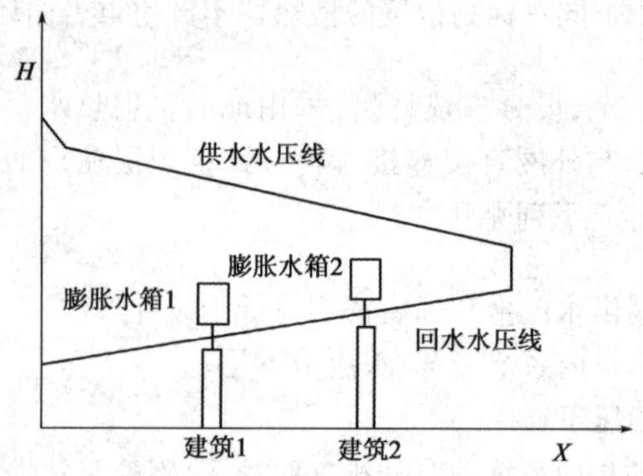

47. 某厂房一机加工线产生铸铁粉尘，配置除尘系统达标排放，连接除尘器的分管管材选项，下列哪几项要求或做法是不合理或不经济的？（　　）

(A)除尘器前、后的风管管材材质及厚度必须相同
(B)除尘器前、后的风管管材材质均采用厚度相同的镀锌钢板
(C)除尘器前、后的风管管材材质均采用普通碳钢钢板
(D)除尘器前、后的风管管材材质均采用厚度相同的不锈钢板

48. 通风与空调系统的风管系统安装完毕后，关于漏风量测试下列哪几项表述符合GB 50738 的规定？（　　）

(A)系统中的每节风管应全部进行漏风量测试
(B)中压系统风管的严密性试验，应在漏光监测合格后，对系统漏风量进行测试
(C)排烟系统的允许漏风量按高压系统风管确定
(D)风管的允许漏风量应按风管系统的设计工作压力计算确定

49. 北方寒冷地区某车间的生产过程产生大量的粉尘，工作区对该粉尘的允许浓度是15mg/m^3，试问哪几项经除尘净化后的尾气浓度符合可采用部分循环空气的条件？（　　）

(A)5.4mg/m^3　　(B)4.8mg/m^3
(C)4.0mg/m^3　　(D)2.0mg/m^3

50. 以下关于四种局部排风罩的相关特性的描述，哪几项是错误的？（　　）

(A)密闭罩的吸风口(排风口)应设在罩内含尘高的部位
(B)通风柜的计算排风量仅取决于通风柜的工作孔的控制风速
(C)对于前面无障碍的外部排风罩，在相同的风量下，吸风口四周有法兰边的比无法兰边的能更好地控制污染物的逸散
(D)当槽长大丁 1500mm 时，槽边吸气罩可沿槽长度方向分设两个或二个排风罩

51. 防尘密闭罩和排风口的位置，表述正确的是下列哪几项？（　　）

(A)斗式提升机输送温度大于150℃的物料时，密闭罩设置于上部吸风

(B)斗式提升机输送温度50~150℃的物料时，密闭罩设置于下部吸风

(C)当物料落差大于1m时，皮带转运点应在上部设置排风口

(D)粉状物料排风系统的排风口部应设置在飞溅区内

52. 某高层建筑设置有避难层，避难层的净面积650m^2，需设加压送风系统，下列设计送风量的哪几项不符合要求？（　　）

(A)≥22500m^3/h　　(B)≥19500m^3/h

(C)≥16000m^3/h　　(D)≥12000m^3/h

53. 下列作业设备所采用、配置的除尘设备，哪几项是正确的？（　　）

(A)电焊机产生的焊接烟尘采用旋风除尘器净化

(B)燃煤锅炉烟气(180℃)采用旋风除尘器+布袋除尘器净化

(C)炼钢电炉高温(800℃)烟气采用旋风除尘器+干式静电除尘器净化(不掺入系统外的空气)

(D)当要求除尘设备阻力且除尘效率高时，优先考虑采用静电除尘器

54. 在电动离心式冷水机组的制冷系统中，下列哪些参数是必须计量的？（　　）

(A)燃料的消耗量　　(B)耗电量

(C)集中供热系统的供热量　　(D)集中供冷系统的补水量

55. 某采用集中空调系统的高层酒店，其空调水系统的最高点与最低点的垂直高差为105m，管材采用金属管道，进行空调冷(热)水系统强度试验时，按照GB 50738的规定，下列哪几项做法是错误的？（　　）

(A)系统的试验压力为设计工作压力的1.5倍

(B)系统的试验压力为设计工作压力加0.5MPa

(C)分区域分段试压可与系统试压同时进行

(D)系统试压时，应升压至试验压力，稳压10min，压力降不得大于0.02MPa，管道系统应无渗漏

56. 下列有关地处夏热冬暖地区建筑采用空调系统的节能技术措施的说法，哪几项是错误的？（　　）

(A)采用冷暖热热回收技术提供55%卫生热水的冷水机组的制冷系数COP值大于其他条件相同时的常规冷水机组的制冷系数COP值

(B)采用冷暖热热回收技术制备卫生热水的项目在宾馆类建筑应用较多

(C)采用冷暖热热回收的冷水机组+常规冷水机组的系统时，实际运行冷水的回水温度相同

(D)采用冷暖热热回收的冷水机组+常规冷水机组的系统时，冷暖热热回收的冷水机组应有四通换向阀

57. 有关空调系统风口的选择，下列哪几项是不合理的？（　　）

（A）某净宽为60m的大型展厅，采用射程为30m的喷口两侧对吹
（B）某净高为2.8m的会议室，采用散流器送风
（C）某剧场观众厅采用座椅送风口
（D）某净高6m的恒温恒湿(20±2)℃车间采用孔板送风

58. 集中式空气调节水系统，采用一级泵变流量系统，说法正确的是下列哪几项？（　　）

（A）单台冷水机组的工程，一级泵变冷水流量系统可在5%~100%的流量调节范围运行
（B）一级泵变流量系统采用温差控制法适合特大型空调系统
（C）一级泵变流量系统采用压差控制法控制较温度控制法响应时间快
（D）一级泵变流量系统采用压差控制法控制的方案有干管压差控制法和末端压差控制法两种

59. 不宜采用风机盘管系统的空调区是哪几项？（　　）

（A）房间为设置吊顶
（B）房间面积或空间较大、人员较多
（C）房间湿负荷较小
（D）要求室内温、湿度进行集中控制的空调区

60. 关于气流再生噪声，哪些说法是正确的？（　　）

（A）气流在输送过程中必定会产生再生噪声
（B）气流再生噪声与气流速度和管道系统的组成有关
（C）直风管管段不会产生气流再生噪声
（D）气流通过任何风管附件时，都存在气流噪声发生变化的状况

61. 洁净室设计时，合理选择同一净化系统的末端高效过滤器，应满足下列哪几项原则？（　　）

（A）高效过滤器的处理风量应小于或等于额定风量
（B）高效过滤器的风量—阻力曲线宜相近
（C）高效过滤器的过滤效率宜相近
（D）按照各洁净室洁净度等级分别选用不同过滤效率的高效过滤器

62. 关于洁净室气流流型，下列哪些做法是正确的？（　　）

（A）空气洁净室等级为2级的洁净室应采用垂直单向流
（B）空气洁净室等级为2级的洁净室应采用非单向流
（C）空气洁净室等级为4级的洁净室应采用垂直单向流

(D)空气洁净室等级为7级的洁净室应采用垂直单向流或水平单向流

63. 以下哪些选项与确定制冷系统管道的保冷材料厚度有关？ (　　)

(A)对保冷材料外表面温度的安全性要求
(B)对保冷材料外表面温度的防结露要求
(C)对保冷材料控制制冷损失的要求
(D)保冷材料的吸水率

64. 风冷热泵机组，制冷能效比为EER，机组制冷量为Q_e，由空气带走冷凝热量Q_c，表述正确的是下列哪几项？ (　　)

(A)$Q_c = Q_e$　　(B)$Q_c < Q_e$
(C)$Q_c = Q_e(1 + 1/EER)$　　(D)$Q_c > Q_e$

65. 关于冷库制冷系统热气融霜设计，正确的应是下列哪几项？ (　　)

(A)热气融霜用的热气管，应从压缩机排气管除油装置以后引出
(B)融霜用热气管应做保温
(C)热气融霜压力不应超过1.0MPa
(D)热气融霜热气管上不应装设截止阀

66. 水蓄冷系统的概述，下列哪几项说法是正确的？ (　　)

(A)根据水蓄冷槽内水分层，热力特性等要求，蓄冷水的温度以4℃为宜
(B)温度分层型圆形水蓄冷槽的高径比宜为0.8～1.0
(C)温度分层型水蓄冷槽的测温点沿高度布置，测点间距2.5～3.0m
(D)稳流器的设计既要弗洛德数Fr，又要控制雷诺数Re

67. 下列哪几项对蓄冷系统的描述是正确的？ (　　)

(A)全负荷蓄冷系统较部分负荷蓄冷系统的运行电费低
(B)全负荷蓄冷系统供冷时段制冷机不运行
(C)部分负荷蓄冷系统整个制冷期的非电力谷段，采用的是释冷+制冷机同时供冷运行方式
(D)全负荷制冷系统较部分负荷制冷系统的初投资要高

68. 地源热泵机组的地埋管换热器管内应保持紊流状态，符合要求的管内流体的雷诺数应是下列哪几项？ (　　)

(A)Re = 1800　　(B)Re = 2300
(C)Re = 2800　　(D)Re = 3300

69. 根据现行标准,对绿色公共建筑进行评价的说法,哪几项是错误的? ( )

(A)仅对建筑单体进行评价
(B)对合理利用太阳能等可再生能源的评价方法:审核有关设计文档、产品型式检验报告
(C)对合理利用蓄冷蓄热技术的评价方法:审核有关设计文档、产品型式检验报告
(D)空调系统的冷热源机组的能效比属于控制项

70. 以下关于水量、水温和给水管道的说法下列哪几项是错误的? ( )

(A)住宅的最高日生活用水定额等于规范中所列最高日生活用水定额与规范中所列热水用水定额之和
(B)规范中所列卫生器具小时热水用水定额的适用温度按60℃计
(C)住宅入户给水管,公称直径不宜小于20mm
(D)公共浴室采用闭式热水供应系统

2013 年专业知识试题答案(下午卷)

1. **答案**:D

依据:《住宅设计规范》(GB 50096—2011)第 8.3.6 条规定,厨房的设计温度不低于 15℃,选项 D 错误。

2. **答案**:B

依据:《注册公用设备工程师暖通空调考试复习教材》(第三版) P24 ~25,双管上供下回式系统的自然作用压力的计算公式(1.3-7) ~公式(1.3-9)可知,由于采用双管系统,当热水供回水温差变大,导致密度差变大,顶层散热器环路比下层散热器环路增加了作用压力,因此顶层室温会高于底层,选项 B 正确。

3. **答案**:C

依据:《严寒和寒冷地区居住建筑节能设计标准》(JGJ 26—2010)公式(4.2.3)可知窗户的综合遮阳系数与窗本身的遮阳系数、玻璃的遮阳系数、窗框的面积、外遮阳的遮阳系数有关,故选项 C 正确。

4. **答案**:C

依据:《注册公用设备工程师暖通空调考试复习教材》(第三版) P173 ~174,可知选项 C 错误。与上午卷 15 题类似。

5. **答案**:B

依据:《注册公用设备工程师暖通空调考试复习教材》(第三版)。

P28 第(4)条,"管道内水的冷却产生的作用压力,一般可不予考虑;但在散热器内水的冷却而产生的作用压力确不容忽视",可知选项 A 错误; P77"变温降法适用于异程式垂直单管系统",可知选项 B 正确;P78"低压蒸汽系统供气管道计算一般按单位长度摩擦压力损失方法计算",可知选项 C 错误;P79"高压蒸汽管道一般采用当量长度法计算",可知选项 D 错误。

6. **答案**:B

依据:《供热工程》P43 "钢制散热器金属耗费量相对于铸铁散热器少",选项 A 正确。

《注册公用设备工程师暖通空调考试复习教材》(第三版) P81"采用钢制散热器时,应采用闭式系统,并满足产品对水质的要求,在非采暖季应充水保养", 选项 B 错误。

在各种条件相同的条件下,散热情况好的散热器其表面温度低,根据常规散热器的情况,带对流片的散热效果更好,所以其板面温度低些,选项 C 正确,散热器的总传热系数值可参考《供热工程》P410 附录 2-2,也可参考厂家散热器样本;

钢制散热器的耐腐蚀性较铸铁散热器差,所以在供暖系统水含氧量较多的情况下,一般采用铸铁散热器,选项 D 正确。

7. **答案**:D

依据:《注册公用设备工程师暖通空调考试复习教材》(第三版) P111 有关通断时间面积法的说明。选项 A 进行水力平衡调节,消除水力失调,保证各户按照设计流量进行流量分配,可减少对住户的干扰,所以正确。在各用户供水管上安装室温通断控制阀,是进行按通断时间面积法热计量的措施,故选项 B 正确。《民用建筑供暖通风与空气调节设计规范》(GB 50736—2012) 第 5.10.5 条"室温控制器应设在附近无散热体、周围无热源体、能正确反映室内温度的位置",故选项 C 正确。采用通断面积法户内散热末端不能分室或分区控温,以免增加阀门改变内环路的阻力,选项 D 错误。

8. **答案**:A

依据:由《城镇供热管网设计规范》(CJJ 34—2010) 第 4.3.4 条"蒸汽管网的凝结水排放时,水质应符合现行《污水排入城市下水道水质标准》(CJ 3082)",条文说明"……,其中温度应小于等于 35℃",可知选项 A 正确。

9. **答案**:B

依据:《注册公用设备工程师暖通空调考试复习教材》(第三版) P125 公式(1.10-13) 可知,比摩阻与流量、管径及当量绝对粗糙度有关,故选项 A 的说法正确,选项 B 的说法错误;P125"热水供热管网的局部阻力通常采用当量长度法进行计算",可知选项 C 的说法正确;P126"主干线各管段比摩阻是根据经济比摩阻范围来确定的,而分支管路的比摩阻则是根据各分支管段起点和终点的压力降来确定的",选项 D 的说法正确。

10. **答案**:C

依据:《工作场所有害因素职业接触限值》(GBZ 2.1—2007) 附录 B 表 B.1 可知缝纫车间的劳动强度为 I 级,根据第 10.2.2 条规定可知本题的允许湿球黑球温度为 30℃。

11. **答案**:C

依据:《人民防空地下室设计规范》(GB 50038—2005) 第 5.2.5 条,和新风量条件可知选项 B 正确。

12. **答案**:D

依据:《建筑设计防火规范》(GB 50016—2014) 第 12.1.2 条及条文说明,第 12.3 节条文说明。

13. **答案**:A

依据:《工业建筑供暖通风与空气调节设计规范》(GB 50019—2015) 第 6.9.2 条,可知选项 BCD 均不应采用循环空气,选项 A 可用循环空气。

14. **答案**:C

依据:《人民防空地下室设计规范》(GB 50038—2005) 第 5.3.3 条可知选项 ABD 正确,选项 C 中需按平时通风量进行校核,选项 C 错误。

15. **答案**:C

依据:《注册公用设备工程师暖通空调考试复习教材》(第三版) P182 可知"屋顶通风器以型钢为骨架,用彩色压型钢板组合而成的全避风型自然通风装置,它具有结构简单、重量轻、不用电力也能达到好的通风效果"，可知选项 ABD 正确，选项 C 错误。

16. **答案**：D

依据：《全国民用建筑工程设计技术措施　暖通空调·动力》(2009 年版)第 4.11.3 条可知电影院、剧场观众厅的单位排烟量为 $90m^3/(m^2 \cdot h)$，或按 13 次换气计算，取两者中的大值。可知选项 D 正确。

17. **答案**：D

依据：《注册公用设备工程师暖通空调考试复习教材》(第三版) P231 表 2.6-3 可知除选项 D 的沥青烟外均适合用活性炭去除，选 D，沥青烟的吸附剂为白云石粉。

18. **答案**：C

依据：《注册公用设备工程师暖通空调考试复习教材》(第三版)。

P205，"重力沉降室的压力损失小，一般为 50 ~ 150Pa"，选项 A 正确。

P208，"除高浓度场合外，一般不采用同种旋风器串联使用"，选项 B 正确。

P208，"随入口含尘浓度的增高，除尘器的压力损失明显下降"，选项 C 错误。

P206，"经过精心设计，重力沉降室能有效地补集 50μm 以上的尘粒"，选项 D 正确。

19. **答案**：C

依据：从图中可以看出，系统的工作压力(水泵出口)：10 + 80 + 30 = 120m = 1.2MPa，《通风与空调工程施工规范》(GB 50738—2011)第 15.5.1 条"设计工作压力大于 1.0MPa时，强度试验压力应为设计工作压力加上 0.5MPa"，因此强度试验压力为 1.2 + 0.5 = 1.7MPa。试压时，压力表处压力为：1.7 - 0.8 = 0.9MPa，选 C。

20. **答案**：D

依据：引起水泵发热的原因：功率变大，电机绕组散热不好。水泵的流量和扬程小，会使系统最不利环路的流量不足或没有水量，水泵不会发热，膨胀水箱底部与系统最高点高差大，则定压点的压力高，空气很难进入系统，不会导致电机功率变大；系统进入空气，空气和水混合物的密度变小，阻抗变小，管网的特性曲线变得平缓，水泵性能曲线交点向右移动，功率变大，因此水泵显著发热，同时由于空气存在，水裹着的气泡撞击叶轮，破裂后导致噪声变大。

21. **答案**：D

依据：《注册公用设备工程师暖通空调考试复习教材》(第三版) P547 公式(3.10-5)和公式(3.10-6)，选项 A 正确；P546，"进行防结露的计算是为了防止保温层外表面产生结露，保冷材料应具有最小的厚度"，可知选项 B 正确；P546 ~ 547，由保温厚度计算及说明可知选项 C 正确；热水管道不会发生结露的现象，可直接选用经济绝热厚度，选项 D 错误。

22. **答案**：A

依据：由于供回水温差偏小，流量将偏大。当水泵选定以后，管网阻力变小，流量将变大。选项 A 电动两通阀口径过大，整个管网的阻力变小，将发生大流量的情况。选项

B 机组的送风量过高，在房间设定温度与房间负荷不变的情况下，机组的送风焓差减小，由于冷水机组的出水温度受控为定值，则回水温度将提高，即机组的供回水温差将加大，故选项 B 错误；本题中只有少数风盘，所以其电动两通阀的控制方式对实际供回水温差的影响可不计，选项 C 错误；组合式空调机组的电动两通阀开度过小，阻力增大，会导致管网特性曲线更向上弯曲，与水泵特性曲线交点向左移动，流量会变小，温差加大，故选项 D 错误。

23. **答案**：B

依据：《民用建筑供暖通风与空气调节设计规范》（GB 50736—2012）第 8.3.1.2 条，冬季设计工况时机组性能系数 COP 应不小于 1.8，《民用建筑供暖通风与空气调节设计规范》（GB 50736—2012）第 7.2.13 条"室外计算温度应采用冬季空调室外计算温度"，选项 B 正确。

24. **答案**：A

依据：题目给出新风单独送入室内，可知选项 A 错误；送风口的风量大于回风口，说明有部分回风未经回风口而由风机送入室内，分析选项 BCD 均有可能发生此类情况，选 A。

25. **答案**：C

依据：风机盘管系统是可以实现内、外分区的设计要求的，故选项 A 错误；相比风机盘管 + 新风系统，全空气系统由于负担新风和回风的风量，机组的风机功率将更大，如考虑末端风机盘管电量的节省，两种方式配电基本相同，故选项 B 错误。变风量空调系统的优势是过渡季节利用室外的低焓值的空气，最大限度通过增大新风，减少能耗，选项 C 正确；变风量系统的风量将明显大于新风机风量，其机组尺寸、机房面积都会增大，选项 D 错误。

26. **答案**：A

依据：题中 AHU1 的负荷变大，流量变大，需减小此环路的阻力，根据 $P = SV^2$ 可知，应开大 V1 阀，AHU2 的冷负荷不变，所以系统的总负荷加大，也就是总的流量增加，所以 V3 阀应关小以减小旁通流量；由于 V1，V3 阀的调整，关键是确定 V2 阀如何控制，由《注册公用设备工程师暖通空调考试复习教材》（第三版）P138 ~ 139 的水力工况分析 AHU2 机组两侧的压差减小，为了保证其流量不变，应将 V2 相应开大。选 A。可参考《注册公用设备工程师暖通空调考试复习教材》（第三版）P137 ~ 139 有关分析，理解相关内容。

27. **答案**：D

依据：《注册公用设备工程师暖通空调考试复习教材》（第三版）P536"在通风空调所用的风机中，按照风机大小和构造不同，噪声频率大约在 200 ~ 800Hz，处在低频范围内"，剧院音响设备内有中高频声源，为防止剧场内中高频声音通过风道传播，需考虑中高频噪音的消声处理，由此可见安装在空调通风风管上的消声器需具备较宽的噪音处理频段，P540 消声器的介绍部分可知风管消声宜选用阻抗复合型消声装置。

28. **答案**：C

依据:《洁净厂房设计规范》(GB 50073—2013) 第6.2.1条、第6.2.2条,可知选项ABD正确;负压洁净室与周围的空间也必须保持正压,故选项C错误。

29. **答案**:A

依据:《注册公用设备工程师暖通空调考试复习教材》(第三版) P589, R32是一种新型制冷剂,不是混合物制冷剂,R410a是混合型制冷剂,选项A错误; R32, GWP = 675, R410a, GWP = 1730,选项B正确; R32属于微燃制冷剂,选项C正确;在同等制冷量下,R32充注量约比R410a少30%,选项D正确。

30. **答案**:B

依据:对照《注册公用设备工程师暖通空调考试复习教材》(第三版) P585表4.2-4,选项ACD正确,选项B错误。

31. **答案**:B

依据:制冷剂流量不变,蒸发温度不变,冷却水温度降低,冷凝温度降低,因此单位质量制冷量变大,压缩机单位比功变小,耗功率变小,因此制冷量变大,能效比增大,选B。制冷系统的循环图及某项参数改变对其他参数的影响应熟练掌握。

32. **答案**:A

依据:《地源热泵系统工程技术规范》(GB 50366—2009)第4.3.2条、第4.3.5A条、第4.3.8条,可知选项BCD正确,因为双U管两管之间的互相影响,单位管长的换热性能要较单U管差些,选项A错误。

33. **答案**:B

依据:根据《蒸气压缩循环冷水(热泵)机组　第1部分:工业或商业用及类似用途的冷水(热泵)机组》(GB/T 18430.1—2007)第4.3.2.1条名义工况的条件,可知选项B正确。

34. **答案**:A

依据:《全国民用建筑工程设计技术措施　暖通空调·动力》(2009年版)第6.1.12, IPLV是针对25%,50%,75%和100%部分负荷下的定义,是规定工况下的冷水机组的能效。IPLV是针对单台冷水机组进行评价的,主要用于评价产品性能,应用时不宜采用IPLV对某个实际工程机组全年能耗进行评价,选项A正确。

35. **答案**:C

依据:《燃气冷热电三联供工程技术规程》(CJJ 145—2010)中第3.1.8条"联供系统的组成形式、设备容量、工艺流程及运行方式,应根据燃气供应条件和冷热电气的价格,经技术经济比较确定",选项A正确;第1.0.3条"联供系统宜采用并网的运行方式",选项B正确;第1.0.2条"……发电机总容量小于或等于15MW,……",选项C错误;第4.1.1条"能源站宜靠近供电区域的主配电室",能源站越靠近冷热电的负荷区,越减少电能、热量和冷量的输送损耗",故选项D正确。

36. **答案**:D

依据:《注册公用设备工程师暖通空调考试复习教材》(第三版)P681,"串联系统是将制冷机组和蓄冷装置串联,制冷机组上游,乙二醇溶液进口温度高,蒸发温度高,制冷系数相对于制冷机组下游高",可知选项AB正确;冷凝温度相同,进入制冷机乙二醇溶液温度高,表明蒸发温度高,因此制冷机组制冷系数高,制冷机的能效比更高;内融冰蓄冷系统的蓄冰流程应根据需要选择串联或并联。

37. **答案**:C

依据:根据《注册公用设备工程师暖通空调考试复习教材》(第三版)P749装配式冷库的介绍,可知选项ABD正确,选项C错误。

38. **答案**:A

依据:《绿色建筑评价标准》(GB/T 50378—2006)。

第3.2.2条,三星等级是最高等级,所以选项A错误。

第5.1.4条,场地内不应存在超标的污染物(源),选项B正确。

第5.2.3条,不采用电热锅炉、电热水器作为直接采暖和空气调节系统工程热源,选项C正确。

第4.5.4,居住空间能自然通风,通风开口面积在夏热冬暖和夏热冬冷地区不小于该房间地板面积的8%,选项D正确。

39. **答案**:B

依据:《建筑给水排水设计规范》(GB 50015—2003)(2009年版)第5.1.1条注1和表5.1.1-2,选项B正确。

40. **答案**:A

依据:《城镇燃气设计规范》(GB 50028—2006)第10.2.3条~第10.2.5条,选项A错误,选项BCD正确。

---

41. **答案**:ACD

依据:《注册公用设备工程师暖通空调考试复习教材》(第三版)P23重力循环热水供暖系统的工作原理可知,作用压力$\Delta P = gh(\rho_h - \rho_g)$,重力循环依靠锅炉与散热器之间的高差和供回水密度差作为循环动力,没有高差循环动力为0,无法实现热水流动。选项中只有选项B说法正确。

42. **答案**:BD

依据:顶层用户是各层中循环最有利的,其他层能达到要求,仅顶层住户的室温不能达到设计工况,说明系统水温和水量正常,仅顶层住户水流量不满足设计要求,选项BD均可造成顶层水流量不足;系统静压不足,在系统运行时不会导致顶层水流量不足,所以选项C不是造成顶层不热的原因。

43. **答案**:CD

依据:《辐射供冷供暖技术规程》(JGJ 142—2012)附录B可知PE-RT管是常用地暖

盘管管材,采用何种管材不会引起个别业主温度一部分合适,一部分偏低的现象;循环水泵流量远低于设计值,各户的加热管内流量小于设计值,各房间温度均降低;加热管内出现死折,导致环路流通不畅,出现温度降低;加热管长度明显低于设计值,即散热管的面积不足,将导致室温偏低。

44. **答案**:ABCD

依据:《注册公用设备工程师暖通空调考试复习教材》(第三版) P169"在允许范围内适当提高集中送风的温度,但一般不超过40℃;当与供暖结合时,送风温度不宜低于35℃,不得高于70℃""利用已计入热负荷的冷风渗透量",选项ABC正确;P170"按最小负荷班的工艺设备散热量计入得热",选项D正确。

45. **答案**:ABCD

依据:《民用建筑供暖通风与空气调节设计规范》(GB 50736—2012)第5.10.4条、第5.10.5条,选项ABC正确;《公共建筑节能设计标准》(GB 50189—2015)已修改原标准"设计集中采暖系统时,管路宜按南北向分环供热原则进行布置并分别设置室温调控装置""集中供暖系统供水或回水管的分支管路上,应根据水力平衡要求设置水力平衡装置",但是选项D的做法,对于系统的水力平衡是有利的,故选项D正确。

46. **答案**:AC

依据:管网运行时,因为建筑1和建筑2之间回水管路有阻力损失,所以2点测压管水头要大于1点的,因此水箱2的水面高度大于水箱1;管网运行停止时,管路各点水压均等于静水压力,因此选项AC错误。

47. **答案**:ABD

依据:铸铁粉尘中颗粒物对风管的磨损较严重,因除尘器前后含沙量的不同,所以从经济角度考虑,除尘器前的风管可比除尘器后的风管厚度大;粉尘中的颗粒物会破坏镀锌钢板的镀锌层,所以不宜采用镀锌钢板;不锈钢板造价较高,且粉尘中没有水分以及腐蚀性物质,没必要采用不锈钢板风管;除尘器风管的管材采用普通钢板即可。

48. **答案**:BD

依据:《通风与空调工程施工规范》(GB 50738—2011)第15.2.1条"根据系统类别和材质制作试验风管",可知选项A错误;由第15.3.1.2可知选项B正确;由第15.2.3.3条可知选项C错误;由第15.2.3.1条可知选项D正确。

49. **答案**:CD

依据:根据《注册公用设备工程师暖通空调考试复习教材》(第三版) P170可知浓度需小于允许浓度的30%,即$15\times30\%=4.5\text{mg/m}^3$,选CD。

50. **答案**:AB

依据:《注册公用设备工程师暖通空调考试复习教材》(第三版) P189,为尽量减少把粉尘物料吸入排风系统,吸风口不应设在气流含尘高的部位或飞溅区内,由通风柜排风量的计算公式可知排风量还与工作孔或缝隙的面积有关,故选项AB错误;由P192对有法兰边和无法兰边两种排气罩的说明,可知选项C正确;由P194可知选项D正确。

51. **答案**:AD

依据:《注册公用设备工程师暖通空调考试复习教材》(第三版)P188~189,可知选项AD表述正确。

52. **答案**:CD

依据:《高层民用建筑设计防火规范》(GB 50045—1995)(2005年版)第8.3.5条"加压送风量按避难层净面积每平方米不小于30m^3/h计算",本题中的加压送风量为$650 \times 30 = 19500m^3/h$,可知选项CD的风量不满足要求。

注:按公消〔2015〕98号文件规定,因《建筑防烟排烟系统技术规范》尚未批准发布,防烟排烟的设计与审核暂按旧规范内容执行。

53. **答案**:ABD

依据:《注册公用设备工程师暖通空调考试复习教材》(第三版)P207"旋风除尘器适用于工业炉窑烟气除尘和工业通风除尘",可认为选项A配置合适;由表2.5-5可知,袋式除尘器的滤料耐温性能有大于180℃的,所以选项B的配置也合理;P221,静电除尘器可以处理温度350℃以下的气体,选项C错误;由P221静电除尘器的主要特点,可知选项D正确。

54. **答案**:BD

依据:对照《民用建筑供暖通风与空气调节设计规范》(GB 50736—2012)第9.1.5条,电动离心机组的制冷系统需计量的参数有耗电量和补水量,燃料消耗量和供热量不是电制冷系统的计量参数。

55. **答案**:AC

依据:题目给出的系统静水压力为105m,则可知系统的工作压力大于1.0MPa,根据《通风与空调工程施工规范》(GB 50738—2011)第15.5.1条、第15.5.3条,可知选项BD正确。

56. **答案**:AD

依据:采用热回收的冷水机组,其冷凝温度高于常规冷水机组,由于冷凝温度高,蒸发温度不变,导致制冷系数小于常规冷水机组,选项A错误。

热回收机组可以制取生活热水,多用于宾馆和酒店,选项B正确。

冷暖热回收机组冷水机组只是利用了冷凝器的制冷剂的冷凝热,蒸发温度没有改变,冷水的回水温度与末端的换热效果有关,与主机无关,选项C正确。

冷暖热收回冷水机组只有在供冷的时候才可以热回收,既不用水路切换也不用四通换向阀换向,只有风冷热泵冷水机组采用四通换向阀换向,达到冷暖切换的目的,选项D错误。

可参考《全国民用建筑工程设计技术措施　节能专篇　暖通空调·动力》(2007年版)P122~126有关冷凝热回收技术的相关介绍。

57. **答案**:AD

依据:《民用建筑供暖通风与空气调节设计规范》(GB 50736—2012)第7.4.9-2条

可知选项A双侧对送的气流不能满足搭接要求，且取30m过大，不合理；散流器适用于一般的舒适性空调，用于会议室是合理的；《注册公用设备工程师暖通空调考试复习教材》(第三版) P430可知选项C合理，P432表3.5-4及表3.5-5可知选项D不合理。

58. **答案：**CD

依据：目前各厂家的冷水机组冷量调节范围最大一般在15%～100%，离心式冷水机组流量调节范围一般为额定流量的25%～130%，螺杆式冷水机组流量调节范围一般为额定流量的45%～120%，其冷量调节范围和流量调节范围并不是同比例对应的，而选项A中5%～100%的流量调节范围已远远低于冷水机组安全运行的流量要求。大型系统回水温度因各个区域的回水混合而比较稳定，压差控制法较温差控制法更显灵敏些，故选项B错误，选项C正确，选项D正确。

59. **答案：**BD

依据：风机盘管静压有限，一般不在层高较高的空间内使用。但若房间层高较低，是否吊顶对风机盘管的影响不大。房间湿负荷较小，采用风机盘管即能满足除湿要求。选项BD应采用全空气系统。

60. **答案：**ABD

依据：根据《注册公用设备工程师暖通空调考试复习教材》(第三版) P536，"空气在流过直管段和局部构件时都会产生噪声，噪声与气流速度有密切关系"，可知选项A正确；《民用建筑供暖通风与空气调节设计规范》(GB 50736—2012)第10.2.2条及注释部分内容可知选项BD正确。

61. **答案：**ABCD

依据：《洁净厂房设计规范》(GB 50073—2013) 第6.4.1条。

62. **答案：**AC

依据：《洁净厂房设计规范》(GB 50073—2013) 第6.3.3条气流流型的设计可知选项AC正确。

63. **答案：**ABCD

依据：制冷系统的制冷剂管道有可能达到40℃以下，为防止冻伤，对外表面温度的安全性提出要求，选项A正确；根据《民用建筑供暖通风与空气调节设计规范》(GB 50736—2012)第11.1.2条，选项BC正确；《注册公用设备工程师暖通空调考试复习教材》(第三版) P547，吸水率较高将影响材料的保温性能，进而影响保温材料的厚度。

64. **答案：**CD

依据：根据热力学第一定律，冷凝器散热量=机组制冷量+压缩机功率，故选项CD正确。

65. **答案：**AB

依据：《冷库设计规范》(GB 50072—2010)第6.5.7条"热气融霜用的热气管，应从制冷压缩机排气管除油装置以后引出，并应在其起端装设截止阀和压力表，热气融霜压力不得超过0.8MPa(表压)”,第6.6.4条“融霜用热气管应做保温”,可知选项AB正确。

66. **答案**:AD

依据:《民用建筑供暖通风与空气调节设计规范》(GB 50736—2012)第8.7.7条,蓄冷温度不宜低于4℃”,因为4℃水相对密度最大,便于利用温度分层储存,选项A正确;《注册公用设备工程师暖通空调考试复习教材》(第三版)P686~687,钢筋混凝土槽高径比宜为0.25~0.50,地面上钢储槽高径比宜为0.5~1.2,可知选项B错误;P688表4.7-10,测温点的高度布置间距宜为1.5~2.0m,选项C错误;P687,稳流器的设计是要控制弗洛德数Fr与雷诺数Re,一般要求Fr <2,宜为Fr=1,Re数则与储槽高度有关,可知选项D正确。

67. **答案**:ABD

依据:《注册公用设备工程师暖通空调考试复习教材》(第三版)P677,全负荷蓄冷和部分负荷蓄冷的介绍可知选项ABD正确,选项C错误。

68. **答案**:CD

依据:《地源热泵系统工程技术规范》(GB 50366—2009)第4.3.14条条文解释,管内流体雷诺数Re应该大于2300以确保紊流,故选项CD正确。

69. **答案**:ABC

依据:《绿色建筑评价标准》(GB/T 50378—2006)第3.3.1条,绿色建筑的评价以建筑群或建筑单体为对象;第5.2.18条,评价方法为审核设计文档、产品型式检验报告和现场调查;第5.2.9条,评价方法为审核有关设计文档,并对系统实际运行情况进行调查;第5.2.2条,冷热源能效比属于控制项之一。

70. **答案**:ABD

依据:《注册公用设备工程师暖通空调考试复习教材》(第三版)P802可知最高日用水定额中已包括热水用水量,所以选项A错误;由《建筑给水排水规范》(GB 50015—2003)(2009年版)表5.1.1-2条及第5.2.16-1条,可知选项BD错误,第3.6.8条可知选项C正确。

2013 年案例分析试题（上午卷）

［案例题是 4 选 1 的方式，共 25 道小题，每题分值为 2 分，上午卷 50 分，下午卷 50 分，试卷满分 100 分。案例题一定要有分析（步骤和过程）、计算（要列出相应的公式）、依据（主要是规程、规范、手册），如果是论述题要列出论点。］

1. 如图所示，重力循环上供下回供暖系统，已知，供回水温度为 95/70℃，对应的水容量分别为 961.92kg/m²、977.81kg/m²，管道散热量忽略不计，问：系统的重力循环水头应为哪一项？

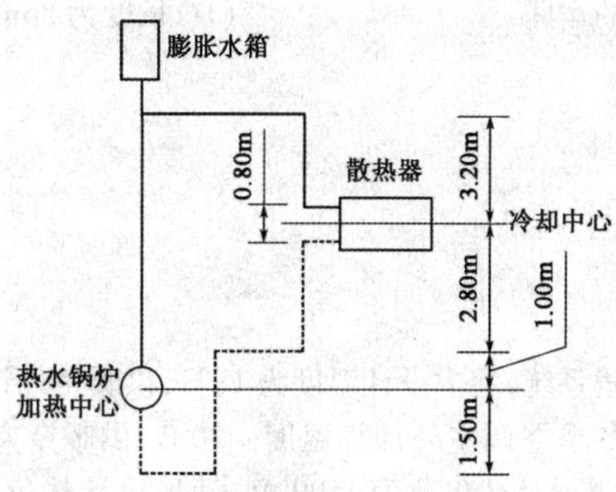

(A) 42 ~ 46kg/m²　　(B) 48 ~ 52kg/m²

(C) 58 ~ 62kg/m²　　(D) 82 ~ 86kg/m²

答案：[　　]

主要解答过程：

2. 某住宅小区，住宅楼均为六层，设分户热计量散热器供暖系统（异程双管下供下回式），设计室内温度为 20℃，户内为单管跨越式（户间共用立管）。原设计供暖热水的供回水温度分别为 85/60℃，对小区住宅楼进行围护结构节能改造后，该住宅小区的供暖热负荷降至原来的 65%，若维持原系统流量和设计室内温度不变，供暖热水供回水的平均温度和温差应为下列哪一项？［已知散热器的传热系数计算公式 $K = 2.81\Delta t^{0.276}$］。

(A) $t_{pj} = 59 \sim 60℃$，$\Delta t = 20℃$

(B) $t_{pj} = 55 \sim 58℃$，$\Delta t = 20℃$

(C) $t_{pj} = 55 \sim 58℃$，$\Delta t = 16.25℃$

(D) $t_{pj} = 59 \sim 60℃$，$\Delta t = 16.25℃$

答案:[ ]

主要解答过程:

3. 某车间采用单侧单股平行射流集中送风方式供暖,每股射流作用的宽度为24m,已知:车间高度为6m,送风口采用收缩的圆喷嘴,送风口高度为3m工作地带的最大平均回流速度 $v_1=0.3\text{m/s}$,射流末端最小平均回流速度 $v_2=0.15\text{m/s}$,试问该方案的送风射流的有效作用长度能够完全覆盖的车间是哪一项?

(A)长度为60m的车间　　(B)长度为54m的车间

(C)长度为48m的车间　　(D)长度为36m的车间

答案:[ ]

主要解答过程:

4. 某工程的集中供暖系统,室内设计温度为18℃,供暖室外计算温度-7℃,冬季通风室外计算温度-4℃,冬季空调室外计算温度-10℃,供暖期室外平均温度-1℃,供暖期为120d。该工程供暖设计热负荷为1500kW,通风设计热负荷为800kW,通风系统每天运行3h。另有,空调冬季设计热负荷500kW,空调系统每天运行8h,该系统全年最大耗热量应是下列哪一项?

(A)18750~18850GJ　　(B)13800~14000GJ

(C)11850~11950GJ　　(D)10650~10750GJ

答案:[ ]

主要解答过程:

5. 某热水供热管网的水压如图所示,设计供回水温度为110/70℃,1号楼、2号楼、3号楼和4号楼的高度分别是18m、36m、21m和21m,2号楼为间接连接,其余为直接连接,求循环水泵的扬程和系统停止运行时3号楼顶层的水系统的压力(不考虑顶层的层高因素)是哪一项?

(A)水泵扬程38m、3号楼顶层水系统的压力5m

(B)水泵扬程48m、3号楼顶层水系统的压力5m

(C)水泵扬程38m、3号楼顶层水系统的压力19m

(D)水泵扬程48m、3号楼顶层水系统的压力19m

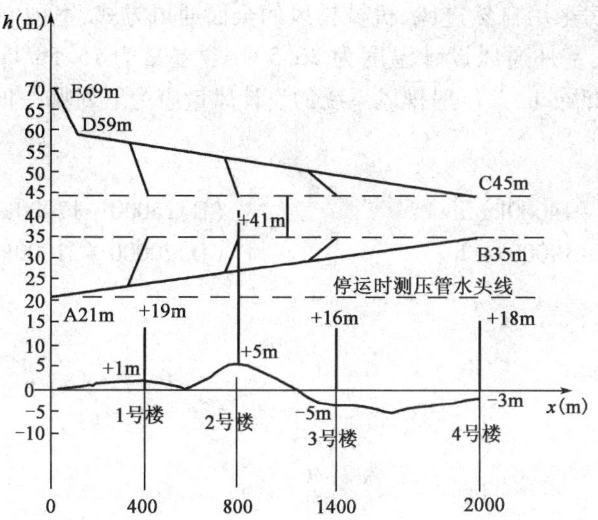

答案:[　]

主要解答过程:

6. 某厂房内一排风系统设置变频调速风机，当风机低速运行时，测得系统风量 $Q_1 = 30000m^3/h$，系统压力损失 $\Delta P_1 = 300Pa$；当风机转速提高，系统风量增大到 $Q_2 = 60000m^3/h$ 时，系统的压力损失 ΔP_2 将为下列哪一项?

(A)600Pa　　(B)900Pa

(C)1200Pa　　(D)2400Pa

答案:[　]

主要解答过程:

7. 某生产厂房采用自然进风、机械排风的全面通风方式，室内空气温度为30℃，相对湿度为60%，室外通风设计温度为27℃，相对湿度为50%，厂房内的余湿量为25kg/h，厂房所在地为标准大气压，查 h-d 图计算，该厂房排风系统消除余湿的设计风量(按干空气计)应为下列哪一项?

(A)3100～3500kg/h　　(B)3600～4000kg/h

(C)4100～4500kg/h　　(D)4800～5200kg/h

答案:[　]

主要解答过程:

8. 某生产厂房采用自然进风、机械排风的全面通风方式，室内空气温度为30℃，含湿量为17.4g/kg，室外通风设计温度为26.5℃，含湿量为15.5g/kg，厂房内的余热量20kW，余湿量为25kg/h，该厂房排风系统的设计风量应为下列哪一项？［空气比热容为1.01kJ/(kg·K)］

(A)12000～14000kg/h　　(B)15000～17000kg/h

(C)18000～19000kg/h　　(D)20000～21000kg/h

答案：[　]

主要解答过程：

9. 某人防地下室战时为二等人员掩蔽场所，清洁区有效容积为320m³，掩蔽人数为420人，清洁式通风的新风量标准为6m³/(人·h)，滤毒式通风的新风量为2.5m³/(人·h)，最小防毒通道体积为20m³，设计滤毒通风的最小新风量应是下列哪一项？

(A)2510～2530m³/h　　(B)1040～1060m³/h

(C)920～940m³/h　　(D)790～810m³/h

答案：[　]

主要解答过程：

10. 某厂房采用自然通风排除室内余热，要求进风窗的进风量与天窗的排风量均为$G_j=850$kg/s；排风天窗窗孔两侧的密度差为0.055kg/m³；进风窗的面积$F_j=800$m²、局部阻力系数$\xi_j=3.18$；设：天窗与进风窗之间中心距$h=15$m；天窗中心与中和面的距离$h_j=10$m，天窗局部阻力系数$\xi_p=4.2$，天窗排风口空气密度$\rho_p=1.125$kg/m³，则所需天窗面积为下列哪一项？

(A)410～470m²　　(B)471～530m²

(C)531～590m²　　(D)591～640m²

答案：[　]

主要解答过程：

11. 某离心式风机在标准工况下的参数为：风量9900m³/h，风压350Pa，在实际工程中用于输送10℃的空气，当地大气压力为标准大气压力，则该风机的实际风量和风压值为下列哪项？　　(　　)

(A)风量不变,风压为335~340Pa

(B)风量不变,风压为360~365Pa

(C)风量为8650~8700m^3/h,风压为335~340Pa

(D)风量为9310~9320m^3/h,风压为360~365Pa

答案:[ ]

主要解答过程:

12. 某恒温车间采用一次回风空调系统,设计室温为(22±0.5)℃,相对湿度50%,室外设计计算参数:干球温度36℃,湿球温度27℃,夏季室内仅有显热负荷109.80kW,新风比为20%,表冷器机器露点取相对湿度为90%,当采用最大送风温差时,该车间的组合式空调器的设计冷量(当地为标准大气压,空气密度按1.2kg/m^3,不考虑风机与管道温升)应为下列哪一项?(查 h-d 图计算)

(A)200~230kW (B)240~280kW

(C)300~350kW (D)380~420kW

答案:[ ]

主要解答过程:

13. 某地大型商场为定风量空调系统,冬季采用新风供冷、湿膜加湿方式。室内设计温度22℃,相对湿度50%,室外空调设计温度-1.2℃,相对湿度74%,要求送风参数为13℃,相对湿度为80%,系统送风量30000m^3/h,查焓湿图(B=101325Pa),求新风量和加湿量为下列哪一项?(空气密度取1.20kg/m^3)

(A)20000~23000m^3/h,130~150kg/h

(B)10000~13000m^3/h,45~55kg/h

(C)7500~9000m^3/h,30~40kg/h

(D)2500~4000m^3/h,20~25kg/h

答案:[ ]

主要解答过程:

14. 位于我国西部某厂的空调系统,当地夏季大气压力为70kPa,车间的总余热为100kW,空调系统的送风焓差为15kJ/$kg_{干空气}$。试问,设空气密度与温度无关,该空调系

统的送风量最接近下列哪一项?(标准大气压力下,空气密度$\rho=1.20\mathrm{kg/m^3}$)

(A)$29000\mathrm{m^3/h}$
(B)$31000\mathrm{m^3/h}$
(C)$33000\mathrm{m^3/h}$
(D)$35000\mathrm{m^3/h}$

答案:[ ]

主要解答过程:

15. 某空调系统用表冷器处理空气,表冷器空气进口温度为34℃,出口温度为11℃,冷水进口温度为7℃,则表冷器的热交换效率系数应为下列哪一项?

(A)0.58~0.64
(B)0.66~0.72
(C)0.73~0.79
(D)0.80~0.86

答案:[ ]

主要解答过程:

16. 某一次回风全空气空调系统负担4个空调房间(房间ABCD),各房间设计状态下的新风量和送风量详见下表,已知4个房间的总室内冷负荷为18kW,各房间的室内设计参数均为:$t=25℃$,$\varphi=55\%$,$h=52.9\mathrm{kJ/kg}$,室外新风状态点为:$t=34℃$,$\varphi=65\%$,$h=90.4\mathrm{kJ/kg}$,无再热负荷,且忽略风机、管道温升,该系统的空调器所需冷量应为下列哪一项?(空气密度$\rho=1.20\mathrm{kg/m^3}$)

	房间A	房间B	房间C	房间D	合计
新风量($\mathrm{m^3/h}$)	180	270	180	150	780
送风量($\mathrm{m^3/h}$)	1250	1500	1500	1200	5450
新风比(%)	14.4	18	12	12.5	14.3

(A)25~25.9kW
(B)26~26.9kW
(C)27~27.9kW
(D)28~28.9kW

答案:[ ]

主要解答过程:

17. 某空调系统的水冷式冷水机组的运行工况与国家标准GB/T 18430.1—2007规定的名义工况时的温度流量条件完全相同,其制冷性能系数COP=6.25kW/kW,如果按照该冷水机组名义工况的要求来配备冷却水泵的水流量，此时冷却塔进塔与出塔水温，最接近以下哪个选项？（不考虑冷却水供回水管和冷却水泵的温升）

(A)进塔水温34.6℃，出塔水温30℃
(B)进塔水温35.0℃，出塔水温30℃
(C)进塔水温36.0℃，出塔水温31℃
(D)进塔水温37.0℃，出塔水温32℃

答案：[ ]
主要解答过程：

18. 一台名义制冷量2110kW的离心式冷水机组，其性能参数见下表，试问其综合部分负荷性能系数(IPLV)值，接近下列哪一项值？

负荷(%)	制冷量(kW)	冷却水进水温度(℃)	COP(kW/kW)
25	528	19	5.22
50	1055	23	6.39
75	1582	26	6.46
100	2100	30	5.84

(A)5.33　　(B)5.69
(C)6.29　　(D)6.59

答案：[ ]
主要解答过程：

19. 某房间采用温度湿度独立控制方式的新风加干式风机盘管空调系统，房间各项冷负荷逐时计算结果汇总见下表。问：在设备选型时，新风机组的设计冷负荷 Q_k 和干工况风机盘管的设计冷负荷 Q_f 应为以下哪一项？

各项冷负荷逐时计算结果汇总表

冷负荷 \ 时刻	10:00	11:00	12:00	13:00	14:00	15:00	16:00
围护结构	1800	2300	2700	2900	3000	3100	3000
照明	200	210	220	230	240	250	260
人员潜热	200	200	200	200	200	200	200
人员显热	100	110	120	130	140	150	160
新风	900	1000	1100	1300	1300	1200	1100

(A) $Q_k = 1300W, Q_f = 3580W$　　(B) $Q_k = 1300W, Q_f = 3650W$

(C) $Q_k = 1500W, Q_f = 3380W$　　(D) $Q_k = 1500W, Q_f = 3500W$

答案:[　]

主要解答过程:

20. 某户用风冷冷水机组,按照现行国家标准规定的方法,出厂时测得机组名义工况制冷量为35.4kW,制冷总耗功率为12.5kW,试问,该机组能源效率按国家能耗等级标准判断,下列哪项是正确的?

(A)1级　(B)2级　(C)3级　(D)4级

答案:[　]

主要解答过程:

21. 使用电热水器和热泵热水器将50kg的水从15℃加热到55℃,如果电热水器的电效率为90%,热泵COP=3,试问热泵热水器耗电量与电热水器耗电量之比约为下列哪项数值?

(A)20%　(B)30%　(C)45%　(D)60%

答案:[　]

主要解答过程:

22. 某离心式冷水机组允许变流量运行,允许蒸发器最小流量是额定流量的65%,蒸发器在额定流量时,水压降为60kPa,蒸发侧(冷水回路侧)设有压差保护装置(当压差低于设定数值,表明水流量过小,实现机组自动停机保护)。问,满足变流量要求设定的保护压差数值应为下列哪一项?

(A)60kPa　(B)48~52kPa

(C)38~42kPa　(D)24~28kPa

答案:[　]

主要解答过程:

23. 某全新的离心式冷水机组(冷量 3100kW,COP = 5.0)的冷凝器温差为 1.2℃(100% 负荷),经过一个周期的运行,冷凝器温差为 3.6℃(100% 负荷),设机组冷凝器温差每升高 1℃机组能效降低 4%,问,该机组目前的 COP 最接近下列哪一项?

(A)4.8　　(B)4.5

(C)4.0　　(D)3.4

答案:[　]

主要解答过程:

24. 某燃气三联供项目的发电量全部用于冷水机组供冷,设内燃发电机组额定功率 1MW ×2 台,发电效率 40%,发电后燃气余热可利用 67%,若离心式冷水机组 COP 为 5.6,余热溴化锂吸收式冷水机组性能系数为 1.1,系统供冷量为下列哪一项?

(A)12.52MW　　(B)13.4MW

(C)5.36MW　　(D)10MW

答案:[　]

主要解答过程:

25. 某住宅楼设有大便器、洗脸盆、洗涤盆、洗衣机、热水器和沐浴设备,已知该住宅楼人数为 600 人,最高日生活用水定额为 200L/(人·d),最高日热水定额为 60L/(人·d),问:该住宅楼的最大日用水量为下列哪一项?

(A)120t/d　　(B)132t/d

(C)144t/d　　(D)156t/d

答案:[　]

主要解答过程:

2013 年案例分析试题答案(上午卷)

1. 答案:C

主要解题过程:

《注册公用设备工程师暖通空调考试复习教材》(第三版) P23 公式(1.3-3)得:

$$\Delta P = P_1 - P_2 = gh(\rho_h - \rho_g)$$

$$= 9.81 \times (2.8 + 1.0) \times (977.81 - 961.92) = 592.35\text{Pa} = 60.382\text{kg/m}^2$$

2. 答案:C

主要解题过程:

(1)散热器散热量计算公式,由《注册公用设备工程师暖通空调考试复习教材》(第三版) P86 公式(1.8-1)可得:$Q = KF(t_{pj} - t_n)/\beta$

改造前:$Q_{前} = KF(t_{pj前} - t_n)/\beta$ (1)

改造后:$Q_{后} = 0.65 \times Q_{前} = KF(t_{pj后} - t_n)/\beta$ (2)

(1)式代入(2)式有:$\dfrac{0.65KF(t_{pj前} - t_n)}{\beta} = \dfrac{KF(t_{pj前} - t_n)}{\beta}$

其中,$t_{pj前} = \dfrac{85 + 60}{2} = 72.5℃$,$t_n = 20℃$,解得:$t_{pj后} = 57.46℃$

(2)改造前后系统流量不变即:$\dfrac{Q_{前}}{Q_{后}} = \dfrac{G \cdot c \cdot \Delta t_{前}}{G \cdot c \cdot \Delta t_{后}} = \dfrac{25}{\Delta t_{后}} = \dfrac{1}{0.65}$,解得 $\Delta t_{后} = 16.25℃$

3. 答案:D

主要解题过程:

根据题意需校核计算送风射流的有效长度。已知条件为:$H = 6\text{m}$,$h = 3\text{m}$,由 $v_1 = 0.3\text{m/s}$,$v_2 = 0.15\text{m/s}$,查《注册公用设备工程师暖通空调考试复习教材》(第三版)表 1.5-2,得 $X = 0.33$,查表 1.5-6 得收缩圆喷嘴的 $a = 0.07$,平型送风当送风口高度 $h = 0.5H$ 时的射流有效长度按《注册公用设备工程师暖通空调考试复习教材》(第三版) P62 公式(1.5-2)得:

$$l_x = \frac{0.7X}{a}\sqrt{A_h} = \frac{0.7 \times 0.33}{0.07}\sqrt{24 \times 6} = 39.6\text{m}$$,可知射流能够覆盖的车间为选项 D。

4. 答案:B

主要解题过程:

根据题意和《注册公用设备工程师暖通空调考试复习教材》(第三版) P120,本题的全年耗热量包括供暖全年耗热量、供暖期通风耗热量、空调供暖耗热量,分别按公式(1.10-8)~公式(1.10-10)计算:

供暖全年耗热量:$Q_h^a = 0.0864NQ_h \dfrac{t_1 - t_n}{t_1 - t_{o \cdot h}}$

$$= 0.0864 \times 120 \times 1500 \times \frac{18 - (-1)}{18 - (-7)} = 11819.52\text{GJ}$$

供暖期通风耗热量：$Q_v^a = 0.0036 T_v N Q_v \dfrac{t_1 - t_n}{t_1 - t_{o\cdot v}}$

$$= 0.0036 \times 3 \times 120 \times 800 \times \frac{18-(-1)}{18-(-4)} = 895.42\text{GJ}$$

空调供暖耗热量：$Q_a^a = 0.0036 T_a N Q_a \dfrac{t_1 - t_n}{t_1 - t_{o\cdot a}} = 0.0036 \times 8 \times 120 \times 500 \times \dfrac{18-(-1)}{18-(-10)}$

$= 1172.57\text{GJ}$

全年最大耗热量为：$Q = Q_h^a + Q_v^a + Q_a^a = 11819.52 + 895.42 + 1172.57 = 13887.51\text{GJ}$

5. 答案：B

主要解题过程：

从水压图可以看出水泵将水从 A 点提升到 E 点，其水泵扬程为：$H = 69 - 21 = 48\text{m}$

系统停止运行时，各点压力相同均为 21m，3 号楼顶的系统压力为：$H_3 = 21 - 16 = 5\text{m}$

6. 答案：C

主要解题过程：

根据《注册公用设备工程师暖通空调考试复习教材》（第三版）P271 公式（2.8-7）：$P = SQ^2$，得：$S = P/Q^2$，代入低速运行的风量与压力损失公式得 $S = 300/30000^2$，由于系统管路特性未变，系统 S 值不变，则高速运行时压力损失：

$$P = \frac{300}{30000^2} \times 60000^2 = 1200\text{Pa}$$

7. 答案：D

主要解题过程：

查焓湿图，温度为 30℃，相对湿度 60%，$d_p = 16.04\text{g/kg}$

温度为 27℃，相对湿度为 50%，$d_o = 11.15\text{g/kg}$

由《注册公用设备工程师暖通空调考试复习教材》（第三版）P172 公式（2.2-3），得

消除余湿需要的通风量：$G = \dfrac{W}{d_p - d_0} = \dfrac{25 \times 1000}{16.04 - 11.15} = 5112.47\text{kg/h}$

查焓湿图得到的含湿量会有一定的误差。

8. 答案：D

主要解题过程：

本题的设计风量应按消除余湿和消除余热分别计算，取较大风量。

查焓湿图，温度为 30℃，含湿量为 $d_n = 17.4\text{g/kg}$，焓值为 $h_n = 74.8\text{kJ/kg}$。

温度为 26.5℃，含湿量为 $d_n = 15.5\text{g/kg}$，焓值为 $h_w = 66.2\text{kJ/kg}$

由《注册公用设备工程师暖通空调考试复习教材》（第三版）P172 公式（2.2-2）和公式（2.2-3），得

消除余热所需的通风量：$G = \dfrac{Q}{c \times (t_p - t_0)} = \dfrac{20 \times 3600}{1.01 \times (30 - 26.5)} = 20367.8\text{kg/h}$

消除余湿所需的通风量：$G = \dfrac{W}{d_p - d_0} = \dfrac{25 \times 1000}{17.4 - 15.5} = 13157.9\text{kg/h}$

取两者中的大值。

9. 答案:B

主要解题过程:

《人民防空地下室设计规范》(GB 50038—2005)第 5.2.7 条:

$L_R = L_2 \cdot n = 2.5 \times 420 = 1050\text{m}^3/\text{h}$

$L_H = V_F \times K_H + L_f = 20 \times 40 + 320 \times 4\% = 812.8\text{m}^3/\text{h}$

取两者中的大值。

10. 答案:B

主要解题过程:

《注册公用设备工程师暖通空调考试复习教材》(第三版) P180 公式(2.3-15)、公式(2.3-1)计算排风天窗的面积:

$$F_b = \frac{G_b}{\mu_b \sqrt{2h_2 g(\rho_w - \rho_{np})\rho_p}} = \frac{850}{\sqrt{1/4.2} \times \sqrt{2 \times 10 \times 9.8 \times 0.055 \times 1.125}} = 500.2\text{m}^2$$

11. 答案:B

主要解题过程:

《注册公用设备工程师暖通空调考试复习教材》(第三版) P265,通风机设计的标准工况是大气压力为 101.3kPa,空气温度 $t = 20℃$,此时空气的密度为 $\rho = 1.20\text{kg/m}^3$,题中给出的条件为空气温度 10℃,此时空气密度发生变化,根据 P266 表 2.8-6,空气密度发生变化的情况下风量不变,按公式

$$P_2 = P_1 \frac{\rho_2}{\rho_1} = 350 \times \frac{353/(273+10)}{1.2} = 364\text{Pa}$$

密度的计算见 P270 公式(2.8-6)。

12. 答案:A

主要解题过程:

按题意,此一次回风空气处理过程如图所示。

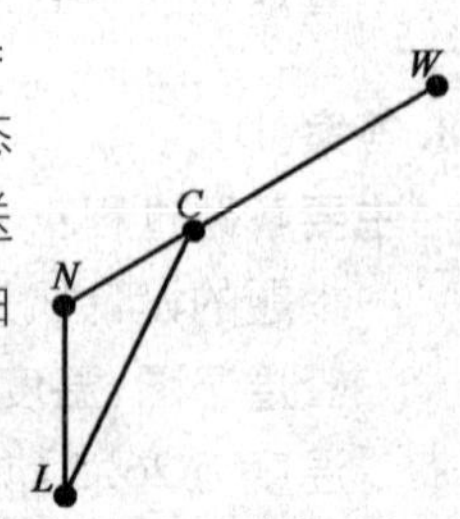

将室外状态点和室内状态点的状态参数在 h-d 图中标出,$h_W = 85.85\text{kJ/kg}$,$h_N = 43.36\text{kJ/kg}$,因夏季室内仅有显热负荷,过室内状态点 N 做垂线,与 90% 饱和线相交于 L 点,L 点即最大温差送风时的送风状态点,查得 L 点的状态参数为:$t_L = 12.7℃$,$h_L = 33.84\text{kJ/kg}$。由此根据室内的显热负荷可求得送风风量 G(kg/s):

$$G_L = \frac{Q_L}{c \cdot (t_N - t_L)} = \frac{109.08}{1.01 \times (22 - 12.7)} = 11.61\text{kg/s}$$

根据新风比求一次回风的混风状态点 C 的焓值:

$$\frac{h_C - h_N}{h_W - h_N} = \frac{h_C - 43.36}{85.85 - 43.36} = 20\%$$

解得 $h_C = 51.30\text{kJ/kg}$,则

组合式空调机组的制冷量：

$$Q_{C-L}=G_L\cdot(h_C-h_L)=11.61\times(51.30-33.84)=202.7\text{kW}$$

13. **答案：**C

主要解题过程：

根据题意，已知室内外温度、送风温度及送风量，可以判断此处理过程为一次风定风量处理过程，湿膜加湿的处理过程为等焓过程，所以处理过程如图所示。

室外新风与室内回风混合处理后经等焓加湿到送风状态点 O，一次回风后等焓加湿到送风状态点 O。由题意可知，室外状态点 W、室内状态点 N、送风状态点 O 的各参数均可查得。

查焓湿图：$h_C=h_O=32.13\text{kJ/kg}$，$d_O=7.53\text{g/kg}$，$h_N=43.36\text{kJ/kg}$，$h_W=4.84\text{kJ/kg}$，$d_C=6.6\text{g/kg}$

新风比：$m=\dfrac{h_C-h_N}{h_W-h_N}=\dfrac{32.13-43.36}{4.84-43.36}=29\%$

新风量：$V_X=V\cdot m=30000\times29\%=8700\text{m}^3/\text{h}$

加湿量：$W=V\cdot\rho\cdot(d_O-d_C)$

$$=30000\times1.2\times(7.53-6.6)=33480\text{g/h}=33.48\text{kg/h}$$

14. **答案：**A

主要解题过程：

首先求大气压力为 70kPa 时，空气的密度，由《注册公用设备工程师暖通空调考试复习教材》(第三版) P266 表 2.8-8 得：$\dfrac{P_2}{P_1}=\dfrac{\rho_2}{\rho_1}$，即$\dfrac{70}{101.3}=\dfrac{\rho_2}{1.2}$，解得 $\rho_2=0.829\text{kg/m}^3$

根据送风焓差和室内总余热量计算送风量：

$$V=\frac{Q}{\rho_2\cdot\Delta h}=\frac{100}{0.829\times15}=8.041\text{m}^3/\text{s}=28950\text{m}^3/\text{h}$$

15. **答案：**D

主要解题过程：

《注册公用设备工程师暖通空调考试复习教材》(第三版) P405 公式(3.4-14)热交换效率系数：

$$\varepsilon=\frac{t_1-t_2}{t_1-t_{w1}}=\frac{34-11}{34-7}=0.852$$

16. **答案：**C

主要解题过程：

《注册公用设备工程师暖通空调考试复习教材》(第三版) P377 公式(3.4-2)计算新风的冷负荷：

$$Q_w=G_w\cdot(h_w-h_n)=\frac{780}{3600}\times1.2\times(90.4-52.9)=9.75\text{kW}$$

机组的冷负荷 = 新风冷负荷 + 室内冷负荷 = 9.75 + 18 = 27.75kW

17. **答案**:A

主要解题过程:

《注册公用设备工程师暖通空调考试复习教材》(第三版) P615 表 4.3-5 可知:使用侧每 1kW 制冷量的对应流量为 0.172m^3/h,由换热量、流量及温度关系式 $G=0.86Q/\Delta t$,则名义工况时使用侧水温差 $\Delta t=0.86Q/G=0.86\times1/0.172=5$℃。现假设压缩机耗功为 1W,则制冷量为 6.25W,冷凝热 1W + 6.25W = 7.25W。蒸发器侧的流量为:0.86 × 6.25/5 = 0.172m^3/h,冷凝器侧的流量为:$0.86\times7.25/\Delta T=0.215$,冷凝器的进出水温差 $\Delta T=4.65$℃,表中给定冷机冷凝侧进口水温为 30℃,可得冷凝器出口侧的水温为 30 + 4.65 = 34.65℃。

18. **答案**:C

主要解题过程:

《蒸汽压缩循环冷水(热泵)机组　第 1 部分》(GB/T 18430.1—2007) 第 3.2.1 条:

$$\begin{aligned}IPLV&=2.3\%\times A+41.5\%\times B+46.1\%\times C+10.1\%\times D\\&=2.3\%\times5.84+41.5\%\times6.46+46.1\%\times6.39+10.1\%\times5.22=6.29\end{aligned}$$

19. **答案**:D

主要解题过程:

《注册公用设备工程师暖通空调考试复习教材》(第三版) P399,温湿度独立控制方式,干式风机盘管负担室内显热负荷,新风负担新风负荷和湿负荷。从表中可以看出 15℃时室内的显热冷负荷最大,14℃时新风冷负荷最大,设计选型时分别按最大时刻的冷负荷选。

干式风机盘管的设计冷负荷:$Q_f=3100+250+150=3500$W

新风机组的设计冷负荷:$Q_k=1300+200=1500$W

20. **答案**:C

主要解题过程:

该机组 COP = 35.4/12.5 = 2.832

查《冷水机组能效限定值及能源效率等级》(GB 19577—2004) 表 2,额定制冷量小于等于 50kW 的风冷冷水机组,COP = 2.83 时,属于 3 级能效。

21. **答案**:B

主要解题过程:

假设将 50kg 的水从 15℃加热到 55℃需要热量为 Q,

电加热所需耗电量:$W_1=Q/\eta=Q/0.9$

热泵热水机需要耗电量:$W_2=Q/\mathrm{COP}=Q/3$

$W_2/W_1=(Q/3)/(Q/0.9)=0.3=30\%$

22. **答案**:D

主要解题过程:

根据公式 $\Delta P=SG^2$,机组的阻力特性数 S 值不变,则有:

$$\Delta P_2 = \Delta P_1 \times \left(\frac{G_2}{G_1}\right)^2 = 60 \times 0.65^2 = 25.35\text{kPa}$$

23. **答案**:B

主要解题过程:

根据题意,冷凝器温差改变后的 COP′为:

$$\text{COP}' = \text{COP} \times [1-(3.6-1.2)\times 0.04] = 5 \times (1-2.4\times 0.04) = 4.52$$

24. **答案**:C

主要解题过程:

离心式冷水机组制冷量:$Q_1 = 1\times 2\times 40\% \times 5.6 = 4.48\text{MW}$

溴化锂吸收式冷水机组制冷量:$Q_2 = 1\times 2\times(1-40\%)\times 67\% \times 1.1 = 0.88\text{MW}$

系统总制冷量为:$Q = Q_1 + Q_2 = 4.48 + 0.88 = 5.36\text{MW}$

25. **答案**:A

主要解题过程:

《建筑给水排水设计规范》(GB 50015—2003)(2009 年版)表 3.1.9,表中所给出的最高日生活用水定额已包括热水用量,由《注册公用设备工程师暖通空调考试复习教材》(第三版) P800 公式(6.1-1):

$$Q_d = mxq_0 = 600\times 200/1000 = 120\text{m}^3/\text{d}$$

2013 年案例分析试题(下午卷)

[专业案例题(共 25 题,每题 2 分)]

1. 严寒地区 A 区拟建正南、北朝向十层办公楼,外轮廓尺寸为 63m × 15m,顶层为多功能厅,南侧外窗为 14 个竖向条形落地窗(每个窗宽 2700mm),一层和顶层层高为 5.4m,中间层层高为 3.9m,其顶层多功能厅开设两个天窗,尺寸为 15m × 16m,问该建筑的南外墙及南外窗的绝热系数[W/(m^2 · K)]应为哪一项?

(A)$K_{窗} \leqslant 1.7, K_{墙} \leqslant 0.40$　　(B)$K_{窗} \leqslant 1.7, K_{墙} \leqslant 0.45$

(C)$K_{窗} \leqslant 1.5, K_{墙} \leqslant 0.40$　　(D)$K_{窗} \leqslant 1.5, K_{墙} \leqslant 0.45$

答案:[ ]

主要解答过程:

2. 某厂房设计采用 60kPa 蒸汽供暖,供气管道最大长度为 870m,选择供气管道管径时,平均单位长度摩擦阻力损失以及供汽水平干管的末端管径,应是下列哪一项?

(A)$\Delta P_m \leqslant 25$Pa/m, DN$\leqslant$20mm

(B)$\Delta P_m \leqslant 35$Pa/m, DN$\geqslant$25mm

(C)$\Delta P_m \leqslant 40$Pa/m, DN$\geqslant$25mm

(D)$\Delta P_m \leqslant 50$Pa/m, DN$\geqslant$25mm

答案:[ ]

主要解答过程:

3. 某住宅楼供暖系统原设计热媒为 85/60℃热水,采用铸铁四柱 760 型散热器,经对该楼进行围护结构节能改造后,室内供暖热水降至 65/45℃仍能满足原设计的室内温度 20℃(原供暖系统未做任何变动)。围护结构改造后的供暖热负荷应是下列哪一项?(已知散热器传热系数计算公式 $K = 2.81\Delta t^{0.297}$)

(A)为原设计热负荷的 56% ~60%

(B)为原设计热负荷的 61% ~65%

(C)为原设计热负荷的 66% ~70%

(D)为原设计热负荷的 71% ~75%

答案:[　]
主要解答过程:

4. 在浴室采用低温热水地面辐射供暖系统,设计室内温度为 25℃,且不超过地表面平均温度最高上限要求(32℃),敷设加热管单位地面积散热量的最大数值应为哪一项?

(A) $60W/m^2$　　(B) $70W/m^2$
(C) $80W/m^2$　　(D) $100W/m^2$

答案:[　]
主要解答过程:

5. 严寒地区某 200 万 m^2 的住宅小区,冬季供暖用热水锅炉房总装机容量为 140MW,对该住宅小区进行围护结构节能改造后,供暖热指标降至 $45W/m^2$,该锅炉房还能再负担新建节能住宅(供暖热指标 $35W/m^2$)供暖的面积,应是下列哪一项?(锅炉房自用负荷忽略不计,管网输送效率 $K_0 = 0.94$)

(A) $118 \times 10^4 m^2$　　(B) $128 \times 10^4 m^2$
(C) $134 \times 10^4 m^2$　　(D) $142 \times 10^4 m^2$

答案:[　]
主要解答过程:

6. 某小区供暖锅炉房,设有 1 台燃气锅炉,其额定工况为:供水温度为 95%,回水温度 70℃,效率为 90%。实际运行中,锅炉供水温度改变为 80℃,回收温度为 60℃,同时测得水流量为 100t/h,天然气消耗量为 $260Nm^3/h$(当地天然气低位热值为 $35000kJ/Nm^3$)。该锅炉实际运行中的效率变化为下列哪一项?

(A)运行效率比额定效率降低了 1.5% ~2.5%
(B)运行效率比额定效率降低了 4% ~5%
(C)运行效率比额定效率提高了 1.5% ~2.5%
(D)运行效率比额定效率提高了 4% ~5%

答案:[　]
主要解答过程:

7. 某车间除尘通风系统的圆形风管制作完毕，需对其漏风量进行测试，风管设计工作压力为 1500Pa，风管设计工作压力下的最大允许漏风量接近哪一项值？（按 GB 50738）

(A) $1.03m^3/(h \cdot m^2)$　　(B) $2.04m^3/(h \cdot m^2)$

(C) $4.08m^3/(h \cdot m^2)$　　(D) $6.12m^3/(h \cdot m^2)$

答案：[　]

主要解答过程：

8. 某化工生产车间内，生产过程中散发苯、丙酮、醋酸乙酯和醋酸丁酯的有机溶剂蒸汽，需设置通风系统。已知其散发量分别为：苯 $M_1 = 200g/h$、丙酮 $M_2 = 150g/h$、醋酸乙酯 $M_3 = 180g/h$、醋酸丁酯 $M_4 = 260g/h$。车间内四种溶剂的最高允许浓度分别为：苯 $S_1 = 50mg/m^3$，丙酮 $S_2 = 400mg/m^3$，醋酸乙酯 $S_3 = 200mg/m^3$，醋酸丁酯 $S_4 = 200mg/m^3$。试问该车间的通风量应为下列哪一项？

(A) $4000m^3/h$　　(B) $4900m^3/h$

(C) $5300m^3/h$　　(D) $6675m^3/h$

答案：[　]

主要解答过程：

9. 某层高 4m 的一栋散发有害气体的厂房，室内供暖计算温度 15℃，车间围护结构耗热量 200kW，室内为消除有害气体的全面机械排风量 10kg/s；拟采用全新风集中热风供暖系统，送风量 9kg/s，则车间热风供暖系统的送风温度应为下列哪一项？［当地室外供暖计算温度 −10℃，冬季通风室外计算温度 −5℃，空气比热容为 1.01kJ/(kg·K)］

(A) 33.0～34.9℃　　(B) 35.0～36.9℃

(C) 37.0～38.9℃　　(D) 39.0～40.9℃

答案：[　]

主要解答过程：

10. 某屋面高为14m的厂房，室内散热均匀，余热量为1374kW，温度梯度0.4℃/m；夏季室外通风计算温度为30℃，室内工作区(高2m)设计温度为32℃。拟采用屋面天窗排风、外墙侧窗送风的自然通风方式排除室内余热，自然通风量应为下列哪一项？[空气比热容为1.01kJ/(kg·K)]

(A)171～190kg/s
(B)191～210kg/s
(C)211～230kg/s
(D)231～250kg/s

答案：[ ]
主要解答过程：

11. 一个地下二层的汽车库，建筑面积3500m²，层高3m，设置通风兼排烟系统，排烟时机械补风。试问计算的排烟量和补风量为下列哪组时符合要求？

(A)划分1个防烟分区，每个防烟分区的排烟量52500m³/h、补风量21000m³/h
(B)划分2个防烟分区，每个防烟分区的排烟量52500m³/h、补风量26250m³/h
(C)划分1个防烟分区，每个防烟分区的排烟量63000m³/h、补风量25200m³/h
(D)划分2个防烟分区，每个防烟分区的排烟量30000m³/h、补风量15000m³/h

答案：[ ]
主要解答过程：

12. 某酒店集中空调系统采用离心式循环水泵输送冷水，设计选用水泵额定流量200m³/h，扬程50m水柱，配套电动机功率45kW。系统运行后，水泵常因故障停泵，经实测，水泵扬程为30m水柱，该水泵性能的有关数据见下表。实际运行时，水泵轴功率接近下列哪一项？并说明停泵原因。

型号	流量(m³/h)	扬程(m)	效率η
200/400	140	53	68%
200/400	200	50	75%
200/400	260	46	71%
200/400	370	30	60%

(A)≈45kW　　(B)≈50kW
(C)≈55kW　　(D)≈75kW

答案:[　]
主要解答过程:

13. 一空调矩形钢板送风管(风管内空气温度15℃),途经一非空调场所(场所空气干球温度35℃、露点温度为31℃)。拟选用离心玻璃棉保温防止结露,则该风管的防止结露的最小计算保温厚度应是下列哪一项?[注:离心玻璃棉的导热系数 $\lambda=0.039W/(m\cdot K)$,不考虑导热系数的温度修正;保温层外表面换热系数 $=8.14W/(m^2\cdot K)$,保冷厚度修正系数为1.2]

(A)19.3~20.3mm　(B)21.4~22.4mm
(C)22.5~23.5mm　(D)23.6~24.3mm

答案:[　]
主要解答过程:

14. 严寒地区的某办公建筑中的两管制定风量全空气空调系统,其空调机组的功能段如图所示。设风机(包含电机及传动效率)的总效率为 $\eta_L=55\%$。问:该系统机组符合节能设计要求所允许的最大机外余压限值,接近以下哪一项?

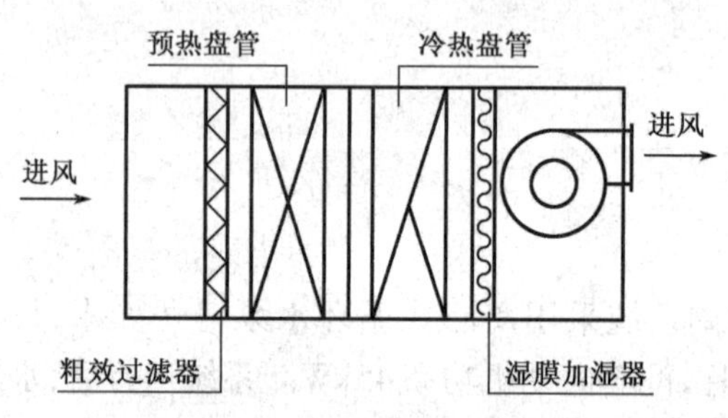

(A)400Pa　(B)650Pa　(C)600Pa　(D)534Pa

答案:[　]
主要解答过程:

15. 已知某地一空调空间采用辐射顶板+新风系统供冷(新风系统采用7/12℃冷水冷却除湿),设计室内参数:干球温度26℃,相对湿度60%,室内无余湿。当地气象条件:标准大气压,室外空调计算干球温度34℃,计算含湿量 $20g/kg_{干空气}$。送入房间的新

风处理方式中,设计合理的应是下列哪一项？并说明求解过程(新风处理后相对湿度为90%)

(A)直接送入室外34℃的新风
(B)新风处理到约18℃送入室内
(C)新风处理到约19.5℃送入室内
(D)新风处理到约26℃送入室内

答案:[ ]
主要解答过程:

16. 某地大气压力 $B=101.3\text{kPa}$,夏季室外空气设计参数:干球温度34℃、湿球温度20℃。一房间的室内空气设计参数 $t_n=26℃$、$\varphi_n=55\%$,室内余湿量为1.6kg/h。采用新风机组+干式风机盘管,新风机组由表冷段+循环喷雾段组成。已知,表冷段供水温度为16℃,热交换效率系数0.75,新风机组出风的相对湿度 $\Phi_x=90\%$。查 $h\text{-}d$ 图计算并绘制出空气处理过程,送入房间的新风量应是下列哪一项?

(A)1280~1680kg/h　　(B)1700~2300kg/h
(C)2400~3000kg/h　　(D)3100~3600kg/h

答案:[ ]
主要解答过程:

17. 某建筑一房间空调系统为全空气一次回风定风量、定新风比系统(全年送风量不变),新风比为40%。系统设计的基本参数除表列值外,其余为:(1)夏季房间空调全热冷负荷40kW,送风机器露点确定为95%(不考虑风机及风管温升);(2)冬季室外设计状态:室外温度-5℃,相对湿度30%;空调箱送风设计温度为28℃;冬季加湿方式为高压喷雾等焓加湿;(3)大气压力为101325Pa。问:该系统空调机组的加热盘管在冬季设计状态下所需要的加热量,接近以下哪一项?(查 $h\text{-}d$ 图计算)

	室内设计参数		热湿比(kJ/kg)
	温度(℃)	相对湿度(%)	
夏季	25	50	20000
冬季	25	40	-5000

(A)72~78kW　　(B)60~71kW　　(C)55~59kW　　(D)43~54kW

答案:[ ]
主要解答过程:

18. 某办公室 1000m^2,层高 4m,吊顶高度 3m;空调换气次数 8 次/h,要求采用面尺寸 500mm,颈部尺寸 400mm 的方形散流器送风,试计算散流器的最少个数?(已知:散流器的安装高度为 3m 时,颈部最大风速要求为 4.65m/s,安装高度为 4m 时,颈部最大风速要求为 5.60m/s)

(A)6 个　　(B)9 个　　(C)10 个　　(D)12 个

答案:[ ]
主要解答过程:

19. 某空调冷水系统如图所示。设计工况下,二次侧水泵的运行效率为 75%,水泵轴功率为 10kW,当末端及系统处于低负荷时,该系统采用恒定水泵出口压力的方式来自动控制水泵的转速,当系统所需要的流量为设计工况流量的 50% 时,假设二次侧水泵在此工况时的效率为 60%。问:此时二次侧水泵所需的轴功率接近下列哪一项数值?(膨胀管连接在水泵吸入口)

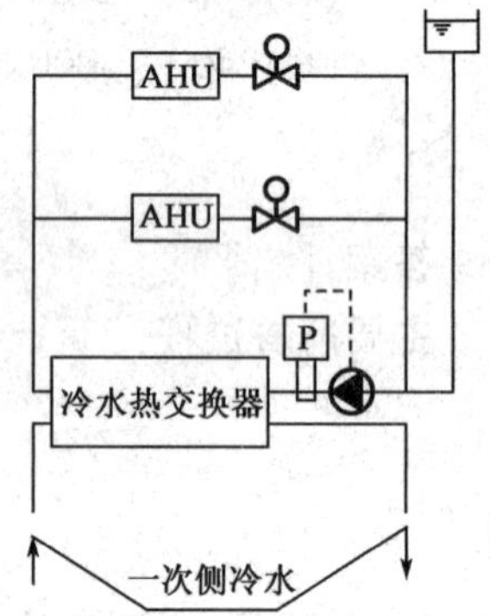

(A)12.5kW
(B)6.3kW
(C)5.0kW
(D)1.6kW

答案:[ ]
主要解答过程:

20. 某空调机组内设有粗、中效两级空气过滤器,按质量浓度计,粗效过滤器的效率为 70%,中效过滤器的效率为 80%。若粗效过滤器入口空气含尘浓度为 150mg/m^3,中效过滤器出口空气含尘浓度为下列哪项数值?

(A)3mg/m^3　　(B)5mg/m^3
(C)7mg/m^3　　(D)9mg/m^3

答案:[ ]
主要解答过程:

21. 图示为采用热力膨胀阀的回热式制冷循环,点 1 为蒸发器出口状态,1—2 和 5—6 为气液在回热器的换热过程,试问该循环制冷剂的单位质量压缩耗功应是下列哪一个选项?(注:各点比焓见下表)

状态点	1	2	3	4	5	6
比焓(kJ/kg)	340	346.8	349.3	376.5	286.6	287.3

(A)6.8kJ/kg (B)9.5kJ/kg
(C)27.2kJ/kg (D)30.2kJ/kg

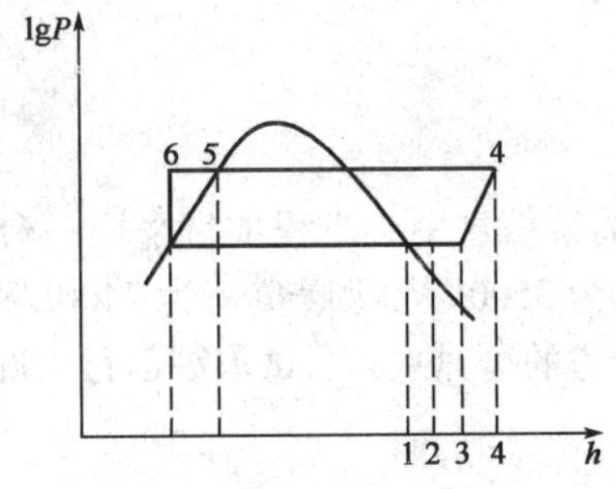

答案:[ ]
主要解答过程:

22. 某带回热器的压缩式制冷机组,制冷剂为 CO_2,图示为系统组成和制冷循环,点 1 为蒸发器出口状态,该循环回热器出口(点 5)焓值为哪一项?(注:各点比焓见下表)

状态点	1	2	3	4	7	8	9
比焓(kJ/kg)	434.6	485.2	537.3	327.6	437.6	484.7	434.2

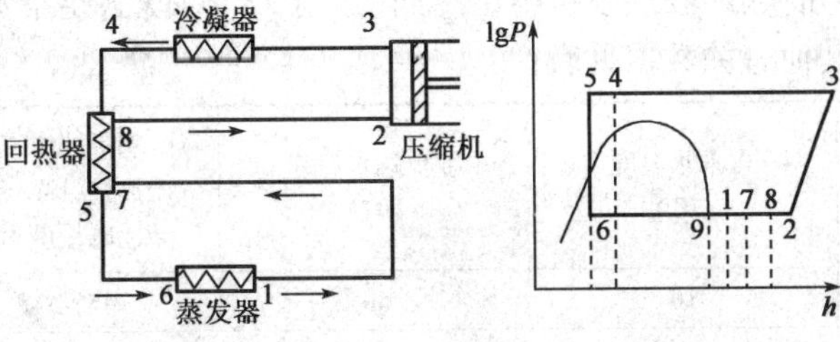

(A)277kJ/kg (B)277.5kJ/kg
(C)280kJ/kg (D)280.5kJ/kg

答案:[　]

主要解答过程:

23. 某写字楼冬季拟采用水环热泵空调系统,运行工况:采暖热负荷为3000kW,冷负荷为2100kW,系统采用水环热泵机组制热系数为4.0,制冷系数为3.75,若要满足冬季运行要求,辅助设备应是辅助热源还是散热设备,加热量(散热量)(预留10%余量)应为下列哪一项(忽略水泵和管道系统的冷、热损失)?

(A)排热设备450kW　　(B)辅助热源450kW

(C)辅助热源110kW　　(D)排热设备110kW

答案:[　]

主要解答过程:

24. 地处夏热冬冷地区的某信息中心工程项目采用一台热回收冷水机组进行冬季期间的供冷、供暖,供冷负荷为3500kW,供暖负荷为2400kW,设机组的能效维持不变,其COP=5.2,忽略水泵和管道的冷、热损失,试求该运行工况下由循环冷却水带走的热量为下列哪一项?

(A)4173kW　　(B)3500kW

(C)1773kW　　(D)2400kW

答案:[　]

主要解答过程:

25. 某地一宾馆卫生热水供应方案:方案一采用热回收热泵机组2台;方案二采用燃气锅炉1台。已知:热回收热泵机组供冷期(运行185d)既满足空调制冷又同时满足卫生热水的需求,其他有关数据见表:

卫生热水用量(t/d)	自来水温度(℃)	卫生热水温度(℃)	热回收机组产热量(kW/台)/耗电量(kW)	燃气锅炉效率(%)
160	10	50	455/118	90
(1)电费1元/kW·h、燃气费4元/Nm^3、燃气低位热值为39840kJ/Nm^3; (2)热回收机组产热量、耗电量为过渡季节和冬季制备卫生热水的数值				

关于两个方案年运行能源费用的论证结果,正确的是下列哪一项?

(A)方案一比方案二年节约运行能源费用 350000 ~ 380000 元

(B)方案一比方案二年节约运行能源费用 720000 ~ 750000 元

(C)方案二比方案一年节约运行能源费用 350000 ~ 380000 元

(D)方案一比方案二年的运行费用基本一致

答案:[ ]

主要解答过程:

2013 年案例分析试题答案(下午卷)

1. 答案:B

主要解题过程:

《公共建筑节能设计标准》(GB 50189—2005)第 4.2.2 条可知要确定墙和窗的传热系数,需要先知道建筑的体型系数、窗墙面积比。根据题目给出的条件,已知楼高 $h = 5.4 \times 2 + 3.9 \times 8 = 42\text{m}$,

该建筑的体型系数为:$\dfrac{2 \times 63 \times 42 + 2 \times 15 \times 42 + 63 \times 15}{63 \times 15 \times 42} = 0.19 < 0.4$

南外墙的窗墙面积比为:$\dfrac{14 \times 2.7 \times 42}{63 \times 42} = 0.6$

符合第 4.1.2 条的要求,不需要进行权衡判定。

查表 4.2.2-1,外墙的传热系数为 $K_{墙} \leqslant 0.45\text{W/(m}^2 \cdot \text{K)}$,外窗的传热系数 $K_{窗} \leqslant 1.7\text{W/(m}^2 \cdot \text{K)}$。

2. 答案:C

主要解题过程:

《注册公用设备工程师暖通空调考试复习教材》(第三版) P32 可知此厂房设计 60kPa 的蒸汽为低压蒸汽,根据题意,由 P78 公式(1.6-4)得:

$$\Delta P_{\text{m}} = \frac{(P - 2000) \cdot a}{L} = \frac{(60000 - 2000) \times 0.6}{870} = 40\text{Pa/m}$$

由《民用建筑供暖通风与空气调节设计规范》(GB 50736—2012)第 5.9.15 条可知末端管径大于等于 DN25 合适。

3. 答案:A

主要解题过程:

由散热器散热计算公式,《注册公用设备工程师暖通空调考试复习教材》(第三版) P86 公式(1.8-1)得:

改造前散热器的散热量:$Q_0 = KF(t_{\text{pj}\cdot 0} - t_{\text{n}})/\beta$

改造后散热器的散热量:$Q_1 = KF(t_{\text{pj}\cdot 1} - t_{\text{n}})/\beta$

$$\frac{Q_1}{Q_0} = \frac{2.81(t_{\text{pj}\cdot 0} - t_{\text{n}})^{0.297} \times (t_{\text{pj}\cdot 1} - t_{\text{n}})}{2.81(t_{\text{pj}\cdot 0} - t_{\text{n}})^{0.297} \times (t_{\text{pj}\cdot 0} - t_{\text{n}})} = \frac{[(65 + 45/2) - 20]^{1.297}}{[(85 + 60/2) - 20]^{1.297}} = 59.1\%$$

4. 答案:B

主要解题过程:

由辐射采暖地表面平均温度计算公式,见《注册公用设备工程师暖通空调考试复习教材》(第三版) P42 公式(1.4-5)得:

$$t_{\text{pj}} = t_{\text{n}} + 9.82 \times \left(\frac{q_{\text{x}}}{100}\right)^{0.969} = 25 + 9.82 \times \left(\frac{q_{\text{x}}}{100}\right)^{0.969} \leqslant 32$$

解得 $q_x \leqslant 70.5\text{W/m}^2$

5. **答案**：A

主要解题过程：

住宅改造后，需要的总供热量：$Q_1 = 2000 \times 45 = 90000\text{kW} = 90\text{MW}$

锅炉房可供应新建住宅的供热量：$Q_1 = 140 \times 0.94 - 90 = 41.6\text{kW}$

新建住宅的供暖热指标为 35W/m²，则可承担新建住宅的面积：

$$F = \frac{41.6 \times 10^6}{35} = 1188571\text{m}^2 = 118.8\text{ 万 m}^2$$

6. **答案**：C

主要解题过程：

锅炉实际运行工况的效率为：$\eta = \dfrac{100 \times 10^3 \times 4.187 \times (80-60)}{2.60 \times 35000} = 0.9202$

运行效率变化值为：92.02% −90% =2.02%

因此运行效率比额定效率提高了 2.02%。

7. **答案**：B

主要解题过程：

《通风与空调工程施工规范》（GB 50738—2011）表 4.1.6-1，设计压力为 1500Pa 时，为中压系统，根据第 15.2.3 条，按中压系统计算风管的允许漏风量：$Q_M = 0.0352 P^{0.65} = 0.0352 \times 1500^{0.65} = 4.08\text{m}^2$

根据第 15.2.3.2 条，圆形风管允许漏风量是矩形的 50%，因此最终允许漏风量为 2.041m³/(h·m²)。

8. **答案**：D

主要解题过程：

《工业企业设计卫生标准》（GBZ 1—2010）第 6.1.5.1 条，本题应按各种气体分别稀释至规定的接触限制所需要的空气量的总和计算全面通风量 G，由《注册公用设备工程师暖通空调考试复习教材》（第三版）P171 公式（2.2-1b）：

$$G = 1.0 \times \left(\frac{200}{0.05} + \frac{150}{0.4} + \frac{180}{0.2} + \frac{260}{0.2}\right) = 6575\text{m}^3/\text{h}$$

9. **答案**：D

主要解题过程：

厂房内风量平衡公式见《注册公用设备工程师暖通空调考试复习教材》（第三版）P173 公式（2.2-5）：

$$G_{zj} + G_{jj} = G_{jp} + G_{zp}$$

$$G_{zj} + 9 = 10 + 0$$

得 $G_{zj} = 1\text{kg/s}$

厂房内热平衡公式见《注册公用设备工程师暖通空调考试复习教材》（第三版）P173 公式（2.2-6）：

$$\sum Q_h + c \cdot L_p \cdot t_n = \sum Q_f + c \cdot L_{jj} \cdot t_{jj} + c \cdot L_{xh} \cdot (t_s - t_n)$$

$200+1.01\times10\times15=0+1.01\times9\times t_{jj}+1.01\times1\times(-10)+0$

解得 $t_{jj}=39.8$℃

10. 答案:B

主要解题过程:

根据温度梯度计算屋顶天窗的排风温度:

$$t_p=32+(14-2)\times0.4=36.8℃$$

利用自然通风排除余热的通风量:

$$G=\frac{Q}{c(t_p-t_0)}=\frac{1374}{1.01\times(36.8-30)}=200\text{kg/s}$$

11. 答案:D

主要解题过程:

《汽车库、修车库、停车场设计防火规范》(GB 50067—2014)第8.2.1条,本车库需划分为2个防烟分区,排烟系统按防烟分区设置。根据第8.2.4条,排烟量不应小于30000m³/h,第8.2.9条规定补风量不小于排烟量50%。

排烟量 $G_1=30000\text{m}^3/\text{h}$,补风量 $L_2=0.5L_1=15000\text{m}^3/\text{h}$。

12. 答案:B

主要解题过程:

根据水泵的性能数据,计算该水泵的电机功率 $N_2=\frac{G\cdot H}{367.3\eta}=\frac{370\times30}{367.3\eta\times60\%}=$ 50.4kW,已超过配电功率45kW。造成此种情况的原因主要是由于系统的阻力计算过大所致,实际系统的阻力损失小于50m水柱,水泵实际流量达到370m³/h,超过额定流量200m³/h,造成水泵过载停机。

13. 答案:C

主要解题过程:

防结露保温层厚度计算按《注册公用设备工程师暖通空调考试复习教材》(第三版)P546公式(3.10-3)求得:

$$\delta_m=\frac{\lambda}{8.14}\times\frac{t_b-t_1}{t_2-t_b}\times K=\frac{0.039}{8.14}\times\frac{31-15}{35-31}\times1.2=0.023\text{m}=23\text{mm}$$

14. 答案:D

主要解题过程:

《公共建筑节能设计标准》(GB 50189—2015)第4.3.22条可知,此项目风道系统单位风量耗功率限值为0.27W/(m³·h),

$$W_s=\frac{P}{3600\eta_{CD}\eta_F}=\frac{P}{3600\times0.55}\leqslant0.27$$

解得 $P=534$Pa

15. **答案**:C

主要解题过程:

由题目给出的室内状态点温度和相对湿度可查得,室内露点温度为 17.6℃,室外 34℃的新风的露点温度 24.8℃,可知直接送 34℃室外风,在送风口处将会发生结露现象。因此室外风需要进行冷却减湿处理,因室内没有湿负荷,所以室外风处理到含湿量与室内含湿量相等即可,差焓湿图,室内的含湿量 $d_n = 12.7\text{g/kg}_{干空气}$,送风点的含湿量 $d_l = d_n$,送风相对湿度 90%,查的 $t_l = 19.3℃$。

16. **答案**:A

主要解题过程:

在焓湿图上绘制室内和室外的状态点,各点参数为:$d_n = 11.6\text{g/kg}_{干空气}$,露点温度 $t_n = 16.1℃$,室外空气含湿量 $d_w = 8.9\ \text{g/kg}_{干空气}$,室外空气含湿量低于室内空气含湿量,且室内的露点温度与表冷器的供水温度为 16℃几乎相等,考虑热交换器的换热效率,可知表冷器的处理过程为等湿冷却过程,循环喷雾段为加湿处理段。

根据表冷器的热交换效率,计算新风处理后的温度,由《注册公用设备工程师暖通空调考试复习教材》(第三版)P405 公式(3.4-14)可求得新风处理后的干球温度。$\varepsilon_1 = \dfrac{t_1 - t_2}{t_1 - t_{w1}}$,代入已知数据 $0.75 = \dfrac{34 - t_2}{34 - 16}$,解得 $t_2 = 20.5℃$。

循环喷雾为等焓加湿。根据温度 20.5℃和含湿量 $8.9\text{g/kg}_{干空气}$,查得 L 点的焓值为 43.3kJ/kg,向室内送风点的焓值也为 43.3kJ/kg,相对湿度为 90%,可以查到送风点 O 的含湿量为 $10.5\text{g/kg}_{干空气}$,根据室内的余湿,送风点和室内点的含湿量计算送风量 G:

$d_0 = d_n - \dfrac{W}{G}$,代入已知条件:

$$10.5 = 11.6 - \frac{1.6 \times 1000}{G}$$

解得 $G = 1454\text{kg/h}$

空气处理过程如图所示。

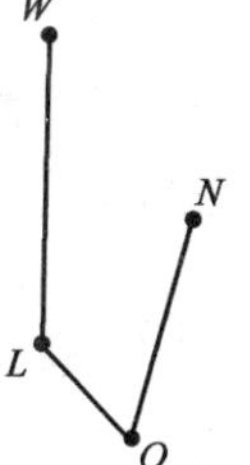

17. **答案**:B

主要解题过程:

本题给出了夏季和冬李的室内热湿比线,首先通过夏季室内状态点为 N、热湿比线、送风的机器露点可以得到送风状态点,由题中数据经 N_1 点作热湿比线 20000 与相对湿度线 95% 相交于 O_1。可知 $h_{n1} = 50.71\text{kJ/kg}$,$H_{o1} = 37.1\text{kJ/kg}$,求夏季空调机组的送风量:

$$G = \frac{Q}{h_{n1} - h_{o1}} = \frac{40}{50.71 - 37.1} = 2.94\text{kg/s}$$

分析冬季处理过程,连接室内状态点 N_2,室外状态点 W_2,由新风比 $m = 40\%$,查焓湿图给点参数为:$h_{n2} = 35\text{kJ/kg}$,$h_{w2} = -3.2\text{kJ/kg}$

列式：$m=\dfrac{h_{n2}-h_c}{h_{n2}-h_{w2}}=\dfrac{35-h_c}{35-(-3.2)}=40\%$，

解得 $h_c=19.72\text{kJ/kg}, d_c=3.8\text{g/kg}_{干空气}$，$C$ 点为混风状态点。

通过冬季室内点 N_2，绘制冬季热湿比线，与送风温度 28℃线相交于 O_2，此点即为冬季的送风状态点，冬季采用高压微雾加湿，其过程为等焓过程，通过 O_2 点做等焓线与 C 点的含湿量线相交于 D 点，C—D—O 即为冬季一次回风后经加热再等焓加湿的送风过程，加热盘管的加热量即为从 C 点加热至 D 点的热量，在焓湿图上查得各点焓值分别为：$h_d=h_{o2}=40.4\text{kJ/kg}$，题目给出冬夏的送风量相等，则加热盘管的加热量：$Q_2=G\cdot(h_d-h_c)=2.94\times(40.4-19.72)=60.8\text{kW}$。

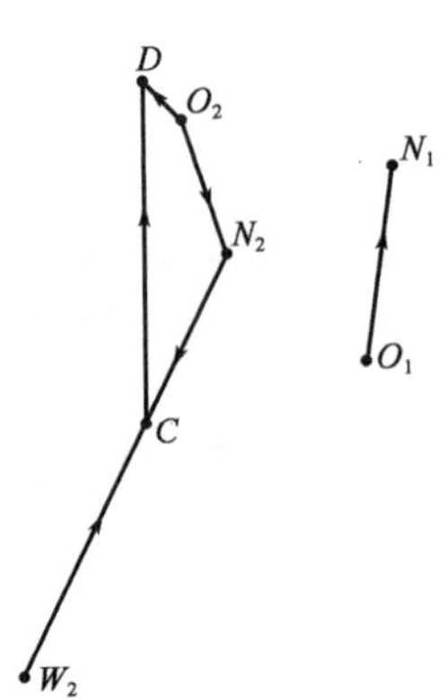

18. **答案：**B

主要解题过程：

根据换气次数据算空调系统送风量：$G=1000\times3\times8=24000\text{m}^3/\text{h}$

室内有吊顶，散流器的安装高度按 3m 算，则每个散流器的送风量为：

$$G_0=4.65\times0.4^2=0.744\text{m}^3/\text{s}$$

所需散流器个数为：$n=\dfrac{24000}{3600\times0.744}=8.96$，取 9 个。

19. **答案：**B

主要解题过程：

系统定压点设在水泵入口，且采用恒定水泵出口压力的方式，可知水泵的扬程 H 不变。设原流量为 G，现所需流量减半为 $0.5G$，由水泵功率的计算公式，可列出流量改变前后的公式：

$$10=\frac{G\cdot H}{367.3\times0.75}, N_2=\frac{0.5G\cdot H}{367.3\times0.6}$$

两式联立求解 $N_2=6.25\text{kW}$

20. **答案：**D

主要解题过程：

《注册公用设备工程师暖通空调考试复习教材》（第三版）P456 串联过滤器效率的计算公式（3.6-6）。

设入口含尘浓度为 C_1，出口含尘浓度 C_2，则有：

$$C_2=C_1\times(1-E_1)\times(1-E_2)$$
$$=150\times(1-0.7)\times(1-0.8)=9\text{mg/m}^3$$

21. **答案：**C

主要解题过程：

《注册公用设备工程师暖通空调考试复习教材》（第三版）P574 有关回热过程的介

绍，压缩机处理过程为3—4，耗功量为：

$$W = h_4 - h_3 = 376.5 - 349.3 = 27.2\text{kJ/kg}。$$

注：2—3为温升过程（热损失）。

22. **答案**：D

主要解题过程：

《注册公用设备工程师暖通空调考试复习教材》（第三版）P574有关回热循环的介绍可知，回热器内的换热过程为绝热过程，其蒸发器再冷的能量等于冷凝器吸收的热量，即：

$h_8 - h_7 = h_4 - h_5$

代入已知数据：$(484.7 - 437.6) = (327.6 - h_5)$

解得 $h_5 = 280.5\text{kJ/kg}$

23. **答案**：A

主要解题过程：

计算机组正常运行时，剩余得热量或散热量（正值为需加热，负值为需排热）Q_1：

$$Q_1 = 3000 - \left(2100 + \frac{2100}{3.75} + \frac{3000}{4.0}\right) = -410\text{kW}$$

可知机组需要向外排热，需设置排热设备，其设备容量为：

$$Q_2 = Q_1 \times 1.1 = 451\text{kW}$$

24. **答案**：C

主要解题过程：

机组能向外供应的热量：$Q_1 = 3500 + \frac{3500}{5.2} = 4173\text{kW}$

需要冷却水带走的热量：$Q_2 = 4173 - 2400 = 1773\text{kW}$

25. **答案**：B

主要解题过程：

确定每天生活热水的能耗 Q。已知自来水温差为 $50 - 10 = 40℃$，得：

$$Q = 160 \times 10^3 \times 4.2 \times 40 = 2.688 \times 10^7\text{kJ}$$

计算方案一的运行费用：

供冷季热泵采用空调废热回收制取生活热水，不需要额外消耗电能，需要消耗电能制取生活热水的天数为：$365 - 185 = 180$ 天，折算成热回收机组的每天的耗电量 W_1，可得 $W_1 = 2.688 \times 10^7 \times (118/455) = 6.97 \times 10^6\text{kJ}$

每天用电量为：$N = 6.97 \times 10^6/3600 = 1936\text{kW}\cdot\text{h}$

电费为1元/（kW·h），则每天电费即为1936元，一年的运行费用为 $1936 \times 180 = 348480$ 元。

计算方案二的运行费用：

每天的燃气耗量为:$2.688\times10^{7}\div90\%\div39840=749.67\text{Nm}^{3}$

1Nm^{3} 的燃气费 4 元,每天燃气费即为 $4\times749.67=2999$ 元,一年的运行费用为 $2999\times365=1094635$ 元。

使用热泵比使用燃气每年节约的费用为 $1094635-348480=746155$ 元。

2014 年注册公用设备工程师(暖通空调)执业资格考试

专业考试试题及答案

2014 年专业知识试题(上午卷)

一、单项选择题(共 40 题,每题 1 分,每题的备选项中只有一个最符合题意)

1. 某新建集中供暖居住小区采用共用立管、分户水平双管散热器热水供暖系统,分室温控,分户计量(户用热量表法),下列设计中哪一项是错误的? ( )

(A)热媒供回水温度为 80/60℃
(B)在散热器供水管上设恒温控制阀或手动控制阀
(C)热量表根据公称流量选型,并校核在系统设计流量下的压降
(D)户内系统入口装置依次由供水管调节阀、过滤器(户用热量表前)、户用热量表和回水截止阀组成

2. 有关重力式循环系统的说法,下列哪项是错误的? ( )

(A)重力循环系统采用双管系统比采用单管系统更易克服垂直水力失调现象
(B)热水锅炉的位置应尽可能降低,以增大系统的作用压力
(C)重力循环系统是以不同温度的水的密度差为动力进行循环的系统
(D)一般情况下,重力循环系统作用半径不宜超过 50m

3. 有关绝热材料的选用做法,正确的应是下列哪项? ( )

(A)设置在吊顶内的排烟管道,采用塑像材料做隔热层
(B)高压蒸汽供暖管道,采用橡塑材料做隔热层
(C)地板辐射供暖系统辐射面的绝热层,采用密度小于 20kg/m^3 的聚苯乙烯泡沫塑料板
(D)热水供暖管道,采用密度为 120kg/m^3 的软质绝热制品

4. 关于工业建筑通风耗热量计算的说法,下列哪项是错误的? ( )

(A)人员停留区域和不允许冻结的房间,机械送风系统的空气,冬季宜进行加热,并应满足室内风量和热量平衡的要求
(B)计算局部排风系统的耗热量时,室外新风计算温度采用冬季供暖室外计算温度
(C)计算用于补偿消除余热、余湿的全面排风耗热量时,室外新风计算温度应采用冬季通风室外计算温度
(D)进行有组织通风设计时,可以由室内散热器承担大部分通风热负荷

5. 某一上供下回单管顺流式热水供暖系统顶点的工作压力为 0.15MPa,该供暖系统顶点的试验压力符合规定的,应是下列选项的哪一个? ( )

(A)0.15MPa　(B)0.2MPa　(C)0.4MPa　(D)0.3MPa

6. 某商场建筑拟采用热水供暖系统，室内供暖系统的热水供水管的末端管径按规范规定的最小值设计，此时，该段管内水的允许流速最大值为下列哪项？（　　）

(A)0.65m/s　(B)1.0m/s　(C)1.5m/s　(D)2.0m/s

7. 城市集中热水供暖系统的分户热计量设计中，有关热计量方法的表述，正确的应是下列哪项？（　　）

(A)不同热计量方法对供暖系统的制式要求相同
(B)散热器热分配计法适合散热器型号单一的既有住宅区采用
(C)对于要求分室温控的住户系统适于采用通断时间面积法
(D)流量温度法仅适用于所有散热器均带温控阀的垂直双管系统

8. 下列集中供热系统热媒及参数选择表述中，哪项是错误的？（　　）

(A)热水供暖系统热能利用率比蒸汽供热系统高
(B)蒸汽供热系统在地形起伏很大的建筑区内，与用户连接方式简单
(C)承担工业建筑供暖、通风和生活热水热负荷的厂区锅炉房，应采用不高于80℃的热水为热媒
(D)当区域锅炉房与热电厂联网运行时，应采用以热电厂为热源的供热系统的最佳供、回水温度

9. 下列关于锅炉房设备、系统的说法，哪项是错误的？（　　）

(A)确定锅炉房总装机容量时，室外热管网损失系数取1.25
(B)目前市场供应的燃煤锅炉绝大部分为层燃炉
(C)燃油锅炉房的烟囱采用钢制材料
(D)燃气锅炉放散管排出口应高出锅炉房屋脊2m以上

10. 某地区外通风计算温度为32℃，该地的一个成衣工厂的缝纫车间，工作为8h劳动时间，该车间的WBGT限制应为下列哪项？（　　）

(A)WBGT限制为30℃　(B)WBGT限制为31℃
(C)WBGT限制为32℃　(D)WBGT限制为33℃

11. 某车库的排风系统拟采用采集车库气体成分的传感器控制排风机的运行，止确选用的传感器应是下列哪项？（　　）

(A)O_2传感器　(B)CO_2传感器
(C)CO传感器　(D)NO_x传感器

12. 关于风管系统安装，做法符合要求的是下列哪一项？（　　）

(A)6mm 厚乳胶海绵用作净化空调系统风管法兰垫片
(B)直径 350mm 螺旋风管，两支架间距 5.5m
(C)穿越防火墙的风管与其防护套管之间采用离心玻璃棉封堵
(D)不锈钢风管直接安装在碳钢材质吊架上

13. 下列情况中，室内可以采用循环空气的是哪一项？ (　　)

(A)燃气锅炉房
(B)乙炔站站房
(C)泡沫塑料厂的发泡车间，当空气中含有燃烧或爆炸危险粉尘且含尘浓度为其爆炸下限的 25%
(D)加工厂中含铸铁尘的空气经局部排风系统净化后，其含尘浓度为工业区的容许浓度的 25%

14. 下述关于除尘系统的设计规定，哪项是错误的？ (　　)

(A)系统排风量应按其全部吸风点的排风量总和计算
(B)系统的风管漏风率宜采用 10% ~15%
(C)系统各并联环路压力损失的相对差额不宜超过 10%
(D)风机的选用设计工况效率，不应低于风机最高效率的 90%

15. 某工程采用燃气直燃吸收式溴化锂制冷机制冷，其制冷机房设置？ (　　)

(A)3 次/h 和 6 次/h　　(B)4 次/h 和 8 次/h
(C)5 次/h 和 10 次/h　　(D)6 次/h 和 12 次/h

16. 关于防火阀、排烟防火阀、排烟阀的说法，下列哪项是错误的？ (　　)

(A)防火阀平时呈开启状态
(B)排烟防火阀平时呈开启状态
(C)排烟阀平时呈关闭状态
(D)阀门的阀体板材厚度应不小于 1.0mm

17. 某工程设有排烟系统，其排烟管道尺寸为 800mm ×630mm，试问排烟管道的钢板厚度应为下列哪项？ (　　)

(A)0.5mm　　(B)0.6mm
(C)0.75mm　　(D)1.0mm

18. 关于固定床活性炭吸附装置技术参数的选取，下列哪项是错误的？ (　　)

(A)空塔速度取 0.4m/s
(B)吸附剂和气体的接触时间取 0.5 ~2.0s 以上
(C)吸附层的压力损失应控制小于 1000Pa

(D)固定床炭层高度不应大于0.6m

19. 下列关于组合式空调机组自动控制信号的说法，哪项是错误的？（注：AI-模拟量输入；AO-模拟量输出；DI-数字量输入；DO-数字量输出） （　　）

(A)室内、外分别设置的温、湿度传感器-均为AI
(B)冷水盘管设置的电动调节阀-AO
(C)送风机的启停状态，启停、变速控制-DI、DO、AO
(D)过滤器压差报警-AO

20. 空调系统安装完成后，进行节能性能检测时，以下哪一项说法是错误的？ （　　）

(A)空调水系统总流量允许偏差≤10%
(B)空调机组水流量允许偏差≤20%
(C)空调风系统的总风量允许偏差≤10%
(D)各风口的风量允许偏差≤20%

21. 某几种空调水系统的设计水量为$100m^3/h$，计算系统水阻力为300kPa，采用一级泵水系统，选择水泵的流量和扬程分别为$105m^3/h$和315kPa，并按此参数安装了合格的水泵，初调试时发现：水泵实际扬程为280kPa。问：对水泵此时的实际流量G_s的判定，以下哪一项是正确的？ （　　）

(A)$G_s > 105m^3/h$　　(B)$G_s = 105m^3/h$
(C)$100m^3/h < G_s < 105m^3/h$　　(D)$G_s = 100m^3/h$

22. 其舒适性空调中，针对水系统节能，下列哪一项措施不宜采用？ （　　）

(A)空调末端采用电动二通阀通断控制
(B)空调末端采用电动三通阀旁通控制
(C)空调循环水泵采用变频控制
(D)当环路的压力损失差额大于50kPa时，采用二级泵系统

23. 四个典型设计日逐日得热量完全相同的全天24h运行的空调房间，它们的全天逐时冷负荷计算结果如图中的曲线所示。问：最大蓄热能力的房间时下列哪一项？ （　　）

(A)房间1
(B)房间2
(C)房间3
(D)房间4

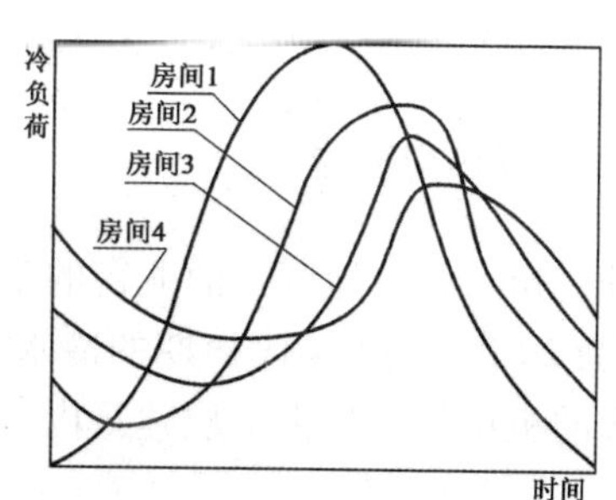

24. 下列何值得热可以采用稳态计算方法计算其形成的空调冷负荷？（ ）

(A)轻质外墙传热
(B)办公室人员散热
(C)北向窗户太阳辐射热
(D)电信数据机房工艺设备散热

25. 假定空气干球温度、含湿量不变，当大气压力降低时，下列哪项正确？（ ）

(A)空气焓值上升
(B)露点温度降低
(C)湿球温度上升
(D)相对湿度不变

26. 某定风量一次回风空调系统服务于A、B两个设计计算负荷相同的办公室，系统初始调试合格后，夏季设计工况下完全满足A、B两个房间的空调设计指标，夏季运行时，采用设定的回风温度来自动控制通过空调机组表冷器的冷水流量（保持回风温度不变）。问：供冷工况下，当A空调的冷负荷低于设计工况、B房间冷负荷处于设计工况时，空调机组的回风温度t_H、各房间室内温度（t_A、t_B）之间的关系（系统风量与房间风量不变），以下哪一项是正确的？（ ）

(A)$t_H < t_A$
(B)$t_H < t_B$
(C)$t_H = t_A$
(D)$t_A > t_B$

27. 下列何项与确定洁净室的洁净度等级无关？（ ）

(A)室内发生状态
(B)室外大气尘浓度
(C)控制粒径
(D)控制的最大浓度限值

28. 关于洁净工作台布置的描述，下列哪一项是正确的？（ ）

(A)应布置在单向流洁净室内
(B)应布置在非单向流洁净室内
(C)应布置在回风口附近
(D)应布置在污染源的下风侧

29. 直燃双效溴化锂吸收式冷水机组当冷却水温度过低时，最先发生结晶的部位是下列哪一个装置？（ ）

(A)高压发生器
(B)冷凝器
(C)低温溶液热交换器
(D)吸收器

30. 拟对地处广州市中心地区一商业街的某四星级酒店的空调工程进行节能改造，酒店已有的冷源为20世纪90年代初期的冷水机组（采用冷却塔），卫生热水的热源为燃油锅炉，冷热源的机房位于临街一层建筑内，下列有关冷热源的选项哪一项更节能？（ ）

(A)更换冷水机组的冷却塔以及燃油锅炉
(B)更换冷水机组和冷却塔,燃油锅炉改成燃气锅炉
(C)更换为蒸汽冷却式冷水机组和燃气锅炉
(D)更换为蒸发冷却式冷水机组和空气源热泵热水机

31. 某电动螺杆冷水机组在相同制冷工况、相同制冷量条件下,采用不同制冷剂的影响表述,下列哪项是正确的? ( )

(A)由于冷凝温度相同,压缩机的冷凝压力也相同,与制冷剂种类无关
(B)采用制冷剂的单位容积制冷量越大,压缩机的外形尺寸会越小
(C)采用制冷剂单位质量的排气与吸气焓差越大时,压缩机的能耗越小
(D)采用制冷剂单位质量的排气与吸气焓差越大时,表示压缩机的 COP 值越高

32. 关于蒸汽压缩式制冷机组采用的冷凝器的叙述,下列哪项是正确的? ( )

(A)采用风冷式冷凝器,其冷凝能力受到环境湿球温度的限制
(B)采用水冷式冷凝器(冷却塔供冷却水),冷却塔供水温度主要取决于环境空气干球温度
(C)采用蒸发式冷凝器,其冷凝能力受到环境湿球温度的限制
(D)蒸发冷却式冷水机组和水冷式冷水机组,名义工况条件,规定的放热侧的湿球温度相同

33. 关于工业或商业用冷水(热泵)机组测试工况的基本参数,下列哪项是错误的? ( )

(A)新机组蒸发器和冷凝器测试时污垢系数应考虑为 $0.018m^2 \cdot ℃/kW$
(B)名义工况下热源侧(风冷式)制热时湿球温度 6℃
(C)名义工况下热源侧(蒸发冷却式)制冷时湿球温度 24℃
(D)名义工况下使用侧水流量 $0.172m^3/(h \cdot kW)$

34. 确定多联机空调系统的制冷剂管路等效管长的原因和有关说法,下列哪项是不正确的? ( )

(A)等效管长与实际配管长度相关
(B)当产品技术资料无法满足核算性能系数要求时,系统制冷剂管路等效管长不宜超过 70m
(C)等效管长限制是对制冷剂在管路中压力损失的控制
(D)实际工程中一般可不计算等效管长

35. 有关吸收式制冷(热泵)装置的说法,正确的为下列哪项? ( )

(A)氨吸收式机组与溴化锂吸收式机组比较,前者水为制冷剂、后者溴化锂为

制冷剂

(B)吸收式机组的冷却水仅供冷凝器使用

(C)第二类吸收式热泵的冷却水仅供冷凝器使用

(D)第一类吸收式热泵为增热型机组

36. 在广州市建设肉类/鱼类大型冷库(一层),关于其围护结构的说法,下列哪项是正确的? ( )

(A)肉类冷却间的地面均应采取防冻胀处理措施

(B)鱼类冻结间的最小地面总热阻应为 $3.18m^2 \cdot ℃/W$

(C)冷间隔墙的总热阻数值要求仅与设计采用的室内外温差数值相关

(D)冷间楼面的总热阻数值要求与设计采用的室内外温差数值无关

37. 绿色建筑的评价体系表述中,下列哪一项是不正确的? ( )

(A)我国的《绿色工业建筑评价标准》已经颁布实施

(B)我国的绿色建筑评价标准中提出的控制项是必须满足的要求

(C)我国民用建筑和工业建筑进行绿色建筑评价时,评价标准各自有其相应标准规定

(D)美国 LEED 评价体系适用范围是新建建筑

38. 关于热泵热水机的表述,以下何项是正确的? ( )

(A)空气源热泵热水机一般分成低温型、普通型和高温型三种

(B)当热水供应量和进、出水温度条件相同,位于广州地区和三亚地区的同一型号、规格的空气源热泵热水机,二者全年用电量相同

(C)当热水供应量和进、出水温度条件相同,位于广州地区和三亚地区的同一型号、规格的空气源热泵热水机的全年用电量,前者高于后者

(D)普通型空气源热泵热水机的实验工况规定的空气侧的干球温度为20℃

39. 以下关于建筑生活给水管道的设计计算的表述,哪项不正确? ( )

(A)宿舍Ⅰ类和宿舍Ⅱ类的最高日生活用水定额不相同

(B)宿舍Ⅰ类和宿舍Ⅱ类其用水特点都属于分散型

(C)宿舍Ⅲ类和宿舍Ⅳ类其用水特点都属于密集型

(D)住宅建筑计算管段设计秒流量与该管段上的卫生器具给水当量的同时出流概率成正比

40. 关于建筑集中热水供应的表述,以下哪项是正确的? ( )

(A)容积式水加热器的设计小时供热量等于设计小时耗热量

(B)半即热式水加热器的设计小时供热量等于设计小时耗热量

(C)快速式水加热器的设计小时供热量等于设计小时耗热量

(D)设有集中热水供应时,宿舍Ⅰ类、宿舍Ⅱ类与宿舍Ⅲ类、宿舍Ⅳ类热水的设计小时耗热量计算公式不同

二、多项选择题(共30题,每题2分。每题的备选项中有两个或两个以上符合题意。错选、少选、多选均不得分)

41. 某工厂的办公楼采用散热器高压蒸汽(设计工作压力0.4MPa)供暖系统,系统为同程式、上供下回双管,每组散热器的回水支管上均设置疏水阀,经调试正常运行,两个供暖期后(采用间歇运行),部分房间出现室内温度明显偏低的现象,对问题的原因分析下列哪几项是有道理的? ( )

(A)上供下回式系统本身导致问题发生
(B)采用间歇运行,停止供汽时,导致大量空气进入系统
(C)部分房间的疏水阀堵塞
(D)部分房间的疏水阀排空气装置堵塞

42. 位于太阳能资源丰富的寒冷地区,设计某二层住宅太阳能热水地面辐射供暖系统,属于系统组成内容是哪几项? ( )

(A)设置蓄热水箱
(B)设置辅助热源
(C)设置太阳能集热器
(D)设置地热盘管及控制装置

43. 某既有居住小区为集中热水供暖系统,各户为独立热水地面辐射供暖系统,热计量改造采用用户热分摊方式,在下列改造措施中哪几项正正确的? ( )

(A)在换热站安装供热量自动控制装置,根据气候变化,结合供热参数反馈,实现优化运行和按需供热
(B)将原来定速循环水泵更换为变频调速泵,性能曲线为平坦型
(C)以热力入口作为结算点,在各热力入口安装静态水力平衡阀、热量结算表,进行系统水力平衡测试
(D)在每一户内典型位置设置室温控制器,在供暖共用立管管井内安装户用热量表直接计量

44. 某九层住宅建筑,设计分户热计量双管热水集中供暖系统,下列选项的哪几个做法或说法是错误的? ( )

(A)为保证双管系统的流量,热力入口设置恒温控制阀
(B)户用热计量表安装在回水管上的唯一原因是处于延长热计量表使用寿命的考虑
(C)为保证热计量表不被堵塞,户用热计量表前设置过滤器
(D)为保证供暖系统的供暖能力,供暖系统的供回水管道计算应计入向邻户

传热引起的耗热量

45. 关于分户热计量热水集中供暖设计,以下哪些做法是错误的? ( )

(A)某计量供暖系统设计流量 110m^3/h,在其回水管设置公称流量 121m^3/h 的热量表

(B)服务于 350 户住宅的供暖系统,平均每户因户间传热附加供暖负荷 1.2kW,但设计供暖系统总热负荷未计入总计 420kW 的户间传热附加供暖负荷

(C)某户内系统形式为水平双管的计量供热系统,散热器设有恒温控制阀,设计要求在热网各热力入口设置自力式流量控制阀

(D)11 层住宅采用上供下回垂直双管系统,每组散热器设高阻恒温控制阀

46. 城市热网项目的初步设计阶段,下列关于热水管网阻力计算的说法,哪几项是错误的? ( )

(A)热力网管道局部阻力与沿程阻力的比值可取 0.5

(B)热力网管道局部阻力与沿程阻力的比值,与管线类型无关

(C)热力网管道局部距离与沿程阻力的比值,仅与补偿器类型有关

(D)热力管网局部阻力与沿程阻力的比值,管线采用方形补偿器,其取值范围为 0.6 ~ 1.0

47. 某住宅小区供暖设地上独立天然气锅炉房,市政天然气经专设的地上调压柜调压后进入锅炉房,在下列对调压柜的设计要求中哪几项是正确的? ( )

(A)调压装置的燃气进口压力不应大于 0.8MPa

(B)调压柜的进口压力为 0.6MPa 时,距建筑物外墙面的最小水平净距为 4.0m

(C)调压柜的燃气进、出口之间应设旁通管

(D)调压器的计算燃气流量应按锅炉房最大的小时用气量的 1.2 倍确定

48. 某通风工程设计项目中,提出的下列有关风管制作板材拼接要求做法,哪几项是错误的? ( )

(A)厚度 1.2mm 的镀锌钢板风管,风管板材拼接采用铆接

(B)厚度 1.5mm 的普通钢板风管,风管板材拼接采用铆接

(C)厚度 1.2mm 的镀锌钢板风管,风管板材拼接采用焊接

(D)厚度 1.5mm 的普通钢板风管,风管板材拼接采用咬口连接

49. 要求某厨房灶具台上的两个排油烟罩的排风量相同(不设置阀门调节),且使用中维护工作量尽可能减少,以下 4 个厨房排油烟系统的设计方案哪几项是不符合要求的? ( )

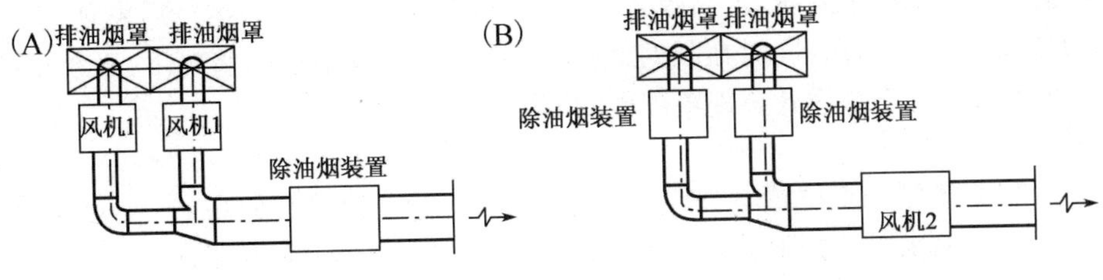

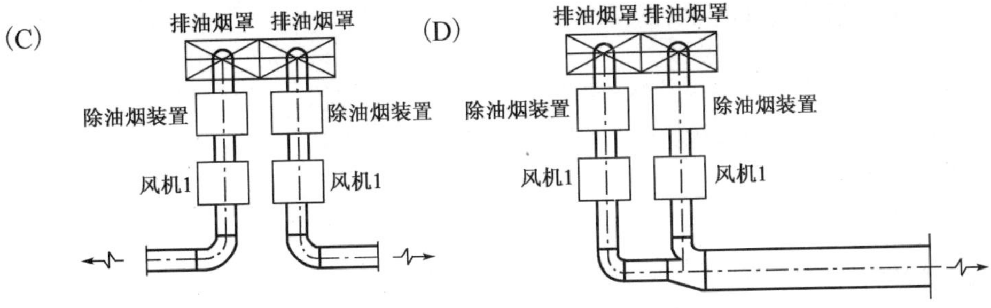

50. 通风与空调系统安装完毕后必须进行系统的调试，该调试应包括以下哪几项？（　　）

(A)设备单机试运转及调试
(B)系统无生产负荷下的联合试运转及调试
(C)系统带生产负荷下的联合试运转及调试
(D)系统带生产负荷的综合效能试验的测定与调整

51. 某静电除尘系统，因生产负荷变化，进入静电除尘器的入口气流含尘浓度增大(风量保持不变)，导致除尘器的排放浓度上升，下列哪几项是属于引起上述问题的原因？（　　）

(A)粉尘浓度增大，带来粉尘的比电阻增大
(B)集尘及清灰振打次数增加，形成粉尘的二次扬程
(C)电极间的粉尘量增加，导致电极间粉尘荷电下降
(D)粉尘浓度过大，导致设备阻力上升

52. 在设计建筑自然通风时，正确的措施应是下列哪几项？（　　）

(A)当室内散发有害气体时，进风口设置在建筑空气动力阴影区内的外墙上
(B)炎热地区应正确采用风压作用下的自然通风
(C)夏季进风口下缘距室内地面的高度不宜大于1.2m
(D)严寒、寒冷地区的冬季进风口下缘距室内地面一般不低于4m

53. 某风机房风机的送风管穿越隔墙时，风管上需要装70℃防火阀，试问该阀距风机房隔墙表面的安装距离可为下列哪几项？（　　）

(A)0.15m　(B)0.20m　(C)0.30m　(D)0.40m

54. 某闭式空调冷水系统，水泵吸入口设有 Y 型水过滤器，安装运行后发现：循环泵入口压力表常显示为负压，同时在长时间运行后，且补水量很小的情况下，系统仍持续排气，以下哪些情况会是导致该现象产生的原因？（　　）

(A)系统定压点位置不合理　　(B)水泵沿程偏高
(C)Y 型水过滤器阻力过大　　(D)多台水泵并联运行

55. 空调水系统设计时，以下哪几项是变流量系统？（　　）

(A)空调机组水路配置电动两通阀的二级泵系统、二级泵变频调速
(B)空调机组水路配置电动两通阀的一级泵系统采用供回水总管压差控制电动旁通阀流量
(C)空调机组水路配置电动三通分流阀的一级泵系统
(D)空调机组水路不配置电动阀的一级泵系统

56. 下列哪些场所不适合采用全空气变风量空调系统？（　　）

(A)剧场观众厅
(B)设计温度为(24 ±0.5)℃，设计相对湿度为(55 ±5)% 的空调房间
(C)游泳馆
(D)播音室

57. 某集中空调水系统的设计工况如下：设计水流量 $900m^3/h$，系统循环水环路总阻力为 300kPa，现要求配置 3 台同型号的水泵并联运行（选择水泵参数时，不考虑安全裕量），对于各单台水泵参数的选择，以下哪几项不符合设计要求？（　　）

(A)流程 $330m^3/h$，扬程 330kPa
(B)流程 $330m^3/h$，扬程 300kPa
(C)流程 $300m^3/h$，扬程 330kPa
(D)流程 $300m^3/h$，扬程 300kPa

58. 某三层（层高均为 5m）工业建筑，每层设置有组合式空调机组，其集中空调冷水系统为开式系统，且在地下室设置空调冷水汇集池，问：以下哪几项设计措施是合理的？（　　）

(A)冷水泵扬程计算时，应考虑冷水系统的提升高度
(B)冷水供/回水管道系统应采用同程系统
(C)冷水泵的设置位置应低于冷水池的运行水面高度
(D)应采用高位膨胀水箱对系统定压

59. 某夏热冬暖地区的地上 32 层（建筑高度 98m）办公建筑为集中空调系统，设计的机房布置在建筑负一层，系统示意图如图所示，系统安装前，对设计图纸分析，发现按

图施工，会造成系统空调末端运行压力过高的现象发生，因而提出改善措施，问：属于可降低水系统的运行压力的措施是下列哪几项？（ ）

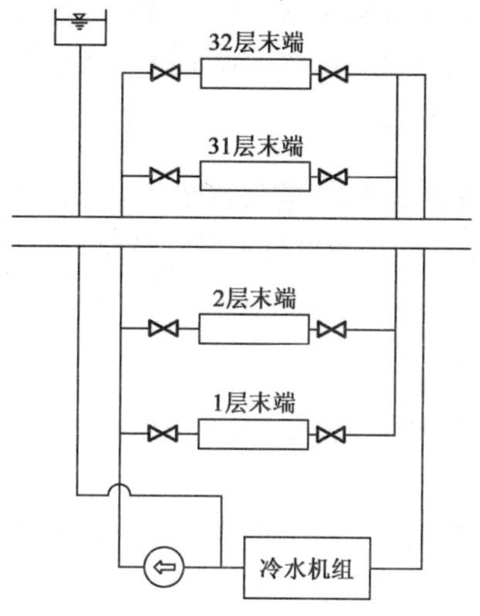

（A）提高对设备、管材及阀件的承压能力

（B）将定压点移至冷水机组的入口回水管路上

（C）将回水立管的同程设计改成供水立管的同程设计

（D）对水系统进行高低压分区

60. 下列空调系统采取的运行控制策略哪几项是不恰当的？（ ）

（A）变风量系统夏季根据房间回风温度，既调节风量又调节空气处理机组冷水管路上的两通电动阀

（B）根据室温高低，调节变风量末端的一次风送风量

（C）根据空调冷水系统供水温度，决定冷水机组运行台数

（D）根据末端设备工作状态，进行水系统供回水压差再设定

61. 对于变风量空调系统，必须有的控制措施是下列哪几项？（ ）

（A）室内 CO_2 浓度控制

（B）系统风量变速调节控制

（C）系统送风温度控制

（D）新风比控制

62. 关于某电子装配厂房内负压洁净室的说法，下列哪几项是错误的？（ ）

（A）室内压力一定高于相邻洁净室压力

（B）室内压力一定低于相邻洁净室压力

（C）服务于负压洁净室的洁净空调系统运行，应先开送风机

（D）服务于负压洁净室的洁净空调系统运行，应先开回风机

63. 关于蒸汽压缩式机组的描述，下列哪几项是正确的？（　　）

(A)活塞式机组已经在制冷工程中属于淘汰机型
(B)多联式热泵机组的变频机型为数码涡旋机型
(C)大型水源热泵机组宜采用离心式水源热泵机组
(D)变频机组会产生电磁干扰

64. 进行某空调水系统方案必选时，若将系统的供水温度从7℃调整为低于5℃，回水温度保持不变，为12℃（系统的供冷负荷不变），调整后将出现下列哪几项结果？（　　）

(A)空调水系统的输送能耗会有所减少
(B)采用相同形式和相同供冷负荷的电动式冷水机组时，机组制冷性能系数会降低
(C)若空气处理设备的表冷器的形式与风量都不变，其供冷负荷不变
(D)采用溴化锂吸收式冷水机组时，机组运行可能出现不正常

65. 制冷剂采用R744的优点，应是下列选项的哪几个？（　　）

(A)COP = 0　　(B)GWP = 1
(C)化学稳定性好　　(D)传热性能好

66. 关于空气源热泵机组的设计和选型，下列哪些说法是正确的？（　　）

(A)只要热泵机组的制热性能系数大于1.0，用它作为空调热源就是节能的
(B)当室外实际空气温度低于名义工况的室外空气温度时，机组的实际制热量会小于其名义制热量
(C)当室外侧换热器的表面温度低于0℃时，换热器翅片管表面一定会出现结霜现象
(D)应根据建筑物的空调负荷全年变化规律来确定热泵机组的单台容量和台数

67. 关于冰蓄冷系统的设计表述，正确的应是下列哪几项？（　　）

(A)电动压缩式制冷机组的蒸发温度升高则主机耗电量增加
(B)IPF值要高，以减少冷损失
(C)蓄冰槽体积要小，占地空间要小
(D)蓄冷及释冷速率快

68. 关于夏热冬冷地区设置冷库除霜系统的下列说法，哪几项是错误的？（　　）

(A)荔枝冷藏间的空气冷却器设备应设置除霜系统
(B)红薯冷藏间的空气冷却器设备应设置除霜系统
(C)蘑菇冷藏间的空气冷却器设备应设置除霜系统

(D)全脂奶粉冷藏间的空气冷却器设备应设置除霜系统

69. 关于绿色建筑的表述,下列哪几项是不正确的? ( )

(A)绿色建筑中采用暖通空调技术仅反映在节能与能源利用篇章的内容中
(B)根据德国提出的碳排放量计算方法,采用的材料碳排放量计算时间按 50 年考虑
(C)我国政府规定的二氧化碳减排计划的指标基数是国土面积,即每 km^2 的二氧化碳排放量
(D)绿色建筑设计应充分体现共享、平衡、集成的理念

70. 关于工业企业生产用气设备燃烧装置的表述,下列哪几项是正确的? ( )

(A)放散管应设置在燃烧器与燃烧器的阀门之间
(B)烟道和封闭式炉膛均应设置泄爆装置
(C)当空气管道设置静电接地装置时,其接地电阻不应大于 150Ω
(D)当鼓风机设置静电接地装置时,其接地电阻不应大于 100Ω

2014年专业知识试题答案(上午卷)

1. **答案**:B

依据:《民用建筑供暖通风与空气调节设计规范》(GB 50736—2012)第5.3.1条及条文说明,选项A正确;第5.10.4条“应在每组散热器的供水支管上安装高阻恒温控制阀”,选项B错误;第5.10.3条,选项C正确;第5.9.3条及条文说明,选项D正确。

2. **答案**:A

依据:《注册公用设备工程师暖通空调考试复习教材》(第三版) P25,选项A错误,选项BCD正确。

3. **答案**:D

依据:橡塑保温材料的使用温度较低,一般规定在100℃以下,不可用于排烟管道和高压蒸汽管道的保温;《辐射供冷供暖技术规程》(JGJ 142—2012)第4.2.2条,可知密度不满足要求;《工业设备及管道绝热工程设计规范》(GB 50264—1997)第3.1.3条,可知选项D正确。

4. **答案**:D

依据:《注册公用设备工程师暖通空调考试复习教材》(第三版) P169页第(4)条,选项A正确;P172~173室外新风设计温度确定原则,选项BC正确;室内应进行热风平衡计算,选项D错误。

5. **答案**:D

依据:《建筑给水排水及采暖工程施工质量验收规范》(GB 50242—2002)第8.6.1.1条,选D。

6. **答案**:B

依据:《民用建筑供暖通风与空气调节设计规范》(GB 50736—2012)第5.9.13条和5.9.15条,可知最小管径为DN20,查表允许流速为1.0m/s,选B。

7. **答案**:B

依据:《注册公用设备工程师暖通空调考试复习教材》(第三版) P110~111,不同的热计量方法对供暖系统的制式要求不同,选项A错误,选项B正确;要求分室控温的住户不适合采用通断时间面积法,选项C错误;流量温度阀还适合于公用立管的分户供暖系统,选项D错误。

8. **答案**:C

依据:根据《注册公用设备工程师暖通空调考试复习教材》(第三版) P21表1.3-1,工业建筑采暖热水的温度可以高于80℃,选项C错误。

9. **答案**:A

依据:根据《注册公用设备工程师暖通空调考试复习教材》(第三版) P154,室外管网热损失及锅炉房自用系数,一般取1.1~1.2,可知选项A错误。

10. **答案**:B

依据:根据《工作场所有害因素职业接触限制第2部分:物理因素》(GBZ 2.2—2007)第10.2.2条,每天工作8h,轻度劳动I级的WBGT为30℃,因当地的温度大于30℃,应再增加1℃,即WBGT=30+1=31℃。

11. **答案**:C

依据:《民用建筑供暖通风与空气调节设计规范》(GB 50736—2012)第6.3.8条。

12. **答案**:C

依据:《洁净厂房设计规范》(GB 50073—2013) 第6.6.6条"附件、保温材料、消声材料和黏结剂均应采用不燃或难燃材料",乳胶海绵做法兰垫片不满足要求,选项A错误。

《通风与空调工程施工规范》(GB 50738—2011) 表7.3.4-1,DN350风管的支架间距最大为5.0m,选项B错误。

离心玻璃棉属不燃材料,选项C正确。

碳钢和不锈钢管的材料是不一样的,在潮湿的环境下,很容易产生化学反应,从而破坏不锈钢管的保护层,导致不锈钢管生锈,选项D错误。

13. **答案**:D

依据:《注册公用设备工程师暖通空调考试复习教材》(第三版) P170"含尘浓度不超过30%时,可以循环使用""对含有有害气体、有异味气体、含致病细菌和病毒、含易燃易爆物质的空气不允许循环使用",选项D正确,选项ABC错误。

14. **答案**:A

依据:系统排风量需要考虑系统的漏风量影响,而且需考虑压力平衡的影响,参考《注册公用设备工程师暖通空调考试复习教材》(第三版) P252进行压力平衡的调试方法,选项A错误。

《民用建筑供暖通风与空气调节设计规范》(GB 50736—2012)第6.5.1条,选项BD正确。

《注册公用设备工程师暖通空调考试复习教材》(第三版) P252选项C正确。

15. **答案**:D

依据:《注册公用设备工程师暖通空调考试复习教材》(第三版) P656,"采用燃气做燃料,地上机房换气次数不小于6次/h,地下机房不小于12次/h",事故通风的换气次数不小于12次/h。可知选项D正确。

16. **答案**:D

依据:《注册公用设备工程师暖通空调考试复习教材》(第三版) P314~316,选项ABC

正确；阀板厚度不小于 1.5mm，选项 D 错误。

17. **答案**：D

依据：《注册公用设备工程师暖通空调考试复习教材》（第三版）P309 表 2.10-22，排烟风管厚度应采用 1.0mm 钢板制作。

18. **答案**：D

依据：《注册公用设备工程师暖通空调考试复习教材》（第三版）P232，活性炭层的厚度一般为 0.5～1.0m。

19. **答案**：D

依据：《注册公用设备工程师暖通空调考试复习教材》（第三版）P530，过滤器压差报警应为 DI 数字量输入模式，即为向控制器发送出的信号。

20. **答案**：D

依据：《通风与空调工程施工质量验收规范》（GB 50243—2002）第 11.2.3 条，可知选项 AC 正确；第 11.3.2 条，选项 D 错误；第 11.3.3.1 条，选项 B 正确。

21. **答案**：A

依据：可根据水泵与管网的特性曲线分析，可知当水泵的实际扬程减小时，在同一管路系统中，其水流量将增大。

22. **答案**：B

依据：目前常用的空调末端（风盘）采用的均为电动两通阀，如采用三通阀将会大大增加初投资，且其对水路系统的节能效果不大，故不宜采用。选项 CD 为时常用的两项节能措施。

23. **答案**：D

依据：蓄热能力大的房间，其冷负荷高峰时间出现得越晚，冷负荷峰值越小，从曲线可知房间 4 的蓄热能力最大。

24. **答案**：D

依据：《民用建筑供暖通风与空气调节设计规范》（GB 50736—2012）第 7.2.7 条，可知选项 ABC 均需计算逐时冷负荷，对于选项 D，其散热量属于比较稳定且长期存在的，可按稳态法计算。

25. **答案**：B

依据：大气压力由干空气分压力和水蒸气分压力组成，题目给的条件可知，水蒸气分压力上升，干空气分压力下降，从焓湿图上可以得出，大气压力变化后，相对湿度增加，空气的焓值降低，湿球温度降低，露点温度降低。

26. **答案**：B

依据：因 A 房间的冷负荷低于设计工况，但是送风仍为设计送风量，其室内温度必然小于设计温度，即空调机组的回风时 AB 两个房间的回风混合风，故回风温度比设计工况要高，自控系统动作调节水阀使其开度减小，满足回风温度不变，此时机组的送风温度将会上升，而 B 房间的冷负荷为设计负荷，其房间的室内温度要高于设计温度，即 $t_H < t_B$。

27. **答案**：B

依据：《注册公用设备工程师暖通空调考试复习教材》(第三版) P451，可知选项 ACD 正确，选项 B 错误。

28. **答案**：B

依据：《洁净厂房设计规范》(GB 50073—2001) 第 2.0.23 条"洁净室工作台是指能够保持操作空间所需洁净度的工作台"，从定义可以判断，其应布置在非单向流洁净室内，即选项 B 正确；第 4.2.1.3，选项 CD 错误。

29. **答案**：C

依据：《注册公用设备工程师暖通空调考试复习教材》(第三版) P648"一般先发生在溶液热交换器的浓溶液侧"。

30. **答案**：B

依据：蒸发冷却空调系统适用于干燥的气候区，而广州地区属于海洋性亚热带季风气候区，其夏季空调室外计算干球温度为 34.2℃，湿球温度为 27.8℃，不符合设置蒸发冷却空调的要求，由此可知选项 CD 不可选；燃气锅炉的效率稍高于燃油锅炉，且其更清洁，运行成本也可降低，所以选项 B 的改造措施较选项 A 更节能。

31. **答案**：B

依据：每种制冷剂都有自己固有的特点，对于某电动螺杆冷水机组，制冷剂种类对其制冷性能是有影响的，选项 A 错误；选项 B 单位容积的制冷量大，则机组所需的制冷剂总量减小，相应的机组尺寸也可减小，正确；CD 两项，由制冷循环的原理图(《注册公用设备工程师暖通空调考试复习教材》(第三版) P572 图 4.1-9)，可以判断压缩能耗将会增大，COP 值低。

32. **答案**：C

依据：风冷冷却时，其冷却的极限温度为空气的干球温度，水冷冷却时，其冷却极限温度为空气的湿球温度，选项 AB 错误，选项 C 正确；《蒸发压缩循环冷水(热泵)机组　第 1 部分》(GB/T 18430.1—2007) 表 2，可知选项 D 错误。

33. **答案**：A

依据：《蒸发压缩循环冷水(热泵)机组　第 1 部分》(GB/T 18430.1—2007) 第 4.3.2.2，可知选项 A 错误。

34. **答案**：D

依据：《注册公用设备工程师暖通空调考试复习教材》(第三版) P39，"3) 对配管长度进行修正"，选项 D 错误。其他三个选项也可参考常用设备样本的内容。

35. **答案**:D

依据:选项A前者氨为制冷剂,后者水为制冷剂;冷却水供冷凝器和吸收器用,选项BC错误;排除法,选项D正确。

36. **答案**:D

依据:《冷库设计规范》(GB 50072—2010)表3.0.8,冷却间的设计温度为0~4℃,冻结间的温度为-23~-18℃(-30~-23℃),第4.3.13条,冷却间可不做地面防冻胀处理,选项A错误;表4.3.8,地面最小热阻为3.91m^2·℃/W,选项B错误;第4.3.6条,对冷间隔墙的面积热流量有规定,其与两侧的温差和隔间的面积有关,选项C错误;第4.3.7条,选项D正确。

37. **答案**:D

依据:我国2010年颁布了《民用建筑绿色设计规范》(JGJ/T 229—2010),2013年颁布了《绿色工业建筑评价标准》(GB/T 50878—2013),选项ABC正确;《注册公用设备工程师暖通空调考试复习教材》(第三版)P792,LEED的适用范围有"新建建筑、商业建筑室内设计、核心筒及外壳、绿色社区、家庭和学校、医疗、零售等",选项D错误。

38. **答案**:C

依据:《注册公用设备工程师暖通空调考试复习教材》(第三版)P804~806,热水机分为普通型和低温型,A错误;根据《民用建筑供暖通风与空气调节设计规范》(GB 50736—2012)附录A,查得广州的年平均温度为22℃,三亚的年平均温度为25.8℃,由此可判断选项C正确,选项B错误;《蒸汽压缩循环冷水(热泵)机组第1部分》(GB/T 18430.1—2007)表2,规定干球温度为7℃,选项D错误。

39. **答案**:A

依据:《建筑给水排水设计规范》(GB 50015—2003)(2009年版)第3.1.10条、第3.6.5条、第3.6.6条,选项A错误,选项BC正确;第3.6.4条计算管段设计秒流量的计算,选项D正确。

40. **答案**:D

依据:《建筑给水排水设计规范》(GB 50015—2003)(2009年版)第5.3.3条,容积式水加热器的设计小时供热量小于设计小时耗热量;半即热式和快速式水加热器的设计供热量按设计秒流量计算;第5.3.1条,选项D正确。

---

41. **答案**:CD

依据:根据《注册公用设备工程师暖通空调考试复习教材》(第三版)P32~33高压蒸汽采暖系统的介绍,可知采暖上供下回式系统不存在问题,整个采暖系统为闭式系统,停止运行时,不会发生空气进入系统的现象,只有部分房间的温度偏低,说明是部分房间内出现了蒸汽或凝结水流通不畅的问题,选项CD都会导致此问题发生。

42. **答案:**ABCD

依据:选项 ACD 是太阳能供暖系统的基本组成部分,对于寒冷地区,需要考虑冬季设置辅助热源。

43. **答案:**AC

依据:根据《供热计量技术规程》(JGJ 173—2009)第3节的内容,可知选项 AC 正确,采暖系统的水泵选型应尽量采用平缓型的,采用按户分摊的热计量方式,不需要按户设热量表。

44. **答案:**ABD

依据:《民用建筑供暖通风与空气调节设计规范》(GB 50736—2012),热力入口不需要设置恒温控制阀;第 5.10.3 条条文说明,热量表安装在回水管上还有利于改善热量表的使用环境;选项 C 正确;户内的支管应考虑邻室的户间传热,其他的管道不需要考虑。

45. **答案:**AC

依据:《民用建筑供暖通风与空气调节设计规范》(GB 50736—2012)第 5.10.3 条,热表的公称流量按设计流量的 80% 确定,其热表的公称流量应为 $88m^3/h$;第 5.2.10 条,选项 B 正确;第 5.10.6 条,选项 C 错误;第 5.10.4 条,选项 D 正确。

46. **答案:**ABCD

依据:《城镇供热管网设计规范》(CJJ 34—2010)第 7.3.8 条,选项 ABCD 错误。

47. **答案:**BCD

依据:《城镇燃气设计规范》(GB 50028—2006)第 6.6.2.2 条及第 6.6.2.3 条,地上单独的地上调压柜,其燃气进口压力不应大于 1.6MPa,地上单独的调压箱,其燃气进口压力不应大于 0.8MPa,选项 A 错误;由 6.1.6 条,0.6MPa 为次高压 B 级,由第 6.6.3 条,可知距建筑 4m 的净距符合要求,选项 B 正确;第 6.6.10 条,选项 C 正确;第 6.6.9 条,调压器的计算流量,应按该调压器所承担的管网小时最大输送量的 1.2 倍确定,本题给出该调压柜为独立的锅炉房的燃气引入管,所以选项 D 的说法也是正确的。

48. **答案:**ABCD

依据:根据《通风与空调工程施工规范》(GB 50738—2011)第 4.2.4 条,选项 ABCD 的风管连接方法均错误。

49. **答案:**ABD

依据:为满足两个灶台的排风量相同,且不设置阀门的情况下,只能采用选项 C 的方案,分别设置风机。如果可采用阀门进行调节,为使维护工作量少,系统最好合用一个风机,此时选项 B 设置合理。

50. **答案:**AB

依据:根据《通风与空调工程施工质量验收规范》(GB 50243—2002)第 11.2.1 条,选项 AB 正确。

51. **答案**:BC

依据:根据《注册公用设备工程师暖通空调考试复习教材》(第三版) P221 公式(2.5-26),粉尘的比电阻与气流的含尘浓度大小无关;P222,"二次扬尘,造成除尘效率下降",粉尘荷电减少,除尘效率下降;选项 D 与排放浓度无关。

52. **答案**:BCD

依据:为避免有害气体重新进入室内,进风口应设在空气动力阴影区以外;根据《民用建筑供暖通风与空气调节设计规范》(GB 50736—2012)第 6.1.1 条的设计原则可知选项 B 正确,第 6.2.3 条,选项 CD 正确。

53. **答案**:AB

依据:《注册公用设备工程师暖通空调考试复习教材》(第三版) P316"距防火隔断物不宜大于 200mm"。

54. **答案**:AC

依据:根据题意,系统的定压压力没有问题,水泵入口出现负压,说明在系统的局部存在问题,原因可能是选项 AC。

55. **答案**:AB

依据:《注册公用设备工程师暖通空调考试复习教材》(第三版) P472 ~ 478,可知选项 AB 为变流量系统。

56. **答案**:ABCD

依据:《全国民用建筑工程设计技术措施　暖通空调·动力》(2009 年版)第 5.3.3 条"同一个全空气空调系统中,各空调区负荷变化较大、低负荷运行时间较长,且需要分别调节室内温度,卫生标准要求较高的建筑,如高档写字楼和用途多变的其他建筑物,尤其是需全年送冷的空调区域等,可以采用有变风量末端装置的全空气变风量空调系统",由此判断四个选项均不适合。

57. **答案**:ABC

依据:题意给出不考虑安全裕量,水泵并联时,流量叠加,扬程不变,三台水泵并联,可知每台的参数应为选项 D。

58. **答案**:AC

依据:开式系统的原理图见《注册公用设备工程师暖通空调考试复习教材》(第三版) P470 图 3.7-3 及说明,可知选项 AC 正确。

59. **答案**:BCD

依据:选项 A 明显不符合题意,选项 BCD 均可降低系统的压力。

60. **答案**:AC

依据:控制空调机组冷水管路上设置电动三通阀,选项 A 错误;《全国民用建筑工程设计技术措施　暖通空调·动力》(2009 年版)第 5.11.11 条,选项 B 正确;第 11.5.4 条,应根据系统冷量改变水泵的运行台数，选项 C 错误；选项 D 正确。

61. **答案：**BC

依据：根据《注册公用设备工程师暖通空调考试复习教材》（第三版）P380 ~ P385，变风量空调系统的介绍，可知变风量系统的原理是通过调节空调末端 BOX 箱的一次风送风量来满足不同房间的送风要求，因此系统送风机必须采用变速调节控制措施；末端 BOX 均有最小风量的限制，当房间负荷较小时，所有末端的风量均减少运行，此时控制系统会调整送风温度，开到末端阀门开度，回到正常运行状态，所以系统送风温度控制也是必需的措施之一；CO_2 的浓度非必需控制措施；新风满足人员的最小新风量要求即可，过渡季可加大新风运行，通过定风量封阀即可实现要求，系统的新风比不是必需的控制措施。

62. **答案：**ABC

依据：洁净室的正负压是相对的对室外大气而言的，和邻室的压力没有关系，其压力可能高也可能低，为保证洁净室的负压，应先开回风机。

63. **答案：**CD

依据：《注册公用设备工程师暖通空调考试复习教材》（第三版）P596，可知选项 A 错误；P600，数码涡旋机型是目前流行的一种，并不是所有的都是数码涡旋型，选项 B 错误；选项 CD 正确。

64. **答案：**ABD

依据：系统供回水温差加大，水流量减少，水泵的输送能耗将会减少，选项 A 正确；应系统的蒸发温度降低，其机组的 COP 将会降低，选项 B 正确；系统的供冷负荷与室外环境温度有关，选项 C 错误；蒸发温度降低，溴化锂机组可能产生结晶现象，选项 D 正确。

65. **答案：**BCD

依据：《注册公用设备工程师暖通空调考试复习教材》（第三版）P591。

66. **答案：**BD

依据：《民用建筑供暖通风与空气调节设计规范》（GB 50736—2012）第 8.3.1 条及条文说明，选项 A 错误；室外侧换热器的表面温度低于空气的露点温度时，才会产生结霜显现，选项 C 错误；选项 BD 正确。

67. **答案：**BCD

依据：蒸发温度升高，其机组的 COP 增大，其主机耗电量减少；《注册公用设备工程师暖通空调考试复习教材》（第三版）P688，蓄冰率 IPF 要在一个合理的范围内，为减少冷损失，IPF 值要高；选项 CD 是对蓄冷系统在节约用地和运行维护方面的要求。

68. **答案：**ABC

依据：《注册公用设备工程师暖通空调考试复习教材》（第三版）P704 ~ 705，查得各物品的储藏间温度和相对湿度为：荔枝，1 ~ 2℃，90% ~ 95%；红薯，15℃，70% ~ 80%；

蘑菇,0℃,90%;全脂奶粉,21℃,低相对湿度。在焓湿图上标注各个点,相对湿度增大时,选项 ABC 会产生结霜现象,需要设计融霜系统。

69. **答案**:ABC

依据:《注册公用设备工程师暖通空调考试复习教材》(第三版) P760,考虑建筑全寿命周期; P757,材料碳排放量按 100 年计算;P758,减排的指标基数为 GDP 总额;选项 D 正确。

70. **答案**:BD

依据:《注册公用设备工程师暖通空调考试复习教材》(第三版) P157,按燃气流动方向,在阀前设置放散管,选项 A 错误;《全国民用建筑工程设计技术措施　暖通空调·动力》(2009 年版) 第 8.3.7 条,选项 B 正确;《城镇燃气设计规范》(GB 50028—2006) 第 10.6.6条,选项 C 错误,选项 D 正确。

2014 年专业知识试题(下午卷)

一、单项选择题(共 40 题,每题 1 分,每题的备选项中只有一个最符合题意)

1. 对输送压力为 0.8MPa 的饱和干蒸汽(温度为 170℃)的管道做保温设计,下列保温材料中应采用哪一种? ( )

(A)柔性泡沫塑料制品
(B)硬质聚氨酯泡沫制品
(C)硬质酚醛泡沫制品
(D)离心玻璃棉制品

2. 内蒙古地区有一个远离市政供热管网的培训基地,拟建一栋 $5000m^2$ 的三层教学、实验楼和一栋 $4000m^2$ 的三层宿舍楼,冬季需供暖、夏季需供冷,采用下列哪种能源方式节能,且技术成熟、经济合理? ( )

(A)燃油热水锅炉供暖
(B)燃油型溴化锂冷热水机组供冷供暖
(C)土壤源热泵系统供冷供暖加蓄热电热水炉辅助供暖
(D)太阳能供冷供暖加蓄热电热水炉辅助供暖

3. 下列关于空调制冷系统自动控制用传感器的性能及要求,哪一项是不合理的? ( )

(A)传感器输出的标准电信号是直流电流信号或直流电压信号
(B)对设备进行安全保护,应使用连续量传感器监视
(C)湿度传感器采用标准电信号输出
(D)温度传感器可采用电阻信号输出

4. 下列关于供暖热负荷计算的说法,哪一个是正确的? ( )

(A)与相邻房间的温差小于 5℃时,不用计算通过隔墙和楼板等的传热量
(B)阳台门应考虑外门附加
(C)层高 5m 的某工业厂房,计算地面传热量时,应采用室内平均温度
(D)民用建筑地面辐射供暖房间高度大于 4m,每高出 1m,宜附加 1%,但总附加率不宜大于 8%

5. 寒冷地区某高层住宅小区集中热水供暖系统施工图设计的规定,下列哪项是错误的? ( )

(A)集中热水供暖系统热水循环泵的耗电输热比(EHR),应在施工图的设计说明中标注

(B)集中供暖系统的施工图设计,必须对每一个房间进行热负荷计算

(C)施工图设计时,应严格进行室内管道的水力平衡计算,应确保保暖系统的各并联环路间(不包括公共段)的压力差额不大于15%

(D)施工图设计时,可不计算系统水冷却产生的附加压力

6. 下列关于热水供暖系统的要求,哪一项是正确的? ( )

(A)变角形过滤器的过滤网应为40~60目

(B)除污器横断面中水流速宜取0.5m/s

(C)散热器组对后的试验压力应为工作压力的1.25倍

(D)集气罐的有效容积应为膨胀水箱容积的1%

7. 某热水地面辐射供暖系统的加热管采用PP-R塑料管(管径De20),在下列施工安装要求中,哪一项是不正确的? ( )

(A)加热管直管段固定装置的间距为500~700mm

(B)加热管管间距安装误差不大于10mm

(C)加热管的弯曲半径为200mm

(D)与分、集水器连接的各环路加热管的间距小于90mm时,加热管外部设柔性套管

8. 某大型工厂厂区设置蒸汽供热热网,按照规定在一定长度的直管段上应设置经常疏水装置,下列有关疏水装置的设置说法正确的为哪项? ( )

(A)经常疏水装置与直管段直接连接

(B)经常疏水装置与直管段连接处应设聚集凝结水的短管

(C)疏水装置连接短管的公称直径可比直管段小一号

(D)经常输水管与短管的底面连接

9. 某居住小区设独立燃气锅炉房作为集中热水供暖热源,设置2台4.2MW热水锅炉,下列烟囱设计的有关要求,哪一项是错误的? ( )

(A)2台锅炉各自独立设置烟囱

(B)水平烟道坡度为0.01,坡向烟道的最低点并设排水阀排放冷凝水

(C)烟道和烟囱材料采用不锈钢

(D)不锈钢烟囱不设内衬,壁厚8mm

10. 以下关于空气可吸入颗粒物的叙述,哪一项是不正确的? ( )

(A)$PM_{2.5}$指的是悬浮在空气中几何粒径小于等于0.025mm颗粒物

(B)国家标准中PM_{10}的浓度限值比$PM_{2.5}$要高

(C)当前国家发布的空气雾霾评价指标是以$PM_{2.5}$的浓度作为依据

(D)新版《环境空气质量标准》中,$PM_{2.5}$和PM_{10}都规定有浓度限值

11. 下列有关风管制作板材拼接要求,正确的做法应是哪项? ( )

(A)厚度 2mm 的普通钢板风管,风管板材拼接采用咬口连接
(B)厚度 2mm 的普通钢板风管,风管板材拼接采用铆接
(C)厚度 3mm 的普通钢板风管,风管板材拼接采用电焊
(D)厚度 3mm 的普通钢板风管,风管板材拼接采用咬口焊接

12. 关于公共厨房通风排风口位置及排油烟处理的说法,下列哪项是错误的? ( )

(A)油烟排风浓度不得超过 2.0mg/m^3
(B)大型油烟净化设备的最低去除效率不宜低于 85%
(C)排油烟风道的排放口宜放置在建筑物顶端并设置伞形风帽
(D)排油烟风道不得与防火排烟风口合用

13. 关于密闭罩的说法,下列哪项是错误的? ( )

(A)密闭罩排风口应设置在罩内压力较低的部位,以利消除罩内正压
(B)密闭罩吸风口不应设在气流含尘高的部位
(C)局部密闭罩适用于含尘气流速度低、瞬时增压不大的扬尘点
(D)密闭罩的排风量可根据进、排风量平衡确定

14. 关于住宅建筑的厨房竖向排风道的设计,下列哪项是错误的? ( )

(A)顶部应设置防止室外风倒灌装置
(B)排风道不需加重复的止回阀
(C)排风道阻力计算可采用总流动阻力等于两倍总沿程阻力的计算方法
(D)计算排风道截面总风量时,同时使用系数宜取 0.8

15. 某冷库采用氨制冷剂,其制冷机房长 10m、宽 6m、高 5.5m,设置平时通风和事故排风系统,试问其最小事故排风量应为下列哪项? ( )

(A)10980m^3/h (B)13000m^3/h
(C)30000m^3/h (D)34000m^3/h

16. 某棉花仓库堆放成捆的棉花,设有机械排烟系统,试问棉花的堆高距排烟管道的最小距离(未采取隔热措施)不得小于下列哪项? ( )

(A)100mm (B)150mm
(C)200mm (D)250mm

17. 某二楼板车间,底层为抛光间,生产中有易燃有机物散发,故设排风系统,其排风管需穿过楼板至屋面排放,在风管穿越楼板处设置防护套,试问该防护套的钢板厚度下列哪一项符合规定? ( )

(A)1.0mm　　(B)1.2mm

(C)1.5mm　　(D)2.0mm

18. 关于变频风机的下列说法,哪一项是正确的?　　(　　)

(A)变频器的额定容量对应所适用的电动机功率大于电动机的额定功率
(B)变频器的额定电流应等于电动机的额定电流
(C)变频器的额定电压应等于电动机的额定电压
(D)采用变频风机时,电动机功率应在计算值上附加10% ~15%

19. 在某冷水机组(可变流量)的一级泵变流量空调水系统中,采用了三台制冷量相同的冷水机组,其供回水总管上设置旁通管,旁通管和旁通阀的设计流量应为下列哪一项?　　(　　)

(A)三台冷水机组的额定流量之和
(B)二台冷水机组的额定流量之和
(C)一台冷水机组的额定流量
(D)一台冷水机组的允许最小流量

20. 由多台变频冷冻水泵并联组成的空调一级泵变流量冷水系统中,关于供、回水总管之间旁通调节阀的要求,下列哪项是正确的?　　(　　)

(A)旁通调节阀的开度与流量应为等百分比关系
(B)水泵台数变化时,旁通调节阀应随之调节
(C)旁通调节阀的工作压差应为全负荷运行时,阀门量端的计算压差值
(D)旁通调节阀应具备防止水流从回水总管流向供水总管的功能

21. 空调水系统施工过程中,应对阀门试压,以下哪一项说法是正确的?　　(　　)

(A)严密性试验压力为阀门公称压力的1.5倍
(B)强度试验压力为阀门公称压力的1.1倍
(C)工作压力大于0.6MPa的阀门应单独进行强度和严密性试验
(D)主管上起切断作用的阀门应单独进行强度和严密性试验

22. 低温管道保冷结构(由内向外)正确的选项应为下列哪项?　　(　　)

(A)保冷层、镀锌铁丝绑扎材料、防潮层、保护层
(B)保冷层、防潮层、镀锌铁丝绑扎材料、保护层
(C)防潮层、保冷层、镀锌铁丝绑扎材料、保护层
(D)防潮层、镀锌铁丝绑扎材料、保冷层、保护层

23. 当多种能源种类同时具备时,从建筑节能的角度看,暖通空调系统的冷热源最优先考虑的应是以下哪一项?　　(　　)

(A)电能　　(B)工业废热
(C)城市热网　　(D)天然气

24. 某办公建筑采用了带风量末端装置的单风机单风道变风量系统,设计采用空调机组送风出口段总管内(气流稳定处)的空气定静压方式来控制风机转速,实际使用过程中发现:风机的转速不随冷负荷的变化而改变,下列哪一项不属于造成该问题发生的原因? (　　)

(A)送风静压设定值过高
(B)变风量末端控制失灵
(C)风机风压选择过小
(D)静压传感器不应设置于送风出口段总管内

25. 某建筑空调为风机盘管 + 新风系统,经检测,有部分大开间办公室在夏季运行时室内 CO_2 浓度长期超过 1000ppm,下列哪一项会是造成室内 CO_2 浓度偏高的原因? (　　)

(A)新风机组过滤器的过滤效率没有达到设计要求
(B)新风机组表冷器的制冷量没有达到设计要求
(C)出问题房间没有设置有效的排风系统
(D)出问题房间的门窗气密性太差

26. 空气处理系统的喷水室不能实现下列哪一项空气处理过程? (　　)

(A)等温加湿　　(B)增焓减湿
(C)降温升焓　　(D)减焓加湿

27. 就建筑物的用途、规模、使用特点、负荷变化情况、参数要求以及地区气象条件而言,以下措施中明显不合理的是哪一项? (　　)

(A)十余间大中型会议室与十余间办公室共用一套全空气空调系统
(B)显热冷负荷占总冷负荷比例较大的空调区采用温湿度独立控制空调系统
(C)综合医院病房部分采用风机盘管加新风空调系统
(D)夏热冬暖地区全空气变新风比空调系统设置空气—空气能量回收装置

28. 某厂房内的生物洁净区准备做达标等级测试,下列哪项测试要求不正确? (　　)

(A)测试含尘浓度
(B)测试浮游菌和沉降菌浓度
(C)静压差测试仪表的灵敏度应不大于 0.2Pa
(D)非单向流洁净区采用风口法或风管法确定送风量

29. 下列关于冷水机组的综合部分负荷性能(IPLV)值和冷水机组全年运行能耗之间的关系表述,哪一种说法是错误的? ( )

(A)采用多台同型号、同规格冷水机组的空调系统,不能直接用 IPLV 值评价冷水机组的全年运行能耗

(B)冷水机组部分负荷运行时,当其冷却水供水温度不与 IPLV 计算的检测条件吻合时,不能直接用 IPLV 值评价冷水机组的全年运行能耗

(C)采用单台冷水机组的空调系统,可以利用冷水机组的 IPLV 值评价冷水机组的全年运行能耗

(D)冷水机组的 IPLV 值只能用于评价冷水机组在部分负荷下的制冷性能,但是不能直接用于评价冷水机组的全年运行能耗

30. 关于制冷设备保冷防结露计算的说法,下列哪项是错误的? ( )

(A)防结露厚度与设备内冷介质温度有关

(B)防结露厚度与保冷材料外表面接触的空气干球温度有关

(C)防结露厚度与保冷材料外表面接触的空气湿球温度有关

(D)防结露厚度与保冷材料外表面接触的空气露点温度有关

31. 某办公建筑的全年空调采用单一制式的地埋管地源热泵系统方案,试问此办公建筑位于下列哪个气候区时,方案是最不合理的? ( )

(A)严寒 A 区 (B)严寒 B 区

(C)寒冷地区 (D)夏热冬冷地区

32. 两级复叠式制冷系统是两种不同制冷剂组成的双级低温制冷系统,高温部分使用中温制冷剂,低温部分使用低温制冷剂,对于该系统的表述下列哪一项是错误的? ( )

(A)复叠式制冷系统高温级的蒸发器,就是低温级的冷凝器

(B) CO_2 制冷剂可作为复叠式制冷系统的高温级制冷剂,且满足保护大气环境要求

(C)R134a 制冷剂与 CO_2 制冷剂的组合可用于复叠式制冷系统

(D) NH_3/CO_2 的组合可用于复叠式制冷系统,且满足保护大气环境要求

33. 有关制冷压缩机的名义工况的说法,下列哪项是正确的? ( )

(A)采用不同制冷剂的制冷压缩机名义工况参数与制冷剂的种类有关

(B)螺杆式单级制冷压缩机的名义工况参数与是否带经济器有关

(C)不同类型的制冷压缩机的名义工况参数中环境温度参数相同

(D)离心制冷压缩机的名义工况参数在国家标准 GB/T 18430.1 中可以查到

34. 国家现行标准对制冷空调设备节能评价值的判定表述,下列哪项是错误的? ( )

(A)冷水机组的节能评价值为能耗等级的2级
(B)单元式空调机的节能评价值为能效等级的2级
(C)房间空调器的节能评价值为能效等级的2级
(D)多联式空调机组的节能评价值为在制冷能力试验条件下,达到节能认证所允许的EER的最小值

35. 有关蓄冷装置与蓄冷系统的说法,下列哪一项是正确的? ( )

(A)采用内融冰蓄冰槽应防止管簇间形成冰桥
(B)蓄冰槽应采用内保温
(C)水蓄冷系统的蓄冷水池可与消防水池兼用
(D)采用区域供冷时,应采用内融冰系统

36. 某大型冷库采用氨制冷系统,主要有:制冰间、肉类冻结间(带速冻装置)、肉类冷藏间、水果(西瓜、杧果等)冷藏间等组成,关于该冷库除霜的措施、说法,下列哪项是正确的? ( )

(A)所有冷间的空气冷却器设备都应考虑除霜措施
(B)除霜系统只能选用一种除霜方式
(C)水除霜系统不适用于光滑墙排管
(D)除霜水的计算淋水延续时间按每次15~20min

37. 燃气冷热电三联供系统中,下列哪一项说法是正确的? ( )

(A)发电机组采用燃气内燃机,余热回收全部取自内燃机排放的高温烟气
(B)发电机组为燃气轮机,余热仅供吸收式冷温水机
(C)发电机组采用微型燃气轮机(微燃机)的余热利用的烟气温度一般在600℃以上
(D)发电机组采用燃气轮机的余热利用设备可采用蒸汽吸收式制冷机或烟气吸收式制冷机

38. 下列哪一项为不可再生能源? ( )

(A)化石能 (B)太阳能
(C)海水潮汐能 (D)风能

39. 某类燃气加热设备(两台)所用燃气的压力要求为0.25MPa,现有市政燃气供应压力为0.2MPa,故应对燃气实施加压,下列哪项做法符合规范规定? ( )

(A)进入加热设备前的供气管道上直接安装加压设备
(B)进入加热设备前的供气管道上间接安装加压设备,加压设备前设置低压储气罐
(C)进入加热设备前的供气管道上间接安装加压设备,加压设备前设置中压储

气罐

(D)进入加热设备前的供气管道上直接安装加压设备,同时设置低压储气罐

40. 关于建筑排水的表述以下哪项正确? ( )

(A)埋地排水管道的埋设深度是指排水管道的管顶部至地表面的垂直距离

(B)居民的生活排水指的是居民在日常生活中排出的生活污水

(C)排水立管是指垂直的排水管道

(D)生活排水管道系统应设置通气管

二、多项选择题(共30题,每题2分。每题的备选项中有两个或两个以上符合题意。错选、少选、多选均不得分)

41. 下列热水地面辐射供暖系统的材料设备进场检查的做法中,哪几项是错误的? ( )

(A)辐射供暖系统的主要材料、设备组件等进场时,应经过施工单位检查验收合格,方可使用

(B)阀门、分水器、集水器组件在安装前,应做强度和严密性试验,合格后方可使用

(C)预制沟槽保温板、供暖板进场后,应采用取样送检方式复验其辐射面向上供热量和向下传热量

(D)绝热层泡沫塑料材料的项目为导热系数、密度和吸水率

42. 拟对某办公大楼(2004年建造)实施合同能源管理,对大楼的集中空调系统进行了节能诊断,为实现既符合国家现行节能改造标准又控制改造资金投入,根据诊断结构做出的下列改造建议中,哪几项是不可采用的? ( )

(A)原有燃气锅炉(2.8MW)的额定效率为86%,低于《公共建筑节能设计标准》的要求,对锅炉进行更换

(B)监测燃气锅炉最低运行效率为76%,对锅炉进行更换

(C)锅炉房无随室外气温变化进行供热量调节的自动控制装置,进行相应的改造

(D)监测空调水系统循环水泵的实际循环水量大于原设计值的5%,故更换原有水泵

43. 关于供暖建筑物的通风设计热负荷,采用通风体积指标法概算时,与下列哪几项有关? ( )

(A)通风室外计算温度

(B)供暖室内计算温度

(C)加热从门窗缝隙进入的室外冷空气的负荷

(D)建筑物的外围体积

44. 某住宅楼采用热水地面辐射间歇供暖系统，供/回水温度为45/30℃，采用分户计量、分室温控，加热管采用PE-X管；某户卧室基本供热量为1.0kW(房间面积$30m^2$)，进行该户采暖系统的设计，下列哪几项是正确的？（卧室环路房间热负荷间歇附加取为1.10，户间传热按$7W/m^2$计） （ ）

(A)采用的分、集水器的断面流速为0.5m/s

(B)卧室换路加热管采用De20(内径15.7mm，外径20mm)

(C)户内系统入口装置由供水管调节阀、过滤器、户用热量表和回水管关断阀组成

(D)将分、集水器设置在橱柜内，在分水器的进水管上设置温包外置式恒温控制阀

45. 关于不同热源供热介质的选择说法，下列哪几项是错误的？ （ ）

(A)以热电厂为热源时，设计供回水温度可取110/80℃

(B)以小型区域锅炉房为热源时，设计供回水温度可采用户内供暖系统的设计温度

(C)当生产工艺热负荷为主要负荷时，应采用蒸汽为供热介质

(D)多热源联网运行的供热系统，各热源的设计供回水温度应为热源自身系统最佳供回水温度

46. 如图所示，某供热管网采用混水泵与终端热用户1直接连接，经管路2混水，热网设计供热温度110℃，东段热用户1设计供/回水温度50/40℃，关于该混水系统的设计混合比，以下哪些数值是错误的？ （ ）

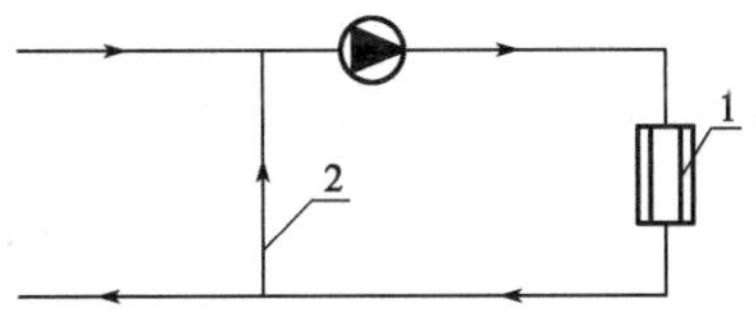

(A)0.14~0.15 (B)0.8~0.9

(C)6.0 (D)7.0

47. 某工厂在有吊顶的房间设置全面排风系统，室内吸风口位置的设定，下列哪几项是错误的？ （ ）

(A)当设在有害气体或爆炸危险性物质放散量可能最大或聚集最多的地点

(B)当向室内放散密度比空气大的气体或蒸汽时，室内吸风口应设在房间下部，吸风口上缘距地不超过1.2m

(C)当向室内放散密度比空气轻的甲烷时，室内吸气口上缘至吊顶底面的距离为300mm

(D)当向室内放散密度比空气轻的氢气与空气混合物时,室内吸风口上缘至顶棹底面的距离为 150mm

48. 某厂房一机加工线产生铸铁粉尘,配置除尘系统,有关除尘器连接的风管管材刷漆做法,下列哪几项是不合理的? ( )

(A)采用普通碳钢板时,除尘器前、后的风管内外都必须刷防腐面漆两道

(B)采用普通碳钢板时,除尘器前、后的风管内外都必须刷防腐底漆两道 + 面漆两道

(C)采用普通碳钢板时,仅除尘器后的风管内外刷防腐底漆两道 + 面漆两道

(D)采用普通碳钢板时,仅除尘器前的风管内壁不刷漆

49. 有关排烟设施的设置,下列哪几项是错误的? ( )

(A)地上 $800m^2$ 的植物油库可不考虑设置排烟设施

(B)地下 $800m^2$ 的植物油库应考虑设置排烟设施

(C)地上 $1200m^2$ 的单层机油库不考虑设置排烟设施

(D)地上 $1200m^2$ 的单层白坯棉布库不考虑设置排烟设施

50. 排烟系统排烟风管的用材选择,下列哪几项是错误的? ( )

(A)矩形排烟风管采用钢板制作,钢板厚度按高压系统的厚度执行

(B)采用无机玻璃钢排烟风管,板材厚度可按高压系统的厚度执行

(C)1500mm × 630mm 的矩形排烟钢板风管,钢板厚度采用 1.0mm

(D)排烟系统的风管允许漏风量执行中压系统风管的规定数值

51. 某厂房内一除尘系统采用两级除尘方式,除尘设备为旋风除尘器对喷脉冲袋式除尘器,进入旋风除尘器前的圆形风管连接方式的做法,哪几项是错误的? ( )

(A)采用抱箍连接

(B)采用承插连接

(C)采用立筋抱箍连接

(D)采用角钢法兰连接

52. 下述关于通风系统中局部排风罩的风量测定及罩口风速测定的做法,哪几项是错误的? ( )

(A)可采用热球式热电风速仪匀速移动法测定局部排风罩的罩口风速

(B)可采用叶轮风速仪定点法测定局部排风罩的罩口风速

(C)可用动压法测定局部排风罩风量

(D)优先采用静压法测定局部排风罩的风量

53. 关于活性炭吸附装置性能与参数的描述,下列哪几项是错误的? ( )

(A)处理小风量、低温、低浓度的有机废气可使用一般的固定床活性炭吸附装置

(B)固定床吸附装置的空塔速度一般取 1.0m/s 以下

(C)处理大风量低浓度低温的有机废气,可用蜂窝轮吸附

(D)蜂窝轮吸附装置通过蜂窝轮的面风速为 1.0m/s

54. 下列对空调通风系统中各种传感器的选择与安装要求中,哪几项是错误的? (　　)

(A)测量空调水系统管道内水温时,通过温度传感器的水流速度不得小于 0.5m/s

(B)以湿敏传感元件测量室内空气相对湿度时,湿敏传感元件不得安装于室内回风管上

(C)温度传感器的测量范围可按照测点处可能出现温度范围的 1.2 ~1.5 倍选取

(D)压力传感器的测量范围可按照测点处可能出现压力范围的 1.2 ~1.3 倍选取

55. 位于成都地区的某大型商场,采用全空气空调系统,在保证室内空气品质的同时,为减少全年的空调系统运行能耗,下列哪些做法是正确的? (　　)

(A)空调季节系统新风量根据室内 CO_2 浓度进行调节

(B)将全空气定风量空调系统改为区域变风量窄调系统

(C)将系统改为风机盘管新风系统的空调方式,新风系统按满足人员卫生要求的最大新风量进行设计

(D)系统的新、回风比可调,新风比最大可达到 100%

56. 某空调工程冷冻水为一级泵压差旁通控制变流量系统,包括 3 台螺杆式机组(处于水泵出口)和 3 台水泵,机组与水泵一对一连接,再并联,设计工况的单一台水泵配置参数为:扬程 0.36MPa,流量 0.07m^3/s,系统调试时,测试仅单台水泵运行的参数为:扬程 1.16MPa,到分水器总管流量 0.025m^3/s,造成供水水量不足的原因可能是下列哪几项? (　　)

(A)压差旁通控制阀未正常工作

(B)未运行冷水机组的冷水管路阀门处于开启状态

(C)未运行水泵出口止回阀关闭不严

(D)运行水泵出口止回阀阻力过大

57. 某几种空调冷水系统共有两台空调机组(机组 1、机组 2),由于机组 2 的水流阻力较大,设计了接力泵,系统构成如图所示,系统投入运行后发现:两台空调机组冷水进口处温度计显示的温度不断上升,导致了它们均不能满足使用要求,下列哪几项措施不可能解决该问题? (　　)

(A)加大接力泵流量　　(B)减少接力泵扬程

(C)开大 V2 阀门　　(D)开大 V1 阀门

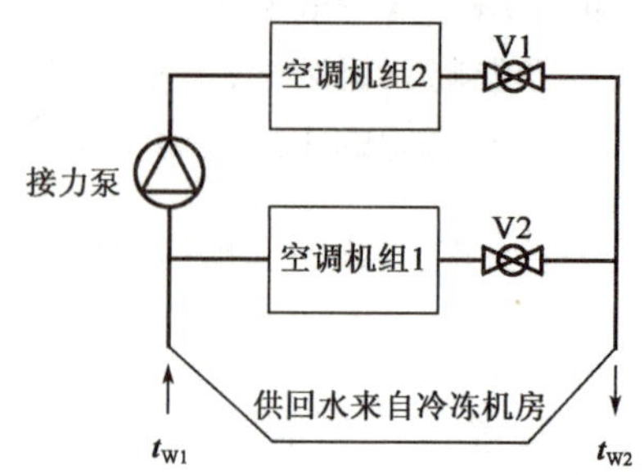

58. 下列场所有关空调系统的应用,哪几项是正确的? (　　)

(A)剧场建筑的观众厅宜采用新风比可调的全空气空调系统
(B)气候干燥地区宜采用蒸发冷却空调系统以降低制冷耗电量
(C)大型数据机房宜采用冰蓄冷冷源以降低制冷机组装机容量
(D)有条件时室内游泳馆宜采用低温送风空调系统以降低系统风量

59. 表面式换热器的热湿交换过程根据被处理空气的参数与水温不同,可实现下列哪几个空气处理过程? (　　)

(A)等湿加热　　(B)降湿升焓
(C)等湿冷却　　(D)减湿冷却

60. 空调系统的施工图设计阶段,下列哪几项是暖通专业工程师应该完成的自控系统设计工作内容? (　　)

(A)提出控制原理,确定控制逻辑
(B)提出控制精度、阀门特性及技术指标等关键要求
(C)确定控制参数设定值以及工况转换参数值
(D)进行自动控制系统设备选型与布置

61. 在某大型纺织车间的空调系统中,组合式空调器需设置等温加湿段,下列哪几项加湿器是不适合采用的? (　　)

(A)电极式加湿器　　(B)干式蒸汽加湿器
(C)超声波加湿器　　(D)高压喷雾加湿器

62. 下列关于洁净厂房空气过滤器选择与布置,哪几项是正确的? (　　)

(A)空气过滤器的处理风量应大于其额定风量
(B)高中效空气过滤器集中布置的空调箱的正压段
(C)超高效空气过滤器集中设置在净化空调机组内
(D)高效空气过滤器设置在净化空调系统的末端

63. 某建筑空调项目的三台水冷冷水机组并联安装,定流量运行,冷水机组的压缩机频繁出现高压保护停机,以下哪几项不是造成该现象的原因? ( )

(A)冷却水实际流量高于机组额定值
(B)压缩机的压力传感器失灵
(C)采取定流量运行方式
(D)冷凝器结垢严重

64. 夏热冬冷地区某空调工程采用地埋管地源热泵系统,工程的夏季计算冷负荷与总释热量均大于冬季计算热负荷与总吸热量,为保持土壤全年热平衡,夏季配置冷却塔向空气排热,该工程的地埋管地源热泵系统设计下列哪几项是正确的? ( )

(A)以冬季计算热负荷配置热泵机组容量
(B)以冬季计算的吸热负荷确定地埋管换热器数量
(C)由夏季计算冷负荷确定地源热泵机组制冷量
(D)冷却塔排热负荷为夏季空调冷负荷与热泵机组全部排热负荷之差

65. 我国规定的蒸汽压缩循环冷水(热泵)机组的 IPLV 公式中的系数值,是根据下列哪几项确定的? ( )

(A)我国 21 个城市气候条件下,典型公共建筑模型计算供冷负荷
(B)我国 21 个城市气候条件下典型公共搞建筑模型各个负荷段的机组运行小时数
(C)参照美国空调制冷协会关于 IPLV 系数的计算方法
(D)按我国 5 个气候区分别统计平均计算

66. 关于制冷压缩机吸气管和排气管的坡向,下列哪几项是正确的? ( )

(A)氨压缩机排气管应坡向油分离器
(B)氟利昂压缩机排气管应坡向油分离器或冷凝器
(C)氨压缩机吸气管应坡向蒸发器,液体分离器或低压循环储液器
(D)氟利昂压缩机吸气管应坡向压缩机

67. 某办公建筑的制冷机房平面设计,下列哪几项是正确的? ( )

(A)机房内主要通道宽度 1.6m
(B)制冷机与制冷机之间的净距 1.0m
(C)制冷机与电气柜之间的净距 1.2m
(D)制冷机与墙之间的净距 1.1m

68. 关于水蓄冷系统和冰蓄冷系统的说法,下列哪几项是正确的? ( )

(A)水蓄冷槽可利用已有的消防水池
(B)水蓄冷槽可兼作水蓄热槽

(C)冰蓄冷槽可兼作水蓄热槽

(D)冰蓄冷系统中乙二醇溶液的管道内壁应镀锌

69.《绿色建筑评价标准》(GB/T 50378—2006)适用下列哪几类建筑？ ( )

(A)厂房建筑 (B)商场建筑

(C)公共建筑中的办公建筑 (D)住宅建筑

70. 关于建筑排水管道的设计的表述,下列哪几项不正确？ ( )

(A)室外排水管连接处的水流偏转角不得大于90°

(B)当厨房与卫生间相邻设置时,可合用排水立管

(C)住宅小区干道下的排水管道,其覆土深度不宜小于0.60m

(D)设备间接排水口最小空气间隙大小与间接排水管管径无关

2014 年专业知识试题答案(下午卷)

1. **答案:**D

依据:《民用建筑供暖通风与空气调节设计规范》(GB 50736—2012)附录 K 可知应采用离心玻璃棉制品的保温材料。

2. **答案:**B

依据:选项 A 无法满足夏季供冷需求;选项 B 可满足冷热负荷需求,技术成熟,较为节能;选项 C 土壤源热泵使用与冬季热负荷和夏季冷负荷基本持平的地区,在内蒙古(严寒)地区使用需设置辅助热源,题目给出使用电辅热,不符合节能要求;选项 D 使用太阳能供冷供暖,在夏季无法保证在任何时候都可使用,冬季配置蓄热的电锅炉可满足使用要求,此外太阳能供冷供暖技术尚不够成熟。

3. **答案:**B

依据:《注册公用设备工程师暖通空调考试复习教材》(第三版)P511 ~ 512,选项 A 正确,选项 B 应尽量使用开关量,选项 CD 正确。

4. **答案:**D

依据:《民用建筑供暖通风与空气调节设计规范》(GB 50736—2012)第 5.2.5 条,选项 A 错误;第 5.2.6 条条文说明,阳台门不考虑外门附加,选项 B 错误;第 5.2.7 条及条文说明,选项 C 错误,选项 D 正确。

5. **答案:**D

依据:《严寒和寒冷地区居住建筑节能设计标准》(JGJ 26—2010)第 5.2.16 条、第 5.1.1条、第 5.2.13 条,选项 ABC 正确;第 5.3.10 条,选项 D 错误。

6. **答案:**D

依据:《注册公用设备工程师暖通空调考试复习教材》(第三版)P99 ~ 100,用于采暖时,过滤网为 20 目;除污器内水流速宜取 0.05m/s;集气罐内的水容积应为膨胀水箱容积的 1%,选项 AB 错误,选项 D 正确;P88,应为工作压力的 1.5 倍,选项 C 错误。

7. **答案:**D

依据:《注册公用设备工程师暖通空调考试复习教材》(第三版)P47,选项 A 正确;《辐射供暖供冷技术规程》(JGJ 142—2012)第 5.4.1 条,选项 B 正确;由第 5.4.3 条和常用加热管的管径可以判断选项 C 正确;第 5.4.9 条,选项 D 错误。

8. **答案:**B

依据:《注册公用设备工程师暖通空调考试复习教材》(第三版)P91 图 1.8-2,可知选项 B 正确。

9. **答案**:B

依据:《锅炉房大气污染物排放标准》(GB 13271—2014)第4.6.1.1条,"每个新建燃煤锅炉房只能设一根烟囱";《锅炉房设计规范》(GB 50041—2008)第8.0.5条,燃油、燃气锅炉的烟囱,宜单台炉配置,选项A正确。

根据《注册公用设备工程师暖通空调考试复习教材》(第三版)P156,水平烟道排水点,应设水封式凝结水排水管道,而不是排水阀,选项B错误。

选项CD关于烟囱材质及壁厚的说法符合《注册公用设备工程师暖通空调考试复习教材》(第三版)P156~P157的要求,正确。

10. **答案**:C

依据:根据《通风与空调工程施工规范》(GB 50738—2011)第4.2.4条,选项C正确。

11. 答案:A

依据:《环境空气质量标准》(GB 3095—2012)第3.4条,几何粒径应为小于等于2.5微米,选项A错误;由表1可知选项B正确,选项C正确,选项D正确。

12. **答案**:C

依据:《饮食业油烟排放标准》(GB 18483—2001)第4.2条,选项AB正确;《民用建筑供暖通风与空气调节设计规范》(GB 50736—2012)第6.6.18条,应设防雨风帽,选项C错误;《民用建筑供暖通风与空气调节设计规范》(GB 50736—2012)第6.3.5.4条,选项D正确。

13. **答案**:A

依据:《注册公用设备工程师暖通空调考试复习教材》(第三版)P188,应设在压力较高的位置,选项A错误;选项BCD正确。

14. **答案**:D

依据:《民用建筑供暖通风与空气调节设计规范》(GB 50736—2012)第6.3.4条及条文说明,选项ABC正确,对同时使用系数m规范没有给出具体数据。

15. **答案**:D

依据:《冷库设计规范》(GB 50072—2010)第9.0.2.3条,事故排风量按$183m^3/(m^2 \cdot h)$,且不小于$34000m^3/h$,

计算通风量为$G = 183 \times 10 \times 6 = 10980m^3/h$,按规范取$34000m^3/h$。

16. **答案**:B

依据:《建筑设计防火规范》(GB 50016—2014)第9.3.10条。

17. **答案**:D

依据:《空调与通风工程施工质量验收规范》(GB 50243—2002)第6.2.1条规定套管的厚度不应小于1.6mm,选项D正确。

18. **答案**:A

依据:《注册公用设备工程师暖通空调考试复习教材》(第三版)P265。

19. **答案**:D

依据:《民用建筑供暖通风与空气调节设计规范》(GB 50736—2012)第 8.5.9 条。

20. **答案**:B

依据:《注册公用设备工程师暖通空调考试复习教材》(第三版)P474,可知选项 B 正确。

21. **答案**:D

依据:《通风与空调工程施工质量验收规范》(GB 50243—2002)第 9.2.4 条。

22. **答案**:A

依据:《实用供暖空调设计手册》P1352 图 16.3-1。

23. **答案**:B

依据:《民用建筑供暖通风与空气调节设计规范》(GB 50736—2012)第 8.1.1 条。

24. **答案**:D

依据:变风量空调系统采用定静压时,其静压测点一般设在风机与管路的 2/3 处,静压设定值应根据系统的阻力计算确定,因此静压传感器设在风机出口段总管内无法反映末端压力的变化,而设定值过高也会影响系统的控制,因此选项 AD 属于造成该问题的原因;选项 B 末端控制失灵,系统的静压不会改变,也会造成该问题;风机风压选择过小,当风机达到最大风压后,其转速就不再改变,也属于造成问题的原因。

25. **答案**:C

依据:CO_2 浓度长期超标,说明是新风没有送入房间内,选项 C 是造成该问题的原因。

26. **答案**:B

依据:《注册公用设备工程师暖通空调考试复习教材》(第三版)P371,可以实现其中空气处理过程,包括升温加湿、等温加湿、降温升焓、绝热加湿、减焓加湿、等湿冷却和减湿冷却。

27. **答案**:A

依据:根据《注册公用设备工程师暖通空调考试复习教材》(第三版)P375 第 3.4.2 节空调系统的设计与选用原则来判断。

28. **答案**:C

依据:《洁净厂房设计规范》(GB 50073—2013)附录 A.2.1。

29. **答案**:C

依据:《蒸汽压缩循环冷水(热泵)机组　第 1 部分》(GB/T 18430.1—2007)第 3.2.1

条 IPLV 的定义,可知选项 C 错误。

30. **答案**:C

依据:《注册公用设备工程师暖通空调考试复习教材》(第三版)P546 公式(3.10-3),可知与湿球温度无关。

31. **答案**:A

依据:地源热泵系统在全年内总释热量与总吸热量要相平衡,四个选项中严寒 A 区的冷热负荷相差最大,最不合理。

32. **答案**:B

依据:《注册公用设备工程师暖通空调考试复习教材》(第三版)P591,CO_2 作为低压级制冷剂,选项 B 错误。

33. **答案**:A

依据:《注册公用设备工程师暖通空调考试复习教材》(第三版)P604 表 4.3-1 ~ 表 4.3-4,选项 A 正确。

34. **答案**:D

依据:《注册公用设备工程师暖通空调考试复习教材》(第三版)P624 ~ 627,选项 ABC 正确,选项 D 错误。

35. **答案**:C

依据:《注册公用设备工程师暖通空调考试复习教材》(第三版)P682 ~ 683,选项 ABD 错误,选项 C 正确。

36. **答案**:D

依据:冷间内不会结霜的设备不需要考虑除霜设备;《注册公用设备工程师暖通空调考试复习教材》(第三版)P741,国内冷库大多采用混合除霜的方法;表 4.9-24,水除霜系统对温度有要求,而对其他没有要求,P742,可知选项 D 正确。

37. **答案**:D

依据:《民用建筑供暖通风与空气调节设计规范》(GB 50736—2012)第 8.9.1 条条文说明表 15,内燃机的余热回收方式为燃气和高温冷却水,燃气轮机的余热回收方式延期和蒸汽,微燃机的余热回收方式为低温烟气,选项 ABC 错误;选项 D 正确。

38. **答案**:A

依据:本题属于常识。

39. **答案**:B.

依据:本题可从使用安全的角度分析,间接加压安全性要高于直接加压,加压设备前为低压管道,选 B。

40. **答案**:D

依据:管道的埋深是指地表面至管道内地的垂直距离,生活排水包括生活污水和生活废水,排水立管是指垂直或者与垂线夹角小于45°的管道。选项D正确。

---

41. **答案**:ACD

依据:《辐射供暖供冷技术规程》(JGJ 142—2012)第5.2.3条,应经监理工程师核查确认,选项A错误;第5.2.7条、第5.2.8条,选项B正确,选项C缺少"见证"二字,错误;第4.2.2条,可知选项D的说法不全面。

42. **答案**:ABD

依据:《公共建筑节能改造技术规范》(JGJ 176—2009)第4.3.2条,2.8MW燃气锅炉改造的最低效率限值为76%,并且还要满足改造的静态投资回收期小于或等于8年,才规定宜进行改造,对于选项A,可以改用配套优质高效的辅机,来提高效率,而不必更换锅,选项B认为是可以不采用的改造措施;选项C属于节省投资又回报较大的改造项目,应采用;选项D水量大于5%,在水泵流量的合理的裕量范围内,不需要更换。

43. **答案**:ABD

依据:《全国民用建筑工程设计技术措施　暖通空调·动力》(2009年版)第2.2.12条和第2.2.13条,可知与选项ABD有关。

44. **答案**:ABC

依据:《辐射供暖供冷技术规程》(JGJ 142—2012)第5.3.13条可知选项A正确。

卧室环路的管道流速为:$v = \dfrac{(1000+7\times30)\times1.1/[4.2\times(45-39)\times1000]}{3.14\times0.0157^2/4} = 0.27$,满足第5.3.11条的要求,选项B正确。

由《注册公用设备工程师暖通空调考试复习教材》(第三版)P38图1.4-5可知选项C正确,集分水器不可以设置在橱柜内。

45. **答案**:ACD

依据:《城镇供热管网设计规范》(CJJ 34—2010)第4.2.2.1条,回水温度不应高于70℃;第4.2.2.2条,选项B正确;第4.1.2条,选项C错误;第4.2.2.3条,选项D错误。

46. **答案**:ABD

依据:《城镇供热管网设计规范》(CJJ 34—2010)第10.3.6条,计算该系统的设计混合比为:

$$u = \frac{t_1-\theta_1}{\theta_1-t_2} = \frac{110-50}{50-40} = 6.0$$

47. **答案**:BD

依据:《注册公用设备工程师暖通空调考试复习教材》(第三版)P170~P171,选项AC正确,选项BD错误。

48. **答案**:ABCD

依据:《注册公用设备工程师暖通空调考试复习教材》(第三版)P257 表 2.7-5,选项 ABCD 的做法均不正确。

49. **答案**:CD

依据:《建筑设计防火规范》(GB 50016—2014)查得植物油库、机油库及白坯棉布库属于丙类仓库,根据第 8.5.2 条,占地面积大于 $1000m^2$ 的丙类仓库应设排烟设施,选项 CD 错误;选项 B 正确。

50. **答案**:BC

依据:《通风与空调工程施工规范》(GB 50738—2011)第 4.1.6 条,选项 A 正确;选项 B 没有查到相关规定,选项 C 按高压系统选择钢板厚度应为 1.2mm;第 15.2.3 条,选项 D 正确。

51. **答案**:ABC

依据:《通风与空调工程施工质量验收规范》(GB 50243—2002)第 4.2.1 条,除尘系统的风管厚度最小为 1.5mm,《通风与空调工程施工规范》(GB 50738—2011)第 4.2.9 条,大于 1.2mm 可采用角钢法兰连接。

52. **答案**:ABC

依据:《注册公用设备工程师暖通空调考试复习教材》(第三版)P282 ~ 283,局部排风罩风速和风量测定方法的介绍:热球式热电风速仪用于定点测量法,叶轮式风速仪用于匀速移动法测量,选项 AB 错误;选项 C 正确;在动压法测量流量有困难时,可采用静压法测量排风罩的风量,可知宜优先采用动压法测量排风罩的风量,选项 D 说法错误。

53. **答案**:BD

依据:《注册公用设备工程师暖通空调考试复习教材》(第三版)P232 ~ 234,选项 AC 正确,选项 B 空塔速度在 0.5m/s 以下,选项 D 面风速应在 1.5 ~ 2.0m/s。

54. **答案**:AB

依据:《注册公用设备工程师暖通空调考试复习教材》(第三版)P513,液体流速应大于 0.3m/s,选项 A 错误,选项 C 温度范围正确;P514,湿度传感器可安装在回风管道上,选项 B 错误;P515,压力测量范围在 1.2 ~ 1.3 倍,选项 D 正确。

55. **答案**:ABD

依据:C 选项应按人员卫生要求的最小新风量设计,选项 AB 均可实现系统最小新风量运行,选项 D 可以最大限度地利用室外的自然冷源实现内区的冬季冷却。

56. **答案**:BC

依据:并联系统,仅测试一台水泵的工况,应关闭不运行的机组和泵,避免水路从旁路流走。选项 BC 均会造成水路从旁路流走。

57. **答案**:ACD

依据:在机组所负担的冷负荷没有改变的情况下,进口处的水温上升,主要是应为系统的水流量增大,要解决该问题,需要减小接力泵的流量和扬程,使其正好满足要求。选项 ACD 的方式均不能解决问题。

58. **答案**:AB

依据:根据《全国民用建筑工程设计技术措施暖通空调·动力》(2009 年版)第 5.3.3 条空调系统选择原则,选项 A 正确;第 5.15.1 条,选项 B 正确;大型数据机房的冷负荷稳定温度,不适合冰蓄冷系统,选项 C 错误;为满足游泳馆的舒适性,送风温度不宜过低,不适合低温送风系统,选项 D 错误。

59. **答案**:ACD

依据:表面式冷却器时水与空气间接接触,可以实现等湿加热,等湿冷却和减湿冷却过程,不能实现降湿升焓的过程。

60. **答案**:ABC

依据:《全国民用建筑工程设计技术措施　暖通空调·动力》(2009 年版)第 11.1.6条。

61. **答案**:CD

依据:《注册公用设备工程师暖通空调考试复习教材》(第三版)P372,等温加湿的加湿方式有电极式加湿器、电热器加湿器、干蒸汽加湿器。超声波和高压微雾加湿器为等焓加湿过程。

62. **答案**:BD

依据:《洁净厂房设计规范》(GB 50073—2013)第 6.4.1 条。

63. **答案**:AC

依据:冷机出现高压保护停机,原因有冷凝器的散热不好,或者冷却水流量小,导致冷凝温度升高,出现高压保护,如果冷机正常,传感器失灵也会出现此种状况。

64. **答案**:AB

依据:《地源热泵系统工程技术规范》(GB 50366—2005)第 4.3.2 条、第 4.3.3 条及条文说明。

65. **答案**:ABCD

依据:《公共建筑节能设计标准》(GB 50189—2015)第 4.2.13 条及条文说明。

66. **答案**:ABCD

依据:《注册公用设备工程师暖通空调考试复习教材》(第三版)P628~629。

67. **答案**:AD

依据:《注册公用设备工程师暖通空调考试复习教材》(第三版)P635。

68. **答案**:AB

依据:《注册公用设备工程师暖通空调考试复习教材》(第三版)P678,选项 AB 正确;P694,冰蓄冷槽由于自身特性,不适合与蓄热槽合用,选项 C 错误;乙二醇溶液的管道采用普通钢管,不应选用镀锌钢管,选项 D 错误。

69. **答案**:BCD

依据:《绿色建筑评价标准》(GB/T 50388—2006)第 1.0.2 条。

70. **答案**:ABCD

依据:《建筑给水排水设计规范》(GB 50015—2003)(2009 版)第 4.3.18.4 条,当排水管管径小于 DN300,且跌落差大于 0.3m 时,可不受 90°的限制,选项 A 错误;第 4.3.2 条,覆土深度不小于 0.7m,选项 C 错误;第 4.3.15 条,与管径有关系,选项 D 错误。《住宅设计规范》(GB 50096—2011)第 8.2.6 条,厨房和卫生间的排水立管应分别设置,选项 B 错误。

2014 年案例分析试题(上午卷)

[案例题是4选1的方式,共25道小题,每题分值为2分,上午卷50分,下午卷50分,试卷满分100分。案例题一定要有分析(步骤和过程)、计算(要列出相应的公式)、依据(主要是规程、规范、手册),如果是论述题要列出论点。]

1. 某住宅楼节能外墙的做法(从内到外):

(1)水泥砂浆:厚度 $\delta_1=20$mm,导热系数 $\lambda_1=0.93$W/(m·K);

(2)蒸压相气混凝土砌块:$\delta_2=200$mm,$\lambda_2=0.20$W/(m·K),修正系数 $\alpha_2=1.25$;

(3)单面钢丝网片岩棉板:$\delta_3=70$mm,$\lambda_3=0.045$W/(m·K),修正系数 $\alpha_3=1.20$;

(4)保护层、饰面层。如忽略保护层、饰面层热阻影响,该外墙的传热系数 K 应为下列哪项?

(A)0.29 ~ 0.31W/(m^2·K) (B)0.35 ~ 0.37W/(m^2·K)

(C)0.38 ~ 0.40W/(m^2·K) (D)0.42 ~ 0.44W/(m^2·K)

答案:[ ]

主要解答过程:

2. 寒冷地区某住宅楼采用热水地面辐射供暖系统(间歇供暖,修正系数 $\alpha=1.3$)各户热源为燃气壁挂炉,供水/供水温度为45/35℃,分室温控,加热管采用PE-X管。某户的起居室面积 $32m^2$,基本耗热量为0.96kW,查规范水力计算表该环路的管径(mm)和设计流速应为下列中的哪一项?[注:管径 $D_0:X_1/X_2$(管内径/管外径),mm]

(A)D_0:15.7/20 v: ~0.17m/s (B)D_0:15.7/20 v: ~0.18m/s

(C)D_0:12.1/16 v: ~0.26m/s (D)D_0:12.1/16 v: ~0.30m/s

答案:[ ]

主要解答过程:

3. 双管下供下回式热水采暖系统如图所示,每层散热器间的垂直距离为6m,供/回水温度85/60℃,供水管 ab 段、bc 段和 cd 段的阻力分别为0.5kPa、1.0kPa和1.0kPa(对应的回水管段阻力相同),散热器A1、A2和A3的水阻力分别为 $P_{A1}=P_{A2}=7.5$kPa 和 $P_{A3}=5.5$kPa。忽略管道沿程冷却与散热器支管阻力,试问设计工况下散热器A3环路相对 A1 环路的阻力不平衡率(%)为多少?(取 $g=9.8\text{m/s}^2$,热水密度 $\rho_{85℃}=968.65\text{kg/m}^3$,$\rho_{60℃}=983.75\text{kg/m}^3$)

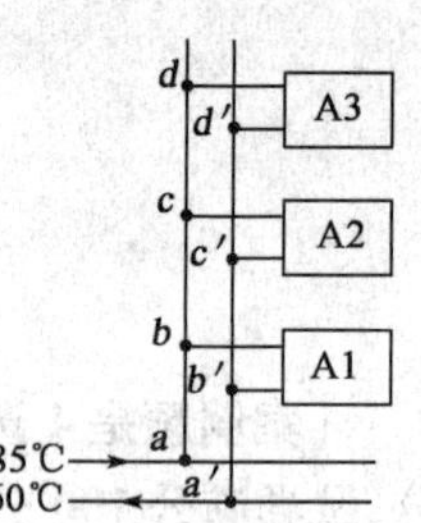

(A)26 ~ 27
(B)2.8 ~ 3.0
(C)2.5 ~ 2.7
(D)10 ~ 11

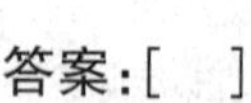
答案:[ ]
主要解答过程:

4. 某住宅小区住宅楼均为六层,设计为分户热计量散热器供暖系统(异程双管下供下回式)。设计供暖热媒为 85/60℃热水,散热器为内腔无沙铸铁四柱 660 型,$K=2.81\Delta t^{0.276}$[W/m^2·℃]。因住宅楼进行了围护结构节能改造(供暖系统设计不变),改造后该住宅小区的供暖热水供回水温度为 70/50℃,即可实现原室内设计温度 20℃。问:该住宅小区节能改造前与改造后供暖系统阻力之比应是下列哪一项?

(A)0.8 ~ 0.9　　(B)1.0 ~ 1.1　　(C)1.2 ~ 1.3　　(D)1.4 ~ 1.5

答案:[ ]
主要解答过程:

5. 某项目需设计一台热水锅炉,供回水温度 95/70℃,循环水量 48t/h,设锅炉热效率 90%,分别计算锅炉采用重油的燃料消耗量(kg/h)及采用天然气的燃料消耗量(Nm^3/h)。正确的答案应是下列哪一项?(水的比热容取 4.18kJ/kg,重油的低位热值为 40600kJ/kg,天然气的低位热值为 35000kJ/Nm^3)

(A)135 ~ 140,155 ~ 160　　(B)126 ~ 134,146 ~ 154
(C)120 ~ 125,140 ~ 145　　(D)110 ~ 119,130 ~ 139

答案:[ ]
主要解答过程:

6. 某送风管(镀锌薄钢板制作,管道壁面粗糙度 0.15mm)长 30m,断面尺寸为 800mm×313mm;当管内空气流速 16m/s、温度 50℃时,该段风管的长度摩擦阻力损失是多少?(注:大气压力 101.3kPa,忽略空气密度和黏性变化的影响)

(A)800～100Pa　　(B)120～140Pa　　(C)155～170Pa　　(D)175～195Pa

答案:[　]

主要解答过程:

7. 某均匀送风管采用保持孔口前静压相同原理实现均匀送风(如图所示),有四个间距为2.5m的送风孔口(每个孔口送风量为1000m^3/h)。已知,每个孔口的平均速度为5m/s。孔口的流量系数均为0.6,断面1处风管的空气平均流速为4.5m/s,该段风管断面1处的全压应是以下哪项,并计算说明是否保证出流角$\alpha \geqslant 60°$?(注:大气压力101.3kPa、空气密度取1.20kg/m^3)

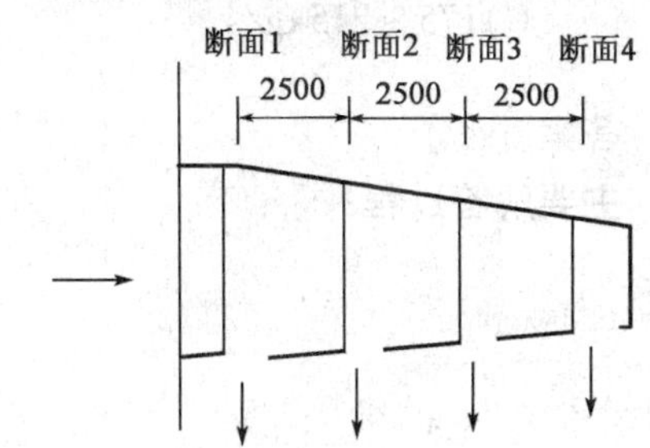

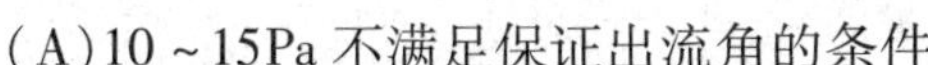
(A)10～15Pa 不满足保证出流角的条件
(B)16～30Pa 不满足保证出流角的条件
(C)31～45Pa 满足保证出流角的条件
(D)46～60Pa 满足保证出流角的条件

答案:[　]

主要解答过程:

8. 接上题,孔口出流的实际速度应为下列哪项数值?

(A)9.1～10m/s　　(B)8.1～9.0m/s

(C)5.1～6.0m/s　　(D)4.1～5.0m/s

答案:[　]

主要解答过程:

9. 某空调机组从风机出口至房间送风口的空气送风阻力为1800Pa,机组出口处的送风温度为15℃,且送风管保温良好(不考虑风管的传热)。问:该系统送至房间送风口处的空气温度,最接近以下哪个选项?[取空气的定压比热为1.01kJ/(kg·K)、空气密度为1.2kg/m^3](注:风机电机外置)

(A)15℃　　(B)15.5℃

(C)16℃　　(D)16.5℃

答案:[ ]

主要解答过程:

10. 已知室内有强热源的某厂房,工艺设备总散热量为 1136kJ/s,有效热量系数 $m=0.4$;夏季室内工作地点设计温度 33℃,采用天窗排风、侧窗进风的自然通风方式排除室内余热,其全面通风量 G 应是下列哪项数值?[注:当地大气压 101.3kPa,夏季通风室外空气计算温度 30℃,取空气的定压比热为 1.01kJ/(kg·K)]

(A)80 ~ 120kg/s (B)125 ~ 165kg/s

(C)175 ~ 215kg/s (D)220 ~ 260kg/s

答案:[ ]

主要解答过程:

11. 对某环隙脉冲袋式除尘器进行漏风率的测试,已知测试时除尘器的净气箱中的负压稳定为 2500Pa,测试的漏风率为 2.5%,试求在标准测试条件下,该除尘器的漏风率更接近下列哪项?

(A)2.0% (B)2.2% (C)2.5% (D)5.0%

答案:[ ]

主要解答过程:

12. 某酒店的集中空调系统为闭式系统,冷水机组及冷水循环水泵(处于机组的进水口前)设于地下室,回水干管最高点至水泵吸入口水阻力 15kPa,系统最大高差 50m(回水干管最高点至水泵吸入口)定压点设于水泵吸入口管路上,试问系统最低定压压力值,正确的是下列哪项?(g 取 $9.8m/s^2$)

(A)510kPa (B)495kPa (C)25kPa (D)15kPa

答案:[ ]

主要解答过程:

13. 某工艺用空调房间共有 10 名工作人员，人均最小新风量要求不少于 $30m^3/(h \cdot 人)$。该房间设置了工艺要求的局部排风系统，其排风量为 $250m^3/h$，保持房间正压所要求的风量为 $200m^3/h$。问：该房间空调系统最小的设计新风量应为多少？

(A) $300m^3/h$　　(B) $450m^3/h$　　(C) $500m^3/h$　　(D) $550m^3/h$

答案：[　]

主要解答过程：

14. 某空调工程位于天津市，夏季空调室外计算日 16:00 时的空调室外计算温度，最接近以下哪个选项？并写出判断过程。

(A) 29.4℃　　(B) 33.1℃　　(C) 33.9℃　　(D) 38.1℃

答案：[　]

主要解答过程：

15. 某二次回风空调系统，房间设计温度 23℃，相对湿度 45%，室内显热负荷 17kW，室内散湿量 9kg/h。系统新风量 $2000m^3/h$，表冷器出风相对湿度 95%（焓值 $23.3kJ/kg_{干空气}$），二次回风混合后经风机及送风管道温升 1℃，送风温度 19℃；夏季室外设计计算温度 34℃，湿球温度 26℃，大气压力 101.325kPa。新风与一次回风混合点的焓值接近下列哪项数值？并与焓湿图绘制空气处理过程线。[空气密度取 $1.2kg/m^3$，比热取 $1.01kJ/(kg \cdot ℃)$，忽略回风温升。过程点参数：室内 $d_n = 7.9g/kg$，$h_n = 43.1kJ/kg_{干空气}$，室外 $d_w = 18.1g/kg$，$h_w = 80.6kJ/kg_{干空气}$]

(A) $67kJ/kg_{干空气}$　　(B) $61kJ/kg_{干空气}$

(C) $55kJ/kg_{干空气}$　　(D) $51kJ/kg_{干空气}$

答案：[　]

主要解答过程：

16. 某常年运行的冷却水泵系统如下图所示，h_1、h_2、h_3 为高差，$h_1 = 8m$，$h_2 = 6m$，$h_3 = 3m$，各段阻力见下表。计算的冷却水循环泵的扬程应为下列何值？（不考虑安全系数，取 $g = 9.8m/s^2$）

	阻力(kPa)
A—B 管道及附件	20
C—D 管道及附件	150
冷水机组	50
冷却塔布水器	20

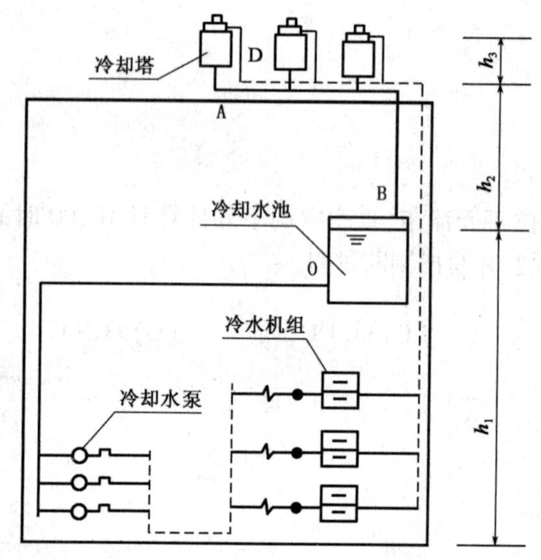

(A)215 ~ 225kPa　　(B)235 ~ 245kPa

(C)300 ~ 315kPa　　(D)380 ~ 395kPa

答案:[　]

主要解答过程:

17. 成都市某 12 层的办公建筑,设计总冷负荷 850kW,冷水机组采用 2 台水冷螺杆式冷水机组。空调水系统采用二管制一级泵系统,选用二台设计流量为 $100m^3/h$,设计扬程为 30m 的冷水循环泵并联运行。冷冻机组至系统最远用户的供回水管道的总输送长度 350m,那么冷水循环泵的设计工作点效率应不小于多少?

(A)58.3%　　(B)69.0%　　(C)76.4%　　(D)80.9%

答案:[　]

主要解答过程:

18. 某空调办公室采用温湿度独立控制系统,设计室内空气温度24℃,房间热湿负荷的计算结构为:围护结构冷负荷1500W,人体显热冷负荷550W,人体潜热冷负荷300W,室内照明及用电设备冷负荷1150W。房间设计新风量合计为300m³/h,送入房间的新风温度要求为20℃。问:室内干工况末端装置的最小供冷量应为下列哪项数值?[空气密度为1.2kg/m³,空气的定压比热为按1.01kJ/(kg·K)计算]

(A)2650W　　(B)2796W　　(C)3096W　　(D)3200W

答案:[　]

主要解答过程:

19. 某变频水泵的额定转速为960r/min,变频控制的最小转速为额定转速的60%,现要求该水泵隔振设计时的振动传递比不大于0.05。问:选用下列哪种隔振器更合理?并写出推断过程。

(A)非预应力阻尼型金属弹簧隔振器　　(B)橡胶剪切隔振器

(C)预应力阻尼型金属弹簧隔振器　　(D)橡胶隔振器

答案:[　]

主要解答过程:

20. 已知不同制冷方案的一次能源利用效率见下表,表列方案中的最高一次能源利用效率制冷方案与最低一次能源利用效率制冷方案之比值接近下列哪项?

序　号	制冷方案	效　率
1	燃气蒸汽锅炉+蒸汽型溴化锂吸收式制冷	锅炉效率88%、吸收式制冷COP=1.3
2	燃煤发电+电压缩制冷	发电效率(计入传输损失)25% 电压缩制冷COP=5.5
3	燃气直燃溴化锂吸收式制冷	COP=1.3
4	燃气发电+电压缩制冷	发电效率(计入传输损失)45% 电压缩制冷COP=5.5

(A)1.80　　(B)1.90　　(C)2.16　　(D)2.48

答案:[　]

主要解答过程:

21. 已知用于全年累计工况评价的某空调系统的冷水机组运行效率限制 COP_{LV} = 4.8、冷却水输送系数限制 $WTFc_{wLV}$ = 25，用于评价该空调系统的制冷子系统的能效比限制（EER_{rLV}）应是下列哪项数值？

(A)2.80 ~ 3.50　　(B)3.51 ~ 4.00

(C)4.01 ~ 4.50　　(D)4.51 ~ 5.00

答案：[　]

主要解答过程：

22. 图示为一次节流完全中间冷却的双级氨制冷理论循环，各状态点比焓为：

h_1 = 1408.41kJ/kg，h_2 = 1590.12kJ/kg，h_3 = 1450.42kJ/kg，h_4 = 1648.82kJ/kg，h_5 = 342.08kJ/kg，h_6 = 181.54kJ/kg，试问在该工况下，理论制冷系数为下列哪项？

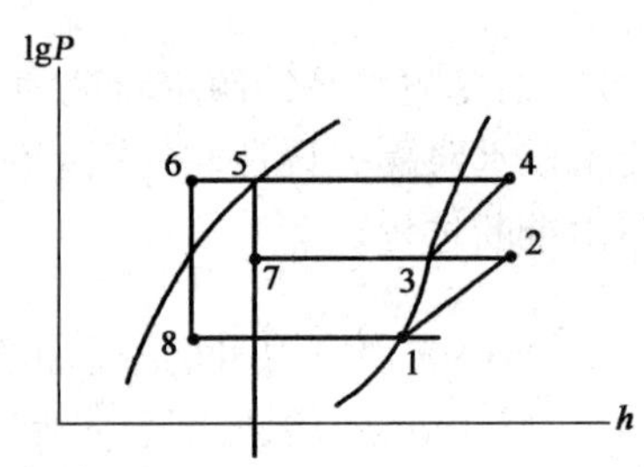

(A)1.9 ~ 2.2　　(B)2.3 ~ 2.6

(C)2.7 ~ 3.0　　(D)3.1 ~ 3.4

答案：[　]

主要解答过程：

23. 已知某电动压缩式制冷机组处于额定负荷出力的运行工况：冷凝温度为30℃，蒸发温度为2℃，不同的销售人员介绍该工况下机组的制冷系值，不可取信的为下列哪项数值？并说明原因。

(A)5.85　　(B)6.52　　(C)6.80　　(D)9.82

答案：[　]

主要解答过程：

24. 某多联式制冷机组（制冷剂为 R410A），布置如图所示，已知：蒸发温度为5℃（对应蒸发压力 934kPa、饱和液体密度为 795.5kg/m^3）；冷凝温度为55℃（对应冷凝压力 2602kPa、饱和液体密度为 1162.8kg/m^3），根据电子膨胀阀的动作要求，其压差不应超过 2.26MPa。如不计制冷剂的流动阻力和制冷剂的温度变化，则理论上，图中的 H 数值最大为下列哪项？（g 取 $9.81m/s^2$）

(A)49～55m

(B)56～62m

(C)63～69m

(D)70～76m

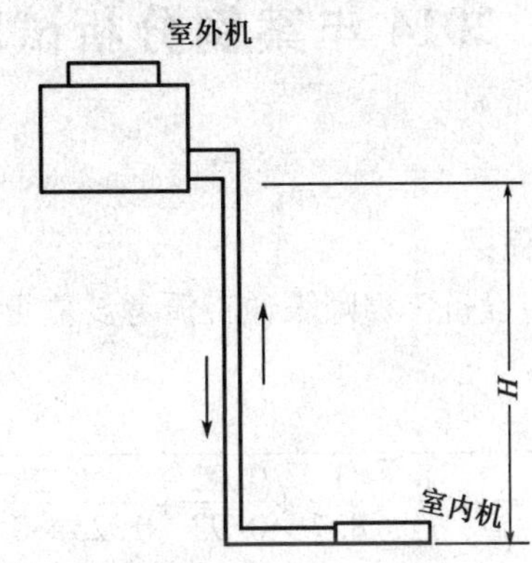

答案：[　]

主要解答过程：

25. 已知某住宅小区燃气用户为 250 户，每户均设置燃气双眼灶和快速热水器各一台，其额定流量分别为 $2.4m^3/h$ 和 $1.75m^3/h$，该小区的燃气计算流量应接近下列哪项？

(A)$156m^3/h$

(B)$161m^3/h$

(C)$166m^3/h$

(D)$170m^3/h$

答案：[　]

主要解答过程：

2014 年案例分析试题答案(上午卷)

1. 答案:D

主要解题过程:

《注册公用设备工程师暖通空调考试复习教材》(第三版)P2 公式(1.1-3)计算外墙的传热系数:

$$K=\frac{1}{\frac{1}{\alpha_n}+\sum\frac{1}{\alpha_\lambda\cdot\lambda}+\frac{1}{\alpha_w}}=\frac{1}{\frac{1}{8.7}+\frac{0.02}{0.93}+\frac{0.2}{1.25\times0.2}+\frac{0.07}{1.2\times0.045}+\frac{1}{23}}=0.439\text{W/(m}^2\cdot\text{K)}$$

2. 答案:B

主要解题过程:

该户的总热负荷为:$Q=\alpha\cdot Q_j+7\times32=1.3\times960+7\times32=1472\text{W}$

该户的水流量为:$G=\frac{Q}{\rho\cdot c\cdot\Delta t}=\frac{1472}{1000\times4178\times(45-35)}=0.0000352\text{m}^3/\text{s}$

当管径为 de20 时,管道内的水流速度为:$v_1=\frac{G}{F_1}=\frac{0.0000352}{0.25\times\pi\times0.0157^2}=0.182\text{m/s}$

当管径为 de16 时,管道内的水流速度为:$v_2=\frac{G}{F_2}=\frac{0.0000352}{0.25\times\pi\times0.0121^2}=0.306\text{m/s}$

根据《辐射供暖供冷技术规程》(JGJ 142—2012),管道内的水流速度不得大于 0.25m/s,所以管径应采用 de20,其内水流速度为 0.182m/s。

3. 答案:D

主要解题过程:

分别计算 A3 和 A1 并联环路的阻力损失。

A3 散热器环路的阻力损失:

$$P_3=P_{bc}+P_{cd}+P_{A3}+P_{c'd'}+P_{c'b'}=1.0+1.0+5.5+1.0+1.0=9.5\text{kPa}$$

A1 散热器环路的阻力损失:$P_1=P_{A1}=7.5\text{kPa}$

重力循环的作用压力:

$$P_{\text{重力}}=\frac{2}{3}(\rho_h-\rho_g)\cdot g\cdot h=\frac{2}{3}(983.75-968.65)\times9.8\times12=1183.84\text{Pa}=1.184\text{kPa}$$

考虑重力作用压力后,A3 散热器环路的阻力损失减少:$P_3=9.5-1.184=8.316\text{kPa}$

两环路的不平衡率:$\frac{P_3-P_1}{P_3}=\frac{8.316-7.5}{8.316}=10\%$。

《注册公用设备工程师暖通空调考试复习教材》(第三版)P28,重力循环的作用力按 2/3 计算。

4. 答案:C

主要解题过程:

住宅改造前的计算平均温差：$\Delta t_1=\dfrac{85+60}{2}-20=52.5℃$

住宅改造前的计算平均温差：$\Delta t_2=\dfrac{70+50}{2}-20=40℃$

改造前和改造后住宅的散热量之比：

$$\frac{Q_1}{Q_2}=\frac{K_1\cdot F\cdot\Delta t_1}{K_2\cdot F\cdot\Delta t_2}=\frac{2.81\Delta t_1^{0.276}\cdot F\cdot\Delta t_1}{2.81\Delta t_2^{0.276}\cdot F\cdot\Delta t_2}=\frac{\Delta t_1^{1.276}}{\Delta t_2^{1.276}}=(\frac{52.5}{40})^{1.276}=1.415$$

根据流量与热量的关系，有改造前后流量之比：

$$\frac{G_1}{G_2}=\frac{Q_1/\Delta t_1}{Q_2/\Delta t_2}=\frac{Q_1}{Q_2}\times\frac{\Delta t_2}{\Delta t_1}=1.415\times\frac{20}{25}=1.132$$

根据阻力计算公式有，阻力损失之比：

$$\frac{P_1}{P_2}=\left(\frac{G_1}{G_2}\right)^2=1.132^2=1.218$$

5. **答案**：A

主要解题过程：

热水锅炉的供热量：

$$Q=\rho\cdot C\cdot G\cdot\Delta t=1000\times4.18\times48\times(95-70)=5016000\text{kJ/h}$$

重油的消耗量：$G_{油}=\dfrac{Q}{q_{油}\cdot\eta}=\dfrac{5016000}{40600\times0.9}=137.27\text{kg/h}$

天然气的消耗量：$G_{气}=\dfrac{Q}{q_{气}\cdot\eta}=\dfrac{5016000}{35000\times0.9}=159.24\text{Nm}^3/\text{h}$

6. **答案**：C

主要解题过程：

《注册公用设备工程师暖通空调考试复习教材》(第三版)P248 公式(2.7-1)和公式(2.7-2)。

矩形风管的水力计算半径：$R_s=\dfrac{a\times b}{2\times(a+b)}=\dfrac{0.8\times0.313}{2\times(0.8+0.313)}=0.1125\text{m}$

风管的当量直径：$D=4R_s=4\times0.1125=0.45\text{m}$

根据图 2.7-1，查得 $R_{m0}=6\text{Pa/m}$

风管内空气温度与标准状态不同，需进行修正，温度修正系数：$K_t=\left(\dfrac{273+20}{273+50}\right)^{0.825}=0.9227$

风管的实际比摩阻：$R_m=K_t\cdot R_{m0}=0.9227\times6=5.54\text{Pa/m}$

该段风管的阻力损失：$P=R_m\cdot L=5.54\times30=166\text{Pa}$

7. **答案**：D

主要解题过程：

《注册公用设备工程师暖通空调考试复习教材》(第三版)P258 式(2.7-10)～式(2.7-16)。

断面 1 的动压为：$P_d=\frac{\rho \cdot v^2}{2}=\frac{1.2\times 4.5^2}{2}=12.15\text{Pa}$

孔口处的静压速度为：$v_j=\frac{v_0}{\mu}=\frac{5}{0.6}=8.33\text{m/s}$

孔口处的静压为：$P_j=\frac{\rho \cdot v_j^2}{2}=\frac{1.2\times 8.33^2}{2}=41.63\text{Pa}$

孔口处的全压为：$P=P_d+P_j=12.15+41.63=53.78\text{Pa}$

$$\tan\alpha=\sqrt{\frac{P_j}{P_d}}=\sqrt{\frac{41.63}{12.15}}=1.85\text{，求得 }\alpha=61.6°$$

8. **答案**：A

主要解题过程：

孔口的实际出流速度：$v=\frac{v_j}{\sin\alpha}=\frac{8.33}{\sin 61.6°}=9.47\text{m/s}$

9. **答案**：D

主要解题过程：

《实用供热空调设计手册》P1498。

空气通过风管的温升：$\Delta t=\frac{0.0008H \cdot \eta_2}{\eta_1 \cdot \eta_2}=\frac{0.0008\times 1800}{1}=1.44℃$

取 $\eta_1=1$

送风口的温度：$\Delta t_{出}=\Delta t_{进}+\Delta t=15+1.44=16.44℃$

10. **答案**：B

主要解题过程：

《注册公用设备工程师暖通空调考试复习教材》（第三版）P179 式（2.3-3）和 P181 式（2.3-19）。

室内上部的排风温度：$t_p=t_w+\frac{t_n-t_w}{m}=30+\frac{33-30}{0.4}=37.5℃$

全面通风量：$G=\frac{Q}{C_p \cdot \Delta t}=\frac{1.36}{1.01\times(37.5-30)}=150\text{kg/s}$

11. **答案**：B

主要解题过程：

《脉冲喷吹类袋式除尘器》（JB/T 8532—2008）第 5.2 条公式。

$$\varepsilon=\frac{44.72\varepsilon_1}{\sqrt{P}}=\frac{44.72\times 2.5\%}{\sqrt{2500}}=2.236\%$$

12. **答案**：A

主要解题过程：

《注册公用设备工程师暖通空调考试复习教材》（第三版）P504 式（3.7-13）。

系统的最低定压压力值为：$P_{\text{Bmin}}=H+5+\Delta H_{\text{AB}}=50\times 9.8+5+15=510\text{kPa}$

13. **答案**:B

主要解题过程:

满足人员新风量要求的设计风量为:$L_1 = 10 \times 30 = 300\text{m}^3/\text{h}$

满足排风和正压要求的设计风量为:$L_2 = L_P + L_{正压} = 200 + 250 = 450\text{m}^3/\text{h}$

取两者的大值作为房间的最小设计新风量。

14. **答案**:B

主要解题过程:

《民用建筑供暖通风与空气调节设计规范》(GB 50736—2012)第4.1.11条及附录A。

查附录A有:$t_{wp} = 29.4℃$,$\beta = 0.43$,$t_{wg} = 33.9℃$,则:

$$\Delta t_r = \frac{t_{wg} - t_{wp}}{0.52} = 8.654$$

$$t_{sh} = t_{wp} + \beta \cdot \Delta t_r = 29.4 + 0.43 \times 8.654 = 33.1℃$$

15. **答案**:B

主要解题过程:

计算室内的潜热冷负荷,气化潜热取2500kJ/kg,$Q_{潜} = 9 \times 2500 = 22500\text{kJ/h} = 6.25\text{kW}$

室内的全热冷负荷:$Q_{全} = Q_{显} + Q_{潜} = 17 + 6.25 = 23.25\text{kW}$

室内的热湿比线:$\varepsilon = \dfrac{Q_{全}}{W} = \dfrac{23.25 \times 3600}{9} = 9300\text{kJ/kg}$

二次回风后的总风量:$G = \dfrac{Q}{c \cdot \rho \cdot \Delta t}$

$$= \frac{17}{1.01 \times 1.2 \times (23 - 19)} = 3.5\text{m}^3/\text{s} = 12624\text{m}^3/\text{h}$$

根据题目给出的条件,可以查得露点温度$t_L = 7.7℃$,室内温度$t_n = 23℃$,

二次回风混合点的温度:$t_c = 18℃$

一次回风后的总风量:$G_L = \dfrac{23 - 18}{23 - 7.7} \times 12624 = 4126\text{m}^3/\text{h}$

一次回风量:$G_1 = G_L - G_w = 4126 - 2000 = 2126\text{m}^3/\text{h}$

混合点的焓值:$h_{混} = \dfrac{G_1 \times h_n + G_w \times h_w}{G_L} = \dfrac{2126 \times 43.1 + 2000 \times 80.6}{4126} = 61.3\text{kJ/kg}$

16. **答案**:C

主要解题过程:

循环水泵的扬程:$P = (h_2 + h_3) \times g + P_{机组} + P_{布水器} + P_{cd}$

$$= 9 \times 9.8 + 50 + 20 + 150 = 308.2\text{kPa}$$

17. **答案**:D

主要解题过程:

根据《民用建筑供暖通风与空气调节设计规范》(GB 50736—2012)第8.5.12条。

$$0.003096\times\frac{\sum(GH/\eta_b)}{\sum Q}\leqslant A(B+\alpha\cdot\sum L)/\Delta T$$

$$0.003096\times\frac{(2\times100\times30)}{\eta_b}\leqslant\frac{0.003858\times(28+0.02\times350)}{5}$$

$$\frac{0.021854}{\eta_b}\leqslant0.02706$$

$$\eta_b\geqslant80.9\%$$

18. **答案：C**

主要解题过程：

干工况末端的供冷量 = 全热冷负荷 − 新风负担的冷负荷

新风负担的冷负荷：

$$Q_x=G\cdot c\cdot\rho\cdot(t_n-t_0)=\frac{3000\times1.2\times1.01\times(24-20)}{3600}=0.404\text{kW}=404\text{W}$$

干式风盘负担的冷负荷：$Q_{干}=1500+550+300+1150-404=3096\text{W}$

19. **答案：C**

主要解题过程：

变频水泵的转速范围：$n=[960\times60\%,960]=576\sim960\text{r/min}$ 水泵的固有频率范围：$f=\frac{n}{60}=\left[\frac{576\sim960}{60}\right]=9.6\sim16\text{Hz}$

根据《注册公用设备工程师暖通空调考试复习教材》（第三版）P545，减震器的频率：

$$f_0=f\cdot\sqrt{\frac{T}{1-T}}=(9.6\sim16)\times\sqrt{\frac{0.05}{1-0.05}}=2.2\sim3.67\text{Hz}$$

在此范围内，应采用预应力阻尼型金属弹簧隔振器。

20. **答案：C**

主要解题过程：

分别计算各种方案的总效率

$\eta_1=88\%\times1.3=1.144$；$\eta_2=25\%\times5.5=1.475$；$\eta_3=1.3$；$\eta_4=45\%\times5.5=2.475$

$$\frac{\eta_{max}}{\eta_{min}}=\frac{2.475}{1.144}=2.16$$

21. **答案：B**

主要解题过程：

《空气调节系统经济运行》（GB/T 17971—2007）公式（5.4.2）。

$$\text{EER}_{\text{TLV}}=\frac{1}{\frac{1}{\text{COP}_{\text{LV}}}+\frac{1}{\text{WTF}_{\text{CWLV}}}+0.02}=\frac{1}{\frac{1}{4.8}+\frac{1}{2.5}+0.02}=3.73$$

22. **答案：C**

主要解题过程：

《注册公用设备工程师暖通空调考试复习教材》(第三版)P577。

总制冷量：$\Phi_0 = M_{R1} \cdot (h_1 - h_8)$

两级压缩的理论耗功率分别为：

$$P_{th1} = M_{R1} \cdot (h_2 - h_1)$$
$$P_{th2} = M_R \cdot (h_4 - h_3)$$

$$M_{R2} = M_{R1} \times \frac{(h_2 - h_3) + (h_5 - h_6)}{h_3 - h_5}$$
$$= M_{R1} \times \frac{(1590.12 - 1450.42) + (342.08 - 181.54)}{1450.42 - 342.08} = 0.27089 M_{R1}$$

理论制冷系数：

$$\varepsilon = \frac{\Phi_0}{P_{th1} + P_{th2}} = \frac{M_{R1} \cdot (h_1 - h_8)}{M_{R1} \cdot (h_2 - h_1) + (M_{R1} + 0.27089 M_{R1}) \cdot (h_4 - h_3)}$$
$$= \frac{1408.41 - 181.54}{(1590.12 - 1408.41) + 1.27089 \times (1648.42 - 1450.42)} = 2.83$$

23. **答案**：D

主要解题过程：

《注册公用设备工程师暖通空调考试复习教材》(第三版)P570 公式(4.1-6)。

理想制冷循环的制冷系数 ε'_c：

$$\varepsilon'_c = \frac{T'_0}{T'_K - T'_0} = \frac{273 + 2}{(273 + 30) - (273 + 2)} = 9.82$$

实际制冷系统的制冷系数总是小于理论循环的制冷系数，故选项 D 的数值不可信。

24. **答案**：A

主要解题过程：

计算室内外机的压差，要满足电子膨胀阀的要求。

设室外机压力为 P_K，室内机压力为 P_0，则室内外机的压差：

$$(P_K - P_0) + \rho g h \leqslant \Delta P_{允许}$$

$$\Rightarrow (2602 - 934) + \frac{1162.8 \times 9.81 \times H}{1000} \leqslant 2260$$

$$\Rightarrow H \leqslant \frac{2260 - 2602 + 934}{1.1628 \times 9.81} = 51.9\text{m}$$

25. **答案**：B

主要解题过程：

根据《城镇燃气设计规范》(GB 50028—2006)第 10.2.9 条。

根据内插法计算燃具的同时使用系数，$K = \frac{0.16 + 0.15}{2} = 0.155$

$$Q_h = \sum K \cdot N \cdot Q_n = 0.155 \times 250 \times (2.4 + 1.75) = 160.8\text{m}^3/\text{h}$$

2014 年案例分析试题(下午卷)

[专业案例题(共 25 题,每题 2 分)]

1. 某建筑首层门厅采用地面辐射供暖系统,门厅面积 $F=360m^2$,可敷设加热管的地面面积 $F_j=270m^2$,室内设计计算温度 20℃,以下哪项房间计算热负荷数值满足保证地表面温度的规定上限值?

(A)19.2kW (B)21.2kW (C)23.2kW (D)33.2kW

答案:[ ]
主要解答过程:

2. 某住宅楼采用上供下回双管散热器供暖系统,室内设计温度为 20℃,热水供回水温度 90/65℃,设计采用椭四柱 660 型散热器,其传热系数 $K=2.682\Delta t^{0.297}$[W/(m² · ℃)]。因对小区住宅楼进行了围护结构节能改造,该住宅小区的供暖热负荷降至原设计热负荷的 60%,若原设计供暖系统保持不变,要保持室内温度为 20~22℃,供暖热水供回水温度(供回水温差为 20℃)应是下列哪一项?并列出计算判断过程(忽略水流量变化对散热器散热量的影响)。

(A)75/55℃ (B)70/50℃ (C)65/45℃ (D)60/40℃

答案:[ ]
主要解答过程:

3. 某住宅室内设计温度为 20℃,采用双管上供下回供暖系统,设计供回水温度 85/60℃,铸铁柱型散热器明装,片厚 60mm,单片散热面积 0.25m²,连接方式如图所示。为使散热器组装长度≤1500mm,每组散热器负担的热负荷不应大于下列哪项数值?[注:散热器传热系数 $K=2.503\Delta t^{0.293}$ W/(m² · ℃),$\beta_3=\beta_4=1.0$]

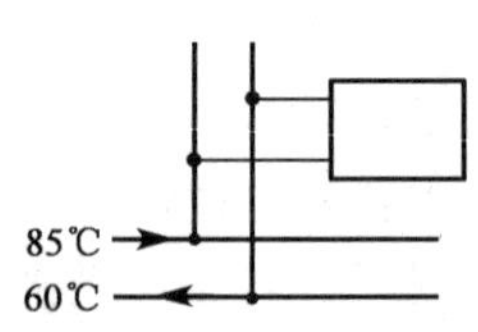

(A)1600~1740W (B)1750~1840W
(C)2200~2300W (D)3100~3200W

答案:[ ]

主要解答过程：

4. 严寒地区某住宅小区的冬季供暖用热水锅炉房，容量为 280MW，刚好满足 $400 \times 10^4 m^2$ 既有住宅的供暖。因对既有住宅进行了围护结构节能改造，改造后该锅炉房又多负担了新建住宅供暖的面积 $270 \times 10^4 m^2$，且能满足设计要求。请问既有住宅的供暖热指标和改造后既有住宅的供暖热指标分别应接近下列选项的哪一项？（锅炉房自用负荷可忽略不计，管网散热损失为供热量的 2%；新建住宅供暖热指标 $35W/m^2$）

(A) $70.0W/m^2$ 和 $46.3W/m^2$　　(B) $70.0W/m^2$ 和 $45.0W/m^2$

(C) $68.6W/m^2$ 和 $46.3W/m^2$　　(D) $68.6W/m^2$ 和 $45.0W/m^2$

答案：[　]

主要解答过程：

5. 某住宅小区热力管网有四个热用户，管网在正常工况时的水压图和各热用户的水流量见图，如果关闭热用户 2、3、4，热用户 1 的水力失调度应是下列选项的哪一个？（假设循环水泵扬程不变）

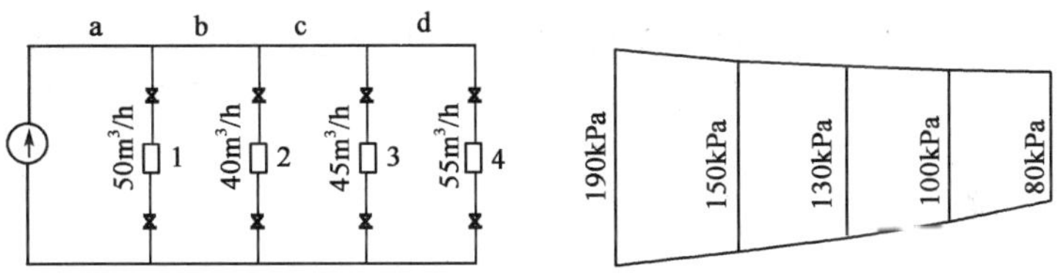

(A) 0.9 ~ 1.0　　(B) 1.1 ~ 1.2

(C) 1.3 ~ 1.4　　(D) 1.5 ~ 1.6

答案：[　]

主要解答过程：

6. 某热水供热系统（上供下回）设计供回水温度 110/70℃，为 5 个用户供暖（见下表），用户采用散热器承压 0.6MPa，试问设计选用的系统定压方式（留出了 3m 水柱余量）及用户与外网连接方式，正确的应是下列哪项？（汽化表压取 42kPa，1m 水柱 = 9.8kPa，膨胀水箱架设高度小于 1m）？

用户	1	2	3	4	5
用户底层地面标高(m)	+5	+3	-2	-5	0
用户楼高(m)	48	24	15	15	24

(A)在用户 1 屋面设置膨胀水箱,各用户与热网直接连接

(B)在用户 2 屋面设置膨胀水箱,用户 1 与外网分层连接,高区 28 ~48m 间接连接,地区 1 ~27m 直接连接,其余用户与热网直接连接

(C)取定压点压力 56m,各用户与热网直接连接,用户 4 散热器选用承压 0.8MPa

(D)取定压点压力 35m,用户 1 与外网分层连接,高区 23 ~48m 间接连接,低区 1 ~22m直接连接,其余用户与热网直接连接

答案:[　]

主要解答过程:

7. 某风系统风量为 $4000m^3/h$,系统全年运行 180d、每天运行 8h,拟比较选择纤维填充式过滤器和静电过滤器两种方案(两者实现同样的过滤级别)的用能情况。已知:纤维填充式过滤器的运行阻力为 120Pa,静电过滤器的运行阻力为 20Pa、静电过滤器的耗电功率为 40W,风机机组的效率为 0.75,问采用静电过滤器方案,一年节约的电量(kW · h)应为下列哪项?

(A)140 ~170　　(B)175 ~205　　(C)210 ~240　　(D)250 ~280

答案:[　]

主要解答过程:

8. 某车间,室内设计温度 15℃,车间围护结构设计耗热量 200kW,工作区局部排风量 10kg/s,车间采用混合供暖系统(散热器 + 新风集中热风供暖),设计散热器散热量等于室内 +5℃的值班供暖的热负荷。新风送风系统风量 7kg/s,送风温度 t(℃)为下列哪项?(已知:供暖室外计算温度为 -10℃,空气比热容为 1.01kJ/kg,值班供暖时,通风系统不运行)

(A)35.5 ~36.5　　(B)36.6 ~37.5　　(C)37.6 ~38.5　　(D)38.6 ~39.5

答案:[　]

主要解答过程:

9. 某除尘系统由旋风除尘器(除尘总效率85%)+脉冲袋式除尘器(除尘总效率99%)组成,已知除尘系统进入风量为10000m^3/h,入口含尘浓度为5.0g/m^3,漏风率:旋风除尘器1.5%,脉冲袋式除尘器为3%,求该除尘系统的出口含尘浓度应接近下列哪项?(环境空气的含尘量忽略不计)

(A)7.0mg/m^3　　(B)7.2mg/m^3

(C)7.4mg/m^3　　(D)7.5mg/m^3

答案:[　]

主要解答过程:

10. 含有SO_2浓度为100ppm的有害气体,流量为5000m^3/h,选用净化装置的净化效率为95%,净化后的SO_2浓度(mg/m^3)为下列哪项?(大气压为101325Pa)

(A)12.0~13.0　　(B)13.1~14.0

(C)14.1~15.0　　(D)15.1~16.0

答案:[　]

主要解答过程:

11. 某房间设置一机械送风系统,房间与室外压差为零。当通风机在设计工况运行时,系统送风量为5000m^3/h,系统的阻力为380Pa,现改变风机转速,系统送风量降为4000m^3/h,此时该机械送风系统的阻力(Pa)应为下列哪项?

(A)210~215　　(B)240~245

(C)300~305　　(D)系统阻力不变

答案:[　]

主要解答过程:

12. 某办公楼的空气调节系统,空调风管的绝热材料采用柔性泡沫橡塑材料,其导热系数为0.0365W/(m·K),根据有关节能设计标准,采用柔性泡沫橡塑板材的厚度规格,最合理的应是下列选项的哪一个?并列出判断过程。(计算中,不考虑修正系数)

(A)19mm　　(B)25mm　　(C)30mm　　(D)38mm

答案:[　]

主要解答过程：

13. 某空调房间经计算在设计状态时，显热冷负荷为 10kW，房间湿负荷为 0.01kg/s。则该房间空调送风的设计热湿比，接近下列哪项？

(A)800　　(B)1000　　(C)2500　　(D)3500

答案：[　]
主要解答过程：

14. 某建筑设置 VAV + 外区风机盘管空调系统，其中一个外区房间外墙面积 $8m^2$，外墙传热系数为 0.6W/(m^2·K)；外窗面积 $16m^2$，外窗传热系数为 2.3W/(m^2·K)；室外空调计算温度 -12℃，室内设计温度 20℃；房间变风量末端最大送风量 $1000m^3/h$、最小送风量 $500m^3/h$，送风温度 15℃；取空气密度为 $1.2kg/m^3$，比热容为 1.01kJ/kg，不考虑围护结构附加耗热量及房间内部的热量。问：该房间风机盘管应承担的热负荷为下列哪项？

(A)830 ~ 850W　　(B)1320 ~ 1340W
(C)2160 ~ 2180W　　(D)3000 ~ 3020W

答案：[　]
主要解答过程：

15. 某空调房间室内设计参数为：t_n = 26℃，φ_n = 50%，d_n = 10.5g/$kg_{干空气}$；房间热湿比为 8500kJ/kg，设计送风温差 9℃。要求应用公式计算空气焓值，则设计送风状态点的空气焓值应为下列哪项？（空气比热容为 1.01kJ/kg）

(A)38.2 ~ 38.7kJ/$kg_{干空气}$　　(B)39.5 ~ 40kJ/$kg_{干空气}$
(C)41.0 ~ 41.5kJ/$kg_{干空气}$　　(D)42.3 ~ 42.8kJ/$kg_{干空气}$

答案：[　]
主要解答过程：

16. 某局部岗位冷却送风系统，采用紊流系数为 0.076 的圆管送风口，送风出口温

度 t_s =20℃,房间温度 t_n =35℃,送风口至工作岗位的距离为3m,工艺要求为:送风至岗位处的射流轴心温度 t =29℃、射流轴心速度为0.5m/s。问:该圆管风口的送风量应最接近下列哪项?(送风口直径采用计算值)

(A)160m³/h　　(B)200m³/h　　(C)250m³/h　　(D)300m³/h

答案:[　]
主要解答过程:

17.某办公楼层采用温湿度独立控制空调系统,夏季室内设计参数为 t =26℃,φ =60%,室内总显热冷负荷为35kW。湿度控制系统(新风系统)的送风量为2000m³/h,送风温度19℃;温度控制系统由若干台干式风机盘管构成,风机盘管的送风温度为20℃。试问温度控制系统的总风量应为下列哪项?(取空气密度为1.2kg/m³,比热容为1.01kJ/kg。不计风机、管道温升)

(A)14800~14900m³/h　　(B)14900~15000m³/h
(C)16500~16600m³/h　　(D)17300~17400m³/h

答案:[　]
主要解答过程:

18.如图所示的集中空调冷水系统为由两台主机和两台冷水泵组成的 级泵变频变流量水系统,一级泵转速由供回水总管压差进行控制。已知条件是:每台冷水机组的额定设计制冷量为1163kW,供回水温差为5℃,冷水机组允许的最小安全运行流量为额定设计流量的60%,供回水总管恒定控制压差为150kPa。问:供回水总管之间的旁通电动阀所需要的流通能力,最接近下列哪项?

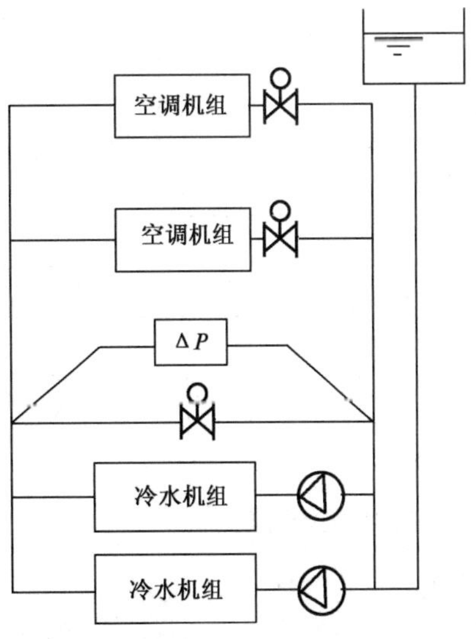

(A)326　　(B)196
(C)163　　(D)98

答案:[　]
主要解答过程:

2014年案例分析试题(下午卷)

19. 某空调房间设置全热回收装置,新风量与排风量均为 200m^3/h,室内温度 24℃、相对湿度 60%、焓值 56.2kJ/kg,室外温度 35℃、相对湿度 60%,焓值 90.2kJ/kg,全热回收效率 62%,试求新风带入室内的冷负荷为下列哪项?(空气密度为 1.2kg/m^3)

(A)260 ~ 320W　　(B)430 ~ 470W
(C)840 ~ 880W　　(D)1380 ~ 1420W

答案:[　]
主要解答过程:

20. 某洁净室按照发尘量和洁净度等级要求计算送风量 12000m^3/h,根据热湿负荷计算送风量 15000m^3/h,排风量 14000m^3/h,正压风量 1500m^3/h,室内 25 人,该洁净室的送风量应为下列哪项?

(A)12000m^3/h　(B)15000m^3/h　(C)15500m^3/h　(D)16500m^3/h

答案:[　]
主要解答过程:

21. 某建筑空调冷源配置 2 台同规格冷水机组,表 1 为不同负荷率下冷水机组的制冷 COP,表 2 为供冷季节负荷率。计算冷水机组供冷季节制冷的 COP 应为下列哪项?

冷水机组的制冷 COP　　表 1

负荷率(%)	12.5	25	37.5	50	75	100
COP	3.2	5.6	6.2	6.0	6.2	6.0

供冷季节负荷率　　表 2

负荷率(%)	100	75	50	37.5	25	12.5
时间比例(%)	5	25	30	20	15	5

(A)5.20 ~ 5.30　(B)5.55 ~ 5.65　(C)5.95 ~ 6.05　(D)6.15 ~ 6.25

答案:[　]
主要解答过程:

22. 某活塞式制冷压缩机的轴功率为 100kW,摩擦效率为 0.85. 压缩机制冷负荷卸载 50% 运行时(设压缩机出口的制冷剂焓值、指示效率与摩擦功率维持不变),压缩机所需的轴功率为下列哪项?

(A)50kW　　(B)50.5~54.0kW

(C)54.5~60.0kW　　(D)60.5~65.0kW

答案:[　]

主要解答过程:

23. 已知某电动压缩式制冷机组的冷凝器设计的放热量为1500kW,分别采用温差为5℃冷却水冷却和采用常温下水完全蒸发冷却(不考虑显热),前者与后者相同单位时间的水量之比值是下列哪项?

(A)10~12　　(B)50~90　　(C)100~120　　(D)130~150

答案:[　]

主要解答过程:

24. 1t含水率为60%的猪肉从15℃冷却至0℃,需用时1h,货物耗冷量应为下列哪项?

(A)11.0~11.2kW　　(B)13.4~13.6kW

(C)14.0~14.2kW　　(D)15.4~15.6kW

答案:[　]

主要解答过程:

25. 某半即热式水加热器,要求小时供热量不低于1250000kJ/h,热媒为50kPa饱和蒸汽(饱和蒸汽温度为100℃),进入加热器的最低水温为7℃,出水终温为60℃,加热器的传热系数为5000kJ/(m^2·h·K),则加热器的最小加热面积为下列哪项?(取热损失系数为1.10,ε为0.8)

(A)7.55~7.85m^2　　(B)7.20~7.50m^2

(C)5.40~5.70m^2　　(D)5.05~5.35m^2

答案:[　]

主要解答过程:

2014 年案例分析试题答案(下午卷)

1. **答案**:D

主要解题过程:

查《辐射供暖供冷技术规程》(JGJ 142—2012)表 3.1.3,门厅地表面的上限温度值为 32℃。

查表 3.3.3,$K=\frac{270}{360}=0.75$,计算系数取 1。

地表面平均温度为:$t_{pj}=t_n+9.82\times\left(\frac{q}{100}\right)^{0.969}=20+9.82\times\left(\frac{q}{100}\right)^{0.969}=32$

解得 $q=122.8\text{W/m}^2$

房间的计算热负荷:$Q=q\times F=122.8\times 270=33.2\text{kW}$

2. **答案**:B

主要解题过程:

节能改造前计算温差 $\Delta t_1=\frac{90+65}{2}-20=57.5℃$

改造前后散热器的散热量之比:

$$\frac{Q_2}{Q_1}=\frac{K_2\cdot F\cdot\Delta t_2}{K_1\cdot F\cdot\Delta t_1}=\frac{2.682\times(\Delta t_2)^{0.297}\times F\times\Delta t_2}{2.682\times(\Delta t_1)^{0.297}\times F\times\Delta t_1}=\frac{(\Delta t_2)^{1.297}}{(\Delta t_1)^{1.297}}=\frac{(\Delta t_2)^{1.297}}{57.5^{1.297}}=0.6$$

解得 $\Delta t_2=\frac{t_g+t_h}{2}-20=37.8℃$

又根据题意有:$t_g-t_h=20℃$

以上两式联立求解得:$t_g=67.8℃$,$t_h=47.8℃$

3. **答案**:A

主要解题过程:

1500mm 长度散热器的组装片数为:$n=\frac{1500}{60}=25$ 片

根据《注册公用设备工程师暖通空调考试复习教材》(第三版)P86,散热器的各修正系数分别为 $\beta_1=1.10$,$\beta_2=1.42$,$\beta_3=\beta_4=1.0$。

散热器的散热量:$Q=\frac{F\cdot K\cdot(t_{pj}-t_n)}{\beta_1\cdot\beta_2\cdot\beta_3\cdot\beta_4}$

$$=\frac{25\times 0.24\times 2.58\times[(85+60)/2-20]^{1.293}}{1.1\times 1.42\times 1.0\times 1.0}=1.660\text{W}$$

4. **答案**:B

主要解题过程:

既有住宅的采暖热指标:$q_1=\frac{Q}{F}=\frac{280\times 10^6}{400\times 10^4}=70\text{W/m}^2$

设改造后的采暖热指标为，根据热量平衡有：

$$400\times10^4\times q_{改}+270\times10^4\times35=280\times98\%\times10^6$$

解得 $q_{改}=44.975\text{W/m}^2$

5. **答案：**B

主要解题过程：

计算各管段的阻力系数

公共管道 a 的阻力系数为：$S_a=\dfrac{\Delta P_a}{G_a^2}=\dfrac{(190-150)\times1000}{190^2}=1.108$

用户 1 的阻力系数为：$S_1=\dfrac{P_1}{G_1^2}=\dfrac{150\times1000}{50^2}=60$

用户 2、3、4 关闭后，整个管路的总阻力系数为：$S_{总}=S_a+S_1=1.108+60=61.108$

总的流量改变：$G_{总}=\sqrt{\dfrac{P}{S_{总}}}=\sqrt{\dfrac{190\times1000}{61.108}}=55.76\text{m}^3/\text{h}$

水力失调度：$X=\dfrac{G_{总}}{G}=\dfrac{55.75}{50}=1.1152$

6. **答案：**D

主要解题过程：

定压点的压力确定要满足系统不汽化、不倒空、不超压。分别分析各个选项：

选项 A，在 1 号楼屋面设置水箱，水箱的高度为：

$H=(5+48)\times9.8+3+4.2+1\times9.8=606.6\text{kPa}$

大于散热器的承压要求，不可采用。

选项 B，1 号楼的高区应为 23 ~ 48m 的范围。

选项 C，定压点压力不能满足 1 用户的压力要求，见选项 A 的计算。

选项 D，满足各个用户的要求。

7. **答案：**A

主要解题过程：

根据《注册公用设备工程师暖通空调考试复习教材》(第三版) P265 式 (2.8-1) 和式 (2.8-2)。

使用普通过滤器的耗电量：$N_1=\dfrac{L\cdot P}{3600\eta}=\dfrac{4000\times120}{3600\times0.75}=177.8\text{W}$

使用静电过滤器的耗电量：$N_1=\dfrac{L\cdot P}{3600\eta}+N=\dfrac{4000\times20}{3600\times0.75}+40=69.63\text{W}$

全年的节约电量：$\Delta N=(177.8-69.63)\times180\times8\times3600=155.8\text{kW}\cdot\text{h}$

8. **答案：**B

主要解题过程：

根据题意可计算散热器的散热量：$q_{散}=\dfrac{15-(-10)}{5-(-10)}=\dfrac{200}{q_{散}}$，解得 $q_{散}=120\text{kW}$

根据风量平衡计算自然进风量 G_{zj}：$G_{jj}+G_{zj}=G_{jP}\Rightarrow7+G_{zj}=10\Rightarrow G_{zj}=3\text{kg/h}$

根据热量平衡计算机械送风的送风温度 t_{jj}:

$$G_{jj}\cdot C\cdot t_{jj}+G_{zj}\cdot C\cdot(-10)=G_{zp}\cdot C\cdot 15+(200-120)$$
$$\Rightarrow 7\times 1.01\times t_{jj}+3\times 1.01\times(-10)=10\times 1.01\times 15+80$$
$$\Rightarrow t_{jj}=37.03℃$$

9. **答案:**B

主要解题过程:

除尘器出口的含尘量为:

$$G_{出}=G_{进}\cdot(1-\eta_1)\cdot(1-\eta_2)=10000\times 5\times(1-85\%)\times(1-99\%)=75\text{g/h}$$

除尘器均为负压段,其出口的空气量:

$$L_{出}=L_{进}\cdot(1+1.5\%)\times(1+3\%)=10000\times(1+1.5\%)\times(1+3\%)=10454.5\text{m}^3/\text{h}$$

出口的含尘浓度:$y_{出}=\dfrac{G_{出}}{L_{出}}=\dfrac{75}{10454.5}=7.15\text{mg/m}^3$

10. **答案:**C

主要解题过程:

《注册公用设备工程师暖通空调考试复习教材》(第三版)P22 公式(2.6-1)计算有害气体的质量浓度 Y:

$$Y=\frac{CM}{22.4}=\frac{100\times 64}{22.4}=285.7\text{mg/m}^3$$

净化后的浓度:$Y_2=285.7\times(1-95\%)=14.29\text{mg/m}^3$

11. **答案:**B

主要解题过程:

《注册公用设备工程师暖通空调考试复习教材》(第三版)P271 公式(2.8-7),管路阻力损失与流量的关系式有:

$$\frac{P_2}{P_1}=\frac{S\cdot Q_2^2}{S\cdot Q_1^2}=\left(\frac{Q_2}{Q_1}\right)^2=\left(\frac{4000}{5000}\right)^2=0.64$$

$$P_2=0.64\times P_1=0.64\times 380=243.2\text{Pa}$$

12. **答案:**C

主要解题过程:

《公共建筑节能设计标准》(GB 50189—2015)附录 D.0.4,一般空调风管的最小热阻为:

$$R=0.81\text{m}^2\cdot\text{K/W}$$

根据热阻的计算公式:$R=\dfrac{\delta}{\lambda}$

则:$\delta=R\cdot\lambda=0.81\times 0.0365=0.0295\text{m}=30\text{mm}$

13. **答案:**D

主要解题过程:

计算室内的潜热冷负荷,气化潜热取 2500kJ/kg

$$Q_{潜}=2500\times0.01=25\text{kW}$$

$$Q_{全}=Q_{潜}+Q_{显}=10+25=35\text{kW}$$

室内的热湿比：$\varepsilon=\dfrac{Q_{全}}{W}=\dfrac{35}{0.01}=3500\text{kJ/kg}$

14. **答案**：D

主要解题过程：

计算围护结构的基本耗热量

$$Q_j=K_1\cdot F_1\cdot\Delta t+K_2\cdot F_2\cdot\Delta t=0.6\times8\times(20+12)+2.3\times16\times(20+12)=1331.2\text{W}$$

VAV送风系统带入的耗热量：

$$Q_x=G\cdot\rho\cdot c\cdot\frac{\Delta t}{3600}=1000\times1.2\times1.01\times\frac{20-15}{3600}=1683\text{W}$$

风盘要承担的热负荷：$Q=Q_j+Q_x=1331.1+1683=3014.1\text{W}$

15. **答案**：B

主要解题过程：

根据《注册公用设备工程师暖通空调考试复习教材》（第三版）P341公式（3.1-4）。

室内空气的焓值为：

$$\begin{aligned}h_n&=1.01\times t_n+d\times(2500+1.84\times t_n)\\&=1.01\times26+10.5\times10^{-3}\times(2500+1.84\times26)=53.01\text{kJ/kg}\end{aligned}$$

送风状态点的焓值为：

$$h_0=1.01\times17+d_0\times10^{-3}\times(2500+1.84\times17)$$

室内的热湿比 $\varepsilon=\dfrac{h_n-h_0}{d_n-d_0}\Rightarrow d_0=d_n-\dfrac{h_n-h_0}{\varepsilon}$

以上两式联立求解得：$h_0=39.8\text{kJ/kg}_{干空气}$

16. **答案**：C

主要解题过程：

根据《注册公用设备工程师暖通空调考试复习教材》（第三版）P424公式（3.5-3）：

$$\frac{\Delta T_x}{\Delta T_0}=\frac{0.35}{(ax/d_0)+0.145}\Rightarrow\frac{29-35}{20-35}=\frac{0.35}{(0.076\times3/d_0)+0.145}\Rightarrow d_0=0.312\text{m}$$

根据公式（3.5-1）：

$$\frac{v_x}{v_0}=\frac{0.48}{(ax/d_0)+0.145}\Rightarrow v_0=v_x\times\frac{0.076\times3/0.312+0.145}{0.48}=0.912\text{m/s}$$

风口的送风量为：$L=\dfrac{\pi D^2}{4}\cdot v_0=\dfrac{3.14\times0.312^2}{4}\times0.912=250.9\text{m}^3/\text{h}$

17. **答案**：B

主要解题过程：

新风系统所承担的冷量为：

$$Q_x=G\cdot\rho\cdot c\cdot\Delta t=\frac{2000\times1.2\times1.01\times(26-19)}{3600}=4.71\text{kW}$$

室内干式风盘承担的冷负荷为：

$$Q_{干}=35-4.71=30.29\text{kW}$$

总的送风量为：$G=\dfrac{Q}{\rho\cdot c\cdot \Delta t}=\dfrac{30.29}{1.2\times1.01\times(26-20)}=14995\text{m}^3/\text{h}$

18. **答案**：D

主要解题过程：

《民用建筑供暖通风与空气调节设计规范》(GB 50736—2012)第8.5.9条，旁通阀的流量为单台机组的最小额定设计流量：

$$G=0.6\frac{Q}{\rho\cdot c\cdot \Delta t}=0.6\times\frac{1163}{1000\times4.187\times5}=120\text{m}^3/\text{h}$$

根据《注册公用设备工程师暖通空调考试复习教材》(第三版)P521公式(3.8-1)计算旁通阀的流通能力：

$$c=\frac{316G}{\sqrt{\Delta P}}=\frac{316\times120}{\sqrt{150}}=98$$

19. **答案**：C

主要解题过程：

新风带入室内的冷负荷 = 总新风冷负荷 − 热回收的冷量

$$Q=G\cdot\rho\cdot(h_\text{w}-h_\text{n})\cdot(1-\eta)=200\times1.2\times(90.2-56.2)\times38\%=861\text{W}$$

20. **答案**：C

主要解题过程：

洁净室的送风量应满足下列三种送风量的最大风量确定

按满足洁净度等级要求的风量：$L_1=12000\text{m}^3/\text{h}$

按满足热湿负荷要求的风量：$L_2=15000\text{m}^3/\text{h}$

按满足室内排风和正压要求的风量：$L_3=14000+1500=15500\text{m}^3/\text{h}$

该洁净室的送风量应为 $15500\text{m}^3/\text{h}$

21. **答案**：C

主要解题过程：

考虑部分负荷(小于50%总负荷)时开启一台机组运行，负荷大于50%总负荷时开启两台机组运行，两台机组配合运行时，题目没有给出运行策略。为此解题过程就存在一定争议，下面就主要讨论两种运行策略：

(1)系统COP最大方案(见表1)

表1

负荷率	12.5%	25%	37.5%	50%	75%	100%
COP	3.2	5.6	6.2	6.0	6.2	6.0
搭配方案及机组负荷率	1×25%	1×50%	1×75%	1×75% + 1×25%	2×75%	2×100%

续上表

机组综合 COP	5.6	6.0	6.2	6.038	6.2	6.0
时间比例(%)	5	25	30	20	15	5

表1中50%负荷时，可以有两种不同的情况，$1\times75\% + 1\times25\%$和$2\times50\%$，两种组合时的综合 COP 分别为：$COP_{1\times75\% + 1\times25\%} = \dfrac{Q}{W} = \dfrac{0.5Q_0}{\dfrac{0.375Q_0}{6.2} + \dfrac{0.125Q_0}{5.6}} = 6.038$

$COP_{2\times50\%} = \dfrac{Q}{W} = \dfrac{0.5Q_0}{\dfrac{0.25Q_0}{6.0} + \dfrac{0.25Q_0}{6.0}} = 6.0$，所以选用$1\times75\% + 1\times25\%$的方案运行。

因此供冷季的 COP 应为（按加权平均计算）：

$$COP = 5\% \times 5.6 + 25\% \times 6 + 30\% \times 6.2 + 20\% \times 6.038 + 15\% \times 6.2 + 5\% \times 6 = 6.08$$

所给的几个选项没有此结果。

（2）逐台启动，满载后加载下一台（见表2）

表2

负荷率	12.5%	25%	37.5%	50%	75%	100%
COP	3.2	5.6	6.2	6.0	6.2	6.0
搭配方案及机组负荷率	1×25%	1×50%	1×75%	1×100%	1×100% + 1×50%	2×100%
机组综合 COP	5.6	6.0	6.2	6.0	6.0	6.0
时间比例(%)	5	25	30	20	15	5

因此供冷季的 COP 应为（按加权平均计算）：

$$COP = 5\% \times 5.6 + 25\% \times 6 + 30\% \times 6.2 + 20\% \times 6 + 15\% \times 6.0 + 5\% \times 6 = 6.02$$

此结果在选项 C 范围内。

22. **答案：**C

主要解题过程：

《注册公用设备工程师暖通空调考试复习教材》（第三版）P608 公式（4.3-17）。

指示功率：$P_i = P_e \cdot \eta_m = 100 \times 0.85 = 85\text{kW}$

摩擦功率：$P_m = P_e - P_i = 100 - 85 = 15 P_m = P_e - P_i = 100 - 85 = 15\text{kW}$

当制冷负荷卸载为50%时，指示功率也变为原指示功率的50%，而摩擦功率不变，则轴功率为：

$$P_e = P_i + P_m = 85 \times 50\% + 15 = 57.5\text{kW}$$

23. **答案：**C

主要解题过程：

冷凝器的冷却水量为：$G_1 = \dfrac{Q}{c \cdot \Delta t} = \dfrac{1500}{4.187 \times 5} = 71.65\text{kg/s}$

采用常温蒸发时，考虑水的汽化潜热：$r = 2500\text{kJ/kg}$

所需的水量 $G_2 = \frac{Q}{r} = \frac{1500}{2500} = 0.6\text{kg/s}$

$$\frac{G_1}{G_2} = \frac{71.65}{0.6} = 119.42$$

24. **答案**:B

主要解题过程:

根据《注册公用设备工程师暖通空调考试复习教材》(第三版)P706 公式(4.8-1)计算猪肉的比热容

$C_r = 4.19 - 2.30 \times X_s - 0.628 \times X_s^3 = 4.19 - 2.3 \times 0.4 - 0.628 \times 0.4^3 = 3.23\text{kJ/(kg} \cdot ℃)$

猪肉的耗冷量为:$Q = C_r \cdot m \cdot \Delta t = 3.23 \times 1000 \times 15 = 48450\text{kJ/h} = 13.46\text{kW}$

25. **答案**:C

主要解题过程:

计算换热器的平均对数传热温差

$$\Delta t = \frac{(100-7)-(100-60)}{\ln[(100-7)/(100-60)]} = 62.82℃$$

换热器的加热面积为:$F = \frac{Q}{K \cdot \beta \cdot \Delta t} = \frac{1250000 \times 1.1}{5000 \times 0.8 \times 62.82} = 5.47\text{m}^2$

2016 年注册公用设备工程师(暖通空调)执业资格考试

专业考试试题及答案

2016 年专业知识试题(上午卷)

一、单项选择题(共 40 题,每题 1 分。每题的备选项中只有一个符合题意)

1. 关于散热器热水供暖系统水力失调说法(散热器支管未安装恒温阀),下列选项的哪一个是不正确的? ( )

(A)任何机械循环双管系统,适当减小部分散热器立管环路的管径会有利于各散热器立管环路之间的水力平衡

(B)任何机械循环双管系统,散热器支管采用高阻力阀门会有利于各层散热器环路之间的水力平衡

(C)五层住宅采用机械循环上供上回式垂直双管系统,计算压力平衡时,未考虑重力作用压力,实际运行会产生不平衡现象

(D)与 C 相同的系统,不同之处仅为下供下回式。同样,设计计算压力达到平衡(未考虑重力作用压力),则实际运行不平衡现象会较 C 更严重

2. 仅在日间连续运行的散热器供暖某办公建筑房间,高 3.9m,其围护结构基本耗热量为 5kW 朝向、风力、外门三项修正与附加总计 0.75kW,除围护结构耗热量外其他各项耗热量总和为 1.5kW,该房间冬季供暖风系统的热负荷值(kW)应最接近下列何值? ( )

(A)8.25 (B)8.40 (C)8.70 (D)7.25

3. 在低压蒸汽供暖系统设计中,下列哪一项做法是不正确的? ( )

(A)在供汽干管向上拐弯处设置疏水装置,以减轻发生水击现象

(B)水平敷设的供汽干管有足够的坡度,当汽、水逆向流动时,坡度不应小于 5‰

(C)方形补偿器水平安装

(D)水平敷设的供汽干管有足够的坡度,当汽、水同向流动时,坡度不得小于 1‰

4. 某产尘车间(丁类)的供暖热媒为高压蒸汽,从节能与维护角度出发,下列哪项供暖方式应作为首选? ( )

(A)散热器 (B)暖风机

(C)吊顶辐射板 (D)集中送热风(室内回风)

5. 低温辐射地板热水供暖系统于分水器的总进水管和集水器的总出水管之间设置旁通阀的有关表述,正确的是下列哪项? ( )

(A)用于所服务系统的流量调节

(B)旁通阀设于分水器总进水管上阀门之后(按流向)
(C)旁通阀设于分水器总进水管上阀门之前(按流向)
(D)用于系统供暖管路进行冲洗时,使冲洗水不流进加热管

6. 下列对工业建筑、公共建筑外门的热空气幕的设计要求中,哪一项是正确的? ( )

(A)工业建筑外门宽度为15m时,应设置双侧送风的热风幕
(B)工业建筑外门宽度为20m时,设置由双侧送风的热风幕
(C)公共建筑外门的贯流式热空气幕的进水温度为80℃
(D)贯流式热空气幕的安装高度为4.5m

7. 对某既有居住小区的集中热水供暖系统进行热计量改造,实施分户计量,按户温控,在下列热计量改造设计中,哪一项是正确的? ( )

(A)小区换热机房热计量装置的流量传感器安装在一次管网的供水管上
(B)具有型式检验证书的热量表可用于换热站房作为结算用热量表
(C)校核供暖系统水力工况,在热力入口设自力式流量控制阀
(D)热量表的选型应保证其通过的流量在额定流量与最小流量之间

8. 进行严寒地区某居住小区热力站与燃气锅炉房设计时,下列哪一个设计选项是错误的? ( )

(A)实际换热器的总换热量取设计热负荷的1.15倍
(B)供暖用换热器,一台停止工作时,运行的换热器的设计换热量不应低于设计供热量的65%
(C)换热器的管内热水流速取0.8m/s
(D)燃气锅炉房应设置防爆泄压设施

9. 某冬季寒冷、潮湿地区的一个二层楼全日制幼儿园,要求较高的室内温度稳定性,设计采用空气源热泵机组制冷、供暖和供生活热水,正确的设计做法应是下列哪项? ( )

(A)选择热泵机组冬季工况时的性能系数不应小于1.8
(B)热泵机组融霜时间总和不应超过运行时间的30%
(C)设置辅助热源
(D)机组有效制热量仅考虑融霜修正系数修正

10. 根据暖通国家标准图集07K120制造的风管止回阀,风机停止运行,防止气流倒流时的哪一项风速是符合止回阀动作所要求的? ( )

(A)有气流回流即可动作 (B)气流回流速度不小于2m/s
(C)气流回流速度不小于5m/s (D)气流回流速度不小于8m/s

11. 通风系统风机的单位风量耗功率限制(W_s)与下列哪一项成正比? ( )

(A)风机出口的静压值 (B)风机的风压值
(C)风机的全压效率 (D)风机的总效率

12. 下列关于制冷机房事故通风风量的确定依据,哪一项是不正确的? ( )

(A)氨制冷机房的事故通风量不应小于 12 次/h
(B)氨制冷机房的事故通风量不应小于 6 次/h
(C)燃气直燃溴化锂制冷机房的事故通风量不应小于 12 次/h
(D)燃油直燃溴化锂制冷机房的事故通风量不应小于 6 次/h

13. 冬季某地一工厂,当其机械加工车间局部送风系统的空气需要加热处理时,其室外空气计算参数的选择,下列哪项是正确的? ( )

(A)采用冬季通风室外计算温度
(B)采用冬季供暖室外计算温度
(C)采用冬季空调室外计算温度
(D)采用冬季空调室外计算干球温度和冬季空调室外计算相对湿度

14. 某车间生产时散发有害气体,设计自然通风系统,夏季进口风位置设置错误的是下列哪项? ( )

(A)布置在夏季主导风向侧
(B)其下缘距室内地面高度不大于 1.2m
(C)避开有害物污染源的排风口
(D)设在背风侧空气动力阴影区的外墙上

15. 以下哪一类房间,可不设置事故通风系统? ( )

(A)氨制冷机房
(B)氟利昂制冷机房
(C)地下车库
(D)公共建筑中采用燃气灶具的厨房

16. 下列哪个阀口(风口)动作时,一般不需要连锁有关风机启动或停止? ( )

(A)排烟风机入口的 280℃排烟防火阀
(B)防烟楼梯间前室常闭加压送风口
(C)各排烟分区的排烟口
(D)穿越空调机房的空调送风管上的 70℃防火阀

17. 下述关于各类活性炭吸附装置选用的规定,哪一项是错误的? ( )

(A)对于固定床,当有害气体的浓度≤100ppm 时,可选用不带再生回收装置的活性炭吸附装置

(B)对于固定床,当有害气体的浓度>100ppm 时,选用带再生回收装置的活性炭吸附装置

(C)当有害气体的浓度≤300ppm 时,宜采用浓缩吸附蜂窝轮净化装置

(D)当有害气体中含尘浓度≤50mg/m³ 时,可不采取过滤等预处理措施

18. 有关内滤分室反吹类袋式除尘器的表述,正确的应是下列哪项?（　　）

(A)除尘器反吹的气流流向与除尘气流的方向、路径一致

(B)除尘器反吹作业时,除尘器气流的总入口管道应处于关闭状态

(C)除尘器的反吹作业可由除尘系统所配套的风机完成

(D)除尘器的反吹作业必须另设置专用的反吹风机完成

19. 某多层商业写字楼考虑将风机盘管+新风系统改造为变风量空调系统,下列哪项改造理由是正确的?（　　）

(A)各层建筑平面进行重新布置,导致了明显的空调内、外分区的出现

(B)楼层各层的配电容量不够,采用变风量空调方式可以减小楼层配电容量

(C)改造方案要求楼层内不允许出现凝露现象

(D)改造方案利用原有的新风机房作为变风量空调机房,可以缓解原有机房的拥挤状况

20. 图示空调系统,调节空气处理机组的空调冷水调节阀开度以维持设定的送风温度,调节空调冷水循环泵转速以维持 P_1、P_2 两点之间压差不变,假设水泵允许在 0Hz 到工频之间变频。请问,下列哪一个因素对运行调节不构成影响?（　　）

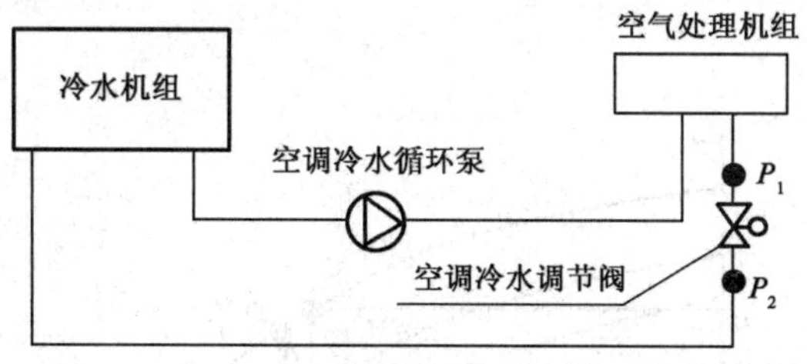

(A)表冷器阻力特性　　(B)调节阀阀权度

(C)调节阀调节特性　　(D)水泵特性曲线

21. 某项目所在城市的夏季空调室外机计算湿球温度为22℃,为该项目设计集中空调冷却水系统时,采用的成品冷却塔性能符合相关国家产品标准的要求。问,该项目冷却塔的设计出水温度,以下哪一项理论是最合理的?（　　）

(A)31~32℃　(B)29~30℃　(C)27~28℃　(D)21~22℃

22. 以下四个定性反映某酒店客房夏季(全天空调)得热量与空调冷负荷关系的曲线图中,哪个图是正确的?(以下图中的横坐标为时刻0:00—24:00)上图位置排列为:（　　）

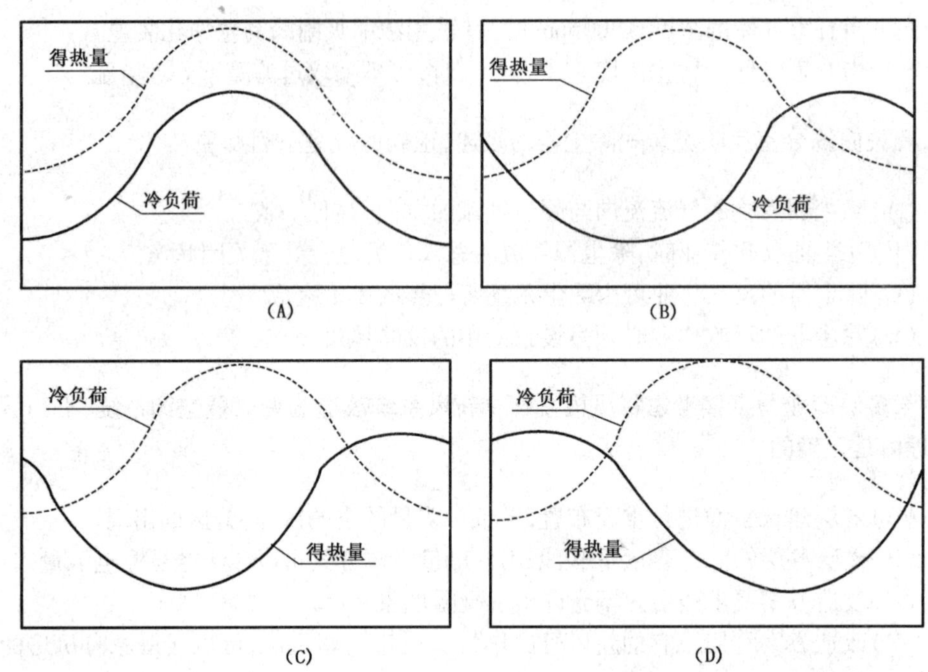

23. 某工程空调闭式冷水系统的设计流量为200m^3/h,设计计算的系统阻力为35m水柱。选择水泵时,对设计流量和计算扬程均附加约10%的安全系数,设计选泵B3,参数为:流量220m^3/h,扬程38m水柱。图中B1、B2、B3分别为三台不同水泵的性能曲线,OBC、OAD分别为设计与实际的水系统阻力特性曲线,问:水泵实际运行工作点应为以下哪一个选项?

（　　）

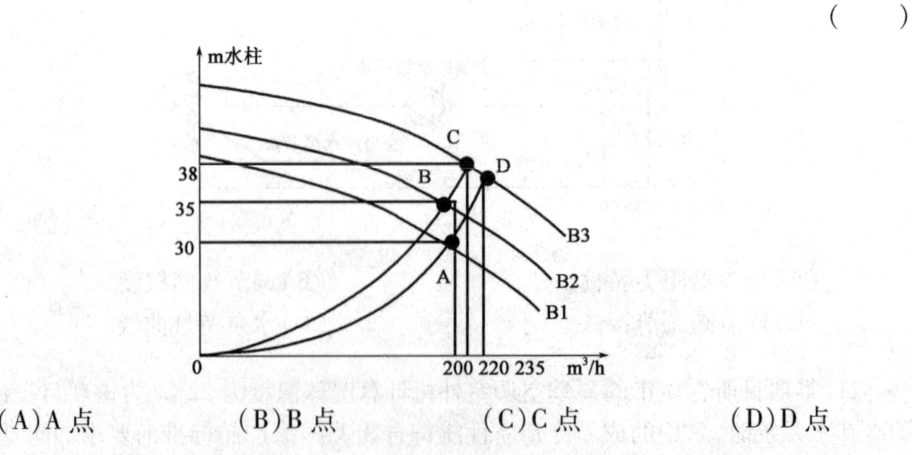

(A)A点　　(B)B点　　(C)C点　　(D)D点

24. (接上一题)假定B1、B2、B3三种水泵在流量为200m^3/h时的水泵效率相同,要使得水泵在设计流量(200m^3/h)恒定运行时,用以下哪个方法是最为节能的?（　　）

(A)选择 B1 水泵

(B)选择 B3 水泵,并配置变频器

(C)选择 B3 水泵,关小水泵出口阀门

(D)选择 B2 水泵,并配置变频器

25. 假定存在水蒸气可以透过,但是空气不能透过的膜,膜的一侧是绝对湿度高的空气,另一侧是绝对湿度低的空气,当两侧空气的绝对含湿量保持不变,采用下列哪一种方法能使水蒸气由绝对湿度低的一侧向绝对湿度高的一侧渗透? ( )

(A)提高绝对湿度低的空气的温度　(B)提高绝对湿度高的空气的温度

(C)提高绝对湿度低的空气的压力　(D)提高绝对湿度高的空气的压力

26. 在集中空调冷水系统设计时,对于一级泵变频(冷水机组变流量)系统设计,以下哪项是必须考虑的安全措施? ( )

(A)冷水机组的最小装机容量限值

(B)冷水机组的最大装机容量限值

(C)冷水泵变频器的最低频率限值

(D)冷水系统的耗电输冷比(ECR)限值

27. 洁净度等级 $N=4.5$ 的洁净室内空气中,粒径大于或等于 0.5μm 的悬浮粒子的最大浓度限值最接近下列哪项? ( )

(A)$4500pc/m^3$　(B)$31600pc/m^3$

(C)$1110pc/m^3$　(D)$4.5pc/m^3$

28. 洁净工程中,对高效过滤器设计处理风量的要求,下列哪项是完整、准确的? ( )

(A)大于或等于额定风量　(B)小于额定风量

(C)等于额定风量　(D)小于或等于额定风量

29. 关于风冷冷水机组名义工况性能系数测试中消耗总电功率的内涵描述,下列哪项是正确的? ( )

(A)风冷冷水机组的压缩机装机电功率

(B)制冷名义工况下的压缩机的输入电功率

(C)制冷名义工况下的压缩机、油泵电动机、放热侧冷却风机的输入总电功率

(D)制冷名义工况下的压缩机、油泵电功率、操作控制电路、放热侧冷却风机的输入总电功率

30. 夏热冬冷地区某大型综合建筑的集中空调系统分别设置高区(写字楼)和低区(餐饮、影剧院与 KTV,夜间使用为主)的两个制冷机房,高区冷源为一台离心式冷水机组,低区冷源为两台离心式冷水机组(名义冷量为 1394kW/台)。为消除夜间加班时高

区离心机组运行的喘振现象，同时提高高低区机组的负荷率，在高区设置了板换（即由低区冷水机组承担），夜间按该工况运行时，系统中的阀门 V1、V2 的启闭，哪一项是正确的？（V3、V4 分别与 V1、V2 同启闭） （　　）

（A）V1 开启、V2 关闭　　（B）V1 关闭、V2 开启

（C）V1、V2 均开启　　（D）V1、V2 均关闭

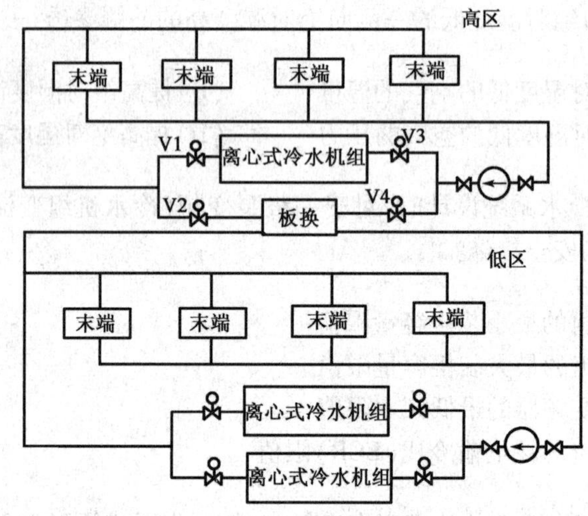

31. 中国政府与 1989 年核准加入的《蒙特利尔议定书》中，对制冷剂性能所提出的规定，主要针对的是以下哪个选项？ （　　）

（A）制冷剂的热力学性能　　（B）制冷剂的温室效应

（C）制冷剂的经济性　　（D）制冷剂的 ODP

32. 关于多联式空调（热泵）机组制冷剂管路的说法，正确的为下列哪项？ （　　）

（A）管路的铜管喇叭口与设备的螺栓连接采用固定扳手紧固

（B）管路气密性试验保压时间不小于 8h

（C）管路气密性试验采用水进行

（D）采用制冷剂 R410A 高压管路的试验压力比 R407A 要高

33. 蒸汽压缩式制冷的理论循环与理想制冷循环比较，下列哪一项描述是错误的？ （　　）

（A）理论循环和理想循环的冷凝器传热过程均存在传热温差

（B）理论循环和理想循环的蒸发器传热过程均为定压过程

（C）理论循环为干压缩过程，理想循环为湿压缩过程

（D）理论循环的制冷系数小于理想循环的制冷系数

34. 现进行夏热冬冷地区公共建筑的空调系统设计，对舒适性空调系统的水冷冷水

机组选型,下列哪条要求不正确? ( )

(A)应进行全年供冷运行工况分析以使机组实际运行效率保持在高水平
(B)冷水机组单台电机功率大于1200kW时采用高压电机
(C)设计条件下,所选择机组的总装机容量与计算负荷的比值不得大于1.1
(D)螺杆式冷水机组名义工况和规定条件下的性能系数(COP)按国际能效等级标准的4级选取

35. 以下关于某办公建筑的风冷螺杆式冷水机组(制冷剂为R22、设计供回水温7/12℃、机组和系统经过维护,满足运行要求)运行的说法,正确的为下列哪项? ( )

(A)早晨上班前,机组启动运行时,吸气压力会偏低
(B)机组正常运行后,膨胀阀表面会结冰
(C)吸气压力会受到膨胀阀开度的影响
(D)吸气压力大小与蒸发温度无关

36. 下列关于溴化锂吸收式制冷机组冷却负荷的描述,哪一项是正确的? ( )

(A)等于发生器耗热量与蒸发器制冷量之和
(B)等于发生器耗冷量与吸收器放热量之和
(C)等于冷凝器放热量与吸收器放热量之和
(D)等于发生器耗热量与冷凝器放热量之和

37. 进行绿色工业建筑的评价,下列关于冷(热)源设备能效值的表述中,哪一项是正确的? ( )

(A)空调循环水泵效率值达到国家现行标准规定的2级及以上能效等级
(B)多联式空调机组的能效值达到现行国家标准规定的3级及以上能效等级
(C)冷水机组的能效值达到现行国际标准规定的3级及以上能效等级
(D)冷(热)源设备的能效值均属于标准中的必达分项

38. 设计某住宅楼的一户生活给水管道,已知其卫生器具的给水当量总数为5.75,卫生器具给水当量同时出流概率为0.6,则该管段的计算秒流量应为下列哪一项? ( )

(A)5.75L/s (B)3.45L/s (C)1.15L/s (D)0.69L/s

39. 设计某住宅楼的生活饮用水水箱时,以下说法哪一项是正确的? ( )

(A)溢流管的间接排水口最小空气间隙与间接排水管的管径相关
(B)其下层的房间不应有厨房
(C)水箱的箱体可利用建筑物的本体结构作为水箱的壁板
(D)当进水管从最高水位以上进入时,管口应采用防虹吸回流措施

40. 设计某住宅小区的集中供热水系统，下列哪一个说法是不符合规范规定的？（　　）

(A)小区内的配套公共设施与住宅的设计小时耗热量，应将二者叠加计算

(B)全天供应热水的住宅和定时供应热水的住宅设计小时耗热量的计算公式不同

(C)全天供应热水的住宅计算小时耗热量的热水温度取60℃

(D)定时供应热水的住宅一户设有多个卫生间时，卫生器具用水可按一个卫生间计算

二、多项选择题（共30题，每题2分。每题的备选项中有两个或两个以上符合题意，错选、少选、多选均不得分）

41. 根据现行公共建筑节能改造技术规范，在对公共建筑空调系统的节能诊断与改造中，下列哪几项说法是不正确的？（　　）

(A)经检测判定通过外围护结构节能改造，供暖通风空调系统能耗降低10%以上，应对外围护结构进行节能改造

(B)经检测判断通过暖通空调及生活热水供应系统节能改造，系统能耗降低20%以上，且静态投资回收期小于或等于8年，宜对暖通空调及生活热水供应系统进行节能改造

(C)经检测判定冷源（水冷冷水机组、单台额定制冷量2000kW）系统能效系数低于2.5，且冷源系统节能改造静态回收期小于或等于5年，宜对冷源系统进行节能改造

(D)节能改造静态投资回收期等于动态投资回收期

42. 某三层住宅楼于二层设置热水锅炉（水面与二层散热器中心线等高），采用单管重力式循环系统，有关系统的说法（忽略管路散热），下列哪几项是正确的？（　　）

(A)三层散热器的散热有利于重力循环

(B)二层散热器的散热对重力循环没有贡献

(C)一层散热器的散热阻碍重力循环

(D)重力循环系统仍应设置膨胀水箱

43. 下列对蒸汽供暖系统设计的要求和说法，哪几项是错误的？（　　）

(A)高压蒸汽供暖系统水平蒸汽干管的末端管径宜大于25mm

(B)低压蒸汽供暖系统作用半径不宜超过60m

(C)疏水阀安装旁通管是供运行中出现故障排放凝结水用

(D)淀粉生产车间里，不应采用高压蒸汽散热器供暖系统

44. 某寒冷地区的新建多层住宅，热源由城市热网提供热水，在散热器供暖系统设计时，下列说法哪几项是错误的？（　　）

(A)供暖热负荷应对围护结构耗热量进行间歇附加
(B)散热器供暖系统供水温度宜按90℃设计
(C)室内供暖系统的制式宜采用垂直双管系统或共用立管的分户独立循环双管系统(各户均设置温控阀)
(D)散热器应暗装,并在每组散热器的进水直管上安装手动调节阀

45. 某住宅小区采用热水地面辐射供暖,试问选用加热管材质与壁厚时,应考虑的主要因素为下列哪几项? ( )

(A)工程的耐久年限
(B)系统的运行水温
(C)管材的性能
(D)系统运行的工作压力

46. 采用一级加热的热电厂供热系统,相对正确的供/回水温度组合是以下哪几项? ( )

(A)110/60℃　(B)40/90℃　(C)110/80℃　(D)110/70℃

47. 在蒸汽热力站的设计中,下列哪几项说法是正确的? ( )

(A)热力站的汽水换热器应设凝结水水位调节装置
(B)对采用闭式凝结水箱满流压力回水方式进行冷凝水回收时,可采用无内防腐的钢管
(C)对凝结水应取样,取样管设在凝结水箱的最低水位以上、中轴线以下
(D)凝结水泵吸入侧的压力不应低于吸入口可能达到的最高水温下的饱和蒸汽压力加40kPa

48. 关于金属风管制作,下列哪几项说法是在错误的? ( )

(A)风管板材单咬口连接形式仅适用于低压通风空调系统
(B)洁净空调系统的风管不应采用按扣式咬口连接
(C)板厚大于1.5mm的不锈钢板风管采用电焊或氩弧焊拼接
(D)薄钢板法兰风管,不适用于高压通风空调系统

49. 关于风机试运转与调试的要求,下列哪几项是正确的? ( )

(A)风机电机运转电流值应小于电机额定电流值
(B)额定转速的试运转应无异常振动与声响
(C)检查电机转向正确
(D)额定转速下连续运行2h后,测定滑动轴承外壳最高温度不超过70℃

50. 公共建筑通风和空调低速风管内的最大风速的规定,下列哪几项是正确的? ( )

(A)干管:8m/s
(B)支管:6.5m/s

（C）风机入口:6m/s　　　　　　　　　　（D）风机出口:15m/s

51. 关于筒形风帽的选择布置，下列哪几项是正确的？（　　）

（A）安装在热车间的屋面
（B）安装在没有热压作用的库房的屋面
（C）安装在除尘设备的出风口
（D）安装在排风系统排风机的出风口

52. 某单层工业厂房采用自然通风方式，采用有效热量系数法进行通风量计算，一般情况下，有效热量系数值与下列哪些因素有关？（　　）

（A）热源高度
（B）热源占地面积与地板面积之比
（C）热源辐射散热量和总散热量之比值
（D）空气比热容

53. 当用稀释浓度法计算汽车库排风量时，下列哪些计算参数是错误的？（　　）

（A）车库内 CO 的允许浓度为 30mg/m^3
（B）室外大气中 CO 的浓度一般取 2～3mg/m^3
（C）典型汽车排放 CO 的平均浓度通常取 500mg/m^3
（D）单台车单位时间的排气量可取 0.2～0.25m^3/min

54. 某工艺性空调的室温允许波动范围为 ±0.5℃，其空调系统的送风温差，以下哪几项是合理的？（　　）

（A）2℃　　　（B）4℃　　　（C）6℃　　　（D）8℃

55. 对于单风道变风量空调系统，当室内显热负荷下降，湿负荷不变时，下列哪几项的说法是正确的？（　　）

（A）送风量状态点不变时，随着送风量下降，室内相对湿度增加，温度不变
（B）随着送风量下降，送风状态点仅温度下降，可同时保证室内含湿量不变，温度不变
（C）只要以设计热湿比线上的状态点送风，就能同时消除室内余热和余湿
（D）无论送风量大小，室内状态总是沿实际热湿比线变化

56. 某办公楼设置一次回风全空气变风量空调系统，内区设置单风道变风量末端，外区设置并联风机再热型变风量末端，采用送风总管定静压控制，下列哪几种状况，会导致空调系统的空调机组送风机转速不会降低？（　　）

（A）送风管道漏风量过高
（B）送风静压设定值过高

(C)供冷工况的末端设定温度过低

(D)供热工况的末端设定温度过高

57. 下图为一新风空调机组的夏季空调处理流程示意图，需将空气由状态点 B 处理到状态点 A，问：以下四个表示该新风机组处理空气的焓湿图中，哪几个选项是错误的？（　　）

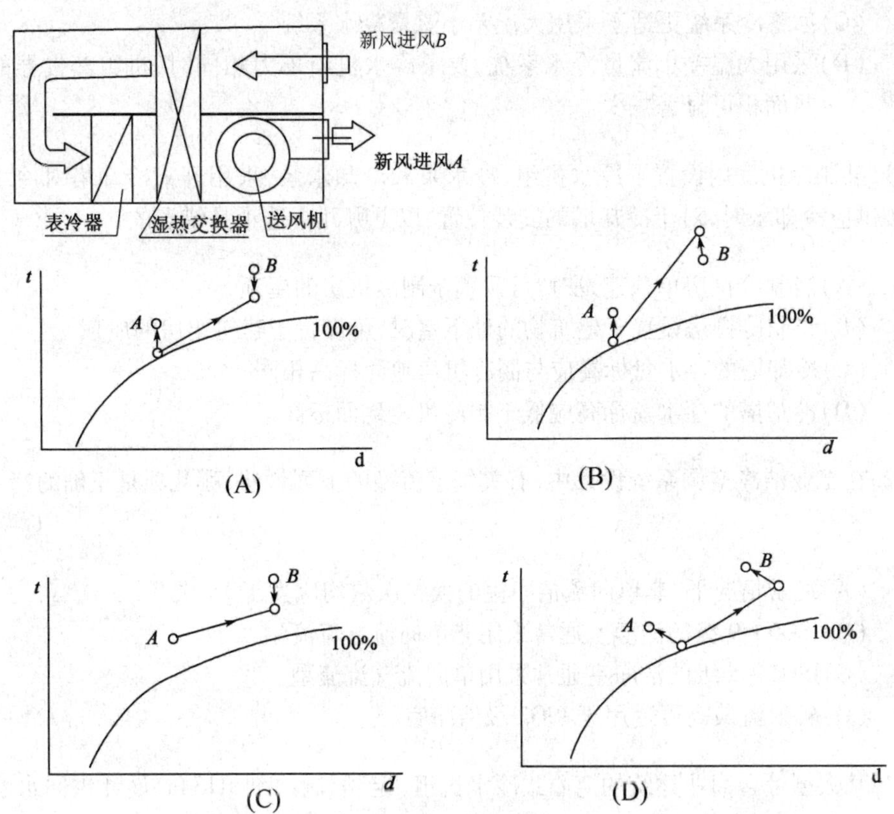

58. 某全年 24h 连续运行、负荷较稳定的大型数据机房设置集中冷源（水冷冷水机组）时，下列关于空调冷源的设计技术要求，哪几项是合理的？（　　）

(A)设置备用冷水机组

(B)采用蓄冷冷源

(C)应配置变频冷水机组以提高低负荷运行效率

(D)应选用允许最低冷却水温度更低的冷水机组

59. 某风冷分体式空调（热泵）机组在额定工况下的性能如下：

制冷工况：干球温度 35℃，湿球温度 28℃，额定制冷量 Q_L

制热工况：干球温度 7℃，额定制热量 Q_R

问：当该空调（热泵）机组用于天津市时，其夏季设计工况下的实际制冷量 Q_{LS} 和冬季设计工况下的实际制热量 Q_{RS} 与额定工况的关系，以下哪几项是正确的？（　　）

(A) $Q_{LS} < Q_L$　(B) $Q_{LS} > Q_L$　(C) $Q_{RS} > Q_R$　(D) $Q_{RS} < Q_R$

60. 为了实现节能,实际工程中多有考虑空调冷水系统采用大温差小流量的系统设计,下列哪几项说法是不正确的? (　　)

(A)大温差小流量冷水系统更适用于供冷半径较小的建筑
(B)大温差小流量冷水系统仅适用于商业建筑
(C)冰蓄冷系统更适于采用大温差小流量冷水系统
(D)采用大温差小流量冷水系统,要求冷水机组出力相同时,机组蒸发器的换热面积可显著减少

61. 某制冷机房内设置了冷水机组、冷水泵和冷却水泵,采用开式冷却塔对冷水机组直接供应冷却水时,对于冷却塔的安装位置,以下哪几个选项是错误的? (　　)

(A)当制冷机房单独建设时,可设置于制冷机房的屋顶
(B)当制冷机房设置于建筑物的地下室时,可设置于建筑裙房的屋顶
(C)冷却塔的存水盘标高应与制冷机房地面标高相同
(D)冷却塔的存水盘标高应低于制冷机房地面标高

62. 在工业洁净空调系统设计中,有关气流流型的下列说法,哪几项是正确的?
(　　)

(A)通常情况下,非单向流洁净室的换气次数均应大于 15 次/h
(B)ISO6 ~9 级的洁净室通常采用非单向流气流流型
(C)ISO1 ~5 级的洁净室通常采用单向流气流流型
(D)辐射流最高可适用于 ISO3 级洁净室

63. 某大型综合商业建筑的离心式冷水机组(定频、制冷剂 R134a、设计供回水温度 7/12℃)运行两年后,第三个制冷期发现吸气压力一直偏低,下列哪几项是可能引起该问题发生的原因? (　　)

(A)冷水流量偏小　(B)冷水流量偏大
(C)制冷剂的充注量过大　(D)制冷剂的充注量过小

64. 对某既有办公建筑的集中空调系统进行节能改造,该项目采用的冷源为两台离心式冷水机组(名义冷量 1575kW/台),实际运行时冷负荷大多数时间为 600kW,下列说法哪几项是正确的? (　　)

(A)机组的总装机冷量过大,导致单台机组运行时 COP 偏低
(B)当夜间部分房间加班需要空调系统运行时,运行的冷水机组易出现喘振现象
(C)采用的定频离心式冷水机组的 COP 最高点是负荷率为 100% 的工况
(D)节能改造设计应重点考虑更换冷水机组的容量和运行组合关系

65. 地处寒冷地区的某办公建筑采用地源热泵作为空调系统冷热源,夏季地源侧进

出水温度设计值为25/30℃,空调冷水设计供回水温度为7/12℃,采用双U垂直埋管土壤换热器,埋管深度100m。试问下列设计做法哪几项是不合理的? ( )

(A)空调热水设计供回水温度80/60℃
(B)冬季地源侧进出水(未加防冻剂)温度设计值4/12℃
(C)地埋管水压试验需进行4次
(D)地埋管内设计水流速为0.3m/s

66. 导致往复活塞式压缩机容积效率低下的因素,正确的应是下列选项的哪几个? ( )

(A)气缸中存有余隙容积增大
(B)压缩机排气压力与吸气压力的比值降低
(C)气阀运动不正常(开闭不及时)
(D)活塞环磨损严重

67. 以下关于直燃式溴化锂吸收式冷(温)水机组的名义工况各参数的叙述,与标准规定不完全符合的是哪几项? ( )

(A)制冷:冷却水进口/出口水温度32/37℃
(B)制热:冷水进口/出口水温度12/7℃
(C)供热:出口水温度60℃
(D)污垢系数:0.086m^2·℃/kW

68. 关于溴化锂吸收式制冷机组的制冷量衰减的原因,正确的是下列哪几项?( )

(A)机组真空度保持不良
(B)喷淋系统堵塞
(C)传热管结垢
(D)冷剂水进入溴化锂溶液中

69. 下列关于暖通空调系统节能环保技术的说法,哪几项是正确的? ( )

(A)地源热泵系统制热节能效益显著,特别适用于严寒地区
(B)温湿度独立控制技术通过提高冷冻水温度实现节能
(C)电动压缩式冷水机组采用降膜蒸发技术,通过减少制冷剂充注量来实现保护环境
(D)直燃型溴化锂吸收式冷水机组不使用高品位能源(电能),因此其一次能源效率最高

70. 下列关于真空破坏器与倒流防止器的表述,哪几项是正确的? ( )

(A)二者的功能相同之处是保护给水管不产生给水管道水流倒流
(B)真空破坏器的基本部件是止回部件
(C)二者都是防止水质污染的装置
(D)二者安装在给水管道的部位不同

2016 年专业知识试题答案(上午卷)

1. **答案**:D

依据:散热器采暖系统,采用双管系统时产生垂直水力失调的原因,主要是由于立管本身连接的各层散热器均为并联环路,每层产生的重力作用压力不同引起的,为了减小重力作用压力的影响,可采用设置高阻阀或者增大管路阻力损失的办法,由此可知选项 AB 正确。双管系统在计算时未考虑重力作用压力,实际运行中会产生不平衡的现象,对于 5 层的垂直双管系统,采用上供上回系统时,顶层散热器的阻力损失比采用下供下回时要小,也即是其作用压力更大,所以不平衡度要大,由此知选项 C 正确,选项 D 错误。

2. **答案**:B

依据:《民用建筑供暖通风与空气调节设计规范》(GB 50736—2012)第 5.2.8 条及条文说明,"仅白天使用的建筑物,间歇附加率可取 20%""……供暖热负荷应对围护结构耗热量进行间歇附加,间歇附加率可取 20%"。由此计算该房间的供暖热负荷值为:$Q=(5+0.75)\times1.2+1.5=8.4\text{kW}$,选 B。

3. **答案**:D

依据:蒸汽管道在向上拐弯处设置疏水器,避免汽水逆向流动产生汽水撞击声,选项 A 正确;根据《注册公用设备工程师暖通空调考试复习教材》(第三版)P81,汽水逆向流动时,坡度应大于等于 0.005,汽水同向流动时,坡度应大于等于 0.003,可知选项 B 正确,选项 D 错误。为避免管道上下转弯产生汽水撞击声音,方形补偿器要水平安装,选项 C 正确。

4. **答案**:C

依据:《建筑设计防火规范》(GB 50016—2014)表 3.1.1 可知,本车间散发的为不燃烧粉尘,不适合采用选项 D 的室内回风的形式,暖风机采暖也不适合在产尘的车间使用;以高压蒸汽为热源,散热器与吊顶辐射板比较,吊顶辐射板的适用性更强些,因此供暖方式首选吊顶辐射板,选 C。

5. **答案**:C

依据:《注册公用设备工程师暖通空调考试复习教材》(第三版)P40 图 1.4-12 旁通阀的位置,可知选项 C 的说法正确,选项 B 错误。

分集水其之间设置旁通管的作用有以下几点:

(1)可以调节进入盘管的流量,进而达到调节室温的目的。

(2)在系统进行冲洗时,冲洗水从旁通经过,保护地暖盘管,避免堵塞。

(3)系统检修时,若长时间关闭分、集水器总阀,开启旁通管路可防止进户管冻结。

使冲洗水不进加热管的主要为进水管上的阀门,选项 D 说法不全面。

6. **答案**:A

依据:《注册公用设备工程师暖通空调考试复习教材》(第三版)。

P68,"当大门宽度为3~18m时,应经过技术经济比较,采用单侧送风、双侧送风或由上向下送风;当大门宽度超过18m时,应采用由上向下送风,也可采用由下向上送风",可知选项A正确,选项B错误。

"热源为热水时,供水温度不宜低于85℃",可知选项C错误。

从表1.5-6可知贯流式热空气幕的安装高度不宜大于3m,选项D错误。

7. **答案**:B

依据:《民用建筑供暖通风与空气调节设计规范》(GB 50736—2012)第5.10.3条,热量表的流量传感器应安装在回水管上,选项A错误;第5.10.4.4和第5.10.6条,选项C错误;第5.10.3条,热量表应根据公称流量选型,公称流量按设计流量的80%确定,可知选项D错误;选项B正确。

8. **答案**:B

依据:《民用建筑供暖通风与空气调节设计规范》(GB 50736—2012)第8.11.3条,选项A正确,选项B错误(不应低于设计供热量的70%);《注册公用设备工程师暖通空调考试复习教材》(第三版)P105,换热管内一般流体的流速取0.4~1.0m/s,选项C正确;燃气锅炉房存在爆炸危险,必须设置防爆泄压,选项D正确。

9. **答案**:C

依据:根据《民用建筑供暖通风与空气调节设计规范》(GB 50736—2012)第8.3.1条,可知冷热水机组的COP不应小于2.0,选项A错误;融霜时间总和不应超过运行时间的20%,选项B错误;选项C正确;机组的有效制热量应考虑温度修正系数和融霜修正系数,选项D错误。

10. **答案**:D

依据:查图集07K120止回阀章节可知,要求风管中的风速不小于8m/s。

11. **答案**:B

依据:根据《公共建筑节能设计标准》(GB 50189—2015)第4.3.22条,单位风量耗功率 $W_s = P/(3600\eta_{CD} \cdot \eta_F)$,可知 W_s 与风机的风压成正比。

12. **答案**:B

依据:根据《注册公用设备工程师暖通空调考试复习教材》(第三版)P653,溴化锂吸收式冷(温)水机组真空运行,属于负压锅炉范畴,根据P312,燃油锅炉房的事故通风量应按换气次数不少于6次/h计算,燃气锅炉房的事故通风量应按换气次数不少于12次/h计算,可知选项CD正确;根据《注册公用设备工程师暖通空调考试复习教材》(第三版)P747,氟制冷机房的事故通风量不应小于12次/h,氨制冷机房的事故通风量按 $183m^3/(m^2 \cdot h)$ 计算。

13. **答案**:B

依据:根据《注册公用设备工程师暖通空调考试复习教材》(第三版)P174,对房间进行热量平衡计算时,室外空气计算温度取值如下:"对于局部排风及稀释有害气体的全面通风,采用冬季采暖室外计算温度;对于消除余热、余湿及稀释低毒性有害物质的全面通风,采用冬季通风室外计算温度;冬季通风室外计算温度是指历年最冷月平均温度的平均值"。选项 B 正确。

14. **答案**:D

依据:《注册公用设备工程师暖通空调考试复习教材》(第三版)P175 有关自然通风设计原则,有关自然进风口的设置,选项 ABC 的做法正确,为避免有害气体从进风口重新进入室内,自然进风口应避免设在空气动力阴影区内,选项 D 错误。

15. **答案**:C

依据:对于可能突然散发大量有害气体、爆炸或危险性气体的建筑物内,应设置事故通风,由此可知选项 ABD 应设置事故通风,而地下车库不需要设置事故通风,选 C。

16. **答案**:D

依据:此题属于防排烟设计中的常识问题,选 D,空调风管上的 70℃ 阀门只起隔断作用,不连锁风机的启停。

17. **答案**:D

依据:《注册公用设备工程师暖通空调考试复习教材》(第三版)P236 活性炭吸附装置选用时的浓度界限的有关规定,可知选项 ABC 正确;P232"当有害气体中含尘浓度大于 $10mg/m^3$ 时,必须采取过滤等预处理措施",选项 D 错误。

18. **答案**:D

依据:根据《内滤分室反吹类袋式除尘器》(JB/T 8534—2010),根据除尘器的定义可知选项 A 错误,反吹除尘时,入口总管阀门应处于开启状态,选项 B 错误;由于除尘与反吹的风量风压不同,除尘器的反吹作业必须另设专用风机,选项 C 错误,选项 D 正确。

19. **答案**:C

依据:选项 A 的情况,采用风机盘管 + 新风系统也可以解决;采用全空气变风量系统,楼层的机组配电量更大,机房面积需求更大;选项 C 的要求,必须对系统进行改造。

20. **答案**:D

依据:P_1 和 P_2 两点之间的压差,为空调管路上一个压差阀两侧的压差,此压差与管路上各部件的阻力、调节特性、阻力权度有关,即与选项 ABC 有关,而与水泵的特性曲线无关,选 D。

21. **答案**:C

依据:冷却塔采用空气对淋水进行冷却,其出水的极限温度为湿球温度,一般设计冷却水出水温度高于湿球温度 4℃ 左右,即选项 C 的温度最合理,选项 D 的温度是不能达到的,选项 AB 的冷却水温度偏高,会导致冷水机组的能效降低。

22. **答案**:B

依据:根据冷负荷形成机理的介绍,可知得热量形成冷负荷具有延迟和衰减,由此判断选项 B 正确,可参考《空气调节》。

23. **答案**:D

依据:首先实际运行的工作点一定落在 B3 水泵的特性曲线上,实际的管网特性曲线为 *OAD*,两线的交点 *D* 为水泵的实际运行工作点。

24. **答案**:A

依据:题目要求水泵在设计流量 $200m^3/h$ 恒定运行,采用 $200m^3/h$ 的水泵是最节能的。

25. **答案**:C

依据:要使膜两侧的水蒸气透过,需要两侧的水蒸气存在压力差,各选项中选项 C 的措施可以使绝对湿度低的一侧的水蒸气压力大于绝对湿度高的一侧。

26. **答案**:C

依据:对于变流量的冷冻水系统,用户侧的系统总水量随末端装置流量的自动调节而实时变化。冷水机组的装机容量是根据项目的负荷特性及总负荷来选定的,不属于安全措施,而冷水系统的耗电输冷比 ECR 属于系统节能要求。选项 C 变频器的最低频率直接影响系统的系统能否满足变流量的要求。

27. **答案**:C

依据:根据《洁净厂房设计规范》(GB 50073—2013)公式(3.0.1)计算,$C_n = 10^N \times (0.1/D)^{2.08} = 1112pc/m^3$。

28. **答案**:D

依据:根据《洁净厂房设计规范》(GB 50073—2013)第 6.4.1 条"空气过滤器的处理风量应小于或等于额定风量",选 D。

29. **答案**:D

依据:根据《蒸气压缩循环冷水(热泵)机组 第 1 部分 工业或商业用及类似用途的冷水(热泵)机组》(GB/T 18430.1—2007)第 6.3.2 条,消耗的总电功率包括压缩机电动机、油泵电动机和操作控制电路、冷却风机。

30. **答案**:B

依据:此系统在夜间运行区域包括低区的餐饮、影剧院、KTV 及高区的夜间加班空调,其中高区的加班空调由板换供给,即板换环路的 V2、V4 阀门开启,而高区冷水机组的环路阀门 V1、V3 关闭。

31. **答案**:

依据:《蒙特利尔议定书》主要是针对制冷剂的消耗臭氧层物质的规定,即制冷机的 ODP 值,选 D。

32. **依据:**D

依据:根据《多联机空调系统工程技术规程》(JGJ 174—2010)第5.4.1.3条"管喇叭口与设备的螺栓连接应采用两把扳手进行螺母的紧固作业,其中一把为力矩扳手",选项A错误;第5.4.10条,可知保压时间应为24h,气密性实验应采用干燥压缩空气或者氮气,选项BC错误;根据表5.4.10,可知D正确。

33. **答案:**A

依据:《注册公用设备工程师暖通空调考试复习教材》(第三版)P568,蒸汽压缩式制冷的理想循环为两个定温和两个绝热过程组成,冷凝器和蒸发器的传热不存在换热温差;理论循环由两个定压过程、一个绝热过程、一个节流过程组成,冷凝器和蒸发器的传热存在换热温差。可知选项A错误。

34. **答案:**D

依据:根据《民用建筑供暖通风与空气调节设计规范》(GB 50736—2012)第8.2.2条,选项C正确,选项A可满足并高出规范要求,正确;第8.2.4条,选项B正确;《冷水机组能效限定值及能效等级》(GB 19577—2015)第4.4条,可知应满足2级要求,选项D错误。

35. **答案:**C

依据:早晨刚刚启动时,机组蒸发器的水侧温度较高,压缩机吸气压力偏高,选项AD错误;膨胀阀的开度决定了制冷剂的流量,不同流量的制冷剂经过蒸发器吸收热量后的状态是不同的,所以选项C正确;正常运行状态,机组膨胀阀不应结冰,选项B错误。

36. **答案:**C

依据:根据《注册公用设备工程师暖通空调考试复习教材》(第三版)P637图4.5-1吸收式制冷系统原理图可知,冷却负荷包括冷凝器和吸收器的放热量之和,选C。

37. **答案:**D

依据:《注册公用设备工程师暖通空调考试复习教材》(第三版)P785,暖通、动力设备的能效值章节的介绍,可知选项ABC均为绿色建筑评价的要求,所以选项D正确。

38. **答案:**D

依据:根据《建筑给水排水设计规范》(GB 50015—2003)(2009年版)第3.6.5条,医院建筑的管段计算秒流量为:$q_g = 0.2\alpha$L/s。

39. **答案:**A

依据:《建筑给水排水设计规范》(GB 50015—2003)(2009年版)第3.2.4A条,选项A正确;第3.2.4B条,选项D错误;第3.2.11条,选项B错误;第3.2.10条,选项C错误。

40. **答案:**A

依据:根据《建筑给水排水设计规范》(GB 50015—2003)(2009年版)第5.3.1条,选项 A 不符合规范要求,选项 BCD 符合规范要求。

41. **答案:**ABD

依据:根据《公共建筑节能改造技术规范》(JGJ 176—2009)第 4.7.2 条,选项 B 错误;第 4.3.8 条,选项 C 正确;选项 A 所述内容规范中没有明确规定,选项 D 明显错误。

42. **答案:**ABCD

依据:《注册公用设备工程师暖通空调考试复习教材》(第三版)P2 单管重力循环原理图 1.3-3 绘制本系统如图所示,高于热源的散热器有利于重力循环,而低于热源的散热器阻碍重力循环,二层冷热源中心无高差,对循环无影响,重力循环系统为解决系统水膨胀、补水、定压、排气等作用,仍需要设置膨胀水箱。选项 ABCD 均正确。

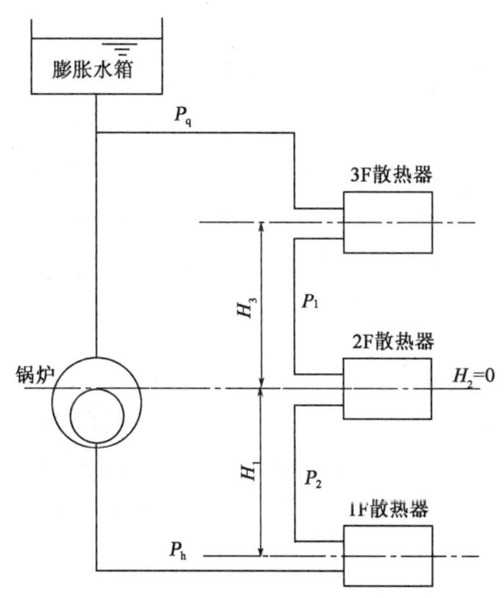

43. **答案:**AC

依据:《注册公用设备工程师暖通空调考试复习教材》(第三版)P74 ~ P75,高压蒸汽系统干管末端管径 DN≥20mm,选项 A 错误;P81,低压蒸汽系统的作用半径宜控制在 60m,选项 B 正确;P94,疏水阀安装旁通管的作用主要用在初始运行时排放大量凝结水,运行中禁用。小型供暖系统也可不设旁通管,选项 C 错误;P21 供暖系统热媒的选择表,选项 D 正确。

44. **答案:**ABD

依据:《民用建筑供暖通风与空气调节设计规范》(GB 50736—2012)第 5.1.6 条,居住建筑为连续供热设计,不需要进行间歇,选项 A 错误;第 5.3.1 条散热器集中供暖系统宜按 75/50℃进行设计,选项 B 错误;第 5.3.2 条、第 5.3.3 条,选项 C 正确;第 5.3.9 条,选项 D 错误。

45. **答案:**ABCD

依据:《辐射供暖供冷技术规程》(JGJ 142—2012)第4.4.1条,可知选项ABCD均为需要考虑的因素。

46. **答案:**AD

依据:《注册公用设备工程师暖通空调考试复习教材》(第三版)P124,集中供热的回水温度采用70℃或更低,可知选项AD正确。

47. **答案:**ABC

依据:根据《城镇供热管网设计规范》(CJJ 34—2010)第10.4.2条,选项A正确;闭式凝结水回收系统水质无腐蚀,可采用无内防腐的管材,选项B正确;第10.4.8条,选项C正确;第10.4.7条及第7.5.4条,吸入侧压力不应吸入口可能到达的最高水温下的饱和蒸汽压力加50kPa,可判断选项D错误。

48. **答案:**ABD

依据:根据《通风与空调工程施工规范》(GB 50738—2011)第4.2.6,选项AB错误,选项C正确;第4.2.11条,选项D错误。

49. **答案:**ABD

依据:根据《通风与空调工程施工质量验收规范》(GB 50243—2002)第11.2.1条和第11.2.2条,选项ABD正确,选项C应为叶轮旋转方向,故选项C错误。

50. **答案:**AB

依据:《注册公用设备工程师暖通空调考试复习教材》(第三版)P252表2.7-2,可知对于一般通风系统,主管的风速在6~14m/s范围内,支管风速在2~8m/s范围内,选项AB正确;《实用供热空调设计手册》P1144表11.5-3可知,公共建筑风机吸入口最大风速为5m/s,风机出口最大风速为7.5~11.0m/s,选项CD错误。

51. **答案:**AB

依据:《注册公用设备工程师暖通空调考试复习教材》(第三版)P184~185,筒形风帽的布置介绍,可知选项AB正确。避风风帽用于自然排风的情况,对选项CD不适用。

52. **答案:**ABC

依据:《注册公用设备工程师暖通空调考试复习教材》(第三版)P179~182自然通风的计算,有效热量系数m的计算公式(2.3-20),选项ABC正确。

53. **答案:**CD

依据:《注册公用设备工程师暖通空调考试复习教材》(第三版)P335汽车库通风的计算公式(2.12-1),选项AB取值正确,选项CD取值错误。也可参考《民用建筑供暖通风与空气调节设计规范》(GB 50736—2012)第6.3.8条条文说明。

54. **答案:**BC

依据:《民用建筑供暖通风与空气调节设计规范》(GB 50736—2012)第 7.4.10 条,选项 BC 正确。

55. **答案:**AD

依据:根据题意可知室内的热湿比线 ε 减小,如图所示,ε_1 为原热湿比线,ε_2 为改变后的热湿比线。

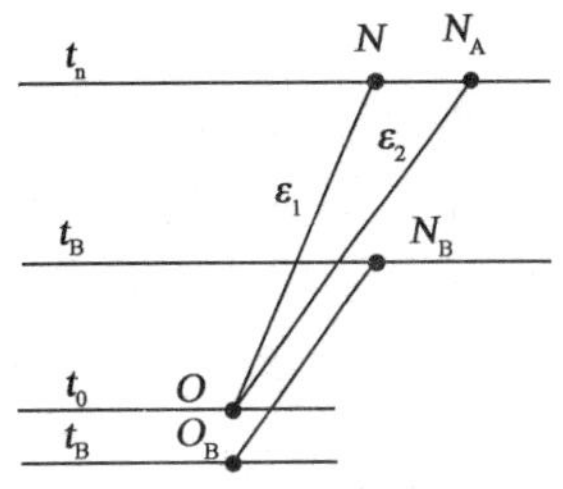

O—N_A 的过程线为选项 A 的过程线,可知其描述正确;O_B—N_B 的过程线为选项 B 的过程线,可知 B 的描述错误;以 O—N 线上任意点送风,其空气过程仍沿 ε_2 线变化,不能同时消除余热和余湿,选项 C 错误;选项 D 正确。

56. **答案:**ABCD

依据:VAV 系统定静压控制是控制风管内的静压维持在一个范围内,当静压大于设定值,则降低送风量,当静压小于设定值,则增大送风量,题意要求风机转速不会降低,即要求增大送风量,选项 ABCD 均满足要求。

57. **答案:**BCD

依据:题意所给的空气依次经过湿热交换器—表冷器—湿热交换器—风机送入室内,夏季工况,湿热交换器的空气处理过程为等湿冷却过程,表冷器为降温除湿过程,再次经过湿热交换器为等湿加热过程。选项 A 的空气处理过程正确,选项 BCD 错误。

58. **答案:**ABD

依据:数据机房设备全年运行,空调系统需设备用机组,满足检修时间要求,选项 A 正确;《蓄冷空调工程技术规程》(JGJ 158—2008)第 3.3.11 条规定蓄冷系统供冷时供回水温差不宜小于 7℃,可知选项 B 正确;常年负荷温度,不需要使用变频机组,选项 C 错误;选项 D 使用允许冷却水温度低的机组可以提高机组的 COP,选项 D 正确。

59. **答案:**BD

依据:天津地区的制冷运行工况:干球温度 33.9℃,湿球温度 26.8℃。制热工况:干球温度 −9.6℃。由此可知制冷工况室外温湿度较额定工况要低,实际的制冷量要大于额定制冷量,而冬季的室外条件温度比额定工况低,不利于系统制热,所以实际制热量要小于额定制热量,由此可知选项 BD 正确。

60. **答案:**ABD

依据:空调系统采用大温差小流量设计,主要目的是节约输送系统的能耗,对于供冷半径大的系统节能性更明显;考虑节约空调系统输送能耗的系统均可采用;冰蓄冷系统本身的供水温度低,一般要采用大温差设计;机组蒸发器是制冷剂和冷媒水之间的换热,其换热量维持不变,所以其面积也不变。

61. **答案:**CD

依据:《注册公用设备工程师暖通空调考试复习教材》(第三版)P487,开式冷却塔的设置要求:冷却塔存水盘的水面高度必须大于冷却水系统内最高点的高度,否则当系统停止运行时，将有大量冷却水通过冷却塔存水盘溢水口溢出，不但导致水的浪费，更会使系统进入空气，而无法再次运行。当冷却塔存水盘与冷却水泵之间的高差较小时，为了防止水泵吸入口出现负压而进入空气的情况发生，应把冷水机组连接在冷却水泵的出水管端。可知选项 CD 的设置是错误的。

62. **答案**：BC

依据：《洁净厂房设计规范》（GB 50073—2013）第 6.3.6 条可知选项 BC 正确，选项 A 错误。《注册公用设备工程师暖通空调考试复习教材》（第三版）P462 空气洁净度等级可近似达到 5 级，选项 D 错误。选 BC。

63. **答案**：BD

依据：制冷机吸气压力偏低，可能是内部制冷剂的流量偏小（如少氟、脏堵、热力膨胀阀开启度太小等原因）或者蒸发器的散热量过大造成的，选项 BD 会造成吸气压力偏低，而选项 AC 时，吸气压力可能会偏大。

64. **答案**：ABD

依据：系统的总装机容量是冷负荷的 5 倍多，明显偏大，机组低负荷运行时 COP 低；极低负荷时，离心机容易产生喘振；离心机组的 COP 最高点一般在 60% ~80% 负荷情况下；根据题意可知选项 D 的改造内容是正确的。

65. **答案**：ABD

依据：《蒸气压缩循环冷水（热泵）机组　第 1 部分　工业或商业用及类似用途的冷水（热泵）机组》（GB/T 18430.1—2007）第 4.3.2.1 条，制热热泵的出水温度为 45℃，选项 A 错误。

66. **答案**：ACD

依据：《注册公用设备工程师暖通空调考试复习教材》（第三版）P605，活塞压缩机容积效率的计算，可知选项 ABCD 正确。压缩机内吸排气流程中的压力降，特别是吸气压力降越大，容积效率下降越厉害，可判断选项 B 错误。

67. **答案**：AD

依据：《注册公用设备工程师暖通空调考试复习教材》（第三版）P645 表 4.5-3，可知选项 AD 不完全符合规范要求。

68. **答案**：ABCD

依据：《注册公用设备工程师暖通空调考试复习教材》（第三版）P647，制冷量衰减的相关介绍，可知选项 ABCD 均为制冷量衰减的原因。

69. **答案**：BC

依据：低源热泵系统需要满足一年内向土壤的输热量和从土壤的取热量基本平衡，更适用于夏热冬冷低区，不适合严寒低区；选项 BC 均为空调系统的节能技术措施，正确；溴化锂机组的性能系数较低，因此说其一次能源效率最高是错误的。

70. **答案**:ACD

依据:根据《建筑给水排水设计规范》(GB 50015—2003)(2009 年版)第 2.1.7A 和 2.1.7B 的定义可知选项 AC 正确,选项 B 错误;真空破坏器安装在管路的高点,而倒流防止器没有要求,选项 D 正确。

2016 年专业知识试题(下午卷)

一、单项选择题(共 40 题,每题 1 分。每题的备选项中只有一个符合题意)

1. 寒冷地区一栋一梯两户住宅楼(八层)采用热水散热器供暖系统(双管下供下回异程式),户内采用水平单管跨越式系统,户内每组散热器进水支管上未设置温控阀。经系统初调节,当供回水 85/60℃时,住户的室温均能满足设计工况,而小于实际供水按 65℃运行(系统水流量不变),关于室温情况表述正确的,应是下列选项的哪一个? ( )

(A)各楼层之间的室温均能满足设计要求
(B)各楼层之间室温不能满足设计要求的程度基本一样
(C)八层比一层户内室温低
(D)八层比一层户内室温高

2. 西藏拉萨市有一个远离市政供热外网的 6000m^2 的单层生产厂房(两班制),冬季需要供暖,供暖期 132d,下列该项目可采用的供暖方案,运行费最少、更节能(供电无分时电价)、更合理的方案是哪项? ( )

(A)蓄热电热水炉供暖
(B)燃油锅炉供暖
(C)地埋管地源热泵系统供暖
(D)太阳能 + 蓄热水箱 + 电热水炉辅助供暖

3. 某五层楼的学生宿舍,设计集中热水供暖系统,考虑系统节能,有关做法符合规定的应为下列哪项? ( )

(A)设计上供下回单管同程式系统,未设恒温控制阀
(B)设计上供下回双管同程式系统,未设恒温控制阀
(C)设计上供下回双管同程式系统,散热器设低阻力两通恒温控制阀
(D)设计上供下回单管跨越系统,散热器设低阻力两通恒温控制阀

4. 跳水馆属于高大空间建筑,跳水池池区周边宜优先采用下列哪一种供暖方式? ( )

(A)散热器供暖　　(B)热水地面辐射供暖
(C)燃气顶板辐射供暖　　(D)热风供暖

5. 以下暖风机供暖设计做法,哪一项是不符合规定的? ( )

(A)暖风机以蒸汽为热媒时,其有效散热系数小于或等于以热水为热媒时的有效散热系数
(B)采用小型暖风机的车间,其形成的换气次数一般不应小于1.0次/h
(C)以蒸汽为热媒时,每台暖风机应单独设置阀门和疏水装置
(D)当小型暖风机出口风速5m/s时,设计的暖风机底部安装高度为3.5m

6. 某电镀工业厂房冬季采用蒸汽供暖,其散热器的选用说法,下列哪项正确? ( )

(A)因为传热系数大,采用铝制散热器
(B)因为使用寿命长,采用铸铁散热器
(C)因为传热系数大,采用钢制板型散热器
(D)因为金属热强度大,采用钢制扁管散热器

7. 某十层住宅建筑,设计分户温控热计量热水供暖系统(热源为城市集中供热系统),下列哪项做法是正确的? ( )

(A)供暖系统的总热负荷应计入该建筑内邻户之间的传热引起的耗热量
(B)计算整栋建筑的供、回水干管时应计入向邻户传热引起的耗热量
(C)户内散热器片数计算时应计入向邻户传热引起的耗热量
(D)户内系统为双管系统,热力入口设置自力式流量控制阀

8. 城市热网项目的初步设计阶段,下列关于热水管网水力计算的说法,正确的是哪项? ( )

(A)热力网管道局部阻力与沿程阻力的比值可取0.5
(B)热力网管道局部阻力与沿程阻力的比值,与管线类型无关
(C)热力网管道局部阻力与沿程阻力的比值,仅与补偿器类型有关
(D)热力网输配管线管道局部阻力与沿程阻力的比值,管线采用方形补偿器,其取值范围为0.6~1.0

9. 有关小区锅炉房中供热锅炉的选择表述,下列哪项是错误的? ( )

(A)热水锅炉的出口水压采用循环水系统的最高静水压力
(B)热水锅炉的出口水压,不应小于锅炉最高供水温度加20℃相应的饱和水压力(用锅炉自生蒸汽定压的热水系统除外)
(C)燃气锅炉应优先选用带比例调节燃烧器和燃烧安全的全自动锅炉
(D)新建独立锅炉房的锅炉台数不宜超过5台

10. 某大楼采用了20个变风量空调系统,每个系统的空调机组出口余压均为650Pa,对其风管系统安装的严密性检验要求,下列哪一项是符合规范规定的? ( )

(A)可不进行风管系统的严密性检验

(B)可采用漏光法进行风管系统的严密性检验，且抽检数量不低于1个系统

(C)首先应对风管系统采用漏光法检验，检验合格后，再进行漏风率测试，测试的抽检数量不少于4个系统

(D)必须对20个系统分别进行漏风量测试

11. 下列有关负压运行的回转反吹类袋式除尘器的性能描述，哪一项是错误的？（　　）

(A)除尘器壳体允许有少量漏风(漏风率不大于4%)

(B)除尘器中的个别布袋破损，也会使除尘器效率大减

(C)除尘器的滤袋积灰逐渐增多，除尘器的阻力逐渐增大

(D)除尘器过滤层的压力损失与气体密度无关

12. 关于复合通风系统的设置，下列说法错误的是哪项？（　　）

(A)屋顶保温良好，高度10m的大空间展厅采用复合通风系统时，需考虑温度分层问题

(B)复合通风中自然通风量不宜低于联合运行风量的30%

(C)复合通风适用于易在外墙开窗并通过人员自行调节的房间

(D)系统运行时应优先使用自然通风

13. 某单层厂房(高度18m，内部有强热源)夏季采用下部侧窗进风、屋顶天窗排风的自然通风方式排除室内余热，在简化计算热压作用下的自然通风量时，下列哪一项做法是错误的？（　　）

(A)假设车间同一水平面上各点的静压是相等的

(B)室内空气密度采用车间平均空气温度下的密度

(C)下部侧窗室外进风温度采用历年最热月14时的月平均温度的平均值

(D)屋顶天窗的排风温度按温度梯度法计算

14. 前面有障碍的外部吸气罩的计算风量与下列哪一项的正比关系是错误的？（　　）

(A)排风量与排风罩口敞开面的周长成正比

(B)排风量与罩口至污染源的距离成正比

(C)排风量与边缘控制点的控制风速成正比

(D)排风量与排风罩口敞开面的面积成正比

15. 下列哪项不符合现行防火设计规范的要求？（　　）

(A)防烟楼梯间设置防烟设施

(B)商业步行街顶棚设置自然排烟设施时，排烟口的有效面积取为步行街地面面积的20%

(C)建筑面积 6000m^2 的发动机机械加工厂房设置排烟设施

(D)建筑面积 1000m^2 的服装加工厂房设置排烟设施

16. 关于活性炭吸附装置的描述，下列哪项是错误的？（　　）

(A)活性炭不适用于对芳香族有机溶剂蒸汽的吸附

(B)活性炭不适用于对高温、高湿气体的吸附

(C)活性炭不适用于对高含尘量的气体的吸附

(D)细孔活性炭适用于吸附低浓度挥发性蒸汽

17. 下列关于除尘器去除粉尘的性能和冷态试验的表述，正确的应是下列哪一项？（　　）

(A)袋式除尘器效率最高、最节能

(B)普通离心式除尘器冷态试验粉尘质量中位径应低于 10μm

(C)重力沉降室不能有效捕集 50μm 以下的颗粒粉尘

(D)电除尘器捕集 0.2 ~0.4μm 之间的粉尘效率最高

18. 某工厂的电镀车间的中部布置有电镀生产的前、后处理槽若干，槽宽度均为 800mm，槽上方工艺要求留有较高空间，采用下列哪种局部排风罩，在达到相同排风效果的情况下风量最小？（　　）

(A)上部接受式排风罩

(B)低截面周边型条缝罩

(C)高截面周边型条缝罩

(D)单侧平口式槽边排风罩

19. 在对某公共建筑空调水系统进行调试时发现，循环水泵选型过大，输送能耗过大，必须进行改造，下列哪一项措施的节能效果最差？（　　）

(A)换泵

(B)切削水泵叶轮

(C)增设调节阀

(D)增设变频装置

20. 某办公建筑采用空气源热泵供热时，冬季室外设计工况下的热泵性能系数(COP)的最低限值，应符合以下哪项规定？（　　）

(A)供热水时，COP≥1.8

(B)供热风时，COP≥1.8

(C)供热水时，COP≤2.0

(D)供热风时，COP≥2.0

21. 用于舒适性空调的某组合式空调器，要求其供冷量随空调房间的负荷变化而改变，在实际工程设计中，关于其电动二通调节阀工作特性选择的说法，下列哪一项是最合理的？（　　）

(A)二通阀的阀权度越大越好

(B)二通阀的阀权度越小越好

(C)二通阀 + 表冷器的组合尽量实现线性调节特性

(D)二通阀的全开阻力值应等于整个空调水系统的总阻力值

22. 在自由声场中,任一点声压与声源的关系表述正确的是下列哪项? ( )

(A)声压与该点到声源距离成反比
(B)声压与该点到声源距离的平方成反比
(C)声压与声强的平方成正比
(D)声压与声源功率的平方成正比

23. 同一个空调房间,对采用二次回风系统与采用一次回风系统加再热设计相比较,夏季供冷工况下,关于二次回风系统空气处理机组的处理空气的表述哪项是正确的? ( )

(A)送风量更小　　(B)送风温度更低
(C)送风含湿量更低　　(D)表冷器机器露点温度更低

24. 下列哪个因素不影响空调房间中人员的热舒适度? ( )

(A)大气压力　　(B)外墙窗墙比
(C)室内 VOC 浓度　　(D)室内空气湿度

25. 利用高压喷雾加湿器对室内空气加湿,且为唯一空气处理过程时,下列哪项是正确的? ( )

(A)水雾粒子蒸发热量主要来自于室内空气
(B)水雾粒子蒸发热量主要来自于加湿器电机功率
(C)加湿后室内空气变化的热湿比为 $+\infty$
(D)加湿后室内空气相对湿度增加,温度不变

26. 某空调冷冻水系统管道材质为碳钢,设计工作压力为 0.3MPa,该管道系统的最低试验压力应选下列哪项? ( )

(A)0.33MPa　　(B)0.45MPa　　(C)0.60MPa　　(D)1.00MPa

27. 某高层建筑集中空调系统的冷却塔设置于 60m 高的主楼屋面上,计算出的冷却水系统总阻力为 30m,配置冷却水泵扬程为 90m,当系统投入运行时发现:冷却水泵总是跳闸而无法正常运行,问:既解决问题又更节能的措施,以下哪个选项是最合理的? ( )

(A)更换一个小扬程的冷却水泵
(B)更换一个更大的冷却水泵电流限流开关
(C)关小冷却水泵的出口阀门
(D)为冷却水泵配置变频器

28. 关于洁净室风量或风速的测定,以下说法哪一项是不正确的? ( )

(A)采用室截面平均风速和截面乘积的方法确定单向流洁净室的送风量
(B)对于单向流洁净室,风速采用测试截面的测点数量应为 4 个
(C)对于非单向流洁净室,采用风管法测量高效过滤风口(风口规格为 1200mm × 600mm)风量,上风侧的支管长度为 3.6m
(D)对于单向流洁净室,不应采用风管法确定送风量

29. 当水冷冷水机组的冷却水量与进口冷却水水温保持不变,冷凝器污垢系数对机组性能影响的描述,哪一项是错误的? ( )

(A)冷凝器污垢系数增大,机组性能系数下降
(B)冷凝器污垢系数增大,机组冷凝温度上升
(C)冷凝器污垢系数增大,机组制冷量下降
(D)冷凝器污垢系数增大,机组冷凝压力下降

30. 下列关于吸收式热泵的说法,正确的是哪一项? ( )

(A)吸收式热泵适用于余热回收的任何场合
(B)当余热资源介质温度高于 200℃时,更能充分发挥吸收式热泵的作用
(C)某工业炉窑运行中产生 95℃的高温水,需要冷却至 80℃,而另一工艺设备要求供应 0.2MPa 的蒸汽,可设计采用吸收式热泵
(D)上述 C 项的热回收采用吸收式热泵,需采用第一类吸收式热泵

31. 某地下制冷机房设计为离心式冷水机组(制冷剂为 R134a),在机房设计时下列哪一项措施是不符合规定的? ( )

(A)制冷机房应设置机械通风系统,其排风口应设于室外
(B)当蒸发器和冷凝器采用在线清洗系统时,冷水机组的任何一端可不要求预留清理管束的维修空间
(C)每台离心式冷水机组之间应满足机组最大检修部件的尺寸要求
(D)R134a 毒性较低,制冷剂安全阀不必设置连接室外的泄压管

32. 以下关于蒸汽压缩式制冷机组中有关阀件的说法,错误的为哪项? ( )

(A)电子膨胀阀较热力膨胀阀会带来更好的运行节能效果
(B)制冷剂管路上的节流装置是各类蒸汽压缩式冷水机组必有的部件
(C)房间空调器可采用毛细管作为节流装置
(D)制冷剂管路上的四通换向阀是各类蒸汽压缩式冷水机组必有的部件

33. 下列关于水蓄冷和冰蓄冷的说法哪一项是错误的? ( )

(A)在相同蓄冷量的情况下,冰蓄冷的蓄冷装置体积小于水蓄冷
(B)当乙烯乙二醇水溶液的凝固点为 -10.7℃时,乙二醇的体积浓度为 27.7%

(C)冰蓄冷装置的释冷速率通常有两种定义法

(D)冰蓄冷系统比水蓄冷系统更适合应用于区域供冷工程

34. 某水蓄冷系统设计蓄冷与供冷合用一套水泵泵组，有关工况阀门(V1 ~ V6)的启闭状态，下列哪一项是正确的？ ( )

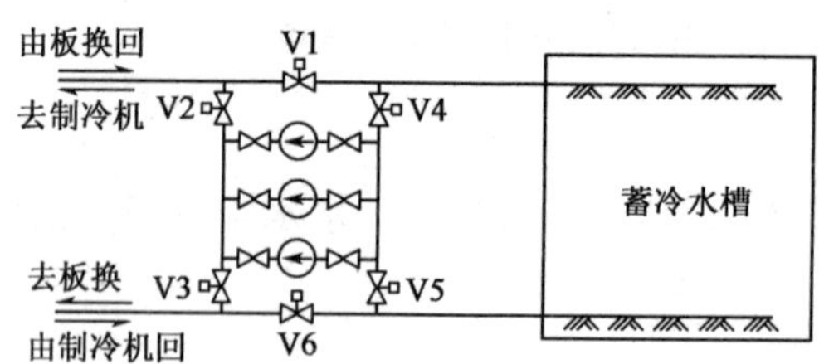

(A)蓄冷工况开启的阀门是：V2、V4、V6，其余阀关闭

(B)供冷工况开启的阀门是：V1、V4、V5，其余阀关闭

(C)蓄冷工况开启的阀门是：V1、V2、V5，其余阀关闭

(D)供冷工况开启的阀门是：V2、V4、V6，其余阀关闭

35. 关于冷库各冷间的设计温度的规定，下列哪一项是错误的？ ( )

(A)肉、蛋冷却间的设计温度为0 ~ 4℃

(B)肉、禽冻结间的设计温度为 -23 ~ -18℃

(C)肉、禽(冻结物)的冷藏间的设计温度为 -20 ~ -15℃

(D)鲜蛋(冷却物)冷藏间的设计温度为 -2 ~ 2℃

36. 设计某冷库(大气压101325Pa)，为防止墙体结露现象发生(墙体两侧房间设计温湿度与墙体构造见下图)，需对墙体的结露温度验算点进行验算，现选取的两个结露温度验算点，下列哪项是正确的(忽略聚苯乙烯、加气混凝土材料层的蒸汽渗透阻)？ ( )

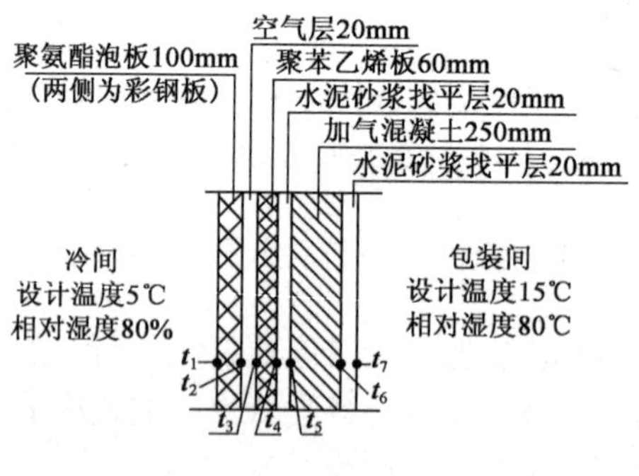

(A) t_1、t_2　　(B) t_6、t_7　　(C) t_7、t_5　　(D) t_7、t_2

37. 关于冷库制冷剂管道系统设计的说法，下列哪项是错误的？ ( )

(A)属于压力管道GD级　　(B)需做承压强度设计

(C)需设计压力损失　　(D)需做热补偿设计

38. 下列不同种类能源碳强度的说法，哪一项是错误的？ (　　)

(A)化石能源中，煤的碳强度最高
(B)化石能源中，石油的碳强度也较高
(C)可再生能源中，太阳能为零排放碳强度
(D)可再生能源中，生物质能为零排放碳强度

39. 某建筑的厨房(半地下室)内敷设有天然气管道，以下哪一项说法是错误的？
(　　)

(A)宜优先采用钢号为10的无缝钢管，因其承压能力高于钢号为20的无缝钢管
(B)钢管道的固定焊口应进行100%射线照相检验
(C)阀门公称压力应按提高一个压力等级选型
(D)燃气灶间应设置燃气浓度检测报警装置

40. 城镇天然气供应，关于采用加臭剂的描述，以下哪一项是正确的？ (　　)

(A)加臭剂的采用与否与燃气种类有关
(B)有毒燃气中加臭剂的最小加入量与人是否察觉无关
(C)单管系统的垂直失调现象主要是取决于自然循环作用压头的影响
(D)当对供回水温度进行质调节时，单管系统的各层散热器的散热量会发生等比变化

二、多项选择题(共30题，每题2分。每题的备选项中有两个或两个以上符合题意。错选、少选、多选均不得分)

41. 在对公共建筑暖通空调系统的下列节能诊断内容中，哪几项内容是与有关规范要求不一致的？ (　　)

(A)对暖通空调系统的各项指标经过选择后，确定诊断项目，进行现场检测
(B)空调水系统的诊断内容不包含ER指标
(C)供回水温差是检测空调水系统的唯一内容
(D)暖通空调系统诊断内容中不包含室内平均温度、湿度

42. 某四层住宅楼采用散热器热水供暖系统，以下关于产生垂直失调现象的论述，哪几项是错误的？ (　　)

(A)双管上送下回系统热水供回水温差加大，底层散热器的供热量会增大
(B)单管系统的垂直失调现象较双管系统更为严重
(C)单管系统的垂直失调现象主要是取决于自然循环作用压力的影响
(D)当对供回水温度进行质调节时，单管系统的各层散热器的散热量会发生等比例变化

43. 在计算间歇使用房间的供暖热负荷时，有关间歇附加的计算方法正确的是哪几项？（　　）

(A)仅白天使用的建筑，间歇附加率取20%
(B)不经常使用的建筑，间歇附加率取30%
(C)对围护结构基本耗热量进行附加
(D)对围护结构耗热量进行附加

44. 某生产车间火灾危险性为乙类，车间内散发可燃粉尘，其供暖热媒为高压蒸汽，下列哪几项供暖方式是不安全的？（　　）

(A)散热器　　(B)暖风机
(C)吊顶辐射板　　(D)全新风热风系统

45. 严寒地区小区集中供热系统进行供暖热负荷概算，正确的计算方法应是下列哪几项？（　　）

(A)采用面积热指标法计算，居住区综合面积热指标取60～80W/m^2
(B)采用面积热指标法计算，商业建筑面积热指标取80～90W/m^2
(C)采用城市规划指标法计算
(D)采用体积热指标法计算

46. 在下列城镇蒸汽供热系统的冷凝水管网设计中，哪几项是错误的？（　　）

(A)蒸汽供热系统采用间接换热系统时，对不能回收、水质符合污水排入城市下水道水质标准且数量较大的凝结水，直接排放到城市下水道中
(B)凝结水管道的设计流量按蒸汽管道的设计流量乘以用户凝结水回收率确定
(C)凝结水管道的设计比摩阻采用100Pa/m
(D)凝结水管道采用无缝钢管或焊接钢管

47. 以下工程中排风热回收装置的新、排风管路的连接做法和旋风除尘器的排风管路连接做法，哪几项是正确的？（　　）

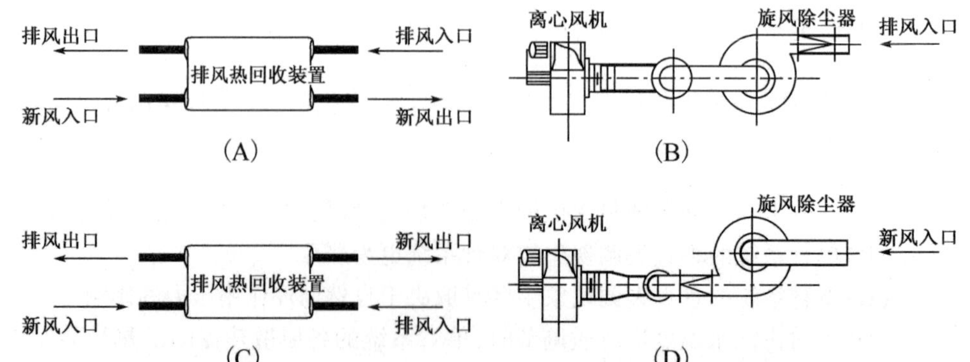

48. 对于风管系统的施工要求,下列哪几项是错误的? ( )

(A)不同压力的风管系统,其风管强度与严密性试验的试验风管可共用,但控制参数不同

(B)风管强度试验是在严密性试验的基础上进行的,试验压力为设计工作压力的1.5倍

(C)风管系统严密性试验均采用测试漏风量的方法

(D)6~9级洁净空调系统风管的严密性试验应按高压系统风管的规定进行

49. 某工厂的一除尘系统采用一级脉冲喷吹袋式除尘器,投产初期运行正常,三个月后,开始并持续出现除尘器阻力过大的现象(系统中的其他设备均处于正常运行状态),下列哪几项属于排除故障需要检查的项目? ( )

(A)脉冲清灰的频率与清灰时间

(B)压缩空气的供气压力

(C)滤袋表面的粉尘附着情况

(D)除尘器前入口管路中的堵塞状况

50. 某苎麻工厂的一除尘系统,进入除尘器前有较长的水平风管,下列消除水平风管严重积尘的措施,哪几项为正确的选项 ( )

(A)保证水平风管内的风速大于10m/s

(B)内部设置压缩空气助吹管,定期进行风管内部的清扫

(C)除尘系统启动运行时间早于工艺设备启动时间

(D)除尘系统停止运行时间滞后于工艺设备停止时间

51. 下列各排风系统排风口选用的风帽形式,哪几项是错误的? ( )

(A)利用热压排除室内余热的自然通风系统的排风口采用圆伞形风帽

(B)排除含有粉尘的机械通风系统的排风口采用圆伞形风帽

(C)排除有害气体的机械通风系统的排风口采用筒形风帽

(D)利用风压加强排风的自然通风系统的排风口采用避风风帽

52. 设计上部接受式排风罩,若风机与管路系统维持不变,改善排风效果的做法,下列哪几项是正确的? ( )

(A)适当降低罩口高度

(B)工艺许可时在罩口四周设挡板

(C)避免横向气流干扰

(D)减小罩口面积

53. 某民用建筑的送风系统中,有关通风机的选用规定,下列哪几项是错误的?
( )

(A)在设计工况下，通风机的效率不低于90%
(B)通风机风量应附加15%的风管和设备的漏风量
(C)定速通风机的压力在计算系统总压力损失上宜附加20%
(D)变频通风机的额定风压应为计算系统总压力损失

54. 关于室内空调冷负荷计算，下列哪几项是正确的？ (　　)

(A)通过窗户的得热曲线与空调负荷曲线一致
(B)室内散湿量均直接成为湿负荷
(C)当室内为负压时，应计算室外空气渗透换热量
(D)冷负荷包括按稳态方法和非稳态方法计算形成的两部分负荷

55. 某采用组合式空调机组的空调系统，为降低系统噪声，以下哪些措施是有效的？ (　　)

(A)选用叶片径向多叶型高效离心式风机
(B)将原设计的阻抗复合消声器替换为阻性消声器
(C)合理设计风管管路，降低风压全压
(D)避免风管急剧转弯，降低涡流产生

56. 对于集中空调的冷水系统，下列哪几项说法是正确的？ (　　)

(A)供水温度恒定的定流量一级泵系统在部分负荷时，通过冷水机组的冷量调节实现供冷量减小，系统中水流量不变，且回水温度升高
(B)在多台冷水机组变流量一级泵的系统中，当水温差符合设计要求，但实测冷水机组流量明显偏小时，说明此时冷水机组运行台数过多，应减少运行台数
(C)在变流量二级泵系统中，如果两个环路供回水总管总长度相差300m，且总管沿程比摩阻取150Pa/m，局部阻力为沿程阻力的50%，则该两个环路应分别设置二级泵
(D)变流量二级泵系统中，如果系统的回水直接从平衡管旁通后进入供水管会引起的结构是用户侧水系统的"小温差、大流量"现象

57. 某政府机关办公楼，办公房间的夏季设计温度取为25℃，关于室内人员热舒适度的说法，下列哪几项是正确的？ (　　)

(A)符合Ⅰ级热舒适度等级对温度的要求
(B)热舒适度等级由PMV、PPD评价决定
(C)夏季室内设计温度取值越高，设计的空调系统越能满足人员舒适度要求
(D)对个体而言在Ⅰ级热舒适度环境下不一定比Ⅱ级热舒适度环境下感觉更舒适

58. 某商业综合体项目，其夏季设计冷负荷为2000kW；冬季设计热负荷为3000kW，设计冷负荷1000kW，为适应负荷变化，空调水系统采用四管制，下列冷热源方案中，哪

几项是不适用的？ （　　）

（A）采用2台制冷量为1000kW的冷水机组+2台制热量为1500kW的燃气热水锅炉

（B）采用2台制冷量/制热量分别为1000kW/1500kW的直燃型溴化锂吸收式冷热水机组

（C）采用3台制冷量/制热量分别为1500kW/1000kW的地源热泵机组

（D）采用2台制冷量/制热量分别为1000kW/600kW的地源热泵机组+1台制热量为1800kW的燃气热水锅炉

59. 三亚市某度假酒店空调冷源的冷却水系统配置三大一小横流式冷却塔，冷却塔出水首先汇总到开式冷却水水箱，再通过总管与冷水机组连接，请问下列哪几项设置是不合理的？ （　　）

（A）冷却水系统补水直接补到冷却水箱内

（B）冷却水供回水总管间设置旁通管+旁通调节阀

（C）每台冷却塔出水管道上设置电动两通阀

（D）每台冷却塔进水管道上设置电动两通阀

60. 地处夏热冬暖地区（全年为高湿环境）的某建筑采用全空气空调系统，其室内冷负荷基本恒定、湿负荷可以忽略不计，且允许室内相对湿度变化，如果利用增大新风比实现供冷节能，下列哪几项判别办法是错误的？ （　　）

（A）温度法（比较室外新风温度与室外设计状态点温度）

（B）焓值法（比较室外新风焓值与室外设计状态点焓值）

（C）温差法（比较室外新风温度与室内回风温度）

（D）焓差法（比较室外新风焓值与室内回风焓值）

61. 下列关于洁净室气流组织设计的描述，其中哪几项是正确的？ （　　）

（A）洁净室采用侧送风方式，其室内含尘浓度一般接近于按均匀分布方法计算值

（B）单向流洁净室在横断面上为风速一致的气流

（C）工程上也有ISO 5级洁净室采用非单向流气流流型

（D）辐射流洁净室气流分布不如单向流洁净室均匀

62. 以下关于洁净厂房工艺平面布置的描述，哪几项是正确的？ （　　）

（A）空气洁净度高的洁净室应靠近空调机房

（B）空气洁净度高的洁净室应尽量远离空调机房

（C）不同空气洁净度等级房间之间联系频繁时宜设置气闸、传递窗

（D）洁净厂房应设置单独的物料入口

63. 关于常用制冷剂性能的说法,正确的是下列哪几项? (　　)

(A)R22 属于过渡性制冷剂
(B)对 R134a 检漏应采用氯检漏仪
(C)使用 R123 冷水机组的机房设计中,应设计制冷剂泄漏传感器及事故报警
(D)丙烷是可作为房间空调器 HCFCs 制冷剂替代技术中适用的制冷剂之一

64. 以下有关蒸汽压缩式制冷机组的制冷循环图的名称,哪几幅是错误的? (　　)

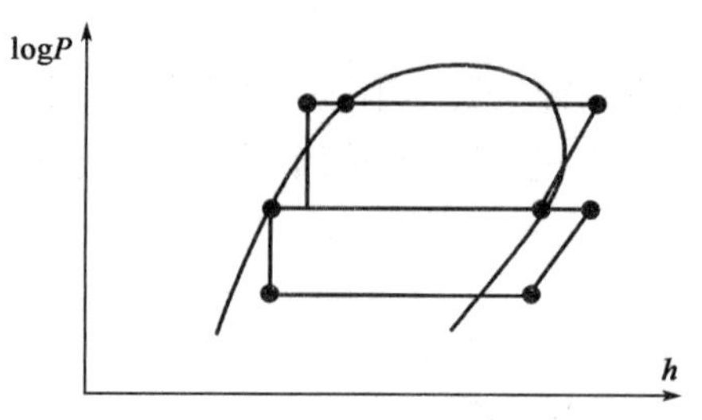

(A)一次节流完全中间冷却循环

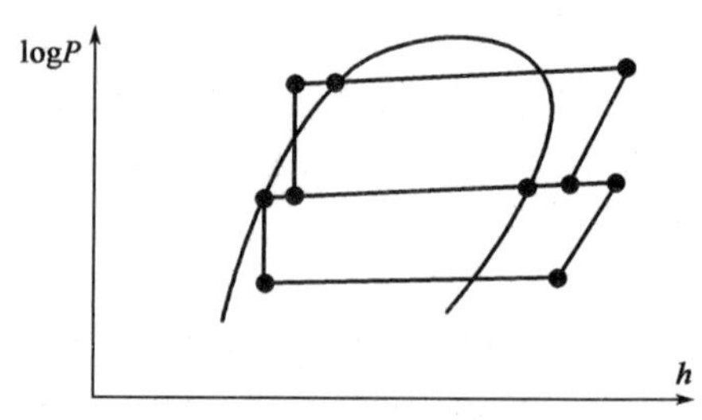

(B)一次节流不完全中间冷却循环

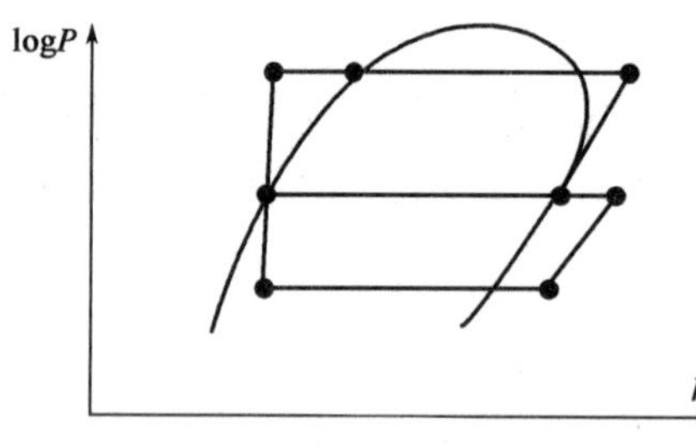

(C)二次节流完全中间冷却循环

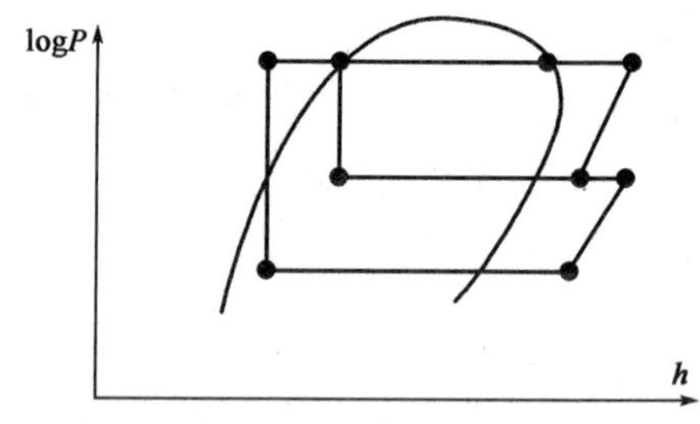

(D)二次节流不完全中间冷却循环

65. 以下关于直燃型溴化锂吸收式冷(温)水机组制冷工况实测性能的要求,正确的是哪几项? (　　)

(A)机组的冷水、冷却水的压力损失不大于名义压力损失的 105%
(B)机组实测性能系数不低于名义性能系数的 95%
(C)机组实测制冷量不低于名义制冷量的 95%
(D)机组实测热源消耗量,以单位制冷(供热)量或单位时间量表示,不应高于名义热源消耗量的 105%

66. 某冷库制冷压缩机采用 R404A 制冷剂,下列哪几项管路设计的要求是错误的? (　　)

(A)制冷压缩机的吸气管坡向压缩机
(B)制冷压缩机的排气管的坡度为 0.5%
(C)制冷剂管路采用无缝紫铜管,管材执行 GB/T 14976 标准

(D)冷凝器至储液器的管路设计压力为2.5MPa

67. 冷库围护结构的蒸汽渗透强度与下列哪些因素有关?　　(　　)

(A)围护结构的蒸汽渗透阻
(B)围护结构高温侧空气的水蒸气分压力
(C)围护结构低温侧空气的水蒸气分压力
(D)围护结构的朝向

68. 下列关于冷藏库建筑围护结构的设置及热工计算的表述,错误的应是下列哪几项?　　(　　)

(A)冷间外墙设计室外温度应采用夏季空调室外计算温度
(B)冷藏间外墙仅在围护结构隔热层内侧设置隔汽层
(C)土建冷藏库隔热层可采用现场喷涂聚氨酯泡沫塑料
(D)冷却间或冻结间隔墙的隔汽层应设在隔热层的高温侧

69. 关于绿色建筑的评价,下列表述中哪几项是正确的?　　(　　)

(A)《绿色建筑评价标准》的核心内容是"四节一环保"
(B)绿色建筑评价采用条数法
(C)住宅建筑仅以单栋住宅为评价对象
(D)绿色建筑属于可持续发展建筑的组成部分

70. 下列哪几项装置属于城镇燃气设施的附属安全装置?　　(　　)

(A)紧急切断阀　　(B)可燃气体报警器
(C)安全放散装置　　(D)燃气调压阀

2016 年专业知识试题答案(下午卷)

1. **答案:**C

依据:双管下供下回系统,当供水温度降低时,每层的自然作用压力 $p_i = gh_i(\rho_h - \rho_g)$,可知上层的自然作用压力减少要比下层明显,所以上层的作用压力要偏小于下层的,即下层住户的流量要大于上层,因此选项 C 正确。

2. **答案:**D

依据:拉萨地区属于太阳能资源丰富的地区,可考虑采用太阳能采暖;两班制的厂房,考虑运行费用少、节能的因素,可以考虑采用间歇供暖,即采暖系统可满足频繁启停控制的要求;综合考虑选项 D 选型最为合理。

3. **答案:**C

依据:《民用建筑供暖通风与空气调节设计规范》(GB 50736—2012)第 5.3.2 条及条文说明,可知采用双管系统有利于节能,且散热器支管需设置低阻力恒温控制阀满足调节室温的要求,可使系统运行节能,选 C。

4. **答案:**B

依据:考虑跳水池泳池区域的舒适性,一般均设置地板辐射采暖系统。

5. **答案:**B

依据:《注册公用设备工程师暖通空调考试复习教材》(第三版) P67 选用暖风机的注意事项,可知选项 B 不符合规定,选项 ACD 说法正确。

6. **答案:**B

依据:《注册公用设备工程师暖通空调考试复习教材》(第三版) P84,"蒸汽供暖系统不应采用钢制柱式、板式和扁管等散热器""在供水温度高于 85℃,pH 值大于 10 的连续供暖系统中,不应采用铝制散热器",可知蒸汽采暖系统中应避免采用钢制和铝制散热器。

7. **答案:**C

依据:《民用建筑供暖通风与空气调节设计规范》(GB 50736—2012)第 5.2.10 条及条文说明"在确定分户热计量供暖系统的户内供暖设备容量和户内管道时,应考虑户间传热对供暖负荷的附加,但附加量不应超过 50% ,且不应统计在供暖系统的总热负荷内",可知选 C。

8. **答案:**D

依据:《城市供热管网设计规范》(CJJ 34—2010)第 7.3.8 条,可知选项 D 正确,其比值与管径、管线形式、补偿形式有关,需根据具体情况取值,选项 ABC 错误。

9. **答案:**A

依据:《锅炉房设计规范》(GB 50041—2008)第10.1.1条,可知选项B正确,选项A错误;第3.0.12条,可知选项D正确;为达到节能运行并适应负荷的变化,选项C正确。

10. **答案:**C

依据:《通风与空调工程施工质量验收规范》(GB 50243—2002)第4.1.5条、第4.2.5条,该系统均为中压系统,必须进行严密性检验,检查数量为按风管系统的类别和材质分别抽查,不得少于3件及15m^2,选项ABD错误。

11. **答案:**A

依据:《回转反吹类袋式除尘器》(JB/T 8533—2010)第4.2.1条,可知选项A错误。

12. **答案:**A

依据:《民用建筑供暖通风与空气调节设计规范》(GB 50736—2012)第6.4条,选项BCD正确;根据第6.4.4条及条文说明,对于屋顶保温良好、高度在15m以内的大空间,可以不考虑上下温度分布不均匀的温度,选项A错误。

13. **答案:**D

依据:《注册公用设备工程师暖通空调考试复习教材》(第三版)P179有关自然通风的计算部分,可知选项AB正确;根据P173式(2.2-6)公式的t_w取值,可知选项C正确;对于室内有强热源的车间,应采用有效热量法计算排风温度,可知选项D错误。

14. **答案:**D

依据:《注册公用设备工程师暖通空调考试复习教材》(第三版)P193公式(2.4-9),$L=KPHv_x$,可知选项ABC正确,选项D错误。

15. **答案:**B

依据:《建筑设计防火规范》(GB 50016—2014)第8.5.1条、第8.5.2条,选项ACD选项符合规范要求;第6.2.5条,有效面积应大于地面面积的25%,选项B错误。

16. **答案:**A

依据:根据《注册公用设备工程师暖通空调考试复习教材》(第三版)P231吸附法的内容部分,可知选项A错误,选项BCD说法正确。

17. **答案:**C

依据:《注册公用设备工程师暖通空调考试复习教材》(第三版)P212,袋式除尘器的压力损失大,带来的问题就是运行耗电量较大,选项A错误;《离心式除尘器》(JB/T 9054—2015)第6.3.1条,冷态实验粉尘质量中位径应在8~12μm,选项B错误;《注册公用设备工程师暖通空调考试复习教材》(第三版)P206,重力除尘器能有效地捕集50μm的尘粒,对50μm以下的粉尘不能有效,所以选项C正确;P221,电除尘器捕集1~2μm的尘粒效率高,可知选项D错误。

18. 答案:B

依据:根据题意,此工业槽不适用于上部接受罩,而应采用侧面排风罩,根据《注册公用设备工程师暖通空调考试复习教材》(第三版) P194,吸风口高度 $E > 250$mm,称为高截面排风罩,E 小于 250mm 称为低截面排风罩,根据式(2.4-18)可知,条缝式排风罩的高度 $H = 0.18B = 0.18 \times 800 = 144$mm,应为低截面排风罩,采用周边排风罩的风量相对单侧排风罩风量要小,因此选 B。

19. 答案:C

依据:选项 ABD 均为调整水泵以满足要求,而选项 C 增加系统的阻力以消耗水泵的做功,属于最不节能的。

20. 答案:C

依据:根据《民用建筑供暖通风与空气调节设计规范》(GB 50736—2012)第 8.3.1 条,可知选项 C 符合规定。

21. 答案:C

依据:根据《注册公用设备工程师暖通空调考试复习教材》(第三版) P524 调节阀特性的选择与设计原则部分内容,可知应使得阀门加换热器的组合接近线性调节,选 C。

22. 答案:A

依据:根据《注册公用设备工程师暖通空调考试复习教材》(第三版) P533 相关内容,声强与声压的平方成正比,声强的计算公式为 $I = \frac{W}{4\pi r^2}$,即有 $L \propto \sqrt{I} \propto \frac{1}{r}$,$L \propto \sqrt{W}$,可知选项 A 正确。

23. 答案:D

依据:根据《注册公用设备工程师暖通空调考试复习教材》(第三版) P379 有关二次回风的介绍,二次回风系统降低了送风温差,所以为了满足相同的负荷要求,系统的总风量比一次回风系统的风量大,机器露点比一次回风系统低。

24. 答案:C

依据:根据《注册公用设备工程师暖通空调考试复习教材》(第三版) P346,人员的热舒适度与温度、相对湿度、风速、围护结构及其他物体表面温度有关,而不同压力情况下的焓湿图不同,所以不影响热舒适度的选项为 C。

25. 答案:A

依据:高压喷雾加湿系统,水分子进入室内,吸收室内空气的能量气化为水蒸气,对空气进行加湿后,空气的相对湿度增加,加湿过程近似等焓过程,但是空气温度下降。

26. 答案:C

依据:根据《通风与空调工程施工质量验收规范》(GB 50234—2002)第 9.2.3 条,可知选项 C 正确。

27. **答案**:A

依据:空调冷却水泵的扬程应为系统阻力加上进塔水压,原设计选用水泵扬程过大而导致无法正常运行,因此应更换合适扬程的水泵。

28. **答案**:B

依据:《洁净厂房设计规范》(GB 50073—2013)第 A.3.1 条,选项 AD 正确,选项 B 错误;《通风与空调工程施工质量验收规范》(GB 50243—2002)第 B.1.2 条,选项 C 上侧支管长度 3.6m 满足要求,选项 C 正确。

29. **答案**:D

依据:冷凝器的污垢系数增大,使得冷凝器内制冷剂与冷却水的换热效果变差,相应的引起冷凝温度上升、制冷量下降、机组性能系数下降,而机组的压力与污垢系数无关,只与冷却水系统的设计有关。

30. **答案**:B

依据:《注册公用设备工程师暖通空调考试复习教材》(第三版)P641,单效型的吸收式热泵可采用 0.03 ~0.15MPa 的饱和蒸汽、85 ~140℃的热水作为热源,高于 140℃的热水可作为双效机组的热源。

31. **答案**:D

依据:《民用建筑供暖通风与空气调节设计规范》(GB 50736—2012)第 8.10.1 条,选项 A 正确,选项 D 错误;第 8.10.2 条及条文说明,选项 BC 正确。

32. **答案**:D

依据:制冷机管路上的四通换向阀作用是转换蒸发器和冷凝器功能,对于单冷机组不需要设置,选项 D 的说法错误;选项 ABC 选项的说法均正确。

33. **答案**:B

依据:《注册公用设备工程师暖通空调考试复习教材》(第三版)P679 水蓄冷和冰蓄冷的介绍,选项 A 正确,根据《注册公用设备工程师暖通空调考试复习教材》(第三版)P593 表 4.2-6,选项 B 错误。

34. **答案**:A

依据:蓄冷工况水流一次经过制冷机—水槽—水泵—制冷机,需要开启的阀门为 V2、V4、V6,其他阀门关闭;供冷工况水流依次经过板换—水槽—水泵—板换,需要开启的阀门为 V1、V3、V5。

35. **答案**:D

依据:《冷库设计规范》(GB 50072—2010)第 3.0.8 条,选项 ABC 正确,选项 D 错误。

36. **答案**:D

依据:因冷间和包装间的墙体材料不同,需要分别计算冷间和包装间的结露温度,冷间侧聚苯乙烯两侧均为彩钢板，且其内侧为20mm的空气层，内侧2点为易结露点，因此应选2作为验算点，包装间侧应选7点作为验算点。

37. **答案**:A

依据:GD1级为设计压力 $P \geqslant 6.3$MPa，或者设计温度大于或者等于400℃的管道；GD2级为设计压力 $P < 6.3$MPa，或者设计温度小于400℃的管道。《冷库设计规范》(GB 50072—2010)第6.5.2条，制冷剂管道不属于GD级，选项A错误。由第6.5节相关内容可知选项BCD均正确。

38. **答案**:D

依据:碳强度是指单位GDP的二氧化碳排放量。碳强度高低不表明效率高低。一般情况下，碳强度指标是随着技术进步和经济增长而下降的。碳排放强度取决于化石能源的结构，化石能源的碳排放系数，化石能源在能源消费总量中的比例，能源强度。生物质能的碳排放强度较低，但不属于零排放。

39. **答案**:A

依据:《城镇燃气设计规范》(GB 50028—2006)第10.2.23条，选项A错误，选项BC正确；第10.8.1条，选项D正确。

40. **答案**:D

依据:《城镇燃气设计规范》(GB 50028—2006)第3.2.2条及第3.2.3条，选项D正确。

---

41. **答案**:CD

依据:《公共建筑节能改造技术规范》(JGJ 176—2009)第3.3.1条、第3.3.2条，选项AB符合规范要求；选项CD不符合规范要求。

42. **答案**:ABCD

依据:选项A可参考单选第1题的分析，加大供回水温差，底层散热器散热量将会减小；双管的垂直失调较单管系统严重；单管系统的垂直失调主要是由于每层散热器的水温不同，对散热器传热系数影响造成的；供回水温度进行质调节时，每层的散热量变化不是等比例的，比如供水温度提高而回水温度不变，上层散热器的散热量因其内水温升高较多而散热量增加明显，而底层的散热器内水温升高较小。

43. **答案**:ABD

依据:根据《民用建筑供暖通风与空气调节设计规范》(GB 50736—2012)第5.2.8条，选项ABD正确，选项C错误。

44. **答案**:ABC

依据:车间内散发可燃粉尘，且采暖热源为高压蒸汽，应避免有散热装置的表面裸露在车间内，所以散热器、吊顶辐射板、暖风机均不安全。采用直流新风系统是合适的。

45. **答案**:CD

依据:《注册公用设备工程师暖通空调考试复习教材》(第三版) P117,选项 AB 的面积热指标取值错误,选项 CD 正确。

46. **答案**:AD

依据:根据《城镇供热管网设计规范》(CJJ 34—2010)第 5.0.6 条,可知对于数量较大的凝结水,应充分利用其热能和水资源,所以不应直接排入下水道,选项 A 错误;第 7.1.8条,可知选项 B 正确;第 7.3.7 条,选项 C 正确;第 4.3.5 条及第 5.0.7 条,凝结水不宜采用钢管,如采用钢管则需要做内防腐措施,选项 D 错误。

47. **答案**:BC

依据:排风热回收装置经过热回收后新排风位置交换,选项 C 正确,旋风除尘器的连接考虑气流顺畅,选项 B 正确。

48. **答案**:ACD

依据:《通风与空调工程施工质量验收规范》(GB 50234—2002)第 4.1.2 条,不同压力级别的管道应分别进行,风管的严密性试验可采用漏光法检测,1 ~5 级洁净室的风管按高压系统风管的规定。选项 ACD 错误。

49. **答案**:ABCD

依据:《注册公用设备工程师暖通空调考试复习教材》(第三版) P210 ~212 脉冲喷吹袋式除尘器的介绍,可知选项 ABCD 不能正常运行时,均会导致除尘器阻力增大。

50. **答案**:BCD

依据:《实用供热空调设计手册》P994 表 9.4-16,水平管内的最小风速为 13m/s,选项 A 错误;其他选项 BCD 均可以减少积尘。

51. **答案**:ABC

依据:根据《注册公用设备工程师暖通空调考试复习教材》(第三版) P184,选项 D 正确。选项 ABC 不适合采用自然风帽排除。

52. **答案**:ABC

依据:根据《注册公用设备工程师暖通空调考试复习教材》(第三版) P197 接受式排风罩的接受,可知选项 ABC 可以改善排风效果,选项 D 对改善排风效果不利。

53. **答案**:ABC

依据:《民用建筑供暖通风与空气调节设计规范》(GB 50376—2012)第 6.5.1 条,选项 ABC 错误,选项 D 正确。

54. **答案**:CD

依据:根据冷负荷形成机理可知选项 AB 的说法错误,选项 CD 正确。冷负荷形成机理可参考《注册公用设备工程师暖通空调考试复习教材》(第三版) P355,或者《空气调节》相关内容。

55. **答案:**CD

依据:根据《注册公用设备工程师暖通空调考试复习教材》(第三版) P539 空调系统噪声控制部分内容,可知选项 AB 错误,选项 CD 对降低噪声是有效的。

56. **答案:**ABCD

依据:本题为空调水系统的常见问题分析,选项 ABCD 均正确。

57. **答案:**ABD

依据:《民用建筑供暖通风与空气调节设计规范》(GB 50376—2012)第 3.0.2 条及第 3.0.4 条,选项 AB 正确;人的舒适温度有个范围,不是越高越好,选项 C 错误;个体对环境的舒适感觉不同,选项 D 正确。

58. **答案:**BCD

依据:本项目冬季存在冷负荷,需考虑冬季供冷的需求,选项 A 可满足冬季同时供冷供热、夏季供冷的负荷要求。选项 BCD 在冬季不能满足要求。

59. **答案:**BC

依据:系统的补水可以不在水箱内,也可补在各台塔上,选项 A 正确;开式冷却水箱可以起到调节进入水箱水量的左右,可不设置旁通管及旁通调节阀,选项 B 错误;对于题目给的设置方式,冷却出水管不需要设置电动调节阀门,供水管上设置阀门以便于与冷机的联动控制,选项 C 错误,选项 D 正确。

60. **答案:**ABD

依据:利用加大新风的方式实现节能运行,一般采用焓值控制法,即当室外空气焓值小于室内回风状态的焓值时,引入新风可消除室内的冷负荷,可加大新风运行,如果可允许室内相对湿度变化,可采用温度控制,即室外空气温度小于室内回风状态的温度,可加大新风运行,选项 C 正确。

61. **答案:**BCD

依据:根据《注册公用设备工程师暖通空调考试复习教材》(第三版) P461 ~462,选项 A 错误,选项 BCD 正确。

62. **答案:**CD

依据:根据《洁净厂房设计规范》(GB 50073—2013)第 4.2.1 条,选项 AB 错误,选项 CD 正确。

63. **答案:**ACD

依据:R134a 不含氯,所以不能使用氯检漏仪,选项 B 错误。选项 ACD 正确。可参考《注册公用设备工程师暖通空调考试复习教材》(第三版) 制冷剂部分内容。

64. **答案:**ABCD

依据:根据《注册公用设备工程师暖通空调考试复习教材》(第三版) P577 ~578 附图,可知选项 ABCD 均不正确。

65. **答案**:BCD

依据:《直燃型溴化锂吸收式冷(温)水机组》(GB/T 18362—2008)第5.3条,选项A错误,选项BCD正确。

66. **答案**:BC

依据:《注册公用设备工程师暖通空调考试复习教材》(第三版)P628,选项A正确,选项B错误;制冷剂管路可采用黄铜管、紫铜管、无缝钢管,选项C错误;《冷库设计规范》(GB 50072—2010)第6.5.2条,选项D正确。

注:GB/T 14976规范名为《流体输送用不锈钢无缝钢管》。

67. **答案**:ABC

依据:《注册公用设备工程师暖通空调考试复习教材》(第三版)P713~714,与选项ABC有关。

68. **答案**:ABD

依据:《注册公用设备工程师暖通空调考试复习教材》(第三版)P712~721,选项A应采用夏季空调室外计算日平均温度;选项B隔汽层应设在温度高的一侧;选项C正确;选项D应在隔热层两侧做隔汽层。

69. **答案**:AD

依据:《绿色建筑评价标准》(GB/T 50378—2006)第2.0.1条,选项A正确;评价采用的指标控制法,如第3.2.2条的内容,选项B错误;根据第4节相关内容可知选项C的说法错误;选项D正确。

70. **答案**:ABC

依据:《城镇燃气设计规范》(GB 50028—2006)第10.2.21条、第10.8.1条、第10.8.2条、第10.8.3条,可知选项ABC正确。燃气调压阀的作用是调整燃气压力满足用户使用要求,不属于附属安全装置。

2016 年案例分析试题(上午卷)

[案例题是4选1的方式,共25道小题,每题分值为2分,上午卷50分,下午卷50分,试卷满分100分。案例题一定要有分析(步骤和过程)、计算(要列出相应的公式)、依据(主要是规程、规范、手册),如果是论述题要列出论点。]

1. 严寒C区某甲类公共建筑(平屋顶),建筑平面为矩形,地上三层,地下一层,层高均为3.9m,平面尺寸为43.6m×14.5m。建筑外墙构造与导热系数如图。已知外墙(包括非透光幕墙)传热系数限制见下表,则计算岩棉厚度理论最小值最接近下列哪项(忽略金属幕墙热阻,不计材料导热系数修正系数)?

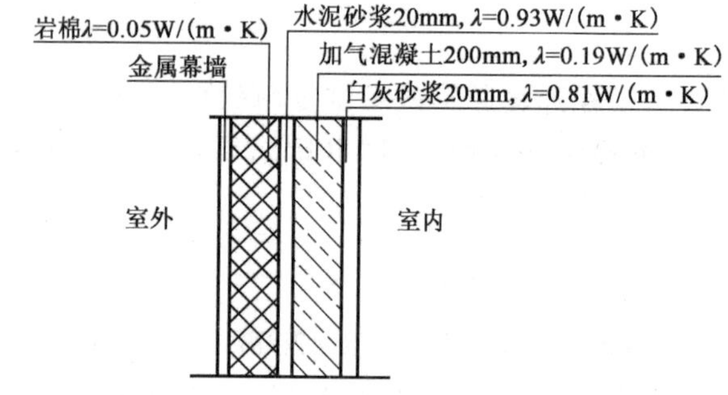

体型系数≤0.30	0.30<体型系数≤0.50
传热系数 K[W/(m²·K)]	
≤0.43	≤0.38

(A)53.42mm (B)61.34mm

(C)68.72mm (D)43.74mm

答案:[ ]

主要解答过程:

2. 某厂房冬季的围护结构耗热量200kW,由散热器供暖系统承担。设备散热量5kW,厂房内设置局部排风系统排除有害气体,排风量为10000m³/h排风系统设置热回收装置,显热热回收效率为60%,自然进风量为3000m³/h,热回收装置的送风系统计算的送风温度(℃)最接近下列哪项?[室内设计温度18℃;冬季通风室外计算温度-13.5℃;供暖室外计算温度-20℃;空气密度ρ_{-20}=1.365kg/m³;$\rho_{-13.5}$=1.328kg/m³;ρ_{18}=1.172kg/m³;空气定压比热容取1.01kJ/(kg·K)]

(A)34.5　　(B)36.0　　(C)48.1　　(D)60.5

答案:[　]
主要解答过程:

3. 某蒸汽凝水回水管段,疏水阀后的压力 $p_2 = 100\text{kPa}$,疏水阀后管路系统的总压力损失 $\Delta p = 5\text{kPa}$,回水箱内的压力 $p_a = 50\text{kPa}$,回水箱处于高位,凝水被余压压到回水箱内,疏水阀后的余压可使凝水提升的计算高度最接近下列哪项?(取凝结水密度为 1000kg/m^3,$g = 9.81\text{m/s}^2$)

(A)4.0m　　(B)4.5m
(C)5.1m　　(D)9.6m

答案:[　]
主要解答过程:

4. 严寒地区某展览馆采用燃气辐射供暖,气源为天然气,已知展览馆的内部空间尺寸为60m×60m×18m(高),设计布置辐射器总辐射热量为450kW,按经验公式计算发生器工作时所需的最小空气量(m^3/h)接近下列何值?并判断是否要设置室外空气供应系统。

(A)3140m^3/h,不设置室外空气供应系统
(B)6480m^3/h,设置室外空气供应系统
(C)9830m^3/h,不设置室外空气供应系统
(D)11830m^3/h,设置室外空气供应系统

答案:[　]
主要解答过程:

5. 坐落于北京市区的某大型商业综合体的冬季热负荷包括供暖、空调和通风的耗热量,设计热负荷为:供暖2MW、空调6MW和通风3.5MW。室内计算温度为20℃,供暖期内空调系统平均每天运行12h,通风装置平均每天运行6h,供暖期天数为123天,该商业综合体供暖期耗热量(GJ)为多少?

(A)51400~51500　　(B)46100~46200
(C)44900~45000　　(D)38100~38200

答案：[ ]

主要解答过程：

6. 某地下汽车库机械排风系统，一台小风机和一台大风机并联安装，互换交替运行，分别为两个工况服务。设小风机运行时系统风量为 $24000m^3/h$、压力损失为 300Pa，如大风机运行时系统风量为 $36000m^3/h$ 并设风机的全压效率为 0.75，则大风机的轴功率最接近下列哪项？

(A)4.0kW　　(B)6.8kW

(C)9.0kW　　(D)10.1kW

答案：[ ]

主要解答过程：

7. 全热型排风热回收装置，额定新风量 $50000m^3/h$，新排风比 1∶0.8，风机总效率均为 65%，两侧额定风量阻力均为 200Pa；夏季设计工况回收冷量为 192kW。设空气密度为 $1.2kg/m^3$，制冷系统保持 COP＝4.5，则所给工况下每小时节电量最接近下列哪项？

(A)34.98kW·h　　(B)42.67kW·h

(C)45.65kW·h　　(D)53.54kW·h

答案：[ ]

主要解答过程：

8. 一单层厂房（屋面高度 10m）迎风面高 10m，长 40m，厂房内有设备产生烟气，厂房背风面 4m 高处已设有进风口，为避免排风进入屋顶上部的回流空腔，则机械排风立管高处屋面的高度至少应是下列哪项？

(A)20m　　(B)15m

(C)10m　　(D)5m

答案：[ ]

主要解答过程：

9. 某产生易燃易爆粉尘车间的面积为3000m^2、高6m。已知，粉尘在空气中爆炸极限的下限是37mg/m^3，易燃易爆粉尘的发尘量为4.5kg/h，设计排除易燃易爆粉尘的局部通风除尘系统（排除发层量的90%），则该车间的计算除尘排风量的最小值最接近下列哪项？

(A)219000m^3/h　　(B)243000m^3/h
(C)365000m^3/h　　(D)438000m^3/h

答案：[　]
主要解答过程：

10. 图示的机械排烟（风）系统采用双速风机，设A、B两个1400mm×1000mm的排烟防火阀，A阀常闭，火灾时开启，负担A防烟分区排烟，排烟量54000m^3/h；B阀平时常开，排风量36000m^3/h，火灾时开启负担B防烟分区排烟，排烟量72000m^3/h；系统仅需满足A、B中任一防烟分区的排烟需求，除排烟防火阀外，不计其他漏风量[排烟防火阀关闭时，250Pa静压差下漏风量为700m^3/(h·m^2)，漏风量与压差的平方根成正比]。经计算：风机低速运行时设计全压400Pa，近风机进口处P点管内静压-250Pa；问：风机高速排烟时设计计算排风风量最接近下列哪项（不考虑防火阀漏风对管道阻力的影响）？

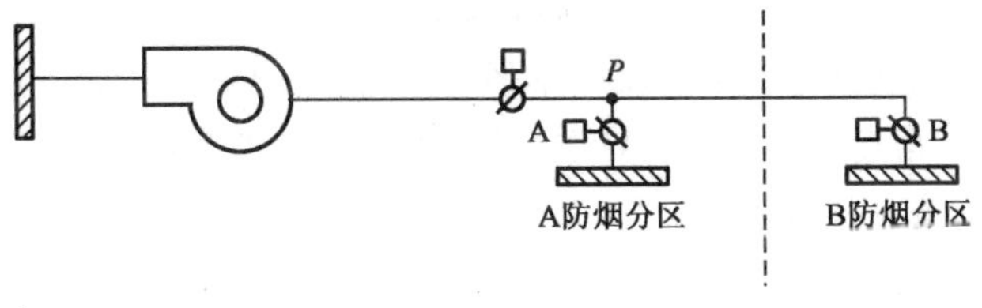

(A)72000m^3/h　　(B)72980m^3/h
(C)73550m^3/h　　(D)73960m^3/h

答案：[　]
主要解答过程：

11. 某地新建一染料工厂，一车间内的除尘系统，其排风温度为250℃（空气密度0.675kg/m^3），排风量为12000m^3/h，采用一级袋式除尘器处理，要求混入室外空气（温度按20℃、空气密度1.2kg/m^3）使进入袋式除尘器的气流温度不高于120℃（空气密度0.898kg/m^3）[不考虑染料尘的热影响、空气定压比热容取1.01kJ/(kg·K)]，则该除尘系统的计算混入新风量最小值最接近下列哪项？

(A)8800m^3/h (B)9500m^3/h
(C)10200m^3/h (D)12000m^3/h

答案:[ ]
主要解答过程:

12. 某空调机组内,空气经过低压饱和干蒸汽加湿器处理后,空气的比焓值增加了 12.75kJ/kg$_{干空气}$,含湿量增加了 5g/kg$_{干空气}$,请问空气流经干蒸汽加湿器前后的干球温度最接近下列哪一项?

(A)加湿前为 26.5℃,加湿后 27.2℃
(B)加湿前为 27.2℃,加湿后 27.2℃
(C)加湿前为 27.2℃,加湿后 30.2℃
(D)加湿前为 30.5℃,加湿后 30.5℃

答案:[ ]
主要解答过程:

13. 某空调房间采用辐射顶板供冷,新风(1500m^3/h)承担室内湿负荷和部分室内显热冷负荷。新风的处理过程为:进风—排风/新风空气热回收设备(全热交换效率 70%)—表冷器(机器露点 90%)—诱导送风口(混入部分的室内空气)。有关设计计算参数见下表(当地大气压 101.3kPa,空气密度取 1.2kg/m^3),查 h-d 图,计算新风表冷器的计算冷量应最接近下列哪项?

室内温度(℃)与相对湿度(%)	室内湿负荷(kg/h)	室外温度(℃)/湿球温度(℃)
26℃、55%	3.6	35/27

(A)9.5kW (B)12.5kW
(C)20.5kW (D)26.5kW

答案:[ ]
主要解答过程:

14. 某集中空调冷水系统的设计流量为 200m^3/h,计算阻力为 300kPa,设计选排水泵扬程 H(kPa)与流量 Q(m^3/h)的关系式为:$H=410+0.49Q-0.0032Q^2$。投入运行后,实测实际工作点的水泵流量为 220m^3/h,问:与采用变频调速(达到系统设计工况)

理论计算的水泵轴功率相比，该水泵实际运行所增加的功率最接近以下哪项？（水泵效率均为70%）

(A)2.4kW　　(B)2.9kW　　(C)7.9kW　　(D)23.8kW

答案：[　]
主要解答过程：

15. 某既有建筑空间空调冷负荷计算结果见下表（假定其他围护结构传热负荷和内部热、湿负荷为恒定值），该建筑进行节能改造后，外窗太阳得热系数由0.75降为0.48，外窗传热系数由6.0W/(m^3·K)变为2.8W/(m^3·K)，其他条件不变，请问，改造后该房间设计空调冷负荷最接近下列哪项？

时间	外窗传热负荷(W)	外窗太阳辐射负荷(W)	其他围护结构传热负荷(W)	内部发热散湿负荷(W)
8:00	151	344	160	1200
9:00	186	458		
10:00	216	630		
11:00	251	802		
12:00	281	1050		
13:00	306	1050		
14:00	320	993		
15:00	315	878		
16:00	302	572		

(A)1820W　　(B)2180W　　(C)2300W　　(D)2500W

答案：[　]
主要解答过程：

16. 某具有工艺空调要求的房间，室内设计参数为：室温22℃，相对湿度60%（室内空气比焓47.4kJ/$kg_{干空气}$），室温允许波动值为0.5℃，送风温差取6℃。房间计算总冷负荷为50kW，湿负荷为0.005kg/s（热湿比$\varepsilon=10000$）。为了满足恒温精度要求，空调机组对空气降温达到90%的"机器露点"之后，利用热水加热器再热而达到送风状态点。查h-d图计算，再热盘管计算的设计加热量最接近下列哪项？（室外大气压为101325Pa）

(A)3.5～8.5kW　　(B)9.4～15kW
(C)20～25kW　　(D)25.5～30.5kW

答案:[ ]

主要解答过程:

17. 某离心式风机,其运行参数为:风量 10000m^3/h,全压 550Pa,转速 1450r/min。现将风机转速调整为 960r/min,调整后风机的估算声功率级最接近下列哪项?

(A)88.5dB(A)　　(B)90.8dB(A)

(C)96.5dB(A)　　(D)99.8dB(A)

答案:[ ]

主要解答过程:

18. 某寒冷地区一办公建筑,冬季采用空气源热泵机组和锅炉房联合提供空调热水。空气源热泵热水机组的供热性能系数 COP_g 见下表。假定发电及输配电系统对一次能源的效率为 32%,锅炉房的供热总效率为 80%。问:以下哪种运行策略对于一次能源的利用率是最高的?并给出计算依据。

室外温度(℃)	1	2	3	4	5	6	7	8	9
COP_g	2.0	2.1	2.2	2.3	2.5	2.7	3.0	3.4	3.7

(A)表中所有室外温度条件下,均由空气源热泵供应热水

(B)表中所有室外温度条件下,均由锅炉房供应热水

(C)室外温度 <7℃时,由锅炉房供应热水

(D)室外温度 >5℃时,由空气源热泵供应热水

答案:[ ]

主要解答过程:

19. 某空调机组的表冷器设计工况为:制冷量 Q =60kW,冷水供回水温差 5℃,水阻力 ΔP_a =50kPa。要求为其配置电动二通阀的阀权度 P_φ =0.3(不考虑冷水供回水总管的压力损失),现有阀门口径 Dg 与其流通能力 C 的关系见下表,问:按照表选择阀门口径时,以下哪项是正确的?并给出计算依据。

阀门口径 Dg	20	25	32	40	50	65	80	100
流通能力 C	6.3	10	16	23	40	63	100	160

(A) Dg32　　(B) Dg40　　(C) Dg50　　(D) Dg65

答案:[　]

主要解答过程:

20. 一个由两个定温过程和两个绝热过程组成的理论制冷循环,低温热源恒定为 -15℃,高温热源恒定 30℃,试求传热温差均为 5℃,热泵循环的制热系数最接近下列哪项?

(A)6.7　　(B)5.6　　(C)4.6　　(D)3.5

答案:[　]

主要解答过程:

21. 蒸汽压缩式制冷冷水机组,制冷剂为 R134a,各点热力参数见下表,计算时考虑如下效率:压缩机指示效率为 0.92,摩擦效率 0.99,电动机效率 0.98,该状态下的制冷系数 *COP* 最接近下列哪项?

状态点	绝对压力(Pa)	温度(℃)	液体比焓(kJ/kg)	蒸汽比焓(kJ/kg)
压缩机入口	273000	10		407.8
压缩机出口	1017000	53		438.5
蒸发器入口	313000	0	257.3	
蒸发器出口	293000	5		401.6

(A)4.20　　(B)4.28　　(C)4.56　　(D)4.70

答案:[　]

主要解答过程:

22. 下图为某带经济器的制冷循环,已知:$h_1 = 390$kJ/kg,$h_3 = 410$kJ/kg,$h_4 = 430$kJ/kg,$h_5 = 250$kJ/kg,$h_7 = 220$kJ/kg。蒸发器制冷量为 50kW,求冷凝器散热量最接近下列哪项?(忽略管路等传热的影响)

(A)50kW　　(B)56kW　　(C)62kW　　(D)66kW

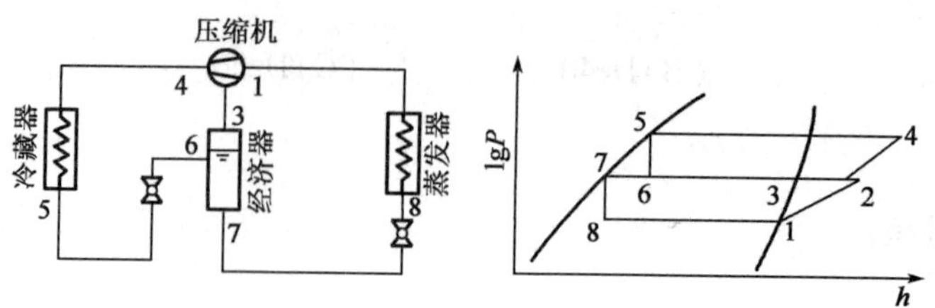

答案:[　]

主要解答过程:

23. 某工程设计冷负荷为3000kW,拟采购2台离心式冷水机组。由于当地冷却水水质较差,设计选用冷凝器时污垢系数为0.13m^2·℃/kW,机组污垢系数对其制冷量的影响详见附表,则机组在出厂检测时单台制冷量应达到下列哪一项才是合格的?(设计温度同名义工况)

污垢系数(m^2·℃/kW)	0	0.044	0.086	0.13
制冷量变化	1.02	1.00	0.98	0.96

(A) 1500kW　　(B)1535kW　　(C)1563kW　　(D)1594kW

答案:[　]

主要解答过程:

24. 已知某图书馆的一计算管段的卫生器具给水当量总数 N_g 为5,问:该计算管段的给水设计流量最接近下列哪项?

(A)0.54L/s　　(B)0.72L/s　　(C)0.81L/s　　(D)1.12L/s

答案:[　]

主要解答过程:

25. 下图为冰蓄冷+冷水机组供冷的系统流程示意图。该系统共设三台双工况主机,空调供冷工况:两台主机制冷量为2500kW,一台主机空调供冷工况制冷量1000kW。空调冷水循环泵根据回水温度(12℃)进行变频控制,主机出口空调冷水温度为7℃,供水温度恒定为5℃。当空调冷负荷为4500kW时,采用最合理的供冷主机运行组合,运行主机承担的负荷占其运行主机额定负荷的比率最接近下列哪项?

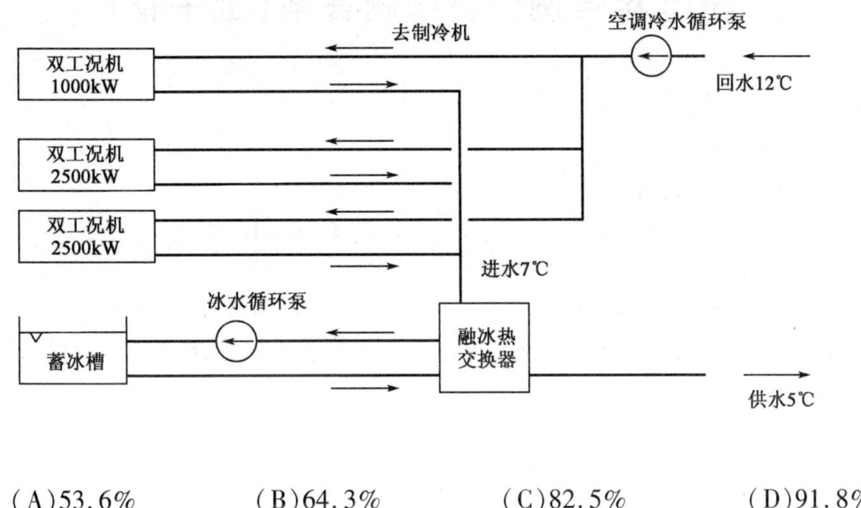

(A)53.6%　　(B)64.3%　　(C)82.5%　　(D)91.8%

答案:[　]

主要解答过程:

2016 年案例分析试题答案(上午卷)

1. **答案**:A

主要解题过程:

本建筑的体型系数 S 为:

$$S=\frac{(43.6+14.5)\times2\times3.9\times3+43.6\times14.5}{43.6\times14.5\times3.9\times3}=0.269$$

根据题目中表格数据,可知外墙的传热系数应取 $K\leqslant0.43\mathrm{W/(m^2\cdot K)}$,根据围护结构传热系数计算公式[可参考《注册公用设备工程师暖通空调考试复习教材》(第三版) P2 公式(1.1-3)]:

$$K=\frac{1}{R_0}=\frac{1}{\dfrac{1}{\alpha_n}+\sum\dfrac{\delta}{\alpha_\lambda\cdot\lambda}+\dfrac{1}{\alpha_w}}$$

题目中给出不考虑传热系数修正,即 $\alpha_\lambda=1$,查表有 $\alpha_n=8.7\mathrm{W/(m^2\cdot K)}$,$\alpha_w=23\mathrm{W/(m^2\cdot K)}$。

同时将各层围护结构的 δ 与 λ 代入公式有:

$$K=\frac{1}{\dfrac{1}{8.7}+\dfrac{\delta}{0.05}+\dfrac{0.02}{0.93}+\dfrac{0.2}{0.19}+\dfrac{0.02}{0.81}+\dfrac{1}{23}}\leqslant0.43$$

经计算 $\delta\geqslant0.05342\mathrm{m}=53.42\mathrm{mm}$,岩棉厚度的最小值应选 A。

2. **答案**:B

主要解题过程:

题目中是对室内部分空气进行热量平衡的计算,可不考虑热回收的影响,如图所示,从图中可以看出计算送风温度,可不考虑热回收装置回收的热量,而如果计算送风加热量的话,则需要考虑热回收量的影响。

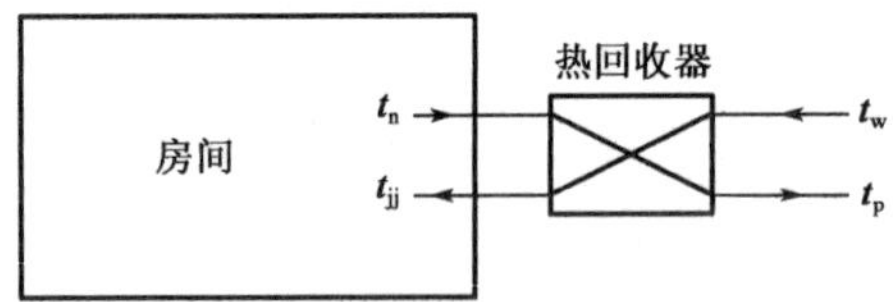

《注册公用设备工程师暖通空调考试复习教材》(第三版) P173 公式(2.2-5),列室内的风量平衡方程:

$$G_{zj}+G_{jj}=G_{zp}+G_{jp}\Rightarrow3000+G_{jj}=0+10000$$
$$\Rightarrow G_{jj}=10000\times1.172-3000\times1.365=7625\mathrm{kg/h}$$

对于局部排风系统排除有害气体,室外计算温度采用冬季采暖室外计算温度,根据公式(2.2-6)列热平衡方程:

$$\sum Q_h+c\cdot G_{jp}\cdot t_n=\sum Q_f+c\cdot G_{jj}\cdot t_{jj}+c\cdot G_{zj}\cdot t_w$$

代入已知数据有：

$$200+1.01\times\frac{10000\times1.172}{3600}\times18=5+1.01\times\frac{7625}{3600}\times t_{jj}+1.01\times\frac{3000\times1.365}{3600}\times(-20)$$

解得 $t_{jj}=36.07℃$，选 B。

3. **答案**：B

主要解题过程：

《注册公用设备工程师暖通空调考试复习教材》(第三版) P92 公式(1.8-19)，计算疏水器后的余压：

$$h_z=\frac{P_2-P_3-P_z}{0.001\times\rho\times g}=\frac{100-50-5}{0.001\times1000\times9.81}=4.587\text{m}$$

4. **答案**：C

主要解题过程：

《注册公用设备工程师暖通空调考试复习教材》(第三版) P55 公式(1.4-21)计算发生器工作时所需的空气量 L：

$$L=\frac{Q}{293}\cdot K=\frac{450\times1000}{293}\times6.4=9830\text{m}^3/\text{h}$$

另外又有规定，当所需的空气量小于该房间换气次数的 0.5 次/h 时，可有室内供给空气。校核房间 0.5 次/h 的空气量为：

$$L_{0.5}=60\times60\times18\times0.5=32400\text{m}^3/\text{h}$$

$L<L_{0.5}$，所以可由室内供给，不设置室外空气供应系统，选 C。

5. **答案**：B

主要解题过程：

《民用建筑采暖通风与空气调节设计规范》(GB 50736—2012)有北京市的气象参数如下：

采暖期的平均温度为 −0.7℃；

供暖室外计算温度为 −7.6℃；

通风室外计算温度为 −3.6℃；

空调室外计算温度为 −9.9℃；

根据《注册公用设备工程师暖通空调考试复习教材》(第三版) P121 公式计算各项采暖期的耗热量如下：

$$Q_h^a=0.0864\times123\times2000\times\frac{20-(-0.7)}{20-(-7.6)}=15940.8\text{GJ}$$

$$Q_v^a=0.0036\times6\times123\times3500\times\frac{20-(-0.7)}{20-(-3.6)}=8156\text{GJ}$$

$$Q_a^a=0.0036\times12\times123\times6000\times\frac{20-(-0.7)}{20-(-9.9)}=22072\text{GJ}$$

$$Q_{总}=15940.8+8156+22072=46168\text{GJ}$$

6. **答案**:C

主要解题过程:

根据小风机的运行工况计算本管路系统的阻力系数 S:

$$P_{小} = SQ_{小}^2 \Rightarrow S = \frac{P_{小}}{Q_{小}^2} = \frac{300}{24000^2}$$

当大风机运行时,管路系统的阻力损失为:

$$P_{大} = SQ_{大}^2 = \frac{300}{24000^2} \times 36000^2 = 675\text{Pa}$$

根据《注册公用设备工程师暖通空调考试复习教材》(第三版) P265 公式(2.8-1)计算风机的功率:

$$N = \frac{P \cdot Q}{3600\eta} = \frac{36000 \times 675}{3600 \times 0.75} = 9000\text{W}$$

7. **答案**:A

主要解题过程:

总的节电量应为制冷系统节约的电量减去设置热回收装置而增加的电量。

热回收装置耗用的电量为:

新风侧:风量 $L_x = 5000\text{m}^3/\text{h}$,风压 $P_x = 200\text{Pa}$,风机效率 $\eta = 65\%$

新风侧风机的耗电量为:$N_x = \dfrac{L \times P}{3000 \times \eta} = \dfrac{50000 \times 200}{3600 \times 0.65} = 4273\text{W} = 4.273\text{kW}$

排风侧:风量 $L_p = L_x \times 0.8 = 40000\text{m}^3/\text{h}$,风压 $P_p = 200\text{Pa}$,风机效率 $\eta = 65\%$

排风侧风机的耗电量为:$N_p = \dfrac{L_p \times P_p}{3600 \times \eta} = \dfrac{40000 \times 200}{3600 \times 0.65} = 3419\text{W} = 3.419\text{kW}$

制冷系统节约的电量为:$N = \dfrac{Q}{COP} = \dfrac{192}{4.5} = 42.67\text{kW}$

总的节约电量为:$\Delta N = N - N_x - N_p = 42.67 - 4.273 - 3.419 = 34.97\text{kW}$

8. **答案**:C

主要解题过程:

《注册公用设备工程师暖通空调考试复习教材》(第三版) P178 公式(2.3-7)、公式(2.3-8)计算:

$$H_C = 0.3 \times \sqrt{A} = 0.3 \times \sqrt{10 \times 40} = 6\text{m}$$

$$H_K = \sqrt{A} = 20\text{m}$$

则排风立管需要高出屋面的高度为:$H = H_K - H_C = 20 - 10 = 10\text{m}$

9. **答案**:A

主要解题过程:

《工业建筑采暖通风与空气调节设计规范》(GB 50019—2015) 第6.9.5条"排除有爆炸危险的气体、蒸汽和粉尘的局部排风系统,其风量应按正常运行和事故情况下,风管内这些物质的浓度不大于爆炸下限的50%计算"。

根据题意风管内粉尘的产生量为 $x = 4.5 \times 90\% = 4.05\text{kg/h}$

排风的粉尘浓度为 $y_2 = 37 \times 50\% = 18.5\text{mg/m}^3$

除尘系统的排风量为：$L = \dfrac{kx}{y_2 - y_1} = \dfrac{4.05 \times 10^6}{18.5 - 0} = 218919\text{m}^3/\text{h}$

10. **答案**：D

主要解题过程：

排烟风机的风量需要满足最大防烟分区的排烟量加系统漏风量的要求，即需要满足 B 分区排烟量 $72000\text{m}^3/\text{h}$ 加漏风量。

低俗运行时，风机的全压为 400Pa。

根据管网的阻力特性方程：

$$P = S \times Q^2 \Rightarrow S = \frac{P}{Q^2} = \frac{400}{3600^2}$$

P 为管网的总阻力或管网排出时的动压。

风机高速运行时管网的总阻力为 $P_{高} = SQ_{高}^2 = 400 \times \dfrac{1}{3600^2} \times 7200^2 = 1600\text{Pa}$

根据题意，低速运行时 A—B 管路的压力损失为 250Pa，A—C 的管路压力损失为 150Pa，高速运行时，两段的阻力损失比与低速时相同，则按内插法计算 A 点的压力为：$P_A = 1600 - \dfrac{150}{400} \times 1600 = 1000\text{Pa}$

根据低速运行时的漏风量计算漏风量系数 K：$G = k \cdot \sqrt{\Delta P} \Rightarrow k = \dfrac{G}{\sqrt{\Delta P}} = \dfrac{700}{\sqrt{250}}$

阀门 A 的漏风量 $G_{A漏} = k \cdot F \cdot \sqrt{\Delta P} = \dfrac{700}{\sqrt{250}} \times (1 \times 1.4) \times \sqrt{1000} = 1960\text{m}^3/\text{h}$

则排烟风机的风量为 $G = 72000 + 1960 = 73960\text{m}^3/\text{h}$

11. **答案**：A

主要解题过程：

根据题意，列袋式除尘器内的质量和能量平衡方程，设混入的新风量为 $L_x(\text{m}^3/\text{h})$，除尘系统的排尘风量为 $L_p(\text{m}^3/\text{h})$，混合后排风量为 $L_z(\text{m}^3/\text{h})$。

质量平衡方程：$L_x \times \rho_x + L_p \times \rho_p = L_z \times \rho_z$

能量平衡方程：$L_x \times \rho_x \times c \times t_x + L_p \times \rho_p \times c \times t_p = L_z \times \rho_z \times c \times t_z$

代入已知数据，分别如下：

$$L_x \times 1.2 + 12000 \times 0.675 = L_z \times 0.898$$

$$L_x \times 1.2 \times c \times 20 + 12000 \times 0.675 \times c \times 250 = L_z \times 0.898 \times c \times 120$$

上两式联立求解得：$L_z = 20746\text{m}^3/\text{h}$，$L_x = 8775\text{m}^3/\text{h}$

12. **答案**：B

主要解题过程：

低压干蒸气加湿过程近似为等温加湿过程，加湿前后空气的温度相同。但是加湿后空气的比焓值和含湿量均有增加，焓值的增量为加入的水蒸气的全热量，其值为：

$$\Delta h = \Delta d \cdot (2500 + 1.84t_g) \Rightarrow \frac{\Delta h}{\Delta d} = 2500 + 1.84t_g$$

代入题目中给出的焓值和含湿量值，有$\frac{12.75}{0.005}=2500+1.84t_g$

计算得 $t_g=27.2℃$

13. **答案：**B

主要解题过程：

查 h-d 图，室内的参数为：$h_n=55.8kJ/kg$，$d_n=11.6g/kg_{干空气}$

室外的参数为：$h_w=85kJ/kg$，$d_W=19.4g/kg_{干空气}$

根据题意，本系统属于温湿度独立控制系统，新风承担室内的湿负荷，根据湿平衡有：

$$G_x(d_n-d_L)=W\Rightarrow d_L=d_n-\frac{W}{G}=11.6-\frac{3600}{1500\times1.2}=9.6g/kg_{干空气}$$

已知机器露点相对湿度为 90%，由 $d_L=9.6g/kg_{干空气}$，$\varphi=90\%$，查得送风点的焓值为：

$$h_L=39.4kJ/kg$$

新风经过热回收机组所回收的冷量为：

$$Q_h=G_x\times1.2\times(h_w-h_n)\times70\%=1500\times1.2\times(85-55.8)\times70\%$$
$$=36792kJ/h$$

表冷器的冷量为：

$$Q=G\times(h_w-h_L)-Q_h=1500\times1.2\times(85-39.4)-36792$$
$$=48348kJ/h=12.58kW$$

14. **答案：**C

主要解题过程：

根据题目所给公式计算水泵实际运行时的扬程：

$$H_{实}=410+0.49\times Q-0.0032Q^2=410+0.49\times220-0.0032\times220^2$$
$$=362.9kPa=36.29m$$

水泵的实际功率为：$N_{实}=\frac{G\times H}{367.3\eta}=\frac{220\times36.29}{367.3\times70\%}=31.1kW$

水泵设计工况的功率为：$N_{设}=\frac{G\times H}{367.3\eta}=\frac{200\times30}{367.3\times70\%}=23.3kW$

实际运行工况增加的功率为：$\Delta N=N_{实}-N_{设}=31.1-23.3=7.8kW$

15. **答案：**B

主要解题过程：

比较负荷计算表各个时刻的值，可知空调冷负荷应按 14:00 的冷负荷数据。根据题意可知，只需要考虑外窗的太阳得热量变化和传热量的变化。

传热冷负荷的大小与传热系数成正比，传热系数由 6.0 改造为 2.8 后，其传热冷负荷为：

$$Q_1=320\times\frac{2.8}{6}=149.3W$$

辐射冷负荷的大小与得热系数成方比，则辐射冷负荷为：

$$Q_2 = 1050 \times \frac{0.48}{0.75} = 672\text{W}$$

则改造后房间总的冷负荷为：$Q = 149.3 + 672 + 160 + 1200 = 2181.3\text{W}$

注：太阳得热系数 SHGC，也称为太阳能总投射比，是通过玻璃、门窗或幕墙构件成为室内的热量的，太阳辐射热与透射到门窗或幕墙构件上的辐射热的比值，太阳得热系数 SHGC 与遮阳系数 SC 的关系为 SHGC = 0.87SC。

16. **答案**：B

主要解题过程：

查 h-d 图，室内参数为，$t_n = 22℃$，$\varphi = 60\%$，$h_n = 47.4\text{kJ/kg}_{干空气}$

经过室内点 N 绘制 $\xi = 10000$ 与 $t = 16℃$ 相较于 O 点，O 点为送风状态点，O 点的参数为：

$$t_O = 16℃, d_O = 9.1\text{g/kg}, h_O = 39.2\text{kJ/kg}_{干空气}, \varphi = 80.1\%$$

因本机组采用再热过程，再热过程为等含湿量过程，因此做 $d = 9.1\text{g/kg}$，$\varphi = 90\%$ 点 L，此 L 点为冷盘管的机器露点，查得该点的参数为 $t_L = 14.2℃$，$h_L = 37.3\text{kJ/kg}$，$d_L = 9.1\text{g/kg}_{干空气}$

根据房间的冷负荷计算送风量

$$Q = G \times (h_n - h_O) \Rightarrow 50 = G \times (47.4 - 39.2) \Rightarrow G = 6.09\text{kg/s}$$

再热盘管的加热量为：$Q_R = G \times (h_O - h_L) = 6.09 \times (39.2 - 37.3) = 11.6\text{kW}$

17. **答案**：B

主要解题过程：

《注册公用设备工程师暖通空调考试复习教材》(第三版) P260 表 2.8-6 公式。

风机的风速调整后，风机的风压及流量分别为：

$$P_2 = P_1 \times \left(\frac{n_2}{n_1}\right)^2 = 550 \times \left(\frac{960}{1450}\right)^2 = 241\text{Pa}$$

$$G_2 = G_1 \times \left(\frac{n_2}{n_1}\right) = 10000 \times \frac{960}{1450} = 6620\text{m}^3/\text{h}$$

根据《注册公用设备工程师暖通空调考试复习教材》(第三版) P536 公式(3.9-7)计算风机的声功率级：

$$L_W = 5 + 10 \cdot \lg G + 20 \cdot \lg H = 5 + 10 \cdot \lg(6620) + 20 \cdot \lg(241) = 90.8\text{dB(A)}$$

18. **答案**：D

主要解题过程：

COP_R 计算 1kW 的热量需要的耗电量，见下表：

室外温度	1	2	3	4	5	6	7	8	9
COP_R	2.0	2.1	2.2	2.3	2.5	2.7	3.0	3.4	3.7
1kW 热量的耗电量	0.5	0.48	0.45	0.43	0.4	0.37	0.33	0.29	0.27
转化为一次能源的消耗量	1.56	1.49	1.42	1.36	1.25	1.16	1.04	0.92	0.84

锅炉供热 1kW 热量的一次能源消耗量为 1/80% =1.25，与风冷热泵 5℃时效率相同，所以当室外气温大于 5℃时，应采用风冷热泵提供热水更为节能，选 D。

19. **答案**:B

主要解题过程:

制冷量及温差计算管路的水流量：

$$G = \frac{Q}{\rho c \Delta t} = \frac{60 \times 3600}{1000 \times 4.2 \times 5} = 10.29 \mathrm{m}^3/\mathrm{h}$$

通过阀门阀权度计算阀门的阻力损失 ΔP_v：

$$P_v = \frac{\Delta P_v}{\Delta P_v + 50} = 0.3 \Rightarrow \Delta P_v = 21.4 \mathrm{kPa}$$

根据《注册公用设备工程师暖通空调考试复习教材》(第三版) P521 公式(3.8-1)，计算阀门的流通能力 C：

$$C = \frac{316 \times G}{\sqrt{\Delta P}} = \frac{316 \times 10.29}{\sqrt{21400}} = 22.23$$

对照阀门的流量特性表，选用 Dg40 的阀门，选 B。

注：阀权度定义，调节阀全开时，阀门的压力损失占该调节支路(包括阀门本身)总压力损失的百分率。

阀权度 = 阀门在全开并通过设计流量时的降压/阀门关闭时的压降。从理论上说，这个值越大越好，表明阀门能够对流量进行有效调节从而对能量输出进行有效控制。但在没有其他设施保证其阀权度时，要实现具有较大的阀权度意味着电动调节阀上的压降要大，这又要消耗较多的水泵扬程，运行不经济。

20. **答案**:B

主要解题过程:

传热温差为 5℃，则该理论制冷循环的冷凝温度为：$T_K = 30 + 5 = 35℃$

蒸发温度为：$T_0 = -15 - 5 = -20℃$

热泵循环的制热系数为：$\varphi = 1 + \varepsilon = 1 + \dfrac{T_0}{T_K - T_0}$

$$= 1 + \frac{-20 + 273}{(35 + 273) - (-20 + 273)} = 5.6$$

计算公式参考《注册公用设备工程师暖通空调考试复习教材》(第三版) P579 式(4.1-36)、式(4.1-37)。

21. **答案**:A

主要解题过程:

单位质量制冷剂的制冷量为：$q_0 = 401.6 - 257.3 = 144.3 \mathrm{kJ/kg}$

理论的耗功率为：$P_{th} = 438.5 - 407.8 = 30.7 \mathrm{kJ/kg}$

比轴功为：$P_{in} = \dfrac{P_{th}}{\eta_i \cdot \eta_m \cdot \eta_e} = \dfrac{30.7}{0.92 \times 0.99 \times 0.98} = 34.4 \mathrm{kW}$

制冷系数 COP 为：$COP=\frac{q_0}{P_{in}}=\frac{144.3}{34.4}=4.20$

计算参见《注册公用设备工程师暖通空调考试复习教材》（第三版）P608 式（4.3-19）。

22. **答案**：C

主要解题过程：

对经济器列质量与能量守恒方程有：

$m_3+m_7=m_6$……①

$m_3\cdot h_3+m_7\cdot h_7=m_6\cdot h_6, h_6=h_5$……②

将给定的数据代入公式有：

$m_3\cdot 410+m_7\cdot 220=m_6\cdot 250$……③

由①×250－③，得到：$250\cdot m_3+250\cdot m_7-410\cdot m_3-220\cdot m_7=0$

$\Rightarrow m_3=0.1875m_7$

流过蒸发器的制冷剂流量：$m_7=\frac{Q}{h_1-h_7}=\frac{50}{390-220}=0.2941\text{kg/s}$

$m_3=0.1875\times0.2941=0.0551\text{kg/s}$

$m_6=m_3+m_7=0.2941+0.0551=0.3492\text{kg/s}$

冷凝器的热负荷为：

$Q_K=m_6\cdot(h_4-h_5)=0.3492\times(430-250)=62.86\text{kW}$

23. **答案**：D

主要解题过程：

机组名义工况时的蒸发器侧污垢系数为 $0.018\text{m}^2\cdot℃/\text{kW}$，冷凝器水侧污垢系数为 $0.044\text{m}^2\cdot℃/\text{kW}$，新机组进行测试时，蒸发器和冷凝器水侧应被认为是清洁的，测试时污垢系数应考虑为 $0\text{m}^2\cdot℃/\text{kW}$。

设计冷负荷为 3000kW，选用两台机组，单台机组的制冷量应达到 1500kW，考虑污垢系数的影响，出厂检测时单台的制冷量为：

$$Q_{测}=\frac{1500\times1.02}{0.96}=1593.75\text{kW}$$

24. **答案**：B

主要解题过程：

《注册公用设备工程师暖通空调考试复习教材》（第三版）P801 公式（6.1-4），设计秒流量计算公式为：

$$q_g=0.2\cdot\alpha\cdot\sqrt{N_g}$$

《建筑给水排水设计规范》（GB 50015—2003）（2009 年版）表 3.6.5，图书馆建筑$\alpha=1.6$，

$$q_g=0.2\times1.6\times\sqrt{5}=0.7155\approx0.72\text{L/s}$$

25. **答案**:D

主要解题过程:

空调系统的供回水温度为5/12℃,冷负荷为4500kW,系统的水流量为:

$$G = \frac{Q}{\rho \cdot c \cdot \Delta t} = \frac{4500}{1000 \times 4.17 \times 7} = 0.154\text{m}^3/\text{s} = 554.4\text{m}^3/\text{h}$$

设冷机的流量为 m_1,蓄冰槽的流量为 m_2,则列融冰热交换器的质量与能量守恒方程如下:

$m_1 + m_2 = 554.4$

$m_1 \times 7 + m_2 \times 0 = 554.4 \times 5$

解得 $m_1 = 396\text{m}^3/\text{h}, m_2 = 158.4\text{m}^3/\text{h}$

比率为:$P = \frac{m_1 \times 5}{(m_1 + m_2) \times 7} = \frac{396 \times 5}{445.4 \times 7} = 51.02\%$,选 A。

主机运行的冷负荷为:$Q = 396 \times 1000 \times 5 \times 4.2/3600 = 2310\text{kW}$

最合理的主机运行方式为运行一台2500kW的机组,比率 $P = 2310/2500 = 92.4\%$

冷机承担的冷负荷比例为$\frac{12-7}{12-5} = \frac{5}{7}$,则承担的冷负荷为 $4500 \times \frac{5}{7} = 3214\text{kW}$

比率为:$P = \frac{3214}{3500} = 91.8\%$,选 D。

2016年案例分析试题答案(上午卷)

2016 年案例分析试题(下午卷)

[专业案例题(共 25 题,每题 2 分)]

1. 某住宅小区的住宅楼均为六层,设计为分户热计量散热器供暖系统,户内为单管跨越式、户外式异程双管下供下回式。原设计供暖热水为 85/60℃,设计采用铸铁四柱 660 型散热器,小区住宅楼进行围护结构节能改造,原设计系统不变,供暖热媒改为 65/45℃后,该住宅小区的实际供暖热负荷降至原来的 65%,改造后室内的温度最接近下列哪项?[已知原室内温度为 20℃,散热量传热系数 $K = 2.81\Delta t^{0.276}$ W/(m^2 · K)])

(A)16.5℃　　(B)17.5℃　　(C)18.5℃　　(D)19.5℃

答案:[　]

主要解答过程:

2. 双管上供下回式热水供暖系统如图所示,每层散热器间的垂直距离为 6m,供/回水温度 95/70℃,供水管 ab 段、bc 段的阻力均为 0.5kPa(对应的回水管阻力相同),散热器 A1、A2、A3 的水阻力均分别为 7.5kPa。忽略管道沿程冷却与散热器支管阻力,试问:以 a 点和 c_2 点为基准,设计工况下散热器 A3 环路阻力相对 A1 环路的阻力不平衡率接近下列哪项?(取 $g = 9.81 m/s^2$,热水密度 $\rho_{95℃} = 962 kg/m^3$,$\rho_{70℃} = 977.9 kg/m^3$)

(A) −22%　　(B)0　　(C)13%　　(D)22%

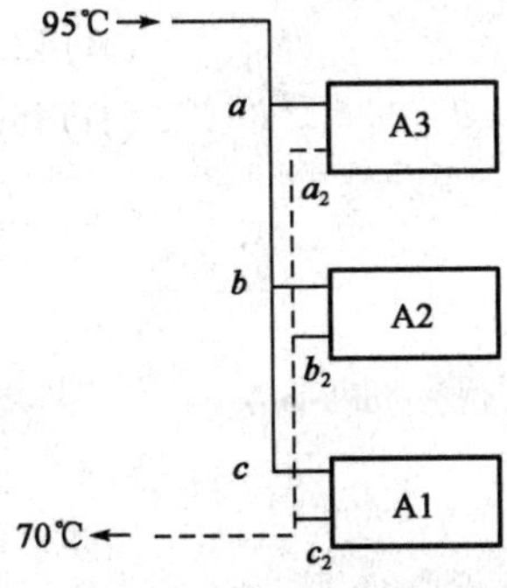

答案:[　]

主要解答过程:

3. 严寒地区某十层办公楼，建筑面积 28000m^2，供暖热负荷 1670kW，采用椭三柱 645 型铸铁散热器系统供暖，热源位于本建筑物地下室换热站，热媒为 95/70℃，采用高位膨胀水箱定压。请问计算的膨胀水箱有效容积最接近下列哪项？

(A)0.8m^3　(B)0.9m^3　(C)1.0m^3　(D)1.2m^3

答案：[　]

主要解答过程：

4. 地板热水供暖系统为保证足够的流速，热水流量应有一最小值。当系统的供回水温差为 10℃，采用地板埋管回形环路管径为 De25 ×2.3 时，该回路允许最小热负荷最接近下列哪项数值？[水的比热容取 4.187kJ/(kg · K)]

(A)2869W　(B)3420W

(C)4233W　(D)5133W

答案：[　]

主要解答过程：

5. 某住宅楼供暖系统，设计工况供暖热负荷为 300kW、热媒为 80/55℃热水、供暖系统压力损失为 41.2kPa。而实际运行时测得系统供热量为 251.2kW，供回水温度70/50℃，热力入口处供回水压力差应最接近下列哪一项？[水的比热容取 4.187kJ/(kg · K)，不计水的密度变化]

(A)41.2kPa　(B)42.5kPa

(C)44.0kPa　(D)45.0kPa

答案：[　]

主要解答过程：

6. 已知额定工况下，埋管换热器吸热量 5000kW，热泵机组制热性能系数 COP = 5.0，地源侧循环泵总轴功率 150kW，如不计地上管路的热损失，且全部制热量经冷凝器供出，问热泵机组制热量的正确值最接近下列哪一项？

(A)6437.5kW　(B)6400kW

(C)6250kW　(D)6180kW

答案:[　]
主要解答过程:

7. 某新风转轮式热回收装置新风进风温度35℃,含湿量$22g/kg_{干空气}$,焓值92kJ/kg;排风进风温度26℃,含湿量$13g/kg_{干空气}$,焓值70.5kJ/kg,全热交换效率为60%,新、排风量均为$20000m^3/h$,风侧阻力300Pa,风机总效率均为70%,风机全压均为1000Pa;转轮拖动电机功率2kW。试计算该装置的性能系数COP(COP=装置的回收热量与消耗功率之比值)最接近下列哪项?(空气密度取为$1.20kg/m^3$)

(A)12.7　　(B)16.4　　(C)21.2　　(D)30.0

答案:[　]
主要解答过程:

8. 某地一车间室内供暖计算温度14℃,室外供暖计算温度-10℃,车间供暖耗热量339.36kW(室内无热源),采用散热器供暖。后来工作区增设局部排风量10kg/s,拟用全新风热风系统补热并提高室温至16℃,若送风量为6kg/s,送风温度最接近下列哪项?[空气定压比热容取1.01kJ/(kg·K)、散热器供热量维持不变]

(A)37℃　　(B)38℃　　(C)39℃　　(D)40℃

答案:[　]
主要解答过程:

9. 北京地区某厂房的显热余热量为300kW,散热强度$50W/m^2$,厂房高度10m,若采用屋顶水平天窗自然通风方式,保证夏季车间内温度不高于32℃,车间自然通风全面换气的最小风量最接近下列哪项?[当地夏季通风计算温度29.7℃,空气定压比热容取1.01kJ/(kg·K)]

(A)120450kg/h　　(B)122910kg/h
(C)123590kg/h　　(D)125700kg/h

答案:[　]
主要解答过程:

10. 有一设在工作台上尺寸为 300mm×600mm 的矩形侧吸罩，要求在距罩口 X = 900mm 处，形成 v_x = 0.3m/s 的吸入速度，根据公式计算该排风罩的排风量最接近下列哪项？

(A)8942m³/h (B)4568m³/h
(C)195m³/h (D)396m³/h

答案：[ ]
主要解答过程：

11. 某活性炭吸附装置，处理有害气体量 V = 100m³/min，体积浓度 C_0 = 5ppm，气体分子的克摩尔数 M = 94，活性炭平衡吸附时吸附量 q_0 = 0.15kg/kg$_{炭}$，装置吸附率 η = 95%，有效使用时间（穿透时间）t = 200h，求所需最小装炭量最接近下列哪项？（标准状况条件）

(A)85kg (B)105kg (C)160kg (D)177kg

答案：[ ]
主要解答过程：

12. 现有一台离心风机的风量为 30000m³/h、全压为 600Pa、转速为 1120r/min，经计算其噪声超出要求。现更换一台离心风机，保持风机风量不变，计算噪声要求为 100.33dB，则新更换风机的全压应最接近下列哪项？

(A)337Pa (B)365Pa (C)450Pa (D)535Pa

答案：[ ]
主要解答过程：

13. 武汉市某 12 层的办公建筑，设计总冷负荷为 1260kW，采用 2 台水冷螺杆式冷水机组。空调水系统采用二管制一级泵系统，选用二台设计流量为 100m³/h、设计扬程为 30m 的冷水循环泵并联运行。冷冻机房至系统最远用户的供回水管道的总输送长度为 248m，那么冷水循环泵的设计工作点效率应不小于多少？

(A)58.0% (B)63.0% (C)76.0% (D)80.0%

答案:[ ]

主要解答过程:

14. 某空调区的室内设计参数为 $t=25℃$, $\varphi=55\%$, 其显热冷负荷为30kW, 湿负荷为5kg/h。为其服务的空调系统的总送风量为10000m^3/h, 新风量为1500m^3/h。空气处理流程如图所示,其中表冷器1承担了空调区的全部湿负荷,且机器露点为90%。问:表冷器2需要的冷量应为下列哪一项?[按标准大气压条件查 h-d 图计算,空气密度为1.2kg/m^3, 定压比热容为1.01kJ/(kg·K),且不考虑风机与管路的温升]

(A)表冷器1的冷量已能满足要求,表冷器2所需冷量为0kW
(B)表冷器2所需冷量为20.5~22.0kW
(C)表冷器2所需冷量为22.5~24.0kW
(D)表冷器2所需冷量为25.5~26.0kW

答案:[ ]

主要解答过程:

15. 某餐厅计算空调冷负荷的热湿比为5000kJ/kg,室内设计温度为 $t_n=25℃$。在设计冷水温度条件下,空气处理机组能够达到的最低送风点参数为 $t_s=12.5℃$, $d_s=9.0g/kg_{干空气}$。设水蒸气的焓值为定值:2500kJ/kg$_{水蒸气}$,请计算在设计冷负荷条件下室内空气含湿量最接近下列哪项?[大气压力101325Pa,空气定压比热容为1.01kJ/(kg·K),采用公式法计算]

(A)10.5g/kg$_{干空气}$ (B)12.6g/kg$_{干空气}$
(C)13.7g/kg$_{干空气}$ (D)14.1g/kg$_{干空气}$

答案:[ ]

主要解答过程:

16. 某酒店客房采用侧送贴附的气流组织形式,侧送风口(一个)尺寸为800mm×200mm(长×高),垂直于射流方向的房间净高为3.5m,宽度为4m。人员活动区的允许风速为0.2m/s,则送风口最大允许风速最接近下列哪项?(风口当量直径按面积当量直径计算)

(A)2.41m/s (B)2.53m/s (C)2.70m/s (D)3.39m/s

答案:[ ]

主要解答过程:

17. 某房间设置风机盘管加新风空调系统,室内设计温度25℃,含湿量9.8g/$kg_{干空气}$;将新风处理到与室内空气等焓的状态点后送入室内,新风送风温度19℃。已知该房间设计计算空调冷负荷为2.8kW,热湿比为12000kJ/kg,新风送风量180m^3/h。风机盘管应该承担的除湿量最接近下列哪项?(按标准大气压条件,空气密度为1.2kg/m^3,且不考虑风机与管路的温升)

(A)0.15g/s (B)0.23g/s (C)0.38g/s (D)0.46g/s

答案:[ ]

主要解答过程:

18. 某实验室室内维持负压,设置室内循环式空调机组。实验室的空调负荷为50kW,室内状态焓值50kJ/kg,送风状态焓值35kJ/kg,室外新风设计状态焓值85kJ/kg,设置的排风量为0.3kg/s(新风经围护结构渗透进入室内)。求实验室空调机组送风量和机组冷负荷最接近下列哪组数据?

(A)4.03kg/s、60.5kW (B)3.30kg/s、60.5kW

(C)4.03kg/s、50kW (D)3.30kg/s、50kW

答案:[ ]

主要解答过程:

19. 某空调水系统在设计冷负荷下处于小温差运行,实测参数为:水泵流量150m^3/h,水泵扬程35m,水泵轴功率19kW,供回水温差3.5℃。拟通过水泵变频运行将系统的供回水温差调整至5℃,水泵变频后其效率为70%。则水泵变频运行后,其运行轴功率比变频前降低的理论计算数值最接近下列哪项?(重力加速度取9.81m/s^2)

(A)7.0kW (B)8.5kW (C)10.5kW (D)12.0kW

答案:[ ]

主要解答过程:

20. 某工厂一正压洁净室的工作人员为 3 人，室内外压差 10Pa，房间有一扇密闭门 1.5m×2.2m，三扇单层固定密闭钢窗 1.8m×1.5m，设备排风量为 $30m^3/h$，洁净室内最小新风量应最接近下列哪项？（门窗气密性安全系数取 1.20、按缝隙法计算）

(A) $150m^3/h$　　(B) $138m^3/h$　　(C) $120m^3/h$　　(D) $108m^3/h$

答案：[　]
主要解答过程：

21. 已知某热泵装置运行时，从室外低温环境中的吸热量为 3.5kW，根据运行工况查得各状态点的焓值为：蒸发器出口制冷剂比焓 359kJ/kg；压缩机出口气态制冷剂的比焓 380kJ/kg；冷凝器出口液态制冷剂的比焓 229kJ/kg；则该装置向室内的理论计算供热量最接近下列哪项？（系统的放热均全部视为向室内供热）

(A) 3.9kW　　(B) 4.10kW　　(C) 4.30kW　　(D) 4.50kW

答案：[　]
主要解答过程：

22. 某乙醇制造厂采用第二类吸收式热泵机组将高温水从 106℃提高到 111℃，所获得热量为 $Q_A = 2675kW$；驱动热源为生产过程的乙醇蒸气，提供的热量为 $Q_C = 5570kW$；热泵机组的冷凝器经过冷却水带走的热量是 $Q_K = 2895kW$。问该热泵机组的性能系数 COP 最接近下列哪项？

(A) 0.48　　(B) 0.52　　(C) 0.924　　(D) 1.924

答案：[　]
主要解答过程：

23. 某办公楼采用蓄冷系统供冷（部分负荷蓄冰方式），空调系统全天运行 12h。空调设计冷负荷为 3000kW，设计日平均负荷系数为 0.75。根据当地电力政策 23:00—7:00 为低谷电价，当进行夜间制冰，冷水机组采用双工况螺杆式冷水机组（制冰工况下制冷能力的变化率为 0.7），则选定的蓄冷装置有效容量全天所提供的总冷量（kW·h）占设计日总冷量（kW·h）的百分比最接近下列哪项？

(A)25.5% (B)29.6% (C)31.8% (D)35.5%

答案:[ ]

主要解答过程:

24. 某住宅小区的燃气管网为天然气低压分配管网(采用区域调压站),燃气供汽压力为0.008MPa,问燃气管段到达最远住户的燃具管道的允许阻力损失最接近下列哪项?

(A)900Pa (B)1650Pa (C)2250Pa (D)6150Pa

答案:[ ]

主要解答过程:

25. 某地夏季空气调节室外计算温度34℃,夏季空调室外计算日平均温度29.4℃,冻结物冷藏库设计计算温度-20℃。冻结物冷藏库外墙结构见下表(表中自上而下依次为室外至室内),取聚苯乙烯挤塑板导热系数修正系数为1.3,已知冻结物冷藏库外墙总热阻为5.55$m^2 \cdot K/W$,外墙单位面积热流量最接近下列哪项?

材料名称	导热系数[W/(m·K)]	蓄热系数[W/(m^2·K)]	厚度(mm)
水泥砂浆抹面	0.93	11.37	20
砖墙	0.81	9.96	180
水泥砂浆抹面	0.93	11.37	20
隔汽层	0.20	16.39	2.0
聚苯乙烯挤塑板	0.03	0.28	200
水泥砂浆抹面	0.93	11.37	20

(A)8.90W/m^2 (B)9.35W/m^2
(C)9.80W/m^2 (D)11.60W/m^2

答案:[ ]

主要解答过程:

2016 年案例分析试题答案(下午卷)

1. **答案:**B

主要解题过程:

散热器在室内散热量的公式计算散热量:

$$Q_{前} = K \cdot F \cdot \Delta t = 2.81 \times F \times \Delta t^{1.276} = 2.81 \times F \times \left(\frac{85+60}{2} - 20\right)^{1.276}$$

$$Q_{后} = 2.81 \times F \times \left(\frac{65+45}{2} - t_n\right)^{1.276}$$

改造后的散热量为改造前的 65%,即:$Q_{后} = 0.65Q_{前}$

$$2.81 \times F \times \left(\frac{65+45}{2} - t_n\right)^{1.276} = 0.65 \times 2.81 \times F \times \left(\frac{85+60}{2} - 20\right)^{1.276}$$

解得改造后的室内温度 $t_n = 17.5℃$

注:采暖系统的流量为$\frac{G_{前}}{G_{后}} = \frac{Q_{前}}{c \cdot \rho \cdot \Delta t_{前}} \times \frac{c \cdot \rho \cdot \Delta t_{后}}{Q_{后}} = \frac{1 \times 20}{25 \times 0.65} = 1.23$,可知系统的流量也降低了。

2. 答案:D

主要解题过程:

A3 散热器管路的阻力为:$h_3 = 7.5 + 0.5 + 0.5 = 8.5\text{kPa}$

A3 散热器产生的重力作用压力为:$P_{A3} = g \cdot h \cdot (\rho_h - \rho_g)$

$= 9.81 \times 12 \times (977.9 - 962) = 1871\text{Pa}$

A1 散热器管路的阻力为:$h_1 = 7.5 + 0.5 + 0.5 = 8.5\text{kPa}$

A1 散热器产生的重力作用压力为:$P_{A1} = g \cdot h \cdot (\rho_h - \rho_g)$

$= 9.81 \times 0 \times (977.9 - 962) = 0\text{Pa}$

两环路的不平衡率为:$1 - \frac{h_3 - P_{A3}}{h_1 - P_{A1}} = 1 - \frac{8.5 - 1.871}{8.5 - 0} = 22\%$

3. **答案:**C

主要解题过程:

《注册公用设备工程师暖通空调考试复习教材》(第三版) P94 膨胀水箱水容积计算部分内容,97/70℃供暖系统,膨胀水箱的容积为:$V = 0.034 \cdot V_c$

V_c 为系统内的水容积,查表 1.8-8,每 1kW 热量所需设备的水溶剂 v_c 为:

椭三柱 645 型散热器:$v_c = 8.8$;热交换器:$v_c = 1.0$;室内机械循环管路:$v_c = 7.8$

系统的水容积为:$V_c = 1670 \times (8.8 + 1 + 7.8) = 29392\text{L}$

膨胀水箱的容积为:$V = 0.034 \times V_c = 0.034 \times 29392 = 999.328\text{L} = 1.0\text{m}^3$

4. **答案**：B

主要解题过程：

《辐射供暖供冷技术规程》(JGJ 142—2012)第3.5.11条，加热供冷管和输配管流速不宜小于0.25m/s，

De25×2.3管的内径为：$D_n = 25 - 2 \times 2.3 = 20.4\text{mm}$

按最小流速计算流经的流量为：$G = \frac{1}{4}\pi d^2 \times v = \frac{1}{4} \times 3.14 \times 0.0204^2 \times 0.25 = 8.167 \times 10^{-5}\text{m}^3/\text{h}$

最小的热量为：$Q = G \cdot c \cdot \rho \cdot \Delta t = 8.167 \times 10^{-5} \times 4.18 \times 1000 \times 10 = 3414\text{W}$

5. **答案**：D

主要解题过程：

设计工况的流量为：$G_{设} = \frac{Q_{设}}{c \cdot \Delta t_{设}} = \frac{300}{4.187 \times 25} = 2.87\text{kg/s}$

实际运行工况的流量为：$G_{实} = \frac{Q_{实}}{c \cdot \Delta t_{实}} = \frac{251.2}{4.187 \times 20} = 3.0\text{kg/s}$

根据设计工况参数计算管网的阻力特性系数为：$S = \frac{P_{设}}{G_{设}^2} = \frac{41.2}{2.87^2}$

实际运行工况的扬程为：$P_{实} = S \times G_{实}^2 = \frac{41.2}{2.87^2} \times 3.00^2 = 45\text{kPa}$

6. **答案**：A

主要解题过程：

设热泵的制热量为 Q，耗电量为 W，根据热泵的COP以及能量平衡公式有：

$$\text{COP} = \frac{Q}{W} = 5.0, Q = W + (150 + 5000) = \frac{Q}{5.0} + 5150$$

解得 $Q = 6437.5\text{kW}$

7. **答案**：A

主要解题过程：

《注册公用设备工程师暖通空调考试复习教材》(第三版)P559图3.11-3热交换原理图及式(3.11-7)全热交换效率计算公式。

已知新风入口的参数为：$t_1 = 35℃, d_1 = 22\text{g/kg}_{干空气}, h_1 = 92\text{kJ/kg}$

排风进口参数为：$t_3 = 26℃, d_3 = 13\text{g/kg}_{干空气}, h_3 = 70.5\text{kJ/kg}$

本转轮热回收装置的新风和排风的风量相同，所以全热交换效率为：

$$\eta_h = \frac{h_1 - h_2}{h_1 - h_3} = \frac{92 - h_2}{92 - 70.5} = 60\%$$

解得 $h_2 = 79.1\text{kJ/kg}$

热回收装置回收的能量为：$Q = G \cdot \rho \cdot (h_2 - h_1)$

$= 20000 \times 1.2 \times (92 - 79.1) = 309600\text{kJ/h} = 86\text{kW}$

转轮的阻力为 300kPa，所以消耗的风机功率为：

$$W=\frac{G\cdot P}{3600\cdot\eta}=\frac{20000\times300}{3600\times70\%}=2380\text{W}=2.38\text{kW}$$

该装置的性能系数为：$COP=\frac{Q}{W}=\frac{86}{2\times2.38+2}=12.7$

注：转轮的阻力 300Pa 认为是此装置消耗的功率，原系统阻力 700Pa 是必须消耗的。

8. **答案**：B

主要解题过程：

室内设计温度提高到 16℃，其车间的耗热量为 Q：

$$\frac{Q}{339.36}=\frac{16-(-10)}{14-(-10)}\Rightarrow Q=367.64\text{kW}$$

根据室内的质量平衡，计算自然进风空气量 L_{zj}：

$$L_{jp}+L_{zp}=L_{jj}+L_{zj}\Rightarrow10+0=6+L_{zj}\Rightarrow L_{zj}=4\text{kg/s}$$

根据室内的热量平衡，计算机械进风的送风温度 t_{jj}：

$$\sum Q_h+c\cdot L_{jp}\cdot t_n=\sum Q_f+c\cdot L_{jj}\cdot t_{jj}+c\cdot L_{zj}\cdot t_w$$

$$367.64+1.01\times10\times16=339.36+1.01\times6\times t_{jj}+1.01\times4\times(-10)$$

解得 $t_{jj}=38$℃

9. **答案**：B

主要解题过程：

根据温度梯度法进行计算，屋顶天窗处的温度：

$t_p=t_n+a\times(h-2)=32+0.8\times(10-2)=38.4$℃

消除余热所需的通风量为：

$$G=\frac{Q}{c\cdot\Delta t}=\frac{300}{1.01\times(38.4-29.7)}=34.1\text{kg/s}=122908\text{kg/h}$$

注：计算根据《注册公用设备工程师暖通空调考试复习教材》（第三版）公式（2.3-17）。

10. **答案**：B

主要解题过程：

《注册公用设备工程师暖通空调考试复习教材》（第三版）P193 公式（2.4-8），排风罩的排风量为：

$$L=\frac{1}{2}L'=(5\cdot x^2+F)\cdot v_x^2=(5\times0.9^2+0.3\times0.6)\times0.3$$

$$=1.269\text{m}^3/\text{s}=4568.4\text{m}^3/\text{h}$$

11. **答案**：C

主要解题过程：

《注册公用设备工程师暖通空调考试复习教材》（第三版）P279 公式（2.6-1）计算该有害气体的质量浓度：

$$Y=\frac{C\cdot M}{22.4}=\frac{5\times 94}{22.4}=21\text{mg/m}^3$$

根据质量守恒原理,计算吸附平衡时,装置吸附的有害气体质量 m:

$$V\times 60\times Y\times 10^{-6}\times 95\%\times t=m\cdot q_0$$

$$100\times 60\times 21\times 10^{-6}\times 95\%\times 200=m\times 0.15$$

解得 $m=159.6\text{kg}$

12. **答案**:A

主要解题过程:

《注册公用设备工程师暖通空调考试复习教材》(第三版)P536 离心风机的噪声计算公式(3.9-7)

$$L_W=5+10\cdot \lg L+20\cdot \lg H\Rightarrow 100.33=5+10\cdot \lg(30000)+20\cdot \lg H$$

$$\Rightarrow \lg H=50.56/20\Rightarrow H=337\text{Pa}$$

13. **答案**:A

主要解题过程:

《公共建筑节能设计标准》(GB 50198—2015)第 4.3.9 条:

$$EC(H)R-a=0.003096\cdot\sum(G\times H/\eta_b)/Q\leqslant A\times(B+\alpha\sum L)/\Delta t$$

根据题干内容查各参数,武汉地区为夏热冬冷地区,$\Delta t=5℃$,$A=0.003858$,$B=28$,$\alpha=0.02$

将各个参数代入公式有:

$$0.003096\times\frac{2\times 100\times 30/\eta_b}{1260}\leqslant 0.003858\times(28+0.02\times 248)/5$$

解得 $\eta_b\geqslant 57.97\%$

14. **答案**:C

主要解题过程:

根据题意,新风承担所有的室内湿负荷,查 h-d 图,室内空气的含湿量及焓值为,$d_n=10.9\text{g/kg}_{干空气}$,$h_n=53\text{kJ/kg}$,根据室内湿负荷计算新风处理后的含湿量 d_L:

$W=G\times\rho\times(d_n-d_L)$

代入数据有:

$5=1500\times 1.2\times(10.9-d_L)\times 10^{-3}\Rightarrow d_L=8.12\text{g/kg}_{干空气}$

根据题意,送风点的相对湿度为 $\varphi=90\%$,$d_L=8.12\text{g/kg}_{干空气}$,查得送风点的焓及干球温度为 $h_L=33.0\text{kJ/kg}$,$t_L=12.4℃$,送风点的干球温度小于室内干球温度,说明新风还承担了部分室内的显热负荷,其值为:

$Q_x=G\cdot\rho\cdot c\cdot\Delta t=1500\times 1.2\times 1.01\times(25-12.4)/3600=6.363\text{kW}$

则表冷器 2 承担的冷量为:$Q_2=30-Q_x=30-3.363=23.637\text{kW}$

15. **答案**:D

主要解题过程:

室内的热湿比进行计算:

$$\varepsilon = \frac{\Delta h}{\Delta d} = \frac{h_n - h_s}{(d_n - d_s)/1000}$$

$$= \frac{\left[1.01 \cdot t_n + \frac{d_n}{1000} \times (2500 + 1.84 \cdot t_n)\right] - \left[1.01 \cdot t_s + \frac{d_s}{1000} \times (2500 + 1.84 \cdot t_s)\right]}{\frac{d_n - d_s}{1000}}$$

$$= \frac{\left[1.01 \times 25 + \frac{d_n}{1000} \times (2500 + 1.84 \times 25)\right] - \left[1.01 \times 12.5 + \frac{9}{1000} \times (2500 + 1.84 \times 12.5)\right]}{\frac{d_n - 9}{1000}}$$

$= 5000$

解得 $d_n = 14.23\text{g/kg}_{干空气}$

16. **答案：**A

主要解题过程：

首先计算该侧送风口的面积当量直径 d_0：

$$\frac{1}{4}\pi d_0^2 = A \Rightarrow d_0 = \sqrt{\frac{4A}{\pi}} = \sqrt{\frac{4 \times 0.8 \times 0.2}{3.14}} = 0.45\text{m}$$

根据《注册公用设备工程师暖通空调考试复习教材》(第三版) P437 式(3.5-14)计算射流自由度：$\frac{\sqrt{F_n}}{d_0} = \frac{\sqrt{\frac{B \times H}{N}}}{d_0} = \frac{\sqrt{\frac{3.5 \times 4}{1}}}{0.45} = 8.31$

根据《注册公用设备工程师暖通空调考试复习教材》(第三版) P436 式(3.5-12)

$\frac{v_{p\cdot h}}{v_0} = \frac{0.69}{\frac{\sqrt{F_n}}{d_0}} = \frac{0.69}{0.81}$，$v_{p\cdot h} = 0.2\text{m/s}$，

则计算 $v_0 = \frac{0.2 \times 8.31}{0.69} = 2.41\text{m/s}$

17. **答案：**C

主要解题过程：

根据室内设计温度及含湿量查 h-d 图，有室内的焓值为 $h_n = 50.2\text{kJ/kg}$

根据题意，送风参数为 $h_s = 50.2\text{kJ/kg}$，$t_s = 19℃$，查得送风点的含湿量为 $d_s = 12.2\text{g/kg}_{干空气}$

根据室内的热湿比及冷负荷计算房间的总湿负荷：$W_0 = \frac{Q}{\varepsilon} = \frac{2.8}{12000} = 0.233\text{g/s}$

新风系统的湿负荷：$W_x = G \cdot \rho \cdot (d_s - d_n) = 180 \times 1.2 \times (12.2 - 9.8) = 0.144\text{g/s}$

风机盘管系统需要承担的除湿量：$W_{FCU} = W_0 + W_x = 0.233 + 0.144 = 0.377\text{g/s}$

18. **答案：**A

主要解题过程：

新风经过围护结构渗入室内，其冷负荷需要由空调机组承担。根据室内的风平衡可知经围护结构渗入室内的新风量为 $G_x = 0.3\text{kg/s}$，则新风的冷负荷为 $Q_x = G \cdot (h_w -$

h_n) $=0.3\times(85-50)=10.5\text{kW}$

空调机组需承担的冷负荷：$Q_{AHU}=Q_x+Q_0=10.5+50=60.5\text{kW}$

根据焓差计算机组的送风量：$G=\dfrac{Q}{h_n-h_s}=\dfrac{60.5}{50-35}=4.03\text{kg/s}$

19. **答案**：D

主要解题过程：

供回水温差调至5℃，则水泵的流量 G_1：$G_1=\dfrac{3.5}{5}G_0=105\text{m}^3/\text{h}$

管网的阻力系数：$S=\dfrac{H_0}{G_0^2}=\dfrac{35}{150^2}$

变频运行后，其水泵的扬程：$H_1=S\times G_1^2=\dfrac{35}{150^2}\times105^2=17.15\text{m}$

水泵的轴功率为，$N_1=\dfrac{G_1\times H_1}{367\times3\times\eta}=\dfrac{105\times17.15}{367.3\times70\%}=7.0\text{kW}$

节省的轴功率：$\Delta N=N_0-N_1=19-7=12\text{kW}$

20. **答案**：C

主要解题过程：

《洁净厂房设计规范》(GB 50073—2013)第6.1.5条："洁净室内的新鲜空气量应取下列两项中的最大值：1. 补偿室内排风量和保持室内正压值所需新鲜空气量之和；2. 保证供给洁净室内每人每小时的新鲜空气量不小于40m³/h"。

根据规范条文6.2.3条及表7，采用缝隙法计算维持正压所需的空气量：

$Q_{正}=\alpha\cdot\sum q\cdot L$

查表7，密闭门 $q=6\text{m}^3/(\text{h}\cdot\text{m})$，单层固定密闭钢窗 $q=1.0\text{m}^3/(\text{h}\cdot\text{m})$，系数 $\alpha=1.2$

缝隙长度：$L_{门}=1.5\times2+2.2\times2=7.4\text{m}$，$L_{窗}=(1.8\times2+1.5\times2)\times3=19.8\text{m}$

则维持正压所需空气量：$Q_{正}=1.2\times(6\times7.4+1.0\times19.8)=77.04\text{m}^3/\text{h}$

$$Q_1=Q_{正}+Q_{排}=77.4+30=107.4\text{m}^3/\text{h}$$

$$Q_2=3\times40=120\text{m}^3/\text{h}$$

该洁净室的最大新风量：$Q=\max(Q_1,Q_2)=120\text{m}^3/\text{h}$

21. **答案**：B

主要解题过程：

单位制冷剂在冷凝器内的放热量：$q_k=390-229=151\text{kJ/kg}$

单位制冷剂的压缩机耗功：$w=380-359=21\text{kJ/kg}$

则热泵的性能系数：$\text{COP}_h=\dfrac{q_k}{w}=\dfrac{151}{21}=7.19$

则向室内的放热量：$Q_0=3.5+\dfrac{Q_0}{\text{COP}_h}=3.5+\dfrac{Q_0}{7.19}$

解得 $Q_0=4.07\text{kW}$

22. **答案**:A

主要解题过程:

吸收式热泵所产生的可利用热为高温水所获得的热量 Q_A,消耗的能量为乙醇蒸气所提供的能量 Q_c,则机组的性能系数:$COP=\frac{Q_A}{Q_c}=\frac{2675}{5570}=0.48$

23. **答案**:C

主要解题过程:

《注册公用设备工程师暖通空调考试复习教材》(第三版) P684 页公式(4.7-1),计算设备计算日的总冷负荷 Q_d

$$Q_d=n\cdot m\cdot q_{max}=12\times0.75\times3000=27000\text{kW}\cdot\text{h}$$

根据式(4.7-7)计算制冷机标定制冷量:$q_c=\frac{Q_d}{n_2+n_i\cdot c_f}=\frac{27000}{12+8\times0.7}=1534\text{kW}$

根据式(4.7-6)计算蓄冷装置的有效容量:$Q_s=n_i\cdot c_f\cdot q_c=8\times0.7\times1534=8590\text{kW}\cdot\text{h}$

蓄冷装置供冷的百分比:$\varphi=\frac{Q_s}{Q_d}=\frac{8590}{27000}=31.8\%$

24. **答案**:B

主要解题过程:

《城镇燃气设计规范》(GB 50028—2006)表10.2.2,低压进户的最高压力应小于0.01MPa,查表10.2.2,低压用户设备燃烧器的额定压力为2kPa=0.002MPa。

再根据6.2.8条,计算城镇燃气低压管道从调压站到最远燃具管道允许阻力损失:

$\Delta P_d=0.75\cdot P_n+150=0.75\times2000+150=1650\text{Pa}$

25. **答案**:B

主要解题过程:

《注册公用设备工程师暖通空调考试复习教材》(第三版) P721 公式(4.8-20):

$$Q_1=K\cdot A\cdot\alpha\cdot(t_w-t_n)$$

式中:α 为围护结构两侧温差修正系数,与围护结构的热惰性指标 D 有关,本冷藏库的热惰性指标 D:

$$D=R_1\cdot S_1+R_2\cdot S_2+R_3\cdot S_3+R_4\cdot S_4+R_5\cdot S_5+R_6\cdot S_6$$
$$=\frac{0.02}{0.93}\times11.37+\frac{0.18}{0.81}\times9.96+\frac{0.02}{0.93}\times11.37+\frac{0.002}{0.2}\times$$
$$16.39+\frac{0.2}{0.03}\times0.28+\frac{0.02}{0.93}\times11.37=4.94$$

查得 $\alpha=1.05$,计算热流量,根据《冷库设计规范》(GB 50072—2010)第3.0.7条,计算冷间围护结构热流量时,室外计算温度应采用夏季空气调节室外计算日平均温度。

$$Q_1=K\cdot A\cdot\alpha\cdot(t_w-t_n)=\frac{1}{R}\cdot A\cdot\alpha\cdot(t_w-t_n)$$
$$=\frac{1}{5.55}\times1\times1.05\times[29.4-(-20)]=9.346\text{W/m}^2$$

附录一　考 试 大 纲

1　总则

1.1　熟悉暖通空调制冷设计规范，掌握规范的强制性条文。

1.2　熟悉绿色建筑、人民防空工程、建筑设计防火等标准中与本专业相关的部分，掌握规范中关于本专业的强制性条文。

1.3　熟悉建筑节能设计标准中有关暖通空调制冷部分、暖通空调制冷设备产品标准中设计选用部分、环境保护及卫生标准中有关本专业的规定条文。掌握上述标准中有关本专业的强制性条文。

1.4　熟悉暖通空调制冷系统的类型、构成及选用。

1.5　了解暖通空调设备的构造及性能，掌握国家现行产品标准以及节能标准对暖通空调设备的能效等级的要求。

1.6　掌握暖通空调制冷系统的设计方法、暖通空调设备选择计算、管网计算。正确采用设计计算公式及取值。

1.7　掌握防排烟设计及设备、附件、材料的选择。

1.8　熟悉暖通空调制冷设备及系统的自控要求及一般方法。

1.9　熟悉暖通空调制冷施工和施工质量验收规范。

1.10　熟悉暖通空调制冷设备及系统的测试方法。

1.11　了解绝热材料及制品的性能，掌握管道和设备的绝热计算。

1.12　掌握暖通空调设计的节能技术；熟悉暖通空调系统的节能诊断和经济运行。

1.13　熟悉暖通空调制冷系统运行常见故障分析及解决方法。

1.14　了解可再生能源在暖通空调制冷系统中的应用。

2　供暖

2.1　熟悉供暖建筑物围护结构建筑热工要求，建筑热工节能设计，掌握对公共建筑围护结构建筑热工限值的强制性规定。

2.2　掌握建筑供暖通风系统热负荷计算方法。

2.3　掌握热水、蒸汽供暖系统设计计算方法；掌握热水供暖系统的节能设计要求和设计方法。

2.4　熟悉各类散热设备主要性能。熟悉各种供暖方式。掌握散热器供暖、辐射供暖和热风供暖的设计方法和设备、附件的选用。掌握空气幕的选用方法。

2.5　掌握分户热计量热水集中供暖设计方法。

2.6　掌握热媒及其参数选择和小区集中供热热负荷的概算方法。了解热电厂集中供热方式。

2.7　熟悉汽—水、水—水换热器选择计算方法，熟悉热水、蒸汽供热系统管网设计方法，掌握管网与热用户连接装置的设计方法和热力站设计方法。

2.8　掌握小区锅炉房设置及工艺设计基本方法。了解供热用燃煤、燃油、燃气锅炉的主要性能。掌握小区锅炉房设备的选择计算方法。

2.9　熟悉热泵机组供热的设计方法和正确取值。

3　通风

3.1　掌握通风设计方法、通风量计算以及空气平衡和热平衡计算。

3.2　熟悉天窗、风帽的选择方法。掌握自然通风设计计算方法。

3.3　熟悉排风罩种类及选择方法，掌握局部排风系统设计计算方法及设备选择。

3.4　熟悉机械全面通风、事故通风的条件，掌握其计算方法。

3.5　掌握防烟分区划分方法。熟悉防火和防排烟设备和部件的基本性能及防排烟系统的基本要求。熟悉防火控制程序。掌握防排烟方式的选择及自然排烟系统及机械防排烟系统的设计计算方法。

3.6　熟悉除尘和有害气体净化设备的种类和应用，掌握设计选用方法。

3.7　熟悉通风机的类型、性能和特性，掌握通风机的选用、计算方法。

4　空气调节

4.1　熟悉空调房间围护结构建筑热工要求，掌握对公共建筑围护结构建筑热工限值的强制性规定；了解人体舒适性机理，掌握舒适性空调和工艺性空调室内空气参数的确定方法。

4.2　了解空调冷(热)、湿负荷形成机理，掌握空调冷(热)、湿负荷以及热湿平衡、空气平衡计算。

4.3　熟悉空气处理过程，掌握湿空气参数计算和焓湿图的应用。

4.4　熟悉常用空调系统的特点和设计方法。

4.5　掌握常用气流组织形式的选择及其设计计算方法。

4.6　熟悉常用空调设备的主要性能，掌握空调设备的选择计算方法。

4.7 熟悉常用冷热源设备的主要性能，熟悉冷热源设备的选择计算方法。

4.8 掌握空调水系统的设计要求及计算方法。

4.9 熟悉空调自动控制方法及运行调节。

4.10 掌握空调系统的节能设计要求和设计方法。

4.11 熟悉空调、通风系统的消声、隔振措施。

5 制冷与热泵技术

5.1 熟悉热力学制冷（热泵）循环的计算、制冷剂的性能和选择以及 CFCs 及 HCFCs的淘汰和替代。

5.2 了解蒸汽压缩式制冷（热泵）的工作过程；熟悉各类冷水机组、热泵机组（空气源、水源和地源）的选择计算方法和正确取值；掌握现行国家标准对蒸汽压缩式制冷（热泵）机组的能效等级的规定。

5.3 了解溴化锂吸收式制冷（热泵）的工作过程；熟悉蒸汽型和直燃式双效溴化锂吸收式制冷（热泵）装置的组成和性能；掌握现行国家标准对溴化锂吸收式机组的性能系数的规定。

5.4 了解蒸汽压缩式制冷（热泵）系统的组成、制冷剂管路设计基本方法；熟悉制冷自动控制的技术要求；掌握制冷机房设备布置方法。

5.5 了解蓄冷、蓄热的类型、系统组成以及设置要求。

5.6 了解冷藏库温、湿度要求；掌握冷藏库建筑围护结构的设置以及热工计算。

5.7 掌握冷藏库制冷系统的组成、设备选择与制冷剂管路系统设计；熟悉装配式冷藏库的选择与计算。

5.8 了解燃气冷热电三联供系统的使用条件、系统组成和设备选择。

6 空气洁净技术

6.1 掌握常用洁净室空气洁净度等级的选用方法。了解与建筑及其他专业的配合。

6.2 熟悉空气过滤器的分类、性能、组合方法及计算。

6.3 了解室内外尘源，熟悉各种气流流型的适用条件和风量确定。

6.4 掌握洁净室的室压控制设计。

7 绿色建筑

7.1 了解绿色建筑的基本要求。

7.2 掌握暖通空调技术在绿色建筑的运用。

7.3　熟悉绿色建筑评价标准。

8　民用建筑卫生设备和燃气供应

8.1　熟悉室内给水水质和用水量计算。

8.2　熟悉室内热水耗热量和热水量计算。掌握热泵热水机的设计方法和正确取值。

8.3　了解太阳能热水器的应用。

8.4　熟悉室内排水系统设计与计算。

8.5　掌握室内燃气供应系统设计与计算。

附录二　新旧专业对照表

	专业划分	新专业名称	旧专业名称
暖通空调	本专业	建筑环境与设备工程	供热通风与空调工程 供热空调与燃气工程 城市燃气工程
	相近专业	国防工程内部环境与设备 飞行器环境与生命保障工程	飞行器环境控制与安全救生
		环境工程	环境工程
		安全工程	矿山通风与安全 安全工程
		食品科学与工程	冷冻冷藏工程(部分)
		热能与动力工程	制冷与低温技术
	其他工科专业	除本专业和相近专业外的工科专业	

注:表中“新专业名称”指中华人民共和国教育部高等教育司1998年颁布的《普通高等学校本科专业目录和专业介绍》中规定的专业名称;“旧专业名称”指1998年《普通高等学校本科专业目录和专业介绍》颁布前各院校所采用的专业名称。

附录三　报名条件及报名方法

1　报名条件

考试分为基础考试和专业考试。参加基础考试合格并按规定完成职业实践年限者,方能报名参加专业考试。

凡中华人民共和国公民,遵守国家法律、法规,恪守职业道德,并具备相应专业教育和职业实践条件者,只要符合下列条件,均可报考注册土木工程师(水利水电工程)、注册公用设备工程师、注册电气工程师、注册化工工程师或注册环保工程师考试:

1.1　具备以下条件之一者,可申请参加基础考试:

(1)取得本专业或相近专业大学本科及以上学历或学位。

(2)取得本专业或相近专业大学专科学历,累计从事相应专业设计工作满1年。

(3)取得其他工科专业大学本科及以上学历或学位,累计从事相应专业设计工作满1年。

1.2　基础考试合格,并具备以下条件之一者,可申请参加专业考试:

(1)取得本专业博士学位后,累计从事相应专业设计工作满2年;或取得相近专业博士学位后,累计从事相应专业设计工作满3年。

(2)取得本专业硕士学位后,累计从事相应专业设计工作满3年;或取得相近专业硕士学位后,累计从事相应专业设计工作满4年。

(3)取得含本专业在内的双学士学位或本专业研究生班毕业后,累计从事相应专业设计工作满4年;或取得含相近专业在内双学士学位或研究生班毕业后,累计从事相应专业设计工作满5年。

(4)取得通过本专业教育评估的大学本科学历或学位后,累计从事相应专业设计工作满4年;或取得未通过本专业教育评估的大学本科学历或学位后,累计从事相应专业设计工作满5年;或取得相近专业大学本科学历或学位后,累计从事相应专业设计工作满6年。

(5)取得本专业大学专科学历后,累计从事相应专业设计工作满6年;或取得相近专业大学专科学历后,累计从事相应专业设计工作满7年。

(6)取得其他工科专业大学本科及以上学历或学位后,累计从事相应专业设计工作满8年。

1.3　截止到2002年12月31日前，符合以下条件之一者，可免基础考试，只需参加专业考试：

(1)取得本专业博士学位后，累计从事相应专业设计工作满5年；或取得相近专业博士学位后，累计从事相应专业设计工作满6年。

(2)取得本专业硕士学位后，累计从事相应专业设计工作满6年；或取得相近专业硕士学位后，累计从事相应专业设计工作满7年。

(3)取得含本专业在内的双学士学位或本专业研究生班毕业后，累计从事相应专业设计工作满7年；或取得含相近专业在内双学士学位或研究生班毕业后，累计从事相应专业设计工作满8年。

(4)取得本专业大学本科学历或学位后，累计从事相应专业设计工作满8年；或取得相近专业大学本科学历或学位后，累计从事相应专业设计工作满9年。

(5)取得本专业大学专科学历后，累计从事相应专业设计工作满9年；或取得相近专业大学专科学历后，累计从事相应专业设计工作满10年。

(6)取得其他工科专业大学本科及以上学历或学位后，累计从事相应专业设计工作满12年。

(7)取得其他工科专业大学专科学历后，累计从事相应专业设计工作满15年。

(8)取得本专业中专学历后，累计从事相应专业设计工作满25年；或取得相近专业中专学历后，累计从事相应专业设计工作满30年。

注：上述报名条件中"本专业"和"相近专业"具体情况请参照各考试新旧专业对照表

2　报名方法

参加考试由本人提出申请，所在单位审核同意，到当地考试管理机构报名。考试管理机构按规定程序和报名条件审核合格后，发给准考证。参加考试人员在准考证指定的时间、地点参加考试。

国务院各部门所属单位和中央管理的企业的专业技术人员按属地原则报名参加考试。

3　其他

另外，需要关注国家有关考试的政策及规定，避免考试及领取考试合格证书时出现不必要的麻烦。